원자 질량표*

원소	기호	원자번호	원자질량	원소	기호	원자번호	원자질량	원소	기호	원자번호	원자질량
가돌리늄(Gadolinium)	Gd	64	157.3	보륨(Bohrium)	Bh	107	[264]	주석(Tin)	Sn	50	118.7
갈륨(Gallium)	Ga	31	69.72	붕소(Boron)	B	5	10.81	지르코늄(Zirconium)	Zr	40	91.22
구리(Copper)	Cu	29	63.55	브로민(Bromine)	Br	35	79.90	질소(Nitrogen)	N	7	14.01
규소(Silicon)	Si	14	28.09	비소(Arsenic)	As	33	74.92	철(Iron)	Fe	26	55.85
금(Gold)	Au	79	197.0	비스무트(Bismuth)	Bi	83	209.0	카드뮴(Cadmium)	Cd	48	112.4
납(Lead)	Pb	82	207.2	사마륨(Samarium)	Sm	62	150.4	칼슘(Calcium)	Ca	20	40.08
네오디뮴(Neodymium)	Nd	60	144.2	산소(Oxygen)	O	8	16.00	캘리포늄(Californium)	Cf	98	[251]
네온(Neon)	Ne	10	20.18	세륨(Cerium)	Ce	58	140.1	코발트(Cobalt)	Co	27	58.93
넵투늄(Neptunium)	Np	93	[237]	세슘(Cesium)	Cs	55	132.90	코페르니슘(Copernicium)	Cn	112	[285]
노벨륨(Nobelium)	No	102	[259]	셀레늄(Selenium)	Se	34	78.96	퀴륨(Curium)	Cm	96	[247]
니오븀(Niobium)	Nb	41	92.91	소듐/나트륨(Sodium)	Na	11	22.99	크로뮴(Chromium)	Cr	24	52.00
니켈(Nickel)	Ni	28	58.69	수소(Hydrogen)	H	1	1.008	크립톤(Krypton)	Kr	36	83.80
다름슈타튬(Darmstadtium)	Ds	110	[271]	수은(Mercury)	Hg	80	200.6	타이타늄(Titanium)	Ti	22	47.88
더브늄(Dubnium)	Db	105	[262]	스칸듐(Scandium)	Sc	21	44.96	탄소(Carbon)	C	6	12.01
디스프로슘(Dysprosium)	Dy	66	162.5	스트론튬(Strontium)	Sr	38	87.62	탄탈럼(Tantalum)	Ta	73	180.9
라돈(Radon)	Rn	86	[222]	시보귬(Seaborgium)	Sg	106	[263]	탈륨(Thallium)	Tl	81	204.4
라듐(Radium)	Ra	88	226	아르곤(Argon)	Ar	18	39.95	터븀(Terbium)	Tb	65	158.9
란타넘(Lanthanum)	La	57	138.9	아메리슘(Americium)	Am	89	[243]	텅스텐(Tungsten)	W	74	183.9
러더포듐(Rutherfordium)	Rf	104	[261]	아스타틴(Astatine)	At	85	[210]	테크네튬(Technetium)	Tc	43	[98]
레늄(Rhenium)	Re	75	186.2	아연(Zinc)	Zn	30	65.38	텔루륨(Tellurium)	Te	52	127.6
로듐(Rhodium)	Rh	45	102.9	아이오딘(Iodine)	I	53	126.9	토륨(Thorium)	Th	90	232.0
로렌슘(Lawrencium)	Lr	103	[260]	아인슈타이늄(Einsteinium)	Es	99	[252]	툴륨(Thulium)	Tm	69	168.9
뢴트게늄(Roentgenium)	Rg	111	[272]	악티늄(Actinium)	Ac	89	[227]§	팔라듐(Palladium)	Pd	46	106.4
루비듐(Rubidium)	Rb	37	85.47	안티모니(Antimony)	Sb	51	121.8	페르뮴(Fermium)	Fm	100	[257]
루테늄(Ruthenium)	Ru	44	101.1	알루미늄(Aluminum)	Al	13	26.98	포타슘/칼륨(Potassium)	K	19	39.10
루테튬(Lutetium)	Lu	71	175.0	어븀(Erbium)	Er	68	167.3	폴로늄(Polonium)	Po	84	[209]
리버모륨(Livermorium)	Lv	116	[293]	염소(Chlorine)	Cl	17	35.45	프라세오디뮴(Praseodymium)	Pr	59	140.9
리튬(Lithium)	Li	3	6.9419	오스뮴(Osmium)	Os	76	190.2	프랑슘(Francium)	Fr	87	[223]
마그네슘(Magnesium)	Mg	12	24.31	우라늄(Uranium)	U	92	238.0	프로메튬(Promethium)	Pm	61	[145]
마이트너륨(Meitnerium)	Mt	109	[268]	유로퓸(Europium)	Eu	63	152.0	프로탁티늄(Protactinium)	Pa	91	[231]
망가니즈(Manganese)	Mn	25	54.94	은(Silver)	Ag	47	107.9	플레로븀(Flerovium)	Fl	114	[289]
멘델레븀(Mendelevium)	Md	101	[258]	이리듐(Iridium)	Ir	77	192.2	플루오린(Fluorine)	F	9	19.00
몰리브데넘(Molybdenum)	Mo	42	95.94	이터븀(Ytterbium)	Yb	70	173.0	플루토늄(Plutonium)	Pu	94	[244]
바나듐(Vanadium)	V	23	50.94	이트륨(Yttrium)	Y	39	88.91	하슘(Hassium)	Hs	108	[265]
바륨(Barium)	Ba	56	137.3	인(Phosphorus)	P	15	30.97	하프늄(Hafnium)	Hf	72	178.5
백금(Platinum)	Pt	78	195.1	인듐(Indium)	In	49	114.8	헬륨(Helium)	He	2	4.003
버클륨(Berkelium)	Bk	97	[247]	저마늄/게르마늄(Germanium)	Ge	32	72.59	홀뮴(Holmium)	Ho	67	164.9
베릴륨(Beryllium)	Be	4	9.012	제논(Xenon)	Xe	54	131.3	황(Sulfur)	S	16	32.07

*가능하면 유효숫자 4개로 나타내었다. §괄호 안에 주어진 값은 반감기가 가장 긴 동위원소의 질량이다.

원소의 주기율표

알칼리 금속: 1 1A · 알칼리 토금속: 2 2A · 전이 금속: 3–12 · 할로젠: 17 7A · 비활성 기체: 18 8A

1 1A	2 2A	3	4	5	6	7	8	9	10	11	12	13 3A	14 4A	15 5A	16 6A	17 7A	18 8A
1 H																	2 He
3 Li	4 Be											5 B	6 C	7 N	8 O	9 F	10 Ne
11 Na	12 Mg											13 Al	14 Si	15 P	16 S	17 Cl	18 Ar
19 K	20 Ca	21 Sc	22 Ti	23 V	24 Cr	25 Mn	26 Fe	27 Co	28 Ni	29 Cu	30 Zn	31 Ga	32 Ge	33 As	34 Se	35 Br	36 Kr
37 Rb	38 Sr	39 Y	40 Zr	41 Nb	42 Mo	43 Tc	44 Ru	45 Rh	46 Pd	47 Ag	48 Cd	49 In	50 Sn	51 Sb	52 Te	53 I	54 Xe
55 Cs	56 Ba	57 La*	72 Hf	73 Ta	74 W	75 Re	76 Os	77 Ir	78 Pt	79 Au	80 Hg	81 Tl	82 Pb	83 Bi	84 Po	85 At	86 Rn
87 Fr	88 Ra	89 Ac†	104 Rf	105 Db	106 Sg	107 Bh	108 Hs	109 Mt	110 Ds	111 Rg	112 Cn	113 Nh	114 Fl	115 Mc	116 Lv	117 Ts	118 Og

*란타넘족	58 Ce	59 Pr	60 Nd	61 Pm	62 Sm	63 Eu	64 Gd	65 Tb	66 Dy	67 Ho	68 Er	69 Tm	70 Yb	71 Lu
†악티늄족	90 Th	91 Pa	92 U	93 Np	94 Pu	95 Am	96 Cm	97 Bk	98 Cf	99 Es	100 Fm	101 Md	102 No	103 Lr

줌달의 제9판

대학기초화학

Introductory Chemistry 9e

Cengage

***Introductory Chemistry,* Ninth Edition**

Steven S. Zumdahl, Donald J. DeCoste

ISBN-13: 978-89-6218-577-5

Cengage Learning Korea Ltd.
14F YTN Newsquare 76 Sangamsan-ro
Mapo-gu Seoul 03926 Korea

Printed in Korea
Print Number: 02 Print Year: 2026

줌달의

제9판

대학기초화학

ㅣ 화학교재연구회 옮김 ㅣ

Introductory
Chemistry
9e

Cengage

Australia • Brazil • Canada • Mexico • Singapore • United Kingdom • United States

옮긴이 소개

건양대학교 • 심원보
계명대학교 • 김상희, 서은혜
공주대학교 • 오남순, 이규철
김천대학교 • 권창오
대구대학교 • 심준호, 이성호
동아대학교 • 김재연, 김종식, 김효준, 손종우, 송현민, 이승훈
동의대학교 • 임 용
명지대학교 • 구상호, 박노경, 이동기, 이한림, 한승석
목원대학교 • 양재찬
부산가톨릭대학교 • 예수영
순천향대학교 • 김태현
신한대학교 • 표상신
울산대학교 • 김범진, 류광선, 이동호, 이민형, 이승구, 이영일, 이형일, 정재훈, 하지원
조선대학교 • 신현재, 이중헌, 조 훈
한국교통대학교 • 이주운
한영대학교 • 최창용

줌달의 대학기초화학 제9판 Introductory Chemistry 9e

제9판 1쇄 발행 | 2025년 2월 24일
제9판 2쇄 발행 | 2026년 2월 10일

지은이 | Steven S. Zumdahl, Donald J. DeCoste
옮긴이 | 화학교재연구회
발행인 | 탄록민, 마이클조셉케이힐
발행처 | 센게이지러닝코리아㈜
등록번호 | 제313-2007-000074호(2007.3.19.)
이메일 | asia.infokorea@cengage.com
홈페이지 | www.cengage.co.kr

ISBN | 978-89-6218-577-5

공급처 | 사이플러스
주　소 | 서울시 영등포구 양평로 30길 14, 세종앤까뮤스퀘어 1106호
도서안내 및 주문 | 02) 332-6171 FAX 02) 332-6185
이메일 | sciplus@sciplus.co.kr

정가 43,000원

옮긴이 머리말

화학은 중심과학이라고 불릴 만큼 자연과학에서 중요한 부분을 차지하고 있다. 따라서 화학을 공부하는 것은 단순히 화학 전공자들뿐만 아니라 화학적 지식을 바탕으로 하는 모든 학문을 전공하는 자들에게 중요한 일이다.

현재 많은 대학에서는 이러한 학생들에게 일반 화학 과목을 개설하여 대부분 신입생 시기에 이수하도록 하고 있다. 하지만 고등학교 교육이 변화되고 고등학교 시절 화학 학습 정도의 차이가 생겨 대학에서 일반화학 교육이 과거에 비해 어려움을 겪고 있다.

미국 일리노이 주립대학교 명예교수인 Steven S. Zumdahl 교수의 화학 교과서들은 이미 오래전부터 우리나라에 소개되어 번역되고 사용되어 왔다. 특히 기초 과목으로서 단학기 일반화학 교재로 축약된 〈줌달의 대학 기초화학〉도 오랫동안 검증된 교재로 이번에 새롭게 후속판을 발간하게 되었다.

이 책은 원저자의 의도를 최대한 반영하면서 우리 실정에 맞게 수정하였다. 화학 관련 학과를 전공으로 하는 학생들이 꼭 필요로 하는 내용을 짧은 시간에 공부할 수 있도록 편집하였다. 여러 그림과 사진은 학생들의 이해를 도울 것이며, 본문 중의 예제와 실전 문제, 그리고 각 장 끝에 있는 연습 문제는 학생들 스스로 자신의 수준을 점검할 수 있을 것이다.

특히 이 책 중간에 위치한 Special chapter는 현대 화학을 이해하는 기초 자료를 제공하고 있다. 이 부분은 필요에 따라 강의에 포함하거나 건너뛸 수도 있도록 편집하였으니 참고하기 바란다.

이 책의 기본 용어들은 대한화학회에서 정한 화학술어와 교육부 편수자료를 기준으로 번역되었으며, 물질명도 대한화학회 화합물 명명법에 따라 명명하였다. 또한 중요한 화학 용어는 굵은 글씨체로 표현하고 괄호 안에 영어를 병기하여 이해를 돕도록 하였다.

끝으로 이 책을 우리말로 옮기면서 원저자의 의도를 최대한 살리려 노력하였으나 번역이나 편집 과정에서 오류가 포함되었을 수도 있다. 이를 발견하면 따뜻한 지적을 통해 학생들이 바로 학습할 수 있도록 추후 책 교정에 도움을 주시길 바란다.

2025년 2월
옮긴이 적음

지은이 머리말

이 책은 화학을 처음 배우는 학생이 화학을 흥미롭고 쉽게 이해할 수 있도록 제작하였다. 특히 강의를 담당하는 교수와 배우는 학생들이 화학 학습의 목표를 달성할 수 있는 내용들로 구성하였다.

화학을 배우는 것은 매우 보람된 일이다. 화학을 처음 배우는 초보자라도 색 변화나 침전 형성 실험과 같은 거시적 화학 세계를 이온과 분자의 미시적 세계와 연결 지을 수 있으리라 생각한다. 이러한 목표를 달성하기 위해 교수들은 학생들에게 화학을 배우는 데 좀 더 흥미롭고 효과적인 방법을 제공하고자 노력하고 있다. 우리 저자들은 이 책이 그 노력의 일환으로 인식되기를 희망한다. 이 책에서는 학생들이 연관지을 수 있는 언어와 비유를 사용하여 분명하고 합리적인 방법으로 개념을 나타내고자 하였다. 또한 학생들의 적극적인 학습을 지원할 수 있도록 이 책을 저술하였다.

이 책의 전반부에서는 화학 반응을 강조하였다. 그리고 좀 더 추상적인 내용은 뒷 장에서 다루도록 하였다. 화학을 처음 접하는 과정에서 많은 학생들에게 원자나 궤도함수의 복잡한 이론을 설명하기 전에 물질의 본성을 알게 하는 것이 중요하다고 생각한다. 반응을 통해 학생들은 본질적인 흥미를 가지고 화학을 그릴 수 있게 된다. 특히 강의실에서의 설명이나 실험실에서의 실험을 위한 기초가 되는 것이 바로 반응이다. 따라서 이 책에서는 원자 구조의 자세한 설명보다 먼저 반응을 강조한다.

또한 화학 교육에서는 문제 해결이 매우 중요하다. 저자들은 학생 모두가 문제 해결 능력을 가지기를 희망한다. 이 책에서는 문제 해결 능력을 키우는 것을 주요 목표로 기술하였다. 풀이가 되어있는 예제와 함께 실전 연습 문제를 통해 추가적으로 학습할 수 있도록 하였다. 이들 문제를 통해 특정 개념에 대해 이해하고 매 단원 끝에 있는 문제를 푸는 데 많은 도움이 되리라 믿는다.

이 책은 학생들이 화학을 이해하는 데 도움을 주고 더 많은 주제를 접할 수 있도록 화학 반응, 현상, 과정들을 시각적 삽화로 처리하고 일관되게 풀컬러로 디자인하였다. 이 책을 통해 학생들이 화학에 대한 기본적 지식과 함께 문제 해결 능력을 키워나가는 소중한 기회를 가지길 소망한다.

차례

Contents

Dr. John Brackenbury/Science Photo Library/Photo Researchers, Inc.

Richard Cummins/Lonely Planet Images/Getty Images

View Stock/Getty Images

Image by © Raven Regan/Design Pics/Corbis

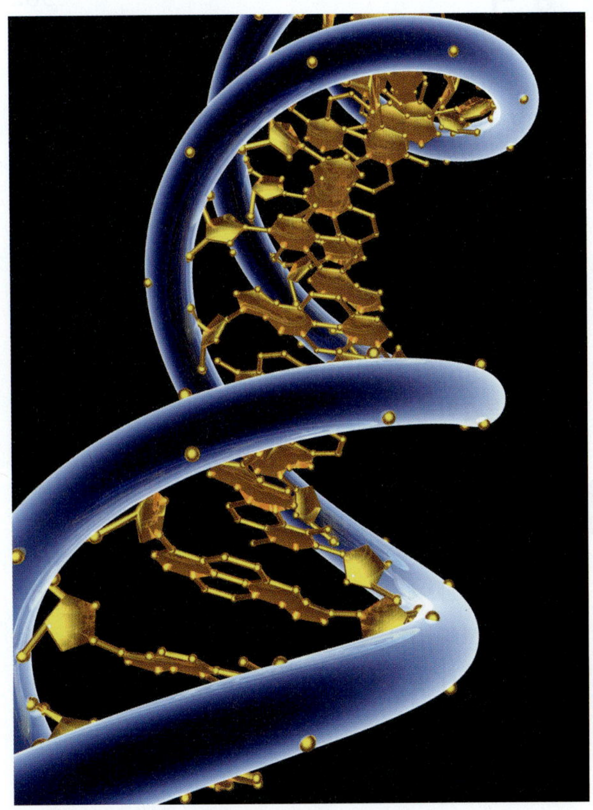
Science Photo Library/Superstock

Gregg Epperson/Shutterstock.com

17 산화-환원 반응과 전기화학 440
Oxidation-Reduction Reactions and Electrochemistry

18 방사능과 핵 에너지* 466
Radioactivity and Nuclear Energy

James Martin/Stone/Getty Images

Courtesy, By the Bay Treasures, photo by Charles Peden

19 유기 화학* 486
Organic Chemistry

* 해당 장은 https://emarketing.cengageasia.com/2440694/ 에서 열람할 수 있습니다. (QR코드를 스캔하세요)

* 해답은 https://emarketing.cengageasia.com/2440694/ 에서 열람할 수 있습니다. (전체 문제에 대한 해답은 제공하지 않습니다)

제9판
줌달의 대학기초화학
Introductory Chemistry 9e

화학이란 무엇인가?

Chemistry: An Introduction

CHAPTER

1

화학은 자연 세계를 다룬다.
somphob/iStockphoto.com

기념일에 벌이는 불꽃놀이를 바라보며 어떻게 그렇게 아름다운 광경을 높은 하늘에 연출할 수 있는지 생각해 본 적이 있는가? 공룡에 관한 책을 읽어 보았는가? 어쩌다가 공룡들이 수백만 년 동안 세상을 지배하다 갑자기 사라지게 되었을까? 6천5백만 년 전 공룡이 멸종한 것은 우리에게 별로 중요한 일이 아니라 생각될지도 모르지만, 같은 일이 우리에게도 일어날 수 있을까? 순수한 물로 된 얼음 조각이 왜 똑같은 물 위로 뜨게 되는지 궁금하게 생각한 적이 있는가? 연필심이 약혼 반지에 쓰이는 다이아몬드와 같은 물질(탄소)로 이루어져 있다는 것을 아는가? 옥수수 줄기와 야자나무가 어떻게 눈에 띄게 자라나며, 가을이 되면 왜 단풍이 드는지 궁금하지 않은가? 어떻게 배터리로 자동차가 움직이고 계산기가 작동하는지 알고 있는가? 이러한 일들은 분명히 여러분의 흥미를 자아낼 것이다. 중요한 것은 이러한 사실을 화학과 그에 관련된 자연과학 및 생명과학의 모형을 통해 확실하게 설명할 수 있다는 것이다.

불꽃놀이는 화학이 사용되는 아름다운 예이다.
PhotoDisc/Getty Images

1.1 화학: 들어가는 말

학습 목표

- 화학을 배우는 중요한 이유를 이해한다.

화학이 공룡과는 아무런 관련이 없어 보이겠지만, 미국 캘리포니아 대학교 버클리 캠퍼스의 앨버레즈(Luis W. Alvarez)와 그의 동료들에게는 화학 지식이 공룡이 사라진 것에 대한 "비밀을 풀 수 있게 해주는 도구"가 되었다. 백악기(K)와 제삼기(T) 사이를 구분하는 지층에서 이리듐의 상대적인 농도가 높게 나타난 것이 그 열쇠였다. 이 시기는 공룡이 (지질학적 시간 척도로 볼 때) 갑작스럽게 사라진 때이다. 버클리 연구진들은 운석에는 지구 구성 성분에 비해 높은 농도의 이리듐이 포함되어 있으며, 이 사실로부터 거대한 운석이 6천5백만 년 전에 지구에 떨어져서 기후의 변화를 야기했으며 이로 인해 공룡이 멸종했다고 추측하고 있다.

화학에 대한 지식은 모든 사람에게 유용하다. 화학에 관련된 일들은 우리 주변에서 항상 일어나고 있으며 화학에 대한 이해는 의사, 법률가, 자동차 정비사, 사업가, 소방수, 심지어는 시인에게도 유용하다. 화학은 중요하다. 이에 대해서는 전혀 의심의 여지가 없다. 화학은 우리의 삶을 안전하고 쉽게 만들어 줄 새로운 물질을 만들어내는 노력의 바탕을 이루고 있으며, 풍부하고 오염을 발생하지 않는 연료를 만들어내는 핵심이며, 우리와 식량 공급을 위협하는 많은 질병과 병충해에 대한 이해와 조절을 가능케 한다. 비록 여러분의 미래 직업이 화학적 이론을 매일 필요로 하는 것이 아니더라도 여러분의 삶은 화학의 영향을 많이 받을 것이다.

화학이 여러 면에서 우리 삶을 윤택하게 하지만 그 뒤에는 좋지 않은 면도 있다. 세상은 화학적 지식을 살인이나 파괴에 이용하고 있다. 화학 이론은 본질적으로 좋은 것도 나쁜 것도 아니라는 것을 이해하는 것이 중요하다. 중요한 것은 우리가 화학 지식을 가지고 실제로 무엇을 하는가이다. 인류는 현명하고, 재주 많고, 다른 사람을 배려하기도 하지만, 탐욕스럽고, 이기적이며, 무지한데다가 멀리 내다보지 못하는 성향이 있다. 현재 상황에 지나치게 집착하고 우리의 행동에 대한 장기적인 안목을 갖지 못한다. 이런 사고방식은 이미 큰 문제를 일으켰다. 심각한 환경 오염을 여러 분야에서 초래했다. 모든 책임을 화학 업체

Courtesy, Bart Eklund

바트 에클런드가 유해 폐기물 지역에서 공기 시료를 검사하고 있다.

에 전가할 수는 없다. 모든 사람이 이 문제에 관련되어 있기 때문이다. 누군가를 비난하기보다는 어떻게 이 문제를 해결할 것인지를 생각하는 것이 더욱 중요한 것이다. 문제를 해결할 수 있는 중요한 열쇠를 화학이 가지고 있다.

최근 화학에서 가장 관심이 집중되는 분야는 환경 화학이다. 이는 우리가 살고 있는 주변 환경의 문제점 및 그것을 해결할 수 있는 방법을 찾아내는 학문이다. 미국 텍사스 오스틴에 있는 라디안 주식회사(Radian Corporation)의 대기 화학 부서에서 근무하는 바트 에클런드(Bart Eklund) ◀를 예로 들어보자. 그는 대학 학부에서 수업을 들었던 환경 화학 두 과목과 생태학 두 과목으로 인해 환경 문제를 다루는 과학 분야의 직업에 관심을 갖게 되었다. 그는 처음에 2~3년의 실무 경험을 쌓은 후 대학에 돌아와 대학원 학위를 취득할 계획을 하였으나 후에 환경 분야 연구가 학사 학위로도 가능하다는 것을 알게 되어 계획이 변경되었다. 다양한 학문을 다루는 환경 문제의 성격이 바트에게 동시에 몇몇 분야에 관심을 갖도록 하였다. 그를 백과사전식 전문가가 되었다고 이야기할 수 있을 것이다.

바트는 수많은 연구 문제들을 정의 및 해결할 기회가 있고, 지속적인 여러 다양한 주제 업무들을 다루고, 사무실, 현장, 실험실 일이 섞여 있다는 점, 여행, 사람들의 생활에 긍정적인 영향을 끼쳐 일에 대한 보람을 느낄 수 있는 환경 등 여러 이유로 컨설팅 분야에 관심을 갖게 되었다.

그의 업무 중에서 두드러지는 것은 다음과 같다.

- 겨울 동안에 그랜드 티톤(Grand Tetons)에서 공기 시료를 채취하면서 부인을 만났으며 스키를 배움.
- 캘리포니아에 있는 데스 밸리(Death Valley)의 암석 지형에서 시료 채취 파이프를 운영함.
- 관련 분야 전문가들과 정기적으로 일을 하며 같은 일을 즐기는 사람들과 함께 지냄.
- 약 40°C의 날씨에서 절연 피복과 이중 장갑 및 인공 호흡기를 착용하고 일함.
- 알래스카, 요세미티 공원, 나이아가라 폭포, 중국 홍콩, 메사 버드 국립공원, 뉴욕 시와 10개 이상의 관심있는 도시에서 작업함.

바트 에클런드의 경력은 화학자들이 환경 문제를 해결하는 데 어떻게 도움을 주는지 설명해준다. 화학적 지식을 이용하는 방법에 따라서 모든 것이 달라지게 된다.

프레온 기체(CFC)를 예로 들면 어떻게 과학적 지식이 “양쪽에 날이 선 칼”이 될 수 있는가를 알 수 있다. 프레온-12라고 부르는 CCl_2F_2 화합물이 처음 합성되었을 때 이 물질이 자연적으로 부식되지 않고 잘 분해되지 않는 특성을 가지고 있었기 때문에 사람들은 이를 기적에 가까운 물질이라며 반겼다. 프레온-12는 곧바로 냉각 제품, 에어컨, 청소용품, 단열재와 포장재로 쓰이는 발포 제품을 만드는 데 사용되었다. 수년간 프레온 기체는 만족스럽게 사용되었다. 그래서 프레온 기체는 이전에 냉각 장치에서 사용하던 암모니아와 같은 더 위험한 물질들을 대체하였다. 프레온 기체는 “좋은 친구”로 인식되었지만 문제가 발생되었다. 태양으로부터 나오는 높은 복사 에너지의 피해를 감소시켜 주는 지구 대기권 위의 오존층이 파괴되기 시작한 것이다. 어떻게 오존층이 파괴되었을까?

놀랍게도, 유용하게 보였던 프레온 기체에 의한 것으로 밝혀졌다. 불가피하게 상당량의 프레온 기체가 대기 중으로 스며들었는데, 전적으로 안정해 보이는 화합물인 프레온 기체가 대기 중에 축적되는 것을 걱정한 사람은 아무도 없었다. 실제로 프레온 기체가 안정하였기 때문에 여러 분야에서 다양하게 사용되었지만 또한 같은 이유로 환경으로 방출되었을 때 큰 문제가 된 것이다. 캘리포니아 대학교, 어바인 캠퍼스의 롤런드(F. S. Rowland) 교수와 동료 연구진은 프레온 기체가 대기 중의 높은 곳으로 이동하여 태양 복사 에너지에 의해 염소 원자가 떨어져 나가고, 이 염소 원자들이 오존층을 분해하게 된다고 증

실험하고 있는 화학자.

명하였다. 지표상에서 이용할 때는 많은 장점을 가지고 있는 물질이 대기 중에서는 우리들에게 해가 되는 것으로 바뀐 것이다. 그 누가 이런 일이 일어날 줄 알았겠는가?

다행스러운 것은 화학 산업체에서 프레온 기체를 대체할 환경 친화적인 방법을 연구 중에 있으며, 대기 중 프레온 기체의 농도도 이미 낮아지고 있다는 점이다.

프레온 기체 이야기를 통해 알 수 있는 것은, 우리가 하고자 하면 심각한 환경 오염에 비교적 빨리 대처할 수 있다는 것이다. 화학 제품을 만드는 사람들 또한 환경에 대한 새로운 이해와 인식을 가져야 한다는 것이다. 그들이 바로 환경 문제를 해결할 수 있는 방법을 제시할 수 있는 지도적 위치에 있는 사람들이기 때문이다. 화학 분야를 다루는 산업체들은 환경 오염보다는 이를 해결하는 역할을 해야 할 위치에 선다.

이와 같이 화학을 배우는 것은 흥미로우면서도 중요한 것이다. 화학수업은 화학 이론에 대해 알기 쉽도록 도와주는 것 이상으로 여러분을 더 유능한 문제 해결사로 만들어 줄 것이다. 화학이 "쉽지 않은" 학문이라는 평판을 듣는 것은 종종 복잡한 체계를 다루기 위해 다소의 노력이 필요하기 때문이다. 처음에는 이것이 불리하게 보일 수 있지만 바른 태도를 가지고 화학을 공부한다면, 그런 점이 여러분에게 유리하게 작용할 것이다. 어떤 회사이든 신입사원 채용에 있어, 여전히 가장 중요하게 생각하는 것은 문제 해결 능력이다. 이 책에서는 여러 분야의 많은 문제들을 해결할 수 있는 체계화되고 논리적인 접근 방법으로 문제들을 해결하는 데 많은 시간을 할애할 것이다. 이러한 큰 목표를 염두에 두고 화학과 연관된 구체적인 문제 해결 방법을 배우도록 하자.

화학을 공부하는 것이 쉽지 않을 수도 있지만 불가능한 것은 아니다. 사실, 관심과 인내심, 그리고 화학에 대한 기초를 배워보고자 하는 의지가 있는 사람이라면 어느 누구라도 할 수 있다. 이 책에서는 화학이란 무엇이며, 어떻게 작용하는지 이해하도록 도와주고, 실생활에 적용되는 예들을 설명할 것이다.

이 책이 여러분의 화학에 대한 관심을 더하여, 화학 개념을 깨치는 데 도움이 되고, 또 재미있고 살아있는 화학을 보여줄 수 있기를 바란다.

1.2 화학이란 무엇인가?

학습 목표

- **화학을 정의한다.**

화학적 변화와 물리적 변화는 3장에서 논의하기로 한다.

화학(chemistry)이란 *우주에 존재하는 물질과 그 변화에 대해서 다루는 과학*이라 정의할 수 있다. ◀ 화학자는 물질의 기본 입자에 대한 분석, 우주 공간에 있는 분자들의 탐사, 모든 형태의 새로운 물질의 합성과 규명, 박테리아를 이용한 인슐린과 같은 화학 물질 생산, 질병의 조기 발견을 위한 새로운 진단법 개발 등 다양한 일을 한다.

화학은 중심 과학(central science)이라고도 하는데, 여기에는 그만한 이유가 있다. 우리 주변에서 일어나는 일들의 대부분은 화학적 변화와 관련이 있다. 변화란 한 가지 이상의 물질이 다른 물질로 바뀌는 것으로, 화학적 변화에 관한 예를 살펴보면 다음과 같다.

- 나무가 공기 중에서 타서, 물, 이산화 탄소 및 다른 물질들을 만드는 것.
- 단순한 물질을 조합하여 더 복잡한 물질로 변화시켜 식물이 성장하는 것.
- 자동차의 금속 부품에 녹이 스는 것.
- 달걀, 밀가루, 설탕, 베이킹 파우더를 혼합하여 빵을 만드는 것.
- *화학*이라는 용어의 정의를 배우고, 뇌 속에 기억시키는 것.

우주 왕복선 발사장면은 화학 반응이 일어나고 있음을 분명히 보여준다. NASA

- 발전소의 방출물로 인해 산성비가 내리는 것.

이야기를 진행해 감에 따라, 화학 이론이 위와 같거나 다른 변화의 성질을 이해할 수 있게 해주고, 그 결과 자연에 존재하는 물질들을 우리의 삶에 도움이 되도록 이용할 수 있게 해주는 것을 알게 될 것이다.

1.3 과학적 접근법을 이용한 문제 해결하기

학습 목표

- **과학적 사고 방식을 이해한다.**

우리가 살아가는 데 있어서 가장 중요한 것 중 하나는 바로 문제를 해결하는 것이다. 실제로 매일 일상에서의 모든 결정들은 여러 문제를 해결하는 것이라고 할 수 있다.

- 금요일 오전 8시 30분, 길이 막히는 것을 피해 가장 빠르게 학교에 갈 수 있는 방법은 어떤 것이 있을까?
- 월요일에 시험이 두 과목 있을 때, 공부할 시간을 똑같이 둘로 나눌 것인가? 아니면 어느 한쪽에 더 많은 시간을 투자할 것인가?
- 당신의 차가 교차로에서 교통 혼잡으로 인해 꼼짝 못하고 있으며 옆에는 어린 동생이 같이 타고 있다. 그렇다면 어떻게 할 것인가?

이들은 우리가 쉽게 마주하게 되는 일상적인 문제들이다. 이런 문제를 해결하기 위해서 무엇을 해야 하는가? 그러한 것들에 대해서 생각해 본 적이 없을 수도 있지만, 일반적으로 사람들이 문제를 해결하기 위해서 생각하는 몇 가지 순서가 있다.

1. 문제를 이해하고 확실히 파악해야 한다. 다소의 지식을 얻기도 하며, 행동을 필요로 하는 일이 발생한다. 과학에서는 이를 "*관찰 단계*(making an observation)"라고 한다.
2. 문제를 해결할 수 있는 가능한 방법을 제시하거나, 관찰한 것에 대한 가능한 설명을 제안한다. 그러한 가능성을 과학적 표현으로 "*가설 설정*(formulating a hypothesis)"이라고 한다.
3. 어떠한 해결 방법이 가장 적합한지, 어떠한 설명이 가장 타당성이 있는지를 결정한다. 결정을 하기 위해서 우리가 알고 있는 관련된 지식을 총동원하거나, 새로운 정보를 찾는다. 새로운 정보를 찾는 일련의 행동을 과학에서는 "*실험 수행*(performing an experiment)"이라고 한다.

다음 절에서 우리는, 과학자들이 우리 주변에서 일어나는 일들을 연구하는 데 있어 같은 진행 방법을 이용한다는 것을 알게 될 것이다. 중요한 것은 여러분의 삶의 모든 문제에 있어 과학적 사고 방식이 도움이 된다는 것이다. 여러분이 과학자뿐만 아니라 자동차 정비사, 의사, 정치가, 심지어 시인이 되고 싶다고 해도, 과학적으로 생각하는 방법을 배워볼 만하다.

1.4 과학적 방법

학습 목표

- **과학자들이 자연을 연구하는 데 사용하는 방법을 설명한다.**

앞 절에서 어떻게 과학적인 방법을 이용하여 문제를 해결하는지 살펴보기 시작하였다. 이 절에서는 보다 깊이 있게 접근해보기로 하자.

과학은 지식을 얻고 체계화하기 위한 구조물이다. 과학은 단순히 지식을 모아놓은 것만이 아니라 특정한 정보를 이해하고 조사 분석하는 *과정*인 행동 방식인 것이다. 과학적 사고방식이 삶의 모든 국면에서 필요하지만, 여기서는 자연계가 어떻게 움직이고 있는가를 이해하는 데 과학적 사고방식을 사용할 것이다. 과학 연구의 핵심에 있는 것이 **과학적 방법**(scientific method)이다. 앞 절에서 살펴본 것처럼, 과학적 방법은 다음 단계로 이루어져 있다.

과학적 방법의 단계

1. *문제를 명시하고 정보를 수집한다(관찰함).* 관찰은 정성적(하늘은 파랗다, 물은 액체이다)이거나 정량적(물이 100°C에서 끓는다, 어떤 화학 책의 무게가 2 kg이다)이다. 정성적 관찰은 숫자와 관련이 없다. 정량적 관찰은 양은 **측정**(measurement)하는 것으로 kg이나 m와 같은 단위의 숫자와 관련이 있다. 측정에 대해서는 2장에서 자세히 다루도록 한다.
2. *가설을 세운다.* 가설은 관찰에 대해 *가능성이 있는* 설명을 말한다.
3. *실험을 수행한다.* 실험은 가설을 검증하는 것이다. 실험을 통해 얻은 정보로 가설이 옳고 그른지를 판단하게 해주는 새로운 정보를 모은다. 실험은 언제나 새로운 관찰 결과를 만들어내며 그 결과 처음부터 이 과정을 다시 돌이키게 한다.

어떠한 자연의 행동 양식을 설명하기 위해 이 단계를 여러 번 반복해야 한다. 그러면 무슨 일이 일어나고 있는가를 이해하기 위해 필요한 지식을 축적하게 된다.

여러 가지 관찰 내용과 일치하는 가정들이 있을 때 이를 **이론**(theory)이라고 하며 때로는 *모형*(model)이라고 한다. 이론(모형)은 어떤 자연의 일부를 설명할 수 있는 검증된 가설을 모아놓은 것을 의미한다(그림 1.1).

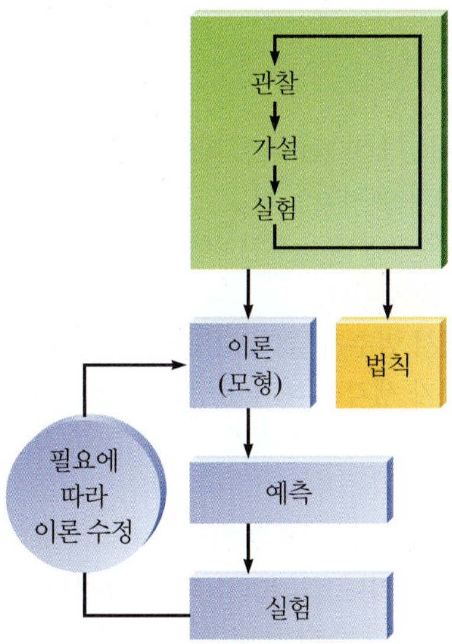

그림 1.1 과학적 방법의 여러 부분.

관찰과 이론을 구분하는 것은 중요하다. 관찰은 증거가 되며 기록할 수 있는 것이고, 이론은 *왜* 자연이 특정한 형태로 행동하는지를 가능성 있게 설명할 수 있는 *해석*(interpretation)이다. 이론은 수많은 정보를 통해 얼마든지 바뀔 수 있다. 태양과 달의 움직임을 예로 들면, 수천 년 동안 인간이 실질적으로 관찰해 온 것은 같지만 그에 대한 설명, 이론은 고대 이후로 상당히 많이 바뀌었다.

비판적으로 생각하기

정부에 있는 모든 사람이 과학적 방법을 사용하여 사회 문제를 분석하고 해결한다면 정치는 그 해결책에 포함되지 않을 것이다. 이것이 현재 상황과 어떻게 다른가? 더 나아질까, 더 나빠질까?

중요한 점은 우리가 생각해 낸 이론이 단지 자연의 성질 중에서 특정한 면만을 만족시킨다고 해서 질문하는 것을 그만두어서는 안 된다는 것이다. 이론을 고쳐나가기 위해 계속 실험해야 한다. 보통, 이론을 이용해서 예측을 하고 실험(새로운 관찰) 결과가 이 예측을 확증하는지를 실험한다.

항상 이론(모형)은 인간이 만든 것이라는 것을 기억하라. 이론은 인간의 경험에 비추어 본 관점에서 자연의 성질을 설명하려 한 것이다. 만약 자연에 대해 보다 정확하게 이해하려 한다면 실험을 계속하여 새로운 정보로 이루어진 이론으로 이론을 고쳐나가야 한다.

자연계를 살펴보았던 것처럼 같은 관찰 방법을 여러 다른 체계에 적용하기도 한다. 예를 들어, 수없이 많은 화학적 변화 연구에서 물질의 전체 질량은 변화 전과 변화 후가 같다는 것을 보여준다. 이와 같이 일반적으로 관찰된 성질을 **자연 법칙**(natural law)이라고 한다. 물질의 어떠한 화학적 변화에도 전체 질량은 영향을 받지 않는다는 것을 질량 보존 법칙(law of mass conservation)이라고 한다.

법칙과 이론은 반드시 구분해야 한다. 법칙은 (측정할 수 있는) 관찰된 성질의 요약인 반면, 이론은 행동을 설명하는 것이다. *법칙은 무슨 일이 일어났는가를 말하는 반면, 이론은 왜 그런 일이 일어나는가를 설명하려는 시도이다.*

이 절에서는 과학적 방법(그림 1.1에 요약되어 있음)이 이상적으로 적용되는 것에 대해 살펴보았다. 하지만 화학이 항상 효율적이고 쉽게 발전하는 것이 아니라는 것을 알아야 한다. 과학자들도 사람이기에 편견을 가지거나, 자료를 잘못 해석한다거나, 자신의 이론에 감정적으로 집착해서 객관성을 잃을 수도 있으며, 정치적일 수도 있다. 화학은 이익 욕구, 예산, 일시적 유행, 전쟁, 종교적 신념 등에 의해 영향을 받는다. 갈릴레오(Galileo)의 경우 강력한 종교적인 저항에 그의 천문학적 관찰을 부인했으며, 현대 화학의 아버지라 불리는 라부아지에(Lavoisier)는 정치적 이유로 단두대에 올랐다. 화학에서 큰 성과인 질소 비료는 전쟁에서 쓸 화약을 만드는 중에 생겨난 것이다. 화학의 발전은 사용하는 과학적 측정기구의 한계에 의해서보다는 과학자나 연구기관들이 가지고 있는 나약함에 의해 그 발전이 더디어지기도 한다. 과학적 방법은 인류가 그것을 사용하는 때만 유용한 것이지 그 자체가 저절로 발전을 이끄는 것은 아니다.

1.5 화학을 배운다는 것은?

학습 목표

- 화학을 공부함에 있어 성공적인 전략을 세운다.

전 세계적으로 화학 공부가 어렵다는 이야기를 듣는다. 여기에는 그럴 만한 이유가 있다. 이러한 한 가지 이유는 처음 시작할 때 접하게 되는 화학 용어들이 낯설다는 것이다. 많은 용어와 정의를 외워야 한다. 어떠한 언어이든 *단어를 알아야* 효율적인 의사소통이 가능하다. 이 책은 여러분이 필요한 용어를 외우기 쉽도록 도울 것이다.

하지만 외우는 것은 시작에 불과하다. 외우는 것에서 멈추지 말라. 그렇게 되면 여러분은 화학을 공부하는 것에 좌절하게 될 것이다. 무엇인가 생각을 해서 자신이 깨닫게 되는 것을 신뢰하라. 화학 문제를 풀기 위해서 주어진 정보를 가려내고 정말 중요한 것이 무엇인지 결정하라.

중요한 것은 많은 요소로 구성된 화학적 체계가 복잡하다는 것을 인식하는 것이며 또한 그것을 설명할 수 있는 최대한의 근사치를 만들어내는 것이다. 그러므로 화학적인 문제를 해결함에 있어 시행착오는 중요한 역할을 한다. 복잡한 체계를 다룰 때, 연구를 하는 화학자는 자기 자신이 처음으로 문제를 분석한 것이 옳을 것이라고 생각하지 않는다. 일반적으로는 가정했던 것을 단순화시키고 나서 몇 가지를 확인해 본다. 얻어진 결과가 납득할 만한 것이 아니라면 화학자는 가정을 조정하고 처음부터 일을 돌이켜서 또 다시 여러 번 연구를 반복한다. 중요한 것은 화학적인 체계를 다룸에 있어 모든 연구의 결과를 바로 이해하기를 기대하지 않는 것이다. 사실 경험이 많은 화학자조차도 한 번에 이해할 수는 없다. 문제를 해결하기 위해 시도하고 그 결과를 다시 분석하라. *여러분이 무엇인가 배울 수만 있다면 연구를 하다가 실수를 하더라도 절대로 잘못된 것이 아니다.*

문제 해결사로서 자신감을 갖는 유일한 방법은 문제 푸는 연습을 하는 것이다. 여러분을 돕기 위해 이 책에는 자세하게 문제를 연습할 수 있는 예제들이 있다. 꾸준히 주의깊게 문제를 풀어보고 각 단계를 확실하게 이해하도록 하라. 이 보기들은 "실전 연습"이라는 비슷한 유형의 문제들과 함께 제시된다. 이것들은 스스로 문제를 해결하도록 하라(실전 연습의 자세한 풀이는 본 출판사 홈페이지에서 볼 수 있다). 실전 연습은 여러분이 공부한 것을 이해했는가를 확인하는 데 이용하도록 하라.

kall9/iStockphoto.com

화학 실험을 논의하는 학생.

각 장의 끝에는 연습 문제가 있다. 문제들은 각 장의 기본개념과 소개된 용어들을 잘 이해했는지 확인하기 위해 제공된다. 어떤 문제들은 그 장에서 이미 풀어보았던 예제와 상당히 비슷할 것이다. 각 장의 내용을 이해했다면 간단하게 문제를 풀 수 있을 것이다. 어떤 문제들은 다소의 창의성을 필요로 할 것이다. 이러한 문제에는 여러분이 깊은 사고와 인내로 극복해야 하는 지적인 간극이 있다. 이 과정이 여러분에게 정말 유용하기 위해서는 연습 문제 수준을 넘는 것이 중요하다. 삶은 우리에게 많은 연습 문제, 즉 다소 당연하게 여기는 일상적인 일들을 제공한다. 하지만 삶에 있어 실질적인 도전은 실제 문제들이다. 이 과목은 여러분을 보다 창의성 있는 문제 해결사로 만들어 주는 데 도움이 될 것이다.

숙제를 할 때 정확하게 문제를 풀도록 하고, 어떤 문제를 풀 수 없다면 바로 해답을 보지 말라. 책에 있는 관련 내용을 찾아보고, 문제를 다시 풀어보라. 힘들게 문제 푸는 것을 두려워하지 말라. 더 이상 알 수 없으면 풀이를 보도록 하라.

화학을 배우는 데는 시간이 걸린다. 가능한 모든 방법을 이용하고, 정기적으로 공부하도록 하라. 자기 자신에게 급하게 많은 것을 기대하지 말라. 모든 것을 한 번에 이해할 수는 없으며 처음 풀려고 하는 여러 문제를 풀지 못할 수도 있다. 이것은 당연한 것이다. 여러분이 화학을 배울 수 없다는 뜻이 아니다. 꾸준히 공부하고 실수를 통해 배우는 것으로 천천히 성장해 나간다는 것을 기억하라.

1장 복습하기 Chapter 1 Review

주요 용어

화학(1.2)
과학적 방법(1.4)
측정(1.4)
이론(1.4)
자연 법칙(1.4)

요약

- 화학은 우리 주변의 모든 일상생활에서 존재하기 때문에 모든 사람에게 중요하다.
- 화학은 우주의 물질과 이들의 변화를 다루는 과학이다.
- 과학적 사고를 하면 우리 생활 속에서 만나는 모든 형태의 문제를 해결하는 데 도움이 된다.
- 과학적 사고는 문제와 그 문제의 해답이나 가능한 설명의 구성과 평가를 명확하게 정의할 수 있게 하는 관찰을 포함한다.
- 과학적 방법은 우리 주변 세상으로부터의 정보를 가공하는 과정이다.
  - 관찰하기
  - 가설 설정
  - 실험 수행

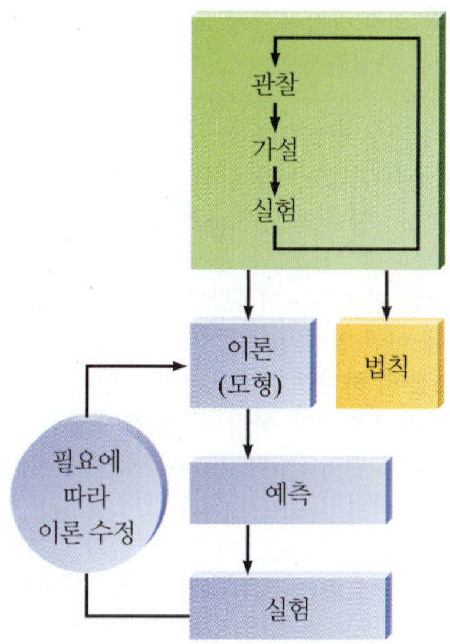

- 모형은 우리 주변 세상을 이해하려는 우리의 노력을 나타낸다.
  - 모형은 "실재"와 같지 않다.
  - 기본적인 모형은 원자와 분자의 성질을 기본으로 하고 있다.
- 화학을 이해하려면 어려운 작업과 인내가 필요하다.

- 화학을 배우면서 미시적 세계를 기초로 하는 모형을 사용하여 거시적 세계에서 일어나는 현상을 이해하고 설명하며 예측할 수 있어야 한다.
- 이해한다는 것은 기억하는 것과 다르다.
- 이들을 배우는 동안 실수할 수도 있다.

활동 학습 질문

다음은 강의 중 그룹 지도를 위한 문제들로, 특정 주제를 소개하는 데 매우 효과적이다.

1. 가설이 어떻게 이론이 되는지 설명하시오. 이론은 법칙이 될 수 있는가? 설명하시오.
2. 여러분이 지금 앉아있는 교실에 대한 정성적 관찰과 정량적 관찰을 각각 5개씩 만드시오.
3. 여러분의 일상 생활 중 일부분이라 생각되는 화학 반응의 예를 보이고 설명하시오.
4. "이론"과 "과학 이론"의 차이점은 무엇인가?
5. 이전에 학교 밖에서 여러분이 과학적 방법을 이용했던 경우를 3가지 제시하시오.
6. 과학적 모형은 실재와 다르다. 이들은 단순하기 때문에 어떤 수준에서 부정확하다. 그렇다면 모형이 유용한 이유는 무엇인가?
7. 이론이 문제를 만들어낸다. 여러분이 알고 있는 과학 이론과 그것이 만들어내는 문제들을 논하시오.
8. 주어진 숙제를 마치는 것과 그 과목에서 얻게 될 최종 학점과의 관계를 확인할 수 있는 실험을 어떻게 고안할 수 있는지 논하시오.
9. 본문에서 진술한 것처럼 과학적 방법에는 한 가지만 있는 것은 아니다. 하지만 관찰을 하고 가설을 설정하며 실험을 하는 것은 "과학 수행"의 일반적인 구성 요소이다. 다음 글을 잘 읽고 관찰, 가설, 실험을 나열하시오.

> 한길과 철수는 건포도를 먹으며 탄산 음료를 마시고 있다. 우연히 철수가 건포도를 탄산 음료가 든 컵에 떨어뜨렸다. 그들은 모두 이 건포도가 유리잔 바닥으로 떨어지는 것을 알게 되었다. 이 건포도는 곧 떠올랐다가 다시 가라앉았다. 몇 분 동안 건포도는 떠올랐다 가라앉았다를 반복했다. 한길은 "왜 이런 일이 일어날까?"라고 물었다. 철수는 "나도 잘 모르겠어. 하지만 물에서는 어떤 일이 일어나는지 보기로 하자"라고 말했다. 한길은 유리잔에 물을 채우고 건포도를 잔 안으로 떨어뜨렸다. 몇 분 후에 철수는 "물 속에서는 오르락내리락하지 않아"라고 말했다. 한길은 두 유리잔 안에 있는 건포도들을 관찰하고서 다음과 같이 말했다. "봐! 탄산 음료 속에 있는 건포도에는 공기 방울이 있는데 물 속에 있는 건포도에는 없어." 철수는 "건포도를 떠오르게 하는 것은 분명 저 공기방울이야"라고 말했다. 그리고 한길은 "그래. 하지만 그렇다면 왜 다시 가라앉을까?"하고 물었다.

10. 과학 과제의 일부로 당신이 사는 도시의 도심지 한가운데 교차로에서 교통 패턴을 연구한다. 주중에 24시간 동안 이 교차로를 통과하는 자동차를 세는 장치를 만들었다. 시간별 교통량 그래프는 다음과 같다.

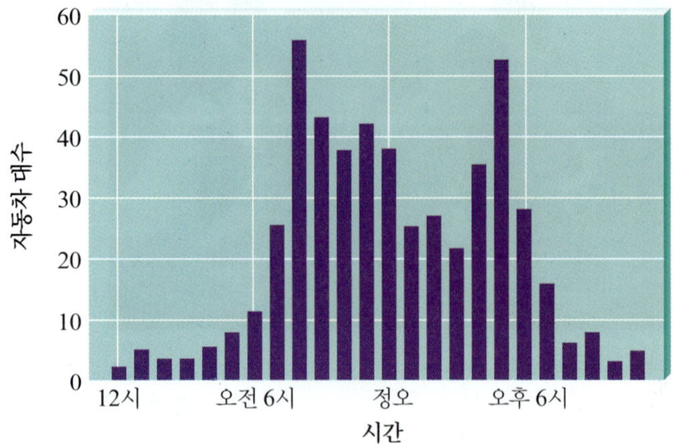

a. 이 교차로를 통과하는 자동차 수가 가장 많은 시간은 언제인가?
b. 이 교차로를 통과하는 자동차 수가 가장 적은 시간은 언제인가?
c. 이 날 자동차 수의 경향을 간단히 설명하시오.
d. 이 날 자동차 수의 경향을 설명하는 가설을 제시하시오.
e. 이 가설을 시험할 수 있는 가능한 실험을 제시하시오.

질문과 문제

1.1 화학: 들어가는 말

▶ *질문*

1. 이 책 앞부분의 몇 단락에서는 주변에서 일어나는 일들에 대해 어떻게? 왜? 그러한 방법으로 일어나는가를 궁금하게 생각한 적이 있는지 묻고 있다. 그런 예를 5가지 이상 들어 다음 수업 시간에 제시하고 지도 교수 및 학생들과 함께 토론하시오.
2. 이 절에서는 화학이 매일의 삶을 풍성하게 해주는 것을 보여준다. 여러분이 느끼기에 그런 풍요로움을 가능하게 해준 물질이나 화학 반응을 3가지 들고 설명하시오.

1.2 화학이란 무엇인가?

▶ *질문*

3. 이 책에서 화학이란 "우주에 존재하는 물질과 그 변화에 대해서 다루는 학문이라고 정의하였다. 분명 이러한 일반적 정의는 범위가 매우 넓고 구체적이지 않다. 이 시점에서 당신의 관점으로 화학을 어떻게 정의할 수 있겠는가? 여러분이 생각하는 "화학 물질"이란 무엇이며, "화학자"들이 하는 일은 무엇인가?
4. 화학 반응은 실험실에서뿐만 아니라 일상 생활에서도 이용된다. 우리 일상 생활에서 이용되는 화학 변화의 예를 5가지 이상 들어 보시오. 여러분이 선택한 각 보기에서 "화학물질"이 어떤 것이며, 화학 변화가 일어났음을 어떻게 알 수 있는지 지적하시오.

1.3 과학적 접근법을 이용한 문제 해결하기

▶ *질문*

5. 화학자가 된다는 것은 탐정이 된다는 것과 매우 비슷하다. 셜록 홈즈나 코난과 같은 탐정들은 과학자들이 과학적 방법을 사용하

는 것처럼, 사건을 해결하기 위해 매우 조직적인 분석을 한다. 과학자들과 탐정들이 문제를 해결하는 단계를 설명하시오.

1.4 과학적 방법

▶ *질문*

6. 과학에서 법칙과 이론 사이에 차이는 무엇인가? 각각의 예를 드시오.
7. 관찰은 정성적인 것도 있고 정량적인 것도 있다. 정량적 관찰은 주로 *측정*(measurement)이라고 부른다. 집이나 학교에서 실시한 *정성적 관찰*을 다섯 개 예로 드시오. 일상 생활에서 매일하는 *측정* 다섯 개를 예로 쓰시오.
8. 과학적 방법의 각 단계의 순서도를 그리시오. 이 방법의 각 단계를 정의하시오.
9. 일반적으로 과학이 우리 삶의 수준을 엄청나게 발전시켰지만 때로 과학의 "어두운 면"이 있다. 과학을 잘못 사용한 예를 들고 그것이 우리 삶에 부정적인 영향을 어떻게 미쳤는지 설명하시오.
10. 어떤 이론에 대한 과학자들의 평가에 영향을 줄 수 있는 여러 정치적, 사회적, 개인적으로 고려해야 할 것들에 대해 논하시오. 이러한 외부 압력이 과거 과학자들에게 어떠한 영향을 주었는지 예를 들어 보시오. 이러한 편견이 미래 과학 연구로부터 배제될 수 있는 방법을 논하시오.

1.5 화학을 배운다는 것은?

▶ *질문*

11. 강의 노트를 복습하고, 책을 읽는 것도 중요하지만 화학을 공부하는 데는 문제 풀이가 훨씬 더 중요하다. 그 이유는 무엇인가? 책이나 풀이집에 있는 풀이를 보는 것만으로 문제 해결 방법을 배울 수 있는지 토론하시오.
12. 화학을 공부하는 학생들은 많이 사용되는 원소들의 기호와 이름 같은 특정한 기본적인 사실들을 반드시 배워야 한다. 하지만 훨씬 더 중요한 것은 비판적 사고와 수업이나 책에 나오는 특정 예들을 뛰어넘는 것이다. 어떠한 직업에서든, 심지어 화학과는 전혀 관련이 없는 분야에서도 이 방법을 배우는 것이 어떻게 도움이 될지 설명하시오.

CHAPTER

2

측정과 계산

Measurements and Calculations

여러 화학 실험용 유리 기구.

Leelu/Shutterstock.com

앞서 1장에서 말한 바와 같이 관찰하는 것이 과학적 과정에서 중요한 역할을 한다. 때로 관찰은 *정성적*(qualitative, "이 물질은 노란색 고체이다")이며, 때로는 *정량적*(quantitative, "이 물질의 무게는 4.3 그램이다")이다. 정량적 관찰을 측정(measurement)이라고 한다. 측정은 우리 일상생활에서 매우 중요하다. 예를 들어, 우리는 자동차 휘발유 값을 L 단위로 지불한다. 따라서 주유기는 연료통에 들어간 휘발유의 양을 정확히 측정해야 한다. 자동차 엔진의 효율성은 배기 가스 중 산소의 양, 냉각제의 온도, 윤활유의 압력 등 여러 측정치로 결정한다. 또한 견인 조절 시스템(traction control system)이 장착된 자동차에는 네 바퀴의 회전 속도를 측정하고 비교하는 장치가 있다. 이 장의 "화학의 초점"에서 살펴보게 되겠지만, 측정 장치들은 빠르고 복잡하게 변해 가는 세상에 맞추어 매우 정교해져 왔다.

측정은 항상 수와 단위의 두 부분으로 이루어져 있다. 두 부분 모두 의미 있는 측정을 위해 필수적이다. 예를 들어 친구가 길이 5인 벌레를 보았다고 이야기했다고 해 보자. 이 말 자체만으로는 아무런 의미가 없다. 5 무엇? 5 밀리미터라면 벌레는 매우 작은 것이다. 5 센티미터라면 벌레는 상당히 큰 것이다. 만약 5 미터라면 당장 피해야 한다.

중요한 것은 측정이 의미를 갖기 위해서는 반드시 수와 단위의 두 가지로 이루어져야 하며, 단위는 사용한 척도를 알려주어야 한다는 것이다.

이 장에서는 측정의 특성과 측정치와 연관된 계산에 대해 다루기로 한다.

주유기는 주입된 휘발유의 양을 측정한다.
IPGGutenbergUKLtd/iStockphoto.com

2.1 과학적 표기법

학습 목표

- **매우 큰 수나 매우 작은 수를 1과 10 사이의 수와 10의 지수와의 곱으로 나타내는 방법을 보여준다.**

측정은 항상 수와 단위로 이루어져야 한다.

과학적 측정과 관련된 수가 매우 크거나 매우 작은 경우가 종종 있다. 예를 들어, 지구에서부터 태양까지의 거리는 대략 93,000,000(9,300만) 마일이다. 이것은 일일이 다 쓰기에 너무 큰 수이다. 과학적 표기법은 이러한 매우 큰 수나 작은 수를 보다 간단하게 쉽게 쓰기 위한 방법이다. ◀

어떻게 하는지 알아보기 위해, 125를 다음 곱으로 나타내 보자.

$$125 = 1.25 \times 100$$

$100 = 10 \times 10 = 10^2$이기 때문에 다음과 같이 쓸 수 있다.

$$125 = 1.25 \times 100 = 1.25 \times 10^2$$

마찬가지로 수 1700은 다음과 같이 쓸 수 있다.

$$1700 = 1.7 \times 1000$$

$1000 = 10 \times 10 \times 10 = 10^3$이기 때문에 다음과 같이 쓸 수 있다.

$$1700 = 1.7 \times 1000 = 1.7 \times 10^3$$

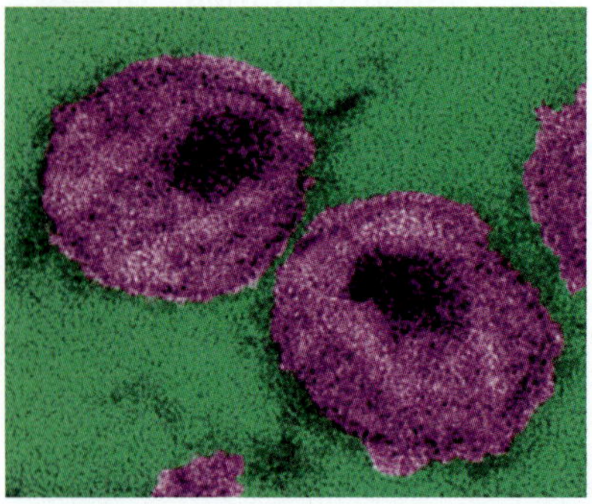

CDC/A. Harrison; Dr. P. Feorino

HIV 바이러스와 같이 매우 작은 것의 크기를 나타낼 때 과학적 표기법을 이용하면 편리하다.

과학적 표기법(scientific notation) ◀ 은 수를 *1과 10 사이의 수와 적절한 10의 지수와의 곱으로 나타내는 것*이다. 예를 들면, 93,000,000은 다음과 같이 나타낼 수 있다.

$$93{,}000{,}000 = 9.3 \times 10{,}000{,}000 = 9.3 \times 10^7$$

9.3: 1과 10 사이의 수
10^7: 적절한 10의 지수 ($10{,}000{,}000 = 10^7$)

가장 손쉽게 적절한 10의 지수를 결정하기 위한 방법은 제시된 수로부터 시작하여 1과 10 사이의 수를 얻도록 소수점을 움직인 자릿수를 헤아리는 것이다.

9 3 0 0 0 0 0 0
7 6 5 4 3 2 1

예를 들어, 93,000,000은 소수점을 왼쪽으로 일곱 자리 움직여야 9.3(1과 10 사이의 수)을 얻을 수 있게 된다. ◀ 왼쪽으로 소수점을 움직일 때마다 이를 보정하기 위해 10씩 곱해야 한다. 즉, 왼쪽으로 소수점을 한 번씩 움직일 때마다 수는 1/10씩 줄어든다. 따라서 소수점을 왼쪽으로 움직일 때마다 10씩 곱해서 수의 원래 크기로 되돌려 놓아야 한다. 그러므로 소수점이 왼쪽으로 일곱 자리 움직였다는 것은 9.3에 10을 일곱 번 곱해야 한다는 것이며 이는 10^7과 같다. ◀

수학적 기능 향상 도움말
소수점을 왼쪽으로 하나씩 움직인다.

$$93{,}000{,}000 = 9.3 \times 10^7$$

소수점을 왼쪽으로 일곱 자리 움직였으므로 보정을 위해 10^7을 곱해야 한다.

소수점을 *왼쪽*으로 움직이면, 10의 지수는 *양수*임을 기억하라.

수학적 기능 향상 도움말
소수점을 왼쪽으로 옮기면 양의 지수가 필요하다.

1보다 작은 수도 같은 방법으로 나타낼 수 있다. 그러나 이 경우 10의 지수는 음수이다. 0.010을 예를 들면, 소수점을 오른쪽으로 두 자리 움직여야 1과 10 사이의 수를 얻을 수 있다.

0 . 0 1 0
1 2

이 경우 −2의 지수를 필요로 하므로 ◀ $0.010 = 1.0 \times 10^{-2}$이다. 소수점을 오른쪽으로 움직이면, 10의 지수는 음수임을 기억하라.

수학적 기능 향상 도움말
소수점을 오른쪽으로 옮기면 음의 지수가 필요하다.

다음으로 0.000167을 생각해 보자. 소수점을 오른쪽으로 네 자리 움직여야 1.67(1과 10 사이의 수)을 얻을 수 있다.

0 . 0 0 0 1 6 7
1 2 3 4

소수점을 오른쪽으로 네 자리 움직이면 −4의 지수가 필요하다. ◀

수학적 기능 향상 도움말
지수와 과학적 표기법에 대해 더 알고 싶으면 부록을 참고하시오.

$$0.000167 = 1.67 \times 10^{-4}$$

소수점을 오른쪽으로 네 자리 움직였다.

이 과정을 아래에 요약하였다.

수학적 기능 향상 도움말
$100 = 1.0 \times 10^2$
$0.010 = 1.0 \times 10^{-2}$

과학적 표기법 이용하기

- 어떠한 수라도 1과 10 사이의 수와 10의 지수(양수 또는 음수)의 곱으로 나타낼 수 있다. ◀
- 10의 지수는 소수점이 움직인 방향과 자릿수에 따라서 달라진다. 소수점이 움직인 자릿수는 10의 지수를 결정한다. 소수점이 움직인 방향에 따라서 10의 지수가 *양수*인지 *음수*인지 결정된다. ◀ 소수점이 왼쪽으로 움직였다면 10의 지수는 양수이고, 소수점이 오른쪽으로 움직였다면 10의 지수는 음수이다.

대화형 예제 2.1 과학적 표기법: 10의 지수(양수)

수학적 기능 향상 도움말
1보다 큰 수는 과학적 표기법으로 나타낼 때 항상 양의 지수를 갖는다.

다음 수를 과학적 표기법으로 나타내시오. ◀

a. 238,000

b. 1,500,000

풀이

a. 우선 1과 10 사이의 수가 될 때까지 소수점을 움직인다. 이 경우에는 2.38이다.

2 3 8 0 0 0
5 4 3 2 1 소수점을 왼쪽으로 다섯 자리 움직였다.

소수점을 왼쪽으로 다섯 자리 움직였기 때문에 10의 지수는 양수 5이다. 따라서 $238{,}000 = 2.38 \times 10^5$

b. 1 5 0 0 0 0 0
6 5 4 3 2 1 소수점을 왼쪽으로 여섯 자리 움직였기 때문에 10의 지수는 6이다.

따라서 $1{,}500{,}000 = 1.5 \times 10^6$

대화형 예제 2.2 과학적 표기법: 10의 지수(음수)

수학적 기능 향상 도움말
1보다 작은 수는 과학적 표기법으로 나타낼 때 항상 음의 지수를 갖는다.

다음 수를 과학적 표기법으로 나타내시오. ◀

a. 0.00043

b. 0.089

풀이

a. 우선 1과 10의 사이의 수가 될 때까지 소수점을 움직인다. 이 경우에는 4.3이다.

0 . 0 0 0 4 3
1 2 3 4 소수점을 오른쪽으로 네 자리 움직였다.

소수점을 오른쪽으로 네 자리 움직였기 때문에, 10의 지수는 −4이다. 따라서 $0.00043 = 4.3 \times 10^{-4}$

b. 0 . 0 8 9
1 2 소수점을 오른쪽으로 두 자리 움직였기 때문에 10의 지수는 −2이다.

따라서 $0.089 = 8.9 \times 10^{-2}$

SELF-CHECK **실전 연습 2.1** 357과 0.0055를 과학적 표기법으로 나타내시오. 아직도 과학적 표기법이 이해하기 어렵다면 부록을 다시 읽어보시오.

2.2 단위

학습 목표

- 측정에 사용되는 영국 단위계, 미터 단위계, SI 단위계를 익힌다.

측정에서의 **단위**(unit) 부분은 측정 결과를 나타내는 데 사용한 *척도*(scale)나 *기준*(standard)을 알려준다. 문명의 초기 때부터 거래에는 공통의 단위가 필요했다. 예를 들어, 어느 지역의 농부가 자신이 가지고 있는 곡식을 다른 지역에 사는 금을 가진 사람과 거래하고 싶어 한다면 두 사람은 곡식의 양과 금의 무게를 측정할 수 있는 공통적인 기준(단위)이 있어야만 했다.

공통 단위는 질량, 길이, 시간, 온도와 같은 양을 측정하는 과학자에게도 필요하다. 만약 모든 과학자가 각각 자신만의 단위 체계를 가지고 있다면 엄청난 혼란이 발생할 것이다. 불행히도 단위의 기준 체계가 확립되어 있음에도 불구하고 세계 각 나라에서는 다른 체계를 적용하고 있다. 가장 널리 쓰이는 두 가지 체계는 미국에서 사용하는 **영국계**(English system)와 그 외 대부분의 국가에서 사용하는 **미터계**(metric system)이다.

비판적으로 생각하기

하루 동안 단위를 사용할 수 없다면 어떤 일이 생기겠는가? 이것이 그날 당신의 삶에 어떤 영향을 미치겠는가?

미터계는 대부분의 과학 분야에서 오랫동안 사용되어 왔다. 1960년 전 세계적으로 **국제계**(International System, 프랑스어로 *le Système Internationale* 또는 SI)라고 부르는 포괄적인 단위 체계를 정립하였다. SI 단위는 미터계를 기반으로 하고 있으며 단위들도 미터계에서 유래한 것이다. 가장 중요한 기본 SI 단위들을 표 2.1에 나타내었다. 이 장의 뒷부분에서 이 단위들을 어떻게 다루는지 살펴보기로 하자.

표 2.1 몇 가지 기본 SI 단위

물리적 양	단위 이름	약자
질량	킬로그램(kilogram)	kg
길이	미터(meter)	m
시간	초(second)	s
온도	켈빈(kelvin)	K

표 2.2 미터계에서 흔히 사용되는 접두어

접두어	기호	의미	과학적 표기법에서 10의 지수
메가(mega)	M	1,000,000	10^6
킬로(kilo)	k	1,000	10^3
데시(deci)	d	0.1	10^{-1}
센티(centi)	c	0.01	10^{-2}
밀리(milli)	m	0.001	10^{-3}
마이크로(micro)	μ	0.000001	10^{-6}
나노(nano)	n	0.000000001	10^{-9}

기본 단위들이 항상 사용하기 좋은 크기로 되어있는 것이 아니기 때문에 SI 계에서는 접두어를 이용하여 단위의 크기를 바꾼다. 가장 흔히 사용되는 접두어를 표 2.2에 나타내었다. 길이의 기본 단위는 미터(m)이지만, $\frac{1}{10}$ (0.1) 미터인 데시미터(dm), $\frac{1}{100}$ (0.01) 미터인 센티미터(cm), $\frac{1}{1000}$ (0.001) 미터인 밀리미터(mm) 등을 이용할 수도 있다. 예를 들어, 콘택트 렌즈의 지름을 나타낼 때에는 1.0 cm라고 하는 것이 1.0×10^{-2} m이라고 하는 것보다 편리하다.

측정은 수와 단위로 구성되며 모두 중요하다. 수치가 없는 측정값을 보고하지 않는 것처럼, 단위 없는 측정값도 보고하지 않을 것이다. 당신은 누군가에게 "한 시간 안에 보자"(시간이 단위)라고 하거나, 저녁으로 피자 두 판(판이 단위)을 주문하는 것처럼 일상생활에서 이미 단위를 사용하고 있다.

2.3 길이, 부피, 질량의 측정

학습 목표

■ 길이, 부피, 질량을 측정하기 위해 미터계를 이해한다.

길이의 기본 SI 단위는 **미터**(meter)이다. 미터계에서 1 미터보다 작거나 클 때에는 표 2.3에 요약되어 있는 것과 같이 10의 지수로 나타낼 수 있다.

영국계와 미터계를 자로 비교한 것을 그림 2.1에 나타내었다.

1 인치 = 2.54 센티미터 (기억할 것)

다른 영국계–미터계의 등가(equivalence)들은 2.6절에 있다.

부피(volume)는 물질로 가득 차 있는 삼차원 공간의 양이다. SI계에서 부피의 기본 단위는 가로, 세로, 높이가 각각 1 미터인 정육면체의 부피를 기본으로 한다. 이 정육면체의 부피는

표 2.3 길이 측정에 사용되는 미터계

단위	기호	미터의 등가
킬로미터	km	1000 m 또는 10^3 m
미터	m	1 m
데시미터	dm	0.1 m 또는 10^{-1} m
센티미터	cm	0.01 m 또는 10^{-2} m
밀리미터	mm	0.001 m 또는 10^{-3} m
마이크로미터	μm	0.000001 m 또는 10^{-6} m
나노미터	nm	0.000000001 m 또는 10^{-9} m

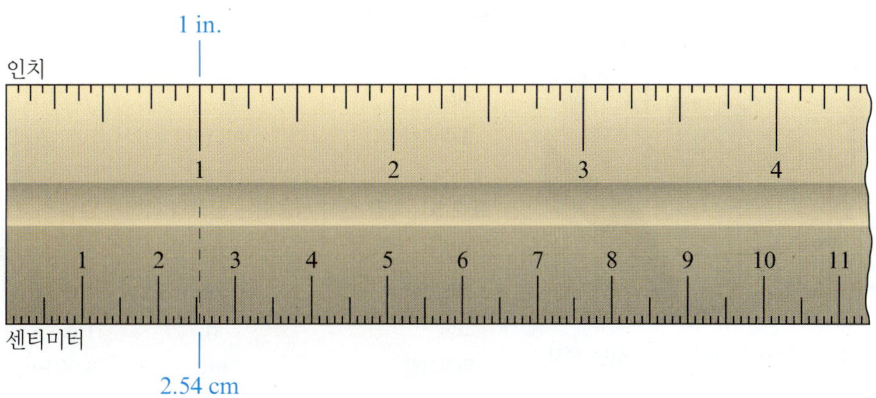

그림 2.1 길이를 나타내는 영국계와 미터계 단위를 자로 비교한 것.

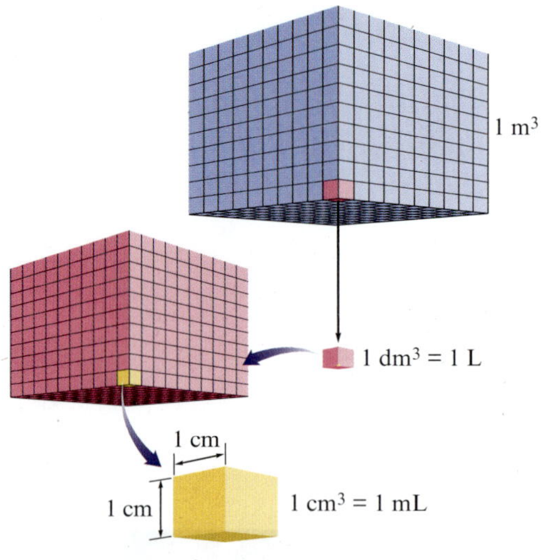

그림 2.2 가장 큰 그림은 한 변의 길이가 1 m인 정육면체로 부피는 1 m^{3}이다. 중간 크기의 정육면체는 한 변의 길이가 1 dm인 것으로 부피는 1 dm^3 즉, 1 L이다. 가장 작은 정육면체는 한 변의 길이가 1 cm인 것으로 부피는 1 cm^3 즉, 1 mL이다.

$$1\ \text{m} \times 1\ \text{m} \times 1\ \text{m} = (1\ \text{m})^3 = 1\ \text{m}^3$$

즉, 1 세제곱미터(입방미터)라고 한다.

그림 2.2는 이 정육면체를 1000개의 작은 정육면체로 나누어 놓은 것이다. 각각의 작은 정육면체는 1 dm^{3}의 부피를 나타내는 것으로 보통 **리터**(liter)라고 하며 약자로 L로 쓴다.

부피가 1 dm^3(1 리터)인 정육면체는 부피 1 cm^{3}인 1000개의 정육면체로 쪼갤 수 있다. 이는 1 리터가 1000 cm^{3}로 이루어졌다는 것이다. 1 세제곱센티미터는 **밀리리터**(milliliter, 약자로 mL)라고 하며 부피의 단위로 화학에서 매우 흔히 사용된다. 이러한 관계를 표 2.4에 정리하였다.

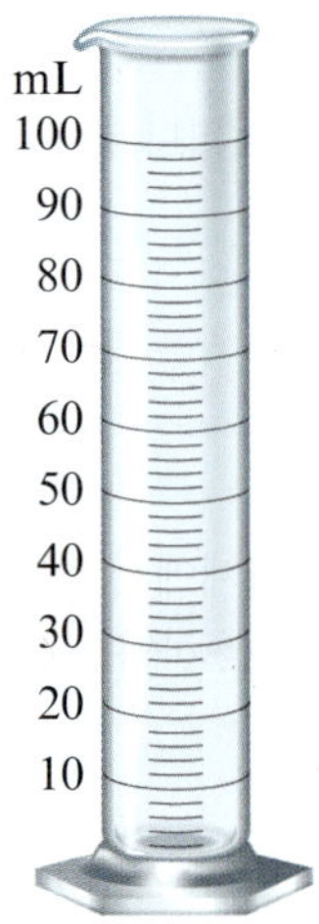

그림 2.3 100-mL 눈금 실린더.

눈금 실린더(graduated cylinder, 그림 2.3 참조)는 화학 실험실에서 액체의 부피를 측정하는 데 주로 쓰이며 편리한 부피 단위(주로 밀리리터)로 눈금이 표시되어 있다. 원하는 부피의 액체를 눈금 실린더에 채우고 따라낸다.

또 다른 중요한 측정 가능한 양은 **질량**(mass)으로 물체 안에 들어있는 물질의 양으로 정의한다. 질량의 기본 SI 단위는 **킬로그램**(kilogram)이다. SI 계보다 먼저 사용하던 미터계에서 기본 단위로 그램을 사용하고 있었기 때문에 표 2.5에 나타낸 것과 같이 여러 질량 단위의 접두어는 **그램**(gram)을 기본으로 한다.

실험실에서 물질의 질량을 측정하는 데는 저울을 이용한다. 저울은 물질의 질량과 표준 질량(추)을 비교한다. 예를 들면, 물질의 질량은 홀접시 저울(그림 2.4)을 이용하여 결정할 수 있다.

METTLER TOLEDO

그림 2.4 화학 실험실에서 사용하는 전자 분석 저울.

표 2.4 리터와 밀리리터와의 관계

단위	기호	등가
리터	L	1 L = 1000 mL
밀리리터	mL	$\frac{1}{1000}$ L = 10^{-3} L = 1 mL

표 2.5 가장 흔히 사용되는 질량의 미터계 단위

단위	기호	그램의 등가
킬로그램	kg	1000 g = 10^3 g = 1 kg
그램	g	1 g
밀리그램	mg	0.001 g = 10^{-3} g = 1 mg

2.4 측정의 불확실성

학습 목표 ■ 어떻게 측정 과정에서 불확실성이 발생하는지 이해하고, 유효 숫자를 이용하여 측정의 불확실성을 나타내는 방법을 익힌다.

실험실에서 적정을 하고 있는 학생.

우리가 물건의 개수를 헤아려서 양을 측정할 때는 측정이 정확하다. 예를 들어, 친구에게 가게에 가서 사과 4개를 사오라고 부탁했는데, 친구가 사과 3개나 5개를 사왔다면 이해하기 어려울 것이다. 하지만 측정은 항상 정확하지는 않다. 자나 눈금 실린더로 측정할 때에는 항상 추정이 필요하다. 그림 2.5(a)에서 핀의 길이를 측정하는 것으로 이를 설명할 수 있다. 자를 이용하면 핀의 길이가 2.8 cm보다 약간 길고 2.9 cm보다 약간 짧다는 것을 알 수 있다. 자의 눈금이 2.8과 2.9 사이가 10등분되어 있는 것으로 생각하고 어느 부분에 핀의 끝이 닿는가를 추정한다[그림 2.5(b)]. 핀의 끝이 2.8과 2.9의 절반에 가까우므로 10등분의 5에 해당된다. 따라서 핀의 길이를 2.85 cm로 추정할 수 있다. 측정한 결과 핀의 길이는 약 2.85 cm이다. 그러나 가시적 추정에 의지해야 했으므로 실제로는 2.84 또는 2.86 cm일 수도 있다.

마지막 숫자는 가시적 추정에 근거한 것이므로 다른 사람이 같은 측정을 하면 달라질 수 있다. 예를 들어 5명의 다른 사람이 핀을 측정한 결과가 다음과 같다고 하자.

사람	측정 결과
1	2.85 cm
2	2.84 cm
3	2.86 cm
4	2.85 cm
5	2.86 cm

각 측정의 두 번째 자리 숫자까지는 누가 측정을 했는가와 상관없이 같다는 것을 주목

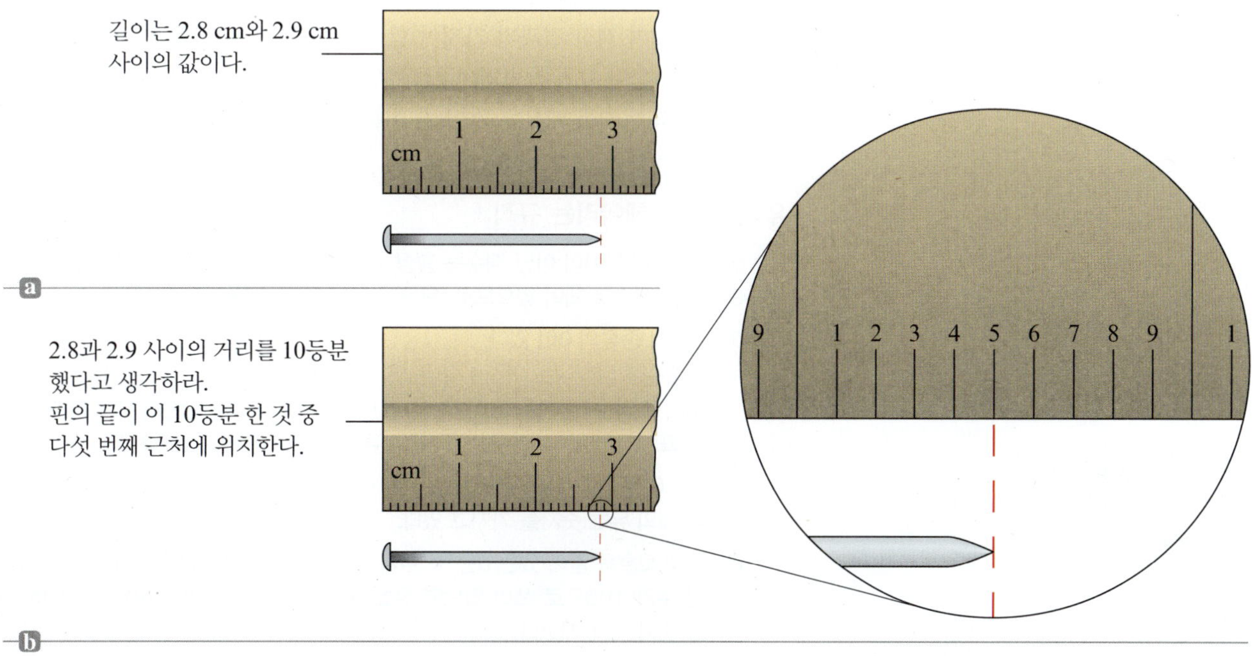

그림 2.5 핀의 측정.

하라. 이를 측정의 *확실한* 숫자라고 한다. 그러나 세 번째 자리 숫자는 추정값이며 다양하다. 이를 *불확실한* 숫자라고 한다. 측정을 하면 일반적으로 모든 확실한 숫자와 *첫 번째* 불확실한 숫자를 합하여 기록한다. 핀의 길이를 소수점 세 번째 자리(1/1000 센티미터)까지 측정하려 하는 것은 이치에 맞지 않다. 왜냐하면 이 자는 소수점 두 번째 자리(1/100 센티미터)도 추정을 해야 하기 때문이다.

*측정은 항상 어느 정도의 불확실성을 가지고 있다*는 것을 인식하는 것은 매우 중요하다. 측정의 불확실성은 측정도구에 달려있다. 예를 들어, 그림 2.5에 있는 자의 눈금이 1/100 센티미터까지 그려져 있다면 핀을 측정한 결과 불확실성은 1/100 자리가 아닌 1/1000 자리에서 나타난다. 하지만 약간의 불확실성은 여전히 존재한다.

측정에서 기록되는 숫자들(모든 확실한 숫자와 첫 번째 불확실한 숫자)을 **유효 숫자**(significant figure)라고 한다. 어떠한 측정에서 유효 숫자의 개수는 측정 기구 고유의 불확실성에 의해 결정된다. 예를 들어, 핀의 길이를 측정하는 데 사용했던 자는 결과를 1/100 센티미터까지만 제공한다. 그러므로 측정에서 유효 숫자를 기록할 때 자동적으로 측정의 불확실성에 대한 정보를 제공한다. 마지막 숫자(추정 숫자)의 불확실성은 달리 표시하지 않으면 보통 ±1이라고 가정한다. 예를 들어, 측정값 1.86 킬로그램은 1.86 ± 0.01 킬로그램으로 이해할 수 있다. 기호 ±는 더하기 또는 빼기를 뜻한다. 즉, 1.86 kg − 0.01 kg = 1.85 kg 또는 1.86 kg + 0.01 kg = 1.87 kg이 될 수 있다.

2.5 유효 숫자

학습 목표

- **계산 결과에서 유효 숫자의 개수를 결정하는 방법을 익힌다.**

어떠한 측정이든 추정이 수반되므로 어느 정도의 불확실성이 있음을 살펴보았다. 우리는 기록하는 유효 숫자의 개수에 의해 측정의 확실성 정도를 나타낸다.

화학에서 많은 유형의 계산을 필요로 하기 때문에 불확실성을 포함하고 있는 수를 셈할 때 무슨 일이 일어났는지를 고려해야 한다. 최종 결과에서 불확실성 정도를 아는 것은 중요하다. 여기서 그 과정을 이야기하지 않겠지만, 수학자들은 불확실성이 어떻게 축적되는지를 연구해왔으며 계산 결과가 가져야 할 유효 숫자의 개수를 결정하는 규칙을 만들어왔다. 계산할 때마다 이 규칙을 따라야 한다. 우선 필요로 하는 것은 주어진 수에서 유효 숫자를 어떻게 헤아리는지를 배우는 것이다. 이를 위해 다음 규칙을 이용한다.

유효 숫자를 헤아리는 규칙

1. *0이 아닌 정수.* 0이 아닌 정수는 *항상* 유효 숫자로 계산한다. 예를 들어, 1457은 4개의 0이 아닌 정수로 되어 있으므로, 모든 숫자를 유효 숫자로 간주한다.
2. *0.* 세 가지 종류의 0이 있다.
   a. *자릿수를 나타내는 0은* ◀ 모든 0이 아닌 숫자에 앞서는 0으로 *절대* 유효 숫자로 간주하지 않는다. 예를 들어, 0.0025에는 세 개의 0이 단순히 소수점을 나타내기 위해 표시되어 있다. 이 수는 두 개의 유효 숫자만 가지고 있으며 2와 5이다.
   b. *0이 아닌 숫자 사이에 있는 0은* ◀ *항상* 유효 숫자로 간주한다. 예를 들어, 1.008은 네 개의 유효 숫자를 가지고 있다.
   c. *수의 오른쪽 끝에 있는 0은* ◀ 수가 소수점과 함께 쓰여 있을 때만 유효하다. 100이란 수가 100으로 쓰여 있으면 유효 숫자는 한 개이지만, 100.으로 쓰여 있다면 유효 숫자는 세 개이다.

(계속)

수학적 기능 향상 도움말
자릿수를 나타내는 0은 절대로 유효 숫자가 아니다.

수학적 기능 향상 도움말
0이 아닌 숫자 사이에 있는 0은 항상 유효 숫자이다.

수학적 기능 향상 도움말
수의 오른쪽 끝에 있는 0은 간혹 유효 숫자이다.

수학적 기능 향상 도움말
정확한 수의 계산에 있어 유효 숫자의 개수를 제한하지 않는다.

3. *정확한 수.* ◀ 때로 계산할 때 측정 기구를 사용해서 얻은 수가 아니고, 실험 10번, 사과 3개, 분자 8개 등과 같이 헤아려서 정해진 수가 포함되는 경우가 있다. 그러한 수를 *정확한 수*(exact number)라고 한다. 또한 정확한 수는 정의에서 비롯될 수도 있다. 예를 들어, 1 인치는 정확히 2.54 센티미터로 정의된다. 그러므로 1 in. = 2.54 cm라는 정의에서 2.54뿐만 아니라 1도 계산에 사용될 때 유효 숫자의 개수를 제한하지 않는다.

수학적 기능 향상 도움말
유효 숫자는 과학적 표기법으로 쉽게 표시된다.

유효 숫자를 헤아리는 규칙은 과학적 표기법으로 쓰인 수에도 적용된다. ◀ 예를 들어, 수 100.은 1.00×10^2으로 나타낼 수 있으며 두 가지 형태 모두 세 개의 유효 숫자를 가지고 있다. 과학적 표기법은 두 가지 큰 장점이 있다. 유효 숫자의 개수를 쉽게 나타내며, 매우 큰 수나 매우 작은 수를 나타내는 데 0이 적게 쓰인다. 예를 들어, 수 0.000060은 훨씬 더 편리하게 6.0×10^{-5}으로 나타낼 수 있으며, 어떤 형태로 나타내도 두 개의 유효 숫자를 가지고 있다.

대화형 예제 2.3 유효 숫자 헤아리기

다음 각 측정치에서 유효 숫자의 개수를 밝히시오.

a. 오렌지 주스 시료가 0.0108 g의 비타민 C를 포함하고 있다.

b. 범죄 연구소의 법 화학자가 머리카락 한 올의 무게를 측정하여 질량을 0.0050060 g으로 기록했다.

c. 두 지점 간의 거리는 5.030×10^3 ft로 밝혀졌다.

d. 어제 자전거 경주에서 110명의 선수가 출발했지만 60명만 결승점을 통과했다.

풀이

a. 이 수의 유효 숫자는 세 개이다. 1의 왼쪽에 있는 0은 자릿수를 나타내므로 유효하지 않다. 하지만 남아있는 0(0이 아닌 숫자 사이에 있는 0)은 유효하다.

b. 이 수의 유효 숫자는 다섯 개이다. 5의 왼쪽에 있는 자릿수를 나타내는 0은 유효하지 않으며, 5와 6 사이에 있는 0은 유효하다. 6의 오른쪽에 있는 마지막 0은 소수점을 포함하므로 유효하다.

c. 이 수의 유효 숫자는 네 개이다. 5.030에 있는 두 개의 0은 모두 유효하다.

d. 두 수 모두 정확한 수이다(자전거 탄 사람을 헤아려서 얻은 수이다). 그러므로 이 수들은 유효 숫자의 개수에 제한을 받지 않는다.

SELF-CHECK

실전 연습 2.2 다음 각 측정값에서 유효 숫자의 개수를 밝히시오.

a. 0.00100 m b. 2.0800×10^2 L c. 배 480 척

수의 반올림

계산기로 계산을 하면 일반적으로 계산기상의 숫자의 개수가 결과가 가져야 할 유효 숫자의 개수보다 많이 나타난다. 따라서 수를 "반올림"(적은 개수의 숫자를 갖도록)해야 한다. **반올림**(rounding off) 규칙은 다음과 같다.

반올림 규칙

1. 제거되어야 할 숫자가
   a. 5 미만인 경우, 앞선 숫자는 그대로 유지된다. 예를 들어, 1.33은 1.3으로 반올림된다.
   b. 5 이상인 경우, 앞선 숫자는 1이 증가한다. 예를 들어, 1.36은 1.4로, 3.15는 3.2로 반올림된다.
2. 연속되는 계산 과정 동안 여분의 숫자는 계속 유지하다가 최종 결과가 나온 *이후에* 반올림한다.* 이는 계산기에 나타나는 모든 숫자를 최종 숫자(답)가 나올 때까지 가지고 있어야 한다는 것이다. 그 후 반올림하되 1번 규칙을 따른다.

*이 방법은 본문에 있는 예제에는 적용하지 않을 것이다. 예제에서는 각 단계마다 유효 숫자의 정확한 개수를 보여주려고 하기 때문이다.

알맞은 개수의 유효 숫자를 갖도록 반올림하기 위해 한 가지 더 강조해야 할 것이 있다. 수 4.348이 두 개의 유효 숫자를 갖도록 반올림한다고 생각해보자. 반올림을 할 때 3 오른쪽의 첫 번째 숫자만을 고려하면 된다.

4.348
↑
두 개의 유효 숫자를
갖도록 반올림을 할 때
이 숫자만을 고려한다.

이 수는 4.3으로 반올림된다. 왜냐하면 4가 5보다 작기 때문이다. 연속해서 반올림하는 것은 옳지 않다. ◀ 예를 들어, 4를 5로 반올림하여 4.35를 만든 후 3을 4로 반올림하여 4.4를 만들어서는 *안 된다*.

수학적 기능 향상 도움말
연속해서 반올림하면 안 된다. 6.8347을 유효 숫자 세 개로 반올림하면 6.84가 아니라 6.830이다.

반올림을 할 때는 *마지막 유효 숫자의 오른쪽에 있는 첫 번째 숫자만을 이용한다*.

계산에서 유효 숫자 결정하기

다음으로는 계산 결과에 알맞은 유효 숫자의 개수를 결정하는 방법을 배울 것이다. 이를 위해 다음 규칙들을 사용한다.

계산에서 유효 숫자를 이용하는 규칙

1. *곱셈*과 *나눗셈*의 경우, 계산 결과의 유효 숫자 개수는 *가장 적은 개수*의 유효 숫자를 측정값의 유효 숫자의 개수와 같다. 이 측정값을 *제한*(limiting) 측정값이라고 하는데 이 수가 계산 결과의 유효 숫자의 개수를 제한하기 때문이다. 다음 계산을 생각해보자.

   4.56 × 1.4 = 6.384 → 반올림 → 6.4

   4.56: 세 개의 유효 숫자
   1.4: 제한 (두 개의 유효 숫자)
   6.4: 두 개의 유효 숫자

   1.4가 유효 숫자 두 개뿐이기 때문에 답을 두 개의 유효 숫자로 제한한다. 그러므로 곱은 두 개의 유효 숫자로 된 6.4로 써야 옳다. 또 다른 예를 들어보자. $\frac{8.315}{298}$의 나눗셈에서 답은 몇 개의 유효 숫자를 가질까? 8.315는 네 개의 유효 숫자를 가지고 있기 때문에 세 개의 유효 숫자를 가진 298이 답을 제한한다. 계산은 다음과 같이 되어야 옳다.

(*계속*)

네 개의 유효 숫자

$$\frac{8.315}{298} = 0.0279027 \xrightarrow{\text{반올림}} 2.79 \times 10^{-2}$$

제한 (세 개의 유효 숫자) / 계산기에 나타난 결과 / 세 개의 유효 숫자

수학적 기능 향상 도움말
계산기 사용법을 잘 모르면 부록을 참고하라.

2. *덧셈*과 *뺄셈*의 경우, 소수점 아래 자릿수가 가장 작은 수가 제한 항이 된다.◀ 다음 덧셈을 예로 들면

$$\begin{array}{r} 12.11 \\ 18.0 \\ \underline{1.013} \\ 31.123 \end{array} \xrightarrow{\text{반올림}} 31.1$$

18.0: 제한 항(소수점 아래 한 자리)
31.1: 소수점 아래 한 자리

왜 답이 소수점 아래 자릿수가 가장 작은 항으로 제한되는가? 실제로 측정에서 보고된 마지막 숫자는 불확실한 수이다. 계산기에서는 18, 18.0, 18.00이 같은 양으로 취급되지만 과학자에게는 다른 양이다. 위의 문제는 다음과 같이 생각할 수 있다.

12.11? mL
18.0?? mL
1.013 mL
31.1?? mL

18.0 항은 10분의 1자리까지만 보고되기 때문에 답도 10분의 1자리까지만 보고하는 것이 옳다.

옳은 계산 결과는 31.1이다(18.0이 소수점 아래 한 자리만을 가지기 때문에 소수점 아래 한 자리로 제한된다). 또 다른 예를 생각해 보자.

$$\begin{array}{r} 0.6875 \\ \underline{-0.1} \\ 0.5875 \end{array} \xrightarrow{\text{반올림}} 0.6$$

−0.1: 제한 항(소수점 아래 한 자리)

*곱셈과 나눗셈의 경우에는 유효 숫자를 헤아리고, 덧셈과 뺄셈의 경우에는 자릿수를 헤아린다*는 것을 기억하라.

다음 예제에서 몇 가지 계산을 통해 유효 숫자에 대해 배운 것들을 종합해 보자.

대화형 예제 2.4 계산에서 유효 숫자 헤아리기

계산하지 말고 각각의 답이 몇 개의 유효 숫자를 가져야 할지 말해 보시오.

a. 5.19
1.9
+0.842

b. 1081 − 7.25

c. 2.3 × 3.14

d. 한 상자에 $2.50인 사탕 세 상자의 가격

풀이

a. 답은 소수점 다음에 한 개의 숫자를 갖는다. 제한 수가 소수점 아래 한 자리를 갖는 1.9이므로 답은 두 개의 유효 숫자를 갖는다.

b. 답은 소수점 다음에 어떠한 숫자도 갖지 않는다. 1081은 소수점 오른쪽에 어떠한 숫자도 없으며 결과를 제한한다. 따라서 답은 유효 숫자 네 개를 갖는다.

c. 답은 두 개의 유효 숫자를 갖는다. 2.3이 유효 숫자 두 개뿐이기 때문이다(3.14는 세 개를 갖는다).

d. 답은 세 개의 유효 숫자를 갖는다. 제한 인자는 2.50인데 사탕 3상자에서 3은 정확한 수이기 때문이다.

대화형 예제 2.5 유효 숫자를 이용한 계산

다음 계산을 하고 알맞은 개수의 유효 숫자로 답을 제시하시오.

a. 5.18×0.0208

b. $(3.60 \times 10^{-3}) \times (8.123) \div 4.3$

c. $21 + 13.8 + 130.36$

d. $116.8 - 0.33$

e. $(1.33 \times 2.8) + 8.41$

풀이

제한 항 / 이 자리까지 반올림한다.

a. $5.18 \times 0.0208 = 0.107744$ ⇨ 0.108

곱한 각 수가 세 개의 유효 숫자를 갖기 때문에 답은 세 개의 유효 숫자를 가져야 한다(규칙 1). 7은 뒤에 따르는 숫자가 5보다 크기 때문에 8로 반올림된다.

> **수학적 기능 향상 도움말**
> 곱하거나 나누기를 할 때는 모든 계산을 끝낸 후 정확한 개수의 유효 숫자를 갖도록 답을 반올림한다.

이 자리까지 반올림한다.

b. $\dfrac{(3.60 \times 10^{-3})(8.123)}{4.3} = 6.8006 \times 10^{-3}$ ⇨ 6.8×10^{-3}

↑ 제한 항

4.3이 유효 숫자가 가장 적으므로(두 개) 답은 두 개의 유효 숫자를 가져야 한다(규칙 1). ◀

c.
$$\begin{array}{r} 21 \\ 13.8 \\ +130.36 \\ \hline 165.16 \end{array} \Rightarrow 165$$

이 경우 21이 제한 항이다(소수점 아래에 수가 없다). 따라서 덧셈 규칙(규칙 2)에 따라 답은 소수점 아래에 수가 없어야 한다.

> **수학적 기능 향상 도움말**
> 문제에서 곱하기(또는 나누기) 한 후에 더하기(또는 빼기) 하는 경우에는 첫 번째 계산(이 경우, 곱셈)을 한 후에 다음 계산(이 경우, 덧셈)을 하기 전에 첫 번째 답을 반올림해야 한다. 알맞은 소수 자리의 개수를 알아야 하기 때문이다.

d.
$$\begin{array}{r} 116.8 \\ -\ \ 0.33 \\ \hline 116.47 \end{array} \Rightarrow 116.5$$

116.8이 소수점 아래 한 자리만 있으므로 답에도 소수점 아래 한 자리만 있어야 한다(규칙 2). 오른쪽 자리의 수(7)가 5보다 크므로 4를 5로 반올림한다. ◀

e. $1.33 \times 2.8 = 3.724$ ⇨ 3.7

$$\begin{array}{r} 3.7 \\ +\ 8.41 \\ \hline 12.11 \end{array} \Rightarrow 12.1$$

(3.7 ← 제한 항)

이 경우는 곱셈을 하고, 덧셈을 하기 전에 알맞은 개수의 유효 숫자를 갖도록 답을 반올림하여야 옳은 소수 자리의 개수를 알게 된다는 것을 유념하라.

SELF-CHECK

실전 연습 2.3 다음 계산의 답을 알맞은 개수의 유효 숫자로 나타내시오.

a. 12.6×0.53

b. $(12.6 \times 0.53) - 4.59$

c. $(25.36 - 4.15) \div 2.317$

2.6 문제 풀이 및 차원 분석

학습 목표

■ 여러 가지 형태의 문제를 풀기 위해 차원 분석이 어떻게 쓰이는지를 학습한다.

주말마다 일하는 가게 사장이 당신에게 출근하는 길에 도넛 2 다스를 사오라고 했다고 생각해보자. 도넛 몇 개를 사야 할까?

이 "문제"는 우리가 항상 접하게 되는 한 가지 측정 단위를 다른 단위로 변환하는 것의 예이다. 다음은 또 다른 예이다. 요리할 때, 요리 설명서에 크림 세 컵이 필요한데 크림을 파인트 단위로 팔고 있다. 몇 파인트를 사야 하는가? 여행 가서 지갑을 사려고 할 때, 가격이 250 페소이다. 몇 원인가? 운동 경기에서, 최근 투르 드 프랑스 자전거 경주 길이가 3215 킬로미터였다. 몇 마일인가? 그 외 여러 다른 분야에서도 접하게 되는 문제이다.

한 측정 단위를 어떻게 다른 단위로 변환할 수 있는가? 이 과정을 도넛 문제를 이용하여 알아보자.

$$\text{도넛 2 다스} = \text{도넛 ?개}$$

?는 우리가 모르는 수이다. 꼭 필요한 정보는 다스의 정의이다.

$$\text{1 다스} = \text{12개}$$

이 정보를 이용해서 다음과 같이 변환할 수 있다.

$$\text{도넛 2 다스} \times \frac{12}{\text{1 다스}} = \text{도넛 24개}$$

수학적 기능 향상 도움말

1 다스 = 12개이므로 $\frac{12}{\text{1 다스}}$를 곱하는 것은 1을 곱하는 것이다. 단위 "다스"는 상쇄된다.

도넛 24개를 사야 한다.

이 과정에서 두 가지 중요한 점을 유념하라.

1. 인자 $\frac{12}{\text{1 다스}}$는 *다스*(dozen)의 정의에 기초한 환산 인자이다. 이 환산 인자는 위에서 제시한 다스의 정의에서 두 부분의 비이다.
2. "다스" 단위는 상쇄된다.

이제 좀 더 일반화해 보자. 한 단위를 다른 단위로 바꾸기 위해서 환산 인자를 이용한다.

$$\text{단위}_1 \times \text{환산 인자} = \text{단위}_2$$

환산 인자(conversion factor)는 두 단위의 관계를 나타내는 정의에서 두 부분의 비이다. 다음에서 이에 대해 좀 더 자세히 다루기로 한다.

이 장의 앞부분에서 핀의 길이를 2.85 cm로 측정했다. 핀의 길이는 인치로 얼마인가? 이 문제를 다음과 같이 나타낼 수 있다.

$$2.85 \text{ cm} \rightarrow \text{? in.}$$

물음표는 우리가 알고자 하는 수를 뜻한다. 이 문제를 풀기 위해서는 인치와 센티미터 사이의 관계를 반드시 알아야 한다. 몇 가지 영국계와 미터계의 등가를 나타낸 표 2.6으로부터 둘 사이의 관계를 알 수 있다.

$$2.54 \text{ cm} = 1 \text{ in.}$$

이를 **등가 정의**(equivalence statement)라고 하며 이는 2.54 cm와 1 in.가 *정확하게 똑같은 길이*임을 의미한다(그림 2.1 참조). 수가 다른 것은 길이의 *척도*(*단위*)가 다르기 때문이다.

표 2.6 영국계-미터계와 영국계-영국계의 등가

길이	1 m = 1.094 yd 2.54 cm = 1 in. 1 mi = 5280. ft 1 mi = 1760. yd
질량	1 kg = 2.205 lb 453.6 g = 1 lb
부피	1 L = 1.06 qt 1 ft^3 = 28.32 L

2.54 cm = 1 in.라는 등가 정의는 두 가지 환산 인자를 만들어 낼 수 있다.

$$\frac{2.54\ \text{cm}}{1\ \text{in.}} \quad \text{또는} \quad \frac{1\ \text{in.}}{2.54\ \text{cm}}$$

이 *환산 인자*는 두 *단위의 관계를 나타내는 등가 정의의 두 부분의 비*라는 것을 유념하라. 둘 중 어느 것이 필요한 환산 인자일까? 문제를 되짚어보자.

$$2.85\ \text{cm} = ?\ \text{in.}$$

즉, 센티미터 단위를 인치 단위로 변환하고자 하는 것이다.

$$2.85\ \text{cm} \times \text{환산 인자} = ?\ \text{in.}$$

없애고자 하는 단위를 상쇄하며 결과에 원하는 단위를 남겨놓는 환산 인자를 택한다. 따라서 다음과 같이 변환할 수 있다.

수학적 기능 향상 도움말
단위도 숫자들처럼 상쇄된다.

$$2.85\ \text{cm} \times \frac{1\ \text{in.}}{2.54\ \text{cm}} = \frac{2.85\ \text{in.}}{2.54} = 1.12\ \text{in.}$$ ◀

이 변환에서 두 가지 중요한 사실을 유념하라.

1. 센티미터 단위는 인치로 답을 나타내기 위해 상쇄되었다. 이것이 정확히 하려고 했던 것이다. 다른 환산 인자를 이용했다면 $\left(2.85\ \text{cm} \times \frac{2.54\ \text{cm}}{1\ \text{in.}}\right)$는 단위가 상쇄되지 않아 답을 인치로 나타낼 수 없기 때문에 맞지 않게 된다.
2. 단위가 센티미터에서 인치로 변함에 따라 수도 2.85에서 1.12로 바뀌었다. 그러므로 2.85 cm는 1.12 in.와 똑같은 값(길이)이다. 이 변환에서 주목해야 할 것은 수가 2.85에서 1.12로 작아졌다는 것이다. 이것이 타당한 이유는 인치가 센티미터보다 큰 길이 단위이기 때문이다. 즉, 같은 길이를 인치로 나타내면 센티미터로 나타낼 때보다 수가 작아진다. ◀

수학적 기능 향상 도움말
계산을 마친 후 항상 답이 타당한지 확인하라.

앞의 변환 결과는 세 개의 유효 숫자가 필요하다. 주의: 변환 과정 중 1이란 항이 나타나면 이 수가 한 개의 유효 숫자만을 가진 것으로 생각해서 결과도 반드시 한 개의 유효 숫자를 가져야 한다고 생각할 수 있다. 즉, 답이 1.12 인치보다는 1 인치가 되어야 한다고 생각한다. 하지만 1 in. = 2.54 cm라는 등가 정의에서 1은(정의에 의해) 정확한 수이다. 다시 말하면 정확히 1 인치는 2.54 센티미터이다. 따라서 1은 답의 유효 숫자의 개수를 제한하지 않는다. ◀

수학적 기능 향상 도움말
계산에서 사용된 정확한 수는 유효 숫자의 개수를 제한하지 않는다.

센티미터를 인치로 어떻게 바꾸는지 살펴보았다. 역으로 변환하는 것은 어떨까? 예를 들어, 연필의 길이가 7.00 인치라고 하면 센티미터로는 얼마일까? 이 경우 우리가 원하는 변환은 다음과 같다.

$$7.00\ \text{in.} \rightarrow ?\ \text{cm}$$

이 변환을 위해 어떤 환산 인자가 필요할까?

하나의 등가 정의로부터 두 가지 환산 인자를 얻을 수 있음을 기억하라. 이 경우 2.54 cm = 1 in.라는 등가 정의는 다음과 같이 두 가지의 환산 인자를 제공한다.

$$\frac{2.54\ \text{cm}}{1\ \text{in.}} \quad \text{또는} \quad \frac{1\ \text{in.}}{2.54\ \text{cm}}$$

변환하려는 *방향*(direction)을 고려하여 환산 인자를 선택한다. 인치를 센티미터로 바꾸기 위해서는 인치가 상쇄되어야 한다. 그러므로 환산 인자는

$$\frac{2.54\ \text{cm}}{1\ \text{in.}}$$

가 쓰이며 변환은 다음과 같이 이루어진다.

$$7.00 \text{ in.} \times \frac{2.54 \text{ cm}}{1 \text{ in.}} = (7.00)(2.54) \text{ cm} = 17.8 \text{ cm}$$

인치 단위는 상쇄되고 센티미터만 남는다.

이 변환에서 주목해야 할 것은 수가 7.00에서 17.8로 증가했다는 것이다. 이것이 타당한 것은 센티미터가 인치보다 작은 길이 단위이기 때문이다. 즉, 같은 길이를 센티미터로 나타내면 인치로 나타낼 때보다 수가 커진다. *항상 여유를 가지고 생각을 하여 답이 타당한지 확인하라.* 이렇게 하면 오답을 피할 수 있다.

단위 간의 등가 정의에 근거한 환산 인자를 이용하여 한 단위에서 다른 단위로 변환하는 것을 **차원 분석**(dimensional analysis)이라고 한다. 이 방법을 화학 학습에 지속적으로 이용할 것이다.

이제 차원 분석을 이용하여 변환하는 일반적인 단계를 설명할 수 있다.

한 단위에서 다른 단위로 변환

단계 1 한 단위를 다른 단위로 변환하기 위해서는 두 단위의 관계를 나타내는 등가 정의를 이용한다. 필요한 환산 인자는 등가 정의에서 두 부분의 비이다.

단계 2 변환하려는 방향을 고려하여 적절한 환산 인자를 선택한다(원하지 않는 단위가 상쇄되어야 한다).

단계 3 변환하고자 하는 양에 환산 인자를 곱해서 원하는 단위를 갖는 양을 구한다.

단계 4 유효 숫자의 개수가 맞는지 확인한다.

단계 5 답이 타당한지 살펴본다.

이 과정을 예제 2.6에서 설명하기로 한다.

대화형 예제 2.6 환산 인자: 한 단계 문제

어떤 이탈리아산 자전거는 몸체의 길이가 62 cm이다. 이를 인치로 바꾸면 얼마인가?

풀이 문제를 다음과 같이 나타낼 수 있다.

$$62 \text{ cm} = ? \text{ in.}$$

이 문제에서는 센티미터를 인치로 변환하고자 한다.

$$62 \text{ cm} \times \text{환산 인자} = ? \text{ in.}$$

단계 1 센티미터를 인치로 변환하기 위해서 1 in. = 2.54 cm라는 등가 정의가 필요하다. 이로부터 두 가지 환산 인자를 얻는다.

$$\frac{1 \text{ in.}}{2.54 \text{ cm}} \quad \text{와} \quad \frac{2.54 \text{ cm}}{1 \text{ in.}}$$

단계 2 이 경우 원하는 방향은

$$\text{센티미터} \rightarrow \text{인치}$$

이다. 따라서 환산 인자 $\frac{1 \text{ in.}}{2.54 \text{ cm}}$가 필요하다. 이 인자를 이용하면 센티미터 단위는 상쇄되고 인치 단위가 남기 때문이다.

단계 3 변환은 다음과 같이 이루어진다.

$$62\text{ cm} \times \frac{1\text{ in.}}{2.54\text{ cm}} = 24\text{ in.}$$

단계 4 수 62에 의해 답은 유효 숫자가 두 개로 제한된다. 센티미터는 상쇄되고 필요로 하는 인치만 남는다.

단계 5 이 변환에서 수가 작아진 것을 유념하라. 인치가 센티미터보다 큰 길이 단위이므로 이 결과는 이치에 맞다.

SELF-CHECK

실전 연습 2.4 포도주는 주로 0.750-L 용기에 담는다. 표 2.6의 적절한 등가 정의를 이용하여 이 포도주 병의 부피를 쿼트로 계산하시오.

다음으로 여러 단계를 필요로 하는 변환을 생각해 보자.

대화형 예제 2.7 환산 인자: 여러 단계 문제

마라톤 경기의 전체 길이는 대략 26.2 mi이다. 이 거리는 km로 얼마인가?

풀이 주어진 문제는 다음과 같이 나타낼 수 있다.

$$26.2\text{ mi} = ?\text{ km}$$

여러 가지 방법으로 변환할 수 있다. 그러나 표 2.7에 1 mi = 1760 yd, 1 m = 1.094 yd 라는 등가 정의가 나와 있기 때문에 다음과 같은 과정으로 변환한다.

마일 → 야드 → 미터 → 킬로미터

이 과정은 모든 것을 명확히 하기 위해 한 번에 한 가지씩 변환할 것이다.

마일 → 야드 마일을 야드로 바꾸기 위해서 환산 인자 $\frac{1760\text{ yd}}{1\text{ mi}}$를 이용한다.

$$26.2\text{ mi} \times \frac{1760\text{ yd}}{1\text{ mi}} = 46{,}112\text{ yd}$$

계산기에 나타난 결과

$$46{,}112\text{ yd} \xrightarrow{\text{반올림}} 46{,}100\text{ yd} = 4.61 \times 10^4\text{ yd}$$

야드 → 미터 야드를 미터로 바꾸기 위해서 환산 인자 $\frac{1\text{ m}}{1.094\text{ yd}}$를 이용한다.

$$4.61 \times 10^4\text{ yd} \times \frac{1\text{ m}}{1.094\text{ yd}} = 4.213894 \times 10^4\text{ m}$$

계산기에 나타난 결과

$$4.213894 \times 10^4\text{ m} \xrightarrow{\text{반올림}} 4.21 \times 10^4\text{ m}$$

미터 → 킬로미터 1000 m = 1 km 즉 10^3 m = 1 km이므로 다음과 같이 미터를 킬로미터로 바꿀 수 있다.

$$4.21 \times 10^4 \cancel{m} \times \frac{1\ km}{10^3\ \cancel{m}} = 4.21 \times 10^1\ km$$
$$= 42.1\ km$$

그러므로 마라톤(26.2 mi)은 42.1 km이다.

변환 과정에 익숙해진다면 여러 단계를 합할 수 있다. ◀ 위의 변환에서 여러 단계를 한 단계로 표현하면 다음과 같다.

> **수학적 기능 향상 도움말**
> 올바른 유효 숫자의 개수를 보여주기 위해 매 단계마다 반올림을 했다는 것을 기억하라. 하지만 여러 단계의 계산을 하는 경우에는 계산기에 나타나는 나머지 숫자를 모두 가지고 있다가 계산의 맨 마지막에 반올림해야 한다.

마일 → 야드 → 미터 → 킬로미터

$$26.2\ \cancel{mi} \times \frac{1760\ \cancel{yd}}{1\ \cancel{mi}} \times \frac{1\ \cancel{m}}{1.094\ \cancel{yd}} \times \frac{1\ km}{10^3\ \cancel{m}} = 42.1\ km$$

다른 단위들이 상쇄되고 필요한 킬로미터만 남으며 답은 세 개의 유효 숫자를 갖는다는 것을 주목하시오.

SELF-CHECK

실전 연습 2.5 자동차 경주장의 경주용 자동차들은 평균 225 mi/h의 속도로 트랙을 달린다. 이 속도는 km/h로 얼마인가?

> 단위는 답이 타당한지를 알려주는 중요한 단서를 제공한다. 항상 단위를 사용하시오.

주의 사항 문제를 풀 때마다 다음 사항을 기억하라.

1. 항상 단위들을 붙인다[측정은 항상 두 부분(수와 단위)을 가지고 있다]. ◀
2. 계산을 하면서 단위를 상쇄한다.
3. 최종 답의 단위가 맞는지 확인한다. 그렇지 않다면 무엇인가 잘못했을 것이다.
4. 최종 답의 유효 숫자 개수가 맞는지 확인한다.
5. 답이 타당한지 생각해 보라.

2.7 온도 변환: 문제 풀이에 가까이 가기

학습 목표

- 세 가지 온도 척도를 배운다.
- 한 가지 척도를 다른 척도로 바꾸는 것을 익힌다.
- 문제 풀이 능력을 함양한다.

미국에서 의사가 체온이 102도라고 하고 TV 일기예보 해설자가 내일 기온이 75도라고 할 때 그들은 **화씨 척도**(Fahrenheit scale)를 사용하는 것이다. 물은 212°F에서 끓고 32°F에서 얼며, 정상 체온은 98.6°F이다(°F는 화씨 몇 도를 의미한다). 이 온도 척도는 미국과 영국에서 널리 사용되며 대부분 공학 분야에서 쓰인다. 또 다른 온도 척도는 캐나다와 유럽에서 널리 사용되며 대부분의 나라에서 자연과학이나 생명과학 분야에 사용되는 **섭씨 척도**(Celsius scale)이다. 10의 지수에 근거한 미터계와 일치하는 섭씨 척도에서 물의 녹는점과 끓는점은 각각 0°C와 100°C이다. 화씨 척도와 섭씨 척도에서 온도의 단위는 도(degree)이며, 도의 기호는 측정 척도를 나타내는 대문자의 앞에 쓴다. 즉 °C 또는 °F로 표시한다.

과학에서 사용되는 또 다른 온도 척도는 **절대** 또는 **켈빈 척도**(Kelvin scale)로, 이 척도로 물은 273 K에서 얼고 373 K에서 끓는다. ◀ 켈빈 척도에서 온도의 단위는 켈빈(kelvin)이라고 하며 K로 표시한다. 따라서 세 가지 척도에서 물의 끓는점은 화씨 212도(212°F), 섭씨 100도(100°C), 373 켈빈(373 K)이다.

> 373 K를 373도 켈빈이라고 말하기도 하는데, 373 켈빈이라고 하는 것이 더 정확하다.

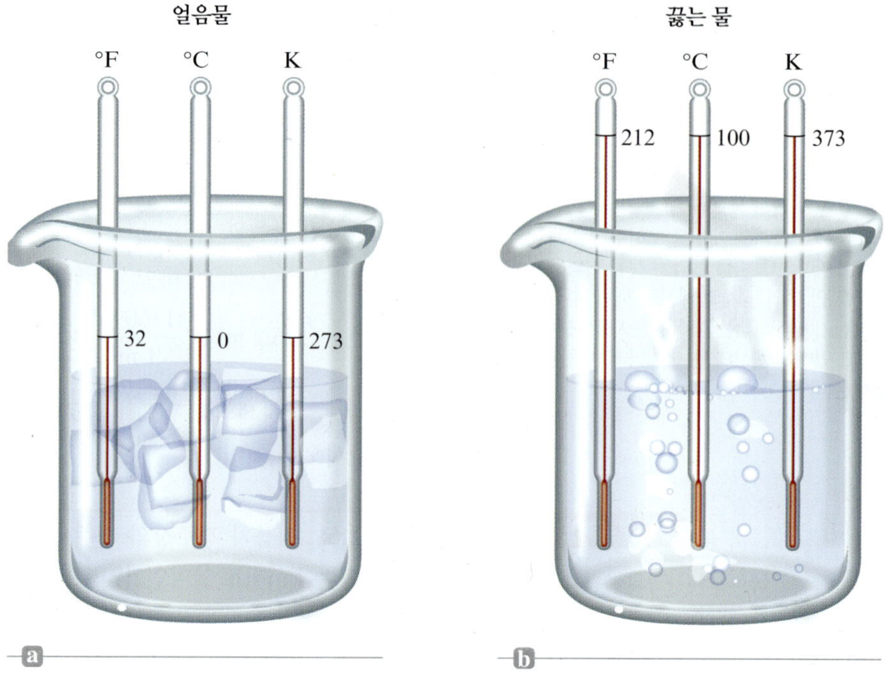

그림 2.6 (a) 얼음물. (b) 끓는 물에 담겨있는 세 가지 온도 척도의 온도계들.

세 가지 온도 척도를 그림 2.6과 2.7에 비교하였다. 다음 몇 가지 사실에 유의하라.

1. 섭씨와 켈빈 척도에서 각 온도 단위(도)의 크기는 같다. 이는 물의 끓는점과 어는점의 *차이*(difference)가 두 척도 모두 100 단위(도)로 같다는 것을 통해 알 수 있다.
2. 화씨 단위는 섭씨나 켈빈에 비해 작은 단위이다. 섭씨나 켈빈 척도에서는 물의 끓는점과 어는점 사이에 100 단위(도)가 있는 것에 비해 화씨 척도에서는 180 단위(도)가 있다는 것을 주목하라.
3. 세 가지 단위의 영점은 서로 다르다.

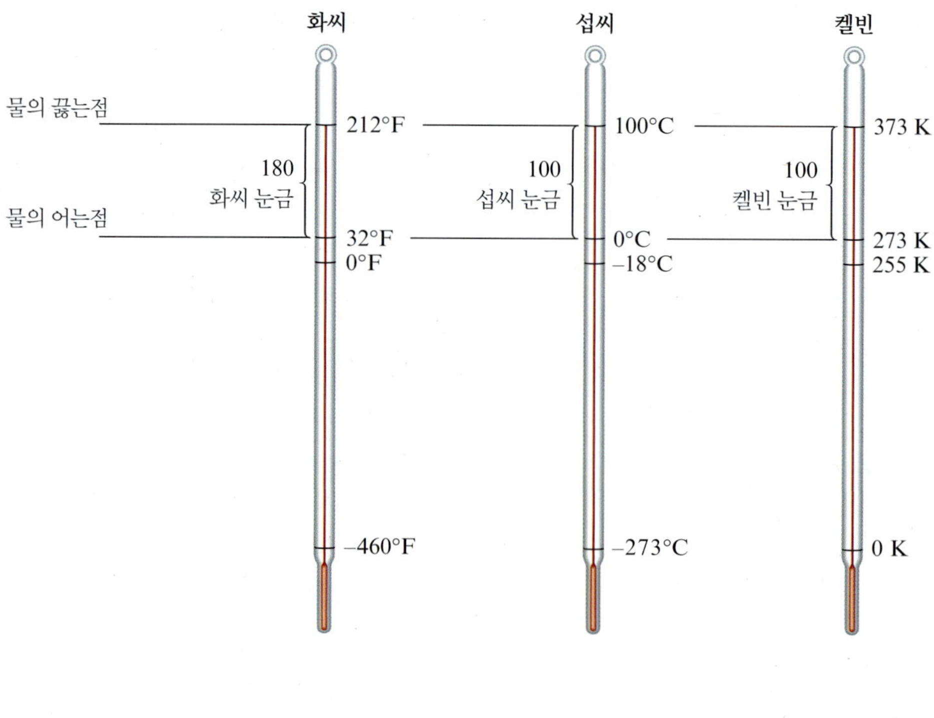

그림 2.7 세 가지 주요 온도 척도.

화학을 공부하다 보면 때로는 한 가지 온도 척도를 다른 온도 척도로 바꿀 필요가 있다. 이를 어떻게 하는지 좀 더 자세히 다루고자 한다. 온도를 변환하는 방법을 배우는 것과 함께 이 절을 문제 풀이 능력을 더욱 발전시키는 기회로 사용해야 한다.

켈빈 척도와 섭씨 척도 사이의 변환

켈빈 척도와 섭씨 척도 사이에서 변환하는 것은 상대적으로 간단하다. 영점만 다를 뿐 온도 단위는 같은 크기이기 때문이다. 0°C는 273 K에 해당하므로 섭씨에서 켈빈으로 변환하기 위해서는 섭씨 온도에 273을 더하면 된다. 이 과정을 예제 2.8에서 설명해보자.

대화형 예제 2.8 온도 변환: 섭씨를 켈빈으로

끓는점은 13장에서 더 자세히 다룰 것이다.

에베레스트 산 정상에서 물의 끓는점은 70.°C이다. ◀ 이 온도를 켈빈 척도로 변환하시오(온도 뒤에 쓰인 소수점은 수의 오른쪽 끝에 있는 0이 유효 숫자라는 것을 나타낸다).

풀이 이 문제는 70.°C가 켈빈 단위로 얼마인지를 알아내라는 것이다. 이 문제는 간단히 다음과 같이 나타낼 수 있다.

$$70.°\text{C} = ?\ \text{K}$$

문제를 풀 때 말로 묘사되어 있는 문제를 그림으로 그리는 것이 때로 도움이 되기도 한다. 이 문제는 그림 2.8(a)처럼 나타낼 수 있다.

이 그림에서 무엇을 찾고자 하는지를 보여준다. 70.°C와 같은 켈빈 온도는 얼마인가? 그림 2.7에서 0°C는 273 K와 같음을 살펴보았다. 0°C와 70.°C 사이에는 몇 도가 있는가? 물론 70이다. 그러므로 0°C가 70.°C로 되기 위해서는 70.을 더해야 한다. 섭씨 척도와 켈빈 척도는 *같은 크기*(same size)의 단위를 가지고 있으므로[그림 2.8(b) 참조] 273 K(0°C와 같은 온도)에서 ? K에 이르기 위해서는 70.을 더해야 한다. 즉,

$$?\ \text{K} = 273 + 70. = 343\ \text{K}$$

그러므로 70.°C는 343 K와 같다.

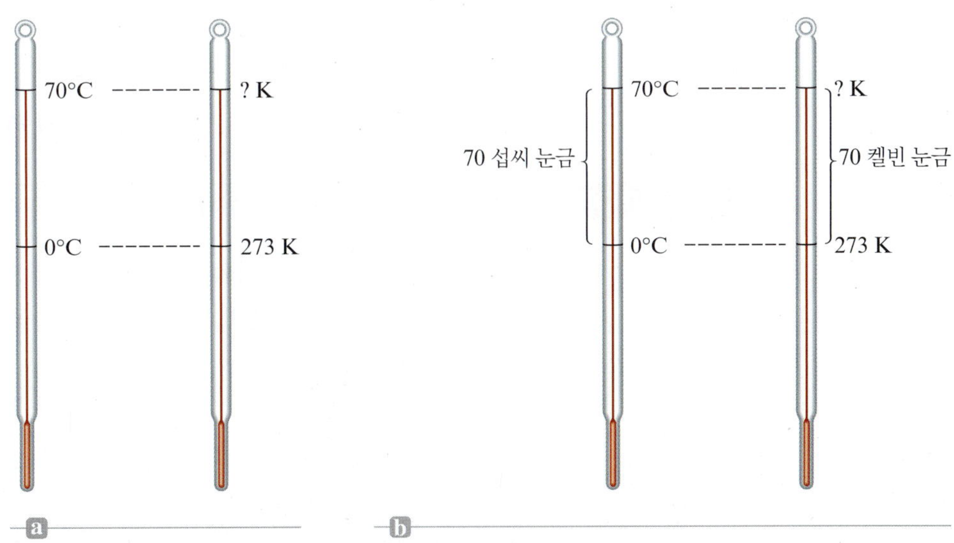

ⓐ 0°C = 273 K라는 것을 안다. 70°C = ? K를 알고자 하는 것이다.

ⓑ 섭씨 온도 0°C와 70°C 사이에는 70도가 있다. 이 두 가지 척도는 같은 크기의 단위를 갖고 있으므로 켈빈 척도에서도 같은 거리에 70 K가 있다.

그림 2.8 70°C를 켈빈 단위로 변환하기.

섭씨 척도에서 켈빈 척도로 변환해야 할 때 기억해야 할 것은 °C의 온도에 단순히 273을 더하는 것이다. 다시 말하면

$$\underbrace{T_{°C}}_{\text{섭씨 온도}} + 273 = \underbrace{T_{K}}_{\text{켈빈 온도}}$$

이 공식을 이용하여 주어진 문제를 풀면 다음과 같다.

$$70. + 273 = 343$$

여기에 켈빈 단위인 K를 붙이면 맞는 답이 된다.

예제 2.8에서 배운 것을 다음과 같이 정리할 수 있다. 섭씨 척도를 켈빈 척도로 변환하려면 다음 공식을 이용할 수 있다.

$$\underbrace{T_{°C}}_{\text{섭씨 온도}} + 273 = \underbrace{T_{K}}_{\text{켈빈 온도}}$$

대화형 예제 2.9 온도 변환: 켈빈을 섭씨로

액체 질소는 77 K에서 끓는다. 액체 질소의 끓는점은 섭씨 척도로 얼마인가?

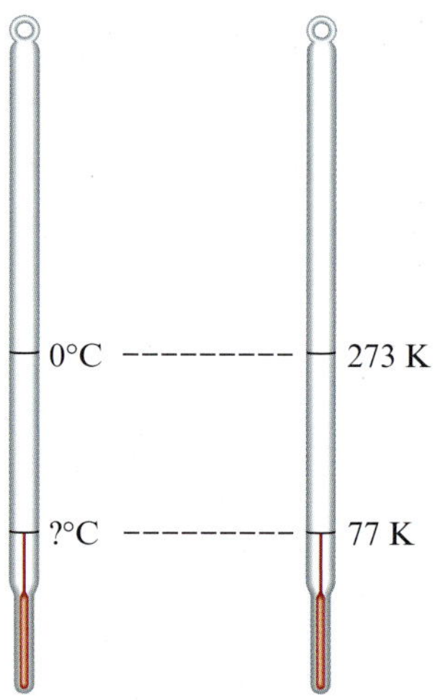

풀이 여기서 해결해야 할 문제는 77 K = ?°C이다. 두 가지 온도 척도를 나타낸 왼쪽 그림을 살펴보면서 이 문제를 생각해 보자. 한 가지 알아야 할 것은 0°C = 273 K라는 것이다. 또한 273 K와 77 K 사이에는 196 K의 차이가 있다는 것을 주의하라. 즉, 77 K는 273 K보다 196 K 아래에 있다. ◀ 두 온도 척도에서 단위(도)의 크기는 같다. 따라서 77 K는 섭씨 영하 196도 즉, −196°C가 되어야 한다. 그러므로 77 K = ?°C = −196°C.

공식을 이용하여 이 문제를 풀 수 있다.

$$T_{°C} + 273 = T_{K}$$

이 식을 다시 쓰면

$$T_{°C} = T_{K} - 273$$

이 식을 이용하여 문제를 풀면

$$T_{°C} = T_{K} - 273 = 77 - 273 = -196$$

따라서 앞에서 이미 보여준 것과 같다.

$$77\ K = -196°C$$

SELF-CHECK

실전 연습 2.6 172 K와 −75°C 중 어느 온도가 더 차가운가?

요약하면 켈빈 척도와 섭씨 척도는 단위가 같으므로 한 척도를 다른 척도로 바꾸려면 영점이 다른 것만 헤아려주기만 하면 된다. 켈빈 온도를 구하려면 섭씨 온도에 273을 더해야 한다.

$$T_{K} = T_{°C} + 273$$

켈빈 척도에서 섭씨 척도로 변환하기 위해서는 반드시 켈빈 온도에서 273을 빼야 한다.

$$T_{°C} = T_{K} - 273$$

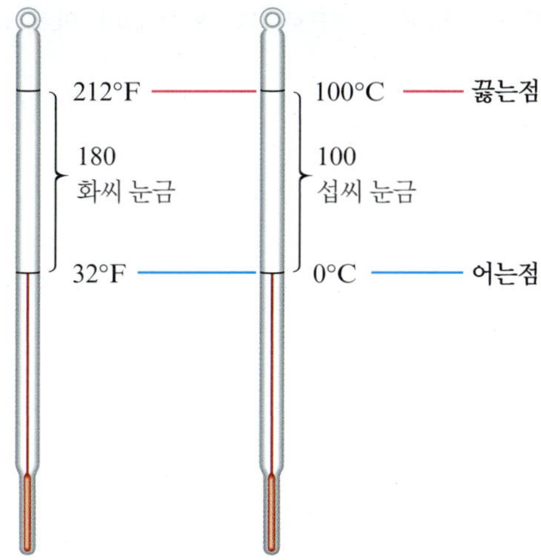

그림 2.9 섭씨 척도와 화씨 척도의 비교.

화씨 척도와 섭씨 척도 사이의 변환

화씨 온도 척도와 섭씨 온도 척도 사이의 변환에는 다음 두 가지에 대한 조정이 필요하다.

1. 다른 크기의 단위
2. 다른 영점

서로 다른 크기의 단위를 어떻게 조정하는지 알기 위해 그림 2.9를 살펴보자. 212°F = 100°C이며 32°F = 0°C이기 때문에 212 − 32 = 180 화씨 눈금 = 100 − 0 = 100 섭씨 눈금이라는 것을 유념하라.

따라서

$$180.\ \text{화씨 눈금} = 100.\ \text{섭씨 눈금}$$

이 등식의 양변을 100.으로 나누면◀

수학적 기능 향상 도움말
동시에 양변에 같은 연산을 해주어도 괜찮다는 것을 기억하라.

$$\frac{180.}{100.}\ \text{화씨 눈금} = \frac{\cancel{100.}}{\cancel{100.}}\ \text{섭씨 눈금}$$

$$1.80\ \text{화씨 눈금} = 1.00\ \text{섭씨 눈금}$$

1.80이라는 인자는 한 가지 단위(도)를 다른 단위(도)로 변환하는 데 쓰인다.

0°C가 0°F와 같지 *않다*는 것을 유의하라. 실제로 32°F = 0°C이다. 어떻게 유도하는지 설명하지 않겠지만 섭씨 온도를 화씨 온도로 변환하기 위한 공식은 다음과 같다.

$$T_{°F} = 1.80(T_{°C}) + 32$$

화씨 온도 ↗ 섭씨 온도

이 등식에서 인자 $1.80(T_{°C})$은 두 척도 사이의 단위(도)의 차이를 조정한다. 등식에서 32는 영점이 다르다는 것을 알려준다. 이 등식을 이용하는 방법을 알아보자.

대화형 예제 2.10 **온도 변환: 섭씨를 화씨로**

어느 여름날 실험실의 온도를 실험실 온도계로 측정하였더니 28°C였다. 이 온도를 화씨 척도로 나타내시오.

풀이 이 문제는 28°C = ?°F로 나타낼 수 있다. 다음 식을 이용하여 문제를 풀어보자.

$$T_{°F} = 1.80\,(T_{°C}) + 32$$

이 경우,

$$T_{°F} = ?\,°F = 1.80(\underset{T_{°C}}{28}) + 32 = \underset{\text{50으로 반올림}}{50.4} + 32$$

$$= 50. + 32 = 82$$

그러므로 28°C = 82°F.

대화형 예제 2.11 온도 변환: 섭씨를 화씨로

−40°C를 화씨 척도로 나타내시오.

풀이 이 문제는 −40.°C = ?°F로 나타낼 수 있다. 다음 식을 이용하여 문제를 풀어보자.

$$T_{°F} = 1.80\,(T_{°C}) + 32$$

이 경우,

$$T_{°F} = ?\,°F = 1.80(\underset{T_{°C}}{-40.}) + 32$$

$$= -72 + 32 = -40$$

따라서 −40.°C = −40°F. 이는 매우 흥미로운 결과이며 또 다른 유용한 기준점이다.

SELF-CHECK

실전 연습 2.7 따뜻한 욕조는 주로 41°C로 유지된다. 이 온도를 화씨 온도로 나타내면 얼마가 되는가?

섭씨를 화씨로 변환하려면 다음 공식을 사용한다.

$$T_{°F} = 1.80\,(T_{°C}) + 32$$

화씨 온도를 섭씨로 변환하기 위해서는 이 등식을 $T_{°C}$만 남도록 다시 정리해야 한다. 기억해야 할 것은 등식의 양변에 항상 같은 연산을 할 수 있다는 것이다. 우선 양변에서 32를 뺀다.

$$T_{°F} - 32 = 1.80(T_{°C}) + \underbrace{32 - 32}_{\text{합이 0}}$$

$$T_{°F} - 32 = 1.80(T_{°C})$$

다음 양변을 1.80으로 나눈다.

$$\frac{T_{°F} - 32}{1.80} = \frac{\cancel{1.80}(T_{°C})}{\cancel{1.80}}$$

또는

$$\frac{T_{°F} - 32}{1.80} = T_{°C}$$

화씨 온도

$$T_{°C} = \frac{T_{°F} - 32}{1.80}$$

섭씨 온도

$$T_{°C} = \frac{T_{°F} - 32}{1.80}$$

대화형 예제 2.12 **온도 변환: 화씨를 섭씨로**

우리 몸이 병균에 감염되거나 상처를 입었을 때 나타나는 징후 중 하나는 체온 상승이다. 독감에 감염된 어떤 사람의 체온이 101°F였다. 이 온도는 섭씨 온도로는 얼마인가?

풀이 이 문제는 101°F = ?°C로 나타낼 수 있다. 다음 공식을 이용한다.

$$T_{°C} = \frac{T_{°F} - 32}{1.80}$$

계산하면

$$T_{°C} = ?°C = \frac{\overset{T_{°F}}{101} - 32}{1.80} = \frac{69}{1.80} = 38$$

즉, 101°F = 38°C

SELF-CHECK **실전 연습 2.8** 자동차 냉각기의 부동액은 239°F에서 끓는다. 이 온도는 섭씨 온도로는 얼마인가?

온도 변환을 할 때 다음 공식이 필요하다.

온도 변환 식

- 섭씨를 켈빈으로 $T_K = T_{°C} + 273$
- 켈빈을 섭씨로 $T_{°C} = T_K - 273$
- 섭씨를 화씨로 $T_{°F} = 1.80(T_{°C}) + 32$
- 화씨를 섭씨로 $T_{°C} = \frac{T_{°F} - 32}{1.80}$

2.8 밀도

학습 목표

- 밀도와 그 단위를 정의한다.

초등학교 시절 "쇠 1 킬로그램과 솜 1 킬로그램 중 어느 것이 무거울까" 하는 질문에 대한 자신의 답에 당황했던 경험이 있을 것이다. 만약 쇠라고 대답했다면 분명히 질량이 아닌 밀도에 대해 생각했을 것이다. **밀도**(density)는 *주어진 부피* 안에 존재하는 물질의 양으로 정의된다. 즉, 밀도는 단위 부피당 질량, 물질의 부피에 대한 질량의 비이다.

$$밀도 = \frac{질량}{부피}$$

솜 1 킬로그램이 쇠 1 킬로그램에 비해 부피가 훨씬 더 크다. 이는 쇠가 단위 부피당 질량, 즉 밀도가 훨씬 더 크기 때문이다.

액체의 밀도는 쉽게 결정할 수 있는데, 예제 2.13과 같이 부피를 알고 있는 물질의 질량을 측정하면 된다.

대화형 예제 2.13 밀도 계산하기

한 학생이 어떤 액체 23.50 mL가 35.062 g이라는 것을 알아냈다고 하자. 이 액체의 밀도는 얼마인가?

풀이 액체의 밀도 정의를 적용하여 간단히 계산할 수 있다.

$$\text{밀도} = \frac{\text{질량}}{\text{부피}} = \frac{35.062\ \text{g}}{23.50\ \text{mL}} = 1.492\ \text{g/mL}$$

이 결과는 1.492 g/cm^{3}로 나타낼 수도 있는데 1 mL = 1 cm^{3}이기 때문이다.

고체 물질의 부피는 흔히 물질을 물 속에 가라앉힌 후 늘어난 물의 부피를 측정함으로써 간접적으로 측정한다. 실제로 이것은 사람의 체지방율을 측정하는 가장 정확한 방법이다. 사람을 잠시 물통 안에 가라앉히고 증가한 부피를 측정한다(그림 2.10). 사람의 몸무게(질량)와 잠수에 의해 측정된 사람의 부피로 신체의 밀도를 계산할 수 있다. 지방, 근육, 뼈는 밀도가 다르므로(예를 들어, 지방은 근육 세포에 비해 밀도가 작음) 신체의 분율, 즉 지방이 계산된다. 근육이 많고 지방이 적은 사람은 신체의 밀도가 높아지게 된다. 예를 들어, 몸무게 75 kg인 근육질의 사람은 75 kg인 지방질의 사람보다 부피가 작다(따라서 밀도가 높다).

대화형 예제 2.14 밀도 결정하기

동네 골동품 가게에서 어느 학생이 큰 메달을 찾았는데 가게 주인은 완전한 백금이라고 우겼다. 하지만 그 학생은 메달이 은일지도 모르며 가치도 덜할 것이라고 생각했다. 학생은 가게 주인과 이틀 안에 메달을 다시 가지고 오면 돈을 돌려주겠다는 합의를 하고 메달을

a 물이 들어 있는 물통

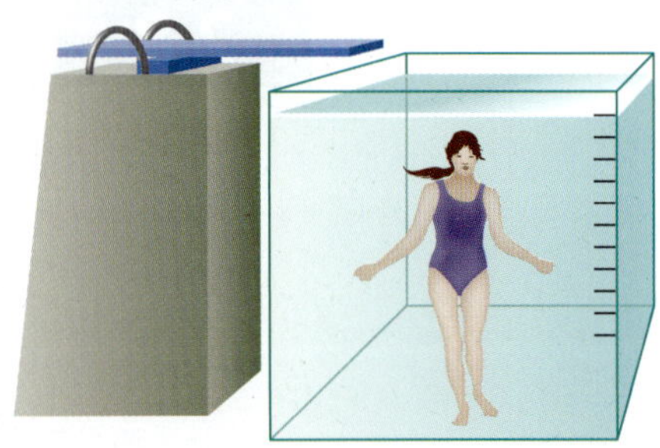

b 사람이 물통 안에 들어갔을 때 물의 높이가 올라간다.

그림 2.10

구입했다. 화학을 전공하는 그 학생은 메달을 실험실로 가지고 와서는 다음과 같이 밀도를 측정했다. 우선 메달의 무게를 측정하여 질량이 55.64 g임을 알아냈다. 그리고 눈금 실린더에 물을 넣고 부피를 재니 75.2 mL였다. 그 다음 메달을 눈금 실린더에 넣고 부피를 재니 77.8 mL였다. 메달은 백금(밀도 = 21.4 g/cm^3)일까, 은(밀도 = 10.5 g/cm^3)일까?

풀이 백금과 은의 밀도는 상당히 차이가 나므로 측정된 메달의 밀도로 메달이 어떤 금속인지 알 수 있다. 정의에 따르면

$$\text{밀도} = \frac{\text{질량}}{\text{부피}}$$

그러므로 메달의 밀도를 계산하려면 질량과 부피를 알아야 한다. 메달의 질량은 55.64 g이고 메달의 부피는 물이 들어있는 눈금 실린더에 메달을 넣기 전후의 부피 차이로 얻을 수 있다.

$$\text{메달의 부피} = 77.8\ \text{mL} - 75.2\ \text{mL} = 2.6\ \text{mL}$$

메달을 넣었을 때 증가한 부피가 2.6 mL이므로 2.6 mL는 메달의 부피를 나타낸다. 이제 측정된 메달의 질량과 부피를 이용하여 밀도를 결정할 수 있다.

$$\text{메달의 밀도} = \frac{\text{질량}}{\text{부피}} = \frac{55.64\ \text{g}}{2.6\ \text{mL}} = 21\ \text{g/mL 즉, } 21\ \text{g/cm}^3$$

메달은 진짜 백금이다.

SELF-CHECK **실전 연습 2.9** 어느 학생이 시중에 판매되는 액체 세제의 주요 성분을 확인하려 한다. 세제 28.1 g이 35.8 mL라는 것을 알게 되었다. 다음 보기 중 어떤 것이 세제의 주요 성분인가?

물질	밀도(g/cm^3)
클로로폼	1.483
다이에틸 에터	0.714
아이소프로필 알코올	0.785
톨루엔	0.867

대화형 예제 2.15 계산에서 밀도 이용하기

수은의 밀도는 13.6 g/mL이다. 수은 금속 225 g을 얻기 위해 취해야 할 수은의 부피는 얼마인가?

풀이 이 문제를 풀기 위해 밀도의 정의에서 시작하자.

$$\text{밀도} = \frac{\text{질량}}{\text{부피}}$$

그리고 원하는 양을 남겨놓기 위해 이 등식을 재정리한다. 이 경우, 부피를 알고자 한다. 양변에 같은 연산을 하는 경우 등호가 성립된다는 것을 기억하라. 예를 들어, 밀도 정의의 *양변*에 부피를 곱하면

$$\text{부피} \times \text{밀도} = \frac{\text{질량}}{\cancel{\text{부피}}} \times \cancel{\text{부피}}$$

표 2.7 20°C에서 여러 일반 물질들의 밀도

물질	물리적 상태	밀도(g/cm^3)
수소	기체	0.00133*
산소	기체	0.000084*
에탄올	액체	0.785
벤젠	액체	0.880
물	액체	1.000
마그네슘	고체	1.74
소금(염화 소듐)	고체	2.16
알루미늄	고체	2.70
철	고체	7.87
구리	고체	8.96
은	고체	10.5
납	고체	11.34
수은	액체	13.6
금	고체	19.32

*1 기압에서

Marcel Clemens/Shutterstock.com

매우 큰 밀도를 갖는 액체인 수은의 구형 방울.

우변의 부피는 상쇄되고, 남는 것은

$$부피 \times 밀도 = 질량$$

부피를 원하므로 양변을 밀도로 나누면 다음과 같이 된다.

$$\frac{부피 \times \cancel{밀도}}{\cancel{밀도}} = \frac{질량}{밀도}$$

$$부피 = \frac{질량}{밀도}$$

이제 주어진 숫자를 대입하여 문제를 풀 수 있다.

$$부피 = \frac{225\ g}{13.6\ g/mL} = 16.5\ mL$$

질량 225 g을 얻기 위해 수은 16.5 mL를 취해야 한다.

여러 일반적인 물질들의 밀도를 표 2.7에 나타내었다. ◀ 물질의 특성을 확인하는 도구로서뿐 아니라 밀도는 여러 곳에 쓰인다. 예를 들어, 자동차에 있는 납 축전지 용액(황산 용액)은 밀도가 변하는데 그 이유는 황산 용액이 배터리 방전으로 소모되기 때문이다. 완전히 충전된 배터리의 용액 밀도는 약 1.30 g/cm^3이며 밀도가 1.20 g/cm^3 이하로 낮아지면 재충전해야 한다. 밀도 측정은 또한 자동차의 냉각 장치에서 부동액의 양을 측정하여 그로부터 결빙 방지 수준을 결정하는 데도 이용된다. 물과 부동액은 서로 밀도가 다르다. 따라서 혼합물의 밀도로부터 각각이 얼마나 존재하는지를 알 수 있다. 용액의 밀도를 측정하는 장치인 액체 비중계(hydrometer)를 그림 2.11에 나타내었다.

© Cengage Learning/Christine Myaskovsky

그림 2.11 자동차 냉각기의 부동액 밀도를 측정하는 데 이용되는 액체 비중계.

어떤 경우에는 액체의 밀도를 나타내는 데 *비중*이 사용된다. **비중**(specific gravity)은 4°C 물의 밀도에 대한 주어진 액체의 밀도의 비로 나타낸다. 밀도의 비이기 때문에 비중은 단위가 없다.

2장 복습하기 Chapter 2 Review

주요 용어

- 과학적 표기법(2.1)
- 영국계(2.2)
- SI 단위(2.2)
- 질량(2.3)
- 반올림(2.5)
- 등가 정의(2.6)
- 화씨 척도(2.7)
- 켈빈(절대) 척도(2.7)
- 비중(2.8)
- 단위(2.2)
- 미터계(2.2)
- 부피(2.3)
- 유효 숫자(2.4)
- 환산 인자(2.6)
- 차원 분석(2.6)
- 섭씨 척도(2.7)
- 밀도(2.8)

요약

- 정량적 관찰은 측정이라고 하며 수와 단위로 이루어져 있다.
- 매우 크거나 매우 작은 수는 과학적 표기법을 사용하면 편리하게 나타낼 수 있다.
  - 과학적 표기법은 수를 1과 10 사이의 수에 10의 지수를 곱해서 표현한다.
- 단위는 측정 결과를 나타내는 데, 사용한 척도를 알려준다. 흔히 사용하는 세 가지 단위 체계가 있다.
  - 영국계
  - 미터계(접두사를 사용하여 단위의 크기를 변환)
  - SI 계(접두사를 사용하여 단위의 크기를 변환)
- 모든 측정값은 불확실성을 가지며 이를 표현하기 위해 유효 숫자를 사용한다.
- 계산 결과의 유효 숫자 개수를 정확히 하기 위해서 여러 반올림 규칙이 이용된다.
- 환산 인자를 사용하는 차원 분석이라고 부르는 방법으로 한 단위계를 다른 단위계로 바꿀 수 있다.
- 다른 단위 체계 단위 사이의 관계를 나타내는 등가 정의로부터 환산 인자를 세우게 된다.
- 널리 쓰이는 온도 척도로는 섭씨, 화씨, 켈빈 세 가지가 있다.
- 영점과 단위의 크기를 맞추어 온도를 변환할 수 있다. 전환 식은 다음과 같다.
  - $T_{°C} + 273 = T_K$
  - $T_{°F} = 1.80(T_{°C}) + 32$
- 밀도는 주어진 부피 안에 존재하는 물질의 양(단위 부피당 질량)이며 다음과 같다.

$$밀도 = \frac{질량}{부피}$$

활동 학습 질문

다음은 강의 중 그룹 지도를 위한 문제들로, 특정 주제를 소개하는 데 매우 효과적이다.

1. a. 1년은 365일, 하루는 24시간, 1년은 12달, 1시간은 60분이다. 한 달은 몇 분인가?

b. 하루는 24시간, 1시간은 60분, 한 주는 7일, 한 달은 4주이다. 한 달은 몇 분인가?

c. 위의 두 질문의 답이 왜 다른가? 어느 답이 더 정확한가? 그 이유는?

2. 대리석을 물이 든 비커에 넣었더니 바닥에 가라앉았다. 다음 중 옳은 것은?

a. 대리석의 표면적은 물의 표면 장력이 지탱할 만큼 충분히 크지 않다.

b. 대리석의 질량은 물의 질량보다 크다.

c. 대리석은 같은 부피의 물보다 더 무겁다.

d. 대리석을 떨어뜨릴 때의 힘은 물의 표면 장력보다 크다.

e. 대리석은 물보다 질량과 부피가 더 크다.

위 진술 중 틀린 것이 있다면 왜 틀렸는지 그 이유를 설명하고, 옳은 진술의 경우 왜 타당한지 설명하시오.

3. 서울에서 부산까지 차를 타고 가는 데 드는 휘발유의 비용을 계산할 때 필요한 자료는 무엇인가? 대략적인 자료의 값들을 제시하고 그 값을 이용하여 계산해 보시오.

4. 28에 15.4를 더할 때 수학자들의 답은 무엇인가? 과학자들은 무엇이라 하겠는가? 적용되는 규칙을 단순히 인용하지 말고, 규칙을 설명함으로써 과학자들의 답이 옳음을 밝히시오.

5. 실험실에서 물의 부피를 측정하였더니 128.7 mL였다. 측정 오차를 구하는 데 유효 숫자를 사용한다면, 측정한 값이 가질 수 있는 오차의 범위를 설명하시오.

6. 아래 비커들은 정밀도가 다르다.

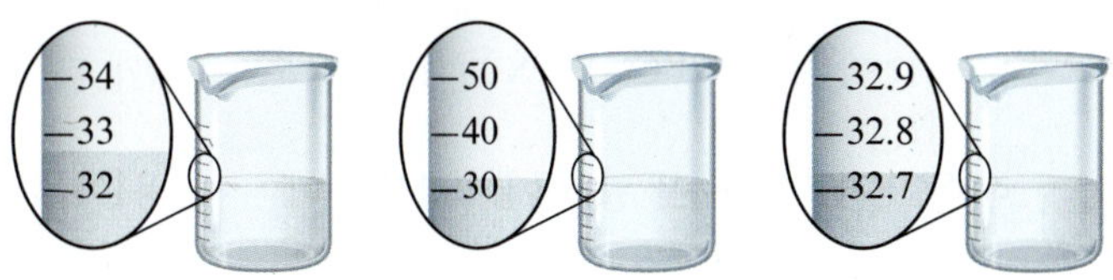

a. 각 비커에 있는 물의 양을 올바른 유효 숫자로 나타내시오.

b. 세 비커 각각에 정확히 같은 양의 물을 담을 수 있을까? 아니라면 왜 그런가? 그렇다면 a번 문제에서 같은 부피로 나타내었는가?

c. 이 세 비커의 물을 한 용기에 부었다고 하자. 유효 숫자를 고려하여 이 용기 안에 부피는 어떻게 적어야 하는가?

7. 다음 각 그림 a~d에 대해 주황색 블록과 파란색 블록 중 어느 것이 밀도가 더 큰지, 또는 정할 수 없는지 답하시오. 이유를 설명하시오.

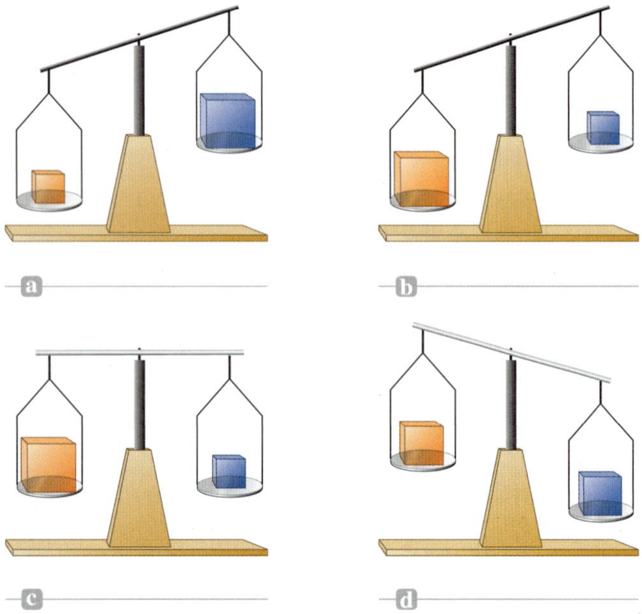

8. 아래 그림을 보고 다음 물음에 답하시오.

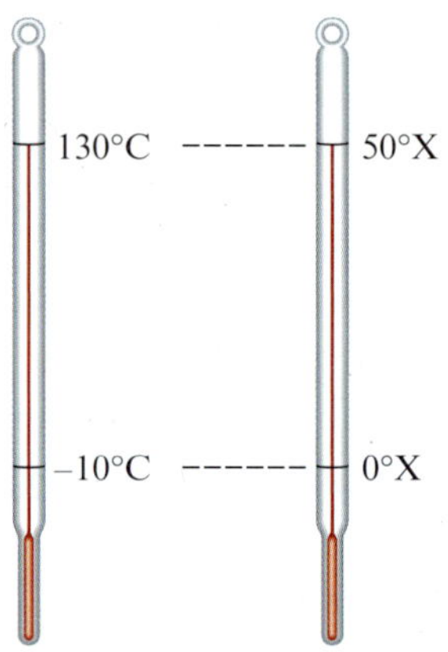

a. °C와 °X 사이의 관계식을 유도하시오.
b. 바깥 기온이 22.0°C라면 °X 단위로는 온도가 어떻게 되는가?
c. 58.0°X를 °C, K, °F 단위로 변환하시오.

질문과 문제

2.1 과학적 표기법

▸ *문제*

1. 다음 각 수를 표준 과학적 표기법으로 나타내시오.

a. 0.5012
b. 5,012,000
c. 0.000005012
d. 5.012
e. 5012
f. 0.005012

2. 다음 각 수를 "일반" 십진수로 다시 쓰시오.

a. 2.789×10^3
b. 2.789×10^{-3}
c. 9.3×10^7
d. 4.289×10^1
e. 9.999×10^4
f. 9.999×10^{-5}

3. 다음 수를 표준 과학적 표기법으로 쓰시오.

a. 1/1033
b. $1/10^5$
c. $1/10^{-7}$
d. 1/0.0002
e. 1/3,093,000
f. $1/10^{-4}$
g. $1/10^9$
h. 1/0.000015

4. 다음 수를 표준 과학적 표기법으로 쓰시오.

a. 1/0.00032
b. $10^3/10^{-3}$
c. $10^3/10^3$
d. 1/55,000
e. $(10^5)(10^4)(10^{-4})/(10^{-2})$
f. $43.2/(4.32 \times 10^{-5})$
g. $(4.32 \times 10^{-5})/432$
h. $1/(10^5)(10^{-6})$

2.2 단위

▸ *질문*

5. 미터계에서 질량, 길이, 온도의 기본 단위는 무엇인가?

6. 다음 각각에 해당하는 미터계 접두어를 쓰시오.

a. 1000
b. 10^{-3}
c. 10^{-9}
d. 1,000,000
e. 10^{-1}
f. 10^{-6}

2.3 길이, 부피, 질량의 측정

▸ *질문*

7. 막 지나간 도로 표지판에 "논산 100 km"라고 쓰여있다. 이것은 약 _____ 마일이다.

8. 주방 테이블보의 길이가 2 m이다. 이것은 ___ cm이며, ____ 인치이다.

9. 신장 1.62 m인 남자와 5피트 6인치인 여자 중 누가 더 큰가?

10. 길이의 기본 SI 단위는 미터이다. 하지만 길이나 거리가 길거나 짧을 때 기본 단위(미터)의 곱이나 분수를 이용하는 것이 편리하다. 다음의 경우, 측정에 가장 적절한 미터계 단위는 무엇인지 말해보시오.

a. 대전과 부산 사이의 거리
b. 침실의 크기
c. 이 책의 치수(길이, 폭, 높이)
d. 머리카락의 굵기

11. 딱정벌레 같은 곤충의 길이를 측정할 때 가장 적당한 미터계 단위는 무엇인가?

a. 미터
b. 밀리미터
c. 메가미터
d. 킬로미터

2.4 측정의 불확실성

▸ *질문*

12. 어떤 측정 눈금을 정밀도의 한계에 적절하게 사용하였을 때 측정값의 마지막 자리 유효 숫자는 *불확실*하다고 한다. 설명하시오.

13. 실험실에서 물의 부피를 측정하여 158.6 mL라고 기록하였다. 오차 측정에 유효 숫자를 사용하였다면 보고한 부피의 범위는 무엇인가? 가장 좋은 답을 고르고 그렇게 선택한 이유를 쓰시오.

a. 100~200 mL
b. 150~160 mL
c. 158~159 mL
d. 158.5~158.7 mL
e. 158.59~158.61 mL

14. 그림 2.5에 있는 핀의 길이를 측정하는 데 세 번째 숫자는 왜 불확실한가? 세 번째 숫자가 불확실하다는 것을 고려하여, 핀의 길이를 2.83 cm나 2.87 cm라고 하지 않고 2.85 cm라고 하는 이유를 설명하시오.

15. 그림 2.5에 나타낸 핀의 길이를 왜 2.850 cm로 기록할 수 없는가?

2.5 유효 숫자

▶ *질문*

16. 다음 각 수에서 유효 숫자 개수를 말하시오.

a. 250. b. 250 c. 2.5×10^2 d. 250.0

17. 다음 문장에서 의미하는 유효 숫자 개수를 말하시오.

a. 미국 인구는 2016년 기준, 3억 2천 4백만 명이다.
b. 1분은 60초이다.
c. 1마일은 1.6093 킬로미터이다.
d. 4인용 헬리콥터의 평균 속력은 대략 130 mi/h이다.
e. 르망 경마장의 길이는 8.5마일이다.

수의 반올림

▶ *질문*

18. 다음 수를 세 개의 유효 숫자를 갖도록 반올림하고 결과를 표준 과학적 표기법으로 나타내시오.

a. 254,931
b. 0.00025615
c. 47.85×10^3
d. 0.08214×10^5

19. 다음을 지시된 개수의 유효 숫자를 갖도록 반올림하고 답을 표준 과학적 표기법으로 쓰시오.

a. 0.00034159를 두 개의 유효 숫자로
b. 103.351×10^2을 다섯 개의 유효 숫자로
c. 17.9915를 한 개의 유효 숫자로
d. 3.365×10^5을 네 개의 유효 숫자로

계산에서 유효 숫자 결정하기

▶ *질문*

20. 다음과 같이 물을 측정하였다. 비커로 물 18 mL를 측정하고, 눈금 실린더로 물 128.7 mL를 측정하고, 뷰렛으로 물 23.45 mL를 측정하였다. 이들 물 시료를 모두 한 용기에 부었다면 물의 총 부피를 얼마로 기록해야 하겠는가? 답을 설명하시오.

▶ *문제*

주의: 지수를 포함한 수의 연산은 부록 참조.

21. 다음을 계산하고 옳은 개수의 유효 숫자를 갖도록 답을 쓰시오.

a. 44.2124 + 0.81 + 7.335
b. 9.7789 + 3.3315 − 2.21
c. 0.8891 + 0.225 + 4.14
d. (7.223 + 9.14 + 3.7795)/3.1

22. *다음 계산을 실제로 하지는 말고*, 계산하였을 때 답이 유효 숫자 몇 개를 가져야 하는지 말하시오.

a. (0.196)(0.08215)(295)/(1.1)
b. (4.215 + 3.991 + 2.442)/(0.22)
c. (7.881)(4.224)(0.00033)/(2.997)
d. (6.219 + 2.03)/(3.1159)

23. 다음을 계산하고 적절한 개수의 유효 숫자를 갖도록 답을 쓰시오.

a. (2.0944 + 0.0003233 + 12.22)/(7.001)
b. $(1.42 \times 10^2 + 1.021 \times 10^3)/(3.1 \times 10^{-1})$
c. $(9.762 \times 10^{-3})/(1.43 \times 10^2 + 4.51 \times 10^1)$
d. $(6.1982 \times 10^{-4})^2$

2.6 문제 풀이 및 차원 분석

▶ *질문*

24. 등가 정의에 근거한 두 측정값의 비를 _____라고 한다.

25. 1 in. = 2.54 cm라는 정의에 있는 수에는 몇 개의 유효 숫자가 사용되었는가?

연습 문제 26과 27에서 사과는 kg당 1,750원이다.

26. 사과 5.3 kg의 값을 계산하는 데 필요한 환산 인자는 무엇인가?

27. 25,000원으로 구입할 수 있는 사과가 몇 킬로그램인지를 계산하는 데 필요한 환산 인자는 무엇인가?

▶ *문제*

주의: 여러 단위 사이의 적절한 등가 정의는 이 책의 뒤표지 안쪽에 있다.

28. 다음 변환을 하시오. 각 경우마다 적절한 환산 인자를 구하는 것을 잊지 마시오.

a. 2.23 m를 야드로
b. 46.2 yd를 미터로
c. 292 cm를 인치로
d. 881.2 in.를 센티미터로
e. 1043 km를 마일로
f. 445.5 mi을 킬로미터로
g. 36.2 m를 킬로미터로
h. 0.501 km를 센티미터로

29. 다음 변환을 하시오. 각 경우마다 적절한 환산 인자를 구하는 것을 잊지 마시오.

a. 254.3 g을 킬로그램으로
b. 2.75 kg을 그램으로
c. 2.75 kg을 파운드로
d. 2.75 kg을 온스로
e. 534.1 g을 파운드로
f. 1.75 lb를 그램으로
g. 8.7 oz를 그램으로
h. 45.9 g을 온스로

30. 탄소 12.01 g은 탄소 원자 6.02×10^{23}개를 포함한다. 탄소 원자 1.89×10^{25}개의 질량은 몇 그램인가?

31. 원자의 반지름은 10^{-10} m 정도이다. 이 반지름은 몇 센티미터인가? 몇 인치인가? 몇 나노미터인가?

2.7 온도 변환

▸ 질문

32. 물의 _____점은 화씨 32도이다.

33. 물의 정상 끓는점은 ____°F 즉, ____°C이다.

34. 물의 어는점은 ____ K이다.

35. 1도가 가장 적은 온도 변화를 나타내는 것은 °F, °C, K 중 어느 온도 척도인가?

▸ 문제

36. 다음 온도 변환을 하시오.

a. 44.2°C를 K로
b. 891 K를 °C로
c. −20°C를 K로
d. 273.1 K를 °C로

37. 다음 온도 변환을 하시오.

a. 275 K를 °C로
b. 82°F를 °C로
c. −21°C를 °F로
d. −40°F를 °C로

2.8 밀도

▸ 질문

38. 물질의 *밀도*란 무엇을 의미하는가?

39. 가장 많이 쓰이는 밀도의 단위는 ____이다.

40. 표 2.7을 참조하여, 마그네슘, 에탄올, 은, 소금 중 어느 것의 밀도가 가장 작은지 결정하시오.

▸ 문제

41. 다음 질량과 부피에 대하여 밀도를 계산하여 g/cm³로 나타내시오.

a. 질량 = 4.53 kg; 부피 = 225 cm³
b. 질량 = 26.3 g; 부피 = 25.0 mL
c. 질량 = 1.00 lb; 부피 = 500. cm³
d. 질량 = 352 mg; 부피 = 0.271 cm³

42. 해바라기유는 밀도가 0.920 g/mL이다. 해바라기유 4.50 L의 질량은? 해바라기유 375 g은 몇 L인가?

43. 아마인유 1000. mL의 질량이 929 g이라면 아마인유의 밀도를 계산하시오.

44. 철의 밀도는 7.87 g/cm³이다. 철 52.4 g을 물 75.0 mL가 담겨있는 눈금 실린더에 넣으면, 실린더의 수위는 어느 부피까지 증가하겠는가?

45. 표 2.8을 이용하여, 다음 물질들의 부피가 50.0 cm³일 때의 질량을 계산하시오.

a. 금
b. 철
c. 납
d. 알루미늄

물질
Matter

CHAPTER 3

아이슬란드 요쿨살롱에 떠 있는 얼음의 화려한 아침 풍경.
Gen Vagula/Aurora Photos

우리는 가끔 주변을 돌아보다가 물질의 성질들에 대하여 신비로움을 느낀다. 식물은 어떻게 자라나게 되며, 그들은 왜 녹색을 띠고 있는 것일까? 태양은 왜 뜨거울까? 핫도그는 왜 전자레인지에서 따뜻하게 데워지는가? 왜 나무는 불에 타고 바위는 타지 않는가? 불꽃은 무엇일까? 비누는 어떻게 작용할까? 탄산 음료의 병뚜껑을 열었을 때, 왜 거품이 날까? 철이 녹슬 때 무슨 일이 일어나는가? 알루미늄은 왜 녹슬지 않는가? 운동 중 부상을 입었을 때 사용하기 위하여, 상온에서 수 주일 또는 몇 달씩 놓아둔 찜질용 냉각 팩은 어떻게 필요한 때에 금방 차가워질 수 있는 것일까? 머리에 하는 파마는 어떤 원리인가?

이러한 끝없는 질문들과 이에 대한 답들이 화학의 영역에 속한다. 이 장에서는 물질의 본질이 어떻게 구성되어 있으며, 왜 변하는지에 대하여 탐구를 시작하고자 한다.

탄산 음료의 병 뚜껑을 열면 왜 거품이 날까?
© Cengage Learning

3.1 물질

학습 목표 ■ 물질과 물질의 세 가지 상태에 대하여 공부한다.

우주를 구성하고 있는 요소인 **물질**(matter)은 두 가지 특징을 가지고 있다. 즉, 질량을 가지며 공간을 차지하고 있는 것이다. 물질은 그 형태가 아주 다양하게 나타난다. 별, 우리가 숨 쉬는 공기, 자동차에 넣는 휘발유, 점심 식사로 먹는 샌드위치 안에 들어있는 고기, 이 문장을 읽고 해석할 수 있게 해 주는 당신 뇌 속의 세포 등 다양하다.

물질의 본질을 이해하기 위하여 다양한 방법으로 물질을 분류한다. 예를 들어 나무, 뼈, 강철은 어떤 공통적인 특징이 있다. 이 물질들은 모두 형태와 부피가 고정되어 있다는 것이다. 즉, 그들은 잘 변하지 않는 일정한 모양을 가진다. 한편 물과 휘발유는 그들이 담긴 용기와 같은 모양을 갖는다(그림 3.1). 그렇더라도 물 1 L는 둥근 통에 담겨있든 비커에 담겨있든 언제나 1 L의 부피를 갖는다. 반면 공기는 들어있는 용기와 같은 모양을 가지며 어떤 용기든 균일하게 채운다.

위에서 방금 설명한 물질들은 **고체**(solid), **액체**(liquid), **기체**(gas)의 세 가지 **물질의 상태**(state of matter)의 예를 보여주고 있다. 표 3.1에 이들을 정의하고 예를 들어 놓았다. 이들 물질들의 상태는 물질을 구성하는 입자들 사이에 작용하는 힘의 세기에 의존한다. 더 강한 힘은 물질을 더 단단하게 만든다. 다음 절에서 이 문제를 더욱 자세히 논의하기로 한다.

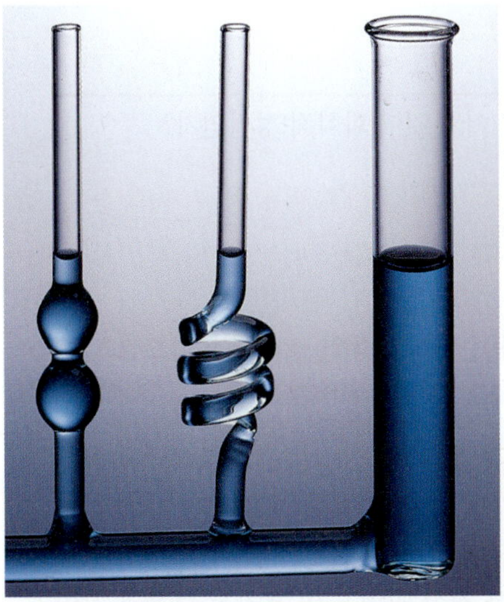

Photo by Richard Megna/Fundamental Photographs © Cengage Learning

그림 3.1 액체 상태의 물은 그 용기와 같은 모양을 가진다.

표 3.1 물질의 세 가지 상태

상태	정의	예
고체	단단함. 고정된 모양과 부피를 가짐	얼음, 다이아몬드, 쇠막대
액체	일정한 부피를 갖지만 용기와 같은 모양을 가짐	휘발유, 물, 알코올, 혈액
기체	고정된 부피나 모양을 갖지 않음; 담겨있는 용기와 같은 모양과 부피를 가짐	공기, 헬륨, 산소

3.2 물질의 물리적 및 화학적 성질과 그 변화

학습 목표

- 물리적 성질 및 화학적 성질의 차이를 익힌다.
- 물리적 변화와 화학적 변화의 차이를 배운다.

TommL/iStockphoto.com

이 우거진 초목들은 열대우림에서 어떻게 자라고 있을까? 또한 이들은 왜 녹색 잎을 가지고 있을까?

우리는 친구를 만나면 즉시 반응하여 친구의 이름을 부른다. 각 사람이 가지고 있는 고유한 특징이나 성질들로부터 그 친구를 인식할 수 있는 것이다. 즉, 마르고 키가 크다든지, 금발에 푸른 눈을 가지고 있다든지 등의 방법으로 인식한다. 방금 지적한 이러한 특징들이 바로 **물리적 성질**(physical property)의 예이다. 물질 역시 물리적 성질들을 가지고 있다. 물질의 전형적인 물리적 성질들은 냄새, 색깔, 부피, 상태(기체, 액체, 고체), 밀도, 녹는점, 끓는점을 포함한다. ◀ 또한 순물질을 새로운 물질을 형성할 수 있는 물질의 능력을 나타내는 **화학적 성질**(chemical property)로 설명할 수도 있다. 벽난로에서 열과 연기를 뿜으며 타다가 한 줌의 재를 남기는 나무의 연소는 화학적 변화의 한 예이다. 이 과정에서 나무는 몇 가지 새로운 물질들로 변화된다. 화학적 변화의 또 다른 예로 자동차에서 강철이 녹스는 것, 위장에서 음식물이 소화되는 것, 정원에 풀이 자라는 것 등을 들 수 있다. 화학적 변화에서 물질은 기본적으로 다른 물질로 바뀌게 된다.

대화형 예제 3.1 물리적 성질과 화학적 성질 확인

다음 각각을 물리적 성질과 화학적 성질로 구분하시오.

a. 어떤 알코올의 끓는점이 78°C이다.

b. 다이아몬드는 매우 단단하다.

c. 설탕이 발효되어 알코올을 형성한다.

d. 금속 선이 전류를 전도한다.

풀이 (a), (b), (d) 항은 물리적 성질이다. 그들은 각 물질의 고유한 특성을 설명하고 있다. 하지만 구성 성분의 변화는 발생하지 않는다. 금속 선의 경우도 도선에 전류가 통과한 전후에 동일한 구성 성분을 가지고 있다. (c) 항은 설탕의 화학적 성질이다. 설탕의 발효는 새로운 물질(알코올)이 형성된다.

SELF-CHECK

실전 연습 3.1 다음 중 어느 것이 물리적 성질이며, 어느 것이 화학적 성질인가?

a. 금속 갈륨이 손바닥 위에서 녹는다. ◀

b. 백금은 상온에서 산소와 반응하지 않는다.

c. 이 책의 종이는 흰색이다.

d. 자유의 여신상 표면에 도포된 구리 층이 여러 해를 지나는 동안 초록색 피막으로 덮이게 되었다.

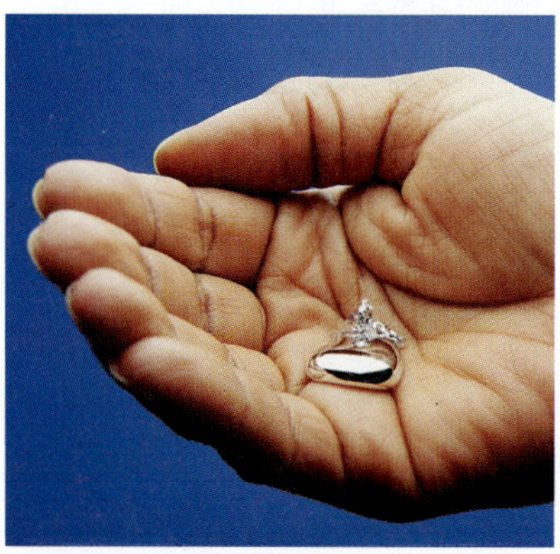
© Cengage Learning

금속 갈륨은 손바닥 위에서 체온으로도 녹을 만큼 녹는점이 낮다(30°C).

물질은 물리적 성질과 화학적 성질이 모두 변할 수 있다. 이러한 물리적 변화와 화학적 변화 사이의 기본적인 차이를 알기 위하여 물을 생각해 보자. 이후에 다른 여러 장에서 더욱 자세히 공부할 수 있게 되겠지만, 한 잔의 물은 두 개의 수소 원자와 한 개의 산소 원자로 만들어진 단위 물 분자(잘 알려진 H_2O)의 거대한 집합체이다. 이 분자는 다음과 같이 나타낼 수도 있다.

여기서 각 문자(O 또는 H)는 원자를 나타내며 이들 간의 연결선은 원자 사이의 결합을 나타낸다. 또한 분자 모형(오른쪽 그림)은 이들의 삼차원 형태를 보여준다. ◀

여기서는 대략적인 것만을 살펴본다. 따라서 *원자*나 *분자*에 대한 자세한 정의를 걱정할 필요가 없다. 이들 개념은 4장에서 더 자세히 논의할 것이다.

물이 다음과 같은 변화를 겪는 동안 무슨 일이 일어날까?

고체 (얼음) ⇨ (녹음) 액체 (물) ⇨ (끓음) 기체 (수증기)

이러한 상태 변화에 대해서는 13장에서 자세히 배울 것이다. 하지만 우리는 이미 상태 변화를 여러 번 관찰한 경험이 있기 때문에 이러한 과정들에 대해 여러 가지 사실들을 알고 있다.

황철광 결정.

얼음이 녹으면, 이 단단한 고체는 유동성 있는 액체가 되어 얼음이 들어있던 용기의 모양이 된다. 이때 열을 계속 가하면 액체는 끓게 되고, 물은 기체, 즉 증기가 되어 공기 중으로 사라지는 것처럼 보인다. 물질이 고체에서 액체나 기체가 될 때 일어나는 변화들을 그림 3.2에 나타내었다. 얼음 속 물 분자들은 고정된 위치에 붙들려 있지만, 액체 상태에서는 서로 매우 가까운 거리에 있으면서 자유롭게 움직일 수 있다. 분자들의 위치는 얼음의 경우와 같이 고정되어 있지는 않다. 기체 상태에서 분자들은 상당한 거리를 두고 불규칙하게 떨어져 있으므로, 용기의 벽과 충돌하거나 분자들 간의 충돌이 일어난다.

이 모든 변화에서 가장 중요한 점은 물 분자 자체는 전혀 변하지 않는다는 사실이다. 각 분자의 운동이나 분자 간 거리는 변할 수 있지만, *H_2O 분자는 그대로 유지된다.* 이러한 상태 변화는 물질의 궁극적인 조성에 영향을 주지 않는 **물리적 변화**(physical change)이다. 이들 각 상태는 여전히 물(H_2O)이지 어떤 다른 물질이 아니다.

그림 3.2 물의 세 가지 상태(붉은색 구는 산소 원자, 푸른색 구는 수소 원자를 나타낸다).

고체: 물 분자들은 고정된 위치에 배열된 채로 서로 가까이 인접해 있다.

액체: 물 분자들은 여전히 가까운 거리에 근접해 있지만 일정 범위 내에서 움직일 수 있다.

기체: 물 분자는 서로 멀리 떨어져서 불규칙하게 움직인다.

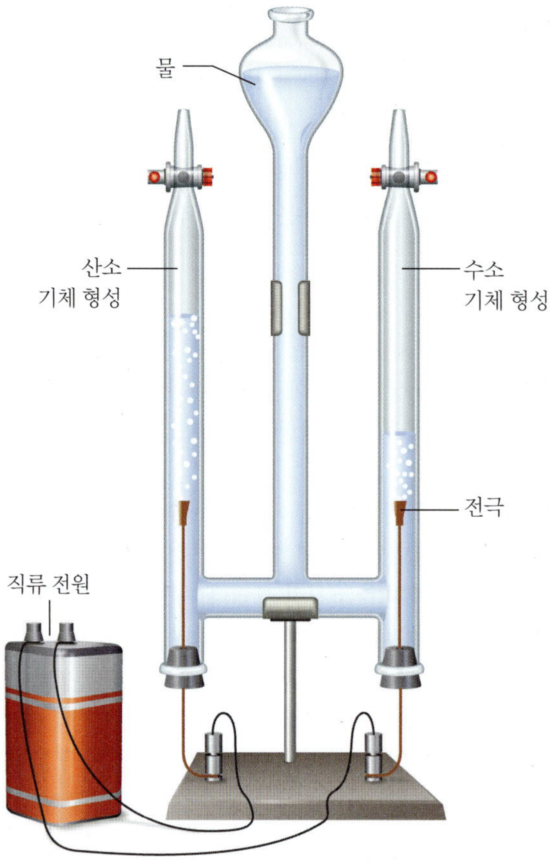

그림 3.3 전류에 의하여 물이 분해되는 전기분해는 화학적 과정이다.

그림 3.3과 같이 물에 전류가 흐른다고 생각해 보자. 무엇인가 아주 색다른 일이 일어날 것이다. 즉, 물이 없어지면서 두 가지 새로운 물질인 산소와 수소가 발생할 것이다. 전류의 흐름이 실제로 물 분자들이 사라진 원인이다. 즉, 물을 수소와 산소로 *분해*시킨 원인인 것이다. 이 과정은 다음과 같이 나타낼 수 있다.

이 과정은 물(H_2O 분자)이 다른 물질[산소(O_2)와 수소(H_2)]로 변화되었기 때문에 **화학적 변화**(chemical change)이다. 따라서 이 과정에서 H_2O 분자는 O_2와 H_2 분자로 바뀌었다. 요약하면 다음과 같다.

물리적 변화와 화학적 변화

1. *물리적 변화*는 한 가지 이상의 물리적 성질의 변화를 수반한다. 하지만 물질을 구성하는 기본적인 성분의 변화는 없다. 가장 일반적인 물리적 변화는 다음과 같은 상태 변화이다. 고체 ⇔ 액체 ⇔ 기체.
2. *화학적 변화*는 물질의 기본적인 성분의 변화를 수반한다. 즉, 주어진 물질은 다른 물질로 변화한다. 화학적 변화는 **반응**(reaction)이라고 부른다. 예를 들면, 은이 공기 중에 있는 물질과 반응하여 녹이 슬거나, 식물이 공기와 토양 중에 들어있는 여러 물질들로부터 잎을 형성하는 것 등을 의미한다.

대화형 예제 3.2 물리적 변화와 화학적 변화 구분하기

다음 각 변화가 물리적 변화인지, 화학적 변화인지 분류하시오.

a. 금속 철이 녹는다.

b. 철이 산소와 결합하여 녹을 형성한다.

c. 나무가 공기 중에서 불탄다.

d. 바위가 작은 조각으로 깨어진다.

풀이

a. 녹은 철은 단지 액체 상태의 철이고 이것을 다시 고체 상태의 철로 냉각시킬 수 있다. 이것은 물리적 변화이다.

b. 철이 산소와 결합할 때, 철과 산소를 포함하는 다른 물질(녹)을 만든다. 연소된 후에 나무는 더 이상 나무의 원래 형질을 갖지 못한다. 따라서 이것은 화학적 변화이다.

Photo by giolka2/Depositphotos.com

산소와 나무에 들어있는 화학 물질이 결합하여 불꽃을 생성한다. 이것은 물리적 변화인가, 화학적 변화인가?

c. 나무는 불에 타서 다른 물질(이산화 탄소와 물)을 만든다. 연소된 후에 나무는 더 이상 나무의 원래 형질을 갖지 못한다. 따라서 이것은 화학적 변화이다.

d. 바위가 깨질 때, 모든 작아진 바위 조각들은 원래의 바위와 동일한 성분을 가지고 있다. 각각의 새로운 바위 조각들은 원래의 바위와 크기와 모양만 다를 뿐이다. 따라서 이것은 물리적 변화이다.

SELF-CHECK

실전 연습 3.2 다음 변화가 화학적 변화인지, 물리적 변화인지, 또는 두 가지 경우가 모두 포함된 것인지 구분하시오.

a. 우유가 상한다.

b. 왁스가 불꽃에 의해 녹으면서 불이 붙어 탄다.

3.3 원소와 화합물

학습 목표

■ 원소와 화합물의 정의를 이해한다.

원소: 화학적 방법으로는 다른 물질로 분해될 수 없는 물질

물질의 화학적 변화를 공부하면서, **원소**(element)라고 하는 일련의 기본 물질들을 만나게 된다. 원소는 화학적 방법으로는 다른 물질로 쪼갤 수 없다. 원소의 예로 철, 알루미늄, 산소, 수소 등을 들 수 있다. 우리 주변에서 볼 수 있는 모든 물질은 원소를 포함하고 있다. 원소들은 때로 원소 자체로 분리된 상태로 발견되기도 하지만, 다른 원소와 결합한 경우가 더 흔하다. 따라서 대부분의 물질은 서로 결합된 몇 가지 원소들로 이루어져 있다.

어떤 원소들의 원자들은 서로 특별한 친화력을 가진다. 이러한 원자들은 특별한 방법으로 결합하여 어느 곳에서 발견되더라도 동일한 조성을 갖는 **화합물**(compound)을 형성한다. 화합물은 원소로 만들어졌기 때문에 화학적 변화를 통하여 원소로 분리될 수 있다.

화합물 ⇨ 원소

화학적 변화

물은 화합물의 한 예이다. 순수한 물은 H_2O 분자로 되어 있기 때문에 항상 동일한 조성(상대적으로 동일한 산소와 수소의 양)을 갖는다. 물은 전기분해와 같은 화학적 방법으로 수소와 산소로 분해될 수 있다(그림 3.3).

4장에서 더 상세히 논의하겠지만, 각 원소는 특정 원자만으로 만들어진다. 순수한 알루미늄 원소는 알루미늄 원자만을 포함하고 있고, 구리 원소는 구리 원자들만으로 이루어져 있다. 따라서 한 원소는 한 가지 원자들만으로 구성되어 있다. 철 시료는 많은 원자들을 포함하지만 이들은 모두 철 원자들이다. 어떤 종류의 순수한 원소의 시료는 분자로 구성되어 있다. 예를 들면 수소 기체는 H—H(보통 H_2로 표기) 분자로 되어있고, 산소 기체는 O—O (O_2) 분자로 되어 있다. 하지만 어떤 원소의 순수한 시료들은 그 원소의 원자들로만 구성되어 있지, 어떤 다른 원소의 원자들로 이루어져 있지 *않다*.

화합물은 *항상 다른* 원소의 원자들을 포함한다. 예를 들어 물은 수소 원자와 산소 원자로 되어 있으며, 물은 H—O—H 분자로 구성되어 있기 때문에 항상 수소 원자 수는 산소 원자 수의 정확히 2배이다. 다른 화합물인 이산화 탄소는 CO_2 분자들로 이루어져 있으며, 탄소 원자와 산소 원자(항상 1:2 비율)로 되어있다.

화합물은 두 종류 이상의 원자들로 구성되어 있지만 *항상 동일한 조성을 갖는다*. 화합물의 성질은 화합물에 포함된 원소들의 성질과는 일반적으로 매우 다르다. 예를 들어, 물의 성질은 순수한 수소와 산소의 성질들과는 전혀 다르다.

3.4 혼합물과 순물질

학습 목표

- 혼합물과 순물질의 구별을 배운다.

우리 주변의 모든 물질은 사실상 혼합물로 이루어져 있다. 예를 들어, 흙을 좀 더 세밀히 관찰하면, 작은 모래 알갱이와 식물 찌꺼기와 같은 여러 종류의 성분들이 있음을 알 수 있을 것이다. 우리가 숨쉬는 공기도 산소, 질소, 이산화 탄소, 수증기 등 여러 기체로 이루어진 복잡한 혼합물이다. 샘에서 떠온 신선한 물조차도 물 이외에 많은 물질들이 포함되어 있다.

혼합물(mixture)은 다양한 조성을 가지는 물질로 정의할 수 있다. 예를 들어 목재는 혼합물이다(그 조성은 나무의 원산지에 따라 크게 달라진다). 커피 역시 혼합물이다(강하거나 약하거나, 또는 쓴맛을 가질 수 있다). 또한 땅 속 깊은 곳에서 퍼올린 물도 매우 순수하게 보이지만 역시 혼합물이다(무기물과 기체들이 녹아있다).

한편, **순물질**(pure substance)은 언제나 동일한 조성을 가진다. 순물질은 원소일 수도 있고 화합물일 수도 있다. 예를 들어, 순수한 물은 H_2O 분자만을 포함하는 화합물이다. 하지만 천연에서 발견하는 액체 물은 순수한 물뿐만 아니라 항상 다른 물질들을 포함하고 있는 혼합물이다. 여러 지역에서 얻은 물 시료를 보면 맛, 냄새, 색 등이 모두 다른 것으로 보아 이 점은 분명하다. 하지만 여러 곳(바다, 호수, 강, 지구 내부)에서 얻은 물 시료를 주의깊게 정제해 보면 모두 항상 H_2O 분자들만으로 된 동일한 순물질인 물에 이르게 된다. 순수한 물은 언제나 물리적, 화학적 성질이 같으며, 그 물을 어디서 얻었는지와는 상관없이 항상 정확하고 동일한 비율의 수소와 산소를 포함하는 물 분자들로 이루어진다. 순물질의 성질은 그 물질을 확인하는 결정적인 역할을 한다.

혼합물은 원소 또는 화합물인 순물질로 분리할 수 있다. ◀

혼합물을 순물질로 분리할 수 있다고 말하지만 혼합물을 완전한 순물질로 분리하는 것은 불가능하다. 노력하더라도 약간의 불순물(원래 혼합물의 성분)이 각각의 "순물질" 안에 남아있게 된다.

혼합물 ⇨ 둘 이상의 순물질

그림 3.4 소금은 물에 넣고 저어주면(*오른쪽*), 용액이라고 부르는 균일 혼합물이 형성된다(*왼쪽*).

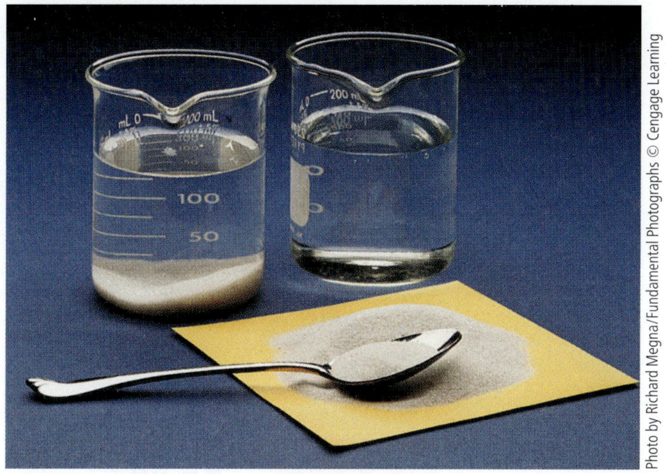

그림 3.5 모래와 물은 균일한 혼합물로 섞이지 않는다. 이 혼합물을 잘 저어주고 나면 모래는 바닥에 가라앉는다(*왼쪽*).

예를 들어, 혼합물인 공기는 산소(원소), 질소(원소), 물(화합물), 이산화 탄소(화합물), 아르곤(원소) 및 다른 순물질들로 분리할 수 있다.

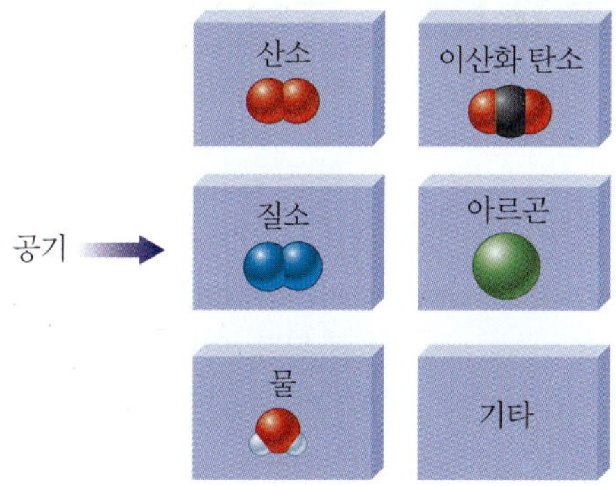

혼합물은 균일한 것과 불균일한 것으로 분류할 수 있다. **균일 혼합물**(homogeneous mixture)은 *전체적으로 조성이 같다*. 예를 들어, 소금을 물에 녹여 잘 저어주면, 이 혼합물은 모든 부분에서 동일한 성질을 가지게 된다. 균일 혼합물을 **용액**(solution)이라고도 부른다. 물론 물과 소금의 양에 따라 다양한 용액들을 만들 수 있지만, 한 균일 혼합물(용액) 내에서는 어디서나 조성이 다르지 않다(그림 3.4).

우리 주위의 공기도 일종의 용액 즉, 기체들의 균일 혼합물이다. 고체 용액도 존재한다. 황동은 구리와 아연 금속의 균일 혼합물이다.

불균일 혼합물(heterogeneous mixture)은 혼합물 내의 일부분에서 조성이 다른 곳이 존재한다. 예를 들면, 물에 모래를 부어 만든 혼합물은 물이 대부분인 부분과 이것과 매우 다른, 모래가 대부분인 부분이 있다(그림 3.5).

대화형 예제 3.3 혼합물과 순물질 구분

다음 각각을 순물질, 균일 혼합물, 불균일 혼합물로 구분하시오.

a. 휘발유

b. 바닥에 자갈이 있는 시냇물

c. 공기

d. 황동
e. 금속 구리

풀이

a. 휘발유는 많은 화합물들을 포함하는 균일 혼합물이다.
b. 바닥에 자갈이 있는 시냇물은 불균일 혼합물이다.
c. 공기는 원소들과 화합물들의 균일 혼합물이다.
d. 황동은 구리와 아연을 포함하는 균일 혼합물이다. 구리와 아연의 양에 따라 다양한 종류의 황동이 존재할 수 있기 때문에 순물질이 아니다.
e. 금속 구리는 순물질(원소)이다.

SELF-CHECK

실전 연습 3.3 다음 각각을 순물질, 균일 혼합물, 불균일 혼합물로 구분하시오.

a. 메이플 시럽
b. 스쿠버용 탱크에 들어있는 산소와 헬륨
c. 기름과 식초로 만든 샐러드 드레싱
d. 일반 소금(염화 소듐)

3.5 혼합물의 분리

학습 목표 ■ 혼합물을 분리하는 두 가지 방법을 배운다.

천연에서 발견되는 물질들은 전형적인 순물질들의 혼합물이다. 예를 들어, 바닷물은 물에 무기물이 녹아있는 것이다. 물을 끓여 증기로 바꾸어 고체 무기물을 남게 하는 방법으로 무기물과 물을 분리할 수 있다. 이때 증발되는 수증기를 모아서 냉각하면, 순수한 물로 응축된다. 이러한 분리 과정을 **증류**(distillation)라고 하며, 그림 3.6에 나타내었다.

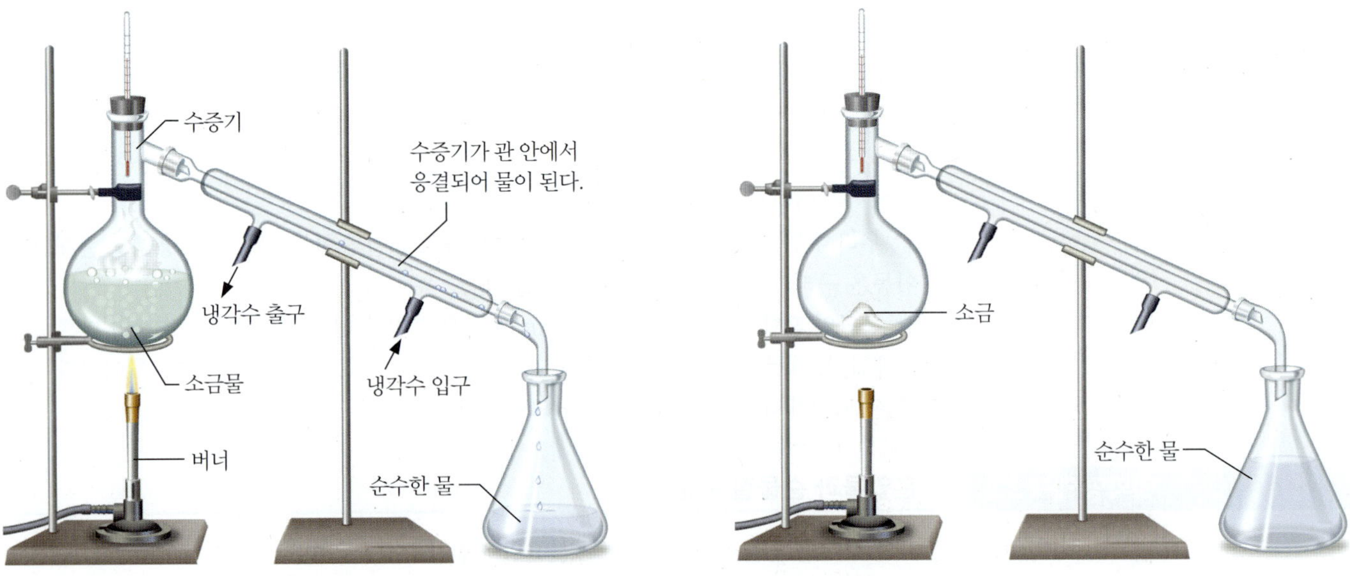

a 용액이 끓으면서 수증기(기체 상태의 물)를 발생시킨다. 이 수증기를 냉각시키면 증기는 응축되어 그림과 같이 순수한 물로 플라스크에 떨어지게 된다.

b 물이 모두 증발하면 원래 플라스크에는 소금만 남고, 물은 다른 플라스크에 수집된다.

그림 3.6 물에 용해된 소금으로 구성된 용액의 증류.

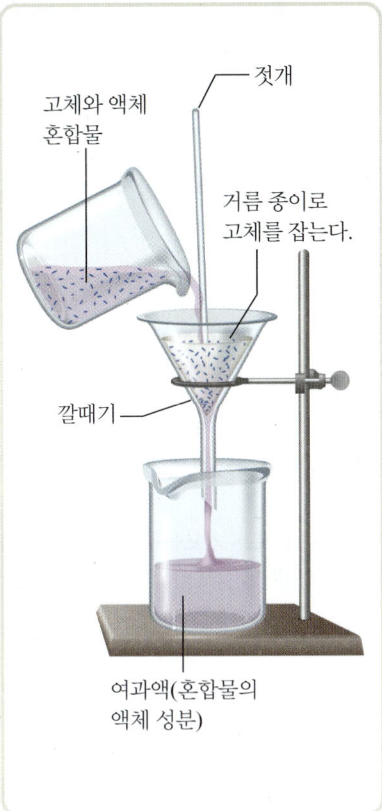

그림 3.8 여과는 액체와 고체를 분리하는 것이다. 액체는 거름 종이를 통과하지만 고체 입자들은 통과하지 못하고 남게 된다.

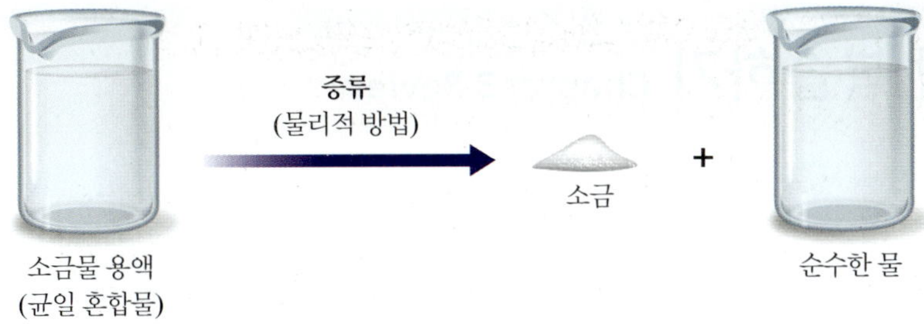

그림 3.7 소금물을 증류할 때 화학적 변화는 일어나지 않는다.

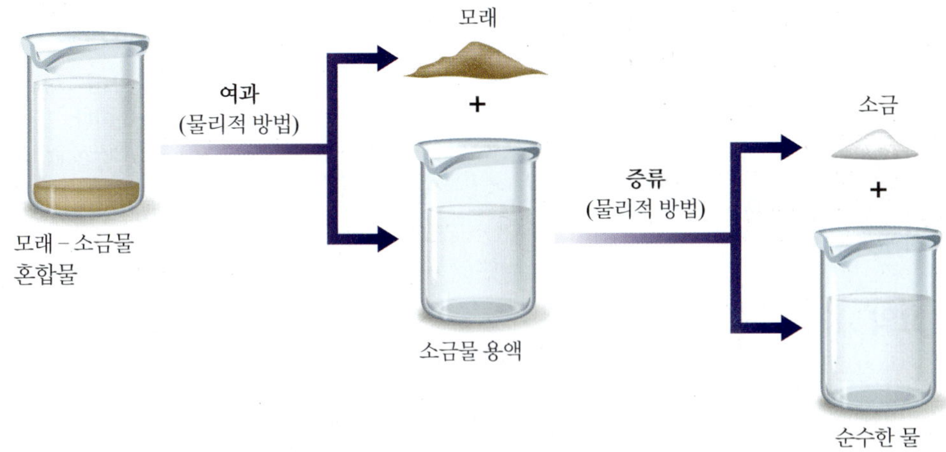

그림 3.9 모래–소금물 혼합물의 분리.

소금물을 증류할 때, 물은 액체 상태에서 기체 상태로 변하고 다시 액체 상태로 돌아온다. 이러한 상태 변화는 물리적 변화의 한 예이다. 이와 같은 방법으로 순물질로 이루어진 혼합물을 분리할 수 있으며, 각 물질의 조성은 변하지 않는다. 이를 그림 3.7과 같이 요약하였다.

모래가 약간 포함된 바닷물을 실험 시료로 취하였다고 하자. 이 시료는 불균일 혼합물이다. 이 시료에는 소금물 용액뿐만 아니라 녹지 않은 고체도 포함되어 있기 때문이다. 모래는 간단한 **여과**(filtration)로 분리할 수 있다. 즉, 이 혼합물을 액체는 통과시키고 고체는 걸러지는 거름 종이 위에 부어 모래를 분리할 수 있다(그림 3.8). 그런 다음 증류를 통해 소금을 물로부터 분리할 수 있다. 이러한 전 분리 과정을 그림 3.9에 나타내었다. 이 모든 과정에서 일어난 변화는 물리적 변화이다.

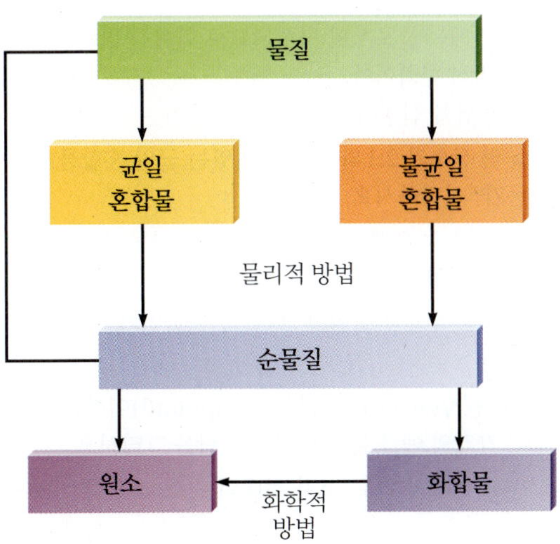

그림 3.10 물질의 구성도.

비판적으로 생각하기

주사 터널 현미경으로 원자를 볼 수 있다. 주사 터널 현미경을 발명하기 이전 시간으로 되돌아갔다고 한다면 어떻게 할 것인가? 모든 물질이 원자와 분자들로 이루어져 있다는 이론을 뒷받침할 수 있는 어떤 증거를 제시할 수 있는가?

이 장에서 나온 물질에 대한 설명을 그림 3.10과 같이 요약할 수 있다. 흔히 제공되는 물질 시료는 순물질(원소 또는 화합물)일 수도 있지만, 대부분은 혼합물(균일 또는 불균일 혼합물)일 것이다. 이제 모든 물질은 가장 기본적인 물질인 원소로 존재하거나 또는 이들 원소로 분해될 수 있다는 것을 보았다. 다음 장에서는 원소의 본질에 대해 더 많은 것을 배우게 될 것이다.

3장 복습하기 Chapter 3 Review

주요 용어

물질(3.1)	물질의 상태(3.1)
고체(3.1)	액체(3.1)
기체(3.1)	물리적 성질(3.2)
화학적 성질(3.2)	물리적 변화(3.2)
화학적 변화(3.2)	반응(3.2)
원소(3.3)	화합물(3.3)
혼합물(3.4)	순물질(3.4)
균일 혼합물(3.4)	용액(3.4)
불균일 혼합물(3.4)	증류(3.5)
여과(3.5)	

요약

- 물질은 질량을 가지며 공간을 차지한다. 물질은 원자라고 하는 작은 입자들로 이루어져 있다.
- 물질은 세 가지 상태로 존재한다.
  - 고체 : 일정한 모양을 가지는 단단한 물질
  - 액체 : 일정한 부피를 가지지만 모양은 용기에 따라 달라짐
  - 기체 : 부피와 모양이 용기에 따라 달라짐
- 물질은 물리적 성질과 화학적 성질을 갖는다.
  - 화학적 성질은 다른 물질로 변화하는 그 물질의 능력을 설명한다.
  - 물리적 성질은 다른 물질로의 변화와는 관계 없는 그 물질의 특성이다.
    - 모양, 크기, 색 등이 그 예이다.
- 물질은 물리적 변화와 화학적 변화를 한다.
  - 물리적 변화는 하나 이상의 물리적 성질의 변화와 관련이 있으나 조성의 변화는 일어나지 않는다.
  - 화학적 변화는 한 물질이 하나 이상의 새로운 물질로 변하는 것이다.
- 원소는 한 종류의 원자만을 포함한다. 구리 원소는 구리 원자로만 이루어져 있고, 금 원소는 금 원자만을 포함한다.
- 화합물은 두 종류 이상의 원자를 포함하는 물질이다.
- 화합물은 종종 분리되어 있는 분자를 포함한다.
- 분자는 특정한 방법으로 결합된 원자들을 포함한다. 예를 들어  은 물 분자로, H_2O라고 쓴다.
- 물질은 혼합물과 순물질로 구분할 수 있다.
  - 혼합물은 다양한 조성을 갖는다.
    - 균일 혼합물은 모든 부분에서 성질이 같다.
    - 불균일 혼합물은 혼합물의 다른 부분에서는 성질이 다르다.
  - 순물질은 항상 동일한 조성을 갖는다.
- 혼합물은 증류나 여과와 같은 여러 방법을 통해 순물질로 분리할 수 있다.
- 순물질에는 두 가지 형태가 있다.
  - 원소 : 화학적으로 더 간단한 물질로 나눌 수 없음
  - 화합물 : 화학적 방법을 통해 원소로 나눌 수 있음

활동 학습 질문

다음은 강의 중 그룹 지도를 위한 문제들로, 특정 주제를 소개하는 데 매우 효과적이다.

1. 물이 끓을 때, 물 표면으로 솟아오르는 기포들을 볼 수 있다. 이들 기포는 무엇으로 만들어졌는가?
   a. 공기
   b. 수소와 산소 기체
   c. 산소 기체
   d. 수증기
   e. 이산화 탄소 기체

2. 양초의 불꽃 위에 유리 막대를 놓으면, 유리 막대가 검게 그을릴 것이다. 촛불이 탈 때 다음 각각에 어떤 일이 일어났는지 설명하시오(물리적 변화, 화학적 변화, 둘 다 일어남, 둘 다 일어나지 않음).
   a. 왁스
   b. 양초 심지
   c. 유리 막대

3. 물이 끓는 것은
   a. 물이 없어지기 때문에 물리적 변화이다.
   b. 기체 상태의 물은 액체 상태의 물과 화학적으로 같기 때문에 물리적 변화이다.
   c. 어떤 반응 과정을 일으키는 데 열이 필요하므로 화학적 변화이다.
   d. 수소와 산소 기체는 물로부터 형성되므로 화학적 변화이다.
   e. 화학적 및 물리적 변화이다.
   이에 대한 당신의 답을 설명하시오.

4. 수증기와 수소 및 산소가 2:1의 비로 섞여있는 균일 혼합물이 어떤 차이가 있는가? 설명하시오.

5. 화학자의 입장에서 "순 오렌지 주스"라는 말이 잘못되었다고 말할 수 있는 이유는 무엇인가?

6. 혼합물의 분리는 물리적 변화인가, 화학적 변화인가? 설명하시오.

7. *원소*(element), *원자*(atom), *화합물*(compound)이라는 용어를 설명하시오. 각각의 예를 들고 미시적 그림을 그리시오.

8. 다음 각각을 원자 형태의 원소, 분자 형태의 원소, 화합물로 표시하시오.

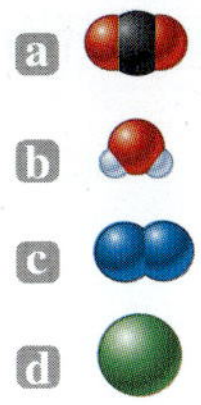

9. 다음 각 설명을 아래 그림과 연결하시오. 각 설명에 대해 두 가지 이상의 그림이 연결될 수도 있다. 어떤 그림은 두 번 이상 사용될 수도 있고 어떤 것은 전혀 사용되지 않을 수도 있다.

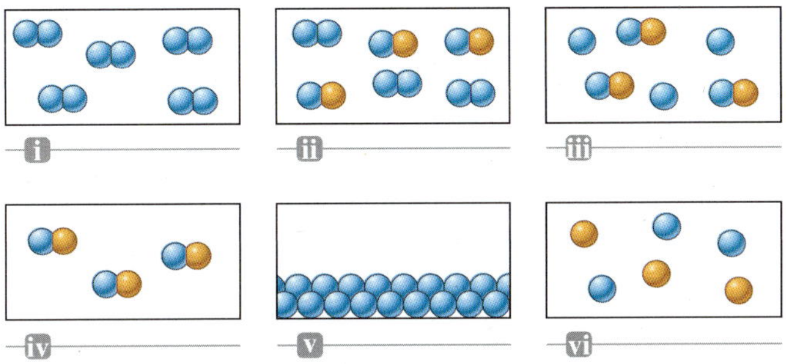

a. 기체 화합물
b. 두 기체 원소의 혼합물
c. 고체 원소
d. 기체 원소와 기체 화합물의 혼합물

질문과 문제

3.1 물질

▶ *질문*

1. *물질*(matter)의 두 가지 특징적인 성질은 무엇인가?
2. 어떤 물질 시료의 *물리적 상태*를 결정하는 주된 요소는 무엇인가?
3. 물질의 세 가지 상태 중 ________와 ________는 압축할 수 없다.
4. ________는 고정된 모양과 부피를 갖는다.
5. 물질의 세 가지 상태에서 각 분자들이 서로 상대적으로 이동할 수 있는 용이성을 비교, 대조하시오.
6. ________ 상태의 물질은 형태를 가지고 있지 않으며 담겨있는 용기가 무엇이든 용기 전체를 완전히 채운다.
7. 물질의 액체와 기체 상태는 어떤 유사성이 있는가? 또 이들 둘 사이에 어떤 차이점이 있는가?
8. 각각 10 g인 물 시료 세 개가 있다. 하나는 얼음이고, 하나는 액체, 또 하나는 수증기이다. 이들 세 시료의 부피를 서로 비교하시오. 각 시료들의 물리적 상태와 부피의 이러한 차이는 어떻게 생겨난 것일까?
9. 기체 물질의 시료에서 시료 부피의 99% 이상이 빈 공간이다. 이러한 사실은 액체나 고체와 비교했을 때 기체 물질의 어떤 성질 때문인가?

3.2 물질의 물리적 및 화학적 성질과 그 변화

▶ *질문*

10. 원소 브로민은 무겁고 진한 빨간색의 자극성 냄새를 가진 액체이다. 원소 브로민의 이러한 성질들은 물리적 성질인가, 화학적 성질인가?
11. 다음 과정은 물리적 변화인가, 화학적 변화인가?

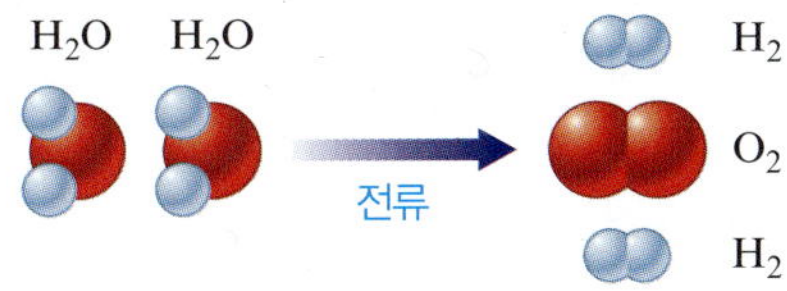

[12~13] 마그네슘 금속은 매우 유연하고 구멍을 뚫거나 늘려서 길고, 가는 얇은 "리본"을 만들 수 있어 일반 화학 실험의 금속 재료로 사용된다. 마그네슘 리본 조각을 분젠 버너 불꽃으로 점화시키면 마그네슘은 밝게 타며 많은 양의 백색 산화 마그네슘 가루를 형성한다.

12. 위에 주어진 정보로부터 마그네슘 금속의 *화학적* 성질을 하나 찾아보시오.
13. 위에 주어진 정보로부터 마그네슘 금속의 *물리적* 성질을 하나 찾아보시오.
14. 다음 각각을 *물리적* 변화 또는 성질, *화학적* 변화 또는 성질로 구분하시오.
    a. 난로의 부지깽이는 불에 가열하면 빨갛게 달구어진다.
    b. 마시멜로를 장작불에 너무 오래 구우면 검게 된다.
    c. 과산화 수소를 이용한 치실이 이를 더 하얗게 한다.
    d. 염소 표백제로 청바지를 빨면 청바지의 빛이 바랜다.
    e. 손톱 광택 제거제를 피부에 흘리면 빠르게 증발한다.
    f. 집에서 아이스 크림을 만들 때 혼합물을 얼리기 위하여 얼음에 소금을 가해 온도를 내린다.
    g. 욕실 하수구에 머리카락이 막히면 하수구 청소제로 깨끗이 할 수 있다.
    h. 남자 친구가 생일 선물로 준 향수의 향이 꽃향기 같다.
    i. 옷장 속에 든 좀약이 먼저 녹는 과정 없이 직접 기체 상태로 된다.
    j. 통나무를 도끼로 잘라 보다 작은 조각으로 만든다.
    k. 통나무가 난로 안에서 탄다.

3.3 원소와 화합물

▶ *질문*

15. 어떤 원소는 분리된 상태(isolated state)로 발견되지만 대부분의 원소들은 다른 원소와 결합한 ________ 상태로 발견된다.
16. *화합물*(compound)이란 무엇인가? 화합물은 무엇으로 이루어져 있는가? 어디서 화합물을 발견하든지, 화합물의 조성에 대하여 무엇이 사실인가?
17. 어떤 주어진 순수한 화합물의 조성은 화합물의 원천이 어디이든 상관없이 항상 ________다.

3.4 혼합물과 순물질

▶ *질문*

18. 한 비커에 철 줄밥(iron filing) 한 스푼과 과량의 황 분말을 함께 넣으면 철 줄밥이 자석에 끌리므로 자석을 이용해서 황으로부터 철을 분리할 수 있다. 이 철과 황의 조합은 *혼합물*인가, *순물질*인가?

19. 질문 18번에서 철 줄밥과 황을 세게 가열하면 철이 황과 반응하여 자석에 끌리지 않는 고체를 형성한다. 이것도 아직 "혼합물"이라 할 수 있는가? 왜 또는 왜 아닐까?

20. 용액이 *균일 혼합물*(homogeneous mixture)이라는 것은 무엇을 의미하는가?

21. 다음 물질 중 어느 것이 균일 혼합물인가?

a. 초코칩 쿠키
b. 아이오딘 결정(I_2)
c. 방 안의 공기
d. 자동차용 휘발유
e. 수크로스($C_{12}H_{22}O_{11}$, 설탕)

22. 다음을 *혼합물* 또는 *순물질*로 분류하시오.

a. 멀티 비타민 알약
b. 자동차 앞 유리창 워셔액으로 넣은 파란색 액체
c. 햄 치즈 오믈렛
d. 다이아몬드

23. 다음 혼합물을 *불균일 혼합물*과 *균일 혼합물*로 분류하시오.

a. 흙
b. 마요네즈
c. 이탈리안 샐러드 드레싱
d. 공부하기 위하여 만든 책상의 나무
e. 해변의 모래

3.5 혼합물의 분리

▶ *질문*

24. *증류*(distillation) 과정이 어떻게 용액에서 그 성분 물질들을 분리할 수 있는지 설명하고, 예를 드시오.

25. *여과*(filtration) 과정이 어떻게 혼합물에서 그 성분들을 분리할 수 있는지 설명하고, 예를 드시오.

26. 일반 화학 실험실에서, 고체 혼합물 내에 벤조산과 숯의 상대적 양을 결정하는 실험을 하고 있다. 벤조산은 뜨거운 물에 비교적 잘 녹지만 숯은 녹지 않는다. 이 혼합물에서 두 성분을 분리하기 위한 방법을 고안하시오.

화학의 기초: 원소, 원자, 이온

Chemical Foundations: Elements, Atoms, and Ions

CHAPTER

4

코스타리카 산호세에 위치한 국립극장 로비의 화려한 금 장식.

Richard Cummins/Lonely Planet Images/Getty Images

화학 원소는 일상생활에서 매우 중요하다. 일부 원소는 우리 신체에 극미량 존재하지만 건강과 활동에 심각한 영향을 줄 수 있다. 이 장에서 배울 리튬은 조울증 환자에게 획기적인 치료약이 될 수 있고, 인체 내 코발트는 존재하는 양에 따라 과격한 행동의 유무에 지대한 영향을 줄 수도 있다.

고대로부터 인간은 자신의 편익을 위하여 화학적 변화를 이용하였다. 장신구와 도구의 재료로 쓰일 금속을 얻기 위한 제련 기술이나 방부처리용 액체 사용은 기원전 1000년 이전부터 활용되었던 화학의 두 가지 예이다.

화학 변화가 일어나는 이유를 처음 설명하려 했던 사람들은 그리스인이었다. 기원전 400년경 그리스인들은 모든 물질이 불, 흙, 물, 공기의 4가지 기본 물질로 구성되었다고 생각하였다.

화학의 역사에서 그 후 2천 년을 주도한 것은 연금술이었다. 일부 연금술사들은 값싼 금속을 금으로 변화시키는 일에 생각이 사로잡힌 신비주의자나 사기꾼들이었다. 그러나 대부분의 연금술사들은 성실한 과학자들이었는데 이 시기에 수은, 황, 안티모니 등의 원소가 발견되었으며, 이들에 의해 산 제조법이 개발되었다.

정확한 측정의 중요성을 인식한 최초의 과학자는 아일랜드인 로버트 보일(Robert Boyle, 1627~1691)이었다. 보일은 기체의 성질에 관한 선구적인 연구로 잘 알려진 인물이지만, 그의 가장 중요한 과학적 공헌은 과학은 실험에 근거해야 한다는 그의 신념이었다. 예를 들어 그는 얼마나 많은 원소가 존재하는지에 대하여 미리 단정하지 않았다. 원소에 대한 그의 정의는 실험에 바탕을 두었고, 어떤 물질이 두 개 이상의 더 간단한 물질로 나누어지지 않는다면 그것이 바로 원소라고 정의하였다. 이에 따르면 공기는 그리스인들이 믿었던 것과는 달리 원소가 아니다. 공기는 여러 가지 순수한 물질로 나누어 질 수 있기 때문이다.

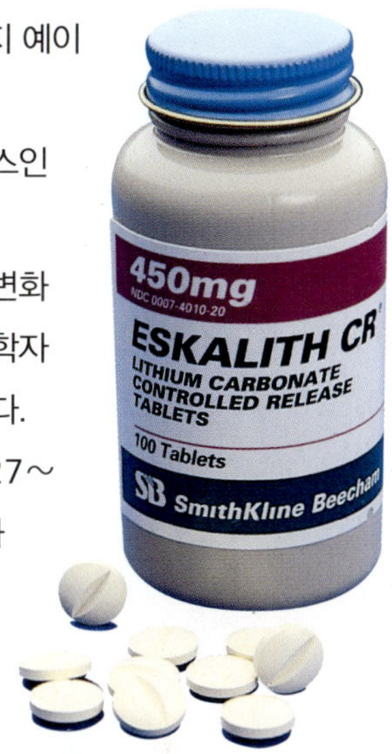

© Cengage Learning

리튬은 탄산 리튬 알약 형태로 복용한다.

원소에 대한 보일의 실험적 정의가 보편화되면서 원소의 종류는 점점 많이 알려지게 되었고, 그리스의 4원소 체계는 사라지게 되었다. 보일이 훌륭한 과학자였던 것은 사실이지만 그의 주장이 항상 옳은 것은 아니었다. 어떤 이유에서인지 그는 원소에 대한 자신의 정의를 무시하고, 금속은 원소가 아니며 금속을 다른 것으로 변화시킬 수 있다는 연금술사들의 관점에 동조하기도 하였다.

1689년경 피터 렐리 경이 그린 로버트 보일의 초상화.

Active Museum/Alamy

4.1 원소

학습 목표

- **원소의 상대적인 양에 대해 배운다.**
- **몇 가지 원소의 이름을 배운다.**

지구(우주의 다른 부분 포함)의 물질을 연구한 결과, 과학자들은 모든 물질은 100여가지 원소로 분해될 수 있다는 것을 알게 되었다. 언뜻 보면 무수히 많은 물질들이 그렇게 소수의 기본 원소들로 이루어져 있다는 사실에 놀랄지도 모른다. 자연을 이해하고 체계화하려는 사람들에게 있어, 자연이 비교적 적은 수의 기본 단위를 이용하여 매우 복잡한 물질을 만들어낸다는 사실은 다행한 일이다.

예를 들면, 인체에서 매우 다양한 기능을 수행하는 물질인 단백질은 소수의 기본 단위가 서로 연결되어 만들어진 거대 분자이다. 비화학적인 예로 영어라는 언어를 생각해보자. 수십만 개의 영어 단어는 단지 26개의 알파벳으로 만들어지며, 사전에 있는 수천 개의 단어를 분해하면 26개의 알파벳만을 발견할 것이다. 비슷한 방법으로 우리 주위의 물질들을 분해해 나가면 100여 개 정도의 원소라는 기본적인 구성 요소로 되어 있음을 알 수 있다. 단어가 26개의 알파벳 철자로 구성되었듯, 화합물은 여러 원소의 원자들이 결합하여 만들어진다. 그리고 읽고 쓰는 것을 배우기 전에 알파벳 철자 26개를 배워야 하는 것과 같이 화학을 공부하기 위해서는 화학 원소의 이름과 기호를 먼저 배우는 것이 필요하다.

현재 118개의 원소가 알려져 있으며,* 그 중 88개는 천연에서 발견된다(나머지는 실험실에서 만들어진 것이다). 원소의 존재량은 원소에 따라 매우 큰 차이가 있다. 실제로 지각에서 발견되는 화합물의 대부분을 차지하는 것은 9개 원소이다. 표 4.1에 지각, 대양, 공기 중에 존재하는 원소를 질량 백분율로 정리하였다. 질량의 거의 절반을 산소가 차지하고 있으며, 9개의 가장 풍부한 원소가 전체 질량의 98% 이상을 차지하고 있음을 확인할 수 있다.

Jeremy Woodhouse/PhotoDisc/Getty Images
아프리카 나미비아(Namibia)의 나미브 사막 모래에 남겨진 자국.

산소는 지구 대기권의 약 20%(O_2 분자로 존재)를 차지할 뿐 아니라 바위, 모래, 지표의 흙 등에서도 발견된다. 산소는 지각에서 O_2 분자로 존재하지 않고 보통 규소나 알루미늄 원자를 포함하는 화합물 형태로 존재한다. 바위나 모래와 같이 지질학적으로 친숙한 물질은 규소와 산소 원자가 서로 결합하여 형성한 거대한 덩어리를 포함하고 있다.

생명체에 존재하는 원소의 종류는 지각과는 사뭇 다르다. 표 4.2는 인체에 존재하는 원소의 분포를 나타낸 것이다. 산소, 탄소, 수소, 질소는 생물학적으로 중요한 모든 분자를 구성하는 기본 원소이다. 인체에서 발견되는 일부 원소(미량 원소라 부름)는 상대적으로 적은 양이 존재하지만 생명 현상에서 중요한 역할을 담당한다. 예를 들면 크로뮴은 인체가 당을 사용하여 에너지 공급하는 것을 돕는다.

여기서 또 하나 강조할 것이 있다. 앞에서 살펴봤듯이 원소는 화학을 이해하는 데 필수적이지만, 화학자들이 *원소*(element)라는 용어를 경우에 따라 다른 의미로 사용하기 때문에 학생들은 종종 혼란을 겪는다. 어떤 경우에 *원소*는 그 원소의 원자 한 개를 의미한다. 이것을 원소의 미시적 형태라고 부른다. *원소*라는 용어를 사용하는 또 다른 경우는 저울로 충분히 잴 수 있을 만큼의 많은 양의 시료를 의미한다. 이 시료에는 해당 원소의 수많은 원자가 존재하므로 이것을 거시적 형태라고 부른다. 그러나 또 다른 복잡한 문제가 남아있

표 4.1 지각, 대양, 공기에 가장 많이 존재하는 18가지 원소의 분포(질량 백분율)

원소	질량 백분율	원소	질량 백분율
산소	49.2	타이타늄	0.58
규소	25.7	염소	0.19
알루미늄	7.50	인	0.11
철	4.71	망가니즈	0.09
칼슘	3.39	탄소	0.08
소듐(나트륨)	2.63	황	0.06
포타슘(칼륨)	2.40	바륨	0.04
마그네슘	1.93	질소	0.03
수소	0.87	플루오린	0.03
		기타 원소	0.49

* 새로운 원소가 입자 가속기에서 만들어질 때마다 이 수는 늘어난다.

표 4.2 인체에 존재하는 원소의 양

주요 원소	질량 백분율	미량 원소(가나다 순)
산소	65.0	구리
탄소	18.0	규소
수소	10.0	니켈
질소	3.0	망가니즈
칼슘	1.4	몰리브데넘
인	1.0	바나듐
마그네슘	0.50	비소
포타슘(칼륨)	0.34	셀레늄
황	0.26	아이오딘
소듐(나트륨)	0.14	코발트
염소	0.14	크로뮴
철	0.004	플루오린
아연	0.003	

다. 4.9절에서 더 상세히 설명하겠지만, 몇몇 거시적 형태의 원소는 기본 구성 물질이 원자가 아니라 분자 형태를 가진다. 예를 들어, 화학자들은 산소 기체가 산소 원자 2개가 서로 연결된 분자(O—O 또는 O_2로 표시)로 구성되어 있다는 것을 알고 있다. 따라서 산소 원소를 말할 때 산소 원자 하나를 의미할 수도 있고, O_2 분자 하나 또는 수많은 O_2 분자를 포함하는 시료를 의미할 수도 있다. 마지막으로 *원소*라는 용어는 일반적 의미로 사용되기도 한다. 인체에 소듐 또는 리튬 원소가 있다고 말할 때, 그것이 유리된 소듐 또는 리튬의 형태로 존재하는 것을 의미하는 것은 아니다. 이 때 *원소*가 의미하는 바는 이들 원소의 원자가 어떤 다른 형태로 존재하는 것을 의미한다. 이 책에서는 *원소*가 뜻하는 다양한 의미 중 특정한 경우를 나타내고자 할 때 그 의미가 분명히 전달되도록 노력할 것이다.

4.2 원소 기호

학습 목표

- 몇 가지 원소의 기호를 배운다.

화학 원소의 이름은 다양한 기원으로부터 유래되었다. 원소의 특성을 설명한 그리스어, 라틴어 또는 독일어로부터 이름이 유래된 경우가 많이 있다. 예를 들어, 금(Au)은 라틴어 *aurum*("새벽을 빛나게 한다"는 뜻)으로부터, 납(Pb)은 "무겁다"는 의미의 *plumbum*으로부터 유래되었다. 염소와 아이오딘은 그들의 색을 나타내는 그리스 단어로부터 왔고, 브로민은 "악취"를 뜻하는 그리스어에서 유래하였다. 또 하나의 흔한 경우는 원소가 발견된 장소의 이름을 따서 명명하는 것이다. 프랑슘, 저마늄, 캘리포늄*, 아메리슘* 등은 어디에서 최초로 발견되었는지를 쉽게 유추할 수 있을 것이다. 그리고 아인슈타이늄*과 노벨륨* 같은 무거운 원소 몇 가지는 유명한 과학자의 이름으로부터 유래되었다.

우리는 종종 단어를 간단히 약어로 나타낸다. 예를 들면, 우편 봉투에 주소를 기입할 때 대한민국 대신 한국이라고 쓰고, 충청남도 대신에 충남이라고 쓴다. 화학자들도 마찬가지로 화학 원소를 약어로 표시한 **원소 기호**(element symbol)를 고안하였다. 보통 이러한 기호들은 원소 이름의 첫 번째 철자 또는 처음 두 개의 철자로 이루어져 있다. 그 첫 번째 철

* 이들 원소는 인공적으로 만든 것이며, 천연에서 산출되지 않는다.

금 원소의 여러 형태.

자는 항상 대문자로, 두 번째 철자는 소문자로 표기한다. 예를 들면 다음 원소들이 이에 해당한다.

플루오린(fluorine)	F	네온(neon)	Ne
산소(oxygen)	O	규소(silicon)	Si
탄소(carbon)	C		

그러나 가끔씩은 기호의 두 철자가 원소 이름의 처음 두 철자가 아닌 경우도 있다.

아연(zinc)	Zn	카드뮴(cadmium)	Cd
염소(chlorine)	Cl	백금(platinum)	Pt

또 다른 일부 원소들은 라틴어 또는 그리스어 이름에 바탕을 두기도 한다.

우리말 이름	영어 이름	원래 이름	기호
금	gold	aurum	Au
납	lead	plumbum	Pb
소듐(나트륨)	sodium	natrium	Na
철	iron	ferrum	Fe

표 4.3에 가장 흔한 원소의 목록과 기호가 정리되어 있다. 또한 그림 4.9에는 하나의 표 형태로 원소들을 나타내었는데 뒷장에서 이 표(주기율표라고 부름)에 대하여 설명할 것이다.

표 4.3 가장 일반적인 원소들의 이름과 기호

원소 이름	기호	원소 이름	기호
구리(copper, cuprum)*	Cu	아이오딘(iodine)	I
규소(silicon)	Si	아연(zinc)	Zn
금(gold, aurum)	Au	안티모니(antimony, stibium)	Sb
납(lead, plumbum)	Pb	알루미늄(aluminum)	Al
네온(neon)	Ne	염소(chlorine)	Cl
니켈(nickel)	Ni	우라늄(uranium)	U
라듐(radium)	Ra	은(silver, argentium)	Ag
리튬(lithium)	Li	인(phosphorus)	P
마그네슘(magnesium)	Mg	질소(nitrogen)	N
망가니즈(manganese)	Mn	주석(tin, stannum)	Sn
바륨(barium)	Ba	철(iron, ferrum)	Fe
백금(platinum)	Pt	카드뮴(cadmium)	Cd
붕소(boron)	B	칼슘(calcium)	Ca
브로민(bromine)	Br	타이타늄(titanium)	Ti
비소(arsenic)	As	탄소(carbon)	C
비스무트(bismuth)	Bi	텅스텐(tungsten, wolfram)	W
산소(oxygen)	O	크로뮴(chromium)	Cr
소듐(나트륨, sodium, natrium)	Na	코발트(cobalt)	Co
수소(hydrogen)	H	포타슘(칼륨, potassium, kalium)	K
수은(mercury, hydrargyrum)	Hg	플루오린(fluorine)	F
스트론튬(strontium)	Sr	헬륨(helium)	He
아르곤(argon)	Ar	황(sulfur)	S

*영어명과 원이름이 괄호 안에 주어졌다. 이들로부터 원소 기호가 어떻게 주어졌는지 알 수 있을 것이다.

4.3 돌턴의 원자론

학습 목표

- 돌턴의 원자론에 대하여 배운다.
- 일정 성분비 법칙을 이해한다.

18세기 무렵 과학자들이 물질의 특성을 연구하면서 다음과 같은 몇 가지 사실이 분명해졌다.

1. 천연 물질은 대부분 순물질의 혼합물이다.
2. 순물질은 원소이거나 원소들의 결합체인 화합물이다.
3. 주어진 화합물에 대해서 원소의 질량비는 항상 동일하다. 예를 들면, 물은 수소 1 g에 대해 산소 8 g을 *항상* 포함하고 있고, 이산화 탄소는 탄소 1 g에 대해 산소 2.7 g을 *항상* 포함하고 있다. 이 원리를 **일정 성분비 법칙**(law of constant composition)이라 하고, 어떤 주어진 화합물의 경우 어디에서 왔던 항상 같은 성분을 가지고 있다는 것을 말한다.

그림 4.1 존 돌턴(John Dalton, 1766~1844)은 맨체스터에서 교사로 봉직한 영국의 과학자이다. 비록 원자설로 잘 알려져 있지만 돌턴은 기상학을 비롯한 다양한 분야에 기여하였다(그는 46년간 총 20만 개의 기상 자료를 측정하였다). 돌턴은 상당히 수줍음 많은 사람이었고, 화학자로서는 치명적인 적색 색맹이었으며, 납 파이프 추출구를 통해 따라 마신 스타우트 맥주 탓에 납 중독으로 고통을 받았다.

영국의 과학자이며 교사였던 존 돌턴(John Dalton, 그림 4.1)은 이러한 관찰 사실을 알고 있었고, 1808년경에 이에 대한 자신의 해석을 내놓았는데 이것이 지금 **돌턴의 원자론**(Dalton's atomic theory)으로 알려지게 되었다. 이 이론의 중요한 개념은 다음과 같이 정리할 수 있다.

돌턴의 원자론

1. 원소는 **원자**(atom)라고 하는 작은 입자들로 이루어져 있다.
2 주어진 원소의 모든 원자는 동일하다.
3. 주어진 원소의 원자는 다른 원소의 원자들과는 다르다.
4. 어떤 원소의 원자는 다른 원소의 원자와 결합하여 화합물을 형성할 수 있다. 주어진 화합물은 항상 동일한 종류의 원자로 구성되며 원자수의 비는 항상 동일하다.
5. 원자는 화학적인 방법으로 나누어지지 않는다. 즉 원자는 화학 반응에 의해 창조되거나 파괴되지 않는다. 화학 반응은 단지 원자들이 서로 결합하는 방법만을 바꿀 뿐이다.

돌턴의 모형은 일정 성분비 법칙과 같은 중요한 관찰 결과를 성공적으로 설명하였다. 만약 화합물을 구성하는 여러 원소의 원자수의 비가 항상 일정하다면, 구성하는 여러 원소의 질량비가 항상 일정할 수밖에 없으므로 이 법칙은 타당한 것이다.

대부분의 새로운 개념이 그러하듯, 돌턴의 모형도 즉각 받아들여지지는 않았다. 그러나 자신의 주장이 옳다고 확신하였던 돌턴은 한 쌍의 원소가 어떻게 결합하여 두 가지 이상의 화합물을 형성할 수 있게 되는지 *자신의 모형을 사용하여 예측하였다.* 예를 들면, 질소와 산소는 질소 원자 1개와 산소 원자 1개가 결합하는 화합물(NO), 질소 원자 2개와 산소 원자 1개가 결합하는 화합물(N_2O), 질소 원자 1개와 산소 원자 2개가 결합하는 화합물(NO_2) 등의 화합물을 형성한다고 하였다(그림 4.2). 이러한 물질이 실제로 존재한다는 사실이 드러났을 때 그것은 바로 돌턴 모형의 승리였다. 두 원소들을 가지고 여러 화합물을 형성할 수 있다는 돌턴의 주장이 옳은 것이었기 때문에 그의 원자론은 폭넓게 받아들여지게 되었다.

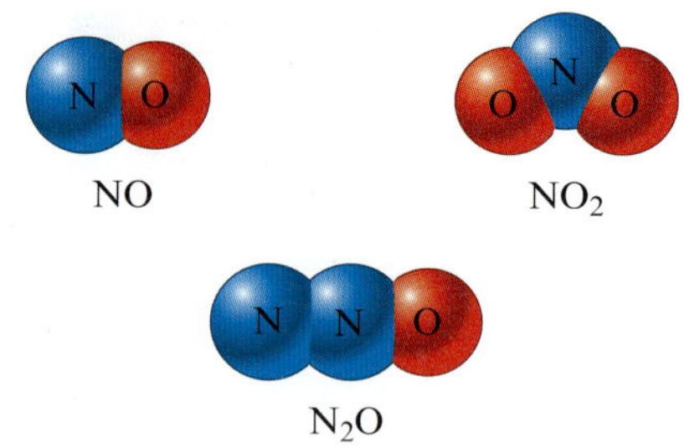

그림 4.2 돌턴은 화합물을 원자의 집합체로 묘사하였다. 여기에 NO, NO_2, N_2O를 나타내었다. 분자에 포함된 어떤 종류의 원자가 1개일 경우에는 표시하지 않고, 그 외에는 아래첨자로 그 수를 표시하는 것에 주목하라.

4.4 화합물의 화학식

학습 목표

■ 화합물의 조성을 화학식으로 나타내는 방법을 배운다.

화합물(compound)은 두 가지 이상의 원소의 원자들로 구성되어 있는 물질이며, 이들 원소의 상대적인 질량비는 항상 정확하게 같다. 돌턴의 원자론의 관점에서, 이것은 단순히 화합물에서 각 원소의 원자 *개수*의 *상대적* 비는 항상 동일하다는 것을 의미한다. 예를 들면, 물은 항상 산소 원자 1개에 대해 수소 원자 2개를 포함한다.

주어진 화합물의 단위(분자)에 포함되어 있는 원자의 종류들과 각 종류의 수는 **화학식**(chemical formula)으로 편리하게 표시한다. 화학식에서 원자는 원소 기호로 표시하고, 각 원자의 수는 원소 기호의 오른쪽 아래에 첨자로 나타낸다. 물에 대한 화학식은 H_2O로 쓰는데, 물의 각 분자가 수소 원자 2개와 산소 원자 1개를 포함하는 것을 나타낸다(아래첨자 1을 따로 쓰지 않아도 1이 있는 것으로 간주한다). 다음은 화학식을 쓰는 몇 가지 일반적인 규칙이다.

화학식을 쓰는 규칙

1. 각 원자는 원소 기호로 나타낸다.
2. 원자 각각의 개수는 원소 기호 오른쪽에 아래첨자로 나타낸다.
3. 원자가 1개만 존재할 때, 아래첨자 1은 쓰지 않는다.

대화형 예제 4.1 화합물의 화학식 쓰기

다음 화합물들의 화학식을 쓰시오. 주어진 순서로 원소를 나열하시오.

a. 산성비 형성과 관련된 화합물의 각 분자는 황 원자 1개와 산소 원자 3개를 포함한다.

b. 어떤 화합물 분자는 질소 원자 2개와 산소 원자 5개를 포함한다.

c. 글루코스(포도당) 분자는 탄소 원자 6개, 수소 원자 12개, 산소 원자 6개를 포함한다.

풀이

a. 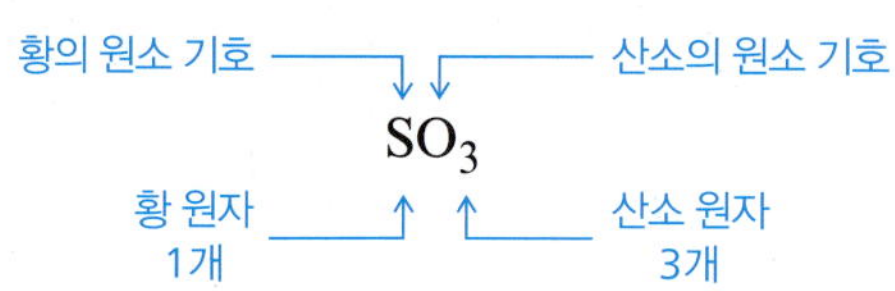

b. 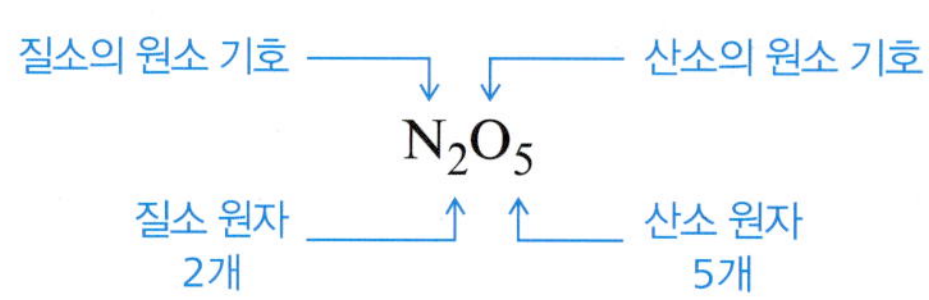

c.

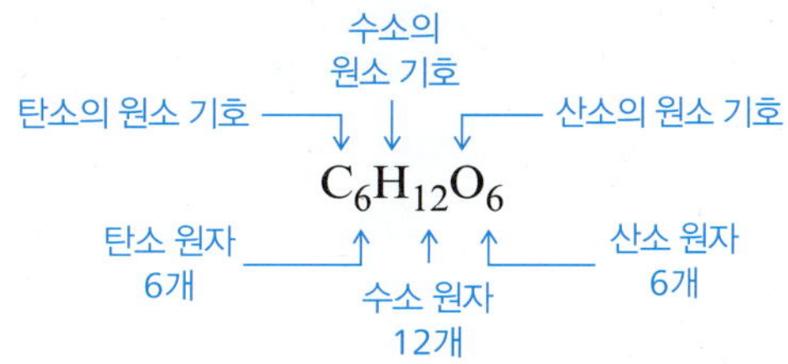

SELF-CHECK

실전 연습 4.1 다음 각 화합물에 대한 화학식을 쓰시오. 주어진 순서로 나열하시오.

a. 인 원자 4개와 산소 원자 10개를 포함하는 분자.

b. 우라늄 원자 1개와 플루오린 원자 6개를 포함하는 분자.

c. 알루미늄 원자 1개와 염소 원자 3개를 포함하는 분자.

4.5 원자의 구조

학습 목표

- 원자 내부 구조에 대하여 배운다.
- 원자 구조의 특성을 밝혀낸 러더퍼드의 실험을 이해한다.

1808년경 제안된 돌턴의 원자론은 화합물들의 조성을 매우 설득력 있게 설명할 수 있었고 그 결과 폭넓게 받아들여지게 되었다. 과학자들은 *원소가 원자로 이루어져 있다*는 것과 *화합물*은 특정한 방법으로 *원자가 서로 묶여있는 것*이라는 사실을 믿게 되었다. 그렇다면 원자는 어떻게 생겼을까? 그것은 볼 베어링처럼 내부 구조 없이 전체가 균일한 작은 공 같은 것일지 모른다. 아니면 많은 작은 조각들이 모여서 이루어진, 즉 아원자 입자들이 모여서 이루어진 것일 수 있다. 그러나 만약 원자가 여러 조각으로 되어있다면 그 구성 성분들로 쪼갤 수 있는 방법이 있을 것이다.

많은 과학자들이 1800년대에 원자의 본질에 대하여 깊이 생각하였다. 그러나 1900년경에 가서야 비로소 원자는 서로 다른 여러 구성 성분을 가지고 있다는 납득할만한 증거를 갖게 되었다.

영국의 물리학자 톰슨(J. J. Thomson)은 1890년대 말 어떤 원소의 원자가 자그마한 음전하를 지닌 입자들을 방출하는 것이 가능하다는 사실을 입증하였다. 그 입자들이 음전하를 지닌다는 사실은 전기장의 음극 부분과 반발하는 현상으로부터 알게 되었다. 그래서 그는 모든 형태의 원자들은 이 음전하를 지닌 입자를 갖고 있음에 틀림없다고 결론지었는데, 오늘날 그 입자를 **전자**(electron)라고 부른다.

이러한 결과에 기초하여 톰슨은 원자가 어떻게 생겼는가에 대하여 고민하였다. 그는 비록 원자가 이 자그마한 음전하 입자들을 지닐지라도 원자 전체가 음 또는 양전하를 띠지 않는다는 것을 알고 있었다. 따라서 원자가 전체적으로 영(0)의 전하를 갖기 위해서는 전자에 의한 음전하와 정확하게 균형을 이루는 양전하를 띠는 입자들이 원자 내에 존재해야 한다고 결론지었다.

원자의 구조에 대하여 깊이 있게 고민한 또 다른 과학자는 켈빈(Kelvin) 경으로 더 잘 알려진 톰슨(William Thomson, J. J. Thomson과는 아무런 인척 관계가 없음)이었다. 켈빈은 원자는 건포도가 골고루 분포되어 있는 건포도 푸딩과 같을 것이라고 생각했다. 아마도 식사 중에 이런 아이디어가 떠올랐는지도 모르겠다. 켈빈은 원자는 양전하가 균일하게 퍼져있는 푸딩에 그 양전하와 정확하게 균형을 이루는 음전하를 갖는 전자들이 분산되

원자의 건포도 푸딩 모형

영국식 건포도 푸딩

그림 4.3 원자에 대한 오래된 모형 중 하나는 건포도 푸딩 모형이다. 여기서 전자는 마치 건포도가 푸딩에 퍼져있는 것과 같이 양전하를 띤 구형 구름에 박힌 모양을 한다.

그림 4.4 러더퍼드(Ernest Rutherford, 1871~1937)는 뉴질랜드의 농가에서 태어났다. 그는 1895년에 영국의 캠브리지 대학교에 입학하는 장학생 시험에 2위가 되었으나 1위 수상자가 결혼과 함께 수상을 포기하여 장학생에 선발되었다. 러더퍼드는 강렬하고도 활동적인 사람으로, 아이디어를 확인하기 위한 최적의 실험을 설계할 수 있는 노련한 과학자가 되었고 1908년 노벨 화학상을 수상하였다.

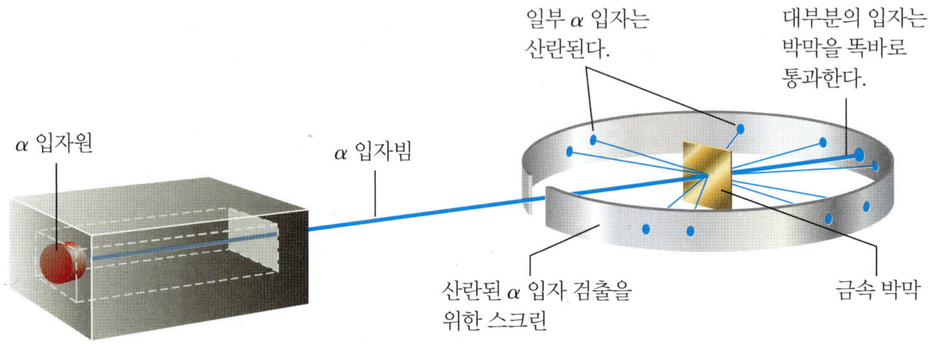

그림 4.5 러더퍼드의 금속 박막에 대한 α 입자 충돌 실험.

어 있을 것이라고 추론하였다(그림 4.3). 그리하여 원자의 건포도 푸딩 모형이 등장하게 되었다.

만약 당신이 1910년에 이 수업을 택하였다면, 그 건포도 푸딩 모형이 원자를 설명하는 유일한 그림이었을 것이다. 그러나 원자에 대한 생각은 1890년대 말에 톰슨(J. J. Thomson)의 실험실에서 물리학을 배웠던 러더퍼드(Ernest Rutherford, 그림 4.4)라는 물리학자에 의해서 1911년에 극적으로 바뀌게 되었다. ◀ 1911년 당시에 러더퍼드는 많은 중요한 과학적 발견에 기여한 저명한 과학자이었다. 그의 주요 관심 분야 중 하나는 질량이 전자의 대략 7500배이고 양전하를 띤 알파(α) 입자에 관련된 것이었다. 이 입자들의 비행을 연구하면서 러더퍼드는 입자 일부가 공기 중에서 어떤 것에 의해 비행 방향이 꺾이는 것을 발견하였다. 왜 이런 현상이 일어나는지 알고 싶었던 그는 얇은 금속 박막에 입자들을 충돌시키는 실험을 계획하였다. 금속 박막 주위에는 α 입자가 충돌할 때마다 작은 섬광을 발생하는 물질을 코팅한 검출기를 설치하였다(그림 4.5). 실험 결과는 러더퍼드의 처음 예측과 매우 달랐다. α 입자 대부분이 박막을 똑바로 통과하여 지나갔으나 그림 4.5에 나타낸 것과 같이 일부는 큰 각도로 꺾였으며, 어떤 것은 발사 반대 방향으로 튕겨 나왔다.

어떤 역사가는 건포도 푸딩 모형이 J. J. 톰슨에 의한 것이라고도 한다.

이 결과에 러더퍼드는 크게 놀랐다. 그는 이 결과를 마치 종이 조각에 총을 쏘았는데 탄알이 뒤로 튕겨 나온 것과 같은 것으로 표현하였다. 러더퍼드는 만약 원자의 건포도 푸딩 모형이 옳다면 그림 4.6(a)에 묘사된 것처럼, 포탄이 종이를 통과하는 것과 같이 크고 무거운 α 입자는 얇은 박막을 똑바로 통과할 것이라고 생각했다. 그래서 그는 α 입자들이 박막을 통과하면서 휘어진다 해도 그 정도는 매우 작을 것으로 생각했다.

러더퍼드는◀ 이 결과로부터 건포도 푸딩 모형이 옳지 않다고 결론지었다. α 입자가 크게 휘어지는 것은 그림 4.6(b)에 보이는 바와 같이 중앙에 집중된 양전하에 의해서만 일어날 수 있다. 양전하를 띠는 α 입자와 중심의 양전하는 서로 반발하기 때문이다. 대부분

이 실험에서 러더퍼드의 공동 연구자 중 한 사람은 러더퍼드처럼 뉴질랜드 출신인 마스덴(Ernest Marsden)이라는 대학생이었다.

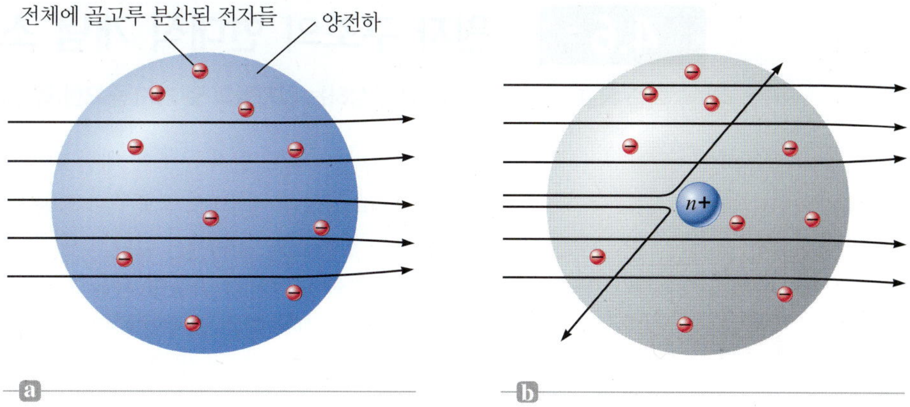

a 건포도 푸딩 모형이 옳았으면 나타날 금속 박막 실험 결과

b 러더퍼드 실험의 실제 결과

그림 4.6

의 α 입자는 박막을 바로 통과하였는데 원자의 대부분이 빈 공간이기 때문이다. 휘어져 나간 입자들은 양전하 중심을 가까이 지나간 것들이었고, 소수의 뒤로 튕겨 나온 입자들은 양전하 중심에 직접 충돌한 것들이었다. 러더퍼드 생각에 이 결과는 **핵 원자**(nuclear atom)로만 설명될 수 있었다. 즉, 원자는 양전하가 밀집된 중심(**핵**, nucleus)의 주위를 자그마한 전자가 대부분 비어있는 공간에서 움직이는 것으로 설명할 수 있다.

비판적으로 생각하기

원자의 평균 지름은 1.3×10^{-10} m이다. 만약 원자의 평균 지름이 1 cm라면 어떤 일이 벌어질까? 당신의 키는 얼마쯤 될까?

그는 전자의 음전하와 균형을 이루기 위하여 핵은 양전하를 가지고 있어야 하며 작은 공간에 질량이 집중되어 있을 것이라고 결론지었다. 그것은 무엇으로 만들어졌을까? 1919년 러더퍼드는 원자핵에는 그가 양성자라고 명명한 입자가 있다고 결론을 내렸다. ◀ **양성자**(proton)는 전자와 같은 크기의 전하를 가지고 있으나 양의 전하를 띤다. 양성자는 +1의 전하를 가지고 전자는 −1의 전하를 가진다고 말한다.

원자가 거대한 육상 경기장의 크기를 갖는다면 핵의 크기는 단지 그 중심에 앉아있는 파리 한 마리 정도의 크기이다.

러더퍼드는 수소 원자는 그 중심에 하나의 양성자(수소 원자핵)와 양성자로부터 상대적으로 멀리 떨어진 거리의 공간에서 운동하는 전자를 갖는다고 하였다. 그는 또한 다른 원자들 역시 핵을 가지며 거기에는 어떤 방식으로 서로 묶여있는 많은 양성자들이 존재한다고 설명하였다. 러더퍼드와 그의 동료 채드윅(James Chadwick)은 1932년에 대부분의 핵에는 양성자와 함께 **중성자**(neutron)라고 명명된 중성 입자가 존재한다는 사실도 밝혀내었다. 중성자는 양성자보다 질량이 약간 더 크나 전하는 띠지 않는다.

비판적으로 생각하기

돌턴 모형, 톰슨 모형, 러더퍼드 모형의 3가지 원자 모형을 배웠다. 만약 돌턴이 옳다고 가정하면 어떤 현상이 벌어질까? 금속 박막 실험으로부터 러더퍼드는 어떤 결과를 얻었겠는가? 만약 톰슨이 옳았다면 금속 박막 실험으로부터 러더퍼드는 어떤 결과를 얻었겠는가?

4.6 원자 구조의 현대적 개념 소개

학습 목표

- 원자를 구성하는 입자들의 몇 가지 중요한 특징을 이해한다.

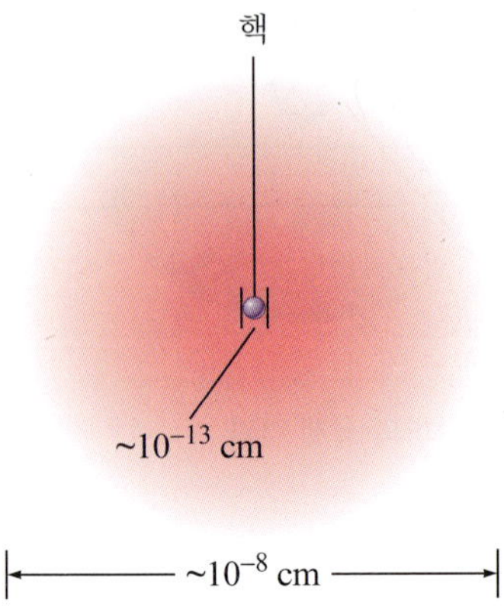

그림 4.7 핵 원자의 단면(기호 ~은 대략을 의미한다). 이 그림은 실제 척도를 나타내지 않는다. 핵은 실제로 원자 크기에 비교하여 훨씬 더 작다.

톰슨과 러더퍼드 이후, 원자 구조에 대한 더 많은 연구가 이루어졌다. 원자는 매우 작은 핵(약 10^{-13} cm 정도의 지름)과 그로부터 평균적으로 약 10^{-8} cm 떨어진 거리에서 핵 주위를 운동하는 전자들로 이루어져 있다고 할 수 있다(그림 4.7). 핵이 원자의 크기에 비하여 얼마나 작은가를 설명하기 위하여 핵을 포도알로 비교하면 전자는 대략 1.6 km 정도 떨어져 있다고 할 수 있다. 핵은 전자의 음전하와 같은 크기의 양전하를 띠는 양성자, 그리고 양성자와 거의 같은 질량을 가진 전하를 띠지 않는 중성자를 포함한다. 핵에서 중성자의 기능은 명백하지 않다. 아마도 핵을 형성하기 위하여 양성자들(서로 반발)을 서로 붙들고 있는 기능을 갖고 있는지 모른다. 그러나 여기서 이것을 다루지는 않을 것이다. 전자, 양성자, 중성자의 상대적인 질량과 전하를 표 4.4에 나타내었다.

여기서 중요한 의문이 하나 생기는데 그것은 *모든 원자가 같은 구성 성분으로 이루어졌다면, 왜 서로 다른 원자는 서로 다른 화학적 성질을 가지는가*라는 질문이다. 그 답은 전자의 개수와 배열에 있다. 전자들이 운동하는 공간은 원자 부피의 대부분에 해당된다. 전자는 원자들이 결합하여 분자를 형성할 때 서로 겹쳐지는 부분이다. 그러므로 주어진 원자의 전자 개수는 다른 원자와 상호작용하는 방식에 커다란 영향을 미친다. 결과적으로 각기 다른 전자 수를 가지고 있는 서로 다른 원소의 원자는 상이한 화학적 거동을 보인다. 비록 서로 다른 원소의 원자는 양성자 수도 다르지만, 실제로 화학적 거동을 결정하는 것은 전자 수이다. 다음 장에서 어떻게 이런 일이 일어나는지를 공부할 것이다.

표 4.4 전자, 양성자, 중성자의 질량과 전하

입자	상대 질량*	상대 전하
전자	1	1−
양성자	1836	1+
중성자	1839	없음

*비교를 위하여 임의로 전자의 질량을 1로 놓았다.

4.7 동위원소

학습 목표

- *동위원소, 원자 번호, 질량수*의 개념을 배운다.
- 주어진 원자를 나타내는 $^{A}_{Z}X$ 기호의 사용을 이해한다.

원자에는 양성자로 인해 양전하를 띠는 핵이 있으며, 그로부터 상대적으로 먼 거리의 핵을 둘러싼 공간에 전자가 존재한다는 것을 알았다.

한 예로, 소듐 원자는 핵에 양성자 11개가 있다. 원자는 전체적으로 전하를 띠지 않기 때문에 전자의 수는 양성자의 수와 같아야 한다. 그러므로 소듐 원자는 핵 주위 공간에 11개의 전자를 가지고 있다. 소듐 원자 한 개에 양성자 11개와 전자 11개가 존재하는 것은 *언제나* 진실이다. 그러나 소듐 원자에는 중성자도 존재하는데 그 중성자 수가 다르면 다른 형태의 소듐 원자가 된다.

돌턴이 1800년대 초반 그의 원자론을 발표하였을 때 그는 주어진 원소의 원자는 모든 것이 동일하다고 생각하였다. 이러한 생각은 대부분의 원자핵에는 양성자뿐 아니라 중성

자도 존재한다는 사실이 채드윅에 의해 밝혀질 때까지 100년이 넘도록 유지되었다(이것은 이론이 새로운 관찰에 의하여 어떻게 변화하는지를 보여주는 좋은 예이다). 중성자 발견 후에, 주어진 어떤 원소의 원자는 모두 동일하다는 돌턴의 주장은 수정되어야 했다. 즉, 같은 원소의 원자에서 양성자와 전자는 같은 수가 있지만, 중성자는 서로 다른 수가 있을 수도 있다.

이 생각을 분명히 하기 위하여 그림 4.8에 나타낸 소듐 원자를 생각해 보자. 이 원자는 **동위원소**(isotope) 즉, *양성자 수는 같으나 중성자 수가 서로 다른 원자*이다. 핵에 있는 양성자 수를 그 원자의 **원자 번호**(atomic number, *Z*)라고 한다. 주어진 핵의 중성자 수와 양성자 수의 *합*을 원자의 **질량수**(mass number, *A*)라고 한다. 앞서 이야기한 원소의 특정 동위원소를 표시하기 위하여, 다음과 같은 기호를 사용한다.

$$^{A}_{Z}\mathrm{X}$$

여기서

X = 원소 기호
A = 질량수(양성자 수와 중성자 수의 합)
Z = 원자 번호(양성자 수)

예를 들면, 소듐 원자의 한 가지 특정 형태에 대해서 다음과 같이 쓴다.

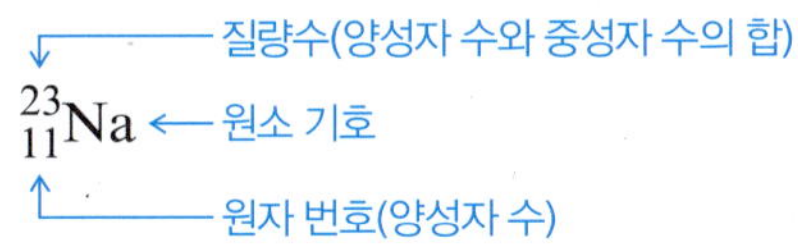

여기서 나타낸 원자는 질량수가 23이기 때문에 소듐-23이라고 부른다. 이제 아원자 입자, 즉 전자, 양성자, 중성자의 개수를 알아보자. 원자 번호 11로부터 핵에는 양성자가 11개 있다는 것을 알 수 있다. 전자 수는 양성자 수와 같기 때문에 이 원자에는 전자 11개가 있다는 것도 알 수 있다. 그러면 중성자는 얼마나 있을까? 질량수의 정의로부터 중성자 수를 계산할 수 있다.

$$\text{질량수} = \text{양성자 수} + \text{중성자 수}$$

또는 기호로

$$A = Z + \text{중성자 수}$$

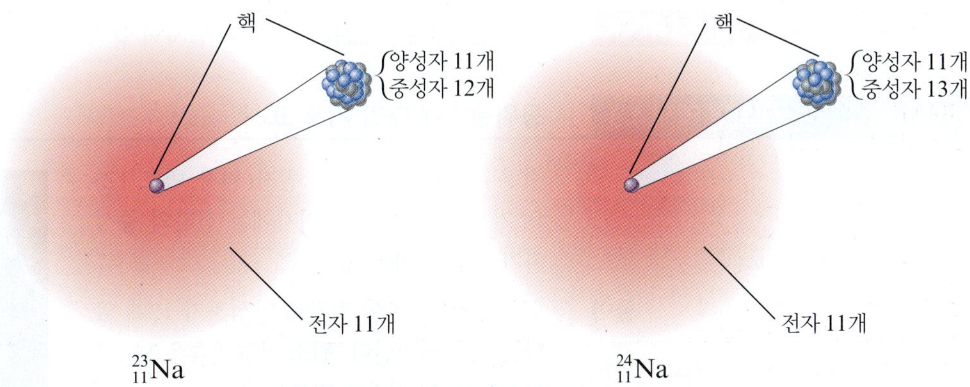

그림 4.8 소듐의 두 동위원소. 둘 다 양성자 11개와 전자 11개를 가지고 있으나, 핵에 있는 중성자 수가 다르다.

식의 양변에서 Z를 빼면 중성자 수를 얻을 수 있다.

$$A - Z = \text{중성자 수}$$

질량수에서 원자 번호를 빼는 것으로 주어진 원자에 있는 중성자 수를 항상 결정할 수 있다. $^{23}_{11}\text{Na}$의 경우에, $A = 23$이고 $Z = 11$이다. 따라서

$$A - Z = 23 - 11 = 12 = \text{중성자 수}$$

정리하면, 소듐-23에는 전자 11개, 양성자 11개, 중성자 12개가 있다.

대화형 예제 4.2 동위원소에 대한 기호의 해석

자연 상태에서 원소는 보통 동위원소의 혼합물로 존재한다. 탄소 원소는 3가지 동위원소 $^{12}_{6}\text{C}$(탄소-12), $^{13}_{6}\text{C}$(탄소-13), $^{14}_{6}\text{C}$(탄소-14)가 있다. 각 탄소 원자에 있는 3가지 아원자 입자의 수를 결정하시오.

풀이 양성자 수와 전자 수는 모든 동위원소 탄소에 대하여 동일하며, 원자 번호와 같기 때문에 6이고, 중성자 수는 질량수 A에서 원자 번호 Z를 빼는 것으로 결정할 수 있다.

$$A - Z = \text{중성자 수}$$

탄소의 세 원자에 대한 중성자 수는

$$^{12}_{6}\text{C: 중성자 수} = A - Z = 12 - 6 = 6$$
$$^{13}_{6}\text{C: 중성자 수} = 13 - 6 = 7$$
$$^{14}_{6}\text{C: 중성자 수} = 14 - 6 = 8$$

요약하면,

원소 기호	양성자 수	전자 수	중성자 수
$^{12}_{6}\text{C}$	6	6	6
$^{13}_{6}\text{C}$	6	6	7
$^{14}_{6}\text{C}$	6	6	8

SELF-CHECK

실전 연습 4.2 $^{90}_{38}\text{Sr}$로 표시된 원자의 양성자 수, 중성자 수, 전자 수를 구하시오. 스트론튬-90은 핵실험의 낙진에 포함되어 있으며 골수에 축적되어 백혈병과 골수암의 원인이 될 수 있다.

SELF-CHECK

실전 연습 4.3 $^{201}_{80}\text{Hg}$로 표시된 원자의 양성자 수, 중성자 수, 전자 수를 구하시오.

대화형 예제 4.3 동위원소에 대한 기호 표시

질량수 24인 마그네슘 원자(원자 번호 12)의 기호를 쓰시오. 이 원자에는 전자와 중성자가 각각 몇 개씩 있는가?

풀이 원자 번호 12는 이 원자에 양성자가 12개 있다는 것을 의미한다. 원소 마그네슘은 Mg로 표시된다. 이 원자의 기호는

$$^{24}_{12}\text{Mg}$$

이고 마그네슘-24라고 부른다. 이 원자에는

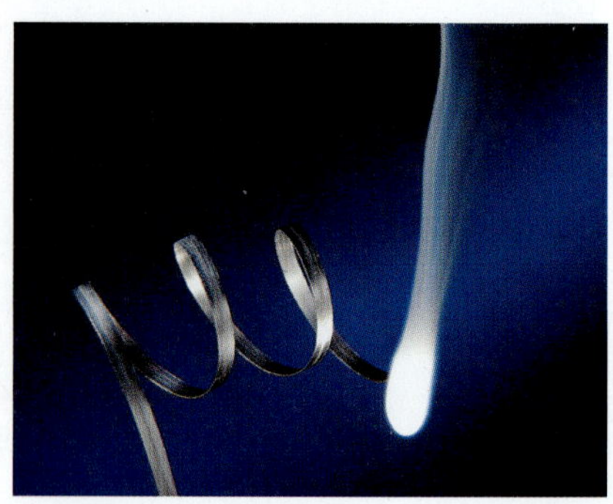

마그네슘이 공기 중에서 타서 밝은 백색 불꽃을 낸다.

양성자 12개가 있기 때문에 전자 12개가 있어야 한다. 질량수는 양성자와 중성자를 합한 수이며 따라서 이 원자는 중성자 12개(24 − 12 = 12)가 있다.

대화형 예제 4.4 **질량수 계산**

중성자 61개가 있는 은 원자($Z = 47$)를 나타내는 기호를 쓰시오.

풀이 원소 기호는 $^{A}_{Z}\mathrm{Ag}$이고, $Z = 47$이라는 것을 알고 있다. 정의로부터 A를 알아낼 수 있다.

$$A = Z + \text{중성자 수}$$

이 경우에, $A = 47 + 61 = 108$이다.
따라서 이 원자의 기호는 $^{108}_{47}\mathrm{Ag}$이다.

SELF-CHECK **실전 연습 4.4** 중성자 17개를 가진 인 원자(Z =15)를 나타내는 기호를 쓰시오.

4.8 주기율표에 대한 소개

학습 목표

- **주기율표의 여러 가지 특징을 배운다.**
- **금속, 비금속, 준금속의 특성을 배운다.**

화학 수업이 있는 교실이나 실험실의 벽에 **주기율표**(periodic table)라는 도표가 붙어있는 것을 보았을 것이다. 이 도표는 지금까지 알려진 모든 원소와 각 원소에 대한 여러 정보를 제공한다. 화학을 더 많이 배워가면서 주기율표의 유용함은 더욱 더 명백해질 것이다. 이 절은 주기율표에 관한 간단한 소개이다.

그림 4.9는 간단한 주기율표이다. 이 표의 각 칸을 보면 1~2개의 문자 위쪽에 숫자가 쓰여 있는 것을 보게 된다. 문자는 원소 기호이고, 기호 위쪽에 표시된 숫자는 그 원소의 원자 번호(양성자 수이며 전자 수)이다. 예를 들면, 탄소(C)는 원자 번호가 6이므로 다음과 같다.

6 C

납(Pb)의 원자 번호는 82이므로 다음과 같다.

82 Pb

주기율표의 원소는 원자 번호 순서로 정렬되어 있는 것을 기억하라. 원소들은 또한 특정한 가로 행과 세로 열로 정렬되어 있다. 원소를 이 방법으로 처음 정렬한 사람은 1869년 러시아 과학자 멘델레예프(Dmitri Mendeleev)이다. 멘델레예프는 화학적 성질이 비슷한 원소들끼리 여러 '족'으로 정렬되는 방식으로 주기율표를 만들었다.◀ 예를 들면, 플루오린과 염소는 비슷한 화합물을 형성하는 반응성이 큰 기체이다. 소듐과 포타슘도 매우 비슷하게 행동하는 것으로 알려져 있다. 원자 번호가 증가함에 따라 앞의(원자 번호가 작은) 원소들과 비슷한 성질을 지닌 원소들이 규칙적으로 나타난다는 뜻에서 *주기율표*(periodic table)라는 이름이 쓰이게 되었다.◀ 예를 들면, 다음 원소는 모두 비슷한 화학적 특성을 보이며, '족'이라고 부르는 같은 세로 열에 배열되어 있다.

멘델레예프는 실제로 원자 번호 대신 질량수에 따라 원소를 배열하였다.

본문에서는 여러 원소들의 위치를 작은 주기율표를 나타내어 강조하고 있다.

9 F
17 Cl
35 Br
53 I
85 At

국제 순수 및 응용 화학연합(IUPAC)에 의해서 권고된 또 다른 주기율표는 전이 금속 원소를 포함하여 1~18의 족 번호를 사용한다. 이 책에서 사용하는 1~8의 족 번호를 다른 시스템의 것과 혼동하지 말라.

주기율표의 같은 수직 열에 위치한 비슷한 화학적 성질을 가진 원소 집단을 **족**(group)이라고 부른다. 족은 종종 각 열의 위에 표시된 번호로 나타낸다(그림 4.9 참조). 족 번호는 그림 4.9에서와 같이 A가 옆에 함께 쓰여있다는 것을 기억하라. 본문에서 족을 나타낼

알칼리 토금속 (2A), 할로겐 (7A), 비활성 기체 (8A), 전이 금속, 알칼리 금속

1A	2A											3A	4A	5A	6A	7A	8A
1 H																	2 He
3 Li	4 Be											5 B	6 C	7 N	8 O	9 F	10 Ne
11 Na	12 Mg											13 Al	14 Si	15 P	16 S	17 Cl	18 Ar
19 K	20 Ca	21 Sc	22 Ti	23 V	24 Cr	25 Mn	26 Fe	27 Co	28 Ni	29 Cu	30 Zn	31 Ga	32 Ge	33 As	34 Se	35 Br	36 Kr
37 Rb	38 Sr	39 Y	40 Zr	41 Nb	42 Mo	43 Tc	44 Ru	45 Rh	46 Pd	47 Ag	48 Cd	49 In	50 Sn	51 Sb	52 Te	53 I	54 Xe
55 Cs	56 Ba	57 La*	72 Hf	73 Ta	74 W	75 Re	76 Os	77 Ir	78 Pt	79 Au	80 Hg	81 Tl	82 Pb	83 Bi	84 Po	85 At	86 Rn
87 Fr	88 Ra	89 Ac†	104 Rf	105 Db	106 Sg	107 Bh	108 Hs	109 Mt	110 Ds	111 Rg	112 Cn	113 Nh	114 Fl	115 Mc	116 Lv	117 Ts	118 Og

*란타넘족	58 Ce	59 Pr	60 Nd	61 Pm	62 Sm	63 Eu	64 Gd	65 Tb	66 Dy	67 Ho	68 Er	69 Tm	70 Yb	71 Lu
†악티늄족	90 Th	91 Pa	92 U	93 Np	94 Pu	95 Am	96 Cm	97 Bk	98 Cf	99 Es	100 Fm	101 Md	102 No	103 Lr

그림 4.9 주기율표.

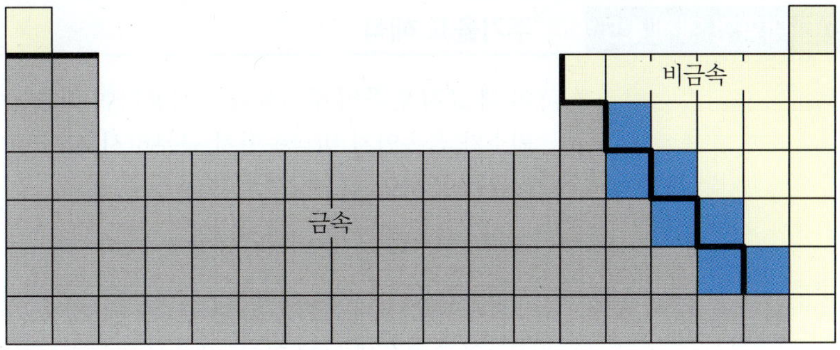

그림 4.10 금속과 비금속 원소 구분.

때 이 A를 삭제하고 간단히 숫자만 표시할 것이다. 많은 족들은 특별한 이름을 가지고 있다. 예를 들면, 첫 번째 열의 원소(1족)는 **알칼리 금속**(alkali metal)이라는 이름을 가지고 있다. 2족 원소는 **알칼리 토금속**(alkaline earth metal)이라고 하고, 7족 원소는 **할로젠**(halogen) 원소, 8족 원소는 **비활성 기체**(noble gas)라고 한다. 여러 개의 세로 열에 걸쳐 있는 일련의 원소 집단은 **전이 금속**(transition metal)을 구성한다. ◀

원소 대부분은 **금속**(metal)이다. 금속 원소는 다음과 같은 특유한 물리적 성질을 가진다. ◀

비금속들도 때로 하나 이상의 금속 성질을 가진다. 예를 들면, 고체 아이오딘은 광택이 있고, 흑연(순수한 탄소의 한 형태)은 전기를 전도한다.

금속의 물리적 성질

1. 높은 열 전도도와 전기 전도도
2. 전성(얇은 판으로 펼 수 있음)
3. 연성(가는 선으로 뽑을 수 있음)
4. 광택(빛이 남)

예를 들면 구리는 전형적인 금속이다. 광택(비록 쉽게 흐려지지만)이 있고, 매우 뛰어난 전기 전도체(전기 도선에 널리 사용)이며, 수도관과 같이 다양한 모양으로 쉽게 변형할 수 있다. 구리는 주기율표의 중앙에 위치하는 금속 원소 중 하나이다. 철, 알루미늄, 금은 금속 특성을 가지고 있는 익숙한 원소들이다. 그림 4.9의 짙은 검은 선 왼쪽과 아래쪽에 있는 모든 원소는 수소를 제외하고 금속 원소로 분류된다(그림 4.10 참조).

주기율표의 오른쪽 위(그림 4.9와 4.10에서 굵은 선의 오른쪽) 구석에 위치한 상대적으로 적은 수의 원소를 **비금속**(nonmetal)이라고 한다. 비금속들은 일반적으로 금속이 나타내는 특성들이 결여되어 있으며, 금속에 비해 원소마다 특성이 매우 다양하다. 거의 모든 금속 원소는 상온에서 고체인 반면에 많은 비금속(질소, 산소, 염소, 네온 등)은 기체이고, 브로민 하나만이 액체이다. ◀ 몇몇 비금속(탄소, 인, 황 등)은 고체이다.

Daniel Osterkamp/Flickr/Getty Images

자바에서 황을 운반하는 광부.

그림 4.10에서 굵은 계단 선에 가까이 있는 원소는 종종 금속성과 비금속성이 혼합된 특성을 보인다. **준금속**(metalloid 또는 semimetal)이라고 부르는 이 원소들은 규소, 저마늄, 비소, 안티모니, 텔루륨을 포함한다.

화학을 계속 공부하면 주기율표가 축적된 지식을 체계화한 귀중한 도구이며, 주어진 원소의 성질들을 예측하는 데 큰 도움이 된다는 것을 알게 될 것이다. 또한 같은 족 원소들이 어떻게 비슷한 화학적 성질을 가지는지에 관해 설명하는 원자 구조 모형에 대하여 알아갈 것이다.

대화형 예제 4.5 **주기율표 해석**

이 책 표지 안쪽의 주기율표를 사용하여 다음 각 원소에 대한 기호와 원자 번호를 쓰고, 그 원소가 금속인지 비금속인지 구분하시오. 또한 족의 이름이 있다면 그 원소가 속한 족의 이름을 쓰시오.

a. 아이오딘 b. 마그네슘 c. 금 d. 리튬

풀이

a. 아이오딘(기호 I)은 53번 원소이다(원자 번호 53). 아이오딘은 그림 4.10에서 계단 선의 오른쪽에 놓여 있다. 따라서 비금속이다. 아이오딘은 7족, 즉 할로젠 족 원소이다.

b. 마그네슘(기호 Mg)은 12번 원소이다(원자 번호 12). 마그네슘은 금속이며, 알칼리 토금속 원소(2족)이다.

c. 금(기호 Au)은 79번 원소이다(원자 번호 79). 금은 금속이며, 따로 이름이 붙은 족의 원소가 아니다. 전이 금속 원소로 분류된다.

d. 리튬(기호 Li)은 3번 원소이다(원자 번호 3). 리튬은 알칼리 금속(1족)이다.

SELF-CHECK

실전 연습 4.5 다음 각 원소의 기호와 원자 번호를 쓰시오. 또한 각 원소가 금속인지 비금속인지, 그것이 이름이 붙은 족에 속하는지를 쓰시오.

a. 아르곤 b. 염소 c. 바륨 d. 세슘

4.9 원소의 천연 상태

학습 목표 ■ 일반적인 원소들의 성질을 배운다.

앞에서 본 바와 같이 우리 주위의 물질은 주로 혼합물들로 이루어져 있다. 혼합물 대부분은 다른 원소의 원자가 서로 결합하여 만들어진 화합물들을 포함한다. 대부분의 원소는 반응성이 매우 커서 그 원자들은 다른 원소의 원자들과 결합하여 화합물을 형성한다. 따라서 자연에서 다른 원소와 결합하지 않은 순수한 형태의 원소를 발견하기는 그리 쉽지 않다. 그러나 주목할 만한 예외도 있다. 1849년에 골드 러시를 일으켰던 미국 캘리포니아 수터스 밀(Sutter's Mill)에서 발견된 금괴는 실제로 거의 순수한 원소 상태의 금이었다. 백금과 은도 종종 순수한 형태로 발견된다.

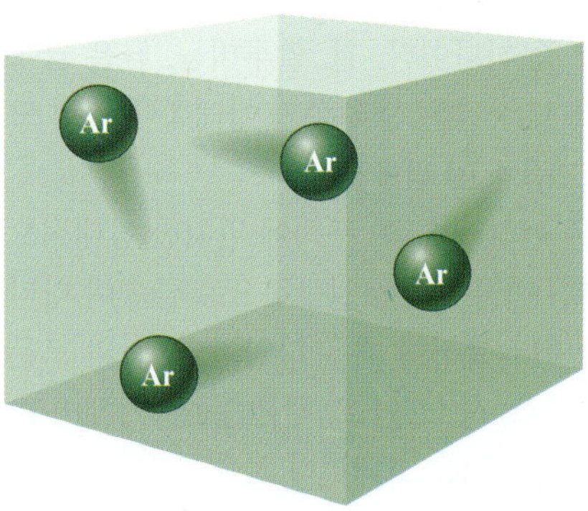

그림 4.11 아르곤 기체는 독립적인 아르곤 원자의 집합체이다.

분자는 하나의 단위로 거동하는 원자의 집합체임을 기억하라. 분자는 항상 전기적으로 중성이다(전하 0).

금, 은, 백금은 상대적으로 반응성이 없는 *귀금속*(noble metal)이라고 하는 금속 원소의 일부이다.

다른 것과 결합하지 않은 상태로 자연에 존재하는 다른 원소는 8족 원소인 헬륨, 네온, 아르곤, 크립톤, 제논, 라돈이다. 이 원소들의 원자는 다른 원소의 원자들과 쉽게 결합하지 않기 때문에 *비활성 기체*(noble gas)라고 말한다. 예를 들면, 헬륨 기체는 천연가스와 함께 지하 광상에서 결합하지 않은 형태로 발견된다.

공기(지구 대기권을 구성한 기체 혼합물)를 채취하여 구성 성분으로 분리하면 몇몇 순수한 원소가 존재하는 것을 발견하게 되는데 그중 하나가 아르곤이다. 아르곤 기체는 그림 4.11에 보이는 바와 같이, 독립된 아르곤 원자의 집합체로 이루어져 있다. ◀

공기 중에는 또 질소와 산소 기체도 있다. 그러나 이 두 기체는 아르곤과 같이 하나의 원자로 된 것이 아니라, 그림 4.12에 보이는 바와 같이 *두 원자*로 이루어진 **이원자 분자**(diatomic molecule)이다. 사실, 상온에서 산소 기체 시료 속의 산소 원소는 O_2 분자로

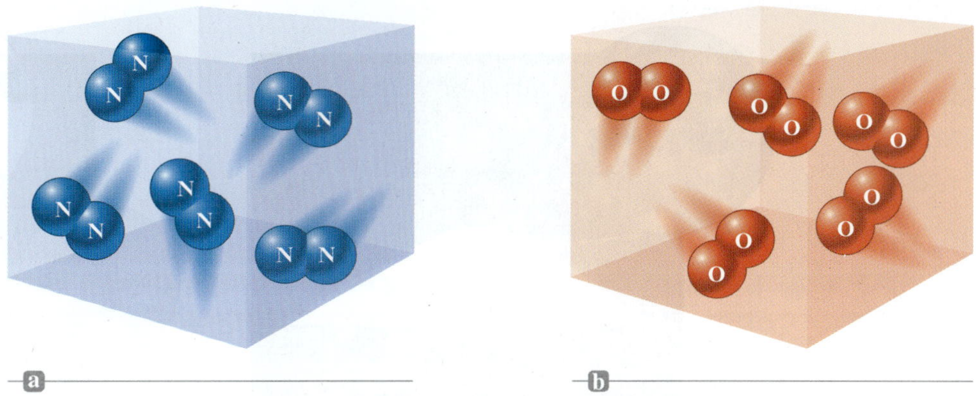

그림 4.12 기체 상태의 질소와 산소는 이원자 분자이다.

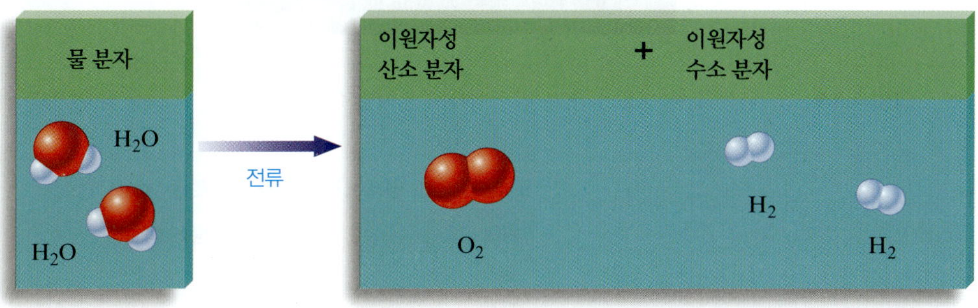

그림 4.13 물 분자(H_2O) 2개가 분해되어 수소 분자(H_2)와 산소 분자(O_2)를 형성하는 과정. 이 과정에서 원자들이 속하는 집단은 바뀌었으나, 원자가 생성되거나 소멸되지 않았다는 것에 주목하라. 과정 전후에 H 원자와 O 원자의 수는 같아야 한다. 따라서 H_2O 분자 두 개(H 원자 4개와 O 원자 2개를 포함)가 분해되어 O_2 분자 1개(O 원자 2개)와 H_2 분자 2개(전체 H 원자 4개)를 생성한다.

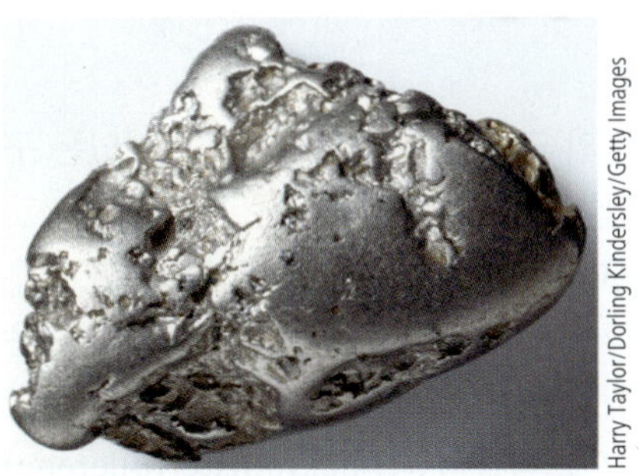

백금은 보석 장신구류와 많은 공업적인 공정에서 사용되는 귀금속이다.

존재한다. 마찬가지로 질소 기체는 N_2 분자로 존재한다.

수소도 이원자 분자 형태로 존재하는 또 다른 원소이다. 지구상에서 발견되는 모든 수소는 다른 원소와 결합되어 있는 화합물(물에서 산소와 결합되어 있는 것 같이)로 존재하지만, 원소 상태가 될 때에는 이원자인 H_2 분자를 형성한다. 예를 들어, 전류를 사용하여 물을 분해하면 H_2 분자 상태의 수소 원소와 O_2 분자 상태의 산소 원소로 분해할 수 있다(그림 4.13와 그림 3.3).

수소, 질소, 산소뿐만 아니라 몇몇 다른 원소도 이원자 분자로 존재한다. 예를 들어, 염화 소듐을 녹이고 전류를 흘리면 소듐 금속과 염소 기체가 생성된다. 이 화학 변화는 그림 4.14에 나타내었다. 염소 기체는 연한 녹색 기체로 Cl_2 분자로 존재한다.

염소는 7족(할로젠족) 원소이다. 모든 7족 원소는 이원자 분자로 되어 있다. 플루오린은 연한 황색 기체로 F_2 분자로 존재한다. 브로민은 적갈색 액체로 Br_2 분자로 존재한다. 아이오딘은 광택이 있는 보라색 고체로 I_2 분자로 존재한다.

표 4.5는 순수한 원소 형태의 이원자 분자를 포함하는 원소를 나타내었다.

~은 "대략"을 뜻한다.

지금까지 상온(~25°C)에서 몇몇 원소들의 상태가 기체라는 것을 알았다.◀ 비활성 기체(8족 원소)는 이원자 분자(H_2, N_2, O_2, F_2, Cl_2)를 포함하는 다른 기체 원소들과 달리 원자 상태로 존재한다.◀

두 가지 원소만이 25°C, 원소 상태에서 액체로 존재하는데, 비금속인 브로민과◀ 금속인 수은이다. 금속 갈륨과 세슘도 거의 이 범주에 속한다. 25°C에서 고체이지만 둘 다 30°C 근처에서 녹기 때문이다.

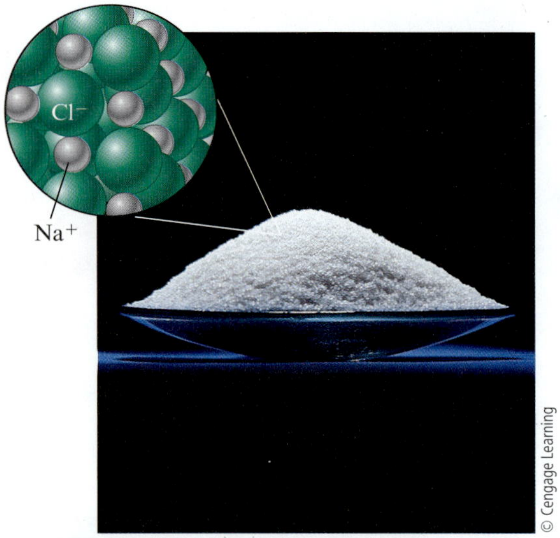

그림 4.14 ⓐ 염화 소듐(식용 소금)은 원소 상태로 분해될 수 있다. ⓑ 소듐 금속(왼쪽)과 염소 기체

표 4.5 원소 형태에서 이원자 분자로 존재하는 원소들

원소	25°C에서 원소 상태	분자
수소	무색 기체	H_2
질소	무색 기체	N_2
산소	연한 청색 기체	O_2
플루오린	연한 황색 기체	F_2
염소	연한 녹색 기체	Cl_2
브로민	적갈색 액체	Br_2
아이오딘	광택 있는 진한 보라색 고체	I_2

브로민 증기와 함께 플라스크에 담겨있는 액체 브로민.

나머지 원소들은 25°C에서 고체이다. 고체 상태의 금속은 마치 항아리에 들어있는 구슬과 같이 수많은 원자들이 차곡차곡 쌓여있다(그림 4.15).

고체 비금속 원소의 구조는 금속 원소의 구조보다 더 다양하다. 같은 원소이지만 다른 여러 형태로 존재하는 경우도 많다. 예를 들어, 고체 탄소는 여러 형태로 존재한다. 같은 원소의 다른 형태를 *동소체*(allotrope)라고 부른다. 탄소 동소체 중 잘 알려진 3가지는 다이아몬드와 흑연, 그리고 보다 최근에 발견된 *버크민스터풀러렌*(buckminsterfullerene)이다. 이 다른 형태의 원소들은 구조가 다르기 때문에 성질도 매우 다르다(그림 4.16). 다이아몬드는 세상에 알려진 가장 단단한 천연 물질로 공업용 절단 도구로 사용된다. 다이

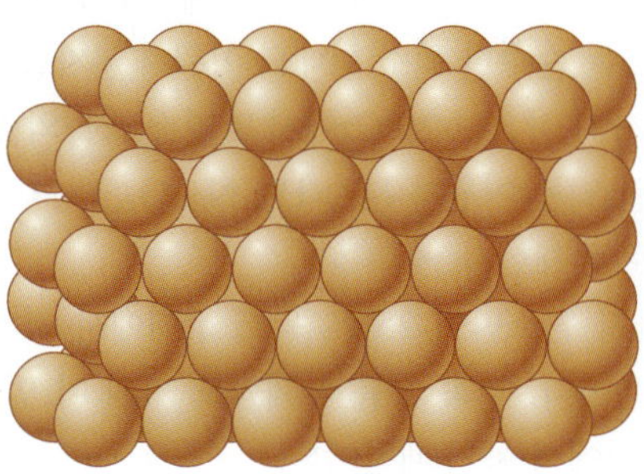

그림 4.15 고체 금속에서 구형 원자가 밀집되어 쌓여 있다.

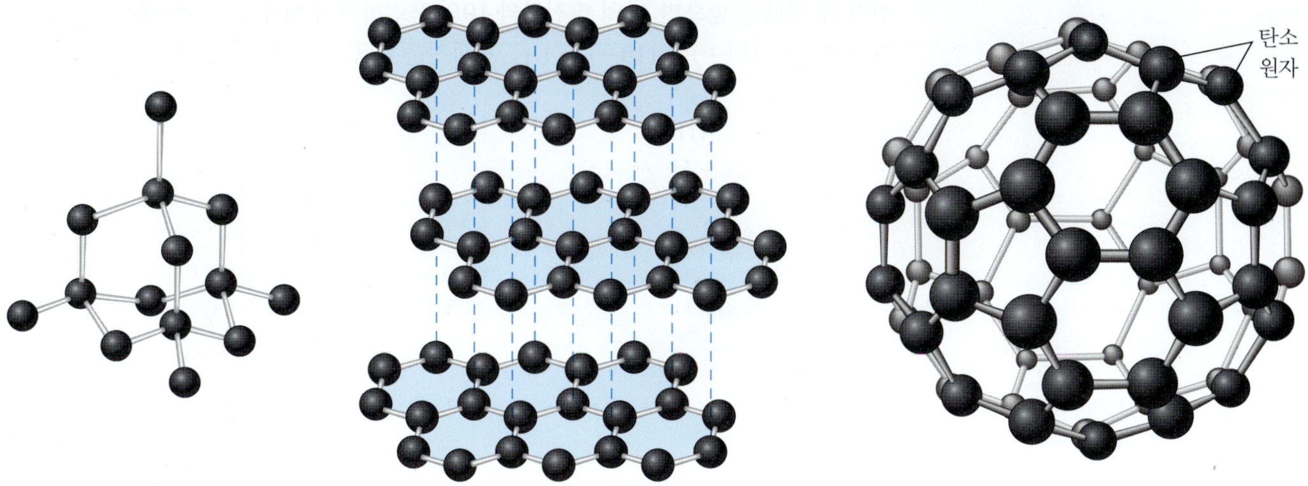

다이아몬드 흑연 버크민스터풀러렌

그림 4.16 탄소의 3가지 기본적인 고체 형태(동소체들): 다이아몬드, 흑연, 버크민스터풀러렌. 다이아몬드와 흑연에 대하여 여기에 나타낸 부분은 모든 방향으로 펼쳐나간 더 큰 구조들의 조각들이다. 버크민스터풀러렌 중 하나가 여기서 보여주는 C_{60} 분자이다.

석탄 위에 올려놓은 가공한 다이아몬드.

아몬드는 또한 값비싼 보석이다. ◀ 반면 흑연은 필기구(연필심)와 자물쇠 윤활제(가루 형태)에 사용되는 유용한 비교적 부드러운 물질이다. 다소 생소한 이름을 가진 탄소 동소체 버크민스터풀러렌은 C_{60} 분자의 구조에서 유래되었다. 이 분자는 5각형과 6각형 고리를 지닌 축구공 같은 구조를 가지고 있는데, 산업 디자이너였던 버크민스터 풀러(Buckminster Fuller)에 의해서 제시된 지오데식 돔(geodesic dome, 삼각형 모양의 받침대들이 모여 만들어지는 돔) 구조를 연상케 한다. 60개 이상의 탄소 원자로 된 다른 "풀러렌들"도 최근 발견되어 새로운 화학 분야로 부상하게 되었다.

4.10 이온

학습 목표

- **원자로부터 생성되는 이온을 이해하고, 이온의 명명법을 배운다.**
- **주기율표를 이용하여 주어진 원소로부터 어떠한 이온이 생성될지 예측하는 것을 배운다.**

앞서 원자의 핵에는 특정한 수의 양성자가 존재하고 그 원자는 양성자와 같은 수의 전자를 가지고 있다는 것을 배웠다. 이것은 양전하와 음전하가 정확히 균형을 이루고 있음을 의미한다. 따라서 원자는 중성이고, *알짜 전하*는 영(0)이라고 말한다.

중성 원자에 하나 이상의 전자를 더하거나 제거하면 **이온**(ion)이라고 부르는 전하를 띤 입자를 생성할 수 있다. 예를 들면, 소듐 원자($Z = 11$)는 핵에 양성자 11개와 그 바깥에 전자 11개를 가지고 있다.

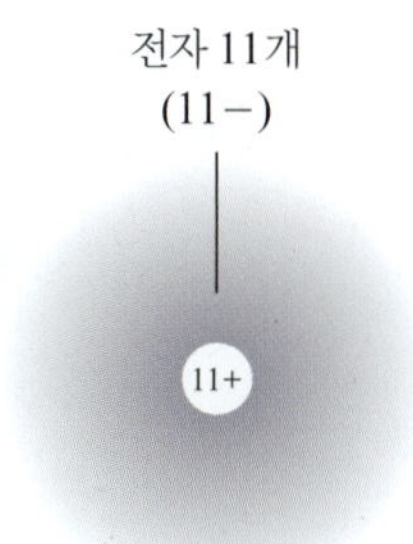

중성 소듐 원자(Na)

전자 중 하나를 잃으면 11의 양전하와 10의 음전하만이 있게 된다. 이것은 1+의 전하를 띤 이온이다. (11+) + (10−) = 1+. 이 과정을 다음과 같이 나타낸다.

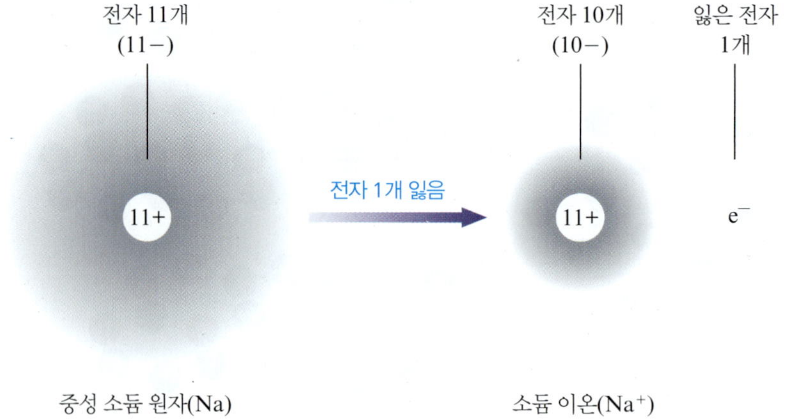

또는 간략하게

$$Na \rightarrow Na^{+} + e^{-}$$

로 표기한다. 여기서 Na는 중성 소듐 원자, Na^{+}는 1+이온, e^{-}는 전자 하나를 나타낸다.

양전하를 띤 이온을 **양이온**(cation)이라고 부르는데, 하나 이상의 전자가 중성 원자로부터 *떨어져 나갈* 때 만들어진다. 소듐은 전자 하나를 잃어서 1+ 양이온으로 되는 것을 보았다. 어떤 원자는 둘 이상의 전자를 잃는다. 예를 들어, 마그네슘 원자는 일반적으로 2개의 전자를 잃어 2+ 양이온을 형성한다.

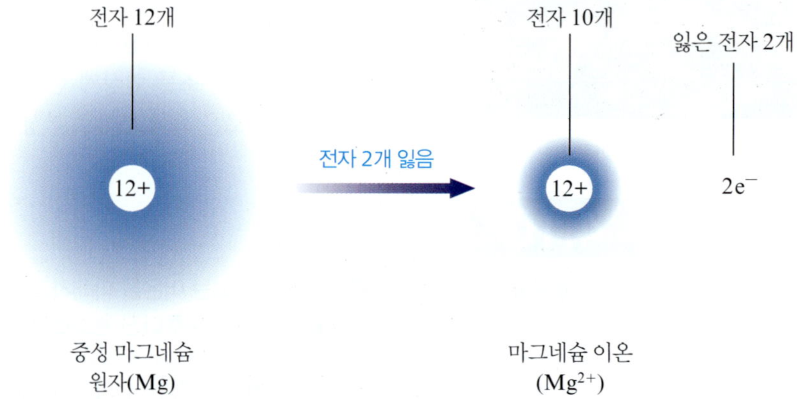

이 과정을 다음과 같이 표기한다.

$$Mg \rightarrow Mg^{2+} + 2e^{-}$$

원자가 전자 한 개 이상을 잃고 양이온이 될 때 그 크기가 현저하게 감소하는 것을 주목하라.

알루미늄은 3개의 전자를 잃고 3+ 양이온을 형성한다. ◀

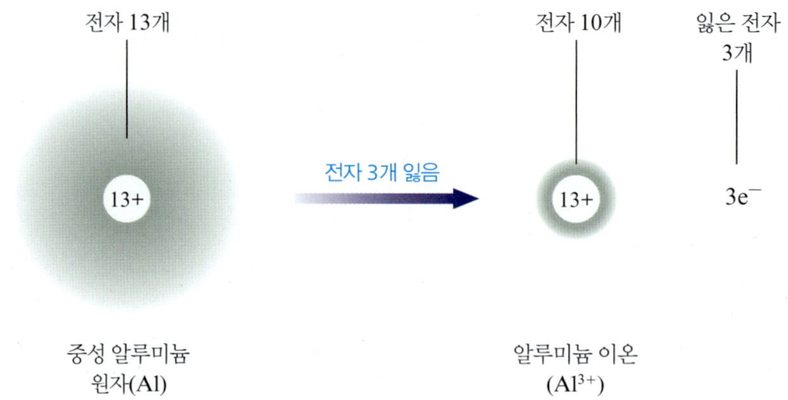

이 과정을 다음과 같이 표기한다.

$$Al \rightarrow Al^{3+} + 3e^-$$

양이온의 이름은 원자 이름으로부터 따온다. 따라서 Na^+은 소듐 이온(sodium ion), Mg^{2+}은 마그네슘 이온(magnesium ion), Al^{3+}은 알루미늄 이온(aluminum ion)이라고 부른다.

중성 원자에 전자가 *더해지면*, 음전하를 가진 이온이 형성된다. 음전하를 띤 이온은 **음이온**(anion)이라고 한다. 여분 전자를 하나 얻은 원자는 1− 전하를 지닌 음이온을 형성한다. 1− 음이온을 형성하는 원자의 예는 양성자 17개와 전자 17개를 가지는 염소이다. ◀

원자가 전자 한 개 이상을 얻고 음이온이 될 때 그 크기가 현저하게 증가하는 것을 주목하라.

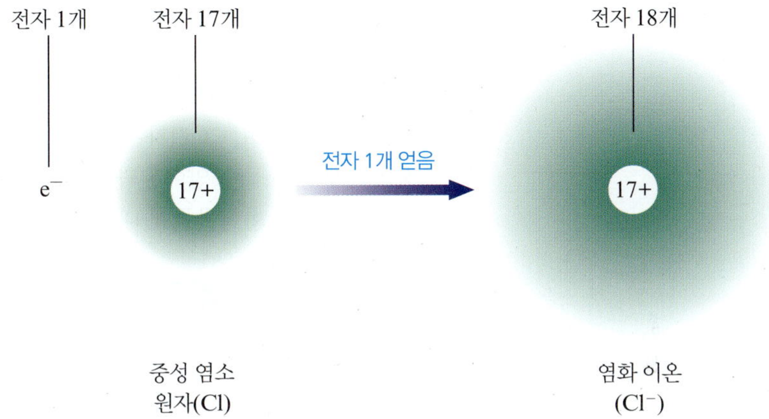

이 과정은 다음과 같이 나타낸다.

$$Cl + e^- \rightarrow Cl^-$$

염소에 의해서 형성된 음이온은 전자 18개와 양성자 17개를 가지기 때문에 알짜 전하는 (18−) + (17+) = 1−이다. 중성 원자의 이름을 따서 부르는 양이온과 달리, 음이온은 이름에 "화(ide)"를 붙여서 나타낸다. 다만, 염소와 산소의 경우에는 '소'를 생략한다. 예를 들어, Cl(염소) 원자로부터 생성된 Cl^- 음이온은 *염화*(chloride) 이온이라고 부른다. *염화*는 원자 이름 염소의 어근 '*염*'에 접미사 '*−화*'를 더하여 만들어진 것임을 기억하라. (영어명 *chloride*는 원자 이름 chlorine의 어근 *chlor*-에 접미사 -*ide*를 붙여 만든 것이다.) 다른 원자들도 전자 1개를 더하면 1− 이온을 만든다.

플루오린	$F + e^- \rightarrow F^-$	(*플루오린*화 이온, *fluor*ide ion)
브로민	$Br + e^- \rightarrow Br^-$	(*브로민*화 이온, *brom*ide ion)
아이오딘	$I + e^- \rightarrow I^-$	(*아이오딘*화 이온, *iod*ide ion)

각 음이온의 이름은 원자 이름에 '*−화*'를 더하여 부른다.

몇몇 원자는 2개의 전자를 받아 2− 음이온이 된다. 예를 들면,

산소	$O + 2e^- \rightarrow O^{2-}$	(*산*화 이온, *ox*ide ion)
황	$S + 2e^- \rightarrow S^{2-}$	(*황*화 이온, *sulf*ide ion)

이 음이온의 이름은 1− 음이온과 같은 방법으로 명명한다.

이온은 항상 원자로부터 전자를 제거하면 양이온이 형성되고, 원자에 전자를 더하면 음이온이 형성된다는 것을 기억하는 것이 중요하다. *이온은 원자의 핵에 있는 양성자 수를 바꾸는 것으로는 결코 생성되지 않는다.*

고립된 원자는 그들 스스로 이온을 형성할 수 없다는 것을 이해하는 것이 중요하다. 가장 일반적으로, 이온은 금속성 원소가 비금속성 원소와 결합할 때 형성된다. 7장에서 상세

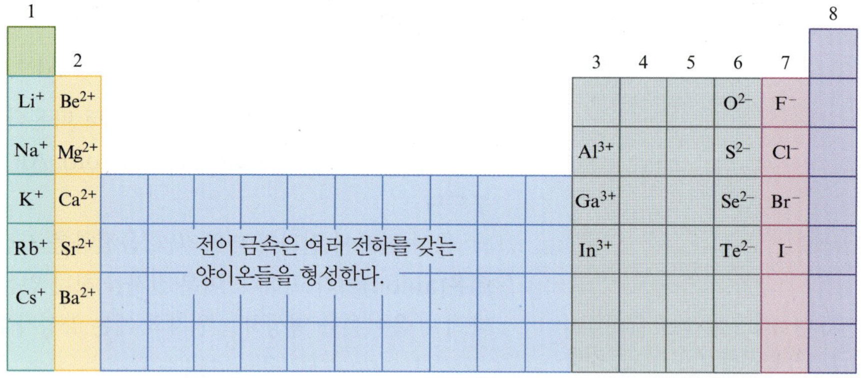

그림 4.17 1, 2, 3, 6, 7족 원소들에 의하여 생성되는 이온들.

히 논의하게 될 것이지만, 금속 원소와 비금속 원소가 반응할 때, 금속 원자는 하나 이상의 전자를 잃기 쉽고, 그 전자는 비금속의 원자에 의해 받아들여진다. 따라서 금속과 비금속 사이의 반응은 금속 양이온과 비금속 음이온을 포함하는 화합물을 형성하는 경향이 있다. 4.11절에서 이 화합물들에 대해 더 많은 것을 다룰 것이다.

이온 전하와 주기율표

주어진 원자에서 어떤 형태의 이온이 형성될지에 대하여 알고자 할 때 주기율표가 매우 유용하다. 그림 4.17은 주기율표의 몇몇 족에 있는 원자로부터 형성된 이온의 형태를 보여준다. 1족 금속 원소는 모두 1+ 이온(M^+)을, 2족 금속 원소는 모두 2+ 이온(M^{2+})을, 3족 금속 원소는 모두 3+ 이온(M^{3+})을 만드는 것에 주목하라. 그러므로 1~3족에 대해서 양이온의 전하는 족 번호와 동일하다.

반면, 대부분의 *전이 금속*(transition metal) 원소는 다양한 양전하를 갖는 양이온을 형성한다. 이 원소들에 대해서 형성된 양이온의 전하를 예측하는 간단한 방법은 없다.

금속 원소는 항상 양이온을 형성한다는 사실을 기억하라. 전자를 잃는 이 경향은 금속 원소의 중요한 성질이다. 반대로 비금속들은 전자를 얻어 음이온을 형성한다. 7족 원자들은 전자를 1개 얻어 1− 이온을 생성하고, 6족 원자들은 2개의 전자를 얻어 2− 이온을 생성한다.

그림 4.17에 나타낸 족 번호와 생성된 이온 형태의 관계를 기억하도록 하자. 뒤에서 보다 깊은 원자 이론을 논의한 후에는 왜 이런 관계가 성립하는지 이해할 것이다.

4.11 이온을 포함하는 화합물

학습 목표

■ 어떻게 이온들이 결합하여 중성 화합물을 만드는지 이해한다.

화학자들은 많은 화합물이 이온으로 구성되어 있다는 것을 믿을 만한 충분한 근거들을 가지고 있다. 한 예로, 일반 식용 소금인 염화 소듐(NaCl)의 성질 중 일부를 생각해 보자. 그것은 약 800°C 정도로 가열하면 녹으며, 1500°C 정도에서 끓는다(100°C에서 끓는 물과 비교해 보라). 고체 소금은 전류를 전도하지 못하나, ◀ 녹으면 매우 좋은 전도체가 된다. 순수한 물은 전기를 전도하지 못한다(전류가 흐르지 않는다). 그러나 소금을 물에 녹인 수용액은 전기를 쉽게 전도한다(그림 4.18).

녹는다는 것은 고체 상태에서 묶여 고정되었던 이온이 액체 상태가 되어 움직일 수 있다는 것을 의미한다.

화학자들은 염화 소듐(NaCl)이 이러한 특성을 갖는 이유를 Na^+ 이온과 Cl^- 이온이 그림 4.19처럼 차곡차곡 쌓여있는 것으로 잘 설명할 수 있음을 알았다. 그 양전하와 음전

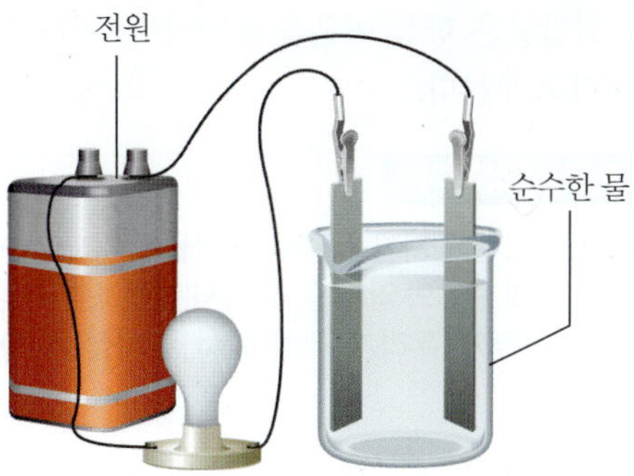

ⓐ 순수한 물은 전류를 전도하지 않는다. 그렇기 때문에 전기 회로가 완성되지 않아 전구에 불이 들어오지 않는다.

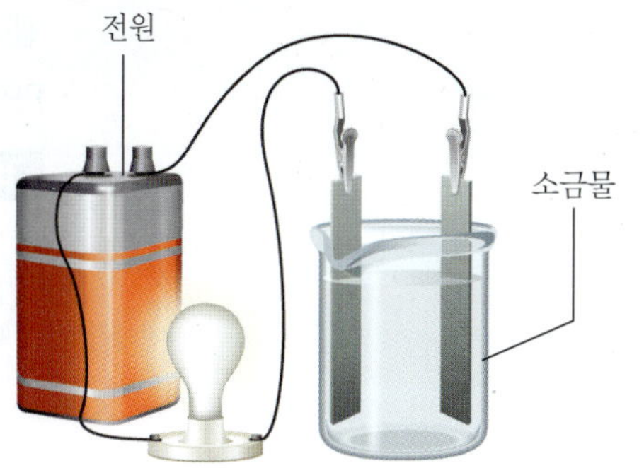

ⓑ 소금이 녹아있는 물은 전기를 전도하고 전구에 불이 들어온다.

그림 4.18

하들이 매우 강하게 서로를 끌기 때문에 그것을 녹이려면 매우 높은 온도(800°C)까지 가열하여야 한다.

전기 전도도 결과의 중요성을 보다 깊이 탐구하기 위하여, 전류의 특징을 간단히 논의할 필요가 있다. *전자는 도선을 통하여 자유롭게 움직이기 때문에* 전류는 금속 도선을 따라 이동할 수 있다. 즉, 이동하는 전자가 전류를 흐르게 한다. 이온성 물질에서는 이온이 전류를 흐르게 한다. 그러므로 이온을 포함한 물질은 *이온이 이동할 수 있어야만* 전류를 전도할 수 있다. 그 전류는 하전된 이온의 이동으로 인하여 흐른다. 고체 NaCl에서 이온은 단단히 묶여 있고 움직일 수 없다. 그러나 고체가 녹아 액체로 바뀔 때, 그 구조는 붕괴되고 이온은 움직인다. 그 결과 전류는 용융된 소금을 통하여 이동할 수 있다.

같은 논리가 물에 녹인 NaCl에도 적용된다. 고체가 물에 녹을 때, 그 이온은 물 속으로 분산되고 그 안에서 이동하여 전류를 흐르게 한다.

이온을 포함하는 물질은 그 특유한 성질로 구분할 수 있다. 이들은 종종 녹는점이 매우 높고, 용융되거나 물에 용해될 때 전류를 전도한다.

많은 물질이 이온을 포함하고 있다. 실제로 금속과 비금속 사이에서 화합물이 형성

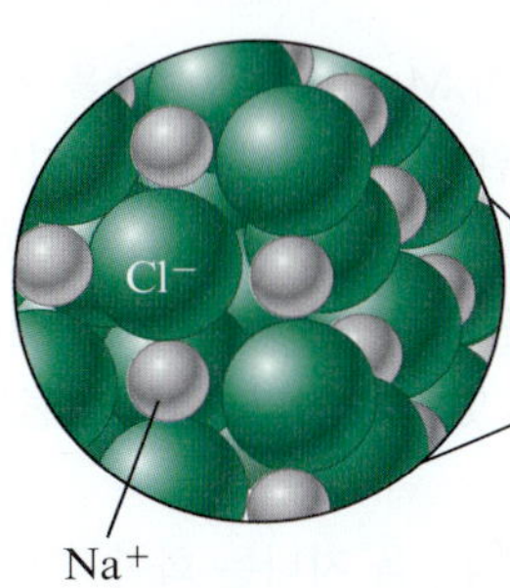

ⓐ 이온 결합 화합물인 염화 소듐의 소듐 이온(Na^+)과 염화 이온(Cl^-)의 배열

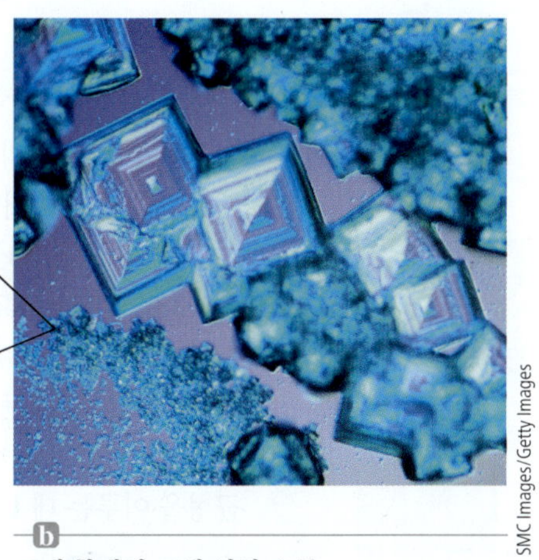

ⓑ 크게 확대된 고체 염화 소듐

그림 4.19

될 때, 그 화합물은 항상 이온을 포함한다. 이러한 물질을 **이온 결합 화합물**(ionic compound)이라고 부른다.

비판적으로 생각하기

톰슨과 러더퍼드는 원자가 세 종류의 아원자 입자로 구성되어 있다는 사실을 밝히는 데 큰 역할을 하였다. 그 세 종류의 입자 중 두 가지는 전하를 띠는데, 만약 이들이 전하를 띠지 않는다면 어떤 현상이 벌어질까? 우리가 지금까지 배운 사실들이 어떠한 영향을 받을까?

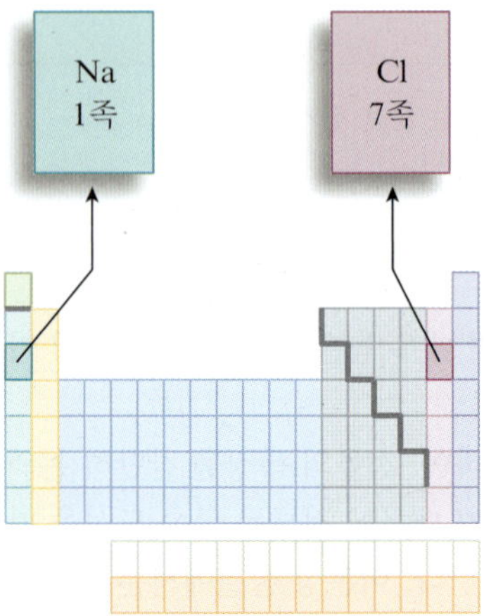

반드시 기억해야 할 매우 중요한 사실 하나는 *화합물의 알짜 전하는 0이어야 한다*는 것이다. 만약 화합물이 이온을 포함하면,

1. 양이온과 음이온 모두 있어야 한다.
2. 양이온과 음이온의 수는 알짜 전하가 0이 되는 숫자이어야 한다.

예를 들어, 염화 소듐의 화학식은 NaCl으로 나타내는데, 이 화학식은 화합물을 구성하는 각 원소가 한 개씩임을 나타낸다. 염화 소듐은 Na^+과 Cl^-으로 구성되어 있기 때문에 당연히 그렇게 쓰는 것이 옳다. ◀ 각 소듐 이온은 1+의 전하를 지니고 각 염화 이온은 1−의 전하를 지닌다. 따라서 알짜 전하가 0이기 위해 이들은 같은 수로 존재해야만 한다.

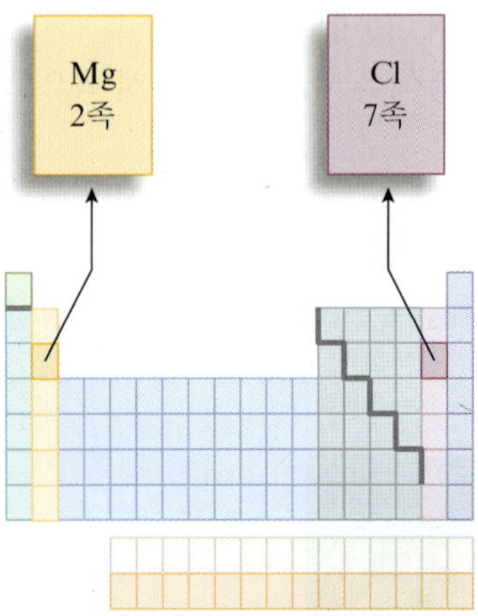

모든 이온 결합 화합물에 대하여 다음 식이 성립된다.

양이온의 총 전하수 + 음이온의 총 전하수 = 영(0)의 알짜 전하

Mg^{2+}과 Cl^-을 포함하고 있는 이온 결합 화합물을 생각해보자. ◀ 이 이온들의 어떠한 조합이 0의 알짜 전하를 가지게 되겠는가? Mg^{2+}의 2+ 전하에 균형을 이루어 0의 알짜 전하를 가지기 위하여 Cl^- 이온 2개가 필요하다.

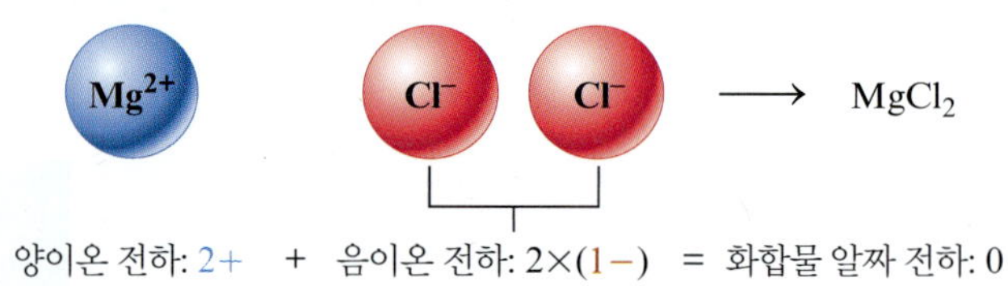

이것은 이 화합물의 식이 $MgCl_2$이어야 함을 의미한다. 아래첨자는 원자(또는 이온)의 상대적인 수를 나타내기 위해 사용된다는 것을 기억하라.

이제 Ba^{2+}과 O^{2-}을 포함하는 이온 결합 화합물을 생각해보자. 올바른 화학식은 무엇인가? 이 이온들은 같은 크기(부호는 반대)의 전하를 가지고 있으므로 0의 알짜 전하를 가지기 위하여 같은 수가 있어야 한다. 이 화합물의 화학식은 BaO이다. 왜냐하면 (2+) + (2−) = 0이기 때문이다.

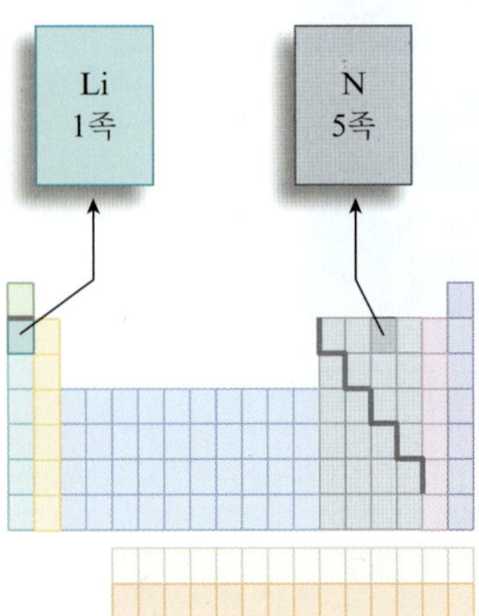

마찬가지로, Li^+과 N^{3-}을 지니는 화합물의 식은 Li_3N이다. ◀ N^{3-} 음이온의 전하와 균형을 이루는 데 Li^+ 양이온 3개가 필요하기 때문이다.

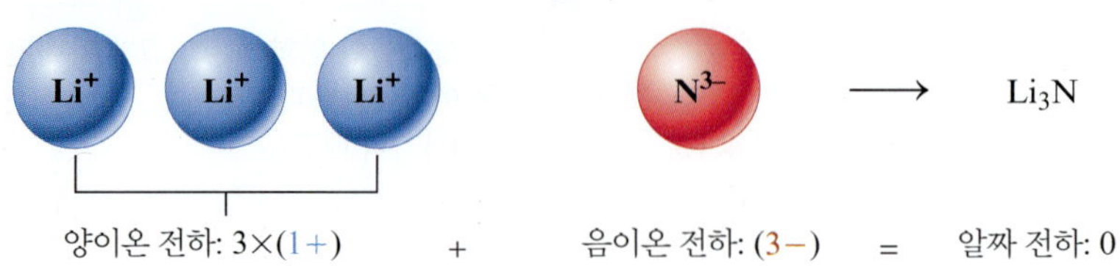

대화형 예제 4.6 이온 결합 화합물의 화학식 쓰기

몇몇 이온 결합 화합물들에 포함된 한 쌍의 이온들이 아래에 주어졌다. 각 화합물의 화학식을 쓰시오.

a. Ca^{2+}과 Cl^-　　b. Na^+과 S^{2-}　　c. Ca^{2+}과 P^{3-}

풀이 a. Ca^{2+}은 2+ 전하를 가진다. 그래서 2개의 Cl^-(각자 1−)이 필요하다.

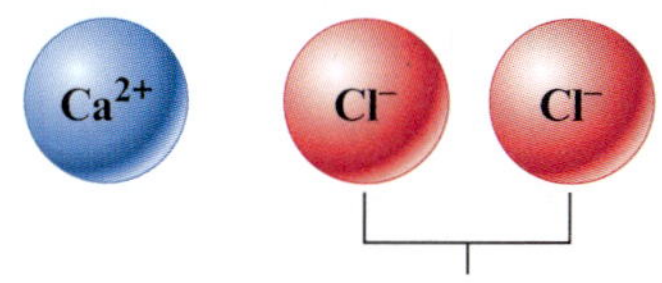

여기서　2+　+　2(1−)　= 0

화학식은 $CaCl_2$이다. ◀

식에서 아래첨자 1은 쓰지 않는다.

b. 이 경우, 2− 전하를 지닌 S^{2-}은 0의 알짜 전하를 만들기 위해 Na^+ 2개가 필요하다.

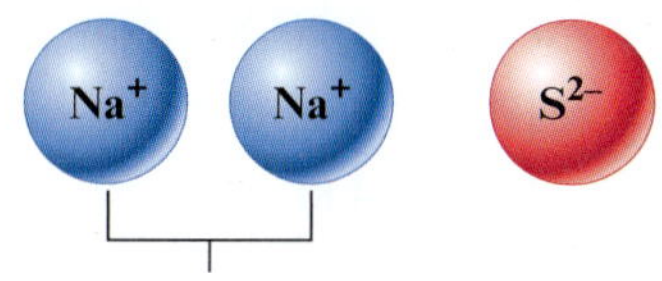

여기서　2(1+)　+　2−　= 0

화학식은 Na_2S이다.

c. 이온 Ca^{2+}(전하 2+)와 P^{3-}(전하 3−)를 가지고 있다. 양전하와 음전하가 정확하게 균형을 잡는 데 각자 얼마나 필요한지를 구해야 한다. Ca^{2+} 2개와 1개의 P^{3-}을 시도해보자.

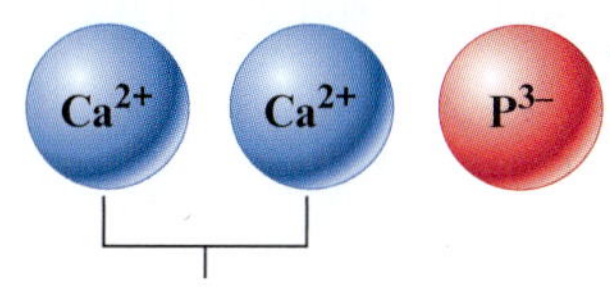

여기서　2(2+)　+　3−　= 1+

알짜 전하는 2(2+) + (3−) = (4+) + (3−) = 1−이 된다. 이것은 알짜 전하가 0이 아니기 때문에 옳지 않다. 3개의 Ca^{2+}와 2개의 P^{3-}를 취하여 전체 양전하와 전체 음전하의 합이 같아지게 할 수 있다.

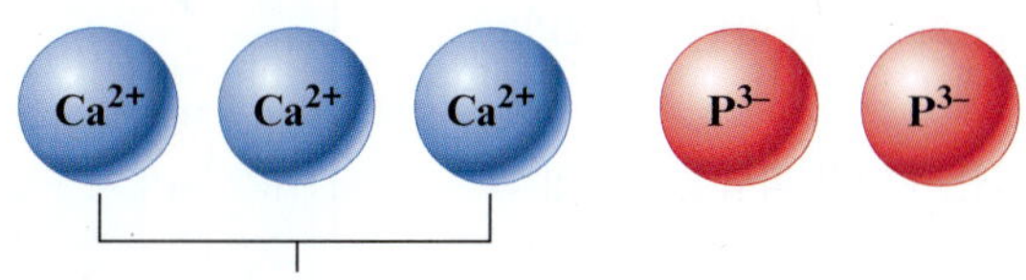

여기서　3(2+)　+　2(3−)　= 0

화학식은 Ca_3P_2가 되어야 한다.

SELF-CHECK **실전 연습 4.6** 다음 이온쌍을 포함하는 화합물의 식을 쓰시오.

a. K^+과 I^-　　b. Mg^{2+}과 N^{3-}　　c. Al^{3+}과 O^{2-}

4장 복습하기 Chapter 4 Review

주요 용어

- 원소 기호(4.2)
- 일정 성분비 법칙(4.3)
- 돌턴의 원자론(4.3)
- 원자(4.3)
- 화합물(4.4)
- 화학식(4.4)
- 전자(4.5)
- 핵원자(4.5)
- 핵(4.5)
- 양성자(4.5)
- 중성자(4.5)
- 동위원소(4.7)
- 원자 번호, Z (4.7)
- 질량수, A (4.7)
- 주기율표(4.8)
- 족(4.8)
- 알칼리 금속(4.8)
- 알칼리 토금속(4.8)
- 할로젠(4.8)
- 비활성 기체(4.8)
- 전이 금속(4.8)
- 금속 원소(4.8)
- 비금속 원소(4.8)
- 준금속(반금속) 원소(4.8)
- 이원자 분자(4.9)
- 이온(4.10)
- 양이온(4.10)
- 음이온(4.10)
- 이온 결합 화합물(4.11)

요약

- 우주의 모든 물질은 화학적으로 약 100여 개의 원소로 분해될 수 있다.
- 9개의 원소가 지각, 대양, 대기의 전체 질량의 약 98%을 차지한다.
- 인체에 가장 풍부한 원소는 산소, 탄소, 수소, 질소이다.
- 원소는 이름과 그것을 나타내는 기호를 가지고 있다.
  - 기호는 일반적으로 원소 이름의 첫 철자 또는 2개의 철자로 되어있다.
  - 기호는 종종 원소의 고유한 라틴어나 그리스어 이름에서 취한다.
- 일정 성분비 법칙은 주어진 화합물은 항상 그 화합물을 구성하는 원소의 질량비가 동일하게 유지된다는 것이다.
- 돌턴의 원자론에 따르면
  - 모든 원소는 원자로 구성되어 있다.
  - 주어진 원소의 모든 원자는 동일하다.
  - 다른 원소의 원자와는 서로 다르다.
  - 원자가 결합하여 화합물을 형성한다.
  - 원자는 화학 반응에 의하여 창조되거나 파괴되지 않는다.
- 화합물을 구성하는 원자의 종류와 수는 원소 기호와 아래첨자를 사용하여 화학식으로 나타낼 수 있다.
- 톰슨과 러더퍼드의 실험은 원자의 내부 구조와 관련하여 다음과 같은 사실을 알려준다.
  - 원자의 중심에 있는 핵은 양의 전하를 띤 양성자와 전하가 없는 중성자를 가지고 있다.
  - 전자는 핵 주위를 돌고 있다.
    - 전자의 질량은 작다(양성자 질량의 1/1836).
    - 전자는 음의 전하를 띠며 전하는 양성자와 크기는 같고 부호는 반대이다.
- 동위원소는 양성자 수는 같으나 중성자 수가 서로 다른 원자이다.
- 특정 동위원소는 $^{A}_{Z}X$ 기호로 나타내며 Z는 핵에 있는 양성자 수(원자 번호)를, A는 양성자 수와 중성자 수의 합인 질량수를 나타낸다.
- 주기율표는 모든 알려진 원소를 원자 번호가 증가하는 순서대로 나열한 것이다. 화학적 성질이 비슷한 원소들은 족이라고 하는 같은 세로 열에 나열되어 있다.
- 원소의 대부분은 금속이고 이들은 주기율표의 왼쪽에 나타난다.
- 비금속 원소는 주기율표의 오른쪽에 나타난다.
- 원자는 전자를 얻거나 잃어 이온(전하를 띤 화학종)을 형성할 수 있다.
  - 금속 원소는 하나 이상의 전자를 잃어 양이온을 형성하려는 경향이 있다. 양이온의 이름은 일반적으로 원자의 이름을 사용하여 명명한다.
  - 비금속 원소는 하나 이상의 전자를 얻어 음이온을 형성하려는 경

(알칼리 금속: 1족 Li–Fr; 알칼리 토금속: 2족; 전이 금속: 3–12족; 할로젠: 17족; 비활성 기체: 18족)

1 1A	2 2A	3	4	5	6	7	8	9	10	11	12	13 3A	14 4A	15 5A	16 6A	17 7A	18 8A
1 H																	2 He
3 Li	4 Be											5 B	6 C	7 N	8 O	9 F	10 Ne
11 Na	12 Mg											13 Al	14 Si	15 P	16 S	17 Cl	18 Ar
19 K	20 Ca	21 Sc	22 Ti	23 V	24 Cr	25 Mn	26 Fe	27 Co	28 Ni	29 Cu	30 Zn	31 Ga	32 Ge	33 As	34 Se	35 Br	36 Kr
37 Rb	38 Sr	39 Y	40 Zr	41 Nb	42 Mo	43 Tc	44 Ru	45 Rh	46 Pd	47 Ag	48 Cd	49 In	50 Sn	51 Sb	52 Te	53 I	54 Xe
55 Cs	56 Ba	57 La*	72 Hf	73 Ta	74 W	75 Re	76 Os	77 Ir	78 Pt	79 Au	80 Hg	81 Tl	82 Pb	83 Bi	84 Po	85 At	86 Rn
87 Fr	88 Ra	89 Ac†	104 Rf	105 Db	106 Sg	107 Bh	108 Hs	109 Mt	110 Ds	111 Rg	112 Cn	113 Nh	114 Fl	115 Mc	116 Lv	117 Ts	118 Og

*란타넘족	58 Ce	59 Pr	60 Nd	61 Pm	62 Sm	63 Eu	64 Gd	65 Tb	66 Dy	67 Ho	68 Er	69 Tm	70 Yb	71 Lu
†악티늄족	90 Th	91 Pa	92 U	93 Np	94 Pu	95 Am	96 Cm	97 Bk	98 Cf	99 Es	100 Fm	101 Md	102 No	103 Lr

향이 있다. 음이온의 이름은 일반적으로 원자의 이름에 '*-화*'를 붙여 명명한다.

- 주기율표에 있는 원자의 위치로부터 그 원자가 형성하는 이온의 형태를 예측할 수 있다.
  - 1족과 2족 원소는 각각 1+와 2+ 양이온을 생성한다.
  - 7족 원소는 1− 이온을 생성한다.
  - 6족 원소는 2− 이온을 형성한다.
- 이온들은 결합하여 화합물을 형성한다. 화합물은 항상 전체적으로 중성이기 때문에 양이온과 음이온의 전하의 합은 0이어야만 한다.

활동 학습 질문

다음은 강의 중 그룹 지도를 위한 문제들로, 특정 주제를 소개하는 데 매우 효과적이다.

1. 중성 원소의 원자에서 양성자 수를 안다는 것은 다음 중 무엇을 결정할 수 있게 하는가?

a. 중성 원소의 원자에서 중성자 수
b. 중성 원소의 원자에서 전자 수
c. 원소 이름
d. 위의 것 두 개
e. 위의 어느 것도 아님
설명하시오.

2. 탄소 원자의 평균 질량은 12.011이다. 당신이 1개의 탄소 원자를 집어 올릴 수 있다고 가정하여, 무작위로 12.011의 질량을 가진 하나를 잡을 수 있는 기회는 얼마인가?

a. 0 %
b. 0.011 %
c. 약 12 %
d. 12.011 %
e. 50 % 이상
f. 위의 어느 것도 아님
설명하시오.

3. 어떻게 이온이 형성되는가?

a. 원자에서 양성자를 넣거나 빼는 것으로
b. 원자에서 중성자를 넣거나 빼는 것으로
c. 원자에서 전자를 넣거나 빼는 것으로
d. 위의 모두
e. 위의 두 가지
설명하시오.

4. 물의 화학식(H_2O)은 다음 중 무엇을 의미하는가?

a. 각 분자에서 수소의 질량은 산소의 두 배이다.
b. 물 분자당 2개의 수소 원자와 1개의 산소 원자가 있다.
c. 각 분자에서 산소의 질량은 수소 질량의 두 배이다.
d. 물 분자당 1개의 수소 원자와 2개의 산소 원자가 있다.
e. 위의 두 가지
설명하시오.

5. 돌턴은 같은 원소의 원자는 모든 성질들이 동일하다고 가정하였다. 이 가정이 타당하지 않은 이유를 설명하시오.

6. 돌턴의 원자론은 일정 성분비 법칙을 어떻게 설명할 수 있는가?

7. 이 문제들은 톰슨(J. J. Thomson)이 한 일에 관련된다.

a. 톰슨이 한 일로부터 화합물(화학 변화)의 생성에 가장 중요한 입자는 무엇이라고 생각하는가? 그 이유는?
b. 다른 두 개의 아원자 입자 중 화합물의 생성에 두 번째로 중요하다고 생각하는 입자는 무엇인가? 그 이유는?
c. 톰슨의 발견을 설명할 수 있는 3가지 모형은 무엇인가 말해보고 각각을 평가해 보시오. 이를 위해 톰슨의 발견을 포함시키시오.

8. 수백년 전 연금술사들은 납을 금으로 바꾸려고 시도하였다. 이것이 가능한가? 아니라면 그 이유는? 만약 가능하다면 여러분은 어떻게 그것을 할 수 있는가?

9. 염소는 두 가지 대표적인 동소체 ^{37}Cl과 ^{35}Cl이 있는데, 어느 것이 더 풍부한가? 그것을 어떻게 알 수 있는가?

10. 러더퍼드는 몇몇 튕겨져 나오는 α 입자를 관찰하고 매우 놀랐다. 놀란 이유는 톰슨의 원자 모형을 생각하고 있었기 때문이다. 만약 러더퍼드가 돌턴이 생각했던 것 같은 원자의 구조를 믿었다면 어떤 일이 벌어졌을까? 러더퍼드가 예측했던 것은 무엇이었고, 무엇이 그를 놀라게 하였을까?

11. '이산화 탄소 분자'라는 용어는 옳지만 '염화 소듐 분자'라는 용어는 옳지 않다. 그 이유는?

12. 4.3절로 돌아가 돌턴의 원자론을 복습하시오. 돌턴의 가정 중 더 이상 받아들일 수 없는 것은 무엇인가? 그 이유는?

13. 다음 그림을 보고 해당 원소나 이온의 기호를 ^A_ZX 기호로 표시하시오.

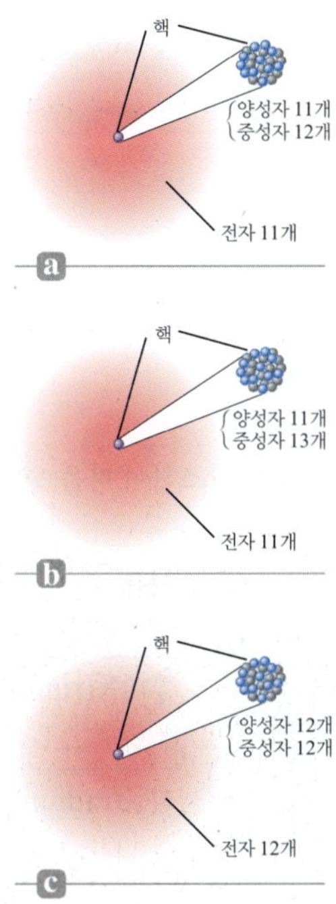

질문과 문제

4.1 원소

▸ *질문*

1. 그리스인들이 가정한 기본 4가지 물질은 무엇인가?

2. 측정의 중요성을 인식한 첫번째 과학자는 _____이다.

3. 기체의 성질들에 대한 그의 중요한 업적뿐 아니라, 보일은 화학 연구의 발전에 어떠한 다른 공헌들을 하였는가?
4. 인체에 존재하는 원소 중 질량 기준으로 가장 많이 존재하는 3가지 원소는?
5. 지각, 바다, 대기에 존재하는 원소 중 가장 많이 존재하는 5가지 원소는?

4.2 원소 기호

주의: 필요하면 그림 4.9를 참조하시오.

▶ *질문*

6. 알파벳 1개로 된 모든 원소 기호와 그 이름을 쓰시오.
7. 대부분 원소의 기호는 영문 이름의 첫 몇 개의 글자에서 유래하는 데 비해 어떤 원소는 원소의 일반적 이름과 관계가 없다. 영문 이름으로 유래하지 않은 원소의 예를 세 개만 들어보라.
8. 1열의 이름과 2열의 원소 기호를 서로 연결하시오.

1열	2열
a. 헬륨	1. Si
b. 소듐	2. So
c. 은	3. S
d. 황	4. He
e. 브로민	5. C
f. 포타슘	6. Co
g. 네온	7. Ba
h. 바륨	8. Br
i. 코발트	9. K
j. 탄소	10. Po
	11. Na
	12. Ag
	13. Ne
	14. Ca

9. 그림 4.9의 주기율표를 참조하여 다음 원소들의 기호 또는 이름을 쓰시오.

기호	이름
Co	________
________	루비듐(rubidium)
Rn	________
________	라듐(radium)
U	________

10. 다음 각 화학 기호에 대하여 해당되는 원소의 이름을 쓰시오.

a. K e. N
b. Ge f. Na
c. P g. Ne
d. C h. I

4.3 돌턴의 원자론

▶ *질문*

11. 주어진 화합물에서 원소의 질량비는 언제나 일정하다. 이것은 ________법칙으로 알려져 있다.
12. 다음 돌턴의 원자론 중 잘못 설명된 내용을 옳게 설명하시오.
    a. 원소는 분자라고 하는 작은 입자로 구성되어 있다.
    b. 주어진 원소의 모든 원자는 서로 매우 비슷하다.
    c. 주어진 원소의 원자들은 다른 원소의 원자들과 같을 수도 있다.
    d. 주어진 화합물은 그 화합물의 원천에 따라 원자의 상대적인 수와 유형이 다를 수 있다.
    e. 화학 반응이 일어남에 따라 원자의 생성과 소멸이 있을 수 있다.

4.4 화합물의 화학식

▶ *질문*

13. 화합물이란 무엇인가?
14. 다음 각 설명에 근거하여 제시된 물질의 화학식을 쓰시오.
    a. 탄소 원자의 두 배만큼의 산소 원자를 갖는 분자
    b. 탄소와 산소 원자의 수가 같은 분자
    c. 칼슘과 탄소 원자의 수는 같고, 산소는 다른 두 원자의 세 배 존재하는 화합물
    d. 수소 원자의 수는 황의 두 배이고 산소 원자의 수는 황의 네 배인 분자
    e. 바륨 원자의 두 배 만큼의 염소 원자를 갖는 화합물
    f. 알루미늄 원자 2개당 3개의 황 원자를 갖는 화합물

4.5 원자의 구조

▶ *질문*

15. 과학자 톰슨(J. J. Thomson)과 다른 톰슨(William Thomson, Lord Kelvin)은 원자 구조를 이해하는 데 많은 공헌을 하였다.
    a. J. J. Thomson이 발견한 아원자 입자는 무엇인가? 이 발견으로 인해 톰슨은 원자의 본질에 대하여 어떠한 가정을 하게 되었는가?
    b. William Thomson이 가정한 원자 구조의 건포도 푸딩 모형이 제시하는 것은 무엇인가?
16. 진실 또는 거짓? 금속 박막에 대한 러더퍼드의 충돌 실험은 α 입자가 양전하를 띤 큰 원자핵에 가까이 다가감에 따라 회절되는 것을 암시한다.

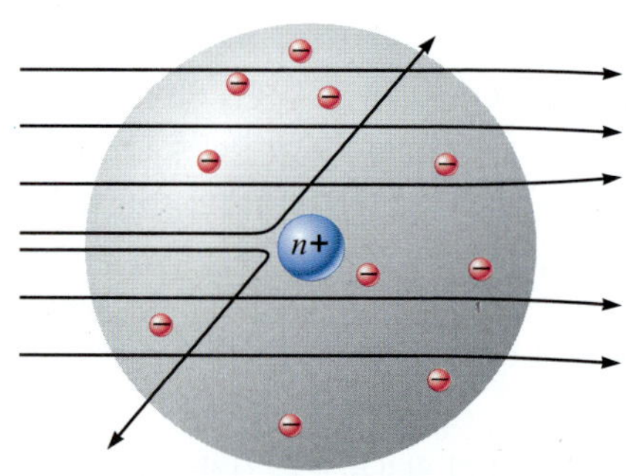

4.6 원자 구조의 현대적 개념 소개

▶ *질문*

17. 중성자는 원자의 어디에서 발견되는가? 중성자는 양전하를 띠는가, 음전하를 띠는가, 아니면 전기적으로 중성인가?

18. 원자핵에서 발견되는 양전하를 띤 입자는 무엇인가?

19. 양성자와 중성자의 질량은 정확하게 같은가? 양성자와 중성자의 질량은 전자의 질량에 비교해 어떠한가? 어떤 입자들이 원자의 질량에 가장 크게 기여하는가? 어떤 입자들이 원자의 화학적 성질에 가장 크게 기여하는가?

20. 양성자와 (전자/중성자)는 거의 질량이 같다. 양성자와 (전자/중성자)는 크기는 같으나 부호는 반대인 전하를 가지고 있다.

21. 원자 내 어떤 입자가 원자의 화학적 특성에 가장 큰 영향을 미치는가? 이 입자들은 원자 내 어디에 위치하는가?

4.7 동위원소

▸ *질문*

22. 진실 또는 거짓? 질량수는 핵에 있는 양성자 수를 나타낸다.

23. 고립 원자에서 전자 수는 핵에 있는 양성자 수와 *같을* 것이라는 근거는 무엇인가?

24. 원자핵의 중성자 수가 양성자 수와 반드시 같을 필요가 없다고 기대하는 근거는 무엇인가?

25. 돌턴의 원자론은 한 원소의 원자는 모두 *동일하다*고 주장한다. 후속 실험에 의해 이 주장은 사실로 판명되었는가? 설명해 보시오.

26. 대부분의 원자핵에는 양성자뿐만 아니라 중성자가 포함되어 있다는 것을 발견한 과학자는 누구인가?

27. 다음 원소에 대하여 그림 4.9의 주기율표를 이용하여 원자 번호, 기호, 이름을 쓰시오.

원자 번호	기호	이름
8		
	Cu	
78		
		인(phosphorus)
17		
	Sn	
		아연(zinc)

28. 다음 각 동위원소를 원자 기호($^{A}_{Z}X$)로 쓰시오

a. $Z = 26, A = 54$
b. 중성자 수가 30인 철의 동위원소
c. 양성자 수 = 26, 중성자 수 = 31
d. 중성자 7개를 가진 질소의 동위원소
e. $Z = 7, A = 15$
f. 원자 번호 7, 중성자 수 = 8

29. 다음 각 원자의 핵에 얼마나 많은 양성자와 중성자가 있는가? 각 원자가 전하를 띠지 않는다고 생각하면 얼마나 많은 전자가 있는가?

a. $^{130}_{56}Ba$　　c. $^{46}_{22}Ti$　　e. $^{6}_{3}Li$
b. $^{136}_{56}Ba$　　d. $^{48}_{22}Ti$　　f. $^{7}_{3}Li$

30. 다음 표를 완성하시오.

이름	기호	원자 번호	질량수	중성자수
	$^{17}_{8}O$			
		8		9
		10	20	
철(iron)			56	
	$^{244}_{94}Pu$			
	$^{202}_{80}Hg$			
코발트(cobalt)			59	
		28	56	
	$^{19}_{9}F$			
크로뮴(chromium)				26

4.8 주기율표에 대한 소개

▸ *질문*

31. 진실 또는 거짓? 주기율표는 질량이 증가하는 순서로 정렬되어 있다.

32. 비금속 원소로부터 금속 원소를 구별하는 물리적 성질을 나열하시오.

33. 주기율표에서 금속 원소들은 어디에 있는가? 금속 원소와 비금속 원소 어느 중 것이 더 많은가?

34. 전부는 아니지만 대부분의 금속 원소는 상온에서 고체이다. 금속 원소 중 고체가 *아닌* 것은?

35. 상온에서 기체로 존재하는 비금속 원소를 다섯 개 예를 드시오. 금속 원소 중 상온에서 기체인 것이 존재하는가?

36. 상온에서 극소수 원소만 액체로 존재한다. 액체로 존재하는 금속과 비금속 원소의 예를 하나씩 드시오.

37. 그림의 파란색으로 표시된 부분의 굵은 계단선 가까이에 위치한 원소를 _______이라 부른다.

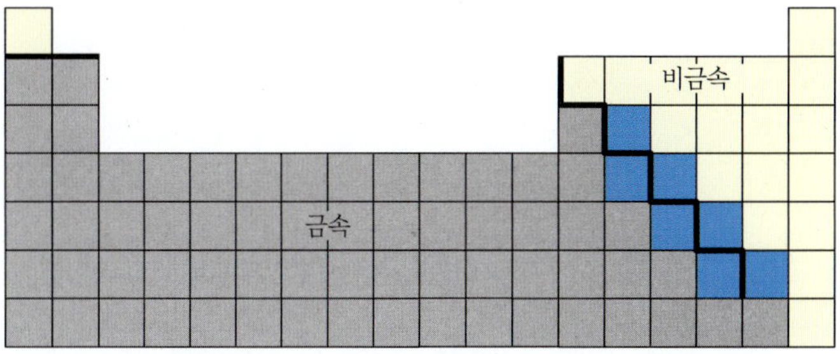

38. 다음 각 원소가 속하는 족의 번호와 이름(만약 있다면)을 쓰시오.

a. 세슘
b. Ra
c. Rn
d. 염소
e. 스트론튬
f. Xe
g. Rb

39. 교과서나 주기율표를 보지 않고 다음 각 족에 속하는 원소 3개의 이름을 말해보시오.

a. 할로젠
b. 알칼리 금속
c. 알칼리 토금속
d. 비활성 기체

4.9 원소의 천연 상태

▸ *질문*

40. 대기 중에 상대적으로 큰 농도로 존재하는 비활성 기체는 ________이다.

41. 왜 8족 원소는 불활성 또는 비활성 기체라고 부르는가?

642. 이원자 분자로 존재하는 기체 원소의 예를 3개 말하시오. 단원자 종으로 존재하는 기체 원소의 예를 3개 말하시오.

43. 염화 소듐(식용 소금)을 용융시키고 전류를 흘려주면, 원소 ________기체가 소듐 금속과 더불어 생산된다.

44. 원소의 대부분은 실온에서 고체이다. 실온에서 *기체*인 원소의 예 3개와 *액체*인 원소의 예 3개를 드시오.

45. 탄소의 가장 일반적인 형태 2개는 다이아몬드와 ________이다.

4.10 이온

▸ *질문*

46. 고립 상태의 원자는 ________의 알짜 전하를 가지고 있다.

47. 이온은 원자가 ________을(를) 얻거나 잃을 때 형성된다.

48. 전하가 3+인 간단한 이온(예를 들어 Al^{3+})은 원자가 ________ 개의 전자를 (얻을 때/잃을 때) 생성된다.

49. 핵의 양성자 수보다 핵 밖에 전자 2개가 더 존재하는 이온은 ________의 전하를 가지고 있다.

50. 단원자로부터 형성된 단순한 음이온은 끝에 ________을(를) 붙어 이름을 붙인다.

51. 진실 또는 거짓? N^{3-}과 P^{3-}은 양성자 수는 다르지만 전자 수는 같다. 그 이유를 설명하시오.

52. ${}^{17}_{8}O^{2-}$에 포함되어 있는 양성자 수, 중성자 수, 전자 수는?

53. 이온을 형성하는 다음의 과정에 대하여, 주기율표를 사용하여 *이온*과 그 이온이 만들어진 *중성 원자* 양쪽 모두의 전자 수와 양성자 수를 나타내시오.

a. $Ca \rightarrow Ca^{2+} + 2e^-$
b. $P + 3e^- \rightarrow P^{3-}$
c. $Br + e^- \rightarrow Br^-$
d. $Fe \rightarrow Fe^{3+} + 3e^-$
e. $Al \rightarrow Al^{3+} + 3e^-$
f. $N + 3e^- \rightarrow N^{3-}$

54. 다음 이온 중 중성 원자에서 전자를 *얻었는지, 잃었는지, 얼마나* 얻거나, 잃었는지 알아보시오.

a. O^{2-}
b. P^{3-}
c. Cr^{3+}
d. Sn^{2+}
e. Rb^+
f. Pb^{2+}

55. 주기율표의 원소 위치로 볼 때 다음 원소로부터 형성될 수 있는 단순 이온은 무엇인가?

a. P
b. Ra
c. At
d. Rn
e. Cs
f. Se

4.11 이온을 포함하는 화합물

▸ *질문*

56. 염화 소듐 수용액은 왜 전류를 전도하는가?

57. 왜 이온 결합 화합물은 고체 상태에서는 전도하지 않지만 액체로 용융되었을 때 전류를 전도하는가?

58. 화합물은 알짜 전하가 0이어야 한다는 개념을 사용하여, 다음 양이온이 Cl^-, S^{2-}, N^{3-} 이온과 각각 형성할 간단한 화합물을 예상해 보시오.

a. K^+
b. Mg^{2+}
c. Al^{3+}
d. Ca^{2+}
e. Li^+

59. 화합물은 알짜 전하가 0이어야 한다는 개념을 사용하여, 다음 음이온이 Cs^+, Ba^{2+}, Al^{3+} 이온과 각각 형성할 간단한 화합물을 예상해 보시오.

a. I^-
b. O^{2-}
c. P^{3-}
d. Se^{2-}
e. H^-

명명법

Nomenclature

CHAPTER

5

미국 캘리포니아 주 모노(Mono) 호수에 있는 석회화 탑 (tufa tower) 위의 구름.

Provided by jp2pix.com/Getty Images

과학의 한 분야인 화학의 초기에는 화합물의 명명에 대한 구체적인 체계가 없었고, 초기 화학자들에 의해 연당(sugar of lead), 담반(blue vitriol), 생석회(quicklime), 엡솜 염(Epsom salts), 마그네시아유(milk of magnesia), 석고(gypsum), 웃음 기체(laughing gas)와 같은 이름이 만들어졌는데, 이러한 이름을 *관용명*(common name)이라 한다. 화학이 발전됨에 따라 화합물에 대한 관용명의 사용이 실용적이지 않다는 것을 알게 되었다. 현재 거의 4백만 개가 넘은 화합물이 알려져 있는데 이들 모두의 관용명을 기억하는 것은 불가능하였다.

이에 대한 해결책은 당연히 화합물의 조성을 나타내는 이름을 사용하여 화합물 명명 규칙을 만들어내는 것이다. 이러한 명명 규칙을 알면 화학식이 주어졌을 때 화합물을 명명할 수 있게 된다. 역으로, 화합물의 이름을 알면 그 화합물의 화학식도 쓸 수 있을 것이다. 다음 몇 절에서 유기 화합물(탄소 원자의 사슬을 기초로 하는 화합물)을 제외한 화합물의 중요한 명명 규칙을 설명할 것이다.

석고 반죽의 일종인 회 반죽을 사용하는 파리 미술가.
Adrian Sherratt/Alamy

5.1 화합물 명명

학습 목표

- 화합물의 명명 체계의 필요성을 이해한다.

먼저 2개의 원소로 이루어진 화합물인 **이성분 화합물**(binary compound)의 명명 체계에 대해 알아볼 것이다. 이성분 화합물을 크게 두 종류로 나누어 보면,

1. 하나의 금속과 하나의 비금속으로 이루어진 화합물
2. 두 비금속으로 이루어진 화합물

이 두 종류의 화합물들을 어떻게 명명하는지는 다음 장에서 설명하기로 하고, 좀 더 복잡한 화합물의 명명 체계를 논의하기로 하자.

5.2 금속 한 개와 비금속 한 개로 이루어진 이성분 화합물 명명(유형 I 과 유형 II)

학습 목표

- 금속과 비금속으로 이루어진 이성분 화합물 명명을 익힌다.

4.11절에서 보았던 것처럼, 소듐과 같은 금속이 염소와 같은 비금속과 결합할 때, 그 화합물은 이온을 포함한다. 금속은 한 개 이상의 전자를 잃고 양이온이 되고, 비금속은 하나 이상의 전자를 얻어 음이온이 된다. 이렇게 생성된 화합물을 **이성분 이온 결합 화합물**(binary ionic compound)이라 한다. 이성분 이온 결합 화합물은 양이온과 음이온으로 이루어지고, 화학식을 쓸 때는 항상 음이온을 먼저 쓰고 양이온을 쓴다(영어로 표기할 때는 양이온을 먼저 쓰고 음이온을 나중에 쓴다). *이들 화합물을 명명하려면 단순히 이온들을 명명하면 된다.*

표 5.1 일반적인 간단한 양이온과 음이온

양이온	이름/한글(영문)	음이온	이름*/한글(영문)
H^+	수소(hydrogen)	H^-	수소화(hydride)
Li^+	리튬(lithium)	F^-	플루오린화(fluoride)
Na^+	소듐(sodium)	Cl^-	염화(chloride)
K^+	포타슘(potassium)	Br^-	브로민화(bromide)
Cs^+	세슘(cesium)	I^-	아이오딘화(iodide)
Be^{2+}	베릴륨(beryllium)	O^{2-}	산화(oxide)
Mg^{2+}	마그네슘(magnesium)	S^{2-}	황화(sulfide)
Ca^{2+}	칼슘(calcium)		
Ba^{2+}	바륨(barium)		
Al^{3+}	알루미늄(aluminum)		
Ag^+	은(silver)		
Zn^{2+}	아연(zinc)		

*어근은 색으로 나타내었다.

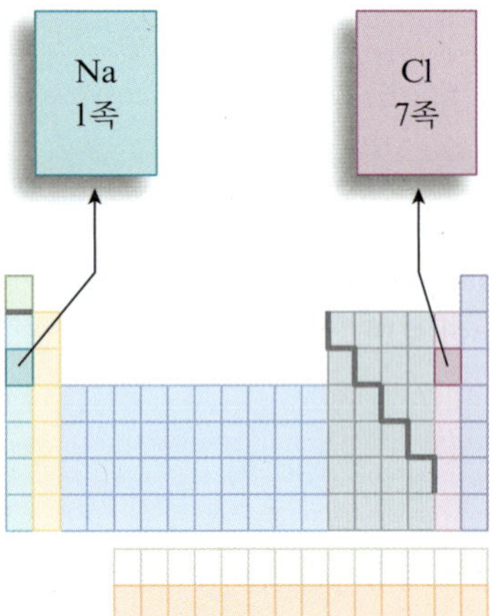

이 장에서는 화합물이 포함한 양이온에 따라, 두 가지 형태의 이성분 이온 결합 화합물을 다루기로 한다. 어떤 금속 원자는 한 개의 양이온만을 형성한다. 예를 들면 소듐(Na)은 항상 Na^+를 이루며, Na^{2+}나 Na^{3+}는 *절대* 형성하지 *않는다*. 또한 Cs는 Cs^+, Ca는 Ca^{2+}, Al은 Al^{3+}만을 항상 형성한다. 이러한 유형의 금속 이온을 포함하는 화합물을 유형 I 이성분 화합물이라 하고, 이들이 포함하는 양이온을 유형 I 양이온이라 한다. Na^+, Ca^{2+}, Cs^+, Al^{3+}는 유형 I 양이온의 예이다.

다른 금속은 둘 이상의 양이온을 형성할 수 있다. 예를 들면, 크로뮴(Cr)은 Cr^{2+}와 Cr^{3+}를 형성할 수 있고, Cu는 Cu^+와 Cu^{2+}를 형성할 수 있다. 이와 같은 이온을 유형 II 양이온이라 부르고, 이들 화합물은 유형 II 이성분 화합물이라고 부르기로 한다.

요약하면,

유형 I 화합물: 한 가지 양이온만 형성하는 금속 포함

유형 II 화합물: 두 가지 이상의 서로 다른 전하를 갖는 양이온을 형성하는 금속 포함

몇 가지 일반적인 양이온과 음이온의 이름을 표 5.1에 나열하였다. 이것들은 꼭 암기하자. 이것들은 화학을 배우는 데 필수적인 용어들이다. ◀

유형 I 이성분 이온 결합 화합물

유형 I 이온 결합 화합물에는 다음 규칙을 적용한다.

유형 I 이온 결합 화합물의 명명 규칙

1. 음이온을 항상 먼저 쓰고 양이온을 나중에 쓴다(영어에서는 양이온을 먼저 쓰고 음이온을 나중에 쓴다).
2. 단일 양이온(단일 원자로 형성된 것)은 원소 이름을 그대로 쓴다. 예를 들어, Na^+는 이온을 포함하는 화합물의 명명에서 소듐(sodium)이라고 한다.
3. 단일 음이온(단일 원자로 형성된 것)은 원소의 이름의 어근에 *-화(-ide)*를 붙여 명명한다. 따라서 Cl^-는 염화(chloride) 이온이라고 한다.

몇 가지 화합물의 명명 규칙을 알아보자. 예를 들어, NaI라는 화합물은 아이오딘화 소듐(sodium iodide)이라 부른다. 이것은 Na^+(모체가 되는 금속의 이름인 소듐 양이온, sodium cation)과 I^-[아이오딘화 이온, iodide ion, *아이오딘*(iodine)의 어근에 *화*(*-ide*)를 붙임]를 포함한다. 마찬가지로, CaO는 Ca^{2+}(칼슘 양이온, calcium cation)과 O^{2-}(산화 음이온, oxide anion) 때문에 산화 칼슘(calcium oxide)이라 부른다.

이성분 화합물을 명명하는 규칙은 또한 다음 예를 통해서도 나타낼 수 있다.

화합물	존재 이온	한글명	영어명
NaCl	Na^+, Cl^-	염화 소듐	sodium chloride
KI	K^+, I^-	아이오딘화 포타슘	potassium iodide
CaS	Ca^{2+}, S^{2-}	황화 칼슘	calcium sulfide
CsBr	Cs^+, Br^-	브로민화 세슘	cesium bromide
MgO	Mg^{2+}, O^{2-}	산화 마그네슘	magnesium oxide

이온 결합 화합물의 *화학식*에서 단일 이온은 그 원소 기호로 나타낸다는 것을 기억하는 것이 중요하다. 즉, Cl은 Cl^-를, Na는 Na^+를 의미한다. 하지만 *각각의 이온*을 나타낼 때에는 전하를 항상 나타낸다. 따라서 브로민화 포타슘의 화학식은 KBr로 쓰지만 포타슘이나 브로민화 이온을 따로 나타낼 때는 K^+와 Br^-로 쓴다.

대화형 예제 5.1 **유형 I 이성분 화합물의 명명**

다음 각 이성분 화합물을 명명하시오.

a. CsF　　b. $AlCl_3$　　c. MgI_2

풀이 위에서 주어진 규칙에 따라 이들 화합물을 체계적으로 명명해 보자.

a. CsF

단계 1 양이온과 음이온을 확인한다. Cs는 1족에 있으므로 1+ 이온인 Cs^+를 형성한다. F는 7족이므로 1− 이온인 F^-를 형성한다.

단계 2 양이온을 명명한다. Cs^+는 원소의 이름과 똑같이 세슘(cesium)이라 부른다.

단계 3 음이온을 명명한다. F^-는 플루오린화(fluoride)라 한다. 원소 이름의 어근을 사용한다.

단계 4 각 이온의 이름을 결합시켜 화합물을 명명한다. CsF의 이름은 플루오린화 세슘(cesium fluoride)이다(양이온의 이름이 우리말에서는 뒤에, 영어명에서는 앞에 온다는 것을 기억하라).

b.

화합물	존재 이온	이온 이름	설명
$AlCl_3$ → 양이온	Al^{3+}	알루미늄(aluminum)	Al(3족)은 항상 Al^{3+} 형성.
$AlCl_3$ → 음이온	Cl^-	염화(chloride)	Cl(7족)은 항상 Cl^- 형성.

$AlCl_3$의 이름은 염화 알루미늄(aluminum chloride)이다.

c.

화합물		존재 이온	이온 이름	설명
MgI_2	양이온 →	Mg^{2+}	마그네슘(magnesium)	Mg(2족)은 항상 Mg^{2+} 형성.
	음이온 →	I^-	아이오딘화(iodide)	I(7족)은 전자를 받아서 I^- 형성.

MgI_2의 이름은 아이오딘화 마그네슘(magnesium iodide)이다.

SELF-CHECK **실전 연습 5.1** 다음 화합물을 명명하시오.

a. Rb_2O b. SrI_2 c. K_2S

예제 5.1은 다음 세 가지를 상기시킨다.

1. 금속과 비금속으로부터 형성된 화합물은 이온 결합 화합물이다.
2. 이온 결합 화합물에서 양이온은 항상 나중에 명명한다(영어명에서는 양이온을 먼저 명명한다).
3. 이온 결합 화합물의 *알짜* 전하는 항상 0이다. 따라서 CsF에서 각 이온 형태(Cs^+와 F^-)에 대해 전체 전하 합은 (1+) + (1−) = 0이 되어야 한다. $AlCl_3$에서는 Al^{3+}의 전하와 균형을 맞추기 위해 3개의 Cl^- 이온이 필요하다. 즉, Al^{3+}: (3+) + 3(1−) = 0. MgI_2에서는 각 Mg^{2+} 이온에 대해 두 개의 I^- 이온이 필요하다. Mg^{2+} 이온: (2+) + 2(1−) = 0 전하.

유형 II 이성분 이온 결합 화합물

이제까지는 항상 같은 전하를 나타내는 금속 양이온을 포함하는 유형 I의 이성분 이온 결합 화합물에 대하여 설명하였다. 예를 들면, 소듐은 항상 Na^+ 이온을 만들고, 칼슘은 항상 Ca^{2+} 이온을 만들며, 알루미늄은 항상 Al^{3+} 이온을 형성한다. 앞 절에서 설명한 것처럼 1족 금속은 항상 1+ 양이온을 만들고, 2족 금속은 2+ 양이온을 만든다는 것을 분명히 예측할 수 있다. 알루미늄은 항상 Al^{3+}을 형성한다.

그러나 두 가지 이상의 양이온을 형성할 수 있는 금속도 많이 있다. 예를 들어, 납(Pb)은 이온 결합 화합물에서 Pb^{2+}나 Pb^{4+}를 형성할 수 있다. 또한 철(Fe)은 Fe^{2+}와 Fe^{3+}, 크로뮴(Cr)은 Cr^{2+}와 Cr^{3+}, 금(Au)은 Au^+와 Au^{3+} 등을 각각 형성할 수 있다. 따라서 염화 금(gold chloride)이라는 이름만 보면, 그 화합물이 AuCl(Au^+와 Cl^-을 포함)인지 $AuCl_3$(Au^{3+}와 3개의 Cl^-을 포함)인지를 알 수 없다. 따라서 두 가지 이상의 양이온을 형성할 수 있는 금속을 포함하는 화합물에서는 어떤 양이온이 존재하는지를 분명히 나타내는 방법이 필요하다.

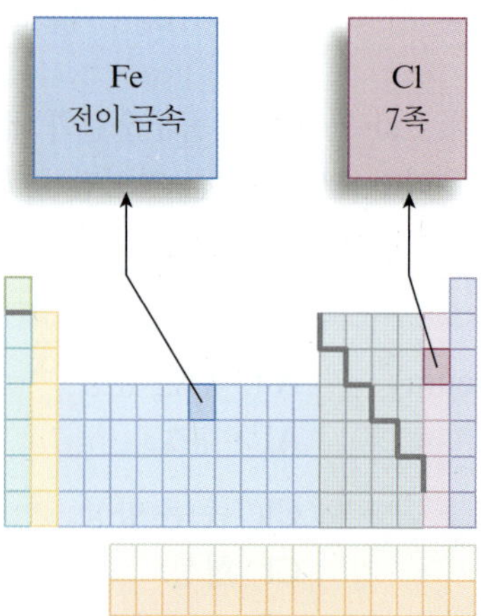

이러한 경우에 화학자들은 양이온의 전하를 나타내기 위해 로마 숫자를 사용하도록 결정하였다. 화합물 $FeCl_2$를 이용해서 로마 숫자 표기를 어떻게 사용하는지 알아보기로 하자. ◀ 철은 Fe^{2+} 또는 Fe^{3+}를 형성할 수 있으므로 먼저 어떤 양이온이 존재하는지를 결정하여야 한다. 1−의 전하를 가지는 음이온(염화 이온) 두 개의 전하에 균형을 맞추어야 하기 때문에 철 양이온의 전하를 결정할 수 있다. 따라서 전하를 다음과 같이 나타내면

(?+) + 2 (1−) = 0

↑ 철 양이온 전하 ↑ Cl^- 전하 ↑ 알짜 전하

물음표(?)는 2가 되어야 한다는 것을 알게 된다.

$$(2+) + 2(1-) = 0$$

그렇다면 화합물 $FeCl_2$는 Fe^{2+} 이온 한 개와 Cl^- 이온 두 개를 포함하고 있다. 이 화합물은 염화 철(II)[iron(II) chloride]라고 하는데, 여기서 II는 철 양이온의 전하를 말한다.

즉, Fe^{2+}는 철(II)[iron(II)]이라고 부른다. 그리고 $FeCl_3$는 Fe^{3+} 이온 한 개와 Cl^- 이온 세 개를 포함하므로 염화 철(III)[iron(III) chloride]이라고 한다. ◀ 로마 숫자는 화합물 안에 있는 이온의 수가 아니라 이온의 *전하*(charge)를 말하는 것이라는 기억하라.

$FeCl_3$는 Fe^{3+}와 Cl^- 3개와 균형을 이룬다.

앞의 예에서 양이온에 붙인 로마 숫자가 음이온에 필요한 아래첨자와 같다(전하의 균형을 맞추기 위함)는 것에 유의하라. 그렇지 않은 경우도 있다. 화합물 PbO_2를 예를 들어 생각해 보자. 산화 이온은 O^{2-}이므로 PbO_2에 대해서는 다음과 같다.

$$(?+) \quad + \quad 2\,(2-) \quad = \quad 0$$

↑ 납 이온 전하 ↑ (4−) O^{2-} 2개의 전하 ↑ 알짜 전하

따라서 두 산화 이온의 전하인 4−와 균형을 이루기 위하여 납 이온의 전하는 4+가 되어야 한다. 그러므로 PbO_2의 이름은 산화 납(IV)[lead(IV) oxide]이며, IV는 Pb^{4+} 양이온이 존재한다는 것을 나타낸다.

두 개의 양이온을 형성하는 금속을 포함하는 이온 결합 화합물에 대해 명명하는 다른 방법이 있다. *더 낮은 전하를 갖는 이온이 "제일"이라는 접두어를 갖고, 더 높은 전하를 갖는 이온은 "제이"라는 접두어를 갖는다. 영어명에서는 더 높은 전하의 이온에는 "-ic", 더 낮은 전하의 이온에는 "-ous" 어미를 붙인다.* 이 방법에 의하면, Fe^{3+} 이온은 제이철 이온(ferric ion)이라고 하며, Fe^{2+} 이온은 제일철 이온(ferrous ion)이라고 한다. 이 방법으로 $FeCl_3$와 $FeCl_2$의 이름을 붙이면, 각각 염화 제이철(ferric chloride)과 염화 제일철(ferrous chloride)이라 할 수 있다. 표 5.2에는 유형 II 양이온의 두 가지 이름들을 나타내었다. 이 책에서는 로마 숫자 체계만을 사용하고 다른 명명법은 사용하지 않을 것이다.

유형 I과 유형 II의 양이온을 구분하는 데 조언을 하면, 1족과 2족 금속은 항상 유형 I임을 기억하라. 반면 전이 금속은 거의 항상 유형 II이다.

© Cengage Learning

황산 구리(II) 결정.

표 5.2 흔히 볼 수 있는 유형 II 양이온들

이온	체계명	관용명
Fe^{3+}	철(III) [iron(III)]	제이철(ferric)
Fe^{2+}	철(II) [iron(II)]	제일철(ferrous)
Cu^{2+}	구리(II) [copper(II)]	제이구리(cupric)
Cu^{+}	구리(I) [copper(I)]	제일구리(cuprous)
Co^{3+}	코발트(III) [(cobalt(III)]	제이코발트(cobaltic)
Co^{2+}	코발트(II) [(cobalt(II)]	제일코발트(cobaltous)
Sn^{4+}	주석(IV) [tin(IV)]	제이주석(stannic)
Sn^{2+}	주석(II) [tin(II)]	제일주석(stannous)
Pb^{4+}	납(IV) [lead(IV)]	제이납(plumbic)
Pb^{2+}	납(II) [lead(II)]	제일납(plumbous)
Hg^{2+}	수은(II) [mercury(II)]	제이수은(mercuric)
Hg_2^{2+}*	수은(I) [mercury(I)]	제일수은(mercurous)

*수은(I) 이온은 항상 쌍으로 서로 결합되어 Hg_2^{2+}를 형성한다.

유형 II 이온 결합 화합물의 명명 규칙

1. 음이온을 항상 먼저 명명하고 나서 양이온을 명명한다(영어명에서는 양이온을 항상 먼저 명명하고 음이온을 명명한다).
2. 양이온은 두 가지 이상의 전하를 가질 수 있기 때문에, 괄호 안에 로마 숫자로 전하를 표시한다.

대화형 예제 5.2 유형 II 이온 결합 화합물의 명명

다음 각 화합물의 체계명을 쓰시오.

a. CuCl　　b. HgO　　c. Fe_2O_3　　d. MnO_2　　e. $PbCl_4$

풀이 이들 화합물 모두는 두 가지 이상의 양이온을 형성할 수 있는 금속을 포함하고 있다. 그러므로 우선적으로 양이온의 전하를 결정하여야 한다. 화합물이 전기적으로 중성(양전하와 음전하가 정확히 균형을 이룸)이어야 한다. 양이온의 전하를 결정하기 위해 알고 있는 음이온의 전하를 이용한다.

a. CuCl에서 음이온은 Cl^-이다. 구리 양이온의 전하를 결정하기 위해서 전하가 균형을 이루는 원리를 이용한다.

$$(?+) + (1-) = 0$$

↑ 구리 양이온 전하　↑ Cl^- 전하　↑ 알짜 전하 (반드시 0이어야 함)

이 경우에는 (1+) + (1−) = 0이므로 ?+는 1+이어야 한다. 따라서 구리 양이온은 Cu^+이다. 이제 정해진 순서에 따라서 화합물의 이름을 붙일 수 있다.

화합물		존재 이온	이온 이름	설명
CuCl	양이온 →	Cu^+	구리(I) [copper(I)]	구리는 다른 이온도 형성하므로(구리는 전이 금속임), 전하를 구분하기 위해 I을 써야 한다.
	음이온 →	Cl^-	염화(chloride)	

CuCl의 이름은 염화 구리(I)[copper(I) chloride]이다.

b. HgO에서는 O^{2-} 음이온을 생각해야 한다. 전체 전하가 0이 되기 위해서는 양이온이 Hg^{2+}이어야 한다.

화합물		존재 이온	이온 이름	설명
HgO	양이온 →	Hg^{2+}	수은(II) [mercury(II)]	전하를 나타내기 위해 II를 써야 한다.
	음이온 →	O^{2-}	산화(oxide)	

HgO의 이름은 산화 수은(II)[mercury(II) oxide]이다.

c. Fe_2O_3에서는 3개의 O^{2-} 음이온을 포함하고 있으므로, 철 양이온의 전하는 3+이어야 한다.

$$2(3+) + 3(2-) = 0$$
↑ Fe^{3+} ↑ O^{2-} ↑ 알짜 전하

화합물		존재 이온	이온 이름	설명
Fe_2O_3	양이온	Fe^{3+}	철(III) [iron(III)]	철은 전이 금속이고, 전하를 나타내기 위해 III을 써야 한다.
	음이온	O^{2-}	산화(oxide)	

Fe_2O_3의 이름은 산화 철(III)[iron(III) oxide] 이다.

d. MnO_2에서는 두 개의 O^{2-} 음이온을 포함하고 있다. 따라서 망가니즈 양이온의 전하는 4+이어야 한다.

$$(4+) + 2(2-) = 0$$
↑ Mn^{4+} ↑ O^{2-} ↑ 알짜 전하

화합물		존재 이온	이온 이름	설명
MnO_2	양이온	Mn^{4+}	망가니즈(IV) [manganese(IV)]	망가니즈는 전이 금속이고, 전하를 나타내기 위해 IV를 써야 한다.
	음이온	O^{2-}	산화(oxide)	

MnO_2의 이름은 산화 망가니즈(IV)[manganese(IV) oxide] 이다.

비판적으로 생각하기

많은 원자들로 형성된 안정한 이온들에 대해 많은 정보를 알려줄 수 있는 주기율표를 사용할 것이다. 예를 들면 1족 원소들은 항상 +1 이온을 형성한다. 그러나 전이 금속들은 둘 이상의 안정한 이온을 만들 수 있다. 만약 각 전이 금속 이온이 하나의 전하만 갖는다면, 화합물을 어떻게 명명할 것인가?

e. $PbCl_4$는 네 개의 Cl^- 음이온을 포함하고 있으므로, 납 양이온의 전하는 4+이어야 한다.

$$(4+) + 4(1-) = 0$$
↑ Pb^{4+} ↑ Cl^- ↑ 알짜 전하

화합물		존재 이온	이온 이름	설명
$PbCl_4$	양이온	Pb^{4+}	납(IV) [lead(IV)]	납은 Pb^{2+}와 Pb^{4+}를 모두 형성할 수 있으므로 로마 숫자를 쓴다.
	음이온	Cl^-	염화(chloride)	

$PbCl_4$의 이름은 염화 납(IV)[lead(IV) chloride)]이다.

Ag^+를 형성하는 은, Zn^{2+}를 형성하는 아연, Cd^{2+}를 형성하는 카드뮴과 같이 한 가지 이온만을 형성하는 전이 금속이 있다. 이 경우에는 로마 숫자를 사용하지 않는다.

체계적인 화합물 명명에 있어서 로마 숫자를 사용하는 것은 주어진 한 쌍의 원소들이 둘 이상의 이온 결합 화합물을 형성하는 경우에만 필요하다. 이것은 대개 두 가지 이상의 양이온을 자주 형성하는 전이 금속을 포함하는 화합물에서 주로 일어난다. *한 가지 양이온만을 형성하는 금속에 대해서는 로마 숫자를 사용할 필요가 없다.* ◀ 로마 숫자가 필요하

지 않은 일반적인 금속들은 1+ 이온만을 형성하는 1족 원소, 2+ 이온만을 형성하는 2족 원소, 3+ 이온만을 형성하는 알루미늄과 갈륨 같은 3족 원소이다.

예제 5.2에 보이는 것처럼, 두 가지 이상의 양이온을 형성하는 금속 이온이 존재할 때 금속 이온의 전하는 화합물의 양전하와 음전하의 균형을 맞추어 결정하여야 한다. 이렇게 하기 위해서는 일반적인 음이온들을 기억하고 그 전하를 알아야 한다(표 5.1 참조).

대화형 예제 5.3 이성분 이온 결합 화합물의 명명 : 요약

다음 각 화합물의 체계명을 쓰시오.

a. $CoBr_2$

b. $CaCl_2$

c. Al_2O_3

d. $CrCl_3$

풀이

	화합물	이온 이름	화합물 이름	설명
a.	$CoBr_2$	Co^{2+} 코발트(II) [cobalt(II)] Br^- 브로민화 (bromide)	브로민화 코발트(II) [cobalt(II) bromide]	코발트는 전이 금속이므로 화합물의 이름에 로마 숫자를 써야 한다. 두 개의 Br^- 이온이 Co^{2+} 양이온과 균형을 이루어야 한다.

	화합물	이온 이름	화합물 이름	설명
b.	$CaCl_2$	Ca^{2+} 칼슘 (calcium) Cl^- 염화 (chloride)	염화 칼슘 (calcium chloride)	2족인 칼슘은 Ca^{2+} 이온만을 형성한다. 로마 숫자는 필요하지 않다.
c.	Al_2O_3	Al^{3+} 알루미늄 (aluminum) O^{2-} 산화 (oxide)	산화 알루미늄 (aluminum oxide)	알루미늄은 Al^{3+} 이온만을 형성한다. 로마 숫자는 필요하지 않다.
d.	$CrCl_3$	Cr^{3+} 크로뮴(III) [chromium(III)] Cl^- 염화 (chloride)	염화 크로뮴(III) [chromium(III) chloride]	크로뮴은 전이 금속이므로, 화합물의 이름에 로마 숫자가 필요하다. $CrCl_3$는 Cr^{3+}를 포함하고 있다.

SELF-CHECK

실전 연습 5.2 다음 화합물들을 명명하시오.

a. $PbBr_2$와 $PbBr_4$ b. FeS와 Fe_2S_3 c. $AlBr_3$ d. Na_2S e. $CoCl_3$

이성분 이온 결합 화합물을 명명할 때 다음 도표가 유용할 것이다.

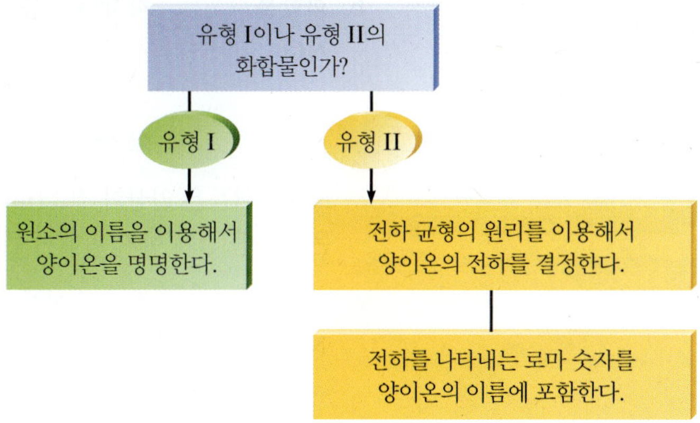

5.3 비금속만으로 이루어진 이성분 화합물 명명(유형 III)

학습 목표 ■ 비금속만을 포함하는 이성분 화합물의 명명법을 익힌다.

비금속만을 포함하는 이성분 화합물은 이성분 이온 결합 화합물을 명명하는 규칙과 비슷한 방법으로 명명하지만, 중요한 차이점들이 있다. *유형 III의 이성분 화합물은 비금속만을 포함한다.* 다음 규칙은 이들 화합물의 명명에 관한 것이다.

표 5.3 화학명에서 숫자를 나타내는 데 사용하는 접두어

접두어	나타내는 수
일(mono-)	1
이(di-)	2
삼(tri-)	3
사(tetra-)	4
오(penta-)	5
육(hexa-)	6
칠(hepta-)	7
팔(octa-)	8

유형 III 이성분 화합물의 명명 규칙

1. 화학식에서 첫 번째 원소를 나중에 명명하고, 원소의 이름을 사용한다(영어로는 화학식에서 첫 번째 원소를 먼저 명명하고, 원소의 이름을 사용한다).
2. 두 번째 원소는 음이온인 것처럼 명명한다.
3. 존재하는 원자의 수를 나타내기 위해 접두사를 사용한다. 이들 접두사는 표 5.3에 나타내었다.
4. 접두사 *일(mono-)*은 첫 번째 원소의 명명에는 사용하지 않는다. 예를 들면, CO는 일산화 탄소(carbon monoxide)라고 하며, 일산화 일탄소(monocarbon monoxide)라고는 하지 *않는다*.

이러한 규칙의 적용을 예제 5.4에 나타내었다.

대화형 예제 5.4 유형 III 이성분 화합물의 명명

두 개의 비금속을 포함하는 이성분 화합물(유형 III)을 명명하시오.

a. BF_3 b. NO c. N_2O_5

풀이 a. BF_3

규칙 1 첫 번째 원소는 원소의 전체 이름을 이용하여 명명한다. 붕소(boron)

규칙 2 두 번째 원소는 음이온인 것처럼 명명한다. 플루오린화(fluoride)

규칙 3과 4 접두어를 사용해 원자수를 나타낸다. 붕소 원자 1개 : 첫 번 위치에서는 *일(mono-)*을 사용하지 않는다. 플루오린 원자 3개: 접두사 *삼(tri-)*.

BF_3의 이름은 삼플루오린화 붕소(boron trifluoride)로 명명한다.

b. 화합물	각각의 이름	접두어	설명
NO	질소(nitrogen)	없음	첫 원소에는 일(*mono-*)을 사용하지 않는다.
	산화(oxide)	일(*mono-*)	

NO의 이름은 일산화 질소(nitrogen monoxide)이다. 영어명에서 *mono*의 두 번째 *o*는 발음을 쉽게 하기 위해서 뺀다. *일반적으로* 화학자들은 nitric oxide라 한다.

c. 화합물	각각의 이름	접두어	설명
N_2O_5	질소(nitrogen)	이(*di-*)	N 원자 2개
	산화(oxide)	오(*penta-*)	O 원자 5개

N_2O_5의 이름은 오산화 이질소(dinitrogen pentoxide)이다. 영어명에서 *penta-*의 *a*는 발음을 쉽게 하기 위해서 뺀다.

SELF-CHECK **실전 연습 5.3** 다음 화합물을 명명하시오.

a. CCl_4 b. NO_2 c. IF_5

앞 예제에서 두 번째 원소가 산소일 때 영어명에서 어색한 발음을 피하기 위해서 끝에 있는 *o*나 *a*를 빼는 경우가 있는 것을 보았다. 예를 들어, N_2O_4는 사산화 이질소인데 영어명은 dinitrogen tetr*a*oxide가 *아니라* dinitrogen tetroxide로 부르고, CO는 carbon mono*o*xide가 *아니고*, carbon monoxide라 한다.

어떤 화합물을 항상 관용명으로 부른다. 잘 알려진 두 가지 예를 들면 물(water)과 암모니아(ammonia)가 있다. H_2O와 NH_3의 체계명은 절대 사용하지 않는다.

이성분 비금속 화합물(유형 III)의 명명 과정 이해를 확인하기 위해 예제 5.5와 실전 연습 5.4를 공부하라.

구리 금속 조각을 질산에 넣으려 하고 있다(*왼쪽*). 구리가 질산과 반응하여 무색의 NO를 생성한다. NO는 즉시 공기 중의 산소와 반응하여 적갈색의 NO_2 기체와 용액 속에 Cu^{2+} 이온을 생성한다(용액은 초록색이 된다)(*오른쪽*).

대화형 예제 5.5 **유형 III 화합물 명명: 요약**

다음 각 화합물을 명명하시오.

a. PCl_5 b. P_4O_6 c. SF_6 d. SO_3 e. SO_2 f. N_2O_3

풀이

	화합물	이름
a.	PCl_5	오염화 인(phosphorus pentachloride)
b.	P_4O_6	육산화 사인(tetraphosphorus hexoxide)
c.	SF_6	육플루오린화 황(sulfur hexafluoride)
d.	SO_3	삼산화 황(sulfur trioxide)
e.	SO_2	이산화 황(sulfur dioxide)
f.	N_2O_3	삼산화 이질소(dinitrogen trioxide)

SELF-CHECK **실전 연습 5.4** 다음 화합물을 명명하시오.

a. SiO_2 b. O_2F_2 c. XeF_6

5.4 이성분 화합물 명명: 복습

학습 목표

- **유형 I, II, III 이성분 화합물의 명명을 복습한다.**

이성분 화합물의 여러 형태를 명명하기 위한 규칙이 다르므로 이들 화합물에 사용하는 전체적인 전략을 고려해 보자. 이제까지 3가지 유형의 이성분 화합물을 살펴보았는데, 이들을 명명하기 위해서는 각각 다른 과정이 필요하다.

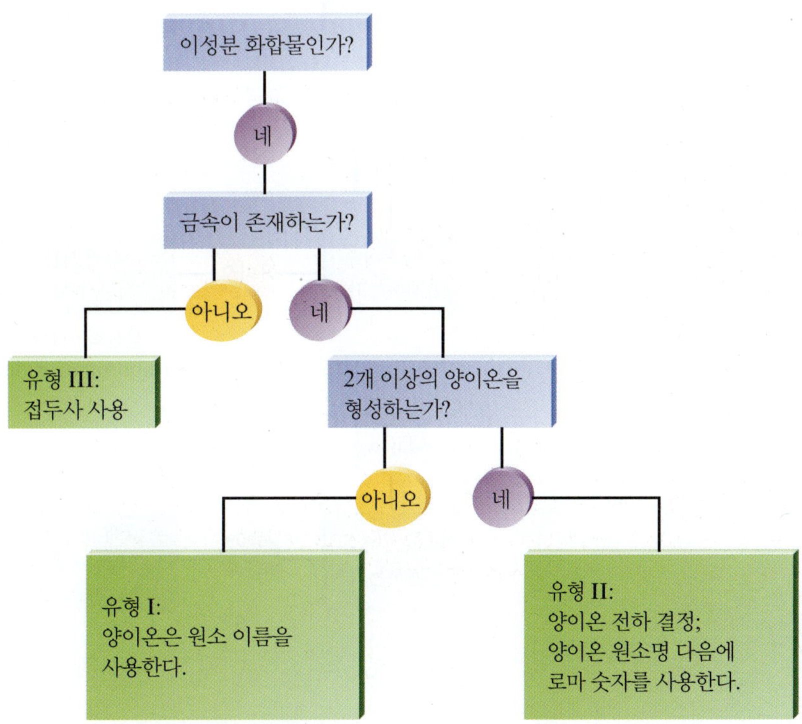

그림 5.1 이성분 화합물의 명명 순서도.

유형 I: 항상 같은 전하의 양이온을 형성하는 금속이 있는 이온 결합 화합물

유형 II: 여러 전하의 양이온을 갖는 금속(전이 금속)이 있는 이온 결합 화합물

유형 III: 비금속만을 포함하는 화합물

명명하려는 화합물의 유형을 결정하기 위해서는 금속과 비금속을 구별하고, 어떤 원소가 전이 금속인가를 결정하기 위해서 주기율표를 사용한다.

그림 5.1에 주어진 순서도는 여러 유형의 이성분 화합물을 명명하는 데 도움이 된다.

대화형 예제 5.6 이성분 화합물 명명: 요약

다음 각 화합물을 명명하시오.

a. CuO c. B_2O_3 e. K_2S g. NH_3

b. SrO d. $TiCl_4$ f. OF_2

풀이 a.

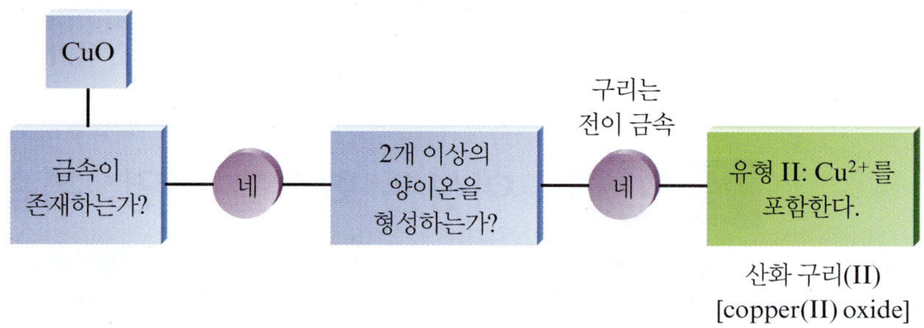

b.

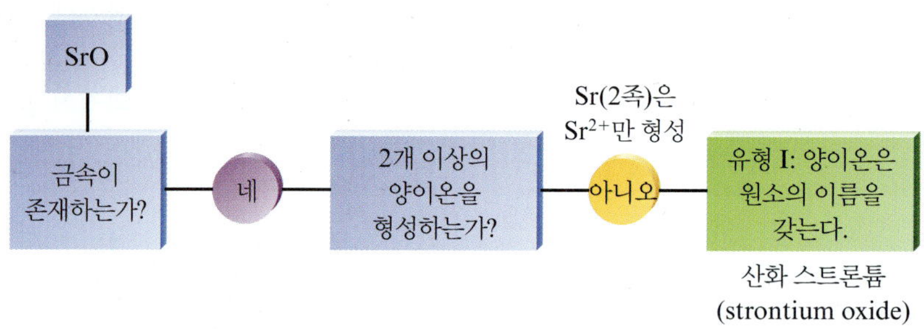

c.

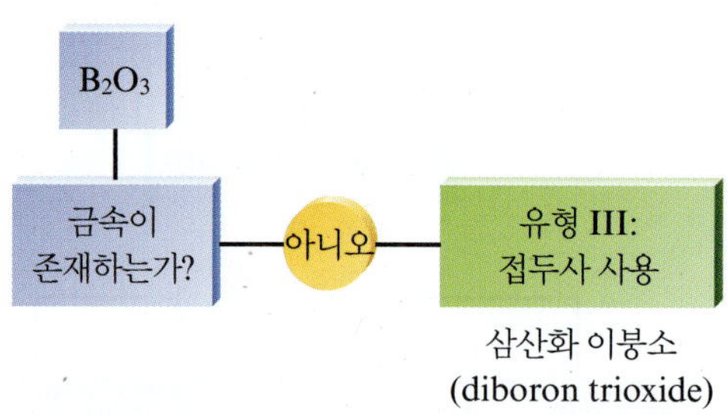

d.

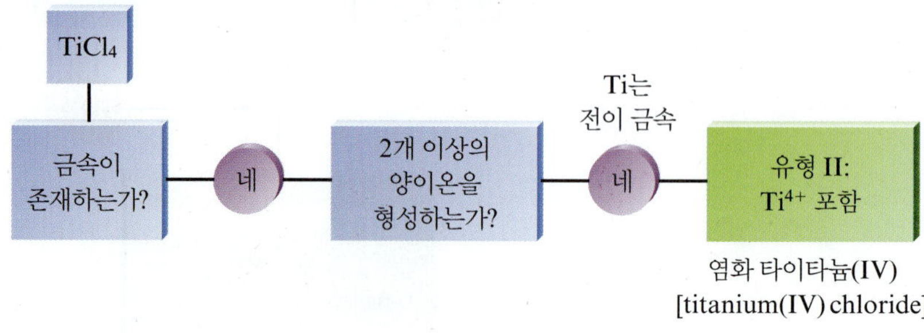

e.

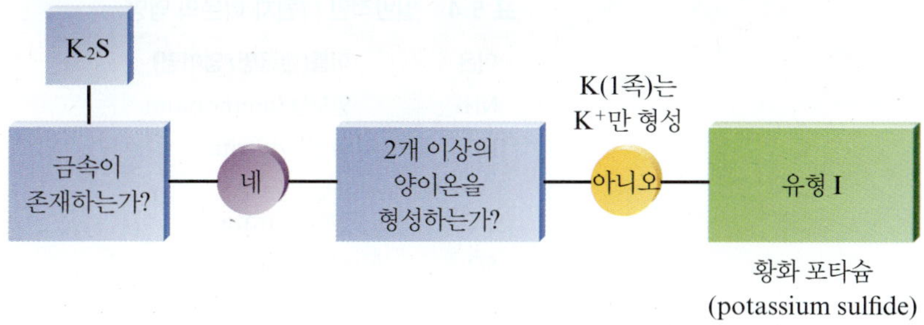

f.

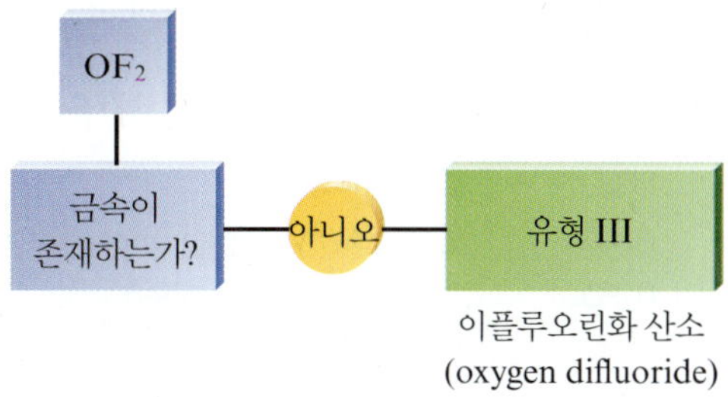

g.

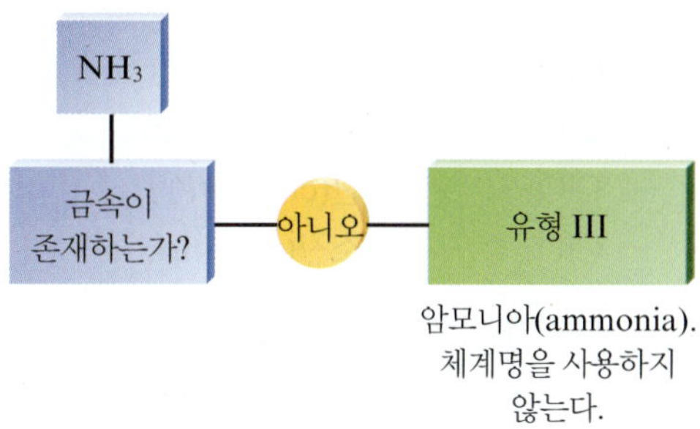

SELF-CHECK

실전 연습 5.5 다음 화합물을 명명하시오.

a. ClF_3 b. VF_5 c. CuCl d. MnO_2 e. MgO f. H_2O

5.5 다원자 이온으로 이루어진 화합물의 명명

학습 목표

- 일반적인 다원자 이온의 명명법과 화합물 명명을 어떻게 사용하는지를 배운다.

아직 다루지 않은 이온성 화합물 형태 중 NH_4^+와 NO_3^-와 같은 **다원자 이온**(polyatomic ion)을 포함하는 질산 암모늄(NH_4NO_3)을 생각해 보자. 이름에서 암시하는 것처럼 다원자 이온은 여러 원자들이 서로 결합하여 전하를 띤 물질이다. 다원자 이온은 독특한 이름을 가지며, 명명하려면 이들의 이름을 *반드시 기억해야 한다*. 표 5.4에 가장 중요한 다원자 이온과 그 이름을 나열하였다.

표 5.4에 나타낸 원소의 원자 하나와 여러 다른 수의 산소 원자를 포함하는 일련의 다원자 음이온들을 주목하라. 이들 음이온은 **산소산 음이온**(oxyanion)이라 부른다. 주어진 원자에 두 종류의 음이온이 존재한다면, 산소가 많은 것은 "*...산* 이온"(영어로는 *-ate*), 산소가 작은 것은 "*아...산* 이온"(영어로는 *-ite*)이라고 부른다. 예를 들어 SO_3^{2-}는 아황산(sulfite)이고, SO_4^{2-}는 황산(sulfate)이다. 3개 이상의 산소 음이온 계열에서는 산소 원자가 가장 적은 것은 "*하이포(hypo-)*", 산소가 가장 많을 때는 "*과(per-)*"를 추가로 붙인다. 예로 염소를 포함하는 산소산 음이온을 보자.

표 5.4 일반적인 다원자 이온의 명명

이온	이름(한글명/영어명)	이온	이름(한글명/영어명)
NH_4^+	암모늄/ammonium	CO_3^{2-}	탄산/carbonate
NO_2^-	아질산/nitrite	HCO_3^-	탄산 수소/hydrogen carbonate (bicarbonate)
NO_3^-	질산/nitrate	ClO^-	하이포아염소산/hypochlorite
SO_3^{2-}	아황산/sulfite	ClO_2^-	아염소산/chlorite
SO_4^{2-}	황산/sulfate	ClO_3^-	염소산/chlorate
HSO_4^-	황산 수소/hydrogen sulfate	ClO_4^-	과염소산/perchlorate
OH^-	수산화/hydroxide	$C_2H_3O_2^-$	아세트산/acetate
CN^-	사이안화/cyanide	MnO_4^-	과망가니즈산/permanganate
PO_4^{3-}	인산/phosphate	$Cr_2O_7^{2-}$	다이크로뮴산/dichromate
HPO_4^{2-}	인산 수소/hydrogen phosphate	CrO_4^{2-}	크로뮴산/chromate
$H_2PO_4^-$	인산 이수소/dihydrogen phosphate	O_2^{2-}	과산화/peroxide

ClO^- *하이포*아염소산(*hypo*chlor*ite*)
ClO_2^- *아*염소산(chlor*ite*)
ClO_3^- 염소산(chlor*ate*)
ClO_4^- *과*염소산(*per*chlor*ate*)

다원자 이온을 포함하는 이온성 화합물의 명명은 이성분 이온성 화합물의 명명과 비슷하다. 예를 들면, 화합물 NaOH는 Na^+(소듐) 양이온과 OH^-(수산화) 음이온을 포함하고 있으므로 수산화 소듐(sodium hydroxide)이라 한다. 이들 화합물을 명명하기 위하여, *일반적인 다원자 이온의 명명을 알아야 한다*. 즉, 표 5.4에 나오는 이온들의 *조성*과 *전하*를 알아야 한다. 그러면 화학식 $NH_4C_2H_3O_2$를 보았을 때 즉시 다음과 같은 두 부분으로 인식하게 될 것이다.

$$\boxed{NH_4 \backslash C_2H_3O_2}$$
$$\uparrow \qquad \uparrow$$
$$NH_4^+ \quad C_2H_3O_2^-$$

올바른 이름은 아세트산 암모늄(ammonium acetate)이다.

2개 이상의 양이온을 형성하는 금속이 존재할 때는 유형 II 이성분 이온 결합 화합물의 명명처럼 로마 숫자로 양이온의 전하를 나타낸다. 예를 들어 $FeSO_4$는 SO_4^{2-}의 2− 전하와 균형을 이루기 위해 Fe^{2+}를 포함하므로, 황산 철(II)[iron(II) sulfate]라고 부른다. 철 양이온의 전하를 결정하려면 황산 이온이 2− 전하를 갖는다는 것을 알고 있어야 한다.

대화형 예제 5.7 다원자 이온으로 이루어진 화합물의 명명

다음 각 화합물을 체계적으로 명명하시오.

a. Na_2SO_4 c. $Fe(NO_3)_3$ e. Na_2SO_3

b. KH_2PO_4 d. $Mn(OH)_2$ f. NH_4ClO_3

풀이

	화합물	존재 이온	이온 이름	화합물 이름
a.	Na_2SO_4	Na^+ 2개 SO_4^{2-}	소듐(sodium) 황산(sulfate)	황산 소듐(sodium sulfate)
b.	KH_2PO_4	K^+ $H_2PO_4^-$	포타슘(potassium) 인산 이수소 (dihydrogen phosphate)	인산 이수소 포타슘 (potassium dihydrogen phosphate)
c.	$Fe(NO_3)_3$	Fe^{3+} NO_3^- 3개	철(III) [iron(III)] 질산(nitrate)	질산 철(III) [iron(III) nitrate]
d.	$Mn(OH)_2$	Mn^{2+} OH^- 2개	망가니즈(II) [(manganese(II)] 수산화(hydroxide)	수산화 망가니즈(II) [manganese(II) hydroxide]
e.	Na_2SO_3	Na^+ 2개 SO_3^{2-}	소듐(sodium) 아황산(sulfite)	아황산 소듐 (sodium sulfite)
f.	NH_4ClO_3	NH_4^+ ClO_3^-	암모늄(ammonium) 염소산(chlorate)	염소산 암모늄 (ammonium chlorate)

SELF-CHECK

실전 연습 5.6 다음 화합물을 명명하시오.

a. $Ca(OH)_2$ b. Na_3PO_4 c. $KMnO_4$ d. $(NH_4)_2Cr_2O_7$
e. $Co(ClO_4)_2$ f. $KClO_3$ g. $Cu(NO_2)_2$

예제 5.7은 화학식에서 2개 이상의 다원자 이온이 존재할 때, 이온을 괄호 안에 놓고 괄호 다음에 첨자를 사용하는 것을 보여 준다. 다른 예로는 $(NH_4)_2SO_4$, $Fe_3(PO_4)_2$ 등이 있다.

화합물을 명명하기 위해서 그림 5.2에 요약된 방법을 사용한다. 대상 화합물이 이성분이라면 그림 5.1에 요약된 순서를 사용한다. 화합물이 3개 이상의 원소로 되어 있다면 다원자 이온을 포함하고 있는지 생각하라. 이온들을 암기하기 전까지는 표 5.4를 이용하여 이온을 확인하라. 다원자 이온이 존재하면 이성분 이온 결합 화합물의 명명과 비슷한 방법으로 화합물을 명명한다.

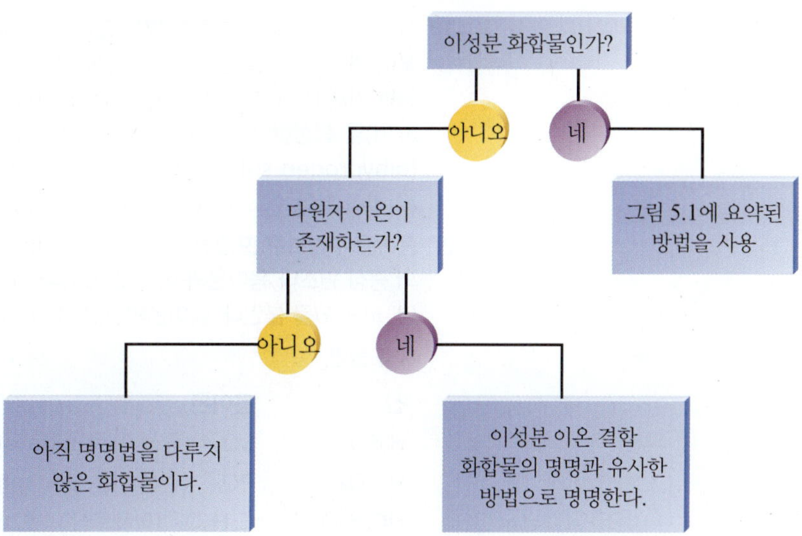

그림 5.2 화합물을 명명하는 전반적인 전략.

대화형 예제 5.8 이성분 화합물과 다원자 이온으로 이루어진 화합물의 명명 요약

다음 화합물을 명명하시오.

a. Na_2CO_3 b. $FeBr_3$ c. $CsClO_4$

d. PCl_3 e. $CuSO_4$

풀이

	화합물	이름	설명
a.	Na_2CO_3	탄산 소듐(sodium carbonate)	$2Na^+$, CO_3^{2-} 포함
b.	$FeBr_3$	브로민화 철(III)[iron(III) bromide]	Fe^{3+}, $3Br^-$ 포함
c	$CsClO_4$	과염소산 세슘(cesium perchlorate)	Cs^+, ClO_4^- 포함
d.	PCl_3	삼염화 인(phosphorus trichloride)	유형 III의 이성분 화합물 (P, Cl 모두 비금속)
e.	$CuSO_4$	황산 구리(II)[copper(II) sulfate]	Cu^{2+}, SO_4^{2-} 포함

SELF-CHECK

실전 연습 5.7 다음 화합물을 명명하시오.

a. $NaHCO_3$ b. $BaSO_4$ c. $CsClO_4$ d. BrF_5

e. NaBr f. KOCl g. $Zn_3(PO_4)_2$

5.6 산의 명명

학습 목표

- 음이온의 조성으로 어떻게 산의 이름을 결정하는지 배우고, 일반적인 산의 명명을 익힌다.

물에 녹았을 때 어떤 분자는 H^+ 이온(양성자)을 생성한다. 이러한 물질을 **산**(acid)이라 하는데, 이는 신맛을 나타낸다. 예를 들면, 시트르산(구연산)은 레몬과 라임의 시큼한 맛을 내는 성분이다. 산에 대해서는 뒤에서 더 자세히 설명하기로 한다. 여기서는 산을 명명하는 규칙에 대해서만 설명하기로 한다.

산은 음이온에 하나 이상의 H^+ 이온이 결합된 분자로 생각할 수 있다. 산을 명명하는 규칙은 음이온이 산소를 포함하는지에 따라 달라진다.

산 명명 규칙

1. *음이온이 산소를 포함하지 않는 경우*: 산의 이름은 우리말에서는 화합물명 뒤에 "산"을 붙여 명명한다(영어는 원소의 어근에 접두어 "*hydro-*"와 접미어 "*-ic*"를 붙인다). 예를 들면 기체 HCl(염화 수소, hydrogen chloride)가 물에 용해되면 염산(hydrochloric acid)을 형성한다. 비슷하게 사이안화 수소(hydrogen cyanide, HCN)와 황화 수소(dihydrogen sulfide, H_2S)를 물에 녹인 것을 각각 사이안화 수소산(hydrocyanic acid)과 황화 수소산(hydrosulfuric acid)이라 부른다.
2. *음이온이 산소를 포함하는 경우*: 산의 이름은 음이온의 이름을 따른다(영어명은 음이온의 중심 원소나 음이온의 어근에 *-ic*이나 *-ous*를 붙인다). 음이온의 이름이 *-ate*로 끝나면 *-ic acid*를 붙인다. 음이온의 이름이 *-ite*로 끝나면 산의 이름에 *-ous acid*를 붙인다.

   예를 들면,

산	음이온	산의 이름
H_2SO_4	SO_4^{2-}(황산 이온, sulfate)	황산(sulfuric acid)
H_3PO_4	PO_4^{3-}(인산 이온, phosphate)	인산(phosphoric acid)
$HC_2H_3O_2$	$C_2H_3O_2^-$(아세트산 이온, acetate)	아세트산(acetic acid)

음이온의 이름이 *"아...산* 이온(영어로는 *-ite*)"으로 끝나면, *"아...산(-ous acid)"*을 산의 이름에 사용한다. 예를 들면

산	음이온	산의 이름
H_2SO_3	SO_3^{2-}(아황산 이온, sulfite)	아황산(sulfurous acid)
HNO_2	NO_2^-(아질산 이온, nitrite)	아질산(nitrous acid)

규칙 2에 따른 염소의 산소산들의 이름은 다음과 같다.

산	음이온	산의 이름
$HClO_4$	*과*염소산 *이온*(*per*chlor*ate*)	*과*염소*산*(*per*chlor*ic acid*)
$HClO_3$	염소*산 이온*(chlor*ate*)	염소*산*(chlor*ic acid*)
$HClO_2$	*아*염소*산 이온*(chlor*ite*)	*아*염소*산*(chlor*ous acid*)
$HClO$	*하이포아*염소*산 이온*(*hypo*chlor*ite*)	*하이포아*염소*산*(*hypo*chlor*ous acid*)

산을 명명하는 규칙은 그림 5.3에 체계적인 형태로 나타내었다. 가장 중요한 산들의 명명을 표 5.5와 표 5.6에 나타내었다. 이것들을 기억해야 한다.

표 5.5 산소를 포함하지 않은 산의 이름

산	이름(한글명/영어명)
HF	플루오린화 수소산/ hydrofluoric acid
HCl	염화 수소산(염산)/ hydrochloric acid
HBr	브로민화 수소산/ hydrobromic acid
HI	아이오딘화 수소산/ hydroiodic acid
HCN	사이안화 수소산/ hydrocyanic acid
H_2S	황화 수소산/ hydrosulfuric acid

표 5.6 산소를 포함하는 산의 이름

산	이름(한글명/영어명)
HNO_3	질산/nitric acid
HNO_2	아질산/nitrous acid
H_2SO_4	황산/sulfuric acid
H_2SO_3	아황산/sulfurous acid
H_3PO_4	인산/phosphoric acid
$HC_2H_3O_2$	아세트산/acetic acid

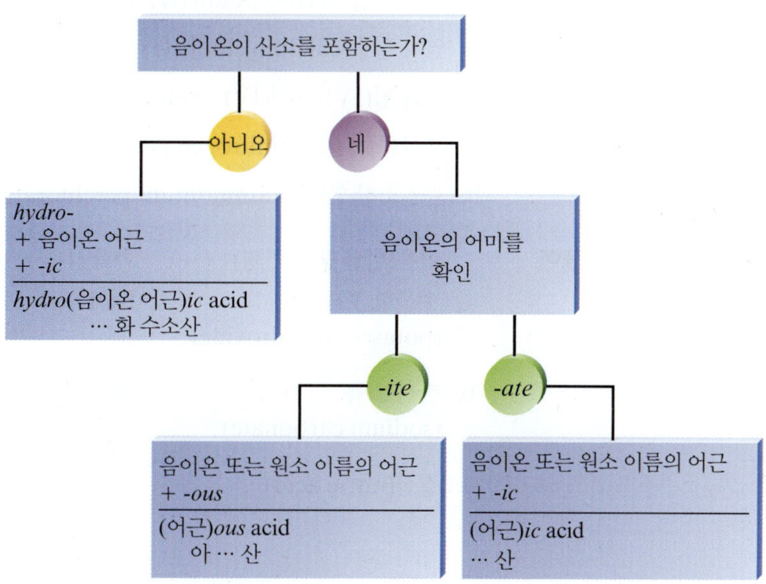

그림 5.3 산을 명명하는 순서도. 음이온에 하나 이상의 H^+ 이온이 결합된 것을 산이라 한다.

5.7 이름으로 화학식 쓰기

학습 목표 ■ 주어진 이름에서 화합물의 화학식을 쓰는 방법을 익힌다.

지금까지는 화합물의 화학식으로부터 체계적으로 명명하는 것을 배웠다. 이 과정을 거꾸로 하는 것도 매우 중요하다. 실험에서는 흔히 화합물을 이름으로 나타내지만 실험실에 있는 시약병 표지에는 시약병 내에 화합물을 화학식만으로 나타내는 경우가 있다. 그래서 이름으로부터 화합물의 화학식을 알아내는 것도 중요하다. 사실 여러분은 이미 이것을 할 수 있을 정도로 충분히 화합물에 대하여 알고 있다. 예를 들면 수산화 칼슘(calcium hydroxide)이라고 주어진 이름에서, 칼슘은 Ca^{2+} 이온만을 형성하고 수산화(hydroxide) 이온은 OH^-이며, 중성 화합물이 되기 위해서는 이 음이온 두 개가 필요하다는 것을 알고 있으므로 $Ca(OH)_2$라는 식을 쓸 수 있다. 마찬가지로 산화 철(II)[iron(II) oxide]는 로마 숫자 II가 Fe^{2+} 양이온을 나타내고, 산화 이온은 O^{2-}이므로 FeO라는 화학식으로 나타낼 수 있다.

비판적으로 생각하기

이 장에서 화합물을 명명하는 체계적 방법을 배웠다. 모든 화합물이 일반명만 가진다면, 어떤 문제점이 발생할까?

여기에서 강조하려는 바는 일반적인 다원자 음이온(및 NH_4^+ 양이온)의 이름과 조성 및 각각의 전하를 아는 것이 중요하다는 것이다. 이들 이온의 화학식과 이름을 알지 못하면, 주어진 식의 화합물명이나 주어진 화합물명을 가진 화합물의 화학식을 쓰지 못할 것이다. 또한 일반적인 산의 이름을 기억해 두기 바란다.

대화형 예제 5.9 이름으로 화학식 쓰기

다음 각 화합물의 화학식을 쓰시오.

a. 수산화 포타슘(potassium hydroxide)
b. 탄산 소듐(sodium carbonate)
c. 질산(nitric acid)
d. 질산 코발트(III)[cobalt(III) nitrate]
e. 염화 칼슘(calcium chloride)
f. 산화 납(IV)[lead(IV) oxide]
g. 오산화 이질소(dinitrogen pentoxide)
h. 과염소산 암모늄(ammonium perchlorate)

풀이

이름(한글명/영어명)	화학식	설명
a. 수산화 포타슘 (potassium hydroxide)	KOH	K^+와 OH^-를 포함한다.
b. 탄산 소듐 (sodium carbonate)	Na_2CO_3	CO_3^{2-}와 균형을 맞추기 위해 Na^+ 두 개가 필요하다.
c. 질산(nitric acid)	HNO_3	강산; 기억하라!

d. 질산 코발트(III) [cobalt(III) nitrate]	$Co(NO_3)_3$	코발트(III)은 Co^{3+}를 의미한다. Co^{3+}와 균형을 맞추기 위해 NO_3^- 세 개가 필요하다.
e. 염화 칼슘 (calcium chloride)	$CaCl_2$	Ca^{2+}와 균형을 맞추기 위해 Cl^- 두 개가 필요하다. Ca(2족)는 항상 Ca^{2+}를 형성한다.
f. 산화 납(IV) [lead(IV) oxide]	PbO_2	납(IV)는 Pb^{4+}를 의미한다. Pb^{4+}와 균형을 맞추기 위해 O^{2-} 두 개가 필요하다.
g. 오산화 이질소 (dinitrogen pentoxide)	N_2O_5	*di*-는 2를, *pent*(*a*)-는 5를 의미한다.
h. 과염소산 암모늄 (ammonium perchlorate)	NH_4ClO_4	NH_4^+와 ClO_4^-를 포함한다.

SELF-CHECK

실전 연습 5.8 다음 각 화합물의 식을 쓰시오.

a. 황산 암모늄(ammonium sulfate)

b. 플루오린화 바나듐(V)[vanadium(V) fluoride]

c. 이염화 이황(disulfur dichloride)

d. 과산화 루비듐(rubidium peroxide)

e. 산화 알루미늄(aluminum oxide)

5장 복습하기 Chapter 5 Review

주요 용어

이성분 화합물(5.1)
이성분 이온 결합 화합물(5.2)
다원자 이온(5.5)
산소산 음이온(5.5)
산(5.6)

요약

- 이성분 화합물은 다음과 같은 비교적 간단한 규칙에 의해 체계적으로 명명된다.
  - 금속과 비금속으로 이루어진 화합물에서는 비금속의 어근에서 파생된 이름 뒤에 금속의 이름을 쓴다(영어명에서는 금속을 먼저 쓰고 뒤에 비금속 이름을 쓴다).
  - 두 개 이상의 양이온을 갖는 금속을 포함한 화합물(유형 II)의 경우에는 로마 숫자를 사용하여 양이온의 전하를 나타낸다.
  - 비금속만을 포함하는 이성분 화합물(유형 III)은 원자 개수를 표현하는 접두어를 사용한다.

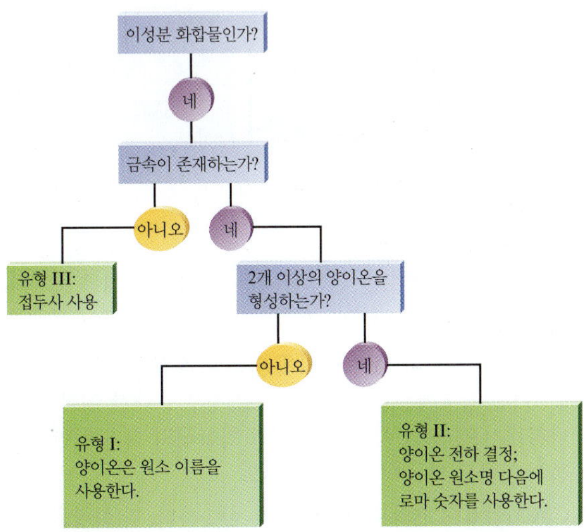

- 다원자 이온은 여러 원자가 결합되어 만들어진 전하를 띤 물질이다. 이들은 특별한 이름이 주어지며 반드시 기억하여야 한다.

- 다원자 이온을 포함하는 이온성 화합물의 명명은 이성분 이온 결합 화합물의 명명과 매우 유사하다.
- 산(음이온에 하나 이상의 H^+가 결합된 분자)의 명명은 음이온이 산소를 포함하는지 여부에 따라 달라진다.

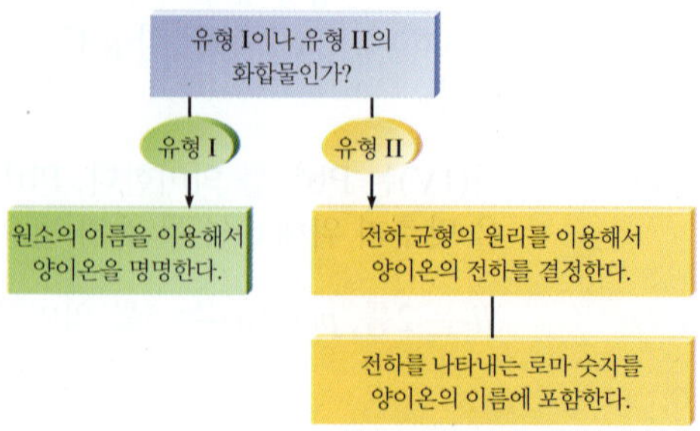

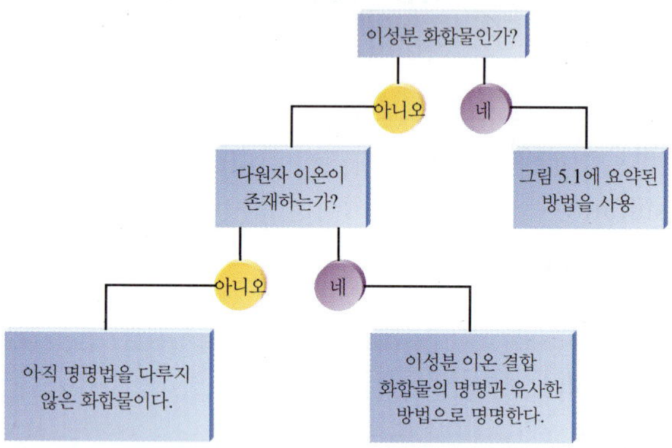

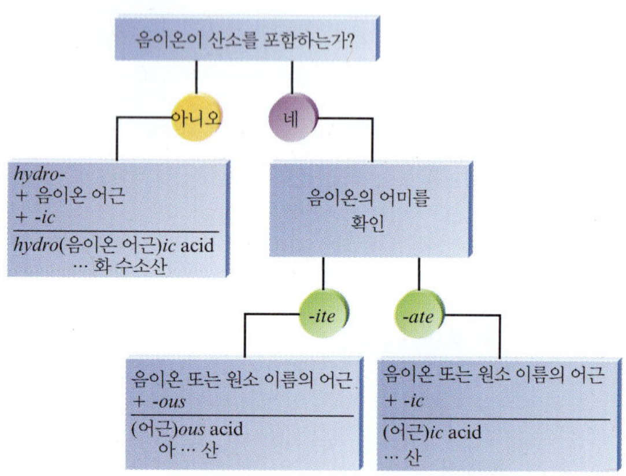

활동 학습 질문

다음은 강의 중 그룹 지도를 위한 문제들로, 특정 주제를 소개하는 데 매우 효과적이다.

1. 이름에 있는 로마 숫자가 식에 있는 아래첨자와 같은 경우도 있고, 어떤 경우에는 그렇지 않다. 각 경우에 대한 이와 같은 예를 나타내시오. 또한 이 로마 숫자와 화학식의 첨자가 반드시 동일하지 않아도 되는 이유를 설명하시오.
2. $CaCl_2$와 $CoCl_2$의 화학식은 매우 비슷하다. 각 화합물을 명명하시오. 이들의 이름이 왜 다른가?
3. 다음 족(group)에서 원소들과 형성 가능한 이온 결합 화합물에 대한 일반적인 화학식은 무엇인가?
   a. 7족과 1족
   b. 7족과 2족
   c. 6족과 1족
   d. 6족과 2족
4. 염소와 한 원소가 이온 결합 화합물 XCl_2을 형성한다. 원소 X의 이온은 질량수는 89이고, 전자수는 36이다. 원소 X는 무엇인가? 중성자는 몇 개인가? 화합물을 명명하시오.
5. 각 화합물을 명명하시오.
   a.
   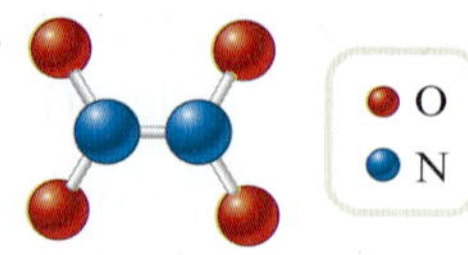

   b.
   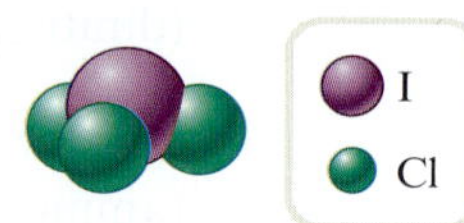

   c. SO_2
   d. P_2O_5
6. $Ba(NO_3)_2$는 질산 바륨(barium nitrate)이라고 하는 반면, 왜 $Fe(NO_3)_2$는 질산 철(II)[iron(II) nitrate]라고 하는가?
7. 황산(sulfuric acid)과 황화 수소산(hydrosulfuric acid)의 차이는 무엇인가?

질문과 문제

5.1 화합물 명명

▶ *질문*

1. *이성분* 화합물이란 무엇인가? 이 두 가지 주요 *유형*은 무엇인가? 각 이성분 화합물 유형의 예를 3개씩 들어 보시오.

5.2 금속 한 개와 비금속 한 개로 이루어진 이성분 화합물의 명명(유형 I과 유형 II)

▶ *질문*

2. 영어로 cation은 ____ 이온이고, anion은 _____ 이온이다.
3. 이온 결합 화합물의 명명에서, 우리말 이름에서는 _____의 이름을 앞에 쓰고, 영어명에서는_______의 이름을 앞에 쓴다.
4. 이온 결합 화합물의 화학식을 쓸 때, 화합물에 있는 각 이온들의 상대 개수를 나타내는 것이지, 화합물에 있는 분자들의 존재를 표시하는 것은 아니다. 설명하시오.
5. 두 개 이상의 양이온을 형성하는 금속 원소의 전하를 나타내기 위해 양이온 이름 뒤에 _____을 쓴다.
6. 다음 단순 이성분 이온 결합 화합물을 명명하시오.
   a. LiI　　b. MgF_2　　c. SrO
   d. $AlBr_3$　　e. CaS　　f. Na_2O
7. 다음 각 주어진 식에 대해 어떤 이름이 잘못되었는지 확인하고 옳은 이름을 쓰시오.
   a. $CuCl_2$, 염화 구리(I)[copper(I) chloride]
   b. Ag_2O, 산화 은(silver oxide)
   c. Li_2O, 산화 리튬(lithium oxide)
   d. CaS, 황화 칼슘(II)[calcium(II) sulfide]
   e. Cs_2S, 황화 세슘(cesium sulfide)

8. 로마 숫자로 양이온의 전하를 나타내는 방식으로 다음 이온 결합 화합물을 명명하시오.

a. FeI_3　b. $MnCl_2$　c. HgO
d. Cu_2S　e. CoO　f. $SnBr_4$

9. *-ous*나 *-ic* 접미사를 사용하여 양이온의 전하를 나타내는 방식으로 다음 이온 결합 화합물을 명명하시오.

a. $CoCl_2$　b. $CrBr_3$　c. PbO
d. SnO_2　e. Co_2O_3　f. $FeCl_3$

5.3 비금속만으로 이루어진 이성분 화합물의 명명(유형 III)

▶ *질문*

10. 비금속 원소로 된 다음 이성분 화합물을 명명하시오.

a. KrF_2　b. Se_2S_6　c. AsH_3
d. XeF_4　e. BrF_3　f. P_2S_5

5.4 이성분 화합물 명명: 복습

▶ *질문*

11. Na_2O와 N_2O는 식이 매우 비슷하다. 각 화합물을 명명하시오. 이 화합물의 명명법이 다른 이유를 설명하시오.

12. 주기율표를 이용하여 다음 각 이성분 화합물이 이온성(금속과 비금속 포함)인지 아닌지(비금속만 포함) 결정하고 명명하시오.

a. $RaCl_2$　b. $SeCl_2$　c. PCl_3
d. Na_3P　e. MnF_2　f. ZnO

5.5 다원자 이온으로 이루어진 화합물의 명명

▶ *질문*

13. *다원자*(polyatomic) 이온이란 무엇인가? 다원자 이온의 예를 다섯 개 열거하시오.

14. 산소산 음이온 명명에 있어서, 주어진 원소가 한 계열에 세 개 이상의 성분을 구성할 때 그 계열에서 산소가 가장 많을 때와 가장 적을 때 어떤 접미사를 사용하는가?

15. 다음 염소의 산소산 음이온의 이름과 화학식에서 빠진 것을 채우시오.

ClO_4^-	________
________	하이포아염소산 이온(hypochlorite)
ClO_3^-	________
________	아염소산 이온(chlorite)

16. 다음 인을 포함하는 이온의 화학식과 전하를 쓰시오.

a. 인화 이온(phosphide)
b. 인산 이온(phosphate)
c. 아인산 이온(phosphite)
d. 인산 수소 이온(hydrogen phosphate)

17. 다음 이온의 화학식과 전하를 쓰시오.

a. 사이안화 이온(cyanide)
b. 탄산 이온(carbonate)
c. 탄산 수소 이온(hydrogen carbonate)
d. 아세트산 이온(acetate)

18. 다음 화합물의 화학식을 쓰시오(질문 17의 답 참조).

a. 사이안화 소듐(sodium cyanide)
b. 탄산 칼슘(calcium carbonate)
c. 탄산 수소 포타슘(potassium hydrogen carbonate)
d. 아세트산 마그네슘(magnesium acetate)

19. 다음 다원자 이온을 명명하시오.

a. NH_4^+　b. $H_2PO_4^-$　c. SO_4^{2-}
d. HSO_3^-　e. ClO_4^-　f. IO_3^-

20. 다원자 이온을 포함하는 다음 화합물을 명명하시오.

a. $NaMnO_4$　b. $AlPO_4$　c. $CrCO_3$
d. $Ca(ClO)_2$　e. $BaCO_3$　f. $CaCrO_4$

5.6 산의 명명

▶ *질문*

21. *산(acid)*을 간단히 정의하시오.

22. 다음 산을 명명하시오.

a. $HOCl$　b. H_2SO_3　c. $HBrO_3$
d. HOI　e. $HBrO_4$　f. H_2S
g. H_2Se　h. H_3PO_3

5.7 이름으로 화학식 쓰기

▶ *문제*

23. 다음 이성분 이온 결합 화합물의 화학식을 쓰시오.

a. 플루오린화 마그네슘(magnesium fluoride)
b. 아이오딘화 제이철(ferric iodide)
c. 황화 제이수은(mercuric sulfide)
d. 질소화 바륨(barium nitride)
e. 염화 제일납(plumbous chloride)
f. 플루오린화 제이주석(stannic fluoride)
g. 산화 은(silver oxide)
h. 셀레늄화 포타슘(potassium selenide)

24. 비금속 원소로 된 다음 이성분 화합물의 식을 쓰시오.

a. 일산화 이인(diphosphorus monoxide)
b. 이산화 황(sulfur dioxide)
c. 오산화 이인(diphosphorus pentoxide)
d. 사염화 탄소(carbon tetrachloride)
e. 삼브로민화 질소(nitrogen tribromide)
f. 사플루오린화 규소(silicon tetrafluoride)
g. 이염화 황(sulfur dichloride)

25. 다원자 이온을 포함하는 다음 각 화합물의 식을 쓰시오. 반대 전하를 띤 이온과 균형을 맞추기 위해 이들 이온이 두 개 이상 필요한 경우에는 괄호 안에 다원자 이온을 쓰시오.

a. 아세트산 암모늄(ammonium acetate)
b. 수산화 제일철(ferrous hydroxide)
c. 탄산 코발트(III) [cobalt(III) carbonate]
d. 다이크로뮴산 바륨(barium dichromate)
e. 황산 납(II) [lead(II) sulfate]
f. 인산 이수소 포타슘(potassium dihydrogen phosphate)
g. 과산화 리튬(lithium peroxide)
h. 염소산 아연(zinc chlorate)

26. 다음 산의 식을 쓰시오.

a. 사이안화 수소산(hydrocyanic acid)
b. 질산(nitric acid)
c. 황산(sulfuric acid)
d. 인산(phosphoric acid)
e. 하이포아염소산(hypochlorous acid)
f. 브로민화 수소산(hydrobromic acid)
g. 아브로민산(bromous acid)
h. 플루오린화 수소산(hydrofluoric acid)

27. 다음 각 물질의 화학식을 쓰시오.

a. 황산 수소 칼슘(calcium hydrogen sulfate)
b. 인산 아연(zinc phosphate)
c. 과염소산 철(III) [iron(III) perchlorate]
d. 수산화 제이코발트(cobaltic hydroxide)
e. 염소산 포타슘(potassium chlorate)
f. 인산 이수소 알루미늄(aluminum dihydrogen phosphate)
g. 중탄산 리튬(lithium bicarbonate)
h. 아세트산 망가니즈(II) [manganese(II) acetate]
i. 인산 수소 마그네슘(magnesium hydrogen phosphate)
j. 아염소산 세슘(cesium chlorite)
k. 과산화 바륨(barium peroxide)
l. 탄산 제일니켈(nickelous carbonate)

화학 반응: 서론

Chemical Reactions: An Introduction

CHAPTER

6

미국 네바다 주 레노(Reno)의 번개 치는 광경.

Steven Baranek/iStockphoto.com

화학은 변화에 관한 학문이다. 풀이 자란다. 강철이 녹슨다. 머리카락을 탈색, 염색, "퍼머"하거나 곧게 편다. 천연 가스를 태워 난방을 한다. 자켓, 수영복, 팬티스타킹에 쓰일 나일론을 만든다. 물을 전기분해하여 수소와 산소 기체를 만든다. 포도 주스를 발효시켜 포도주를 만든다. 저격수 딱정벌레가 독극물 스프레이를 만들어 적에게 발사한다.

이것들은 우리에게 영향을 미치는 화학적인 변화에 대한 단지 몇 가지의 예이다. 이러한 화학 반응은 화학이라는 학문의 근본이며 핵심이다. 이 장에서는 화학 반응의 기본적인 개념에 대해 논의하기로 한다.

나일론은 튼튼한 재질이므로 질긴 낙하산을 만든다.
© iStockphoto.com/Jose Ignacio Soto

Kim Steele/Photodisc/Getty Images

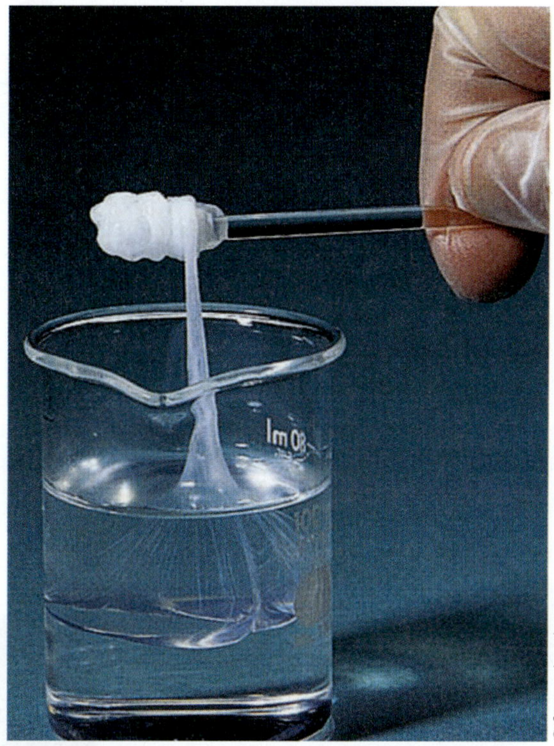

© Cengage Learning

음료수 병과 같은 용기에 쓰는 플라스틱 필름 생산(*왼쪽*). 두 용액의 경계면으로부터 나일론을 끄집어내고 있다(*오른쪽*).

6.1 화학 반응에 대한 증거

학습 목표

■ **화학 반응이 일어났음을 보여주는 신호들에 대해 배운다.**

에너지와 화학 반응에 대해서는 7장과 10장에서 더 자세히 논의하기로 한다.

화학 반응이 일어났는지 어떻게 알 수 있는가? 즉, 화학적 변화가 일어났다는 단서는 무엇인가? 머리말에서 언급한 화학 반응들을 다시 훑어보면, *화학 반응들은 흔히 시각적 신호를 주는 것*처럼 보인다. ◀ 매끄럽고 반짝이는 강철이 녹슬면 적갈색의 푸석한 물질로 변하게 된다. 머리카락을 탈색하면 색이 변한다. 두 개의 특정 액체 용액이 접촉할 때 고체 나일론이 만들어진다. 천연 가스가 산소와 반응하면 파란 불꽃이 나타난다. 이처럼 화학 반

표 6.1 화학 반응이 일어났다는 몇 가지 단서

1. 색깔이 변한다.
2. 고체가 생성된다.
3. 기체가 생성된다.
4. 열이나 불꽃이 생성되거나 열이 흡수된다.

응은 색 변화, 고체 형성, 기포 형성(그림 6.1), 불꽃 생성 등과 같은 시각적 단서들을 종종 제공한다. 그러나 화학 반응들은 항상 눈으로 볼 수 있는 것은 아니다. 때로는 화학 반응이 일어났음을 알 수 있는 유일한 신호가 열의 생성이나 흡수로 인한 온도 변화인 경우도 있다(그림 6.2).

표 6.1은 화학 반응이 일어났음을 알려주는 일반적인 단서들을 요약한 것이며, 그림 6.3은 이러한 단서들을 나타내는 화학 반응들의 몇 가지 예이다.

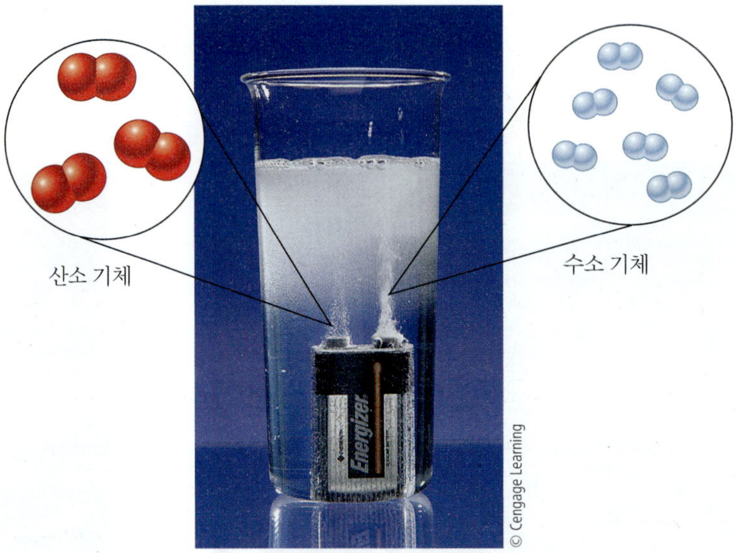

그림 6.1 전류를 흘려주어 물을 분해하면 수소 기체와 산소 기체의 기포가 생성된다.

그림 6.2

ⓐ 상처가 부풀어 오르는 것을 막기 위해 냉각 팩을 이용하고 있는 소녀. 이 팩은 앰플을 깨뜨려 활성화시킨다. 이것은 재빨리 열을 흡수하는 화학 반응을 개시하여 팩 주위의 온도를 낮춘다.

ⓑ 겨울에는 손발을 따뜻하게 하는 발열 팩을 사용한다. 포장을 열면 공기 중의 산소가 화학 물질이 들어있는 주머니에 들어간다. 이 때 일어난 반응은 몇 시간 동안 열을 발생한다.

ⓐ 붉은색 질산 코발트(II) 용액에 무색의 염산을 첨가하면 화학 반응이 일어난 신호로 용액은 푸르게 변한다.

ⓑ 다이크로뮴산 소듐 용액에 질산 납 용액을 첨가하면 고체가 생성된다.

ⓒ 칼슘 금속이 물과 반응하여 수소 기체의 기포가 생성된다.

ⓓ 분젠 버너에서 메테인 기체가 산소 기체와 반응하여 불꽃을 생성한다.

그림 6.3

6.2 화학 반응식

학습 목표

- 화학 반응의 특성과 화학 반응식이 나타내는 정보를 알아내는 것을 배운다.

화학자들은 화학 변화에서는 항상 원자들이 묶여 있는 방식의 재배치가 일어남을 알아냈다. 예를 들어 천연 가스에 들어있는 메테인(CH_4)은 공기 중의 산소(O_2)와 결합하여 연소할 때 이산화 탄소(CO_2)와 물(H_2O)을 생성한다. 이러한 화학적 변화를 **화학 반응**(chemical reaction)이라고 부른다. 화학 반응은 **화학 반응식**(chemical equation)을 써서 나타내는데, 이 반응식에서 반응 전 화학 물질인 **반응물**(reactant)을 화살표 왼쪽에 나타내고 반응 후 생성된 물질인 **생성물**(product)을 화살표 오른쪽에 나타낸다. 화살표는 변화의 방향을 나타내며 "생성한다" 또는 "생긴다"고 읽는다.

$$\text{반응물} \rightarrow \text{생성물}$$

메테인과 산소의 반응은 다음과 같이 적는다.

$$\underbrace{\underset{\text{메테인}}{CH_4} + \underset{\text{산소}}{O_2}}_{\text{반응물}} \rightarrow \underbrace{\underset{\text{이산화 탄소}}{CO_2} + \underset{\text{물}}{H_2O}}_{\text{생성물}}$$

이 반응식에서 생성물은 반응물과 같은 원자들을 포함하고 있지만 원자들이 묶여있는 방식이 다름에 주목하라. 즉, *화학 반응에서는 원자들의 묶여있는 방식에 변화가 일어난다.*

화학 반응에서 원자들은 생성되지도 않고 소멸되지도 않는다는 것을 인식하는 것이 매우 중요하다. *반응물에 존재하는 모든 원자들은 반드시 생성물에도 포함되어야 한다.* 다시 말하면, 화살표의 반응물 쪽에 있는 것과 동일한 종류와 수의 원자들이 생성물에도 있어야 한다. 반응식이 이러한 규칙에 따르도록 만드는 것을 **화학 반응식의 균형 맞추기**(balancing)라고 한다.

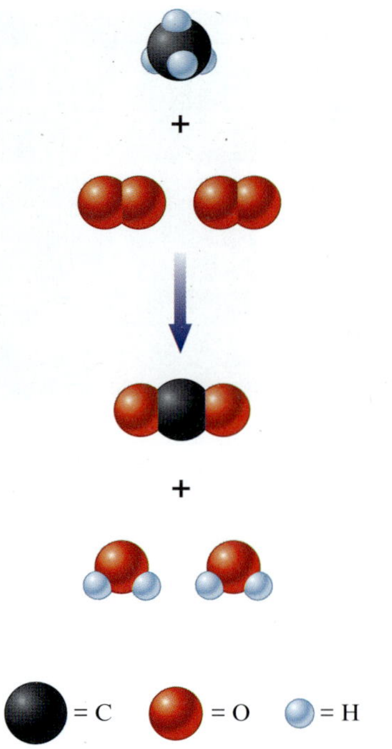

그림 6.4 메테인과 산소 사이의 반응은 물과 이산화 탄소를 생성한다. 생성물과 반응물에 네 개의 산소 원자가 있음을 주목하라. 반응 중에 생성되거나 소멸되는 원자는 없다. 이와 비슷하게 반응물과 생성물에 네 개의 수소 원자와 한 개의 탄소 원자가 있다. 반응은 단순히 원자를 묶는 방식이 달라지는 것이다.

앞에서 CH_4와 O_2의 반응을 나타낸 반응식은 균형이 맞지 않았다. 반응식에서 반응물과 생성물을 따로 살펴보면 균형이 맞지 않음을 알 수 있다.

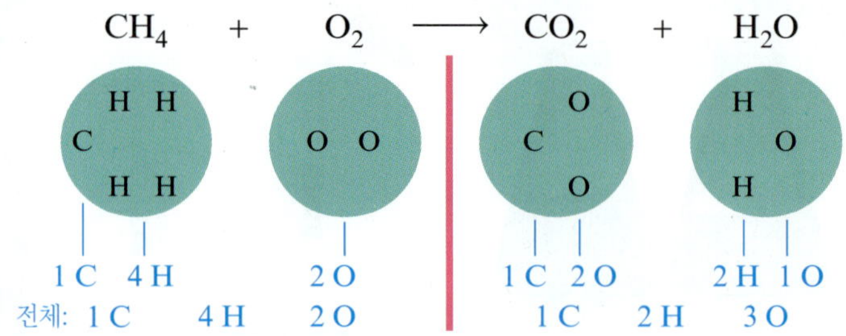

반응이 이런 방식으로 일어날 수는 없다. 이 반응식은 산소 원자 하나가 생성되고 수소 원자 두 개가 없어짐을 나타내기 때문이다. 반응은 원자들을 생성시키거나 소멸시키는 것이 아니라, 원자들을 묶는 방식에만 변화를 주는 것이다. 각 원자의 총 개수가 화살표의 양쪽에서 반드시 같아야 한다. 왼쪽에 산소 분자를 하나 더 포함시키고, 오른쪽에 물 분자를 하나 더 첨가함으로써 이 식의 균형을 맞출 수 있다.

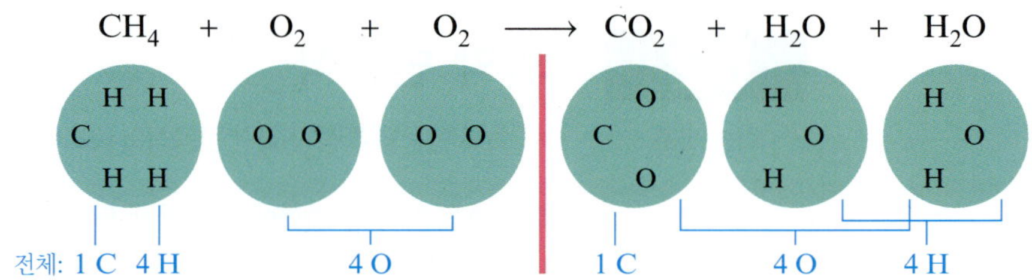

이 *균형 화학 반응식*(balanced chemical equation)은 이 반응에 관련된 분자들의 실제 개수를 보여준다(그림 6.4).

반응의 균형 반응식을 적을 때, 같은 분자들은 함께 묶는다.

$$CH_4 + O_2 + O_2 \longrightarrow CO_2 + H_2O + H_2O$$

위 식은 다음과 같이 적는다.

$$CH_4 + 2O_2 \longrightarrow CO_2 + 2H_2O$$

반응에 대한 화학 반응식은 다음의 두 가지 중요한 정보를 제공한다.

1. 반응물과 생성물의 실체(identity)
2. 각각의 상대적인 개수

물리적 상태

반응과 관련된 화합물뿐만 아니라, 종종 반응물과 생성물의 물리적 상태를 다음 기호를 사용하여 나타낸다.

기호	상태
(*s*)	고체
(*l*)	액체
(*g*)	기체
(*aq*)	물에 녹은 상태(수용액)

Richard Megna/Fundamental Photographs © Cengage Learning

a 반응물인 포타슘 금속(산화 방지를 위해 미네랄 오일에 보관한다).

b 반응물인 물

c 포타슘과 물의 반응. 이 반응에서 생성된 수소 기체 $H_2(g)$가 고온에서 공기 중에서 연소되어[$O_2(g)$와 반응] 불꽃이 생긴다.

그림 6.5

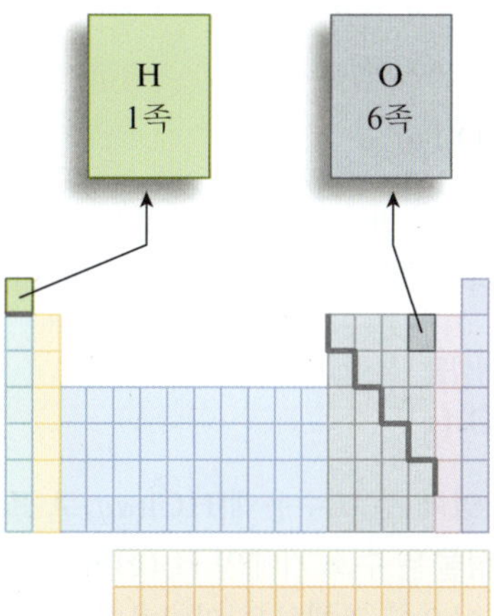

예를 들어 고체 포타슘이 액체인 물과 반응하면 생성물은 수소 기체와 수산화 포타슘이다. 수산화 포타슘은 물에 녹은 상태로 남아 있게 된다. 반응물과 생성물에 관한 정보로부터 이 반응에 대한 반응식을 쓸 수 있다. 고체 포타슘은 $K(s)$로 표시하고 액체인 물은 $H_2O(l)$로 쓰고, 이원자 분자인 수소 기체는 $H_2(g)$로 나타내고, 물 속에 녹아있는 수산화 포타슘은 $KOH(aq)$로 쓴다. 따라서 이 반응에 대해 *불균형* 반응식은 다음과 같다.

고체 포타슘		물		수소 기체		물에 용해된 수산화 포타슘
$K(s)$	+	$H_2O(l)$	→	$H_2(g)$	+	$KOH(aq)$

이 반응은 그림 6.5에 나타내었다.

이 반응에서 생성된 수소 기체는 공기 중의 산소 기체와 반응하여 기체 상태의 물과 불꽃을 생성한다. 이 두 번째 반응에 대한 *불균형* 반응식은 다음과 같다.

$$H_2(g) + O_2(g) \rightarrow H_2O(g)$$ ◀

이들 반응은 모두 많은 열을 생성한다. 예제 6.1에서 반응에 대해 불균형 반응식 쓰는 방법을 연습한다. 그리고 다음 절에서 반응식의 균형을 맞추기 위한 체계적인 절차를 논의할 것이다.

대화형 예제 6.1

화학 반응식: 반응물과 생성물 인식하기

다음 각 반응에 대해 *불균형* 화학 반응식을 나타내시오.

a. 고체 산화 수은(II)가 액체 수은 금속과 산소 기체로 분해된다.

b. 고체 탄소와 산소 기체가 반응하여 이산화 탄소 기체를 생성한다.

c. 고체 아연을 염화 수소가 녹아있는 수용액에 첨가하면, 기포의 형태로 용액에서 나가는 수소 기체와 물에 녹아있는 상태로 있는 염화 아연을 생성한다.

아연 금속이 염산과 반응하여 수소 기체를 생성한다.

풀이

a. 이 경우 반응물은 산화 수은(II) 하나뿐이다. 산화 수은(II)라는 이름은 Hg^{2+} 양이온이 존재함을 의미하며, 알짜 전하를 0으로 맞추기 위하여 O^{2-} 이온 하나가 필요하다. 따라서 화학식은 HgO이며, 고체 상태이므로 HgO(s)로 표기한다. 생성물은 Hg(l)로 표기하는 액체 수은과 $O_2(g)$로 표기하는 산소 기체이다(산소는 정상 조건하에서는 이원자 분자로 존재한다는 것을 기억하라). 이 반응의 불균형 반응식은 다음과 같다.

$$\underbrace{HgO(s)}_{\text{반응물}} \rightarrow \underbrace{Hg(l) + O_2(g)}_{\text{생성물}}$$

b. 이 경우 C(s)로 표기되는 고체 탄소가 산소 기체인 $O_2(g)$와 반응하여 $CO_2(g)$로 표기되는 이산화 탄소 기체를 생성한다. 반응식은 다음과 같다(이 경우는 우연히 균형이 맞음).

$$\underbrace{C(s) + O_2(g)}_{\text{반응물}} \rightarrow \underbrace{CO_2(g)}_{\text{생성물}}$$

c. 이 반응에서 고체 아연인 Zn(s)을 염산이라고 하는 염화 수소 수용액[HCl(aq)로 표기]에 첨가한다. 이것들은 반응물이다. 이 반응의 생성물은 수소 기체인 $H_2(g)$와 염화 아연 수용액이다. ◀ 염화 아연이라는 이름은 Zn^{2+} 이온이 존재함을 의미하며, 따라서 알짜 전하를 0으로 맞추기 위하여 Cl^- 이온 두 개가 필요하다. 그러므로 물에 녹아 있는 염화 아연은 $ZnCl_2(aq)$로 표기한다. 이 반응의 불균형 반응식은 다음과 같다.

Zn은 Zn^{2+} 이온만 생성하므로 로마 숫자는 사용하지 않는다. 따라서 $ZnCl_2$를 염화 아연이라 부른다.

$$\underbrace{Zn(s) + HCl(aq)}_{\text{반응물}} \rightarrow \underbrace{H_2(g) + ZnCl_2(aq)}_{\text{생성물}}$$ ◀

SELF-CHECK

실전 연습 6.1 다음 각 화학 반응에 대해 반응물과 생성물을 확인하고 불균형 반응식(상태를 나타내는 기호를 포함하여)을 쓰시오.

a. 고체 마그네슘 금속이 액체 상태인 물과 반응하여 고체 수산화 마그네슘과 수소 기체를 생성한다.

b. 고체 다이크로뮴산 암모늄(만일 이 화합물이 생소하다면 표 5.4를 복습하라)이 고체 산화 크로뮴(III)과 질소 기체 및 수증기로 분해된다.

c. 암모니아 기체와 산소 기체가 반응하여 일산화 질소 기체와 수증기를 생성한다.

6.3 화학 반응식의 균형 맞추기

학습 목표

- 화학 반응에 대한 균형 반응식을 적는 방법을 배운다.

앞 절에서 보았듯이, 균형을 맞추지 않은 화학 반응식은 실제로 일어난 반응을 정확하게 표현한 것이 아니다. 어떤 반응식을 볼 때마다 균형이 맞추어져 있는지 의문을 가져야 한다. 균형을 맞추는 과정에서 가장 핵심이 되는 원리는 **화학 반응에서 원자들은 보존된다**는 것이다. 즉, 원자들은 생성되지도 않고 소멸되지도 않는다. 그들은 단지 다르게 묶일 뿐이다. 반응물에 있는 각 원자의 수와 생성물에 있는 각 원자의 수는 같다.

화학자들은 실험적 관찰을 통해 반응의 반응물과 생성물의 실체를 알아낸다. 예를 들어, 메테인(천연 가스)이 충분한 산소 기체의 존재 하에 연소하는 경우, 생성물은 항상 이산화 탄소와 물이다. **화학 반응식의 균형을 맞출 때 화합물의 실체(화학식)는 절대로 바꾸어서는 안 된다.** 다시 말해서, 화학식의 아래첨자는 바꿀 수 없으며, 화학식에서 원자들을 추가하거나 뺄 수 없다.

대부분의 화학 반응식은 시행착오를 통해 균형을 맞출 수 있다. 화살표의 양쪽에 있는 각 원자의 수가 같아질 때까지 반응물과 생성물의 적당한 수를 찾아내는 것이다. 예를 들어, 수소 기체와 산소 기체가 액체 상태인 물을 생성하는 반응을 생각해 보자. 우선 일어난 반응에 대한 불균형 반응식을 쓴다.

$$H_2(g) + O_2(g) \rightarrow H_2O(l)$$

화살표 양쪽의 원자 수를 세어보면 이 반응식은 균형이 맞지 않음을 알 수 있다.

$$H_2(g) + O_2(g) \longrightarrow H_2O(l)$$

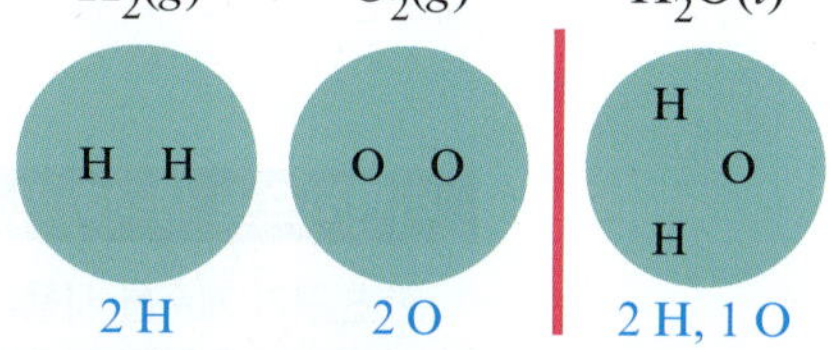

반응물	생성물
2 H	2 H
2 O	1 O

생성물 쪽보다 반응물 쪽에 산소 원자가 하나 더 많음을 알 수 있다.◀ 원자는 생성되거나 소멸될 수 없고 *반응물이나 생성물의 화학식도 바꿀 수 없기 때문에* 생성물이나 반응물의 분자 수를 추가하여 반응식의 균형을 맞추어야 한다. 이 경우 오른쪽에 산소 원자가 하나 더 필요하므로, 물 분자(산소 원자를 한 개 포함)를 하나 추가한다. 그리고 다시 원자 수를 세어본다.◀

$$H_2(g) + O_2(g) \longrightarrow H_2O(l) + H_2O(l)$$

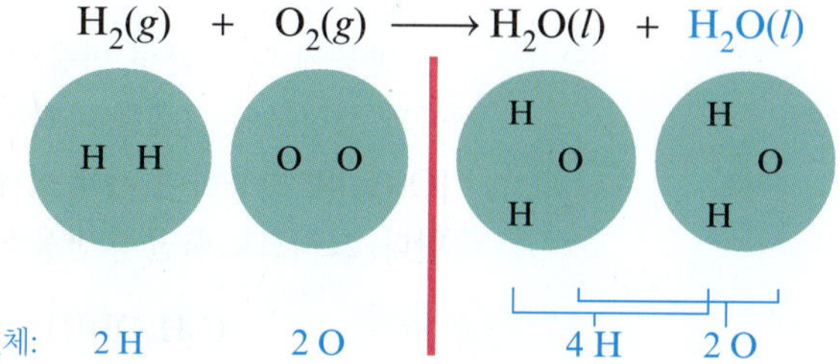

반응물	생성물
2 H	4 H
2 O	2 O

산소 원자는 균형이 맞추어졌지만, 수소 원자의 수는 맞지 않게 되었다. 왼쪽보다 오른쪽

생성물	반응물
4 H 2 O	4 H 2 O

에 수소 원자가 더 많다. 반응물 쪽에 수소 분자(H_2) 하나를 추가하여 이 문제를 해결할 수 있다. ◀

$$H_2(g) + H_2(g) + O_2(g) \longrightarrow H_2O(l) + H_2O(l)$$

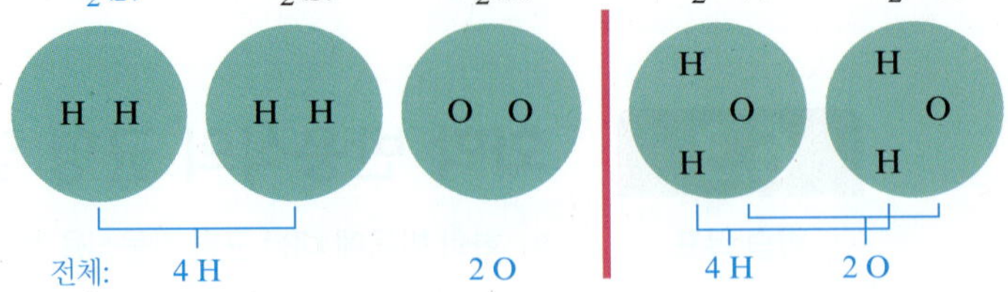

반응식은 이제 균형이 맞추어졌다. 화살표의 양쪽에 같은 수의 수소와 산소 원자를 갖게 되었다. 같은 분자를 모아서 균형 반응식을 쓰면 다음과 같다.

$$2H_2(g) + O_2(g) \rightarrow 2H_2O(l)$$

다음에 이 균형 반응식의 모든 부분에 2를 곱하면 어떻게 되는지 보기로 하자.

$$2 \times [2H_2(g) + O_2(g) \rightarrow 2H_2O(l)]$$

는

$$4H_2(g) + 2O_2(g) \rightarrow 4H_2O(l)$$

가 된다. 이 식도 균형이 맞추어져 있다(원자들의 수를 세어 확인하라). 실제로, 원래의 균형 반응식의 *모든 부분*에 어떤 수를 곱하거나 나누어 새로운 균형 반응식을 얻을 수 있다. 따라서 각 화학 반응에 대하여 많은 균형 반응식을 적을 수 있다. 이 많은 균형 반응식들 중에서 어느 하나가 다른 것에 비해 우세한가? 그렇다.

관례에 따라 "가장 좋은" 균형 반응식은 *가장 작은 정수(자연수)*를 갖는 것이다. 이 정수를 균형 반응식에 대한 **계수**(coefficient)라고 한다. 따라서 수소와 산소가 물을 생성하는 반응의 균형 반응식은 다음과 같다.

$$2H_2(g) + O_2(g) \rightarrow 2H_2O(l)$$

계수는 각각 2, 1(실제로 적지 않는다), 2는 이 반응의 균형 반응식에서 가장 작은 정수이다.

비판적으로 생각하기

한 친구가 계수를 사용하는 대신 아래첨자를 바꿔 화학 반응식의 균형을 맞춘다면 어떻게 될까? 이 방법이 잘못된 접근법이라는 것을 어떻게 설명할까?

다음으로 액체 에탄올(C_2H_5OH)이 산소 기체와 반응하여 기체 상태의 이산화 탄소와 물을 형성하는 반응에 대한 식의 균형을 맞추어 보자. 이 반응은 다른 여러 곳에서 일어나지만, 가소홀(gasohol)이라고 부르는 휘발유와 에탄올 혼합물을 태우는 엔진에서 일어나는 반응이다.

반응에 대한 균형 반응식을 얻기 위한 첫 단계는 언제나 반응에 대한 정보에서 반응물과 생성물의 실체를 파악하는 일이다. 이 경우, 액체 에탄올[$C_2H_5OH(l)$]이 산소 기체[$O_2(g)$]와 반응하여 기체 상태의 이산화 탄소[$CO_2(g)$]와 기체 상태의 물[$H_2O(g)$]을 생성한다. 그러므로 불균형 반응식은 다음과 같다.

$$C_2H_5OH(l) + O_2(g) \rightarrow CO_2(g) + H_2O(g)$$

$C_2H_5OH(l)$	$O_2(g)$	$CO_2(g)$	$H_2O(g)$
액체 에탄올	기체 산소	기체 이산화 탄소	수증기 (기체 상태의 물)

식에 있는 어떤 분자가 다른 분자보다 훨씬 복잡한 경우(즉 더 많은 원소를 포함하는 경우)에는 그 분자부터 시작하는 것이 가장 좋다. 여기서는 가장 복잡한 분자가 C_2H_5OH이므로, C_2H_5OH에 있는 원자를 포함하고 있는 생성물들을 살펴보는 데서 시작하자. 먼저 탄소부터 살펴보자. 탄소를 포함하는 생성물은 CO_2 하나뿐이다. C_2H_5OH에는 탄소 원자 두 개가 포함되어 있으므로 탄소 원자의 균형을 맞추기 위해 CO_2 앞에 2를 적는다. ◀

C_2H_5OH

2 C, 6 H, 1 O

$$C_2H_5OH(l) + O_2(g) \longrightarrow 2CO_2(g) + H_2O(g)$$

C 원자 2개 C 원자 2개

식의 균형을 맞출 때 반응물과 생성물의 화학식도 바꿀 수 없음을 기억하라. 화학식 앞에 계수만을 둘 수 있다.

다음으로 수소를 살펴보자. 수소를 포함하고 있는 생성물은 H_2O뿐이다. C_2H_5OH에는 수소 원자 6개가 있으므로 오른편에도 수소 원자가 6개 있어야 한다. 각 H_2O는 수소 원자 2개씩을 포함하므로 수소 원자 6개를 충족시키려면 H_2O 분자 3개가 필요하다. 따라서 H_2O 앞에 3을 적는다. ◀

	H—O—H
O—C—O	H—O—H
O—C—O	H—O—H
4 O 원자	**3 O 원자**

$$C_2H_5OH(l) + O_2(g) \longrightarrow 2CO_2(g) + 3H_2O(g)$$

(5 + 1) H → 6 H; (3 × 2) H → 6 H

마지막으로 산소 원자의 수를 세어보자. 왼편에는 산소 원자 3개(C_2H_5OH에 1개와 O_2에 2개)가 있고 오른편에는 산소 원자 7개($2CO_2$에 4개와 $3H_2O$에 3개)가 있다. 이러한 균형 맞추지 않은 왼편에 3개의 O_2 분자를 두면 해결할 수 있다. 따라서 균형 반응식을 적기 위하여 O_2 앞에 계수 3을 적는다.

$$C_2H_5OH(l) + 3O_2(g) \longrightarrow 2CO_2(g) + 3H_2O(g)$$

1 O, (3 × 2) O → 7 O; (2 × 2) O, 3 O → 7 O

여기서 아마도 다음과 같은 질문이 있을 수 있다. 산소 원자의 균형을 맞추기 위해 왜 왼편에 있는 O_2를 선택하는가? 왜 산소 원자를 포함하고 있는 C_2H_5OH를 이용하지 않는가? 그 이유는 만일 C_2H_5OH의 계수를 바꾸면 수소와 탄소 원자의 균형이 다시 맞지 않게 되기 때문이다. 이제 이 식의 균형이 맞추어져 있는지를 확인하기 위해 모든 원자들의 수를 세어 보자. ◀

반응물	생성물
2 C	2 C
6 H	6 H
7 O	7 O

$$C_2H_5OH(l) + 3O_2(g) \longrightarrow 2CO_2(g) + 3H_2O(g)$$

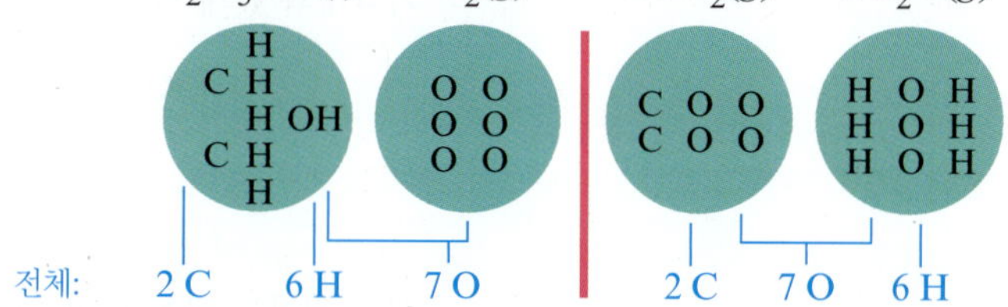

이 식은 이제 균형이 맞추어졌다. 화살표 양쪽에 있는 모든 원자들의 수가 같다. 이들 계수는 균형 반응식을 얻기 위한 가장 작은 크기의 정수임을 주목하라.

화학 반응의 균형을 맞추는 과정은 몇 가지 단계로 이루어져 있다.

식을 적고 균형을 맞추는 방법

단계 1 화학 반응의 내용을 읽는다. 반응물과 생성물은 무엇이며 이들의 물리적 상태는 무엇인가? 적합한 화학식을 쓴다.

단계 2 단계 1에서 얻은 정보를 요약하여 *불균형* 반응식을 쓴다.

단계 3 식을 살펴보아서 가장 복잡한 분자부터 시작하여 균형을 맞춘다. 각 원소별로 반응물 쪽과 생성물 쪽에 있는 각 원소의 수가 같아지도록 필요한 계수를 정한다. 어떠한 반응물들이나 생성물들의 그 어느 것도 실체(화학식)를 바꾸어서는 안 된다.

단계 4 사용한 계수가 화살표 양쪽에 있는 각 원자들의 수를 같게 하는지를 점검한다("원자"는 원소나 화합물, 이온 속에 존재할 수 있음을 주목하라). 또한 사용한 계수가 균형 반응식을 얻는 가장 작은 정수인지를 확인하라. 이것은 모든 계수를 하나의 같은 정수로 나누어서 더 작은 정수들로 된 계수를 얻을 수 있는지의 여부를 보면 알 수 있다.

비판적으로 생각하기

화학 반응식의 균형을 맞추는 전략적인 문제 풀이의 한 방법은 "가장 복잡한 분자로부터 시작"하는 것이다. 다른 분자부터 시작하면 어떻게 될까? 결국 화학 반응식의 균형을 맞출 수 있을까? 이 접근법은 제안된 방법과 어떻게 다른가?

대화형 예제 6.2 화학 반응식의 균형 맞추기 I

다음 반응에 대해 불균형 반응식을 쓴 다음, 이 식의 균형을 맞추시오. 고체 포타슘이 액체 물과 반응하여 수소 기체와 물에 녹아 있는 수산화 포타슘을 생성한다.

풀이

단계 1 반응에 대해 기술한 정보로부터 반응물은 고체 포타슘[$K(s)$]과 물[$H_2O(l)$]이며 생성물은 수소 기체[$H_2(g)$]와 물에 녹은 상태의 수산화 포타슘[$KOH(aq)$]임을 안다.

단계 2 반응의 불균형 반응식은 다음과 같다.

$$K(s) + H_2O(l) \rightarrow H_2(g) + KOH(aq)$$

단계 3 반응물이나 생성물 어느 것도 매우 복잡한 것은 없지만 가장 많은 원소(3개)를 포함하는 KOH에서 시작하기로 하자. 먼저 임의로 수소 원자부터 살펴보자. 단계 2의 반응식을 보면 수소 원자가 반응물 쪽에는 2개가 있으나 생성물 쪽에는 3개가 있다는 것을 주목하라. KOH와 H_2O의 앞에 모두 계수 2를 쓰면, 양편에 각각 H가 4개씩 있게 된다.

$$K(s) + \underbrace{2H_2O(l)}_{\text{4 H 원자}} \rightarrow \underbrace{H_2(g)}_{\text{2 H 원자}} + \underbrace{2KOH(aq)}_{\text{2 H 원자}}$$

산소 원자도 균형이 맞추어져 있음을 주목하라.

$$K(s) + \underbrace{2H_2O(l)}_{\text{2 O 원자}} \rightarrow H_2(g) + \underbrace{2KOH(aq)}_{\text{2 O 원자}}$$

그러나, K 원자는 균형이 맞지 않는다. 왼쪽에는 한 개, 오른쪽에는 두 개가 있다. 이는 K(*s*) 앞에 계수 2를 넣으면 쉽게 해결할 수 있으며 다음과 같은 균형 반응식이 된다.

$$2K(s) + 2H_2O(l) \rightarrow H_2(g) + 2KOH(aq)$$

점검

반응물	생성물
2 K	2 K
4 H	4 H
2 O	2 O

단계 4 화살표 양쪽에 2 K, 4 H, 2 O가 있으며, ◀ 계수들은 균형 반응식을 얻기 위한 가장 작은 정수들이다. 식에 있는 계수들을 어떤 정수로 나누어서 더 작은 *정수*(자연수)들을 얻을 수 없다는 것이 이를 말해준다. 예를 들어, 만약 모든 계수를 2로 나누면 다음과 같이 된다.

$$K(s) + H_2O(l) \rightarrow \tfrac{1}{2}H_2(g) + KOH(aq)$$

이 식은 H_2의 계수가 정수가 아니므로 받아들일 수 없다.

대화형 예제 6.3 화학식의 균형 맞추기 II

1000°C의 적절한 조건에서, 암모니아 기체가 산소 기체와 반응하여 일산화 질소(일반명은 산화 질소) 기체와 수증기를 생성한다. 이 반응에 대하여 불균형 반응식과 균형 반응식을 쓰시오.

풀이

단계 1 반응물은 암모니아 기체[$NH_3(g)$]와 산소 기체[$O_2(g)$]이다. 생성물은 일산화 질소 기체[$NO(g)$]와 수증기[$H_2O(g)$]이다.

반응물	생성물
1 N	1 N
3 H	2 H
2 O	2 O

단계 2 불균형 반응식은 다음과 같다.

$$NH_3(g) + O_2(g) \rightarrow NO(g) + H_2O(g)$$ ◀

단계 3 이 식에는 확실하게 가장 복잡하다고 할 수 있는 분자가 없다. 3가지 분자가 2개의 원소로 구성되어 있으므로, 임의로 NH_3 분자에서 시작하기로 하자. 먼저 임의로 수소를 살펴보자. NH_3 앞에 계수 2를 쓰고, H_2O 앞에 계수 3을 쓰면, 양쪽의 수소 원자가 6개가 된다.

$$\underbrace{2NH_3(g)}_{6\,H} + O_2(g) \rightarrow NO(g) + \underbrace{3H_2O(g)}_{6\,H}$$

NO 앞에 계수 2를 두면 질소의 균형을 맞출 수 있다.

$$\underbrace{2NH_3(g)}_{2\,N} + O_2(g) \rightarrow \underbrace{2NO(g)}_{2\,N} + 3H_2O(g)$$

$\frac{5}{2} = 2\frac{1}{2}$

O—O
O—O
O+O

$2\frac{1}{2}\,O_2$ 는 O 원자 5개를 포함한다.

마지막으로 산소 원자가 왼쪽에 2개, 오른쪽에는 5개가 있는 것을 볼 수 있다. 산소 원자는 O_2 앞에 $\frac{5}{2}$의 계수를 두면 $\frac{5}{2} \times O_2$가 5개의 산소 원자가 되므로 균형을 맞출 수 있다. ◀

$$2NH_3(g) + \underbrace{\tfrac{5}{2}O_2(g)}_{5\,O} \rightarrow \underbrace{2NO(g)}_{2\,O} + \underbrace{3H_2O(g)}_{3\,O}$$

그러나 계수는 정수(자연수)이여야 한다는 관례에 따라 식 전체를 2로 곱하여 준다.

반응물	생성물
4 N	4 N
12 H	12 H
10 O	10 O

$$2 \times [2NH_3(g) + \tfrac{5}{2}O_2(g) \rightarrow 2NO(g) + 3H_2O(g)]$$

즉

$$2 \times 2NH_3(g) + 2 \times \tfrac{5}{2}O_2(g) \rightarrow 2 \times 2NO(g) + 2 \times 3H_2O(g)$$
$$4NH_3(g) + 5O_2(g) \rightarrow 4NO(g) + 6H_2O(g)$$

점검

단계 4 양쪽에 N 원자 4개, H 원자 12개, O 원자 10개씩 있으므로◀ 이 식의 균형이 맞는다. 계수들은 균형 반응식을 얻기 위한 가장 작은 크기의 정수이다. 다시 말하면, 모든 계수들을 하나의 같은 정수로 나누어서 더 작은 *정수*들로 된 계수들을 얻을 수 없다.

SELF-CHECK

실전 연습 6.2 25°C, 고압 하에서 액체인 프로페인(C_3H_8)은 흔히 가스 그릴에 사용되며, 도시 가스관이 없는 농촌 지역에서 연료로 사용된다. 저장 탱크에서 액체 프로페인이 나오면, 프로페인 기체로 변하고 산소 기체와 반응("연소")하여 이산화 탄소 기체와 수증기를 생성한다. 이 반응에 대한 식을 쓰고 균형을 맞추시오.

힌트 화학 반응에 대해 기술한 이 내용에는 많은 단어가 포함되어 있는데, 이 중 일부는 문제를 푸는 데 매우 중요하나 일부는 그렇지 않다. 먼저 중요한 정보를 가려내고 기호를 써서 이를 나타내시오.

대화형 예제 6.4 화학 반응식의 균형 맞추기 III

유리는 그 표면에 무늬를 에칭(etching)하여 장식하곤 한다. 에칭은 플루오린화 수소산(hydrofluoric acid, HF 수용액)이 유리에 있는 이산화 규소와 반응하여 사플루오린화 규소 기체와 물을 생성한다. 이 반응에 대한 반응식을 적고 균형을 맞추시오.

Richard Megna/Fundamental Photographs © Cengage Learning

유리의 장식은 플루오린화 수소산을 써서 에칭 기법으로 만든다.

풀이

단계 1 반응에 대해 기술한 내용에서 다음 반응물들을 확인할 수 있다.

플루오린화 수소산	$HF(aq)$
고체 이산화 규소	$SiO_2(s)$

그리고 생성물들도 확인할 수 있다.

기체 사플루오린화 규소	$SiF_4(g)$
액체 물	$H_2O(l)$

반응물	생성물
1 Si	1 Si
1 H	2 H
1 F	4 F
2 O	1 O

반응물	생성물
1 Si	1 Si
4 H	2 H
4 F	4 F
2 O	1 O

반응물	생성물
1 Si	1 Si
4 H	4 H
4 F	4 F
2 O	2 O

단계 2 불균형 반응식은 다음과 같다.

$$SiO_2(s) + HF(aq) \rightarrow SiF_4(g) + H_2O(l)$$

단계 3 여기서는 가장 복잡한 분자를 확실하게 선택하기 어렵다. 임의로 SiF_4에 있는 원소부터 시작한다. 규소는 균형이 맞추어져 있으나(양쪽에 1개씩 있다), 플루오린은 그렇지 못하다. 플루오린의 균형을 맞추기 위하여 HF 앞에 계수 4가 필요하다.

$$SiO_2(s) + 4HF(aq) \rightarrow SiF_4(g) + H_2O(l)$$

수소와 산소도 균형이 맞지 않는다. 수소 원자는 왼쪽에 4개, 오른쪽에 2개가 있으므로 H_2O 앞에 계수 2를 둔다.

$$SiO_2(s) + 4HF(aq) \rightarrow SiF_4(g) + 2H_2O(l)$$

이렇게 하면 수소와 산소(양쪽에 각각 2개의 원자가 있음)의 균형이 맞는다.

점검

단계 4 $SiO_2(s) + 4HF(aq) \rightarrow SiF_4(g) + 2H_2O(l)$

전체: 1 Si, 2 O, 4 H, 4 F → 1 Si, 4 F, 4 H, 2 O

모든 원자들을 확인하여 보면, 식의 균형이 맞음을 알 수 있다.

SELF-CHECK

실전 연습 6.3 다음 각 반응에 대하여 균형 반응식을 쓰시오.

a. 고체 아질산 암모늄을 가열하면, 질소 기체와 수증기가 발생한다.

b. 일산화 질소(일반명 산화 질소) 기체가 분해하여 일산화 이질소(일반명 아산화 질소) 기체와 이산화 질소 기체를 생성한다.

c. 액체 질산이 분해하여 붉은 갈색의 이산화 질소 기체, 물, 산소 기체가 발생한다(질산 병을 오래 두면 노란색으로 변하게 되는 이유이다).

물질 이름으로부터 화학식을 쓰기 힘들다면 5장을 복습하라. 여러분이 이것을 할 수 있음이 중요하다.

6장 복습하기 Chapter 6 Review

주요 용어

화학 반응(6.2)	화학 반응식(6.2)
반응물(6.2)	생성물(6.2)
화학 반응식의 균형 맞추기(6.2)	계수(6.3)

요약

- 화학 반응들은 일반적으로 시각적인 신호를 준다.
  - 색 변화
  - 고체 형성
  - 기포 형성
  - 열
  - 불꽃
- 화학 반응에서 반응물과 생성물의 물리적 상태는 다음의 기호로 나타낸다.

물리적 상태	
기호	상태
(s)	고체
(l)	액체
(g)	기체
(aq)	물에 녹음(수용액)

- 화학 반응은 원자가 함께 그룹화되는 방식의 재배열을 포함한다.
- 화학 반응식은 화학 반응을 나타낸다.
  - 반응물은 화살표의 왼쪽에 나타낸다.
  - 생성물은 화살표의 오른쪽에 나타낸다.

- 화학 반응에서 원자들은 생성되지도 소멸되지도 않는다. 균형 반응식은 반응물과 생성물에서 각 원자가 같은 수 포함되어 있어야 한다.
- 균형 화학 반응식은 반응물과 생성물의 화학식 앞의 계수는 각 원자의 상대적인 수를 나타낸다.
- 화학 반응식은 체계적인 방법으로 균형을 맞출 수 있다.
  - 먼저 반응물과 생성물을 확인하고 화학식을 써서 불균형 반응식을 쓴다.
  - 가장 복잡한 분자부터 시작하여 시행착오를 거쳐 균형을 맞춘다.
  - 마지막으로 이 식의 균형이 맞는지를 점검한다(반응물과 생성물 쪽의 모든 원자 수가 같은지 확인한다).

활동 학습 질문

다음은 강의 중 그룹 지도를 위한 문제들로, 특정 주제를 소개하는 데 매우 효과적이다.

1. 다음은 화학 반응식의 균형을 맞출 필요가 있는가? 질문에 대한 학생들의 실제 응답이다.

a. 화학 물질은 정확한 비율로 넣지 않으면 반응하지 않는다.
b. 정확한 양의 반응물을 넣지 않으면 올바른 생성물이 생길 수 없다.
c. 특정한 수의 반응물들이 없으면 특정한 수의 생성물들이 생길 수 없다.
d. 균형 반응식은 얼마만큼의 생성물을 얻기 위하여 얼마만큼의 반응물이 필요한지를 알려준다.
e. 쓰인 대로 반응이 일어나려면 계수가 정해져야 한다.

가장 좋은 항목을 선택하여 그 근거를 제시하고, 선택하지 않은 항목에 대하여 그 이유를 설명하시오.

2. 화학식으로부터 얻을 수 있는 정보는 어떤 것이 있는가? 반응식으로부터 얻을 수 있는 정보는 어떤 것이 있는가?

3. $N_2 + H_2 \rightarrow NH_3$ 반응을 나타내는 분자 그림으로 그리시오(균형이 맞는지 확인하시오).

4. 화학식에 있는 아래첨자는 무엇을 나타내는가? 균형 화학 반응식에서 계수는 무엇을 나타내는가?

5. 화학식에 있는 아래첨자가 분수일 수 있는가? 설명하시오.

6. 균형 화학 반응식에 있는 계수가 분수일 수 있는가? 설명하시오.

7. 화학식의 아래첨자를 바꾸어서 수학적으로 반응식의 균형을 맞출 수 있다. 왜 이것이 용납되지 않는가?

8. 표 6.1은 화학 반응이 일어났음을 알 수 있는 단서들이다. 그러나 이것들이 화학적 변화가 일어났음을 증명하는 데 반드시 필요한 것은 아니다. 각 단서들에 대해 화학적 변화가 아닌 물리적 변화의 예를 드시오.

9. 분자 그림을 사용하여 물리적 변화와 화학적 변화의 차이를 나타내시오.

10. 6.3절에서 "가장 복잡한 분자부터 시작하는"이라는 반응식 균형 맞추기에 관한 문구의 의미는 무엇인가? 이것이 최선의 방법인 이유는 무엇인가?

11. 균형 화학 반응식이 맞는지에 관한 다음 문장 중 어느 것이 맞는가? 둘 이상이 있을 수도 있다.

a. 원자는 생성되지도 않고 파괴되지도 않는다.
b. 계수는 사용된 물질의 질량비를 나타낸다.
c. 반응물 쪽의 계수의 합은 항상 생성물 쪽의 계수의 합과 같다.

12. 일반적인 화학 반응식 $aA + bB \rightarrow cC + dD$($a, b, c, d$는 각각 A, B, C, D의 계수임)에서 다음에 답하시오.

a. c에 대해 얼마나 많은 값이 가능한가? 답에 대해 설명하시오.
b. c/d에 대해 얼마나 많은 값이 가능한가? 답에 대해 설명하시오.

13. 질량 보존 법칙과 화학 반응식의 균형 맞추기는 어떤 관련이 있는가?

14. 다음 균형 화학 반응식을 정확하게 표현한 것이 어느 것인가? 옳은 문장이 둘 이상 있을 수도 있다. 틀린 문장은 이유를 설명하시오.

$$4Al + 3O_2 \rightarrow 2Al_2O_3$$

a. 알루미늄 원자 4개당 산소 원자 6개가 반응하여 산화 알루미늄 분자 2개가 생성된다.
b. 알루미늄 4 mol당 산소 3 mol이 반응하여 산화 알루미늄(III) 2 mol이 생성된다.
c. 알루미늄 4 g당 산소 3 g이 반응하여 산화 알루미늄 2 g이 생성된다.

15. 다음 균형 화학 반응식을 정확하게 표현한 것은 어느 것인가? 옳은 문장이 두 개 이상 있을 수도 있다. 틀린 문장은 이유를 설명하시오.

$$CaO + C \rightarrow CaC_2 + CO_2$$

a. $CaO_2 + 3C \rightarrow CaC_2 + CO_2$
b. $2CaO + 5C \rightarrow 2CaC_2 + CO_2$
c. $CaO + 2\frac{1}{2}C \rightarrow CaC2 + \frac{1}{2}CO_2$
d. $4CaO + 10C \rightarrow 4CaC_2 + 2CO_2$

16. 원소 X(△)와 원소 Y(○)의 반응은 다음 그림으로 표현된다. 이 반응에 가장 잘 표현된 원소는 어느 것인가?

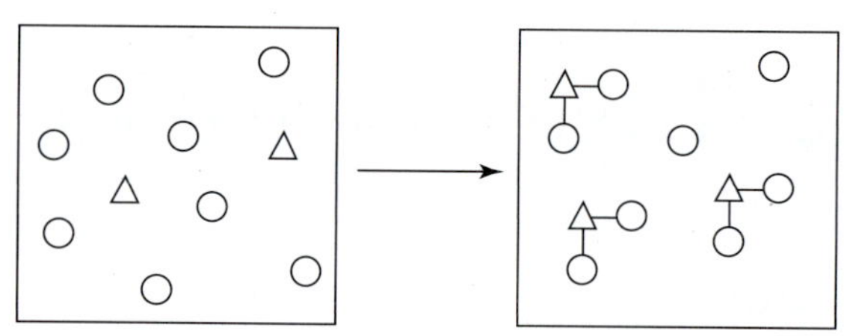

a. $3X + 8Y \rightarrow X_3Y_8$
b. $3X + 6Y \rightarrow X_3Y_6$
c. $X + 2Y \rightarrow XY_2$
d. $3X + 8Y \rightarrow 3XY_2 + 2Y$

질문과 문제

6.1 화학 반응에 대한 증거

▶ *질문*

1. 화학 반응이 일어나고 있다는 것을 어떻게 *알 수* 있는가? 화학 반응이 일어났음을 알기 위해 각각의 오감(시각, 청각, 미각, 촉각, 후각)이 사용되는 예를 생각해낼 수 있는가?

2. 요즘에는 치아를 희게 만드는 데 쓰이는 가정품들이 많이 나와 있다. 이들 상당수는 치아를 탈색시키는 과산화물을 포함하고 있다. 탈색 과정이 화학 반응이라는 것에 대해 어떤 증거가 있는가?
3. 작게 베인 상처나 찰과상은 흔히 과산화 수소 용액을 사용하여 세척한다. 상처를 과산화 수소로 처리하는 것이 화학 반응을 일으킨다는 것에 대한 어떤 증거가 있는가?

6.2 화학 반응식

▶ *질문*

4. 화학 반응식에서 화살표 *왼쪽*에 있는 물질을 무엇이라 하는가? 화살표 *오른쪽*에 있는 물질을 무엇이라 하는가? 화살표 자체의 의미는 무엇인가?
5. 불균형 화학 반응식 $HCl(g) + O_2(g) \rightarrow H_2O(g) + Cl_2(g)$에 대하여 다음에 답하시오.
   a. 반응물을 나열하시오.
   b. 생성물을 나열하시오.
6. 화학 반응에서, 반응 후에 존재하는 원자들의 총수는 반응 전 원자들의 총수에 비해 (크다/작다/같다).
7. 화학 반응식을 적을 때 흔히 반응물과 생성물의 *물리적 상태*를 표시하는 이유가 무엇인가?
8. 어떤 물질의 화학식 뒤에 "(*l*)" 표시는 ________상태로 존재한다는 것을 의미한다.

▶ *문제*

참조: 다음 문제 중 일부는 화합물의 이름으로부터 화학식을 적어야 할 필요가 있다. 어려움이 있으면 5장을 복습하시오.

9. 순수한 수소 기체 시료에 매우 조심스럽게 불을 붙여 수소 기체를 서서히 태우면, 공기 중의 산소와 결합하여 수증기가 생긴다. 이 반응의 불균형 반응식을 쓰시오.
10. 액체 하이드라진(N_2H_4)은 로켓 연료로 사용되어 왔다. 로켓을 발사시킬 때 촉매는 액체 하이드라진이 질소 원소와 수소 기체로 빨리 분해되도록 도와준다. 생성되는 기체의 빠른 팽창과 발생된 열이 로켓을 추진시킨다. 하이드라진이 질소 기체와 수소 기체를 만드는 반응의 불균형 반응식을 쓰시오.
11. 산화 은을 강하게 가열하면 은 금속과 산소 기체로 분해된다. 이 반응의 불균형 반응식을 쓰시오.
12. 비처방약으로 팔리는 제산제 알약들은 탄산 칼슘을 유효 성분으로 하고 있는 것이 많은데, 이 때문에 이 알약들이 칼슘 보충제로 쓰일 수 있다. 위산 과다에 쓰이는 제산제로서 탄산 칼슘은 위에 있는 염산과 반응하여 염화 칼슘 용액을 생성함으로써 위산을 물로 바꾸고 이산화 탄소 기체를 내놓는다(이 때문에 위장 장애가 있는 사람들이 트림이 난다는 것을 느낄 수도 있다). 이 과정에 대한 불균형 화학 반응식을 쓰시오.
13. 전자 부품의 제조에 사용되는 순수 규소는 이산화 규소(모래)를 탄소와 함께 높은 온도로 가열하여 만들 수 있는데, 이 때 일산화 탄소 기체가 발생한다. 이 과정에 대한 불균형 화학 반응식을 쓰시오.
14. 염산 수용액에 고체 아연을 넣으면 수소 기체가 발생되고 염화 아연이 수용액 속에 남는다. 이 반응에 대한 불균형 화학 반응식을 쓰시오.

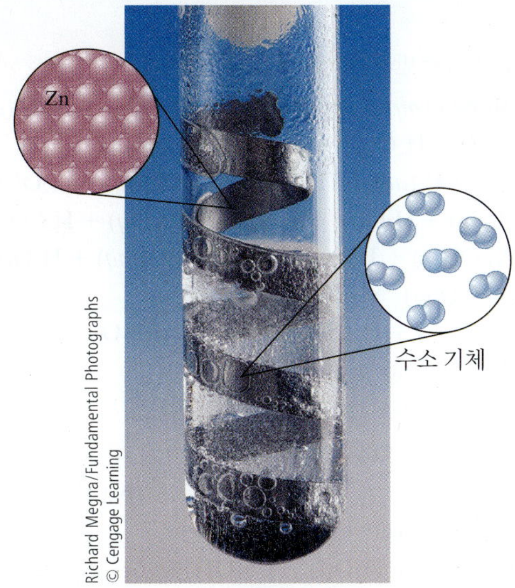

Richard Megna/Fundamental Photographs

15. 황이 많이 함유된 연료를 태우면 "산성비" 현상을 일으킨다. 황이 많이 함유된 연료가 탈 때, 황은 이산화 황(SO_2)과 삼산화 황(SO_3)으로 변한다. 이산화 황과 삼산화 황 기체가 대기 중의 물에 녹으면, 각각 아황산과 황산이 생성된다. 이산화 황과 삼산화 황이 물과 반응하는 불균형 화학 반응식을 쓰시오.
16. 지구를 둘러싸고 있어 우리를 보호하는 오존층이 감소하고 있다고 걱정하고 있다. 오존(O_3)은 대기 중에서 보통의 산소와 자외선 및 번개 방전의 상호 작용에 의해 생성된다. 특히 질소 산화물(일반적으로 자동차 배기 가스)이 오존을 분해시킨다고 알려져 있다. 예를 들어, 기체 상태의 산화 질소(NO)가 오존 기체와 반응하여 이산화 질소 기체와 산소 기체를 생성한다. 이 과정에 대한 불균형 화학 반응식을 쓰시오.
17. 인 원소(P_4)를 산소 기체 존재 하에서 태우면 강렬하게 밝은 빛을 내고 흰색 고체 산화 인(V)가 대량 생성된다. 이런 성질을 보면 전쟁에서 쓸 방화 폭탄을 만드는 데 쓰이는 것은 놀라운 일이 아니다. 인이 산소 기체와 반응하여 산화 인(V)를 만드는 반응에 대한 불균형 화학 반응식을 쓰시오.
18. 관례적으로 비활성 기체라고 부르지만, 이들 8족의 무거운 원소들은 상대적으로 안정한 화합물을 생성한다. 예를 들면, 고온에서 적합한 촉매 존재하에 제논 기체는 플루오린 기체와 직접 결합하여 고체 삼플루오린화 제논을 생성한다. 이 과정에 대한 불균형 화학 반응식을 쓰시오.
19. 질산(HNO_3)은 고압의 암모니아 기체와 산소 기체를 약 750°C에서 백금 촉매와 함께 반응시키면 생성된다. 물은 이 반응의 부생성물이다. 이 과정에 대한 불균형 화학 반응식을 쓰시오.

6.3 화학 반응식의 균형 맞추기

▶ *질문*

20. 화학 반응식의 균형을 맞출 때 학생들은 흔히 화학식 *안에* 있는 숫자들(아래첨자)을 바꾸고 싶은 유혹을 느낀다. 이것은 왜 절대로 허용되지 않는가? 아래첨자를 바꾸면 어떤 영향이 있는가?

▶ 문제

21. 다음 각 화학 반응식의 균형을 맞추시오.

a. $Na_2SO_4(aq) + CaCl_2(aq) \rightarrow CaSO_4(s) + NaCl(aq)$
b. $Fe(s) + H_2O(g) \rightarrow Fe_3O_4(s) + H_2(g)$
c. $Ca(OH)_2(aq) + HCl(aq) \rightarrow CaCl_2(aq) + H_2O(l)$
d. $Br_2(g) + H_2O(l) + SO_2(g) \rightarrow HBr(aq) + H_2SO_4(aq)$
e. $NaOH(s) + H_3PO_4(aq) \rightarrow Na_3PO_4(aq) + H_2O(l)$
f. $NaNO_3(s) \rightarrow NaNO_2(s) + O_2(g)$
g. $Na_2O_2(s) + H_2O(l) \rightarrow NaOH(aq) + O_2(g)$
h. $Si(s) + S_8(s) \rightarrow Si_2S_4(s)$

22. 다음 각 화학 반응식의 균형을 맞추시오.

a. $NaCl(s) + SO_2(g) + H_2O(g) + O_2(g) \rightarrow Na_2SO_4(s) + HCl(g)$
b. $Br_2(l) + I_2(s) \rightarrow IBr_3(s)$
c. $Ca_3N_2(s) + H_2O(l) \rightarrow Ca(OH)_2(aq) + NH_3(g)$
d. $BF_3(g) + H_2O(g) \rightarrow B_2O_3(s) + HF(g)$
e. $SO_2(g) + Cl_2(g) \rightarrow SOCl_2(l) + Cl_2O(g)$
f. $Li_2O(s) + H_2O(l) \rightarrow LiOH(aq)$
g. $Mg(s) + CuO(s) \rightarrow MgO(s) + Cu(l)$
h. $Fe_3O_4(s) + H_2(g) \rightarrow Fe(l) + H_2O(g)$

23. 다음 각 화학 반응식의 균형을 맞추시오.

a. $Ba(NO_3)_2(aq) + Na_2CrO_4(aq) \rightarrow BaCrO_4(s) + NaNO_3(aq)$
b $PbCl_2(aq) + K_2SO_4(aq) \rightarrow PbSO_4(s) + KCl(aq)$
c. $C_2H_5OH(l) + O_2(g) \rightarrow CO_2(g) + H_2O(l)$
d. $CaC_2(s) + H_2O(l) \rightarrow Ca(OH)_2(s) + C_2H_2(g)$
e. $Sr(s) + HNO_3(aq) \rightarrow Sr(NO_3)_2(aq) + H_2(g)$
f. $BaO_2(s) + H_2SO_4(aq) \rightarrow BaSO_4(s) + H_2O_2(aq)$
g. $AsI_3(s) \rightarrow As(s) + I_2(s)$
h. $CuSO_4(aq) + KI(s) \rightarrow CuI(s) + I_2(s) + K_2SO_4(aq)$

수용액에서 일어나는 반응

Reactions in Aqueous Solutions

CHAPTER

7

질산 납(II) 용액과 아이오딘화 포타슘 용액의 반응으로 아이오딘화 납(II)의 노란 침전물이 형성된다.

David Taylor/Science Source

우리에게 가장 중요한 화학 반응들은 물 속, 즉 수용액 중에서 일어난다. 우리가 건강하게 살 수 있도록 하는 거의 모든 반응이 몸에 있는 수용액 매질에서 일어난다. 예를 들어 우리가 호흡하는 산소는 혈액에 녹아서 적혈구에 있는 헤모글로빈과 결합한다. 산소는 헤모글로빈과 결합된 상태로 세포로 운반되며, 연료(우리가 섭취한 음식물)와 반응하여 생활에 필요한 에너지를 만든다. 그러나 산소가 연료와 직접 반응하는 것은 아니다. 세포는 작은 반응로가 아니다. 그 대신 연료로부터 전자가 나와 호흡 사슬(respiratory chain)이라고 부르는 일련의 분자들을 통해 최종적으로 산소까지 전달된다. 그 외에도 많은 다른 반응들이 우리의 건강한 삶에 결정적인 역할을 한다. 화학을 공부하면서 이러한 반응의 예를 많이 보게 될 것이다.

이 장에서는 물에서 일어나는 일반적인 몇 가지 반응과 이러한 반응들을 일으키는 추진력에 대해 공부할 것이다. 또한 이러한 반응의 생성물을 예측하는 방법과 이들을 나타내는 여러 반응식을 쓰는 법에 대해 배우게 될 것이다.

성냥의 연소에는 몇 가지 화학 반응이 관여한다.
Corbis/Getty Images

7.1 반응이 일어날지 예측하기

학습 목표

- 반응을 일으키는 몇 가지 요인들에 대해 배운다.

이 책에서 이미 많은 화학 반응들을 보았다. 이제 다음과 같은 중요한 질문을 생각해보자. 화학 반응은 왜 일어나는가? 반응물을 생성물로 "변하게 하는 것"은 무엇인가? 화학자들이 반응을 연구하면서 알게 된 것은 반응물이 생성물을 형성하도록 하는 몇 가지 경향이 존재한다는 것이다. 즉, 반응물을 생성물로 이끌어가는 몇 가지 "추진력" 즉, 반응이 화살표 방향으로 진행하도록 하는 경향이 있다는 것이다. 가장 일반적인 추진력은 다음과 같다.

1. 고체 형성
2. 물 형성
3. 전자 이동
4. 기체 형성

두 가지 이상의 화학 물질이 만날 때 이러한 일 중 하나가 일어날 수 있다면 화학적 변화(화학 반응)가 일어날 수 있다. 따라서 반응물을 보고 반응이 일어날지, 그리고 어떤 생성물이 형성될지 알고 싶다면 이러한 추진력들을 고려해야 한다. 추진력에 대한 이해를 통하여 새로운 반응들을 접할 때 체계적으로 생각할 수 있게 될 것이다.

7.2 고체를 형성하는 반응

학습 목표

- 침전 반응에서 형성되는 고체의 종류를 알아내는 것을 배운다.

화학 반응의 추진력 중 하나는 **침전**(precipitation)이라고 하는 고체 형성이다. 이렇게 형성되는 고체를 **침전물**(precipitate)이라 하고 이러한 반응을 **침전 반응**(precipitation reaction)이라 한다. 예를 들어 노란색을 띠는 크로뮴산 포타슘 수용액[$K_2CrO_4(aq)$]을 무

그림 7.1 노란 크로뮴산 포타슘 용액 [$K_2CrO_4(aq)$]과 무색 질산 바륨 용액 [$Ba(NO_3)_2(aq)$]을 혼합하면 침전 반응이 일어난다.

색의 질산 바륨 수용액[$Ba(NO_3)_2(aq)$]에 가하면 노란색 침전이 형성된다(그림 7.1). 고체가 형성되었다는 것은 화학 반응 즉, 화학적 변화가 일어났다는 것을 의미한다. 바로 다음 상황이 발생한 것이다.

$$\text{반응물} \rightarrow \text{생성물}$$

이러한 화학적 변화를 어떤 반응식으로 쓸 수 있을까? 반응식을 쓰려면 반응물과 생성물을 판별해야 한다. 반응물은 $K_2CrO_4(aq)$와 $Ba(NO_3)_2(aq)$로 이미 알고 있다. 여기서 생성물을 예측할 수 있는 방법이 있을까? 생성물을 예측하는 가장 좋은 방법은 먼저 *생성 가능한 물질들을 고려*하는 것이다. 이를 위해 반응물들을 섞을 때 용액에 존재하는 화학종들을 알아야 한다. 먼저 수용액에서 각 반응물들의 특성에 대해 알아보자.

이온 결합 화합물이 물에 녹을 때 어떤 현상이 일어나는가?

$Ba(NO_3)_2(aq)$라는 표현은 흰색 고체인 질산 바륨이 물에 녹아있다는 것을 뜻한다. 화학식을 보면 질산 바륨은 Ba^{2+}와 NO_3^- 이온을 포함한다는 것을 알 수 있다. *이온을 포함하는 고체가 물에 녹을 때는 거의 항상 이온이 분리되어* 독립적으로 움직인다. 즉, $Ba(NO_3)_2(aq)$는 $Ba(NO_3)_2$ 단위체로 존재하는 것이 아니라 Ba^{2+}와 NO_3^- 이온으로 분리되어 있다. 용액 중에는 Ba^{2+} 이온 하나당 두 개의 NO_3^- 이온이 존재한다. 화학자들은 이 용액이 좋은 전기 전도체라는 사실을 통해 이 용액에 이온이 존재한다는 것을 알 수 있다(그림 7.2). 순수한 물은 전류가 통하지 않는다. 전류가 흐르기 위해서는 물에 이온이 있어야 한다.

물에 녹은 각 물질이 모두 이온으로 분리되면 그 물질을 **강전해질**(strong electrolyte)이라 한다. 질산 바륨[$Ba(NO_3)_2$]은 물에서 모두 이온(Ba^{2+}, NO_3^-, NO_3^-)으로 분리되기 때문에 강전해질이다.

마찬가지로 K_2CrO_4도 강전해질로 작용한다. 크로뮴산 포타슘은 K^+와 CrO_4^{2-} 이온을 포함하기 때문에 고체 K_2CrO_4를 물에 녹여 만든 크로뮴산 포타슘 수용액에는 이 이온들이 분리되어 존재한다. 즉, $K_2CrO_4(aq)$에는 K_2CrO_4가 개별적으로 존재하는 것이 아니고 서로 독립적으로 활동하는 K^+ 양이온과 CrO_4^{2-} 음이온이 존재한다(CrO_4^{2-} 음이온 하나에 대해 두 개의 K^+ 양이온이 있다).

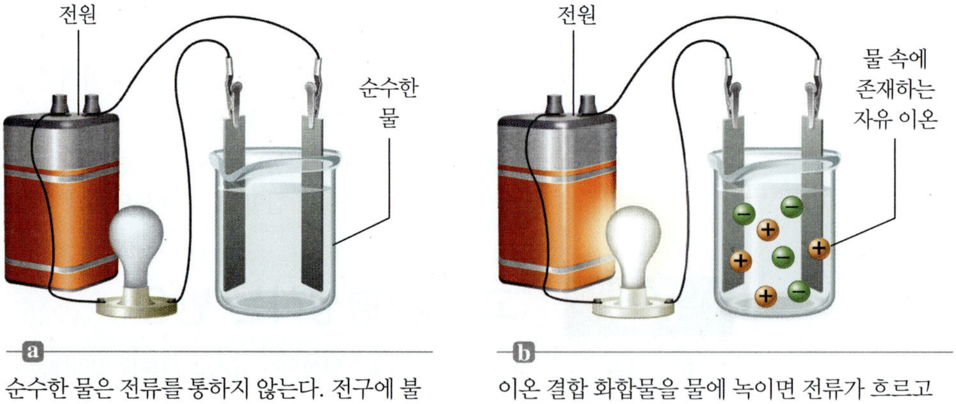

a 순수한 물은 전류를 통하지 않는다. 전구에 불이 들어오지 않는다.

b 이온 결합 화합물을 물에 녹이면 전류가 흐르고 불이 들어온다. 이 실험 결과는 물에 녹은 이온 결합 화합물은 분리된 이온 형태로 존재한다는 강력한 증거가 된다.

그림 7.2 수용액의 전기 전도도.

이온 결합 화합물이 녹은 수용액에는 *분리된 이온들이 존재한다*는 개념은 매우 중요하다. 따라서 $K_2CrO_4(aq)$와 $Ba(NO_3)_2(aq)$를 섞는 반응은 두 가지 방법으로 나타낼 수 있다. 이러한 반응물을 주로 다음과 같이 표기한다.

$$K_2CrO_4(aq) + Ba(NO_3)_2(aq) \rightarrow \text{생성물}$$

그러나 이 상황에 대한 더 정확한 묘사는 다음과 같다.

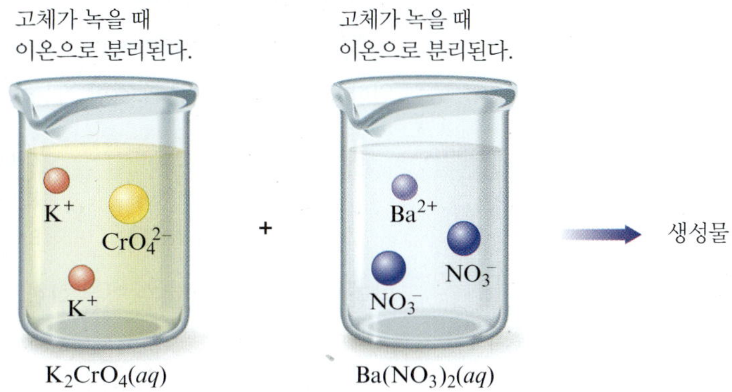

이러한 상황은 다음과 같은 반응식으로 나타낼 수 있다.

$$2K^+(aq) + CrO_4^{2-}(aq) + Ba^{2+}(aq) + 2NO_3^-(aq) \rightarrow \text{생성물}$$

$K_2CrO_4(aq)$에 있는 이온들 / $Ba(NO_3)_2(aq)$에 있는 이온들

따라서 이 *혼합 용액*에는 네 가지 형태의 이온들(K^+, CrO_4^{2-}, Ba^{2+}, NO_3^-)이 존재한다. 반응물들에 대해서 알았으므로 생성될 수 있는 물질에 대한 예측도 가능할 것이다.

생성물을 결정하는 방법

이들 이온 가운데 어떤 것들이 결합하여 처음 용액을 섞을 때 관찰된 노란 고체를 형성할까? 이것은 그렇게 쉬운 문제가 아니다. 숙련된 화학자라도 새로운 반응에서 무슨 일이 일어날지 확신하는 것은 어렵다. 화학자들은 여러 가지 가능성들을 생각해 보고 각 가능성이 현실로 일어날지 예측한다. 화학자들은 실험적으로 각 생성물을 확인한 후에야 어떤 반응이 실제 일어났는지 확신할 수 있다. 하지만 공부를 하면 어떤 생성물이 얻어질 수 있을지 추측할 수 있으므로 여기서부터 시작해야 한다. 따라서 가장 좋은 방법은 다양한 가능성을 고려하고 그 중 가장 신뢰성 있는 것을 결정하는 것이다.

$K_2CrO_4(aq)$와 $Ba(NO_3)_2(aq)$의 반응에서 어떤 생성물이 만들어질까? 더 정확하게 말하자면 K^+, CrO_4^{2-}, Ba^{2+}, NO_3^- 이온들 사이에서 어떤 반응이 일어날까? 우리는 이미 몇 가지 도움이 되는 내용을 알고 있다. 우선 *고체 화합물의 알짜 전하는 0이 되어야 한다*는 것을 안다. 이 말은 이 반응의 생성물은 *양이온과 음이온을 모두* 포함해야 한다는 것을 의미한다. 예를 들어 K^+와 Ba^{2+}는 결합하여 고체를 형성할 수 없는데, 그러한 고체는 양전하를 갖게 될 것이기 때문이다. 같은 이유로 CrO_4^{2-}와 NO_3^-도 고체를 형성할 수 없다.

많은 화합물들의 실험 결과로부터 생성물을 결정하는 데 도움이 되는 또 다른 정보를 얻을 수 있다. *대부분의 이온 결합 화합물들은 단 두 종류의 이온 즉, 양이온과 음이온으로 구성된다*는 사실이다. 다음 화합물들을 보면 그 사실을 확인할 수 있다.

화합물	양이온	음이온
NaCl	Na^+	Cl^-
KOH	K^+	OH^-
Na_2SO_4	Na^+	SO_4^{2-}
NH_4Cl	NH_4^+	Cl^-
Na_2CO_3	Na^+	CO_3^{2-}

K^+, CrO_4^{2-}, Ba^{2+}, NO_3^- 이온들의 결합에서 전하를 띠지 않는 화합물이 형성되기 위한 양이온과 음이온의 결합 가능성은 다음과 같다.

	NO_3^-	CrO_4^{2-}
K^+	KNO_3	K_2CrO_4
Ba^{2+}	$Ba(NO_3)_2$	$BaCrO_4$

따라서 고체를 형성할 수 있는 화합물은 다음과 같다.

K_2CrO_4	$BaCrO_4$
KNO_3	$Ba(NO_3)_2$

이 네 가지 화합물 중에 노란 고체가 될 가능성이 가장 높은 것은 무엇일까? K_2CrO_4나 $Ba(NO_3)_2$는 반응물이기 때문에 아니라는 것을 이미 알고 있다. 이 두 화합물은 혼합 초기에 각 용액에서 용해된 상태로 있었다. 그렇다면 가능성은 KNO_3와 $BaCrO_4$의 두 가지로 줄어든다. 이 둘 중 어느 것이 노란 고체인지 알기 위하여 다른 정보가 더 필요하다. 예를 들어, 숙련된 화학자는 KNO_3는 흰색 고체이고 CrO_4^{2-} 이온이 노란색인 것을 알고 있다. 따라서 노란 고체는 $BaCrO_4$일 가능성이 가장 높다.

$K_2CrO_4(aq)$와 $Ba(NO_3)_2(aq)$가 반응하여 만들어진 생성물 중 하나는 $BaCrO_4(s)$로 결정되었다. 그렇다면 K^+와 NO_3^- 이온은 어떻게 되었는가? 이 이온들은 녹은 상태로 남아있다. 즉, K^+와 NO_3^- 이온이 물에 있을 때 KNO_3는 고체를 형성하지 않는다. 다른 말로 하면 고체 상태의 흰색 $KNO_3(s)$를 물에 넣으면 완전히 용해되어, 고체는 "사라지고" 투명한 용액이 된다는 것이다. 따라서 $K_2CrO_4(aq)$와 $Ba(NO_3)_2(aq)$를 혼합하면 $BaCrO_4(s)$가 형성되고 KNO_3는 용액에 남아있다[따라서 이를 $KNO_3(aq)$로 표시한다]. (이 혼합물을 여과하여 고체 $BaCrO_4$를 제거한 후에 물을 모두 증발시키면 흰색의 고체 KNO_3가 남는다.)

위의 모든 정보로부터 이 침전 반응의 반응식을 균형은 맞추지 않았지만 다음과 같이 쓸 수 있다.

$$K_2CrO_4(aq) + Ba(NO_3)_2(aq) \rightarrow BaCrO_4(s) + KNO_3(aq)$$

이것을 그림으로 나타내면 다음과 같다.

K^+ 이온과 NO_3^- 이온은 화학적 변화에 관여하지 않음을 유의하라. 반응 전후에 모두 물에 흩어진 상태로 존재한다.

표 7.1 25°C 물에서 이온 결합 화합물(염)의 일반적인 용해도 규칙

1. 대부분의 질산(NO_3^-) 염은 가용성이다.
2. 대부분의 Na^+, K^+, NH_4^+ 염은 가용성이다.
3. 대부분의 염화 이온의 염은 가용성이다. $AgCl$, $PbCl_2$, Hg_2Cl_2는 예외이다.
4. 대부분의 황산 이온의 염은 가용성이다. $BaSO_4$, $PbSO_4$, $CaSO_4$는 예외이다.
5. 대부분의 수산화 이온의 염은 난용성이다.* 단 $NaOH$와 KOH는 가용성이고 $Ba(OH)_2$와 $Ca(OH)_2$는 예외이다.
6. 대부분의 황화 이온(S^{2-}), 탄산 이온(CO_3^{2-}), 인산 이온(PO_4^{3-})의 염은 난용성*이다.

* *불용성*과 *난용성*은 같은 의미이다. 모두 눈으로 파악할 수 없을 정도로 적은 양이 녹는다.

용해도 규칙 이용하기

지금까지 이온성 고체가 형성되는 반응 즉, 물에 녹아있는 이온들이 결합하여 고체를 형성하는 반응을 살펴보았다. 고체가 형성되기 위해 양이온과 음이온의 수는 알짜 전하가 0이 될 수 있도록 균형을 이루어야 한다는 것을 알고 있다. 그러나 K^+ 이온과 NO_3^- 이온의 예에서 볼 수 있는 것처럼 물에 있는 반대 전하를 가진 이온들이 항상 고체를 형성하는 반응을 일으키는 것은 아니다. 또한 Na^+ 이온과 Cl^- 이온도 고체 $NaCl$을 형성하지 않고 물에 진한 농도로 녹는다. 달리 표현하면 고체 $NaCl$, 즉 소금을 물에 넣으면 흰 고체는 Na^+ 이온과 Cl^- 이온으로 용해되어 '흩어진다'(음식을 요리하면서 소금물을 만들 때 아마 경험했을 것이다). 그렇다면 다음 두 설명은 사실 같은 의미를 가진다.

1. 고체 소금은 물에 매우 잘 녹는다.
2. Na^+ 이온을 포함하는 용액에 Cl^- 이온을 포함하는 용액을 섞을 때 고체 $NaCl$은 형성되지 않는다.

물에 녹아있는 양이온과 음이온의 짝이 고체를 형성할지 예측하기 위해서는 여러 가지 이온성 고체의 용해도에 대한 정보를 알아야 한다. 물에 잘 녹는 고체 즉, 이온으로 흩어지면서 사라지는 고체를 **가용성 고체**(soluble solid)라고 한다. **불용성 고체**(insoluble solid)와 **난용성 고체**(slightly soluble solid)는 눈으로 확인할 수 없을 정도로 극히 소량만 녹는 고체를 의미한다. 표 7.1에는 많은 화합물의 관찰을 통해 얻어진 용해도에 대한 정보가 정리되어 있다. 이것은 고체가 형성되는 화학 반응에서 일어나는 현상들을 예측하는 데 필요한, 사실에 대한 지식이다. 이러한 지식의 정보들을 그림 7.3에 요약하였다.

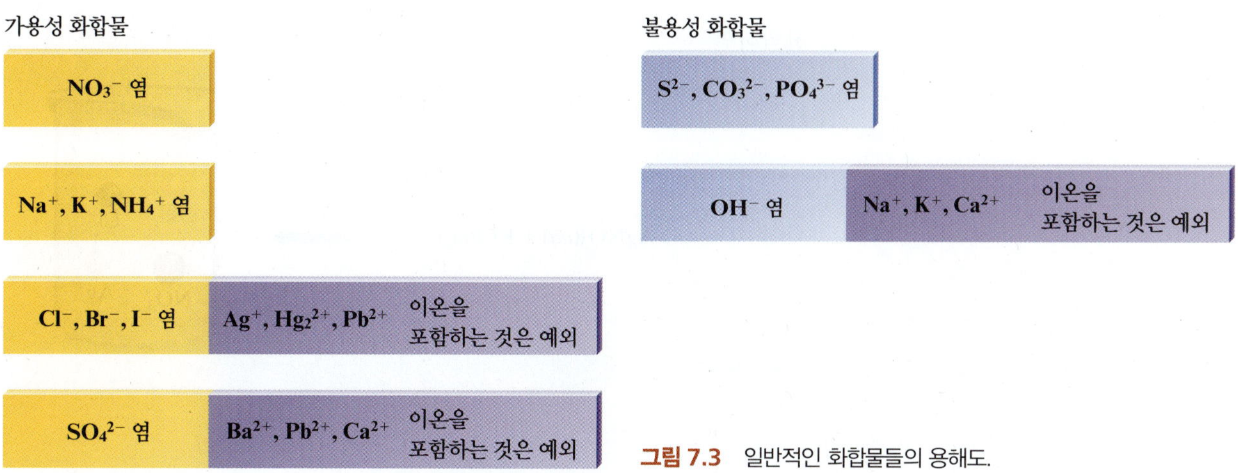

그림 7.3 일반적인 화합물들의 용해도.

표 7.1과 그림 7.3에서 *이온 결합 화합물*에 대하여 *염*(salt)이라는 용어를 사용한 것을 주목하라. 많은 화학자들이 *염*과 *이온 결합 화합물*을 같은 의미로 사용한다. 예제 7.1에서 이온 간 반응의 생성물을 예측하는 데 용해도의 규칙들을 어떻게 이용하는지 제시할 것이다.

비판적으로 생각하기

비이온성 고체가 물에 녹으면 어떻게 될까? 과연 그러한 반응이 일어날까?

대화형 예제 7.1 고체가 형성되는 반응에서 침전물의 종류 알아보기

$AgNO_3$는 Ag^+만 형성하기 때문에 질산 은(I)이라고 하지 않고 질산 은이라고 한다.

질산 은 수용액을 염화 포타슘 수용액에 가하면 흰 침전이 형성된다.◀ 흰 침전이 어떤 화합물인지 밝히고 이 반응에 대해 균형 반응식을 쓰시오.

풀이 먼저 알고 있는 것을 이용해 반응을 적는다.

$$AgNO_3(aq) + KCl(aq) \rightarrow \text{흰 침전}$$

단어로부터 필수적인 사실들을 결정하고 그 사실들을 기호나 다이어그램으로 나타내 보자. 중요한 질문(흰 고체는 무엇인가)에 답하기 위해서 혼합 용액에 어떤 이온들이 있는지 알아야 한다. 즉, 반응물들이 어떤 것들인지 알아야 한다. *이온 화합물이 물에 녹을 때는 이온으로 분리된다*는 것을 기억하자. 그러면 반응식을 다음과 같이 적을 수 있을 것이다.

$$\underbrace{Ag^+(aq) + NO_3^-(aq)}_{AgNO_3(aq)\text{에 있는 이온들}} + \underbrace{K^+(aq) + Cl^-(aq)}_{KCl(aq)\text{에 있는 이온들}} \rightarrow \text{생성물}$$

반응이 일어나기 전 혼합 용액에 존재하는 이온들을 그림으로 나타내면 다음과 같다.

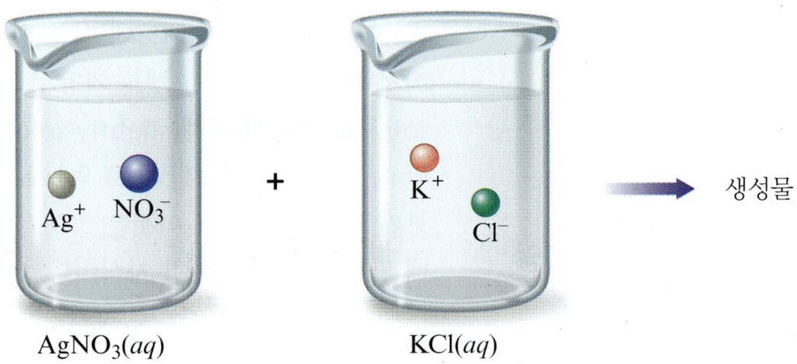

요약하면

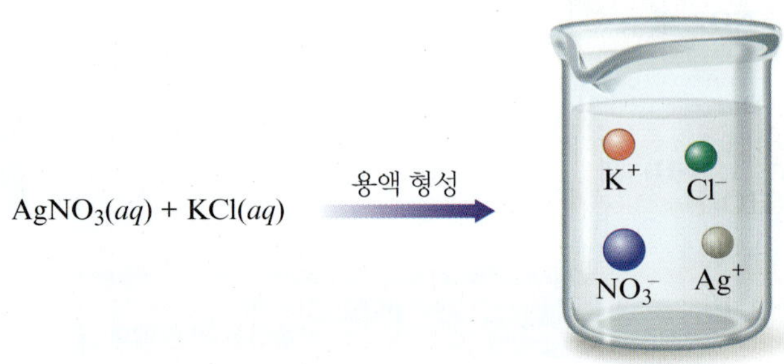

	NO_3^-	Cl^-
Ag^+	$AgNO_3$	$AgCl$
K^+	KNO_3	KCl

이제 이 이온들의 조합에서 어떤 고체가 형성*될 수 있는지* 생각해 보자. ◀ 고체는 양이온과 음이온 모두 포함해야 하기 때문에 이들 이온 조합으로부터 만들어질 수 있는 화합물들은 다음과 같다.

$AgNO_3$	$AgCl$
KNO_3	KCl

$AgNO_3$와 KCl은 반응 용액에 이미 용해되어 있는 물질이기 때문에 흰색 고체가 될 수 없다. 따라서 다음 두 가능성만 남는다.

$AgCl$

KNO_3

위의 두 가지 가능성을 확인하는 또 다른 방법은 *이온 교환*(ion interchange)이다. 이 방법에서는 $AgNO_3(aq)$와 $KCl(aq)$의 반응에서 한 반응물의 양이온을 다른 반응물의 음이온과 결합시킨다.

$$Ag^+ + NO_3^- + K^+ + Cl^- \rightarrow \text{생성물}$$

가능한 고체 생성물

이온 교환 방법에서도 다음 두 고체가 생성됨을 알 수 있다:

$$AgCl \quad \text{또는} \quad KNO_3$$

$AgCl$과 KNO_3 중 어느 것이 흰색 고체인지 알기 위해서는 용해도 규칙을 알아야 한다(표 7.1). 규칙 2에 의하면 K^+를 포함하는 대부분의 염은 가용성이다. 규칙 1에 의하면 NO_3^-를 포함하는 대부분의 질산염도 가용성이다. 따라서 KNO_3는 가용성이다. 즉 K^+와 NO_3^- 이온이 물에서 섞일 때는 고체(KNO_3)가 형성되지 *않는다*.

반면 규칙 3에 의하면 대부분의 염화물(Cl^-를 포함하는 염)은 가용성이지만 $AgCl$은 예외이다. 즉 $AgCl(s)$은 물에 불용성이다. 따라서 흰색 고체는 $AgCl$이며, 다음과 같이 쓸 수 있다.

$$AgNO_3(aq) + KCl(aq) \rightarrow AgCl(s) + ?$$

다른 생성물은 무엇인가?

Ag^+와 Cl^- 이온을 사용하여 $AgCl(s)$이 형성되었다.

$$Ag^+(aq) + NO_3^-(aq) + K^+(aq) + Cl^-(aq) \rightarrow AgCl(s)$$

따라서 K^+와 NO_3^- 이온이 남는다. 이들에게는 무슨 일이 일어날까? 아무 일도 일어나지 않는다. KNO_3는 물에 매우 잘 녹기 때문에(규칙 1과 2) K^+와 NO_3^- 이온은 물에 분리된 상태로 남아있다. KNO_3는 물에 녹은 상태로 남아있어 $KNO_3(aq)$로 표기한다. 따라서 전체 반응식은 다음과 같다.

$$AgNO_3(aq) + KCl(aq) \rightarrow AgCl(s) + KNO_3(aq)$$

그림 7.4는 이 반응이 일어날 때 $AgCl(s)$의 침전물이 생성되는 것을 보여주고 있다. 반응을 그림으로 나타내면 다음과 같다.

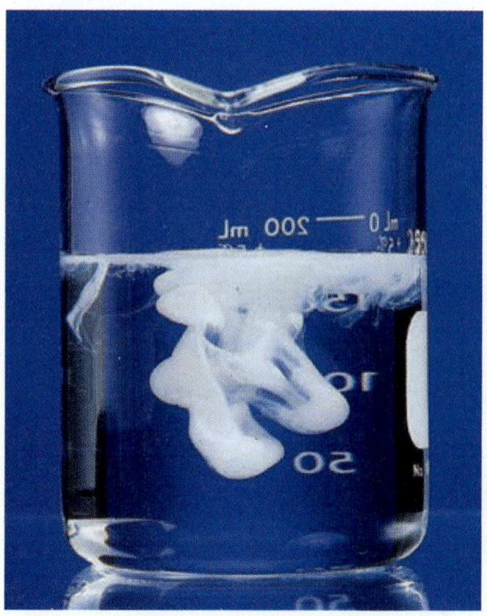

그림 7.4. 질산 은과 염화 포타슘 용액을 혼합하면 염화 은 침전물이 생성된다. K^+와 NO_3^- 이온은 용액 속에 남아있다.

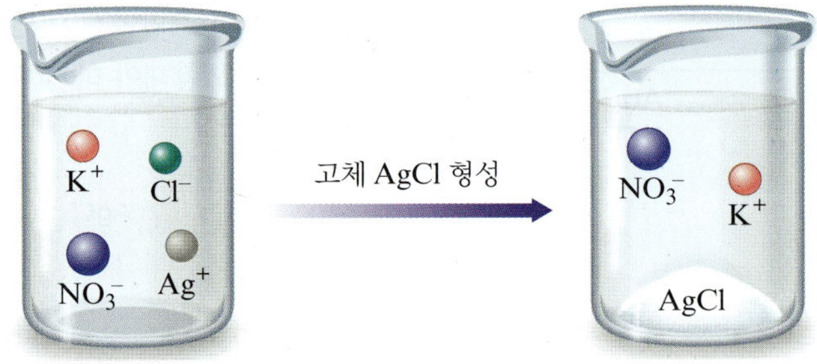

염이 녹아있는 두 가지 용액을 섞을 때 일어날 수 있는 일을 예측하는 데 활용할 수 있는 유용한 절차는 다음과 같다.

두 가지 이온 화합물의 혼합 용액에서 생성되는 침전물을 예측하는 방법

단계 1 반응이 일어나기 전에 실제로 존재하는 상태로 반응물을 적는다. 염이 녹을 때 이온으로 분리된다는 것을 기억하라.

단계 2 형성될 수 있는 다양한 고체들을 고려하라. 이를 위해 첨가된 염의 *음이온을 교환*하기만 하면 된다.

단계 3 용해도 규칙(표 7.1)을 이용하여 고체가 형성될 수 있는지, 만약 형성될 수 있다면 어떤 고체가 형성될지 예측한다.

대화형 예제 7.2 용해도 규칙을 이용하여 반응의 생성물 예측하기

표 7.1에 있는 용해도 규칙을 이용하여 다음 용액들이 혼합될 때 일어나는 일을 예측하시오. 반응이 일어나는 경우 균형 반응식을 작성하시오.

a. $KNO_3(aq)$와 $BaCl_2(aq)$

b. $Na_2SO_4(aq)$와 $Pb(NO_3)_2(aq)$

c. $KOH(aq)$와 $Fe(NO_3)_3(aq)$

풀이 (a)

단계 1 $KNO_3(aq)$는 고체 KNO_3를 물에 녹여 $K^+(aq)$와 $NO_3^-(aq)$ 이온을 형성한 수용액을 나타낸다. 마찬가지로 $BaCl_2(aq)$는 고체 $BaCl_2$를 물에 녹여 $Ba^{2+}(aq)$와 $Cl^-(aq)$ 이온을 형성한 수용액을 나타낸다. 두 용액을 섞으면 다음 이온들이 존재할 것이다.

$$\underbrace{K^+, \quad NO_3^-,}_{KNO_3(aq)\text{에서}} \quad \underbrace{Ba^{2+}, \quad Cl^-}_{BaCl_2(aq)\text{에서}}$$

단계 2 가능한 생성물을 얻기 위해 음이온을 교환한다.

$$K^+ \quad NO_3^- \quad Ba^{2+} \quad Cl^-$$

결과적으로 KCl과 $Ba(NO_3)_2$ 두 가지 가능성이 있으며, 이들이 생성될 수 있는 고체들이다. Ba^{2+}의 2+ 전하와 균형을 이루기 위해 두 개의 NO_3^-가 필요하다는 것을 기억하자.

단계 3 표 7.1의 용해도 규칙에 의하면 KCl과 $Ba(NO_3)_2$는 모두 가용성이다. 따라서

$KNO_3(aq)$와 $BaCl_2(aq)$를 섞으면 침전물이 생기지 않는다. 모든 이온들은 용액에 녹은 상태로 존재하며 어떠한 반응도 일어나지 않는다. 즉 어떠한 화학적 변화도 일어나지 않는다.

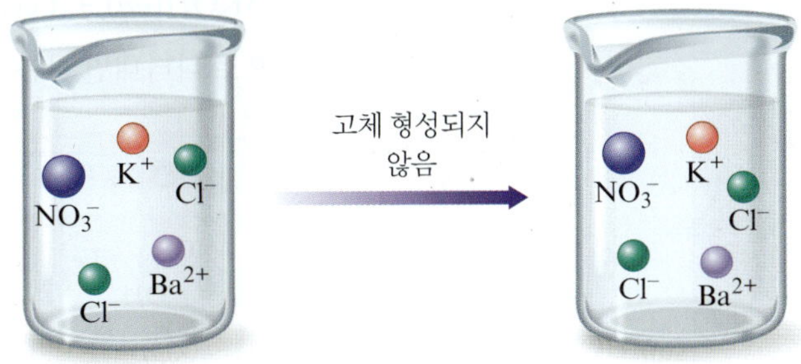

풀이 (b) **단계 1** 반응이 일어나기 전에는 혼합 용액에 다음 이온들이 존재한다.

$$Na^+, \quad SO_4^{2-}, \quad Pb^{2+}, \quad NO_3^-$$

(Na^+, SO_4^{2-}: $Na_2SO_4(aq)$에서; Pb^{2+}, NO_3^-: $Pb(NO_3)_2(aq)$에서)

단계 2 다음과 같이 음이온을 교환하면 *가능한* 고체 생성물은 $PbSO_4$와 $NaNO_3$이다.

$$Na^+ \quad SO_4^{2-} \quad Pb^{2+} \quad NO_3^-$$

단계 3 표 7.1에 따르면, $NaNO_3$는 가용성이지만(규칙 1과 2) $PbSO_4$는 난용성이다(규칙 4). 따라서 이 용액들을 섞으면 $PbSO_4$ 고체가 형성된다. 균형 반응식은 다음과 같다.

$$Na_2SO_4(aq) + Pb(NO_3)_2(aq) \rightarrow PbSO_4(s) + 2NaNO_3(aq)$$

($2NaNO_3(aq)$: 녹은 상태로 존재)

그림으로 나타내면 다음과 같다.

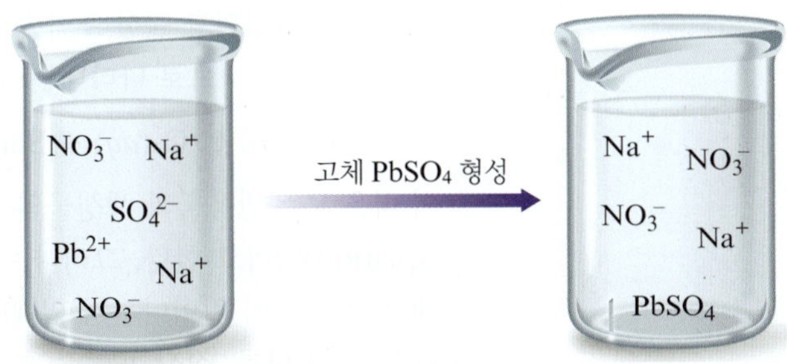

풀이 (c) **단계 1** 반응이 일어나기 전에는 혼합 용액에 다음 이온들이 존재한다.

$$K^+, \quad OH^-, \quad Fe^{3+}, \quad NO_3^-$$

(K^+, OH^-: $KOH(aq)$에서; Fe^{3+}, NO_3^-: $Fe(NO_3)_3(aq)$에서)

단계 2 다음과 같이 음이온을 교환하면 가능한 고체 생성물은 KNO_3와 $Fe(OH)_3$이다.

$$K^+ \quad OH^- \quad Fe^{3+} \quad NO_3^-$$

단계 3 표 7.1을 이용하면 KNO_3는 가용성이지만(규칙 1과 2) $Fe(OH)_3$는 난용성이다(규칙 5). 따라서 이 용액들을 섞으면 $Fe(OH)_3$ 고체가 형성된다. 균형 반응식은 다음과 같다.

$$3KOH(aq) + Fe(NO_3)_3(aq) \rightarrow Fe(OH)_3(s) + 3KNO_3(aq)$$

그림으로 나타내면 다음과 같다.

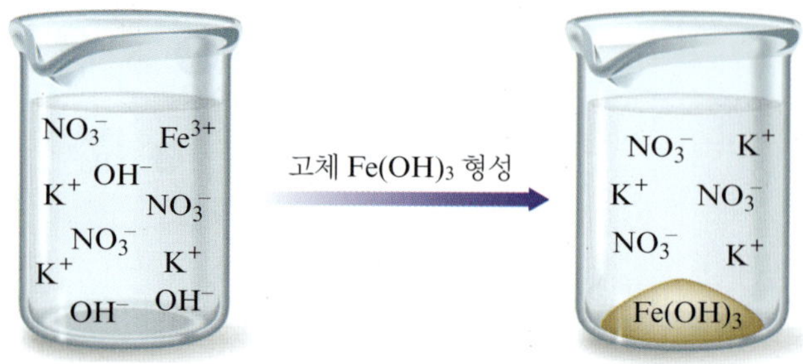

SELF-CHECK

실전 연습 7.1 다음 용액들을 혼합할 때 고체가 형성될지 예측해 보시오. 고체가 형성되는 경우 고체의 종류를 결정하고 균형 반응식을 쓰시오.

a. $Ba(NO_3)_2(aq)$와 $NaCl(aq)$ b. $Na_2S(aq)$와 $Cu(NO_3)_2(aq)$

c. $NH_4Cl(aq)$와 $Pb(NO_3)_2(aq)$

7.3 수용액에서 일어나는 반응 나타내기

학습 목표

- **분자 반응식, 완전한 이온 반응식, 알짜 이온 반응식을 작성하여 용액에서 일어나는 반응을 나타내는 방법을 배운다.**

생명을 유지하는 데 필요한 거의 모든 반응을 포함한 중요한 많은 화학 반응들이 수용액에서 일어난다. 물에서 일어나는 반응을 표현하는 데 사용하는 반응식의 종류에 대해 알아보자. 앞에서 본 것처럼 크로뮴산 포타슘 수용액과 질산 바륨 수용액을 섞을 때, 고체 크로뮴산 바륨이 형성되고 질산 포타슘은 녹아있게 된다. 이 반응을 나타내는 방법 중 하나는 다음과 같이 반응식으로 나타내는 것이다.

$$K_2CrO_4(aq) + Ba(NO_3)_2(aq) \rightarrow BaCrO_4(s) + 2KNO_3(aq)$$

이 식은 모든 반응물과 생성물의 화학식 전체를 보여주기 때문에 **분자 반응식**(molecular equation)이라고 한다. 그러나 이 반응식이 반응물과 생성물을 보여주기는 하지만 용액에서 무슨 일이 일어나는지 명백하게 나타내지는 못한다. 앞에서 본 것처럼 크로뮴산 포타슘, 질산 바륨, 질산 포타슘 수용액에는 분자 반응식에서 표시되는 것처럼 분자로 있는 것이 아니라 개별적인 이온으로 존재한다. 따라서 다음과 같은 **완전한 이온 반응식**(complete ionic equation)이 용액 중의 반응물과 생성물의 실제 형태를 더 잘 나타낸다.

$$\underbrace{2K^+(aq) + CrO_4^{2-}(aq)}_{K_2CrO_4\text{에서 생성된 이온}} + \underbrace{Ba^{2+}(aq) + 2NO_3^-(aq)}_{Ba(NO_3)_2\text{에서 생성된 이온}} \rightarrow BaCrO_4(s) + 2K^+(aq) + 2NO_3^-(aq)$$

완전한 이온 반응식에서 강전해질인 모든 물질들은 이온으로 표시된다. $BaCrO_4$는 녹지 않고 고체로 존재하기 때문에 분리된 이온으로 표기되지 않음에 주의하자.

완전한 이온 반응식을 보면, 일부 이온들만 반응에 참여하는 것을 알 수 있다. K^+와 NO_3^- 이온은 반응 전후에 모두 녹아있는 상태로 존재한다. 이와 같이 용액에서 반응에 직접 참여하지 않는 이온들을 **구경꾼 이온**(spectator ion)이라고 부른다. 이 반응에 참여하는 이온들은 Ba^{2+}와 CrO_4^{2-} 이온이며 이들이 결합하여 $BaCrO_4$ 고체를 만든다.

$$Ba^{2+}(aq) + CrO_4^{2-}(aq) \rightarrow BaCrO_4(s)$$

알짜 이온 반응식(net ionic equation)이라고 하는 이 식에는 반응에 직접 관여한 성분들만 표기한다. 이 반응식은 반응물과 생성물의 실제 형태를 나타내며, 변화가 일어난 화학종만 표기하기 때문에 화학자들은 일반적으로 수용액에서 일어나는 반응을 표기하기 위해 알짜 이온 반응식을 작성한다.

수용액에서 일어나는 반응을 나타내는 반응식의 종류

용액에서 일어나는 반응을 나타내는 데 사용되는 세 종류의 반응식

1. *분자 반응식*은 반응 전체를 보여주지만 용액 중 반응물과 생성물의 실제 형태를 제대로 나타내지 못한다.
2. *완전한 이온 반응식*은 강전해질인 모든 반응물과 생성물을 이온으로 나타내며, 모든 반응물과 생성물이 표기된다.
3. *알짜 이온 반응식*에는 변화가 일어나는 성분들만 표기되며, 구경꾼 이온은 표기되지 않는다.

더 분명한 이해를 위한 다른 예로, 예제 7.2에서 다룬 질산 납 수용액과 황산 소듐 수용액의 반응을 생각해 보자. 이 반응의 분자 반응식은 다음과 같다.

$$Pb(NO_3)_2(aq) + Na_2SO_4(aq) \rightarrow PbSO_4(s) + 2NaNO_3(aq)$$

물에 녹아있는 이온 화합물은 개별적인 이온으로 존재하기 때문에 완전한 이온 반응식은 다음과 같다.

$$Pb^{2+}(aq) + 2NO_3^-(aq) + 2Na^+(aq) + SO_4^{2-}(aq) \rightarrow PbSO_4(s) + 2Na^+(aq) + 2NO_3^-(aq)$$

$PbSO_4$는 고체로 존재하기 때문에 이온으로 분리하여 표기하지 않는다. 화학적 변화가 있는 이온은 Pb^{2+}와 SO_4^{2-}이며, 결합하여 고체 $PbSO_4$를 형성한다. 따라서 알짜 이온 반응식은 다음과 같다.

$$Pb^{2+}(aq) + SO_4^{2-}(aq) \rightarrow PbSO_4(s)$$

Na^+와 NO_3^- 이온은 어떠한 화학적 변화도 없기 때문에 구경꾼 이온이다.

대화형 예제 7.3 반응식 쓰기

다음 각 반응에 대하여 분자 반응식, 완전한 이온 반응식, 알짜 이온 반응식을 쓰시오.

a. 염화 소듐 수용액을 질산 은 수용액에 가하면 고체 염화 은과 질산 소듐 수용액이 형성된다.

b. 수산화 포타슘 수용액을 질산 철(III) 수용액에 가하면 고체 수산화 철(III)과 질산 포타슘 수용액이 형성된다.

풀이 a. *분자 반응식:*

$$NaCl(aq) + AgNO_3(aq) \rightarrow AgCl(s) + NaNO_3(aq)$$

완전한 이온 반응식:

$$Na^+(aq) + Cl^-(aq) + Ag^+(aq) + NO_3^-(aq) \rightarrow AgCl(s) + Na^+(aq) + NO_3^-(aq)$$

알짜 이온 반응식:

$$Cl^-(aq) + Ag^+(aq) \rightarrow AgCl(s)$$

b. *분자 반응식:*

$$3KOH(aq) + Fe(NO_3)_3(aq) \rightarrow Fe(OH)_3(s) + 3KNO_3(aq)$$

완전한 이온 반응식:

$$3K^+(aq) + 3OH^-(aq) + Fe^{3+}(aq) + 3NO_3^-(aq) \rightarrow Fe(OH)_3(s) + 3K^+(aq) + 3NO_3^-(aq)$$

알짜 이온 반응식:

$$3OH^-(aq) + Fe^{3+}(aq) \rightarrow Fe(OH)_3(s)$$

SELF-CHECK

실전 연습 7.2 다음 각 반응에 대하여 분자 반응식, 완전한 이온 반응식, 알짜 이온 반응식을 쓰시오.

a. 황화 소듐 수용액을 질산 구리(II) 수용액에 가하면 고체 황화 구리(II)와 질산 소듐 수용액이 형성된다.

b. 염화 암모늄 수용액을 질산 납(II) 수용액에 가하면 고체 염화 납(II)와 질산 암모늄 수용액이 형성된다.

7.4 물이 형성되는 반응: 산과 염기

학습 목표

- 강산과 강염기 사이에서 일어나는 반응의 핵심적인 특징을 배운다.

이 절에서는 매우 중요한 두 가지 화합물인 산과 염기를 다룬다. 산은 우선 감귤류의 신맛과 관련이 있으며, ◀ *산*(acid)이라는 영어 *acid*는 "신 맛"을 의미하는 라틴어 *acidus*에서 유래되었다. 식초는 아세트산의 묽은 용액이기 때문에 신 맛을 내며, 시트르산은 레몬의 신 맛을 낸다. *알칼리*(alkali)라고도 하는 염기(base)는 쓴 맛과 비누처럼 미끄러운 느낌이 특징이다. 막힌 하수구를 뚫는 대부분의 용제는 강한 염기이다.

화학 물질은 맛보아서는 *안 된다.*

산은 수백 년 전부터 알려져 왔다. 예로, 처음에 광물을 처리하여 얻었기 때문에 *무기산*(mineral acid)이라고 하는 황산(H_2SO_4)과 질산(HNO_3)은 1300년경에 발견되었다. 그러나 산의 핵심적인 특성이 스웨덴의 물리학과 대학원생이던 아레니우스(Svante Arrhenius)에 의해 발견된 것은 1800년대 후반이다.

아레니우스는 왜 어떤 용액들만 전류를 흘리는지 알기 위하여 연구를 하는 과정에서 전기 전도성은 이온의 존재 때문이라는 것을 알게 되었다. 그는 HCl, HNO_3, H_2SO_4와 같은 물질이 물에 녹아있을 때 강전해질로 작용하는 것을 알아냈으며, 이것은 물에서 일어나는 이온화 반응의 결과라고 주장했다.

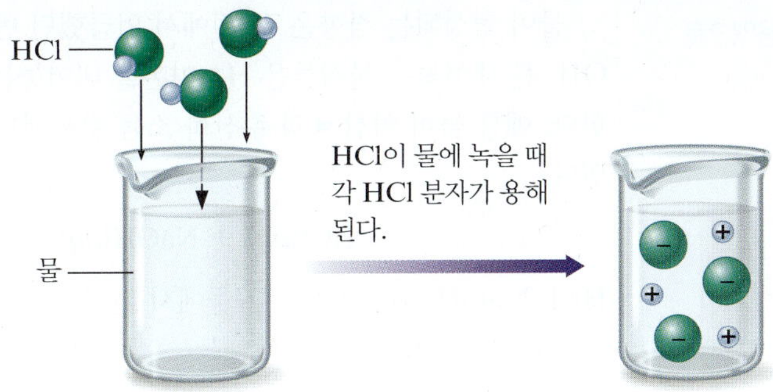

그림 7.5 HCl 기체가 물에 용해되면, 각 분자는 해리되어 H^+와 Cl^- 이온을 생성한다. 따라서 HCl이 강전해질처럼 거동한다.

Kuttelvaserova Stuchelova/Shutterstock

늪지에 피는 금잔화는 아름답지만 독성이 있는 식물이다. 금잔화가 독성을 나타내는 부분적인 이유는 금잔화에 들어있는 에루크산(erucic acid) 때문이다.

$$HCl \xrightarrow{H_2O} H^+(aq) + Cl^-(aq)$$
$$HNO_3 \xrightarrow{H_2O} H^+(aq) + NO_3^-(aq)$$
$$H_2SO_4 \xrightarrow{H_2O} H^+(aq) + HSO_4^-(aq)$$

아레니우스는 **산**(acid)을 *물에 녹을 때 H^+ 이온(양성자)을 생성하는 물질*로 제안하였다. ◀

연구에 의하면 HCl, HNO_3, H_2SO_4를 물에 넣으면 실질적으로 모든 분자가 이온으로 분리된다. 즉, HCl 분자 100개를 물에 녹이면 H^+ 이온 100개와 Cl^- 이온 100개가 생성되고 실질적으로 HCl 분자는 수용액에 남지 않는다(그림 7.5). 이러한 물질은 H^+ 이온을 생성하는 강전해질이기 때문에 **강산**(strong acid)이라고 한다.

아레니우스는 또한 *염기성을 나타내는 수용액은 항상 수산화 이온을 포함하고 있다*는 것을 발견하였으며, *물에서 수산화 이온(OH^-)을 생성하는 물질*을 **염기**(base)로 정의하였다. 화학 실험실에서 가장 흔히 사용되는 염기는 Na^+와 OH^- 이온을 포함하고 있는 수산화 소듐(NaOH)으로, 물에 매우 잘 녹는다. 다른 이온 화합물들과 마찬가지로 수산화 소듐이 물에 녹으면 양이온과 음이온으로 해리된다.

$$NaOH(s) \xrightarrow{H_2O} Na^+(aq) + OH^-(aq)$$

물에 녹아있는 수산화 소듐을 대개 NaOH(aq)로 표기하지만 실제 용액에는 Na^+와 OH^- 이온으로 해리되어 있음을 기억하자. 실제로 NaOH 100 단위가 물에 녹으면 100 단위의 Na^+ 이온과 100 단위의 OH^- 이온이 생성된다.

수산화 포타슘(KOH)도 수산화 소듐과 매우 비슷한 성질을 갖고 있으며, 물에 매우 잘 녹고 이온으로 해리된다.

$$KOH(s) \xrightarrow{H_2O} K^+(aq) + OH^-(aq)$$

이러한 수산화물은 OH^- 이온을 포함하는 강전해질이기 때문에 **강염기**(strong base)라고 한다.

강산과 강염기(수산화물)가 섞일 때 항상 일어나는 기본적인 화학 변화는 *H^+가 OH^-와 반응하여 물을 형성*하는 것이다.

$$H^+(aq) + OH^-(aq) \rightarrow H_2O(l)$$

물은 매우 안정된 화합물이어서 지구 표면에 풍부한 양이 존재한다. 따라서 물을 생성할 수 있는 물질들이 혼합될 때 반응이 일어나려는 경향이 강하다. 특히 수산화 이온(OH^-)은 H^+ 이온과 친화도가 크기 때문에 반응하여 물이 형성된다.

염산은 염화 수소가 녹아있는 수용액으로 강전해질이다.

물이 형성되는 경향은 7.1절에서 언급했던 반응의 두 번째 추진력에 해당된다. 물에서 OH^-를 내어놓는 물질들은 H^+ 이온을 내어놓는 물질과 격렬하게 반응하여 H_2O를 생성한다. 예를 들어 염산◀과 수산화 소듐 수용액의 반응은 다음 분자 반응식으로 나타낼 수 있다.

$$HCl(aq) + NaOH(aq) \rightarrow H_2O(l) + NaCl(aq)$$

HCl, NaOH, NaCl은 모두 물에서 완전히 분리된 이온 상태로 존재하기 때문에 완전한 이온 반응식은 다음과 같다.

$$H^+(aq) + Cl^-(aq) + Na^+(aq) + OH^-(aq) \rightarrow H_2O(l) + Na^+(aq) + Cl^-(aq)$$

Cl^-와 Na^+는 변화가 없는 구경꾼 이온이기 때문에 알짜 이온 반응식은 다음과 같다.

$$H^+(aq) + OH^-(aq) \rightarrow H_2O(l)$$

따라서 이 용액들이 혼합될 때 일어나는 유일한 화학적인 변화는 H^+와 OH^- 이온으로부터 물이 형성되는 것이다.

대화형 예제 7.4 산-염기 반응의 반응식 쓰기

질산은 강산이다. 질산과 수산화 포타슘 수용액의 반응에 대한 분자 반응식, 완전한 이온 반응식, 알짜 이온 반응식을 쓰시오.

풀이 *분자 반응식:*

$$HNO_3(aq) + KOH(aq) \rightarrow H_2O(l) + KNO_3(aq)$$

완전한 이온 반응식:

$$H^+(aq) + NO_3^-(aq) + K^+(aq) + OH^-(aq) \rightarrow H_2O(l) + K^+(aq) + NO_3^-(aq)$$

알짜 이온 반응식:

$$H^+(aq) + OH^-(aq) \rightarrow H_2O(l)$$

K^+와 NO_3^- 이온은 구경꾼 이온이고 물의 형성이 이 반응의 추진력이라는 사실에 주목하자.

염산과 수산화 소듐의 반응, 질산과 수산화 포타슘의 반응에서 주목해야 할 두 가지 중요한 사실이 있다.

1. 두 반응 모두 알짜 이온 반응식은 물의 생성으로 동일하다.

$$H^+(aq) + OH^-(aq) \rightarrow H_2O(l)$$

2. 산과 OH^-의 반응에서 *항상 생성되는* 물 외에 두 번째 생성물은 이온 화합물이다. 이온 화합물은 용해도에 따라 침전되거나 녹아있는 상태로 남을 수 있다.

$$HCl(aq) + NaOH(aq) \rightarrow H_2O(l) + NaCl(aq)$$

$$HNO_3(aq) + KOH(aq) \rightarrow H_2O(l) + KNO_3(aq)$$

(NaCl, KNO_3: 녹아있는 상태의 이온 화합물)

이러한 이온 결합 화합물을 **염**(salt)이라고 한다. 첫 번째 반응의 염은 염화 소듐이고 두 번째 반응의 염은 질산 포타슘이다. 물을 증발시키면 이들 녹아있는 염을 고체 상태(둘 다 흰색 고체)로 얻을 수 있다.

막힌 배수관을 뚫는 청소제에는 강염기가 들어있다.

강산과 강염기의 요약

강산과 강염기에 대한 다음 내용들은 특히 중요하다.

1. 주요 강산은 HCl, HNO_3, H_2SO_4의 수용액이다.
2. 강산은 물에서 완전히 해리(이온화)되는 물질이다(각 분자는 H^+ 이온과 음이온으로 나뉜다).
3. 강염기는 물에 매우 잘 녹는 금속 수산화물이다. ◀ 가장 일반적인 강염기는 NaOH와 KOH이며, 물에 녹으면 개별 이온(Na^+와 OH^- 또는 K^+와 OH^-)으로 분리된다.
4. 강산과 강염기(OH^-를 포함)의 반응에서 알짜 이온 반응식은 항상 동일하다. 항상 다음과 같이 물이 생성된다.

$$H^+(aq) + OH^-(aq) \rightarrow H_2O(l)$$

5. 강산과 강염기의 반응에서 한 가지 생성물은 물이고 또 하나는 물에 용존 상태로 남아있는 이온 화합물, 즉 염이다. 이 염은 물을 증발시킴에 따라 고체로 얻어진다.
6. H^+와 OH^-의 반응을 흔히 산-염기 반응이라 하며, H^+는 산성 이온이고 OH^-는 염기성 이온이다.

7.5 금속과 비금속의 반응(산화–환원)

학습 목표

- 금속과 비금속 반응의 일반적인 특징을 배운다.
- 화학 반응의 추진력으로서 전자 전달을 이해한다.

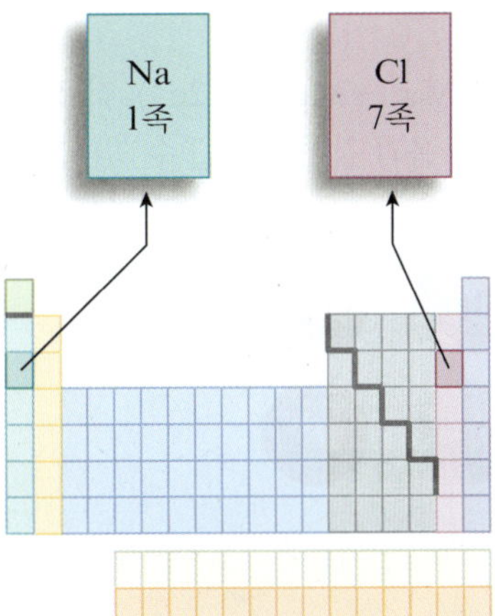

4장에서 금속과 비금속의 반응에서 생성된 화합물인 이온 결합 화합물에 대해 살펴보았다. 대표적인 사례로 금속 소듐과 염소 기체의 반응에서 생성되는 염화 소듐이 있다.

$$2Na(s) + Cl_2(g) \rightarrow 2NaCl(s)$$

이 반응에서 무슨 일이 일어났는지 살펴보자. 금속 소듐은 알짜 전하가 0인 소듐 원자들로 구성되어 있다(핵에 있는 양성자 11개의 양전하는 전자 11개의 음전하와 정확한 균형을 이루고 있다). 마찬가지로 염소 분자는 전하가 없는 두 개의 원자로 구성된다(각 원자는 양성자 17개와 전자 17개를 갖는다). 그러나 생성물(염화 소듐)에서 소듐은 Na^+로, 염소는 Cl^-로 존재한다. ◀ 어떻게 중성 원자들이 이온으로 변했을까? 각 소듐 원자에서 각 염소 원자로 전자가 하나씩 이동했기 때문이다.

$$\underset{\curvearrowright\, e^-}{Na + Cl} \rightarrow Na^+ + Cl^-$$

전자가 이동한 후에 각 소듐은 전자 10개와 양성자 11개를 가지며(알짜 전하는 1+), 각 염소는 전자 18개와 양성자 17개를 갖는다(알짜 전하는 1−).

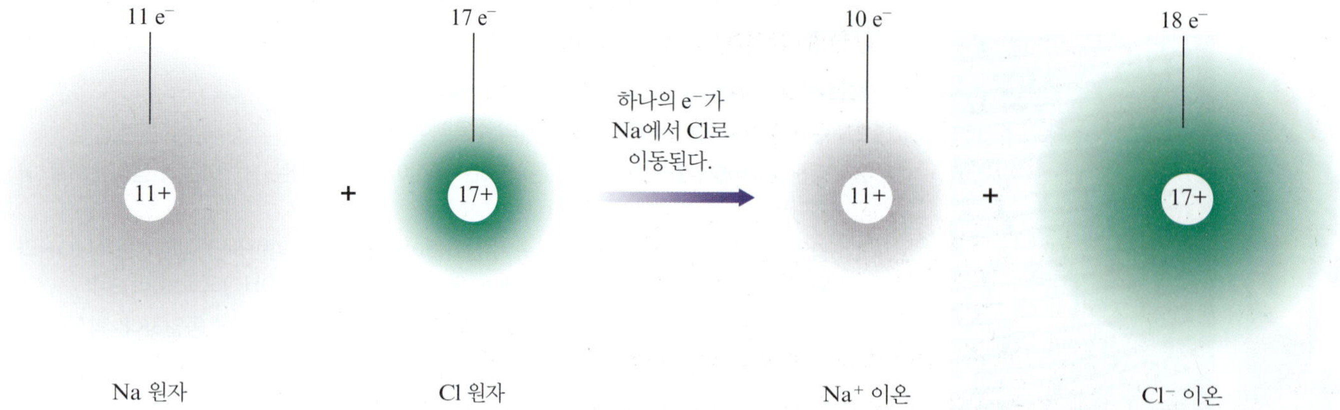

따라서 이온 화합물을 형성하는 금속과 비금속의 반응에서는 금속(양이온이 됨)에서 비금속(음이온이 됨)으로 한 개 이상의 전자가 이동한다. 금속에서 비금속으로 전자의 이러한 이동 경향이 7.1절에서 표기한 반응의 세 번째 추진력이다. *전자의 이동*이 있는 반응을 **산화–환원 반응**(oxidation-reduction reaction)이라 한다.

금속이 비금속과 반응하여 이온 화합물을 생성하는 산화–환원 반응의 많은 사례들이 있다. 마그네슘 금속과 산소의 반응을 살펴보자.

$$2Mg(s) + O_2(g) \rightarrow 2MgO(s)$$

이 반응은 한때 카메라 플래시에 사용되었던 밝은 백색광을 생성한다. 반응물들은 전하가 없는 원자들로 구성되어 있지만 생성물에는 이온이 있음을 주목하라.

MgO

Mg^{2+}와 O^{2-}를 포함

따라서 이 반응에서 각 마그네슘 원자는 전자 두 개를 잃고($Mg \rightarrow Mg^{2+} + 2e^-$), 각 산소 원자는 전자 두 개를 얻는다($O + 2e^- \rightarrow O^{2-}$). 이 반응은 다음과 같이 나타낼 수 있다.

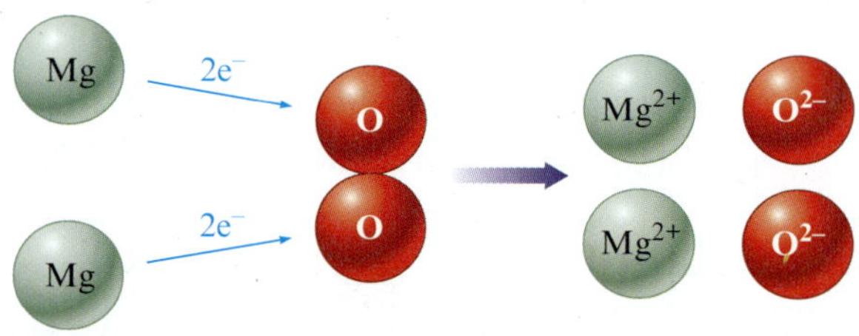

또 다른 예로 다음과 같은 테르밋 반응을 들 수 있다.

$$2Al(s) + Fe_2O_3(s) \rightarrow 2Fe(s) + Al_2O_3(s)$$

이 반응에서는 매우 많은 에너지(열)가 발생하기 때문에 초기에 철이 액체로 생성된다(그림 7.6). 이 경우 알루미늄은 금속 성분(전하가 없는 Al 원자)으로 존재했지만 결국 Al^{3+} 양이온으로 존재하는 Al_2O_3를 형성하게 된다(두 개의 Al^{3+} 이온이 세 개의 O^{2-} 이온과 균형을 이룸). 따라서 이 반응에서는 각 알루미늄 원자가 세 개의 전자를 잃는다.

$$Al \rightarrow Al^{3+} + 3e^-$$

반대로 철은 Fe_2O_3에서 Fe^{3+} 이온으로 존재했지만 전하를 띠지 않는 원자 상태의 철 원소로 된다. 따라서 각각의 철 양이온은 전자 세 개를 얻어 전하를 띠지 않는 원자가 된다.

$$Fe^{3+} + 3e^- \rightarrow Fe$$

그림 7.6 테르밋 반응은 매우 높은 열을 발생시켜 생성된 철을 녹인다.

이 반응은 다음과 같은 모식도로 나타낼 수 있다.

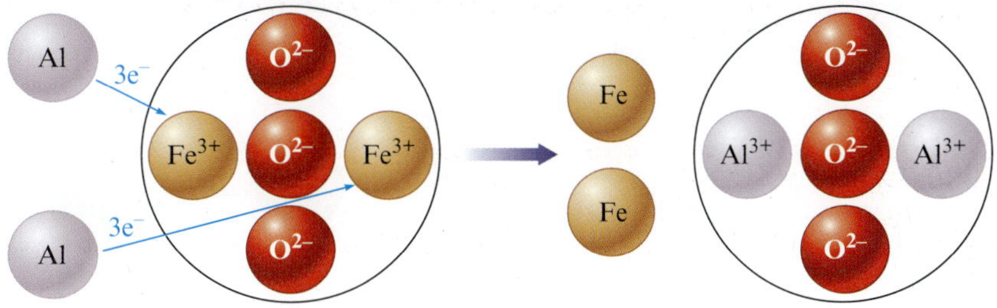

대화형 예제 7.5 산화–환원 반응에서 전자의 이동을 규명하기

다음 반응에서 어떻게 전자를 잃고 얻었는지 나타내시오.

a. $2Al(s) + 3I_2(s) \rightarrow 2AlI_3(s)$ (그림 7.7의 반응임. 과량의 I_2가 열에 의해 승화되어 나타나는 보라색 "연기"에 주목)

b. $2Cs(s) + F_2(g) \rightarrow 2CsF(s)$

풀이

a. AlI_3에서 이온은 Al^{3+}와 I^-이다(알루미늄은 항상 Al^{3+}이고 아이오딘은 항상 I^-이다.). $Al(s)$에서 알루미늄은 전하가 없는 원자 상태로 존재한다. 따라서 알루미늄은 세 개의 전자를 잃음으로써 Al에서 Al^{3+}가 된다($Al \rightarrow Al^{3+} + 3e^-$). I_2에서 각 아이오딘 원자는 전하가 없다. 따라서 각 아이오딘 원자는 전자 한 개를 얻어 I에서 I^-가 되었다($I + e^- \rightarrow I^-$). 이 반응은 다음과 같은 모식도로 나타낼 수 있다.

그림 7.7 알루미늄과 아이오딘 분말(앞줄)을 섞으면(약간의 물 추가), 격렬한 반응이 일어난다.

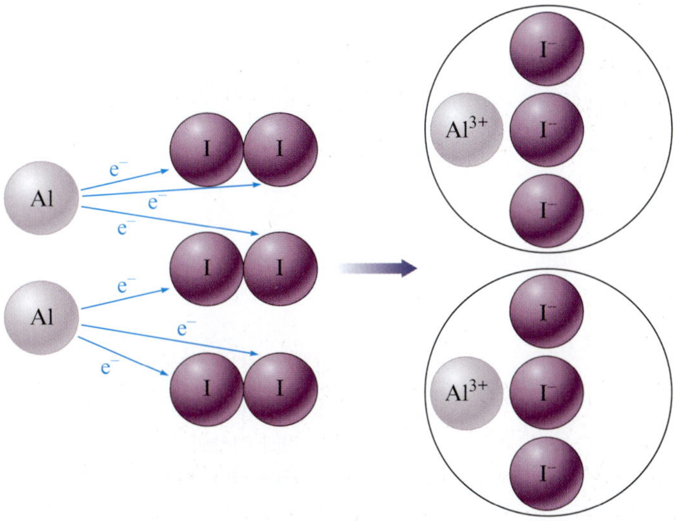

b. CsF에서 이온은 Cs^+와 F^-로 존재한다. 세슘 금속[$Cs(s)$]은 전하가 없는 세슘 원자로 되어 있고, 플루오린 기체[$F_2(g)$]는 전하가 없는 플루오린 원자로 구성되어 있다. 따라서 반응에서 각 세슘 원자는 한 개의 전자를 잃고($Cs \rightarrow Cs^+ + e^-$) 각 플루오린 원자는 한 개의 전자를 얻는다($F + e^- \rightarrow F^-$). 이 반응은 다음과 같은 모식도로 나타낼 수 있다.

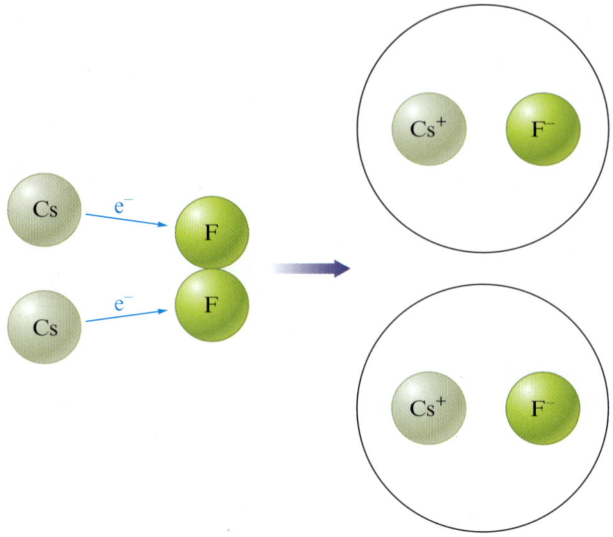

SELF-CHECK **실전 연습 7.3** 다음 반응에서 어떻게 전자를 잃고 얻는지 보이시오.

a. $2Na(s) + Br_2(l) \rightarrow 2NaBr(s)$

b. $2Ca(s) + O_2(g) \rightarrow 2CaO(s)$

지금까지 금속과 비금속 사이의 전자 전달(산화–환원) 반응에 대해 살펴보았다. 전자 전달 반응은 두 가지 비금속 사이에서도 일어날 수 있다. 하지만 여기서는 자세히 다루지 않는다. 이 시점에서 말할 수 있는 것은 비금속 사이에서 산화–환원 반응의 확실한 한 가지 표지는 반응물이나 생성물에 산소[$O_2(g)$]가 있다는 것이다. 사실 산화라는 말 자체도 산소로부터 유래된 것이다. 따라서 현 시점에서는 분명하지 않지만 다음 반응들은 전자 전달 반응이다.

$$CH_4(g) + 2O_2(g) \rightarrow CO_2(g) + 2H_2O(g)$$
$$2SO_2(g) + O_2(g) \rightarrow 2SO_3(g)$$

산화–환원 반응에 대해 지금까지 배운 내용을 요약하면 다음과 같다.

산화–환원 반응의 특징

1. 금속이 비금속과 반응할 때는 이온 결합 화합물이 생성된다. 이온은 금속에서 비금속으로 하나 이상의 전자가 이동할 때 형성되며, 금속 원자는 양이온이 되고 비금속 원자는 음이온이 된다. 따라서 금속–비금속 반응은 항상 전자 이동이 동반된 산화–환원 반응이라고 할 수 있다.
2. 두 비금속 사이에도 산화–환원 반응이 일어날 수 있다. 현 시점에서는 반응물이나 생성물로 O_2가 있는 것을 보고 이 반응을 알 수 있다. 두 비금속의 반응에서 생성물은 이온 화합물이 아니다.

7.6 반응을 분류하는 방법

학습 목표 ■ **반응을 분류하는 다양한 방법을 배운다.**

7장에서 많은 화학 반응을 공부했다. 우리 신체 내와 주위 환경에서 일어나는 많은 화학 반응들도 문헌에서 찾아 볼 수 있다. 이러한 화학 반응들을 더 잘 기억하고 더 쉽게 이해하기 위하여 이들을 체계적으로 분류하는 방법이 필요하다.

7장에서 다음과 같은 화학 반응의 "추진력"들에 대하여 공부했다.

- 고체 형성
- 물 형성
- 전자 이동

이제 이러한 과정들을 포함하여 반응들을 분류하는 방법에 대해 알아보자. 예로, 다음 반응에서는 고체 $BaCrO_4$(침전)가 생성된다.

$$K_2CrO_4(aq) + Ba(NO_3)_2(aq) \rightarrow BaCrO_4(s) + 2KNO_3(aq)$$

용액 용액 고체 형성 용액

*두 용액이 섞일 때 고체가 형성되는 것을 침전*이라고 하므로 이 반응은 **침전 반응**(precipitation reaction)이라고 한다.

이 반응에서 두 음이온(NO_3^-와 CrO_4^{2-})이 단순히 교환되었음을 주목하라. 처음에 CrO_4^{2-}는 K_2CrO_4에서 K^+와 결합하고 있었고 NO_3^-는 $Ba(NO_3)_2$에서 Ba^{2+}와 결합하고 있었지만 생성물에서는 이러한 결합이 바뀌었다. 이러한 이중 교환 때문에 이 반응을 이중 교환 반응 또는 **이중 치환 반응**(double-displacement reaction)이라 한다. 이러한 반응은 다음과 같이 나타낼 수 있다.

$$AB + CD \rightarrow AD + CB$$

따라서 이러한 반응을 침전 반응 또는 이중 치환 반응으로 분류할 수 있다. 두 이름 모두 맞지만 화학자들은 침전 반응을 일반적으로 더 많이 사용한다.

이 장에서 또한 강산과 강염기가 혼합될 때 물이 생성되는 반응을 보았다. 이러한 반응들은 알짜 이온 반응식이 모두 다음과 같다.

$$H^+(aq) + OH^-(aq) \rightarrow H_2O(l)$$

H^+ 이온은 $HCl(aq)$이나 $HNO_3(aq)$와 같은 강산으로부터 오고 OH^- 이온은 $NaOH(aq)$나 $KOH(aq)$와 같은 강염기로부터 온다. 예를 들면,

$$HCl(aq) + KOH(aq) \rightarrow H_2O(l) + KCl(aq)$$

이러한 반응들은 **산-염기 반응**(acid-base reaction)으로 분류된다. 이 반응은 결국 *물을 생성하는 H^+ 이온이 포함*되기 때문에 산-염기 반응으로 인식될 수 있다.

세 번째 추진력은 전자 이동이다. 이러한 추진력은 금속이 비금속에게 전자를 내어주려는 경향에서 확인할 수 있다. 다음 예를 보자.

$$2Li(s) + F_2(g) \rightarrow 2LiF(s)$$

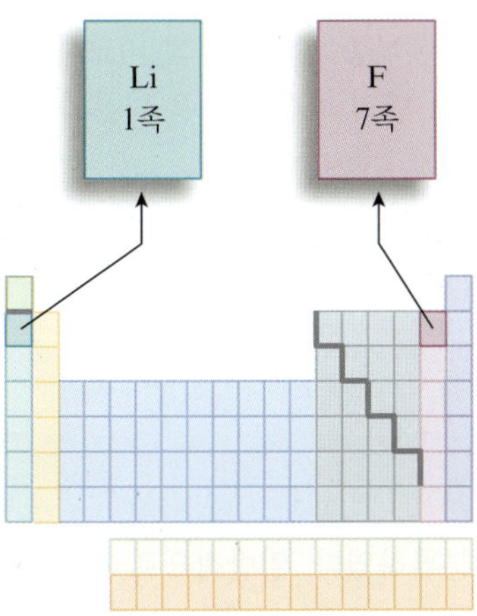

각 리튬 원자는 전자 하나를 잃어 Li^+ 이온이 되고 각 플루오린 원자는 전자를 하나 얻어 F^- 이온이 된다. ◀ 전자의 이동 과정을 산화-환원이라 한다. 따라서 이 반응은 **산화-환원 반응**(oxidation-reduction reaction)으로 분류된다.

지금까지 공부하지 않은 화학 반응의 또 다른 추진력은 *기체 형성*이다. 수용액에서 기체가 생성되는 반응(기포로 배출)은 바로 이러한 기체 생성에 의해 추진된다. 다음 예를 보자.

$$2HCl(aq) + Na_2CO_3(aq) \rightarrow CO_2(g) + H_2O(l) + NaCl(aq)$$

이 반응의 알짜 반응식은 다음과 같다.

$$2H^+(aq) + CO_3^{2-}(aq) \rightarrow CO_2(g) + H_2O(l)$$

이 반응에서는 물뿐 아니라 이산화 탄소도 생성된다. 따라서 앞에서 공부한 두 종류의 추진력이 연관되어 있다. 이 반응은 물을 생성하는 H^+ 이온이 포함되기 때문에 산–염기 반응으로 분류된다.

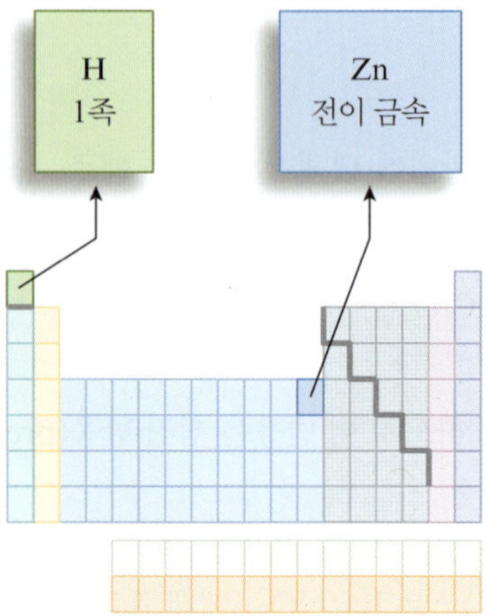

기체가 생성되는 다른 반응을 살펴보자.

$$Zn(s) + 2HCl(aq) \rightarrow H_2(g) + ZnCl_2(aq)$$

이 반응을 어떻게 분류할 수 있을까? 이 반응의 반응물과 생성물을 주의 깊게 관찰하면 다음과 같음을 알 수 있다. ◀

$Zn(s)$	+	$2HCl(aq)$	→	$H_2(g)$	+	$ZnCl_2(aq)$
전하를 갖지 않은 Zn 원자 포함		실제로는 $2H^+(aq) + 2Cl^-(aq)$로 존재		전하를 갖지 않은 H 원자 포함		실제로는 $Zn^{2+}(aq) + 2Cl^-(aq)$로 존재

반응물에 있는 금속 아연은 전하가 없는 Zn 원자로 존재하지만 생성물에서는 Zn^{2+}로 존재한다. 따라서 각 아연 원자는 두 개의 전자를 잃었다. 이 전자들은 어디로 갔을까? 이들은 두 개의 H^+ 이온으로 이동하여 H_2를 생성하였다. 이 반응의 모식도는 다음과 같다.

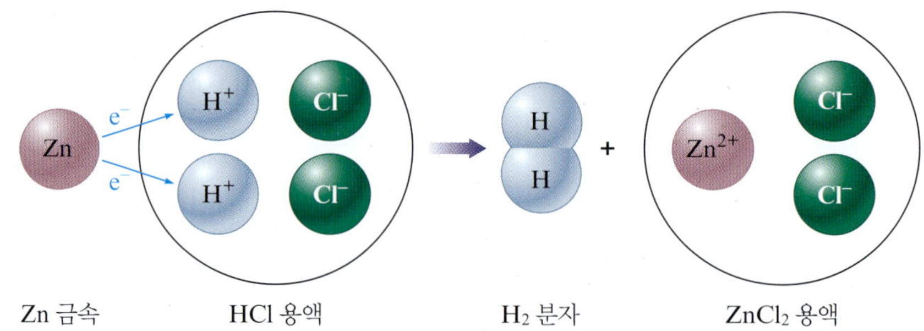

이 반응은 전자 이동 반응이기 때문에 산화–환원 반응으로 분류될 수 있다.

또 다른 분류 방법은 한 종류의 음이온(Cl^-)이 H^+와 Zn^{2+} 사이에서 교환된 사실에 근거한다. 즉 Cl^-은 원래 HCl에서 H^+와 결합하고 있었지만 생성물인 $ZnCl_2$에는 Zn^{2+}와 결합하고 있다. 이 반응은 두 종류의 음이온이 교환되는 이중 치환 반응과 비교하여, *단일 치환 반응*(single-replacement reaction)이라고 한다. 단일 치환 반응은 다음과 같이 나타낼 수 있다.

$$A + BC \rightarrow B + AC$$

7.7 반응을 분류하는 다른 방법

학습 목표
- 반응을 분류하는 다른 방법을 배운다.

지금까지 이 장에서 몇 가지 방법으로 화학 반응을 분류하였다. 일반적으로 가장 많이 사용되는 분류 방법은 다음과 같다.

- 침전 반응

- 산-염기 반응
- 산화-환원 반응

그러나 이후 화학을 공부하면서 접하게 될 반응의 또 다른 분류 방법들이 남아있다. 이 절에서는 그중 몇 가지를 살펴보자.

연소 반응

산소가 관여하는 많은 화학 반응들은 매우 빠르게 에너지(열)를 생성하므로 불꽃이 일어난다. 이러한 반응을 **연소 반응**(combustion reaction)이라 한다. 앞에서 이런 반응을 일부 살펴보았다. 예로, 천연 가스에 있는 메테인은 다음 균형 반응식에 따라 산소와 반응한다.

$$CH_4(g) + 2O_2(g) \rightarrow CO_2(g) + 2H_2O(g)$$

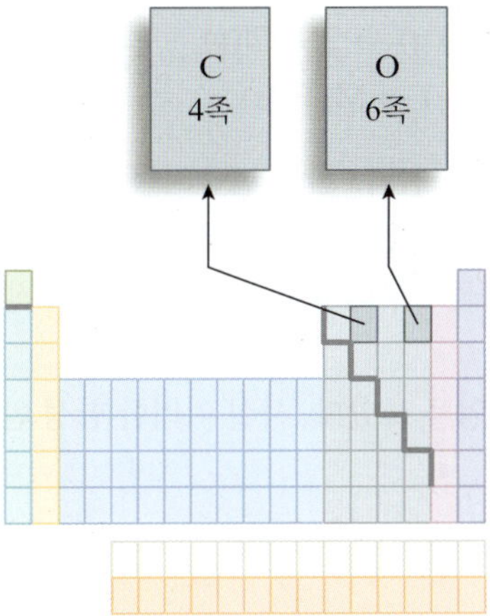

이 반응은 실험실용 버너의 불꽃을 만들며, 대부분의 미국 가정에서 난방용으로 사용된다. 7.5절에서는 이 반응을 산화-환원 반응으로 분류하였다. 따라서 메테인과 산소의 반응은 산화-환원 반응이며 동시에 연소 반응이라고 할 수 있다. ◀ 사실 연소 반응은 산화-환원 반응의 특별한 경우이다(그림 7.8).

많은 종류의 연소 반응이 있는데 대부분 가정이나 산업체에서 난방과 발전에 사용되거나 운송을 위한 에너지원으로 사용된다. 몇 가지 예를 들면 다음과 같다.

- 프로페인 연소(일부 난방에 사용)

$$C_3H_8(g) + 5O_2(g) \rightarrow 3CO_2(g) + 4H_2O(g)$$

- 가솔린 연소*(자동차에 사용)

$$2C_8H_{18}(l) + 25O_2(g) \rightarrow 16CO_2(g) + 18H_2O(g)$$

- 석탄 연소*(전기 생산에 사용)

$$C(s) + O_2(g) \rightarrow CO_2(g)$$

합성(조합) 반응

화학에서 가장 중요한 활동 중 하나는 새로운 물질의 합성이다. 우리 생활의 각 부분들이 플라스틱, 폴리에스터, 아스피린과 같은 합성 물질에 의해 크게 영향을 받고 있다. 어떤 화합물이 더 간단한 물질로부터 만들어질 때 **합성**(synthesis) 또는 **조합**(combination) **반응**이라고 한다.

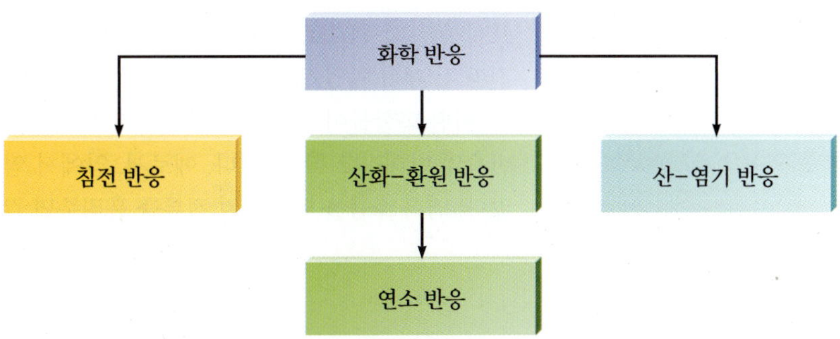

그림 7.8 반응의 분류. 연소 반응은 산화-환원 반응의 특별한 한 유형이다.

---

* 실제로 이 물질은 여러 화합물들의 복잡한 혼합물이다. 그러나 여기 나타낸 반응은 대표적인 반응으로 나타낸 것이다.

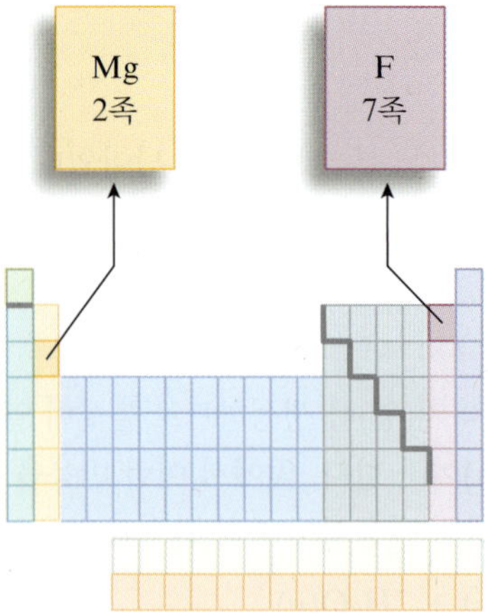

다음 예처럼 많은 경우 합성 반응은 원소에서 시작된다.

- 물의 합성 $2H_2(g) + O_2(g) \rightarrow 2H_2O(l)$
- 이산화 탄소의 합성 $C(s) + O_2(g) \rightarrow CO_2(g)$
- 일산화 질소의 합성 $N_2(g) + O_2(g) \rightarrow 2NO(g)$

이 반응들에는 산소가 관여하고 있기 때문에 산화-환원 반응으로 분류될 수 있다. 첫 두 반응은 불꽃이 발생하기 때문에 연소 반응으로 간주된다. 그래서 물을 생성하는 수소와 산소의 반응은 산화-환원 반응, 연소 반응, 합성 반응, 세 가지로 분류될 수 있다.

또한 산소가 관여하지 않는 합성 반응도 많이 있다.

- 염화 소듐의 합성 $2Na(s) + Cl_2(g) \rightarrow 2NaCl(s)$
- 플루오린화 마그네슘의 합성 ◀ $Mg(s) + F_2(g) \rightarrow MgF_2(s)$

앞에서 염화 소듐의 생성 반응에 대해 공부했는데 이는 산화-환원 반응이다. 전하가 없는 소듐 원자가 전자를 잃어 Na^+가 되고, 전하가 없는 염소 원자가 전자를 얻어 Cl^-가 된다. 플루오린화 마그네슘의 합성 역시 전하가 없는 원자들로부터 Mg^{2+}와 F^- 이온이 생성되기 때문에 산화-환원 반응이다.

원소가 반응물인 합성 반응들은 산화-환원 반응임을 보았다. 사실 이러한 합성 반응들은 산화-환원의 또 다른 하위 분류로 생각할 수 있다. ◀

Sarapulsar38/iStockphoto.com

이들 지퍼에 사용된 여러 색의 플라스틱은 합성 반응으로 만든 예이다.

분해 반응

화합물들이 더 간단한 화합물 심지어 구성 원소로까지 분해되는 반응도 많다. 이 반응은 대개 열을 가하거나 전류를 흘려줌으로써 일어난다. 이러한 반응을 **분해 반응**(decomposition reaction)이라 한다. 앞에서 이미 다음과 같은 분해 반응을 공부한 적이 있다.

- 물의 분해

$$2H_2O(l) \xrightarrow[\text{전류}]{} 2H_2(g) + O_2(g)$$

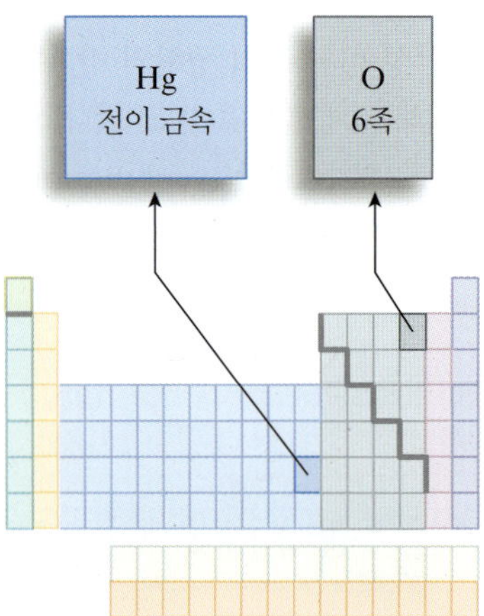

- 산화 수은(II)의 분해 ◀

$$2HgO(s) \xrightarrow[\text{열}]{} 2Hg(l) + O_2(g)$$

첫 번째 반응에는 산소가 관련되어 있기 때문에 산화-환원 반응이라는 것을 알 수 있다. 두 번째 반응에서는 Hg^{2+} 이온과 O^{2-} 이온으로 구성된 HgO가 전하가 없는 원자를 포함하는 각 원소로 분해되었다. 이 과정에서 각 Hg^{2+}는 전자 두 개를 얻었고 각 O^{2-}는 전자 두 개를 잃었기 때문에 이 반응은 분해 반응인 동시에 산화-환원 반응이다. ◀

어떤 화합물이 원소로 분리되는 분해 반응은 원소가 결합하여 화합물을 생성하는 합성 반응의 반대라고 할 수 있다. 예로서, 앞에서 염화 소듐이 원소들로부터 합성되는 것을 보았다. 염화 소듐을 융해시켜 전류를 흘려주면 각 원소로 분해될 수 있다.

$$2NaCl(l) \xrightarrow[\text{전류}]{} 2Na(l) + Cl_2(g)$$

앞에서 언급하지 않은 화학 반응의 다른 분류 방법들이 있지만 여기서는 화학자들이 일반적으로 연구실이나 산업 현장에서 사용하는 많은 분류에 대해 살펴보았다.

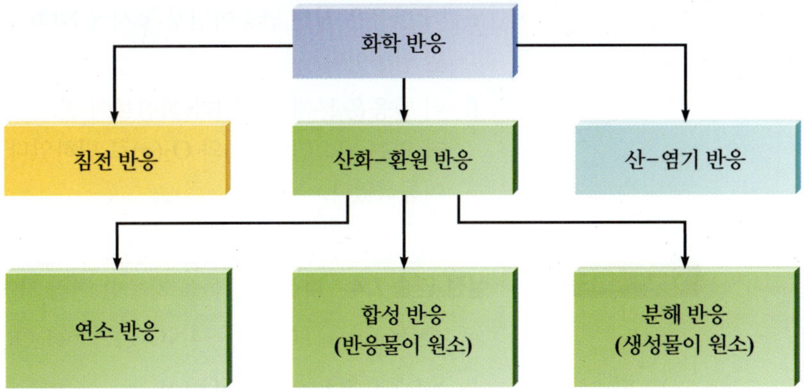

그림 7.9 반응 분류의 요약.

많은 중요한 반응들을 산화–환원 반응으로 분류할 수 있다. 그림 7.9처럼 다양한 형태의 반응들이 산화–환원 반응의 하위 그룹으로 표시된다.

비판적으로 생각하기

돌턴은 원자를 더 이상 쪼갤 수 없다고 믿었다. 그러나 톰슨과 러더퍼드는 이것이 사실이 아님을 밝히는 데 기여했다. 원자들을 나눌 수 없다면 어떻게 될까? 이 장에서 배운 반응들의 형태에 어떤 영향을 미칠까?

대화형 예제 7.6 반응의 분류

다음 반응들을 가능한 여러 가지 방법으로 분류하시오.

a. $2K(s) + Cl_2(g) \rightarrow 2KCl(s)$

b. $Fe_2O_3(s) + 2Al(s) \rightarrow Al_2O_3(s) + 2Fe(s)$

c. $2Mg(s) + O_2(g) \rightarrow 2MgO(s)$

d. $HNO_3(aq) + NaOH(aq) \rightarrow H_2O(l) + NaNO_3(aq)$

e. $KBr(aq) + AgNO_3(aq) \rightarrow AgBr(s) + KNO_3(aq)$

f. $PbO_2(s) \rightarrow Pb(s) + O_2(g)$

풀이

a. 이 반응은 합성 반응(원소가 결합하여 화합물을 형성함)이면서 동시에 산화–환원 반응(전하가 없는 포타슘과 염소 원자가 K^+와 Cl^-로 변하여 KCl이 됨)이다.

b. 이 반응은 산화–환원 반응이다. 철은 $Fe_2O_3(s)$에서는 Fe^{3+} 이온으로 존재하고 원소 상태 Fe(s)에서는 전하가 없는 원자로 존재한다. 따라서 각 Fe^{3+} 이온이 Fe가 되기 위해서는 전자 세 개를 얻어야 한다. 알루미늄은 반대로, 처음에는 전하가 없는 알루미늄 원자였다가 Al_2O_3에서는 전자 세 개를 잃고 Al^{3+} 이온이 되었다. 이 반응은 또한 O가 Fe와 결합하고 있다가 Al로 옮겼기 때문에 단일 치환 반응이다.

c. 이 반응은 합성 반응(원소가 결합하여 화합물을 형성함)이면서 동시에 산화–환원 반응(각 마그네슘 원자는 MgO에서 전자 두 개를 잃어 Mg^{2+}가 되고 각 산소는 MgO에서 전자 두 개를 얻어 O^{2-}가 됨)이다.

d. 이 반응은 산–염기 반응이다. 이 반응은 또한 NO_3^-와 OH^-가 "서로 짝을 바꿨기 때문에" 이중 치환 반응이다.

e. 이 반응은 침전 반응이면서 동시에 NO_3^-와 Br^-가 서로 짝을 바꿨기 때문에 이중 치환 반응이다.

f. 이 반응은 분해 반응이다(화합물이 원소로 분리됨). 또한 PbO_2 (Pb^{4+}와 O^{2-})가 전하가 없는 원소인 $Pb(s)$와 $O_2(g)$로 변하였다. 즉, 이 반응에서 전자가 O^{2-}에서 Pb^{4+}로 이동하였다.

SELF-CHECK

실전 연습 7.4 다음 반응들을 가능한 여러 가지 방법으로 분류하시오.

a. $4NH_3(g) + 5O_2(g) \rightarrow 4NO(g) + 6H_2O(g)$

b. $S_8(s) + 8O_2(g) \rightarrow 8SO_2(g)$

c. $2Al(s) + 3Cl_2(g) \rightarrow 2AlCl_3(s)$

d. $2AlN(s) \rightarrow 2Al(s) + N_2(g)$

e. $BaCl_2(aq) + Na_2SO_4(aq) \rightarrow BaSO_4(s) + 2NaCl(aq)$

f. $2Cs(s) + Br_2(l) \rightarrow 2CsBr(s)$

g. $KOH(aq) + HCl(aq) \rightarrow H_2O(l) + KCl(aq)$

h. $2C_2H_2(g) + 5O_2(g) \rightarrow 4CO_2(g) + 2H_2O(l)$

7장 복습하기 Chapter 7 Review

주요 용어

침전(7.2)	침전물(7.2)
침전 반응(7.2, 7.6)	강전해질(7.2)
가용성 고체(7.2)	불용성(난용성) 고체(7.2)
분자 반응식(7.3)	완전한 이온 반응식(7.3)
구경꾼 이온(7.3)	알짜 이온 반응식(7.3)
산(7.4)	강산(7.4)
염기(7.4)	강염기(7.4)
염(7.4)	산화–환원 반응(7.5, 7.6)
침전 반응(7.6)	이중 치환 반응(7.6)
산–염기 반응(7.6)	연소 반응(7.7)
합성(조합) 반응(7.7)	분해 반응(7.7)

요약

- 화학적 변화(화학 반응)를 촉진하는 네 가지 추진력
  - 고체 형성
  - 물 형성
  - 전자 이동
  - 기체 형성
- 고체를 형성하는 반응은 침전 반응이다.
- 용액이 혼합될 때 용해도 규칙을 통해 어떤 고체가 생성될지 예측할 수 있다.
- 용액에서의 반응을 나타내는 데 세 가지 형태의 반응식이 사용된다.
  - 모든 반응물과 생성물의 완전한 화학식을 보여주는 분자 반응식
  - 강전해질인 모든 반응물과 생성물을 이온으로 나타낸 완전한 이온 반응식
  - 용액에서 변화가 일어나는 화학종들만 나타낸 알짜 이온 반응식
    - 반응에서 변하지 않는 이온들인 구경꾼 이온은 알짜 이온 반응식에 포함되지 않는다.
- 강산은 실질적으로 모든 분자가 물에서 H^+ 이온과 음이온으로 해리되는 화합물이다.
- 강염기는 물에 용해되는 금속 수산화물로서 OH^- 이온과 양이온으로 분리된다.
- 강산과 강염기의 반응 생성물은 물과 염이다.
- 금속과 비금속의 반응에는 금속에서 비금속으로 전자의 이동이 일어나는데 이러한 반응을 산화–환원 반응이라고 한다.
- 반응들은 여러 가지 방법으로 분류될 수 있다.
  - 합성 반응은 원소와 같은 단순한 물질들로부터 화합물이 만들어지는 반응이다.
  - 분해 반응은 어떤 화합물이 더 단순한 물질로 분리되는 반응이다.
  - 연소 반응은 산소가 관여하는 일종의 산화–환원 반응이다.

활동 학습 질문

다음 질문들은 강의 중 학생들이 그룹으로 생각하도록 고안된 것들이다. 이러한 질문들은 특정 주제를 소개하는 데 매우 효과적이다.

1. 질산 납(II) 수용액과 아이오딘화 소듐을 혼합하여 고체를 형성했다고 하자.

a. 형성될 수 있는 생성물의 이름을 열거하고, 이들 생성물의 화학식을 결정하시오.

b. 생성된 침전물은 무엇인가? 어떻게 알 수 있는가?

c. 반응물에 있는 이온의 아래첨자가 생성물에 있는 이온의 아래첨자에도 같게 유지되어야 하는가? 설명하시오.

2. HCl을 눈으로 볼 수 있을 정도로 확대한 HCl 용액의 확대 그림을 가정하자. 마그네슘 조각을 넣으면 마그네슘은 사라지고 수소 기체가 발생할 것이다. 원소 기호를 이용하여 이 변화를 나타내고 균형 반응식을 작성하시오.

3. 고체 형성이 화학 반응의 증거가 되는 이유는 무엇인가? 분자 수준의 그림으로 설명하시오.

4. 강전해질과 비전해질의 두 가용성 화합물의 차이를 분자 수준의 그림으로 그려보시오.

5. 질산 포타슘 수용액과 염화 소듐 수용액을 섞으면 아무런 반응도 일어나지 않는다. 그 이유는 무엇인가?

6. 물 형성이 화학 반응의 증거가 되는 이유는 무엇인가? 분자 수준의 그림으로 설명하시오.

7. 산과 염기에 대한 아레니우스의 정의를 이용하여 산과 염기 반응의 알짜 이온 반응식을 작성해 보시오.

8. 전자 이동이 화학 반응의 증거가 되는 이유는 무엇인가? 분자 수준의 그림으로 설명하시오.

9. 다음 문장에 대하여 참/거짓으로 답하시오. 답을 설명하고, 그 답을 지지하는 각각의 예를 드시오.

a. 모든 비전해질은 불용성이다.

b. 모든 불용성 물질들은 비전해질이다.

c. 모든 강전해질은 수용성이다.

d. 모든 가용성 물질들은 강전해질이다.

10. 다음 반응 중 산화–환원 반응이 **분명한** 것은? 답을 설명하고, 모든 답에 대한 산화–환원 반응의 예를 들어보시오.

a. 금속이 비금속과 반응

b. 침전 반응

c. 산–염기 반응

11. 어떤 원소가 어떤 화학 반응에서 반응물이나 생성물이라면, 그 반응은 산화–환원 반응임에 틀림없다. 왜 이것이 사실인가?

12. 다음 화합물의 이름을 수용액에 들어있는 그 화합물의 그림과 연결하시오.

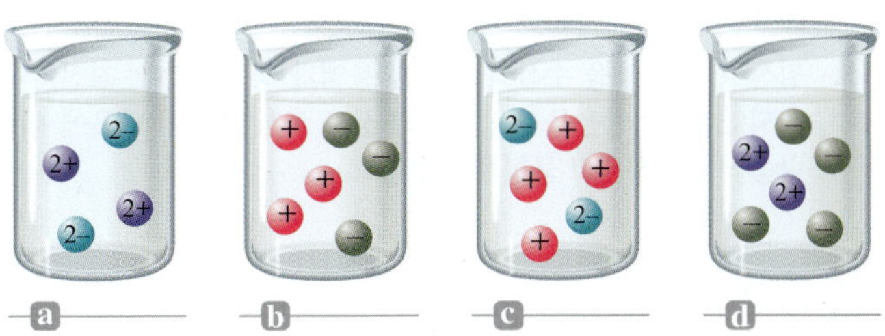

a. 질산 바륨 c. 탄산 포타슘

b. 염화 소듐 d. 황산 마그네슘

이 중 어느 그림이 $HNO_3(aq)$를 가장 잘 나타내고 있는가? 왜 $HC_2H_3O_2(aq)$를 잘 표현한 그림은 없는가?

13. 표 7.1에 주어진 일반적인 용해도 규칙을 기준으로, 아래 물질들을 혼합했을 때 형성되는 침전물의 종류를 예측해 보시오. 침전이 일어나지 않는 것 같으면, 어떤 법칙이 적용된 것인가?

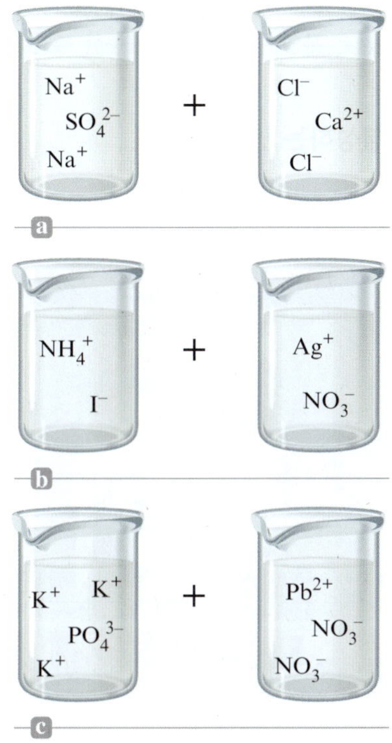

14. 두 비커에 들어있는 내용물을 혼합했을 때 일어나는 반응의 균형 반응식과 알짜 이온 반응식을 쓰시오.

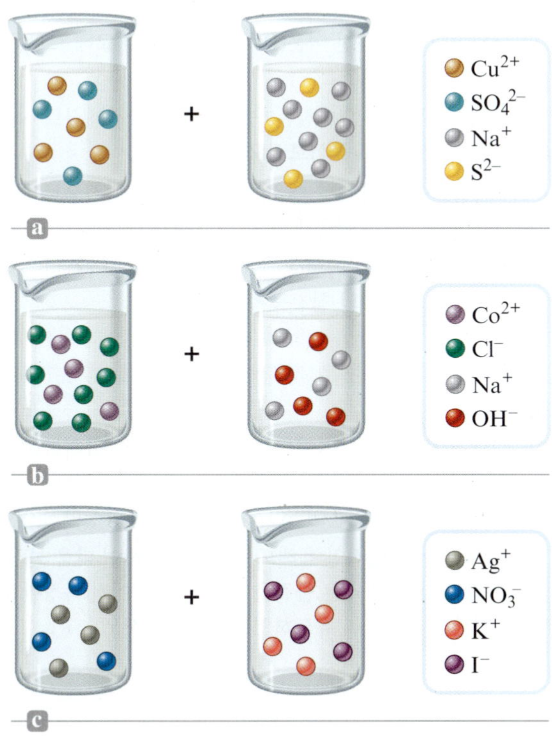

질문과 문제

7.1 반응이 일어날지 예측하기

▶ *질문*

1. 물이 용매로서 중요한 이유는 무엇인가? 아직 물에 대해 자세히 배우지 않았지만 물을 중요한 용매로 만드는 특성에 대해 생각할 수 있겠는가?
2. "추진력"이란 무엇인가? 이 장에서 배운 반응이 일어나도록 하는 추진력들은 무엇이었나? 다른 가능한 추진력들도 생각할 수 있는가?

7.2 고체를 형성하는 반응

▶ *질문*

3. 수용액에서 *고체*가 형성되는 반응을 ________반응이라 한다.

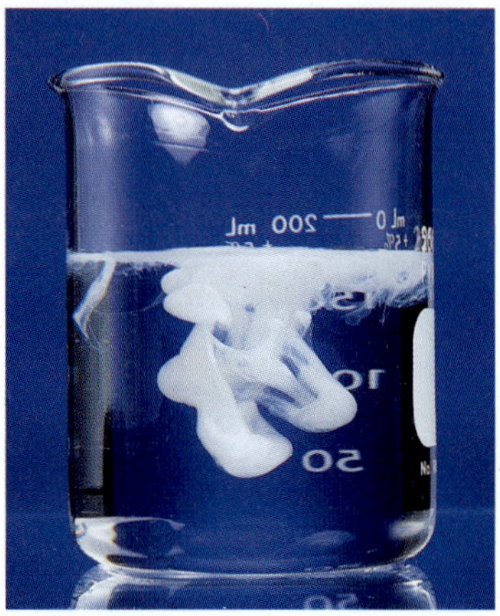

© Cengage Learning

4. 어떤 반응의 화학식을 작성할 때, 주어진 반응물이 물에 녹는 것을 어떻게 설명할 수 있는가? 반응의 결과로 침전물이 형성되었다는 것을 어떻게 설명할 수 있는가?
5. 이온성 용질인 K_3PO_4가 물에 녹을 때, 용액 속에 있는 포타슘 이온(K^+)의 수를 인산 이온(PO_4^{3-})의 수와 비교해 보았을 때 무엇을 말할 수 있는가?
6. *강전해질*은 무엇을 의미하는가? 용액에서 강전해질로 작용하는 물질 두 가지를 예로 들어보시오.
7. 이온 화합물이 물에 녹을 때 이온들이 서로 독립적으로 행동한다는 것을 화학자들은 어떻게 알 수 있었는가?
8. 표 7.1에 표시된 일반적인 용해도 법칙을 적용할 때, 다음 이온들 중 어떤 것이 SO_4^{2-}와 침전물을 형성하는가?
   a. Ba^{2+}
   b. Na^+
   c. NH_4^+
   d. 위에 있는 이온 중 적어도 두 개가 SO_4^{2-}와 침전물을 형성할 것이다.
   e. 위에 있는 모든 이온이 SO_4^{2-}와 침전물을 형성할 것이다.
9. 표 7.1에 있는 일반적인 용해도 규칙을 이용하여 다음 물질 중 물에 잘 녹지 않을 것 같은 물질을 예측하시오. 어떤 특정한 규칙이 그런 결론을 내리도록 유도하였는지 설명하시오.
   a. $Ba(NO_3)_2$
   b. K_2SO_4
   c. $PbSO_4$
   d. $Cu(OH)_2$
   e. KCl
   f. Hg_2Cl_2
   g. $(NH_4)_2CO_3$
   h. Cr_2S_3
10. 표 7.1에 있는 일반적인 용해도 규칙을 이용하여 다음 물질들은 왜 물에 잘 녹지 *않을* 것으로 예상되는지 각각 설명하시오. 어떤 용해도 규칙이 각 물질들의 특별한 상황에 적용되는지 말해보시오.
   a. 수산화 철(III)
   b. 탄산 칼슘
   c. 인산 코발트(III)
   d. 염화 은
   e. 황산 바륨
11. 표 7.1에 있는 일반적인 용해도 규칙을 이용하여 다음 물질들의 수용액을 혼합할 때 형성되는 침전물의 종류를 예측하시오. 침전물이 생성되지 않을 것 같다면 어떤 규칙이 적용되는지 설명하시오.
   a. 염화 구리(II)($CuCl_2$)와 황화 암모늄[$(NH_4)_2S$]
   b. 질산 바륨[$Ba(NO_3)_2$]과 인산 포타슘(K_3PO_4)
   c. 아세트산 은($AgC_2H_3O_2$)과 염화 칼슘($CaCl_2$)
   d. 탄산 포타슘(K_2CO_3)과 염화 코발트(II)($CoCl_2$)
   e. 황산(H_2SO_4)과 질산 칼슘[$Ca(NO_3)_2$]
   f. 아세트산 수은(I)[$Hg_2(C_2H_3O_2)_2$]과 염산(HCl)

▶ *문제*

12. 표 7.1에 있는 일반적인 용해도 규칙을 이용하여 다음 수용액을 혼합할 때 일어나는 침전 반응의 균형 반응식을 쓰시오. 생성되는 침전물(고체)의 화학식에 밑줄로 표시하시오. 주어진 반응물에 대해 침전 반응이 일어나지 않는다면 그 이유를 설명하시오.
   a. 탄산 소듐(Na_2CO_3)과 황산 구리(II)($CuSO_4$)
   b. 염산(HCl)과 아세트산 은($AgC_2H_3O_2$)
   c. 염화 바륨($BaCl_2$)과 질산 칼슘[$Ca(NO_3)_2$]
   d. 황화 암모늄[$(NH_4)_2S$]과 염화 철(III)($FeCl_3$)
   e. 황산(H_2SO_4)과 질산 납(II)[$Pb(NO_3)_2$]
   f. 인산 포타슘(K_3PO_4)과 염화 칼슘($CaCl_2$)
13. 다음 침전 반응의 균형을 맞추시오.
   a. $CaCl_2(aq) + AgNO_3(aq) \rightarrow Ca(NO_3)_2(aq) + AgCl(s)$
   b. $AgNO_3(aq) + K_2CrO_4(aq) \rightarrow Ag_2CrO_4(s) + KNO_3(aq)$
   c. $BaCl_2(aq) + K_2SO_4(aq) \rightarrow BaSO_4(s) + KCl(aq)$
14. 다음 침전 반응에 대하여 반응식을 완성하여 균형을 맞추고 어떤 생성물이 침전물인지 표시하시오.
   a. $(NH_4)_2SO_4(aq) + Ba(NO_3)_2(aq) \rightarrow$
   b. $H_2S(aq) + NiSO_4(aq) \rightarrow$
   c. $FeCl_3(aq) + NaOH(aq) \rightarrow$
15. 질산 아연 용액을 수산화 포타슘 용액과 혼합하였다. 침전이 형성되었다. 각 반응물과 생성물의 상을 포함하여 이 반응에 대한 반응식을 완성하고 균형을 맞추시오.

7.3 수용액에서 일어나는 반응 나타내기

▶ *질문*

16. 알짜 이온 반응식은 무엇인가? 이 반응식에 표시되는 화학종과 표시되지 않는 화학종은 무엇인가?

17. 구경꾼 이온을 가장 정확하게 표현한 것은?

a. 화학 반응에서 사용된 이온; 제한적이다.

b. 화학 반응에 참여하는 이온이지만 항상 과량으로 존재한다.

c. 화학 반응에서 침전물의 일부가 되는 이온

d. 전하를 띠지 않지만 용해될 수 있으며, 전기를 전달하지 않는 이온

e. 용액 중에 존재하지만 화학 반응에는 직접적으로 관여하지 않는 이온

▶ *문제*

18. 표 7.1에 있는 일반적인 용해도 규칙을 이용하여, 혼합하였을 때 침전물을 형성할 수 있는 수용성 이온 반응물들의 조합을 5가지를 제시하시오. 선택한 각 조합에 대한 균형 맞춘 전체 분자식과 균형 갖춘 알짜 이온 반응식을 쓰시오.

19. 염화 니켈(II)와 황화 소듐의 반응에 대한 균형 맞춘 분자 반응식, 완전한 이온 반응식, 알짜 이온 반응식을 쓰시오.

20. 많은 화학 실험 입문 과정에서 정성 분석의 원리와 방법을 배운다. 정성 분석에서는 일반적인 양이온과 음이온 혼합물을 분석하고, 혼합물에 있는 특정 이온의 존재를 확인하는 방법을 배운다. 이러한 분석의 첫 단계는 혼합물을 염산으로 처리하는 것인데 그 결과 수용성 혼합물로부터 불용성 염화물로서 은 이온, 납(II) 이온, 수은(I) 이온이 침전, 제거된다. 이들 세 가지 양이온과 염화 이온의 침전 반응에 대하여 각각 균형 알짜 이온 반응식을 쓰시오.

21. 양이온 정성 분석(문제 20 참조)의 또 다른 단계는 일부 금속 이온을 불용성 황화물로 침전시키는 것이다(이어서 혼합된 황화 침전물들을 개별 이온으로 분리한다). Co(II), Co(III), Fe(II), Fe(III) 이온과 황화 이온(S^{2-})의 반응에 대한 균형 맞춘 알짜 이온 반응식을 쓰시오.

7.4 물이 형성되는 반응: 산과 염기

▶ *질문*

22. *강산*은 무엇을 의미하는가? 강산은 또한 *강전해질*인가? 설명하시오.

23. *강염기*는 무엇을 의미하는가? 강염기는 또한 *강전해질*인가? 설명하시오.

24. 일반적인 강산과 강염기 세 종류의 이름과 화학식을 쓰시오.

25. *염*(salt)이란 무엇인가? 산이 염기와 반응할 때 염이 어떻게 생성되는지를 보여주는 균형 화학 반응식 두 개를 쓰시오.

▶ *문제*

26. 이 장에서 강조한 세 종류의 강산(HCl, HNO_3, H_2SO_4)과 마찬가지로 브로민화 수소산(HBr)과 과염소산($HClO_4$)도 강산이다. 이들 강산이 물에 해리되는 반응식을 작성해 보자.

27. 다음 강산/강염기 반응에서 어떤 염이 만들어질까?

a. $HCl(aq) + KOH(aq) \rightarrow$

b. $RbOH(aq) + HNO_3(aq) \rightarrow$

c. $HClO_4(aq) + NaOH(aq) \rightarrow$

d. $HBr(aq) + CsOH(aq) \rightarrow$

28. 다음 염을 만들기 위해 반응할 산과 염기를 작성하여 산-염기 반응식을 완성하시오.

a. ________ + ________ $\rightarrow K_2SO_4(aq) + 2H_2O(l)$

b. ________ + ________ $\rightarrow NaNO_3(aq) + H_2O(l)$

c. ________ + ________ $\rightarrow CaCl_2(aq) + 2H_2O(l)$

d. ________ + ________ $\rightarrow Ba(ClO_4)_2(aq) + 2H_2O(l)$

7.5 금속과 비금속의 반응(산화-환원)

▶ *질문*

29. 산화-환원 반응이란 무엇인가? 이 반응이 일어나는 동안 무엇이 이동되는가?

30. 테르밋(용접) 반응은 매우 많은 에너지(열)를 생산하여 처음에 철이 액체로 된다.

© Cengage Learning

$2Al(s) + Fe_2O_3(s) \rightarrow 2Fe(s) + Al_2O_3(s)$

알루미늄과 철에 대한 전자의 이동을 설명해 보시오.

31. 산소 분자(O_2)가 금속 마그네슘 원자와 반응한다면, 각 마그네슘 원자는 전자 몇 개를 잃는가? 각 산소 원자는 전자 몇 개를 얻는가? 각 산소 분자와 반응하기 위해 마그네슘 원자 몇 개가 필요한가? 결국 마그네슘 이온과 산화 이온은 어떤 전하를 가지는가?

▶ *문제*

32. $Mg(s) + Cl_2(g) \rightarrow MgCl_2(s)$의 반응이 일어나는 동안 어떻게 전자를 잃고 얻었는지 나타내시오.

33. 다음 산화-환원 반응의 균형을 맞추시오.

a. $P_4(s) + O_2(g) \rightarrow P_4O_{10}(s)$

b. $MgO(s) + C(s) \rightarrow Mg(s) + CO(g)$

c. $Sr(s) + H_2O(l) \rightarrow Sr(OH)_2(aq) + H_2(g)$

d. $Co(s) + HCl(aq) \rightarrow CoCl_2(aq) + H_2(g)$

7.6 반응을 분류하는 방법

▸ *질문*

34. a. 단일 치환 반응과 이중 치환 반응의 예를 각각 두 가지씩 들어보시오. 이 두 종류의 반응이 어떻게 비슷하고, 어떻게 다른가?

b. 물 형성이 추진력인 반응과 기체 형성이 추진력인 반응의 예를 각각 두 개씩 들어보시오.

35. 다음 불균형 반응식을 어떤 종류의 반응인지 분류하시오. 침전 반응, 산-염기 반응, 산화-환원 반응(둘 이상에 속할 수 있음).

a. $H_2O_2(aq) \rightarrow H_2O(l) + O_2(g)$
b. $H_2SO_4(aq) + Zn(s) \rightarrow ZnSO_4(aq) + H_2(g)$
c. $H_2SO_4(aq) + NaOH(aq) \rightarrow Na_2SO_4(aq) + H_2O(l)$
d. $H_2SO_4(aq) + Ba(OH)_2(aq) \rightarrow BaSO_4(s) + H_2O(l)$
e. $AgNO_3(aq) + CuCl_2(aq) \rightarrow Cu(NO_3)_2(aq) + AgCl(s)$
f. $KOH(aq) + CuSO_4(aq) \rightarrow Cu(OH)_2(s) + K_2SO_4(aq)$
g. $Cl_2(g) + F_2(g) \rightarrow ClF(g)$
h. $NO(g) + O_2(g) \rightarrow NO_2(g)$
i. $Ca(OH)_2(s) + HNO_3(aq) \rightarrow Ca(NO_3)_2(aq) + H_2O(l)$

7.7 반응을 분류하는 다른 방법

▸ *질문*

36. *연소 반응*을 어떻게 정의하는가? 화학적 생성물 외에 연소 반응은 어떤 다른 생성물을 형성하는가? 연소 반응의 균형 화학 반응식의 예를 두 가지 제시하시오.

37. 연료 물질의 연소를 포함하는 반응은 ________반응의 하위 그룹에 속한다.

38. *합성* 또는 *조합 반응*은 무엇인가? 예를 들어보시오. 그런 반응들은 또한 다른 방법으로 분류될 수 있는가? *합성* 반응이면서 연소 반응인 예를 들어보시오. 합성 반응이면서 산화-환원 반응이지만 연소 반응에는 해당되지 않는 반응의 예를 들어보시오.

39. *분해* 반응은 무엇인가? 예를 들어보시오. 그런 반응은 다른 방법으로도 분류될 수 있는가?

▸ *문제*

40. 다음 각 연소 반응을 완성하고 균형을 맞추시오.

a. $C_6H_6(l) + O_2(g) \rightarrow$
b. $C_5H_{12}(l) + O_2(g) \rightarrow$
c. $C_2H_6O(l) + O_2(g) \rightarrow$

41. 이제 여러분은 스스로 화학 반응식을 쓸 수 있을 만큼 화합물에 친숙해졌다. *합성* 반응과 *분해* 반응이 무엇을 의미하는지 두 가지 예를 들어보시오.

42. 다음 합성 반응의 균형을 맞추시오.

a. $Fe(s) + S_8(s) \rightarrow FeS(s)$
b. $Co(s) + O_2(g) \rightarrow Co_2O_3(s)$
c. $Cl_2O_7(g) + H_2O(l) \rightarrow HClO_4(aq)$

43. 다음 산화-환원 반응의 균형을 맞추시오.

a. $Al(s) + Br_2(l) \rightarrow AlBr_3(s)$
b. $Zn(s) + HClO_4(aq) \rightarrow Zn(ClO_4)_2(aq) + H_2(g)$
c. $Na(s) + P(s) \rightarrow Na_3P(s)$
d. $CH_4(g) + Cl_2(g) \rightarrow CCl_4(l) + HCl(g)$
e. $Cu(s) + AgNO_3(aq) \rightarrow Cu(NO_3)_2(aq) + Ag(s)$

화학 조성

Chemical Composition

CHAPTER

8

이들 유리병은 이산화 규소를 포함하고 있다.

James L. Amos/Science Source/Getty Images

가장 중요한 화학적 활동 중 하나는 새로운 물질을 합성하는 것이다. 나일론, 인공 감미료인 아스파탐(NutraSweet®), 방탄 조끼나 명품차들의 본체에 쓰이는 케블라, 플라스틱 파이프에 사용하는 폴리염화 비닐(PVC), 테플론, 니티놀(심한 변형 후에도 본래 모양을 기억하는 형상 합금) 등 일상생활을 편리하게 하는 많은 물질들은 처음에 화학자의 실험실에서 만들어졌다. 화학자가 신물질을 합성할 때 가장 먼저 해야 할 일은 그 물질의 조성이 무엇인지, 화학식은 무엇인지를 확인하는 것이다.

이 장에서는 화합물의 화학식을 결정하는 방법을 배울 것이다. 그 전에 원자를 어떻게 셀 것인지 생각할 필요가 있다. 물질을 이루는 각 원자들의 수를 어떻게 계산하여 화학식을 구할 수 있을까? 물론 원자들은 너무 작아서 개별적으로는 셀 수가 없다. 이 장에서는 저울질(weighing)로 원자들을 셀 수 있다는 것을 알게 될 것이다. 저울질로 개수를 세는 일반적 원리를 먼저 생각해 보자.

페라리(Enzo Ferrari) 본체는 탄소섬유 복합재료로 만들어져 있다.
oksana.perkins/Shutterstock.com

8.1 저울질을 이용한 개수 세기

학습 목표

■ **평균 질량의 개념을 이해하고, 저울질로 개수를 헤아리는 방법을 탐구한다.**

젤리빈을 파는 사탕 가게에서 일한다고 생각해 보자. 사람들이 가게에 들어와서 사탕 50, 100, 1000개 등을 달라고 하면 오랫동안 이것들을 세어야 할 것이다. 문제를 잘 해결하려면 좀 더 나은 방법을 생각해야 한다. 저울을 사서 저울질함으로써 젤리빈을 세는 것이 좀 더 효과적일 것이라는 생각이 떠오를 것이다. 저울질하여 어떻게 젤리빈을 셀 수 있겠는가? 젤리빈에 대하여 무엇을 알아야 하는가?

모든 젤리빈이 똑같다고 가정하고 각각의 질량이 5 g이라고 한다면, 젤리빈 1000개를 셀 때 젤리빈의 질량은 얼마나 되겠는가? 각 젤리빈의 질량이 5 g이므로 젤리빈 1000개 × 5 g/젤리빈 = 5000 g(5 kg)이 필요하다. 젤리빈 5 kg을 재는 것은 몇 초밖에 걸리지 않지만 1000개를 일일이 세려면 많은 시간이 소요될 것이다.

그러나 실제로는 젤리빈이 다 같지 않다. 예를 들어 10개의 젤리빈을 측정하면 다음과 같은 결과를 얻을 것이다.

젤리빈	질량
1	5.1 g
2	5.2 g
3	5.0 g
4	4.8 g
5	4.9 g
6	5.0 g
7	5.0 g
8	5.1 g
9	4.9 g
10	5.0 g

저울질함으로써 이와 같이 질량이 같지 않은 젤리빈을 셀 수 있을까? 젤리빈의 *평균 질량*(average mass)값을 알면 이 문제는 해결할 수 있다. 젤리빈 10개의 평균 질량을 계산해 보자.

$$\text{평균 질량} = \frac{\text{젤리빈 전체 질량}}{\text{젤리빈의 개수}}$$

$$= \frac{5.1\text{ g} + 5.2\text{ g} + 5.0\text{ g} + 4.8\text{ g} + 4.9\text{ g} + 5.0\text{ g} + 5.0\text{ g} + 5.1\text{ g} + 4.9\text{ g} + 5.0\text{ g}}{10}$$

$$= \frac{50.0}{10} = 5.0\text{ g}$$

젤리빈의 평균 질량은 5.0 g이다. 그러므로 젤리빈 1000개를 세려면 젤리빈 5000 g을 측정하면 된다. 평균 질량이 5.0 g인 젤리빈은 질량이 똑같은 젤리빈의 경우와 같이 취급할 수 있다. 저울질로 세려고 하는 대상물의 질량이 모두 같을 필요는 없다. 대상물의 평균 질량만 알면 된다. 개수를 세기 위해서, 대상물이 평균 질량을 가지고 있는 것처럼 *대상물을 모두 똑같은 것으로 취급한다*.

손님이 가게에 와서 사탕 한 봉지를 사려 하는데 한 아이는 젤리빈을, 다른 아이는 박하를 좋아하므로 한 봉지에는 젤리빈을 다른 봉지에는 박하 사탕을 넣으려고 한다. 사탕 개수가 같지 않으면 싸우기 때문에 정확히 개수가 같아야 한다고 하자. 그러나 바빠서 일일이 셀 시간이 없지만, 사탕 개수가 똑같이 들어간 봉지를 만들 쉬운 방법은 없겠는가?

이 문제를 빨리 해결할 필요가 있다. 두 종류 사탕의 평균 질량을 안다고 한다면,

$$\text{젤리빈: 평균 질량} = 5\text{ g}$$
$$\text{박하 사탕: 평균 질량} = 15\text{ g}$$

젤리빈을 가득 퍼서 저울에 재었더니 500 g이 되었다. 젤리빈 500 g과 같은 개수로 박하 사탕을 담는다면 박하 사탕의 질량은 얼마일까? 젤리빈의 평균 질량 5 g과 박하 사탕 15 g을 비교해 보면

$$\frac{15\text{ g}}{5\text{ g}} = 3$$

젤리빈 질량의 3배에 해당하는 질량이 같은 수에 해당한다.

$$3 \times 500\text{ g} = 1500\text{ g}$$

따라서 박하 사탕 1500 g을 측정하여 봉지에 담으면 된다. 손님은 젤리빈 500 g과 박하 사탕 1500 g이 든 봉지에는 같은 개수의 사탕이 들어있다고 믿고 갈 것이다.

이 문제 풀이에서 화학의 매우 중요한 원리를 발견할 수 있다. 다른 두 종류의 성분 A와 B가 들어있는 시료가 있다고 하자. *시료 질량의 비가 A와 B의 각 성분의 질량비와 같다면 두 시료에는 같은 수의 A와 B가 들어있다.*

이제까지 언급했던 예들을 사용하여 좀 더 상세하게 기술해 보자. 질량 5 g(젤리빈)과 질량 15 g(박하 사탕)인 각 성분에서 다음 경우를 생각해 보자.

■ 한 성분만 포함한 각 시료

$$\text{박하 사탕 질량} = 15\text{ g}$$
$$\text{젤리빈 질량} = 5\text{ g}$$

■ 10개의 성분을 포함한 각 시료

$$10\ \cancel{\text{박하 사탕}} \times \frac{15\text{ g}}{\cancel{\text{박하 사탕}}} = 150\text{ g 박하 사탕}$$

$$10\ \cancel{\text{젤리빈}} \times \frac{5\text{ g}}{\cancel{\text{젤리빈}}} = 50\text{ g 젤리빈}$$

■ 100개의 성분을 포함한 각 시료

$$100\ \cancel{\text{박하 사탕}} \times \frac{15\text{ g}}{\cancel{\text{박하 사탕}}} = 1500\text{ g 박하 사탕}$$

$$100\ \cancel{\text{젤리빈}} \times \frac{5\text{ g}}{\cancel{\text{젤리빈}}} = 500\text{ g 젤리빈}$$

각 경우에 질량비는 항상 3대 1인 것을 주목하라.

$$\frac{1500}{500} = \frac{150}{50} = \frac{15}{5} = \frac{3}{1}$$

이 값은 두 성분의 질량비이다.

$$\frac{\text{박하 사탕 질량}}{\text{젤리빈 질량}} = \frac{15}{5} = \frac{3}{1}$$

*질량비*가 15/5 = 3/1인 박하 사탕과 젤리빈의 시료는 모두 개수가 같을 것이다. 똑같은 개념을 원자에 적용할 수 있고 다음 절에서 이것을 다루기로 한다.

8.2 원자 질량: 저울질을 이용한 원자 수 세기

학습 목표

■ 원자 질량과 원자 질량의 실험적 결정을 이해한다.

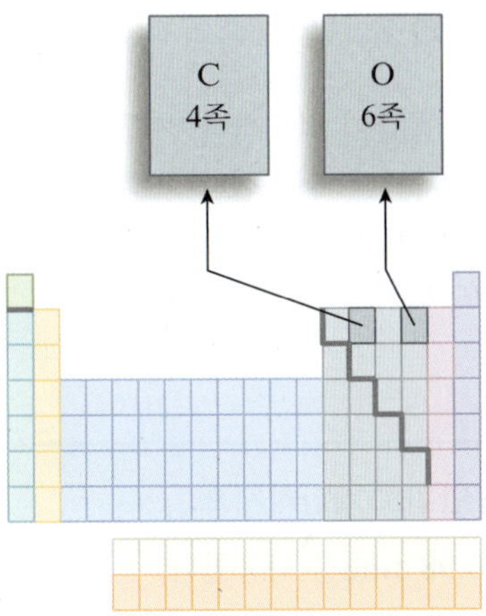

6장에서 탄소 고체와 산소 기체가 반응해서 이산화 탄소 기체가 생성되는 균형 반응식을 다루었다. ◀

$$C(s) + O_2(g) \rightarrow CO_2(g)$$

소량의 탄소 고체를 모두 이산화 탄소로 바꾸는 데 필요한 산소 분자 수를 알려고 한다. 다음 균형 반응식으로부터 탄소 원자 하나당 산소 분자 하나가 필요하다는 것을 알 수 있다.

$$C(s) \quad + \quad O_2(g) \quad \rightarrow \quad CO_2(g)$$

탄소 원자 1개와 산소 분자 1개가 반응하여 이산화 탄소 분자 1개 생성

필요한 산소 분자수를 결정하기 위해서는 탄소 덩어리에 존재하는 탄소 원자 수를 알아야 한다. 그러나 원자들은 너무 작아서 눈으로 볼 수 없다. 따라서 시료를 저울질함으로써 원자를 세는 방법을 배워야 한다.

앞 절에서 저울질로 젤리빈과 박하 사탕을 쉽게 셀 수 있다는 것을 알았다. 원자를 세는 방법도 같은 방법을 적용하면 된다.

원자는 매우 작기 때문에 보통 질량 단위로 사용하는 그램이나 킬로그램 단위는 너무 커서 사용할 수 없다. 예를 들어 탄소 원자 하나의 질량은 1.99×10^{-23} g이다. 원자 질량을 나타낼 때 10^{-23}과 같은 단위를 피하기 위해 과학자들은 아주 작은 질량 단위인 **원자 질량 단위**(atomic mass unit, 줄여서 amu)를 정하였다. ◀ 그램 단위로 환산하면 다음과 같다.

때로 기호 u를 사용하여 amu를 나타낸다.

$$1 \text{ amu} = 1.66 \times 10^{-24} \text{ g}$$

탄소 원자의 개수를 어떻게 셀지에 대한 본론으로 돌아가자. 저울질로 탄소 원자를 세기 위해서는 각 젤리빈의 질량을 알았던 것처럼 각 탄소 원자의 질량을 알아야만 한다. 4장에서 주어진 원소의 원자들은 동위원소로 존재한다고 배웠다. 탄소의 동위원소에는 ${}^{12}_{6}C$, ${}^{13}_{6}C$, ${}^{14}_{6}C$이 있다. 어떤 탄소 시료에도 이러한 동위원소들이 항상 일정 비율로 존재한다. 이러한 동위원소들의 질량은 약간 차이가 난다. 그러므로 젤리빈이 모두 같지 않은 것처럼 탄소 원자에도 평균 질량을 사용할 필요가 있다. 탄소 원자의 **평균 원자 질량**(average atomic mass)은 12.01 amu이다. 이 말은 자연계의 어떤 탄소 시료라도 12.01 amu 질량을 갖는 *똑같은 탄소 원자로 이루어져 있는 것처럼 취급할 수 있다*는 것이다. 탄소 원자의 평균 질량을 알면 자연계의 탄소 시료를 저울질함으로써 탄소 원자 개수를 셀 수가 있다. 예를 들어 탄소 원자 1000개의 탄소 원자 질량을 구한다면 평균 질량이 12.01 amu이므로

수학적 기능 향상 도움말
여기서 1000은 정확한 수(exact number)라는 것을 상기하자.

$$\text{자연계 탄소 원자 1000개} \blacktriangleleft \text{의 질량} = (1000 \cancel{\text{원자}})\left(12.01 \frac{\text{amu}}{\cancel{\text{원자}}}\right)$$
$$= 12{,}010 \text{ amu} = 12.01 \times 10^3 \text{ amu}$$

앞에서 언급한 탄소 덩어리를 저울질한 값이 3.00×10^{20} amu라고 하면 이 시료에 존재하는 탄소 원자 수는 얼마나 되겠는가? 평균 탄소 원자의 질량이 12.01 amu이므로 등가 정의를 사용하여 탄소 원자 수를 계산할 수 있다.

$$1 \text{ 탄소 원자} = 12.01 \text{ amu}$$

환산 인자는 다음과 같다,

$$\frac{1 \text{ 탄소 원자}}{12.01 \text{ amu}}$$

계산은 다음과 같이 수행한다.

$$3.00 \times 10^{20} \cancel{\text{amu}} \times \frac{1 \text{ 탄소 원자}}{12.01 \cancel{\text{amu}}} = 2.50 \times 10^{19} \text{ 탄소 원자}$$

방금 논의한 탄소에 대한 원리를 다른 모든 원소에 똑같이 적용한다. 자연계에서 발견되는 모든 원소들은 여러 동위원소들이 혼합되어 이루어진다. 저울질하여 주어진 원소 시료에서 원자 개수를 세기 위해서는 시료 질량과 원소의 평균 질량을 알아야만 한다. 일반적인 원소들의 평균 질량을 표 8.1에 나타내었다.

표 8.1 일반적인 원소의 평균 원자 질량값

원소	평균 원자 질량(amu)
수소	1.008
탄소	12.01
질소	14.01
산소	16.00
소듐	22.99
알루미늄	26.98

대화형 예제 8.1 원자 질량 단위(amu)를 이용한 질량 계산

원자 75개를 포함하는 알루미늄 시료의 질량을 amu 단위로 계산하시오.

풀이 이 문제를 풀기 위하여 알루미늄 원자의 평균 질량 26.98 amu을 사용한다.

$$1 \text{ Al 원자} = 26.98 \text{ amu}$$

이로부터 필요한 환산 인자를 얻을 수 있다.

수학적 기능 향상 도움말
이 문제에서 75는 원자의 개수로 정확한 수(exact number)이다.

$$75 \cancel{\text{Al 원자}} \times \frac{26.98 \text{ amu}}{1 \cancel{\text{Al 원자}}} = 2024 \text{ amu} \blacktriangleleft$$

SELF-CHECK **실전 연습 8.1** 질소 원자 23개를 포함하는 시료의 질량을 계산하시오.

반대 계산도 할 수 있다. 시료 질량을 알면 원자 수를 결정할 수 있다. 이 과정은 예제 8.2에 소개되어 있다.

대화형 예제 8.2 질량으로부터 원자 수 계산

질량이 1172.49 amu인 시료에 존재하는 소듐 원자 수를 계산하시오.

풀이 소듐의 평균 원자 질량(표 8.1)인 22.99 amu를 이용하여 이 문제를 풀 수 있다. 적절한 등가 정의는

$$1 \text{ Na 원자} = 22.99 \text{ amu이고}$$

이로부터 필요한 환산 인자를 얻을 수 있다.

$$1172.49 \cancel{\text{amu}} \times \frac{1 \text{ Na 원자}}{22.99 \cancel{\text{amu}}} = 51.00 \text{ Na 원자}$$

SELF-CHECK

실전 연습 8.2 질량이 288 amu인 시료에 존재하는 산소 원자 수를 계산하시오.

정리하면, 원자의 평균 원자 질량을 안다면 저울질함으로써 원자 수를 계산할 수 있으며 다음 절에서 배우게 되겠지만 이것은 화학의 가장 기초적인 계산 과정이다.

이 책의 표지 안쪽에 있는 표에 각 원소별 평균 원자 질량 값이 나와 있다. 지금은 이 용어를 사용하지 않지만 원소의 *원자량*(atomic weight)이라고 한다.

8.3 몰

학습 목표

- 몰 개념과 아보가드로 수를 이해한다.
- 주어진 시료에서 몰, 질량, 원자 수 사이의 환산법을 배운다.

앞 절에서 원자 질량 단위를 사용하였는데, 이것은 굉장히 작은 단위이다. 실험실에서는 훨씬 더 큰 단위인 그램이 질량 단위로 편리하게 쓰인다. 이 절에서는 그램으로 주어진 질량을 갖는 시료 속에 들어있는 원자 수를 세는 것을 배울 것이다.

질량이 26.98 g인 알루미늄 시료가 있다고 하자. 이 알루미늄 시료와 정확히 같은 원자 수를 갖는 구리의 질량은 얼마이겠는가?

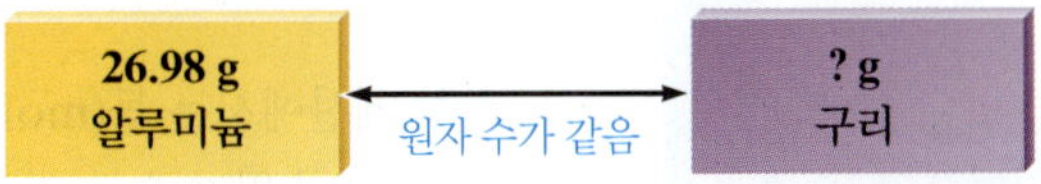

이 질문에 대한 답을 구하려면 알루미늄(26.98 amu)과 구리(63.55 amu)의 평균 원자 질량을 알아야 한다. 알루미늄과 구리 중 어느 원자의 원자 질량이 더 큰가? 답은 구리이다. 알루미늄 26.98 g이 있다면, 알루미늄 원자 수와 같은 수의 구리가 있으려면 26.98 g보다 더 많아야 할까, 더 적어야 할까? 구리 원자가 알루미늄 원자보다 질량이 크기 때문에 구리 26.98 g보다 더 많아야 한다. 따라서 주어진 수의 구리 원자는 같은 수의 알루미늄 원자보다 무겁다. 그러면 구리 질량은 얼마가 되어야 할까? 알루미늄과 구리 원자의 평균 질량은 각각 26.98 amu와 63.55 amu이므로 구리 63.55 g과 알루미늄 26.98 g이 정확하게 같은 원자 수를 포함한다. 따라서 구리 63.55 g이 필요하다. 첫 절의 사탕에 대한 설명처럼, *질량비가 각 원자의 질량비와 같은 시료는 항상 같은 수의 원자를 포함한다*. 이 경우에 비는 다음과 같다.

납 막대
207.2 g

은 막대
107.9 g

구리 더미
63.55 g

Ken O'Donoghue © Cengage Learning

그림 8.1 그림의 모든 순수 원소 시료는 *같은 원자 수*(1 mol, 6.022×10^{23} 원자)를 가진다.

$$\underset{\text{시료 질량비}}{\frac{26.98\text{ g}}{63.55\text{ g}}} = \underset{\text{원자 질량비}}{\frac{26.98\text{ amu}}{63.55\text{ amu}}}$$

따라서 알루미늄 26.98 g의 알루미늄 원자 수는 구리 63.55 g의 구리 원자 수와 동일하다.

탄소(평균 원자 질량, 12.01 amu)와 헬륨(평균 원자 질량, 4.003 amu)을 비교해 보자. 탄소 12.01 g의 시료는 헬륨 4.003 g과 원자 수가 같다. 모든 원소 시료를 저울질하여 원소의 평균 원자 질량과 같은 질량을 갖는 모든 원소 시료를 그램 단위로 계산하면, 이 시료는 모두 원자 수가 같다(그림 8.1). 이 개수(시료에 존재하는 원자 수)는 화학에서 특별한 중요성을 갖는다. 이것을 몰이라고 하는데 화학자들이 원자 수를 나타내는 데 사용하는 단위이다. **몰**(mole, 약자로 mol)은 *탄소 12.01 g에 존재하는 탄소 원자 수와 같은 개수*로 정의한다. ◀ 이 수를 **아보가드로 수**(Avogadro's number)라고 한다. *어떤 물질 1 mol은 6.022×10^{23} 단위로 구성되어 있다.* 달걀 한 다스가 달걀 12개인 것처럼 달걀 1 mol은 달걀 6.022×10^{23}개이다. 물 1 mol은 물 분자 6.022×10^{23}개를 포함한다.

몰(mol)의 정의는 SI 정의와 약간 다르지만 여기서는 이해가 쉽기 때문에 사용한다.

아보가드로 수(4자리 유효 숫자)는 6.022×10^{23}이다. *어느 물질이든지* 1 mol은 그 물질 6.022×10^{23} 단위이다.

6.022×10^{23}개의 양은 상상하기가 매우 어렵다. 1 mol 초는 지구가 존재한 시간의 4백만 배의 기간을 나타낸다. 대리석 1 mol은 지구 전체를 50 마일 두께로 전부 덮을 정도이다. 원자는 매우 작기 때문에 1 mol의 원자나 분자는 반응에서 사용하기에 충분한 양이다(그림 8.2).

Ken O'Donoghue © Cengage Learning

그림 8.2 철(못), 아이오딘 결정, 액체 수은, 분말 황 시료 1 mol.

비판적으로 생각하기

1초에 하나씩, 1부터 6×10^{23}까지 숫자를 세고 백만 불을 받는다면 어떨까? 시급을 정해보자. 할 것인가? 할 수 있을 것인가?

화학 계산에서는 몰(mol)을 어떻게 사용할까? 아보가드로 수는 탄소 12.01 g에 포함된 6.022×10^{23} 원자 수로 정의한다는 것을 기억하자. 같은 이유로 수소의 평균 원자 질량은 1.008 amu이기 때문에(표 8.1 참조) 수소 1.008 g은 수소 원자 6.022×10^{23}개를 포함한다. 비슷하게 알루미늄 26.98 g은 알루미늄 원자 6.022×10^{23}개를 포함한다. 평균 원자 질량과 같은 그램 수의 어떤 원소의 시료도 그 원소의 원자 6.022×10^{23} (1 mol)개를 포함한다는 것이다.

원자 1 mol을 포함한 몇 개의 원소들의 질량을 표 8.2에 정리하였다.

요약하면 *그램으로 표현된 원소의 평균 원자 질량과 같은 질량을 가진 원소는 원자 1 mol을 포함한다.*

화학적 계산을 하기 위해서는 몰이 의미하는 것이 무엇인지와 물질의 질량을 몰수로 어떻게 구하는지를 알아야 한다. 그러나 어떤 계산을 하기 전에 저울로 측정하여 계산하는 과정이 명확해야 한다.

표 8.2 여러 원소의 1 mol 시료의 조성

원소	원자 개수	시료 질량(g)
금	6.022×10^{23}	196.97
붕소	6.022×10^{23}	10.81
알루미늄	6.022×10^{23}	26.98
제논	6.022×10^{23}	131.3
철	6.022×10^{23}	55.85
황	6.022×10^{23}	32.07

H 원자(점으로 표시)가 1 mol (6.022×10^{23}) 들어있는 봉지의 질량이 1.008 g이고 봉지 자체의 질량은 0이라고 생각하자.

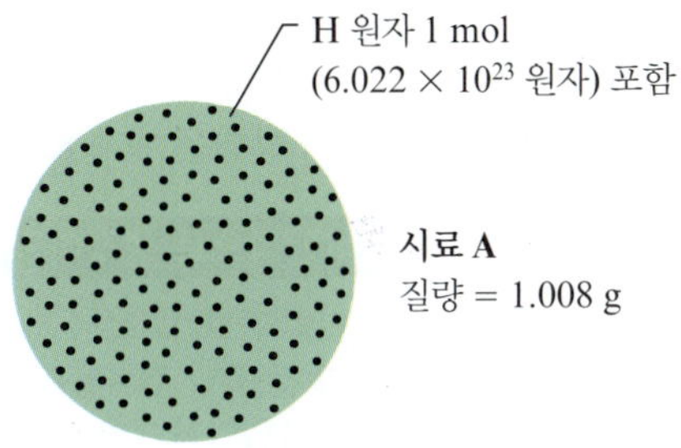

이제 개수를 알 수 없는 수소 원자가 들어있는 다른 봉지의 수소를 생각해 보자.

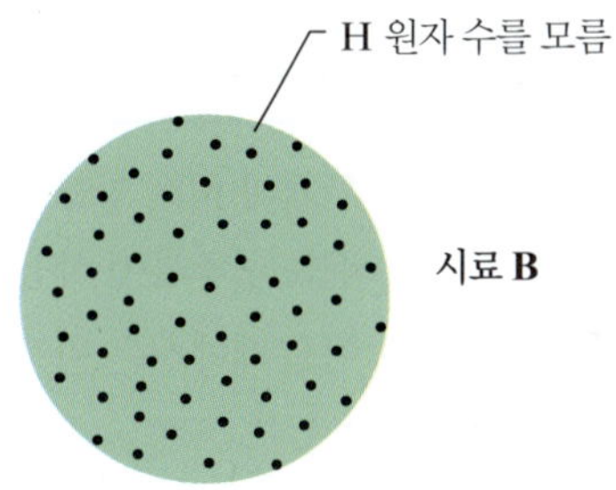

흑연(탄소의 한 형태) 1 mol은 12.01 g이다.

시료 B에 H 원자가 얼마나 있는지 알고자 한다. 어떻게 할 수 있을까? 시료를 저울로 측정해서 이 문제를 해결할 수 있다. 시료 B의 질량을 측정하였더니 0.500 g이었다. ◀

이 측정값으로 시료 B의 원자 수를 어떻게 구할 수 있을까? H 원자 1 mol의 질량은 1.008 g이다. 시료 B의 질량은 0.500 g이므로 H 원자 몰질량의 대략 반값이다.

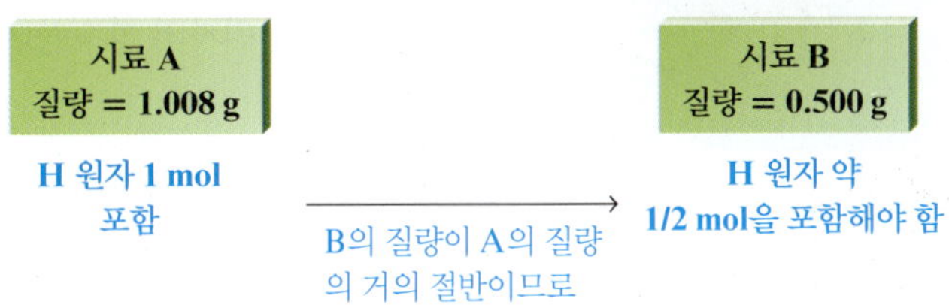

등가 정의를 사용하여 계산한다.

$$\text{H 원자 1 mol} = 1.008 \text{ g H}$$

필요한 환산 인자는

$$0.500 \text{ g H} \times \frac{1 \text{ mol H}}{1.008 \text{ g H}} = 0.496 \text{ mol H(시료 B에)}$$

수학적 기능 향상 도움말
여러 단계가 필요한 문제를 설명할 때, 작은 단계로 나누어 각 단계마다 정확한 유효 숫자로 답을 구한다. 최종 답에 영향을 주지 않지만, 정확한 유효 숫자로 최종 답을 반올림할 때까지 기다릴 수 있는 좋은 방법이다.

H 원자 1 mol의 질량을 알기 때문에 시료를 저울로 측정하고 질량 1.008 g(수소 원자 1 mol의 질량)과 *비교하여* 어떤 다른 순수한 수소 시료에서 수소 원자의 몰수를 결정할 수 있다. 각 원소 1 mol의 질량을 알기 때문에 어떤 원소에서도 이와 같은 방법을 사용할 수 있다. ◀

또한 1 mol은 6.022×10^{23} 단위이기 때문에 원자의 *몰수*를 알면 *원자 수*를 쉽게 결정할 수 있다. 위의 경우 시료 B에는 H 원자가 대략 0.5 mol이 있다. 이것은 수소 원자가 6×10^{23}의 1/2인 3×10^{23}개 존재한다는 것을 의미한다. 등가 정의를 사용하여 다음과 같이 계산할 수 있다.

$$1 \text{ mol} = 6.022 \times 10^{23}$$

필요한 환산 인자를 사용하여,

$$0.496 \cancel{\text{mol H 원자}} \times \frac{6.022 \times 10^{23} \text{ H 원자}}{1 \cancel{\text{mol H 원자}}} = 2.99 \times 10^{23} \text{ H 원자(시료 B에)}$$

이 방법은 예제 8.3에서 설명한다.

비판적으로 생각하기

만일 아보가드로 수가 6.02×10^{23}이 아니라 3.01×10^{23}이라는 것을 발견하였다면 어떻게 할 것인가? 주기율표에 있는 상대 질량에 영향을 줄까? 그렇다면 어떻게 영향을 줄 것인가? 그렇지 않다면 그 이유는 무엇인가?

대화형 예제 8.3 원자 수와 몰수 계산

무게에 비해 강도가 높고 부식 저항성이 높은 알루미늄(Al)은 흔히 고가의 자전거 프레임 같은 구조물에 사용한다. ◀ 알루미늄 10.0 g 중 원자 몰수와 원자 수를 계산하시오.

풀이 이 문제에서는 원자 질량을 몰수로 바꾼다.

알루미늄 프레임으로 만든 자전거.

알루미늄 1 mol(6.022×10^{23} 원자)의 질량은 26.98 g이며 시료의 질량은 10.0 g이다. 이 질량은 26.98 g보다 작기 때문에 시료의 몰수는 1 mol보다 작다. 필요한 환산 인자를 이용하여 알루미늄 원자의 몰수를 계산할 수 있다.

$$1 \text{ mol Al} = 26.98 \text{ g Al}$$

적당한 환산 인자를 사용하여 계산하면 다음과 같다.

$$10.0 \cancel{\text{g Al}} \times \frac{1 \text{ mol Al}}{26.98 \cancel{\text{g Al}}} = 0.371 \text{ mol Al}$$

다음으로 등가 정의를 이용하여 원자 몰수를 원자 수로 바꾼다.

$$6.022 \times 10^{23} \text{ Al 원자} = 1 \text{ mol Al 원자}$$

$$0.371 \cancel{\text{mol Al}} \times \frac{6.022 \times 10^{23} \text{ Al 원자}}{1 \cancel{\text{mol Al}}} = 2.23 \times 10^{23} \text{ Al 원자}$$

이러한 계산 과정을 다음과 같이 정리할 수 있다.

$$10.0\ \text{g Al} \times \frac{1\ \text{mol Al}}{26.98\ \text{g Al}} \rightarrow 0.371\ \text{mol Al}$$

$$0.371\ \text{mol Al} \times \frac{6.022 \times 10^{23}\ \text{Al 원자}}{\text{mol Al}} \rightarrow 2.23 \times 10^{23}\ \text{Al 원자}$$

대화형 예제 8.4 원자 수 계산

마이크로 컴퓨터의 집적 회로에 사용하는 규소 칩의 질량이 5.68 mg이다. ◀ 이 칩에 존재하는 규소(Si) 원자는 얼마나 되겠는가? 규소의 평균 원자 질량은 28.09 amu이다.

Stockbyte/Getty Images

전자 기기에 사용되는 규소 칩.

풀이 이 문제를 푸는 전략은 밀리그램을 그램으로 바꾼 후 몰수로 바꾸고 최종적으로 원자 수를 구하는 것이다.

Si 원자 밀리그램수 → Si 원자 그램수 → Si 원자 몰수 → Si 원자 수

도표의 화살표는 환산 인자를 나타낸다. 1 g = 1000 mg이므로

$$5.68\ \text{mg Si} \times \frac{1\ \text{g Si}}{1000\ \text{mg Si}} = 5.68 \times 10^{-3}\ \text{g Si}$$

규소의 평균 질량은 28.09 amu 이므로 Si 원자 1 mol의 질량은 28.09 g이다.

$$1\ \text{mol Si 원자} = 28.09\ \text{g Si}$$

이므로,

$$5.68 \times 10^{-3}\ \text{g Si} \times \frac{1\ \text{mol Si}}{28.09\ \text{g Si}} = 2.02 \times 10^{-4}\ \text{mol Si}$$

몰 정의(1 mol = 6.022×10^{23})를 이용하여,

$$2.02 \times 10^{-4}\ \text{mol Si} \times \frac{6.022 \times 10^{23}\ \text{원자}}{1\ \text{mol Si}} = 1.22 \times 10^{20}\ \text{Si 원자}$$

다음과 같이 이 계산을 정리할 수 있다.

$$5.68\ \text{mg Si} \times \frac{1\ \text{g}}{1000\ \text{mg}} \rightarrow 5.68 \times 10^{-3}\ \text{g Si}$$

$$5.68 \times 10^{-3}\ \text{g Si} \times \frac{1\ \text{mol}}{28.09\ \text{g}} \rightarrow 2.02 \times 10^{-4}\ \text{mol Si}$$

$$2.02 \times 10^{-4}\ \text{mol Si} \times \frac{6.022 \times 10^{23}\ \text{Si 원자}}{\text{mol}} \rightarrow 1.22 \times 10^{20}\ \text{Si 원자}$$

문제 풀이: 답이 합리적인가? 문제를 풀고 난 후 답이 "합당한지"에 대하여 생각해야 한다. 예제 8.4에서 규소 5.68 mg은 규소 1 mol (28.09 g)보다 아주 작기 때문에 최종 답인 1.22×10^{20} 원자(1 mol = 6.022×10^{23} 원자 수와 비교)는 적어도 올바른 방향에 있다. 1.22×10^{20} 원자 수는 6.022×10^{23}보다 작다. 또한 계산할 때 단위를 포함하고 최종 얻은 단위가 옳은지 확인

해야 한다. 단위를 주의해서 검토한다면 뒤집어진 환산 인자나 계산기에 숫자를 잘못 넣는 것와 같은 실수를 방지할 수 있다.

보이는 바와 같이 문제는 더 복잡해진다. 다음 절에서 좀 더 문제를 잘 풀 수 있도록 도와주는 전략에 대해 알아볼 것이다.

SELF-CHECK

실전 연습 8.3 크로뮴(Cr)은 부식 저항성을 높이기 위해 강철에 첨가하는 금속이다(예로 스테인레스 강철을 만드는 데 사용). 5.00×10^{20}개의 원자가 들어있는 크로뮴 시료의 몰수와 시료의 질량을 구하시오. ◀

원소의 원자 평균 질량 값은 이 책의 표지 안쪽에 있다.

8.4 문제 풀이 학습

학습 목표

- 일련의 질문에 대하여 묻고 답함으로써 문제를 푸는 방법을 이해한다.

오늘이 새 직장에 첫 출근하는 날이라고 생각해 보자. 문제는 그곳에 어떻게 가는지를 모른다는 것이다. 하지만 다행히도 친구가 그 길을 알고 태워주었다. 조수석에 앉아있는 동안 무엇을 할 것인가? 단순히 오늘 일하러 가는 것이 목적이라면 어떻게 그곳으로 가는지에 대하여 신경쓰지 않아도 된다. 그러나 내일 혼자 가야 한다면 거리나 신호 그리고 어디에서 방향을 꺾는지에 대하여 신경을 써야 한다. 이 두 가지의 차이점은 소극적 역할(길을 따라가는 것)과 적극적 역할(스스로 어떻게 해야 하는지를 아는 것) 중 어느 것을 취하느냐는 것이다. 이 절에서는 교과서를 학습할 때, 특히 연습 문제를 풀 때 적극적 역할을 취하는 것을 강조할 것이다.

화학을 배우는 이유 중 하나는 좋은 문제 해결사가 된다는 것이다. 복잡한 문제를 풀 수 있다는 것은 모든 방면에서 잘 할 수 있게 하는 재능이다. 이 책의 목표는 여러분이 화학의 기본적 개념의 이해를 바탕으로 유연하고 창조적으로 문제를 해결하게 도와주는 것이다. 이러한 방법을 **개념적 문제 풀이**(conceptual problem solving)라고 한다. 궁극적 목표는 새로운 문제(즉, 전에 접하지 않았던 문제)를 스스로 해결하는 것이다. 이 책에서는 문제를 제공하지만 암기로 문제를 해결하기보다는 문제를 어떻게 풀 것인지 생각하도록 설명하고 있다. 문제에 대한 답도 중요하지만 과정(답에 도달하는 데 필요한 사고)을 이해하는 것이 더 중요하다. 처음에는 문제를 풀어 줄 것이다(과정을 풀이). 그러나 여러분이 소극적 역할을 취하지 않는 것이 중요하다. 풀이를 연습하는 동안 적극적으로 스스로 "과정"을 풀어가는 것이 중요하다. 과정을 생략하고 답을 구하지 말라. 일반적으로 풀이는 일련의 질문에 답하는 과정이다. 이 과정의 각 단계를 이해하는지를 확인하라.

문제를 푸는 데 있어서 풀이가 능동적 학습에 도움이 되지만, 어떤 면에서는 스스로 문제를 어떻게 풀지를 아는 것이 필요하다. 문제를 풀 때 도움을 많이 주면 효과적으로 배울 수가 없다. 항상 가르쳐만 준다면 의미 있게 생각하지 않을 것이다. 결국 스스로 배워야 한다. 이런 이유로 이 책은 처음 문제들을 해결하는 데 많은 도움을 주지만 후반부로 가면서 도움을 덜 줄 것이다. 문제의 주요 개념을 이해해야 하기 때문에 궁극적 목표는 여러분이 문제를 어떻게 풀 것인지를 아는 것이다.

예를 들어 여러분이 지금 집에서 직장으로 가는 방법을 안다고 하자. 그렇다면 직장에서 집으로 돌아가는 방법도 안다고 할 수 있을까? 경험적으로 알겠지만 꼭 그런 것은 아니다. 직장에 가기 위하여 북쪽으로 향하고 있을 때, 내 집이 직장의 남쪽에 있다는 기초적인 원리를 이해하지 못하고 단순히 가는 길만 외웠다면 길을 잃고 헤매게 될지도 모른다. 물론 집에서 직장으로 갔다가 돌아오는 것보다 가야 할 장소가 더 많이 있다.

더 복잡한 예로 집에서 직장으로 가고 오는 것과 집에서 도서관으로 어떻게 가고 오는지를 안다고 하자. 집으로 돌아오지 않고 직장에서 도서관으로 갈 수 있을까? 만일 여러분이 집과 직장, 그리고 도서관이 서로 연결되는 큰 그림을 생각하지 않고 단지 가는 길만 기억한다면 아마도 갈 수 없을 것이다. '큰 그림'을 얻는 것, 즉 상황을 제대로 파악한다는 것은 개념적 문제 풀이의 다른 부분이다.

개념적 문제 풀이는 우리가 문제를 푸는 것처럼 안내할 것이다. 문제를 풀어갈 때 일련의 질문을 할 것이고, 이러한 질문의 답을 구하기 위해 기초 원리를 이용한다. 이러한 과정을 학습하는 것에는 인내가 요구되지만 일상 생활에서나 또는 어떤 분야에서 일하면서 부딪치는 새로운 문제들을 효과적으로 처리할 수 있는 사람으로 만들어준다.

문제를 풀어가는 과정에서 다음과 같은 조직화된 원칙이 많은 도움을 줄 것이다.

1. 먼저 문제를 읽고 최종 목표를 결정할 필요가 있다. 그런 후 주어진 사실을 정리하고 핵심어를 중심으로 문제의 도표를 그린다. 이 분석단계에서는 문제를 간결하고 가능한 시각화하는 것이 필요하다. 이 과정을 "**풀이 방향**"으로 정리할 수 있다.
2. 어디에서 시작할지를 결정하기 위해서는 최종 목표에서 역순으로 할 필요가 있다. 예를 들어 화학량론적 문제에서는 항상 화학 반응으로 시작한다. 그런 후 "생성물과 반응물이 무엇인지?", "반응식은 무엇인지?", "반응물의 양은 얼마인지?"와 같은 질문으로 진행한다. 화학의 기초적인 원리를 이해하면 이러한 간단한 질문은 쉽게 해결할 수 있고 궁극적으로는 마지막 해답을 찾을 수 있게 한다. 이 단계를 "**풀이 과정**"으로 정리할 수 있다.
3. 문제의 답에 도달하면 답이 타당한지 자문해 보자. 이 단계를 **점검**이라 한다.

개념적 접근 방식으로 문제를 풀면 문제 해결사로서의 자신감을 개발시킬 수 있다. 과거에 풀던 것과 다른 문제에 직면해도 더 이상 당황하지 않을 것이다. 이 방법을 배울 때 자신을 잃을 때도 있겠지만 어떤 직업을 선택하던 이 경험은 좋은 면으로 보답할 것이다.

정리하면, 창의적 문제 해결사는 기본적 원리와 상황의 큰 그림을 이해하는 사람이다. 이 책의 가장 큰 목표 중 하나는 여러분을 창의적 문제 해결사로 키우는 것이다. 문제를 어떻게 풀 것인지에 대한 안내를 처음에 많이 할 것이다. 그러나 단지 과정을 따라오는 것이 아닌 관심을 집중하기를 바란다. 앞으로 가면서 여러분에게 좀 더 많은 책임을 지게 할 것이다. 확신을 얻으면 실생활에서 부딪치는 실제 복잡한 문제를 여러분이 어떻게 효과적으로 풀 수 있는지 놀라게 될 것이다.

개념적 문제 풀이의 예

실제 개념적 문제 풀이를 살펴보자. 앞에서 운전 분석을 사용하였기 때문에 운전에 대한 문제를 생각해 보자.

서울에서 부산까지 운전할 때 필요한 휘발유 가격을 추정해보자.

풀이 방향

첫 번째 할 일은 단어나 도표로 문제를 서술하여 문제를 이해하는 것이다.

이 경우 휘발유를 사는 데 필요한 금액을 예측하는 것이다. 이것을 어떻게 수행할 것인가? 어떤 요인이 돈을 더 쓰거나 덜 쓰는 원인이 되는지 이해할 필요가 있다. "**정보는 무엇인가?**"와 "**알고 있는 것은 무엇인가?**"를 생각해 보아야 한다.

두 사람이 각자의 자동차로 여행한다고 생각해 보자. 왜 한 사람은 다른 사람보다 휘발유 비용을 더 쓰는가? 다시 말해서 두 사람이 여행하는 데 사용한 휘발유 값이 다르다면 그 이유는 무엇이라고 생각하는가? 계속 읽기 전에 생각나는 것을 적어보라.

이 경우 중요한 세 가지는 다음과 같다.

- 휘발유 단가
- 서울과 부산 사이의 여행 거리
- 차의 연비

우리가 알아야 할 것 또는 문제에서 주어진 것은 무엇인가? 이 문제에서는 이러한 값들이 주어져 있지 않고 휘발유 값을 예상하는 것이다. 따라서 필요한 정보를 예측할 필요가 있다. 예를 들어 서울과 부산 사이의 거리는 약 400 km이다. 휘발유 단가는 시간과 장소에 따라 다르지만 대략 리터당 1500원으로 추정된다. 연비 역시 다르지만 리터당 10 km로 가정해 보자.

필요한 정보를 얻었으므로 이제 문제를 풀어보자.

풀이 과정

답을 얻기 위하여 그 정보가 답에 어떻게 영향을 주는지 이해할 필요가 있다. 세 가지 요인과 최종 답 사이의 관계를 생각해 보자.

- 휘발유 단가: 비례한다. 휘발유 단가가 비쌀수록 전체 비용은 올라갈 것이다.
- 거리: 비례한다. 여행 거리가 멀어질수록 휘발유 사용량이 많아질 것이다.
- 연비: 반비례한다. 연비가 좋을수록(수가 높을수록) 휘발유 사용이 감소한다.

거리와 단가를 곱하고(비례하기 때문에) 연비로 나눈다(반비례하므로). 2장에서 사용한 차원 분석을 사용한다. 먼저 여행에 필요한 휘발유의 양을 계산해 보자.

$$400\ \cancel{\text{km}} \times \frac{1\ \text{L}}{10\ \cancel{\text{km}}} = 40\ \text{L}$$

거리는 분자에, 연비는 분모에 있음을 주목하라. 계산 결과, 휘발유 약 40 L가 필요하다. 이 휘발유의 가격은 얼마인가?

$$40\ \cancel{\text{L}} \times \frac{1{,}500\text{원}}{1\ \cancel{\text{L}}} = 60{,}000\text{원}$$

1 L의 휘발유 단가가 분자에 있음을 주목하라. 따라서 주어진 정보로부터 총 휘발유 값은 60,000원으로 예측된다. 마지막 단계는 이 답이 합리적인지를 고려하는 것이다.

점검 답이 합리적인가? 이것은 항상 생각해야 할 좋은 질문으로서, 상황과 잘 맞아야 한다. 가끔은, 특히 새로운 개념을 배울 때 답이 옳은지에 대하여 미덥지 않을 때가 있다. 정확히 맞는지 말할 수는 없지만 휘발유를 얼마나 사용하는지 잘 아는 경우라면 대략적 생각으로 답이 합리적이라고 주장할 수 있을 것이다. 예를 들어 보통 자동차의 휘발유 탱크를 채우는 가격은 50,000~100,000원이다(리터당 1,500원). 10,000원 이하로 답했다면 의심을 해봐야 한다. 답이 몇십만 원이라면 너무 많다. 따라서 몇만 원대의 답이 합리적이다.

8.5 몰질량

학습 목표
- 몰질량의 정의를 이해한다.
- 화합물의 몰과 질량을 변환시키는 방법을 배운다.

화합물은 기본적으로는 원자들의 집합체이다. 예를 들어, 천연 가스의 주성분인 메테인은 탄소 원자 하나와 수소 원자 네 개로 구성된 분자들로 이루어진다. 메테인 1 mol의 질량을 어떻게 계산할 수 있는가? ◀ 즉, CH_4 분자 6.022×10^{23}개의 질량은 얼마나 되는가? 각 CH_4 분자는 탄소 원자 하나와 수소 원자 네 개로 이루어져 있으므로 CH_4 분자 1 mol은 탄소 원자 1 mol과 수소 원자 4 mol로 구성되어 있다(그림 8.3). 메테인 1 mol의 질량은 메테인 속에 들어있는 탄소와 질소의 질량을 합하여 구할 수 있다.

메테인 1 mol이라고 할 때에는 메테인 *분자* 1 mol을 의미한다.

수학적 기능 향상 도움말
소수의 최소 자릿수가 유효 숫자의 수를 제한한다는 것을 기억하라.

$$\text{C 1 mol의 질량} = 1 \times 12.01\ \text{g} = 12.01\ \ \text{g}$$
$$\text{H 4 mol의 질량} = 4 \times 1.008\ \text{g} = \underline{\ 4.032\ \text{g}}$$
$$CH_4\ \text{1 mol의 질량} \qquad = 16.04\ \ \text{g}$$ ◀

16.04 g의 양을 메테인의 몰질량이라고 한다. 즉, CH_4 분자 1 mol의 질량이다. 어떤

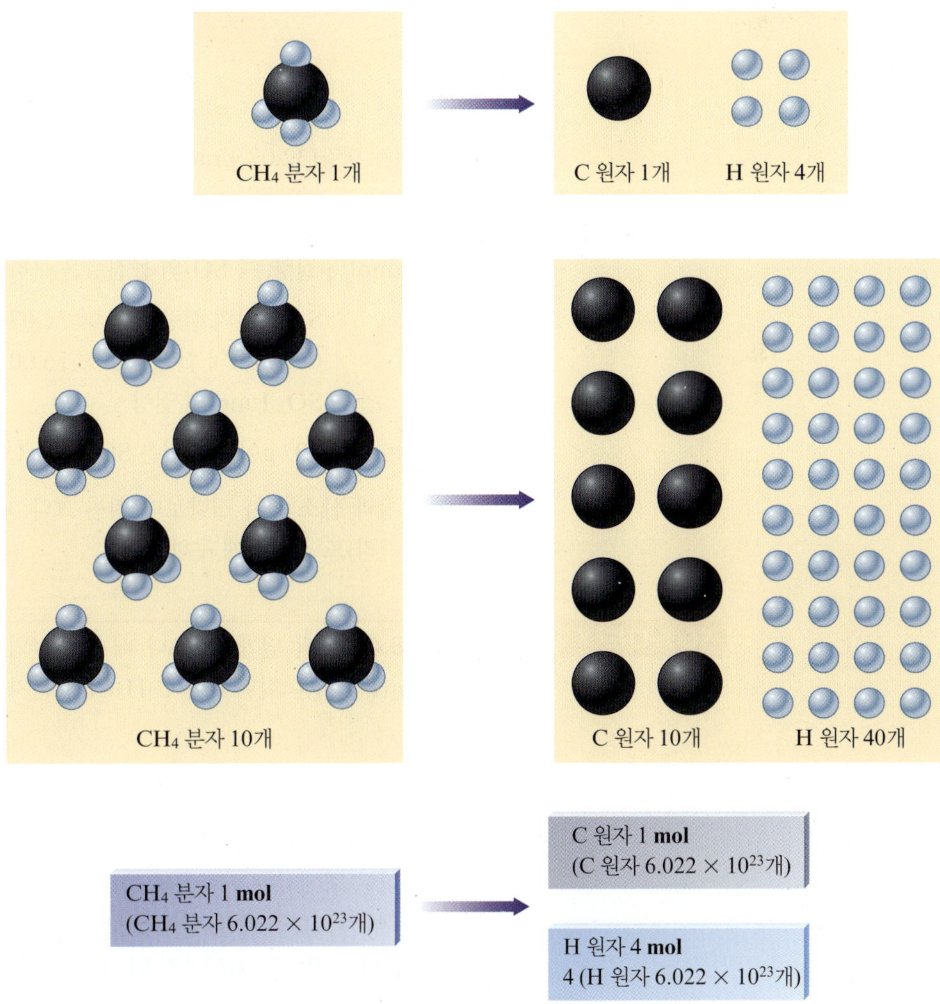

그림 8.3 구성 원자를 보여주는 여러 메테인 분자의 수.

물질의 몰질량(molar mass)*은 *물질 1 mol의 질량*이다. 몰질량은 구성 원자들의 질량을 더하여 구할 수 있다.

대화형 예제 8.5 몰질량 계산

황이 포함된 연료가 연소할 때 발생하는 이산화 황의 질량을 계산하시오. 배출기에서 수거하지 못하면 이산화 황은 대기 중의 수분과 반응하여 산성비를 만든다.

풀이

풀이 방향

이산화 황의 몰질량을 g/mol 단위로 구한다.

주어진 자료

- 이산화 황의 화학식은 SO_2인데, 이것은 SO_2 분자 1 mol에는 황 원자 1 mol과 산소 원자 2 mol이 포함되어 있음을 의미한다.

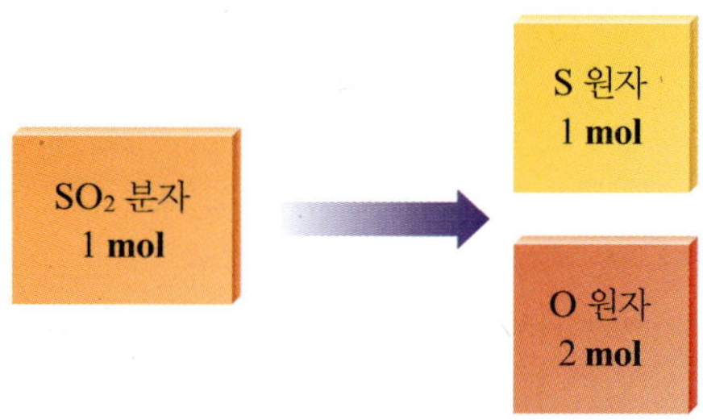

- 황의 원자 질량(32.07 g/mol)과 산소의 원자 질량(16.00 g/mol)을 알고 있다.

풀이 과정

SO_2 분자 1 mol의 질량, 즉 SO_2의 몰질량을 구하여야 한다.

$$\begin{aligned} \text{S 1 mol의 질량} &= 1 \times 32.07 = 32.07\ \text{g} \\ \text{O 2 mol의 질량} &= 2 \times 16.00 = \underline{32.00\ \text{g}} \\ SO_2\ \text{1 mol의 질량} &= 64.07\ \text{g} = \text{몰질량} \end{aligned}$$

SO_2의 몰질량은 64.07 g이며 이것은 SO_2 분자 1 mol의 질량을 나타낸다.

점검 답은 황과 산소 원자 질량보다 훨씬 크다. 단위(g/mol)가 정확하며 유효 숫자 개수(소수점 두 자리)도 정확하게 구하였다.

SELF-CHECK

실전 연습 8.4 바닥 덮개(비닐)나 배수 시설의 플라스틱 파이프 등에 널리 쓰이는 폴리염화 비닐(PVC)은 화학식이 C_2H_3Cl인 분자로 되어있다. 이 물질의 몰질량을 구하시오.

어떤 물질은 개별 분자가 아니라 이온 집합체로 존재한다. 예를 들어 식염으로 쓰이는 염화 소듐(NaCl)은 Na^+와 Cl^- 이온으로 구성되어 있고 염화 소듐(NaCl) 분자는 존재하지 않는다. 어떤 책에서는 화합물의 몰질량 대신 *화학식량*(formula weight)을 사용한다. 이 책에서는 이온 화합물과 분자 물질 모두 *몰질량*을 사용할 것이다.

염화 소듐의 몰질량을 계산하기 위하여 NaCl 1 mol은 Na^+ 이온 1 mol과 Cl^- 이온 1

* 전통적으로 *분자량*(molecular weight)이라는 말을 *몰질량*(molar mass) 대신 사용하였다. *분자량*은 *몰질량*과 의미가 같다. 몰질량이 더 정확하게 개념을 설명하기 때문에 이 책에서는 *몰질량*을 사용한다.

mol을 포함한다는 것을 알아야 한다.

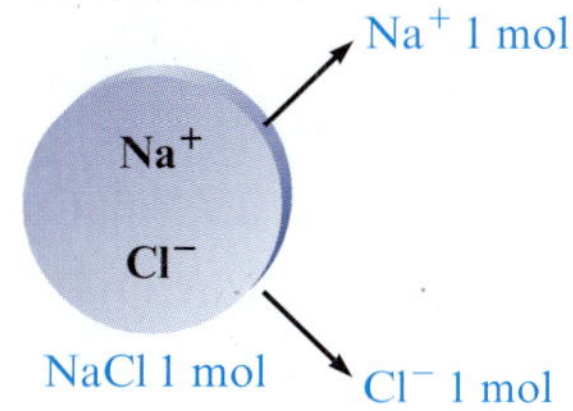

Na보다 Na^+가 전자 하나가 적지만 전자의 질량은 너무 작기 때문에 Na^+와 Na는 질량이 같다. 또한 Cl의 질량은 Cl보다 전자 1개가 더 많은 Cl^-와 같다.

그러므로 염화 소듐의 몰질량(g 단위)은 소듐 이온 1 mol의 질량과 염화 이온 1 mol의 질량을 합한 것이다. ◀

$$\begin{aligned} Na^+ \text{ 1 mol의 질량} &= 22.99 \text{ g} \\ Cl^- \text{ 1 mol의 질량} &= \underline{35.45 \text{ g}} \\ NaCl \text{ 1 mol의 질량} &= 58.44 \text{ g} = \text{몰질량} \end{aligned}$$

NaCl의 몰질량은 58.44 g이며 이것은 염화 소듐 1 mol의 질량을 나타낸다.

대화형 예제 8.6 몰수로부터 질량 계산

탄산 칼슘($CaCO_3$, 일명 방해석)은 석회암, 대리석, 백묵, 진주나 조개 같은 해양 생물의 껍질 등에서 발견되는 주요 광물이다.

a. 탄산 칼슘의 몰질량을 계산하시오.

b. 탄산 칼슘 시료 4.86 mol의 질량(g 단위)을 구하시오.

풀이

a. 풀이 방향

탄산 칼슘의 몰질량을 g/mol 단위로 구한다.

주어진 자료

- 탄산 칼슘의 화학식은 $CaCO_3$이다. $CaCO_3$ 1 mol은 Ca 1 mol과 C 1 mol, O 3 mol을 포함한다.
- 칼슘의 원자 질량(40.08 g/mol), 탄소의 원자 질량(12.01 g/mol), 산소의 원자 질량(16.00 g/mol)을 알고 있다.

풀이 과정

탄산 칼슘은 Ca^{2+}과 CO_3^{2-} 이온으로 구성된 이온 결합 화합물이다. 즉, 탄산 칼슘 1 mol은 Ca^{2+} 1 mol과 CO_3^{2-} 1 mol로 이루어졌다. 구성 성분들의 질량을 더함으로써 몰질량을 구할 수 있다.

$$\begin{aligned} &Ca^{2+} \text{ 1 mol의 질량} = 1 \times 40.08 \text{ g} = 40.08 \text{ g} \\ &CO_3^{2-}(\text{C 1 mol과 O 3 mol}) \text{ 1 mol의 질량:} \\ &\quad \text{C 1 mol} = 1 \times 12.01 \text{ g} = 12.01 \text{ g} \\ &\quad \text{O 3 mol} = 3 \times 16.00 \text{ g} = \underline{48.00 \text{ g}} \\ &\quad CaCO_3 \text{ 1 mol의 질량} = 100.09 \text{ g} = \text{몰질량} \end{aligned}$$

점검 답은 칼슘, 탄소, 산소의 원자 질량보다 훨씬 크다. 단위(g/mol)는 정확하고 유효 숫자 개수(소수점 두 자리)도 맞게 썼다.

b. 풀이 방향

$CaCO_3$ 4.86 mol의 질량을 구한다.

주어진 자료

- a로부터 $CaCO_3$의 몰질량은 100.09 g/mol임을 알았다.
- $CaCO_3$의 몰수는 4.86 mol이다.

풀이 과정

몰질량을 이용하여 $CaCO_3$ 4.86 mol의 질량을 구할 수 있다.

$$4.86\ \cancel{\text{mol CaCO}_3} \times \frac{100.09\ \text{g CaCO}_3}{1\ \cancel{\text{mol CaCO}_3}} = 486\ \text{g CaCO}_3$$

이것을 다음과 같이 도식화할 수 있다.

$$\boxed{4.86\ \text{mol CaCO}_3} \times \frac{100.09\ \text{g}}{\text{mol}} \rightarrow \boxed{486\ \text{g CaCO}_3}$$

점검 $CaCO_3$은 5 mol보다 약간 적으며, 몰질량이 약 100 g/mol이다. 따라서 500 g보다 약간 적을 것으로 예상되므로 답은 합리적이다. 답(486 g)의 유효 숫자 개수는 3개인데, 이것은 처음 몰수인 4.86 mol로부터 정해진다.

SELF-CHECK

실전 연습 8.5 황산 소듐(Na_2SO_4)의 몰질량을 계산하시오. 황산 소듐 시료 300.0 g은 몇 mol이라고 할 수 있는가? ◀

평균 원자 질량은 이 책의 표지 안쪽을 참고하시오.

정리하면 어떤 물질의 몰질량은 성분 원자들의 질량을 합하여 얻을 수 있다. 몰질량(그램 단위)은 물질 1 mol의 질량을 뜻한다. 화합물의 몰질량을 알면 질량을 알고 있는 시료의 몰수를 계산할 수 있다. 물론 반대의 경우 역시 예제 8.7처럼 계산할 수 있다.

대화형 예제 8.7 질량으로부터 몰수 계산

수 세기 동안 알려진 염료 저글론(Juglone)은 검은 호두 껍질로 만든다. 또한 검은 호두는 천연 제초제로, 주변의 경쟁 식물을 죽이지만 풀이나 비경쟁 식물에는 영향을 주지 않는다. 저글론의 화학식은 $C_{10}H_6O_3$이다.

a. 저글론의 몰질량을 계산하시오.

b. 순수한 저글론 1.56 g을 검은 호두나무 껍질에서 추출하였다. 이 시료의 몰수를 구하시오.

© Melinda Fawwer/Shutterstock.com

검은 호두는 녹색 껍질에 싸여 있다.

풀이

a. 풀이 방향

g/mol 단위로 저글론의 몰질량을 구한다.

주어진 자료

- 저글론의 화학식은 $C_{10}H_6O_3$이다. 저글론 1 mol은 탄소 10 mol, 수소 6 mol, 산소 3 mol을 포함한다.
- 탄소(12.01 g/mol), 수소(1.008 g/mol), 산소(16.00 g/mol)의 원자 질량을 알고 있다.

풀이 과정

몰질량은 성분 원자의 질량을 더하여 얻는다. 저글론 1 mol에는 탄소 원자 10 mol, 수소 원자 6 mol, 산소 원자 3 mol이 있다.

> **수학적 기능 향상 도움말**
> 120.1이 합계를 소수점 한 자리로 제한한다.

$$\begin{aligned}
\text{C 10 mol의 질량} &= 10 \times 12.01\ \text{g} = 120.1\ \text{g} \\
\text{H 6 mol의 질량} &= 6 \times 1.008\ \text{g} = 6.048\ \text{g} \\
\text{O 3 mol의 질량} &= 3 \times 16.00\ \text{g} = 48.00\ \text{g} \\
C_{10}H_6O_3\ \text{1 mol의 질량} &= 174.1\ \text{g} = \text{몰질량}
\end{aligned}$$

점검 탄소 10 mol의 질량은 약 120 g이므로 답은 이보다 크다. 단위(g/mol)는 정확하고 유효 숫자 개수(소수점 두 자리)도 맞는다.

b. 풀이 방향

시료의 질량이 1.56 g인 저글론의 몰수를 결정한다.

주어진 자료

- a로부터 저글론의 몰질량은 174.1 g/mol이다.
- 가지고 있는 저글론은 1.56 g이다.

풀이 과정

이 화합물 1 mol의 질량은 174.1 g이므로 1.56 g은 1 mol보다는 작다. 등가 정의에 의해 1 mol의 정확한 분율은 다음과 같다.

$$1\ \text{mol} = 174.1\ \text{g 저글론}$$

환산 인자를 사용하여 다음과 같이 계산할 수 있다:

$$1.56\ \text{g 저글론} \times \frac{1\ \text{mol 저글론}}{174.1\ \text{g 저글론}} = 0.00896\ \text{mol 저글론} = 8.96 \times 10^{-3}\ \text{mol 저글론}$$

$$\boxed{1.56\ \text{g 저글론}} \times \frac{1\ \text{mol}}{174.1\ \text{g}} \rightarrow \boxed{8.96 \times 10^{-3}\ \text{mol 저글론}}$$

점검 저글론 1 mol의 질량은 174.1 g이므로 1.56 g은 1 mol보다 훨씬 적다. 답의 단위가 mol이며 처음 질량인 1.56 g으로부터 유효 숫자 개수는 3개이다.

대화형 예제 8.8 분자 수 계산

바나나향이 나는 아세트산 아이소펜틸(isopentyl acetate, $C_7H_{14}O_2$)은 상업적으로 만들 수 있다. 흥미롭게도 벌이 침을 쏠 때 이 화합물 1 μg(1×10^{-6} g)이 나온다. 벌이 침을 쏠 때 나오는 아세트산 아이소펜틸의 몰수와 분자 수는 얼마인가?

풀이

풀이 방향

질량 1×10^{-6} g인 시료에서 아세트산 아이소펜틸 분자의 몰수와 분자 수를 구한다.

주어진 자료

- 아세트산 아이소펜틸의 화학식은 $C_7H_{14}O_2$이다.

- 탄소(12.01 g/mol), 수소(1.008 g/mol), 산소(16.00 g/mol)의 원자 질량을 알고 있다.
- 아세트산 아이소펜틸의 질량은 1×10^{-6} g이다.
- 1 mol의 분자 수는 6.022×10^{23}개이다.

풀이 과정

아세트산 아이소펜틸의 질량은 알고 있다. 분자 수를 구하기 위하여 먼저 몰질량을 계산한다.

$$\begin{aligned} 7\ \cancel{\text{mol C}} \times 12.01\ \frac{\text{g}}{\cancel{\text{mol}}} &= \ \ 84.07\ \text{g C} \\ 14\ \cancel{\text{mol H}} \times 1.008\ \frac{\text{g}}{\cancel{\text{mol}}} &= \ \ 14.11\ \text{g H} \\ 2\ \cancel{\text{mol O}} \times 16.00\ \frac{\text{g}}{\cancel{\text{mol}}} &= \ \ 32.00\ \text{g O} \\ \text{몰질량} &= 130.18\ \text{g} \end{aligned}$$

이 값은 아세트산 아이소펜틸 1 mol (6.022×10^{23} 분자)이 130.18 g이라는 것을 의미한다.

다음에 아세트산 아이소펜틸 1 μg(1×10^{-6} g)의 몰수를 결정한다. 등가 정의를 사용하면 다음 식이 얻어진다.

$$\text{아세트산 아이소펜틸 1 mol} = \text{아세트산 아이소펜틸 130.18 g}$$

환산 인자를 사용하여 계산하면 다음과 같이 된다.

$$1 \times 10^{-6}\ \cancel{\text{g } C_7H_{14}O_2} \times \frac{1\ \text{mol } C_7H_{14}O_2}{130.18\ \cancel{\text{g } C_7H_{14}O_2}} = 8 \times 10^{-9}\ \text{mol } C_7H_{14}O_2$$

1 mol = 6.022×10^{23} 단위라는 등가 정의를 이용하여 분자 수를 결정할 수 있다.

$$8 \times 10^{-9}\ \cancel{\text{mol } C_7H_{14}O_2} \times \frac{6.022 \times 10^{23}\ \text{분자}}{1\ \cancel{\text{mol } C_7H_{14}O_2}} = 5 \times 10^{15}\ \text{분자}$$

이렇게 많은 수의 분자가 벌이 쏠 때에 분비되어 나온다.

점검 벌이 쏠 때 분비되는 아세트산 아이소펜틸의 질량(1×10^{-6} g)은 $C_7H_{14}O_2$ 1 mol보다는 훨씬 작기 때문에 몰수는 1 mol보다 훨씬 작아야 하며 8×10^{-9} mol이다. 분자 수는 6.022×10^{23}개보다 적은 5×10^{15} 분자이다.

단위도 잘 맞고 답의 유효 숫자 개수도 처음 질량으로부터 한 개이다.

SELF-CHECK

실전 연습 8.6 많은 프라이팬에 매끈하게 코팅되어 있는 물질인 테플론은 C_2F_4 분자로 만든다. 테플론 135 g에 존재하는 C_2F_4 단위 수를 계산하시오.

8.6 화합물의 조성 백분율

학습 목표

- 주어진 화합물에 들어있는 원소의 질량 백분율 계산을 배운다.

지금까지 구성 원자 수의 관점에서 화합물의 조성에 대하여 알아보았다. 때로는 원소의 *질량* 관점에서 화합물의 조성을 아는 것이 유용하다. 화합물 1 mol의 총 질량을 화합물 1

mol에 존재하는 각 원소별 질량과 비교한 화학식으로부터 화합물의 조성을 구할 수 있다. 각 원소별 질량 백분율은 다음과 같이 구할 수 있다.

$$\text{주어진 원소의 질량 분율} = \frac{\text{화합물 1 mol에 존재하는 원소의 질량}}{\text{화합물 1 mol의 질량}}$$

수학적 기능 향상 도움말
백분율 $= \frac{\text{부분}}{\text{전체}} \times 100\%$

질량 분율(mass fraction)은 100%를 곱하여 *질량 백분율*(mass percent)로 변환할 수 있다. ◀

포도, 옥수수, 여러 과일이나 곡물에 있는 설탕을 발효시켜 얻는 알코올인 에탄올 화합물을 사용하여 이 개념을 설명하려고 한다. 에탄올은 옥탄가를 높이기 위하여 휘발유에 첨가하여 가소홀(gasohol)이라는 연료를 만들기도 한다. 에탄올을 첨가하면 휘발유의 옥탄가를 높이는 효과뿐 아니라 자동차 배기구에서 일산화 탄소를 낮추는 효과도 있다.

에탄올의 화학식은 C_2H_6O라고 쓸 것 같지만 C_2H_5OH라고 쓴다.

화학식으로부터 에탄올 분자는 탄소 원자 2개, 수소 원자 6개, 산소 원자 1개를 포함한다. ◀ 이것은 에탄올 1 mol당 탄소 원자 2 mol, 수소 원자 6 mol, 산소 원자 1 mol을 포함하는 것을 의미한다. 각 원소별 질량을 계산하고 다음과 같이 에탄올의 몰질량을 구할 수 있다.

$$\text{C의 질량} = 2 \cancel{\text{mol}} \times 12.01 \frac{\text{g}}{\cancel{\text{mol}}} = 24.02\text{ g}$$
$$\text{H의 질량} = 6 \cancel{\text{mol}} \times 1.008 \frac{\text{g}}{\cancel{\text{mol}}} = 6.048\text{ g}$$
$$\text{O의 질량} = 1 \cancel{\text{mol}} \times 16.00 \frac{\text{g}}{\cancel{\text{mol}}} = 16.00\text{ g}$$
$$C_2H_5OH\text{ 1 mol의 질량} = 46.07\text{ g} = \text{몰질량}$$

에탄올에서 탄소의 **질량 백분율**(무게 백분율이라고도 함)은 에탄올 1 mol의 총 질량과 에탄올 1 mol 중 탄소의 질량을 비교하고 100%를 곱함으로써 계산할 수 있다.

$$\text{C의 질량 백분율} = \frac{C_2H_5OH\text{ 1 mol 중 C의 질량}}{C_2H_5OH\text{ 1 mol의 질량}} \times 100\%$$
$$= \frac{24.02\text{ g}}{46.07\text{ g}} \times 100\% = 52.14\%$$

즉, 에탄올은 탄소의 질량이 52.14%를 차지한다. 에탄올 중 수소와 산소의 질량 백분율도 같은 방법으로 얻을 수 있다.

$$\text{H의 질량 백분율} = \frac{C_2H_5OH\text{ 1 mol 중 H의 질량}}{C_2H_5OH\text{ 1 mol의 질량}} \times 100\%$$
$$= \frac{6.048\text{ g}}{46.07\text{ g}} \times 100\% = 13.13\%$$
$$\text{O의 질량 백분율} = \frac{C_2H_5OH\text{ 1 mol 중 O의 질량}}{C_2H_5OH\text{ 1 mol의 질량}} \times 100\%$$
$$= \frac{16.00\text{ g}}{46.07\text{ g}} \times 100\% = 34.73\%$$ ◀

수학적 기능 향상 도움말
반올림 효과 때문에 종종 화합물의 질량 백분율은 정확하게 100%가 아니다.

물론 반올림의 영향으로 약간의 편차가 있지만 화합물 내 모든 원소들의 질량 백분율을 모두 합하면 100%가 된다. 백분율을 더해보는 것이 계산을 검산하는 가장 좋은 방법이다. 이 경우에서 질량 백분율의 합은 52.14% + 13.13% + 34.73% = 100.00%이다.

대화형 예제 8.9 질량 백분율 계산

카르본(Carvone)은 분자식($C_{10}H_{14}O$)과 몰질량이 같은 두 가지 형태로 존재한다. 한 종류는 캐러웨이 열매(caraway seed)의 독특한 냄새가 나고, 다른 하나는 스피어민트 기름(spearmint oil) 냄새가 난다. 카르본의 각 원소별 질량 백분율을 계산하시오.

풀이

풀이 방향

카르본의 각 원소의 질량 백분율을 구한다.

주어진 자료

- 카르본의 화학식은 $C_{10}H_{14}O$이다.
- 탄소(12.01 g/mol), 수소(1.008 g/mol), 산소(16.00 g/mol)의 원자 질량을 알고 있다.
- 1 mol은 6.022×10^{23} 분자

필요한 자료

- 각 원소별 질량(카르본 1 mol 사용)
- 카르본의 몰질량

풀이 과정

카르본의 화학식이 $C_{10}H_{14}O$이므로 카르본 1 mol에 들어있는 원소들의 질량은

$$\text{1 mol 중 C의 질량} = 10\ \cancel{\text{mol}} \times 12.01\ \frac{\text{g}}{\cancel{\text{mol}}} = 120.1\ \text{g}$$

$$\text{1 mol 중 H의 질량} = 14\ \cancel{\text{mol}} \times 1.008\ \frac{\text{g}}{\cancel{\text{mol}}} = 14.11\ \text{g}$$

$$\text{1 mol 중 O의 질량} = 1\ \cancel{\text{mol}} \times 16.00\ \frac{\text{g}}{\cancel{\text{mol}}} = 16.00\ \text{g}$$

$$C_{10}H_{14}O\ \text{1 mol의 질량} = 150.21\ \text{g}$$

$$\text{몰질량} = 150.2\ \text{g}$$

(유효 숫자 개수에 맞추어 반올림)

수학적 기능 향상 도움말
120.1이 합계를 소수점 1자리로 제한한다.

다음으로 각 원소별 질량 분율로부터 백분율을 구한다.

$$\text{C의 질량 백분율} = \frac{120.1\ \text{g C}}{150.2\ \text{g}\ C_{10}H_{14}O} \times 100\% = 79.96\%$$

$$\text{H의 질량 백분율} = \frac{14.11\ \text{g H}}{150.2\ \text{g}\ C_{10}H_{14}O} \times 100\% = 9.394\%$$

$$\text{O의 질량 백분율} = \frac{16.00\ \text{g O}}{150.2\ \text{g}\ C_{10}H_{14}O} \times 100\% = 10.65\%$$

점검 각 질량 백분율 값을 더하면 반올림으로 인한 작은 범위 내에서 100%가 되고 이 경우에도 더하면 100.00%가 된다.

SELF-CHECK

실전 연습 8.7 중요한 항생물질(항균제)인 페니실린은 스코틀랜드 세균학자인 플레밍(Alexander Fleming)이 1928년 우연히 발견하였다. 플레밍은 페니실린을 순수한 화합물로 분리하지는 못하였다. 페니실린 및 이와 비슷한 항생제들이 감염되어 죽을 수백만 명의 생명을 구하였다. 생명계에서 생성되는 많은 분자처럼 페니실린은 많은 원자가 포함된

거대 분자이다. 페니실린의 한 종류인 페니실린 F의 화학식은 $C_{14}H_{20}N_2SO_4$이다. 이 화합물 내 각 원소별 질량 백분율을 계산하시오.

8.7 화합물의 화학식

학습 목표

- **화합물의 실험식의 의미를 이해한다.**

두 용액을 혼합해서 고체(침전물)가 생성되었다면 그 침전물이 무엇인지를 어떻게 알 수 있을까? 그 화학식은 무엇인가? 이러한 문제에 답할 수 있는 몇 가지 방법이 있다. 예를 들어 7장에서 이온 화합물의 용해도에 대하여 안다면 두 용액을 섞었을 때 형성되는 침전물을 예상할 수 있다고 했다.

경험 많은 화학자는 화학 반응에서 예상되는 생성물을 예상할 수 있지만, 생성물을 확인하는 유일한 방법은 실험을 수행하는 것이다. 주로 생성물의 물리적 성질을 알려진 화합물의 성질과 비교한다.

때로 화학 반응에서 전에 얻지 못했던 생성물이 만들어지기도 한다. 이러한 경우 화학자들은 어떤 원소들이 얼마나 있는지를 결정함으로써 무슨 화합물인지를 알아낸다. 이러한 자료는 화합물의 화학식을 구하는 데 사용된다. 8.6절에서 화합물의 화학식을 사용하여 화합물 1 mol에 존재하는 각 원소들의 질량을 결정하였다. 미지 화합물의 화학식을 얻기 위해서는 역으로 구할 수 있다. 즉, 화학식을 구하기 위하여 존재하는 원소들의 측정된 질량을 사용한다.

화합물의 화학식은 존재하는 여러 원소 종들의 상대적 원소 개수를 나타냄을 기억하라. 예를 들어 분자식 CO_2는 이산화 탄소 분자에 탄소 원자 하나와 산소 원자 두 개가 있음을 알려준다. 어떤 물질의 화학식을 결정하기 위해서는 원자를 셀 필요가 있다. 이 장에서 배운 바와 같이 이것은 저울로 측정함으로써 할 수 있다. 어떤 화합물이 탄소, 수소, 산소 원소로만 이루어져 있고 분석을 위해 측정한 값이 0.2015 g이라고 가정하자. 여기서 설명하지 않은 방법을 사용하여, 시료 0.2015 g에는 탄소 0.0806 g, 수소 0.01353 g, 산소 0.1074 g을 포함한다는 것을 알았다. 각 원소들의 원자 질량을 사용하여 이러한 질량을 원자 수로 어떻게 바꾸는지에 대하여 배웠다. 먼저 몰수로 바꾼다.

탄소

$$0.0806\ \text{g}\ \cancel{\text{C}} \times \frac{1\ \text{mol C 원자}}{12.01\ \text{g}\ \cancel{\text{C}}} = 0.00671\ \text{mol C 원자}$$

수소

$$0.01353\ \text{g}\ \cancel{\text{H}} \times \frac{1\ \text{mol H 원자}}{1.008\ \text{g}\ \cancel{\text{H}}} = 0.01342\ \text{mol H 원자}$$

산소

$$0.1074\ \text{g}\ \cancel{\text{O}} \times \frac{1\ \text{mol O 원자}}{16.00\ \text{g}\ \cancel{\text{O}}} = 0.006713\ \text{mol O 원자}$$

화합물 0.2015 g은 탄소 원자 0.00671 mol, 수소 원자 0.01342 mol, 산소 원자 0.006713 mol을 포함한다. 1 mol이 6.022×10^{23}이기 때문에 실제 원자 개수로 변환시킬 수 있다.

탄소

$$0.00671\ \text{mol}\ \cancel{\text{C 원자}} \times \frac{6.022 \times 10^{23}\ \text{C 원자}}{1\ \cancel{\text{mol C 원자}}} = 4.04 \times 10^{21}\ \text{C 원자}$$

수소

$$0.01342\ \text{mol}\ \cancel{\text{H 원자}} \times \frac{6.022 \times 10^{23}\ \text{H 원자}}{1\ \cancel{\text{mol H 원자}}} = 8.08 \times 10^{21}\ \text{H 원자}$$

산소

$$0.006713\ \text{mol}\ \cancel{\text{O 원자}} \times \frac{6.022 \times 10^{23}\ \text{O 원자}}{1\ \cancel{\text{mol O 원자}}} = 4.043 \times 10^{21}\ \text{O 원자}$$

*화합물 0.2015 g*에 있는 다양한 유형의 원소의 원자 수이다. 이러한 원자 개수는 화합물의 화학식에 대하여 무엇을 말해주는가? 다음 사실을 주목하라.

1. 화합물 중 C와 O 원자 수는 같다.
2. H 원자 수는 C나 O 원자 수의 두 배이다.

이것으로 C, H, O 원자의 *상대적* 개수를 표현하는 CH_2O라는 화학식으로 나타낼 수 있다. 이것이 화합물의 화학식으로 맞는가? 다른 말로 이 화합물은 CH_2O 분자로 이루어졌는가? 아마도 그럴 것이다. 하지만 $C_2H_4O_2$, $C_3H_6O_3$, $C_4H_8O_4$, $C_5H_{10}O_5$, $C_6H_{12}O_6$와 같은 분자로 이루어져 있을 수도 있다. 이러한 각 분자에서 탄소, 수소, 산소 원자는 1 : 2 : 1의 비를 갖는다.

화합물을 원소별로 분리하고 원자 수를 셀 때 원자들의 비와 상대적 개수만을 알 수 있다. 존재하는 원자들의 가장 작은 정수비를 나타내는 화합물의 화학식을 **실험식**(empirical formula)이라고 한다. $C_4H_8O_4$ 분자로 이루어진 화합물은 $C_6H_{12}O_6$ 분자로 이루어진 화합물과 실험식이 같다. 둘 다 실험식은 CH_2O이다. 화합물의 실제 화학식을 **분자식**(molecular formula)이라고 한다. 글루코스라고 부르는 당은 분자식 $C_6H_{12}O_6$인 분자로 이루어졌다(그림 8.4). 글루코스의 분자식으로부터 실험식은 CH_2O이다. 분자식은 실험식의 배수(6배)로 나타낼 수 있다.

$$C_6H_{12}O_6 = (CH_2O)_6$$

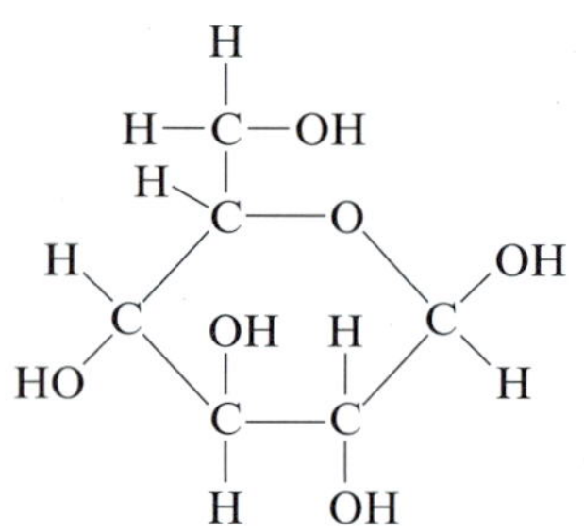

그림 8.4 글루코스 분자. 분자식은 원자를 세면 알 수 있듯이 $C_6H_{12}O_6$이다. 실험식은 CH_2O이다.

존재하는 원소들의 상대적 질량으로부터 화합물의 실험식을 어떻게 계산하는지에 대하여 다음 절에서 좀 더 자세히 살펴볼 것이다. 8.8절과 8.9절에서 보겠지만 분자식을 결정하기 위해서는 화합물의 몰질량을 알아야만 한다.

대화형 예제 8.10 실험식 결정

다음 각 경우 화합물의 분자식이 주어져 있다. 각 화합물의 실험식을 결정하시오.

a. C_6H_6. 이것은 많은 중요한 생성물들의 초기 물질로, 산업에서 일반적으로 사용하는 액체인 벤젠의 분자식이다.

b. $C_{12}H_4Cl_4O_2$. 이것은 다른 화학 제품을 생산할 때 나오는 부산물로서, 매우 독성이 강한 다이옥신이라는 물질의 분자식이다.

c. $C_6H_{16}N_2$. 이것은 나일론을 만들기 위해 사용하는 반응물 중 하나의 분자식이다.

풀이

a. $C_6H_6 = (CH)_6$; 실험식은 CH이다. 실험식의 아래첨자에 6을 곱하면 분자식을 얻는다.

b. $C_{12}H_4Cl_4O_2 = (C_6H_2Cl_2O)_2$; 실험식은 $C_6H_2Cl_2O$이다. 실험식의 각 아래첨자에 2를 곱하면 분자식을 얻을 수 있다.

c. $C_6H_{16}N_2 = (C_3H_8N)_2$; 실험식은 C_3H_8N이다. 실험식의 각 아래첨자에 2를 곱하면 분자식을 얻을 수 있다.

8.8 실험식 계산

학습 목표 ■ 실험식 계산을 배운다.

앞 절에서 언급한 바와 같이 어떤 새로운 화합물에 대하여 알 수 있는 가장 중요한 것은 그 물질의 화학식이다. 화합물의 실험식을 계산하기 위해서는 먼저 화합물에 존재하는 원소들의 상대적 질량을 결정한다.

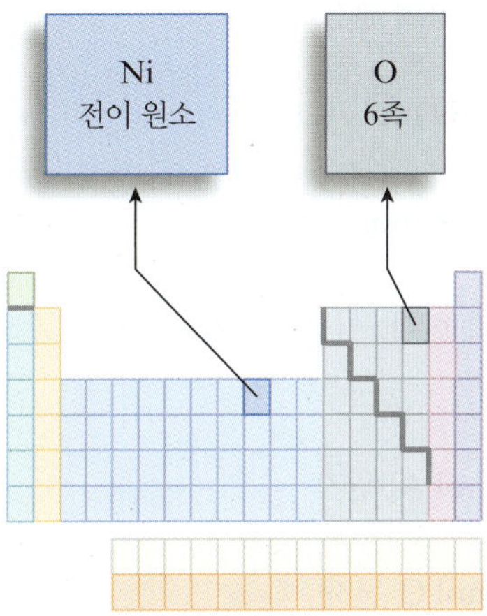

이것을 구하는 방법 중 하나는 화합물을 형성하는 원소들의 질량을 측정하는 것이다. 예를 들어 도가니에 니켈 금속 0.2636 g을 측정하여 넣고 공기 중에서 열을 가하면 산소와 반응하여 산화 니켈 화합물이 생성된다. 이 화합물을 식힌 후에 다시 저울로 측정하면 0.3354 g이 된다. 이 질량 증가는 니켈과 반응하여 산화 니켈을 형성한 산소 때문이다. 따라서 화합물에 존재하는 산소의 질량은 생성물의 총 질량에서 니켈의 질량을 빼서 구할 수 있다. ◀

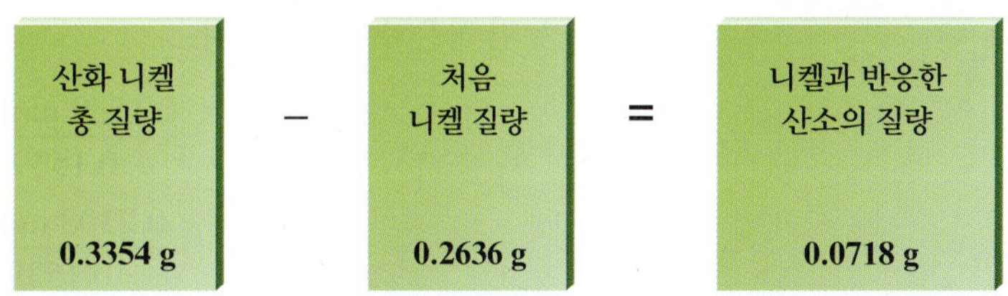

화합물에 존재하는 니켈의 질량은 처음에 측정한 니켈 금속의 질량임을 주목하라. 따라서 산화 니켈은 니켈 0.2636 g과 산소 0.0718 g을 포함한다. 이 화합물의 실험식은 무엇인가?

이 질문에 답하기 위해서는 원자 질량을 사용하여 질량을 원자 수로 환산하여야 한다.

유효 숫자 4개

$$0.2636\ \text{g}\ \cancel{\text{Ni}} \times \frac{1\ \text{mol Ni 원자}}{58.69\ \text{g}\ \cancel{\text{Ni}}} = 0.004491 \blacktriangleleft \text{mol Ni 원자}$$

유효 숫자 3개

$$0.0718\ \text{g}\ \cancel{\text{O}} \times \frac{1\ \text{mol O 원자}}{16.00\ \text{g}\ \cancel{\text{O}}} = 0.00449 \blacktriangleleft \text{mol O 원자}$$

이러한 몰수는 원자 수를 나타낸다(원자 1 mol은 원자 6.022×10^{23}개). 원자의 몰수로부터 화합물에는 Ni 원자와 O 원자가 같은 개수로 존재한다는 것을 알 수 있으므로 화학식은 NiO이다. NiO는 *실험식*인데 이것은 원자의 가장 작은 정수비이다.

$$\frac{0.004491\ \text{mol Ni 원자}}{0.00449\ \text{mol O 원자}} = \frac{1\ \text{Ni}}{1\ \text{O}}$$

이 화합물에는 니켈 원자와 산소 원자가 같은 수로 존재한다. 즉, 니켈 원자와 산소 원자비가 1 : 1이라는 것이다.

대화형 예제 8.11 실험식 계산

알루미늄의 산화물은 알루미늄 4.151 g을 산소 3.692 g과 반응시켜 얻는다. 이 화합물의 실험식을 계산하시오.

풀이

풀이 방향

산화 알루미늄(Al_xO_y)의 실험식 결정. 즉, x와 y 풀기

주어진 자료

- 알루미늄 4.151 g과 산소 3.692 g을 포함한 화합물
- 알루미늄의 원자 질량(26.98 g/mol)과 산소의 원자 질량(16.00 g/mol)

필요한 자료

- x와 y는 화합물 1 mol에 들어있는 원자의 몰수를 나타냄. 따라서 Al과 O의 상대적 몰수를 결정해야 함.

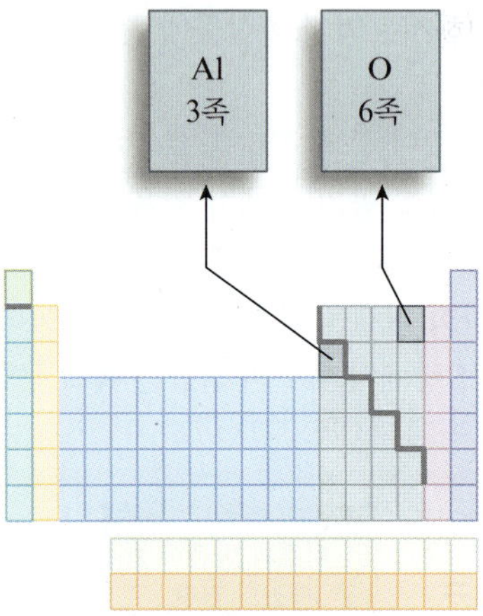

풀이 과정

화학식을 쓰기 위해 각 원자들의 상대적 개수를 알아야 하므로 이들 질량을 몰수로 환산하여 실험식을 구할 수 있다. 각 원소의 원자 질량을 사용하여 환산한다.

$$4.151\ \cancel{\text{g Al}} \times \frac{1\ \text{mol Al}}{26.98\ \cancel{\text{g Al}}} = 0.1539\ \text{mol Al 원자}$$

$$3.692\ \cancel{\text{g O}} \times \frac{1\ \text{mol O}}{16.00\ \cancel{\text{g O}}} = 0.2308\ \text{mol O 원자} \blacktriangleleft$$

화학식은 정수만 사용하므로 원자비를 정수로 구해야 한다. 이를 위해 둘 중 작은 수로 나누면 작은 수는 1이 된다.

$$\frac{0.1539\ \text{mol Al}}{0.1539} = 1.000\ \text{mol Al 원자}$$

$$\frac{0.2308\ \text{mol O}}{0.1539} = 1.500\ \text{mol O 원자}$$

두 원자의 몰수를 *같은* 수로 나누어도 산소와 알루미늄 원자의 *상대적인* 수는 변하지 않는다는 것을 주목하라. 즉,

$$\frac{0.2308\ \text{mol O}}{0.1539\ \text{mol Al}} = \frac{1.500\ \text{mol O}}{1.000\ \text{mol Al}}$$

그러므로 이 화합물은 Al 원자 1.000 mol당 O 원자 1.500 mol을 포함하거나, 각 원자 관점으로 본다면 Al 1.000 원자당 O 1.500 원자를 포함한다고 말할 수 있다. 그러나 화합물에 있는 원자의 개수는 *정수*만 있을 수 있으므로, 실험식을 나타내는 데는 *완전한 정수*의 조합을 찾아야 한다. 1.000과 1.500에 2를 곱하면 원하는 정수가 얻어진다.

이 결과는 다음과 같이 표현할 수 있다.
$Al_{1.000\ \text{mol}}O_{1.500\ \text{mol}}$
$Al_{2.000\ \text{mol}}O_{3.000\ \text{mol}}$
Al_2O_3

$$1.500\ \text{O} \times 2 = 3.000 = \text{O 원자 } 3$$

$$1.000\ \text{Al} \times 2 = 2.000 = \text{Al 원자 } 2 \blacktriangleleft$$

따라서 이 화합물에는 O 원자 3개당 Al 원자 2개가 있으며, 따라서 실험식은 Al_2O_3이다. 이 화합물에서 원자의 *비*는 다음 분율로 구해진다.

$$\frac{0.2308\ \text{O}}{0.1539\ \text{Al}} = \frac{1.500\ \text{O}}{1.000\ \text{Al}} = \frac{\frac{3}{2}\text{O}}{1\ \text{Al}} = \frac{3\ \text{O}}{2\ \text{Al}}$$

가장 작은 정수비는 실험식의 아래첨자에 대응하여 Al_2O_3이다.

점검 x와 y 값은 정수이다.

경우에 따라서 실험식을 계산하여 얻은 상대 몰수가 예제 8.11의 경우처럼 정수로 나오지 않을 때가 있다. 이런 경우에는 적당한 정수로 변환시켜야 한다. 이것은 시행착오 과정을 거쳐 작은 정수로 똑같이 곱하여 얻을 수 있다. 필요한 배수는 대개 1~6인 정수이다. 실험식 계산에 대한 것을 아래에 정리하였다.

화합물의 실험식 결정 단계

단계 1 존재하는 각 원소들의 질량을 구한다(그램 단위).

단계 2 존재하는 각 원자의 몰수를 구한다.

단계 3 가장 작은 수가 1이 되게 가장 작은 몰수로 각 원소들의 몰수를 나눈다. 구한 모든 수가 정수라면 이 정수들이 실험식의 아래첨자로 쓰인다. 하나 이상의 수가 정수가 아니라면 단계 4로 간다.

단계 4 단계 3에서 가장 작은 정수로 나눈 수를 곱하여 모두 정수로 환산한다. 이렇게 얻은 정수들은 실험식의 아래첨자가 된다.

대화형 예제 8.12 이성분 화합물의 실험식 계산

바나듐 금속 0.3546 g을 공기 중에서 가열할 때 산소와 반응하여 생성된 질량은 0.6330 g이다. 이 산화 바나듐의 실험식을 계산하시오.

풀이

풀이 방향

산화 바나듐의 실험식(V_xO_y) 결정. 즉, x와 y 풀기

주어진 자료

- 바나듐 0.3546 g을 포함하는 화합물의 최종 질량은 0.6330 g
- 바나듐의 원자 질량(50.94 g/mol)과 산소의 원자 질량(16.00 g/mol)

필요한 자료

- 시료 내 산소의 질량
- x, y는 화합물 1 mol 내의 원자 몰수를 나타내므로 V과 O의 상대적 몰수 결정

풀이 과정

단계 1 처음에 존재한 바나듐은 최종 화합물에서도 발견되므로 다음 뺄셈으로 반응한 산소의 질량을 계산할 수 있다.

화합물의 총 질량 **0.6330 g** − 화합물 중 바나듐 질량 **0.3546 g** = 화합물 중 산소 질량 **0.2784 g**

단계 2 원자 질량(V는 50.94, O는 16.00)을 사용하여 다음을 얻는다.

$$0.3546\ \cancel{\text{g V}} \times \frac{1\ \text{mol V 원자}}{50.94\ \cancel{\text{g V}}} = 0.006961\ \text{mol V 원자}$$

$$0.2784\ \cancel{\text{g O}} \times \frac{1\ \text{mol O 원자}}{16.00\ \cancel{\text{g O}}} = 0.01740\ \text{mol O 원자}$$

단계 3 더 작은 수(0.006961)로 두 수를 나눈다.

$$\frac{0.006961 \text{ mol V 원자}}{0.006961} = 1.000 \text{ mol V 원자}$$

$$\frac{0.01740 \text{ mol O 원자}}{0.006961} = 2.500 \text{ mol O 원자}$$

이 수 중 하나(2.500)는 정수가 아니므로 단계 4로 이동한다.

수학적 기능 향상 도움말
$V_{1.000}O_{2.500}$은 V_2O_5이 된다.

단계 4 2 × 2.500 = 5.000이고 2 × 1.000 = 2.000이므로 두 수에 2를 곱해 정수를 얻는다. ◀

$$2 \times 1.000 \text{ V} = 2.000 \text{ V} = 2 \text{ V}$$

$$2 \times 2.500 \text{ O} = 5.000 \text{ O} = 5 \text{ O}$$

이 화합물은 O 원자 다섯 개당 V 원자 두 개를 포함하므로 실험식은 V_2O_5이다.

점검 x와 y 값은 정수이다.

SELF-CHECK

실전 연습 8.8 실험실 실험에서 납 0.6884 g과 염소 0.2356 g이 결합하면 이성분 화합물이 생성되는 것을 관찰하였다. 이 화합물의 실험식을 계산하시오.

예제 8.13에서 설명한 것과 같이, 이성분 화합물에서 사용했던 것과 같은 방법이 세 개 이상의 원소를 포함하는 화합물에도 적용된다.

대화형 예제 8.13 세 개 이상의 원소를 포함하는 화합물의 실험식 계산

감자 풍뎅이를 없애는 살충제인 비산 납은 납 1.3813 g, 수소 0.00672 g, 비소 0.4995 g, 산소 0.4267 g을 포함한다. 비산 납의 실험식을 계산하시오.

풀이

풀이 방향

비산 납의 실험식($Pb_aH_bAs_cO_d$) 결정. 즉, a, b, c, d 풀기

주어진 자료

- 납 1.3813 g, 수소 0.00672 g, 비소 0.4995 g, 산소 0.4267 g을 포함한 화합물
- 납의 원자 질량(207.2 g/mol), 수소의 원자 질량(1.008 g/mol), 비소의 원자 질량(74.92 g/mol), 산소의 원자 질량(16.00 g/mol)

필요한 자료

- a, b, c, d는 화합물 1 mol 내 원자의 몰수를 나타내므로 Pb, H, As, O의 상대 몰수를 결정해야 한다.

풀이 과정

단계 1 화합물은 납 1.3813 g, 수소 0.00672 g, 비소 0.4995 g, 산소 0.4267 g을 포함한다.

단계 2 존재하는 원소들의 원자 질량을 사용하여 각 원자들의 몰수를 계산한다.

$$1.3813 \text{ g Pb} \times \frac{1 \text{ mol Pb}}{207.2 \text{ g Pb}} = 0.006667 \text{ mol Pb}$$

$$0.00672 \text{ g H} \times \frac{1 \text{ mol H}}{1.008 \text{ g H}} = 0.00667 \text{ mol H}$$

$$0.4995\ \cancel{g\ As} \times \frac{1\ mol\ As}{74.92\ \cancel{g\ As}} = 0.006667\ mol\ As$$

$$0.4267\ \cancel{g\ O} \times \frac{1\ mol\ O}{16.00\ \cancel{g\ O}} = 0.02667\ mol\ O$$

단계 3 가장 작은 수로 나눈다.

$$\frac{0.006667\ mol\ Pb}{0.006667} = 1.000\ mol\ Pb$$

$$\frac{0.00667\ mol\ H}{0.006667} = 1.00\ mol\ H$$

$$\frac{0.006667\ mol\ As}{0.006667} = 1.000\ mol\ As$$

$$\frac{0.02667\ mol\ O}{0.006667} = 4.000\ mol\ O$$

몰수는 모두 정수이므로 화학식은 $PbHAsO_4$이다.

점검 a, b, c, d 값은 모두 정수이다.

SELF-CHECK

실전 연습 8.9 세빈(Sevin)은 목화, 채소, 과일 같은 작물을 보호하기 위해 사용하는 살충제의 상용명으로 카밤산(carbamic acid)으로 만든다. 카밤산 시료를 분석한 화학자는 이 안에 탄소 0.8007 g, 질소 0.9333 g, 수소 0.2016 g, 산소 2.133 g이 들어있는 것을 알았다. 카밤산의 실험식을 구하시오.

존재하는 원소들의 상대적인 양을 분석할 때 일반적으로 질량 백분율로 주어진다. 8.6절에서 화학식으로부터 화합물의 백분율을 계산하는 법을 배웠다. 지금은 이 방법의 역순으로 수행할 것이다. 조성 백분율을 알면 실험식을 계산할 수 있다.

수학적 기능 향상 도움말
원소의 질량 백분율은 화합물 100 g에 있는 원소의 그램수를 의미한다.

이 방법을 이해하기 위해서는 백분율의 의미를 이해해야 한다. 백분율이란 전체 혼합물 100에 대한 주어진 성분의 부분을 의미한다. 예를 들어 어떤 화합물에 탄소 15%(질량으로)가 있다면 이 화합물은 화합물 100 g당 탄소 15 g을 함유한다는 것이다. ◀

어떤 화합물의 조성 백분율이 주어졌을 때 화합물의 실험식 계산을 예제 8.14에 나타내었다.

대화형 예제 8.14 조성 백분율로부터 실험식 계산

암종양 치료에 사용하는 시스플라틴(cisplatin)은 백금 65.02%, 질소 9.34%, 수소 2.02%, 염소 23.63%의 조성(질량 백분율)을 갖는다. 시스플라틴의 실험식을 구하시오.

풀이

풀이 방향
시스플라틴($Pt_aN_bH_cCl_d$)의 실험식 결정. 즉, a, b, c, d 풀이

주어진 자료
- 화합물은 Pt 65.02%, N 9.34%, H 2.02%, Cl 23.63%의 조성(질량 백분율)
- 백금의 원자 질량(195.1 g/mol), 질소의 원자 질량(14.01 g/mol), 수소의 원자 질량(1.008 g/mol), 염소의 원자 질량(35.45 g/mol)

필요한 자료

- *a*, *b*, *c*, *d*는 화합물 1 mol에서 원자의 몰수를 나타내므로 Pt, N, H, Cl의 상대 몰수를 결정해야 한다.
- 질량 백분율을 알고 있으므로 몰수를 구하기 위하여 시료 내 각 원소별 질량을 알아야 한다.

풀이 과정

단계 1 화합물 100 g에 각 원소들의 질량이 얼마나 되는지 결정한다. 시스플라틴에 백금이 65.02%(질량으로) 있다는 것은 화합물 100.00 g당 백금(Pt) 65.02 g이 존재한다는 것을 의미한다. 비슷하게, 시스플라틴 100.00 g에는 질소(N) 9.34 g, 수소(H) 2.02 g, 염소(Cl) 26.63 g이 포함되어 있다.

시스플라틴 100.00 g에는 Pt 65.02 g, N 9.34 g, H 2.02 g, Cl 23.63 g이 있다는 것이다.

단계 2 원자별로 몰수를 결정한다. 원자 질량을 사용하여 몰수를 계산한다.

$$65.02\ \text{g}\ \cancel{\text{Pt}} \times \frac{1\ \text{mol Pt}}{195.1\ \text{g}\ \cancel{\text{Pt}}} = 0.3333\ \text{mol Pt}$$

$$9.34\ \text{g}\ \cancel{\text{N}} \times \frac{1\ \text{mol N}}{14.01\ \text{g}\ \cancel{\text{N}}} = 0.667\ \text{mol N}$$

$$2.02\ \text{g}\ \cancel{\text{H}} \times \frac{1\ \text{mol H}}{1.008\ \text{g}\ \cancel{\text{H}}} = 2.00\ \text{mol H}$$

$$23.63\ \text{g}\ \cancel{\text{Cl}} \times \frac{1\ \text{mol Cl}}{35.45\ \text{g}\ \cancel{\text{Cl}}} = 0.6666\ \text{mol Cl}$$

단계 3 가장 작은 몰수로 나눈다.

$$\frac{0.3333\ \text{mol Pt}}{0.3333} = 1.000\ \text{mol Pt}$$

$$\frac{0.667\ \text{mol N}}{0.3333} = 2.00\ \text{mol N}$$

$$\frac{2.00\ \text{mol H}}{0.3333} = 6.01\ \text{mol H}$$

$$\frac{0.6666\ \text{mol Cl}}{0.3333} = 2.000\ \text{mol Cl}$$

시스플라틴의 실험식은 $PtN_2H_6Cl_2$이다. 수소 수는 반올림의 영향으로 6보다 약간 크다.

점검 *a*, *b*, *c*, *d* 값은 정수이다.

비판적으로 생각하기

실험식을 결정하기 위한 문제 해결 전략의 일부분은 화합물 100 g에 대한 계산을 기본으로 한다. 만일 질량이 100 g이 아니라면 어떻게 할 것인가? 가능할 것인가? 만일 화합물 100 mol로 계산한다면 어떻게 할 것인가? 가능할 것인가?

SELF-CHECK

실전 연습 8.10 가장 흔한 유형의 나일론(나일론-6)은 탄소 63.68%, 질소 12.38%, 수소 9.80%, 산소 14.14%로 되어 있다. 나일론-6의 실험식을 계산하시오.

예제 8.14에서 백분율을 질량으로 환산하였음을 주목하라. 이 예제는 질량으로 직접 주어진 이전의 문제와 같은 예이다.

8.9 분자식 계산

학습 목표

- 실험식과 몰질량이 주어졌을 때 화합물의 분자식을 구하는 방법을 배운다.

화합물 내에 존재하는 원소들의 질량(또는 질량 백분율)으로 화합물 조성을 안다면 분자식이 아닌 실험식을 계산할 수 있다. 예제 8.15에서 보듯 분자식을 구하려면 분자 질량을 알아야 하기 때문이다. 이 절에서는 조성 백분율과 몰질량을 알고 있는 화합물에 대하여 알아볼 것이다.

대화형 예제 8.15 분자식 계산

어떤 흰색 분말을 분석하였더니 실험식이 P_2O_5인 것으로 나타났다. 이 화합물의 몰질량은 283.88 g이었다. 이 화합물의 분자식은 무엇인가?

풀이

풀이 방향

화합물의 분자식(P_xO_y) 결정. 즉, x와 y 풀기

주어진 자료

- 화합물의 실험식은 P_2O_5이다.
- 화합물의 몰질량은 283.88 g/mol이다.
- P의 원자 질량(30.97 g/mol)과 O의 원자 질량(16.00 g/mol)
- 분자식은 실험식 단위의 정수를 포함하므로 분자식은 $P_{2x}O_{5y}$이다.

필요한 자료

- 실험식 질량

풀이 과정

분자식을 구하기 위해서는 실험식 질량과 몰질량을 비교해야 한다. P_2O_5의 실험식 질량은 P_2O_5 단위 1 mol의 질량이다. ◀

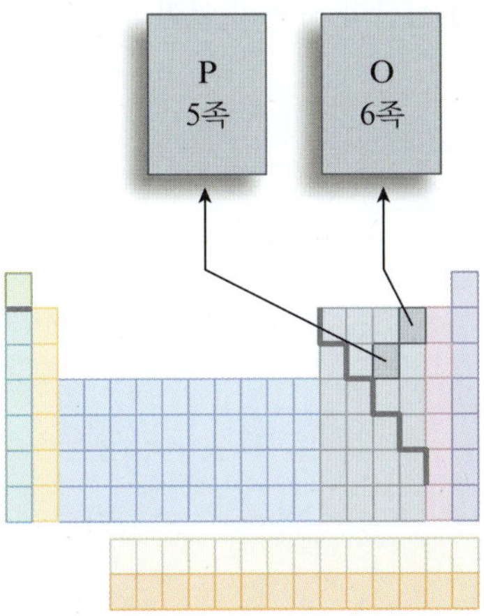

P의 원자 질량

$$\begin{aligned} 2\text{ mol P: } 2 \times 30.97\text{ g} &= 61.94\text{ g} \\ 5\text{ mol O: } 5 \times 16.00\text{ g} &= 80.00\text{ g} \\ &\ 141.94\text{ g} \end{aligned}$$

O의 원자 질량

P_2O_5 단위 1 mol의 질량

분자식은 실험식 단위의 정수이므로,

$$\text{분자식} = (\text{실험식})_n$$

n은 최소 정수이다.

$$\text{분자식} = n \times \text{실험식}$$

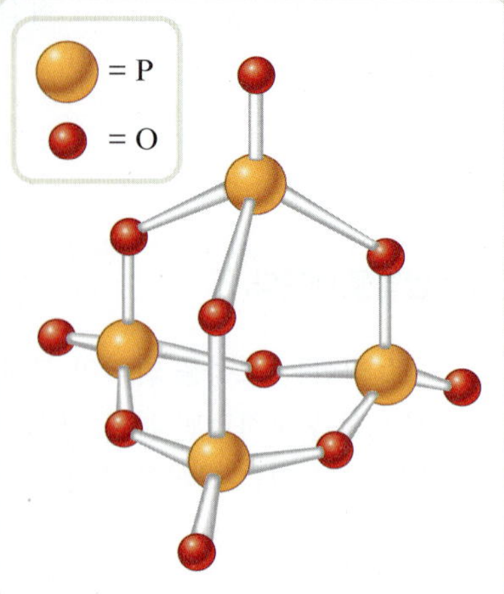

그림 8.5 "공-막대" 모형으로 나타낸 P_4O_{10}의 구조. 이 화합물은 물에 대한 친화력이 높아 종종 건조제로 사용된다.

이므로

$$몰질량 = n \times 실험식\ 질량$$

n에 대하여 풀면

$$n = \frac{몰질량}{실험식\ 질량}$$

그러므로 분자식을 결정하기 위하여 먼저 몰질량을 실험식 질량으로 나눈다. 이것은 1 mol의 질량이 실험식 질량의 몇 배가 되는지를 알려준다.

$$\frac{몰질량}{실험식\ 질량} = \frac{283.88\ g}{141.94\ g} = 2$$

이 화합물에 대한 n 값은 2이므로 분자식은 두 개의 실험식 단위로 구성되어 있음을 알 수 있다. 따라서 분자식은 $(P_2O_5)_2$, 즉 P_4O_{10}이다. 이 화합물의 구조가 그림 8.5에 나타나 있다.

점검 x와 y 값은 정수이다. 또한 분자식에서 P:O(4:10)는 2:5이다.

SELF-CHECK

실전 연습 8.11 엔진의 노킹을 막아주는 휘발유 첨가제로 사용하는 화합물은 다음 조성 백분율을 가지고 있다.

71.65% Cl　24.27% C　4.07% H

이 화합물의 몰질량은 98.96 g으로 알려져 있다. 이 화합물의 실험식과 분자식을 결정하시오.

분자식은 항상 실험식의 정수배임을 이해하는 것이 중요하다. 예를 들어 글루코스(그림 8.4)는 실험식이 CH_2O이고 분자식은 $C_6H_{12}O_6$이다. 이 경우 각 글루코스 분자당 실험식 단위 6개를 갖는다.

$$(CH_2O)_6 = C_6H_{12}O_6$$

일반적으로 다음과 같이 실험식 단위로 분자식을 나타낸다.

$$(실험식)_n = 분자식$$

여기서 n은 정수이다. n이 1이면 분자식은 실험식과 같다. 예를 들어 이산화 탄소의 실험식(CO_2)과 분자식(CO_2)은 같으므로 $n = 1$이다. 반면 십산화 사인의 실험식은 P_2O_5이고 분자식은 $P_4O_{10} = (P_2O_5)_2$이므로 $n = 2$이다.

8장 복습하기 Chapter 8 Review

주요 용어

원자 질량 단위(amu)(8.2)
평균 원자 질량(8.2)
몰(mole)(8.3)
아보가드로 수(8.3)
개념 문제 풀이(8.4)
몰질량(8.5)
질량 백분율(8.6)
실험식(8.7)
분자식(8.7)

요약

- 저울질로 개수 측정을 위해서 물질이 동일한 질량을 가질 필요가 없다. 필요한 것은 물질의 평균 질량이다.
- 저울질로 원소 시료에서 원자를 세기 위해서는 시료의 질량과 원소의 평균 질량을 알아야 한다.
- 질량비가 각 원소의 질량비와 같은 시료는 항상 같은 수의 원자를 가지고 있다.
- 1 mol은 그 물질 6.022×10^{23} 단위를 가지고 있다.
- 원소의 평균 원자 질량(그램으로 표시)과 같은 질량을 가진 시료의 원소는 원자 1 mol을 가지고 있다.
- 화합물의 몰질량은 화합물 1 mol의 질량(g 단위)이다.
- 화합물의 몰질량은 조성 원자들의 원자 질량의 합이다.
- 화합물의 몰수 $= \dfrac{\text{시료의 질량(g)}}{\text{화합물의 몰질량(g/mol)}}$
- 시료의 질량(g) = (시료의 몰수) × (화합물의 몰질량)
- 조성 백분율은 화합물을 이루는 각 원소의 질량 백분율이다.

  질량 백분율 $= \dfrac{\text{(화합물 1 mol 중 주어진 원소의 질량)}}{\text{(화합물 1 mol의 질량)}} \times 100\%$
- 화합물의 실험식은 화합물에 존재하는 원자들의 가장 간단한 정수비이다.
- 실험식은 화합물의 조성 백분율로부터 얻을 수 있다.
- 분자식은 물질에 존재하는 분자의 정확한 화학식이다.
- 분자식은 항상 실험식의 정수배이다.
- 다음 도표는 같은 내용을 다르게 표현한 것이다.

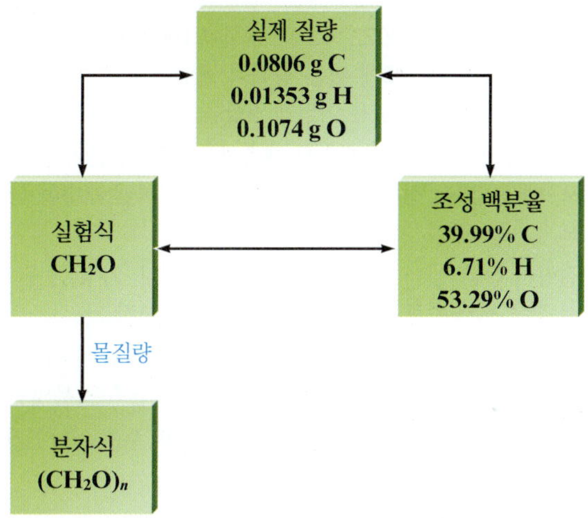

활동 학습 질문

다음은 강의 중 그룹 지도를 위한 문제들로, 특정 주제를 소개하는 데 매우 효과적이다.

1. 화학에서 몰(mol)의 의미는 무엇인가? 몰 개념의 중요성은 무엇인가?
2. 화합물의 실험식과 분자식의 차이점은 무엇인가? 같을 수도 있는가? 설명하시오.
3. A_2B 물질에서 A의 질량 백분율은 60%이다. AB_2에서 B의 질량 백분율을 계산하시오.
4. 인산 칼슘의 화학식을 쓰고 다음 물음에 답하시오.
   a. 이 화합물 내 각 원소의 조성 백분율을 계산하시오.
   b. 어떤 시료를 분석하였더니 인 50.0 g이 포함되어 있음을 알았다. 이 인산 칼슘 시료는 몇 그램인가? 또한 인산 칼슘의 몰수는 얼마인가? 인산 칼슘의 화학식 단위는 몇 개인가?
5. 칠판 위에 이름을 쓰는 데 필요한 "분필 분자"의 수는 얼마나 되겠는가? 계산하는 데 필요한 것이 무엇인지와 계산 예를 설명해 보시오.
6. 이원자 분자로 구성된 어떤 물질 0.821 mol의 질량이 131.3 g이다. 이 분자는 무엇인가?
7. 물 10.0 g에는 물 분자가 얼마나 되는가, 또한 수소 원자는 얼마나 되는가?
8. 암모니아 한 분자는 몇 그램인가?
9. NH_3, N_2O, N_2H_4, HCN, HNO_3 시료가 각각 100.0 g씩 있다. 질소의 질량이 가장 큰 것부터 질소의 질량이 가장 작은 순으로 이들 시료를 나열하시오. 답을 증명하고 설명하시오.

10. 어떤 분자의 질량이 4.65×10^{-23} g이다. 2가지 가능한 화학식을 제시하시오.

11. *원자 질량*과 *몰질량*의 차이점은 무엇인가?

12. 그림 4.19를 보자. 왜 이온 결합 화합물의 화학식은 항상 실험식일까?

13. 아보가드로 수가 6.022×10^{23} 대신에 1000이라고 가정해 보자. 그렇다면, 주기율표에 있는 상대적 질량에 어떻게 영향을 미칠까? 원소의 절대 질량은 어떻게 영향을 미칠까?

14. 우리 몸에 있는 원자 개수를 예측하고 수학적 근거를 제시하시오. 예측이라서 정확할 필요는 없지만 현명하게 개수를 선택하시오.

15. 질량이 같은 망가니즈, 아연, 은이 각각 있다. 가장 큰 원자 수에서 작은 원자 수로 나열하고 근거를 제시해보자.

16. 은 금속 20.0 g이 있다. 다른 금속 10.0 g이 있고 이 시료는 은 금속 시료보다 2배 많은 수의 원자가 있다. 이 금속은 무엇인가?

17. 종이에 이름을 쓸 때 필요한 "잉크 분자"의 수는 얼마인가? 계산하고 설명하시오.

18. 다음 중 실험식이 같은 것은 어느 것인가?

H_2O  와 H_2O_2 

a

N_2O_4 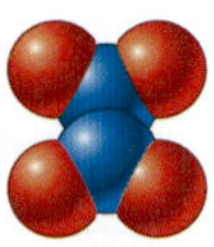 와 NO_2 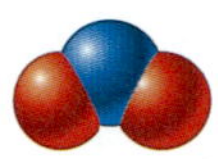

b

CO  와 CO_2 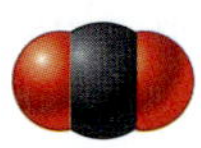

c

CH_4  와 C_2H_6 

d

19. 질소와 산소로만 이루어진 물질에서 질소의 질량 백분율은 46.7%이다. 다음 중 이 물질은?

N_2O_5

a

NO 

c

NO_2 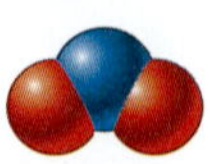

b

N_2O 

d

20. 다음 물질의 몰질량을 계산하시오.

a

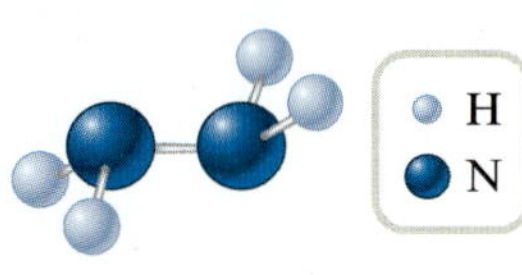

b

21. 다음 물질의 실험식을 쓰시오.

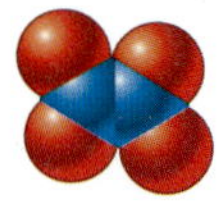

a

b

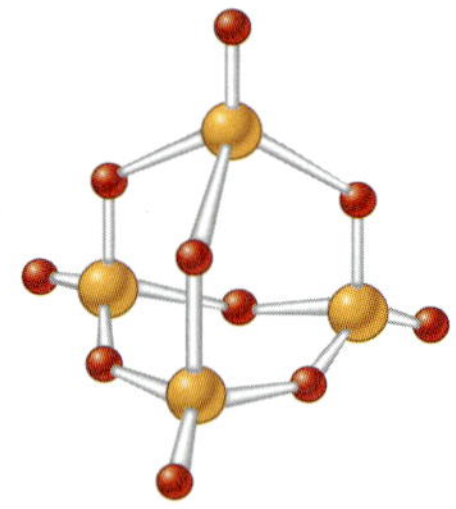

c

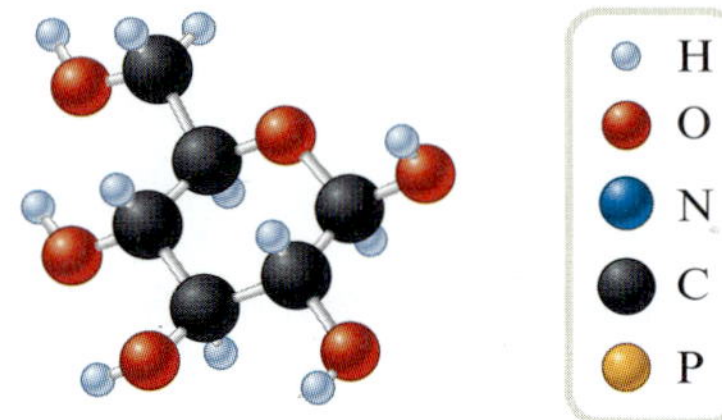

d

질문과 문제*

8.1 저울질을 이용한 개수 세기

▸ *문제*

1. 조그만 너트, 워셔, 볼트 등을 파는 상점에서는 젤리빈처럼 개수보다 무게로 판다. 평균 무게가 0.110 g인 워셔 100개의 무게는 얼마인가? 워셔 100. g에 들어있는 워셔의 개수를 구하시오.

8.2 원자 질량: 저울질을 이용한 원자 수 세기

▸ *질문*

2. *amu*를 정의하시오. 1 amu는 몇 그램인가?

3. 원소의 *평균* 원자 질량이 의미하는 것은?

▸ *문제*

4. 원소의 평균 원자 질량(이 책의 표지 안쪽에 있는 표 참조)을 이용하여 다음 시료들의 원자 수를 계산하시오.

a. 칼슘 40.08 amu
b. 텅스텐 919.5 amu
c. 망가니즈 549.4 amu
d. 아이오딘 6345 amu
e. 납 2072 amu

5. 구리의 원자 질량은 63.55 amu이다. 구리 원자 75개의 질량은? 질량 6100.8 amu에 포함된 구리의 원자 수는?

8.3 몰

▸ *질문*

6. 아연 원자 6.022×10^{23}개는 몇 g인가?

---

* 어떤 문제에서는 원소 기호와 화학식이 주어져 있지만, 필요한 "용어"를 배우는 데 도움이 되도록 다른 문제에서는 주어져 있지 않다.

▶ *문제*

7. 질량이 300.0 g인 은 시료를 생각해 보자. 이 시료에 있는 은 원자의 수는? 이 은 원자 수와 같은 수의 구리 원자의 질량은?

8. 플루오린 57.0 g과 같은 원자 수를 포함하는 코발트의 질량은?

9. 플루오린의 평균 원자 질량이 3.16×10^{-23} g이라면 염소 원자의 질량은 몇 그램인가?

10. 제논 원자 0.25 mol과 탄소 원자 2.0 mol 중 덜 무거운 것은 어느 것인가?

11. 이 책 표지 안쪽에 있는 평균 원자 질량을 이용하여 다음 시료에 존재하는 원소의 몰수를 계산하시오.

a. 황 49.2 g
b. 납 7.44×10^{4} kg
c. 염소 3.27 mg
d. 리튬 4.01 g
e. 구리 100.0 g
f. 스트론튬 82.6 mg

12. 이 책 표지 안쪽에 있는 평균 원자 질량을 이용하여 다음 시료에 존재하는 원소의 질량을 그램 단위로 계산하시오.

a. 칼슘 0.00552 mol
b. 붕소 6.25 mmol(1 mmol = 1/1000 mol)
c. 알루미늄 135 mol
d. 바륨 1.34×10^{-7} mol
e. 인 2.79 mol
f. 비소 0.0000997 mol

13. 이 책 표지 안쪽에 있는 평균 원자 질량을 이용하여 다음 양을 계산하시오.

a. 철 원자 125개의 질량(g 단위)
b. 철 원자 125개의 질량(amu 단위)
c. 철 125 g 중 철 원자의 몰수
d. 철 125 mol의 질량(g 단위)
e. 철 125 g 중 철의 원자 수
f. 철 125 mol 중 철의 원자 수

8.5 몰질량

▶ *질문*

14. 물질 1 mol의 질량(g 단위)이 그 물질의 ________이다.

15. 다음 화합물의 몰질량을 어떻게 계산하는지 설명하여 보시오.

CH_4 분자 1개

▶ *문제*

16. 다음 물질을 명명하고 몰질량을 계산하시오.

a. $KHCO_3$
b. Hg_2Cl_2
c. H_2O_2
d. $BeCl_2$
e. $Al_2(SO_4)_3$
f. $KClO_3$

17. 다음 물질의 식을 쓰고 몰질량을 계산하시오.

a. 이산화 탄소
b. 인산 알루미늄
c. 탄산 철(III)
d. 질산 납(II)
e. 염화 스트론튬

18. 다음 시료에 존재하는 물질의 몰수를 계산하시오.

a. 산화 알루미늄 47.2 g
b. 브로민화 포타슘 1.34 kg
c. 저마늄 521 mg
d. 우라늄 56.2 μg
e. 아세트산 소듐 29.7 g
f. 삼산화 황 1.03 g

19. 다음 시료에 존재하는 물질의 몰수를 계산하시오.

a. 탄산 리튬 1.95×10^{-3} g
b. 염화 칼슘 4.23 kg
c. 염화 스트론튬 1.23 mg
d. 황산 칼슘 4.75 g
e. 산화 질소(IV) 96.2 mg
f. 염화 수은(I) 12.7 g

20. 다음 시료의 질량을 그램 단위로 구하시오.

a. 삼산화 황 6.14×10^{-4} mol
b. 산화 납(IV) 3.11×10^{5} mol
c. 클로로폼($CHCl_3$) 0.495 mol
d. 트라이클로로에테인($C_2H_3Cl_3$) 2.45×10^{-8} mol
e. 수산화 리튬 0.167 mol
f. 염화 구리(I) 5.26 mol

21. 다음 시료의 질량을 그램 단위로 구하시오.

a. 벤젠(C_6H_6) 0.994 mol
b. 수소화 칼슘 4.21 mol
c. 과산화 수소(H_2O_2) 1.79×10^{-4} mol
d. 글루코스($C_6H_{12}O_6$) 1.22 mmol(1 mmol = 1/1000 mol)
e. 주석 10.6 mol
f. 플루오린화 스트론튬 0.000301 mol

22. 다음 시료에 존재하는 *분자* 수를 구하시오.

a. 이산화 황(SO_2) 3.54 mol
b. 이산화 황(SO_2) 3.54 g
c. 암모니아(NH_3) 4.46×10^{-5} g
d. 암모니아(NH_3) 4.46×10^{-5} mol
e. 에테인(C_2H_6) 1.96 mg

23. 다음 시료에 존재하는 황 원자의 몰수를 구하시오.

a. 황산 소듐 2.01 g
b. 아황산 소듐 2.01 g
c. 황화 소듐 2.01 g
d. 싸이오황산 소듐($Na_2S_2O_3$), 2.01 g

8.6 화합물의 조성 백분율

▸ *질문*

24. 화합물에 존재하는 원소의 질량 분율은 화합물 1 mol에 존재하는 특정 원소의 질량과 화합물의 ____________질량을 비교함으로써 얻을 수 있다.

25. 시료의 양이 두 배가 되면 화합물의 각 원소의 조성 백분율은 어떻게 되는가?

▸ *문제*

26. 다음 화합물 중 각 원소의 질량 백분율을 계산하시오.

a. ZnO
b. Na_2S
c. $Mg(OH)_2$
d. H_2O_2
e. CaH_2
f. K_2O

27. 다음 화합물의 식에서 *첫 번째* 원소의 질량 백분율을 계산하시오.

a. 브로민화 구리(II)($CuBr_2$)
b. 브로민화 구리(I)($CuBr$)
c. 염화 철(II)($FeCl_2$)
d. 염화 철(III)($FeCl_3$)
e. 아이오딘화 코발트(II)(CoI_2)
f. 아이오딘화 코발트(III)(CoI_3)
g. 산화 주석(II)(SnO)
h. 산화 주석(IV)(SnO_2)

28. 다음 각 화합물에서 산소의 질량 백분율을 계산하시오.

a. 이산화 탄소
b. 질산 소듐
c. 인산 철(III)
d. 탄산 암모늄
e. 황산 알루미늄

29. 다음 이온 결합 화합물에서 *음이온*이 나타내는 몰질량의 백분율을 계산하시오.

a. 황화 암모늄
b. 염화 칼슘
c. 산화 바륨
d. 황산 니켈(II)

8.7 화합물의 화학식

▸ *질문*

30. 화학식을 결정하기 전에 새로운 화합물에서 알아야 할 실험적 증거는 무엇인가?

31. 다음 분자식에 대응하는 실험식을 구하시오.

a. 과산화 소듐(Na_2O_2)
b. 테레프탈산(terephthalic acid)($C_8H_6O_4$)
c. 페노바비탈(phenobarbital)($C_{12}H_{12}N_2O_3$)
d. 1,4-다이클로로-2-뷰텐($C_4H_6Cl_2$)

32. 다음 두 쌍의 화합물 중 *실험식*이 같은 것은 어느 것인가?

a. 아세틸렌(C_2H_2)과 벤젠(C_6H_6)
b. 에테인(C_2H_6)과 뷰테인(C_4H_{10})
c. 이산화 질소(NO_2)와 사산화 이질소(N_2O_4)
d. 다이페닐 에터($C_{12}H_{10}O$)와 페놀(C_6H_5OH)

8.8 실험식 계산

▸ *문제*

33. 질량 백분율로 질소 11.64%, 염소 88.36%가 포함된 화합물의 실험식을 구하시오.

34. 질량 백분율로 붕소 78.14%, 수소 21.86%가 포함된 화합물의 실험식을 구하시오.

35. 질량 백분율로 주석 45.56%, 염소 54.43%가 포함된 화합물의 실험식을 구하시오.

36. 코발트 금속과 과량의 황을 가열하면 코발트의 질량 백분율이 55.06%인 황화물이 생긴다. 이 황화물의 실험식을 구하시오.

37. 알루미늄 금속 2.50 g을 플루오린 기체 하에서 가열하면 플루오린 5.28 g이 알루미늄과 결합한다. 생성된 화합물의 실험식을 구하시오.

38. 리튬 46.46%, 산소 53.54%의 질량 백분율로 갖는 화합물의 실험식을 구하시오.

39. 리튬 금속을 순수한 질소 기체 하에서 가열하면 질량 백분율로 리튬 59.78%, 질소 40.22%인 화합물이 얻어진다. 이 화합물의 실험식을 구하시오.

40. 테트라페닐포피린(tetraphenylporphyrin)은 천연에 존재하는 포피린과 비슷한 합성 화합물이다. 포피린은 헤모글로빈과 사이토크롬에서 발견되며 인간의 생물학적 기능에서 중요하다. 테트라페닐포피린은 C, H, N 원자로만 이루어져 있다. 실험을 통해 테트라페닐포피린은 질량비로 C 85.96%, H 4.92%임을 알았다. 테트라페닐포피린의 실험식은?

41. 인과 염소는 인의 질량 백분율이 22.55%와 14.87%인 두 개의 이성분 화합물을 형성한다. 두 개의 인 – 염소 화합물의 실험식을 구하시오.

8.9 분자식 계산

▸ *질문*

42. 화합물의 *분자식*과 *실험식*은 어떻게 다른가? 화합물의 실험식과 분자식이 같을 수 있는가? 설명하시오.

43. 다음 분자의 분자식과 실험식을 쓰고 이유를 설명하시오.

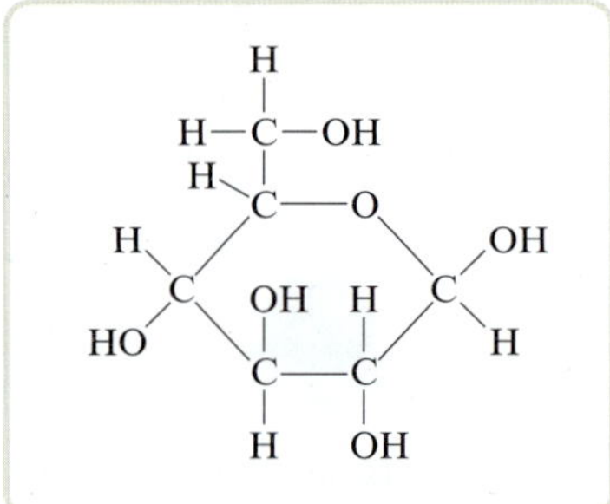

▸ *문제*

44. 붕소와 수소의 이성분 화합물의 조성 백분율은 붕소 78.14%, 수소 21.86%이다. 화합물의 몰질량이 실험적으로 27~28 g인 것으로 결정되었다면 이 화합물의 실험식과 분자식은 무엇인가?

45. 실험식이 CH인 화합물의 몰질량이 78 g 정도라면 이 화합물의 분자식은 무엇인가?

46. 실험식이 C_2H_5O인 화합물의 몰질량이 90 g 정도라면 이 화합물의 분자식은 무엇인가?

47. 몰질량이 165~170 g 정도이고 질량 백분율이 탄소 42.87%, 수소 3.598%, 산소 28.55%, 질소 25.00%인 화합물이 있다. 이 화합물의 실험식과 분자식을 구하시오.

48. 황과 질소로만 구성된 어떤 화합물의 황 질량 백분율은 69.6%이다. 몰질량이 184 g/mol이다. 이 화합물의 이름은 무엇인가?

화학에서의 양

Chemical Quantities

CHAPTER

9

실험실에서 피펫을 사용하여 액체의 양을 측정하는 과학자.

anyaivanova/Shutterstock.com

소비자 보호 단체에서 제산제의 효과에 관한 어느 회사 광고의 주장을 시험하고자 한다. 그 회사는 자기 제품이 경쟁사의 제산제에 비해 위산 중화율이 10배 더 높다고 주장한다. 어떻게 이 주장의 진위를 시험할 수 있겠는가?

또는 졸업 후에 부동액이나 항공기 연료와 같은 제품 생산의 출발 물질로 사용하는 메탄올(메틸 알코올)을 생산하는 회사에 다닌다고 하자. 일산화 탄소 기체와 수소 기체의 반응으로부터 메탄올을 만드는 회사의 공정을 개선하려고 노력하는 숙련된 화학자와 일하고 있다. 작업 첫날 시험 가동으로 메탄올 6.0 kg을 생산하기 위해 충분한 수소와 일산화 탄소를 주문하도록 지시받았다. 일산화 탄소와 수소를 얼마나 주문해야 할지 어떻게 결정할 것인가?

이 장을 공부한 뒤에는 이러한 질문들에 답할 수 있을 것이다.

메탄올은 제트기 연료의 출발 물질이다.
Corbis/Getty Images

9.1 화학 반응식에서 얻는 정보

학습 목표 ■ 균형 반응식에서 분자와 질량 정보에 대하여 이해한다.

반응이란 실제로 화학의 모든 것이다. 화학 변화는 화학 반응식에 의하여 나타낼 수 있는 원자들의 실제적 재배열이라고 한 6장을 상기하자. 이 화학 반응식으로부터 반응물과 생성물의 본질(화학식)을 알 수 있고, 얼마나 많은 양의 반응물과 생성물이 반응에 참여하는지 알 수 있다. 균형 화학 반응식에 있는 수(계수)는 주어진 반응물로부터 얼마나 많은 양의 생성물을 얻을 수 있는지 결정할 수 있게 한다. 균형 반응식에 있는 계수가 분자의 *상대적인*(relative) 수라는 것을 인식하는 것은 중요하다. 즉, 각 계수가 아니라 계수의 *비율*(ratio)이 관심의 대상이다.

이 개념을 이해하기 위해 간단한 비화학적인 예를 살펴보자. 패스트푸드점에서 두 장(조각)의 빵, 세 장(조각)의 고기, 한 장(조각)의 치즈로 구성된 특별한 델리 샌드위치를 만든다고 하자. 샌드위치 만드는 것을 다음과 같은 식으로 나타낼 수 있다.

$$\text{빵 2조각} + \text{고기 3조각} + \text{치즈 1조각} \rightarrow \text{샌드위치 1개}$$

샌드위치 50개를 만들기 위해 충분한 재료들을 구입하러 상점에 갔다. 각 재료를 얼마나 구입해야 할지 어떻게 알 수 있을까? 샌드위치 50개를 만들어야 하므로 위 식에 50을 곱하면 된다.

$$50(\text{빵 2조각}) + 50(\text{고기 3조각}) + 50(\text{치즈 1조각}) \rightarrow 50(\text{샌드위치 1개})$$

즉,

$$\text{빵 100조각} + \text{고기 150조각} + \text{치즈 50조각} \rightarrow \text{샌드위치 50개}$$

100:150:50이라는 비율은 샌드위치를 만드는 "균형 반응식(balanced equation)"의 계수비인 2:3:1에 해당한다는 점을 주목하라. 샌드위치 몇 개를 만든다 하더라도, 각각 필요한 재료의 양을 결정할 때 원래 샌드위치의 균형 반응식을 사용하면 쉽게 해결된다.

화학 반응식으로부터도 동일한 정보를 얻을 수 있다. 화학 반응식은 반응에 참여하는 반응물과 생성물의 상대적인 분자 수를 나타낸다. 그 식을 통해 특정 양의 생성물을 얻기 위해 필요한 반응물의 양을 결정하거나 반응물로부터 얼마나 많은 양의 생성물을 얻을 수 있는지 예측할 수 있다.

이러한 개념이 화학 반응에 어떻게 적응되는지, 액체 메탄올[$CH_3OH(l)$]을 생산하는 일산화 탄소 기체와 수소 기체 간의 반응을 살펴보자. 반응물과 생성물은 각각 다음과 같다.

$$\text{불균형 반응식: } \underbrace{CO(g) + H_2(g)}_{\text{반응물}} \rightarrow \underbrace{CH_3OH(l)}_{\text{생성물}}$$

화학 반응에서 원자들은 (생성되거나 파괴되지 않고) 단지 재배열되기 때문에, 항상 화학 반응식의 균형을 맞추어야 한다. 즉, 양변에 각 동일 원자들의 개수가 맞도록 계수들을 선택하여야 한다. 이 조건을 만족시키는 최소 정수들을 사용하면 균형 반응식을 얻을 수 있다.

$$\text{균형 반응식: } CO(g) + 2H_2(g) \rightarrow CH_3OH(l)$$

점검 반응물: 1 C, 1 O, 4 H ; 생성물: 1 C, 1 O, 4 H

균형 반응식에서 계수들은 분자들의 *상대적인*(relative) 개수를 의미한다. 즉, 이 균형 반응식에 어떤 수를 곱해도 여전히 균형 반응식이 된다. 예를 들면, 12를 곱할 수 있다.

$$12\,[CO(g) + 2H_2(g) \rightarrow CH_3OH(l)]$$

이렇게 하면 다음 식이 얻어진다.

$$12CO(g) + 24H_2(g) \rightarrow 12CH_3OH(l)$$

이것은 여전히 균형 반응식이다(검산하여 확인해 보라). 12는 1 다스를 의미하므로 다스로 반응을 표현할 수도 있다.

$$1\text{ 다스 } CO(g) + 2\text{ 다스 } H_2(g) \rightarrow 1\text{ 다스 } CH_3OH(l)$$

또 원래의 식에 6.022×10^{23}과 같은 매우 큰 수를 곱할 수도 있다. 즉,

$$6.022 \times 10^{23}[CO(g) + 2H_2(g) \rightarrow CH_3OH(l)]$$

그리고 이것은

$$6.022 \times 10^{23}\ CO(g) + 2(6.022 \times 10^{23})\ H_2(g) \rightarrow 6.022 \times 10^{23}\ CH_3OH(l)$$

1 mol은 6.022×10^{23}개의 단위이다.

이 된다. 12개를 1 다스로 부르는 것과 같이 화학자들은 6.022×10^{23}개를 1 몰◀(mole, 약어로 mol)이라고 부른다. 따라서 위 식을 몰로 쓸 수 있다.

$$1\text{ mol } CO(g) + 2\text{ mol } H_2(g) \rightarrow 1\text{ mol } CH_3OH(l)$$

이 균형 화학 반응식을 해석하는 여러 방법들을 표 9.1에 나타내었다.

표 9.1 메탄올이 생성되는 균형 반응식에서 얻을 수 있는 정보

$CO(g)$	+	$2H_2(g)$	→	$CH_3OH(l)$
1 분자 CO	+	2 분자 H_2	→	1 분자 CH_3OH
1 다스 CO 분자	+	2 다스 H_2 분자	→	1 다스 CH_3OH 분자
6.022×10^{23} CO 분자	+	$2(6.022 \times 10^{23})$ H_2 분자	→	6.022×10^{23} CH_3OH 분자
1 mol CO 분자	+	2 mol H_2 분자	→	1 mol CH_3OH 분자

대화형 예제 9.1 몰을 화학 반응식에 있는 분자에 관련시키는 법

프로페인(C_3H_8)은 ◀ 가정용 가스 그릴에서 요리를 할 때 사용되는 일반적인 연료이다. 프로페인은 산소 기체와 반응하여 열과 생성물인 이산화 탄소와 물을 생성한다. 이 연소 반응은 다음의 불균형 반응식으로 나타낼 수 있다.

$$C_3H_8(g) + O_2(g) \rightarrow CO_2(g) + H_2O(g)$$

이 반응의 균형 반응식을 쓰고 분자의 수와 분자의 몰 개념으로 반응식의 의미를 기술하시오.

Roberto Westbook/Blend Images/Getty Images

프로페인은 야외용 그릴의 연료로 자주 사용된다.

풀이 6장에서 설명한 방법을 사용하여 다음과 같이 균형 반응식을 쓸 수 있다.

$$C_3H_8(g) + 5O_2(g) \rightarrow 3CO_2(g) + 4H_2O(g)$$

점검 3 C, 8 H, 10 O → 3 C, 8 H, 10 O

이 반응식을 분자의 개념으로 해석하면 다음과 같다.

C_3H_8 1 분자와 O_2 5 분자가 반응하여 CO_2 3 분자와 H_2O 4 분자를 생성한다.

또는 몰의 개념으로 해석하면 다음과 같다.

C_3H_8 1 mol과 O_2 5 mol이 반응하여 CO_2 3 mol과 H_2O 4 mol을 생성한다.

9.2 몰—몰 관계

학습 목표

- **반응물의 몰과 생성물의 몰 사이의 관계를 결정하기 위해서 균형 반응식을 사용하는 것을 배운다.**

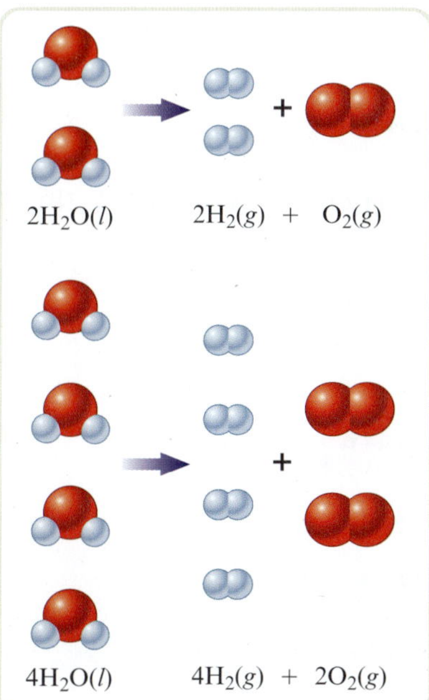

이제 반응물과 생성물의 몰 관점에서 균형 화학 반응식을 이해할 수 있으므로 주어진 반응물의 몰수로부터 생성물의 몰수를 예측할 수 있다. 예를 들어 물이 분해되어 산소와 수소를 생성하는 다음 균형 반응식을 살펴보자.

$$2H_2O(l) \rightarrow 2H_2(g) + O_2(g)$$

즉, H_2O 2 mol은 H_2 2 mol과 O_2 1 mol을 생성한다.

물 4 mol이 분해된다면, 얻을 수 있는 생성물의 몰수는 얼마인가?

이것은 전체 식에 2를 곱함으로써(물 4 mol을 만들기 위해) 구할 수 있다.

$$2[2H_2O(l) \rightarrow 2H_2(g) + O_2(g)]$$
$$4H_2O(l) \rightarrow 4H_2(g) + 2O_2(g)$$

즉, H_2O 4 mol은 H_2 4 mol과 O_2 2 mol을 생성한다고 할 수 있다. ◀

다음으로 물 5.8 mol을 분해한다고 가정하자. 이 과정에서 생성되는 생성물의 몰수는 얼마인가? 이것은 다음과 같이 화학 반응식을 다시 균형 맞추어 해결할 수 있다.

$$2H_2O(l) \rightarrow 2H_2(g) + O_2(g)$$

우선 균형 반응식의 *모든 계수*를 2로 나눈다.

$$H_2O(l) \rightarrow H_2(g) + \tfrac{1}{2}O_2(g)$$

5.8 몰의 분해될 H_2O가 존재하므로 이 식에 5.8을 곱한다.

$$5.8[H_2O(l) \rightarrow H_2(g) + \tfrac{1}{2}O_2(g)]$$

위 식은 다음과 같이 표현된다(이것이 균형 반응식이라는 것을 증명하라).

정수가 아닌 계수를 가진 이 식은 식이 여러 가지 반응물과 생성물의 (분자들의) 몰수를 의미할 때만 타당하다.

$$5.8H_2O(l) \rightarrow 5.8H_2(g) + 5.8(\tfrac{1}{2})O_2(g)$$
$$5.8H_2O(l) \rightarrow 5.8H_2(g) + 2.9O_2(g) \blacktriangleleft$$

그러므로 H_2O 5.8 mol로부터 H_2 5.8 mol과 O_2 2.9 mol이 생성된다고 할 수 있다.

위와 같이 특정 상황에 관련된 몰수를 얻기 위해 식을 재균형시킬 수 있으나 그 과정이 다소 귀찮을 수 있다. 예제 9.2에서 균형 화학 반응식에 기반을 둔 환산 인자, 즉 **몰비**(mole ratio)를 사용하는 더 편리한 과정을 살펴볼 것이다.

대화형 예제 9.2 몰비 결정

물 5.8 mol이 분해되어 생성되는 O_2의 몰수는 얼마가 될까?

풀이

풀이 방향

H_2O 5.8 mol이 분해하여 생성된 O_2의 몰수를 구하고자 한다.

주어진 자료

- 물 분해에 대한 균형 반응식

$$2H_2O(l) \rightarrow 2H_2(g) + O_2(g)$$

- H_2O 5.8 mol

풀이 과정

문제를 다음과 같이 도식화할 수 있다.

이 질문에 답하기 위해서 균형 반응식(일반식)으로부터 H_2O의 몰수와 O_2의 몰수 사이의 관계를 알 필요가 있다.

$$2H_2O(l) \rightarrow 2H_2(g) + O_2(g)$$

이 식으로부터

라고 말할 수 있다. 이것은 다음과 같은 등가 정의로 표현할 수 있다.

2 mol H_2O = 1 mol O_2라는 표현은 문자상의 의미로는 분명히 옳지 않으나 H_2O와 O_2의 사이의 화학적 등가를 정확하게 표현하고 있다.

$$2 \text{ mol } H_2O = 1 \text{ mol } O_2 \blacktriangleleft$$

이제 위 등가 정의를 이용하여 필요한 환산 인자(몰비)를 구할 수 있다. H_2O의 몰수로부터 O_2의 몰수를 얻어야 하므로, 몰비는 다음과 같다.

$$\frac{1\ \text{mol}\ O_2}{2\ \text{mol}\ H_2O}$$

분모의 mol H_2O는 H_2O의 몰수로부터 O_2의 몰수로 전환되는 과정에서 상쇄된다. ◀

> **수학적 기능 향상 도움말**
> 등가 정의와 차원 분석에 대한 복습은 2.6절을 참조하라.

$$5.8\ \cancel{\text{mol}\ H_2O} \times \frac{1\ \text{mol}\ O_2}{2\ \cancel{\text{mol}\ H_2O}} = 2.9\ \text{mol}\ O_2$$

따라서 H_2O 5.8 mol이 분해되면 O_2 2.9 mol이 얻어질 것이다.

점검 이것은 앞에서 식을 재균형시켜서 얻은 답과 같다.

$$5.8H_2O(l) \rightarrow 5.8H_2(g) + 2.9O_2(g)$$

예제 9.2에서 알 수 있듯이 정해진 반응물의 몰수로부터 생성될 수 있는 생성물의 몰수를 결정하기 위해 필요한 몰비를 균형 반응식으로부터 얻을 수 있다. 이 개념을 응용한 예제 9.3을 살펴보도록 하자.

대화형 예제 9.3 계산에서 몰비 사용

다음 균형 반응식으로 표현되는 반응에서 프로페인(C_3H_8) 4.30 mol과 정확하게 반응하는 데 필요한 산소의 몰수를 계산하시오.

$$C_3H_8(g) + 5O_2(g) \rightarrow 3CO_2(g) + 4H_2O(g)$$

풀이

풀이 방향

C_3H_8 4.30 mol과 반응하는 데 필요한 O_2의 몰수를 구하고자 한다.

주어진 자료

- 균형 반응식

$$C_3H_8 + 5O_2 \rightarrow 3CO_2 + 4H_2O$$

- C_3H_8 4.30 mol

풀이 과정

이 경우에 문제를 다음과 같이 나타낼 수 있다.

4.30 mol C_3H_8 → 필요로 한다 → **? mol O_2**

이 문제를 풀기 위해서 반응물 C_3H_8과 O_2 사이의 관계를 알아야 한다. 균형 반응식으로부터 다음 관계를 알 수 있다.

C_3H_8 1 mol은 O_2 5 mol을 필요로 한다.

이 식을 등가 정의로 나타내면 다음과 같다.

$$1\ \text{mol}\ C_3H_8 = 5\ \text{mol}\ O_2$$

결과적으로 C_3H_8의 몰수로부터 O_2의 몰수로 변환하는 데 필요한 몰비는 다음과 같다.

$$\frac{5\ \text{mol}\ O_2}{1\ \text{mol}\ C_3H_8}$$

이와 같이 전환비를 사용하면 mol C_3H_8은 상쇄된다.

$$4.30 \cancel{\text{mol } C_3H_8} \times \frac{5 \text{ mol } O_2}{1 \cancel{\text{mol } C_3H_8}} = 21.5 \text{ mol } O_2$$

질문에 대한 답은 다음과 같다.

C_3H_8 4.30 mol은 O_2 21.5 mol을 필요로 한다.

점검 균형 반응식에 따르면 C_3H_8의 계수보다 O_2의 계수가 5배 더 크므로 더 많은 O_2가 필요하다. 약 4 mol의 C_3H_8을 반응시키므로 약 20 mol의 O_2가 필요하다. 이 값은 계산 결과와 비슷하다.

SELF-CHECK

실전 연습 9.1 C_3H_8 4.30 mol과 O_2 21.5 mol이 반응하여 생성되는 CO_2의 몰수를 계산하시오.

힌트 C_3H_8의 몰수를 이용하여 균형 반응식으로부터 C_3H_8와 CO_2의 사이의 몰비를 구하시오.

9.3 질량 계산

학습 목표

- 화학 반응에서 반응물과 생성물 사이의 질량 관계를 배운다.

앞 절에서는 반응에서 균형 반응식을 이용하여 반응물과 생성물의 몰수를 계산하는 방법을 알아보았다. 그러나 몰수가 분자의 수를 나타내지만 분자를 직접 셀 수는 없다. 화학에서는 질량 측정을 통하여 분자의 수를 셀 수 있다. 따라서 이 절에서는 몰과 질량 사이의 변환 과정을 살펴보고 이 과정이 어떻게 화학 계산에 적용되는지 알아보기로 하자.

예를 들어 알루미늄 금속 분말과 아이오딘 분말의 반응으로 아이오딘화 알루미늄의 생성을 살펴보자. 이 격렬한 화학 반응에 대한 균형 반응식은 다음과 같다.

$$2Al(s) + 3I_2(s) \rightarrow 2AlI_3(s)$$

알루미늄 35.0 g이 있다고 하자. 이 양의 알루미늄과 정확하게 반응하기 위해서 필요한 I_2의 질량은 얼마인가?

이 질문에 답하기 위해서 8장에서 논의한 문제 해결 전략을 사용하자.

풀이 방향

알루미늄(Al) 35.0 g과 반응하는 아이오딘(I_2)의 질량을 구하고자 한다. 균형 반응식으로부터 다음 관계를 알고 있다.

Al 2 mol은 I_2 3 mol을 필요로 한다.

이로부터 몰비를 다음과 같이 나타낼 수 있다.

$$\frac{3 \text{ mol } I_2}{2 \text{ mol Al}}$$

이 비를 사용하여 존재하는 Al의 몰수에 필요한 I_2의 몰수를 계산할 수 있다. 하지만 여기에는 다음 두 가지 질문이 있다.

1. Al 몇 mol이 존재하는가?
2. I_2의 몰수를 I_2의 질량으로 어떻게 변환할 수 있는가?

그램 단위를 mol 단위로, 그리고 mol 단위를 그램 단위로 변환하는 것이 필요하다.

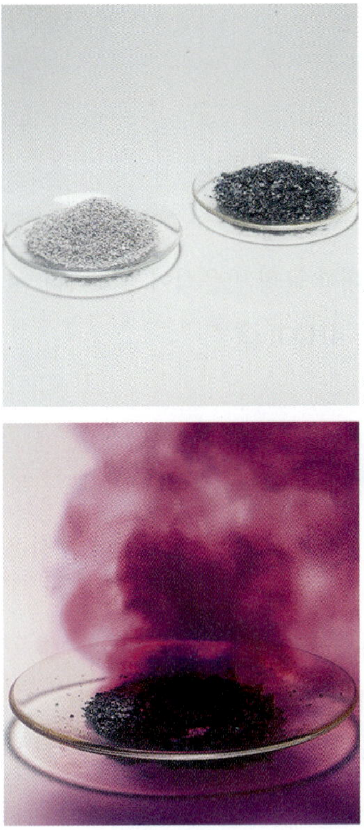

알루미늄(*위쪽 그림의 왼쪽*)과 아이오딘(*위쪽 그림의 오른쪽*)이 격렬하게 반응하여 아이오딘화 알루미늄을 형성한다. 발생되는 자주색 연기는 반응열에 의하여 승화되는 과량의 아이오딘에 의한 것이다(*아래쪽 그림*).

풀이 과정

먼저 질문에 주어진 알루미늄 35.0 g을 mol 단위로 변환해야 한다. 그 방법은 이미 알고 있다. 이 책 표지 안쪽에 있는 주기율표에서 알루미늄의 원자 질량이 26.98이라는 것을 알 수 있다. 이것은 알루미늄 1 mol의 질량이 26.98 g이라는 것을 의미한다.

등가 정의를 사용하면 다음과 같이 나타낼 수 있다.

$$1 \text{ mol Al} = 26.98 \text{ g}$$

알루미늄 35.0 g의 몰수는 다음과 같다.

$$35.0 \cancel{\text{g Al}} \times \frac{1 \text{ mol Al}}{26.98 \cancel{\text{g Al}}} = 1.30 \text{ mol Al}$$

Al의 몰수를 구했으므로 필요한 I_2의 몰수를 구할 수 있다.

$$1.30 \cancel{\text{mol Al}} \times \frac{3 \text{ mol } I_2}{2 \cancel{\text{mol Al}}} = 1.95 \text{ mol } I_2$$

이제 Al 1.30 mol (35.0 g)과 반응하기 위해 필요한 I_2의 몰수를 안다. 다음 단계는 I_2 1.95 mol의 질량이 얼마나 되는지를 알기 위해 그램 단위로 변환하는 것이다. I_2의 몰질량을 사용하면 쉽게 해결할 수 있다. 아이오딘의 원자 질량은 126.9 g (I 원자 1 mol)이므로 I_2의 몰질량은

$$2 \times 126.9 \text{ g/mol} = 253.8 \text{ g/mol} = 1 \text{ mol } I_2\text{의 질량}$$

이제 I_2 1.95 mol을 그램 단위로 변환한다.

$$1.95 \cancel{\text{mol } I_2} \times \frac{253.8 \text{ g } I_2}{\cancel{\text{mol } I_2}} = 495 \text{ g } I_2$$

문제가 해결되었다. 알루미늄 35.0 g과 정확히 반응하기 위해 아이오딘(I_2 분자) 495 g이 필요하다. 예제 9.4에서 반응물과 생성물의 질량을 다루는 과정을 더 살펴보기로 하자. ◀

점검 Al 35.0 g이 반응하는 데 I_2 495 g이 필요하다. 이 답이 옳은가? Al과 I_2의 몰질량(26.98 g/mol과 253.8 g/mol)으로부터 I_2 1 mol의 질량은 Al 1 mol의 질량의 거의 10배 정도가 된다. Al에 비해 더 많은 몰수의 I_2가 필요하다(3 : 2의 비에 의해). 따라서 I_2의 질량은 35.0 g의 10배 이상이 될 것으로 예상되고, 결과적으로 10배 이상이 얻어졌다.

대화형 예제 9.4 몰비를 이용한 질량 – 몰수 변환

프로페인(C_3H_8)은 연료로 사용될 때 다음 불균형 반응식에 따라서 산소와 반응하여 이산화 탄소와 물을 생성한다.

$$C_3H_8(g) + O_2(g) \rightarrow CO_2(g) + H_2O(g)$$

프로페인 96.1 g과 정확히 반응하기 위해 필요한 산소의 질량은 얼마인가?

풀이

풀이 방향

프로페인 96.1 g과 정확히 반응하기 위해 필요한 산소(O_2)의 질량을 구하고자 한다.

주어진 자료

- 불균형 반응식

$$C_3H_8(g) + O_2(g) \rightarrow CO_2(g) + H_2O(g)$$

- 반응에 참여하는 프로페인 96.1 g
- 탄소, 수소, 산소의 원자 질량

필요한 자료

- 반응에 대한 균형 반응식
- 산소와 프로페인의 몰질량

풀이 과정

항상 먼저 반응에 대한 균형을 맞추어야 한다.

반응물과 생성물의 양을 다루기 위해서는 먼저 이 반응에 대한 균형 반응식이 필요하다. ◀

$$C_3H_8(g) + 5O_2(g) \rightarrow 3CO_2(g) + 4H_2O(g)$$

문제를 도식화하면

수학적 기능 향상 도움말
각 단계에 바른 유효 숫자를 보여주기 위해서 각 계산 후에 반올림을 하고 있다는 것을 기억하시오. 문제를 풀 때는 여분의 숫자들을 유지하고 마지막에 반올림해야 한다.

알루미늄−아이오딘 반응을 논의할 때와 마찬가지 방법을 이용하여 다음과 같이 계산을 진행할 수 있다. ◀

1. 주어진 프로페인(C_3H_8)의 그램수를 몰수로 변환한다.
2. 균형 반응식의 계수들을 사용하여 필요한 산소(O_2)의 몰수를 결정한다.
3. 마지막으로 O_2의 몰질량을 사용하여 산소의 질량을 계산한다.

이것을 다음과 같이 도식화할 수 있다.

$$C_3H_8(g) \quad + \quad 5O_2(g) \quad \rightarrow \quad 3CO_2(g) \quad + \quad 4H_2O(g)$$

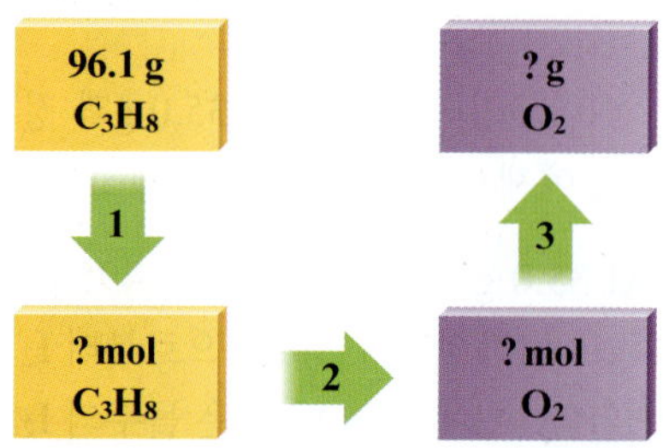

따라서 답해야 하는 첫 질문은 *프로페인 96.1 g은 프로페인 몇 mol에 해당하는가?* 프로페인의 몰질량은 44.09 g (3 × 12.01 g + 8 × 1.008 g)이다. 프로페인의 몰수는 다음과 같이 계산된다.

$$96.1\ \text{g}\ \cancel{C_3H_8} \times \frac{1\ \text{mol}\ C_3H_8}{44.09\ \text{g}\ \cancel{C_3H_8}} = 2.18\ \text{mol}\ C_3H_8$$

다음으로 프로페인 1 mol은 산소 5 mol과 반응한다는 사실을 등가 정의로 표현하면 아래와 같다.

$$1\ \text{mol}\ C_3H_8 = 5\ \text{mol}\ O_2$$

이 등가 정의로부터 프로페인 분자의 몰수로부터 산소 분자의 몰수로 변환할 때 필요한 몰비를 얻을 수 있다.

$$\frac{5\ \text{mol}\ O_2}{1\ \text{mol}\ C_3H_8}$$

$$2.18\ \cancel{\text{mol } C_3H_8} \times \frac{5\ \text{mol } O_2}{1\ \cancel{\text{mol } C_3H_8}} = 10.9\ \text{mol } O_2$$

몰비에 의해 C_3H_8의 몰수가 상쇄되면 남는 단위는 O_2의 몰수라는 것을 기억하라.

원래 문제에서 프로페인 96.1 g과 반응하는 데 필요한 산소의 *질량*을 물었기 때문에, O_2의 몰질량($32.00 = 2 \times 16.00$ g)을 사용하여 O_2 10.9 mol을 그램 단위로 환산해야 한다.

$$10.9\ \cancel{\text{mol } O_2} \times \frac{32.00\ \text{g } O_2}{1\ \cancel{\text{mol } O_2}} = 349\ \text{g } O_2$$

따라서 프로페인 96.1 g을 연소하는 데 산소 349 g이 필요하다. 문제가 어떻게 풀렸는지를 보기 위해 환산 인자를 모두 나타내는 "환산 배열(conversion string)"을 사용함으로써 이 문제를 요약할 수 있다.

$$96.1\ \cancel{\text{g } C_3H_8} \times \underset{1}{\frac{1\ \cancel{\text{mol } C_3H_8}}{44.09\ \cancel{\text{g } C_3H_8}}} \times \underset{2}{\frac{5\ \cancel{\text{mol } O_2}}{1\ \cancel{\text{mol } C_3H_8}}} \times \underset{3}{\frac{32.00\ \text{g } O_2}{1\ \cancel{\text{mol } O_2}}} = 349\ \text{g } O_2$$

> **수학적 기능 향상 도움말**
> 정확한 환산 인자(몰비)를 사용했다는 것을 확인하기 위해서 단위를 사용하여 검산하시오.

이것은 마지막 단위가 옳다는 것을 확인하는 편리한 방법이다. 위의 과정을 아래와 같이 요약할 수 있다. ◀

$$C_3H_8(g) + 5O_2(g) \rightarrow 3CO_2(g) + 4H_2O(g)$$

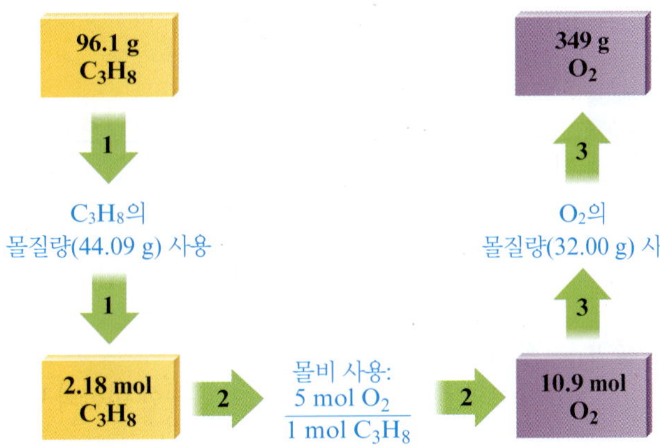

점검 균형 반응식에 따르면 O_2의 계수가 5이므로 O_2가 C_3H_8보다 더 많이 필요하다. C_3H_8의 몰질량은 O_2의 몰질량보다 아주 크지 않기 때문에, 산소의 질량이 더 많이 필요할 것으로 예상된다. 계산 결과의 답은 이와 같은 예상이 옳음을 확인해 주고 있다.

SELF-CHECK

실전 연습 9.2 프로페인 96.1 g이 충분한 양의 산소와 반응할 때 생성되는 이산화 탄소의 질량은 얼마인가?

SELF-CHECK

실전 연습 9.3 프로페인 96.1 g이 산소와 완전히 반응하여 생성되는 물의 질량을 계산하시오.

이 장에서 지금까지 화학 반응에서 반응물과 생성물의 질량을 계산하는 과정들을 자세히 살펴보았다. 이 과정들에 관한 일련의 단계를 다음과 같이 요약할 수 있다.

화학 반응에서 반응물과 생성물의 질량을 계산하는 단계

단계 1 반응식의 균형을 맞춘다.

단계 2 반응물이나 생성물의 질량을 몰로 변환한다.

단계 3 균형 반응식을 사용하여 적절한 몰비를 얻는다.

단계 4 몰비를 사용하여 필요한 반응물이나 생성물의 몰수를 계산한다.

단계 5 mol 단위를 질량 단위로 환산한다.

반응에 수반되는 반응물과 생성물의 상대적인 질량을 계산하기 위하여 화학 반응식을 이용하는 과정을 **화학량론**(stoichiometry)이라 한다. 화학자들은 화학 반응에 대한 균형 반응식이 그 반응의 화학량론을 기술하고 있다고 말한다.

이제 화학량론과 관련된 몇 가지 예를 더 살펴보도록 하자. 실제로 아주 많거나 적은 양의 화합물을 다루는 경우가 종종 있는데 예제 9.5에서처럼 과학적 표기법을 이용하면 이 양들을 편리하게 표현할 수 있다.

비판적으로 생각하기

실험실 동료가 실험실에서 항상 화합물의 질량을 측정하지만 몰비를 사용하여 화학 반응식의 균형을 맞춘다는 것을 보았다. 질량을 계수로 사용하여 반응식의 균형을 맞춘다면 어떻게 되겠는가? 이것이 가능한가, 불가능한가? 그 이유는 무엇인가?

대화형 예제 9.5 화학량론 계산: 과학적 표기법의 사용

이온 결합 화합물의 화학식은 5장을 참조하라.

우주선에서 생명체로부터 발생하는 이산화 탄소를 제거하기 위해 고체 수산화 리튬을 사용한다. 생성물은 고체 탄산 리튬과 액체 물이다. 수산화 리튬 1.00×10^3 g이 흡수할 수 있는 기체 이산화 탄소의 질량은 얼마인가? ◀

풀이

풀이 방향

수산화 리튬 1.00×10^3 g이 흡수한 이산화 탄소의 질량을 구하고자 한다.

주어진 자료

- 반응물과 생성물의 이름
- 수산화 리튬 1.00×10^3 g
- 주기율표에서 원자 질량

필요한 자료

- 반응물과 생성물의 화학식과 반응에 대한 균형 반응식
- 수산화 리튬과 이산화 탄소의 몰질량

풀이 과정

단계 1 표현된 반응을 이용하여 불균형 반응식을 쓴다.

$$LiOH(s) + CO_2(g) \rightarrow Li_2CO_3(s) + H_2O(l)$$

균형 반응식은 다음과 같다.

$$2LiOH(s) + CO_2(g) \rightarrow Li_2CO_3(s) + H_2O(l)$$

NASA

우주 비행사가 우주 왕복선 *컬럼비아호*(Columbia)의 수산화 리튬 통을 교환하고 있다.

단계 2 LiOH의 몰질량(6.941 g + 16.00 g + 1.008 g = 23.95 g)을 사용하여 주어진 LiOH의 질량을 몰수로 환산한다.

$$1.00 \times 10^3 \text{ g}\ \cancel{\text{LiOH}} \times \frac{1 \text{ mol LiOH}}{23.95 \text{ g}\ \cancel{\text{LiOH}}} = 41.8 \text{ mol LiOH}$$

단계 3 적절한 몰비는 다음과 같다.

$$\frac{1 \text{ mol } CO_2}{2 \text{ mol LiOH}}$$

단계 4 이 몰비를 사용하여 주어진 LiOH 질량과 반응하는 데 필요한 CO_2의 몰수를 계산한다.

$$41.8\ \cancel{\text{mol LiOH}} \times \frac{1 \text{ mol } CO_2}{2\ \cancel{\text{mol LiOH}}} = 20.9 \text{ mol } CO_2$$

단계 5 CO_2의 몰질량(44.01 g)을 사용하여 필요한 CO_2의 질량을 계산한다.

$$20.9\ \cancel{\text{mol } CO_2} \times \frac{44.01 \text{ g } CO_2}{1\ \cancel{\text{mol } CO_2}} = 920.\text{ g } CO_2 = 9.20 \times 10^2 \text{ g } CO_2$$

따라서 LiOH(s) 1.00×10^3 g은 $CO_2(g)$ 920. g을 흡수할 수 있다.

이 문제를 다음과 같이 요약할 수 있다.

$$2LiOH(s) + CO_2(g) \rightarrow Li_2CO_3(s) + H_2O(l)$$

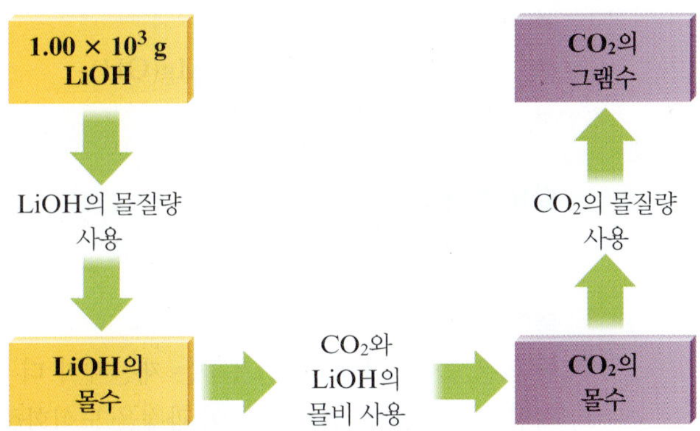

환산 배열은 다음과 같다.

$$1.00 \times 10^3 \text{ g}\ \cancel{\text{LiOH}} \times \frac{1\ \cancel{\text{mol LiOH}}}{23.95 \text{ g}\ \cancel{\text{LiOH}}} \times \frac{1\ \cancel{\text{mol } CO_2}}{2\ \cancel{\text{mol LiOH}}} \times \frac{44.01 \text{ g } CO_2}{1\ \cancel{\text{mol } CO_2}} = 9.19 \times 10^2 \text{ g } CO_2$$ ◀

수학적 기능 향상 도움말
여분의 유효 숫자를 유지하고 마지막에서 반올림하면 답이 CO_2 919 g으로 나온다.

점검 균형 반응식에 따르면, LiOH 대 CO_2의 몰비는 2:1이다. LiOH:CO_2 (23.95:44.01)의 몰 질량비가 대략 1:2이다. LiOH와 CO_2는 대략 같은 질량을 가질 것으로 예상되며, 계산 결과의 값이 이 사실을 확인시켜준다(1000 g 대 920 g).

SELF-CHECK

실전 연습 9.4 플루오린화 수소의 수용액인 플루오린화 수소산은 유리 속의 실리카(SiO_2)와 반응하여 기체 상태의 사플루오린화 규소와 액체 상태의 물을 생성함으로써 유리를 에칭(etch)하는 데 사용된다. 불균형 반응식은 다음과 같다.

$$HF(aq) + SiO_2(s) \rightarrow SiF_4(g) + H_2O(l)$$

a. 실리카 5.68 g과 반응하는 데 필요한 플루오린화 수소의 질량을 계산하시오.

힌트: 다음 사항에 유념하시오. 반응에 대한 균형 반응식은 무엇인가? 무엇이 주어졌는가? 계산을 위해 무엇이 필요한가? 계산하기 전 문제를 도식화하시오.

b. a의 반응에서 생성된 물의 질량을 계산하시오.

대화형 예제 9.6 화학량론 계산: 두 반응의 비교

베이킹 소다($NaHCO_3$)는 제산제로도 자주 쓰이는데 위에서 분비되는 과량의 염산을 중화시킨다. 이 반응의 균형 반응식은 다음과 같다.

$$NaHCO_3(s) + HCl(aq) \rightarrow NaCl(aq) + H_2O(l) + CO_2(g)$$

또한, 수산화 마그네슘[$Mg(OH)_2$]의 수용성 현탁액인 마그네시아(magnesia) 유액도 제산제로 쓰인다. 이 반응의 균형 반응식은 아래와 같다.

$$Mg(OH)_2(s) + 2HCl(aq) \rightarrow 2H_2O(l) + MgCl_2(aq)$$

$NaHCO_3$ 1.00 g과 $Mg(OH)_2$ 1.00 g 중 어느 제산제가 위산을 더 많이 제거하는가?

풀이

풀이 방향

두 가지 제산제인 $NaHCO_3$와 $Mg(OH)_2$의 중화 능력을 비교하고자 한다. 다시 말하면, 각 제산제 1.00 g과 몇 몰의 HCl이 반응하는가?

주어진 자료

- 반응에 대한 균형 반응식
- 각 1.00 g의 $NaHCO_3$와 $Mg(OH)_2$
- 주기율표의 원자 질량

필요한 자료

- $NaHCO_3$와 $Mg(OH)_2$의 몰질량

풀이 과정

더 많은 몰수의 HCl과 반응하는 제산제가 더 많은 위산을 중화시킬 수 있으므로 더 효과적인 제산제일 것이다. 이 풀이 과정을 도식화하면 다음과 같다.

제산제 + HCl → 생성물

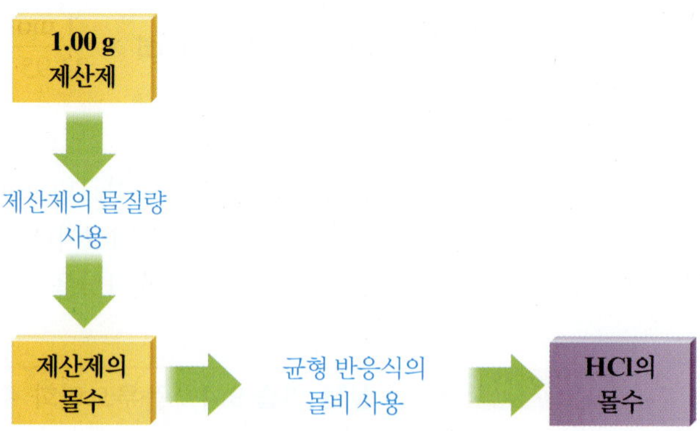

이 경우 HCl 몇 그램이 반응하는지 계산할 필요가 없다는 것에 유의하라. HCl의 몰수를 알면 질문에 답을 구할 수 있다. 이제 각 제산제에 대한 문제를 풀어보자. 두 식의 균형 반응식이 모두 주어져 있으므로 계산할 수 있다.

$NaHCO_3$의 몰질량[22.99 g + 1.008 g + 12.01 g + 3(16.00 g) = 84.01 g]을 이용

하여 $NaHCO_3$ 1.00 g의 몰수를 구한다.

$$1.00\ \text{g}\ \cancel{NaHCO_3} \times \frac{1\ \text{mol NaHCO}_3}{84.01\ \text{g}\ \cancel{NaHCO_3}} = 0.0119\ \text{mol NaHCO}_3$$
$$= 1.19 \times 10^{-2}\ \text{mol NaHCO}_3$$

다음으로 몰비 $\frac{1\ \text{mol HCl}}{1\ \text{mol NaHCO}_3}$를 이용하여 HCl의 몰수를 결정한다.

$$1.19 \times 10^{-2}\ \cancel{\text{mol NaHCO}_3} \times \frac{1\ \text{mol HCl}}{1\ \cancel{\text{mol NaHCO}_3}} = 1.19 \times 10^{-2}\ \text{mol HCl}$$

따라서 $NaHCO_3$ 1.00 g은 HCl 1.19×10^{-2} mol을 중화시킨다. 이 결과를 $Mg(OH)_2$ 1.00 g이 중화시키는 HCl의 몰수와 비교할 필요가 있다.

$Mg(OH)_2$의 몰질량[24.31 g + 2(16.00 g) + 2(1.008 g) = 58.33 g]을 이용하여 $Mg(OH)_2$ 1.00 g의 몰수를 구한다.

$$1.00\ \text{g}\ \cancel{Mg(OH)_2} \times \frac{1\ \text{mol Mg(OH)}_2}{58.33\ \text{g}\ \cancel{Mg(OH)_2}} = 0.0171\ \text{mol Mg(OH)}_2$$
$$= 1.71 \times 10^{-2}\ \text{mol Mg(OH)}_2$$

몰비 $\frac{2\ \text{mol HCl}}{1\ \text{mol Mg(OH)}_2}$를 이용하여 이 양의 $Mg(OH)_2$와 반응하는 HCl의 몰수를 계산한다.

$$1.71 \times 10^{-2}\ \cancel{\text{mol Mg(OH)}_2} \times \frac{2\ \text{mol HCl}}{1\ \cancel{\text{mol Mg(OH)}_2}} = 3.42 \times 10^{-2}\ \text{mol HCl}$$

따라서 $Mg(OH)_2$ 1.00 g은 HCl 3.42×10^{-2} mol을 중화시킨다. $NaHCO_3$ 1.00 g은 HCl 1.19×10^{-2} mol만을 중화한다는 것을 앞서 계산하였다. 따라서 $Mg(OH)_2$가 $NaHCO_3$보다 더 효과적인 제산제가 된다.

SELF-CHECK

실전 연습 9.5 예제 9.6에서 이 장의 도입부에 제시된 문제 중 하나를 풀었다. 이제 나머지 문제도 해결할 수 있을지 살펴보자. 다음 반응으로 메탄올 6.0 kg을 제조하기 위해 필요한 일산화 탄소와 수소의 양을 계산하시오.

$$CO(g) + 2H_2(g) \rightarrow CH_3OH(l)$$

9.4 한계 반응물의 개념

학습 목표

- **"한계 반응물"이라는 용어의 의미를 이해한다.**

9.1절에서 샌드위치 만드는 것에 대하여 살펴보았다. 이 공정은 다음과 같은 식으로 기술할 수 있다.

빵 2 조각 + 고기 3 조각 + 치즈 1 조각 → 샌드위치 1 개

9.1절에서는 정확한 비율로 재료들을 구입했기 때문에 아무것도 남지 않고 모든 재료를 사용했다.

이제 샌드위치를 만들려고 하는데 다음 수량의 재료가 준비되어 있다고 하자.

빵 20 조각
고기 24 조각
치즈 12 조각

샌드위치 몇 개를 만들 수 있겠는가? 무엇이 남을까?

이 문제를 풀기 위해 각 재료들을 가지고 샌드위치 몇 개를 만들 수 있는지 생각해 보자.

빵: $$\text{빵 20조각} \times \frac{\text{샌드위치 1개}}{\text{빵 2조각}} = \text{샌드위치 10개}$$

고기: $$\text{고기 24조각} \times \frac{\text{샌드위치 1개}}{\text{고기 3조각}} = \text{샌드위치 8개}$$

치즈: $$\text{치즈 12조각} \times \frac{\text{샌드위치 1개}}{\text{치즈 1조각}} = \text{샌드위치 12개}$$

샌드위치 몇 개를 만들 수 있는가? 답은 8개이다. 고기가 다 소진되면 샌드위치 만드는 것을 중지해야 한다. 고기가 한계 재료이다.

무엇이 남았는가? 샌드위치 8개를 만드는 데 빵 16 조각이 필요하다. 빵 20 조각이 있었으므로 빵 4 조각이 남는다. 또한 샌드위치 8개를 만드는 데 치즈 8 조각이 사용되었기 때문에 치즈 4 조각(12 − 8)이 남는다.

이 예에서는 가장 개수가 많은 재료(고기)가 실질적으로 만들 수 있는 샌드위치 수를 제한하는 재료이다. 이런 상황은 각 샌드위치를 만드는 데 다른 재료들보다 많은 3 조각의 고기가 사용되었기 때문에 발생한 것이다.

이러한 한계 반응물 문제를 아마도 살아오면서 많이 접했을 것이다. 예를 들면, 레모네이드를 만드는 데 레몬 6개에 설탕 1 컵이 필요하다고 하자. 레몬 12개와 설탕 3 컵이 있을 때, 레몬과 설탕 중 어떤 것이 한계 재료인가?*

심화 학습

분자가 서로 반응해서 생성물을 만들 때, 샌드위치를 만들 때와 비슷한 상황이 발생한다. $N_2(g)$와 $H_2(g)$가 반응하여 $NH_3(g)$를 만드는 반응을 통해 이 개념을 살펴보자.

$$N_2(g) + 3H_2(g) \rightarrow 2NH_3(g)$$

$N_2(g)$와 $H_2(g)$가 담긴 다음과 같은 용기를 생각해 보자.

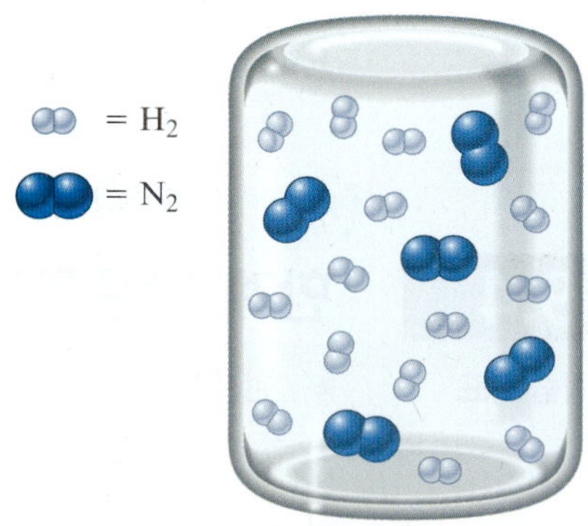

N_2와 H_2 사이의 반응이 완결되면 이 용기는 어떻게 될까? 이 문제에 답하기 위해서는 N_2 분자 1개가 H_2 분자 3개와 반응하여 NH_3 분자 2개를 만든다는 것을 기억해야 한다. 보다 명확하게 하기 위해 반응물을 묶어서 표시하면 다음과 같다.

---

* 설탕에 대한 레몬의 비는 설탕 1 컵당 레몬 6개이다. 설탕 3 컵과 "반응하는" 레몬의 수를 다음과 같이 계산할 수 있다.

$$\text{3컵의 설탕} \times \frac{\text{6개의 레몬}}{\text{1컵의 설탕}} = \text{18개의 레몬}$$

그러므로 설탕 3 컵을 모두 사용하기 위해서는 레몬 18개가 필요하다. 그러나 레몬이 12개만 있으므로 레몬이 한계 재료이다.

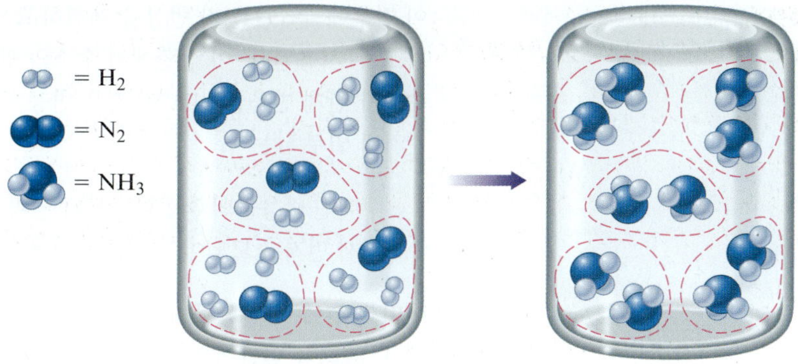

반응 전 반응 후

이 경우 N_2와 H_2 혼합물이 어떠한 것도 남지 않고 NH_3을 생성하는 데 필요한 정확한 수를 포함하고 있다. 다시 말해서, N_2에 대한 H_2 분자 수의 비는 다음과 같다.

$$\frac{15\ H_2}{5\ N_2} = \frac{3\ H_2}{1\ N_2}$$

이 비는 균형 반응식의 계수와 정확히 일치한다.

$$3H_2(g) + N_2(g) \rightarrow 2NH_3(g)$$

이런 종류의 혼합물을 균형 반응식의 계수와 일치하는 상대적인 양의 반응물을 포함하는 혼합물을 *화학량론적 혼합물*(stoichiometric mixture)이라 한다. 이 경우에 모든 반응물은 생성물을 생성하는 데 소모된다.

이제 $N_2(g)$와 $H_2(g)$가 담긴 다른 용기를 생각해 보자.

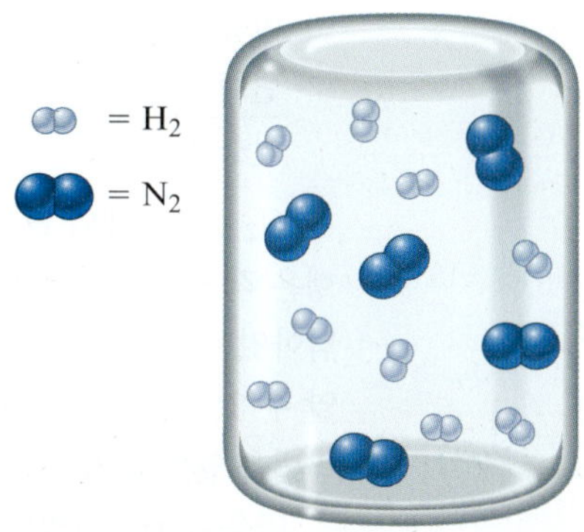

$N_2(g)$와 $H_2(g)$ 사이의 반응이 완결되면 이 용기는 어떻게 될까? 이 문제에 답하기 위해 N_2 분자 1개는 H_2 분자 3개가 필요하다는 것을 기억하자. 반응물을 묶으면 다음과 같다.

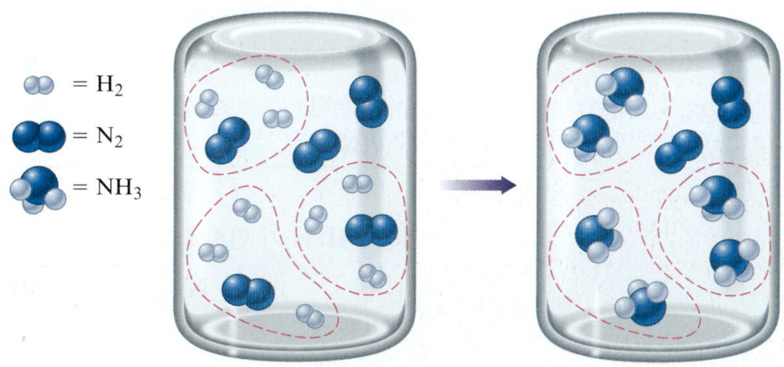

반응 전 반응 후

이 경우에 수소(H_2)가 반응을 제한하고 있다. 즉, 모든 N_2 분자가 소모되기 전에 H_2 분자가 모두 사용된다. 이 상황에서 수소의 양은 생성되는 생성물(암모니아)의 양을 제한한다. 수소가 한계 반응물이다. 이 경우 반응 시 H_2 분자가 제일 먼저 모두 소모되기 때문에 N_2 분자가 일부 남는다.

> 주어진 반응물의 혼합물로부터 얼마나 많은 양의 생성물이 생성될지 결정하기 위해서 먼저 소모되어 생성물의 양을 제한하는 반응물을 찾아야 한다.

어떤 경우에는, 반응물의 혼합물이 화학량론적일 수 있다. 즉, 모든 반응물이 동시에 소모된다. 그러나 일반적으로는 주어진 반응물의 혼합물이 화학량론적 혼합물이라 가정할 수 없기 때문에 어떤 반응물이 반응을 제한하는지 결정해야 한다.

> 제일 먼저 모두 소모되어 생성물의 양을 제한하는 반응물을 **한계 반응물**(limiting reactant) 또는 **한계 시약**(limiting reagent)이라 한다.

이 그림 표현이 반응 과정에서 무슨 일이 일어나고 있는지 보여주는 좋은 시각적인 자료이지만, 또한 표로 이 정보를 나타낼 수 있다. 그렇게 하기 위해서는 균형 화학 반응식을 사용해야 한다. 균형 반응식은 반응하는 분자의 상대적인 수를 알려준다는 것을 기억하라. 서로 혼합된 분자의 상대적인 수는 일반적으로 균형 반응식의 계수와는 다르다. 예로 N_2 분자 5개와 H_2 분자 9개로 시작되는 반응을 생각해보자. 이 숫자들은 어떤 반응물이 제한되고 있는지, 그리고 얼마나 많은 양의 생성물을 만들지를 결정할 때 사용된다. 자료들을 다음과 같이 나타낼 수 있다.

균형 반응식	N_2	+	$3H_2$	→	$2NH_3$
반응 전	5		9		0
변화량	−?		−?		+?
반응 후	?		?		?

N_2 분자 5개와 H_2 분자 9개(초기에는 NH_3가 없음)를 *반응 전* 행에 표시한다. *변화량* 행은 각 물질이 반응하거나 생성되는 양을 나타낸다. *반응 후* 행은 마지막 반응 혼합물에 남아있는 각 물질의 양을 나타낸다. 이 표에 있는 수들이 그림에서 어떤 수를 나타내는지 알 수 있지만 이 방법이 언제나 유용한 것은 아니다. 그러므로 이 수를 결정하는 일반적인 방법을 알아보자.

반응이 완료되었다고 가정하기 때문에 *반응 후* 행에서 N_2 또는 H_2의 값 중 적어도 하나의 값은 0이어야 한다. 즉, 적어도 하나의 반응물은 모두 소모된다. 따라서 가능한 두 가지 가능성이 있다.

가능성 I: H_2가 먼저 소모된 경우

	N_2	+	$3H_2$	→	$2NH_3$
반응 전	5		9		0
변화량	−?		−9		+?
반응 후	?		0		?

가능성 II: N_2가 먼저 소모된 경우

	N_2	+	$3H_2$	→	$2NH_3$
반응 전	5		9		0
변화량	−5		−?		+?
반응 후	0		?		?

가능성 I의 경우 H_2가 모두 소모되었다고 가정하고, 가능성 II의 경우 N_2가 모두 소모되었다고 가정하였다. 어느 방법이 옳은 것인지 어떻게 결정할까? 반응의 상대적 분자수를 나타내는 균형 화학 반응식이 의미하는 것을 이해함으로써 결정할 수 있다. *변화량* 행이 나타내는 것이 무엇인지 기억해야 한다. 이것은 *변화량 행에서 숫자의 비는 균형 반응식의 계수 비와 같아야 한다*는 매우 중요한 정보를 제공한다. 이것을 고려한 두 가지 가능성에 대해 살펴보자.

가능성 I: H_2가 먼저 소모되었으므로 H_2의 변화량은 −9이다.

	N_2	+	$3H_2$	→	$2NH_3$
반응 전	5		9		0
변화량	−3		−9		+6
반응 후	2		0		6

이 수들을 어떻게 알 수 있을까? 원래 혼합물의 수는 *반응 전* 행의 파란색으로 주어진 수로부터 알 수 있다. H_2가 먼저 소모되었다고 가정하였기 때문에 *변화량* 행에 −9가 있다. 균형 반응식의 계수 비를 사용하여 *변화량* 행의 다른 두 수를 결정할 수 있다. N_2와 H_2의 계수 비가 1:3이므로, N_2의 변화량은 −3이 된다. 즉, N_2는 H_2 양의 1/3이 사용된다. 반응물이 소모되므로 부호를 음수로 나타낸다. N_2와 NH_3의 계수 비가 1:2이므로 NH_3의 변화량은 +6이 되어야 한다. 즉, N_2 소모량의 2 배인 NH_3가 생성된다.

비슷한 추론을 통해 가능성 II의 표를 완성할 수 있다.

가능성 II: N_2가 먼저 소모되었으므로 N_2의 변화량은 −5이다.

	N_2	+	$3H_2$	→	$2NH_3$
반응 전	5		9		0
변화량	−5		−15		+10
반응 후	0		−6		10

H_2의 소모량이 N_2 소모량의 3배이므로 H_2의 변화량은 −15가 된다. 또한, NH_3는 N_2 소모량의 2배 생성되므로 NH_3의 변화량은 +10이 된다.

가능성 II를 살펴보면 N_2가 제한되지 않는 이유를 알 수 있다. N_2가 모두 반응하려면 H_2 분자가 6개 더 필요하다. 물질의 양이 음의 값을 가질 수 없기 때문에, 가능성 II의 경우는 반응을 정확하게 나타내지 못한다.

또한 가능성 I은 반응 용기 그림에서 보았던 처음의 모든 정보가 제공되고 있다는 것에 주목해야 한다. 처음에는 N_2 분자 5개와 H_2 분자 9개가 존재하였으나, 반응이 완료되면 N_2 분자 2개와 NH_3 분자 6개가 남는다.

이러한 표를 사용하면 모든 정보가 제공되기 때문에 편리하다. 따라서 어느 반응물이 먼저 소모되고, 과량의 반응물이 얼마나 남으며, 얼마나 많은 생성물이 생성되는지 알 수 있다. 또한 *변화량* 행에서 균형 반응식의 비를 사용하므로 균형 반응식의 의미를 이해하는 것이 매우 중요하다.

지금까지는 반응물 분자의 수를 셀 수 있는 경우들을 생각했다. 하지만 "실제 삶"에서는 분자 수를 직접 셀 수가 없다. 그것들을 볼 수도 없고, 셀 수 있다고 하더라도 그 수가 너무나 많다. 대신 질량 측정을 통해 셀 수 있다. 따라서 반응물의 질량이 주어졌을 때 한계 반응물을 찾는 방법을 알아야 한다.

9.5 한계 반응물을 포함한 계산

학습 목표

- **반응에서 한계 반응물을 찾는 방법을 배운다.**
- **한계 반응물을 이용하여 화학량론 계산을 하는 방법을 배운다.**

Darcy Maulsby/iStockphoto.com

농업용 비료에 사용되는 무수 암모니아가 들어있는 탱크.

자동차, 자전거, 가전제품의 제조업체에서는 생산 시 제품 제조에 사용되는 비율대로 부품들을 주문한다. 예로, 자동차 제조업체는 엔진보다 네 배 많은 수의 자동차 바퀴를 주문하고 자전거 제조업체는 안장보다 자전거 페달을 두 배 더 많이 주문한다. 같은 이유로 화학약품들을 혼합하여 반응할 때도 각 반응물들을 화학량론적 양에 따라 혼합한다. 즉, 모든 반응물이 동시에 반응하여 "전량 소모"되도록 정확한 양을 넣어준다. 이 개념을 좀 더 명확히 하기 위해 암모니아 제조에 사용되는 수소의 합성을 살펴보자. 그 자체로도 매우 중요한 비료이며, 다른 비료 제조의 출발 물질인 암모니아는 공기 중의 질소와 수소를 반응하여 합성한다. 이 과정에 필요한 수소는 다음 균형 반응식에 의해 메테인을 물과 반응시켜 얻는다.

$$CH_4(g) + H_2O(g) \rightarrow 3H_2(g) + CO(g)$$

"*메테인 249 g과 정확히 반응하는 데 필요한 물의 양이 얼마인가*"라는 문제를 생각해보자. 메테인이나 물을 전혀 남기지 않고 메테인 249 g을 모두 다 소모하는 데 물이 얼마나 많이 필요할까?

이 문제도 앞에서 사용한 것과 동일한 전략이 필요하다. 역시 문제의 도식화가 도움이 될 것이다.

$$CH_4(g) \quad + \quad H_2O(g) \rightarrow 3H_2(g) + CO(g)$$

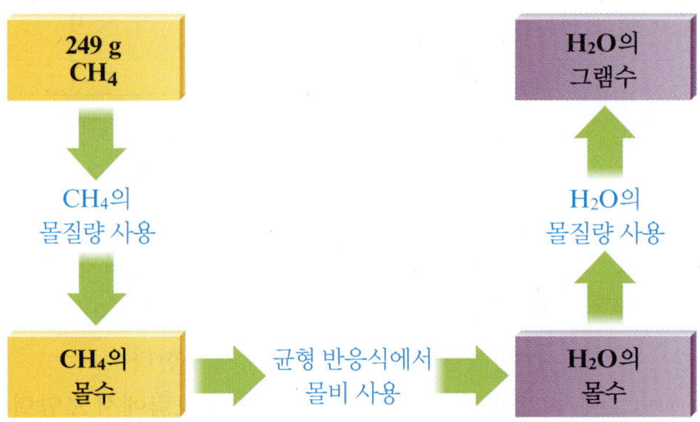

먼저, CH_4의 몰질량(16.04 g/mol)을 이용하여 CH_4의 질량을 몰수로 바꾼다.

$$249\ \text{g}\ \cancel{CH_4} \times \frac{1\ \text{mol}\ CH_4}{16.04\ \text{g}\ \cancel{CH_4}} = 15.5\ \text{mol}\ CH_4$$

균형 반응식에 의하면 CH_4 1 mol은 H_2O 1 mol과 반응하므로

$$15.5\ \cancel{\text{mol}\ CH_4} \times \frac{1\ \text{mol}\ H_2O}{1\ \cancel{\text{mol}\ CH_4}} = 15.5\ \text{mol}\ H_2O$$

따라서 H_2O 15.5 mol은 주어진 양의 CH_4와 정확히 반응할 것이다. H_2O(몰질량 18.02 g/mol) 15.5 mol을 질량(g 단위)으로 환산하면

$$15.5\ \cancel{\text{mol}\ H_2O} \times \frac{18.02\ \text{g}\ H_2O}{1\ \cancel{\text{mol}\ H_2O}} = 279\ \text{g}\ H_2O$$

이 결과는 메테인 249 g과 물 279 g이 혼합되면 두 반응물이 동시에 "전량 소모"된다는 것을 의미한다. 반응물이 화학량론적 양으로 혼합되었다.

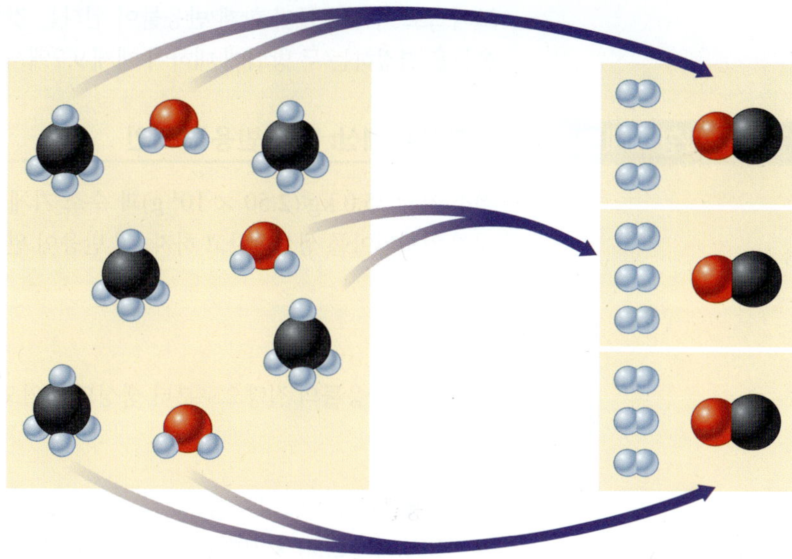

그림 9.1 CH_4 분자 5개와 H_2O 분자 3개의 혼합물은 다음 반응을 한다. $CH_4(g) + H_2O(g) \rightarrow 3H_2(g) + CO(g)$. H_2O 분자들이 모두 먼저 소모되고, CH_4 분자 2개는 반응하지 않고 남아있음을 주목하라.

먼저 소모되는 반응물이 생성되는 생성물의 양을 제한한다.

반면에, 메테인 249 g과 물 300 g을 혼합하면 물이 모두 소모되기 전에 메테인이 먼저 소모될 것이다. 물이 *과량*(excess)이라 할 수 있다. 이 경우 생성되는 생성물의 양은 주어진 메테인의 양에 따라 결정될 것이다. 일단 메테인이 모두 소모되고 나면 물이 약간 남아 있더라도 더 이상 생성물을 만들 수 없다. ◀ 이런 상황에서는 메테인의 양이 생성되는 생성물의 양을 *제한한다*. 9.4절에서 이와 같은 반응물을 한계 반응물 또는 한계 시약이라 부른다고 한 것을 상기하라. 화학 반응에서 한계 반응물을 결정하는 데는 두 가지 방법이 있다. 첫 번째 방법은 반응물의 몰수를 비교하여 먼저 모두 소모되는 반응물을 찾는 것이다. 이 개념은 그림 9.1에 도식화하였다. 이 그림에서는 CH_4 분자보다 물 분자 수가 더 적기 때문에 물이 먼저 소모됨에 주목하라. 일단 물이 모두 소모된 후에는 생성물이 더 이상 생성될 수 없다. 따라서 이 경우에는 물이 한계 반응물이다.

화학 반응에서 어떤 반응물이 한계 반응물인지를 결정하는 두 번째 방법은 각 반응물이 완전히 소모되었을 때 만들어지는 생성물의 양을 비교하는 것이다. N_2 분자 5개와 H_2 분자 9개가 반응하여 NH_3를 생성하는 반응의 결과로 이를 확인할 수 있다.

가능성 I: H_2가 먼저 소모되는 경우

	N_2	+	$3H_2$	$\rightarrow$	$2NH_3$
반응 전	5		9		0
변화량	−3		−9		+6
반응 후	2		0		6

가능성 II: N_2가 먼저 소모되는 경우

	N_2	+	$3H_2$	$\rightarrow$	$2NH_3$
반응 전	5		9		0
변화량	−5		−15		+10
반응 후	0		−6		10

가능성 I의 경우는 H_2가 한계 반응물일 때 생성되는 NH_3의 양을, 가능성 II의 경우는 N_2가 한계 반응물일 때 생성되는 NH_3의 양을 보여준다. 가능성 I의 경우 H_2 분자의 수가 음수를 가지지 않기 때문에 정확하다. 가능성 I에서 생성되는 NH_3의 양이 가능성 II의 경우보다 적다는 것에 주목하라. 이것은 가장 적은 양의 생성물을 생성하는 반응물이 먼저 소

모되므로 이 반응물이 한계 반응물이 된다는 것을 의미한다. 질량이 주어졌을 때 한계 반응물을 결정하는 두 방법에 대하여 예제 9.7에서 살펴보자.

대화형 예제 9.7 화학량론 계산: 한계 반응물 확인

질소 기체 25.0 kg (2.50×10^4 g)과 수소 기체 5.00 kg (5.00×10^3 g)을 혼합하고 반응시켜 암모니아를 생성한다고 하자. 이 반응이 완결되었을 때 생성되는 암모니아의 양을 계산하시오.

풀이

풀이 방향

주어진 두 반응물의 질량으로부터 생성되는 암모니아의 질량을 구하고자 한다.

주어진 자료

- 반응물과 생성물의 이름
- 질소 기체 2.50×10^4 g과 수소 기체 5.00×10^3 g
- 주기율표에서 원자 질량

필요한 자료

- 반응에 대한 균형 반응식 및 반응물과 생성물의 화학식
- 질소 기체, 수소 기체, 암모니아의 몰질량
- 한계 반응물 결정

풀이 과정

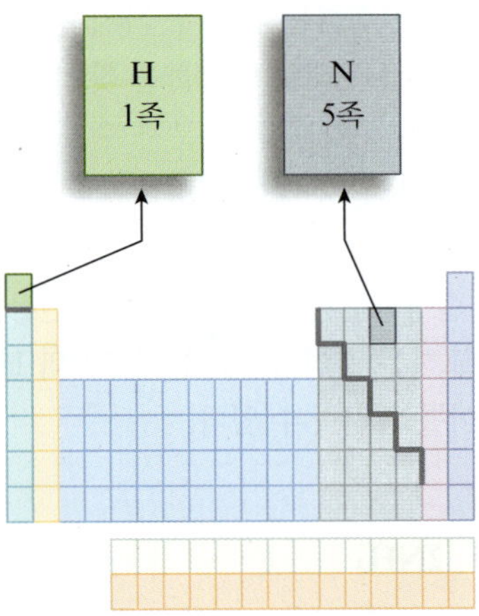

이 반응에 대한 불균형 반응식은 다음과 같다. ◀

$$N_2(g) + H_2(g) \rightarrow NH_3(g)$$

이로부터 다음 균형 반응식을 얻는다.

$$N_2(g) + 3H_2(g) \rightarrow 2NH_3(g)$$

이 문제는 *두 반응물을 특정량 함께 혼합한다*는 점에서 지금까지의 다른 문제들과는 다르다.

먼저 주어진 두 반응물의 몰수를 계산한다.

$$2.50 \times 10^4 \text{ g N}_2 \times \frac{1 \text{ mol N}_2}{28.02 \text{ g N}_2} = 8.92 \times 10^2 \text{ mol N}_2$$

$$5.00 \times 10^3 \text{ g H}_2 \times \frac{1 \text{ mol H}_2}{2.016 \text{ g H}_2} = 2.48 \times 10^3 \text{ mol H}_2$$

A. 어느 반응물이 먼저 소모되는가를 알기 위해서 반응물의 몰수를 비교하여 한계 반응물을 결정해야 한다. 즉, 이 실험의 한계 반응물을 결정해야 한다. 이를 위해 먼저 일반적인 과정에 한 단계를 더 추가해야 하는데 이 과정을 도식화하면 다음과 같다.

$$N_2(g) \quad + \quad 3H_2(g) \quad \rightarrow \quad 2NH_3(g)$$

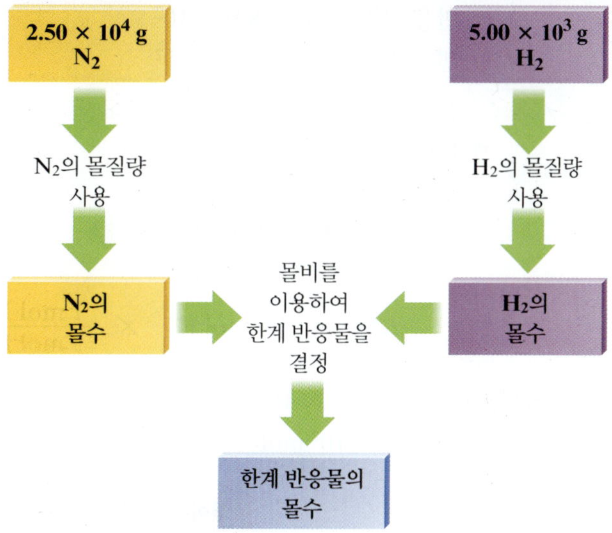

위와 같이 구한 한계 반응물의 몰수를 이용하여 생성물의 몰수와 그램수를 계산한다.

$$N_2(g) \quad + \quad 3H_2(g) \quad \rightarrow \quad 2NH_3(g)$$

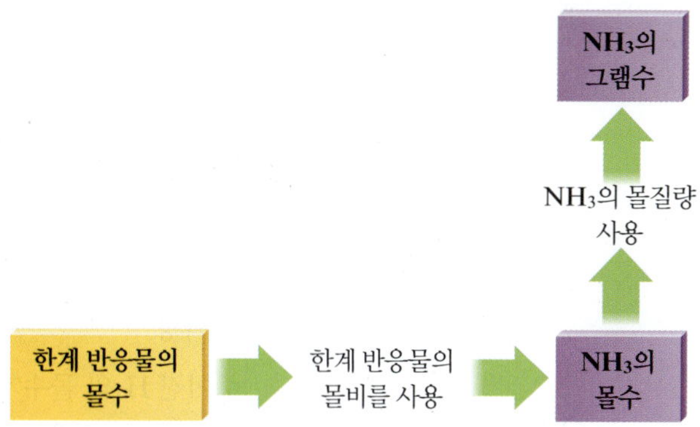

이제 어느 반응물이 한계 반응물인지(먼저 소모되는가)를 결정해야 한다. N_2 8.92 × 10^2 mol이 있다. *이 양의 N_2와 반응하는 데 필요한 H_2의 몰수*를 결정하자. N_2 1 mol은 H_2 3 mol과 반응하므로 N_2 8.92 × 10^2 mol 전부와 반응하는 데 필요한 H_2의 몰수는 다음과 같이 계산할 수 있다.

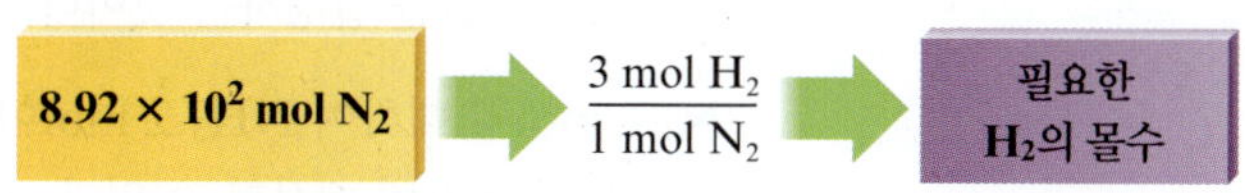

$$8.92 \times 10^2 \, \cancel{\text{mol N}_2} \times \frac{3 \text{ mol H}_2}{1 \, \cancel{\text{mol N}_2}} = 2.68 \times 10^3 \text{ mol H}_2$$

N_2와 H_2 중 어느 것이 한계 반응물일까? 그 답은 다음 비교에서 찾을 수 있다.

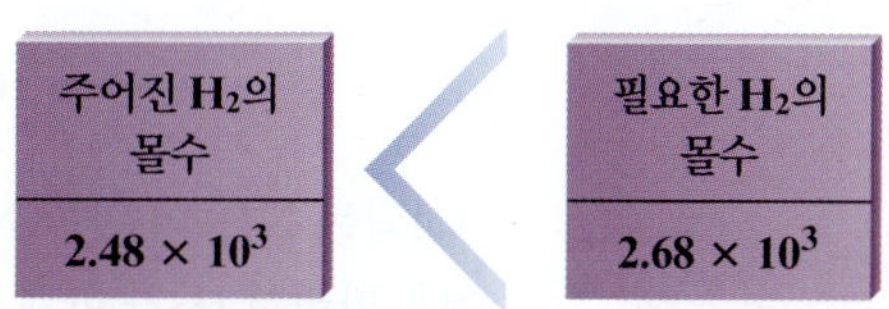

N_2 8.92 × 10^2 mol이 완전히 반응하려면 H_2 2.68 × 10^3 mol이 필요하다는 사실을 알았다. 그러나 실제로는 H_2 2.48 × 10^3 mol만이 있으므로 질소가 다 소모되기 전에 수소가 먼저 소모될 것이고 따라서 이 경우는 수소가 *한계 반응물*(limiting reactant)이다. *반응 전*과 *변화량*을 표에 배치하면 모든 N_2와 반응하기에 H_2가 충분하지 않음을 알 수 있다.

	N_2	+	$3H_2$	→	$2NH_3$
반응 전	8.92×10^2		2.48×10^3		0
변화량	-8.92×10^2		-2.68×10^3		

한계 반응물을 결정하기 위해 주어진 수소의 양을 대신 이용하여 필요한 질소의 양을 계산할 수 있음도 주목하라.

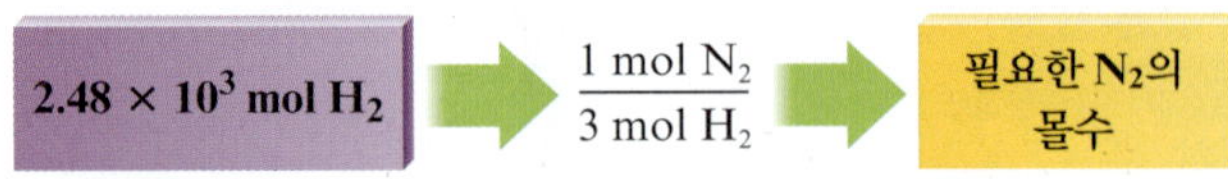

$$2.48 \times 10^3 \cancel{\text{mol H}_2} \times \frac{1 \text{ mol N}_2}{3 \cancel{\text{mol H}_2}} = 8.27 \times 10^2 \text{ mol N}_2$$

따라서 H_2 2.48×10^3 mol이 반응하기 위해서는 N_2 8.27×10^2 mol이 필요하다. 실제는 N_2 8.92×10^2 mol이 있으므로 질소가 과량이다.

질소가 과량이라면 수소가 먼저 "전량 소모"될 것이므로 이 방법에 의해서도 역시 수소가 암모니아 생성량을 제한한다는 것을 알 수 있다.

표에서 *반응 전*과 *변화량* 행의 자료를 다시 살펴보면 H_2가 실제로 반응을 제한한다는 것을 알 수 있다.

	N_2	+	$3H_2$	→	$2NH_3$
반응 전	8.92×10^2		2.48×10^3		0
변화량	-8.27×10^2		-2.48×10^3		

주어진 H_2의 몰수가 반응을 제한하기 때문에 생성되는 NH_3의 몰수를 결정하기 위해서 이 양을 이용해야 한다.

$$2.48 \times 10^3 \cancel{\text{mol H}_2} \times \frac{2 \text{ mol NH}_3}{3 \cancel{\text{mol H}_2}} = 1.65 \times 10^3 \text{ mol NH}_3$$

B. 다른 방법으로는 N_2와 H_2가 완전히 반응하여 생성되는 NH_3의 몰수를 계산하여 한계 반응물을 결정하는 것이다.

N_2 1 mol에 대하여 NH_3 2 mol이 생성되므로 N_2가 전량 소모된다면 생성되는 NH_3의 양은 다음과 같이 계산할 수 있다.

$$8.92 \times 10^2 \cancel{\text{mol N}_2} \times \frac{2 \text{ mol NH}_3}{1 \cancel{\text{mol N}_2}} = 1.78 \times 10^3 \text{ mol NH}_3$$

다음으로 H_2가 모두 소모될 때 생성되는 NH_3의 양은 다음과 같다.

$$2.48 \times 10^3 \cancel{\text{mol H}_2} \times \frac{2 \text{ mol NH}_3}{3 \cancel{\text{mol H}_2}} = 1.65 \times 10^3 \text{ mol NH}_3$$

생성되는 NH_3의 양이 N_2보다 H_2로부터 생성될 때 더 적으므로 H_2의 양이 반응을 제한한다. 따라서 H_2가 한계 반응물이고 생성될 수 있는 NH_3의 양은 앞에서 계산한 양과 같은 1.65×10^3 mol이다.

다음으로 NH_3의 몰수를 질량으로 바꾼다.

$$1.65 \times 10^3 \cancel{\text{mol NH}_3} \times \frac{17.03 \text{ g NH}_3}{1 \cancel{\text{mol NH}_3}} = 2.81 \times 10^4 \text{ g NH}_3 = 28.1 \text{ kg NH}_3$$

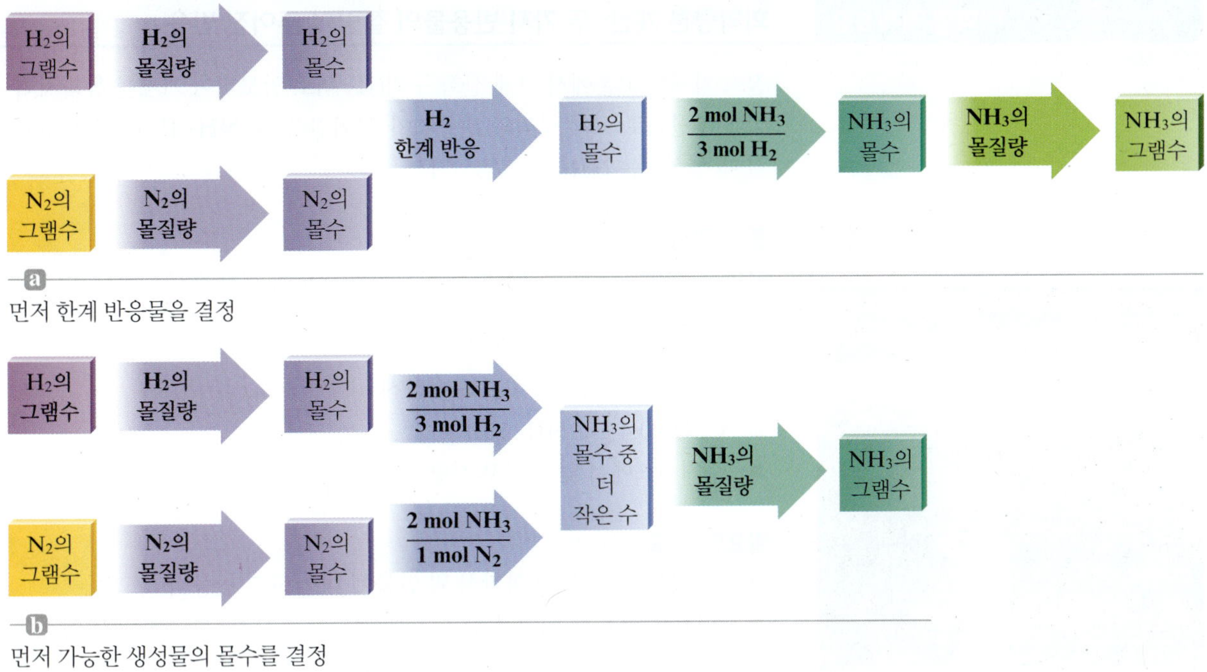

그림 9.2 예제 9.7에서 사용된 과정의 흐름도.

그러므로 N_2 25.0 kg과 H_2 5.00 kg으로 NH_3 28.1 kg을 만들 수 있다.

점검 어느 반응물도 반응을 제한하지 않는다면 질량은 보존되기 때문에 NH_3 30.0 kg (25.0 kg + 5.0 kg = 30.0 kg)이 답이라고 예상할 수 있을 것이다. 반응물 중 하나(이 경우에는 H_2)가 반응을 제한하기 때문에 답은 30.0 kg보다 작아야 한다.

예제 9.7에서 사용한 전략을 그림 9.2에 요약하였다.

다음에 둘 이상의 반응물들이 주어졌을 경우의 화학량론 문제를 풀 때 취해야 할 단계들을 요약해 놓았다.

한계 반응물이 포함된 화학량론 문제의 풀이 단계

단계 1 반응의 식을 쓰고 계수를 맞추어 균형 반응식을 완성한다.

단계 2 반응물의 질량을 몰수로 바꾼다.

단계 3 반응물의 몰수와 적절한 몰비를 이용하여 어느 반응물이 한계 반응물인지 결정한다.

단계 4 한계 반응물의 양과 적절한 몰비를 이용하여 원하는 생성물의 몰수를 계산한다.

단계 3 각 반응물들이 소모되었다면 적절한 몰비를 이용하여 생성되는 생성물의 몰수를 계산한다.

단계 4 단계 3으로부터 생성되는 생성물의 몰수가 가장 적은 것을 선택한다.

단계 5 (필요하면) 몰질량을 이용하여 생성물의 몰수를 그램수로 바꾼다.

대화형 예제 9.8 화학량론 계산: 두 가지 반응물의 질량이 주어진 반응

질소 기체는 고온에서 고체 산화 구리(II) 위로 암모니아 기체를 통과시켜 제조할 수 있다. 이때 부산물로 고체 구리와 수증기가 얻어진다. ◀ NH_3 18.1 g과 CuO 90.4 g을 반응시킬 때 생성되는 N_2는 몇 그램인가?

풀이

Ken O'Donoghue

가열된 관 속에서 암모니아와 반응하는 산화 구리(II).

풀이 과정

주어진 두 반응물의 질량으로부터 생성된 질소의 질량을 구하고자 한다.

주어진 자료

- 반응물과 생성물의 이름과 화학식
- CuO 90.4 g과 NH_3 18.1 g
- 주기율표에서 얻은 원자 질량

필요한 자료

- 반응물과 생성물의 화학식 및 반응에 대한 균형 반응식
- NH_3, CuO, N_2의 몰질량
- 한계 반응물

풀이 과정

단계 1 문제 설명으로부터 다음 균형 반응식을 구한다.

$$2NH_3(g) + 3CuO(s) \rightarrow N_2(g) + 3Cu(s) + 3H_2O(g)$$

단계 2 주어진 반응물의 질량에서 NH_3(몰질량 17.03 g)와 CuO(몰질량 79.55 g)의 몰수를 계산한다.

$$18.1\ \cancel{g\ NH_3} \times \frac{1\ mol\ NH_3}{17.03\ \cancel{g\ NH_3}} = 1.06\ mol\ NH_3$$

$$90.4\ \cancel{g\ CuO} \times \frac{1\ mol\ CuO}{79.55\ \cancel{g\ CuO}} = 1.14\ mol\ CuO$$

A. 반응물의 몰비를 비교하여 먼저 다 소모되는 한계 반응물을 찾는다. 다음에 생성되는 N_2의 몰수를 구할 수 있다.

단계 3 CuO와 NH_3 사이의 몰비를 이용하여 어느 반응물이 한계 반응물인지 결정한다.

$$1.06\ \cancel{mol\ NH_3} \times \frac{3\ mol\ CuO}{2\ \cancel{mol\ NH_3}} = 1.59\ mol\ CuO$$

다음으로 주어진 CuO의 양과 계산된 CuO의 필요량을 비교한다.

그러므로 NH_3 1.06 mol과 반응하기 위해서 CuO 1.59 mol이 필요하지만 CuO가 1.14 mol만 주어졌다. 따라서 CuO가 한계 반응물이며 NH_3가 소모되기 전에 CuO가 먼저 소모된다. 또한 앞에서와 같이 표에 값을 넣어볼 수도 있다.

	$2NH_3$	+	$3CuO$	→	생성물
반응 전	1.06		1.14		
변화량	−1.06		−1.59		

알 수 있는 바와 같이, NH_3 모두와 반응할 충분한 CuO가 주어지지 않았으므로 CuO가 한계 반응물이다.

단계 4 CuO가 한계 반응물이므로 생성되는 N_2의 양을 계산하는 데 CuO의 양을 이용하여야 한다. 균형 반응식으로부터 CuO와 N_2 사이의 몰비를 이용하여 다음 결과를 얻을 수 있다.

$$1.14\ \cancel{\text{mol CuO}} \times \frac{1\ \text{mol } N_2}{3\ \cancel{\text{mol CuO}}} = 0.380\ \text{mol } N_2$$

B. 다른 방법으로는 NH_3와 CuO가 완전히 반응하여 생성되는 N_2의 몰수를 계산하여 한계 반응물을 결정하는 것이다.

$$1.06\ \text{mol } NH_3 \times \frac{1\ \text{mol } N_2}{2\ \text{mol } NH_3} = 0.530\ \text{mol } N_2$$

$$1.14\ \text{mol CuO} \times \frac{1\ \text{mol } N_2}{3\ \text{mol CuO}} = 0.380\ \text{mol } N_2$$

앞에서와 같이 CuO가 한계 반응물이므로 N_2 0.380 mol이 생성된다. 두 방법의 최종 단계는 같다.

단계 5 N_2의 몰질량(28.02)을 이용하여 생성되는 N_2의 질량을 계산할 수 있다.

$$0.380\ \cancel{\text{mol } N_2} \times \frac{28.02\ \text{g } N_2}{1\ \cancel{\text{mol } N_2}} = 10.6\ \text{g } N_2$$

SELF-CHECK

실전 연습 9.6 Li^+ 이온과 N^{3-} 이온으로 이루어진 이온 결합 화합물인 질소화 리튬은 금속 리튬과 질소 기체를 반응시켜 제조된다. 다음 불균형 반응식을 참조하여 질소 기체 56.0 g과 금속 리튬 56.0 g의 반응으로 생성되는 질소화 리튬의 양을 계산하시오.

$$Li(s) + N_2(g) \rightarrow Li_3N(s)$$

9.6 백분 수득률

학습 목표

- **실제 수득량과 이론적 수득량으로부터 백분 수득률을 계산하는 방법을 배운다.**

앞 절에서 특정 양의 반응물들을 함께 혼합하였을 경우 생성되는 생성물의 양을 계산하는 방법을 배웠다. 이 계산 과정에서 생성물의 양은 한계 반응물의 양에 의해 조절된다는 사실을 이용하였다. 반응물 중 하나가 완전히 소모되면 생성물의 생성은 정지된다.

이러한 방식으로 계산된 생성물의 양을 그 생성물의 **이론적 수득량**(theoretical yield)이라고 한다. 이는 반응에 사용한 반응물의 양으로부터 예측할 수 있는 생성물의 양이다. 예를 들어 예제 9.8에서는 질소 10.6 g이 이론적 수득량이다. 이 양은 사용한 반응물의 양으로부터 생성될 수 있는 질소의 *최대량*(maximum amount)이다. 그러나 실제로 이렇게 예측된 생성물의 양(이론적 수득량)을 절대로 얻을 수 없다. 이에 대한 이유 중 하나는 부반응(반응물이나 생성물 중 하나 이상이 소모되는 반응)이 존재하기 때문이다.

생성물의 *실제 수득량*(actual yield)은 *실제로 얻어지는* 생성물의 양이며, 이론적 수득량과 자주 비교된다. 일반적으로 백분율(%)로 표현되는 이 비교를 **백분 수득률**(percent yield)이라 한다. 백분 수득률은 특정 반응의 효율에 관한 지표로서 중요하다.

$$\frac{\text{실제 수득량}}{\text{이론적 수득량}} \times 100\% = \text{백분 수득률}$$

예를 들어, 예제 9.8의 반응에서 *예측한*(predicted) 10.6 g 대신에 *실제로* 질소 6.63 g이 얻어졌다면 질소의 백분 수득률은 다음과 같이 계산할 수 있다.

$$\frac{6.63\ \text{g}\ \cancel{N_2}}{10.6\ \text{g}\ \cancel{N_2}} \times 100\% = 62.5\%$$

대화형 예제 9.9 화학량론 계산: 백분 수득률 계산

앞서 9.1절에서 언급했듯이 메탄올은 일산화 탄소와 수소의 반응으로 합성할 수 있다. 이 과정에서 $CO(g)$ 68.5 kg (6.85×10^4 g)을 $H_2(g)$ 8.60 kg (8.60×10^3 g)과 반응했다고 하자.

a. 메탄올의 이론적 수득량을 계산하시오.

b. CH_3OH 3.57×10^4 g이 실제 생성되었다면, 메탄올의 백분 수득률은 얼마인가?

풀이 (a)

풀이 과정

메탄올의 이론적 수득량을 구하고, 주어진 실제 메탄올의 수득량에서 백분 수득률을 구하고자 한다.

주어진 자료

- 9.1절에서 균형 반응식은 다음과 같다.

$$2H_2 + CO \rightarrow CH_3OH$$

- CO 6.85×10^4 g과 H_2 8.60×10^3 g
- 주기율표에서 원자 질량

필요한 자료

- H_2, CO, CH_3OH의 몰질량
- 한계 반응물의 결정

풀이 과정

단계 1 균형 반응식은 다음과 같다.

$$2H_2(g) + CO(g) \rightarrow CH_3OH(l)$$

단계 2 다음에 반응물의 몰수를 계산한다.

$$6.85 \times 10^4\ \text{g}\ \cancel{CO} \times \frac{1\ \text{mol CO}}{28.01\ \text{g}\ \cancel{CO}} = 2.45 \times 10^3\ \text{mol CO}$$

$$8.60 \times 10^3\ \text{g}\ \cancel{H_2} \times \frac{1\ \text{mol}\ H_2}{2.016\ \text{g}\ \cancel{H_2}} = 4.27 \times 10^3\ \text{mol}\ H_2$$

단계 3 어떤 반응물이 한계 반응물인지 결정한다. 균형 반응식으로부터 CO와 H_2의 몰비를 이용하여 다음 결과를 얻을 수 있다.

$$2.45 \times 10^3\ \cancel{\text{mol CO}} \times \frac{2\ \text{mol H}_2}{1\ \cancel{\text{mol CO}}} = 4.90 \times 10^3\ \text{mol H}_2$$

존재하는 H_2의 몰수
4.27×10^3

<

모든 CO와 반응하는 데 필요한 H_2의 몰수
4.90×10^3

위 식에 의하면 CO 2.45×10^3 mol은 H_2 4.90×10^3 mol을 필요로 한다. 실제 존재하는 H_2가 4.27×10^3 mol뿐이므로 *H_2가 한계 반응물이다.*

단계 4 H_2의 양과 H_2와 CH_3OH의 몰비를 사용하여 이 반응에서 생성될 수 있는 메탄올의 최대량을 계산한다.

$$4.27 \times 10^3\ \cancel{\text{mol H}_2} \times \frac{1\ \text{mol CH}_3\text{OH}}{2\ \cancel{\text{mol H}_2}} = 2.14 \times 10^3\ \text{mol CH}_3\text{OH}$$

이는 몰수로 표현된 이론적 수득량이다.

단계 5 CH_3OH의 몰질량(32.04 g)을 사용하여 그램수로 이론적 수득량을 계산할 수 있다.

$$2.14 \times 10^3\ \cancel{\text{mol CH}_3\text{OH}} \times \frac{32.04\ \text{g CH}_3\text{OH}}{1\ \cancel{\text{mol CH}_3\text{OH}}} = 6.86 \times 10^4\ \text{g CH}_3\text{OH}$$

따라서 주어진 반응물의 양으로부터 생성될 수 있는 CH_3OH의 최대량은 6.86×10^4 g이다. 이것이 *이론적 수득량*(theoretical yield)이다.

풀이 (b) 백분 수득률은 다음과 같다.

$$\frac{\text{실제 수득량(그램)}}{\text{이론적 수득량(그램)}} \times 100\% = \frac{3.57 \times 10^4\ \cancel{\text{g CH}_3\text{OH}}}{6.86 \times 10^4\ \cancel{\text{g CH}_3\text{OH}}} \times 100\% = 52.0\%$$

SELF-CHECK

실전 연습 9.7 산화 타이타늄(IV)는 안료로 사용되는 백색 화합물이다. 지금 읽고 있는 책의 색이 흰색인 이유는 종이에 이 화합물이 함유되어 있기 때문이다. 산화 타이타늄(IV) 고체는 염화 타이타늄(IV) 기체를 산소 기체와 반응시켜 합성할 수 있다. 이 반응의 2차 생성물은 염소 기체이다.

$$\text{TiCl}_4(g) + \text{O}_2(g) \rightarrow \text{TiO}_2(s) + \text{Cl}_2(g)$$

a. 염화 타이타늄(IV) 6.71×10^3 g을 산소 2.45×10^3 g과 반응시킨다고 하자. 형성될 수 있는 산화 타이타늄(IV)의 최대 질량을 계산하시오.

b. TiO_2의 백분 수득률이 75%라면, 실제로 형성된 TiO_2의 질량은 얼마인가?

9장 복습하기 Chapter 9 Review

주요 용어

몰비(9.2)
화학량론(9.3)
한계 반응물(9.4)
한계 시약(9.4)
이론적 수득량(9.6)
백분 수득률(9.6)

요약

- 균형 화학 반응식은 화학 반응에 참여하는 반응물과 생성물 분자의 상대적 수(또는 몰수)를 나타낸다.
- 균형 화학 반응식을 사용하여 반응에 필요한 반응물과 생성되는 생성물의 양을 계산하는 과정을 화학량론적 계산이라 한다.
- 균형 화학 반응식으로부터 유도되는 몰비를 이용하여 반응물의 몰수와 생성물의 몰수 사이의 변환을 한다.
- 물질들의 몰질량을 이용하여 필요한 반응물이나 생성되는 생성물의 몰수로부터 질량을 계산한다.
- 화학 반응에서 반응물들은 자주 화학량론적 양으로 존재하지 않는다(또한, 동시에 "전량 소모"되지도 않는다).
    - 이 경우에 어느 반응물이 먼저 다 소모되어서 생성되는 생성물의 양을 제한하는지 결정해야 한다. 이것을 한계 반응물이라 한다.
- 반응의 실제 수득량(생성된 양)은 일반적으로 예상되는 최대량(이론적 수득량)보다 적다.
- 실제 수득량은 자주 이론적 수득량의 백분율로 표시된다.

$$\text{백분 수득률} = \frac{\text{실제 수득량(g)}}{\text{이론적 수득량(g)}} \times 100\%$$

활동 학습 질문

다음은 강의 중 그룹 지도를 위한 문제들로, 특정 주제를 소개하는 데 매우 효과적이다.

1. 과자를 만들려고 하는데 중요한 성분인 달걀이 없다. 버터가 1.33컵이고 달걀이 없는 것 이외에 다른 성분들은 충분히 있다. 과자 72개를 만드는 데 버터 2컵, 달걀 3개 및 다른 성분이 필요하다. 친구에게 전화를 해서 달걀을 가지고 오라고 하려 한다.

a. 달걀 몇 개가 필요한가?

b. 달걀은 많이 있고 버터를 모두 사용한다면 과자 몇 개를 만들 수 있는가?

불행하게도 친구에게 몇 개의 달걀이 필요하다고 말하기 전에 친구가 전화를 끊었다. 그가 도착했을 때, 당신을 놀라게 할 만한 일이 일어났다. 그것은 다름이 아니고 시간을 절약하기 위하여 그릇에 달걀을 깨서 담아 왔다. 몇 개의 계란을 구입했는지 물었을 때, 그는 "전부 구입했으나, 오는 길에 흘렸다"고 말했다. 달걀의 무게를 측정해보니 62.1 g이었다. 달걀 하나의 평균 무게가 34.21 g이라고 가정하자.

c. 달걀을 전부 다 사용한다면 버터가 얼마나 필요한가?

d. 과자 몇 개를 만들 수 있겠는가?

e. 달걀과 버터 중 어느 것이 남겠는가?

f. 얼마나 남겠는가?

g. 이 문제와 화학량론적 개념의 관계를 논하시오.

2. 질소(N_2)와 수소(H_2)가 반응하여 암모니아(NH_3)를 형성한다. 다음 그림처럼 밀폐된 용기에 N_2( )와 H_2( )의 혼합물이 있다고 하자.

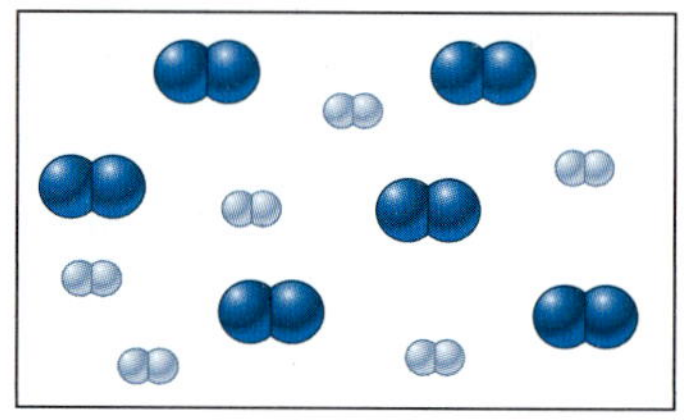

반응이 완결되었다고 가정하고 생성 혼합물을 나타내는 그림을 그리고 이유를 설명하시오.

3. 다음 반응식 중 질문 3에 대한 반응을 가장 잘 나타낸 것은?

a. $6N_2 + 6H_2 \rightarrow 4NH_3 + 4N_2$

b. $N_2 + H_2 \rightarrow NH_3$

c. $N + 3H \rightarrow NH_3$

d. $N_2 + 3H_2 \rightarrow 2NH_3$

e. $2N_2 + 6H_2 \rightarrow 4NH_3$

선택하지 않은 항목에 대하여 무엇이 잘못되었는지 설명하고, 선택한 항목에 대한 타당성을 보이시오.

4. 다음 반응식에 의해 수소 기체 10.0 g이 산소 기체 10.0 g과 반응하였다고 하자.

$$2H_2 + O_2 \rightarrow 2H_2O$$

물 20 g이 생성되지 않을 것으로 예상된다. 이유는 무엇일까? 완전한 반응에 의해 생성될 수 있는 물의 질량은 얼마인가?

5. 어떤 반응에서 한계 반응물은?

a. 균형 반응식에서 계수가 가장 작다.

b. 작은 몰수가 가장 작은 반응물이다.

c. 균형 반응식에서 유효 몰수/계수의 비가 가장 작다.

d. 균형 반응식에서 계수/유효 몰수의 비가 가장 작다.

e. 위의 항목 중 어느 것도 아니다.

선택하지 않은 항목에 대하여 무엇이 잘못되었는지 설명하고, 선택한 항목에 대한 타당성을 보이시오.

6. 다음 반응식이 있다.

$$3A + B \rightarrow C + D$$

A 4 mol과 B 2 mol이 반응한다면, 다음 중 옳은 것은?

a. 한계 반응물은 몰질량이 더 큰 것이다.

b. A 6 mol이 필요한데 4 mol만 있으므로 A가 한계 반응물이다.
c. A의 몰수보다 B의 몰수가 작기 때문에 B가 한계 반응물이다.
d. A 분자 3개가 B 분자 1개와 반응하기 때문에 B가 한계 반응물이다.
e. 어느 반응물도 한계 반응물이 아니다.

선택하지 않은 항목에 대하여 무엇이 잘못되었는지 설명하고, 선택한 항목에 대한 타당성을 보이시오.

7. 다음 반응식이 있다.

$$2A + B \rightarrow A_2B$$

A 1.0 mol과 B 1.0 mol을 혼합하였을 경우 A_2B 몇 mol이 생성되겠는가?

8. 일정량의 수소 기체와 과량의 산소 기체가 반응하여 물을 생성하는 경우, 또는 동일한 양의 수소 기체와 과량의 질소 기체와 반응하여 암모니아를 생성하는 경우 어느 생성물의 몰수가 더 큰가? 답에 대하여 설명하시오.

9. 다음 균형 반응식으로 표현되는 반응을 살펴보자.

$$2A + 3B \rightarrow C + 4D$$

어떠한 반응물도 남지 않도록 하기 위해서 동일한 질량의 A와 B가 필요하다. 다음 중 옳은 것은? 또한 선택에 대한 타당성을 보이시오.

a. A의 몰질량은 B의 몰질량보다 더 커야 한다.
b. A의 몰질량은 B의 몰질량보다 더 작아야 한다.
c. A의 몰질량은 B의 몰질량과 같아야 한다.

10. 다음 균형 화학 반응식을 살펴보자.

$$A + 5B \rightarrow 3C + 4D$$

A와 B가 같은 질량 반응할 때, A와 B 중 어느 것이 한계 반응물인가? 선택에 대한 타당성을 보이시오.

a. A의 몰질량이 B의 몰질량보다 크다면, A가 한계 반응물이다.
b. A의 몰질량이 B의 몰질량보다 작다면, A가 한계 반응물이다.
c. A의 몰질량이 B의 몰질량보다 크다면, B가 한계 반응물이다.
d. A의 몰질량이 B의 몰질량보다 작다면, B가 한계 반응물이다.

11. 모든 반응이 완전하게 진행되었다고 가정할 때, 가장 많은 생성물을 생성하는 것은 다음 반응 혼합물 중 어느 것인가? 선택에 대한 타당성을 보이시오.

반응식은 다음과 같이 표현된다.

$$2H_2 + O_2 \rightarrow 2H_2O$$

a. H_2 2 mol과 O_2 2 mol
b. H_2 2 mol과 O_2 3 mol
c. H_2 2 mol과 O_2 1 mol
d. H_2 3 mol과 O_2 1 mol
e. 위 항목들은 동일한 생성물을 생산한다.

12. 베이킹 파우더는 타르타르 크림($KHC_4H_4O_6$)과 베이킹 소다($NaHCO_3$)의 혼합물이다. 그것을 (예를 들어, 케이크의 일부로) 일반적인 소성 온도에서 오븐에 넣었을 때, 다음 반응이 진행된다(CO_2는 케이크를 부풀게 한다).

$$KHC_4H_4O_6(s) + NaHCO_3(s) \rightarrow KNaC_4H_4O_6(s) + H_2O(g) + CO_2(g)$$

케이크를 만들려고 한다면 베이킹 파우더를 만드는 방법을 알아야 한다. 불행히도 베이킹 파우더는 없고 타르타르 크림과 베이킹 소다만 있다면 화학량론을 이용하여 혼합에 필요한 각각의 양을 구하시오.

다음 항목 중 베이킹 파우더를 만들기 위한 가장 좋은 방법은 어느 것인가? 항목에 주어진 양은 찻숟가락에 의한 양이다(즉, 베이킹 소다와 타르타르 크림의 양은 찻숟가락으로 측정될 것이다). 선택에 대한 타당성을 보이시오.

단, 한 숟가락의 타르타르 크림 양은 한 숟가락의 베이킹 소다 질량과 같다고 가정하자.

a. 동일한 양의 베이킹 소다와 타르타르 크림을 첨가하였다.
b. 베이킹 소다보다 타르타르 크림의 양을 2배 조금 더 첨가하였다.
c. 타르타르 크림보다 베이킹 소다의 양을 2배 조금 더 첨가하였다.
d. 베이킹 소다보다 더 많은 양의 타르타르 크림을 더 첨가하였지만, 정확히 2배는 아니다.
e. 타르타르 크림보다 더 많은 양의 베이킹 소다를 더 첨가하였지만, 정확히 2배는 아니다.

13. 동일한 양의 염소(Cl_2) 기체가 들어있는 7개의 밀폐된 용기가 있다. 첫 번째와 두 번째 용기에 각각 소듐 10.0 g과 20.0 g을 첨가하였고 나머지 용기에도 소듐을 10.0 g씩 증가시켜가며 첨가하였다(일곱 번째 용기에는 소듐 70.0 g을 첨가하였다). 다음 반응식에 의해 소듐과 염소 기체가 반응하여 염화 소듐을 생성한다.

$$2Na(s) + Cl_2(g) \rightarrow 2NaCl(s)$$

반응이 완결된 후, 생성된 염화 소듐의 양을 측정하고 그 결과를 다음 그래프에 나타내었다.

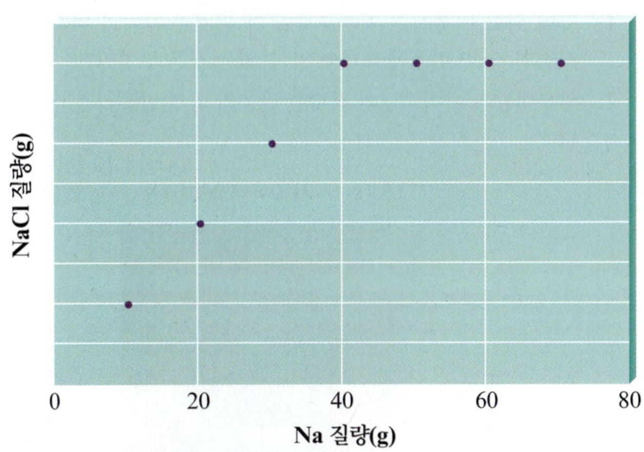

다음 질문에 답하시오.

a. 그래프의 모양을 설명하시오.
b. 소듐 20.0 g을 사용했을 때 생성되는 NaCl의 질량을 구하시오.

c. 각 용기 내 Cl_2의 질량을 구하시오.

d. 소듐 50.0 g을 사용했을 때 생성되는 NaCl의 질량을 구하시오.

e. 위 b와 d에서 남는 반응물의 무엇이고 남은 질량은 얼마인지 구하시오.

14. 아래 그림처럼 저울 위에 철봉을 놓았다.

철봉에 녹이 슨 경우 다음 중 옳은 것은? 답에 대하여 설명하시오.

a. 저울의 눈금은 75.0 g보다 작아질 것이다.

b. 저울의 눈금은 75.0 g이 될 것이다.

c. 저울의 눈금은 75.0 g보다 커질 것이다.

d. 저울의 눈금은 75.0 g보다 커질 것이다. 그러나 봉의 녹을 제거하면 봉은 원래 상태로 회복되어 저울의 눈금이 75.0 g이 될 것이다.

15. 다음 그림으로 표현되는 $NO(g)$와 $O_2(g)$의 반응을 생각해 보자.

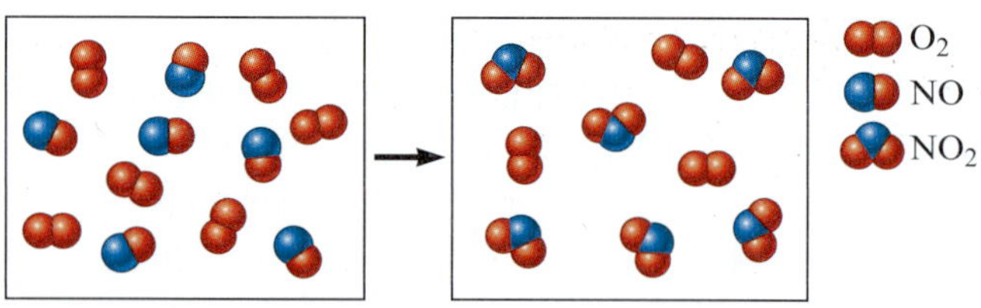

이 반응의 균형 반응식은 무엇이고, 한계 반응물은 무엇인가?

질문과 문제

9.1 화학 반응식에서 얻는 정보

▸ *질문*

1. 균형 화학 반응식의 계수로부터 각 원자와 분자가 반응하는(미시적인 관점) 비율에 대하여 알 수 있는 것은 무엇인가?

2. 알루미늄과 아이오딘의 격렬한 반응의 균형 반응식은 다음과 같다.

$$2Al(s) + 3I_2(s) \rightarrow 2AlI_3(s)$$

© Cengage Learning

균형 화학 반응식의 계수로부터 거시적 관점(몰)에서 물질이 반응하는 비율에 대하여 알 수 있는 것은 무엇인가?

3. 질소 기체와 수소 기체가 반응하여 암모니아(NH_3)를 생성할 때 다음의 설명 중 옳은 것은? *최상*의 답을 고르시오.

a. 아래첨자는 이온 화합물의 화학식을 쓸 때 전하의 균형이 변화될 수 있는 것처럼 이 반응에서도 바뀔 수 있다.

b. 정확한 몰비로 첨가될 때까지 질소와 수소는 반응하지 않을 것이다.

c. 균형 반응식에서 수소에 대한 질소의 몰비는 1 : 2이다.

d. 암모니아는 질소 1 mol과 수소 3 mol이 첨가되지 않는다면 생성되지 않을 것이다.

e. 균형 반응식을 이용하여 주어진 질소와 수소의 양을 근거로 암모니아의 양을 예측할 수 있다.

▸ *문제*

4. 다음 각 반응에 대하여, 균형 반응식을 완성하고 *각 분자*의 수와 분자의 몰수의 관점에서 반응식의 의미를 설명하시오.

a. $MnO_2(s) + Al(s) \rightarrow Mn(s) + Al_2O_3(s)$

b. $B_2O_3(s) + CaF_2(s) \rightarrow BF_3(g) + CaO(s)$

c. $NO_2(g) + H_2O(l) \rightarrow HNO_3(aq) + NO(g)$

d. $C_6H_6(g) + H_2(g) \rightarrow C_6H_{12}(g)$

9.2 몰–몰 관계

▸ *질문*

5. 수소 기체와 산소 기체의 결합 반응에 대한 균형 화학 반응식은 다음과 같다.

$$2H_2(g) + O_2(g) \rightarrow 2H_2O(g)$$

H_2 2 g이 O_2 1 g과 반응하면 H_2O 2 g을 생성하지 *않는* 이유를 설명하시오.

6. 다음 균형 화학 반응식을 생각해 보자.

$$4Al(s) + 3O_2(g) \rightarrow 2Al_2O_3(s)$$

일정 몰수의 알루미늄 금속과 완전히 반응하는 산소의 몰수를 계산하기 위하여 사용해야 할 몰비는 얼마인가? 일정 몰수의 알루미늄 금속이 완전히 반응한다면 예상되는 생성물의 몰수를 계산하기 위해 사용해야 할 몰비는 얼마인가?

▸ *문제*

7. 다음 각 *불균형* 화학 반응식에서 굵은 글씨로 나타낸 반응물 0.125 mol이 완전히 변환되어 생성되는 *각 생성물의 몰수*를 계산하시오.

a. $\mathbf{FeO}(s) + C(s) \rightarrow Fe(l) + CO_2(g)$

b. $Cl_2(g) + \mathbf{KI}(aq) \rightarrow KCl(aq) + I_2(s)$

c. $\mathbf{Na_2B_4O_7}(s) + H_2SO_4(aq) + H_2O(l) \rightarrow H_3BO_3(s) + Na_2SO_4(aq)$

d. $\mathbf{CaC_2}(s) + H_2O(l) \rightarrow Ca(OH)_2(s) + C_2H_2(g)$

8. 다음 각 균형 화학 반응식에서 굵은 글씨로 나타낸 반응물 0.50 mol이 완전히 반응하여 생성되는 각 생성물은 몇 *mol*이고 몇 *그램*(g)인지 계산하시오. 계산에 사용한 몰비를 명확히 밝히시오.

a. $\mathbf{NH_3}(g) + HCl(g) \rightarrow NH_4Cl(s)$
b. $CH_4(g) + \mathbf{4S}(s) \rightarrow CS_2(l) + 2H_2S(g)$
c. $\mathbf{PCl_3}(l) + 3H_2O(l) \rightarrow H_3PO_3(aq) + 3HCl(aq)$
d. $\mathbf{NaOH}(s) + CO_2(g) \rightarrow NaHCO_3(s)$

9. 다음 각 *불균형* 화학 반응식에서 *두 번째 생성물 0.625 mol*이 생성된다면 생성되는 *첫 번째 생성물*의 몰수를 구하시오. 계산에 사용한 몰비를 명확히 밝히시오.

a. $KO_2(s) + H_2O(l) \rightarrow O_2(g) + KOH(s)$
b. $SeO_2(g) + H_4Se(g) \rightarrow Se(s) + H_2O(g)$
c. $CH_3CH_2OH(l) + O_2(g) \rightarrow CH_3CHO(aq) + H_2O(l)$
d. $Fe_2O_3(s) + Al(s) \rightarrow Fe(l) + Al_2O_3(s)$

9.3 질량 계산

▶ 질문

10. 시료의 질량과 시료의 몰수 사이의 환산 인자를 계산하기 위해서는 어떤 양을 알아야 하는가?

▶ 문제

11. 이 책 표지 안쪽에 주어진 평균 원자 질량을 이용하여 다음 질량을 가지는 물질의 *몰수*를 계산하시오.

a. 은 2.01×10^{-2} g
b. 황화 암모늄 45.2 mg
c. 우라늄 61.7 μg
d. 이산화 황 5.23 kg
e. 질산 철(III) 272 g

12. 이 책 표지 안쪽에 주어진 평균 원자 질량을 이용하여 다음 물질의 *질량을 그램 단위*로 계산하시오.

a. 질화 포타슘 0.341 mol
b. 네온 2.62 mmol (1 mmol = 1/1000 mol)
c. 산화 망가니즈(II) 0.00449 mol
d. 이산화 규소 7.18×10^5 mol
e. 인산 철(III) 0.000121 mol

13. 다음 *불균형* 화학 반응식에서 첫 번째 반응물 0.557 *g*이 완전히 반응하는 데 필요한 두 번째 반응물의 *몰수*를 계산하시오.

a. $Al(s) + Br_2(l) \rightarrow AlBr_3(s)$
b. $Hg(s) + HClO_4(aq) \rightarrow Hg(ClO_4)_2(aq) + H_2(g)$
c. $K(s) + P(s) \rightarrow K_3P(s)$
d. $CH_4(g) + Cl_2(g) \rightarrow CCl_4(l) + HCl(g)$

14. 질소화 붕소는 트라이클로로플루오로메테인에 있는 일플루오린화 아이오딘과 −30°C에서 반응하여 순수한 삼아이오딘화 질소와 부산물(BF_3)을 생성한다. 다음 반응을 생각해보자.

$$BN + 3IF \rightarrow NI_3 + BF_3$$

a. 삼아이오딘화 질소 30.0 g을 생성하려면 일플루오린화 아이오딘 몇 g이 필요한가?
b. 삼아이오딘화 질소 30.0 g이 생성될 때 부산물(BF_3)의 최대 질량(g)은 얼마인가?

15. 탄화 칼슘(CaC_2)은 전기 용광로에서 탄소와 산화 칼슘(석회)을 고온 가열하여 생산할 수 있다. 이 반응의 불균형 반응식은 다음과 같다.

$$CaO(s) + C(s) \rightarrow CaC_2(s) + CO(g)$$

탄화 칼슘은 물과 쉽게 반응하여 용접 산업에서 널리 사용되는 가연성 기체인 아세틸렌(C_2H_2)을 생성한다. 이 반응의 불균형 반응식은 다음과 같다.

$$CaC_2(s) + H_2O(l) \rightarrow C_2H_2(g) + Ca(OH)_2(s)$$

탄화 칼슘 3.75 g이 완전히 반응하여 생성되는 아세틸렌(C_2H_2) 기체의 질량은 얼마인가?

16. 제빵 소다(탄산 수소 소듐)를 고온으로 가열하면 다음과 같이 반응한다.

$$2NaHCO_3(s) \rightarrow Na_2CO_3(s) + H_2O(g) + CO_2(g)$$

탄산 수소 소듐 1.52 g을 가열할 때 생성되는 탄산 소듐의 질량을 계산하시오.

17. 포도당이나 과당 용액에 효모를 가하면, 당은 *발효*(fermentation) 과정을 거쳐 에틸 알코올이 생성된다.

$$C_6H_{12}O_6(aq) \rightarrow 2C_2H_5OH(aq) + 2CO_2(g)$$

이 과정은 포도 주스로부터 와인을 생산하는 반응이다. 포도당($C_6H_{12}O_6$) 5.25 g이 위 반응으로 진행될 때 생성되는 에틸 알코올(C_2H_5OH)의 질량을 계산하시오.

18. 실험실에서 소량의 암모니아 기체는 암모늄 염을 강염기와 함께 가열하여 만들 수 있다. 예를 들어 염화 암모늄은 수산화 나트륨과 다음 균형 반응식과 같이 반응한다.

$$NH_4Cl(s) + NaOH(s) \rightarrow NH_3(g) + NaCl(s) + H_2O(g)$$

염화 암모늄 1.39 g이 완전히 반응하면 암모니아 기체 몇 g이 생성되는가?

19. 수은은 오늘날 환경 문제로 인해 점점 사용이 줄고 있으나 수은 자체가 상온에서 액체로 존재하는 특이한 성질 때문에 여전히 중요한 금속으로 이용된다. 공업적으로 생산되는 수은은 일반 진사 광석(황화 수은, HgS)과 석회(산화 칼슘, CaO)를 가열하여 얻는다.

$$4HgS(s) + 4CaO(s) \rightarrow 4Hg(l) + 3CaS(s) + CaSO_4(s)$$

HgS 10.0 kg이 완전히 반응되어 생성하는 수은의 질량은 얼마인가?

20. 일반적인 당을 매우 강하게 가열하면 탄화되어 탄소와 수증기로 분해된다. 예로, 설탕을 가열하면 다음과 같이 반응한다.

$$C_{12}H_{22}O_{11}(s) \rightarrow 12C(s) + 11H_2O(g)$$

설탕 1.19 g이 완전히 분해될 때 생성되는 탄소의 질량은 얼마인가?

9.5 한계 반응물을 포함한 계산

▶ 질문

21. 다음 중 참인 것은(복수 정답 가능)?

a. 균형 화학 반응식은 반응물과 생성물의 분자수(또는 반응물과 생성물의 몰수)와 관련이 있다.
b. 반응물의 몰수와 생성물의 몰수를 변환하기 위해 균형 화학 반응식으로부터 얻은 몰비를 사용한다.

c. 반응물들은 종종 화학량론적으로 섞이지 않는다(반응물들이 동시에 모두 "소모"되지 않음). 이러한 경우 형성된 생성물의 양을 계산하려면 한계 반응물을 알아야 한다.
d. 화학 반응이 일어날 때 반드시 질량 보존 법칙을 따라야 한다.

22. 다음 반응식을 생각해 보자.

$$2A + B \rightarrow 5C$$

A 10.0 g이 B 5.00 g과 반응한다면 한계 반응물은 어떻게 결정되는가? *가장 적절한* 답을 고르고 이유를 설명하시오.

a. 균형 화학 반응식에서 가장 작은 계수를 갖는 반응물을 선택한다. 이 경우에 한계 반응물은 B이다.
b. 주어진 질량이 가장 적은 반응물을 선택한다. 이 경우에 한계 반응물은 B이다.
c. 각 반응물의 질량을 몰수로 바꾸고 균형 화학 반응식에서의 몰비와 비교한다. 이 경우 한계 반응물은 A와 B의 몰질량 없이 결정할 수 없다.
d. 각 반응물의 질량은 우선 몰수로 바꿔야 한다. 가장 적은 몰수를 갖는 반응물이 한계 반응물이다. 이 경우에 한계 반응물은 A와 B의 몰질량 없이 결정할 수 없다.
e. 각 반응물의 질량을 균형 화학 반응식의 계수로 나누고, 가장 작은 계수를 갖는 반응물이 한계 반응물이다. 이 경우에는 A와 B가 완전히 다 소모되므로 한계 반응물이 없다.

23. 다음 화학 반응식을 완성하고 다음 질문에 답하시오.

$$CuSO_4(aq) + KI(s) \rightarrow CuI(s) + I_2(s) + K_2SO_4(aq)$$

어떤 반응물이 한계 반응물인가? 가장 좋은 답을 고르시오.

a. $CuSO_4$와 KI는 1:1 몰비로 반응하므로 똑같이 한계 반응물이다.
b. $CuSO_4$는 KI 4 mol과 비교하여 2 mol만 이용 가능하므로 한계 반응물이다.
c. KI가 과량 존재하므로 한계 반응물이다.
d. 반응물이 총 6 mol 존재하고 생성물이 총 5 mol 존재하므로 $CuSO_4$나 KI는 모두 한계 반응물이 아니다.
e. 처음 양이 주어지지 않았으므로 한계 반응물을 정할 수 없다.

▸ *문제*

24. 다음 각 *불균형* 반응식에서 정확히 *각각* 5.00 g의 반응물을 취한다고 가정하자. 어느 반응물이 반응을 제한하는지 결정하고, 한계 반응물이 다 소모된 후 남는 초과 시약의 질량을 구하시오(단, 한계 반응물이 완전히 소모된다고 가정하자).

a. $S(s) + H_2SO_4(aq) \rightarrow SO_2(g) + H_2O(l)$
b. $MnO_2(s) + H_2SO_4(l) \rightarrow Mn(SO_4)_2(s) + H_2O(l)$
c. $H_2S(g) + O_2(g) \rightarrow SO_2(g) + H_2O(l)$
d. $AgNO_3(aq) + Al(s) \rightarrow Ag(s) + Al(NO_3)_3(aq)$

25. 다음 각 *불균형* 반응식에서 각각 정확히 1.00 g의 반응물을 취한다고 가정하자. 어느 반응물이 한계인지를 결정하고 굵은 글씨 생성물의 예상되는 질량을 계산하시오(단, 한계 반응물이 완전히 소모된다고 가정하자).

a. $CS_2(l) + O_2(g) \rightarrow \mathbf{CO_2}(g) + SO_2(g)$
b. $NH_3(g) + CO_2(g) \rightarrow CN_2H_4O(s) + \mathbf{H_2O}(g)$
c. $H_2(g) + MnO_2(s) \rightarrow MnO(s) + \mathbf{H_2O}(g)$
d. $I_2(l) + Cl_2(g) \rightarrow \mathbf{ICl}(g)$

26. 다음 각 *불균형* 반응식에서 *각각* 정확히 15.0 g의 반응물을 취한다고 가정하자. 반응 전-변화량-반응 후 표를 이용하여 어느 반응물이 한계 반응물인지 결정하고, 예상되는 각 생성물의 질량을 계산하시오(단, 한계 반응물은 완전히 소모된다고 가정한다).

a. $Al(s) + HCl(aq) \rightarrow AlCl_3(aq) + H_2(g)$
b. $NaOH(aq) + CO_2(g) \rightarrow Na_2CO_3(aq) + H_2O(l)$
c. $Pb(NO_3)_2(aq) + HCl(aq) \rightarrow PbCl_2(s) + HNO_3(aq)$
d. $K(s) + I_2(s) \rightarrow KI(s)$

27. 황산 구리(II)는 살균제(균류를 죽임)와 제초제(식물을 고사시킴)로 널리 사용된다. 황산 구리(II)는 산화 구리(II)와 황산의 반응으로 실험실에서 제조할 수 있다. 이 반응의 불균형 반응식은 다음과 같다.

$$CuO(s) + H_2SO_4(aq) \rightarrow CuSO_4(aq) + H_2O(l)$$

산화 구리(II) 2.49 g가 순수한 황산 5.05 g과 반응한다면 생성되는 황산 구리(II)의 양을 제한하는 것은 어느 반응물인가?

28. 강모(철)를 발광할 때까지 가열하여 순수한 산소가 포함된 병 속에 놓아두면, 철은 격렬한 반응을 하여 산화 철(III)을 생성한다.

$$Fe(s) + O_2(g) \rightarrow Fe_2O_3(s)$$

철 1.25 g을 가열하여 산소 기체 0.0204 mol이 채워져 있는 병 속에 넣을 때 생성되는 산화 철(III)은 몇 그램이 되겠는가?

29. 많은 황산염들이 물에 녹지만 황산 칼슘은 몰에 녹지 않는다(표 7.1). 염화 칼슘 용액은 황산 소듐 용액과 반응하여 황산 칼슘 침전물을 생성한다. 이 반응의 균형 반응식은 다음과 같다.

$$CaCl_2(aq) + Na_2SO_4(aq) \rightarrow CaSO_4(s) + 2NaCl(aq)$$

염화 칼슘 5.21 g을 포함하는 용액과 황산 소듐 4.95 g을 포함하는 용액을 혼합한다면 어느 것이 한계 반응물인가? 어느 반응물이 과량 존재하는가?

30. 탄화 규소(SiC)는 알려진 가장 굳은 물질 중 하나이다. 다이아몬드만이 이 물질의 경도를 능가하기 때문에 그것은 때로 상업적으로 카보런덤이라고 알려져 있다. 탄화 규소는 사포의 연마제로 주로 사용되며, 용광로에서 탄소와 모래(이산화 규소, SiO_2)를 가열하여 만든다.

$$SiO_2(s) + C(s) \rightarrow CO(g) + SiC(s)$$

순수한 모래 1.0 kg을 과량의 탄소와 가열할 때 생성되는 탄화 규소의 질량은 얼마인가?

9.6 백분 수득률

▸ *질문*

31. 이 책에서는 실험실에서 실험을 수행할 때 몇 종류의 "수득률(yield)"에 대하여 다루고 있다. 학생들은 자주 이러한 말들을 혼란스러워 한다. *이론적* 수득량, *실제* 수득량, *백분* 수득률을 정의하고 비교하시오.

32. 에어백은 다음 반응에 의하여 펼쳐진다(생성된 질소 기체가 에어백을 부풀게 한다).

$$2NaN_3(s) \rightarrow 2Na(s) + 3N_2(g)$$

NaN_3 10.5 g이 분해된다면 생성되는 소듐의 이론적 질량은 얼마인가? 소듐이 2.84 g만 생성된다면 백분 수득률은 얼마인가?

▸ 문제

33. 알칼리 금속의 수산화물은 때로 (잠수함이나 우주선과 같은) 밀폐된 공간의 공기에서 과량의 이산화 탄소를 제거하기 위해서 사용된다. 예로, 수산화 리튬은 다음 불균형 화학 반응식에 의해 이산화 탄소와 반응한다.

$$LiOH(s) + CO_2(g) \rightarrow Li_2CO_3(s) + H_2O(g)$$

수산화 리튬 보관 통에 $LiOH(s)$ 155 g이 담겨있다고 가정하자. 통이 흡수할 수 있는 $CO_2(g)$의 질량은 얼마인가? 24시간 사용한 후 통에 이산화 탄소 102 g이 흡수된다면 통 용량의 몇 %까지 도달하는가?

34. 금속 구리는 고온에서 고체 산화 구리(II) 위에 암모니아 기체를 통과시켜 얻을 수 있다.

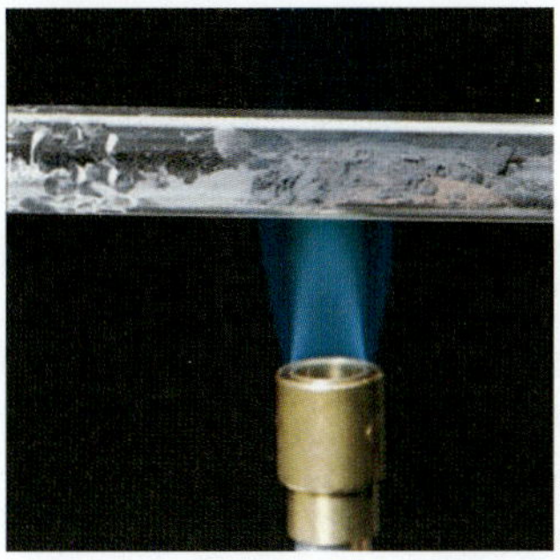
Ken O'Donoghue

반응의 다른 생성물은 질소 기체와 수증기이다. 이 반응의 균형 반응식은 다음과 같다.

$$2NH_3(g) + 3CuO(s) \rightarrow N_2(g) + 3Cu(s) + 3H_2O(g)$$

NH_3 18.1 g이 CuO 90.4 g과 반응할 때 생성되는 금속 구리의 이론적 수득량은 얼마인가? 구리가 45.3 g만 실제 얻어졌다면, 백분 수득률은 얼마인가?

에너지

Energy

CHAPTER

10

원숭이올빼미는 날기 위해 많은 에너지를 소모한다.

Shaun Wilkinson/iStockphoto.com

에너지는 개인적으로 그리고 사회적으로 우리 생활의 중심에 있다. 현대의 산업화된 사회에 생산과 운송의 동력원으로 석탄과 기름이 소비되듯, 우리가 먹는 음식물로 우리는 일하고 움직이며 살게 된다.

지금까지는 탄소를 기본으로 하는 많은 양의 화석 연료들은 쉽게 얻을 수 있었다. 이렇게 풍부한 연료는 우리 사회에서 에너지에 대한 과도한 요구를 불러 일으켜, 매일 수억 리터의 석유를 소비해 왔다. 지금은 감소하는 석유 공급에 위험스럽게 의존하고 있으며, 이것이 국가들 사이에 긴장을 일으키는 중요한 요인이 된다. 우리는 풍부하고 값싼 석유가 공급되는 시대로부터 비싸고 불확실하게 석유가 공급되는 시대로 믿을 수 없을 만큼 빠른 속도로 이동하고 있다. 현재 우리의 삶을 계속 유지하기 위해서는 석유를 대체할 만한 것을 찾아야 한다. 이를 위해 이 장에서 추구하는 화학과 에너지와의 관계를 알 필요가 있는 것이다.

에너지는 모든 인간 활동에 영향을 미치는 요인이다.
HHakim/iStockphoto.com

10.1 에너지의 성질

학습 목표

- 에너지의 일반적인 성질을 이해한다.

에너지는 친숙한 개념이지만, 정확히 정의하기는 쉽지 않다. 우리의 목적을 위해 **에너지**(energy)는 *일을 하거나 열을 내는 능력*으로 정의한다. 이들 용어들을 아래에서 정의할 것이다.

에너지는 퍼텐셜 에너지와 운동 에너지로 분류할 수 있다. **퍼텐셜 에너지**(potential energy)는 위치나 조성(composition)에 기인한 에너지이다. 예를 들어, 댐 뒤에 있는 물이 터빈을 통해 흘러 내려갈 때 전기를 생산하며 일을 한다. 인력과 반발력도 위치 에너지를 갖게 한다. 가솔린을 태울 때 나오는 에너지는 반응물과 생성물에 있는 핵과 전자 사이의 인력의 차이로부터 생기는 것이다. 물질의 **운동 에너지**(kinetic energy)는 물질의 운동에 기인하는 에너지로서 물질의 질량 m과 속도 v에 의존한다. $\mathrm{KE} = \frac{1}{2}mv^2$.

에너지의 가장 중요한 성질 중 하나는 에너지가 보존된다는 것이다. **에너지 보존 법칙**(law of conservation of energy)은 *에너지는 한 형태에서 다른 형태로 바뀔 수는 있어도 생성되거나 파괴될 수는 없다*는 것이다. 즉, 우주의 에너지는 일정하다.

우주의 에너지는 일정하지만, 이것은 한 형태에서 다른 형태로 쉽게 바뀔 수 있다. 그림 10.1(a)에 있는 두 개의 구를 생각해보자. 처음에 더 높은 곳에 위치해 있는 구 A는 구 B보다 퍼텐셜 에너지가 더 크다. 구 A를 놓으면 언덕을 굴러 내려와 구 B를 치게 되며, 결국은 그림 10.1(b)의 배열을 보이게 된다. 처음 배열에서 마지막 배열로 변했을 때 무슨 일이 일어났는가? A의 퍼텐셜 에너지는 위치가 낮아졌기 때문에 감소된다. 그러나 이 에너지는 사라진 것이 아니다. A가 잃은 에너지는 어디에 있을까?

처음에 A의 퍼텐셜 에너지는 구가 아래로 굴러 내려감에 따라 운동 에너지로 변한다. 이 에너지의 일부는 구 B로 전달되어 구 B를 처음보다 높은 위치로 있게 한다. 따라서 B의 퍼텐셜 에너지가 증가되는데, 이는 B에 **일**(work, 힘을 가해 거리를 이동)을 행했다는 것을 뜻한다. B의 최종 위치는 A의 원래 위치보다 낮기 때문에 일부 에너지는 아직 설명하지 못한 상태이다. 최종 위치에 있는 두 구가 모두 정지해 있기 때문에, 잃어버린 에너지는 운동 에너지와 관계가 없다.

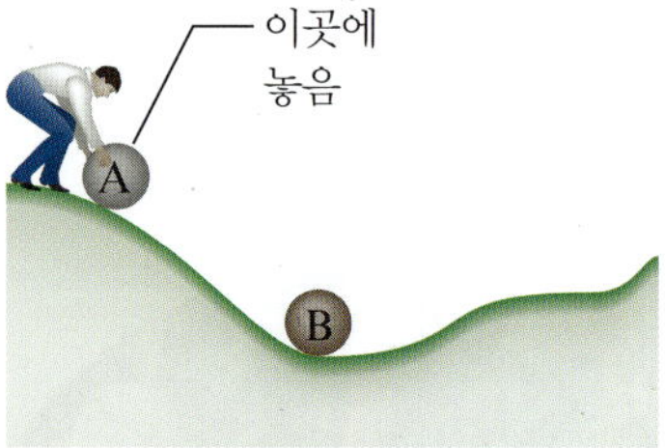

처음

a 초기에 구 A의 퍼텐셜 에너지가 구 B의 퍼텐셜 에너지보다 더 높다.

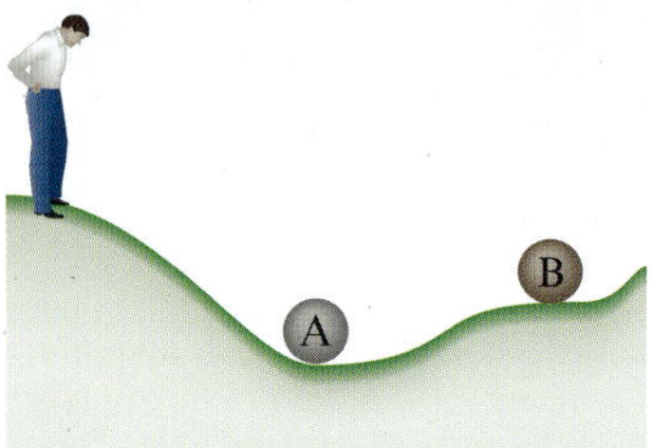

나중

b 구 A가 언덕을 내려온 후 구 A가 잃은 퍼텐셜 에너지는 언덕을 구성하는 물질들의 무질서한 운동(마찰 가열)과 구 B의 퍼텐셜 에너지로 바뀐다.

그림 10.1

그러면 잃어버린 에너지는 어디로 갔는가? 답은 언덕의 표면과 구 사이의 인력인 마찰에 있다. 구 A가 굴러 내려올 때, 일부 운동 에너지가 언덕 표면에 열로 전달된다. 이 전달된 에너지를 *마찰열*(frictional heating)이라 부른다. 즉, 구가 굴러내려 감에 따라 언덕 표면의 온도는 아주 약간 상승하게 된다. 따라서 원래 위치에서 A가 가지고 있던 퍼텐셜 에너지는, 일부는 열로 언덕 표면에, 일부는 B에 일로 전달된 것이다.

이제 언덕 표면을 매우 부드러운 것으로부터 매우 거친 것으로 변화시키면서 같은 실험을 해 보자. A가 바닥까지 굴러 내려올 때(그림 10.1 참조), A는 위치 변화가 항상 정확하게 같은 양만큼 변하기 때문에 항상 같은 양의 에너지를 잃게 된다. 그러나 이 잃은 에너지는 특정 조건인 *경로*(pathway)에 의존하면서 열과 일로 나누어진다. 예를 들어, 언덕 표면이 거칠면 A의 에너지는 많은 부분이 마찰열로 소비된다. A는 천천히 굴러 내려와 B를 다음 위치로 움직일 수 없을 정도로 부딪치게 된다. 이 경우 어떠한 일도 행해지지 않는다. 언덕 표면의 조건에 따라 열과 일의 양은 다르다 하더라도 이동된 전체 에너지는 일정하다. 에너지 변화는 경로에 무관하지만, 열과 일은 둘 다 경로에 의존하게 된다.

이러한 사실로부터 상태 함수라는 아주 중요한 개념을 알게 된다. **상태 함수**(state function)는 경로에 무관하게 변하는 계의 성질을 뜻한다. 화학적이지 않은 예를 생각해 보자. 시카고에서 덴버까지 여행한다고 했을 때, 다음 중 어느 것이 상태 함수인가를 알아보자.

- 여행한 거리
- 두 지역의 해발 높이 변화

여행한 거리는 경로(즉, 시카고와 덴버 사이의 경로)에 의존하기 때문에 상태 함수가 *아니다*. 반면 해발 높이 차이는 덴버의 높이(5280 ft)와 시카고의 높이(580 ft) 사이의 차이에만 의존한다. 높이 차이는 항상 5280 ft − 580 ft = 4700 ft이므로 두 도시 사이의 경로에 의존하지 않는다.

또한 그림 10.1의 예로부터도 상태 함수에 대해 알 수 있다. 구 A는 항상 언덕의 처음 위치에서 바닥 위치로 가야 하기 때문에 에너지 변화는 언덕이 부드러운 혹은 거친 재질이거나에 상관없이 항상 같다. 이 에너지가 바로 상태 함수이다. 주어진 에너지 변화는 과정의 경로에 무관하다. 반면, 열과 일은 상태 함수가 *아니다*. A의 위치 변화에 대해 부드러운 표면의 언덕은 거친 표면의 언덕보다 더 큰 일과 작은 열을 내놓게 된다. 즉, A의 주어진 위치 변화에 대해 에너지 변화는 항상 같지만(상태 함수), 결과의 에너지가 열과 일로 변하는 방식은 언덕 표면의 성질에 의존한다(열과 일은 상태 함수가 아니다).

비판적으로 생각하기

에너지가 보존되지 않는다면 우리 생활에 어떤 영향을 주겠는가?

10.2 온도와 열

학습 목표

- 온도와 열의 개념을 이해한다.

물질의 온도는 그 물질에 대해 무엇을 말해주고 있는가? 다른 식으로 뜨거운 물과 찬 물은 어떻게 다른가? 답은 물 분자의 움직임에서 찾을 수 있다. **온도**(temperature)는 *물질을 구성하는 성분들의 무질서한 운동의 척도*이다. 즉, 뜨거운 물 속의 H_2O 분자들은 찬 물 속의 H_2O 분자들보다 더 빠르게 움직인다.

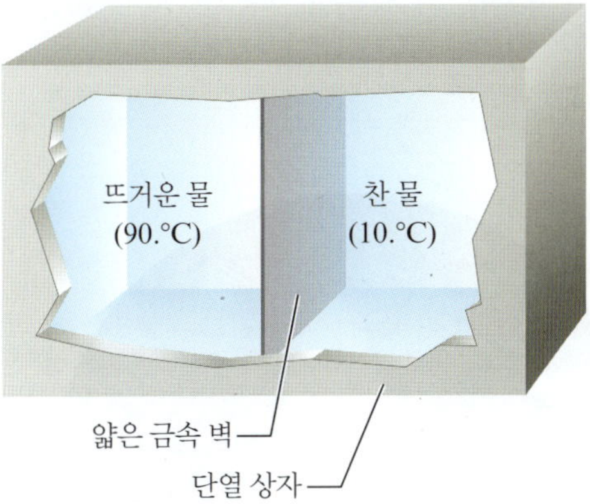

그림 10.2 얇은 금속 벽으로 분리된 단열 상자 안에 같은 질량의 뜨거운 물과 찬 물이 들어있다.

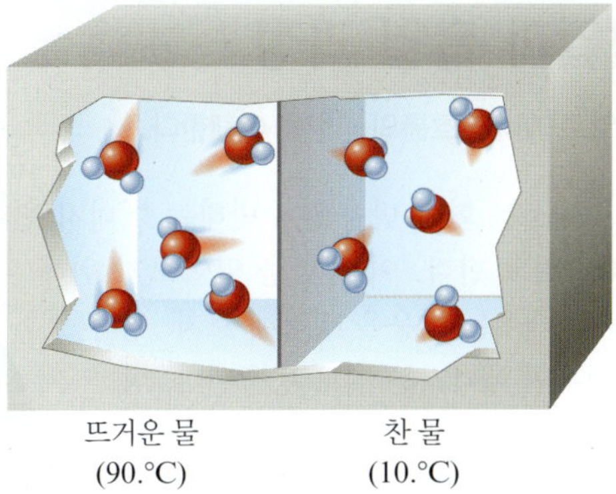

그림 10.3 뜨거운 물에 있는 H_2O 분자들은 찬 물에 있는 H_2O 분자들보다 훨씬 무질서한 운동을 한다.

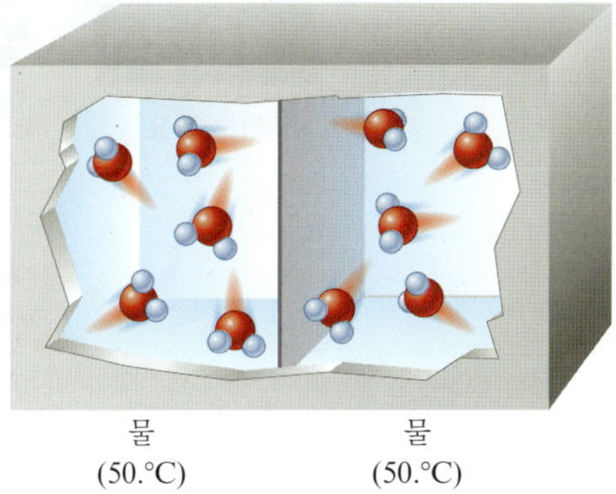

그림 10.4 이제 물 시료들은 같은 온도(50.°C)가 되며, 따라서 같은 무질서 운동을 한다.

단열 상자 안에 뜨거운 물(90.°C) 1.00 kg과 찬 물(10.°C) 1.00 kg을 얇은 금속 벽으로 분리된 옆 칸에 놓아둔 실험을 생각해 보자(그림 10.2). 어떤 일이 일어날지는 이미 알고 있을 것이다. 뜨거운 물은 식고 찬 물은 데워진다.

공기 중으로 어떠한 에너지도 잃지 않는다면, 두 물 시료의 최종 온도를 알 수 있을까? 이 문제를 어떻게 생각해야 할지 생각해 보자.

무슨 일이 일어나고 있는지 먼저 상상해 보자. 뜨거운 물 속의 H_2O 분자들은 찬 물 속의 분자들보다 빠르게 움직일 것이다(그림 10.3). 결과적으로 에너지는 금속 벽을 통해 뜨거운 물에서 찬 물 쪽으로 이동한다. 이렇게 이동된 에너지로 인해 뜨거운 물 속의 H_2O 분자들은 느려지고, 찬 물 속의 H_2O 분자들은 빨라지게 된다.

따라서 뜨거운 물로부터 찬 물로 에너지가 이동하게 된다. 이 에너지의 흐름을 열이라고 부른다. **열**(heat)은 *온도 차이에 의한 에너지의 흐름*으로 정의된다. 결국 어떤 일이 일어날까? 두 물 시료는 같은 온도에 도달하게 될 것이다(그림 10.4). 이 지점에서 뜨거운 물이 잃은 에너지는 찬 물이 얻은 에너지와 비교해 어떻게 될까? 에너지가 보존되어야 하기 때문에 이들은 같아야 한다.

여기서 최종 온도는 초기 온도의 평균이 된다는 것을 알 수 있다.

$$T_{\text{최종}} = \frac{T_{\text{뜨거운 물, 초기}} + T_{\text{찬 물, 초기}}}{2} = \frac{90.°\text{C} + 10.°\text{C}}{2} = 50.°\text{C}$$

뜨거운 물의 경우, 온도 변화는

$$\text{온도 변화(뜨거운 물)} = \Delta T_{\text{뜨거운 물}} = 90.°\text{C} - 50.°\text{C} = 40.°\text{C}$$

찬 물의 경우, 온도 변화는

$$\text{온도 변화(찬 물)} = \Delta T_{\text{찬 물}} = 50.°\text{C} - 10.°\text{C} = 40.°\text{C}$$

이 예에서 뜨거운 물과 찬 물의 질량은 같다. 만약 같지 않다면 문제는 훨씬 복잡해진다.

이 절에서 소개한 생각을 정리해보자. 온도는 어떤 물체 구성 성분들의 무질서한 운동의 척도이다. 열은 온도 차이에 의한 에너지의 흐름이다. 물체를 구성하는 성분들의 무질서한 운동이 물체의 *열 에너지*를 구성한다. 열이라고 부르는 에너지의 흐름은 열 에너지가 뜨거운 물체에서 찬 물체 쪽으로 이동하는 방식이다.

10.3 발열과 흡열 과정

학습 목표 ■ 열로 에너지 흐름의 방향을 이해한다.

이 절에서는 화학 반응을 수반하는 에너지 변화를 생각하려고 한다. 이 개념을 알아보기 위해 성냥을 태우는 반응을 생각해 보자. 성냥을 태우면 에너지는 열로 방출된다. 이 반응을 논의하기 위해 우주를 계와 주위의 두 부분으로 나눈다. **계**(system)는 우리가 관심을 갖는 우주의 일부분이고, **주위**(surroundings)는 계를 제외한 우주의 나머지 모든 부분이다. 이 경우 계를 반응의 반응물과 생성물로 정의한다. 반면 주위는 반응물과 생성물을 제외하고, 방 안 공기를 비롯한 모든 것으로 구성된다.

성냥의 연소는 에너지를 방출한다.
Elektra Vision AG/Jupiter Images

열을 방출하는 과정은 **발열**(exothermic)이라고 한다(여기서 *exo*-는 '밖으로'라는 뜻). 즉, 에너지가 *계 밖*으로 나간다. 예를 들어, 성냥의 연소에서 에너지는 열로 계에서 나가게 된다. 주위로부터 에너지를 흡수하는 과정은 **흡열**(endothermic)이라고 한다. 열이 *계 안으로* 흘러들어갈 때의 과정은 흡열이다. 물을 끓여 증기를 만드는 것은 일반적인 흡열 과정이다.

발열 반응에서 열로 방출되는 에너지는 어디에서 오는가? 답은 반응물과 생성물 사이의 퍼텐셜 에너지 차이에 있다. 반응물과 생성물 중 어느 것의 퍼텐셜 에너지가 더 낮은가? 전체 에너지는 보존되며, 발열 반응에서는 계에서 주위로 에너지가 흘러간다는 사실을 알고 있다. 따라서 *주위가 얻은 에너지는 계가 잃은 에너지와 같아야 한다.* 성냥의 연소에서, 타버린 성냥은 퍼텐셜 에너지를 잃고(이 경우 퍼텐셜 에너지는 반응물의 결합에 저장되어 있음), 이것은 열로서 주위로 이동된다(그림 10.5). 주위로 열이 흘러감으로써 반응계의 퍼텐셜 에너지는 낮아지게 된다. *발열 반응에서는 화학 결합에 저장된 일부의 퍼텐셜 에너지가 열 에너지(무질서한 운동 에너지)로 바뀌는 것이다.*

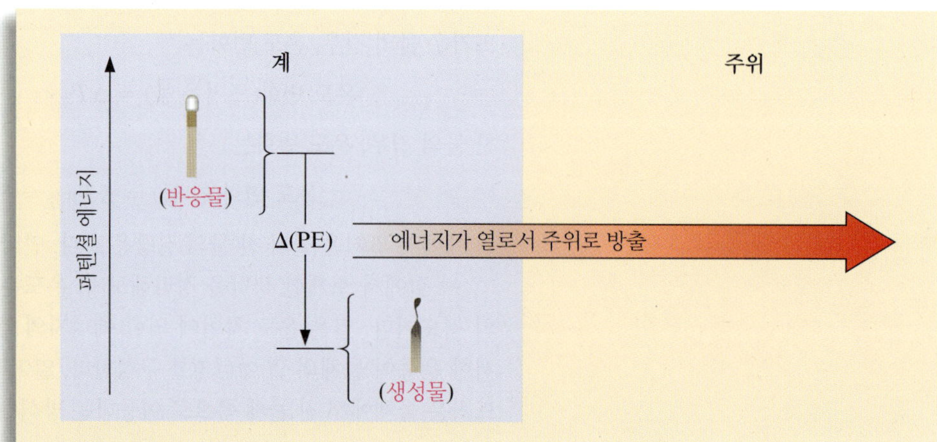

그림 10.5 성냥의 연소에 수반된 에너지 변화.

10.4 열역학

학습 목표

- 에너지 흐름이 내부 에너지에 어떤 영향을 주는지를 이해한다.

에너지에 대해 연구하는 것을 **열역학**(thermodynamics)이라 한다. 에너지 보존 법칙은 종종 **열역학 제1법칙**(first law of themodynamics)이라 하며, 다음과 같이 표현된다.

우주의 에너지는 일정하다.

계의 **내부 에너지**(internal energy) E는 계 안에 있는 모든 입자들의 운동 에너지와 퍼텐셜 에너지의 합으로 정확히 정의될 수 있다. 계의 내부 에너지는 일, 열 또는 둘 다의 흐름으로 변화될 수 있다. 즉,

$$\Delta E = q + w$$

여기서

Δ (델타)는 수반되는 함수의 변화를 뜻한다.
q는 열을 뜻하며
w는 일을 뜻한다.

열역학적 양은 항상 두 부분으로 구성된다. *숫자*(number)는 변화의 크기를 의미하고, *부호*(sign)는 흐름의 방향을 의미한다. *부호는 계의 입장에서 생각하는 것이 일반적이다.* 예를 들어, 어떤 양의 에너지가 열로서 계로 흘러 들어갔을 때(흡열 과정), q는 $+x$가 되며 양의 부호는 *계의 에너지가 증가된다*는 것을 뜻한다. 반면 계로부터 에너지로 열로서 흘러 나간다면, q는 $-x$가 되고 여기서 음의 부호는 *계의 에너지가 감소된다*는 것을 뜻한다.

이 책에서는 같은 규약이 일의 흐름에 대해서도 적용된다. 계가 주위에 일을 한다면(에너지는 계로부터 흘러 나감), w는 음이 된다. 주위가 계에 일을 한다면(에너지는 계로 흘러 들어 옴), w는 양이 된다. 계의 관점에서 정의하는 것을 모든 열역학적인 양에 동일하게 적용한다. 즉, 규약대로 q와 w의 부호를 모두 계에 일어나는 것으로 반영하면, $\Delta E = q + w$가 된다.

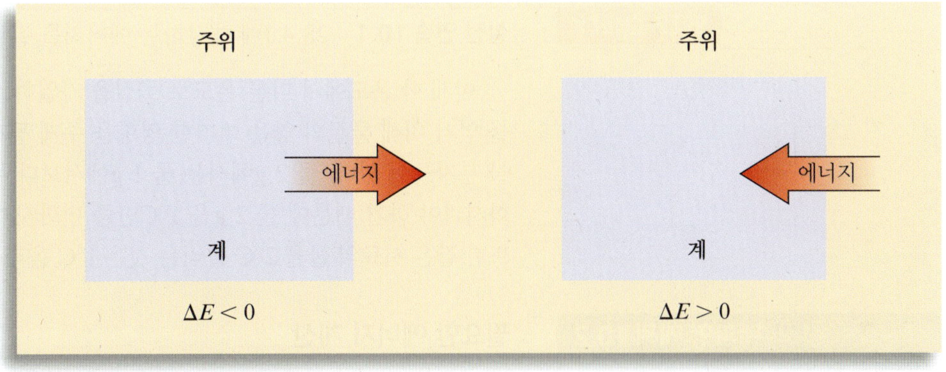

비판적으로 생각하기

화학 문제에서 ΔE를 계산하는 데 계와 주위를 혼돈하였다면 계산값과 부호에 어떤 영향을 주겠는가?

10.5 에너지 변화 측정

학습 목표 ■ 열 측정 방법을 이해한다.

© Cengage Learning

유럽 여러 나라에서는 다이어트 음료에 "낮은 칼로리(low calorie)" 대신 "낮은 줄(low joule)"이라고 표시한다.

이 장의 맨 앞에서 어떤 물질을 높은 온도로 가열하면 물질을 구성하는 성분들의 움직임이 증가된다고 하였다. 이것은 물질의 열 에너지를 증가시키는 것이다. 서로 다른 물질을 가열하면 다르게 반응한다. 이 개념을 알아보기 위해서는 *칼로리*(calorie)와 *줄*(joule)이라는 에너지의 공통 단위를 도입할 필요가 있다.

미터 계에서 **칼로리**(calorie)는 물 1 g을 1°C 올리는 데 필요한 에너지(열)의 양으로 정의한다. 우리에게 익숙한 '칼로리'는 음식물의 에너지 함량을 측정하는 데 사용되는 것으로, 실제로는 킬로칼로리(1000 칼로리)이며 화학에서 사용하는 칼로리와 구별하기 위해 대문자 *C* (Calorie)로 쓴다. SI 단위인 **줄**(joule)은 칼로리와 다음 관계를 가진다.

$$1 \text{ 칼로리} = 4.184 \text{ 줄}$$

또는 약자로

$$1 \text{ cal} = 4.184 \text{ J}$$

칼로리와 줄 사이의 변환에 익숙해질 필요가 있다. 이 변환 과정을 예제 10.1에서 살펴보자.

대화형 예제 10.1 칼로리를 줄로 변환

에너지 60.1 cal를 J 단위로 나타내시오.

풀이 정의에 의해 1 cal = 4.184 J이므로 필요한 환산 인자는 $\frac{4.184 \text{ J}}{1 \text{ cal}}$, 따라서 결과는

$$60.1 \cancel{\text{cal}} \times \frac{4.184 \text{ J}}{1 \cancel{\text{cal}}} = 251 \text{ J}$$

분모에 있는 1은 정의에 의해 정확한 수로 표현되므로 유효 자리의 숫자에 제한이 없다.

SELF-CHECK **실전 연습 10.1** 28.4 J에 해당하는 에너지를 칼로리로 계산하시오.

이제 한 온도에서 다른 온도로 물질을 가열하는 것에 대해 생각해 보자. 필요한 에너지를 얻기 위해 물질의 양은 어떠한 영향을 주게 될까? 물 2 g에는 물 1 g보다 2배만큼 많은 물 분자들이 있다. 물 2 g에서는 물 1 g에서보다 두 배만큼 많은 물 분자들의 움직임을 변화시켜야 하기 때문에 물 2 g을 1°C만큼 변화시키기 위해서는 2배의 에너지가 필요하다. 또한 같은 시료의 물을 2°C 올리는 것은 1°C 올리는 것보다 2배의 에너지를 필요로 한다.

대화형 예제 10.2 필요한 에너지 계산

물 7.40 g을 29.0°C에서 46.0°C로 올리는 데 필요한 에너지(열)의 양을 J 단위로 계산하시오.

풀이 **풀이 방향**

물 7.40 g의 온도를 29.0°C에서 46.0°C로 올리는 데 필요한 에너지(J 단위의 열)의 양을 계산해야 한다.

주어진 자료

- 물의 양은 7.40 g, 온도는 29.0°C에서 46.0°C로 증가하였다.

필요한 자료

- 물 1.00 g을 1.00°C만큼 올리는 데 필요한 열량. 이 책으로부터 4.184 J의 에너지가 필요함을 알고 있다.

풀이 과정

흔히 어떤 종류의 문제를 푸는 데 있어서 상황을 나타내는 도식을 그려보는 것이 유용하다. 이 경우, 29.0°C에서 46.0°C로 가열해야 하는 물 7.40 g이 있다.

7.40 g 물 **T = 29.0°C** → ? 에너지 → **7.40 g 물** **T = 46.0°C**

이 작업을 하기 위해서 얼마나 많은 에너지가 필요한가를 정해야 한다.

앞에서 물 1 g을 1°C 올리는 데 4.184 J의 에너지가 필요함을 알고 있다.

100 g 물 **T = 29.0°C** → 4.184 J → **100 g 물** **T = 30.0°C**

이 문제의 경우 물이 1.00 g 대신 7.40 g이기 때문에, 1°C 올리는 데에는 7.40 × 4.184 J의 에너지가 필요하게 된다.

7.40 g 물 **T = 29.0°C** → (7.40 × 4.184) J → **7.40 g 물** **T = 30.0°C**

하지만 물 시료의 온도를 1°C 이상 올리려고 한다. 실제로 필요한 온도 변화는 29.0°C에서 46.0°C이다. 이것은 17.0°C (46.0°C − 29.0°C = 17.0°C) 차이이다. 따라서 물 7.40 g을 1°C 올리는 데 필요한 에너지의 17.0배의 에너지를 공급해야 한다.

7.40 g 물 **T = 29.0°C** → (17.0 × 7.40 × 4.184) J → **7.40 g 물** **T = 46.0°C**

위 계산은 다음과 같이 요약할 수 있다.

$$4.184 \frac{\text{J}}{\text{g}^\circ\text{C}} \times 7.40\ \text{g} \times 17.0^\circ\text{C} = 526\ \text{J}$$

온도 1°C당 물 1 g당 필요한 에너지 × 물의 실제 질량 × 실제 온도 변화 = 필요한 에너지

> **수학적 기능 향상 도움말**
> 계산기를 통해 얻은 결과는 4.184 × 7.40 × 17.0 = 526.3472인데, 반올림하면 526이 된다.

물 7.40 g의 온도를 29.0°C에서 46.0°C로 올리는 데 526 J의 열 에너지가 필요하다. 물 1 g을 1°C 올리는 데 4.184 J의 에너지가 필요하므로, 단위가 J/g°C임을 유념하라.

점검 J의 단위가 맞고, 답은 유효 숫자 3자리의 수로 표현되었다.

SELF-CHECK

실전 연습 10.2 물 454 g을 5.4°C에서 98.6°C로 가열하는 데 필요한 에너지를 J 단위로 계산하시오.

지금까지 물질의 온도를 변화시키는 데 필요한 에너지(열)는 다음에 의존한다는 것을 알았다.

표 10.1 흔히 볼 수 있는 몇 가지 물질의 비열

물질	비열(J/g°C)
물(*l*)*(액체)	4.184
물(*s*)(얼음)	2.03
물(*g*)(수증기)	2.0
알루미늄(*s*)	0.89
철(*s*)	0.45
수은(*l*)	0.14
탄소(*s*)	0.71
은(*s*)	0.24
금(*s*)	0.13

*기호 (*s*), (*l*), (*g*)는 각각 고체, 액체, 기체를 뜻한다.

1. 가열되는 물질의 양(그램 수)
2. 온도 변화(몇 도)

그러나 물질의 특성이라는 또 다른 중요한 인자가 있다.

서로 다른 물질들은 가열될 때 서로 다르게 대응한다. 지금까지 4.184 J의 에너지는 물 1 g을 1°C만큼 올린다는 사실을 알았다. 반면 같은 에너지를 금 1 g에 적용하면 온도를 약 32°C만큼 올리게 된다. 어떤 물질은 온도를 올리기 위해 비교적 많은 에너지가 필요한 반면, 어떤 물질은 비교적 적은 에너지를 필요로 한다. 화학자들은 이러한 차이가 물질의 열용량이 서로 다르기 때문이라고 한다. *어떤 물질 1 g을 1°C만큼 올리는 데 필요한 에너지의 양*을 **비열용량**(specific heat capacity) 또는 간단히 *비열*(specific heat)이라고 한다. 몇 가지 물질들의 비열을 표 10.1에 나타내었다. 표에 보이는 바와 같이 물의 비열은 다른 물질들에 비해 매우 큰 것을 알 수 있다. 이것은 강이나 바다가 주변 육지에 비해 가열하거나 식힐 때 매우 느리게 반응한다는 것을 뜻한다.

대화형 예제 10.3 비열을 포함하는 계산

a. 철 조각 1.3 g을 25°C에서 46°C로 가열하는 데 필요한 에너지의 양을 J 단위로 나타내시오.

b. 답을 cal 단위로 나타내시오.

풀이

풀이 방향

철 1.3 g의 온도를 25°C에서 46°C로 높이기 위한 에너지의 양을 J과 cal 단위로 정해야 한다.

주어진 자료

- 철의 질량은 1.3 g이며 온도는 25°C에서 46°C로 증가한다.

필요한 자료

- 철의 비열과 J과 cal 사이의 환산 인자를 알 필요가 있다.

풀이 과정

a. 문제를 풀기 위해 다음과 같은 도표를 그리는 것이 유용하다.

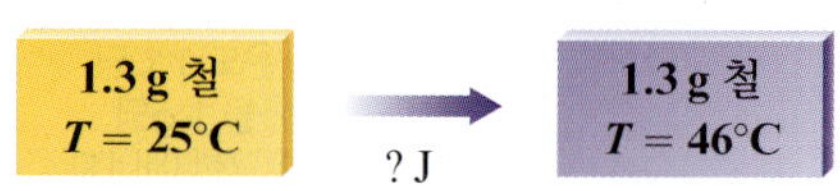

표 10.1로부터 철의 비열은 0.45 J/g°C이다. 즉, 철 조각 1 g을 1°C 올리는 데 0.45 J이 필요한 것이다.

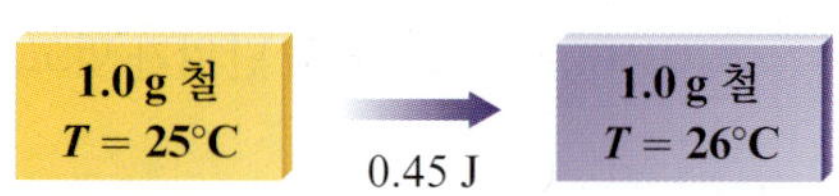

이 경우, 시료는 1.3 g이므로 온도를 1°C 높이기 위해서는 1.3 × 0.45 J이 필요하다.

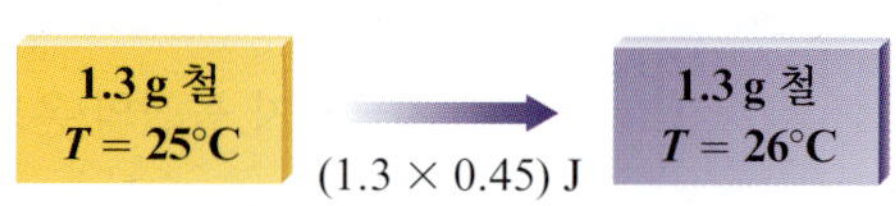

수학적 기능 향상 도움말
계산기를 사용하면
0.45 × 1.3 × 21 = 12.285이 얻어지며, 반올림하면 12가 된다.

온도 증가는 21°C (46°C − 25°C = 21°C)이므로 필요한 전체 에너지 양은

$$0.45\frac{\text{J}}{\text{g°C}} \times 1.3\ \text{g} \times 21\text{°C} = 12\ \text{J}$$

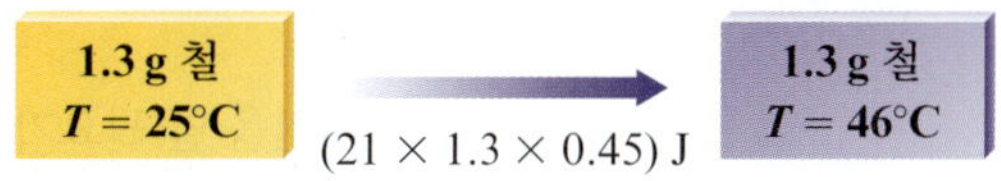

최종 단위가 J임을 명심해야 한다.

b. 에너지를 칼로리로 계산하기 위해 적당한 환산 인자 즉, 1 cal = 4.184 J을 이용한다. 줄을 칼로리로 변환하기 위해 cal는 분자에 놓고 J은 분모에 놓아 같은 단위를 제거한다.

$$12\ \cancel{\text{J}} \times \frac{1\ \text{cal}}{4.184\ \cancel{\text{J}}} = 2.9\ \text{cal}$$

이 경우 분자에 있는 1은 정의에 의해 정확한 수이므로 유효 숫자의 수를 제한하지 않는다(여기서는 숫자 12가 제한하게 된다).

점검 J과 cal 단위는 정확하고 답은 두 자리 유효 숫자를 갖는다.

SELF-CHECK

실전 연습 10.3 고체 금 5.63 g을 21°C에서 32°C로 가열한다. 얼마나 많은 에너지(J과 cal)가 필요한가?

예제 10.3에서 필요한 에너지(열)를 계산하기 위해 비열, 그램 단위의 시료 크기, 섭씨 온도에서의 온도 변화를 곱했다.

필요한 에너지 (열) (Q)	=	비열용량(s)	×	시료의 g 단위 질량(m)	×	°C 단위의 온도 변화(ΔT)

수학적 기능 향상 도움말
기호 Δ(그리스 문자 델타)는 "변화량"을 나타낸다.

이것을 다음과 같이 나타낼 수 있다.

$$Q = s \times m \times \Delta T$$

여기서

Q = 필요한 에너지(열)
s = 비열
m = 그램 단위의 시료 질량
ΔT = 섭씨 온도 단위의 온도 변화

이 식은 상태 변화 없이 물질을 가열하거나 식힐 때에는 항상 적용된다. 그러나 이 식을 사용하기 전 이 식의 의미를 확실히 알아야 한다.

대화형 예제 10.4 식을 사용한 비열 계산

금같이 보이는 금속 시료 1.6 g의 온도를 23°C에서 41°C로 올리는 데 5.8 J의 에너지가 필요하였다. 이 금속은 진짜 금일까?

풀이

풀이 과정
금속이 금인가를 확인해야 한다.

주어진 자료

- 금속의 질량은 1.6 g이며, 5.8 J의 에너지가 23°C에서 41°C로 온도를 올리는 데 필요하다.

필요한 자료

- 금의 비열을 알 필요가 있다.

풀이 과정

이 문제를 풀기 위해 다음과 같은 방식으로 표현하는 것이 좋다.

$$\Delta T = 41°\text{C} - 23°\text{C} = 18°\text{C}$$

주어진 자료를 사용해 금속의 비열을 계산하고 이 값을 표 10.1에 주어진 금의 비열과 비교한다. 이제

$$Q = s \times m \times \Delta T$$

또는 도식적으로

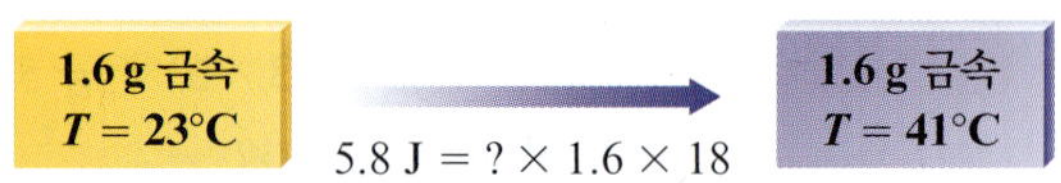

식 $Q = s \times m \times \Delta T$의 양변을 $m \times \Delta T$로 나누면

$$\frac{Q}{m \times \Delta T} = s$$

따라서 주어진 자료를 사용해 s 값을 계산할 수 있다. 이 경우

$$Q = \text{필요한 에너지(열)} = 5.8\ \text{J}$$

$$m = \text{시료의 질량} = 1.6\ \text{g}$$

$$\Delta T = \text{온도 변화} = 18°\text{C}\ (41°\text{C} - 23°\text{C} = 18°\text{C})$$

따라서

$$s = \frac{Q}{m \times \Delta T} = \frac{5.8\ \text{J}}{(1.6\ \text{g})(18°\text{C})} = 0.20\ \text{J/g°C} ◀$$

수학적 기능 향상 도움말
계산기를 통해 얻은 결과는 5.8/(1.6 × 18) = 0.2013889인데, 반올림하면 0.20이 된다.

표 10.1에서 금의 비열은 0.13 J/g°C이다. 따라서 위의 금속은 순수한 금이 아니라는 것을 알 수 있다.

SELF-CHECK

실전 연습 10.4 순수한 금속 시료 2.8 g의 온도를 21°C에서 36°C로 올리는 데 10.1 J의 에너지가 필요하다. 이 금속은 무엇인가? (표 10.1 참조)

10.6 열화학(엔탈피)

학습 목표

- 화학 반응의 열(엔탈피)을 이해한다.

어떤 반응은 발열(열 에너지를 생성)이고 또 어떤 반응은 흡열(열 에너지를 흡수)이라는 것을 배웠다. 또 화학자들은 주어진 반응에 의해 생성되거나 흡수되는 에너지의 양을 정확히 알고 싶어한다. 이 과정을 더 편리하게 하기 위해 **엔탈피**(enthalpy)라고 하는 특별한 에너지 함수를 만들어 H로 나타낸다. 일정 압력 조건에서 일어나는 반응에 대해 엔탈피 변화(ΔH)는 열로서 흐르는 에너지와 같다. 즉,

$$\Delta H_p = \text{열}$$

여기서 아래첨자 'p'는 과정이 일정 압력 조건에서 일어난다는 것을 뜻하고, Δ는 차이를 뜻한다. 따라서 일정한 압력에서 일어나는 반응의 엔탈피 변화는 그 반응에 대한 반응열과 같다.

대화형 예제 10.5 엔탈피

메테인(CH_4) 1 mol을 일정 압력에서 연소할 때, 890 kJ의 에너지가 열로 방출된다. 메테인 시료 5.8 g을 일정 압력에서 연소하는 과정의 ΔH를 계산하시오.

풀이

풀이 방향

일정한 압력에서 메테인(CH_4) 5.8 g이 산소와 반응할 때의 ΔH를 구하려고 한다.

주어진 자료

- CH_4 1 mol이 연소할 때, 890 kJ의 에너지가 방출된다.
- 시료는 CH_4 5.8 g이다.

필요한 자료

- 메테인의 몰질량은 탄소의 원자 질량(12.01 g/mol)과 수소의 원자 질량(1.008 g/mol)으로부터 얻을 수 있다. 몰질량은 16.0 g/mol이다.

풀이 과정

일정 압력에서 CH_4 1 mol당 890 kJ의 에너지가 열로 생성된다.

$$q_p = \Delta H = -890\ \text{kJ/mol CH}_4$$

음의 부호는 발열 과정을 뜻한다. 이 경우, CH_4 시료(몰질량 = 16.0 g/mol) 5.8 g이 연소된다. 메테인의 양은 1 mol보다 적기 때문에 890 kJ보다 적은 열이 방출될 것이다. 실제 값은 다음과 같이 계산할 수 있다.

$$5.8\ \text{g}\ \cancel{\text{CH}_4} \times \frac{1\ \text{mol CH}_4}{16.0\ \text{g}\ \cancel{\text{CH}_4}} = 0.36\ \text{mol CH}_4$$

그리고

$$0.36\ \cancel{\text{mol CH}_4} \times \frac{-890\ \text{kJ}}{\cancel{\text{mol CH}_4}} = -320\ \text{kJ}$$

따라서 CH_4 5.8 g이 일정 압력에서 연소하면,

$$\Delta H = \text{열 흐름} = -320\ \text{kJ}$$

점검 연소되는 메테인의 질량은 1 mol보다 작으므로 890 kJ보다 적은 열이 방출될 것이다. 답은 주어진 양에 의해서 두 자리 유효 숫자를 갖는다.

SELF-CHECK

실전 연습 10.5 운동하다 생긴 부상을 치료하는 데 사용되는 찜질 팩(heat pack)에서 일어나는 반응은 다음과 같다.

$$4Fe(s) + 3O_2(g) \rightarrow 2Fe_2O_3(s) \qquad \Delta H = -1652 \text{ kJ}$$

Fe(*s*) 1.00 g을 과량의 $O_2(g)$와 반응시킬 때 방출되는 열은 얼마인가?

열량계

열량계(calorimeter, 그림 10.6)는 화학 반응에 수반되는 열 측정에 사용되는 장치이다. 반응은 열량계 안에서 진행되며, 반응에 따른 열량계의 온도 변화를 측정한다. 열량계에서 일어나는 온도 변화와 열량계의 열용량을 알면, 반응에 의해 흡수되거나 방출된 열 에너지를 계산할 수 있다. 따라서 해당 반응의 ΔH를 측정할 수 있는 것이다.

일단 여러 다양한 반응에 대해 ΔH를 측정하면, 이 자료를 이용해 다른 반응의 ΔH 값을 계산할 수 있다. 다음 절에서 이러한 계산이 어떻게 가능한지 보기로 하자.

10.7 헤스 법칙

학습 목표

- 헤스 법칙을 이해한다.

엔탈피의 가장 중요한 성질 중 하나는 이것이 상태 함수라는 것이다. 즉, 주어진 과정의 엔탈피 변화는 과정의 경로에 무관하다. 결과적으로 *특정 반응물이 특정 생성물로 변환될 때, 엔탈피 변화는 반응이 한 단계로 일어나든지 여러 일련의 단계로 일어나든지 같다.* **헤스 법칙**(Hess's law)으로 알려진 이 원리는 질소의 산화로 이산화 질소를 만드는 과정을 보면 잘 이해된다. 전체 반응은 한 단계 반응으로 쓸 수 있는데, 엔탈피 변화를 ΔH_1으로 표시한다.

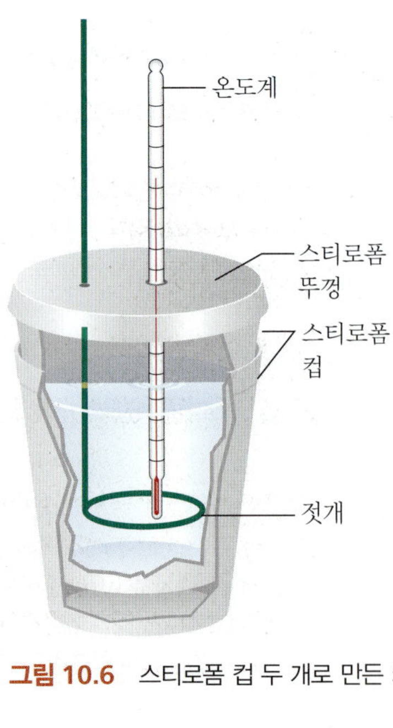

그림 10.6 스티로폼 컵 두 개로 만든 커피컵 열량계.

$$N_2(g) + 2O_2(g) \rightarrow 2NO_2(g) \qquad \Delta H_1 = 68 \text{ kJ}$$

이 반응은 또한 두 단계로 일어날 수 있는데, 이 경우 엔탈피 변화는 ΔH_2와 ΔH_3로 표시한다.

	$N_2(g) + O_2(g) \rightarrow 2NO(g)$	$\Delta H_2 = 180 \text{ kJ}$
	$2NO(g) + O_2(g) \rightarrow 2NO_2(g)$	$\Delta H_3 = -112 \text{ kJ}$
알짜 반응:	$N_2(g) + 2O_2(g) \rightarrow 2NO_2(g)$	$\Delta H_2 + \Delta H_3 = 68 \text{ kJ}$

두 단계의 합은 알짜 반응(전체 반응)에 대한 엔탈피 변화를 나타낸다는 것을 유념하라.

$$\Delta H_1 = \Delta H_2 + \Delta H_3 = 68 \text{ kJ}$$

헤스 법칙이 중요한 것은 열량계로 직접 측정하기 힘들거나 어려운 반응의 열을 *계산*할 수 있다는 것이다.

엔탈피 변화의 특성

반응에 대한 엔탈피 변화를 계산하기 위해 헤스 법칙을 사용하려면 반응의 ΔH에 대한 두 가지 특성을 이해하는 것이 중요하다.

1. 반응이 반대로 진행되면, ΔH의 부호도 반대로 바뀐다.
2. ΔH의 크기는 반응에 있는 반응물과 생성물의 양에 정비례한다. 균형 화학 반응식의 계수에 정수 배를 하면, ΔH 값도 같은 정수 배를 해준다.

영족 기체 원소를 포함하는 이성분 화합물로 처음 보고된 사플루오린화 제논 결정.

이 두 규칙 모두 엔탈피 변화의 성질로부터 바로 알 수 있는 것이다. 첫 번째 규칙은 ΔH의 *부호*가 일정 압력에서 열 흐름의 *방향*을 나타낸다는 것을 상기하면 잘 알 수 있다. 반응의 방향이 반대로 되면 열 흐름도 반대로 될 것이다. 이를 알아보기 위해 비활성 기체로부터 만든 첫 번 이성분 화합물인 사플루오린화 제논을 생각해 보자. ◀

$$Xe(g) + 2F_2(g) \rightarrow XeF_4(s) \qquad \Delta H = -251 \text{ kJ}$$

이 반응은 발열 반응으로 251 kJ의 에너지를 주위로 열로 방출한다. 반면 무색의 XeF_4 결정을 원소로 분해하면 반응식은 다음과 같이 된다.

$$XeF_4(s) \rightarrow Xe(g) + 2F_2(g)$$

에너지가 반대로 흐르게 되므로 251 kJ의 에너지가 주위로부터 흘러들어와 흡열 반응이 된다. 따라서 이 반응에 대한 $\Delta H = +251$ kJ이다.

두 번째 규칙은 ΔH가 반응하는 물질의 양에 의존하는 크기 성질(extensive property)이라는 사실로부터 온다. 예를 들어, 다음 반응에서 에너지 251 kJ이 방출되기 때문에

$$Xe(g) + 2F_2(g) \rightarrow XeF_4(s)$$

반응물과 생성물의 양을 두 배로 하는 반응의 경우에는

$$2Xe(g) + 4F_2(g) \rightarrow 2XeF_4(s)$$

두 배의 열이 방출될 것이다.

$$\Delta H = 2(-251 \text{ kJ}) = -502 \text{ kJ}$$

비판적으로 생각하기

헤스 법칙 사실이 아니라면 이것으로 가능한 영향은 어떤 것이 있겠는가?

대화형 예제 10.6 **헤스 법칙**

탄소의 두 가지 형태 중 하나는 검고 부드러우면서 미끄러운 재질인 흑연으로 연필심과 잠금 장치의 윤활유로 사용되며, 또 다른 하나는 광택이 있는 단단한 보석인 다이아몬드이다. 흑연(−394 kJ/mol)과 다이아몬드(−396 kJ/mol)의 연소 엔탈피를 사용해 흑연을 다이아몬드로 변환시키는 반응의 ΔH를 계산하시오.

$$C_{흑연}(s) \rightarrow C_{다이아몬드}(s)$$

풀이

풀이 과정

흑연을 다이아몬드로 변환하는 반응의 ΔH를 정한다.

주어진 자료

연소 반응은

$$C_{흑연}(s) + O_2(g) \rightarrow CO_2(g) \qquad \Delta H = -394\ \text{kJ}$$
$$C_{다이아몬드}(s) + O_2(g) \rightarrow CO_2(g) \qquad \Delta H = -396\ \text{kJ}$$

필요한 자료

두 번째 반응을 반대로(ΔH의 부호를 바꿔야 함) 하고 두 반응을 더하면 원하는 반응이 된다.

$$C_{흑연}(s) + O_2(g) \rightarrow CO_2(g) \qquad \Delta H = -394\ \text{kJ}$$
$$CO_2(g) \rightarrow C_{다이아몬드}(s) + O_2(g) \qquad \Delta H = -(-396\ \text{kJ})$$
$$C_{흑연}(s) \rightarrow C_{다이아몬드}(s) \qquad \Delta H = 2\ \text{kJ}$$

따라서 흑연 1 mol을 다이아몬드로 바꾸는 데 2 kJ의 에너지가 필요하다. 이 과정은 흡열 과정이다.

SELF-CHECK

실전 연습 10.6 다음 정보로부터

$$S(s) + \tfrac{3}{2}O_2(g) \rightarrow SO_3(g) \qquad \Delta H = -395.2\ \text{kJ}$$
$$2SO_2(g) + O_2(g) \rightarrow 2SO_3(g) \qquad \Delta H = -198.2\ \text{kJ}$$

다음 반응에 대해 ΔH를 계산하시오.

$$S(s) + O_2(g) \rightarrow SO_2(g)$$

10.8 에너지의 양과 질

학습 목표

■ 에너지가 사용될 때 에너지의 질이 어떻게 변하는가를 알아본다.

에너지의 가장 중요한 특성 중 하나는 에너지가 보존된다는 것이다. 따라서 우주의 전체 에너지 양은 항상 지금의 양과 같아야 한다. 이것이 맞다면, 우리는 왜 에너지에 관심을 가지고 있는가? 예를 들어 석유 공급에 대해 왜 걱정해야 하는가? 놀랍게도 에너지 위기는 에너지의 *양*(quantity)에 대한 것이 아니고 에너지의 *질*(quality) 문제이다. 이 생각을 이해하기 위해 서울에서 광주까지의 자동차 여행을 생각해 보자. 광주에 도착하기 위해서는 가는 길에 자동차에 휘발유를 넣어야 한다. 그 에너지에 어떤 일이 일어나는가? 휘발유와 산소의 결합에 저장된 에너지는 반응을 통해 열 에너지로 변형되고 이것은 광주까지 가는 고

속도로에 퍼뜨리면서 뿌려지게 된다. 에너지의 전체 양은 여행 전과 후가 같지만 휘발유에 축적된 에너지는 주변에 넓게 퍼지면서 분포하게 된다.

$$\text{휘발유}(l) + O_2(g) \rightarrow CO_2(g) + H_2O(l) + \text{에너지}$$

↑ C_8H_{18}과 그 밖에 비슷한 화합물들

↓ 고속도로를 따라 분산되어 도로와 공기를 데움

어느 에너지가 일을 더 쉽게 할 수 있을까? 휘발유에 저장된 에너지인가? 아니면 서울에서 광주까지 가는 길에 뿌려진 열 에너지인가? 물론 휘발유에 저장되어 있는 에너지가 사용하기에는 더 편리하다.

이 예는 매우 중요한 일반 원리를 보여준다. 일을 하기 위한 에너지를 사용할 때 유용성을 간과하는 경우가 많다. 다시 말하면, 에너지를 사용할 때는 매번 에너지의 *질*(quality)이 낮아진다.

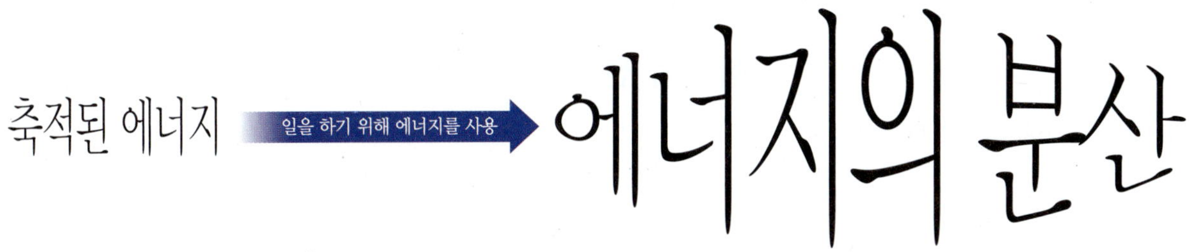

우주의 '열역학적 죽음(heat death, 엔트로피가 최대로 되는 열 평형 상태)'이라는 말을 들어본 적이 있었을 것이다. 결국 현재로부터 수백억 년 이상 동안 모든 에너지는 우주를 통해 분산되고 있으며 궁극에는 모든 것이 같은 온도에 도달하게 된다. 이 점에서는 더 이상 일을 할 수 있는 에너지가 없어 우주는 '죽음'에 이르게 된다.

물론 열역학적 죽음이 곧 오리라고 걱정할 필요는 없지만, 공급되는 에너지의 질에 대해 생각할 필요는 있다. 수백 년 동안 묻혀있던 석유 분자에 저장된 에너지는 식물과 동물들이 태양으로부터 흡수한 에너지로서, 이 에너지로 석유 분자를 만들었던 것이다. 이들 유기체가 죽어서 묻혀있는 동안 천연 과정이 이들을 석유 축적물로 바꾸었고, 이제 이것을 휘발유와 천연 가스에 대한 공급원으로 사용하고 있다.

석유는 편리하고 농축된 에너지원을 제공하므로 매우 가치 있다고 할 수 있다. 불행히도 천연 과정이 그것을 다시 축적시키는 것보다 훨씬 더 빠른 속도로 이 연료를 소모하고 있기 때문에 이를 대체할 수 있는 새로운 에너지원을 찾으려 애쓰고 있다. 가장 합리적인 에너지원은 태양이다. *태양 에너지*(solar energy)는 우리 사회에서 생산적인 일을 하는 데 태양 에너지를 직접 이용하는 것과 관련된다. 에너지 공급에 대해서는 다음 절에서 더 다루기로 한다.

10.9 에너지와 우리의 세계

학습 목표

- 우리가 살고 있는 세계의 에너지 자원을 이해한다.

나무, 석탄, 석유, 천연 가스는 원래 태양으로부터 온 어마어마한 에너지원으로서의 역할을 하고 있다. 식물은 광합성 과정에 의해 에너지를 저장하는데, 식물 자체를 태우거나 수백만 년 동안 **화석 연료**(fossil fuel)로 변환된 생성물을 태워서 저장된 에너지를 사용한다. 현재 미국에서는 에너지의 석유 의존도가 매우 높은데, 이 의존도는 그림 10.7에 보이듯이 거의 최근에 일어난 현상이다. 이 절에서는 몇 가지 에너지원과 이들의 환경에 대한 영향을 논하기로 한다.

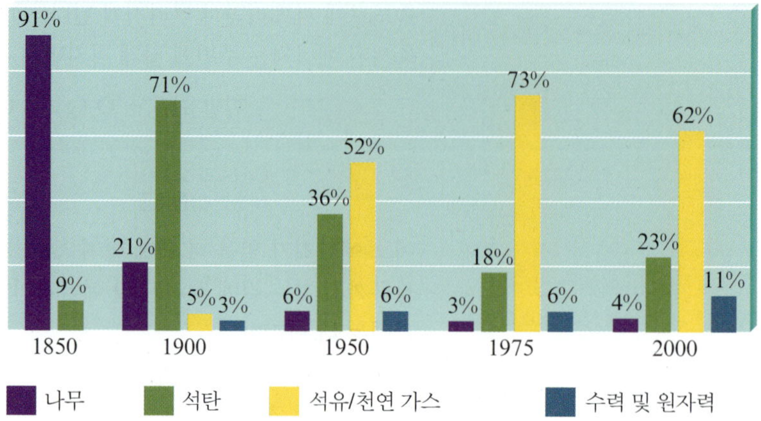

그림 10.7 미국에서 사용되는 에너지원.

석유와 천연 가스

어떻게 이들이 만들어졌는지 완전히 이해가 되는 것은 아니지만, 석유와 천연 가스는 약 5억 년 전에 살았던 해양 유기체의 유해들로부터 형성되었다고 하는 것이 가장 그럴듯하다. 이들 물질이 형성되는 방법 때문에 이들을 *화석 연료*(fossil fuel)라고 부른다. **석유**(petroleum)는 걸쭉한 검은색 액체로서, 탄소와 수소로 이루어진 *탄화수소*라는 화합물로 주로 구성되어 있다(탄소는 다양한 길이의 사슬을 형성하도록 결합할 수 있는 유일한 원소이다). 표 10.2에 몇 가지 일반적인 탄화수소의 화학식과 이름을 열거하였다. 석유 퇴적물과 주로 관련된 **천연 가스**(natural gas)는 대부분이 메테인이지만, 그 외 다량의 에테인, 프로페인, 뷰테인도 포함되어 있다.

표 10.2 몇 가지 일반적인 탄화수소의 이름과 화학식

분자식	이름
CH_4	메테인
C_2H_6	에테인
C_3H_8	프로페인
C_4H_{10}	뷰테인
C_5H_{12}	펜테인
C_6H_{14}	헥세인
C_7H_{16}	헵테인
C_8H_{18}	옥테인

석유의 조성은 약간씩 다르지만, 대부분은 탄소수 5~25인 사슬로 된 탄화수소를 포함한다. 효과적으로 사용하기 위해 석유를 분별 증류한다. 끓는점이 낮은 가벼운 분자들을 증발시키고, 무거운 분자들은 남겨놓는 식으로 분별 증류를 한다. 다양한 석유의 분획의 상업적 용도를 표 10.3에 나타내었다.

20세기 말에는 화석 연료가 급격히 고갈될 것이라는 염려가 제기되었다. 그러나 *수압 파쇄법*(hydraulic fracturing)이나 *프래킹*(fracking)이라는 새로운 기술이 상황을 크게 변화시켰다. 프래킹은 바위층에 구멍을 뚫어 물, 모래 및 화학 물질의 혼합물을 높은 압력으로 깊이 집어넣는 것이다. 높은 압력에 의해 바위층이 부서지게 되는데, 이때 깊숙이 있던 석유와 천연 가스가 배출된다. 이 기술은 전에는 많은 양에도 불구하고 채취하지 못했던 석유를 얻는 잠재력을 갖는다. 예를 들어 깊숙한 퇴적암으로부터 얻을 수 있는 천연 가스의 양은 200조 m^3 이상이라고 예측된다. 따라서 프래킹이라는 기술은 미래 에너지원에 대한 걱정을 완전히 바꿔 놓았다.

산업혁명 기간 동안 램프 기름에 대한 수요가 동물의 지방, 고래 기름 같은 전통적인

표 10.3 여러 석유 성분의 용도

탄소 원자 수에 따른 석유 분획	주요 용도
C_5-C_{10}	휘발유
$C_{10}-C_{18}$	등유, 제트 연료
$C_{15}-C_{25}$	디젤 연료, 난방유, 윤활유
$>C_{25}$	아스팔트

원료를 앞지르면서 석유 시대가 시작되었다. 이러한 요구에 부응하여 드레이크(Edwin Drake)는 1859년 펜실베니아 주 티투스빌(Titusville)에서 처음으로 유정을 뚫었다. 이 유정으로 나온 석유를 정제하여 좋은 램프 기름인 *등유*(C_{10}~C_{18})를 만들었다. 그 당시 *휘발유*(C_5~C_{10})는 제한적인 용도로 사용되었기 때문에 버리기까지 하였다. 이러한 상황은 곧 변했다. 전기의 개발은 등유의 요구를 감소시킨 반면 휘발유를 동력으로 하는 엔진을 갖는 자동차의 발명으로 휘발유 시대의 탄생이 시작되었다.

휘발유가 더 중요해짐에 따라 같은 양의 석유로부터 더 많은 휘발유를 얻기 위한 새로운 방법들이 필요했다. 버튼(William Burton)은 인디애나의 스탠다드 정유사(Standard Oil)에서 *열분해(고온) 크래킹*[pyrolytic (high-temperature) cracking]이라는 공정을 개발하였다. 이 공정에서 등유 부분의 무거운 분자들을 약 700°C로 가열한 다음 이들을 휘발유 부분을 구성하는 탄화 수소의 작은 분자들로 쪼갠다. 자동차가 커짐에 따라 더 효율적인 내연기관 엔진이 고안되었는데, 이때 휘발유가 불균등하게 타기 때문에 엔진의 노킹 현상이 일어나 소음을 일으키고 심지어 엔진을 망가뜨린다. 부드럽게 태우기 위한 첨가제를 찾기 위해 집중적으로 연구한 결과 매우 효과적으로 "노킹을 제거하는" 테트라에틸 납[$(C_2H_5)_4Pb$]을 만들었다.

따라서 휘발유에 테트라에틸 납을 첨가하는 일이 일반적인 관행이 되었으며, 1960년 이후로 휘발유 1 갤런에 3 g 정도의 납을 포함하게 되었다. 최근에도 자주 이런 일이 일어나듯이 기술적인 진보는 환경 문제를 야기할 수 있다. 자동차 배기 가스로부터 대기 환경을 지키기 위해 촉매 변환 장치가 자동차의 배기 시스템에 장착되었다. 그러나 이 변환 장치의 효율성은 납에 의해 파괴된다. 또한 납이 섞인 휘발유를 사용하면 주변 환경에 납의 양을 증가시키게 되고 이것을 인간이나 동물이 섭취할 수 있다. 이러한 이유로 휘발유에 납을 넣어 사용하는 것은 단계적으로 중지되었으며, 따라서 엔진과 휘발유 정제 공정에서 대규모적인 개선이 요구되었다.

석탄

석탄(coal)은 식물의 잔재가 묻힌 다음 오랜 시간 동안 높은 압력과 열에 의해 형성된 것이다. 식물에는 다량의 셀룰로스가 있는데, 실험식이 CH_2O이지만 몰질량이 거의 500,000 g/mol인 복잡한 분자이다. 다양한 시기와 지구의 여러 지역에서 자란 식물과 나무들이 죽어서 묻히면 셀룰로스 분자의 산소와 수소 양을 줄이는 화학 변화가 점진적으로 진행된다. 석탄은 갈탄, 아역청탄, 역청탄, 무연탄으로 4단계를 거치면서 '숙성(mature)'된다. 각 단계마다 탄소 대 산소 및 탄소 대 수소의 비가 더 높아진다. 즉, 상대적으로 탄소 함량이 점차 증가한다. 다양한 석탄 종류의 전형적인 원소의 조성을 표 10.4에 나타내었다. 주어진 양의 석탄을 연소해 나오는 에너지는 탄소의 양이 증가함에 따라 증가한다. 따라서 무연탄이 가장 가치있는 석탄이며 갈탄은 가장 가치 없는 석탄이다.

표 10.4 다양한 석탄 종류의 성분 원소 구성

	각 원소의 질량 백분율				
석탄의 종류	C	H	O	N	S
갈탄	71	4	23	1	1
아역청탄	77	5	16	1	1
역청탄	80	6	8	1	5
무연탄	92	3	3	1	1

석탄은 미국에서 중요하며 풍부한 연료로서 현재 에너지의 약 20%를 공급하고 있다. 석유 공급이 줄어듦에 따라 에너지에서 석탄의 비중은 30%까지 증가될 수 있다. 하지만 석탄은 지하 광산에서 채굴해야 하기 때문에 비싸고 위험하다. 또한 중서부의 비옥한 농지와 서부의 경치 좋은 땅을 깊게 채굴하는 것은 분명히 문제를 야기한다. 게다가 특별히 황이 많은 석탄을 연소하면 이산화 황 같은 오염물질이 배출되는데, 이는 산성비의 원인이다. 그러나 석탄이 순수한 탄소라 하더라도 태울 때는 이산화 탄소가 발생하며, 이는 지구 환경에 커다란 문제를 야기한다.

이산화 탄소의 기후에 대한 영향

지구는 태양으로부터 막대한 양의 복사 에너지를 받는데, 이 중 약 30%는 지구 대기에 의해 우주로 반사된다. 나머지 에너지는 대기를 통해 지구 표면에 도달하는데, 이 중 일부는 광합성을 하는 식물에 흡수되고, 또 일부는 바다에 흡수되어 물을 증발시킨다. 그러나 대부분은 흙, 바위, 물 등에 흡수된다. 가열된 표면으로부터 흔히 *열 복사*(heat radiation)라고 부르는 *적외선 복사*(infrared radiation)의 형태로 에너지가 방출된다.

대기는 창문 유리처럼 가시광선은 통과시키지만, 적외선은 모두 통과시키지 않고 우주로 반사한다. 대기 분자들 중 특히 H_2O와 CO_2가 적외선을 매우 잘 흡수하며, 그림 10.8처럼 다시 지구로 복사시킨다. 열 에너지의 전체 양이 지구 대기에 의해 유지되면서, 지구는 대기가 없을 때에 비해 훨씬 더워진다. 대기는 가시광선은 통과시키고 적외선은 흡수하는 온실의 유리처럼 행동함으로써 건물 내부의 온도가 계속 올라간다. 이러한 **온실 효과**(greenhouse effect)는 금성에서 아주 잘 관찰되는데, 이 행성의 표면 온도가 아주 높은 것은 금성 대기의 밀도가 높기 때문이다.

따라서 지구 표면의 온도는 대기에 있는 이산화 탄소와 물의 양에 의해 크게 영향을 받는다. 예를 들어 대기 수분(습도)의 효과는 미국 중서부 지역에서 쉽게 볼 수 있다. 습도가 높은 여름에 태양열은 밤까지 잘 유지되면서 열대야를 유발하며, 겨울에는 습도가 낮은 아주 맑은 날 밤에 바깥으로 복사선을 내보냄으로써 항상 최저 온도가 기록된다.

대기의 물 함량은 물 순환(증발과 강수)에 의해 조절되며, 평균 양은 연간 항상 일정하다. 그러나 화석 연료를 과하게 사용하면 이산화 탄소 농도가 계속 증가하게 되는데 1880년부터 지금까지 이산화 탄소 농도는 약 20% 정도 증가하였다. 21세기에는 대기 중 이산

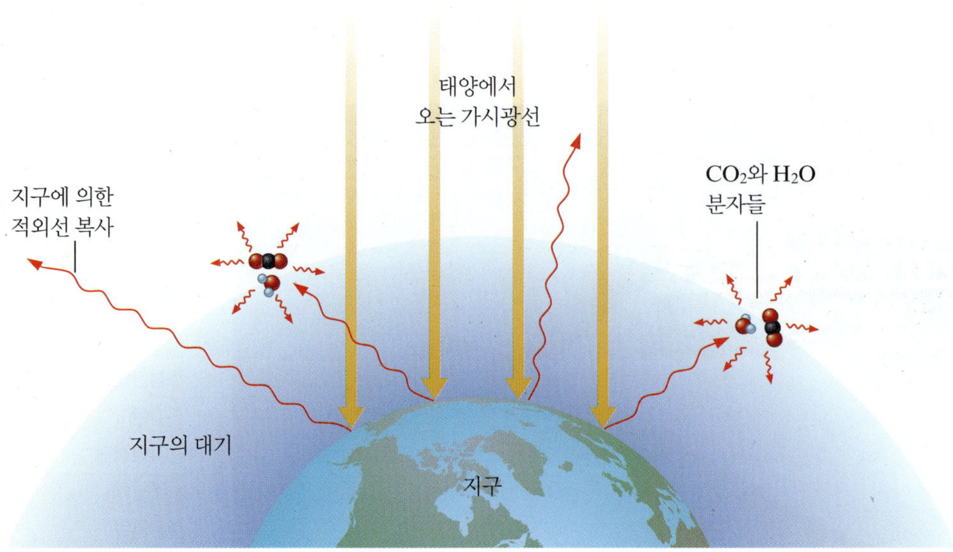

그림 10.8 지구 대기는 태양에서 오는 가시광선을 통과시킨다. 이 가시광선이 지구 표면에 부딪히면 이 중 일부는 적외선으로 변한다. 지구 표면에서 방출되는 적외선 복사는 대기에 있는 CO_2, H_2O, 그리고 소량 존재하는 다른 분자들(예를 들어 CH_4와 N_2O)에 의해 강하게 흡수된다. 그 효과로 대기는 온실 유리처럼 지표면에서 방출되는 에너지 일부를 잡아 가둠으로써, 대기가 없을 때에 비해 지구를 더 따뜻하게 유지한다.

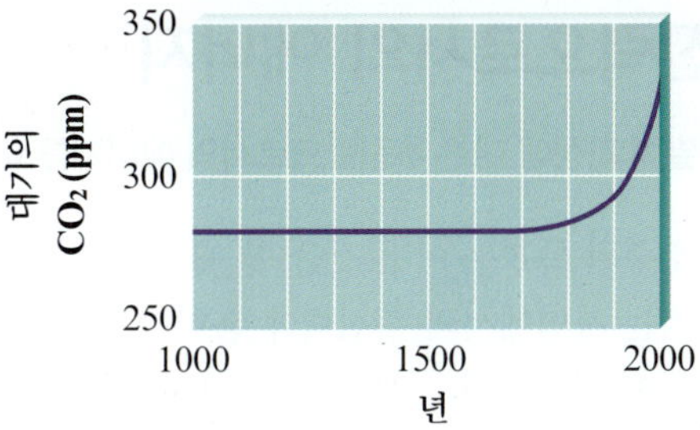

그림 10.9 극지방 얼음 핵 중심 부분의 자료와 1958년부터는 직접 읽은 자료들을 근거로 한, 지난 1000년 동안의 대기 중 CO_2 농도. 지난 100년 동안의 급격한 증가를 주목하라.

화 탄소 양이 1880년에 비해 두 배 정도 증가될 것으로 예측되고 있다. 이런 식으로 가면 지구의 평균 온도가 10°C 증가하는데, 이는 기후에 심각한 변화를 일으킴으로써 농작물 수확에 커다란 영향을 미치게 된다.

이산화 탄소의 장기적인 영향에 대해 어떻게 잘 예측할 수 있을까? 실제로 날씨는 지구의 나이에 비해 아주 짧은 기간에 대해서만 연구되었기 때문에, 오랜 기간 지구 기후를 조절할 수 있는 인자들을 확실히 이해하는 것은 불가능하다. 예를 들어 무엇이 지구의 빙하시대를 주기적으로 오게 하는지에 대하여 이해되지 않고 있다. 따라서 이산화 탄소 수준이 증가하는 효과를 예측하는 것은 어렵다.

실제로 20세기에 지구 평균 온도 변화는 다소 혼란스럽다. 지난 세기 동안 북위도 지방의 평균 온도는 60년 동안에는 0.8°C 증가했고, 그 후 25년 동안에는 0.5°C 차가워졌으며 나머지 15년 동안에는 0.2°C 더워졌다. 이러한 변동은 이산화 탄소가 점진적으로 증가했다는 사실과 일치하지 않는다. 그러나 지난 세기 동안 남위도와 적도 지역에서는 전체적으로 온도가 0.4°C만큼 계속 증가했다. 이러한 상황은 그 기간 이산화 탄소의 증가와 관련된 예상 효과를 잘 설명하고 있다. 또 다른 중요한 사실은 20세기 마지막 10년이 기록적으로 가장 더운 10년이었다는 사실이다.

대기 중 이산화 탄소 농도와 지구 온도 사이의 상관관계는 현재로서는 정확하지 않지만, 한 가지 사실은 분명하다. 대기 중 이산화 탄소 농도는 그림 10.9에서 보듯 급격히 증가하고 있다. 지금 우리에게 필요한 미래 에너지를 생각하듯이 이산화 탄소 증가에 대한 영향도 고려해야 한다.

새로운 에너지원

미래 에너지원을 찾을 때는 경제, 기후, 공급적인 면을 고려할 필요가 있다. 몇 가지 잠재적 에너지원으로 태양(태양 복사), 핵 과정(분열과 융합), 바이오매스(식물), 합성 연료 등이 있다. 집을 난방하고 공장을 가동하기 위해 태양의 복사 에너지를 직접 사용하고 이동할 수 있는 시스템은 민감한 장기 목표이다. 그러나 현재 우리는 무엇을 하고 있는가? 화석 연료의 보존이 우선시되는 중요한 단계이므로, 이 화석 연료를 대체하는 것 또한 찾아야 한다. 이제 이 문제를 해결하기 위해 훨씬 많은 연구가 진행되고 있다.

비판적으로 생각하기

정부의 연구에 따르면 화석 연료를 태워 자동차를 움직이게 하는 것은 너무 많은 공해를 유발한다고 결론지었다. 만약 의회에서 모든 자동차나 트럭을 배터리로 움직이게 하라고 한다면 어떻게 될까? 이것으로 운송 수단에 의해 생기는 모든 공해 문제를 해결할 수 있는가?

10.10 추진력으로서의 에너지

학습 목표

■ 자발적 과정에 대한 추진력으로서의 에너지를 이해한다.

과학의 주된 목표는 어떤 것을 할 때 왜 그러한 일이 일어나는가를 이해하는 것이다. 특별히 우리는 자연에서의 추진력에 흥미가 있다. 왜 어떤 일은 특별한 방향으로 일어나는가? 예를 들어 벽난로에서 재와 열 에너지를 내면서 타고 있는 통나무를 생각해 보자. 벽난로 앞에 앉아 재가 공기로부터 열을 흡수하기 시작하여 통나무로 복원되는 것을 본다면 매우 놀라울 것이다. 그러나 이러한 일은 결코 일어나지 않는다. 즉, 항상 일어나는 과정은 다음과 같다.

$$\text{통나무} + O_2(g) \rightarrow CO_2(g) + H_2O(g) + \text{재} + \text{에너지}$$

이 과정의 역반응인 다음 과정은 결코 일어나지 않는다.

$$CO_2(g) + H_2O(g) + \text{재} + \text{에너지} \rightarrow \text{통나무} + O_2(g)$$

또 다른 예를 생각해 보자. 어떤 기체가 다음과 같이 용기 한쪽에 갇혀 있다.

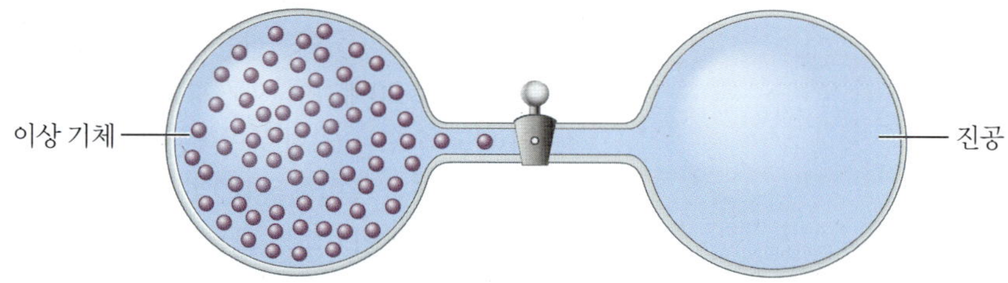

두 용기를 연결하는 밸브를 열면, 어떤 일이 일어날까? 기체는 전체 용기로 고르게 퍼진다.

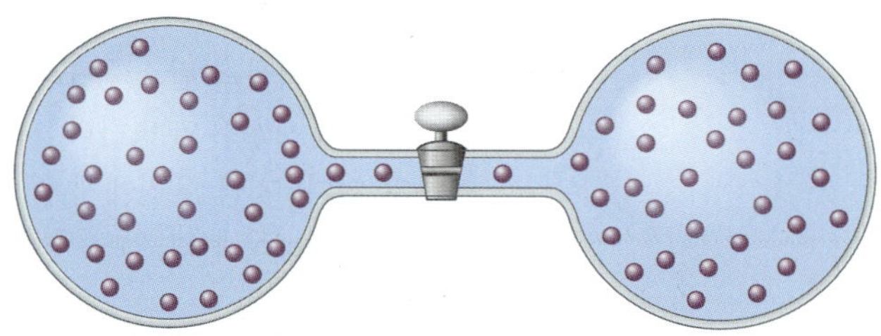

만약 다음과 같은 과정이 자발적으로 일어난다면 매우 놀랄 것이다.

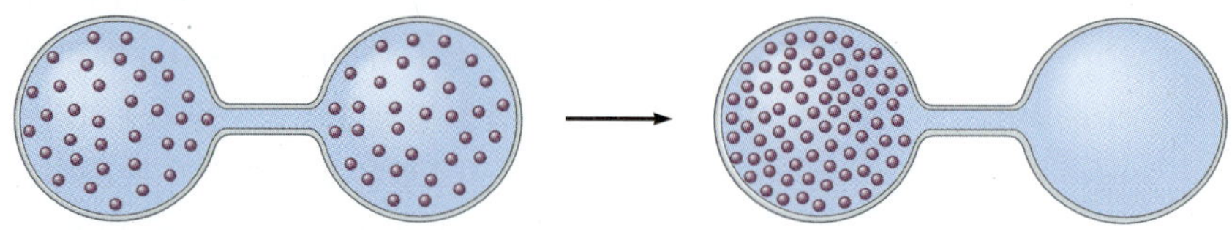

따라서 왜 아래의 과정은 자발적으로 일어나지만,

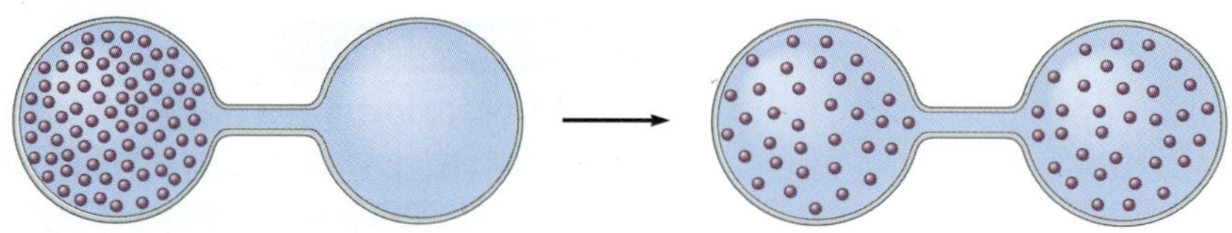

역과정은 결코 일어나지 않는 것인가?

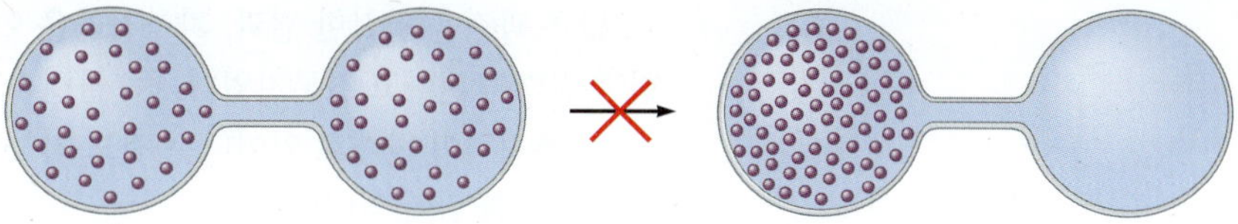

이러한 과정과 많은 다른 과정들을 분석한 결과, 과학자들은 두 가지 매우 중요한 추진력과 관련된 사실을 발견했다.

- 에너지 분산
- 물질 분산

에너지 분산(energy spread)은 어떤 주어진 과정에서 집약된 에너지가 골고루 분산되는 것을 뜻한다. 분산은 발열 과정이 일어나는 곳에서는 매번 일어난다. 예를 들어 분젠 버너를 태울 때 연료(천연 가스, 대부분 메테인)에 저장되어 있던 에너지는 주변 공기로 분산된다.

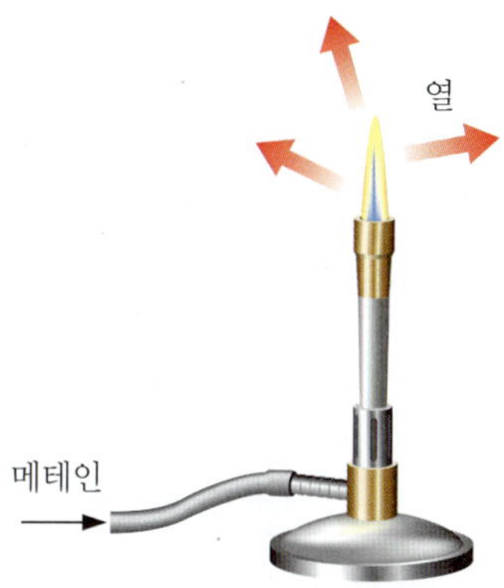

열로서 주변으로 흘러가는 에너지에 의해 주변에 있는 분자들의 열운동이 증가된다. 다시 말해, 이 과정은 주변에 있는 분자들의 무질서한 운동을 증가시킨다고 할 수 있다. *이것은 모든 발열 과정에서 항상 일어난다.*

물질 분산(matter spread)은 말 그대로 물질을 구성하는 분자들이 분산되면서 더 커다란 부피를 차지하게 되는 것이다.

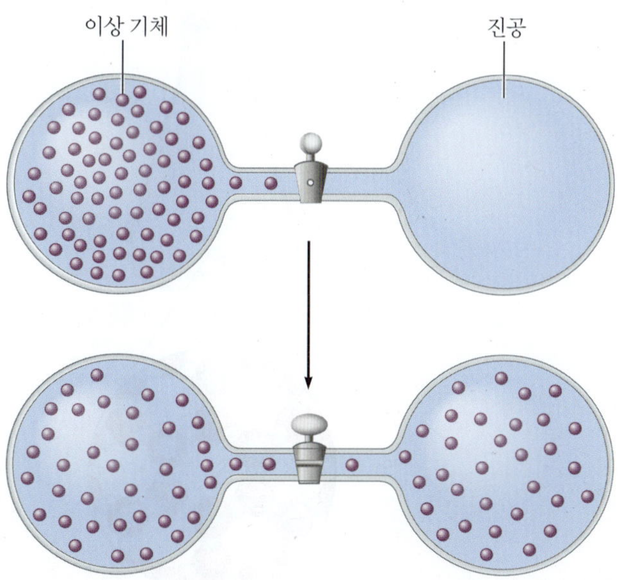

많은 과정을 관찰한 결과, 과학자들은 이들 두 요인이 어떤 사건을 일어나게 하는 중요한 추진력이 된다고 결론지었다. 즉, 물질과 에너지가 분산되는 과정은 우세하게 일어난다.

이 추진력이 반대로 일어나는 것도 가능할까? 그렇다. 많은 경우에 많은 과정들에서 실제로 이러한 일이 일어난다.

예를 들어 물에 녹는 소금을 생각해 보자.

이 과정은 자발적으로 일어난다. 감자나 파스타를 요리하기 위해 물에 소금을 넣을 때 매번 이런 일이 일어나는 것을 알고 있다. 놀랍게도 물에 소금을 녹이는 과정은 흡열이다. 이 과정은 잘못된 방향으로 가는 것처럼 보인다. 즉, 이 과정에서 에너지 분산이 아니라 에너지 집중이 일어난다. 그렇다면 왜 소금은 저절로 녹을까? 바로 물질의 분산 때문이다. 고체 NaCl에서 가까운 자리에 차곡차곡 채워져 있던 Na^+와 Cl^-는 용액이 되면서 훨씬 커다란 부피로 아무렇게나 주변에 분산된다. 소금이 물에 녹는 것은 불리한 에너지 분산을 극복하는 물질 분산이 있기 때문이다.

엔트로피

엔트로피(entropy)는 우주를 구성하는 성분들의 자연적인 경향이 무질서해지는 쪽으로 가는 것을 따르도록 고안된 함수이다. 엔트로피(S로 표시)는 무질서의 척도이다. 무질서도가 증가할수록 S는 증가한다. 고체 물(얼음)과 기체 물(수증기) 중 어느 것이 엔트로피

그림 10.10 얼음과 수증기의 엔트로피 비교.

가 더 낮은가? 그림 10.10에서와 같이 얼음은 질서정연한 H_2O 분자를 가지며, 수증기는 아무렇게나 움직이는 H_2O 분자들이 넓은 지역에 분산되어 있다. 따라서 얼음이 더 질서가 있으며 S 값이 낮다.

어떤 과정에서 에너지 분산과 물질 분산이 일어날 때 우주의 무질서에 어떤 일이 일어나는지 생각해 보자.

에너지 분산 → 주변 분자들의 더 빠른 무질서 운동 유발

물질 분산 → 물질 성분들의 분산으로 더 넓은 부피 차지

에너지 분산과 물질 분산 모두 우주의 엔트로피를 크게 하는(무질서 증가) 것이 분명하다. 이러한 생각은 **열역학 제2법칙**(second law of thermodynamics)이라는 매우 중요한 결론에 도달한다.

우주의 엔트로피는 항상 증가한다.

비판적으로 생각하기

열역학 제1법칙은 사실이지만 열역학 제2법칙은 사실이 아니라면 어떻게 될까? 세상은 어떻게 달라질까?

자발적 과정(spontaneous process)은 자연에서 외부 간섭 없이 스스로, 저절로 일어나는 것을 말한다. 열역학 제2법칙은 왜 어떤 과정은 자발적이고, 어떤 과정은 그렇지 않은가를 이해하는 데 도움을 준다. 또한 자발적인 것에 필요한 조건을 이해하는 데 도움을 준다. 예를 들어 1 atm에서 얼음은 0°C 이상의 온도에서는 자발적으로 녹지만, 그 이하의 온도에서는 그렇지 않다. 우주의 엔트로피가 증가하는 과정만이 자발적이다. 즉, 우주에서 일어나는 모든 과정은 우주의 무질서를 증가시키는 것이다. 우주가 존재하는 한 우주는 항상 더 무질서해지는 쪽으로 향한다. 천천히 요동치면서 결국에는 완전한 무질서인 우주의 열역학적 죽음으로 가고 있다. 하지만 이러한 일이 곧 닥치지 않으므로 낙담할 필요는 없다.

10장 복습하기 Chapter 10 Review

주요 용어

에너지(10.1)
운동 에너지(10.1)
일(10.1)
온도(10.2)
계(10.3)
발열(10.3)
열역학(10.4)
퍼텐셜 에너지(10.1)
에너지 보존 법칙(10.1)
상태 함수(10.1)
열(10.2)
주위(10.3)
흡열(10.3)
열역학 제1법칙(10.4)
내부 에너지(10.4)
줄(10.5)
엔탈피(10.6)
헤스 법칙(10.7)
석유(10.9)
석탄(10.9)
에너지 분산(10.10)
엔트로피(10.10)
자발적 과정(10.10)
칼로리(10.5)
비열(10.5)
열량계(10.6)
화석 연료(10.9)
천연 가스(10.9)
온실 효과(10.9)
물질 분산(10.10)
열역학 제2법칙(10.10)

요약

- 에너지는 보존된다.
- 에너지 보존 법칙은 어느 과정 동안 에너지는 창조되거나 파괴되지 않는다는 것을 뜻한다.
- 한 과정에서 에너지는 한 상태에서 다른 상태로 변화될 수 있지만, 전체 에너지의 양은 보존된다.
- 열역학은 에너지와 그 변화에 대한 연구이다.
- 에너지는 다음 중 하나로 분류된다.
  - 운동 에너지: 물체의 움직임에 의한 에너지.
  - 퍼텐셜 에너지: 물체의 위치나 조성에 의한 에너지.
- 상태함수라는 함수는 계의 초기와 마지막 상태에만 의존하고, 특정 경로에는 무관하다.
  - 에너지는 상태함수이다.
  - 열과 일은 상태함수가 아니다.
- 온도는 물질 성분들의 무질서한 운동의 척도이다.
- 열에너지는 성분들의 무질서한 운동에 의해 생긴 에너지의 합이다.
- 열은 물체 간 온도 차이에 의한 두 물체 간의 에너지 흐름이다.
  - 발열 과정을 계에서 주위로 열을 흐르는 과정이다.
  - 흡열 과정은 주위에서 계로 열이 흐르는 과정이다.
  - 열의 일반적인 단위는 칼로리와 줄이다.

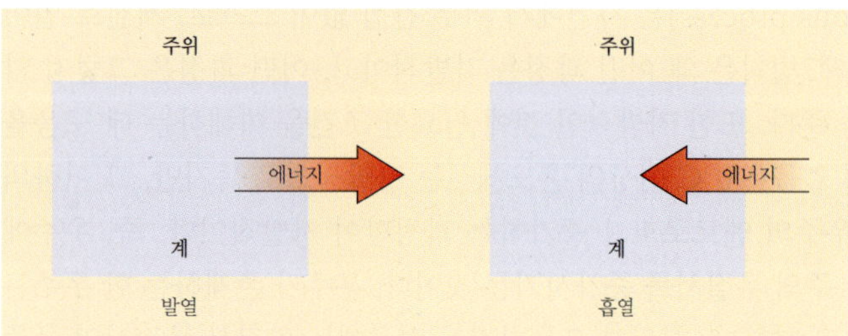

- 내부 에너지(E)는 물체가 가지고 있는 운동 에너지와 퍼텐셜 에너지의 합이다.
  - 내부 에너지(E)는 두 가지 형태의 에너지 흐름으로 변화될 수 있다.
    - 열(q)
    - 일(w)
  - $\Delta E = q + w$
- 비열은 어떤 물질 1 g의 온도를 1°C 올리는 데 필요한 에너지이다.
- 일정 압력에서 일어나는 과정의 엔탈피 변화(ΔH)는 열과 같다.

  ΔH의 특성
  - 반응을 반대로 진행하면 ΔH의 부호는 바뀐다.
  - ΔH의 크기는 반응의 반응물과 생성물 양에 정비례한다. 균형 반응식의 계수에 정수를 곱하면, ΔH의 크기도 같은 수만큼 곱한다.
- 헤스 법칙은 주어진 반응의 열을 관련된 반응들의 알려진 열로부터 계산할 수 있게 한다.
- 열량계는 주어진 화학 반응과 관련된 열을 측정하는 장치이다.
- 에너지는 모든 과정에서 보존되지만, 유용한 에너지의 양은 모든 실제 과정에서 감소한다.
- 자연에서의 과정들은 우주의 무질서가 증가(엔트로피 증가)하는 방향으로 일어난다.
  - 자연 과정의 주된 추진력은 "물질 분산"과 "에너지 분산"으로 설명된다.
- 우리 세계에는 많은 에너지원이 있다. 에너지의 사용은 다양한 방식으로 환경에 영향을 준다.

활동 학습 질문

다음은 강의 중 그룹 지도를 위한 문제들로 특정 주제를 소개하는 데 매우 효과적이다.

1. 그림 10.1을 보라. 구 A는 움직이다가 멈추었다. 그러나 에너지는 보존되어야 한다. 그렇다면 구 A의 에너지에는 어떤 일이 일어났는가?

2. 뜨거운 금속을 찬 물이 담긴 비커에 넣는다.
   a. 결국 물의 온도에 비해 금속의 온도에 어떤 일이 일어났는가? 왜 그런지 설명하시오.
   b. 다음 중 각각을 계가 된다고 생각할 때, 각 과정을 흡열이나 발열로 표시하시오.
      i. 금속을 계로 생각
      ii. 물을 계로 생각

3. 100.0 g의 뜨거운 금속을 100.0 g의 찬 물에 넣었다. 어느 물질(금속 또는 물)의 온도가 더 많이 변하는가? 왜 그런지 설명하시오.

4. 음료 용기로 왜 알루미늄 캔을 사용하는지 설명하시오. 뜨거운 커피나 차가운 콜라를 담는 데에는 보통 스티로폼 컵을 사용한다. 왜 이것을 사용하는지 설명하시오.

5. 반응에서 엔탈피 변화의 두 가지 특성을 10.7절에서 다루었다. 이 특성은 무엇인가? 왜 이들 두 특성이 성립하는지를 설명하시오.

6. 에너지의 *양*(quantity)과 *질*(quality) 사이의 차이점은 무엇인가? 둘 다 보존되는가? 아니면 어느 것이 보존되는가?

7. *추진력*(driving force)이라는 말은 무엇을 뜻하는가? 추진력을 일으키기 위해 왜 *물질 분산*(matter spread)과 *에너지 분산*(energy spread)을 고려하여야 하는가?

8. *물질 분산*과 *에너지 분산*이 추진력인 과정의 예를 각각 들고 설명하시오. 이 책에서 제시한 것과 다른 예를 들어야 한다.

9. *엔트로피*(entropy)라는 말이 뜻하는 것을 여러분 자신의 말로 설명하시오. *물질 분산*과 *에너지 분산*이 어떻게 엔트로피 개념과 관련되는지를 설명하시오.

10. 다음 과정을 보자.

$$H_2O(g) \rightarrow H_2O(l)$$
$$H_2O(l) \rightarrow H_2O(g)$$

   a. 어느 과정이 에너지 분산에 유리한가? 설명하시오.
   b. 어느 과정이 물질 분산에 유리한가? 설명하시오.
   c. 온도는 어떻게 어느 과정이 우세한지에 영향을 미치는가? 설명하시오.

11. 에너지가 보존되지 않는다면 어떻게 될까? 이것은 우리 생활에 얼마나 영향을 줄까?

12. 물 100.0 g 시료 4개가 각각 25°C의 분리된 비커에 담겨있다. 각 비커에 95.0°C로 가열된 서로 다른 10.0 g의 금속을 넣었다. 주위로 어떤 열 손실도 없다고 가정하면, 어느 물 시료가 가장 높은 최종 온도를 가질까? 이유를 설명하시오.
    a. $s = 0.89$ J/g°C인 알루미늄 금속
    b. $s = 0.45$ J/g°C인 철 금속
    c. $s = 0.20$ J/g°C인 구리 금속
    d. $s = 0.14$ J/g°C인 납 금속
    e. 금속의 질량이 모두 같기 때문에 최종 온도는 같아야 한다.
13. 다음 각 경우 a~c의 문장을 완성시키기 위한 i~iii을 선택하시오. 물의 최종 온도는 다음과 같다.
    i. 50°C와 90°C 사이
    ii. 50°C
    iii. 10°C와 50°C 사이
    a. 90°C 물 100.0 g을 10°C 물 100.0 g에 가했다.
    b. 90°C 물 100.0 g을 10°C 물 500.0 g에 가했다.
    c. 10°C 물 50.0 g이 담긴 스티로폼 컵 속으로 90°C인 50.0 g의 철 구슬을 넣는다.
14. 헤스 법칙이 어떻게 열역학 제1법칙의 다른 표현인가?
15. 다음 각 경우에 엔트로피는 증가하는가, 감소하는가? 이유를 설명하시오.
    a. 알코올의 증발
    b. 물의 응고
    c. NaCl을 물에 녹임
16. 다음 변화 과정에 대한 $\Delta S°$의 부호를 예측하시오.
    a.

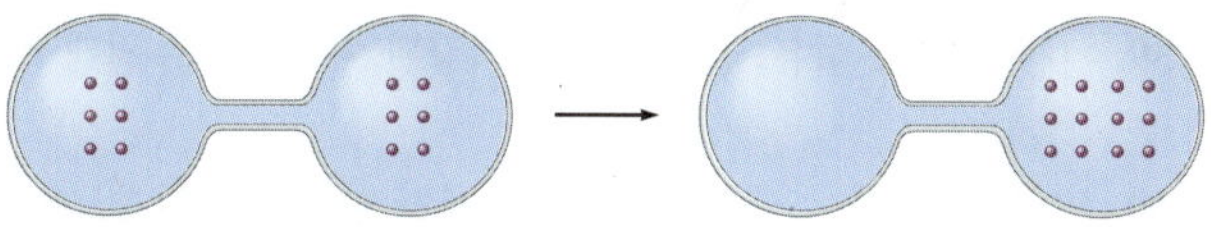

    b. $AgCl(s) \rightarrow Ag^+(aq) + Cl^-(aq)$
    c. $2H_2(g) + O_2(g) \rightarrow 2H_2O(l)$
    d. $H_2O(l) \rightarrow H_2O(g)$

질문과 문제

10.1 에너지의 성질

▶ *질문*

1. ______는 열을 생산하거나 일을 하는 능력을 나타낸다.
2. *퍼텐셜* 에너지는 무엇을 뜻하는가? 퍼텐셜 에너지를 포함하는 물체나 물질의 예를 드시오.
3. 질량 m의 입자가 속도 v로 공간을 움직이는 운동 에너지는?
4. 우주의 전체 에너지는 _______.
5. *상태* 함수는 무엇을 뜻하는지 설명하고 예를 드시오.
6. 그림 10.1에서 처음에 구 A가 언덕의 꼭대기에 정지해 있을 때 갖는 에너지는 어떤 종류인가? 구 A가 언덕을 굴러 내려갈 때 포함된 에너지는 어떤 종류인가? 구 A가 언덕 바닥에 도달해 구 B를 친 후 *멈추었을 때* 구 A가 갖는 에너지는 어떤 종류인가? 구 B가 언덕을 올라가게 된 것은 어디에서 얻은 에너지인가?

10.2 온도와 열

▶ *질문*

7. 열(heat)과 온도(temperature)가 뜻하는 것을 자주 혼동한다. 각각을 정의하시오. 두 개념은 어떻게 연관되는가?
8. 금방 끓인 *뜨거운* 차를 엎지르면 화상을 입는다. 하지만 같은 양의 차가운 차를 엎지르면 화상을 입지 않는다. 이유를 설명하시오.
9. 어느 물체의 구성 성분들이 무작위적으로 움직이는 것이 그 물체의 __________을(를) 구성한다.
10. 물체의 온도와 *열 에너지*는 어떻게 관련되는가?

10.3 발열과 흡열 과정

▶ *질문*

11. 화학 반응에서의 열 흐름을 연구할 때 *계*와 *주위*는 무엇을 의미하는가?
12. 화학 계에서 에너지는 언제 발생하고, 어디로 가는가?
13. 메테인(CH_4)의 연소는 발열 반응이다. 따라서 이 반응의 생성물은 반응물보다 (높은 / 낮은) 전체 퍼텐셜 에너지를 가져야 한다.
14. 다음 과정은 발열인가, 흡열인가?
    a. 고체 KBr이 물에 녹으면 용액은 더 차가워진다.
    b. 천연 가스(CH_4)를 태운다.
    c. 진한 황산을 물에 가하면 용액이 매우 뜨거워진다.
    d. 물을 주전자에서 끓인다.

10.4 열역학

▶ *질문*

15. *열역학*(thermodynamics)이 뜻하는 것은 무엇인가? *열역학 제1법칙*은 무엇인가?
16. 계의 _____에너지 E는 계 안에 있는 모든 입자의 운동 에너지와 퍼텐셜 에너지를 더한 것이다.
17. 다음 각 경우의 ΔE를 계산하시오.
    a. $q = +65$ kJ, $w = -22$ kJ
    b. $q = +200.$ kJ, $w = -73$ kJ
    c. $q = -18$ kJ, $w = -40.$ kJ
18. 어떤 과정의 q가 양수라면, 계를 에너지를 (잃는다/얻는다).
19. 흡열 과정에서 q는 (양/음)의 부호를 갖는다.
20. 어떤 계가 215 kJ의 열을 방출하고 116 kJ의 일이 계에 행해졌을 때, ΔE를 계산하시오.

10.5 에너지 변화 측정

▶ *질문*

21. *칼로리*는 어떻게 정의하는가? *Calorie*는 *calorie*와 어떻게 다른가? 칼로리와 줄 사이의 관계는?
22. 다음의 단위 변환에 필요한 환산 인자를 쓰시오.
    a. 칼로리로 주어진 에너지를 줄로
    b. 줄로 주어진 에너지를 칼로리로
    c. 칼로리로 주어진 에너지를 킬로칼로리로
    d. 킬로줄로 주어진 에너지를 줄로

▶ *문제*

23. 금속 시료의 온도를 15°C에서 20°C로 올리는 데 8.40 kJ의 열이 필요하다면, 같은 금속 시료의 온도를 25°C에서 40°C로 올리기 위해서는 몇 kJ의 열이 필요한가?

24. 5.51 g의 물 시료를 데우는 데 654 J의 에너지가 필요하다면, 55.1 g의 물을 같은 온도만큼 데우는 데에는 얼마나 많은 에너지가 필요한가?

25. 다음 칼로리를 킬로칼로리 단위로 바꾸시오.

a. 8254 cal
b. 41.5 cal
c. 8.231×10^3 cal
d. 752,900 cal

26. 다음 칼로리나 킬로칼로리를 줄이나 킬로줄 단위로 바꾸시오.

a. 7845 cal
b. 4.55×10^4 cal
c. 62.142 kcal
d. 43,024 cal

27. 다음 변환을 하시오.

a. 91.74 kcal를 cal로
b. 1.781 kJ을 cal로
c. 4.318×10^3 J을 kcal로
d. 9.173×10^4 cal를 kJ로

28. 1012 g의 금속 조각에 69.5 kJ의 열을 가하면, 금속의 온도가 11.4°C만큼 올라간다. 금속의 비열을 J/g°C로 계산하시오.

29. 알루미늄 42.7 g을 15.2°C만큼 가열하는 데 필요한 에너지를 계산하시오(표 10.1 참조).

30. 수은 25 g 시료에 100. J의 열 에너지를 가하면 이 시료의 온도는 얼마만큼 올라가겠는가(표 10.1 참조)?

31. 금 55.5 g의 온도를 20°C에서 45°C로 올리는 데 필요한 열은 얼마인가(표 10.1 참조)?

10.6 열화학(엔탈피)

▶ *질문*

32. 일정 압력에서 일어나는 반응의 엔탈피 변화는 그 반응의 열보다 (높게/낮게/같게) 된다.

▶ *문제*

33. 반응 $S(s) + O_2(g) \rightarrow SO_2(g)$에서, 생성된 SO_2 몰당 $\Delta H = -296$ kJ인 반응에 대해

a. 황 1.00 g을 산소 존재 하에 태울 때 방출되는 열의 양을 계산하시오.
b. 황 0.501 mol을 공기 중에서 태울 때 방출되는 열의 양을 계산하시오.
c. $SO_2(g)$ 1 mol을 구성 원소로 깨는 데 필요한 에너지의 양은 얼마인가?

10.7 헤스 법칙

▶ *질문*

34. 에탄올(C_2H_5OH)을 산소 하에서 태우면 에탄올 1 mol당 약 1360 kJ의 열 에너지가 방출된다.

$$C_2H_5OH(l) + 3O_2(g) \rightarrow 2CO_2(g) + 3H_2O(g)$$

a. 태워진 에탄올 1 g당 방출되는 에너지는 얼마인가?
b. 이 반응의 ΔH는?
c. 수증기 1 mol을 얻기 위해 충분한 양의 에탄올을 태울 때 방출되는 열은 얼마인가?

▶ *문제*

35. 다음 자료가 주어져 있다.

$$C(s) + O_2(g) \rightarrow CO_2(g) \qquad \Delta H = -393 \text{ kJ}$$
$$2CO(g) + O_2(g) \rightarrow 2CO_2(g) \qquad \Delta H = -566 \text{ kJ}$$

반응 $2C(s) + O_2(g) \rightarrow 2CO(g)$의 ΔH를 계산하시오.

36. 다음 자료가 주어져 있다.

$$C_2H_2(g) + \tfrac{5}{2}O_2(g) \rightarrow 2CO_2(g) + H_2O(l) \qquad \Delta H = -1300. \text{ kJ}$$
$$C(s) + O_2(g) \rightarrow CO_2(g) \qquad \Delta H = -394 \text{ kJ}$$
$$H_2(g) + \tfrac{1}{2}O_2(g) \rightarrow H_2O(l) \qquad \Delta H = -286 \text{ kJ}$$

반응 $2C(s) + H_2(g) \rightarrow C_2H_2(g)$의 ΔH를 계산하시오.

10.8 에너지의 양과 질

▶ *질문*

37. 우주의 전체 에너지는 일정하게 유지되지만, 일단 우주 안에 있는 모든 것이 같은 온도에 있게 되면 왜 그 에너지는 더 이상 쓸모없게 되는가?

38. 왜 석유 제품들은 에너지원으로서 특별히 유용한가?

10.9 에너지와 우리의 세계

▶ *질문*

39. 나무, 석탄, 석유, 천연 가스에 저장된 에너지들은 원래 어디에서 왔는가?

40. 석유 산업에서 사용되는 테트라에틸 납은 무엇인가? 왜 이 물질은 이제 더 이상 사용되지 않는가?

41. "온실 효과"란 무엇인가? 어떤 정도의 온실 기체는 이롭지만, 너무 많으면 지구에 있는 생명체에 위험한데 왜 그런가? 가장 흔한 온실 기체는 무엇인가?

10.10 추진력으로서의 에너지

▶ *질문*

42. ______은 과정을 일어나게 하는 어떤 요인이다.

43. 열역학 제2법칙은 무엇인가? 이것은 "물질 분산"과 "에너지 분산"과 어떻게 관련되는가?

44. 쉽게 일어나는 화학 반응이 흡열이라면, 이 반응의 추진력은 무엇이어야 하는가?

45. *엔트로피*는 무엇을 뜻하는가? 왜 우주의 엔트로피는 자발적 과정 동안 증가하는가?

46. 상온에서 얼음 덩어리는 과정이 흡열임에도 불구하고 녹는다. 이유는?

현대 원자 이론

Modern Atomic Theory

Special

오로라 보리얼리스(Aurora Borealis). 오로라의 색깔은 질소와 산소의 방출 스펙트럼에 의한 것이다.
John Hemmingsen/Flickr Vision/Getty Images

Special-1 전자기 복사

전자기 복사(electromagnetic radiation)는 에너지가 공간을 이동하는 방법 중 하나이다. 태양빛, 전자레인지의 에너지, 병원에서 사용하는 X선, 난로의 열 등은 모두 전자기 복사의 예이다. 이러한 여러 전자기 복사는 모두 파동 성질을 나타내며 진공에서 빛의 속도(광속)로 진행한다.

파동은 파장, 진동수, 속도의 세 가지 성질을 갖는다. 그림 S.1에서 보는 바와 같이 파동에서 *인접하는 봉우리와 봉우리, 또는 골과 골 사이의 거리*를 **파장**(wavelength, 그리스어 λ로 표시)이라 한다. 또한 *공간의 주어진 점을 1초 동안 통과하는 파동의 수*를 **진동수**(frequency, 그리스어 ν로 표시)라 한다. 모든 전자기 복사는 빛의 속도로 진행하므로 파장이 짧은 전자기파는 높은 진동수를 갖는다. 즉, 파장과 진동수는 반비례한다.

$$\lambda\nu = c$$

λ는 파장(미터 단위)이고, ν는 진동수(초당 사이클 수)이며, c는 광속으로 2.9979×10^8 m/s이다. 초당 사이클 수의 단위는 1/s 즉, s^{-1}이다. 이를 *헤르츠*(hertz, Hz)라고 한다.

전자기 복사는 그림 S.2와 같이 분류된다. 복사는 에너지 전달의 중요한 수단이다. 예를 들어 태양 에너지는 주로 가시광선과 자외선 복사의 형태로 지구에 도달한다. 벽난로에서 타는 석탄은 적외선 복사 형태로 열에너지를 전달한다. 전자레인지에서는 음식에 들어 있는 물 분자가 마이크로파 형태의 에너지를 흡수하여 활발히 운동하게 된다.

Special-2 물질의 성질

19세기 말 사람들은 대부분 물질과 에너지를 별개로 생각하였다. 물질은 입자라고 생각하였지만 빛(전자기 복사) 형태의 에너지는 파동으로 묘사되었다. 입자는 질량이 있고 공간에서 위치를 정할 수 있지만, 파동은 질량이 없고 비편재화되어 공간에서 위치를 정할 수

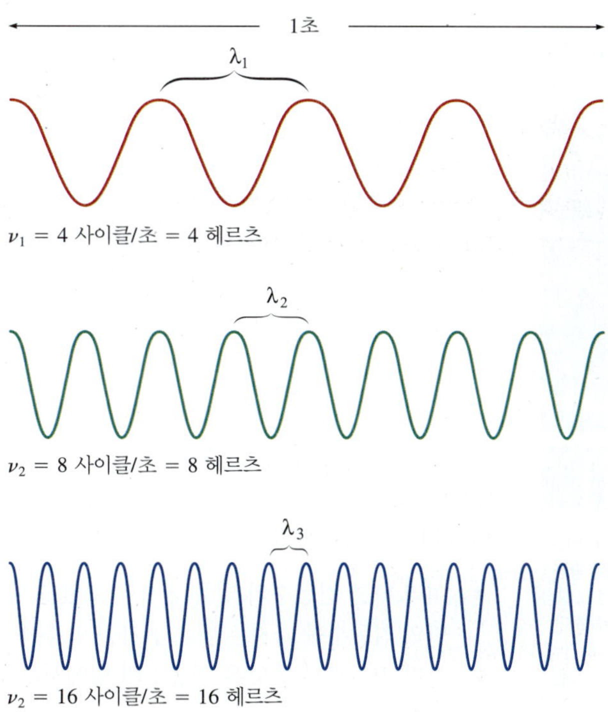

그림 S.1 파동의 특성. 파장이 가장 짧은 빛이 진동수가 가장 큰 것에 주목하라.

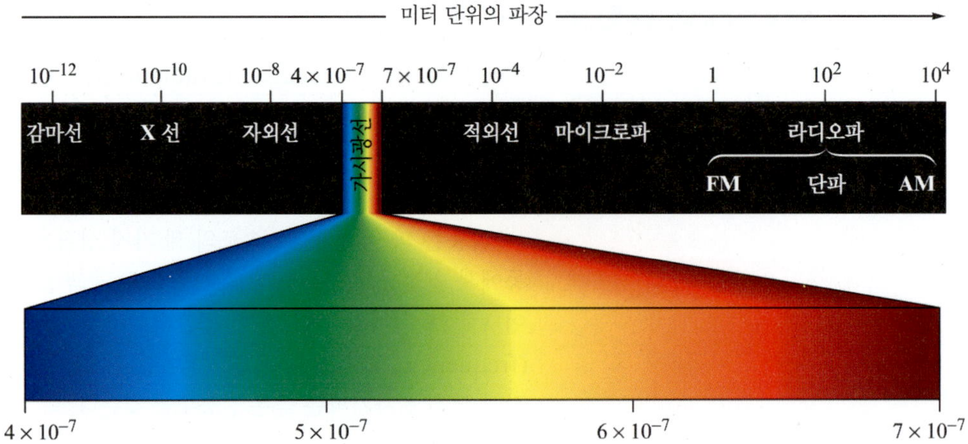

그림 S.2 전자기 복사선의 분류.

없다고 생각하였다. 또한 물질과 빛은 서로 혼재되지 않는다고 가정하였다.1900년 이전에 알려진 것은 모두 이 관점에 잘 들어맞는 것처럼 보였다.

하지만 20세기 초, 이 견해가 틀렸음을 시사하는 실험 결과가 나왔다. 1900년 독일의 물리학자 플랑크(Max Planck)는 백열로 가열된 고체에서 방출된 방사선을 연구하던 중 모든 양(quantity)의 에너지를 흡수하거나 방출할 수 있다고 주장하던 당시의 물리학적 관점으로는 설명할 수 없음을 발견하였다. 플랑크는 $h\nu$의 정수 배인 에너지만을 얻거나 잃을 수 있다고 가정함으로써 이러한 관찰을 설명할 수 있었다. 여기서 h는 실험에 의해 얻어진 상수로, 6.626×10^{-34} J · s의 값으로 결정된 **플랑크 상수**(Planck's constant)라고 한다. 즉, 어떤 계의 에너지 변화 ΔE는 다음 식으로 나타낼 수 있다.

$$\Delta E = nh\nu$$

여기서 n은 정수(1, 2, 3, ...)이고, h는 플랑크 상수, ν은 흡수 또는 방출되는 전자기 복사의 진동수이다.

플랑크의 결과는 물질의 에너지는 연속적이므로 어떤 양의 에너지도 전달될 수 있다고 여겨졌던 당시의 생각이 옳지 않고, 에너지는 양자화되어(quantized) 있으며 $h\nu$ 크기의 불연속적 단위로만 나타난다는 것을 밝힌 것이다. 이 작은 에너지의 "꾸러미"를 양자(*quantum*)라고 한다. 에너지는 양자의 정수배로만 전달될 수 있으므로 입자의 성질을 갖는다고 볼 수 있다.

아인슈타인(Albert Einstein, 1879~1955)은 독일에서 태어났다. 1905년 양자 역학으로 광전 효과를 설명하는 논문을 발표하여 1921년 노벨상을 받았다. 그는 1933년까지 독일에서 활동하다가 히틀러의 유대인 박해를 계기로 미국으로 건너가 1955년에 사망할 때까지 뉴저지에 있는 프린스턴대학교 고등연구원(Institute of Advanced Studies)에서 근무하였다.

한편 아인슈타인(Albert Einstein)은 전자기 복사 자체가 양자화되어 있어 광자(photon)라는 "입자"의 흐름이라고 볼 수 있다고 제안하였다. 광자의 에너지는 다음과 같이 쓸 수 있다.

$$E_{광자} = h\nu = \frac{hc}{\lambda}$$

여기서 h는 플랑크 상수이고, ν는 복사선의 진동수, λ는 복사선의 파장이다.

아인슈타인은 빛을 금속 표면에 쪼여주었을 때 전자가 방출되는 현상인 **광전 효과**(photoelectric effect)의 분석으로부터 이러한 결론에 도달하였다. 그는 광전 효과 실험에서 다음을 관찰하였다.

- 여러 다른 진동수의 빛을 금속에 쪼였을 때는, 금속에 따라 특정한 문턱 진동수 ν_0 미만의 진동수를 가지는 빛은 전자를 방출시키지 못한다.
- 문턱 진동수보다 낮은 진동수의 빛에서는 빛의 세기에 관계없이 전자가 방출되지 않는다.

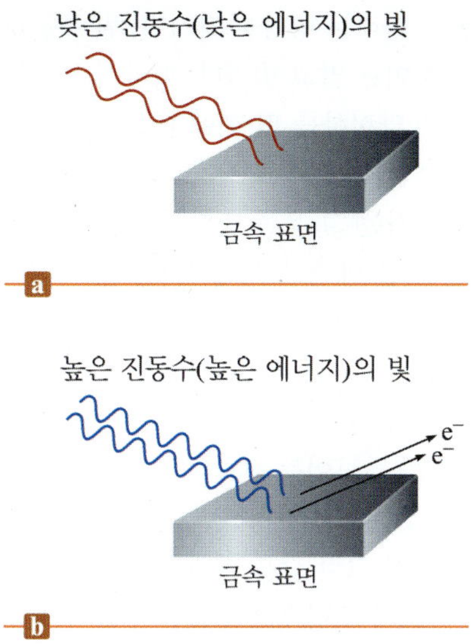

그림 S.3 광전 효과. (a) 문턱 진동수보다 낮은 진동수를 가진 빛은 전자를 생성시키지 못한다. (b) 문턱 진동수보다 큰 진동수를 가지는 빛은 금속 표면에서 전자를 방출시킨다.

- 문턱 진동수보다 높은 진동수의 빛에서 방출되는 전자의 수는 빛의 세기에 비례하여 증가된다.
- 문턱 진동수보다 높은 진동수의 빛에서 방출되는 전자의 운동 에너지는 빛의 진동수의 일차 함수로 증가한다.

이러한 관찰은 전자기 복사선이 양자화되어 있고(광자로 이루어져 있고) 문턱 진동수는 금속 표면으로부터 전자를 떼어내는 데 필요한 최소 에너지라고 가정하면 설명될 수 있다.

$$\text{전자를 떼어내는 데 필요한 최소 에너지} = E_0 = h\nu_0$$

E_0보다 작은 에너지($\nu < \nu_0$)를 가진 광자는 금속 표면으로부터 전자를 떼어낼 수 없기 때문에 문턱 진동수보다 낮은 진동수를 가진 빛은 전자를 생성시키지 못한다(그림 S.3). 반면에 진동수가 $\nu > \nu_0$인 빛은 금속 표면에서 전자를 떼어내고 남은 에너지는 전자에 운동 에너지(KE) 형태로 전달된다.

전자의 속도 ↓ / 금속 표면으로부터 전자를 제거하는 데 필요한 에너지 ↓

$$\text{KE}_{\text{전자}} = \frac{1}{2}mv^2 = h\nu - h\nu_0$$

↑ 전자의 질량 / ↑ 입사광의 에너지

이 식에서 빛의 세기는 빛살의 일정 영역에 존재하는 광자의 수에 비례하므로(복사선의 진동수가 $\nu > \nu_0$인 경우) 세기가 더 강한 빛은 더 많은 수의 광자가 전자를 떼어낼 수 있다.

플랑크와 아인슈타인의 연구로부터 얻은 결론을 다음과 같이 요약할 수 있다.

- 에너지는 양자화되어 있다.
- 에너지는 양자라고 하는 불연속적인 단위로만 존재할 수 있다.

예전에는 파동의 성질만을 나타낸다고 여겨졌던 전자기 복사선은 입자인 물질로서의 성질도 나타낸다. 이러한 현상을 **빛의 이중성**(dual nature of light)이라고 한다(그림 S.4). 따라서 이전에는 순전히 파동으로만 간주되었던 빛이 입자성도 가지고 있음이 발견되었다.

Special-3 보어 모형

1913년 이제까지 다룬 실험 결과를 알게 된 덴마크의 물리학자 닐스 보어(Niels Bohr)는 수소 원자에 대한 양자 모형(quantum model)을 개발하였다. 보어는 수소 원자의 전자는 핵 주변의 어떤 허용된 원형 궤도를 따라서만 움직인다고 제안하였다. 일부 새로운 가정들을 만들고 고전 물리학의 이론을 이용하여 허용된 원형 궤도의 반지름을 계산하였다.

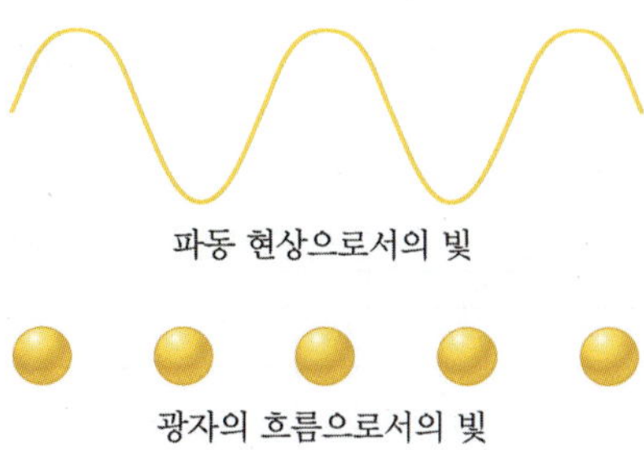

그림 S.4 전자기 복사는 파동 성질과 입자 성질을 동시에 나타낸다. 복사의 각 광자가 갖는 에너지는 파장 및 진동수와 다음 관계를 갖는다. $E_{\text{광자}} = h\nu = hc/\lambda$

닐스 보어(Niels Hendrik David Bohr, 1885~1962)는 덴마크에서 박사학위를 받은 후 27살에 수소 원자에 대한 양자 모형을 세웠다. 이후에 그의 모형에 오류가 있음이 발견되었지만, 보어는 원자를 이해하고자 하는 움직임의 중심에 있는 인물로서, 1922년 노벨 물리학상을 수상하였다.

고전 물리학에 의하면 움직이는 입자는 직선 운동을 하려는 경향을 가지며, 원 운동을 하려면 원의 중심을 향하는 힘을 가해야 한다는 것을 보어는 알고 있었다. 따라서 보어는 전자가 원자로부터 떨어져 나가지 않고 돌고 있는 것은 양전하를 띤 핵에 대한 인력으로 균형이 맞춰진다고 추론하였다. 그러나 고전 물리학에 의하면 가속도 운동하는 전하를 띤 입자는 에너지를 발산하게 되어있다. 핵 주위를 도는 전자는 그 운동 방향이 계속 변하므로 계속해서 가속도 운동을 하고 있다. 따라서 전자는 빛을 방출하고 에너지를 잃고 핵으로 접근해야 한다. 이렇게 된다면 안정한 원자란 존재할 수 없게 된다. 고전 물리학의 이론에만 근거한 원자 모형은 확실히 모순을 안고 있었다.

보어는 또한, 특정한 전자 에너지만이 허용됨을 보여주는 수소 방출 스펙트럼의 실험 결과를 설명할 수정된 모형이 개발되어야 함을 알고 있었다. 보어는 전자의 각운동량(각운동량은 질량, 속도, 궤도 반지름의 곱)이 특정한 값만을 갖는다고 가정하면, 그의 모형으로 실험 결과를 설명할 수 있음을 발견하였다. 각운동량이 왜 그런 값을 가져야 하는지에 대한 이유를 설명할 수 없었지만, 이러한 가정을 할 경우 보어 모형으로 도출된 수소 원자의 에너지 준위는 관찰된 수소의 방출 스펙트럼과 잘 일치하였다. 그림 S.5에 이 모형을 그림으로 나타내었다.

보어 모형으로 얻어지는 가장 중요한 수식은 수소 원자 내의 전자에게 가능한 에너지 준위에 관한 다음 식이다.

$$E = -2.178 \times 10^{-18}\,\mathrm{J}\left(\frac{Z^2}{n^2}\right)$$

보어가 계산한 에너지 준위들은 수소의 방출 스펙트럼으로부터 얻는 수치들과 잘 일치하여, 보어 모형은 처음에는 상당히 큰 기대를 주었다. 그러나 수소 외의 다른 원자에 보어 모형을 적용하면 전혀 일치하지 않았다. 보어 모형은 근본적인 오류를 안고 있다는 결론을 내리게 되었다. 하지만 이 모형은 매우 간단한 가정을 도입하여 원자의 에너지가 양자화되어 관찰된다는 것을 보여줌으로써, 역사적으로 매우 중요한 의미를 갖는다. 전자들은 원형 궤도를 따라 핵의 주위를 움직이고 있는 것이 결코 아님을 기억하자.

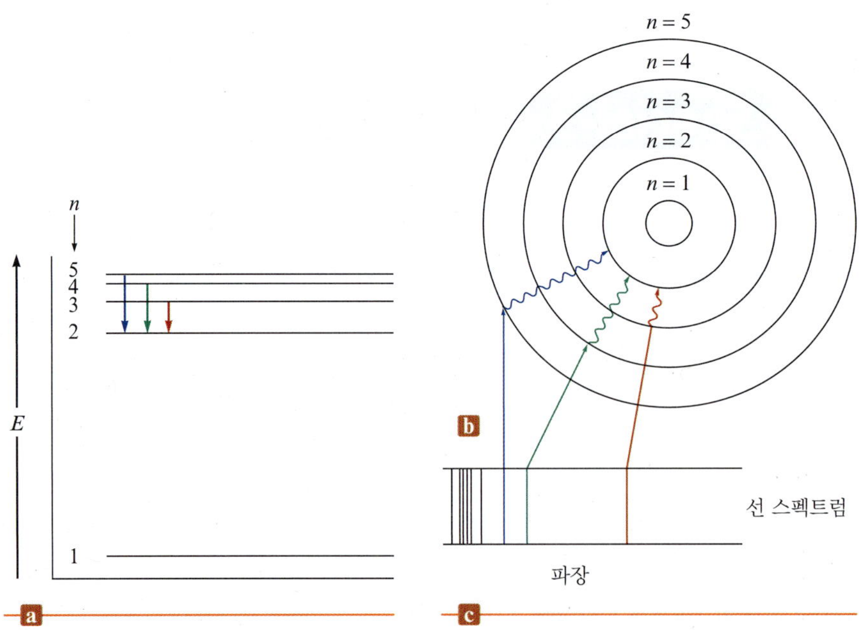

그림 S.5 수소 원자에 대한 보어 모형에서 전자 전이. (a) 전자 전이를 보여주는 에너지 준위 도표. (b) 궤도 간의 전이 도표이며, 실험에서 얻어진 스펙트럼을 설명해준다(나타낸 궤도들은 실제 크기를 고려하지 않은 것이다). (c) 사진 건판에 나타나는 선 스펙트럼. 스펙트럼의 가시광선 영역 내의 선들은 높은 에너지 준위에서 n = 2 준위로 전이된 것이다.

Special-4 원자의 양자 역학적 모형

1920년대 중반 들어 보어 모형이 더 이상 받아들여질 수 없다는 것이 분명해져, 완전히 새로운 접근 방법이 필요하였다. 하이젠베르크(Werner Heisenberg), 드브로이(Louis de Broglie), 슈뢰딩거(Erwin Schrödinger) 등 세 물리학자가 이러한 노력의 선두에 섰다. 이들이 개발한 접근법은 **파동 역학**(*wave mechanics*), 또는 **양자 역학**(*quantum mechanics*)이라고 알려져 있다. 드브로이는 전자가 파동의 성질도 보인다는 점을 처음으로 개념화하였다.

이러한 개념을 중시한 오스트리아 물리학자 슈뢰딩거는 전자의 파동 성질을 중심으로 원자 구조에 관한 문제를 풀어보고자 했다. 그가 수학적으로 다룬 내용은 너무 복잡하여 여기서 다룰 수 없지만, 방정식은 다음 형태이다.

$$\hat{H}\psi = E\psi$$

여기서 ψ는 파동함수(wave function)라고 부르며, 삼차원 공간에서 전자의 위치에 해당하는 좌표(x, y, z)의 함수이다. $\hat{H}$는 연산자(operator)로서, 한 세트의 수학적 지시사항에 해당한다. 이 경우, 연산자가 가진 수식 항들을 파동함수에 적용하면 원자의 총 에너지를 얻게 된다. E는 원자의 총 에너지를 나타낸다(전자와 양성자 사이의 인력에 의해 생기는 퍼텐셜 에너지와 전자가 움직이는 운동 에너지의 합). 이 식을 풀면 여러 해를 얻게 된다. 각 해는 특정한 값의 E로 규정된 파동함수, ψ로 되어 있다. 이 특정 파동함수를 흔히 **오비탈**(orbital)이라 부른다.

한편 하이젠베르크는 그의 수학적 분석으로부터 놀라운 결론을 끌어내었다. 즉, 주어진 순간에 어떤 입자의 위치와 운동량을 동시에 정확하게 측정하는 데에는 근본적인 한계가 있다는 것이다. 이를 **불확정성 원리**(uncertainty principle)라고 한다. 이를 수학적으로 기술하면 다음과 같다.

$$\Delta x \cdot \Delta(mv) \geq \frac{h}{4\pi}$$

이 때 Δx는 *입자의 위치에 대한 불확정성*(오차)이고, $\Delta(mv)$는 입자의 운동량에 대한 불확정성이며, h는 플랑크 상수이다. 따라서 이들의 곱인 $\Delta x \cdot \Delta(mv)$의 최소 오차값은 $h/4\pi$이다. 이 식은 입자의 위치를 정확히 알면 알수록 그 운동량은 더 불확실해지며, 그 역도 마찬가지라는 것이다. 야구공과 같은 큰 입자의 경우에는 이 한계 값이 너무 작아서 거의 무시할 정도이지만, 전자와 같이 작은 입자에서는 이 한계 값이 매우 중요해진다. 전자의 경우, 불확정성 원리에 의해 핵 주위를 움직이는 전자의 움직임을 정확하게 알 수 없다. 따라서 보어 모형과 같이 전자가 핵 주위를 정확하게 규정된 궤도를 따라 움직인다고 가정하는 것은 부적절하다.

Special-5 파동함수의 물리적 의미

불확정성 원리에 의한 한계가 주어졌을 때, 전자의 파동함수가 물리적으로 의미하는 바는 무엇인가? 파동함수 자체가 가시화된 의미를 쉽게 부여하지는 않지만, 함수의 제곱 값은 특정한 물리적 의미를 갖는데, 공간의 특정 지점에서 전자를 발견할 확률에 해당한다.

양자수

수소에 대한 슈뢰딩거 방정식을 풀면, 이를 만족하는 많은 파동함수(오비탈)들을 얻게 된다. 각 오비탈은 **양자수**(quantum number)라는 일련의 수들로 규정되는데, 이 양자수는 오비탈의 여러 성질들을 기술한다.

주양자수(principal quantum number, n)는 1, 2, 3, . . .의 정수 값을 갖는다. 주양자수는 오비탈의 크기 및 에너지와 관련되어 있다. n값이 커질수록 오비탈은 커지고, 전자는 핵으로부터 먼 곳에서 더 많은 시간을 보내게 된다. 전자가 핵에 약하게 결합될 수록 에너지는 더 작은 음의 값을 가지므로, n값이 커진다는 것은 에너지가 높아짐을 의미한다.

표 S.1 각운동량 양자수와 원자 궤도함수를 나타내는 기호

l 값	0	1	2	3
기호	s	p	d	f

각운동량 양자수(angular momentum quantum number, ℓ)는 각 n값에 대하여 0에서 $n-1$까지의 정수 값을 갖는다. 이 양자수는 원자 오비탈의 모양과 관련이 있다. 특정 오비탈의 ℓ 값은 흔히 문자로 나타내는데, $\ell = 0$은 s, $\ell = 1$은 p, $\ell = 2$는 d, $\ell = 3$은 f로 각각 쓰며, 이를 표 S.1에 요약하였다.

자기 양자수(magnetic quantum number, m_ℓ)는 0을 포함한 ℓ에서 $-\ell$까지의 정수값을 갖는다. m_ℓ 값은 특정 오비탈이 원자내의 공간에서 다른 오비탈들에 대해 상대적 배향과 관련이 있다. 수소 원자에서 처음 4개 준위의 오비탈과 이들의 양자수를 표 S.2에 실었다.

주어진 ℓ 값에 대한 각 오비탈의 세트[이를 부껍질(subshell)이라 부른다]를 n 값과 ℓ에 해당하는 문자로 나타낸 것에 주목하라. 따라서 $n = 2$이고 $\ell = 1$인 오비탈은 $2p$로 나타낸다. $2p$ 오비탈은 모두 세 개인데, 공간상에서 서로 다른 배향을 하고 있다.

오비탈의 모양과 에너지

오비탈의 의미는 확률 분포로 가장 적절하게 나타낸 것을 보았다. 수소 원자의 각 오비탈들은 그 특유의 확률 분포를 갖는다.

그림 S.6에 수소의 1s, 2s, 3s 오비탈을 나타내었다. 각 s 오비탈이 구형이다. 또한, 2s, 3s 오비탈이 0의 확률을 갖는 공간을 마디 표면(nodal surface), 또는 마디(node)라고 부

표 S.2 각운동량 양자수와 원자 궤도함수를 나타내는 기호

n	l	오비탈 이름	m_l	오비탈의 수
1	0	1s	0	1
	0	2s	0	1
	1	2p	−1, 0, +1	3
	0	3s	0	1
	1	3p	−1, 0, +1	3
	2	3d	−2, −1, 0, +1, +2	5
	0	4s	0	1
	1	4p	−1, 0, +1	3
	2	4d	−2, −1, 0, +1, +2	5
	3	4f	−3, −2, −1, 0, +1, +2, +3	7

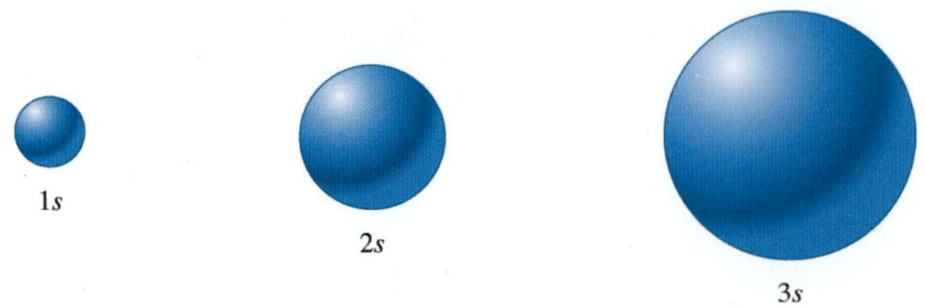

그림 S.6 전체 전자 발견 확률의 90%를 포함하는 표면으로 나타낸 수소의 1s, 2s, 3s 오비탈.

른다. 마디의 수는 n 값이 커질수록 많아진다. s 오비탈의 경우 마디의 수는 $n - 1$이다. 여기에서 편의상 s 오비탈을 전체 구형 모양으로만 나타내도록 하고, 그 크기는 n 값이 증가할수록 커진다.

$2p$ 오비탈을 그림 S.7에 나타내었다. 구형인 s 오비탈과는 달리, p 오비탈은 핵을 지나는 마디로 분리된 두 로브(lobe)로 이루어져 있다. xyz 좌표계의 축에서 이 두 로브가 놓인 축에 따라 p 오비탈의 이름을 붙인다. 예를 들어, $2p$ 오비탈이 x축을 따라 놓여 있는 경우 $2p_x$ 오비탈이라고 한다.

다른 수학적 함수처럼 원자 오비탈도 부호를 가지고 있다. s 오비탈은 삼차원 공간의 어느 곳에서든 그 부호는 양이다. 즉, 공간상의 어떤 위치에서든 s 오비탈의 값을 구하면 양수이다. 반면에 p 오비탈은 공간상의 영역에 따라 다른 부호를 가진다. 예를 들어, p_z 오비탈은 z가 양인 영역에서는 양의 부호를 갖고 음인 영역에서는 음의 부호를 갖는다. 그림 S.7의 경계면 안에 양과 음의 부호가 표시되어 있다. 이 부호는 수학적 부호로, 전하를 표시하는 것은 아니다.

d 오비탈은 $n = 3$인 준위에서 처음 나타난다. 다섯 개의 $3d$ 오비탈은 그림 S.8과 같은 모양을 하고 있다. d 오비탈은 두 가지 기본 모양을 가지고 있다. 네 개의 오비탈(d_{xy}, d_{yz}, d_{xz}, $d_{x^2-y^2}$)는 그 이름에서 지정하고 있는 평면에 네 개의 로브가 모여 있는 구조를 하고 있다. d_{xy}와 $d_{x^2-y^2}$가 모두 xy 평면에 중심을 두고 있지만, d_{xy}의 로브는 축 사이(between)에 놓인 반면, $d_{x^2-y^2}$의 로브는 축을 따라 놓인 점을 주목하라. 다섯 번째 오비탈인 d_{z^2}은 두 개의 로브가 z축을 따라 놓이고, xy 평면을 따라 띠를 두른 특이한 모양을 가지고 있다. $n > 3$인 준위의 d 오비탈들은 $3d$ 오비탈과 모양은 같으나 크기가 크다.

수소 원자의 경우, 특정 오비탈의 에너지는 n 값에 의해 결정된다. 따라서 n 값이 같은 모든 오비탈들은 같은 에너지를 갖는다고 한다(축퇴, degenerate, 그림 S.9a).

그러나 둘 이상의 전자를 가진 다전자 원자(polyelectronic atom)에서는 이 모형이 어

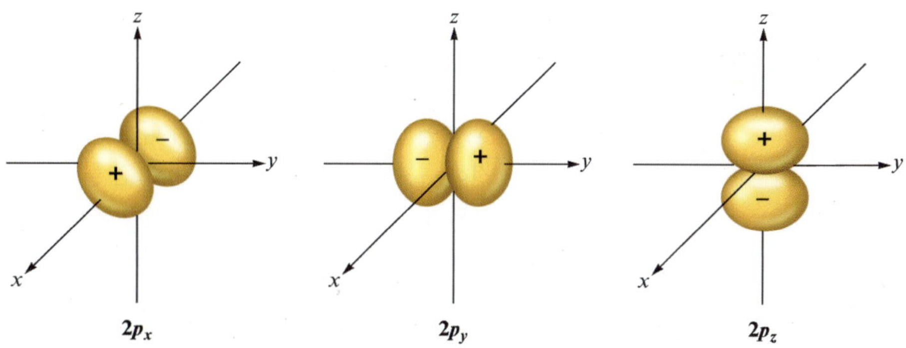

그림 S.7 경계표면으로 나타낸 세 개의 $2p$ 오비탈. 경계 표면에 표시되어 있는 부호는 공간상의 해당 영역에서 오비탈의 위상(부호)을 나타낸다.

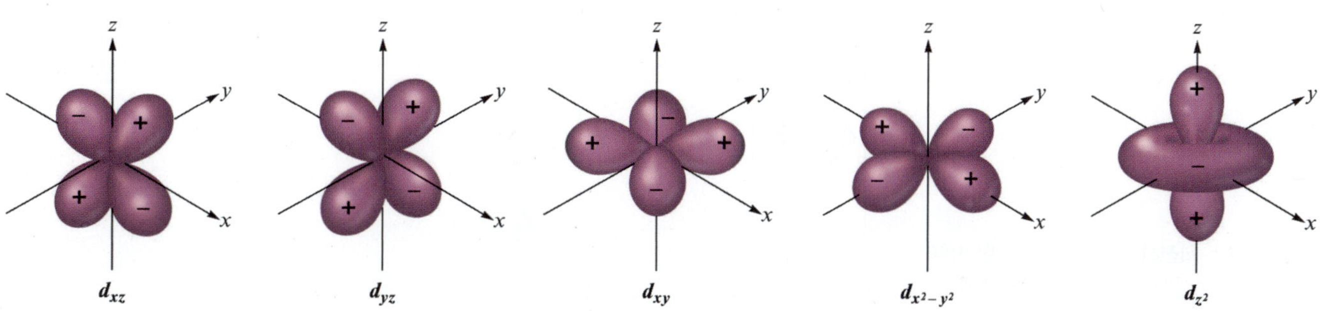

그림 S.8 d 오비탈의 모양.

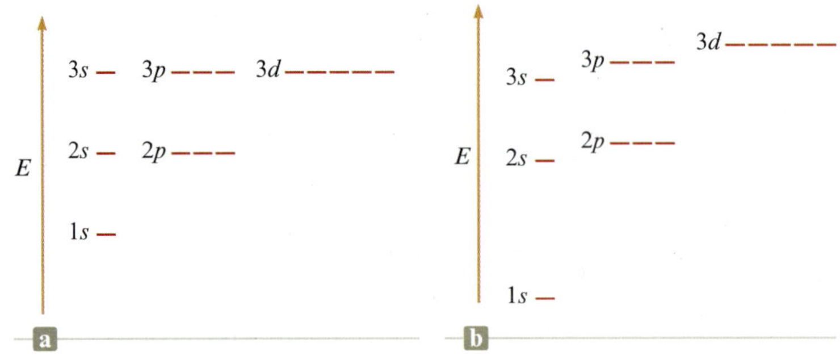

그림 S.9 오비탈 에너지 준위. (a) 수소 원자, (b) 다전자 원자.

떻게 적용될까? 여러 개의 양성자를 갖는 핵과 여러 개의 전자를 갖는 경우 (1) 핵 주위를 도는 전자들의 운동 에너지, (2) 핵과 전자들 사이의 당기는 힘에 의한 퍼텐셜 에너지, (3) 두 전자들 사이의 반발에 의한 퍼텐셜 에너지 등 세 가지 에너지를 고려하여야 한다. 외곽에 있는 전자는 전하가 매우 높은 핵에 끌리지만 다른 전자들에 의한 반발력도 느낀다. 결국 이 전자는 다른 전자들이 없는 경우에 비해 핵에 약하게 붙들려 있게 된다. 이를 다른 전자들에 의한 반발력으로 인해 핵전하로부터 차폐되었다(*screened*) 또는 가리었다(*shielded*)고 한다.

따라서 수소 원자와 다전자 원자 사이의 한 가지 특히 중요한 차이는 수소의 경우, 같은 주양자 준위에 있는 모든 오비탈들은 같은 에너지를 갖는다(축퇴)는 점이다. 다전자 원자의 경우에 주어진 주양자 준위의 오비탈들은 다음과 같이 다른 에너지를 갖는다(그림 S.9b).

$$E_{ns} < E_{np} < E_{nd} < E_{nf}$$

전자 스핀과 파울리 배타 원리

네덜란드 레이덴 대학교의 대학원생이었던 하우츠미트(Samuel Goudsmit)와 울렌벡(George Uhlenbeck)은 원자들의 방출 스펙트럼들을 상세하게 설명하기 위해 n, ℓ, m_ℓ 외의 네 번째 양자수가 필요하다는 것을 발견하였다. 스펙트럼 자료는 원자가 외부 자기장 속에 있을 때 전자가 두 가지 다른 배향의 자기 운동량을 가짐을 나타내었다. 회전하는 전하는 자기 운동량을 갖는다는 고전 물리학을 근거로, 이들은 전자에 두 스핀 상태가 허용되며, 이에 따라 두 개의 서로 상반되는 자기 운동량을 가지게 된다고 가정하였다(그림 S.10). 이러한 현상을 설명하기 위하여 도입된 새로운 양자수인 전자 스핀 양자수(electron spin quantum number: m_s)는 $+\frac{1}{2}$과 $-\frac{1}{2}$ 중 한 값만 가질 수 있다.

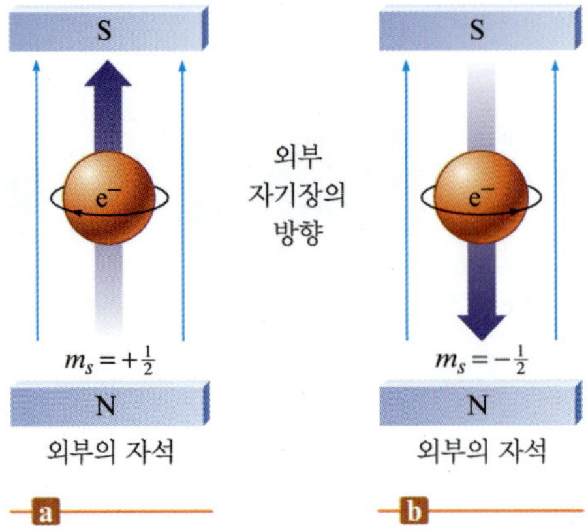

그림 S.10 회전하는 전자의 그림. 한 방향으로 회전하는 전자는 (a)에서 보는 바와 같은 배향의 자기장을 형성한다. 반대 방향으로 회전하면 (b)와 같이 반대 배향의 자기장을 형성한다.

오스트리아 물리학자인 파울리(Wolfgang Pauli)는 "한 원자에서 어떠한 두 전자도 같은 값의 네 가지 양자수(n, ℓ, m_ℓ, m_s)를 가질 수 없다"는 원리를 발견하였는데, 이를 **파울리 배타 원리**(*Pauli's exclusion principle*)라고 한다.

이 원리에 의하면 한 오비탈에 있는 전자들은 n, ℓ, m_ℓ 값이 모두 같기 때문에 다른 값의 m_s를 가져야 한다. 그런데 스핀 양자수는 두 값만 허용되므로 한 오비탈에는 두 전자만 수용되고, 이들은 서로 반대 스핀을 가져야 한다. 주기율표에서 원자의 전자 배치를 설명할 때 원자 모형을 사용하는 데 이 원리가 중요하게 적용된다.

Special-6 원자의 전자 배치와 주기율표

*Aufbau*는 "쌓다"는 뜻의 독일어이다.
H (Z = 1)
He (Z = 2)
Li (Z = 3)
Be (Z = 4)
B (Z = 5)
등

원자에 대한 양자 역학적 모형을 사용하면 여러 원자들에 대한 수소형 원자 오비탈에서의 전자 배열이 어떤 식으로 주기율표의 구성을 설명하는지 알 수 있다. 그렇게 함에 있어서 주된 가정은 모든 원자들이 수소 원자에서 기술된 것과 같은 형태의 오비탈들을 갖는다는 것이다. 다른 원소들을 만들기 위해, 핵에 양성자를 한 개씩 추가함에 따라, 이들 수소형 오비탈에 같은 방식으로 전자들을 추가하는 것이다. 이것을 **쌓음 원리**(aufbau principle)라고 한다.

수소(*hydrogen*)는 바닥 상태에서 $1s$ 오비탈을 채우는 전자 1개가 있다. 수소의 전자 배치를 $1s^1$이라 쓰며, 오비탈 도표(*orbital diagram*)로 나타낼 수 있다.

	$1s$	$2s$	$2p$		
H: $1s^1$	↑				

화살표는 특정한 방향으로 회전하는 전자를 나타낸다.

다음 원소인, 헬륨(*helium*)은 두 개의 전자를 갖는다. 파울리 배타 원리에 따라, 서로 반대 스핀을 갖는 전자는 하나의 오비탈을 차지할 수 있으므로, 헬륨의 전자들은 반대 스핀을 가지면서 $1s$ 오비탈에 들어가며, 배열은 $1s^2$가 된다.

	$1s$	$2s$	$2p$		
He: $1s^2$	↑↓				

리튬(*lithium*)은 세 개의 전자를 갖는데, 이 중 두 개는 $1s$ 오비탈을 채운다. 세 번째 전자는 n = 2에서 가장 낮은 에너지의 오비탈인 $2s$ 오비탈에 들어가 배열은 $1s^22s^1$이 될 것이다.

	$1s$	$2s$	$2p$		
Li: $1s^22s^1$	↑↓	↑			

그 다음 원소인 베릴륨(*beryllium*)의 네 전자는 $1s$와 $2s$ 오비탈을 채운다.

	$1s$	$2s$	$2p$		
Be: $1s^22s^2$	↑↓	↑↓			

붕소(*boron*)는 5개의 전자를 갖는데, 그 중 네 개는 $1s$와 $2s$ 오비탈에 채워진다. 다섯 번째 전자는 n = 2에서 두 번째 형태의 오비탈인 $2p$ 오비탈에 들어간다.

	$1s$	$2s$	$2p$		
B: $1s^22s^22p^1$	↑↓	↑↓	↑		

모든 $2p$ 오비탈은 에너지가 동일하므로(축퇴), 이들 중 어디에 들어가는지는 중요하지 않다.

그 다음 원소는 탄소(*carbon*)로 전자 6개를 갖는다. 두 전자는 $1s$ 오비탈에, 두 전자는 $2s$ 오비탈에, 나머지 두 개는 $2p$ 오비탈에 들어간다. 동일한 에너지의 $2p$ 오비탈이 세 개 있으므로 반발하는 전자들은 서로 다른 $2p$ 오비탈에 들어간다.

이러한 행동은 **훈트 규칙**(Hund's rule, 독일 물리학자 F. H. Hund의 이름에서 유래)으로 원자에 대한 가장 낮은 에너지의 전자 배치는 파울리 원리에 부합하면서, 축퇴된 오비탈 세트 안에 홀 전자(unpaired electron)의 수가 최대인 배치라는 것이다. 이들 홀 전자들은 평행한 스핀을 갖는 것으로 나타낸다.

전자들이 다른 $2p$ 오비탈에 들어간 것을 나타내기 위하여 탄소의 전자 배치를 $1s^22s^22p^12p^1$으로 표기한다. 그러나 일반적으로는 전자들이 다른 $2p$ 오비탈에 있다는 것을 알고 있다는 전제하에 $1s^22s^22p^2$로 표기한다. 탄소의 오비탈 도표는 다음과 같다.

		$1s$	$2s$	$2p$
C:	$1s^22s^22p^2$	↑↓	↑↓	↑ ↑ □

$2p$ 오비탈들의 쌍을 이루지 않은 전자들을 평행한 스핀으로 나타낸 것에 주목하라.

전자 7개를 갖는 질소(*nitrogen*)의 전자 배치는 $1s^22s^22p^3$이다. $2p$ 오비탈의 세 전자들은 각기 다른 오비탈들에 평행한 스핀으로 채워진다.

		$1s$	$2s$	$2p$
N:	$1s^22s^22p^3$	↑↓	↑↓	↑ ↑ ↑

전자 8개를 갖는 산소(*oxygen*)의 전자 배치는 $1s^22s^22p^4$이다. $2p$ 오비탈들 중 하나는 한 쌍의 전자로 채워지게 되는데, 파울리 배타 원리에 의해 서로 반대 스핀을 갖는다.

		$1s$	$2s$	$2p$
O:	$1s^22s^22p^4$	↑↓	↑↓	↑↓ ↑ ↑

플루오린(*fluorine*, 전자 9개)과 네온(*neon*, 전자 10개)의 오비탈 그림과 전자 배치는 다음과 같다.

		$1s$	$2s$	$2p$
F:	$1s^22s^22p^5$	↑↓	↑↓	↑↓ ↑↓ ↑
Ne:	$1s^22s^22p^6$	↑↓	↑↓	↑↓ ↑↓ ↑↓

소듐(*sodium*)의 경우, 우선 10개의 전자가 $1s$, $2s$, $2p$ 오비탈들을 모두 채운 후, 11번째 전자가 $n = 3$의 첫 오비탈인 $3s$ 오비탈을 채워야 한다. 소듐의 전자 배치는 $1s^22s^22p^33s^1$이 된다. 흔히 내부 준위의 전자들을 기재하지 않고 네온의 전자 배치인 $1s^22s^22p^6$를 [Ne]로 나타내어 이를 [Ne]$3s^1$으로 줄여 쓴다.

[Ne]은 $1s^22s^22p^6$를 줄인 것이다.

다음 원소인 마그네슘(*magnesium*)의 배치는 $1s^22s^22p^63s^2$ 또는 [Ne]$3s^2$가 된다. 그 이후로 오는 알루미늄(*aluminium*)부터 아르곤(*argon*)까지의 세 원소들은 $3p$ 오비탈에 전자 하나씩을 추가하는 배치를 갖는다. 그림 S.11에 처음 18개의 원소들에 대하여 가장 나중에 채워지는 오비탈의 전자 수로 나타낸 전자 배치를 요약해 놓았다.

여기에서 원자에서 가장 바깥의 주양자 준위에 있는 전자를 **원자가전자**(valence electron)라 한다. 예로 질소 원자의 원자가전자는 $2s$와 $2p$ 전자들이며, 소듐 원자의 원자가전자는 $3s$ 오비탈에 있는 전자이다. 원자가전자들은 결합에 관여하기 때문에, 이들은 매우 중요한 전자들이다. 내부 전자들은 **핵심부 전자**(core electron)라고 한다.

그림 S.11을 보면 같은 족에 있는 원소들(주기율표에서의 세로 줄)은 원자가전자 배치가 동일하다. 처음 멘델레예프가 원소들을 그룹으로 묶을 때, 화학적 성질의 유사성에 근거했다. 동일한 원자가전자의 배치를 갖는 원소들은 화학적 성질이 비슷하다.

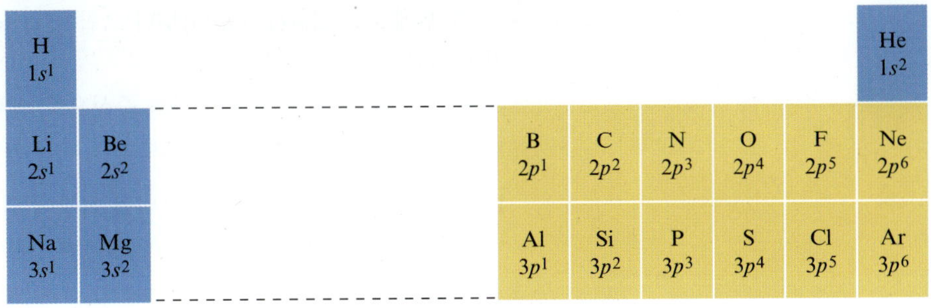

그림 S.11 첫 18개 원소들의 마지막으로 채워지는 오비탈로 나타낸 전자 배치.

아르곤 다음 원소는 포타슘(*potassium*)이다. 아르곤에서 $3p$ 오비탈들이 꽉 채워졌으므로 그 다음 전자는 $3d$ 오비탈에 채워질 것이라고 예상할 수 있으나, 포타슘의 화학적 성질은 리튬이나 소듐과 매우 비슷하므로 포타슘의 마지막 전자는 $3d$ 오비탈이 아니라 $4s$ 오비탈에 채워져, 포타슘의 전자 배치는 다음과 같다.

$$\text{K: } 1s^2 2s^2 sp^6 3s^2 3p^6 4s^1 \text{ 또는 } [\text{Ar}]4s^1$$

그 다음 원소인 칼슘(*calcium*) 전자 배치는 다음과 같다.

$$\text{Ca: } [\text{Ar}]4s^2$$

다음 원소인 스칸듐(*scandium*)부터, 전이 금속(transition metal)이라 부르는 열 개 원소들이(스칸듐~아연) 시작되는데, 다섯 개의 $3d$ 오비탈에 전자를 채우는 전자 배치를 갖게 된다. 스칸듐의 전자 배치는 다음과 같다.

$$\text{Sc: } [\text{Ar}]4s^2 3d^1$$

타이타늄(*titanium*)의 전자 배치는 다음과 같다.

$$\text{Ti: } [\text{Ar}]4s^2 3d^2$$

그리고 바나듐(*vanadium*)의 전자 배치는 다음과 같다.

$$\text{V: } [\text{Ar}]4s^2 3d^3$$

다음 원소는 크로뮴(*chromium*)이다. 예상되는 전자 배치는 $[\text{Ar}]4s^2 3d^4$이지만 실제 전자 배치는 다음과 같다.

$$\text{Cr: } [\text{Ar}]4s^1 3d^5$$

크로뮴이 왜 이러한 전자 배치를 갖는지는 다루지 않는다. 사실 화학자들에게는 이러한 불규칙성의 정확한 원인에 대해 아직도 논란의 여지가 남아 있다. 그러나 실제 배치에서 $4s$와 $3d$ 오비탈들이 반만 채워진 상태임에 주목하라.

다음으로 오는 망가니즈(*manganese*)부터 니켈(*nickel*)까지의 네 원소는 예상한 대로의 전자 배치를 갖는다. 즉,

$$\text{Mn: } [\text{Ar}]4s^2 3d^5 \qquad \text{Co: } [\text{Ar}]4s^2 3d^7$$
$$\text{Fe: } [\text{Ar}]4s^2 3d^6 \qquad \text{Ni: } [\text{Ar}]4s^2 3d^8$$

구리(*copper*)의 배치는 $[\text{Ar}]4s^2 3d^9$일 것으로 예상되지만 실제 배치는 다음과 같다.

$$\text{Cu: } [\text{Ar}]4s^1 3d^{10}$$

이 경우에도, 반만 채워진 상태의 $4s$ 오비탈과, 꽉 찬 상태의 $3d$ 오비탈들이 특이한 점이다.

아연(*zinc*)은 예상대로 다음과 같은 배치를 갖는다.

$$\text{Zn: } [\text{Ar}]4s^2 3d^{10}$$

그 후에 오는 갈륨(*gallium*)부터 크립톤(*krypton*)까지 6개의 원소들은 $4p$ 오비탈에 전자가 채워진 전자 배치를 갖는다.

어떤 오비탈들이 채워지는가를 중심으로 전체 주기율표를 원자가 전자 배치와 함께 그림 S.12에 나타내었다. 이 그림으로부터 다음 사실을 주목하라.

1. $(n + 1)s$ 오비탈이 항상 nd 오비탈 이전에 채워진다. 예를 들어, 둘째 줄의 전이금속(이트륨에서 카드뮴까지)에서 $4d$ 오비탈이 채워지기 전에 루비듐과 스트론튬에서 $5s$ 오비탈이 채워진다. 이렇게 s 오비탈이 먼저 채워지는 것은 침투 효과로 설명할 수 있다.
2. [Xe]$6s^25d^1$의 배치를 갖는 란타넘 이후의 14개 원소들은 **란타넘 계열**(lanthanide series), 또는 **란타넘족**(lanthanides)이라고 한다. 이 계열의 원소들은 일곱 개의 $4f$ 오비탈들이 채워진다. 때로 $4f$ 오비탈 대신에 $5d$ 오비탈에 한 개의 전자가 채워지는 것에 주목하라. 이것은 $4f$와 $5d$ 오비탈들의 에너지가 매우 비슷하기 때문에 일어나는 현상이다.
3. [Rn]$7s^26d^1$의 배치를 갖는 악티늄 이후에는 **악티늄 계열**(actinide series) 또는 **악티늄족**(actinides)이라 하는 14개의 원소들이 온다. 이 계열은 일곱 개의 $5f$ 오비탈에 전자

주족 원소 (1, 2족) / *d*-전이 원소 (3–12족) / 주족 원소 (13–17족) / 비활성 기체 (18족)

주기번호, 가장 높은 에너지에 채워진 전자 준위	1 1A ns^1	2 2A ns^2	3	4	5	6	7	8	9	10	11	12	13 3A ns^2np^1	14 4A ns^2np^2	15 5A ns^2np^3	16 6A ns^2np^4	17 7A ns^2np^5	18 8A ns^2np^6
1	1 H $1s^1$																	2 He $1s^2$
2	3 Li $2s^1$	4 Be $2s^2$											5 B $2s^22p^1$	6 C $2s^22p^2$	7 N $2s^22p^3$	8 O $2s^22p^4$	9 F $2s^22p^5$	10 Ne $2s^22p^6$
3	11 Na $3s^1$	12 Mg $3s^2$											13 Al $3s^23p^1$	14 Si $3s^23p^2$	15 P $3s^23p^3$	16 S $3s^23p^4$	17 Cl $3s^23p^5$	18 Ar $3s^23p^6$
4	19 K $4s^1$	20 Ca $4s^2$	21 Sc $4s^23d^1$	22 Ti $4s^23d^2$	23 V $4s^23d^3$	24 Cr $4s^13d^5$	25 Mn $4s^23d^5$	26 Fe $4s^23d^6$	27 Co $4s^23d^7$	28 Ni $4s^23d^8$	29 Cu $4s^13d^{10}$	30 Zn $4s^23d^{10}$	31 Ga $4s^24p^1$	32 Ge $4s^24p^2$	33 As $4s^24p^3$	34 Se $4s^24p^4$	35 Br $4s^24p^5$	36 Kr $4s^24p^6$
5	37 Rb $5s^1$	38 Sr $5s^2$	39 Y $5s^24d^1$	40 Zr $5s^24d^2$	41 Nb $5s^14d^4$	42 Mo $5s^14d^5$	43 Tc $5s^14d^6$	44 Ru $5s^14d^7$	45 Rh $5s^14d^8$	46 Pd $4d^{10}$	47 Ag $5s^14d^{10}$	48 Cd $5s^24d^{10}$	49 In $5s^25p^1$	50 Sn $5s^25p^2$	51 Sb $5s^25p^3$	52 Te $5s^25p^4$	53 I $5s^25p^5$	54 Xe $5s^25p^6$
6	55 Cs $6s^1$	56 Ba $6s^2$	57 La* $6s^25d^1$	72 Hf $4f^{14}6s^25d^2$	73 Ta $6s^25d^3$	74 W $6s^25d^4$	75 Re $6s^25d^5$	76 Os $6s^25d^6$	77 Ir $6s^25d^7$	78 Pt $6s^15d^9$	79 Au $6s^15d^{10}$	80 Hg $6s^25d^{10}$	81 Tl $6s^26p^1$	82 Pb $6s^26p^2$	83 Bi $6s^26p^3$	84 Po $6s^26p^4$	85 At $6s^26p^5$	86 Rn $6s^26p^6$
7	87 Fr $7s^1$	88 Ra $7s^2$	89 Ac** $7s^26d^1$	104 Rf $7s^26d^2$	105 Db $7s^26d^3$	106 Sg $7s^26d^4$	107 Bh $7s^26d^5$	108 Hs $7s^26d^6$	109 Mt $7s^26d^7$	110 Ds $7s^26d^8$	111 Rg $7s^16d^{10}$	112 Cn $7s^26d^{10}$	113 Nh $7s^27p^1$	114 Fl $7s^27p^2$	115 Mc $7s^27p^3$	116 Lv $7s^27p^4$	117 Ts $7s^27p^5$	118 Og $7s^27p^6$

f-전이 원소

*란타넘족	58 Ce $6s^24f^15d^1$	59 Pr $6s^24f^35d^0$	60 Nd $6s^24f^45d^0$	61 Pm $6s^24f^55d^0$	62 Sm $6s^24f^65d^0$	63 Eu $6s^24f^75d^0$	64 Gd $6s^24f^75d^1$	65 Tb $6s^24f^95d^0$	66 Dy $6s^24f^{10}5d^0$	67 Ho $6s^24f^{11}5d^0$	68 Er $6s^24f^{12}5d^0$	69 Tm $6s^24f^{13}5d^0$	70 Yb $6s^24f^{14}5d^0$	71 Lu $6s^24f^{14}5d^1$
**악티늄족	90 Th $7s^25f^06d^2$	91 Pa $7s^25f^26d^1$	92 U $7s^25f^36d^1$	93 Np $7s^25f^46d^1$	94 Pu $7s^25f^66d^0$	95 Am $7s^25f^76d^0$	96 Cm $7s^25f^76d^1$	97 Bk $7s^25f^96d^0$	98 Cf $7s^25f^{10}6d^0$	99 Es $7s^25f^{11}6d^0$	100 Fm $7s^25f^{12}6d^0$	101 Md $7s^25f^{13}6d^0$	102 No $7s^25f^{14}6d^0$	103 Lr $7s^25f^{14}6d^1$

그림 S.12 원소 기호, 원자 번호, 부분적 전자 배치를 나타낸 주기율표.

가 채워진다. 때로 1~2개의 전자들이 5*f* 오비탈 대신 6*d* 오비탈에 채워지는 것을 볼 수 있다. 이는 이들 오비탈의 에너지가 매우 비슷하기 때문에 일어난다.

4. 1A~8A족의 이름은 그 족에 있는 원자의 원자가전자의 총 개수를 나타낸다. 예를 들어, 5A족 원소들은 모두 ns^2np^3의 전자 배치를 갖는다.
5. 1A~8A로 나타낸 족들을 **주족**(main group) 또는 **전형 원소**(representative element)라고 한다. 이들 족 내의 모든 원소들은 원자가전자 배치가 같다.

화학 결합

Chemical Bonding

CHAPTER

11

DNA 분자 일부의 모형.

YinYang/iStockphoto.com

우리를 둘러싸고 있는 세계는 거의 모두가 화합물이나 그 혼합물로 이루어져 있다. 돌이나 석탄, 흙, 석유, 나무 그리고 인간들도 모두 여러 종류의 원자들이 결합하여 이루어진 화합물들의 복잡한 혼합체이다. 지각에서 발견되는 순수한 원소 물질들도 대개 많은 원자들이 서로 결합하고 있다. 금 덩어리는 많은 금 원자들이 서로 결합하고 있고 다이아몬드 내에는 수많은 탄소 원자들이 서로 강력하게 결합하고 있다. 천연에는 결합을 하지 않은 원자로 이루어진 물질도 존재하지만 그 수는 매우 적다(대기 중 아르곤 원자와 천연 가스 매장광에서 발견되는 헬륨 원자가 그 예이다).

원자가 서로 결합하는 방식은 물질의 화학적, 물리적 성질에 큰 영향을 미친다. 예를 들면 흑연과 다이아몬드는 모두 탄소 원자들로만 이루어져 있다. 흑연은 무르고 미끄러워 자물쇠의 윤활제로 쓰이나 다이아몬드는 경도가 가장 높은 물질 중 하나로 산업용 절단 공구나 보석으로 귀하게 사용된다. 모두 순수한 탄소 원자들로만 이루어진 두 물질이 왜 이렇게 성질이 다를까? 이 두 물질 속에서 탄소 원자들이 결합하는 방식이 서로 다르기 때문이다.

분자들의 결합 방식과 그 입체 구조는 화학 반응의 형태를 결정하는 데 중요한 역할을 하고, 많은 경우 우리의 생존과도 절대적인 관련이 있다. 생명체 내에서 일어나는 반응들은 대개 반응에 참여하는 분자 구조에 아주 민감하다. 실제로 아주 미세한 구조의 차이에 의해서도 반응 형태가 바뀌게 된다. 의약품으로 사용되는 분자들의 기능이 올바르게 작용하기 위해서는 반드시 그 구조가 정확해야 한다. 구조는 또한 후각과 미각에도 중요한 역할을 한다. 어떤 물질들은 냄새를 가지는 데, 이들의 구조가 우리 후각 기관의 수용체와 입체적으로 잘 들어맞기 때문이다. 미각도 분자의 모양에 의해 결정된다.

자연에 존재하는 물질들의 반응을 이해하기 위해서는 반드시 화학 결합의 본질과 화합물의 구조를 결정하는 요인을 이해하여야 한다. 이 장에서는 서로 다른 방식의 결합 형태를 보여주는 여러 종류의 화합물들을 살펴볼 것이다. 그리고 난 다음 자연에서 발견되는 물질들의 특성을 결정짓는 구조와 결합의 모형을 정립해 볼 것이다.

탄소 원자들이 서로 결합하여 이루어진 다이아몬드는 아름다운 보석으로 경도가 가장 높은 물질 중 하나이다.

hacohob/Shutterstock.com

11.1 화학 결합의 종류

학습 목표

- 이온 결합과 공유 결합에 대해 알아보고 이들 결합이 어떻게 이루어지는지 이해한다.
- 극성 공유 결합에 대해 배운다.

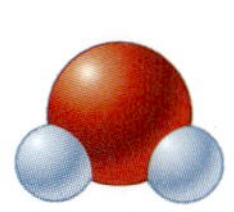

물 분자.

화학 결합이란 무엇인가? 이 물음에 대한 답은 여러 가지가 있겠지만 **결합**(bond)이란 둘 이상의 원자들을 함께 묶어 하나의 단위체로 작용하게 하는 힘이라고 정의할 수 있다. 예를 들어 물의 기본 단위는 H—O—H 분자이며 ◀ 이들은 두 개의 O—H 결합으로 묶여있다고 할 수 있다. 결합을 끊는 데 필요한 에너지 즉, **결합 에너지**(bond energy)를 측정하여 결합의 세기에 대한 정보를 얻을 수 있다.

원자들은 몇 가지 방식으로 서로 상호작용하여 집합체를 형성한다. 다양한 결합 형태를 보여 주는 구체적인 예를 몇 가지 살펴보자.

7장에서 고체 상태의 염화 소듐을 물에 녹이면 그 용액이 전기 전도성을 띠게 되고 이런 사실로부터 염화 소듐은 Na^+와 Cl^- 이온으로 구성된 것을 확인하였다. 따라서 소듐과 염소가 염화 소듐을 형성할 때 소듐 원자로부터 전자가 빠져나와 염소 원자로 옮겨가서 Na^+와 Cl^- 이온이 되고 이들이 뭉쳐 고체 염화 소듐을 이룬다. 이렇게 만들어진 염화 소듐은 매우 단단한 물질로, 그 녹는점이 약 800°C에 달한다. 염화 소듐 내의 강한 결합력은 서로 반대 전하를 띤 이온들이 밀집되어 쌓여져 서로 작용하는 인력에서 기인한다. 이는 **이온 결합**(ionic bonding)의 한 예이다. 이온성 물질은 상대적으로 전자를 쉽게 내어주는 원자가 전자에 대한 친화력이 큰 원자와 반응할 때 생성된다. 달리 표현하면 **이온 결합 화합물**(ionic compound)은 금속과 비금속이 반응할 때 생긴다.

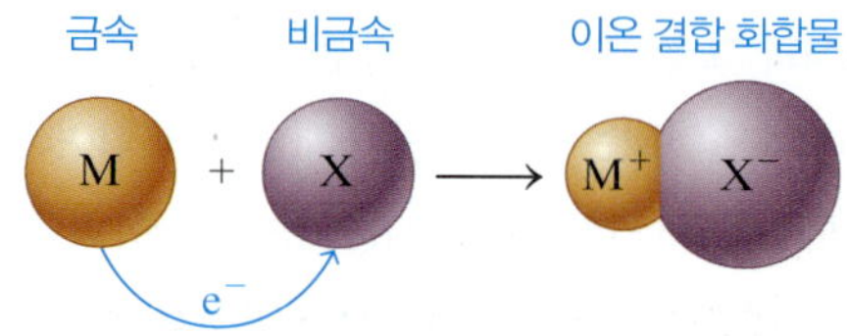

매우 상이한 두 개의 원자가 반응하여 반대로 하전된 이온을 만들 때 결합력이 생기는 것을 살펴보았다. 그렇다면 두 개의 동일한 원자 사이에는 어떻게 결합력이 생길까? 이러한 상황으로, 그림 11.1에 나타낸 것처럼 수소 원자 두 개가 서로 접근할 때 어떤 변화가 일어날지 생각해 보자. 수소 원자 두 개가 서로 가까이 접근하면 두 전자는 양쪽 핵에 동시에 끌리게 된다. 그림 11.1(b)에서 두 핵 사이에 전자 확률밀도가 증가하며 전자가 두 핵에 공유되는 것을 보여주고 있는 점에 유의하라.

수소를 비롯한 여러 분자에서 볼 수 있는 것처럼 *전자들이 핵들에 의해 공유되는 결합*의 형태를 **공유 결합**(covalent bond)이라 한다. 수소 분자의 경우 전자는 대부분 두 핵 사이의 공간에 머물며, 따라서 두 양성자에 의해 동시에 끌리고 있다는 점을 유의하라. 여기서는 더 이상 자세히 논의하지 않겠지만 이들 영역에 증진된 인력이 분리된 두 수소 원자들로부터 H_2 분자 형성을 유도한다. 두 수소 원자 사이에 결합이 형성된다는 것은 두 개의 분리된 수소 원자에 비해 H_2 분자가 상당한 에너지(결합 에너지)만큼 더 안정화됨을 의미한다.

지금까지 결합의 두 극단적 형태를 살펴보았다. 이온 결합에서는 참여하는 원자들이 매우 상이하여 하나 이상의 전자가 이동하여 반대 전하를 띤 이온들을 형성한다. 결합은 이들 이온 사이의 인력에 의해 이루어진다. 공유 결합에서는 두 개의 동일한 원자가 전자를 동등하게 공유한다. 공유된 전자들과 원자핵 간의 상호 인력에 의해 결합이 이루어진다. 이 두 가지 극단적인 경우의 중간 형태로, 전자가 한 원자에서 다른 원자로 완전히 이동

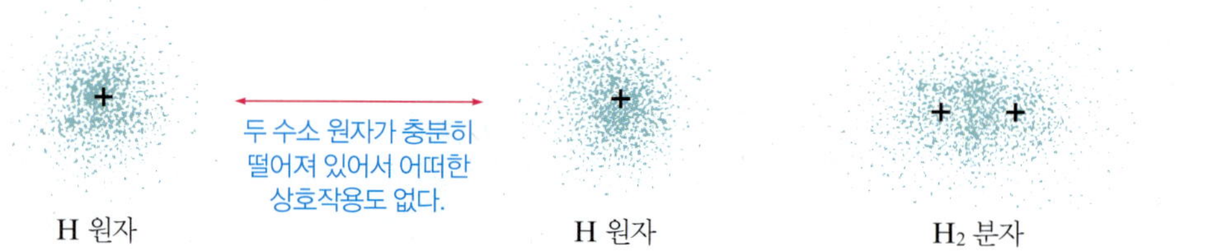

a 두 개의 분리된 수소 원자

b 수소 원자들이 서로 가까워지면 전자들은 양쪽 핵에 동시에 끌린다. 이에 의해 결합이 형성된다. 두 핵 사이의 상대적으로 큰 전자 밀도 확률이 전자의 공유를 나타냄을 유의하라.

그림 11.1 두 수소 원자 간 결합의 형성.

a
H—F 결합의 두 전자가 균등하게 공유된다면 나타날 수 있는 확률 분포도

b
실제로 공유 전자쌍이 수소 원자보다 플루오린 원자에 더 많이 머물러 있다. 따라서 플루오린은 음전하가 약간 초과되며 수소는 음전하가 약간 부족해진다(약한 양전하를 띤다).

그림 11.2 HF에 공유되는 전자의 확률 분포도.

할 만큼 완전히 다르지는 않으나 전자를 동등하게 공유하지는 못할 정도로 서로 다른 원자들 간에는 **극성 공유 결합**(polar covalent bond)을 이룬다. 플루오린화 수소(HF) 분자가 이런 종류의 결합을 하는데 그 전하 분포는 다음과 같다.

$$\underset{\delta^+}{\mathrm{H}}\text{—}\underset{\delta^-}{\mathrm{F}}$$

여기서 δ(델타)는 부분적 전하를 나타낸다.

결합 극성(bond polarity, HF와 같은 분자에서 원자의 부분적 양전하와 음전하)이 나타나는 데 대한 가장 합리적인 설명은 결합에 참여한 전자들이 동등하게 공유되지 않는다는 이론이다. 예를 들어 HF 분자의 극성은 플루오린 원자가 수소 원자보다 공유 전자를 더 강하게 끌어당긴다고 가정하면 설명할 수 있다(그림 11.2). 결합의 극성은 화학적으로 중요한 의미를 지니기 때문에 공유 전자를 끌어당기는 원자의 능력을 수치로 나타내면 매우 편리하다. 다음 절에서 이에 대해 살펴보자.

11.2 전기음성도

학습 목표

- **결합의 본질과 전기음성도를 이해한다.**

앞 절에서, 금속과 비금속이 반응할 때는 하나 이상의 전자가 금속에서 비금속으로 이동하며 이온 결합이 이루어지는 것을 보았다. 이와 달리 같은 원자 두 개가 반응할 때는 전자가 균등하게 공유되는 공유 결합을 형성한다. *서로 다른* 비금속들이 반응하면 전자들이 *불균등하게* 공유되어 극성 공유 결합을 이룬다. 두 원자 간에 전자를 불균등하게 공유하는 것은 *분자 내 공유 전자를 끌어당기는 상대적 능력*을 나타내는 **전기음성도**(electronegativity)라는 성질로 설명한다.

화학자들은 여러 종류의 원자들 사이에서 결합의 극성을 측정하여 원소의 전기음성도 수치를 설정하였다(그림 11.3). 주기율표상 주족 원소들의 전기음성도는 같은 주기에서는 왼쪽에서 오른쪽으로 갈수록 증가하고 같은 족에서는 위에서 아래로 내려갈수록 감소함에 유의하라. 전기음성도 값은 플루오린의 4.0부터 세슘과 프랑슘의 0.7 사이의 값을 갖는다. 원자가 결합을 형성할 때 전기음성도 값이 클수록 공유 전자를 더 가까이 두는 경향이 있다는 사실을 기억하라.

결합의 극성은 결합을 형성하는 원자들의 전기음성도 값의 *차*에 의해 좌우된다. 원자들의 전기음성도가 매우 비슷하면 전자들이 거의 동등하게 공유되어 그 결합은 거의 극성을 나타내지 않는다. 원자들의 전기음성도가 매우 다르면 극성 결합을 형성한다. 극단적인 경우에는 하나 이상의 전자들이 실제로 이동하여 이온을 형성하면서 이온 결합을 이룬다.

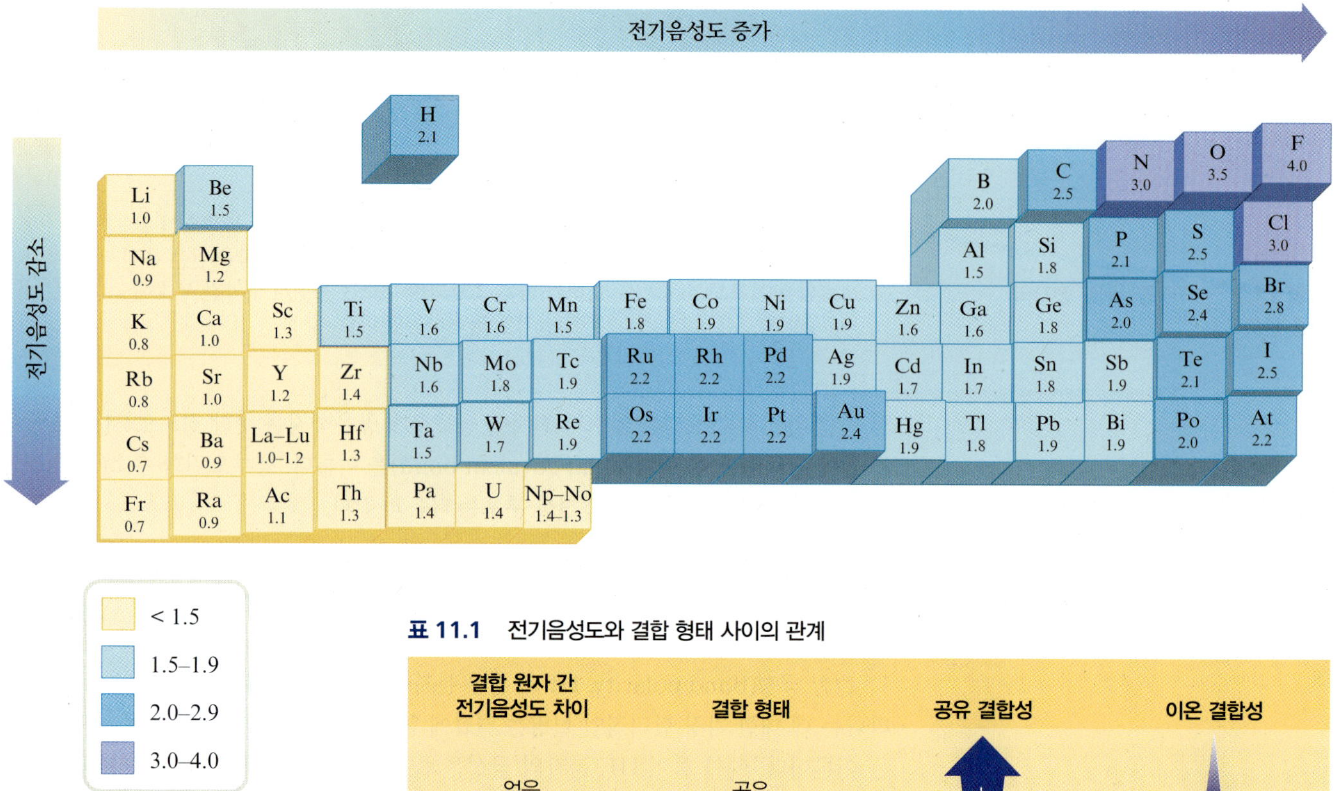

그림 11.3 몇 가지 원소들의 전기음성도 값. 전기음성도는 일반적으로 같은 주기에서는 왼쪽에서 오른쪽으로 갈수록 증가하고 같은 족에서는 아래로 내려갈수록 감소한다. 금속은 상대적으로 전기음성도가 낮고 비금속은 상대적으로 전기음성도가 높은 점도 유의하라.

표 11.1 전기음성도와 결합 형태 사이의 관계

결합 원자 간 전기음성도 차이	결합 형태	공유 결합성	이온 결합성
없음 ↓ 중간 ↓ 큼	공유 ↓ 극성 공유 ↓ 이온	↑ 증가	↓ 증가

예를 들면 1족의 한 원소(전기음성도 값: 약 0.8)가 7족의 한 원소(전기음성도 값: 약 3)와 반응하면 이온을 형성하여 이온성 물질을 만든다.

전기음성도와 결합의 형태 사이의 관계를 표 11.1에 나타내었다. 다양한 결합 형태는 그림 11.4에 정리하였다.

비판적으로 생각하기

전기음성도의 차이를 사용하여 결합의 성질을 설명하였다. 만일 모든 원자의 전기음성도가 같다면 어떻게 될까? 원자들 사이의 결합은 어떤 영향을 받을 것인가? 인지할 수 있는 차이는 무엇인가?

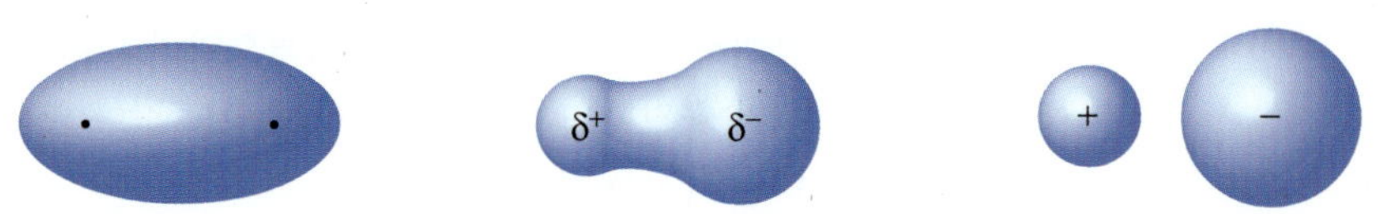

a 동일 원자 사이에 형성된 공유 결합

b 이온성과 공유성을 함께 갖는 극성 공유 결합

c 전자 공유가 없는 이온 결합

그림 11.4 세 가지 가능한 결합의 형태.

대화형 예제 11.1 전기음성도를 이용한 결합 극성의 결정

그림 11.3의 전기음성도 값을 이용하여 다음 결합을 극성이 증가하는 순서로 나열하시오. H—H, O—H, Cl—H, S—H, F—H.

풀이 전기음성도의 차이가 증가할수록 결합의 극성이 증가한다. 그림 11.3의 전기음성도 값에서 다음과 같은 결합 극성의 차이를 예상할 수 있다(각 원소 아래에 전기음성도 값이 나타나 있다).

결합	전기음성도 값	전기음성도 값 차이	결합 형태	극성
H—H	(2.1)(2.1)	2.1 − 2.1 = 0	공유	증가 ↓
S—H	(2.5)(2.1)	2.5 − 2.1 = 0.4	극성 공유	
Cl—H	(3.0)(2.1)	3.0 − 2.1 = 0.9	극성 공유	
O—H	(3.5)(2.1)	3.5 − 2.1 = 1.4	극성 공유	
F—H	(4.0)(2.1)	4.0 − 2.1 = 1.9	극성 공유	

따라서 극성이 증가하는 순서는 다음과 같다.

H—H S—H Cl—H O—H F—H

SELF-CHECK

실전 연습 11.1 다음 각 쌍의 결합 중 극성이 더 큰 것을 고르시오.

a. H—P, H—C

b. O—F, O—I

c. N—O, S—O

d. N—H, Si—H

11.3 결합의 극성과 이중극자 모멘트

학습 목표

- 결합 극성과 이들의 분자 극성과의 상관성을 이해한다.

11.1절에서 플루오린화 수소는 양성을 띤 말단과 음성을 띤 말단을 가지고 있음을 보았다. 이와 같이 분자가 양전하 중심과 음전하 중심을 가질 때 **이중극자 모멘트**(dipole moment)를 가진다고 한다. 분자의 이중극성은 종종 화살표로 나타낸다. 이때 화살의 머리는 음전하 중심을, 꼬리는 양전하 중심을 향한다.

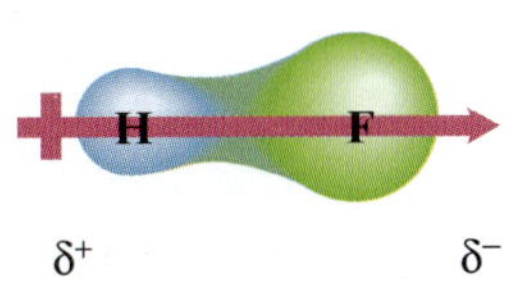

극성 결합을 한 이원자 분자는 모두 이중극자 모멘트를 갖는다. 많은 다원자 분자들도 이중극자 모멘트를 갖는다. 예를 들어, 물 분자에서 산소 원자는 수소 원자들보다 전기음성도가 크기 때문에 전자를 균등하게 공유하지 않는다. 그 결과 분자는 양성과 음성의 두 중심을 가진 전하 분포를 보인다(그림 11.5). 따라서 물 분자는 이중극자 모멘트를 갖는다.

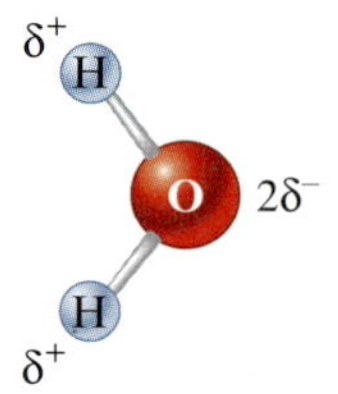

ⓐ 물 분자의 전하 분포. 각 수소 원자로부터 δ^-의 전하를 각각 끌어와서 산소 원자는 $2\delta^-$의 전하를 갖는다($\delta^- + \delta^- = 2\delta^-$).

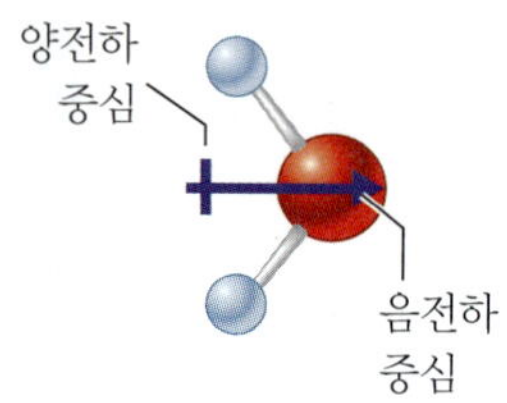

ⓑ 물 분자는 화살표처럼 양성 말단과 음성 말단을 가진 것같이 행동한다.

그림 11.5

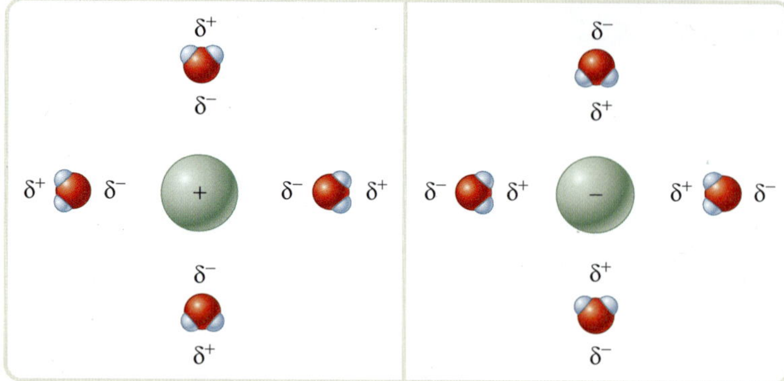

ⓐ 극성 물 분자는 음성 말단 때문에 양이온에 강하게 끌린다.

ⓑ 양성 말단으로 인해 음이온에도 강하게 끌린다.

그림 11.6

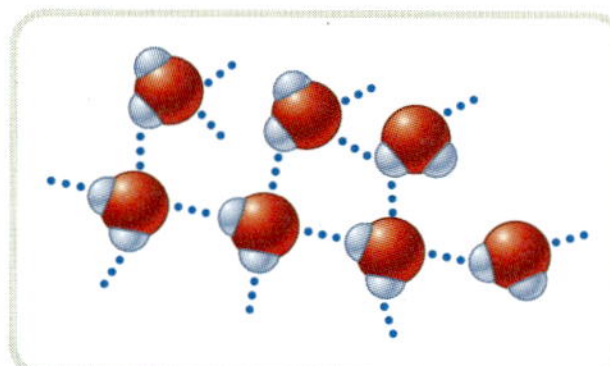

그림 11.7 극성 물 분자는 서로에게 강하게 끌린다.

분자의 극성(이중극자 모멘트를 갖는 것)은 물의 성질에 큰 영향을 미친다. 이미 잘 알려진 것처럼 물 분자가 지구상의 모든 생명체에 절대적인 영향을 끼치는 것은 극성 때문이라 해도 과언이 아니다. 물 분자는 극성 때문에 양이온과 음이온을 모두 에워싸고 끌어당길 수 있다(그림 11.6). 이런 인력에 의해 이온성 물질이 물에 녹게 된다. 또한 물 분자는 그 극성으로 인해 서로를 강하게 끌어당기기 때문에(그림 11.7) 액체에서 기체로 변할 때 큰 에너지를 필요로 한다(이런 상태 변화를 위해서는 분자가 서로 분리되어야 한다). 지구 표면 온도에서 물이 액체 상태로 남아있는 것도 물의 이러한 극성 때문이다. 만약 물이 비극성이라면 기체로 변하여 바다가 말라버릴 것이다.

11.4 안정한 전자 배치와 이온의 전하

학습 목표

- 안정한 전자 배치를 익힌다.
- 이온 결합 화합물의 화학식을 예측할 수 있게 한다.

금속과 비금속이 반응하여 이온 결합 화합물을 이룰 때 금속 원자가 하나 이상의 전자를 비금속 원자에 잃는 것을 많이 보았다. 5장에 소개된 이성분 이온 화합물의 반응에서도 1족 금속은 항상 1+ 양이온을, 2족은 항상 2+ 양이온을, 3족의 알루미늄은 항상 3+ 양이온을 만들었다. 비금속 원소의 경우, 7족은 항상 1− 음이온을, 6족은 항상 2− 음이온을 형성한다. 이런 예는 표 11.2에 더욱 자세히 나타나 있다.

표 11.2 금속과 비금속에 의한 이온 형성

족	이온 형성	전자 배치 원자		전자 배치 이온
1	$Na \rightarrow Na^{+} + e^{-}$	$[Ne]3s^1$	$\xrightarrow{e^{-} \text{ 잃음}}$	[Ne]
2	$Mg \rightarrow Mg^{2+} + 2e^{-}$	$[Ne]3s^2$	$\xrightarrow{2e^{-} \text{ 잃음}}$	[Ne]
3	$Al \rightarrow Al^{3+} + 3e^{-}$	$[Ne]3s^23p^1$	$\xrightarrow{3e^{-} \text{ 잃음}}$	[Ne]
6	$O + 2e^{-} \rightarrow O^{2-}$	$[He]2s^22p^4 + 2e^{-} \rightarrow [He]2s^22p^6 =$		[Ne]
7	$F + e^{-} \rightarrow F^{-}$	$[He]2s^22p^5 + e^{-} \rightarrow [He]2s^22p^6 =$		[Ne]

표 11.2의 이온들이 모두 비활성 기체인 네온의 전자 배치를 한다는 흥미로운 사실을 주목하라. 즉, 소듐은 원자가전자($3s$) 하나를 잃고 Na^+가 되는데 이는 [Ne]의 전자 배치를 한다. 마찬가지로 Mg는 원자가전자 두 개를 잃고 Mg^{2+}가 되는데 이 또한 [Ne]의 전자 배치를 갖는다. 한편 비금속 원자들은 필요한 만큼 전자를 얻어 비활성 기체 원자의 전자 배치를 이룬다. O 원자는 전자 두 개를, F 원자는 전자 하나를 얻어 각각 O^{2-}와 F^-가 되는데 이들은 모두 [Ne]의 전자 배치를 갖는다. 이러한 관측 결과를 요약하면 다음과 같다.

이온의 전자 배치

1. 주족의 금속 원소는 바로 앞의 비활성 기체(즉, 주기율표상에서 해당 금속 직전에 나타나는 비활성 기체)와 동일한 전자 배치가 가능할 정도만큼의 전자를 버리고 이온이 된다. 표지 안쪽의 주기율표를 찾아보면 네온이 소듐과 마그네슘 직전에 있는 비활성 기체임을 알 수 있다. 같은 식으로 리튬과 베릴륨 직전의 비활성 기체는 헬륨이다.
2. 비금속 원소는 필요한 만큼의 전자를 얻어 바로 다음에 있는 비활성 기체(즉, 주기율표상에서 해당 원소 직후에 나타나는 비활성 기체)와 전자 배치가 동일한 이온을 형성한다. 예를 들어 산소와 플루오린 다음에 나타나는 비활성 기체는 네온이고 아르곤은 황과 염소 다음에 있는 비활성 기체임을 확인하라.

이로부터 주요한 일반 원칙을 찾아낼 수 있다. 수많은 안정한 화합물을 관찰한 결과 **주족 원소들로 이루어진 거의 모든 안정한 화합물들은 원자들이 모두 비활성 기체의 전자 배치를 이룬다**는 사실이 밝혀졌다. 이런 관측 결과는 대단히 중요한 의미를 갖는다. 이는 원자들이 서로 결합하는 이유와 그 방식을 이해하는 데 있어서 가장 근원적인 기초 개념이 된다.

이온을 형성할 때 이 원리가 적용되는 것은 이미 살펴보았다(표 11.2 참조). 이런 경향은 다음과 같이 요약할 수 있다. 주족의 금속과 비금속이 반응할 때는 양이온과 음이온이 모두 비활성 기체의 전자 배치를 갖도록 전자들이 이동한다.

한편 비금속 원소들이 서로 반응할 때는 분자 내 각 원자들이 비활성 기체의 전자 배치를 이루도록 전자들을 공유한다. 예를 들면, 산소($[He]2s^22p^4$)가 [Ne]의 전자 배치를 이루기 위해서는 전자 두 개가 더 필요한데, 두 H 원자(각각 전자 하나를 가짐)와 물(H_2O)을 형성하면서 전자를 얻는다.

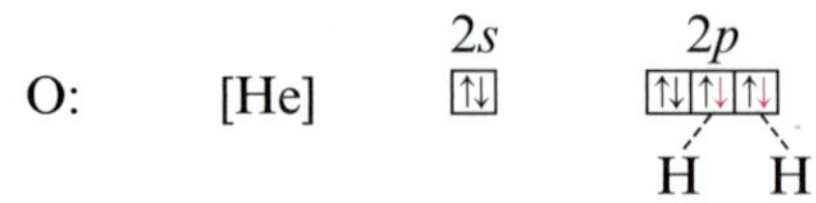

이들 전자는 산소의 원자가궤도함수를 채운다.

이와 더불어 각 H는 산소 원자와 두 전자들을 공유하며,

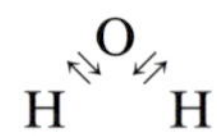

H의 1s 궤도함수를 채워 1s^2 전자 배치, 즉 [He]의 전자 배치를 이룬다. 공유 결합에 대해서는 11.6절에서 더 많이 다룰 것이다.

여기서 지금까지 소개된 개념들을 요약해 보자.

전자 배치와 결합

1. *비금속과 1,2,3족 금속*이 반응하여 이성분 이온 결합 화합물을 이룰 때는 *비금속* 원소는 원자가궤도함수를 *채워서 다음에 오는* 비활성 기체의 전자 배치를 이룬다. *금속* 원소는 원자가궤도함수를 *비워서 바로 전* 비활성 기체의 전자 배치를 이룬다. 이런 식으로 두 경우의 이온들이 모두 비활성 기체의 전자 배치를 가진다.
2. *두 비금속*끼리 반응하여 공유 결합을 이룰 때는 양쪽 원자가 모두 원자가궤도함수를 채울 수 있게 전자를 공유한다. 즉, 두 비금속들은 전자를 공유함으로써 모두 비활성 기체의 전자 배치를 이룬다.

이온 결합 화합물의 화학식 예측하기

이제 원자의 전자 배치에 대해 알고 있으므로 다양한 이온이 형성되는지를 설명할 수 있다. 금속이 비금속과 반응할 때 어떤 이온들이 형성될지 예측할 수 있는 방법을 알아보기 위해서 칼슘과 산소가 이온 결합 화합물을 형성하는 경우를 고려해 보자. 다음 두 원자의 원자가전자 배치를 살펴보면 어떤 화합물이 생길지 예상할 수 있다.

$$\text{Ca: } [\text{Ar}]4s^2$$
$$\text{O: } [\text{He}]2s^22p^4$$

그림 11.3으로부터 산소의 전기음성도(3.5)가 칼슘의 전기음성도(1.0)보다 훨씬 더 커서 그 차이가 2.5나 되는 것을 알 수 있다. 이처럼 큰 전기음성도 차이 때문에 칼슘에서 산소로 전자들이 이동하여 칼슘 양이온과 산소 음이온이 만들어진다. 얼마나 많은 전자들이 이동할지는 비활성 기체가 가장 안정된 전자 배치를 한다는 사실에서 예측할 수 있다. 원자가궤도함수(2s와 2p)를 채우려면 전자 두 개가 더 필요한 산소는 두 전자를 받아들여 산소 다음에 오는 비활성 기체인 네온의 전자 배치($1s^22s^22p^6$)를 이룬다.

$$\text{O} + 2\text{e}^- \rightarrow \text{O}^{2-}$$
$$[\text{He}]2s^22p^4 + 2\text{e}^- \rightarrow [\text{He}]2s^22p^6, \text{ 즉 } [\text{Ne}]$$

그리고 칼슘은 전자 두 개를 버리면 그 앞에 위치한 비활성 기체인 아르곤의 전자 배치를 가질 수 있다.

$$\text{Ca} \rightarrow \text{Ca}^{2+} + 2\text{e}^-$$
$$[\text{Ar}]4s^2 \rightarrow [\text{Ar}] + 2\text{e}^-$$

따라서 전자 두 개가 다음과 같이 이동한다.

표 11.3 이온 결합 화합물에서 비활성 기체의 전자 배치를 갖는 일반적인 이온들

1족	2족	3족	6족	7족	전자 배치
Li^+	Be^{2+}				[He]
Na^+	Mg^{2+}	Al^{3+}	O^{2-}	F^-	[Ne]
K^+	Ca^{2+}		S^{2-}	Cl^-	[Ar]
Rb^+	Sr^{2+}		Se^{2-}	Br^-	[Kr]
Cs^+	Ba^{2+}		Te^{2-}	I^-	[Xe]

$$\mathrm{Ca} + \mathrm{O} \rightarrow \mathrm{Ca^{2+}} + \mathrm{O^{2-}}$$

2e⁻ (Ca → O)

이온 결합 화합물의 화학식을 예측하기 위해서는 화합물은 항상 전기적으로 중성, 즉 같은 양의 양전하와 음전하를 갖는다는 사실을 이용한다. 위의 경우에는 Ca^{2+}와 O^{2-}이온이 같은 개수이어야 하고 따라서 화합물의 실험식은 CaO가 된다.

다른 많은 경우에도 같은 원리를 적용할 수 있다. 알루미늄과 산소로 이루어진 화합물을 예로 들어 보자. 알루미늄의 전자 배치는 $[\mathrm{Ne}]3s^23p^1$이다. 네온과 같은 전자 배치를 하기 위해서는 전자 세 개를 버리고 Al^{3+} 이온을 형성해야 한다.

$$\mathrm{Al} \rightarrow \mathrm{Al^{3+}} + 3\mathrm{e^-}$$
$$[\mathrm{Ne}]3s^23p^1 \rightarrow [\mathrm{Ne}] + 3\mathrm{e^-}$$

3 × (2−)는 2 × (3+)와 균형을 이룬다.

따라서 이 경우에 만들어지는 이온은 Al^{3+}와 O^{2-}일 것이다. ◀ 화합물은 전기적으로 중성이어야 하므로 Al^{3+} 두 개당 O^{2-} 이온 세 개가 있을 것이고, 화합물의 실험식은 Al_2O_3이 된다.

표 11.3에 이온 결합 화합물에서 비활성 기체의 전자 배치를 가지는 이온을 형성하는 일반적인 원소들을 나타내었다.

이 절에서는 1, 2, 3족 금속(주족 금속)에 대해서만 논의하고 있음을 명심하라. 전이 원소들은 매우 복잡한 양상을 보이므로(여러 다양한 이온들을 형성) 이 책에서는 다루지 않는다.

11.5 이온 결합과 이온 결합 화합물의 구조

학습 목표

- 이온 결합 화합물의 구조를 안다.
- 이온의 크기를 결정하는 요소를 이해한다.

금속과 비금속이 반응하여 만들어지는 이온 결합 화합물들은 매우 안정하므로 이들을 서로 떼어놓기 위해서는 많은 에너지가 필요하다. 한 예로 염화 소듐의 녹는점은 약 800°C나 된다. 이온 결합 화합물의 이러한 강한 결합성은 반대로 하전된 양이온과 음이온 사이의 인력 때문이다.

플루오린화 리튬과 같은 이온 결합 화합물의 화학식을 간단히 LiF로 나타내지만 사실 이것은 가장 간단한 화학식인 실험식이다. 실제로 고체에는 수많은 Li^+와 F^- 이온들이 서로 반대 전하 이온 간 인력이 최대가 되도록 쌓여있다. 플루오린화 리튬의 전형적인 부분구조를 그림 11.8(a)에 나타내었다. 이 구조에서는 큰 F^- 이온들이 단단한 공처럼 서로 밀집하여 쌓여있고 그 틈새에 작은 Li^+ 이온들이 규칙적으로 끼어들어 있다. 그림 11.8(b)는 전체 구조의 극히 일부만 나타낸 것인데 실제로는 이런 형태의 쌓임이 모든 삼차원 방향으

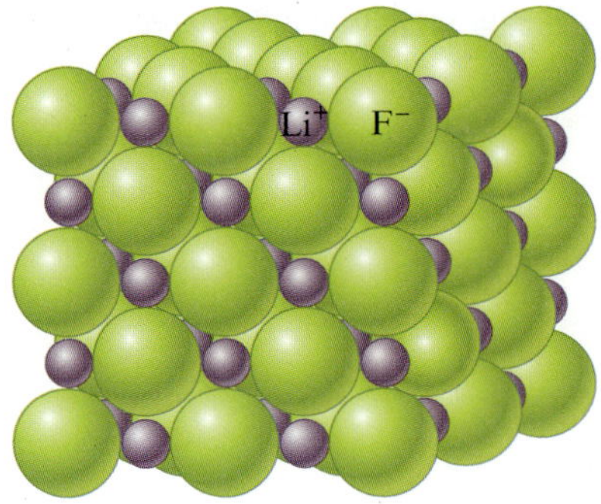

a
이 구조는 이온을 쌓인 공으로 나타낸다.

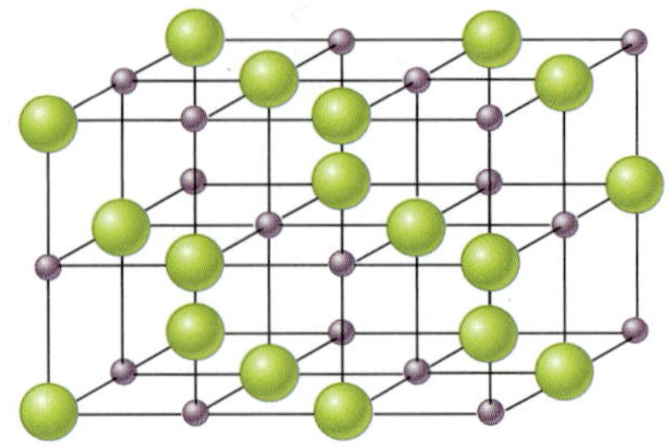

b
이 구조는 이온들의 위치(중심)을 보여준다. 이온 간 인력이 최대가 되도록 구형의 이온이 쌓인다.

그림 11.8 플루오린화 리튬의 구조.

로 연속된다.

공이 쌓일 때 공간이 완전히 채워지지 않는다. 더 작은 공들이 빈 공간(틈새)을 차지할 수 있다.

거의 모든 이성분 이온 결합 화합물의 구조는 이온들이 단단한 공처럼 쌓이는 현상으로 설명할 수 있다.◀ 크기가 더 큰 구(대개 음이온)들이 쌓이고 그 틈새(구멍)를 더 작은 크기의 이온들이 차지한다.

이온의 쌓임 형태를 이해하기 위해서는, *양이온은 원래의 원자 크기보다 더 작아지고 음이온은 원래 원자보다 크기가 더 커진다*는 점을 염두에 두는 것이 좋다. 금속은 원자가 전자를 잃고 양이온이 되므로 크기가 당연히 작아지는 반면, 음이온을 형성하는 비금속은 다음에 오는 비활성 기체의 전자 배치를 이룰 수 있도록 전자를 받아들이므로 크기가 더 커진다. 1족과 7족 원자 및 이들로부터 만들어진 이온들의 상대적 크기를 그림 11.9에 나타내었다.

비판적으로 생각하기

이온의 크기는 원래 원자와 다르다. 만일 이온이 원래 원자의 크기와 같다면 어떻게 될까? 이온 결합 화합물에 어떤 영향을 끼칠까?

다원자 이온으로 이루어진 이온 결합 화합물

지금까지는 단일 원자에서 만들어진 이온들로 구성된 이성분 이온 결합 화합물들만 다루었다. 하지만 많은 화합물들은 다원자 이온(여러 개의 원자로 이루어진 전하를 띤 화학종)을 포함하고 있다. 질산 암모늄을 예로 들면 NH_4^+ 이온과 NO_3^- 이온으로 이루어져 있다. 반대로 하전된 이들 이온도 이성분 이온 결합 화합물에서의 단순 이온과 같은 인력에 의해 이끌린다. 그러나 다원자 이온을 구성하는 *개별* 성분들은 공유 결합에 의해 서로 묶여있어 전체로 하나처럼 행동한다. 예를 들면, 암모늄 이온(NH_4^+)에는 네 개의 N—H 공유 결합이 있고, 질산 이온(NO_3^-)에는 세 개의 N—O 공유 결합이 있다. 따라서 질산 암모늄은 NH_4^+와 NO_3^- 이온으로 이루어진 이온 결합 화합물이지만, 각 다원자 이온에는 공유 결합이 포함되어 있다. 질산 암모늄을 물에 용해하면 이성분 이온 결합 화합물인 염화 소듐이나 브로민화 포타슘과 같은 강전해질처럼 행동한다. 이는 7장에서 살펴본 바와 같이 이온성 고체가 용해되면 이온들이 서로 독립적으로 움직일 수 있게 자유로워져서 전기를 통할 수 있기 때문이다.

흔히 볼 수 있는 다원자 이온들을 표 5.4에 나타내었다. 이들은 모두 공유 결합에 의해 서로 묶여있다.

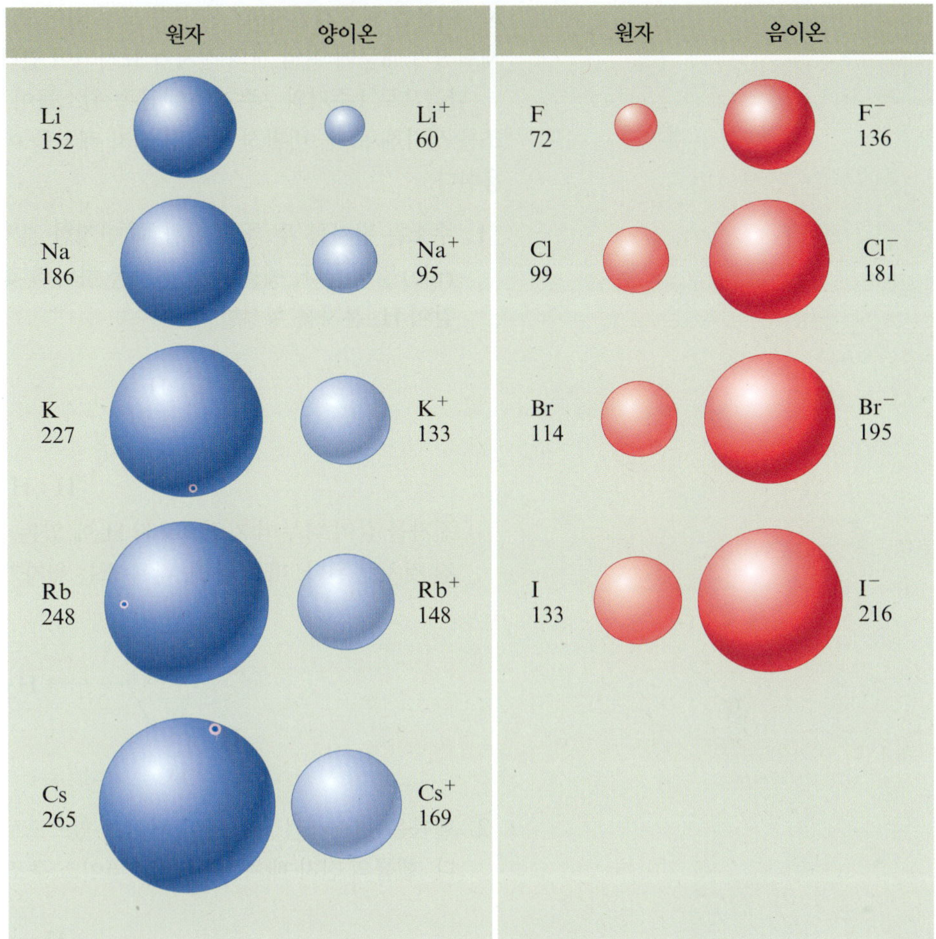

그림 11.9 몇 가지 이온과 그 모원자(parent atom)의 상대적 크기. 양이온은 모원자보다 크기가 더 작고 음이온은 모원자보다 크기가 더 큰 점에 유의하라. 크기(반지름)의 단위는 피코미터이다 ($1\ pm = 10^{-12}\ m$).

11.6 루이스 구조

학습 목표

- 루이스 구조를 그리는 방법을 배운다.

원자가전자는 원자의 가장 높은 주에너지 준위에 있는 것임을 기억하라.

결합에는 원자의 원자가전자들만이 참여한다. ◀ 금속과 비금속이 반응하면 원자가전자가 이동하여 이온 결합 화합물이 생성된다. 비금속 사이에서는 원자가전자를 공유하여 공유 결합을 형성한다.

루이스 구조(Lewis structure)는 분자 내의 원자들 사이에 어떻게 원자가 전자들이 배치되는가를 보여주는 분자 모형도이다. 이 모형도는 루이스(G. N. Lewis)의 이름을 따서 지었는데, 그는 1902년 학생들에게 일반 화학을 강의하면서 이같은 아이디어를 얻었다. *안정한 화합물을 생성하기 위한 가장 중요한 조건은 각 원자들이 비활성 기체의 전자 배치를 하여야 한다*는 사실을 화학자들이 여러 분자들로부터 관찰하였으며 이를 기초로 하여 루이스 구조를 그리는 규칙을 정한 것이다.

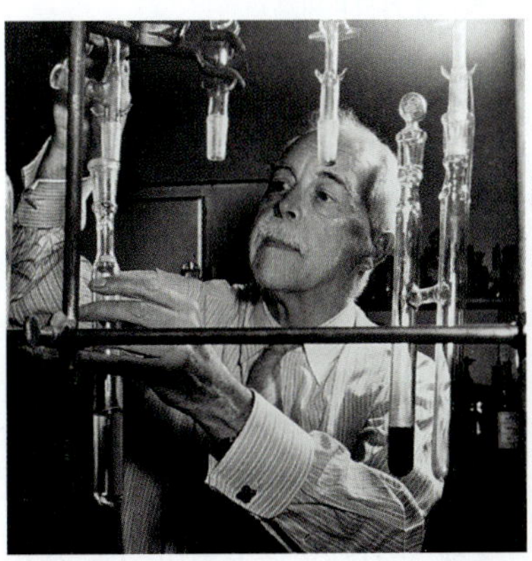

Courtesy of the University Archives/Bancroft Library/ University of California, Berkeley #UARC PIC 13:596

실험실에서 루이스(G. N. Lewis)의 모습.

우리는 이미 이런 규칙이 금속과 비금속의 반응으로 생성되는 이온 결합 화합물에 적용됨을 배웠다. KBr의 생성을 예로 들면 K^+ 이온은 [Ar]의 전자 배치를, Br^- 이온은 [Kr]의 전자 배치를 한다. 루이스 구조를 그릴 때에는 *원자가전자만을 표시한다.* 원자가전자를 점으로 표시하여 KBr의 루이스 구조를 그리면 다음과 같다.

$$K^+ \qquad [:\ddot{\underset{..}{Br}}:]^-$$

비활성 기체 전자 배치 [Ar]   비활성 기체 전자 배치 [Kr]

K^+ 이온은 원자가전자(4*s* 전자)를 모두 잃어 표시된 점이 없다. Br^- 이온은 원자가껍질이 채워졌기 때문에 여덟 개의 전자가 표시되어 있다.

다음으로 1주기와 2주기의 비금속 원소들이 공유 결합을 하고 있는 분자의 루이스 구조를 생각해 보자. 비활성 기체의 전자 배치를 이루는 법칙을 이들 원소에 다음과 같이 적용한다.

1. 수소는 전자를 두 개 공유할 때 안정한 분자를 이룬다. 즉 수소는 **이전자 규칙**(duet rule)을 따른다. 예를 들면 전자를 하나씩 갖고 있는 두 수소 원자가 결합하여 다음과 같이 H_2 분자를 형성할 때,

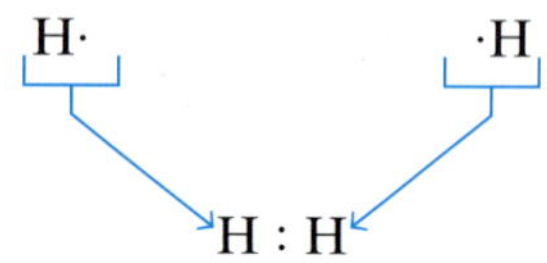

전자를 같이 나누어 가짐으로써 H_2에 있는 수소들은 실제적으로 두 개씩의 전자를 가진 것처럼 된다. 다시 말해, 각 수소는 원자가껍질이 채워진다.

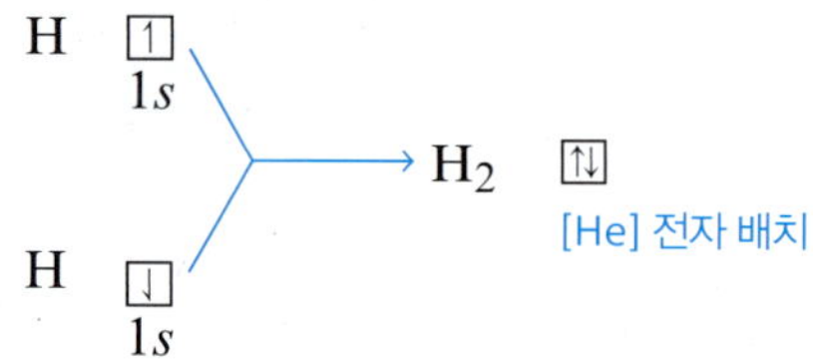

2. 헬륨은 원자가껍질이 이미 채워져 있으므로 결합을 하지 않는다. 즉, 비활성 기체이다. 헬륨의 전자 배치는 $1s^2$이고 루이스 구조는 다음과 같다.

He:
[He] 전자 배치

3. 2주기의 탄소부터 플루오린까지 비금속들은 원자가궤도함수, 즉 하나의 2*s*와 세 2*p* 궤도함수를 모두 채울 수 있는 전자들로 둘러싸일 때 안정한 분자를 형성한다. 이 궤도함수들을 채우기 위해서는 전자 여덟 개가 필요하므로 이들은 전형적인 **팔전자 규칙**(octet rule)을 따른다. ◀ 이들은 여덟 개의 전자로 둘러싸인다. 예를 들어, F_2 분자의 루이스 구조를 보면 다음과 같다.

탄소, 질소, 산소와 플루오린은 안정한 분자 내에서는 거의 언제나 팔전자 규칙을 따른다.

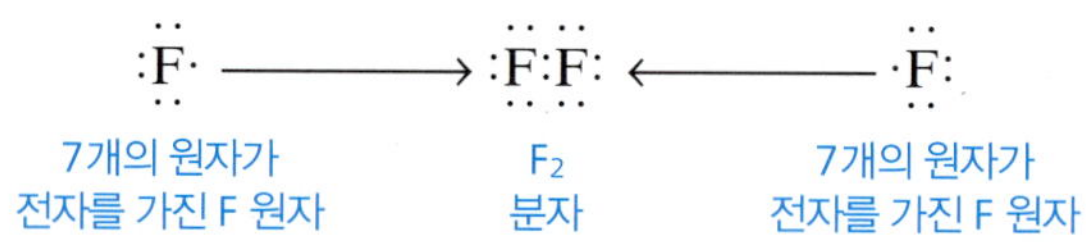

F_2의 각 플루오린 원자는 여덟 개의 전자로 에워싸인 것을 주목하라. 그 중 두 전자는 다른 원자와 공유하고 있다. 이들이 전에 논의한 **결합 전자쌍**(bonding pair)이다. 또한 각 플루오린 원자는 결합에 참여하지 않은 세 개의 전자쌍을 가지고 있다. 이들을 **고립 전자쌍**(lone pair) 또는 **비공유 전자쌍**(unshared pair)이라 부른다.

4. 네온은 이미 여덟 개의 원자가전자를 가지고 있으므로 결합을 하지 않는다(즉, 비활성 기체이다). 그 루이스 구조는 다음과 같다.

:Ne:

네온 원자의 원자가전자들($2s^2 2p^6$)만을 루이스 구조에 표시함을 주목하라. $1s^2$ 전자는 내부 전자이며 이들은 나타내지 않는다.

이제, 분자의 루이스 구조를 그리는 일반적인 과정을 정리해보자. 루이스 구조에는 원자가전자만 관련된다는 점을 기억하라. 논의를 더 진행하기 전에 주기율표상 원자의 위치와 원자가전자수 사이의 관계를 돌이켜 보자. 족 번호가 원자가전자의 개수였음을 상기하라. 예를 들어, 모든 6족 원소에는 여섯 개의 원자가전자(전자 배치 ns^2np^4)가 있다.

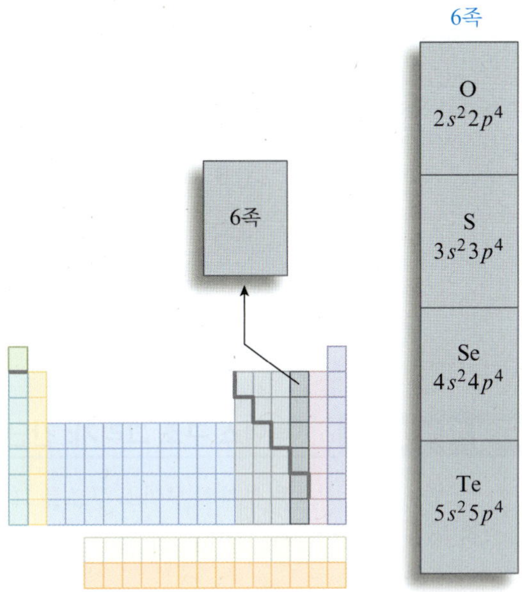

이와 비슷하게 모든 7족 원소들은 일곱 개의 원자가전자(전자 배치 ns^2np^5)를 가진다.

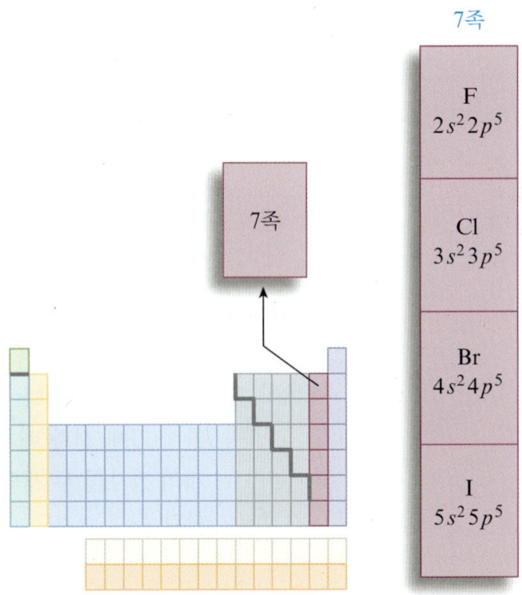

분자의 루이스 구조를 그릴 때 다음 사항을 명심하라.

1. 모든 원자의 모든 원자가전자들을 전부 표시하여야 한다. 따라서 표시할 전자의 총합은 분자 내 모든 원자들의 원자가전자들을 모두 더한 것과 같다.
2. 서로 결합한 원자 사이에는 한 쌍 이상의 전자쌍이 공유된다.
3. 원자의 궤도함수를 완전히 채울 수 있는 개수의 전자들로 각 원자가 둘러싸이도록 전자들을 배열하여야 한다. 수소는 두 개의 전자가, 2주기의 비금속들은 여덟 개의 전자가 있어야 한다.

올바른 루이스 구조를 그리기 위한 최선의 방법은 체계적인 순서를 따르는 것이다. 다음에 요약된 차례대로 접근해 보자.

루이스 구조를 그리는 순서

단계 1 모든 원자들의 원자가전자의 합을 구한다. 어떤 전자가 어떤 원자로부터 왔는지는 무시해도 된다. 중요한 것은 총 원자가전자의 개수이다.

단계 2 결합하는 원자들 사이에 한 결합당 한 쌍의 전자를 배정한다. 결합 전자쌍을 표시할 때는 한 쌍의 점 대신 편의상 한 개의 선으로 자주 나타낸다.

단계 3 수소에 대해서는 이전자 규칙을, 2주기 원소들에 대하여는 팔전자 규칙을 만족시키도록 나머지 전자들을 배정한다.

이같은 규칙들을 적용하는 법을 알아보기 위해 몇 가지 분자들의 루이스 구조를 그려 보기로 하자.

대화형 예제 11.2 루이스 구조 그리기: 간단한 분자

물 분자의 루이스 구조를 그리시오.

풀이 앞에서 설명한 *루이스 구조를 그리는 순서*를 따라 해보자.

단계 1 H_2O에 대한 *원자가전자*의 합을 구한다.

$$\underset{\substack{\uparrow \\ \text{H} \\ (1족)}}{1} + \underset{\substack{\uparrow \\ \text{H} \\ (1족)}}{1} + \underset{\substack{\uparrow \\ \text{O} \\ (6족)}}{6} = 8 \text{ 원자가전자}$$

단계 2 결합 당 한 쌍의 전자를 사용하여 두 개의 O—H 결합을 그리는데, 선으로 각 결합 전자쌍을 나타낸다.

H—O—H

이 때 H—O—H는 H : O : H를 나타낸다.

단계 3 각 원자들이 비활성 기체의 전자 배치를 하도록 나머지 전자들을 원자 주위에 배치한다. 네 개의 전자가 두 개의 결합 형성에 사용되었으므로 사용할 수 있는 전자는 4개(8 – 4)이다. 각 수소는 두 개의 전자로 충족되었지만(이전자계), 산소는 비활성 기체 전자 배치를 하기 위해 여덟 개의 전자가 필요하다. 따라서 나머지 네 개의 전자를 두 개의 고립 전자쌍으로 산소에 추가한다. 고립 전자는 점으로 표시한다.

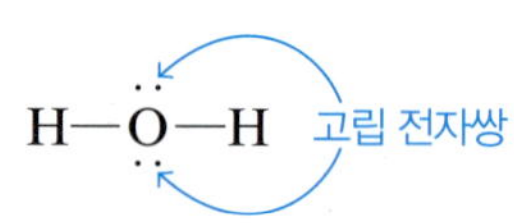

이것이 물 분자의 올바른 루이스 구조이다.◀ 각 수소는 두 개의 전자를 공유하고, 산소는 네 개의 전자는 공유하지 않고, 네 개의 전자는 공유하여 총 여덟 개의 전자를 가진다.

◀ H—Ö—H는 H:Ö:H로도 그린다.

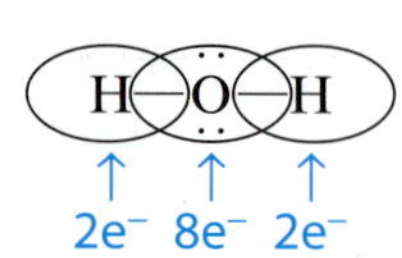

선은 공유 전자쌍(결합 전자)을 표시하고, 점은 비공유 전자쌍을 나타낸다.

SELF-CHECK **실전 연습 11.2** HCl의 루이스 구조를 그리시오.

11.7 다중 결합을 가지는 분자의 루이스 구조

학습 목표 ■ **다중 결합 분자의 루이스 구조를 그리는 법을 배운다.**

이제 이산화 탄소의 루이스 구조를 그려보자.

단계 1 원자가전자를 합하면

$$\underset{\text{C (4족)}}{4} + \underset{\text{O (6족)}}{6} + \underset{\text{O (6족)}}{6} = 16$$

O—C—O 는 다음을 나타낸다. O:C:O

단계 2 탄소와 각 산소 사이에 결합을 만들면 ◀

O—C—O

:Ö—C—Ö: 는 다음을 나타낸다. :Ö:C:Ö:

단계 3 각 원자가 비활성 기체 전자 배치를 할 수 있도록 나머지 전자를 배정한다. 이 경우는 결합을 만든 후 전자 열두 개(16 − 4 = 12)가 남는다. 이들 전자의 배분은 시행착오 과정을 반복하여 결정한다. 배분할 전자는 여섯 쌍이다. 각 산소 원자에 전자를 세 쌍씩 배분한다면 다음과 같다. ◀

:Ö—C—Ö:

이 구조가 옳은지 알아보기 위해서는 다음 두 가지를 확인할 필요가 있다.

1. 전체 전자의 개수. 이 구조에는 열여섯 개의 원자가 전자가 있으므로 전자의 수가 맞다.
2. 각 원자의 팔전자계. 산소 원자는 주위에 여덟 개의 전자가 있다. 그러나 탄소는 네 개뿐이다. 따라서 이는 올바른 루이스 구조라 할 수 없다.

Ö=C=Ö 는 다음을 나타낸다. Ö::C::Ö

주어진 열여섯 개의 전자를 어떻게 배치하여 각 원자들이 팔전자계를 이루도록 할 수 있을까? 탄소와 산소 사이에 공유 전자를 두 쌍씩 배치해 보자. ◀

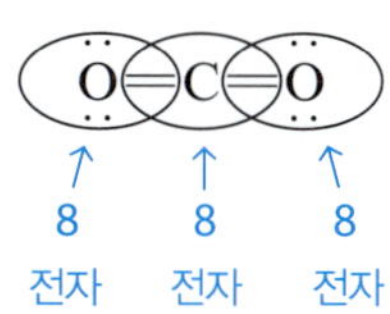

각 원자 주위를 여덟 개의 전자가 둘러싸고 총 전자 수는 열여섯 개가 되므로 조건에 합당하다. 이것이 이산화 탄소의 올바른 루이스 구조로, 두 개의 *이중* 결합을 갖는다. **단일 결합**(single bond)은 두 원자 사이에 한 쌍의 전자를 공유한다. **이중 결합**(double bond)은 두 원자 사이에 두 쌍의 전자를 공유한다.

:O≡C—Ö: 는 다음을 나타낸다. :O:::C:Ö:

CO_2의 루이스 구조로 다음과 같은 경우도 생각할 수 있다. ◀

:O≡C—Ö: 또는 :Ö—C≡O:

이 구조들에도 모두 열여섯 개의 전자가 있고, 각 원자는 팔전자계를 이루고 있음을 주목하라(각자 증명해 보라). 이 두 구조에는 모두 세 쌍의 전자를 공유하는 **삼중 결합**(triple bond)이 있다. 이들도 유효한 CO_2의 루이스 구조라 할 수 있을까? 답은 "그렇다"이다. 따라서 CO_2에는 실제로 세 개의 루이스 구조가 존재한다.

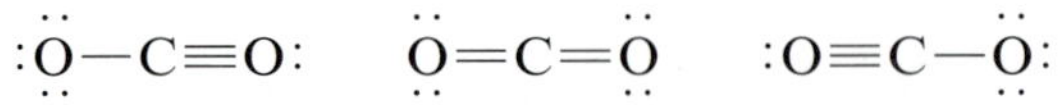

이런 현상은 **공명**(resonance)이라는 새로운 용어로 표현된다. *어떤 분자에 대해 두 개 이상의 루이스 구조를 그릴 수 있을 때* 공명 현상이 나타난다. 이 경우, 각 루이스 구조들을 **공명 구조**(resonance structure)라고 한다.

위에 나타낸 세 가지 CO_2의 공명 구조 중에서 가운데 있는 이중 결합을 가진 구조가 CO_2 분자에 대한 실험 결과와 가장 잘 부합한다. 이 책에서는 분자의 성질에 "가장 잘" 부합하는 공명 구조를 선택하는 법은 다루지 않기로 한다.

다음으로 CN^-(사이안화) 이온에 대한 루이스 구조를 살펴보자.

단계 1 원자가전자를 합하면

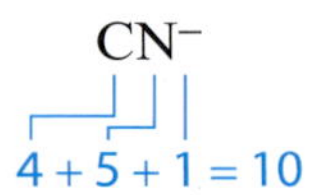

음전하를 띤 경우에는 여분의 전자를 추가해야 한다는 점에 유의하라.

단계 2 단일 결합(C—N)을 그린다.

단계 3 다음으로, 각 원자가 비활성 기체 전자 배치를 하도록 남은 전자를 배정하여야 한다. 배치할 전자의 수는 여덟 개이다. 가능한 경우를 찾아보면 다음과 같다.

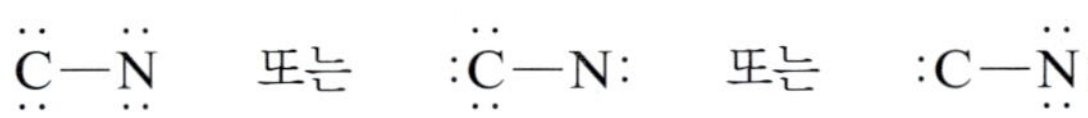

이 구조들은 모두 틀린 경우이다. 루이스 구조가 올바른지 알아보기 위하여 C와 N 원자 주위의 전자 수를 세어보자. 왼쪽 구조에는 어떤 원자도 팔전자 규칙에 맞지 않는다. 가운데 구조는 C에는 여덟 개의 전자가 있으나 N에는 네 개 밖에 없다. 오른쪽 구조는 반대의 경우이다. 모든 원자들이 동시에 팔전자 규칙을 따라야 한다는 사실을 기억하라. 따라서 올바른 배열은 다음과 같다. ◀

:C≡N:
는 다음을 나타낸다.
:C:::N:

:C≡N:

(탄소와 질소에 모두 여덟 개의 전자가 있음을 각자 확인해 보라.) 이 경우에는 C와 N 사이에 삼중 결합이 있어 세 쌍의 전자를 공유한다. 이것은 음이온이므로 루이스 구조를 대괄호로 둘러싸고 전하를 표시한다.

[:C≡N:]$^-$

요약하면, 팔전자 규칙을 만족시키기 위해 때로는 이중 결합이나 삼중 결합이 필요하기도 하다. 루이스 구조를 그리는 과정은 시행착오를 반복하는 과정이다. 결합하는 원자들 사이는 먼저 단일 결합으로 가정하고 필요하면 이중이나 삼중 결합을 도입한다.

예제 11.3에서 NO_2^-의 루이스 구조를 그려보면 그 과정이 확실해질 것이다.

대화형 예제 11.3 루이스 구조 그리기: 공명 구조

NO_2^- 음이온의 루이스 구조를 그리시오.

풀이 **단계 1** NO_2^-의 원자가전자 총 수를 구한다.

$$\text{원자가전자: } \underset{O}{6} + \underset{N}{5} + \underset{O}{6} + \underset{-1\ \text{전하}}{1} = 18\ \text{전자}$$

단계 2 단일 결합을 그려 넣는다.

$$O—N—O$$

단계 3 팔전자 규칙을 적용한다. 전자를 배치해보면 팔전자 규칙을 만족시키는 루이스 구조가 두 개 있음을 알 수 있다.

$$[\ddot{O}{=}\ddot{N}{-}\ddot{\underset{..}{O}}:]^- \quad \text{과} \quad [:\ddot{\underset{..}{O}}{-}\ddot{N}{=}\ddot{O}]^-$$

위의 구조 속에 있는 각 원자들이 팔전자계인지 확인해 보라. 열여덟 개의 전자를 가지면서 팔전자 규칙을 만족시킬 수 있는 다른 배열이 가능한지 찾아보라. 두 가지 구조밖에 없을 것이다. 공명이 발생하는 또 다른 예라는 것을 유념하라. 유효한 루이스 구조가 두 개 있다.

SELF-CHECK **실전 연습 11.3** 오존은 대기의 성분으로 매우 중요하다. 대기 상층부에서 고에너지의 태양 복사선을 흡수하여 지구상의 생명체들을 보호해 준다. 그러나 지표 부근에서는 오존에 의해 해로운 대기 오염 현상이 발생한다. 오존(O_3)의 루이스 구조를 그리시오.

예제 11.4에서 몇 가지 예를 더 살펴보자.

대화형 예제 11.4 루이스 구조 그리기: 요약

이성분 화합물의 분자에서 중심 원자를 어떻게 정하는지 궁금할 것이다.
원자가 한 개인 원소가 있고 다른 원소의 원자는 여러 개인 경우에는 한 개인 원자가 항상 중심 원자가 된다.

다음 각각의 루이스 구조를 그리시오. ◀

a. HF
b. N_2
c. NH_3
d. CH_4
e. CF_4
f. NO^+
g. NO_3^-

풀이 각 경우에 루이스 구조 그리기 세 단계를 적용한다. 선은 공유 전자쌍을, 점은 비공유 전자(고립 전자)들을 표시할 때 사용함을 기억하라. 결과를 표로 요약하였다.

SELF-CHECK **실전 연습 11.4** 다음 분자들의 루이스 구조를 그리시오.

a. NF_3
b. O_2
c. CO
d. PH_3
e. H_2S
f. SO_4^{2-}
g. NH_4^+
h. ClO_3^-
i. SO_2

분자 또는 이온	총 원자가 전자수	단일 결합을 그린다	남은 전자수를 계산한다	남은 전자로 비활성 기체 전자 배치를 만든다	확인	
					원자	전자
a. HF	1 + 7 = 8	H—F	8 − 2 = 6	H—F̤̈:	H F	2 8
b. N_2	5 + 5 = 10	N—N	10 − 2 = 8	:N≡N:	N	8
c. NH_3	5 + 3(1) = 8	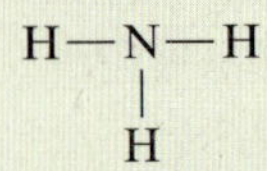	8 − 6 = 2	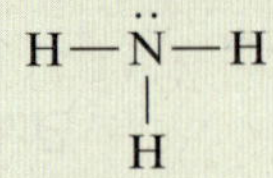	H N	2 8
d. CH_4	4 + 4(1) = 8	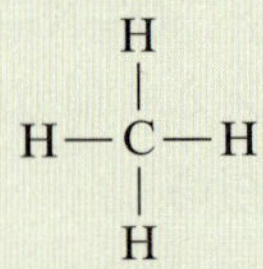	8 − 8 = 0	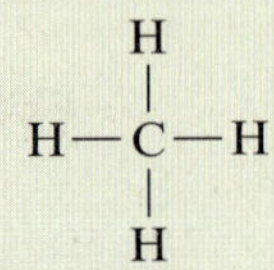	H C	2 8
e. CF_4	4 + 4(7) = 32	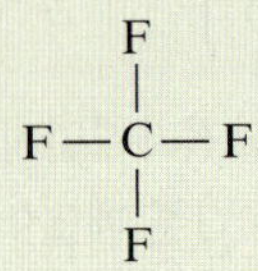	32 − 8 = 24	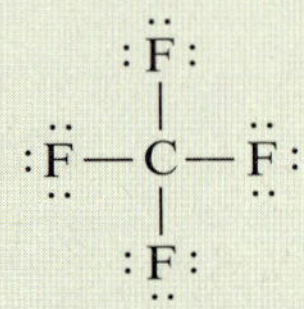	F C	8 8
f. NO^+	5 + 6−1 = 10	N—O	10 − 2 = 8	[:N≡O:]$^+$	N O	8 8
g. NO_3^-	5 + 3(6)+1 = 24	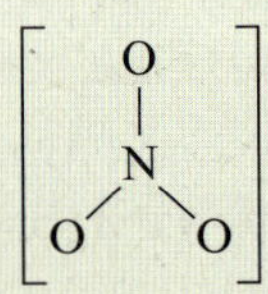	24 − 6 = 18	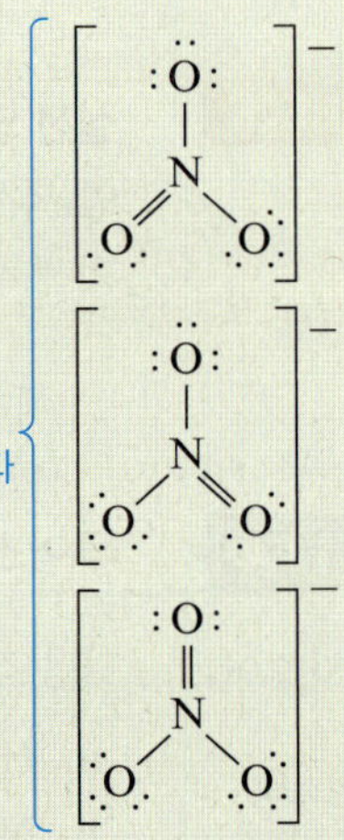 NO_3^-는 공명 구조이다	N O N O N O	8 8 8 8 8 8

루이스 구조를 그릴 때, 전자가 분자 내 어느 원자에서 온 것인지 염두에 둘 필요는 없다. 구성 원자에서 이용할 수 있는 모든 원자가전자들을 사용하여 얻을 수 있는 분자를 가장 강한 결합을 이룬 새로운 집합체로 생각하는 것이 최선이다. 원자가전자는 개별 원자에 속한다고 생각하지 말고 분자에 속하는 것이라 생각하라. 전자가 어떤 원자로부터 온 것인가에 관계없이 모든 원자가전자를 사용하여 각 원자가 비활성 기체의 전자 배치를 이루도록 배분하면 된다.

팔전자 규칙의 몇 가지 예외

모든 원자들이 비활성 기체의 전자 배치를 이루게 하여 공유 결합을 예측한다는 사고는 단순하지만 매우 성공적인 생각이다. 루이스 구조를 그리는 규칙을 사용하면 대부분 분자들의 결합을 정확하게 나타낼 수 있다. 그러나 이러한 단순 모형에는 예외가 있을 수밖에 없다. 예를 들어, 붕소 화합물의 붕소는 그 주변에 여덟 개 미만의 전자를 가지는 경향이 있다. 즉, 완전한 팔전자계를 이루지 않는다. 상온, 상압에서 기체인 삼플루오린화 붕소(BF_3)는 물이나 암모니아 같은 비공유 전자쌍(고립 전자쌍)을 가진 분자와 매우 격렬하게 반응한다.

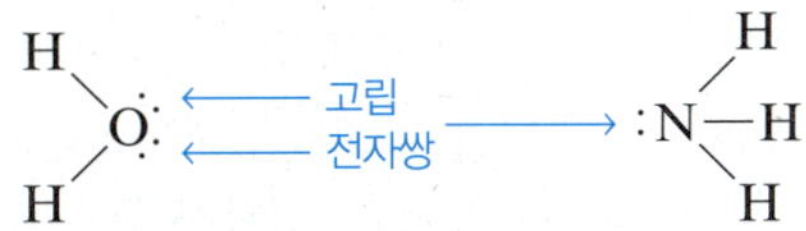

붕소 원자의 전자 결핍성 때문에 BF_3는 전자가 풍부한 분자와 격렬히 반응한다. BF_3(원자가전자 24개)의 성질에 가장 부합하는 루이스 구조는 다음과 같다.

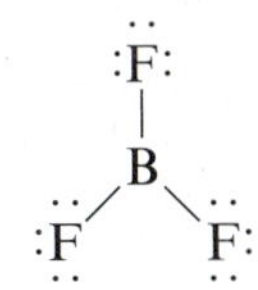

이 구조의 붕소 원자 주위에는 전자가 여섯 개만 있다. 붕소와 플루오린 하나가 이중 결합을 형성한다면 붕소가 팔전자계를 이룰 수 있다. 그러나 각 B—F 결합은 위에 제시한 루이스 구조와 일치하는 단일 결합을 하고 있다는 사실이 실험으로 밝혀졌다. 또 전자가 풍부한 분자와 BF_3 간의 반응성도 이 구조와 부합한다. 예로, BF_3는 NH_3와 격렬하게 반응하여 H_3NBF_3를 형성한다.

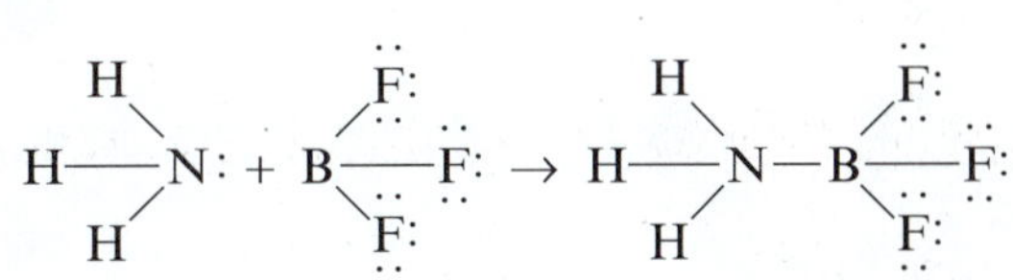

Donald Clegg

그림 11.10 액체 산소를 자석에 따르면, 모두 기화하여 날아갈 때까지 양쪽 극 사이에 붙잡혀 있다. 이것은 산소가 짝짓지 않은 전자를 가졌다(상자성)는 사실을 보여준다.

생성물인 H_3NBF_3는 매우 안정하며, 여기서는 붕소가 여덟 개의 전자를 가짐을 주목하라.

베릴륨 원자도 전자가 부족한 분자를 만드는 특성이 있다.

탄소, 질소, 산소, 플루오린을 포함하는 화합물은 거의 대부분 정확하게 루이스 구조로 나타낼 수 있다. 그러나 이런 경우에도 약간의 예외가 있다. 산소 분자(O_2)가 그 중요한 예외 중 하나이다. 팔전자 규칙을 만족시키는 O_2의 구조는 다음과 같다(실전 연습 11.4 참조).

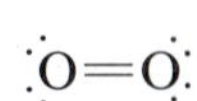

그러나 이 구조는 산소 분자의 실험에서 *관측된 특성*과 일치하지 않는다. 예를 들어, 그림 11.10처럼 강한 자석 사이에 액체 산소를 부으면 액체 산소는 기화하여 날아갈 때까지 자석에 붙잡혀 있다. 이것은 산소가 상자성, 즉 짝짓지 않은 전자를 가졌다는 분명한 증거이다. 그러나 위 루이스 구조에는 짝지은 전자만 존재한다. 즉, 짝짓지 않은 전자가 없다. 산소의 상자성을 만족스럽게 설명할 수 있는 단순한 루이스 구조는 존재하지 않는다.

홀수의 전자를 가진 분자들은 모두 루이스 구조 법칙에 맞지 않는다. 예를 들면, NO와 NO_2는 각각 11개와 17개의 전자를 가지는데, 이 경우 일반적인 루이스 구조를 그릴 수 없다.

비록 예외가 있기는 하지만 대부분의 분자는 모든 원자가 비활성 기체의 전자 배치를 하는 루이스 구조로 나타낼 수 있으며 이는 화학자들에게 아주 유용한 모형이다.

11.8 분자 구조

학습 목표

- 분자 구조와 결합각을 이해한다.

지금까지는 분자의 루이스 구조에 대해 살펴보았다. 루이스 구조는 분자 내 *원자가전자*(valence electron)의 배열을 보여주는 것이다. **분자 구조**(molecular structure) 또는 분자의 **기하학적 구조**(geometric structure)에 대해 언급할 때는 *구조*(structure)란 용어를 다르게 사용한다. 이때는 분자 내에서 *원자*들이 삼차원적으로 배열한 형태를 일컫는다. 예를 들어, 물 분자의 구조는 흔히 "굽은 형" 또는 "V형"이라고 부른다.

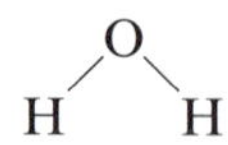

구조를 좀 더 정확하게 나타내기 위해서는 흔히 **결합각**(bond angle)을 명시한다. H_2O 분자의 결합각은 105°이다.

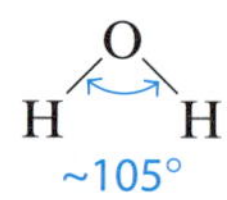

ⓐ 선형 삼원자 분자의 컴퓨터 그래픽

ⓑ 삼각 평면 분자의 컴퓨터 그래픽

ⓒ 사면체 분자의 컴퓨터 그래픽

반면 어떤 분자는 **선형 구조**(linear structure, 모든 원자가 직선상에 놓임)를 이룬다. CO_2 분자가 그 한 예이다.

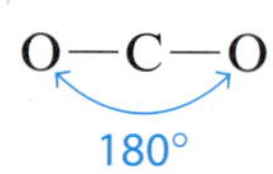

선형 분자는 결합각이 180°임을 기억하라.

세 번째 유형의 분자 구조는 BF_3로 나타내었는데, 결합각이 120°인 평평한(모든 원자가 동일 평면상에 놓인) 형태이다.

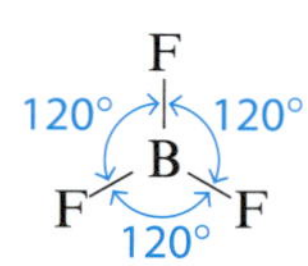

이런 구조를 삼각형이라고 하면 좀 더 친숙하겠지만, 보통 **삼각 평면 구조**(trigonal planar structure)라 부른다.

또 다른 형태의 분자 구조로 메테인(CH_4)을 예로 보자. 그림 11.11에서 보인 것처럼, 이 분자는 **사면체 구조**(tetrahedral structure) 또는 **사면체**(tetrahedron)라 부르는 분자 구조를 하고 있다. 수소를 연결하는 점선이 사면체에 있는 삼각형의 동일한 네 면을 나타낸다.

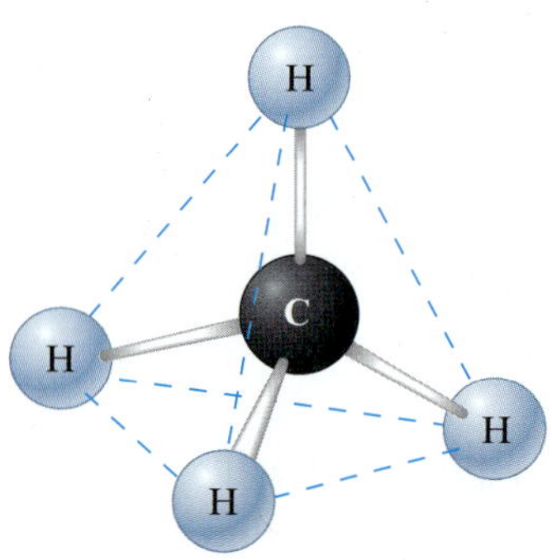

그림 11.11 메테인의 사면체 분자 구조. 이런 표시법을 공-막대 모형이라 한다. 공은 원자를, 막대는 결합을 의미한다. 점선은 사면체의 윤곽을 나타내고 있다.

분자 구조에 대해서는 다음 절에서 좀 더 자세히 다룰 것이다. 루이스 구조를 보고 분자의 기하 구조를 예측하는 법도 다루게 될 것이다.

11.9 분자 구조: VSEPR 모형

학습 목표

- 전자쌍의 수에서 분자의 기하 구조를 추측하는 법을 배운다.

분자 구조는 분자의 성질을 결정하는 데 매우 중요한 역할을 한다. 예를 들면, 맛은 분자의 구조와 직접적인 관계가 있다. 생체 분자의 분자 구조는 특히 더욱 중요하다. 커다란 생분자에 나타나는 조그마한 구조 변화가 세포에 대한 이들의 효능을 완전히 파괴할 뿐 아니라, 정상 세포를 암 세포로 바꿀 수도 있다.

지금은 분자의 구조, 즉 원자들의 삼차원적 배열을 확인하는 다양한 실험법이 개발되었다. 분자 구조에 대한 정확한 정보를 얻고자 할 때 이같은 방법들을 사용하여야 한다. 그러나 때로는 분자의 *근사적인* 구조를 예측할 수 있는 방법도 유용하다. 이 절에서는 분자의 근사적인 구조를 알 수 있는 간편한 모형에 대하여 살펴보자. **원자가껍질 전자쌍 반발 모형**(valence shell electron pair repulsion model, VSEPR model)이라고 하는 이 모형은 비금속 원소로 이루어진 분자의 구조를 예측하는 데 유용하다. 이 모형의 주된 개념은 *한 원자 주변의 구조는 전자쌍 간의 반발을 최소화하는 구조로 결정된다*는 것이다. 이는 주어진 원자 주변의 결합 전자쌍과 비결합 전자쌍(고립 전자쌍)들이 *가능한 한 가장 멀리 떨어져* 위치한다는 것을 의미한다. 이 모형이 어떻게 적용되는지 알아보기 위해 다음과 같은 루이스 구조를 가진 $BeCl_2$ 분자를 생각해 보자(팔전자 규칙의 예외).

$$:\ddot{\underset{..}{Cl}}—Be—\ddot{\underset{..}{Cl}}:$$

베릴륨 원자 주위에는 두 쌍의 전자가 있음을 주목하라. 이 전자쌍이 최대한 멀리 떨어져 전자쌍 간의 반발을 최소화하려면 어떤 구조를 하여야 할까? 가장 좋은 배열은 베릴륨을 중심으로 서로 180° 떨어져 있는 것이다.

—Be—
180°

이것이 두 전자쌍을 최대한 멀리 떨어지게 하는 배열이다. 이제 중심 원자 주위의 전자쌍에 대한 적절한 배치를 결정하였으므로, $BeCl_2$의 분자 구조, 즉 원자들의 위치를 구체화할 수 있다. 베릴륨에 있는 두 전자쌍이 염소 원자와 각각 공유되어 있으므로 분자는 결합각이 180°인 **선형 구조**(linear structure)를 이루고 있다. ◀

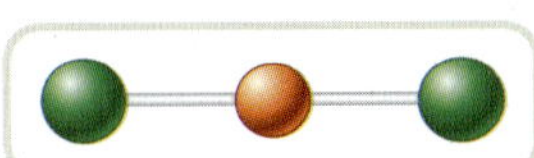

$$:\ddot{\underset{..}{Cl}}—Be—\ddot{\underset{..}{Cl}}:$$
180°

원자 주위에 두 쌍의 전자쌍이 존재할 때는 언제나 서로 180° 떨어져 선형 구조를 이루어야 한다.

다음으로 루이스 구조식이 다음과 같은 BF_3를 살펴보자(이것도 팔전자 규칙의 예외).

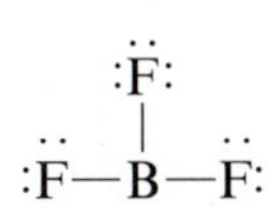

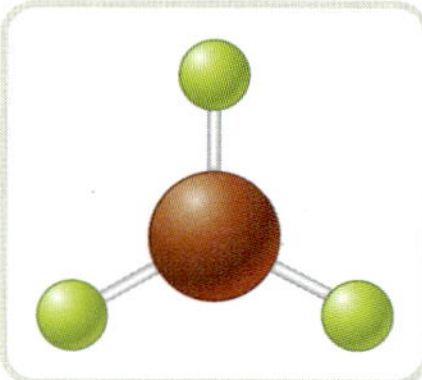

여기서 붕소 원자는 세 쌍의 전자쌍으로 둘러싸여 있다. 반발을 최소화하려면 세 전자쌍을 어떻게 배치하여야 할까? 이 경우는 결합각이 120°일 때 전자쌍 간의 거리가 최대가 된다. ◀

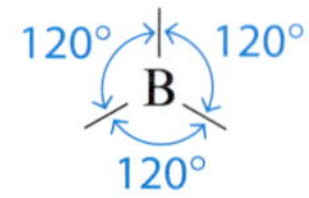

각 전자쌍이 플루오린 원자와 공유되므로 분자 구조는 다음과 같다.

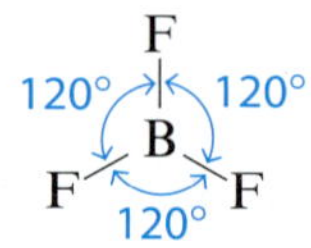

또는

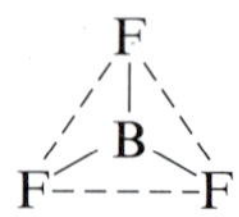

이것은 F 원자들이 삼각 형태를 이루는 평면 분자로, 보통 삼각 평면 구조라 부른다. *원자 주위에 전자쌍이 세 쌍 존재하면 이들은 항상 서로 120°의 각도를 이루도록 삼각 평면의 꼭지점에 위치해야 한다.*

다음으로 아래와 같은 루이스 구조를 이루는 메테인 분자를 살펴보자.

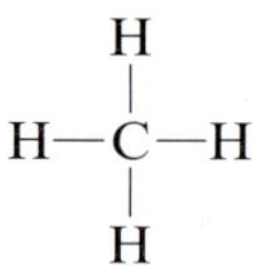

또는

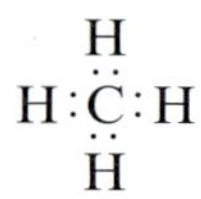

중심 탄소 원자 주위에 전자쌍이 네 쌍 있다. 이들 간의 반발을 최소화하는 배치는 무엇일까? 사각형 구조를 가정해 보자.

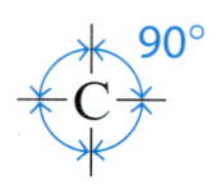

탄소 원자와 전자쌍들은 모두 같은 평면상에 놓이게 되며, 전자쌍 사이의 각도는 전부 90°이다.

90°보다 더 큰 각도를 이루며 서로 더 멀리 떨어져 있는 구조가 있을 수 있을까? 답은 '그렇다'이다. 다음과 같은 3차원 구조를 하면 90°보다 더 큰 약 109.5°의 각을 이룰 수 있다. ◀

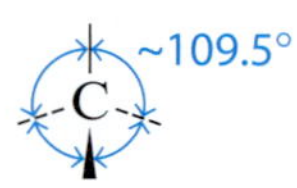

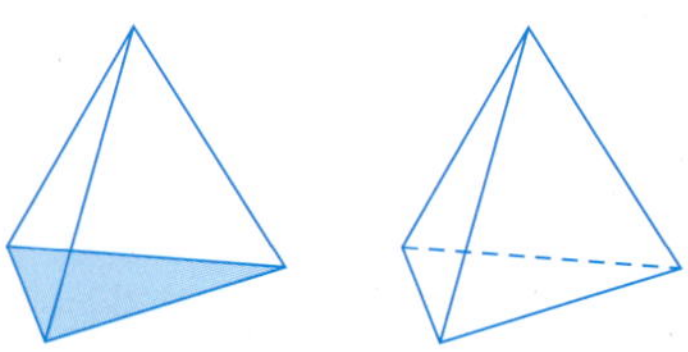

사면체에는 동등한 삼각형 평면이 네 개 있다.

이 그림에서 쐐기 모양은 지면 앞쪽을, 점선은 지면의 뒤쪽을 나타낸다. 실선은 지면상에 위치함을 나타낸다. 선들은 연결하면 사면체를 이루므로 이러한 전자쌍 배치 구조를 **사면체 배열**(tetrahedral arrangement)이라 부른다.

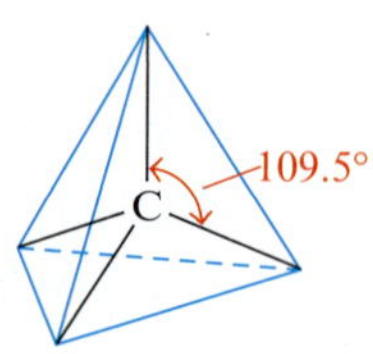

이 구조는 주어진 원자 주위에 최대한 멀리 떨어지게 네 쌍의 전자를 배치한다. *한 원자 주위에 네 쌍의 전자쌍이 존재할 때는 이들을 항상 사면체의 꼭지점에 배열해야 한다(사면체 배열).*

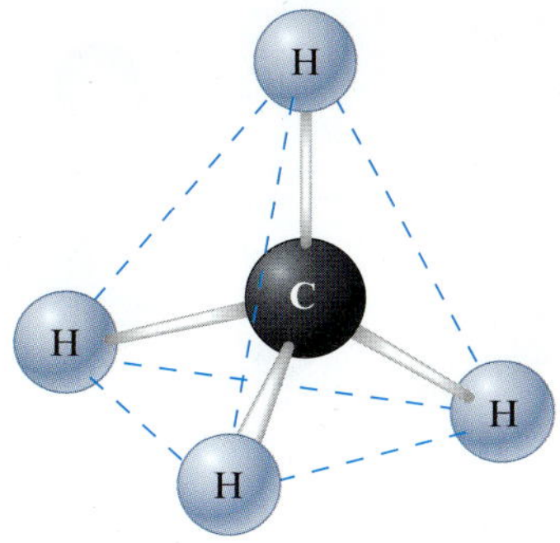

그림 11.12 메테인 분자의 구조. 전자쌍이 사면체 배열을 하므로 수소 원자들도 사면체를 이룬다.

이제 전자쌍 간의 반발이 최소가 되도록 배치하였으므로 원자들의 위치를 정할 수 있고 따라서 CH_4 분자의 구조를 결정할 수 있다. 메테인의 각 전자쌍은 탄소와 수소 원자 사이에 공유된다. 따라서 수소 원자는 그림 11.12와 같이 위치하여 탄소 원자가 중심에 있는 사면체 구조를 만든다.

VSEPR 모형의 주된 아이디어는 중심 원자 주위에 있는 전자쌍 간의 반발력을 최소화하는 배치 구조를 찾는 것이다. 그 후에 어떻게 주변 원자들과 전자쌍을 공유하는지 살펴서 *분자 구조*(molecular structure)를 결정할 수 있다. VSEPR 모형에 따라 분자 구조를 예측하는 체계적인 방법을 다음과 같이 요약할 수 있다.

비판적으로 생각하기

CH_4처럼 네 쌍의 전자를 가지는 분자는 사면체 배열을 한다. SF_6와 같이 분자가 여섯 쌍의 전자를 갖는다면 어떻게 될까? SF_6의 기하학과 결합각을 예측해 보시오.

VSEPR 모형을 사용하여 분자 구조를 예측하는 순서

단계 1 분자의 루이스 구조를 그린다.

단계 2 전자쌍의 수를 세어 그들 간의 반발이 최소가 되도록 배치한다(즉, 서로 최대한 멀어지게 한다).

단계 3 전자쌍이 공유되는 방식에 따라 원자의 위치를 정한다.

단계 4 원자들의 위치를 살펴 분자 구조를 명명한다.

대화형 예제 11.5 VSEPR 모형을 사용한 분자 구조 예측 I

암모니아(NH_3)는 토양에 뿌리는 비료나 가정용 세제(수용액 형태)로 이용된다. VSEPR 모형을 이용하여 암모니아 분자의 구조를 예측하시오.

풀이

단계 1 루이스 구조를 그린다.

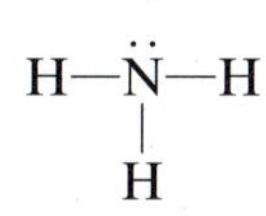

단계 2 전자쌍의 수를 세어 반발이 최소가 되도록 배치한다. NH_3 분자는 N 원자 주위에 네 개의 전자쌍이 있다. 셋은 결합쌍이고 하나는 비결합쌍이다. 메테인 분자에서 살펴본 바와 같이 네 개의 전자쌍에 대한 최선의 배치는 그림 11.13(a)에 나타난 사면체 구조이다.

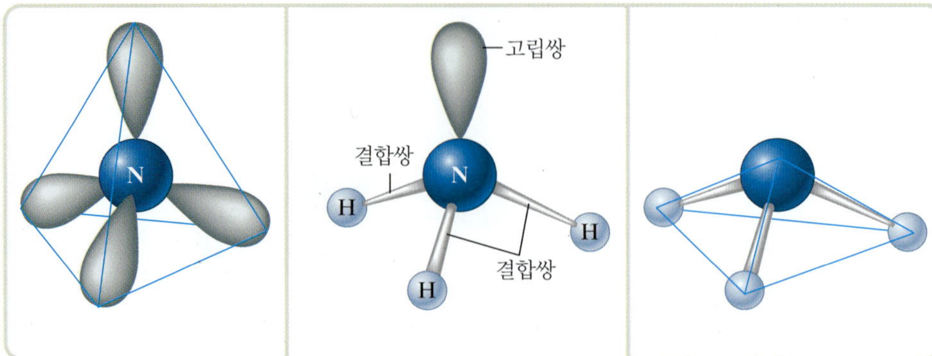

a 암모니아 분자에서 질소 원자 주위 전자쌍의 사면체 배열

b 질소 원자 주위의 전자쌍 중 세 쌍은 수소 원자와 공유되며 한 쌍은 고립쌍이다.

c NH_3 분자는 삼각뿔 구조(바닥이 삼각형인 피라미드)를 이룬다.

그림 11.13 암모니아의 구조.

단계 3 원자의 위치를 결정한다. 세 개의 수소 원자가 그림 11.13(b)처럼 전자쌍을 공유한다.

단계 4 분자 구조를 명명한다. 분자 구조는 항상 *원자의 위치*에 따라 명명한다는 점이 중요하다. *구조는 전자쌍의 배치로 결정되지만 명명은 원자의 위치에 따라 정한다.* 따라서 NH_3 분자를 사면체라 하는 것은 옳지 않다. 전자쌍은 사면체 배열을 하고 있지만 원자들은 사면체 배열을 하고 있지 *않다*. 암모니아의 분자 구조는 사면체가 아닌 **삼각뿔**(trigonal pyramid)이다(한 면이 다른 세 면과 다르다).

대화형 예제 11.6 VSEPR 모형을 사용한 분자 구조 예측 II

물 분자의 분자 구조를 설명하시오.

풀이

단계 1 물 분자의 루이스 구조는 다음과 같다.

$$\text{H—}\ddot{\underset{\cdot\cdot}{\text{O}}}\text{—H}$$

단계 2 네 쌍의 전자가 있다. 두 쌍은 결합쌍이고 두 쌍은 비결합쌍이다. 반발을 최소화하려면 사면체 구조가 최선이다[그림 11.14(a)].

단계 3 H_2O는 *전자쌍*이 사면체 배열을 하지만 *사면체 분자가 아니다*. H_2O 분자의 *원자*들은 V형을 하고 있다[그림 11.14(b)와 (c)].

단계 4 분자 구조는 V형 또는 굽은형이다.

SELF-CHECK

실전 연습 11.5 다음 분자나 이온에 대해 중심 원자 주위의 전자쌍 구조를 예측하시오. 또 분자의 구조를 그리고 명명하시오.

a. NH_4^+ d. H_2S

b. SO_4^{2-} e. ClO_3^-

c. NF_3 f. BeF_2

지금까지 다룬 경우들을 표 11.4에 요약하였다. 다음과 같은 일반적 규칙에 유의하라.

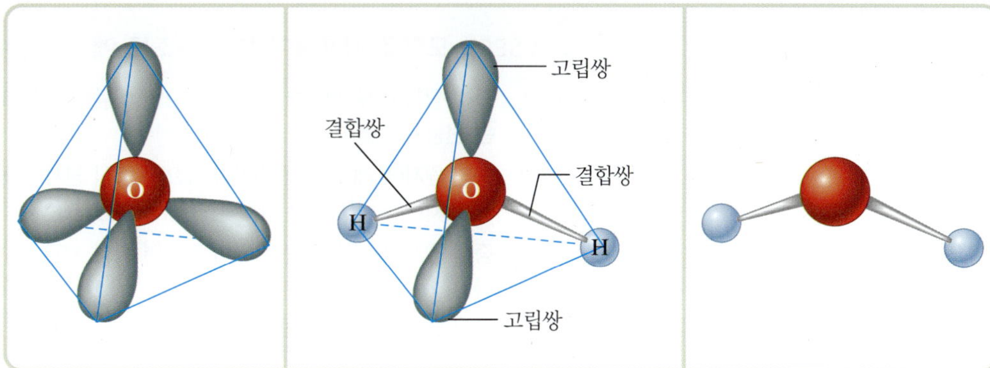

a 물 분자에 있는 산소 주위 네 전자쌍의 사면체 배열

b 전자쌍 중 두 쌍은 산소와 수소 원자 간 공유쌍이고 두 쌍은 고립쌍이다.

c 물 분자의 V형 분자 구조

그림 11.14 물의 구조.

표 11.4 2, 3, 4 전자쌍의 전자 배열과 그 분자 구조

전자쌍 수	결합수	전자쌍 배열	공-막대 모형	분자 구조	부분 루이스 구조	예 공-막대 모형
2	2	선형		선형	A—B—A	
3	3	삼각 평면 (삼각형)	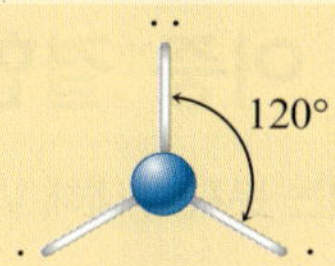	삼각 평면 (삼각형)	A | B A / \ A	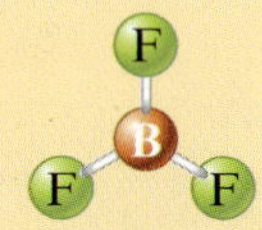
4	4	사면체	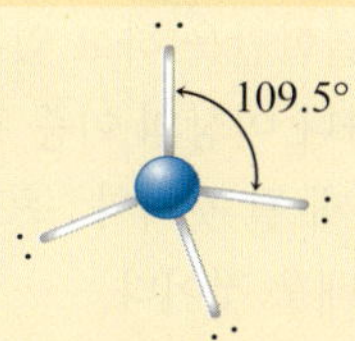	사면체	A | A — B — A | A	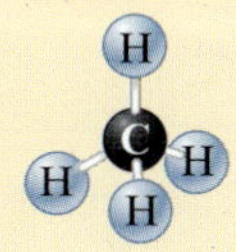
4	3	사면체	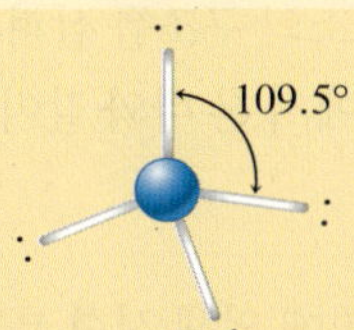	삼각뿔	A — B̈ — A | A	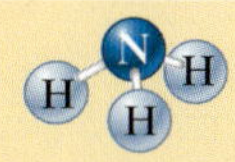
4	2	사면체	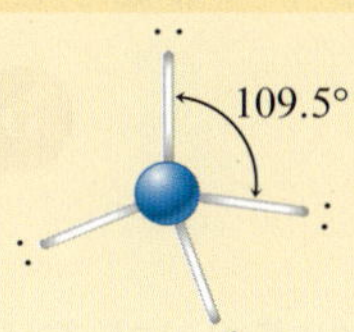	굽은형 또는 V형	A — B — A (B 위아래 비공유 전자쌍)	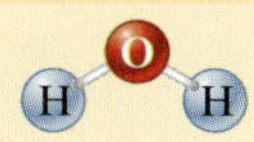

VSEPR 모형을 사용하여 분자 구조를 예측하는 규칙

1. 중심 원자에 두 쌍의 전자쌍이 있으면 이들은 항상 서로 180° 떨어져 위치한다. 전자쌍은 선형 구조를 이룬다.
2. 중심 원자에 세 쌍의 전자쌍이 있으면 중심 원자와 동일한 평면 상에서 항상 120° 떨어져 위치한다. 전자쌍은 삼각 평면 배열을 한다.
3. 중심 원자에 네 쌍의 전자쌍이 있으면 항상 109.5°가 된다. 전자쌍은 사면체 배열을 한다.
4. 중심 원자의 *모든 전자쌍*이 다른 원자와 *공유*되면 분자 구조와 전자쌍 배열의 명칭이 동일하다.

전자쌍 수	배열 명칭
2	선형
3	삼각 평면
4	사면체

5. 중심 원자의 전자쌍 중 한 쌍 이상이 비공유성(고립쌍)이면 전자쌍 배열의 이름과 분자 구조의 이름이 *다르다*(표 11.4의 4열과 5열 참조).

11.10 분자 구조: 이중 결합을 가지는 분자

학습 목표

- 이중 결합을 가지는 분자에 대해 VSEPR 모형을 적용하는 법을 배운다.

지금까지는 단일 결합만을 하고 있는 분자나 이온에 대해서 VSEPR 모형을 적용해 보았다. 이 절에서는 하나 이상의 이중 결합을 가지고 있는 화학종에 대해서도 이 모형이 충분히 잘 적용됨을 보게 될 것이다. 구조가 알려진 예를 살펴봄으로써 이중 결합을 가진 분자를 다루는 과정을 배울 것이다.

먼저 이산화 탄소의 구조를 살펴보자. 이산화 탄소는 지구 온난화를 일으키는 물질로 알려져 있다. 11.7절에서 본 바와 같이 이산화 탄소는 다음과 같은 루이스 구조를 하고 있다.

$$\ddot{\underset{..}{O}}=C=\ddot{\underset{..}{O}}$$

이산화 탄소는 실험에 의해 선형 분자로 알려져 있다. 즉, 결합각이 180°이다.

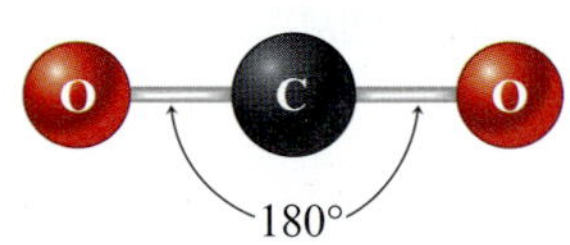

11.9절에서 논의한 것처럼 중심 원자 주위에 두 쌍의 전자가 존재하면 서로 중심 원자의 반대편에 180°의 각도로 위치하여 상호 간 반발력을 최소화한다는 사실을 기억하라. 이에 따라 $BeCl_2$는 다음과 같은 선형의 루이스 구조를 갖는다.

$$:\ddot{\underset{..}{Cl}}-Be-\ddot{\underset{..}{Cl}}:$$

CO_2도 두 개의 이중 결합을 가진 선형 분자임을 상기하라. 따라서 두 이중 결합은 서로 180°로 위치해야만 할 것이다. 그러므로 이 분자 내의 각 이중 결합은 하나의 반발체로 *효과적으로* 작용한다고 결론내릴 수 있다. 결합을 원자 사이의 전자 밀도 "구름"으로 간주한다면 이러한 결론이 타당하다. 예를 들어, $BeCl_2$의 단일 결합을 다음 그림처럼 나타낼 수 있다.

두 전자 밀도 구름들이 서로 Be 원자의 반대편에 배치될 때(상호 각도가 180°) 이들 간의 반발력이 최소가 된다.

CO_2의 각 이중 결합은 탄소 원자와 산소 원자 사이에서 네 개의 전자를 공유하고 있다. 따라서 이런 결합 전자 밀도 구름은 단일 결합 전자 밀도 구름보다 더 "두터울" 것으로 예상할 수 있다.

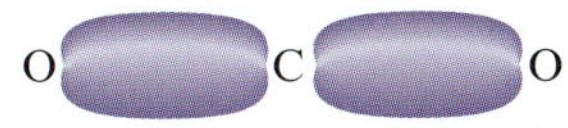

그러나 전자 밀도 구름들의 반발 효과는 단일 결합에서와 같은 결과를 낳는다. 결합 전자 밀도 구름은 서로 탄소 원자의 반대편에 위치할 때 그들 간의 반발력이 최소가 된다. 결합각은 180°가 되고 따라서 분자는 선형을 이룬다.

CO_2를 살펴본 결과를 요약하면, 이중 결합 분자에 VSEPR 모형을 적용할 때 이중 결합은 단일 결합과 동일하게 취급하여야 한다는 결론에 도달한다. 다시 말해, 비록 이중 결합에는 네 개의 전자가 관여하지만 이들은 모두 주어진 원자 쌍 사이의 공간에 국한되어 있다. 따라서 네 개의 전자는 독립적인 두 쌍으로 작용하는 것이 아니라 "서로 묶여" 실질적으로 하나의 반발 단위체로 작용한다.

구조가 알려진 다른 이중 결합 분자들을 고려해도 같은 결론에 도달한다. 일례로, 오존 분자를 생각해보자. 오존은 18개의 원자가전자를 가지며 두 개의 공명 구조로 표시된다.

$$:\ddot{\underset{\cdot\cdot}{O}}-\ddot{O}=\ddot{O}: \longleftrightarrow :\ddot{O}=\ddot{O}-\ddot{\underset{\cdot\cdot}{O}}:$$

오존은 약 120°의 결합각을 가진 분자로 알려져 있다. 120°의 결합각은 세 쌍의 전자 간 반발을 최소화할 때 이루는 구조였음을 기억하라.

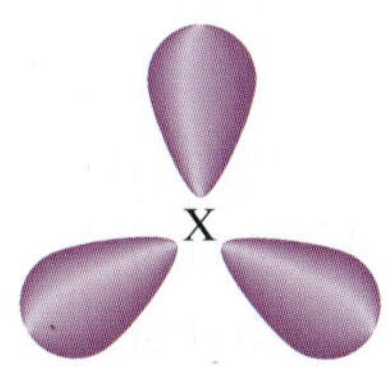

이는 오존 분자의 이중 결합이 실질적으로 하나의 반발체로 작용하고 있음을 의미한다.

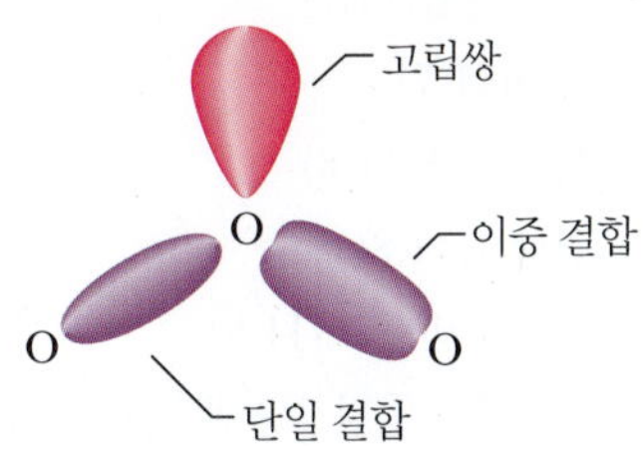

이들과 더불어 또 다른 예들을 살펴보면 다음과 같은 규칙을 발견할 수 있다. *분자의 기하 구조를 VSEPR 모형으로 결정할 때 이중 결합은 단일 전자쌍처럼 취급한다.*

따라서 CO_2는 두 개의 "유효 전자쌍"을 가지고 있어 선형 구조가 되고 O_3는 세 개의 "유효 전자쌍"을 가지고 있어 결합각이 120°인 굽은형의 구조를 이룬다. 결론적으로, 이중 결합을 가진 분자 또는 이온에 VSEPR 모형을 적용할 때도 이중 결합은 단일 전자쌍과 같다고 간주하고 11.9절의 단계를 동일하게 사용한다. 여기서 다루지는 않았지만 삼중결합 또한 VSEPR 모형을 적용할 때는 하나의 반발체로 취급해야 한다.

대화형 예제 11.7 **VSEPR 모형을 사용한 분자 구조 예측 III**

질산 이온의 구조를 예측하시오.

풀이

단계 1 NO_3^-에 대한 루이스 구조를 그리면,

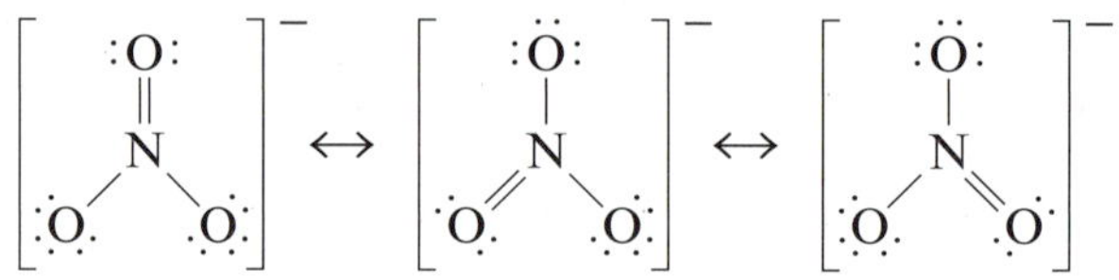

단계 2 각 공명 구조에는 실질적으로 세 쌍의 전자가 존재한다. 두 개의 단일 결합과 하나의 이중 결합(한 쌍으로 취급), 즉 세 개의 "유효 전자쌍"은 삼각 평면 배열(120°)을 이룰 것이다.

단계 3 원자들은 모두 동일 평면상에 있으며, 질소는 삼각형의 중심에, 세 개의 산소는 그 꼭지점에 위치한다(삼각 평면 배열).

단계 4 NO_3^-는 삼각 평면 구조를 이룬다.

11장 복습하기 Chapter 11 Review

주요 용어

결합(11.1)	결합 에너지(11.1)
이온 결합(11.1)	이온 결합 화합물(11.1)
공유 결합(11.1)	극성 공유 결합(11.1)
전기음성도(11.2)	이중극자 모멘트(11.3)
루이스 구조(11.6)	이전자 규칙(11.6)
팔전자 규칙(11.6)	결합 전자쌍(11.6)
고립 전자쌍(11.6)	비공유 전자쌍(11.6)
단일 결합(11.7)	이중 결합(11.7)
삼중 결합(11.7)	공명(11.7)
공명 구조(11.7)	분자 구조(11.8)
기하 구조(11.8)	결합각(11.8)
선형 구조(11.8)	삼각 평면 구조(11.8)
사면체 구조(11.8)	원자가껍질 전자쌍 반발(VSEPR) 모형(11.9)
사면체 배열(11.9)	
삼각뿔(11.9)	

요약

- 화학 결합은 원자들을 묶는다.
- 화학 결합은 몇 가지 형태로 분류할 수 있다.
  - 이온 결합: 전자의 이동이 일어나 양이온과 음이온을 형성할 때 만들어진다.
  - 공유 결합: 동일한 원자들 사이에 전자가 균등하게 공유되어 이루어진다.
    - 극성 공유 결합: 서로 다른 원자들 사이에 전자들이 불균등하게 공유된다.
- 전기음성도는 결합 전자를 끌어당기는 분자 내 원자의 상대적 능력으로 정의된다.
- 결합에 참여하는 원자들의 전기음성도 차이에 의해 결합의 극성이 결정된다.
- 안정한 화합물에서 원자들은 비활성 기체의 전자 배치를 이루려 한다.
- 이온 결합 화합물에서,
  - 비금속 원소는 주기율표에서 바로 다음에 오는 비활성 기체의 전자 배치가 되도록 전자를 얻는다.
  - 금속 원소는 주기율표에서 직전에 있는 비활성 기체의 전자 배치가 되도록 전자를 잃는다.
- 이온들은 전기적으로 중성인 화합물을 형성하기 위해 무리를 짓는다.
- 공유 결합 화합물에서 비금속 원소들은 전자를 서로 공유하여 두 원자 모두 비활성 기체 전자 배치를 이루게 된다.
- 루이스 구조는 분자 내 원자가 전자의 배치를 나타낸다.
- 루이스 구조를 그리는 규칙은 비활성 기체의 전자 배치를 중요하게 다룬다.
  - 수소는 이전자 규칙

- 다른 많은 원소들은 팔전자 규칙을 따른다.
- 어떤 분자들은 타당한 루이스 구조가 둘 이상 존재하는 공명이라는 성질을 가진다.
- 어떤 분자들의 경우 구성 원자들이 팔전자 규칙에 맞지 않는 예외도 있다.
  - 예로 BF_3, NO_2, NO가 있다.
- 분자 구조는 공간상에서 원자들의 배열을 나타낸다.
- 분자 구조는 원자가껍질 전자쌍 반발(VSEPR) 모형으로 예측할 수 있다.

활동 학습 질문

다음은 강의 중 그룹 지도를 위한 문제들로, 특정 주제를 소개하는 데 매우 효과적이다.

1. 주기율표만 참조하여 Na, Mg, Al, S, Cl, K, Ca, Ga의 가장 안정한 이온들을 예측하시오. 이들 원소들을 반지름이 가장 큰 것부터 작은 것 순서로 배열하고, 그 이유를 설명하시오.
2. 알칼리 금속, 비활성 기체, 할로젠이 동일한 전자 배치를 갖도록 적절한 전하량을 적으시오. 각 경우에 양성자의 수는 어떻게 되는가? 또 각각의 전자수는? 이들을 반지름이 가장 작은 것부터 큰 것 순으로 배치하고 그 이유를 설명하시오.
3. *화학 결합*(chemical bond)이란 무엇인가?
4. 원자는 왜 다른 원자와 서로 결합을 하는가? 무엇이 원자가 홀로 있을 때보다 분자를 이루는 것을 더 유리하게 할까?
5. Na와 Cl 사이의 결합과 C와 O 사이의 결합은 어떻게 다른가? N과 N 사이의 결합은 또 어떠한가?
6. *전기음성도*가 무엇을 의미하는지 자신의 생각을 기술하시오. 주기율표상에서 가로로 갈 때와 아래로 갈 때 전기음성도 변화의 경향은 어떠한가? 이를 설명하고 이들이 이온화 에너지와 원자 반지름 크기의 변화 경향과 어떤 공통점이 있는지 설명하시오.
7. 이온 결합과 공유 결합의 차이를 설명하시오. 주기율표를 사용하여 원자들 사이의 결합 유형을 어떻게 결정할 수 있는가?
8. 루이스 구조를 그릴 때 왜 팔전자 규칙이 생길까? *팔전자계*(*octet*)란 무엇을 의미하는가?
9. 리튬과 플루오린이 반응할 경우 어느 원자가 전자를 더 끌어당기겠는가? 그 이유를 설명하시오.
10. 전기음성도 차이를 이용하여 결합의 성질을 이해할 수 있다. 만일 모든 원자의 전기음성도가 같다면 어떻게 될까? 원자들 사이의 결합은 어떤 영향을 받겠는가? 인지할 수 있는 차이는 무엇인가?
11. 루이스 구조를 그릴 때 왜 원자가전자만 고려하는가?
12. 원자가껍질 전자쌍 반발(VSEPR) 이론의 주요 개념은 무엇인가?
13. NH_3와 BF_3은 일반식이 같지만(AB_3) 모양은 다르다.
    a. 위 두 분자는 각각 어떤 모양을 가지는가?
    b. 일반식은 같지만 모양이 다른 분자의 예를 제시하시오.
14. VSEPR 이론에서 다중 결합은 어떻게 다루어야 하는가?
15. Sc^{3+}, Cl^-, K^+, Ca^{2+}, S^{2-} 이온이 있다. 이 이온들을 이온의 상대적 크기를 나타내는 아래 그림에 연결시키시오.

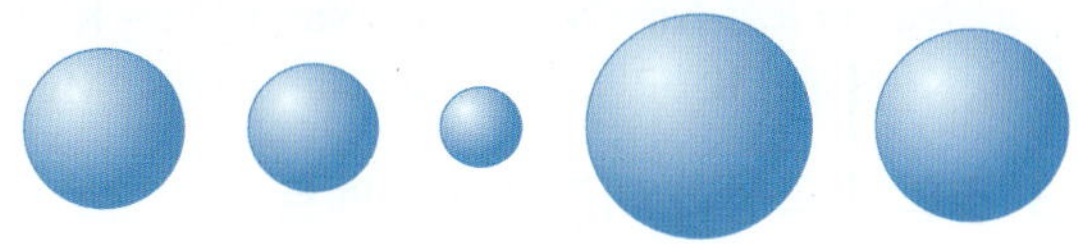

16. 다음 각 분자 모양에 이름을 쓰시오.

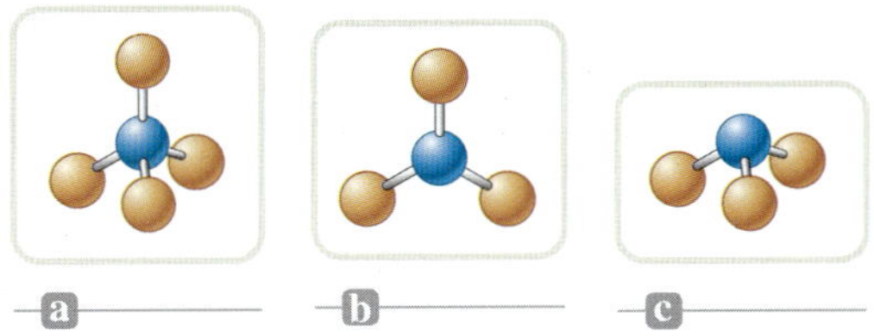

질문과 문제

11.1 화학 결합의 종류

▸ *질문*

1. 일반적인 용어로 화학 *결합*이란 무엇인가?
2. 화학 결합을 끊기 위해 필요한 에너지를 ______라 한다.
3. 어떤 부류의 원소들이 *이온 결합* 화합물을 형성하는가?
4. 일반적인 용어로 *공유* 결합이란 무엇인가?
5. $H_2(g)$ 및 $HF(g)$ 분자의 결합을 $NaF(s)$의 결합과 비교 대조해 보시오.

11.2 전기음성도

▸ *질문*

6. 분자 내에서 전자들을 끌어당기는 원자의 상대적 능력을 원자의 ______라 한다.
7. 극성 공유 결합에서 극성 정도를 결정하는 요인은 무엇인가?

▸ *문제*

8. 다음 각 조에서 전기음성도가 가장 큰 원소는 어느 것인가? 가장 작은 원소는 어느 것인가?
    a. Cs, Ba, At
    b. Ba, Sr, Ra
    c. O, Rb, Mg
9. 그림 11.3에 주어진 전기음성도 값을 참고하여 다음 각 결합들이 이온, 공유, 극성 공유 결합 중 어디에 해당할지 예측하시오.
    a. S—S
    b. S—H
    c. S—K
10. 다음 분자 중 극성 공유 결합으로 이루어진 것은?
    a. 인(P_4)
    b. 산소(O_2)
    c. 오존(O_3)
    d. 플루오린화 수소(HF)
11. 그림 11.3에 주어진 전기음성도 값을 참고하여 다음 각 쌍의 결합 중 극성이 더 큰 것을 고르시오.
    a. O—Cl 또는 O—Br
    b. N—O 또는 N—F
    c. P—S 또는 P—O
    d. H—O 또는 H—N

12. 다음 각 쌍의 결합 중 이온성이 더 작은 것은?

a. Na—O 또는 Na—N
b. K—S 또는 K—P
c. Na—Cl 또는 K—Cl
d. Na—Cl 또는 Mg—Cl

11.3 결합의 극성과 이중극자 모멘트

▶ 질문

13. *이중극자 모멘트*란 무엇인가? 이중극자 모멘트를 갖는 분자 네 가지를 들고 11.3절에서와 같이 이중극자의 방향을 표시하시오.

14. 물 분자에서 이중극자 모멘트의 존재가 왜 중요한가? 이런 극성 때문에 나타나는 물의 특성들은 무엇일까?

▶ 문제

15. 다음 이원자 분자에서 상대적으로 더 양성인 말단은 어느 원자인가?

a. 플루오린화 수소(HF)
b. 일플루오린화 염소(ClF)
c. 일염화 아이오딘(ICl)

16. 다음 각 결합의 양성 말단과 음성 말단을 표시하고 이중극자의 방향도 나타내시오.

a. S—P
b. S—F
c. S—Cl
d. S—Br

17. 다음 각 결합의 양성 말단과 음성 말단을 표시하고 이중극자의 방향도 나타내시오.

a. H—C
b. N—O
c. N—S
d. N—C

11.4 안정한 전자 배치와 이온의 전하

▶ 질문

18. 결합을 이룰 때 원자들이 비활성 기체의 전자 배치를 하려고 한다는 의미는?

19. 금속 원소들은 반응할 때 전자를 잃고 ______ 비활성 기체 원소와 같은 전자 배치를 하는 양이온이 된다.

20. 비금속들은 전자를 (잃고/얻어) 주기율표상 다음에 있는 비활성 기체의 전자 배치를 하는 음이온이 된다.

21. *공유*(covalent) 분자에서 원자가 어떻게 비활성 기체와 같은 전자 배치를 이루는지 설명하시오. 이온 결합 화합물의 경우와 어떻게 다른가?

▶ 문제

22. 다음 각 원자가 형성하는 가장 보편적인 이온들의 전자 배치를 쓰시오. 각 이온과 동일한 전자 배치를 하는 비활성 기체를 제시하시오.

a. 브로민($Z = 35$)
b. 세슘($Z = 55$)
c. 인($Z = 15$)
d. 황($Z = 16$)

23. 다음의 전자 개수만큼 가진 *양이온*의 식과 각 이온의 완전한 전자 배치를 제시하시오.

a. 10 전자
b. 2 전자
c. 18 전자
d. 36 전자

24. 전자 배치에 근거하여 다음 각 원소쌍이 반응하여 형성하는 단순 이성분 이온 결합 화합물의 화학식을 예측하시오.

a. 알루미늄과 브로민
b. 알루미늄과 산소
c. 알루미늄과 인
d. 알루미늄과 수소

25. 원자는 비활성 기체와 비슷한 전자 배치가 되도록 이온을 형성한다. 다음 비활성 기체 전자 배치의 쌍과 비슷한 전자 배치를 가지는 2개의 간단한 이온 결합 화합물의 식을 제시하시오.

a. [He]과 [Ne]
b. [Ne]과 [Ne]
c. [He]과 [Ar]
d. [Ne]과 [Ar]

11.5 이온 결합과 이온 결합 화합물의 구조

▶ 질문

26. 이온 결합 화합물의 화학식은 *분자*식인가 또는 *실험*식인가? 그 이유는?

27. NaCl과 같은 일반적인 이온성 고체의 구조를 설명해 보시오. 결정 내 이온들의 쌓임 형태는 어떠한가?

28. 원자보다 그 양이온은 왜 항상 더 작은가?

29. 원자보다 그 음이온은 왜 항상 더 큰가?

▶ 문제

30. 다음 각 쌍 중 더 큰 화학종을 고르시오. 전자 배치로 그 이유를 설명하시오.

a. Mg^{2+} 또는 Mg
b. Ca^{2+} 또는 K^+
c. Rb^+ 또는 Br^-
d. Se^{2-} 또는 Se

31. 다음 각 쌍 중 어느 것이 더 큰가?

a. I 또는 F
b. F 또는 F^-
c. Na^+ 또는 F^-

11.6과 11.7 루이스 구조

▶ 질문

32. 왜 원자의 *최외각* 전자만 다른 원자에 결합하는 데에 참여하는가?

33. "이전자" 규칙과 "팔전자" 규칙을 설명하시오. 이들이 분자 내 전자들을 배치할 때 어떻게 이용되는지도 설명하시오.

34. 안정한 화합물이 되기 위해서는 화합물 내 각 원자들이 어떤 구조 형태를 이루어야 하는가?

35. 2주기와 3주기의 원소들이 화합물을 만들 때 원자가껍질의 전자 수가 몇 개이면 가장 안정한 전자 배열을 이루는가? 그 이유는?

▶ 문제

36. 분자 내의 두 원자가 "이중 결합"을 이룰 때 몇 개의 전자가 이에 포함되는가? 이중 결합 분자의 루이스 구조를 그리시오.

37. 분자 내의 두 원자가 "삼중 결합"을 이룬다는 것의 의미는 무엇인가? 삼중 결합을 하는 분자의 루이스 구조를 그리시오.

38. 다음 원자들의 루이스 구조를 그리시오.

a. Mg (Z = 12)
b. Br (Z = 35)
c. S (Z = 16)
d. Si (Z = 14)

39. 다음 분자에서 원자가전자의 총 개수를 구하시오.

a. B_2O_3
b. CO_2
c. C_2H_6O
d. NO_2

40. 다음 분자들의 루이스 구조를 그리시오. 결합 원자가전자쌍은 선으로, 모든 비결합 원자가전자쌍은 점으로 표시하시오.

a. H_2S
b. SiF_4
c. C_2H_4
d. C_3H_8

41. 다음 분자들의 루이스 구조를 그리시오. 결합 원자가전자쌍은 선으로, 모든 비결합 원자가전자쌍은 점으로 표시하시오.

a. C_2H_6
b. C_4H_{10}
c. NF_3
d. $SiCl_4$

42. 다음 중 공명을 나타내는 것은 어느 것인가?

CH_4, OCl_2, NO_2^-, HCN (C가 중심 원자)

43. 다음 다원자 이온들의 루이스 구조를 그리시오. 결합 원자가전자쌍은 선으로, 모든 비결합 원자가전자쌍은 점으로 표시하시오. 공명 이온들은 가능한 공명 구조를 모두 그리시오.

a. 염소산 이온(ClO_3^-)
b. 과산화 이온(O_2^{2-})
c. 아세트산 이온($C_2H_3O_2^-$)

44. 다음 다원자 이온들의 루이스 구조를 그리시오. 결합 원자가전자쌍은 선으로, 모든 비결합 원자가전자쌍은 점으로 표시하시오. 공명 이온들은 가능한 공명 구조를 모두 그리시오.

a. 탄산 이온(CO_3^{2-})
b. 암모늄 이온(NH_4^+)
c. 하이포아염소산 이온(ClO^-)

11.8 분자 구조

▶ *질문*

45. 물 분자의 기하학적 구조는 무엇인가? 산소 원자에는 몇 쌍의 원자가전자쌍이 있는가? H—O—H 결합각은 대략 얼마인가?

46. 암모니아 분자의 기하학적 구조는 무엇인가? 질소 원자에는 몇 쌍의 원자가전자쌍이 있는가? H—N—H 결합각은 대략 얼마인가?

47. BF_3 분자의 기하학적 구조는 무엇인가? 붕소 원자에는 몇 쌍의 원자가전자쌍이 있는가? F—B—F 결합각은 대략 얼마인가?

11.9와 11.10 분자 구조: VSEPR 모형

▶ *질문*

48. 왜 분자의 기하학적 구조가 생물 분자에서 특히 중요한가?

49. 분자의 구조(모양)를 결정하는 일반 원칙은 무엇인가?

50. 암모니아의 원자가전자쌍들은 사면체 배열을 하고 있지만 암모니아 분자의 기하학적 구조는 사면체라 하지 *않는다*. 그 이유를 설명하시오.

51. BF_3 분자와 NF_3 분자는 같은 수의 원자를 포함하지만 BF_3는 평면인 반면 NF_3 분자는 삼각뿔형이다. 그 이유를 설명하시오.

▶ *문제*

52. 다음 각 분자나 이온에서, 지적한 원자 주위 전자쌍의 개수와 그 배열을 밝히시오.

a. SO_3^{2-}에서 S
b. HSO_3^-에서 S
c. HS^-에서 S

53. VSEPR 이론으로 다음 각 분자의 구조를 예측하시오.

a. CBr_4
b. PH_3
c. OCl_2

54. VSEPR 이론으로 다음 각 다원자 이온의 구조를 예측하시오.

a. 인산 이수소 이온($H_2PO_4^-$)
b. 과염소산 이온(ClO_4^-)
c. 아황산 이온(SO_3^{2-})

55. 다음 각 분자나 이온에서, 중심 원자와 이웃한 두 염소 원자 사이의 결합각을 제시하시오.

a. Cl_2O
b. NCl_3
c. CCl_4
d. C_2Cl_4

56. 다음 분자들에 대해 분자 구조를 나타내고 중심 원자 주위에 형성된 결합각을 제시하시오.

a. SeS_2
b. SeS_3
c. SO_2
d. CS_2

기체

Gases

CHAPTER

12

대부분 질소 분자와 산소 분자로 이루어진 대기의 공기 저항으로 인하여 스카이다이버는 너무 빠르게 하강하는 것을 피할 수 있다.

Danshutter/Shutterstock.com

우리는 기체로 이루어진 용액 속에서 살고 있다. 지구의 대기는 주로 원소 상태의 질소(N_2)와 산소(O_2)로 이루어진 기체 혼합물이다. 지구의 대기는 생명을 유지할 수 있도록 해주며, 많은 산업 활동에서 배출되는 기체 폐기물의 저장소 역할도 한다. 이와 같이 대기 중으로 배출된 기체 폐기물들은 화학 반응을 통해 스모그나 산성비와 같은 다양한 형태의 대기 오염을 일으킨다. 대기 오염을 일으키는 두 가지 주요한 원인은 운송과 전기 생산이다. 자동차에 사용되는 연료가 연소될 때 연료로 사용된 석유의 불완전 연소 생성물과 함께 CO, CO_2, NO, NO_2가 배출된다. 화력 발전소에서 석탄과 석유를 연소시킬 때에도 NO_2, SO_2 등이 포함된 배출 기체가 생성된다. 이러한 화학 물질 혼합물들이 빛을 흡수하여 활성화되면서 대부분의 대도시에서 문제가 되고 있는 광화학 스모그를 일으킨다. 공기 중에 있는 SO_2은 산소와 반응하여 SO_3 기체를 생성하며, SO_3은 공기 중에서 물과 결합하여 산성비의 주성분인 황산(H_2SO_4) 방울을 생성한다.

대기 중의 기체들은 태양으로부터 유입되는 해로운 복사선을 차단하여 우리를 보호하고, 지구로부터의 복사열을 다시 지구로 반사시켜 지구를 따뜻하게 유지시켜 준다. 현재 대기 중에 화석 연료의 연소 생성물인 이산화 탄소의 양이 증가되면서 지구 온난화가 위험한 수준으로 일어나기 때문에 매우 우려스러운 것이 사실이다.

이 장에서는 기체의 성질에 대해 자세하게 다룰 것이다. 첫째, 측정된 기체의 성질들로부터 그 성질들이 서로 어떤 연관성을 갖는가를 나타내는 다양한 기체 법칙의 유도 과정을 살펴볼 것이다. 그런 다음 그와 같은 기체의 거동을 설명하기 위하여 적절한 모형을 도입할 것이다. 도입된 모형을 통하여 아주 많은 입자로 이루어진 기체 집단에서 관찰되는 기체의 성질을 개별적인 기체 입자의 거동으로 설명할 것이다.

기체에 관한 연구는 과학적 방법을 실제로 적용한 아주 훌륭한 사례이다. 관찰을 통해 자연 법칙을 유도하는 과정과 모형을 통해 그 법칙을 설명하는 과정에 대해 실례를 들어 설명한다.

최근 무착륙 비행으로 세계 일주를 마친 *Breitling Orbiter 3*호가 스위스 알프스 위를 날고 있는 모습.
Gamma-Rapho via Getty Images

12.1 압력

학습 목표

- **대기압과 기압계의 작동 원리를 배운다.**
- **다양한 압력의 단위를 배운다.**

기체는 어떤 용기든 균일하게 채워지며, 쉽게 압축되고, 다른 기체와도 완전하게 혼합된다(3.1절 참조). 기체의 성질 중 가장 두드러진 것은 기체가 주위에 압력을 가한다는 것이다. 예를 들어, 풍선을 불 때 안쪽 공기는 풍선의 고무 부분을 밀어 압력을 가하여 풍선 모양을 유지하게 한다.

지구의 대기는 우리에게 가장 친숙한 기체들로 구성되어 있다. 그림 12.1에 나타낸 실험으로 우리가 공기라고 부르는 이 기체 혼합물에 의한 압력을 쉽게 설명할 수 있다. 소량의 물을 금속 깡통에 넣은 후 가열하여 물을 끓이면 깡통은 수증기로 채워진다. 그런 다음 깡통을 밀봉하고 냉각시킨다. 냉각되면서 깡통이 찌그러지는 이유는 무엇 때문일까? 깡통이 찌그러지는 이유는 대기압 때문이다. 깡통 안으로 공기의 유입이 없도록 깡통을 밀봉한 후 냉각하면, 깡통 안의 수증기[H_2O (*g*)]는 응축되어 부피가 매우 작은 액체인 물[H_2O (*l*)]로 된다. 기체인 수증기는 깡통을 채울 수 있지만, ◀ 액체로 응축되면 액체인 물은 깡통을 완전히 채울 수 없게 된다. 냉각 전에 기체로 존재하던 H_2O 분자들은 냉각되면서 훨씬 작은 부피의 액체로 응축되고, 남아있는 극소량의 기체 분자만이 외부에 압력을 가하

25°C, 대기압에서 기체인 수증기는 액체인 물보다 1200배 더 큰 공간을 차지한다.

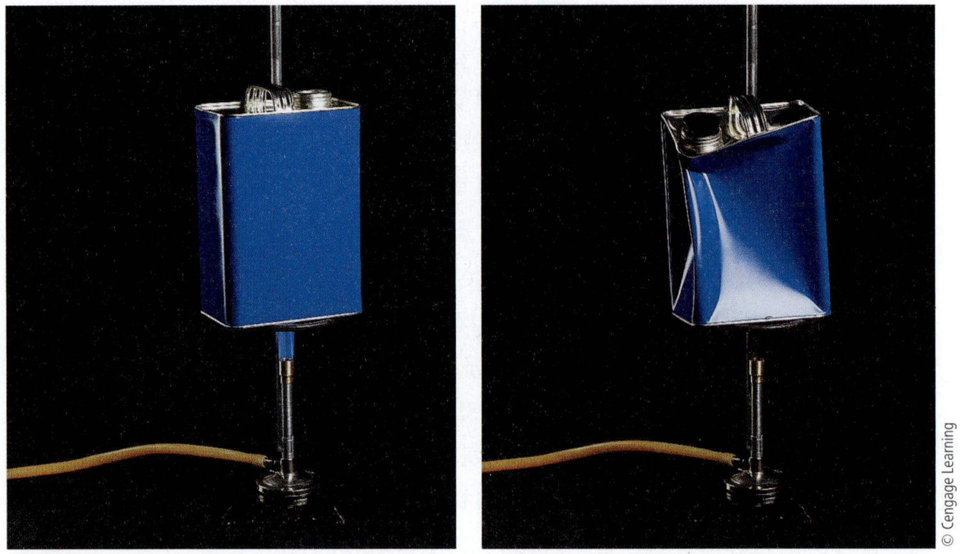

a
깡통 안에 있는 물을 끓인 후 가열을 멈추고, 깡통을 밀봉하는 실험으로 대기 중 기체가 가하는 압력을 설명할 수 있다.

b
깡통을 냉각시키면 수증기는 응축되고, 깡통 내부의 압력은 낮아진다. 이로 인해 깡통은 찌그러진다.

그림 12.1

건조 공기(수증기가 제거된 공기)는 78.1%의 N_2 분자, 20.9%의 O_2 분자, 0.9%의 Ar 원자, 0.03%의 CO_2 분자와 함께 소량의 Ne, He, CH_4, Kr 및 다른 미량 성분들로 조성되어 있다.

토리첼리가 죽은 직후, 독일의 물리학자 귀리케(Otto von Guericke)는 공기 펌프를 발명하였다. 그는 1683년 프러시아 왕 앞에서 유명한 시연을 하였다. 귀리케는 반구 두 개를 서로 맞대어 구를 만든 후, 공기 펌프에 연결된 밸브를 통해 구 안의 공기를 제거하였다. 그 결과 여러 마리의 말에 의해서도 반구를 서로 떼어낼 수 없음을 보여 주었다. 그런 다음 귀리케는 남들 몰래 공기 밸브를 열고, 손으로 쉽게 두 반구를 떼어내었다. 프러시아 왕은 이 시연에 감동을 받아 귀리케에게 평생 동안 연금을 지급하였다.

며 대기압에 맞서게 된다. 그 결과, 대기 중 분자가 가하는 압력으로 인해 깡통은 찌그러진다. ◀

1643년, 천문학자로 유명한 갈릴레오의 제자였던 토리첼리(Evangelista Torricelli, 1608~1647)라는 이탈리아 과학자가 대기압을 측정하는 장치인 **기압계**(barometer)를 발명하였다. 그림 12.2에 나타낸 것처럼 토리첼리 기압계는 액체 수은으로 채워진 유리관을 수은이 들어있는 용기에 거꾸로 세워놓은 것이다. ◀ 많은 양의 수은이 흘러나오지 않은 채 유리관에 남아있는 것을 볼 수 있다. 실제로 수은 기둥의 높이는 해수면에서 평균 760 mm이다. 중력이 작용함에도 불구하고 수은이 관 속에 머물러 있는 이유는 무엇일까? 그림 12.2에 나타낸 바와 같이, 용기에 담긴 수은 표면에 가해지는 대기 중 기체에 의한 압력(대기압) 때문에 수은은 유리관 속에 머물러 있게 된다.

중력에 의해 공기가 지구 중심 쪽으로 당겨지기 때문에, 공기의 무게로 인해 대기압이 생긴다. 기상 조건이 변하면 대기압도 변하게 된다. 따라서 대기압에 의해 지탱되는 수은 기둥의 높이는 해수면에서 항상 760 mm인 것이 아니라 기상 조건에 따라 변한다. 기상 캐스터들이 "저기압이 다가온다"라고 말하는 것은 대기압이 낮아진다는 것을 의미한다. 이러한 경우 종종 폭풍우가 동반된다.

대기압은 고도에 따라서도 달라진다. 예를 들어, 해발 2750 m인 백두산 정상에서 토리첼리의 실험을 수행한다면, 공기가 "희박"하기 때문에 수은 기둥의 높이는 약 550 mm 정도에 불과할 것이다. 즉, 해수면에 가해지는 공기의 양보다 백두산 정상의 지표면에 가해지는 공기의 양이 적다.

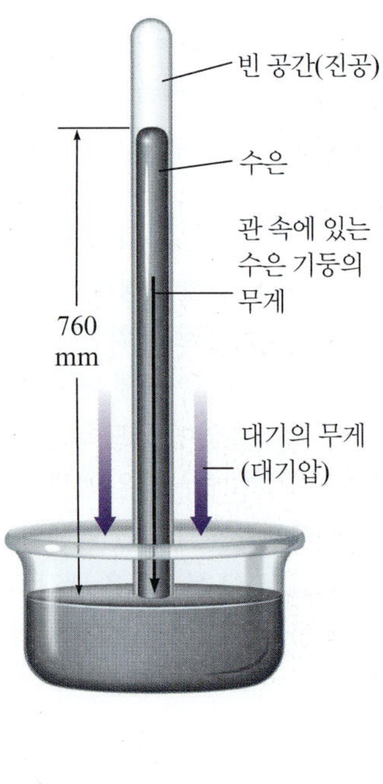

그림 12.2 유리관을 수은으로 채우고 수은이 들어있는 용기에 거꾸로 세우면, 수은 기둥의 높이가 해수면에서 약 760 mm가 될 때까지 유리관으로부터 수은이 흘러나온다(수은 기둥의 높이는 대기의 조건에 따라 달라진다). 대기압과 유리관 속 수은 기둥의 무게는 서로 균형을 이루고 있다.

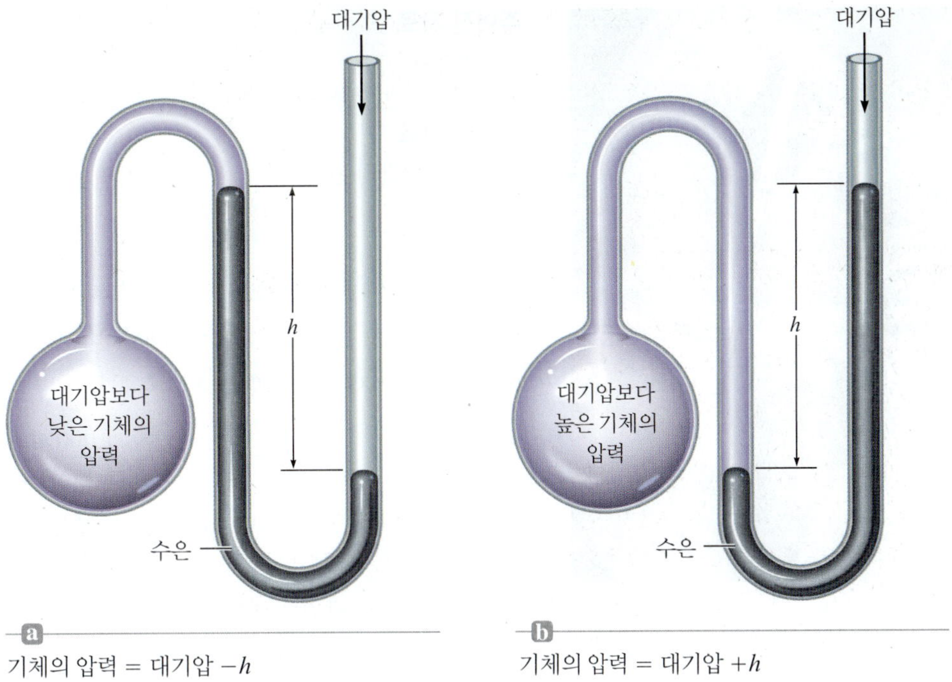

그림 12.3 용기 안에 들어있는 기체의 압력을 측정하는 장치(압력계). 기체의 압력은 torr(또는 mm Hg)로 나타내며, 대기압과 수은 기둥의 높이 차인 *h*로 나타낼 수 있다.

압력의 단위

압력을 측정하기 위해 사용하는 장치(그림 12.3)에 종종 수은을 사용하기 때문에 가장 일반적으로 사용되는 압력의 단위는 기체의 압력이 지탱할 수 있는 수은 기둥의 높이를 밀리미터(mm)로 나타낸 것이다. 수은 기둥의 높이를 밀리미터로 나타낸 mm Hg 단위는 토리첼리의 이름을 따서 종종 **torr**라고도 부른다.◀ 화학자들은 *torr*와 *mm Hg*를 서로 구별하지 않고 사용한다. 또 다른 압력의 단위로 **표준 대기압**(standard atmosphere, atm)이 있다.

수은을 사용하여 압력을 측정하는 이유는 밀도가 크기 때문이다. 수은 대신 물을 사용할 경우 주어진 압력을 측정하기 위한 물기둥의 높이는 수은 기둥의 높이보다 13.6배 커지게 된다.

$$1 \text{ 표준 대기압} = 1.000 \text{ atm} = 760.0 \text{ mm Hg} = 760.0 \text{ torr}$$

압력의 SI 단위는 **파스칼**(pascal, Pa)이다.

$$1 \text{ 표준 대기압} = 101{,}325 \text{ Pa}$$

따라서 1 atm은 약 100,000(= 10^5) Pa이다. 파스칼이 매우 작은 값이기 때문에 이 책에서는 거의 사용하지 않는다. 공학에서 압력을 다룰 때나 타이어 공기압을 측정할 때에는 lb/in^2(pounds per square inch, 약자로 psi) 단위를 사용한다.

$$1.000 \text{ atm} = 14.69 \text{ psi}$$ ◀

1.000 atm
760.0 mm Hg
760.0 torr
14.69 psi
101,325 Pa

때로 압력의 단위를 변환할 필요가 있는데, 환산 인자를 사용하여 단위 변환을 할 수 있다. 예제 12.1에 이 과정을 나타내었다.

대화형 예제 12.1 압력 단위 변환

어떤 타이어의 측정된 공기 압력이 28 psi로 나타났다. 이 압력을 atm, torr, Pa 단위로 나타내시오.

풀이

풀이 방향

psi로 주어진 압력의 단위를 atm, torr, Pa 단위로 변환하고자 한다.

Kelpfish/Dreamstime.com

타이어 공기압 확인.

주어진 자료

- 28 psi

필요한 자료

- 단위들 간의 관계식

풀이 과정

psi 단위로 나타낸 압력을 atm 단위로 변환하기 위해서는 다음 관계식이 필요하다.

$$1.000 \text{ atm} = 14.69 \text{ psi}$$

따라서 환산 인자는 다음과 같다.

$$\frac{1.000 \text{ atm}}{14.69 \text{ psi}}$$

$$28 \cancel{\text{psi}} \times \frac{1.000 \text{ atm}}{14.69 \cancel{\text{psi}}} = 1.9 \text{ atm}$$

atm 단위를 torr 단위로 변환하기 위한 관계식은 다음과 같다.

$$1.000 \text{ atm} = 760.0 \text{ torr}$$

따라서 환산 인자는 다음과 같다.

$$\frac{760.0 \text{ torr}}{1.000 \text{ atm}}$$

$$1.9 \cancel{\text{atm}} \times \frac{760.0 \text{ torr}}{1.000 \cancel{\text{atm}}} = 1.4 \times 10^3 \text{ torr}$$ ◀

수학적 기능 향상 도움말
$1.9 \times 760.0 = 1444$
1444 ⇨ $1400 = 1.4 \times 10^3$
반올림

atm 단위를 Pa 단위로 변환하기 위한 관계식은 다음과 같다.

$$1.000 \text{ atm} = 101{,}325 \text{ Pa}$$

따라서 환산 인자는 다음과 같다.

$$\frac{101{,}325 \text{ Pa}}{1.000 \text{ atm}}$$

$$1.9 \cancel{\text{atm}} \times \frac{101{,}325 \text{ Pa}}{1.000 \cancel{\text{atm}}} = 1.9 \times 10^5 \text{ Pa}$$ ◀

수학적 기능 향상 도움말
$1.9 \times 101{,}325 = 192{,}517.5$
$192{,}517.5$ ⇨ $190{,}000 = 1.9 \times 10^5$
반올림

점검 답으로 제시한 단위가 문제에서 요구하는 단위인지 확인한다.

SELF-CHECK

실전 연습 12.1 어느 여름 날 백두산 정상의 대기압이 525 mm Hg이었다. 이 공기의 압력은 몇 atm인가?

12.2 압력과 부피: 보일 법칙

학습 목표

- **기체의 압력과 부피에 관련된 법칙을 이해한다.**
- **이 법칙과 관련된 계산을 수행한다.**

기체에 대한 체계적인 실험을 처음으로 수행한 사람은 아일랜드의 과학자 보일(Robert Boyle, 1627~1691)이다. 알려진 바에 의하면 보일은 한쪽 끝이 막힌 J자 모양의 관(그림 12.4)을 여러 층으로 된 그의 집 현관에 설치한 후, 관 안에 갇힌 기체의 압력과 부피 사이의 상관관계를 연구하였다. 보일의 실험으로부터 얻어진 대표적인 값들을 표 12.1에 나타

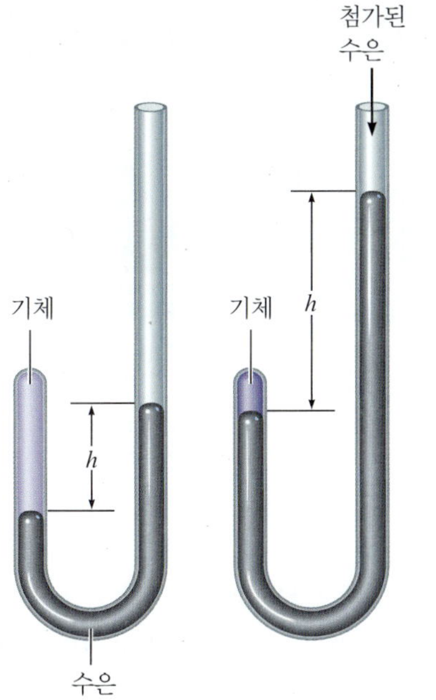

그림 12.4 보일의 실험에 사용된 J자 관. 수은을 첨가하거나 제거함으로써 관 안에 갇힌 기체의 압력을 변화시킬 수 있다.

얻어진 상수가 때로 1.41×10^3이 아니라 1.40×10^3인 것은 (*P*와 *V*의 값을 측정할 때의 불확실성으로 인한) 실험 오차 때문이다.

표 12.1 보일의 실험에서 관찰된 결과의 일부(기체의 몰수와 온도는 일정)

			압력 × 부피 (in. Hg) × (in.³)	
실험	압력(in. Hg)	부피(in.³)	측정값	반올림한 값*
1	29.1	48.0	1396.8	1.40×10^3 ◀
2	35.3	40.0	1412.0	1.41×10^3
3	44.2	32.0	1414.4	1.41×10^3
4	58.2	24.0	1396.8	1.40×10^3
5	70.7	20.0	1414.0	1.41×10^3
6	87.2	16.0	1395.2	1.40×10^3
7	117.5	12.0	1410.0	1.41×10^3

* 압력과 부피가 모두 유효 숫자 세 자리로 얻어졌으므로 두 수를 곱한 결과도 유효 숫자 세 자리로 나타내어야 한다.

내었다. 보일은 in.³(세제곱 인치)를 부피 단위로 사용하였고, in.(인치)로 나타낸 수은 기둥의 높이를 압력의 단위로 사용하였다. 그 당시에는 미터 단위 체계를 사용하지 않았다.

우선 보일의 실험에서 관찰된 일반적인 경향에 대해 살펴보자(표 12.1). 압력이 증가함에 따라 관 안에 갇힌 기체의 부피는 감소한다. 실제로 실험 1과 4의 결과를 비교하면, 압력이 2배(29.1 → 58.2)가 됨에 따라 기체의 부피는 $\frac{1}{2}$(48.0 → 24.0)로 되는 것을 관찰할 수 있다. 실험 2와 5, 실험 3과 6의 결과를 비교해도 거의 비슷한 경향이 관찰된다.

보일의 실험에서 관찰한 기체의 부피와 압력에 대한 값의 곱($P \times V$)을 살펴보면 기체의 부피와 압력 사이의 관계가 좀 더 명확해진다. 표 12.1의 마지막 열에 이들의 곱을 나타내었다. 비록 실험 오차로 인해 약간의 차이는 있지만 모든 실험에 대해 다음과 같은 값이 얻어진다.

$$P \times V = 1.4 \times 10^3 \text{ (in. Hg)} \times \text{in.}^3$$

기체에 대해 수행한 비슷한 다른 연구 결과에서도 같은 거동이 관찰된다. 이는 기체의 압력과 부피 사이의 관계를 다음과 같이 표현할 수 있음을 의미한다.

압력과 부피의 곱은 일정하다.

또는 다음과 같이 수식으로 나타낼 수 있다.

$$PV = k$$

보일 법칙을 적용하려면 기체의 양(몰수)과 온도가 변하지 않고 일정하여야 한다.

이를 **보일 법칙**(Boyle's law)이라 하며, k는 특정 온도에서 일정량의 기체에 대해 상수이다. 보일의 실험 결과에 대한 $k = 1.41 \times 10^3$ (in. Hg) × in.³이다. ◀

그래프를 사용하면 압력과 부피 사이의 관계를 좀 더 쉽게 이해할 수 있다. 압력과 부피 사이에 어떤 관계가 있는지를 알아보기 위하여 표 12.1에 주어진 값들을 그림 12.5에 그래

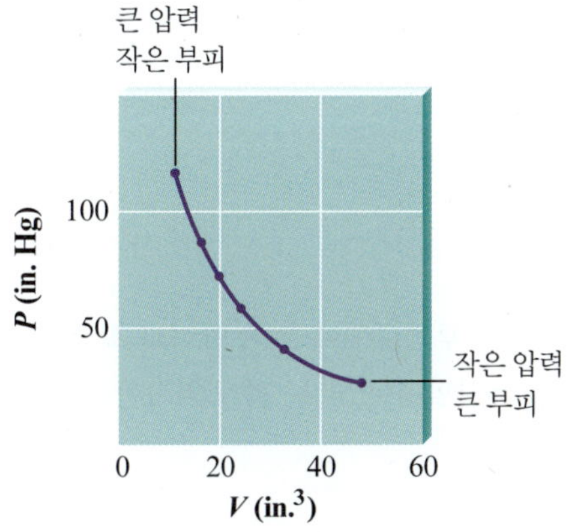

그림 12.5 표 12.1에 나타낸 보일의 실험 결과에 대한 *P*대 *V*의 그래프.

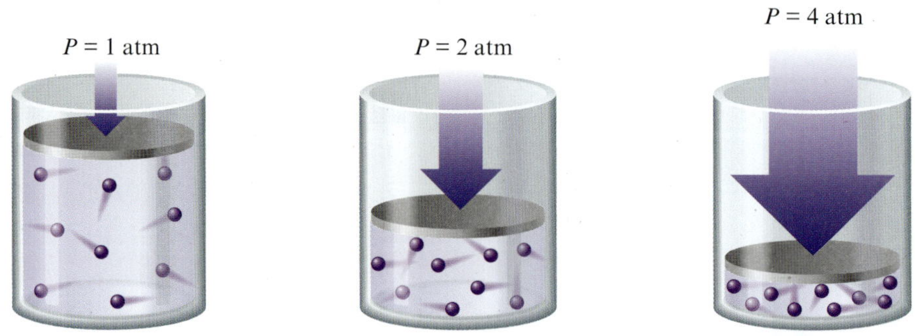

그림 12.6 보일 법칙에 대한 설명. 세 용기에 같은 수의 분자들이 들어있다. 298 K에서 세 용기 모두 $P \times V = 1$ L atm이다.

프로 나타내었다. 이 그래프에서 P가 증가함에 따라 V가 감소하는 것이 나타나 있다. 이와 같은 상관관계가 존재할 때, 부피와 압력 사이에 *반비례*(inversely proportional)한다고 말한다. 즉, 한 변수가 증가하면 다른 변수는 감소한다. 기체 시료의 보일 법칙에 대한 설명을 그림 12.6에 나타내었다.

주어진 압력에서 기체의 부피를 알면, 보일 법칙으로 압력이 변할 때 달라지는 기체의 부피를 예측할 수 있다. *단, 기체의 온도와 기체의 양은 변하지 않는다는 전제 조건이 있어야 한다.* 예를 들어 초기 상태의 압력과 부피를 P_1과 V_1, 최종 상태의 압력과 부피를 P_2와 V_2라고 할 때, 보일 법칙을 이용하여 다음과 같이 나타낼 수 있다.

$$P_1V_1 = k$$

$$P_2V_2 = k$$

따라서 다음과 같이 나타낼 수 있다.

$$P_1V_1 = k = P_2V_2$$

또는 간단하게 다음과 같이 나타낼 수 있다.

$$P_1V_1 = P_2V_2$$

이 식은 보일 법칙을 표현하는 또 다른 방법이다. 최종 부피(V_2)를 얻기 위하여 우선 등식의 양변을 각각 P_2로 나눈다.

$$\frac{P_1V_1}{P_2} = \frac{P_2V_2}{P_2}$$

우변에서 P_2 항이 소거되어 다음과 같은 식이 얻어진다.

$$\frac{P_1}{P_2} \times V_1 = V_2$$

또는

$$V_2 = V_1 \times \frac{P_1}{P_2}$$

이 식은 초기 부피(V_1)에 초기 압력과 최종 압력의 비(P_1/P_2)를 곱하면 새로운 기체의 부피(V_2)를 계산할 수 있다는 것을 의미한다. 예제 12.2에 설명을 나타내었다.

대화형 예제 12.2 보일 법칙을 이용한 부피 계산

프레온-12(Freon-12, CCl_2F_2)는 냉동 장치에 널리 사용되어 왔다. 하지만 최근에는 상층 대기에 존재하는 보호 오존층의 파괴를 일으키지 않는 다른 물질로 프레온-12를 대체하고 있다. 일정한 온도에서 56 torr의 압력, 1.5 L의 부피를 갖는 CCl_2F_2 기체 시료의 압력이 150 torr로 변한다면,

a. 기체의 부피는 증가하겠는가, 아니면 감소하겠는가?

b. 기체의 새로운 부피는 얼마인가?

풀이

풀이 방향

압력이 변할 때 부피가 증가하는지, 아니면 감소하는지를 결정하고 새로운 부피를 계산하고자 한다.

주어진 자료

- 초기 압력, 최종 압력, 초기 부피
- 기체의 양과 온도는 일정하다.
- 보일 법칙: $P_1V_1 = P_2V_2$

풀이 과정

a. 기체 법칙에 대한 문제를 풀기 위해서는 우선 아래와 같이 초기 조건과 최종 조건을 나타내는 표 형식으로 주어진 자료를 정리하도록 하자.

초기 조건	최종 조건
$P_1 = 56$ torr	$P_2 = 150$ torr
$V_1 = 1.5$ L	$V_2 = ?$

$P_1V_1 \Rightarrow P_2V_2$

아래와 같이 그림을 그려도 도움이 된다. 압력이 56 torr에서 150 torr로 증가하면 부피는 감소해야 한다. ◀

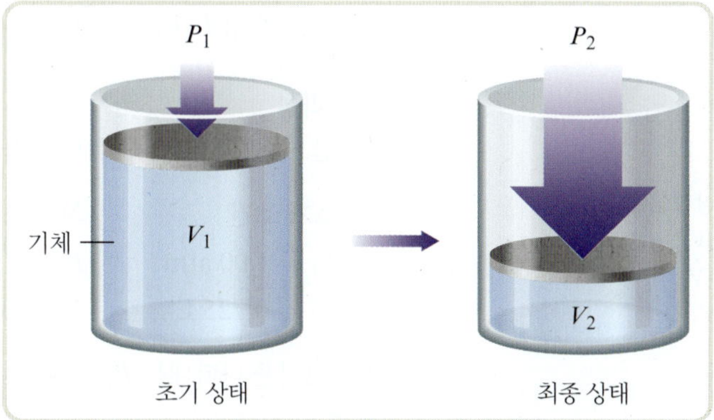

보일 법칙을 사용하여 다음과 같은 수식으로 이를 증명할 수 있다.

$$V_2 = V_1 \times \frac{P_1}{P_2}$$

이미 알고 있는 V_1과 P_1/P_2의 비를 이용하여 V_2를 구할 수 있다. P_1이 P_2보다 작으므

로 P_1/P_2비는 1보다 작다. 따라서 V_2는 V_1보다 작아야 한다. 즉, 부피는 감소한다.

b. V_2는 다음과 같이 계산하여 얻는다.

$$V_2 = V_1 \times \frac{P_1}{P_2} = 1.5\ \text{L} \times \frac{\overset{P_1}{56\ \cancel{\text{torr}}}}{\underset{P_2}{150\ \cancel{\text{torr}}}} = 0.56\ \text{L}$$

(1.5 L: V_1)

점검 압력이 증가했기 때문에 부피는 감소할 것으로 예상하였다. 압력이 대략 3배 정도 증가하였기 때문에 부피는 대략 3배 정도 감소하였다.

SELF-CHECK

실전 연습 12.2 네온사인에 사용되는 네온은 635 torr의 압력에서 1.51 L의 부피를 갖는다. 네온사인 유리관에 기체를 주입한 후 785 torr의 압력을 나타낼 때, 기체의 부피를 계산하시오.

대화형 예제 12.3 보일 법칙을 이용한 압력 계산

자동차 엔진에서는 기체 상태의 연료–공기 혼합물을 실린더에 넣고 점화하기 전에 피스톤을 움직여 압축한다. 어떤 엔진에서 압축 전 실린더의 초기 부피는 0.725 L이었고, 피스톤을 움직여 압축한 후 실린더의 최종 부피는 0.075 L이었다. 압축 전 연료–공기 혼합물의 초기 압력은 1.00 atm이었다. 연료–공기 혼합물을 압축한 후의 압력을 계산하시오. 단, 압축 전후 기체의 온도와 양은 일정하다고 가정한다.

풀이

풀이 방향

연료–공기 혼합물의 부피가 변할 때 새로운 압력을 결정하고자 한다.

주어진 자료

- 초기 부피, 최종 부피, 초기 압력
- 기체의 양과 온도는 일정하다.
- 보일 법칙: $P_1V_1 = P_2V_2$

풀이 과정

주어진 자료를 표로 정리하면 다음과 같다.

초기 조건	최종 조건
$P_1 = 1.00$ atm	$P_2 = ?$
$V_1 = 0.725$ L	$V_2 = 0.075$ L

보일 법칙을 나타내는 $P_1V_1 = P_2V_2$ 형태의 식 양변을 각각 V_2로 나누어 P_2를 구할 수 있다. ◀

$$P_2 = P_1 \times \frac{V_1}{V_2} = 1.00\ \text{atm} \times \frac{0.725\ \cancel{\text{L}}}{0.075\ \cancel{\text{L}}} = 9.7\ \text{atm}$$

수학적 기능 향상 도움말

$$P_1V_1 = P_2V_2$$

$$\frac{P_1V_1}{V_2} = \frac{P_2\cancel{V_2}}{\cancel{V_2}}$$

$$P_1 \times \frac{V_1}{V_2} = P_2$$

$$\frac{0.725}{0.075} = 9.666\ldots$$

9.666 ⇨ 9.7
반올림

점검 부피가 감소했기 때문에 압력은 증가할 것으로 예상하였다. 부피가 대략 10배 정도 감소하였기 때문에 압력은 대략 10배 정도 증가하였다.

12.3 부피와 온도: 샤를 법칙

학습 목표

- 절대 0도에 대해 배운다.
- 기체의 양과 압력이 일정할 때 기체의 부피와 온도에 관련된 법칙을 배우고, 이 법칙과 관련된 계산을 수행하는 것을 배운다.

기구에 열을 가하면 기구 안의 공기는 팽창한다. 그 결과 기구로부터 공기가 일부 빠져나가 기구 내부의 공기 밀도는 작아지고, 기구는 부력을 갖게 된다.

보일 법칙을 발견한 후 한 세기 동안 과학자들은 계속해서 기체의 성질에 관한 연구를 진행하였다. 처음으로 열기구에 수소 기체를 채워 단독 기구 비행을 한 프랑스의 물리학자 샤를(Jacques Charles, 1746~1823)은 압력이 일정할 때, 일정한 양의 기체가 차지하는 부피는 기체의 온도가 증가함에 따라 증가하는 것을 밝혔다. 즉, 기체의 부피는 온도가 증가하면 증가한다. 압력이 일정할 때, 일정한 양의 기체의 부피를 기체의 온도(섭씨 온도)에 대하여 그래프로 나타내면 직선이 얻어진다. 이와 같은 형태의 상관관계를 *선형*(linear) 관계(역자주. 직선의 기울기가 일정한 관계식으로 나타난다. 하지만 세로축 절편값이 0이 아니기 때문에 정비례 관계라는 용어 대신 선형 관계라는 용어를 사용한다.)라 하며, 그림 12.7에 몇몇 기체에 대한 이와 같은 거동을 나타내었다.

그림 12.7에 나타낸 실선은 그림에 표시된 기체들에 대하여 실제로 온도와 부피를 측정하여 나타낸 것이다. 기체가 냉각되면 결국에는 액화되기 때문에 액화되는 온도 이하에서는 실험값을 얻을 수 없다. 하지만 각 직선을 (부피가 0인 점으로) 연장시키면 매우 흥미로운 일이 일어난다[이 과정을 *외삽*(extrapolation)이라고 하며, 그래프에서 점선으로 나타내었다]. *모든 직선들이 같은 온도(−273°C)에서 부피가 0인 점으로 외삽된다.* 물리적으로 부피가 음이 되는 것은 불가능하기 때문에 −273°C는 도달 가능한 가장 낮은 온도가 된다. 실제로 실험에 의해 −273°C보다 낮은 온도로 물체를 냉각한 예는 없다. 따라서 이 온도를 켈빈(Kelvin) 척도에서 **절대 0도**(absolute zero)로 정의한다. 지금까지 0.00000002 K와 같은 온도는 실험실에서 도달한 적이 있지만, 0 K에 도달한 적은 결코 없다.

그림 12.7에 나타낸 그래프를 섭씨 온도가 아닌 켈빈 온도로 기체의 부피를 나타내면 그림 12.8과 같이 된다. 그래프에 나타낸 각 기체의 부피는 *절대 온도에 정비례*하고, 온도

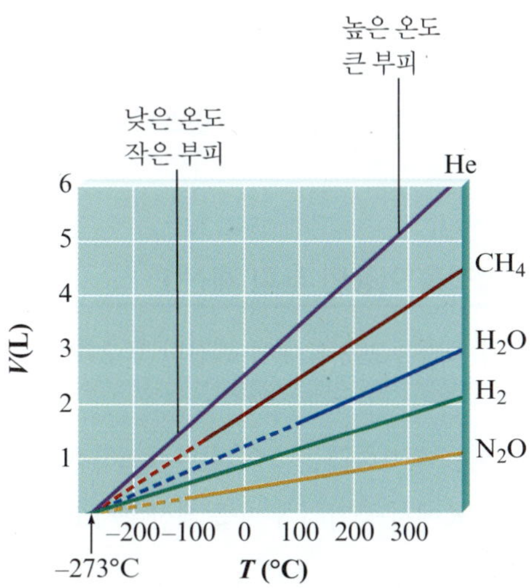

그림 12.7 몇몇 기체에 대한 V(L) 대 T(°C)의 그래프. 여러 개의 그래프를 겹치지 않게 나타내기 위하여 각 기체 시료의 몰수를 달리하여 그래프에 나타내었다.

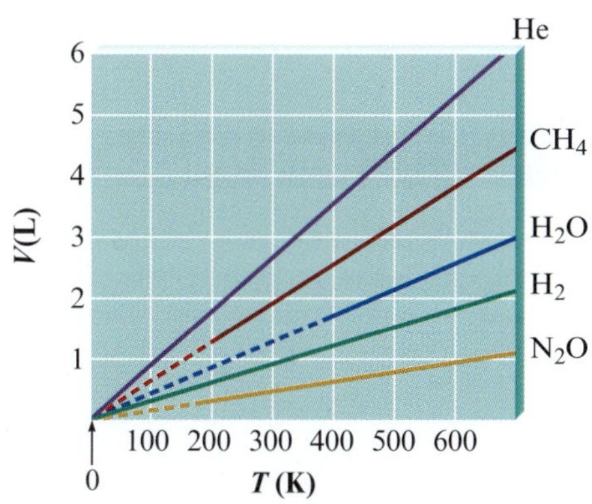

그림 12.8 그림 12.7의 그래프를 켈빈 척도 온도를 사용하여 나타낸 V 대 T의 그래프.

가 0 K일 때 기체의 부피는 0으로 외삽된다. 예를 사용하여 이를 설명해 보자. 300 K에서 기체 1 L가 있다고 가정하자. 압력이 일정한 채로 이 기체의 온도를 600 K로 2배 증가시키면, 부피 또한 2배인 2 L가 된다. 그림 12.8에 나타낸 여러 가지 기체에 대한 직선을 주의 깊게 관찰하면 이와 같은 거동을 확인할 수 있다.

부피와 절대 온도 사이의 정비례 관계는 **샤를 법칙**(Charles's law)으로 알려진 다음과 같은 식으로 나타낼 수 있다.

$$V = bT$$

이 때 T는 절대 온도이고, b는 비례 상수이다. 샤를 법칙은 일정 압력에서 일정한 양의 기체에 대해 적용되는 식이다. (일정 압력, 일정한 양의 기체에 대해) 기체의 부피는 절대 온도에 정비례한다.

헬륨에 대한 그림 12.8의 자료.

V (L)	*T* (K)	*b*
0.7	100	0.01
1.7	200	0.01
2.7	300	0.01
3.7	400	0.01
5.7	600	0.01

$$V = bT \quad \text{또는} \quad \frac{V}{T} = b = \text{상수}$$

두 번째 식을 보면 V를 T(절대 온도)로 나눈 b가 상수가 됨을 알 수 있다. (헬륨에 관한 자료를 옆에 나타내었다.) ◀ 따라서 기체의 절대 온도가 3배가 되면 기체의 부피 또한 3배가 된다.

$$\frac{V}{T} = \frac{3 \times V}{3 \times T} = b = \text{상수}$$

초기 조건 V_1과 T_1, 최종 조건 V_2와 T_2의 항으로 샤를 법칙을 나타낼 수 있다.

$$\frac{V_1}{T_1} = b, \quad \frac{V_2}{T_2} = b$$

따라서 다음과 같이 나타낼 수 있다.

$$\frac{V_1}{T_1} = \frac{V_2}{T_2}$$ ◀

$V_1/T_1 = V_2/T_2$의 형태의 샤를 법칙은 기체의 양(mol)과 압력이 일정할 때에만 적용된다.

이 식을 이용하여 예제 12.4와 12.5를 풀어보자.

비판적으로 생각하기

샤를 법칙에 따르면 기체의 부피는 일정한 압력과 일정한 몰수에서 기체의 절대 온도(K)에 정비례한다. 만약 기체의 부피가 일정한 압력과 일정한 몰수에서 기체의 섭씨 온도(°C)에 정비례한다면 어떻게 될까? 세상은 어떻게 달라질까?

대화형 예제 12.4 샤를 법칙을 이용한 부피 계산 I

2.0 L의 공기를 298 K에서 포집한 후 278 K로 냉각시켰다. 이 때 압력은 1.0 atm으로 일정하다.

a. 부피는 증가하겠는가 아니면 감소하겠는가?

b. 278 K에서 공기의 부피를 계산하시오.

풀이

풀이 방향

온도가 변할 때 부피가 증가하는지 아니면 감소하는지를 결정하고, 새로운 부피를 계산하고자 한다.

주어진 자료

- 초기 온도, 최종 온도, 초기 부피
- 기체의 양과 압력은 일정하다.
- 샤를 법칙: $\frac{V_1}{T_1} = \frac{V_2}{T_2}$

풀이 과정

a. 기체가 냉각되었기 때문에 기체의 부피는 감소해야 한다.

$$\frac{V}{T} = \text{상수}$$

일정한 비를 유지하기 위하여 T가 감소하면 V 또한 감소해야 한다.

$\frac{V_1}{T_1} \Rightarrow \frac{V_2}{T_2}$

온도가 낮아지면 부피도 작아진다.

b. 새로운 부피 V_2를 계산하기 위하여 다음과 같은 형태의 샤를 법칙을 이용하자. ◀

$$\frac{V_1}{T_1} = \frac{V_2}{T_2}$$

다음과 같은 자료가 주어졌다.

초기 조건	**최종 조건**
$T_1 = 298\ \text{K}$	$T_2 = 278\ \text{K}$
$V_1 = 2.0\ \text{L}$	$V_2 = ?$

다음 식을 이용하여 V_2를 구한다.

$$\frac{V_1}{T_1} = \frac{V_2}{T_2}$$

식의 양변에 각각 T_2를 곱하면, 우변에서 T_2가 지워지며 다음과 같은 식이 얻어진다.

$$T_2 \times \frac{V_1}{T_1} = \frac{V_2}{\cancel{T_2}} \times \cancel{T_2} = V_2$$

따라서 V_2는 다음과 같다.

$$V_2 = T_2 \times \frac{V_1}{T_1} = 278\ \cancel{\text{K}} \times \frac{2.0\ \text{L}}{298\ \cancel{\text{K}}} = 1.9\ \text{L}$$

점검 온도가 약간 낮아졌기 때문에 부피도 약간 줄어들 것으로 예상하였다.

대화형 예제 12.5 샤를 법칙을 이용한 부피 계산 II

15°C, 1 atm에서 기체의 부피가 2.58 L이다. 1 atm에서 온도를 38°C로 증가시켰다.

a. 기체의 부피는 증가하겠는가 아니면 감소하겠는가?

b. 새로운 부피를 계산하시오.

풀이

풀이 방향

온도가 변할 때 부피가 증가하는지 감소하는지 결정하고, 새로운 부피를 계산한다.

주어진 자료

- 초기 온도, 최종 온도, 초기 부피
- 기체의 양과 압력은 일정하다.
- 샤를 법칙: $\frac{V_1}{T_1} = \frac{V_2}{T_2}$

풀이 과정

a. 일정량의 기체 시료가 *압력이 일정한 채로* 가열되어 온도가 15°C에서 38°C로 증가되는 경우이다. 샤를 법칙으로부터 압력이 일정할 때 일정량의 기체의 부피는 절대 온도에 정비례한다는 것을 알고 있다. 따라서 온도가 증가함에 따라 부피도 *증가*할 것이다. 새로운 부피는 2.58 L보다 클 것이다.

b. 새로운 부피를 계산하기 위하여 다음 형태의 샤를 법칙을 이용하자.

$$\frac{V_1}{T_1} = \frac{V_2}{T_2}$$

다음과 같은 자료가 주어졌다.

초기 조건	**최종 조건**
$T_1 = 15°C$	$T_2 = 38°C$
$V_1 = 2.58\ L$	$V_2 = ?$

흔히 있는 경우처럼, 이 경우에 온도가 섭씨 온도로 주어졌다. 하지만 샤를 법칙을 적용하기 위해서는 *절대 온도를 사용해야 한다*. 따라서 각 섭씨 온도에 273을 더해 절대 온도로 변환해야 한다.

초기 조건	**최종 조건**
$T_1 = 15°C = 15 + 273 = 288\ K$	$T_2 = 38°C = 38 + 273 = 311\ K$
$V_1 = 2.58\ L$	$V_2 = ?$

식을 V_2에 대하여 풀면 다음과 같이 얻어진다.

$$V_2 = V_1 \times \frac{T_2}{T_1} = 2.58\ L\left(\frac{311\ \cancel{K}}{288\ \cancel{K}}\right) = 2.79\ L$$

점검 온도가 증가했기 때문에 부피는 증가할 것으로 예상하였다.

USGA photo by T. Casadevall

미국 워싱턴 주에 있는 베이커 산의 증기가 피어나는 화산 통로에서 과학자가 시료를 채취하고 있다.

SELF-CHECK

실전 연습 12.3 한 어린 아이가 분 비눗방울의 부피가 28°C, 1 atm에서 23 cm^3이다. 비눗방울은 날아오르다가 18°C의 차가운 공기 덩어리를 만나게 된다. 압력의 변화가 없다면 비눗방울 내의 공기가 18°C로 냉각될 때 비눗방울은 커지겠는가, 아니면 작아지겠는가? 비눗방울의 새로운 부피를 계산하시오. (**역자주**. 비눗방울은 터지지 않는다고 가정하고, 비눗방울 안과 밖으로 공기 이동은 없다고 가정한다.)

예제 12.5에서 온도가 변할 때 기체의 부피는 초기 부피에 초기 상태의 절대 온도와 최종 상태의 절대 온도의 비(T_2/T_1)를 곱하면 얻을 수 있음을 주목하라. 답이 합리적인지 항상 확인해야 한다. 일정한 압력에서 온도가 높아지면 부피도 증가하고, 온도가 낮아지면 부피도 감소해야 한다.

대화형 예제 12.6 샤를 법칙을 이용한 온도 계산

예전에는 기체 온도계라는 장치를 사용하여 기체의 부피로부터 온도를 측정하였다. 어떤 기체가 35°C, 1 atm에서 0.675 L의 부피를 갖는다. 1 atm의 압력에서 기체가 0.535 L의 부피를 갖게 되는 방의 온도는 몇 °C일까?

풀이

풀이 방향

일정한 압력에서 부피가 감소할 때 주어진 기체의 새로운 온도를 결정하고자 한다.

주어진 자료

- 초기 부피, 최종 부피, 초기 온도
- 기체의 양과 압력은 일정하다.
- 샤를 법칙: $\frac{V_1}{T_1} = \frac{V_2}{T_2}$

풀이 과정

문제에서 다음과 같은 자료가 주어졌다.

초기 조건	**최종 조건**
$T_1 = 35°C = 35 + 273 = 308\ K$	$T_2 = ?$
$V_1 = 0.675\ L$	$V_2 = 0.535\ L$
$P_1 = 1\ atm$	$P_2 = 1\ atm$

압력은 일정하게 유지되므로, 다음 형태의 샤를 법칙을 사용하여 T_2를 구할 수 있다.

$$\frac{V_1}{T_1} = \frac{V_2}{T_2}$$

이 식을 다시 정리하면

$$T_2 = T_1 \times \frac{V_2}{V_1}$$

주어진 자료로부터 다음과 같이 T_2를 계산할 수 있다.

$$T_2 = T_1 \times \frac{V_2}{V_1} = (308\ K) \times \frac{0.535\ \cancel{L}}{0.675\ \cancel{L}} = 244\ K$$

K의 단위를 °C의 단위로 전환하기 위하여 절대 온도에서 273을 빼준다.

$$T_{°C} = T_K - 273 = 244 - 273 = -29\ °C$$

이 방의 온도는 −29°C이고, 매우 추운 상태이다.

점검 부피가 줄어들었기 때문에 온도가 내려갈 것으로 예상하였다.

12.4 부피와 몰수: 아보가드로 법칙

학습 목표

- **일정한 온도와 압력에서 기체 시료의 부피와 몰수 사이의 법칙에 대해 이해한다. 이 법칙과 관련된 계산을 수행하는 것을 배운다.**

기체의 부피와 기체 시료에 존재하는 분자 수 사이에는 어떤 상관관계가 있을까? 실험에 의하면 일정한 온도와 압력에서 기체의 몰수가 2배가 되면 부피도 2배가 된다. 다시 말해서 온도와 압력이 일정할 때, 기체의 부피는 몰수에 정비례한다. 그림 12.9에 이러한 상관관계에 대한 설명을 나타내었으며, 다음 식으로 표현할 수 있다.

$$V = an \quad \text{또는} \quad \frac{V}{n} = a$$

이 때 V는 기체의 부피, n은 몰수, a는 비례 상수이다. 이 식은 온도와 압력이 일정하게 유지될 때 n에 대한 V의 비가 일정하다는 것을 의미한다. 따라서 기체의 몰수가 5배 증가하면 부피 또한 5배 증가한다.

$$\frac{V}{n} = \frac{\cancel{5} \times V}{\cancel{5} \times n} = a = \text{상수}$$

이 식은 *일정한 온도와 압력에서 기체의 부피는 기체의 몰수에 정비례한다*는 것을 의미한다. 1811년 이탈리아 과학자 아보가드로(Amadeo Avogadro)가 처음으로 이와 같은 가설을 제안했기 때문에 이 상관관계를 **아보가드로 법칙**(Avogadro's law)이라고 한다.

일정한 온도와 압력에서 기체의 몰수가 처음 주어진 양(초기 값)에서 다른 양(최종 값)으로 변하는 경우에 아보가드로 법칙을 다음과 같이 나타낼 수 있다.

$$\underbrace{\frac{V_1}{n_1}}_{\text{초기 값}} = a = \underbrace{\frac{V_2}{n_2}}_{\text{최종 값}}$$

또는

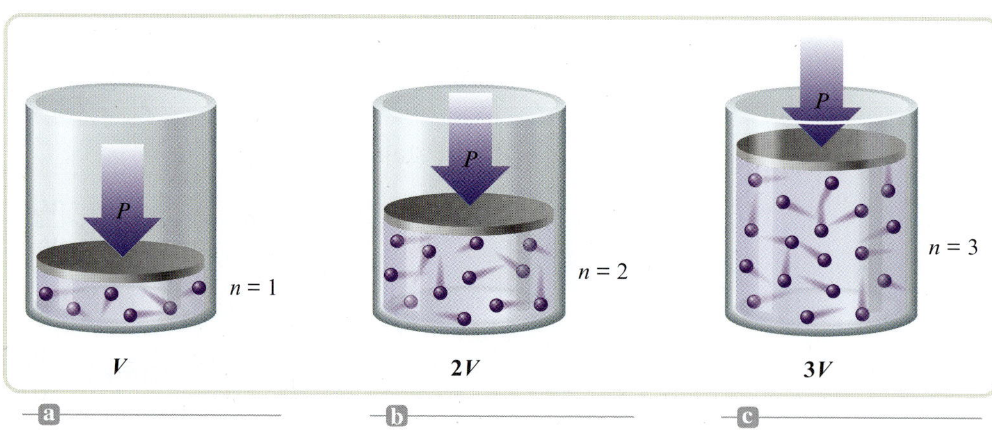

그림 12.9 부피 V와 몰수 n 사이의 상관관계. 몰수가 1 mol (a)에서 2 mol (b)로 증가되면 부피도 2배가 된다. 몰수가 3배로 되면(c) 부피 또한 3배가 된다. 이 경우 모두 온도와 압력은 일정하게 유지된다.

$$\frac{V_1}{n_1} = \frac{V_2}{n_2}$$

이 식을 이용하여 예제 12.7을 풀어보자.

대화형 예제 12.7 **아보가드로 법칙을 이용한 계산**

1 atm의 압력과 25°C의 온도에서 0.50 mol의 산소(O_2) 기체를 포함하고 있는 12.2 L의 시료가 있다. 같은 온도와 같은 압력에서 모든 O_2가 오존(O_3)으로 변환된다면 생성된 오존의 부피는 얼마인가?

풀이

풀이 방향

주어진 부피의 0.50 mol O_2로부터 생성된 오존(O_3)의 부피를 결정하고자 한다.

주어진 자료

- 산소의 초기 몰수와 초기 부피
- 온도와 압력은 일정하다.
- 아보가드로 법칙: $\frac{V_1}{n_1} = \frac{V_2}{n_2}$

필요한 자료

- 생성된 오존의 몰수를 결정하기 위하여 산소가 오존으로 변환되는 반응에 대한 균형 화학 반응식이 필요하다.

풀이 과정

이 문제를 풀기 위하여 처음에 존재했던 기체의 몰수와 반응 후에 존재하는 기체의 몰수를 비교할 필요가 있다. 초기에 O_2 0.50 mol이 존재하였다. 반응 후에 존재하는 O_3 분자의 몰수를 구하기 위하여 다음과 같이 산소가 오존으로 변환되는 반응에 대한 균형 화학 반응식이 필요하다.

$$3O_2(g) \rightarrow 2O_3(g)$$

계수를 맞춘 화학 반응식으로부터 적절한 몰비를 이용하여 생성된 O_3의 몰수를 계산한다.

$$0.50\ \cancel{\text{mol } O_2} \times \frac{2\text{ mol } O_3}{3\ \cancel{\text{mol } O_2}} = 0.33\text{ mol } O_3$$

다음과 같이 표현되는 아보가드로 법칙을 이용한다.

$$\frac{V_1}{n_1} = \frac{V_2}{n_2}$$

이 때 V_1은 O_2 기체 n_1 mol의 부피이고, V_2는 O_3 기체 n_2 mol의 부피이다. ◀

초기 조건	최종 조건
$n_1 = 0.50$ mol	$n_2 = 0.33$mol
$V_1 = 12.2$ L	$V_2 = ?$

V_2에 대해 아보가드로 법칙을 풀면 다음과 같다.

$$V_2 = V_1 \times \frac{n_2}{n_1} = 12.2\text{ L}\left(\frac{0.33\ \cancel{\text{mol}}}{0.50\ \cancel{\text{mol}}}\right) = 8.1\text{ L}$$

수학적 기능 향상 도움말

$$\frac{V_1}{n_1} = \frac{V_2}{n_2}$$

$$n_2 \times \frac{V_1}{n_1} = \frac{V_2}{\cancel{n_2}} \times \cancel{n_2}$$

$$V_1 \times \frac{n_2}{n_1} = V_2$$

점검 O_2가 O_3로 변환되면서 기체로 존재하는 분자수가 줄어들기 때문에 예상한 바와 같이 부피는 감소한다.

SELF-CHECK

실전 연습 12.4 질소 기체 시료(N_2 분자로 조성됨)가 2개 있다. 시료 1은 N_2 1.5 mol을 포함하고 있고, 25°C, 1 atm에서 부피가 36.7 L이다. 시료 2는 25°C, 1 atm에서 부피가 16.5 L이다. 시료 2에 포함된 N_2의 몰수를 계산하시오.

12.5 이상 기체 법칙

학습 목표 ■ 이상 기체 법칙을 이해하고, 법칙과 관련된 계산법을 배운다.

기체의 거동을 설명하기 위하여 실험적 관찰로부터 밝혀진 세 가지 법칙에 대해 배웠다.

상수 n은 기체의 일정한 몰수를 의미한다.

보일 법칙: $PV = k$ 또는 $V = \frac{k}{P}$ (T와 n 일정) ◀

샤를 법칙: $V = bT$ (P와 n 일정)

아보가드로 법칙: $V = an$ (T와 P 일정)

기체의 부피가 압력, 온도, 존재하는 기체의 몰수에 따라 어떻게 달라지는지를 보여주는 위의 관계식들을 결합하면 다음과 같은 식을 얻을 수 있다.

$$V = R\left(\frac{Tn}{P}\right)$$

$R = 0.08206\frac{\text{L atm}}{\text{K mol}}$

이 때 R은 결합된 식의 비례 상수이며, 일반적으로 **기체 상수**(universal gas constant)라고 한다. 압력을 atm, 부피를 L로 나타낼 때, R은 항상 0.08206 L atm/K mol이다. ◀ 양변에 각각 P를 곱하면 다음과 같다.

$$P \times V = \cancel{P} \times R\left(\frac{Tn}{\cancel{P}}\right)$$

식을 정리하면 다음과 같이 (우리가 잘 알고 있는) **이상 기체 법칙**(ideal gas law)을 나타내는 일반적인 형태가 얻어진다.

$$PV = nRT$$

이상 기체 법칙은 기체의 모든 중요한 성질, 즉 압력(P), 부피(V), 몰수(n), 온도(T)를 포함하고 있다. 이들 중에서 세 가지 성질에 대한 자료만 있으면, 이상 기체 법칙으로부터 네 번째 성질을 구할 수 있기 때문에 기체의 상태를 완벽하게 정의할 수 있다.

기체의 성질에 관련된 실험에서 측정한 결과들을 바탕으로 이상 기체 법칙이 만들어졌다. 이 방정식을 만족하는 기체를 *이상적*으로 거동한다고 한다. 다시 말해서 이 방정식은 **이상 기체**(ideal gas)의 거동에 대하여 정의한다. 1 atm 이하의 압력, 0°C 이상의 온도에서 대부분 기체들의 거동은 이 법칙을 따른다. 이 책에서 기체와 관련된 문제를 풀 때 모든 기체들은 이상 기체라고 가정한다.

다양한 문제의 풀이에 이상 기체 법칙을 이용할 수 있다. 기체의 조건 중 세 가지 성질이 주어질 때, 나머지 하나의 성질을 구하는 방법을 예제 12.8에서 설명할 것이다.

대화형 예제 12.8 이상 기체 법칙을 이용한 계산

온도 0°C, 압력 1.5 atm에서 부피 8.56 L인 수소 기체(H_2) 시료가 있다. 이 기체 시료에 존재하는 H_2의 몰수를 계산하시오. 단, 기체는 이상적으로 거동한다고 가정한다.

풀이

풀이 방향

온도, 압력, 부피가 주어졌을 때, 존재하는 수소(H_2) 기체의 몰수를 결정하고자 한다.

주어진 자료

- 수소 기체의 온도, 압력, 부피
- 이상 기체 법칙: $PV = nRT$

필요한 자료

- $R = 0.08206$ L atm/mol K

풀이 과정

이 문제에서 다음과 같이 기체의 압력, 부피, 온도가 주어졌다. $P = 1.5$ atm, $V = 8.56$ L, $T = 0°C$. 섭씨 온도는 절대 온도로 전환하여야 한다.

$$T = 0°\text{C} = 0 + 273 = 273 \text{ K}$$

이상 기체 법칙 $PV = nRT$를 이용하여 존재하는 기체의 몰수를 계산할 수 있다. 식의 양변을 각각 RT로 나누면 n을 구할 수 있다.

$$n = \frac{PV}{RT} = \frac{(1.5 \cancel{\text{atm}})(8.56 \cancel{\text{L}})}{\left(0.08206 \dfrac{\cancel{\text{L}}\ \cancel{\text{atm}}}{\cancel{\text{K}}\ \text{mol}}\right)(273 \cancel{\text{K}})} = 0.57 \text{ mol}$$

SELF-CHECK

실전 연습 12.5 헬륨 1.10×10^5 mol을 포함하는 기상 관측용 기구가 1.00 atm의 압력에서 부피가 2.70×10^6 L이다. 기구 내 헬륨의 온도를 계산하여 절대 온도와 섭씨 온도로 나타내시오.

대화형 예제 12.9 단위 변환이 필요한 이상 기체 법칙의 계산

25°C, 371 torr에서 이산화 탄소 0.250 mol이 차지하는 부피는 얼마인가?

풀이

풀이 방향

몰수, 압력, 온도의 조건이 주어졌을 때 이산화 탄소(CO_2) 기체의 부피를 결정하고자 한다.

주어진 자료

- 이산화 탄소의 몰수, 압력, 온도
- 이상 기체 법칙: $PV = nRT$

필요한 자료

- $R = 0.08206$ L atm/mol K

수학적 기능 향상 도움말

$PV = nRT$

$\frac{PV}{\cancel{P}} = \frac{nRT}{P}$

$V = \frac{nRT}{P}$

풀이 과정

이상 기체 법칙을 사용하여 부피를 계산하기 위하여 우선 압력을 atm 단위로, 온도를 절대 온도로 바꾸어야 한다.

$$P = 371 \text{ torr} = 371 \cancel{\text{torr}} \times \frac{1.000 \text{ atm}}{760.0 \cancel{\text{torr}}} = 0.488 \text{ atm}$$

$$T = 25\ °\text{C} = 25 + 273 = 298 \text{ K}$$

V를 구하기 위하여 이상 기체 방정식($PV = nRT$)의 양변을 각각 P로 나누어 준다. ◀

$$V = \frac{nRT}{P} = \frac{(0.250\ \cancel{\text{mol}})\left(0.08206\ \frac{\text{L}\ \cancel{\text{atm}}}{\cancel{\text{K}}\ \cancel{\text{mol}}}\right)(298\ \cancel{\text{K}})}{0.488\ \cancel{\text{atm}}} = 12.5\ \text{L}$$

CO_2 시료의 부피는 12.5 L이다.

SELF-CHECK

실전 연습 12.6 토양 속에서 자연적으로 형성된 방사성 기체인 라돈(Rn)은 폐암을 일으킬 수 있다. 집안으로 스며들어 사람에게도 위험을 줄 수 있어 많은 지역에서 이 문제를 우려하고 있다. 라돈 기체 시료 1.5 mol은 33°C에서 21.0 L의 부피를 갖는다. 라돈 기체의 압력은 얼마인가?

R의 단위는 L atm/K mol임을 주목하라. 따라서 이상 기체 법칙을 이용할 때 반드시 부피는 L 단위, 온도는 절대 온도, 압력은 atm으로 나타내어야 한다. 다른 단위로 주어질 경우에는 우선적으로 적절한 단위로 전환하여야 한다.

예제 12.10에 설명한 바와 같이, 기체의 조건이 변할 때 생길 수 있는 변화를 계산하는 데에도 이상 기체 법칙을 이용할 수 있다.

대화형 예제 12.10 조건이 변할 때 이상 기체 법칙의 적용

25°C, 1.68 atm의 압력에서 부피 3.5 L인 암모니아 기체 시료의 몰수는 0.240 mol이다. 이 기체가 25°C에서 1.35 L의 부피로 압축될 때, 이상 기체 법칙을 이용하여 최종 압력을 계산하시오.

풀이

풀이 방향

이상 기체 법칙을 이용하여 부피가 변할 때, 주어진 암모니아 기체의 압력을 결정하고자 한다.

주어진 자료

- 암모니아의 초기 몰수, 압력, 부피, 온도
- 새로운 부피
- 이상 기체 법칙: $PV = nRT$

풀이 과정

이 경우, 암모니아 기체 시료에 대한 조건이 달라지며, 주어진 자료는 다음과 같다.

초기 조건	최종 조건
$V_1 = 3.5$ L	$V_2 = 1.35$ L
$P_1 = 1.68$ atm	$P_2 = ?$
$T_1 = 25°C = 25 + 273 = 298$ K	$T_2 = 25°C = 25 + 273 = 298$ K
$n_1 = 0.240$ mol	$n_2 = 0.240$ mol

n과 T는 일정하고, P와 V만 변한다. 따라서 간단하게 보일 법칙($P_1V_1 = P_2V_2$)을 이용하여 P_2를 구할 수도 있다. 하지만 이상 기체 방정식 하나만 사용해도 기체에 대한 거의 모든 문제를 풀 수 있다는 것을 보여주기 위하여 이상 기체 방정식을 사용하여 이 문제를 풀고자 한다. 이상 기체 법칙을 사용하여 기체의 조건이 변하는 것을 기술할 때, 등호를 중

*심으로 항상 한 변에는 변화하는 변수를, 다른 한 변에는 상수항이 오도록 이상 기체 방정식을 변형*하여야 한다. 즉, 일반적인 형태의 이상 기체 방정식($PV = nRT$)으로 시작하여, 변수들은 한 변으로 옮기고, 상수들은 다른 변으로 옮겨 방정식을 재배열한다. 이 예제의 경우, 압력과 부피가 변하고 온도와 몰수는 일정하게 유지된다(물론 R은 정의에 의해 상수이다). 따라서 이상 기체 법칙은 다음과 같이 쓸 수 있다.

$$\underset{\text{변화}}{PV} = \underset{\text{일정}}{nRT}$$

이 경우에 n, R, T는 일정하기 때문에 $P_1V_1 = nRT$와 $P_2V_2 = nRT$로 나타낼 수 있다. 이들을 결합시키면 다음과 같다.

$$P_1V_1 = nRT = P_2V_2 \quad \text{또는} \quad P_1V_1 = P_2V_2$$

$$P_2 = P_1 \times \frac{V_1}{V_2} = (1.68 \text{ atm})\left(\frac{3.5 \cancel{\text{L}}}{1.35 \cancel{\text{L}}}\right) = 4.4 \text{ atm}$$

점검 이 답은 합리적인가? 일정한 온도와 일정한 몰수에서 부피가 감소하면 계산에서 얻어진 것처럼 압력은 증가해야 한다.

SELF-CHECK

실전 연습 12.7 5°C에서 부피 3.8 L인 메테인(CH_4) 기체 시료를 일정한 압력에서 86°C로 가열하였다. 새로운 부피를 계산하시오.

예제 12.10을 풀 때, 이상 기체 방정식으로부터 보일 법칙($P_1V_1 = P_2V_2$)을 얻었다. "왜 그렇게 복잡하게 풀었냐?"라고 질문할 수도 있겠지만, 이상 기체 방정식을 이용하여 모든 유형의 기체의 법칙에 관한 문제를 푸는 방법을 배우는 것은 매우 중요하다. 이상 기체 방정식을 이용하면 주어진 문제가 보일 법칙 문제인가, 샤를 법칙 문제인가라는 고민을 할 필요가 없다.

계속해서 이상 기체 법칙을 이용하여 예제 12.11을 풀도록 하자. 변수들은 한 변으로 옮기고, 상수들은 다른 변으로 옮겨 식을 재배열하는 것이 중요하다는 것을 기억하라.

대화형 예제 12.11 이상 기체 법칙을 이용하여 부피 변화 계산

공기에 노출되면 불이 붙어 연소되는 물질인 다이보레인(B_2H_6) 기체 시료가 −15°C의 온도, 3.48 L의 부피에서 0.454 atm의 압력을 갖는다. 온도가 36°C, 압력이 0.616 atm으로 변하면 시료의 새로운 부피는 얼마인가?

풀이

풀이 방향

이상 기체 방정식을 이용하여 다이보레인 기체의 부피를 결정하고자 한다.

주어진 자료

- 다이보레인 기체의 초기 압력, 부피, 온도
- 새로운 온도, 압력
- 이상 기체 법칙: $PV = nRT$

풀이 과정

다음과 같은 조건이 주어졌다.

초기 조건	최종 조건
$P_1 = 0.454$ atm	$P_2 = 0.616$ atm
$V_1 = 3.48$ L	$V_2 = ?$
$T_1 = -15°C = -15 + 273 = 258$ K	$T_2 = 36°C = 36 + 273 = 309$ K

수학적 기능 향상 도움말

$PV = nRT$

$\frac{PV}{T} = \frac{nRT}{T}$

$\frac{PV}{T} = nR$

n 값은 주어지지 않았지만 다이보레인 기체가 첨가되거나 제거되지 않았으므로 n은 일정하다(즉, $n_1 = n_2$)는 것을 알 수 있다. 따라서 이 실험에서 n은 상수이고, P, V, T는 변한다. 그러므로 이상 기체 방정식($PV = nRT$)의 양변을 각각 T로 나누어 재배열하면 다음 식이 얻어진다. ◀

$$\underset{\text{변화}}{\frac{PV}{T}} = \underset{\text{일정}}{nR}$$

이 식으로부터 다음 식이 얻어진다.

$$\frac{P_1V_1}{T_1} = nR = \frac{P_2V_2}{T_2}$$

또는

$$\frac{P_1V_1}{T_1} = \frac{P_2V_2}{T_2}$$

V_2를 구하기 위해 정리하면

$$\frac{T_2P_1V_1}{P_2T_1} = V_2$$

주어진 자료를 대입하여 V_2를 얻는다.

$$V_2 = \frac{309\ \cancel{K}}{258\ \cancel{K}} \times \frac{0.454\ \cancel{atm}}{0.616\ \cancel{atm}} \times 3.48\text{ L} = 3.07\text{ L}$$

SELF-CHECK

실전 연습 12.8 13°C의 온도, 0.747 atm의 압력에서 부피 11.0 L인 아르곤 기체 시료를 56°C로 가열하여 압력 1.18 atm이 되었다. 최종 부피를 계산하시오.

예제 12.11에서 다음과 같은 식이 얻어졌다.

$$\frac{P_1V_1}{T_1} = \frac{P_2V_2}{T_2}$$

기체의 양(몰수)이 일정할 때 얻어지는 이 식을 **결합된 기체 법칙**(combined gas law)이라고 한다. 이 식은 암기하기 쉽지만 언제나 이상 기체 방정식을 이용할 수 있기 때문에 암기할 필요는 없다.

12.6 돌턴의 부분 압력 법칙

학습 목표

- 기체 혼합물에서 부분 압력과 전체 압력 사이의 상관관계를 이해하고, 이 관계를 이용한 계산법을 배운다.

중요한 기체들은 대부분 혼합물로 존재한다. 대표적인 예가 공기이다. 150 ft (45.7 m)보다 깊이 잠수하는 잠수부들은 헬륨과 산소의 혼합 기체를 사용한다. 잠수부들이 수십 m 아래 수중에 들어가면 압력이 높아져 혈액 내에 많은 양의 질소가 용해되기 때문에 일반적인 공기는 사용하지 않는다. 잠수부가 수면으로 너무 빠르게 올라오면, 탄산 음료수병을 열 때 '쉬' 하며 거품을 내는 것과 같이 질소 기체가 혈액 밖으로 거품을 내며 빠져 나온다. 그 결과 잠수부는 잠수병을 일으켜 매우 고통스럽고 때로는 혼수상태가 될 수도 있다. 헬륨 기체는 혈액에 극히 적은 양이 용해되기 때문에 이와 같은 문제를 일으키지 않는다.

기체 혼합물을 연구하면 각 구성 성분들이 다른 성분들과 독립적으로 거동함을 알 수 있다. 즉, 일정한 양의 산소가 1.0 L 용기 내에서 단독으로 존재하든지 (공기에서와 같이) 질소와 함께 존재하든지 또는 헬륨과 함께 존재하든지 간에 같은 압력을 나타낸다.

기체 혼합물을 처음으로 연구한 과학자 중에 돌턴(John Dalton)이 있다. 1803년 돌턴은 그가 관찰한 실험 결과를 다음과 같이 요약하여 발표하였다. *용기 안에 있는 기체 혼합물의 전체 압력은 존재하는 각 기체들의 부분 압력의 합이다. 기체의* **부분 압력**(partial pressure)*은 기체가 용기 내에 단독으로 있다고 가정하였을 때 나타나는 압력이다.* 이는 **돌턴의 부분 압력 법칙**(Dalton's law of partial pressure)으로 알려져 있으며, 세 가지 기체를 포함하고 있는 혼합물에 대해 다음과 같이 나타낼 수 있다.

$$P_{전체} = P_1 + P_2 + P_3$$

여기서 첨자들은 각 기체(기체 1, 기체 2, 기체 3)를 지칭한다. 압력 P_1, P_2, P_3는 전체 압력 중에서 각 기체가 나타내는 부분 압력이다(그림 12.10).

수학적 기능 향상 도움말

$$PV = nRT$$

$$\frac{PV}{V} = \frac{nRT}{V}$$

$$P = \frac{nRT}{V}$$

각 기체가 이상적으로 거동한다고 가정하면, 이상 기체 법칙으로부터 각 기체의 부분 압력을 계산할 수 있다. ◀

$$P_1 = \frac{n_1RT}{V}, P_2 = \frac{n_2RT}{V}, P_3 = \frac{n_3RT}{V}$$

혼합물의 전체 압력($P_{전체}$)은 다음과 같이 나타낼 수 있다.

$$\begin{aligned} P_{전체} &= P_1 + P_2 + P_3 = \frac{n_1RT}{V} + \frac{n_2RT}{V} + \frac{n_3RT}{V} \\ &= n_1\left(\frac{RT}{V}\right) + n_2\left(\frac{RT}{V}\right) + n_3\left(\frac{RT}{V}\right) \\ &= (n_1 + n_2 + n_3)\left(\frac{RT}{V}\right) \\ &= n_{전체}\left(\frac{RT}{V}\right) \end{aligned}$$

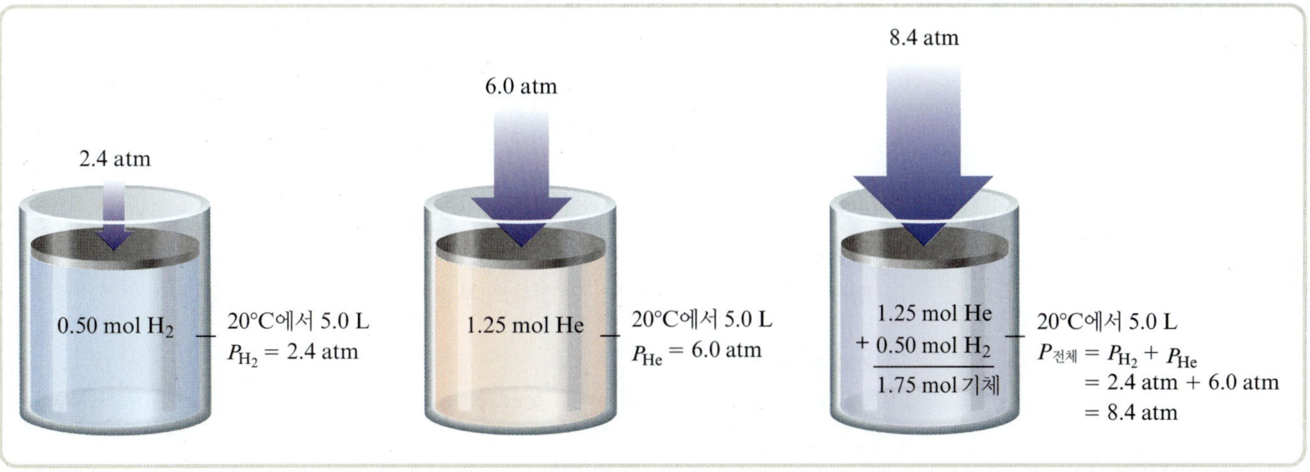

그림 12.10 두 기체가 존재할 때, 전체 압력은 각 기체의 부분 압력의 합이다.

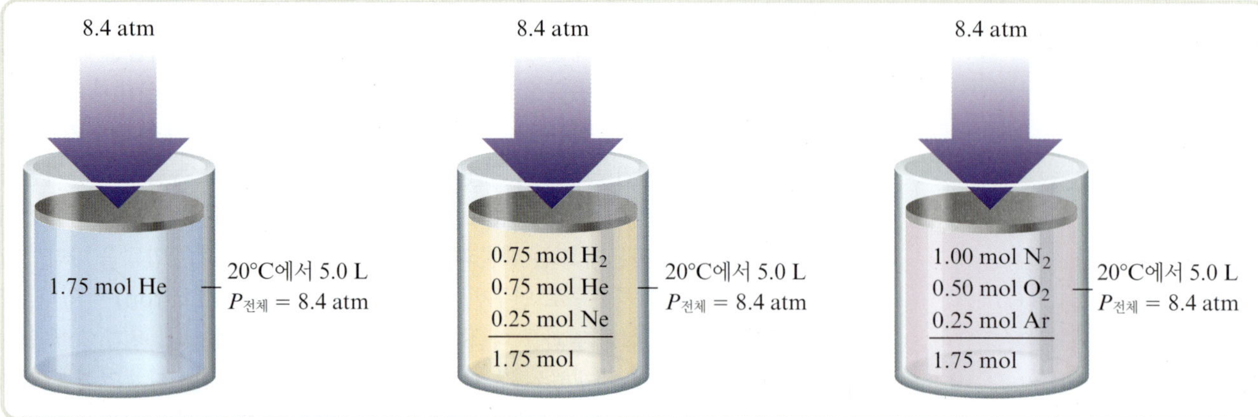

그림 12.11 기체 혼합물의 전체 압력은 입자 고유의 특성에 따라 달라지는 것이 아니라 존재하는 기체 입자(원자 또는 분자)의 몰수에 따라 달라진다. 그림에서 각 시료는 모두 1.75 mol의 기체를 포함하고 있기 때문에 세 시료의 전체 압력은 같다. 혼합물의 구체적인 특성은 중요하지 않다.

여기서 $n_{전체}$는 기체 혼합물에 들어있는 각 기체의 몰수의 합이다. 그러므로 이상 기체 혼합물에서 각각 어떤 기체가 들어있는지 *확인*하는 것보다 기체 *입자 전체의 몰수*를 파악하는 것이 더 중요하다. 그림 12.11에 이 개념에 대한 설명을 나타내었다.

이상 기체의 압력이 기체의 *입자수*에는 영향을 받지만, 기체 입자의 *성질*에는 의존하지 않는다는 사실로부터 이상 기체에 대한 두 가지 중요한 사항을 알 수 있다.

1. 각 기체 입자(원자 또는 분자)의 부피는 별로 중요하지 않다.
2. 입자들 사이에 상호작용하는 힘은 별로 중요하지 않다.

만약 위 인자들이 중요하다면 기체의 압력은 각 입자의 성질에 따라 달라질 것이다. 예를 들어, 아르곤 원자는 헬륨 원자보다 훨씬 크다. 그럼에도 20°C, 5.0 L의 용기에 들어있는 아르곤 기체 1.75 mol은 20°C, 5.0 L의 용기에 들어있는 헬륨 기체 1.75 mol과 같은 압력을 나타낸다.

입자들 사이에 상호작용하는 힘도 마찬가지로 생각할 수 있다. 기체 입자들 사이에 상호작용하는 힘은 입자의 성질에 따라 달라짐에도 불구하고, 이상 기체의 거동에 거의 영향을 주지 않는다. 이상 기체의 거동을 설명하기 위해 확립할 모형에 이들 관찰이 크게 영향을 미친다는 것을 곧 알게 될 것이다.

대화형 예제 12.12 돌턴의 부분 압력 법칙 이용 I

심해 잠수용 "공기" 탱크에 일반적으로 산소와 헬륨 혼합물이 사용된다. 특수 잠수를 위하여 25°C, 1.0 atm에서 O_2 12 L와 25°C, 1.0 atm에서 He 46 L를 부피 5.0 L의 탱크 안으로 주입하였다. 25°C에서 탱크 안에 들어있는 각 기체의 부분 압력 및 전체 압력을 계산하시오.

풀이

풀이 방향

탱크 안의 전체 압력과 산소 및 헬륨의 부분 압력을 결정하고자 한다.

주어진 자료

- 두 기체의 초기 부피, 압력, 온도
- 탱크의 최종 부피
- 이상 기체 법칙: $PV = nRT$
- 돌턴의 부분 압력 법칙: $P_{전체} = P_1 + P_2 + \ldots$

필요한 자료

- $R = 0.08206$ L atm/mol K

풀이 과정

각 기체의 부분 압력은 존재하는 기체의 몰수에 따라 달라지기 때문에 먼저 다음과 같은 형태의 이상 기체 법칙을 사용하여 각 기체의 몰수를 계산하여야 한다. ◀

$$n = \frac{PV}{RT}$$

수학적 기능 향상 도움말

$$PV = nRT$$
$$\frac{PV}{RT} = \frac{n\cancel{RT}}{\cancel{RT}}$$
$$\frac{PV}{RT} = n$$

주어진 자료로부터 O_2에 대하여 $P = 1.0$ atm, $V = 12$ L이고, He에 대하여 $P = 1.0$ atm, $V = 46$ L이고, 온도 $T = 25 + 273 = 298$ K이다. 또한 $R = 0.08206$ L atm/K mol이다.

$$O_2\text{의 몰수} = n_{O_2} = \frac{(1.0\ \cancel{\text{atm}})(12\ \cancel{\text{L}})}{(0.08206\ \cancel{\text{L}}\ \cancel{\text{atm}}/\cancel{\text{K}}\ \text{mol})(298\ \cancel{\text{K}})} = 0.49\ \text{mol}$$

$$\text{He의 몰수} = n_{He} = \frac{(1.0\ \cancel{\text{atm}})(46\ \cancel{\text{L}})}{(0.08206\ \cancel{\text{L}}\ \cancel{\text{atm}}/\cancel{\text{K}}\ \text{mol})(298\ \cancel{\text{K}})} = 1.9\ \text{mol}$$

잠수부들이 150 ft (45.7 m) 이하로 깊이 잠수할 때, 호흡용 탱크에 산소와 헬륨의 혼합물을 넣어 사용한다.

혼합물이 들어있는 탱크의 부피는 5.0 L이고, 온도는 25°C(298 K)이다. 이 값들과 이상 기체 법칙을 사용하여 각 기체의 부분 압력을 계산할 수 있다.

$$P = \frac{nRT}{V}$$

$$P_{O_2} = \frac{(0.49\ \cancel{\text{mol}})(0.08206\ \cancel{\text{L}}\ \text{atm}/\cancel{\text{K}}\ \cancel{\text{mol}})(298\ \cancel{\text{K}})}{5.0\ \cancel{\text{L}}} = 2.4\ \text{atm}$$

$$P_{He} = \frac{(1.9\ \cancel{\text{mol}})(0.08206\ \cancel{\text{L}}\ \text{atm}/\cancel{\text{K}}\ \cancel{\text{mol}})(298\ \cancel{\text{K}})}{5.0\ \cancel{\text{L}}} = 9.3\ \text{atm}$$

전체 압력은 부분 압력의 합이다.

$$P_{\text{전체}} = P_{O_2} + P_{He} = 2.4\ \text{atm} + 9.3\ \text{atm} = 11.7\ \text{atm}$$

점검 각 기체의 부피가 감소하였으므로 각 기체의 압력은 증가하였다. 초기 조건에서 두 기체의 온도와 압력이 같고, 헬륨의 부피가 산소의 부피보다 훨씬 더 컸으므로 헬륨의 부분 압력이 산소의 부분 압력보다 크게 얻어진 것은 합리적이다.

SELF-CHECK

실전 연습 12.9 25°C, 2.0 L 플라스크에 질소 기체와 산소 기체의 혼합물이 들어있다. 기체 혼합물의 전체 압력은 0.91 atm이고, 혼합물에는 N_2 0.050 mol이 들어있다. 플라스크 내 산소의 몰수 및 부분 압력을 계산하시오.

기체를 수상 치환으로 포집하면 항상 기체 혼합물이 얻어진다. 예를 들어, 고체 염소산 포타슘(potassium chlorate, $KClO_3$)이 분해되어 생성되는 산소 기체를 포집하는 장치를 그림 12.12에 나타내었다. 처음에 물을 채워 거꾸로 세운 병에 기포를 흘려 기체를 포집한다. 따라서 병 속에 모인 기체는 수증기와 산소의 혼합물이다. (물 분자가 액체인 물 표면을 벗어나 물 위 공간에서 기체로 존재하므로 수증기는 반드시 존재한다.) 따라서 수상 치환으로 얻어진 기체 혼합물에 의한 전체 압력은 포집된 기체의 부분 압력과 수증기의 부분 압력의 합이다. 수증기의 부분 압력을 (그 온도에서의) *물의 증기압*(vapor pressure of water)이라고 부른다. 차가운 물보다는 뜨거운 물에서 물 분자가 더 쉽게 증발되기 때문에 온도가 증가함에 따라 *물의 증기압*은 증가한다. 표 12.2에 다양한 온도에서의 물의 증기압을 나타내었다.

표 12.2 온도에 따른 물의 증기압

T (°C)	P (torr)
0.0	4.579
10.0	9.209
20.0	17.535
25.0	23.756
30.0	31.824
40.0	55.324
60.0	149.4
70.0	233.7
90.0	525.8

그림 12.12 $KClO_3$의 열분해에 의한 산소의 생성.

대화형 예제 12.13 돌턴의 부분 압력 법칙 이용 II

고체 염소산 포타슘($KClO_3$) 시료를 시험관에서 가열하여 다음과 같은 반응식으로 분해시켰다(그림 12.12 참조).

$$2KClO_3(s) \rightarrow 2KCl(s) + 3O_2(g)$$

생성된 산소 기체는 22°C에서 수상 치환으로 포집되었다. 포집된 산소(O_2)와 수증기[$H_2O(g)$] 혼합물의 전체 압력은 754 torr이고, 부피는 0.650 L이었다. 포집된 기체에서 O_2의 부분 압력 및 몰수를 계산하시오. 단, 22°C에서 물의 증기압은 21 torr이다.

풀이

풀이 방향

수상 치환으로 포집된 산소의 부분 압력 및 존재하는 산소의 몰수를 결정하고자 한다.

주어진 자료

- 수상 치환으로 포집된 기체의 온도, 전체 압력, 부피
- 주어진 온도에서 물의 증기압
- 이상 기체 법칙: $PV = nRT$
- 돌턴의 부분 압력 법칙: $P_{전체} = P_1 + P_2 + \ldots$

필요한 자료

- $R = 0.08206$ L atm/mol K

풀이 과정

혼합물의 전체 압력(754 torr)과 물의 부분 압력(증기압 = 21 torr)을 알고 있다. 돌턴의 부분 압력 법칙으로부터 O_2의 부분 압력을 구할 수 있다.

$$P_{전체} = P_{O_2} + P_{H_2O} = P_{O_2} + 21\text{ torr} = 754\text{ torr}$$

$$P_{O_2} + 21\text{ torr} = 754\text{ torr}$$

식의 양변에서 21 torr를 빼면 P_{O_2}를 구할 수 있다.

$$P_{O_2} = 754\text{ torr} - 21\text{ torr} = 733\text{ torr}$$

다음으로 이상 기체 법칙을 이용하여 O_2의 몰수를 구한다. ◀

$$n_{O_2} = \frac{P_{O_2}V}{RT}$$

수학적 기능 향상 도움말

$$PV = nRT$$

$$\frac{PV}{RT} = \frac{n\cancel{RT}}{\cancel{RT}}$$

$$\frac{PV}{RT} = n$$

이 경우, P_{O_2} = 733 torr이다. 압력을 atm으로 전환하면 다음과 같다.

$$\frac{733\ \cancel{\text{torr}}}{760\ \cancel{\text{torr}}/\text{atm}} = 0.964\ \text{atm}$$

P_{O_2}와 다음 값을 대입하면 O_2의 몰수가 얻어진다.

$$V = 0.650\ \text{L}$$
$$T = 22\ °\text{C} = 22 + 273 = 295\ \text{K}$$
$$R = 0.08206\ \text{L atm/K mol}$$

$$n_{O_2} = \frac{(0.964\ \cancel{\text{atm}})(0.650\ \cancel{\text{L}})}{(0.08206\ \cancel{\text{L}}\ \cancel{\text{atm}}/\cancel{\text{K}}\ \text{mol})(295\ \cancel{\text{K}})} = 2.59 \times 10^{-2}\ \text{mol}$$

SELF-CHECK

실전 연습 12.10 25°C에서 수상 치환으로 수소 기체를 포집하였다. 이 온도에서 물의 증기압은 24 torr이다. 기체 혼합물의 부피는 0.500 L, 전체 압력은 0.950 atm이었다. H_2 기체의 부분 압력과 존재하는 H_2의 몰수를 계산하시오.

12.7 기체의 분자 운동론

학습 목표

- 분자 운동론의 기본 가설을 이해한다.
- 온도에 대해 이해한다.
- 분자 운동론으로 기체 법칙을 설명하는 법을 배운다.

이상 기체의 거동을 설명하기 위한 비교적 단순한 모형은 **분자 운동론**(kinetic molecular theory)이다. 이 모형은 기체 내 개별 입자들(원자 또는 분자)의 거동에 대한 관찰을 기반으로 세운 것이다. 분자 운동론에는 다음과 같은 가정(가설)이 있다.

분자 운동론의 가설

1. 기체는 아주 작은 입자(원자 또는 분자)들로 구성되어 있다.
2. 기체 입자들은 입자 사이의 거리에 비해 매우 작아서 각 입자의 부피(크기)는 무시할 수 있을 정도로 작다(부피 = 0).
3. 입자들은 일정한 무질서 운동을 하며 용기의 벽에 충돌한다. 기체의 압력은 입자들이 용기의 벽에 충돌하여 생긴다.
4. 입자들 사이에는 서로 인력이나 반발력이 없다.
5. 기체 입자들의 평균 운동 에너지는 기체의 절대 온도에 정비례한다

가설 5에 나타낸 운동 에너지는 입자의 운동과 관련된 에너지이다. m은 입자의 질량이고, v는 입자의 속도(또는 속력)일 때, 운동 에너지(kinetic energy, KE)는 $KE = \frac{1}{2}mv^2$으로 주어진다. 입자의 질량이나 속도가 커질수록 운동 에너지는 커진다. 가설 5로부터 기체를 가열하여 온도가 높아지면 입자의 평균 속력이 증가함을 알 수 있다. 따라서 운동 에너지도 증가한다.

실제 기체에서는 위에서 언급한 다섯 가지 가설이 꼭 맞게 적용되지는 않지만, 이 가설들로부터 *이상 기체*의 거동(실제 기체의 경우, 높은 온도나 낮은 압력에서의 거동)을 설명할 수 있다는 것을 다음 절에서 배우게 된다.

비판적으로 생각하기

분자 운동론의 가설들을 배웠다. 네 번째 가설이 옳지 않다고 가정하면 어떻게 될까? 측정된 기체의 압력에 어떤 영향을 미칠까?

온도의 의미

2장에서 온도는 온도계로 측정하는 그 무엇이라고 매우 현실적으로 소개한 바 있다. 물체의 온도가 증가하면 그 물체를 만졌을 때 "더 뜨겁게" 느껴진다. 하지만 온도의 실제적인 의미는 무엇인가? "더 뜨겁게" 될 때 물질은 어떻게 변할까? 10장에서 온도는 분자 운동에 대한 지표라고 배웠다. 분자 운동론은 이 개념을 한층 더 심화시켜 준다. 분자 운동론의 가설 5에서 언급한 바와 같이, 기체의 온도는 각 기체 입자가 평균적으로 얼마나 빠르게 운동하는지를 나타낸다. 높은 온도에서 입자는 매우 빨리 운동하며, 용기의 벽과 빈번하게 충돌하는 반면, 낮은 온도에서는 입자의 운동은 매우 느리고, 용기의 벽과 충돌하는 횟수도 적어진다. 그러므로 온도는 실제로 기체 입자들의 운동을 측정한 것이다. 사실상 기체의 절대 온도는 기체 입자의 평균 운동 에너지에 정비례한다.

압력과 온도 사이의 관계

앞에서 설명한 온도의 의미가 기체의 거동을 어떻게 설명하는지 알아보기 위하여 (부피의 변화가 없는) 견고한 용기에 들어 있는 기체를 생각해 보자. 높은 온도로 가열됨에 따라 기체는 더 빠르게 운동하고, 용기의 벽과 충돌하는 횟수가 증가한다. 입자가 빨리 운동하면 충격 또한 그만큼 더 커진다. 압력이 입자가 용기의 벽에 충돌하여 생긴 결과라면, 기체의 압력은 온도가 증가됨에 따라 증가하여야 한다.

이와 같은 추론은 기체를 가열하면서 기체의 압력을 측정할 때 관찰했던 결과와 일치하는가? 그렇다. (부피의 변화가 없는) 견고한 용기 내에 존재하는 기체 시료의 압력은 온도가 증가함에 따라 증가한다.

부피와 온도 사이의 관계

이제 움직이는 피스톤이 장착된 용기 내의 기체를 생각해 보자. 그림 12.13(a)에 나타낸 것과 같이 기체의 압력($P_{기체}$)은 외부 압력($P_{외부}$)과 균형을 이룬다. 기체를 가열하여 온도를 상승시키면 어떻게 될까? 온도가 증가함에 따라 입자들은 빠르게 운동하여 기체의 압력은 증가한다. 기체의 압력($P_{기체}$)이 피스톤을 누르고 있는 외부 압력($P_{외부}$)보다 커지면 $P_{기체}$가 $P_{외부}$와 같아질 때까지 피스톤은 위로 이동한다. 그러므로 일정 압력에서 온도를 상승시키면 기체의 부피가 증가할 것이라는 것을 분자 운동론으로 예측할 수 있다[그림 12.13(b)]. 이것은 샤를 법칙으로 요약된 실험적 관찰과 일치한다.

대화형 예제 12.14 분자 운동론을 이용하여 관찰된 기체 법칙 설명

일정한 온도에서 일정한 몰수를 갖는 기체의 부피가 감소되었을 때, 기체의 압력은 어떻게 될 것인지 분자 운동론을 이용하여 예측하시오. 이러한 예측은 실험적 관찰과 일치하는가?

풀이 (용기의 크기를 작게 하여) 기체의 부피를 감소시키면, 입자가 벽 사이를 운동하는 거리가 짧아지기 때문에 용기의 벽과 충돌하는 횟수가 증가한다. 따라서 압력은 증가한다. 분자 운동론에 기초한 이러한 예측은 보일 법칙으로 요약된 기체의 거동에 대한 실험적 관찰과

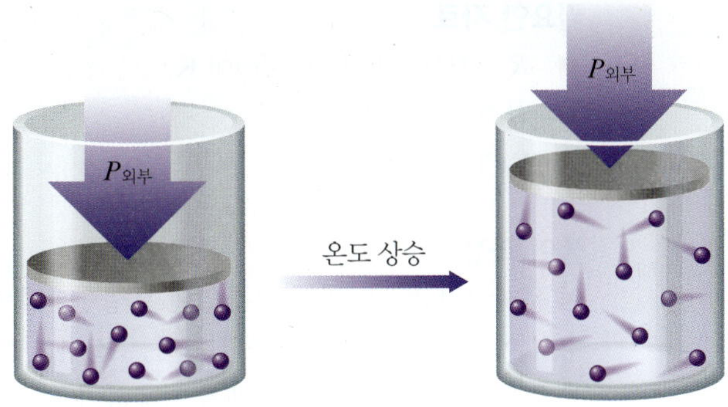

ⓐ 움직일 수 있는 피스톤이 장착된 실린더 안에 기체를 채운다. 기체의 압력 $P_{기체}$가 외부 압력 $P_{외부}$와 균형을 이루고 있다($P_{기체} = P_{외부}$).

ⓑ 일정 압력 $P_{외부}$에서 기체의 온도를 상승시키면, 높은 온도에서 입자의 운동이 증가하여 피스톤을 밀어내고, 기체의 부피가 증가된다.

그림 12.13

일치한다.

이 절에서 분자 운동론을 이용하여 예측한 것이 관찰된 기체의 거동에 일반적으로 잘 부합한다는 것을 살펴보았다. 분자 운동론은 유용하고 성공적인 모형이다.

12.8 기체의 화학량론

학습 목표

- 이상 기체의 몰부피를 이해한다.
- STP(표준 온도와 압력)에 대한 정의를 배운다.
- 이 개념들과 이상 기체 방정식을 이용한다.

이 장에서 이상 기체 방정식이 얼마나 유용한지 반복적으로 살펴보고 있다. 예를 들어, 주어진 기체 시료의 압력, 부피, 온도를 알고 있다면 $n = PV/RT$에 의해 몰수를 계산할 수 있다. 이와 같이 몰수를 계산할 수 있으므로 기체가 관련된 반응에 대한 화학량론적 계산이 가능하다. 예제 12.15에 자세한 과정을 나타내었다.

대화형 예제 12.15 기체의 화학량론: 부피의 계산

염소산 포타슘 10.5 g이 완전히 분해되어 생성되는 산소 기체의 부피는 1.00 atm, 25°C에서 얼마인가? 이 반응에 대한 균형 화학 반응식은 다음과 같다.

$$2KClO_3(s) \rightarrow 2KCl(s) + 3O_2(g)$$

풀이

풀이 방향

$KClO_3$의 분해에 의해 생성되는 산소 기체의 부피를 결정하고자 한다.

주어진 자료

- 산소 기체의 온도, 압력
- $KClO_3$의 질량
- 균형 화학 반응식: $2KClO_3(s) \rightarrow 2KCl(s) + 3O_2(g)$
- 이상 기체 법칙: $PV = nRT$

필요한 자료

- $R = 0.08206$ L atm/mol K
- 산소 기체의 몰수
- $KClO_3$의 몰질량

풀이 과정

이 문제는 9장에서 많이 다루었던 유형인 화학량론에 관한 문제이다. 다만 생성물의 그램수가 아니라 부피를 계산하고자 하는 것이 다른 점이다. 이상 기체 법칙에 의해 주어지는 몰수와 부피 사이의 상관관계를 이용하여 이 문제를 풀 수 있다.

이 문제를 풀기 위한 각 단계를 다음과 같이 도식적으로 요약할 수 있다.

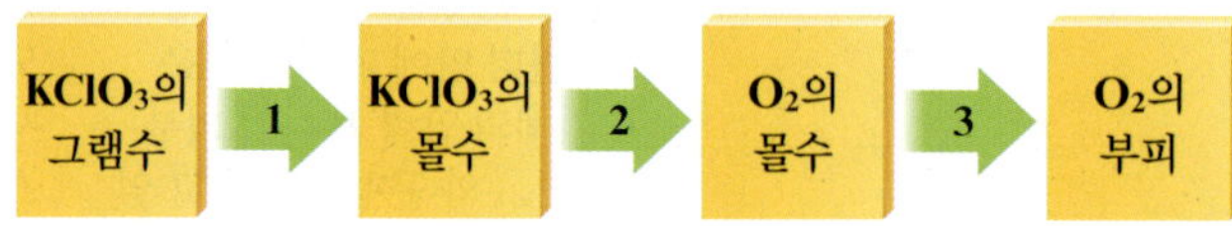

수학적 기능 향상 도움말

$$\frac{10.5}{122.6} = 0.085644$$

0.085644 ⇨ 0.0856 (반올림)

$0.0856 = 8.56 \times 10^{-2}$

단계 1 $KClO_3$의 몰질량(122.6 g)을 이용하여 $KClO_3$ 10.5 g의 몰수를 구한다. ◀

$$10.5 \text{ g KClO}_3 \times \frac{1 \text{ mol KClO}_3}{122.6 \text{ g KClO}_3} = 8.56 \times 10^{-2} \text{ mol KClO}_3$$

단계 2 균형 화학 반응식으로부터 알 수 있는 $KClO_3$에 대한 O_2의 몰비를 이용하여 생성되는 O_2의 몰수를 구한다.

$$8.56 \times 10^{-2} \text{ mol KClO}_3 \times \frac{3 \text{ mol O}_2}{2 \text{ mol KClO}_3} = 1.28 \times 10^{-1} \text{ mol O}_2$$

단계 3 이상 기체 법칙 $PV = nRT$를 이용하여 생성되는 산소의 부피를 구한다.

$P = 1.00$ atm

$V = ?$

$n = 1.28 \times 10^{-1}$mol(계산한 O_2의 몰수)

$R = 0.08206$ L atm/K mol

$T = 25°C = 25 + 273 = 298$ K

이상 기체 법칙을 V에 대해 풀면 다음과 같다.

$$V = \frac{nRT}{P} = \frac{(1.28 \times 10^{-1} \text{ mol})\left(0.08206 \frac{\text{L atm}}{\text{K mol}}\right)(298 \text{ K})}{1.00 \text{ atm}} = 3.13 \text{ L}$$

그러므로 3.13 L의 O_2가 생성된다.

SELF-CHECK

실전 연습 12.11 아연(Zn) 26.5 g과 과량의 염산이 반응하여 생성되는 수소의 부피는 1.50 atm, 19°C에서 얼마인가? 균형 화학 반응식은 다음과 같다.

$$Zn(s) + 2HCl(aq) \rightarrow ZnCl_2(aq) + H_2(g)$$

기체를 포함하고 있는 반응의 화학량론을 다룰 때, 특정 조건에서 기체 1 mol이 차지하는 부피를 정의하는 것은 유용한 일이다. 0°C(273 K), 1 atm에서 이상 기체 1 mol의 부피는 이상 기체 법칙에 의해 다음과 같이 구할 수 있다.

$$V = \frac{nRT}{P} = \frac{(1.00 \text{ mol})(0.08206 \text{ L atm/K mol})(273 \text{ K})}{1.00 \text{ atm}} = 22.4 \text{ L}$$

이렇게 얻어진 22.4 L의 부피를 이상 기체의 **몰부피**(molar volume)라고 한다.

0°C, 1 atm 조건을 **표준 온도와 압력**(standard temperature and pressure, STP)이라고 한다. 기체의 성질들이 종종 이 조건으로 주어진다. *STP에서* 이상 기체의 몰부피는 22.4 L이다. 즉, STP에서 22.4 L는 이상 기체 1 mol을 포함한다.

비판적으로 생각하기

STP를 일상적인 실온(22°C)과 1 atm으로 정의하면 어떻게 될까? 이와 같이 정의하면 이상 기체의 몰부피는 어떻게 될까? 몰부피의 값을 제시하고 설명하시오.

대화형 예제 12.16 기체의 화학량론: STP에서 기체를 포함한 계산

STP에서 부피 1.75 L인 질소 기체 시료가 있다. N_2 몇 mol이 들어있는가?

풀이

풀이 방향

질소 기체의 몰수를 결정하고자 한다.

주어진 자료

- 질소 기체는 STP에서 1.75 L의 부피를 차지한다.

필요한 자료

- STP = 1 atm, 0°C.
- STP에서 이상 기체 1 mol은 22.4 L를 차지한다.

풀이 과정

이상 기체 방정식을 이용하여 이 문제를 풀 수도 있다. 그러나 STP에서 이상 기체의 몰부피를 사용하여 좀 더 간단하게 풀고자 한다. STP에서 1 mol의 이상 기체는 22.4 L를 차지하기 때문에 STP에서 1.75 L의 질소 시료는 1 mol보다 훨씬 적은 몰수의 N_2를 포함한다. 다음 식을 이용하여 몇 mol인지 구할 수 있다.

$$1.000 \text{ mol} = 22.4 \text{ L (STP)}$$

필요한 환산 인자로 고쳐 계산하면 다음과 같다.

$$1.75 \cancel{\text{L N}_2} \times \frac{1.000 \text{ mol N}_2}{22.4 \cancel{\text{L N}_2}} = 7.81 \times 10^{-2} \text{ mol N}_2$$

SELF-CHECK

실전 연습 12.12 암모니아는 주로 식물에 질소를 공급하기 위한 비료로 사용된다. 25°C, 15.0 atm에서 부피 5.00 L인 NH_3 기체 시료가 있다. STP에서 이 시료가 차지하는 부피는 얼마인가?

예제 12.17에 나타낸 것과 같이, 표준 상태(STP)와 몰부피는 기체를 포함하는 반응에서 화학량론 계산을 하는 데 유용하게 사용된다.

대화형 예제 12.17 기체의 화학량론: STP에서 기체를 포함하는 반응

탄산 칼슘($CaCO_3$)을 가열하면 생석회(CaO)가 얻어진다. $CaCO_3$ 152 g을 완전히 분해시킬 때 생성되는 CO_2의 부피는 STP에서 얼마인가? 이 반응에 대한 균형 화학 반응식은 다음과 같다.

$$CaCO_3(s) \rightarrow CaO(s) + CO_2(g)$$

풀이

풀이 방향

$CaCO_3$ 152 g으로부터 생성되는 이산화 탄소의 부피를 결정하고자 한다.

주어진 자료

- 이산화 탄소 기체의 온도, 압력(STP)
- $CaCO_3$의 질량
- 균형 화학 반응식: $CaCO_3(s) \rightarrow CaO(s) + CO_2(g)$

필요한 자료

- STP = 1.00 atm, 0°C
- STP에서 이상 기체 1 mol은 22.4 L를 차지한다.
- 이산화 탄소 기체의 몰수
- $CaCO_3$ 몰질량

풀이 과정

이 문제를 풀기 위한 각 단계를 다음과 같이 도식적으로 요약할 수 있다.

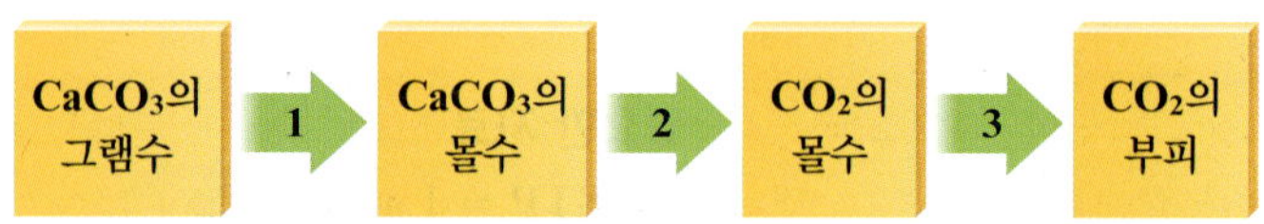

단계 1 $CaCO_3$의 몰질량(100.1 g)을 이용하여 $CaCO_3$의 몰수를 계산한다.

$$152\ \cancel{g\ CaCO_3} \times \frac{1\ mol\ CaCO_3}{100.1\ \cancel{g\ CaCO_3}} = 1.52\ mol\ CaCO_3$$

단계 2 $CaCO_3$ 1 mol당 CO_2 1 mol이 생성된다. 따라서 CO_2 1.52 mol이 생성될 것이다.

단계 3 조건이 STP이기 때문에 이상 기체의 몰부피를 이용하여 CO_2의 몰수를 부피로 전환할 수 있다.

$$1.52\ \cancel{mol\ CO_2} \times \frac{22.4\ L\ CO_2}{1\ \cancel{mol\ CO_2}} = 34.1\ L\ CO_2$$

그러므로 $CaCO_3$ 152 g이 분해되어 STP에서 CO_2 34.1 L가 생성된다.

예제 12.17의 마지막 단계는 몰수로부터 기체의 부피를 계산하는 것이다. 조건이 STP로 정해졌기 때문에 STP에서의 기체의 몰부피를 사용할 수 있다. 만약 조건이 STP가 아니라면, 12.5절에서 계산했던 것과 마찬가지로 부피를 계산하기 위하여 이상 기체 법칙을 이용해야 한다.

12장 복습하기 Chapter 12 Review

주요 용어

기압계(12.1)
torr(12.1)
파스칼(12.1)
절대 0도(12.3)
아보가드로 법칙(12.4)
이상 기체 법칙(12.5)
결합된 기체 법칙(12.5)
돌턴의 부분 압력 법칙(12.6)
몰부피(12.8)
mm Hg(12.1)
표준 대기압(12.1)
보일 법칙(12.2)
샤를 법칙(12.3)
기체 상수(12.5)
이상 기체(12.5)
부분 압력(12.6)
분자 운동론(12.7)
표준 온도와 압력(STP)(12.8)

요약

- 가장 널리 사용되는 압력의 단위는 mm Hg(torr), atm, 파스칼(Pa)이다. SI 단위는 Pa이다.
- 보일 법칙은 일정한 온도에서 일정한 양의 기체의 부피는 압력에 반비례하는 것을 나타낸다. $PV = k$.
- 샤를 법칙은 일정한 압력에서 일정한 양의 이상 기체의 부피는 절대 온도에 정비례하는 것을 나타낸다. $V = bT$.
    - 이상 기체의 부피를 외삽하면 0 K(−273°C)에서 부피는 0이 된다.
- 아보가드로 법칙은 일정한 온도와 일정한 압력에서 이상 기체의 부피는 기체의 몰수(n)에 정비례하는 것을 나타낸다. $V = an$.
- 이상 기체에 대한 P, V, n, T 사이의 상관관계는 이상 기체 법칙으로 기술한다.

$$R = 0.08206 \frac{\text{L atm}}{\text{K mol}}$$

  이 법칙을 완벽하게 따르는 기체를 이상 기체라 한다.
- 기체의 양 n이 일정할 때, 이상 기체 방정식으로부터 다음과 같이 결합된 기체 법칙을 얻을 수 있다.

$$\frac{P_1V_1}{T_1} = \frac{P_2V_2}{T_2}$$

- 돌턴의 부분 압력 법칙에 따르면 기체 혼합물의 전체 압력은 혼합물을 구성하고 있는 각 기체의 부분 압력의 합과 같다.
  $P_{전체} = P_1 + P_2 + P_3 + \ldots$
- 기체의 분자 운동론은 이상 기체에 대하여 P, V, T, n 사이의 상관관계를 설명하는 각 기체 성분의 성질에 기반을 둔 모형이다.
- 이상 기체의 온도는 기체 입자의 평균 운동 에너지를 반영한다.
- 온도가 증가하면 기체 입자의 속력이 빨라지기 때문에 기체의 압력은 증가한다.
- 기체를 높은 온도로 가열하면 기체 입자의 속력이 빨라지기 때문에 기체의 부피는 증가한다.
- 표준 온도와 압력(STP)은 P = 1 atm, T = 273 K(0°C)로 정의된다.
- 이상 기체 1 mol의 부피(몰부피)는 STP에서 22.4 L이다.

활동 학습 질문

다음은 강의 중 그룹 지도를 위한 문제들로, 특정 주제를 소개하는 데 매우 효과적이다.

1. 밀봉된 견고한 용기 안에 들어있는 기체의 온도를 증가시키면 기체의 밀도는 어떻게 되겠는가? 일정한 외부 압력에서, 움직일 수 있는 피스톤이 장착된 용기 안에서 동일한 실험을 수행하면 동일한 결과가 얻어질까? 설명하시오.

2. 다음 그림은 플라스크 안의 공기를 확대해서 보여주는 그림이다.

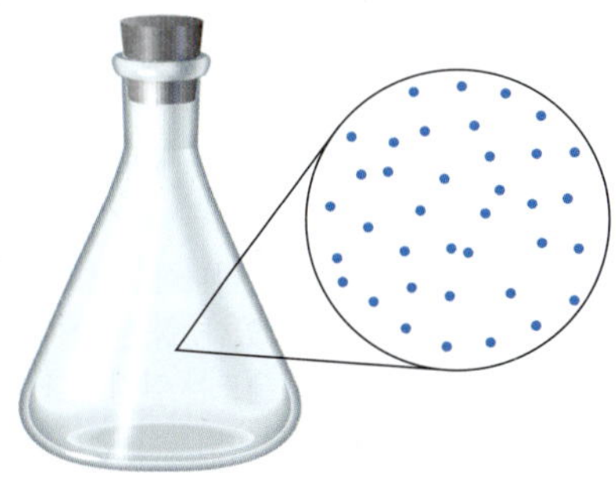

공기 분자들을 나타내는 점과 점 사이에는 무엇이 있을까?

a. 공기
b. 먼지
c. 오염 물질
d. 산소
e. 아무것도 없다

3. 빨대를 물에 담근 후 손가락으로 입구를 막고 물 밖으로 다시 들어 올리면 빨대 안에는 어느 정도 물이 존재한다. 그 이유는 무엇일까?

4. 다음 중에서 기구 안의 공기를 가열하면 뜨거운 공기로 채워진 기구가 떠오르는 이유를 가장 적절하게 설명한 것을 고르시오.

a. 샤를 법칙에 따르면, 기체의 부피는 온도에 정비례한다. 따라서 기구의 부피는 증가하고, 밀도가 감소한다.
b. 기구 안에서 뜨거운 공기가 위로 올라가면서 기구를 떠오르게 한다.
c. 기체의 압력은 온도에 정비례한다. 따라서 압력이 증가하고, 증가된 압력이 기구를 떠오르게 한다.
d. 기구의 바닥에서 기체가 일부 빠져나가 기구 안에 있는 기체의 질량이 감소된다. 이로 인하여 기구 안에 있는 기체의 밀도는 감소하게 되고 기구는 떠오르게 된다.
e. 기체 분자들의 속도는 온도와 관련이 있다. 따라서 더 빠르게 운동하는 분자들이 더 많이 기구에 충돌하여 기구를 떠오르게 한다.

선택하지 않은 문항에 대해서는 왜 그것이 틀렸다고 생각했는지를 설명하고, 선택한 문항에 대해서도 왜 그것이 옳다고 생각했는지를 설명하시오.

5. 손에 들고 있던 헬륨 풍선을 놓치면 위로 날아 올라가 결국 터져버린다. 이를 설명하시오.

6. 동일한 압력과 온도에서 크기가 같은 두 개의 용기 안에 각각 다른 기체를 넣었다. 두 기체의 몰수는 같은가, 아니면 다른가? 왜 그런지를 설명하시오.

7. 보일 법칙, 샤를 법칙, 돌턴의 부분 압력 법칙을 분자 운동론의 가설을 사용하여 분자 수준으로 설명하시오.

8. 다음에 열거한 관찰 사항들을 과학적으로 설명하시오.

a. 에어로졸 용기를 가열하면 폭발한다.
b. 빨대로 음료수를 마실 수 있다.
c. 진공 펌프로 내부 공기를 빼버리면 얇은 깡통은 찌그러진다.
d. 제조회사가 위치한 지역의 해발 고도에 따라 공기압이 다른 테니스공이 만들어진다.

9. 일정한 부피와 온도에서 기체의 몰수 증가로 인한 압력의 변화에 대하여 설명하시오.

10. 일정한 압력과 온도에서 기체의 몰수 증가로 인한 부피의 변화에 대하여 설명하시오.

11. 압력이나 부피의 경우 다양한 단위를 사용할 수 있지만 온도의 경우 절대 온도 K 단위만을 사용해야 한다. 켈빈 온도 척도만을 사용해야 하는 이유는 무엇인가?

12. 부피가 같은 두 개의 풍선 중 하나에는 1.0 g의 헬륨이 들어있고, 다른 하나에는 네온이 들어있다. 풍선 속에 들어있는 네온의 질량을 구하시오. 단, 압력과 온도는 일정하다.

13. 다음 그림과 같이 밸브로 연결된 두 용기에 헬륨 기체가 담겨 있다. 초기에 밸브는 닫혀 있다.

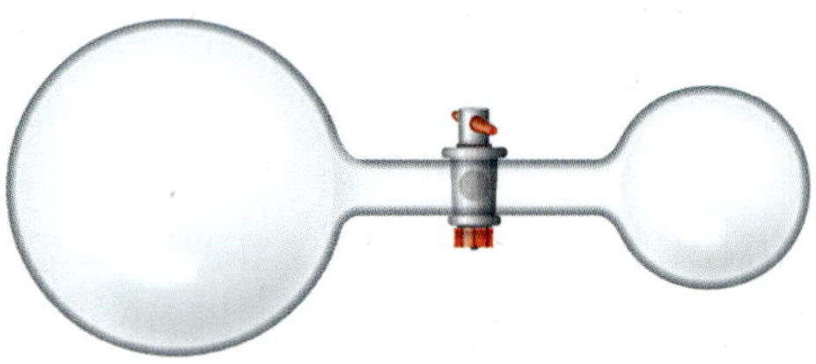

a. 밸브를 열면 장치 내의 전체 압력은 5 atm일까, 5 atm보다 낮을까, 아니면 높을까? 답에 대한 근거를 제시하시오.
b. 왼쪽 용기의 부피는 9.00 L이고, 오른쪽 용기의 부피는 3.00 L이다. 밸브를 열었을 때, 최종 압력을 계산하시오.

14. 다음 그래프를 이용하여 다음 질문에 답하시오.

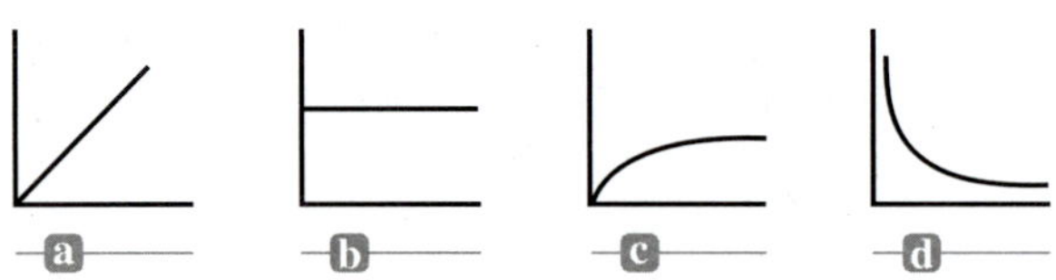

a. 이상 기체 1 mol의 압력과 절대 온도 사이의 관계를 가장 잘 나타내는 그래프는 어느 것인가?
b. 이상 기체 1 mol의 압력과 부피 사이의 관계를 가장 잘 나타내는 그래프는 어느 것인가?
c. 이상 기체 1 mol의 부피와 절대 온도 사이의 관계를 가장 잘 나타내는 그래프는 어느 것인가?

질문과 문제

12.1 압력

▶ *질문*

1. 이 장의 서론에서 "우리는 기체로 이루어진 용액 속에서 살고 있다"라고 하였다. 이 문장이 의미하는 것은 무엇인가?

2. 물질의 세 가지 상태에서 유사점과 차이점은 무엇인가?

3. 압력 측정에 사용되는 일반적인 단위는 무엇인가? 대기압 측정에 사용되는 기구로부터 유래된 단위는 무엇인가?

▶ *문제*

4. 다음 압력을 지시한 압력 단위로 전환하시오.

a. 14.9 psi를 atm으로
b. 795 torr를 atm으로
c. 743 mm Hg를 kPa로
d. 99,436 Pa을 kPa로

5. 다음 압력을 지시한 압력 단위로 전환하시오.

a. 17.3 psi를 kPa로
b. 1.15 atm을 psi로
c. 4.25 atm을 mm Hg로
d. 224 psi를 atm으로

6. 다음 압력을 Pa 단위로 전환하시오.

a. 774 torr
b. 0.965 atm
c. 112.5 kPa
d. 801 mm Hg

12.2 압력과 부피: 보일 법칙

▶ *질문*

7. 그림 12.4에서 J자 관의 오른쪽에 수은을 첨가할 때, J자 관 왼쪽의 수은 위에 갇혀있는 기체의 부피는 감소한다. 그 이유를 설명하시오.

8. 일정한 온도에서 이상 기체의 부피는 기체의 ________에 반비례한다.

9. 보일 법칙을 수학적으로 나타내면 ________이다.

▶ *문제*

10. 다음 각 압력/부피 자료로부터 기체의 압력이 변한 후, 기체의 새로운 부피를 계산하시오. 단, 기체의 온도와 기체의 양은 일정하다.

a. 1.15 atm에서 V = 375 mL; 775 mm Hg에서 V = ? mL
b. 1.08 atm에서 V = 195 mL; 135 kPa에서 V = ? mL
c. 131 kPa에서 V = 6.75 L; 765 mm Hg에서 V = ? L

11. 다음 각 압력/부피 자료로부터 나타내지 않은 양을 계산하시오. 단, 기체의 온도와 기체의 양은 일정하다.
    a. 785 mm Hg에서 V = 53.2 mL; 700 mm Hg에서 V = ? mL
    b. 1.67 atm에서 V = 2.25 L; ? atm에서 V = 2.00 L
    c. 695 mm Hg에서 V = 5.62 L; 1.51 atm에서 V = ? L
12. 일정한 온도에서 1.04 L인 기체 시료의 압력이 2배로 되면 기체의 새로운 부피는 얼마인가?
13. 760.0 mm Hg에서 1.00 L인 기체를 50.0 mL로 압축하기 위해 필요한 압력(atm)은 얼마인가? 단, 기체의 온도는 일정하다.

12.3 부피와 온도: 샤를 법칙

▸ *질문*

14. 몇몇 기체 시료의 부피와 온도에 대한 자료를 그림 12.7과 12.8에 나타내었다. 모든 직선들이 −273°C에서 같은 점으로 외삽되는 이유를 설명하시오.
15. 샤를 법칙을 수학적으로 나타내면 ________이다.

▸ *문제*

16. 일정한 압력에서, 78°C에서 375 mL의 부피를 갖는 네온 기체 시료를 22°C로 냉각하였을 때 네온 시료의 새로운 부피는 얼마인가?
17. 다음 각 부피/온도 자료로부터 나타내지 않은 양을 계산하시오. 단, 기체의 압력과 기체의 양은 일정하다.
    a. 0°C에서 V = 25.0 L; ?°C에서 V = 50.0 L
    b. 25°C에서 V = 247 mL; ?°C에서 V = 255 mL
    c. 2772°C에서 V = 1.00 mL; 25°C에서 V = ? mL
18. 다음 각 부피/온도 자료로부터 나타내지 않은 양을 계산하시오. 단, 기체의 압력과 기체의 질량은 일정하다.
    a. 1150°C에서 $V = 2.01 \times 10^2$ L; ?°C에서 V = 5.00 L
    b. 298 K에서 V = 44.2 mL; 0 K에서 V = ? mL
    c. 298 K에서 V = 44.2 mL; 0°C에서 V = ? mL
19. 일정한 압력에서, 아르곤 시료 125 mL를 450 K에서 250 K로 냉각시켰다. 250 K에서 아르곤 시료의 부피는 얼마인가?
20. 100°C의 끓고 있는 물중탕 수조에 들어있는 127 mL 부피의 기체 시료가 있다. 가열 장치를 끄고 20°C의 실온까지 냉각시킬 때, 10°C 간격으로 기체 시료의 부피를 계산하시오.

12.4 부피와 몰수: 아보가드로 법칙

▸ *질문*

21. 일정 온도와 압력에서 이상 기체 시료의 부피는 존재하는 기체의 몰수에 (정비례, 반비례)한다.
22. 아보가드로 법칙을 수학적으로 나타내면 ________이다.

▸ *문제*

23. 특정한 온도와 압력에서 염소 기체 1.04 g의 부피는 872 mL이다. 같은 조건에서 염소 기체 2.08 g의 부피는 얼마인가?
24. 아르곤 기체 2.71 g의 부피는 4.21 L이다. 같은 조건에서 아르곤 기체 1.29 mol의 부피는 얼마인가?

12.5 이상 기체 법칙

▸ *질문*

25. *이상* 기체가 의미하는 것은 무엇인가?
26. *실제* 기체는 어떤 조건에서 이상 기체의 거동을 나타내는가?
27. 이상 기체 법칙으로부터 보일 법칙이 어떻게 유도되는지 보이시오.
28. 이상 기체 법칙으로부터 샤를 법칙이 어떻게 유도되는지 보이시오.

▸ *문제*

29. 다음에 주어진 이상 기체에 대한 값들을 이용하여 나타내지 않은 다른 값을 구하시오.
    a. P = 782 mm Hg; V = ?; n = 0.210 mol; T = 27°C
    b. P = ? mm Hg; V = 644 mL; n = 0.0921mol; T = 303 K
    c. P = 745 mm Hg; V = 11.2 L; n = 0.401mol; T = ? K
30. 21°C에서 산소 56.2 kg이 들어있는 125 L 용기의 압력을 계산하시오.
31. 7.00 L 용기에 들어있는 네온 기체 시료 5.00 g의 압력이 1.10 atm일 때, 온도(°C)는 얼마인가?
32. 네온 기체 시료 1.25 g이 25°C에서 10.1 L 용기를 차지하고 있다. 용기 안의 압력은 얼마인가? 온도를 50°C로 증가시키면 새로운 압력은 얼마인가?
33. 산소 기체 4.25 g이 2.51 L 용기에서 784 mm Hg의 압력을 나타낼 때 온도는 얼마인가?
34. 298 K에서 헬륨 4.15 g이 들어있는 5.00 L 플라스크와 303 K에서 아르곤 56.2 g가 들어있는 10.0 L 플라스크 중 어느 플라스크의 압력이 더 높은가?
35. 29°C에서 2.41 L의 용기에 1.29 g의 아르곤 기체가 들어 있다. 용기의 압력은 얼마인가? 일정한 부피에서 온도를 42°C로 증가시키면 압력은 얼마나 될까?

12.6 돌턴의 부분 압력 법칙

▸ *질문*

36. 실험실에서 물이 담긴 병이나 플라스크 안에 기체를 불어 넣어 기체 시료를 포집한다. 기체 시료가 수증기로 포화되는 이유와 기체 시료의 성질을 계산할 때 물의 증기압을 어떻게 처리해야 하는지를 설명하시오.

▸ *문제*

37. 27°C에서 9.87 L 용기에 네온 1.28 g과 아르곤 2.49 g이 들어있다. 용기 안의 압력은 얼마인가?
38. 26°C, 925 mm Hg의 압력으로 3.00 L 플라스크를 채우는 데 필요한 네온 기체의 질량은 얼마인가? 같은 온도, 같은 압력으로 동일한 플라스크를 채우는 데 필요한 아르곤 기체의 질량은 얼마인가?
39. 다음 그림에 나타낸 각 기체의 부분 압력을 계산하시오. 단, 그림에서 모형의 개수비는 기체의 몰비이다.

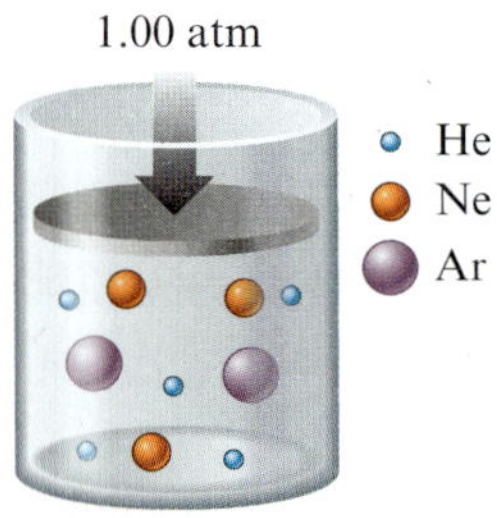

40. 흔히 실험실에서 금속 아연에 염산 수용액을 가하여 소량의 수소 기체를 얻을 수 있다.

$$Zn(s) + 2HCl(aq) \rightarrow ZnCl_2(aq) + H_2(g)$$

일반적으로 수소 기체는 수상 치환으로 포집되기 때문에 수증기로 포화된다. 30°C에서 포집된 수소 기체 240 mL의 전체 압력은 1.032 atm이다. 이 시료에서 수소 기체의 부분 압력은 얼마인가? 시료에 포함된 수소 기체의 몰수는 얼마인가? 이만큼의 수소를 생성하기 위하여 반응에 필요한 아연의 질량은 얼마인가? 단, 30°C에서 물의 증기압은 32 torr이다.

12.7 기체의 분자 운동론

▶ *질문*

41. 기체 시료에서, 기체의 전체 부피에 비해 개별 기체의 부피는 어떻다고 가정하는가? 그 이유는 무엇인가?

42. 용기 안에 들어있는 기체 분자들이 용기의 벽에 충돌하여 기체의 ________이(가) 생긴다.

43. 견고한 용기 안에 들어있는 기체의 온도가 증가할 때, 기체의 압력이 증가하는 것을 분자 운동론으로 설명하시오.

12.8 기체의 화학량론

▶ *질문*

44. 기체에 대한 "표준 온도와 압력(STP)"이란 어떤 조건인가? 이와 같은 특정 조건이 STP로 정해진 이유를 설명하시오.

▶ *문제*

45. 다음 반응을 생각해 보자.

$$C(s) + O_2(g) \rightarrow CO_2(g)$$

탄소 1.25 g과 완전히 반응하는 데 필요한 산소 기체의 부피는 25°C, 1.02 atm에서 얼마인가?

46. 일반적으로 연소란 산소 기체가 관련된 반응이라고 생각하지만, 격렬한 산화를 일으키는 다른 반응들도 연소라고 한다. 예를 들어, 마그네슘 금속을 염소 기체와 반응시키면, 격렬한 산화 반응이 일어나며, 염화 마그네슘이 생성된다.

$$Mg(s) + Cl_2(g) \rightarrow MgCl_2(s)$$

마그네슘 1.02 g이 완전히 반응하는 데 필요한 염소 기체의 부피는 STP에서 얼마인가?

47. 탄화 칼슘(CaC_2)과 물이 반응하여 아세틸렌(C_2H_2) 기체가 생성된다.

$$CaC_2(s) + 2H_2O(l) \rightarrow C_2H_2(g) + Ca(OH)_2(s)$$

탄화 칼슘 2.49 g이 완전히 반응했을 때 생성되는 아세틸렌의 부피는 25°C, 1.01 atm에서 얼마인가? 이 아세틸렌이 STP에서 차지하는 부피는 얼마인가?

48. 질소화 마그네슘(Mg_3N_2)에 물을 가한 후 가열하면 암모니아 기체가 생성된다.

$$Mg_3N_2(s) + 3H_2O(l) \rightarrow 3MgO(s) + 2NH_3(g)$$

질소화 마그네슘 10.3 g에 충분한 양의 물을 가했을 때, 생성되는 암모니아 기체의 부피는 24°C, 752 mm Hg에서 얼마인가?

49. 28°C, 0.985 atm에서 He 14.2 g과 H_2 21.6 g으로 이루어진 기체 혼합물이 차지하는 부피는 얼마인가?

50. 95°C, 892 mm Hg에서 25.2 mL의 헬륨 기체 시료가 있다. STP에서 이 기체 시료의 부피는 얼마인가?

51. 일산화 이질소(N_2O)는 프로페인(C_3H_8)과 반응하여 질소(N_2), 이산화 탄소(CO_2), 물(H_2O)을 생성한다.

a. 이 반응에 대하여 모든 물질을 기체로 취급하여 상 표시를 포함한 균형 화학 반응식을 쓰시오.

b. 부피를 무시할 수 있는 밸브로 분리되어 있는 두 용기의 양쪽에 각각 하나씩 반응물이 채워져 있다. 밸브를 열기 전 N_2O의 압력은 1.4 atm이고, C_3H_8의 압력은 1.2 atm이었다. 각 용기의 부피는 1.0 L이고, 계의 온도는 450°C이다.

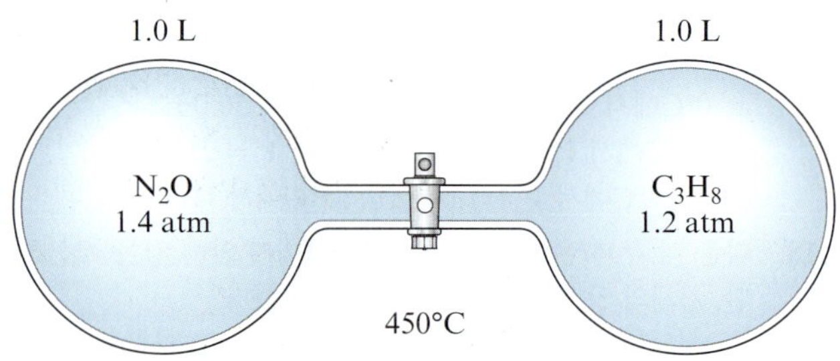

두 용기 사이 밸브를 열어 화학 반응을 진행시켰다. 이상 기체의 거동으로 가정하고, 온도가 일정할 때 반응이 완결된 후 CO_2의 부분 압력은 얼마인가?

c. 반응이 완결된 후 N_2O의 부분 압력은 얼마인가?

52. 용접을 할 때 일반적으로 용접기에 아세틸렌(C_2H_2) 기체 탱크와 산소 기체 탱크를 연결하여 혼합 기체를 갖춘 장비를 사용한다. 아세틸렌이 순수한 산소 하에서 연소될 때 많은 양의 열이 발생된다.

$$2C_2H_2(g) + 5O_2(g) \rightarrow 2H_2O(g) + 4CO_2(g)$$

아세틸렌 1.00 g이 완전히 연소되었을 때 생성되는 이산화 탄소의 부피는 STP에서 얼마인가?

53. 다음 반응을 생각해 보자.

$$Zn(s) + 2HCl(aq) \rightarrow ZnCl_2(aq) + H_2(g)$$

아연 금속이 과량의 염산과 반응하여 STP에서 H_2 125 mL를 생성하기 위해 필요한 아연 금속의 질량은 얼마인가?

액체와 고체

Liquids and Solids

CHAPTER 13

녹색 자수정(green amethyst)으로 알려진 프레지오라이트(prasiolite)는 석영의 한 종류이다. 원래 자주색인 자수정을 가열하거나 빛을 쪼이면 녹색이 생성된다.

Simon Frost/EyeEm/Getty Images

물질의 세 가지 상태가 어떻게 다른가를 이해하는 데 물이 좋은 예가 된다. 비행하거나, 수영하거나, 스케이트를 탈 때 우리는 각각 다른 상태의 물과 접촉하게 된다. 우리는 액체인 물에서 수영을 하고, 고체 상태인 물(얼음) 위에서 스케이트를 탄다. 비행기는 기체 상태인 물(수증기)을 포함하고 있는 대기 속을 날아다닌다. 이러한 다양한 물과 연관된 활동이 가능한 것은 물 분자가 갖는 세 가지 상태(기체, 액체, 고체)에서 분자 배열의 커다란 차이가 있기 때문이다.

12장에서 배운 것처럼 기체 입자들은 서로 멀리 떨어져 있고, 빠르고 무질서하게 운동하며, 입자들 상호 간에 거의 영향을 미치지 않는다. 고체는 기체와 분명히 다르다. 기체는 밀도가 낮고 압축률이 크며, 용기를 가득 채운다. 고체는 기체보다 밀도가 매우 크고, 거의 압축할 수 없다. 또한 고체는 딱딱해서 용기의 형태에 관계없이 자신의 형태를 유지한다. 이러한 성질들은 고체 성분들이 서로 근접해 있고, 상호 간에 서로 큰 인력이 작용하고 있음을 나타낸다.

액체는 고체와 기체의 중간적인 성질을 갖지만, 물이 갖는 세 가지 상태의 일부 성질들에서 알 수 있는 것처럼 정중앙의 성질을 갖는 것은 아니다. 예를 들면, 100°C에서 액체 물이 수증기(기체)로 바뀌는 데 필요한 에너지는 0°C에서 얼음이 녹아서 0°C의 액체 물로 바뀌는 데 필요한 에너지보다 약 7배 정도 더 많이 필요하다.

$$H_2O(s) \rightarrow H_2O(l) \qquad \text{필요한 에너지} \cong 6\ \text{kJ/mol}$$
$$H_2O(l) \rightarrow H_2O(g) \qquad \text{필요한 에너지} \cong 41\ \text{kJ/mol}$$

이 값들을 보면 액체 상태에서 기체 상태로 바뀌는 것이 고체 상태에서 액체 상태로 바뀌는 것보다 더 많은 변화를 포함하고 있음을 알 수 있다. 따라서 고체와 액체 상태의 유사성이 액체와 기체 상태의 유사성에 비해 더 크다고 볼 수 있다. 또한 이런 차이는 세 가지 상태의 물의 밀도를 통해 확인할 수 있다(표 13.1). 기체 상태의 물은 밀도 값이 매우 비슷한 고체와 액체 상태의 물보다 2000배 정도 덜 조밀하다.

일반적으로 액체와 고체 상태는 비슷한 점이 많고, 기체 상태와는 확실히 다르다는 것을 알 수 있다(그림 13.1). 입자 간 거리가 멀고 배열이 무질서한 기체와는 대조적으로, 고체 상태는 입자들이 조밀하고 대단히 질서정연한 배열로 이해할 수 있다. 액체 상태는 고체와 기체 상태의 중간 정도로 표현할 수 있지만, 액체의 성질은 기체 상태보다 고체 상태와 더 유사함을 보여준다. 액체는 일반적으로 입자들이 서로 아주 근접한 형태로 표현하나, 고체 상태보다는 더 무질서하고 약간의 빈 공간을 갖는 것으로 이해할 수 있다. 그림 13.1에서 예상할 수 있듯이, 대부분의 물질은 고체가 액체보다 밀도가 크다. 그러나 물은 이 규칙에서 예외이다. 표 13.1에 나타낸 바와 같이 얼음은 액체 상태인 물에 비해 비상적으로 빈 공간이 더 많아, 액체인 물보다 덜 조밀하다.

이 장에서는 액체와 고체의 중요한 특성에 대하여 탐색할 것이다. 지구상에서 가장 중요한 물질 중 하나인 물에 대해 고려함으로써 이러한 속성을 대부분 설명할 것이다.

윈드 서핑을 취미로 하는 사람들은 액체 상태의 물을 이용한다.
Dmitry Tsvetkov/Shutterstock.com

표 13.1 물의 세 가지 상태의 밀도

상태	밀도(g/cm^3)
고체 (0°C, 1 atm)	0.9168
액체 (25°C, 1 atm)	0.9971
기체 (100°C, 1 atm)	5.88×10^{-4}

그림 13.1 기체, 액체, 고체 상태의 표현.

13.1 물과 물의 상 변화

학습 목표

■ 물의 중요한 특성 몇 가지를 배운다.

우리는 주위에서 수많은 고체(토양, 바위, 나무, 콘크리트 등)를 보게 되며, 대기라는 기체 속에서 살고 있다. 그러나 가장 흔히 보는 액체는 물이다. 물은 지구 표면의 70%를 덮고 있어 실질적으로 어느 곳이나 존재한다. 지구에 존재하는 물의 약 97%는 바닷물로, 많은 양의 염이 용해된 혼합물이다.

물은 지상에서 가장 중요한 물질 중 하나이다. 물은 우리의 삶을 영위하도록 하는 생체 내의 반응을 유지하는 데 결정적인 역할을 할 뿐만 아니라, 간접적으로 여러 면에서 우리 생활에 영향을 끼친다. 바다는 지구의 온도가 일정하도록 조절한다. 물은 자동차 엔진과 핵 발전 장치를 냉각한다. 또한 물은 지상에서 운송 수단으로 이용되고, 식용으로 사용되는 많은 생물들이 성장하는 매질로서 작용하며, 그 이외에도 많은 역할을 한다.

우리가 마시는 물은 물 속에 용해된 물질 때문에 맛을 가지고 있다. 순수한 물이 아니다.

순수한 물은 색과 맛이 없는 물질로◀ 1 atm, 0°C에서 얼어 고체가 되고, 100°C에서 완전히 증발하여 기체를 형성한다. 이것은 물의 액체 영역(1 atm에서)이 0°C와 100°C 사이임을 의미한다.

액체 상태인 물을 가열하면 어떤 일이 일어날까? 먼저 물의 온도가 올라간다. 기체 분자와 마찬가지로, 가열함에 따라 물 분자의 운동이 활발해진다. 물의 온도가 100°C에 이르면 액체 내부에서 발생한 기포가 수면 위로 떠올라 터지게 된다. 바로 끓는점에 도달한 것이다. 끓는점에서 일어나는 한 가지 재미있는 사실은, 가열이 계속되더라도 물이 완전히 수증기로 변할 때까지 물의 온도가 100°C로 유지된다는 것이다. 물이 모두 수증기로 변했을 때에만 온도가 다시 올라가기 시작한다(그 다음부터는 수증기를 가열하고 있는 것이다). 1 atm에서 액체 물은 100°C에서 항상 기체 상태로 변화하는데 이 온도를 물의 **정상 끓는점**(normal boiling point)이라 한다.

방금 설명한 실험을 그림 13.2에 나타내었다. 이 그림을 물에 대한 **가열/냉각 곡선**(heating/cooling curve)이라 한다. 이 그래프에서 왼쪽에서 오른쪽으로 이동하는 것은 물에 에너지를 가함(가열)을 의미하고, 오른쪽에서 왼쪽으로 이동하는 것은 물에서 에너지를 제거함(냉각)을 의미한다.

액체 물이 냉각될 때, 액체가 얼기 시작하는 0°C에 도달할 때까지 온도는 내려간다(그림 13.2). 모든 액체 물이 얼음으로 변할 때까지 온도는 0°C로 유지되다가, 계속 냉각되면 다시 떨어지기 시작한다. 1 atm에서 물은 0°C에서 언다(반대 과정에서는 얼음이 녹는다). 이 온도를 물의 **정상 어는점**(normal freezing point)이라 한다. 온도가 0°C로 유지된다

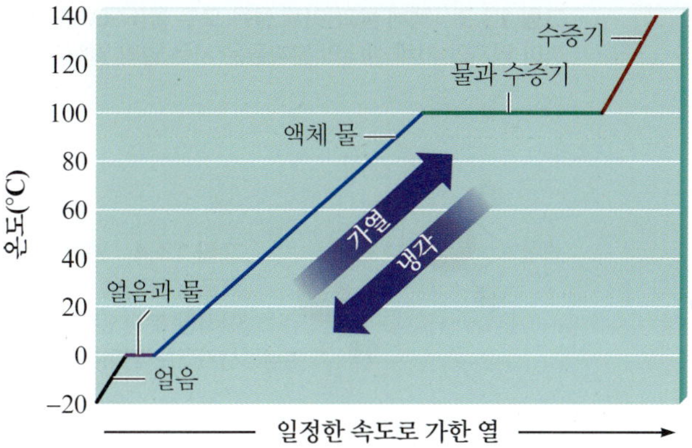

그림 13.2 일정한 속도로 가열되거나 냉각된 물의 가열/냉각 곡선. 액체 물이 증발하는 데 필요한 에너지는 얼음이 녹는 데 필요한 에너지의 거의 7배(따라서 7배의 가열 시간)이기 때문에, 끓는점에서 온도 변화 없이 평평한 구간이 녹는점에서 온도 변화가 없는 평평한 구간보다 길다. 도표를 명확히 하기 위하여 파란 선은 실제 척도로 그린 것이 아님을 유의하라. 실제로 얼음을 녹이고, 물을 끓이는 에너지가 물을 0°C에서 100°C로 가열하는 에너지보다 훨씬 많이 든다.

면, 액체와 고체 상태의 물이 공존할 수 있다. 그러나 0°C 아래의 온도에서 액체 물은 얼고, 반면에 0°C보다 높은 온도에서 얼음은 녹는다.

흥미롭게도 물이 얼면 팽창한다. 즉, 0°C의 얼음 1 g은 0°C의 물 1 g보다 부피가 크다. 이 사실은 매우 중요하고 실제적인 것을 함축하고 있다. 예를 들면, 용기에 든 물이 얼게 되면 부피가 팽창하여 용기를 파괴할 수 있다. 이것이 영하의 날씨에 수도관이나 엔진 블록이 파열되는 이유이다.

물이 얼 때 물이 팽창한다는 사실은 얼음 덩어리가 왜 물에 뜨는가를 잘 설명해 준다. 밀도란 질량/부피로 정의된다는 것을 상기해 보라. 액체 물 1 g이 얼면, 물의 부피는 좀 더 증가한다(물은 팽창한다). 따라서 얼음의 경우 동일한 질량을 좀 더 큰 부피로 나누기 때문에 얼음 1 g의 *밀도*가 물 1 g의 밀도보다 작다. 예를 들면, 0°C에서 물의 밀도는

$$\frac{1.00\text{ g}}{1.00\text{ mL}} = 1.00\text{ g/mL}$$

이고 얼음의 밀도는

$$\frac{1.00\text{ g}}{1.09\text{ mL}} = 0.917\text{ g/mL}$$

이다.

또한 밀도가 작은 얼음은 호수가 얼 때 호수 표면에 뜨게 되어 겨울철 호수나 강 전체가 얼음 덩어리로 되는 것을 방지해 주는 보호층 역할을 한다. 이런 현상은 수생 생물이 겨울 동안 계속해서 액체 물을 이용할 수 있도록 해준다.

13.2 상태 변화에 필요한 에너지

학습 목표
- 물 분자 사이의 상호작용에 대해 배운다.
- 녹음열과 기화열을 이해하고 사용한다.

고체에서 액체로, 액체에서 기체로 상태가 변하는 것은 *물리적*(physical) 변화라는 것을 인식하는 것이 중요하다. 이 과정에서는 *화학* 결합이 끊어지는 것이 아니다. 얼음, 물, 수증기는 모두 H_2O 분자로 이루어져 있다. 물이 끓어 수증기로 되면 물 분자들은 서로 분리되지만(그림 13.3), 각각의 물 분자들은 변화 없이 본래대로 남아있다.

한 분자 내의 원자들을 함께 뭉치도록 하는 결합력을 **분자 내 힘**(intramolecular force)이라 한다. 분자들이 모여서 고체나 액체로 되기 위해 분자 간에 발생하는 힘을 **분자 간 힘**(intermolecular force)이라 한다. 이러한 두 가지 형태의 힘을 그림 13.4에 나타내

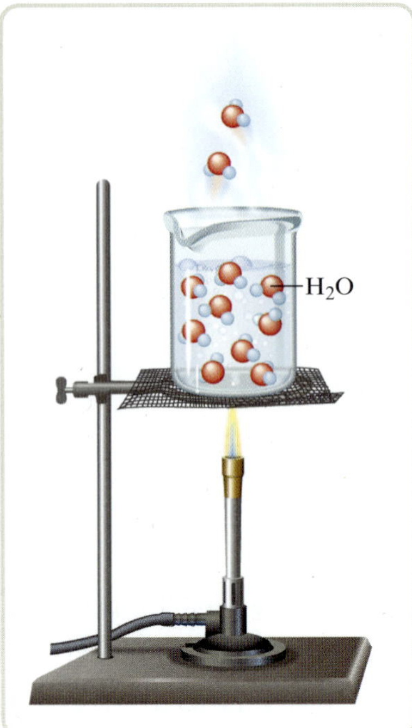

그림 13.3 액체 물과 기체 물은 모두 물(H_2O) 분자를 포함하고 있다. 액체 물에서 물 분자들은 서로 가까이 있지만 기체 상태의 분자들은 서로 멀리 떨어져 있다. 기포들은 기체 물을 포함하고 있다.

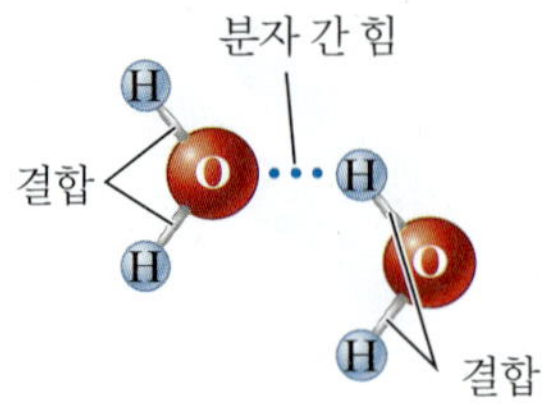

그림 13.4 분자 내 힘(결합)은 한 분자 내 원자들 사이에 존재하는 힘으로서 분자를 형성한다. 분자 간 힘은 분자들 사이에 존재하는 힘이다. 이러한 분자 간 힘은 충분히 낮은 온도에서 물을 액체나 고체 상태로 응축시키려는 힘이다. 분자 간 힘은 전형적으로 분자 내 힘보다 매우 약하다.

었다.

얼음을 녹이고 물을 기화시키는 데에는 에너지가 소모된다. 그 이유는 물 분자 사이에 존재하는 분자 간 힘을 끊어야 하기 때문이다. 얼음에서 물 분자들은 약간의 진동은 할 수 있지만 그 위치가 일정하게 고정되어 있다. 에너지를 가하면 진동 운동이 증가하게 되고, 마침내 움직임이 커지며 무질서한 상태에 이르러 액체 물의 특성을 가진다. 얼음이 녹은 것이다. 더 많은 에너지를 가하면 마침내 기체 상태에 도달하게 되고, 기체 상태에서 개개의 분자들은 서로 멀리 떨어지게 되며 서로 거의 상호작용을 하지 않는다. ◀ 그러나 기체도 여전히 물 분자로 이루어져 있다. 물 분자를 이루고 있는 공유 결합을 끊어 구성하고 있는 원자들로 분해하려면 *훨씬* 더 많은 에너지를 가해야 한다.

온도는 물질 내의 입자들의 무질서한 운동(평균 운동 에너지)에 대한 척도임을 기억하라.

어떤 물질 1 mol을 녹이는 데 필요한 에너지를 **몰 녹음열**(molar heat of fusion)이라 한다. 얼음에 대한 몰 녹음열은 6.02 kJ/mol이다. 어떤 액체 1 mol을 증기로 변화시키는 데 필요한 에너지를 **몰 기화열**(molar heat of vaporization)이라 한다. 물의 몰 기화열은 100°C에서 40.6 kJ/mol이다. 그림 13.2에서, 온도 변화가 없는 영역의 길이가 얼음을 녹이는 것보다 물을 기화시키는 것이 더 길다는 것에 주목하라. 이와 같은 현상은 물 1 mol을 기화시키는 데 필요한 에너지는 얼음 1 mol을 녹이는 데 필요한 에너지보다 훨씬 더 많이(거의 7배 정도) 필요하기 때문에 발생한다. 이는 고체, 액체, 기체에 대한 모형과 일치한다(그림 13.1). 액체에서는 입자들(분자들)이 서로 상당히 접근해 있어서, 대부분 분자 간 힘이 여전히 존재한다. 그러나 분자들이 액체에서 기체 상태로 되려면 분자들이 멀리 떨어져야 한다. 기체를 형성할 만큼 분자들을 멀리 떨어뜨리기 위해서는 모든 분자들이 분자간 힘을 극복해야 하고 그러기 위해서는 많은 양의 에너지가 필요하다.

대화형 예제 13.1 에너지 변화 계산: 고체를 액체로

0°C 얼음 8.5 g을 녹이는 데 필요한 에너지(kJ)를 계산하시오. 얼음의 몰 녹음열은 6.02 kJ/mol이다.

풀이

풀이 방향

0°C 얼음 8.5 g을 녹이는 데 필요한 에너지(kJ 단위)를 결정하고자 한다.

주어진 자료

- 0°C의 얼음(H_2O) 8.5 g을 가지고 있다.
- 얼음의 몰 녹음열은 6.02 kJ/mol이다.

필요한 정보

- 얼음 8.5 g의 몰수를 알아야 한다.

풀이 과정

몰 녹음열은 얼음 *1 mol*을 녹이는 데 필요한 에너지이다. 이 문제에서 고체 물의 질량은 8.5 g이다. 이 질량이 얼음 몇 mol인지 알아야 한다. 물의 몰질량이 16 + 2(1) = 18이기 때문에 1 mol의 질량이 18 g이라는 것을 알게 된다. 따라서 물 8.5 g을 몰수로 바꿀 수 있다.

$$8.5\ \text{g}\ \cancel{H_2O} \times \frac{1\ \text{mol}\ H_2O}{18\ \text{g}\ \cancel{H_2O}} = 0.47\ \text{mol}\ H_2O$$

얼음 1 mol을 녹이는 데 6.02 kJ의 에너지가 필요하므로 이 시료는 이 양의 거의 절반(근사적으로 약 0.5 mol의 얼음)에 해당한다. 필요한 에너지의 양을 정확하게 계산하기 위해서 등가 상태인

물 1 mol에 대하여 6.02 kJ

을 환산 인자로 이용한다.

$$0.47\ \cancel{\text{mol}\ H_2O} \times \frac{6.02\ \text{kJ}}{\cancel{\text{mol}\ H_2O}} = 2.8\ \text{kJ}$$

이것은 다음과 같이 도식화하여 표현할 수 있다.

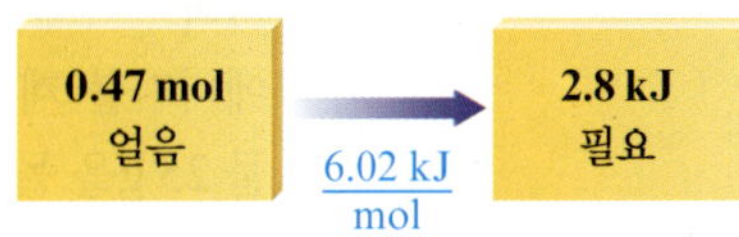

점검 얼음 0.5 mol 이하를 가지고 있기 때문에, 답은 얼음의 몰 녹음열의 약 절반이 될 수밖에 없다. 답 2.8 kJ은 6.02 kJ의 절반 이하이므로 이 답은 타당하다.

대화형 예제 13.2 에너지 변화 계산: 액체에서 기체로

액체 물 25 g을 25°C로부터 100.°C로 가열하고, 이 물을 100.°C에서 수증기로 바꾸는 데 필요한 에너지(kJ)를 계산하시오. 물의 비열은 4.18 J/g°C이고◄ 몰 기화열은 40.6 kJ/mol이다.

비열은 10.5절에서 논의하였다.

풀이

풀이 방향

물 일정량을 가열하고 기화하는 데 필요한 에너지(kJ 단위)를 결정하고자 한다.

주어진 자료

- 25°C 물 25 g을 가지고 있다. 물을 100.°C까지 가열하고 100.°C에서 기화시킨다.
- 액체 물의 비열은 4.18 J/g°C이다.
- 물의 몰 기화열은 40.6 kJ/mol이다.
- $Q = s \times m \times \Delta T$

필요한 자료

- 물 25 g의 몰수를 알아야 한다.

풀이 과정

이 문제는 두 부분으로 나눌 수 있다. (1) 물의 끓는점까지 물의 가열과 (2) 끓는점에서 액체 물을 수증기로 변환시키는 것이다.

단계 1 끓기까지 가열 우선 액체 물을 가열하여 25°C에서 100.°C까지 가열하기 위해

에너지를 공급한다. 물 *1* g을 1°C 올리는 데 4.18 J이 필요하므로 물의 질량(25 g)과 온도 변화(100.°C − 25°C = 75°C)를 각각 곱한다.

필요한 에너지 (*Q*) = **비열 (*s*)** × **물의 질량 (*m*)** × **온도 변화 (Δ*T*)**

이를 식으로 표현하면 다음과 같다.

$$Q = s \times m \times \Delta T$$

따라서

$$\underset{\text{물 25 g을 25°C에서 100.°C까지 올리는 데 필요한 에너지}}{Q} = \underset{\text{비열}}{4.18 \frac{\text{J}}{\text{g}\cancel{°\text{C}}}} \times \underset{\text{물의 질량}}{25\ \cancel{\text{g}}} \times \underset{\text{온도 변화}}{75\cancel{°\text{C}}} = 7.8 \times 10^3\ \text{J}$$

$$= 7.8 \times 10^3\ \cancel{\text{J}} \times \frac{1\ \text{kJ}}{1000\ \cancel{\text{J}}} = 7.8\ \text{kJ}$$

단계 2 기화 이제 몰 기화열을 이용하여 100.°C에서 물 25 g을 기화시키는 데 필요한 에너지를 계산해보자. 기화열은 그램이 아니라 *몰 단위*로 주어지기 때문에 우선 물 25 g을 몰수로 바꿔야 한다.

$$25\ \cancel{\text{g H}_2\text{O}} \times \frac{1\ \text{mol H}_2\text{O}}{18\ \cancel{\text{g H}_2\text{O}}} = 1.4\ \text{mol H}_2\text{O}$$

이제 물을 기화시키는 데 필요한 에너지를 계산할 수 있다.

$$\underset{\text{몰 기화열}}{\frac{40.6\ \text{kJ}}{\cancel{\text{mol H}_2\text{O}}}} \times \underset{\text{물의 몰수}}{1.4\ \cancel{\text{mol H}_2\text{O}}} = 57\ \text{kJ}$$

총 에너지는 두 단계의 합이다.

$$\underset{\text{25°C에서 100.°C까지 올리는 데 필요한 열량}}{7.8\ \text{kJ}} + \underset{\text{기화시키는 데 필요한 열량}}{57\ \text{kJ}} = 65\ \text{kJ}$$

SELF-CHECK

실전 연습 13.1 0°C의 얼음 15 g을 녹여 생성된 물을 100.°C까지 가열하고 100.°C에서 수증기로 기화시키는 데 필요한 전체 에너지를 계산하시오.

힌트 세 단계로 구분하여 계산하고 각 단계의 합을 구하시오.

13.3 분자 간 힘

학습 목표

- **이중극자-이중극자 인력, 수소 결합과 런던 분산력에 대하여 학습한다.**
- **이 힘들이 액체의 특성에 미치는 영향에 대해 이해한다.**

분자 내에서 공유 결합의 힘은 전자를 공유함으로써 만들어짐을 알고 있다. 그러나 분자 간 힘은 어떻게 생기는가? 실제로 몇 가지 형태의 분자 간 힘이 존재한다. 한 가지 형태를 설명하기 위하여 물 분자 간에 존재하는 힘을 생각할 것이다.

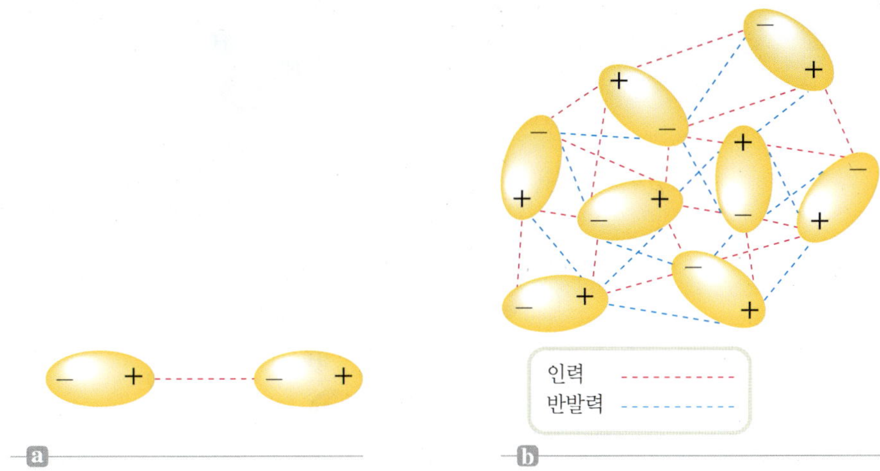

그림 13.5 (a) 두 극성 분자들의 상호작용 (b) 액체 내에서 많은 이중극자들의 상호작용

분자의 극성은 11.3절에서 논의하였다.

11장에서 살펴본 바와 같이, 물은 이중극자 모멘트를 가지고 있어 극성 분자이다. ◀ 이중극자 모멘트를 가진 분자들을 서로 접근시키면, 분자들은 이중극자 모멘트의 전하 분포로 인해 스스로 배열한다. 이중극자 모멘트를 가진 분자들은 그림 13.5(a)에서 보인 바와 같이, 양전하와 음전하 말단이 정전기적 인력에 의해 서로 끌어당겨 배열할 수 있다. 이것을 **이중극자–이중극자 인력**(dipole-dipole attraction)이라고 한다. 그림 13.5(b)에 보이는 바와 같이 액체 내에서 이중극자들은 인력과 반발력이 최적의 균형을 이루도록 배열한다.

이중극자–이중극자 힘은 전형적으로 공유 결합이나 이온 결합의 약 1% 정도이며, 이중극자 사이의 거리가 증가함에 따라 점점 약하게 된다. 분자들이 통상 멀리 떨어져 있는 기체상에서는 이중극자 힘은 비교적 중요하지 않다.

전기음성도에 대한 논의는 11.2절을 참조하라.

특별히 강한 이중극자–이중극자 힘은, 수소가 질소, 산소, 플루오린과 같이 전기음성도가 매우 큰 원자에 결합해 있는 분자들 사이에서 발생한다. ◀ 두 가지 요인으로 이런 강한 상호작용의 세기를 설명할 수 있다. 하나는 결합의 큰 극성이고, 다른 하나는 수소 원자의 매우 작은 크기에 의해 가능하게 되는 이중극자들 사이의 근접성이다. 이와 같은 형태의 이중극자–이중극자 인력은 특이하게 강하기 때문에, **수소 결합**(hydrogen bonding)이라는 특별한 이름이 주어진다. 그림 13.6은 물 분자들 사이의 수소 결합을 그림으로 나타낸 것이다.

수소 결합은 여러 가지 물리적 성질들에 매우 중요한 영향을 미친다. 예를 들면, 6족 원소들과 수소의 공유 결합 화합물에 대한 끓는점을 그림 13.7에 나타내었다. 물의 끓는점은 같은 계열의 다른 화합물에 의해 나타나는 경향으로부터 예상되는 끓는점보다 훨씬 높다. 왜 그럴까? 다른 6족 원소들에 비교하여 산소의 전기음성도는 특별히 크다. 따라서 O—H 결합은 S—H, Se—H, Te—H 결합보다 극성이 훨씬 더 크다. 이것이 물 분자 사이에 매우 강한 수소 결합을 생성한다. 따라서 이들 상호작용을 극복하고, 기체 상태가 되도록 분자들을 분리하는 데 매우 많은 양의 에너지가 필요하다. 즉, 물 분자들은 비교적 높은 온도에서조차도 서로 함께 액체 상태로 존재하려는 경향이 있다. 따라서 물 분자의 끓는점은 매우 높다.

그러나 이중극자 모멘트가 없는 분자들에서조차도 분자들 사이에 작용하는 힘이 있다. 모든 물질들은 비활성 기체(noble gas)조차도 매우 낮은 온도에서 액체와 기체 상태가 존재한다. 이들 물질들이 응축 상태가 됨에 따라 서로 근접하는 원자 또는 분자들을 뭉치

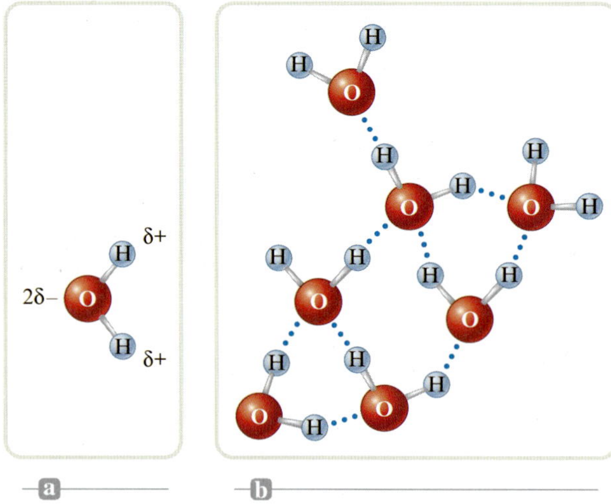

그림 13.6 (a) 극성 물 분자. (b) 물 분자 사이의 수소 결합. 수소 원자의 작은 크기가 분자들이 서로 근접시켜 강한 상호작용을 생성한다.

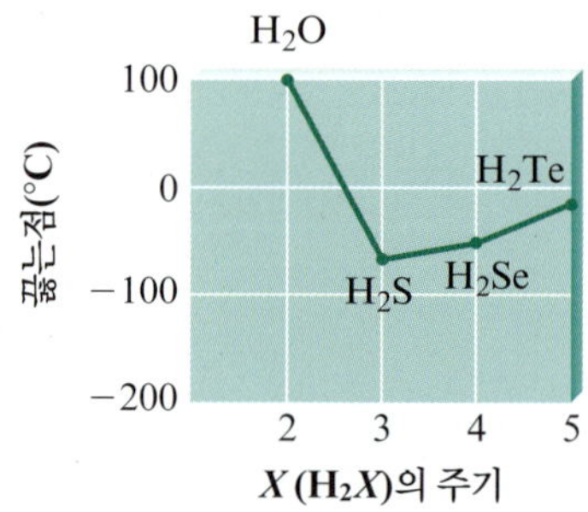

그림 13.7 6족 원소들의 공유 결합 수소화물의 끓는점.

게 하는 힘이 반드시 존재한다. 비활성 기체 원자들과 비극성 분자들 사이에 존재하는 힘을 **런던 분산력**(London dispersion forces)이라고 한다. 이 힘의 근원을 이해하기 위해서 한 쌍의 비활성 기체 원자들을 생각해 보자. 보통 한 원자에 속하는 전자들이 핵 주위에 균일하게 분포[그림 13.8(a)]되는 것으로 가정하지만, 이런 가정은 아주 짧은 시간 동안은 사실이 아니다. 전자들이 핵 주위를 운동함으로 인해, 원자들은 전하의 일시적인 이중극자 배열을 생성할 수 있다[그림 13.8(b)]. 그림 13.8(b)에서 보인 바와 같이, 이 *순간 이중극자*(instantaneous dipole)는 이웃한 원자에 비슷한 이중극자를 *유도*(induce)할 수 있다. 이렇게 형성된 원자들 사이의 인력은 약하고 수명이 짧지만 큰 원자들과 큰 분자들의 경우 이 인력은 매우 중요하다.

약한 런던 분산력이 원자들을 자리에 고정하여 고체를 형성시키려면 우선 원자의 운동

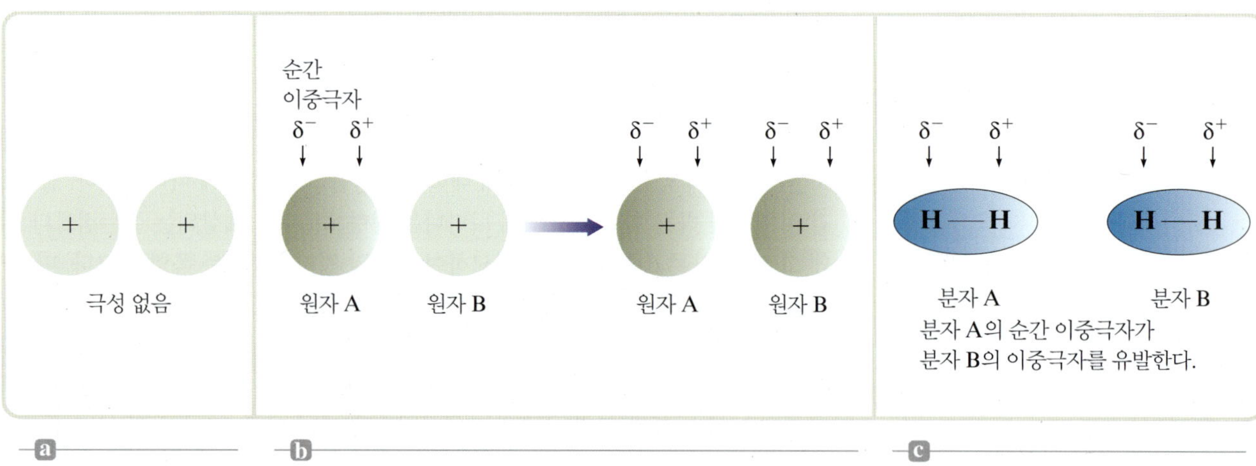

구형 전자 확률을 가진 두 개의 원자들. 이들 원자는 극성을 가지지 않는다.

오른쪽에 있는 원자보다 왼쪽의 원자에 더 많은 전자가 집중되면 왼쪽 원자는 순간 이중극자를 형성한다.

비극성 분자들도 순간적인 이중극자의 생성에 의해 상호작용한다.

그림 13.8

표 13.2 8족 원소들의 어는점

원소	어는점(°C)
헬륨(He)*	−272.0 (25 atm)
네온(Ne)	−248.6
아르곤(Ar)	−189.4
크립톤(Kr)	−157.3
제논(Xe)	−111.9

*헬륨은 압력이 1 atm 위로 증가하지 않으면 얼지 않는다.

이 크게 느려져야 한다. 예를 들면 비활성 기체들이 낮은 어는점을 갖는 이유를 이렇게 설명한다(표 13.2).

H_2, N_2, I_2와 같이 영구 이중극자 모멘트를 갖지 않는 비극성 분자들은 런던 분산력에 의해 서로 잡아당긴다[그림 13.8(c)]. 런던 분산력은 원자 또는 분자의 크기가 증가함에 따라 더 확실하게 증가한다. 크기가 더 크다는 것은 이중극자를 형성할 수 있는 전자들이 더 많다는 것을 의미한다.

비판적으로 생각하기

분자 간 힘과 분자 내 결합의 차이에 대하여 공부하였다. 분자 간 힘이 분자 내 결합보다 더 강하다면 어떻게 될까? 어떤 차이를 관찰할 수 있을까?

13.4 증발과 증기압

학습 목표

- 증발, 응축, 증기압 사이의 관계를 이해한다.

액체는 열려있는 용기로부터 증발될 수 있다는 것을 모두 알고 있다. 이는 액체 분자가 액체의 표면을 벗어나서 기체로 될 수 있다는 명백한 증거이다. **기화**(vaporization) 또는 **증발**(evaporation)이라고 하는 과정은 액체 내에서 상대적으로 강한 분자 간 힘을 극복하기 위한 에너지를 필요로 한다.

기화하는 데 에너지가 필요하다는 사실은 실제로 매우 중요하다. 사실 우리 주변에서 물의 가장 중요한 역할 중 하나는 냉각제로 작용하는 것이다. 액체 상태에서 물 분자들 사이의 강한 수소 결합으로 인해 물은 유난히 기화열이 크다(41 kJ/mol). 태양 에너지의 상당한 부분은 지구를 따뜻하게 하기보다는 바다, 호수, 강에 있는 물을 기화시키는 데 소비된다. 또한 물의 기화는 땀의 증발에 의존되는 우리 몸의 온도 조절 체계에서도 중요한 역할을 한다.

증기압

기체(gas)가 아닌, *증기*(vapor)는 25°C, 1 atm에서 고체 또는 액체와 같이 자연적으로 존재하는 어떤 물질의 기체 상태에 대하여 관습적으로 사용하는 용어이다.

용기 안에 일정량의 액체를 넣고 그 용기를 밀폐하면, 처음에는 액체의 양이 약간 감소하다가 결국에는 일정하게 되는 것을 관찰하게 된다. 이와 같은 감소는 액체에서 기체 상으로 분자들이 이동함으로써 일어난다(그림 13.9). ◀ 그러나 증기 분자들의 수가 증가함에 따라 증기 분자들의 일부는 다시 액체로 되돌아가려는 경향을 보인다. 증기 분자들이 액체

Photolink/PhotoDisc/Getty Images

물은 핵 반응기로부터 열을 흡수하는 데 사용된다. 물은 방류되기 전에 냉각탑에서 냉각된다.

ⓐ 처음에는 순수한 증발만 일어나서 액체의 양이 약간 감소한다.

ⓑ 증기 분자 수가 증가함에 따라 응축 속도가 증가한다. 마침내 응축 속도와 증발 속도가 같아진다. 이 계는 평형 상태가 된다.

그림 13.9 닫힌 용기 안에서 액체의 거동.

를 형성하는 과정을 **응축**(condensation)이라 한다. 결국 액체를 이탈한 분자들의 수는 액체로 되돌아오는 분자들의 수와 같아서 응축 속도는 증발 속도와 같게 된다. *이 시점에서, 두 반대 과정이 서로 정확히 균형을 이루기 때문에 액체나 증기의 양은 더 이상 변화가 생기지 않는다.* 따라서 계는 *평형*(equilibrium)이다. 이 계는 분자들이 변함없이 액체를 탈출하고 액체로 들어가는, 분자 수준 상태에서 고도의 *동적*(dynamic)인 상태에 있음을 주목하라. 그러나 두 반대 과정이 서로 정확하게 *균형*(balance)을 이루고 있기 때문에 *알짜*(net) 변화는 없다. 하나의 비유로, 두 개의 섬이 하나의 다리로 연결되어 있는 것을 생각해 보자. 다리 위에서 교통의 흐름이 양쪽 방향으로 같다고 가정하자. 거기에는 움직임, 즉 다리를 건너고 있는 자동차들을 볼 수 있다. 그러나 같은 수의 차들이 각 섬을 들어가고 나오기 때문에 각 섬에 있는 자동차들의 수는 변하지 않는다. 그 결과, 각 섬에 있는 자동차는 *알짜* 변화가 전혀 없다. 즉, 평형이 존재한다.

액체와 함께 평형 상태에서 존재하는 증기의 압력을 *평형 증기압*(equilibrium vapor pressure) 또는 더 보편적으로 액체의 **증기압**(vapor pressure)이라 한다. 그림 13.10에서 보인 바와 같이, 간단한 기압계를 이용하면 액체의 증기압을 측정할 수 있다. 수은은 밀도가 크기 때문에 수은 기둥의 밑바닥에 어떤 일반적인 액체를 주입하면 그 액체는 수은 기둥의 꼭대기까지 떠올라서, 그곳에서 증기를 생성시키며 이 증기압이 일부 수은을 관 밖으로 밀어낸다. 계가 평형에 도달한 다음 수은 기둥의 높이 변화로부터 그 액체의 증기압을 측정할 수 있다.

사실상 각 액체에 대한 밀폐된 용기로 관 안에 있는 수은 위의 공간을 사용한다. 그러나 이 경우 액체가 증발함에 따라 형성된 증기는 일부의 수은을 관 밖으로 밀어내어 수은 높이를 내려가게 하는 압력을 생성한다. 수은 위에 떠있는 과량의 액체가 증기와 평형을 이루게 되면 액체 수은의 높이는 일정하게 유지된다. 초기 위치(액체를 주입하기 전)에서 최종 위치까지 수은의 높이 변화(mm 단위)가 그 액체의 증기압과 같다.

액체의 증기압은 매우 다양하다(그림 13.10). 증기압이 높은 액체를 *휘발성*(volatile)이 있다고 말하며 이들 액체는 빠르게 증발한다.

특정 온도에서 액체의 증기압은 분자들 사이에서 작용하는 *분자 간 힘*에 의해 결정된다. 분자 간 힘들이 큰 액체는 상대적으로 증기압이 낮은데, 이와 같은 분자들이 증기 상태로 되기 위해서는 많은 에너지를 필요로 하기 때문이다. 예를 들어, 물 분자는 다이에틸 에터(C_2H_5—O—C_2H_5)보다 훨씬 작은 분자이지만, 물의 수소 결합력이 강하기 때문에 에터의 증기압보다 물의 증기압이 훨씬 더 낮다(그림 13.10).

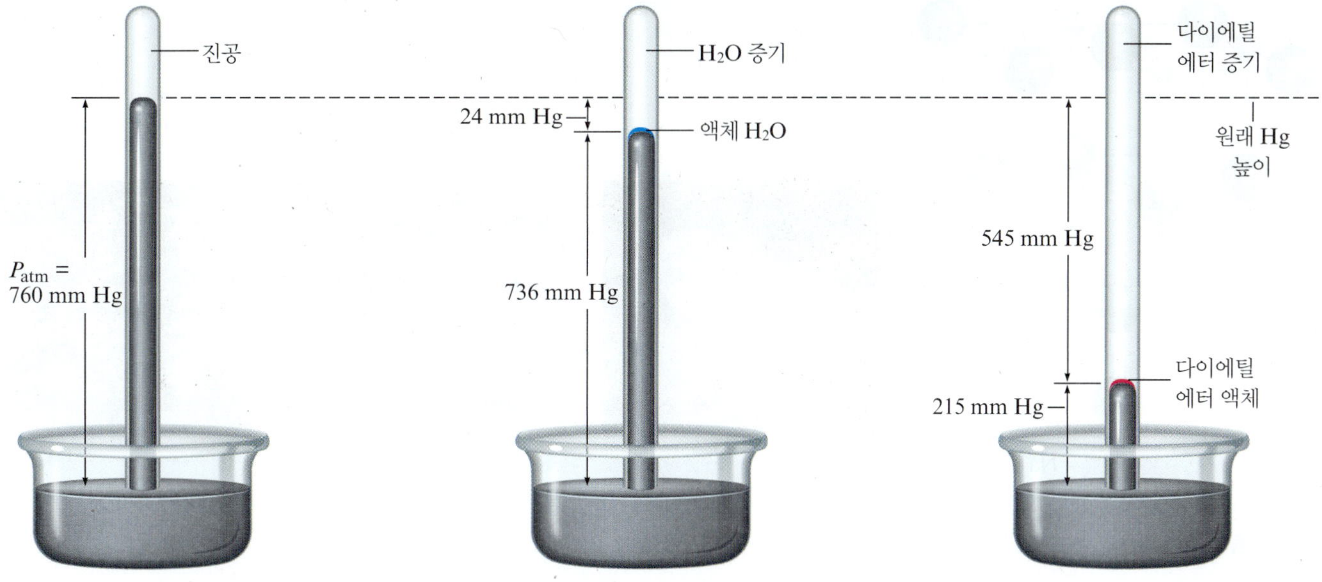

a 그림과 같은 간단한 형태의 기압계를 이용하면 액체의 증기압을 쉽게 측정할 수 있다.

b 수증기가 수은을 24 mm (760 − 736) 밀어 내렸으므로 물의 증기압은 이 온도에서 24 mm Hg이다.

c 다이에틸 에터는 물보다 훨씬 휘발성이 커서 증기압이 더 높다. 이 경우에는 수은 높이를 545 mm (760 − 215) 밀어 내렸으므로 다이에틸 에터의 증기압은 이 온도에서 545 mm Hg이다.

그림 13.10

대화형 예제 13.3 **분자 간 힘의 개념을 이용하여 증기압 예측**

특정 온도에서 다음 각 물질 쌍 중 어느 것이 더 큰 증기압을 갖는지 예측하시오.

a. $H_2O(l)$, $CH_3OH(l)$

b. $CH_3OH(l)$, $CH_3CH_2CH_2CH_2OH(l)$

풀이

a. 물은 두 개의 극성 O—H 결합을 갖는데, 메탄올(CH_3OH)은 한 개만을 갖는다. 그러므로 물 분자들 사이의 수소 결합은 메탄올 분자들 사이의 수소 결합보다 훨씬 더 강할 것으로 예상된다. 따라서 물이 메탄올보다 더 낮은 증기압을 나타낸다.

b. 각 분자는 한 개의 극성 O—H 결합을 가진다. 그러나 뷰탄올($CH_3CH_2CH_2CH_2OH$)이 메탄올보다 훨씬 더 큰 분자이기 때문에 런던 분산력이 훨씬 더 커서 액체로부터 분자 이탈이 더 적을 것이다. 따라서 뷰탄올이 메탄올보다 증기압이 더 낮다.

13.5 고체 상태: 고체의 유형

학습 목표

■ 다양한 종류의 결정성 고체에 대해서 배운다.

고체는 우리 생활에서 매우 중요한 역할을 한다. 콘크리트 도로, 그늘을 제공하는 나무, 안과 밖을 볼 수 있는 유리창, 약혼반지에 있는 다이아몬드, 안경에 있는 플라스틱 렌즈 등은 모두 중요한 고체이다. 목재, 종이, 유리와 같은 대부분의 고체들은 여러 성분의 혼합물을 포함하고 있다. 그러나 다이아몬드나 식염과 같은 천연물 고체들은 거의 순수한 물질이다.

많은 물질은 그 구성 성분들이 규칙적으로 배열하는 **결정성 고체**(crystalline solid)를 형성한다. 결정성 고체의 한 예로 그림 13.11에 염화 소듐의 일부 구조를 나타내었다. 그

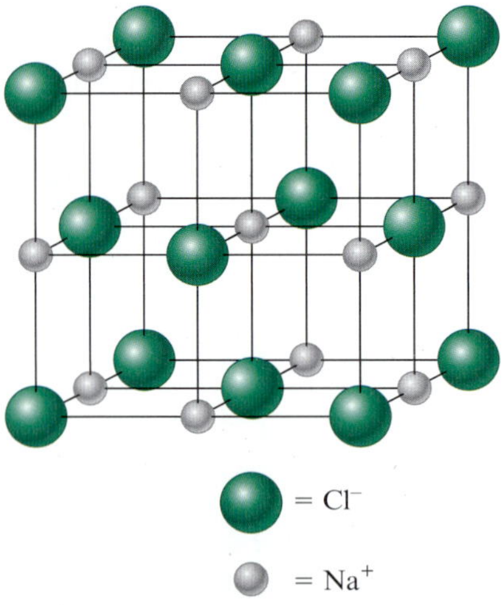

그림 13.11 결정성 고체인 염화 소듐에 있는 소듐과 염화 이온의 규칙적인 배열.

a 석영, SiO_2 b 암염, NaCl c 황철광, FeS_2

그림 13.12 몇 가지 결정성 고체.

림 13.12에 보인 바와 같이 결정성 고체 내 성분들의 매우 질서정연한 배열을 하고 있어, 아름답고 일정한 모양을 지닌 결정을 만든다.

많은 다른 유형의 결정성 고체들이 있다. 예를 들어, 설탕과 소금은 쉽게 볼 수 있는 아름다운 결정들이다. 그러나 설탕과 소금 모두 물에 쉽게 녹지만 생성된 용액의 성질은 매우 다르다. 소금 용액은 전류를 잘 전도하지만 설탕 용액은 그렇지 않다. 이러한 거동은 이들 두 고체를 구성하는 서로 다른 성질을 가진 성분들 때문이다. 흔히 볼 수 있는 염인 소금(NaCl)은 Na^+와 Cl^- 이온으로 이루어진 이온성 고체이다. 고체 염화 소듐이 물에 녹으면 용액 속에서 자유롭게 이동하면서 전류를 전도한다. 반면에 설탕(sucrose)은 물에 용해될 때 중성 분자의 형태로 물 전체에 분산된다. 이온들이 존재하지 않기 때문에 설탕 용액은 전기를 통하지 못한다. 이 예들은 두 가지 중요한 결정성 고체의 유형인 염화 소듐과 같은 **이온성 고체**(ionic solid)와 설탕과 같은 **분자성 고체**(molecular solid)를 나타낸다.

결정성 고체의 세 번째 유형은 흑연과 다이아몬드(둘 다 순수한 탄소), 붕소, 규소, 그리고 모든 금속과 같은 원소들에서 나타난다. 오직 한 원소의 원자들이 서로 공유 결합하고 있는 이 물질들을 **원자성 고체**(atomic solid)라고 한다.

그림 13.13에서 보인 바와 같이 결정성 고체는 세 가지 종류로 쉽게 분류할 수 있다. 세 가지 종류의 명칭은 고체 성분으로부터 유래된다는 것에 주목하라. 이온성 고체는 이온을 포함하고, 분자성 고체는 분자를 포함하며, 원자성 고체는 원자를 포함한다. 세 가지 유형의 고체에 대한 예를 그림 13.14에 나타내었다.

고체의 성질은 근본적으로 고체를 유지하는 힘의 본질에 따라 결정된다. 예를 들면 아

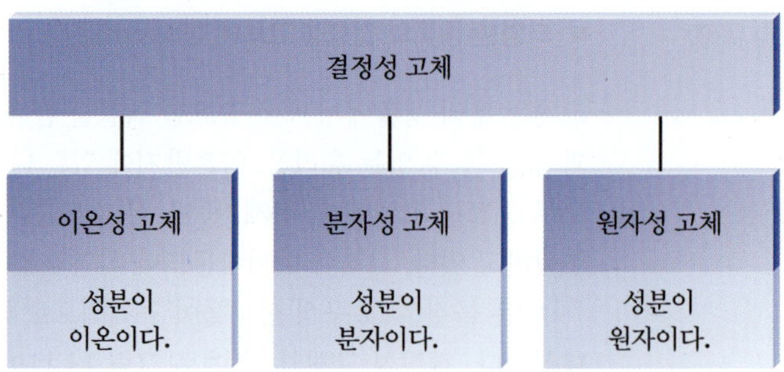

그림 13.13 결정성 고체의 분류.

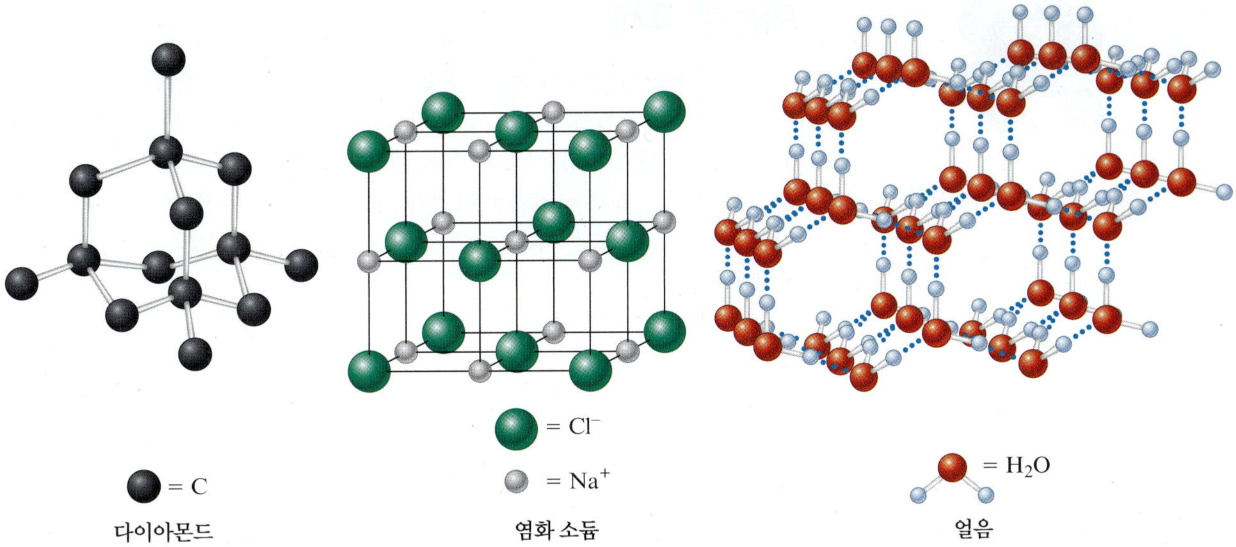

그림 13.14 결정성 고체의 세 가지 유형. 각각의 경우에서 구조의 일부분만을 보여주고 있다. 구조들은 같은 형태로 3차원으로 연속된다.

르곤, 구리, 다이아몬드는 모두 원자성 고체(이들의 구성 성분은 원자임)이지만 이들은 놀랍게도 다른 성질들을 지닌다. 아르곤은 매우 낮은 녹는점(−189°C)을 갖는 반면 다이아몬드와 구리는 높은 온도에서 녹는다(각각 약 3500°C와 1083°C). 구리는 아주 우수한 전기 전도체이다(이것은 전선으로 널리 사용되고 있다). 한편, 아르곤과 다이아몬드는 절연체이다. 구리의 모양은 쉽게 변화시킬 수 있다. 즉, 구리는 전성(얇은 판을 만들 수 있다)과 연성(전선으로 뽑을 수 있다)을 가지고 있다. 이와 반대로 다이아몬드는 가장 단단한 천연 물질로 알려져 있다. 이 세 가지 원자성 고체들 사이의 두드러진 성질의 차이는 결합의 차이 때문이다. 다음 절에서는 고체의 결합을 조사할 것이다.

13.6 고체에서의 결합

학습 목표

- 결정성 고체에서의 입자 사이의 힘을 이해한다.
- 금속에서 결합이 어떻게 금속의 성질을 결정하는가를 배운다.

이온성 고체는 11.5절에서 논의하였다.

결정성 고체는 그 고체의 기본적인 입자 또는 단위에 따라 세 가지 종류로 나눌 수 있다는 것을 알았다. 이온성 고체는 서로 반대로 하전된 이온들로 구성되어 있고, ◀ 분자성 고체는 분자를 포함하며, 원자성 고체는 기본적인 입자로서 원자들을 포함하고 있다. 다양한 종류의 고체에 대한 예를 표 13.3에 나타내었다.

표 13.3 다양한 유형의 고체의 예

고체 유형	예	기본적인 단위
이온성	염화 소듐, NaCl(*s*)	Na^+, Cl^- 이온
이온성	질산 암모늄, NH_4NO_3(*s*)	NH_4^+, NO_3^- 이온
분자성	드라이아이스, CO_2(*s*)	CO_2 분자
분자성	얼음, H_2O(*s*)	H_2O 분자
원자성	다이아몬드, C(*s*)	C 원자
원자성	철, Fe(*s*)	Fe 원자
원자성	아르곤, Ar(*s*)	Ar 원자

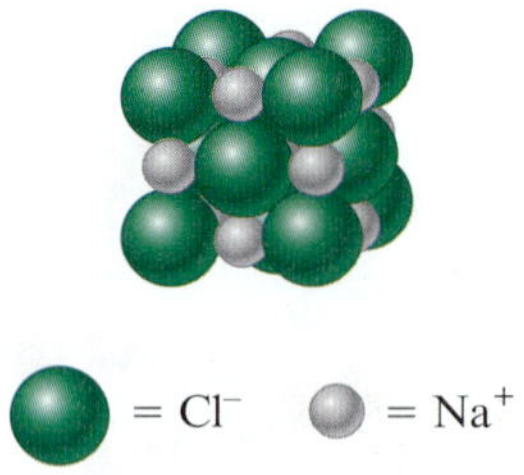

그림 13.15 고체 염화 소듐에서 Cl^-와 Na^+ 이온들의 쌓임.

이온성 고체

이온성 고체는 반대로 하전된 이온들 사이에 존재하는 강한 힘에 의해 형성된 것으로, 녹는점이 높은 안정한 물질이다. 이온성 고체의 구조는 구형의 이온들이 가능한 효과적으로 서로 쌓이는 것으로 생각할 수 있다. 예를 들면 NaCl은 그림 13.15에 나타낸 것과 같이, 상자 안에 공을 채우는 것처럼 크기가 더 큰 Cl^- 이온들을 먼저 상자 안에 채우면 크기가 더 작은 Na^+ 이온들은 구형의 Cl^- 이온들 사이에 남아있는 작은 공간들("구멍들")을 채우게 된다.

분자성 고체

분자성 고체에서 기본 입자는 분자이다. 분자성 고체의 예로는 얼음(H_2O 분자를 포함), 드라이 아이스(CO_2 분자를 포함), 황(S_8 분자를 포함), 백린(P_4 분자를 포함) 등이 있다. 황과 백린을 그림 13.16에 나타내었다.

분자성 고체는 분자 사이에 존재하는 분자 간 힘들이 상대적으로 약하기 때문에, 비교적 낮은 온도에서 녹는 경향이 있다. 만일 분자가 이중극자 힘을 포함하고 있다면 이중극자-이중극자 힘이 고체를 형성한다. 비극성 분자들로 이루어진 고체의 경우에는 런던 분산력이 고체를 유지되도록 한다.

고체 인 구조의 일부를 그림 13.17에 나타내었다. 주어진 분자 내에서 P 원자들 사이의 거리가 P_4 분자들 사이의 거리보다 매우 짧은 것에 주목하라. 이것은 분자 내에서 *원자들 사이*(between atoms)의 공유 결합이 *분자들 사이*(between molecules)의 런던 분산력보다 매우 강하기 때문이다.

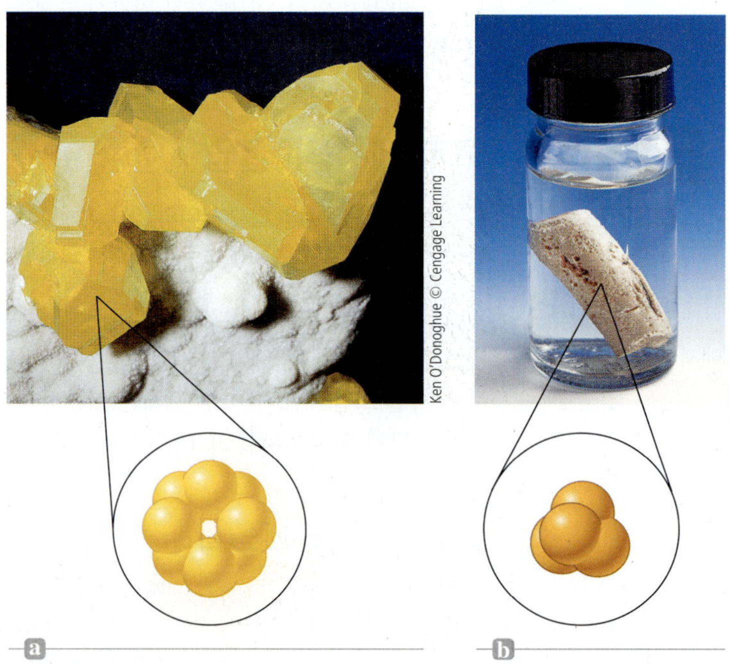

그림 13.16

a S_8 분자를 포함하는 황 결정

b P_4 분자를 포함하는 백린. 백린은 공기 중의 산소와의 반응성이 매우 크기 때문에 반드시 물 속에 보관해야 한다.

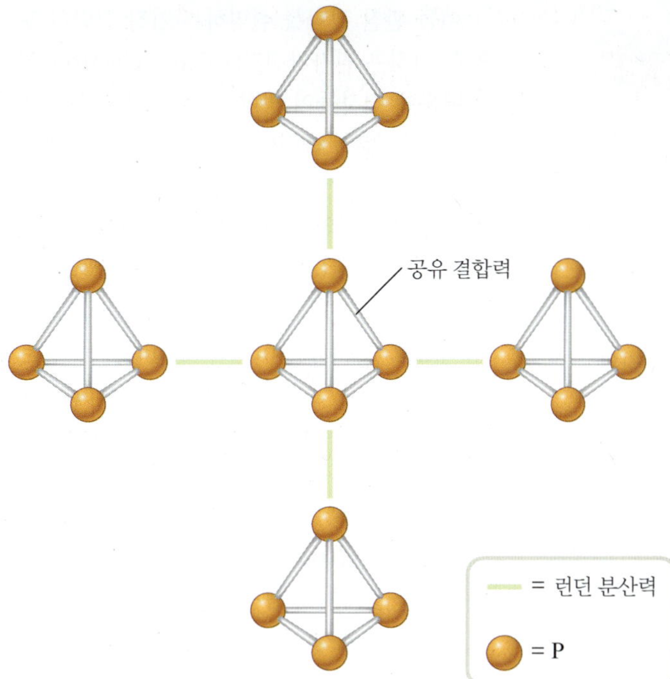

그림 13.17 P_4 분자를 포함하는 분자성 고체인 고체 인의 부분 구조.

원자성 고체

원자성 고체의 성질은 기본 입자인 원자들이 서로 다른 방식으로 상호작용할 수 있기 때문에 매우 다양하다. 예를 들면, 8족 원소들의 고체는 녹는점이 매우 낮은데(표 13.2 참조), 이 원자들은 원자가궤도함수들이 채워져 있어서 서로 공유 결합을 형성할 수 없기 때문이다. 따라서 이들 고체 내에서의 힘들은 비교적 약한 런던 분산력이다.

반면, 고체 탄소의 한 형태인 다이아몬드는 가장 단단한 것으로 알려진 물질 중 하나이며, 녹는점이 매우 높다(약 3500°C). 다이아몬드의 엄청난 강도는 결정 내 매우 강한 공유 결합성 탄소–탄소 결합 때문인데, 이 결합들이 거대 분자를 만든다. 사실, 전체 결정을 하나의 거대 분자로 볼 수 있다. 다이아몬드 구조의 작은 부분을 그림 13.14에 나타내었다. 다이아몬드 내에 있는 각 탄소 원자는 4개의 다른 탄소 원자들과 공유 결합하여 매우 안정한 고체를 형성한다. 몇몇 다른 원소들도 원자들이 서로 공유하여 거대 분자를 형성하는 고체를 만든다. 규소와 붕소가 그 예이다.

이 시점에서 "거대 분자인 다이아몬드와 같은 고체들은 왜 분자성 고체로 분류되지 않는가?"라는 의문을 품을 수 있다. 고체가 얼음, 드라이 아이스, 황, 인과 같이 작은 분자들로 구성된다면 그 고체를 분자성 고체로 분류한다. 거대 분자를 포함하고 있는 다이아몬드와 같은 물질들은 그물구조형 고체(network solids)라고 부른다.

금속에서의 결합

금속은 원자성 고체의 또 다른 형태이다. 금속은 잘 알려진 물리적 성질을 가지고 있다. 금속은 선으로 뽑을 수도 있고, 망치로 두들겨서 판으로 만들 수 있으며, 열과 전기의 도체이다. 그러나 대부분의 순수한 금속들은 모양이 비교적 쉽게 변형될 수 있다 하더라도, 내구성이 있고 녹는점이 높다. 이러한 사실들은 금속 원자들을 따로 떼어 놓기는 어렵지만, 서로 미끄러지기는 비교적 쉽다는 것을 나타낸다. 다시 말해서, 대부분의 금속에서 결합은 *강하지만 방향성은 없다*.

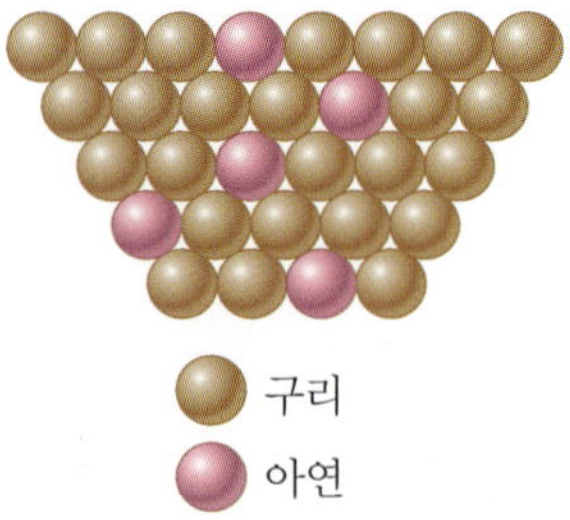

a

놋쇠는 주 결정인 구리 원자의 일부가 비슷한 크기의 아연 원자로 치환된 합금이다.

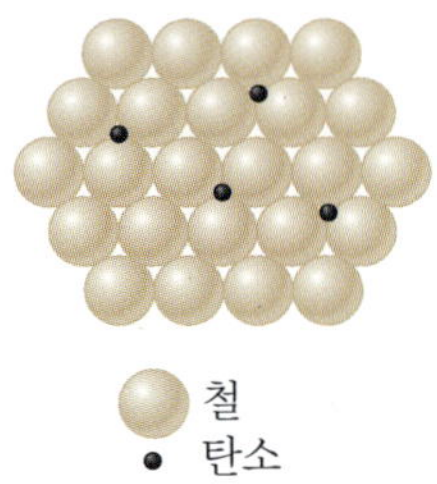

b

강철은 밀접하게 채워진 철 원자 사이에 존재하는 틈새(구멍)에 탄소 원자가 차지하고 있는 틈새형 합금이다.

그림 13.18 합금의 두 가지 형태.

이들 관찰 결과를 설명하는 가장 간단한 모형은 **전자 바다 모형**(electron sea model)으로, 이것은 원자가전자(valence electron)의 "바다(sea)"에 금속 원자들의 규칙적인 배열 때문에 전자들이 방향성 없이 원자들 사이에서 공유되어 있어 금속 결정 안에서 쉽게 움직일 수 있다. 움직이는 전자들은 열과 전기를 전도할 수 있고 원자들은 망치로 두드려서 판으로 만들거나 잡아당겨 선으로 뽑을 수 있을 만큼 쉽게 이동할 수 있다.

금속성 결정의 특성 때문에 금속에 다른 원소들을 쉽게 치환시킬 수 있어서 합금을 만들 수 있다. **합금**(alloy)은 *원소의 혼합물로 된 물질이며, 금속 성질을 갖는 물질*로 정의된다. 합금에는 두 가지 일반적인 유형이 있다.

치환형 합금(substitutional alloy)은 주 금속 원자(host metal atom)의 일부가 비슷한 크기의 다른 금속 원자로 *치환된*(replaced) 것이다. 예를 들면, 그림 13.18(a)에 나타낸 것과 같이 놋쇠(brass)는 주 금속인 구리 원자의 약 1/3이 아연 원자들로 치환된 것이다. 법정 순도의 순은(sterling silver; 은 93%, 구리 7%)과 땜납(pewter; 주석 85%, 구리 7%, 비스무트 6%, 안티모니 2%)은 치환형 합금들의 다른 예이다.

틈새형 합금(interstitial alloy)은 그림 13.18(b)에 나타낸 것과 같이 밀집하여 쌓인 금속 원자들 사이의 틈새(구멍들)의 일부가 주 원자보다 훨씬 작은 원자들에 의해 채워져서 형성된다. 가장 잘 알려진 틈새형 합금인 강철은 철 결정의 "구멍(hole)" 속에 탄소 원자가 들어있는 것이다. 틈새에 원자가 있으면 주 금속의 성질이 변화된다. 순수한 철은 강한 방향성 결합이 없기 때문에 비교적 무르고, 연성과 전성이 있다. 구형의 금속 원자들은 서로 쉽게 이동할 수 있다. 그러나 강한 방향성 결합을 형성하는 탄소가 철 결정에 끼어들면 방향성 탄소-철 결합이 존재하게 되고 그 합금은 순수한 철보다 굳고, 강하며, 늘어나기 어렵게 된다. 탄소의 양은 직접적으로 강철의 성질에 영향을 미친다. *연강*(mild steel; 탄소 0.2% 이하 포함)은 여전히 연성과 전성이 있어서, 못, 케이블, 사슬 제조에 사용된다. *중탄소강*(medium steel; 탄소 0.2~0.6% 포함)은 연철보다 단단해서, 레일과 구조용 강철 빔에 사용된다. *고탄소강*(high-carbon steel; 탄소 0.6~1.5% 포함)은 질기고 강해서 스프링, 공구, 칼 등의 제조에 사용된다.

Kushch Dmitry/Shutterstock.com

미국 시카고에 있는 강철 조각 작품.

많은 종류의 철강은 철과 탄소 이외의 다른 원소들을 포함하고 있다. 이러한 강철들은 흔히 *합금 철강*(alloy steels)이라 하는데, 이 철강들은 틈새형(탄소)과 치환형(다른 금속) 합금들이 혼합된 것으로 볼 수 있다. 한 예로, 스테인리스 스틸은 철 원자들의 일부가 크로뮴과 니켈로 치환되어 있다. 이들 금속들이 첨가되면 철강의 부식에 대한 저항력이 상당히 증가한다.

대화형 예제 13.4 **결정성 고체의 형태 확인하기**

다음 각 물질로 만들어진 결정성 고체의 형태를 말하시오.

a. 암모니아 d. 아르곤

b. 철 e. 황

c. 플루오르화 세슘

풀이

a. NH_3 분자를 포함하고 있는 고체 암모니아는 분자성 고체이다.

b. 철 원자를 기본 입자로 포함하고 있는 고체 철은 원자성 고체이다.

c. Cs^+ 이온과 F^- 이온을 포함하고 있는 고체 플루오르화 세슘은 이온성 고체이다.

d. 원자 상호 간에 공유 결합을 못하는 아르곤 원자를 포함하고 있는 고체 아르곤은 원자성 고체이다.

e. S_8 분자를 포함하고 있는 황 분자는 분자성 고체이다.

SELF-CHECK **실전 연습 13.2** 다음 각 물질로 만들어진 결정성 고체의 유형을 말하시오.

a. 삼산화 황 b. 산화 바륨 c. 금

13장 복습하기 Chapter 13 Review

주요 용어

정상 끓는점(13.1)
정상 어는점(13.1)
분자 간 힘(13.2)
몰 기화열(13.2)
수소 결합(13.3)
기화(13.4)
응축(13.4)
결정성 고체(13.5)
분자성 고체(13.5)
전자 바다 모형(13.6)
틈새형 합금(13.6)
가열/냉각 곡선(13.1)
분자 내 힘(13.2)
몰 녹음열(13.2)
이중극자 – 이중극자 인력(13.3)
런던 분산력(13.3)
증발(13.4)
증기압(13.4)
이온성 고체(13.5)
원자성 고체(13.5)
치환성 합금(13.6)

요약

- 화합물에 에너지가 들어가거나 나가면 상 변화가 일어날 수 있다.
  - 에너지가 계로 들어가면, 물질은 고체로부터 액체 또는 기체로 변할 수 있다.

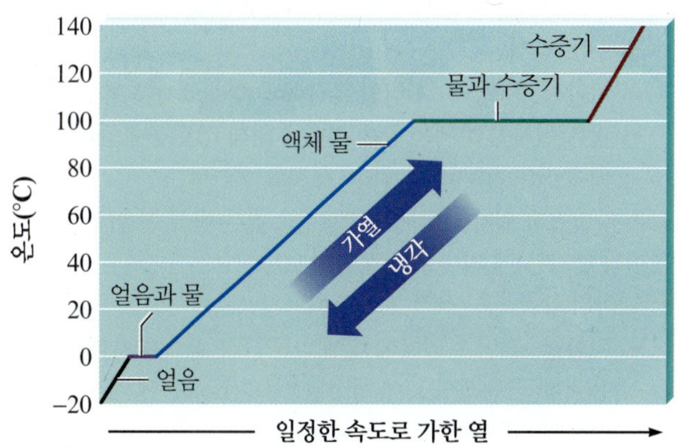

  - 몰 녹음열은 고체 물질 1 mol이 녹는 데 필요한 에너지이다.
  - 정상 녹는점은 1 atm에서 고체가 녹는 온도이다.
  - 정상 끓는점은 1 atm에서 액체가 끓는 온도이다.
  - 분자 간 힘이 광범위하게 작용하는 물질의 경우 상 변화를 시키는 데 많은 에너지를 필요로 한다.
  - 분자 간 힘이 광범위하게 작용하는 물질의 한 예로 물이 있다(수소 결합).
- 분자 간 힘은 물질을 이루고 있는 분자 사이에 작용하는 힘이다.
- 분자 간 힘의 종류로는
  - 이중극자–이중극자: 이중극자 모멘트를 가지고 있는 분자 사이에 작용하는 인력에 기인함

- 수소 결합: 수소가 높은 전기음성도를 갖는 원자(O, N, F)와 결합되어 있는 경우 특별히 작용하는 강한 이중극자-이중극자 힘
- 런던 분산력: 비극성 분자 사이에 전자 "구름"에 의해 형성되는 순간 이중극자에 의해 생성되는 힘

■ 닫힌 용기에서 액체를 벗어난 증기의 평형 압력을 증기압이라 한다.

■ 액체의 증기압은 응축과 증발 사이의 균형을 뜻한다.

■ 분자 간 힘이 큰 물질(물과 같은)은 증기압이 낮다.

■ 액체의 끓는점은 액체의 증기압이 대기압과 같아지는 온도에서 형성된다.

■ 고체의 종류
- 이온성 고체—구성 성분이 이온이다.
- 분자성 고체—구성 성분이 분자이다.
- 원자성 고체—구성 성분이 원자이다.

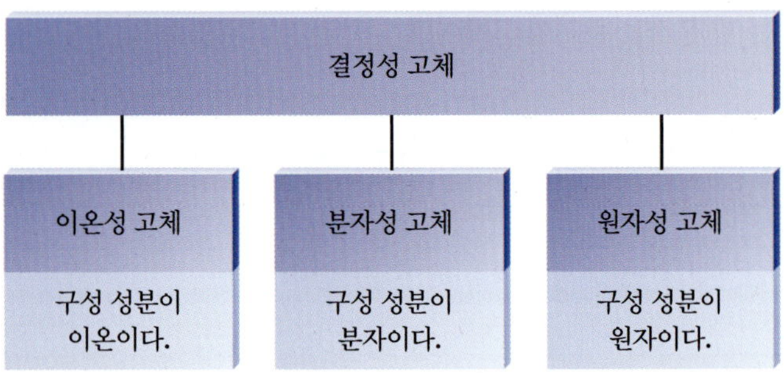

■ 고체에서의 결합
- 이온성 고체는 반대로 하전된 이온 사이의 인력에 의해 서로 붙들려 있다.
- 분자성 고체는 분자 사이의 분자간 힘에 의해 서로 붙들려 있다.
- 원자성 고체는
  - 비활성 기체는 약한 런던 분산력에 의해 고체를 형성한다.
  - 많은 원자성 고체는 공유 결합에 의해 서로가 붙들려 있는 "거대 분자(giant molecule)" 형태를 갖는다.

■ 금속은 밀집된 원자 사이에 비방향성을 갖는 공유 결합(전자 바다 모형이라 불리는)에 의해 서로 붙들려 있다.
- 금속의 합금은 두 가지 형태가 있다.
  - 치환형: 주 금속 원자에 대해 다른 금속 원소가 치환되어 있다.
  - 틈새형: 금속성 구조에 형성된 "구멍(hole)"에 작은 원자가 첨가되어 있다.

활동 학습 질문

다음은 강의 중 그룹 지도를 위한 문제들로, 특정 주제를 소개하는 데 매우 효과적이다.

1. 물이 반쯤 채워진 용기를 밀봉하였다. 용기 안에서 일어나는 현상을 가장 잘 설명한 것은 어느 것인가?
   a. 물은 용기 내부 공기가 수증기로 포화될 때까지 증발한다. 이 시점에서 물은 더 이상 증발하지 않는다.
   b. 물은 용기 내부 공기가 물로 과포화될 때까지 증발하고, 이 물의 대부분은 다시 응축한다. 이 순환은 일정한 양의 수증기가 존재할 때까지 계속되다가 멈춘다.
   c. 용기가 밀폐되어 있기 때문에 물은 증발하지 않는다.
   d. 물은 증발하고, 증발과 재응축이 동시에 그리고 지속적으로 일어난다.
   e. 물은 모든 물이 증기 형태가 될 때까지 증발한다.
2. 다음을 설명하시오. 500-mL 둥근 바닥 플라스크에 물 100 mL를 넣고, 물이 끓을 때까지 가열한다. 가열을 중지하고 플라스크 마개를 덮으면 끓는 것이 멈춘다. 플라스크의 목 부분 위로 찬물을 부으면 물은 다시 끓기 시작한다. 이것은 용기를 냉각시킴으로써 물을 끓이는 것처럼 보인다.
3. 어떤 특정 물질이 가지고 있는 분산력이 수소 결합보다 더 강할 수 있을까? 설명하시오.
4. 고체에서 액체로, 또는 액체에서 기체로 물질이 변할 때, 분자 간 힘의 본성이 변하는가? 물질의 상 변화의 원인은 무엇인가?
5. 어떻게 온도 변화에 의해 증기압 변화가 발생하는가? 설명하시오.
6. 액체의 증기압이 대기압과 같아질 때 어떤 변화가 일어나는가? 설명하시오.
7. 100°C에서 물의 증기압은 얼마인가? 그것을 어떻게 알 수 있는가?
8. 다음에 제시된 물리적 성질이 분자 간 힘의 세기에 어떻게 의존하는가? 설명하시오.
   a. 녹는점
   b. 끓는점
   c. 증기압
9. 주어진 분자에서 분자 간 결합 또는 분자 내 결합 중 어느 것이 더 강한가? 이것을 지지하는 관찰 사항들은 어떤 것이 있는가? 설명하시오.
10. 물의 미세 구조를 그리고, *분자 내 결합*과 *분자 간 힘*을 구분하시오. 결합에 상응하는 루이스 구조를 그릴 수 있을까?
11. N_2와 H_2O 중 분자 간 힘이 더 강한 것은 어느 것인가? 설명하시오.
12. CO와 N_2 중 온도와 압력이 같은 조건에서 더 이상적인 행동을 보일 것으로 판단되는 기체는 어느 것인지 설명하시오.
13. 물 분자는 굽은 형 구조를 하고 있기 때문에 극성 분자인 것으로 알려져 있다. 이것은 물의 많은 흥미 있는 특성에 대해 설명하고 있다. 만일 물이 선형이라면 어떻게 될까? 선형 분자인 경우 물의 특성에 어떤 영향을 줄까? 일상생활에 어떤 차이가 있을까?
14. 백린과 황은 각각 인과 황으로만 형성이 되어 있지만 분자성 고체라고 한다. 어떻게 분자성 고체로 분류되는가? 이것이 사실이라 다이아몬드(탄소로만 구성)는 왜 분자성 고체로 분류되지 않는가?
15. "NaCl 분자"는 틀리고, "H_2O 분자"는 맞는 이유는 무엇인가? 그렇다면 "다이아몬드 분자"는 맞는 표현인가? 설명하시오.

16. $\Delta H_{증발}$과 $\Delta H_{융해}$ 중 더 큰 값일 것으로 예상되는 것은 어느 것인가? 그 이유를 설명하시오.

17. 다음 그림에서 수소 결합을 표현하는 선은 어느 것인가?

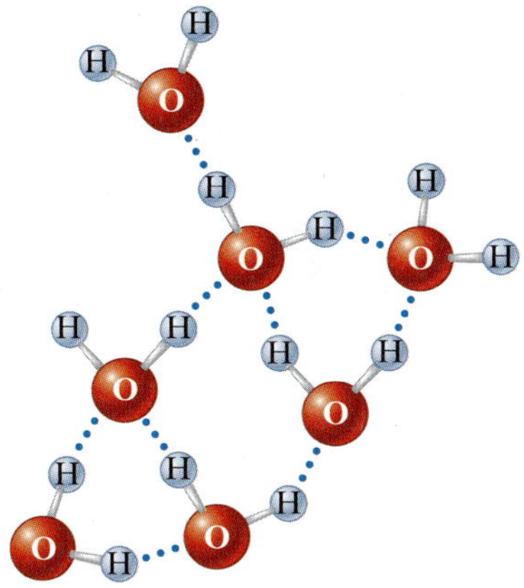

a. 하나의 물 분자의 수소와 다른 물 분자의 산소 원자 사이의 점선
b. 같은 물 분자에서 수소 원자와 산소 원자 사이의 실선
c. 실선과 점선 모두 수소 결합을 나타낸다.
d. 주어진 그림에서 수소 결합을 나타내는 것은 없다.

18. 가열/냉각 곡선을 이용하여 다음 문제에 답하시오.

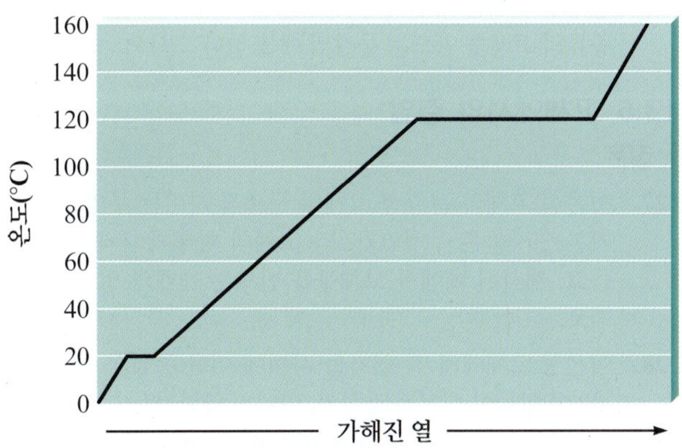

a. 액체의 어는점은 무엇인가?
b. 액체의 끓는점은 무엇인가?
c. 처음 녹기 시작하는 온도와 기화되는 온도 중 어느 것이 더 높은가? 설명하시오.

19. M_xA_y로 표현되는 이온 결합 화합물의 2차원 구조를 가정하자.

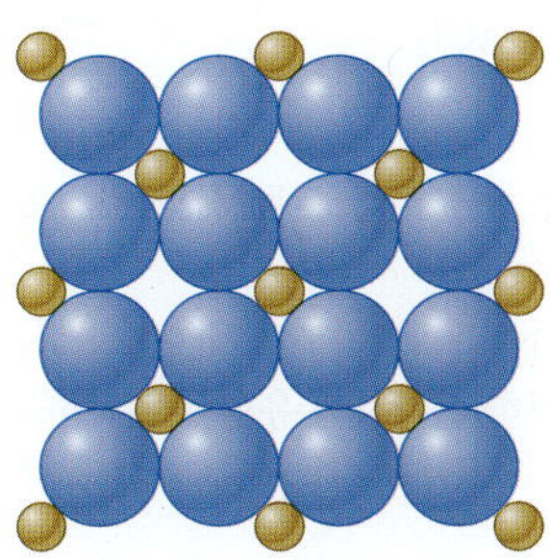

이 이온 결합 화합물의 실험식은 무엇인가?

질문과 문제

13.1 물과 물의 상 변화

▶ *질문*

1. 기체는 액체 또는 고체보다 밀도가 (높다/낮다).
2. 액체와 고체는 기체보다 (더/덜) 압축된다.
3. 물의 어는점/녹는점에서 물의 고체 형태가 물의 액체 형태보다 밀도가 더 낮다는 것을 어떻게 증명할 수 있을까?
4. 물의 *증발*(vaporization) *엔탈피*(ΔH)는 물의 *융해*(fusion) 엔탈피보다 7배 정도 더 크다(41 kJ/mol 대 6 kJ/mol). 이 사실은 물의 고체, 액체, 기체의 상대적 유사성에 대해서 무엇을 말해주고 있는가?
5. −20°C에서 시작하여 120°C까지 일정한 속도로 시료가 가열되는 물의 가열/냉각 곡선을 그리시오. 곡선 위에 액체가 끓는 부분과 고체가 녹는 부분을 표시하시오.

13.2 상태 변화에 필요한 에너지

▶ *질문*

6. 분자성 고체에서 상태 변화는 *물리적* 변화인가, *화학적* 변화인가? 왜 그런가?
7. 고체가 녹고 액체가 끓을 때 미시적 과정에 대해 상세히 서술하시오. 어떤 종류의 힘을 극복해야 하는가? 이 과정이 진행하는 동안 화학적 결합이 끊어지는 것이 있는가?
8. 분자 *내* 힘과 분자 *간* 힘의 차이를 설명하시오.
9. 물 분자에서 수소 원자 두 개가 산소 원자 하나와 결합하고 있는 것은 (분자 간/분자 내) 힘이지만, 얼음 조각에서 물 분자가 서로 가깝게 붙잡고 있는 것은 (분자 간/분자 내) 힘이다.

▶ *문제*

10. 알루미늄 금속의 몰 녹음열은 10.79 kJ/mol이지만 기화열은 293.4 kJ/mol이다.
    a. 알루미늄의 녹음열이 기화열보다 아주 많이 작은 이유는 무엇인가?
    b. 정상 끓는점에서 알루미늄 1.00 g이 기화하는 데 필요한 열량은 얼마인가?
    c. 정상 어는점에서 5.00 g의 액체 알루미늄이 얼 때 얼마만큼의 열을 방출하는가?
    d. 정상 녹는점에서 0.105 mol의 알루미늄이 녹을 때 필요한 열량은 얼마인가?
11. 은에 대한 몰 녹음열과 기화열은 각각 11.3 kJ/mol과 250. kJ/mol이다. 은의 정상 녹는점은 962°C이고, 정상 끓는점은 2212°C이다. 962°C에서 은 12.5 g을 녹이기 위한 열량은 얼마인가? 2212°C에서 4.59 g의 은 증기를 응축시킬 때 방출되는 열량은 얼마인가?
12. 98°C의 정상 녹는점에서 소듐 금속 1.00 g을 녹이는 데 113 J이 필요하다. 소듐의 몰 녹음열을 계산하시오.

13.3 분자 간 힘

▸ *질문*

13. 염화 아이오딘(ICl)을 생각해 보자. 염소는 아이오딘보다 전기음성도가 더 크기 때문에 이 분자는 이중극자가 있다. 기체 상태의 이 분자는 온도를 서서히 낮추면 분자들이 가까워지면서 뭉쳐진다. 이 때 분자들이 서로에 대해 어떻게 배열하게 될지 예측해 보시오. 또한 예상되는 배열을 그리시오.

14. 본문에서 수소 결합은 어떤 두 개의 원자 사이에 가능한 매우 강한 이중극자-이중극자 상호작용의 특별한 경우를 나타낸다. 수소 결합을 위해 수소에 어떤 원자를 첨가해야 하는가? 수소 결합에서 이중극자-이중극자 힘을 비정상적으로 강하게 만들기 위해 수소 원자의 작은 크기가 어떤 공헌을 하고 있는가?

15. 물의 정상 끓는점은 H_2S, H_2Se, H_2Te의 끓는점과 비교할 때 비정상적으로 높다. 이 현상을 물에는 존재하고 다른 물질에는 존재하지 않는 *수소 결합* 측면에서 설명하시오.

16. 기체 상태에서 극성 분자 사이의 이중극자-이중극자 상호작용이 중요하지 *않은* 이유를 설명하시오.

17. __________은 이웃한 원자 또는 분자에 순간 이중극자를 유도할 수 있는 비활성 기체와 비극성 분자 사이에 존재하는 비교적 약한 힘이다.

▸ *문제*

18. 다음 각 물질들의 액체 상태에서 작용하는 분자 간 힘은 어떤 형태인가?

a. Ne
b. Co
c. CH_3OH
d. Cl_2

19. 비활성 기체 원소들의 끓는점은 아래와 같다. 끓는점에 대한 경향성을 밝히시오. 끓는점이 이러한 방식으로 변하는 이유는 무엇인가?

He	−272°C	Kr	−152.3°C
Ne	−245.9°C	Xe	−107.1°C
Ar	−185.7°C	Rn	−61.8°C

20. 25°C 액체 물 50 mL에 같은 25°C 에탄올(에틸 알코올) 50 mL를 첨가하면 합쳐진 혼합물의 부피는 100 mL보다 약간 *적다*. 가능한 설명을 제시하시오.

13.4 증발과 증기압

▸ *질문*

21. *증발*이란 무엇인가? *응축*이란 무엇인가? 이들 과정이 흡열 과정인가? 발열 과정인가?

22. *동적 평형*이란 무엇을 뜻하는가? 액체 위에 증기압의 발생이 어떻게 이와 같은 평형을 나타내는가? 설명하시오.

▸ *문제*

23. 다음 짝지어진 물질 중 특정 온도에서 더 휘발성인 것으로 예상되는 것은 어느 것인가? 그 이유를 설명하시오.

a. $H_2O(l)$ 또는 $H_2S(l)$
b. $H_2O(l)$ 또는 $CH_3OH(l)$
c. $CH_3OH(l)$ 또는 $CH_3CH_2OH(l)$

24. 같은 수의 원자와 종류를 갖지만 서로 다른 구조를 가진 두 분자를 *이성질체*(isomer)라고 한다. 예를 들면, 에틸 알코올과 다이메틸 에터(아래 나타낸 구조)는 모두 화학식이 C_2H_6O이며 서로 이성질체이다. 분자 간 힘을 고려할 때, 두 물질 중 어느 것이 더 휘발성인가? 어느 것이 더 높은 끓는점을 가질 것으로 예상되는가? 설명하시오.

다이메틸 에터	에틸 알코올
$CH_3—O—CH_3$	$CH_3—CH_2—OH$

13.5 고체 상태: 고체의 유형

▸ *질문*

25. 결정성 고체란 무엇인가? 이런 고체들은 어떤 종류의 미시적인 구조를 가지고 있는가? 이 미시적인 구조가 이와 같은 고체들의 거시적인 모양에 어떻게 반영되고 있는가?

26. 결정을 형성하는 가장 작은 단위를 기초로 하여, 세 가지 종류의 결정성 고체를 나열하시오. 결정성 고체의 각 유형에 대하여, 그 종류의 고체를 만드는 물질의 예를 하나 드시오.

13.6 고체에서의 결합

▸ *질문*

27. *이온성* 고체와 *분자성* 고체의 구조적 차이는 무엇인가? 각각의 기본 입자들은 무엇인가? 각 고체의 형태에 대해 두 개씩 예를 들고, 제시된 예에서 고체들을 만드는 개개의 입자들을 나타내시오.

28. 이온성 고체에서 각 입자들 사이에 어떤 종류의 힘이 존재하는가? 이 힘들이 비교적 강한가, 아니면 약한가?

29. 다음과 같이 고체에서 각 입자들 사이에 작용하는 힘을 나타내는 인자인 녹는점의 전체적인 경향성을 설명하시오.

수소, H_2	−259°C
에틸 알코올, C_2H_5OH	−114°C
물, H_2O	0°C
설탕, $C_{12}H_{22}O_{11}$	186°C
염화 칼슘, $CaCl_2$	772°C

30. 이온성 고체는 고체 상태에서는 전도성을 가지지 못하지만 액체 상태이거나 물에 녹았을 때 강한 전도성을 나타내게 된다. 설명하시오.

31. *합금*(alloy)이란 무엇인가? 치환형 합금과 틈새형 합금의 구조적 차이를 설명하고 각각의 유형에 해당하는 예를 제시하시오.

용액
Solutions

CHAPTER 14

몬테레이 만의 수족관에 있는 소금물은 수용액이다.

식물, 동물, 인간의 기능을 유지하는 대부분의 중요한 화학 반응은 수용액에서 일어난다. 수도꼭지에서 나오는 물도 순수한 물이 아니라 물 속에 여러 물질이 녹아있는 일종의 용액이다. 예를 들면, 수돗물에는 물을 살균하기 위한 염소도 녹아있고, 물을 "경수"로 만드는 미네랄도 녹아있으며, 자연과 인간이 유발시킨 오염에 의한 많은 다른 성분들도 미량 녹아있다. 우리는 매일 일상생활에서 공기, 샴푸, 오렌지 소다, 커피, 가솔린, 감기 시럽 등 여러 가지 화학 용액들과 접하고 있다.

용액(solution)은 성분들이 균일하게 혼합되어 있는 혼합물, 즉 균일(homogeneous) 혼합물이다. 균일하게 혼합되어 있다는 것은 어느 한 부분의 시료가 다른 부분의 시료와 같다는 것을 의미한다. 예를 들면, 커피 첫 모금은 마지막 모금과 성분이 같다는 것이다.

우리를 둘러싸고 있는 대기는 $O_2(g)$, $N_2(g)$ 및 다른 기체들이 무작위하게 분산되어 있는 기체 용액이다. 용액은 고체일 수도 있다. 예를 들면, 놋쇠는 구리와 아연의 균일 혼합물(용액)이다.

표 14.1의 예들은 용액이 기체, 액체 또는 고체일 수도 있음을 보여준다. 가장 많은 양으로 존재하는 물질을 **용매**(solvent)라고 하고, 나머지 물질들을 **용질**(solute)이라고 한다. 예를 들어 물 한 잔에 설탕 한 스푼이 녹아있으면 설탕은 용질이고 물은 용매이다.

수용액(aqueous solution)은 용매가 물인 용액이다. 수용액의 성질은 매우 중요하므로 이 장에서 집중적으로 다룰 것이다.

구리와 아연의 고체 용액으로 이루어진 놋쇠는 악기나 여러 가지 다른 제품에 사용된다.
Pferd/Dreamstime.com

14.1 용해도

학습 목표

- 용해 과정을 이해한다.
- 특정 성분이 물에 녹는 이유를 학습한다.

아이스티에 설탕 한 스푼을 넣고 젓거나, 채소를 요리하기 위해 물에 소금을 첨가하면 어떠한 현상이 일어날까? 왜 설탕과 소금은 물 속으로 "사라지게" 되는 걸까? 어떤 물질이 용해된다는 것은 무엇을 의미할까? 즉 용액이 생성된다는 것은 무엇을 의미할까?

7장에서 물에 염화 소듐이 녹아있을 때 그 용액은 전류를 전도하는 것을 보았다. 이것은 용액에 이동할 수 있는 *이온*(ion)들이 들어있다는 것을 의미한다(이것이 전류가 흐르는 이유이다). 고체 염화 소듐이 물에 용해되는 것을 그림 14.1에 나타내었다. 고체 상태에

표 14.1 여러 형태의 용액

예	용액의 상태	용질의 원래 상태	용매의 상태
공기, 천연가스	기체	기체	기체
물이 들어있는 보드카, 물이 들어있는 부동액	액체	액체	액체
놋쇠	고체	고체	고체
탄산수(소다)	액체	기체	액체
바닷물, 설탕물	액체	고체	액체

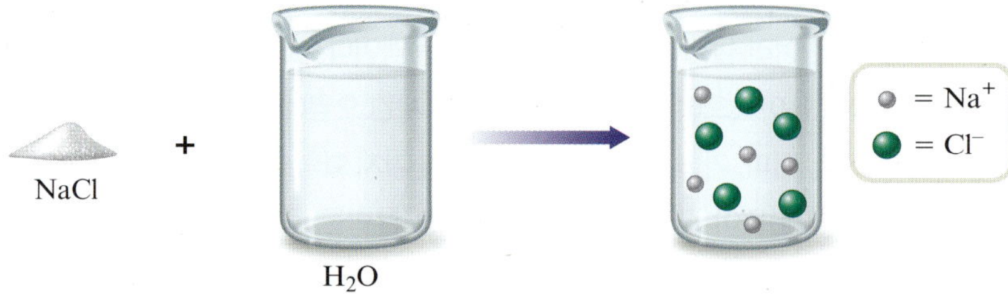

그림 14.1 고체 염화 소듐이 용해되면 이온들은 분리되어 전체 용액으로 퍼지며 무작위로 분산된다.

서는 이온들이 매우 조밀하게 촘촘히 쌓여 있다. 그러나 고체가 용해되면 이온들은 분리되어 전체 용액으로 퍼지며 분산된다. 염화 소듐 결정을 서로 단단히 묶어 유지하는 강한 이온 간 힘은 극성 물 분자들과 이온들 간의 강한 인력에 의해 극복된다. 이러한 과정을 그림 14.2에 나타내었다. 극성인 물 분자는 각각 Cl^-나 Na^+ 이온과 물 사이의 인력을 최대화할 수 있는 방식으로 배열된다. 물 분자 말단의 양전하가 Cl^- 이온을 끌어당기고, 물 분자 말단의 음전하는 Na^+ 이온을 끌어당긴다. 고체에서 양이온과 음이온을 붙잡는 강한 힘은 물–이온의 강한 상호작용에 의해 대체되고, 결국 고체는 녹게 된다(이온들이 분산된다).

염과 같은 이온 성분들이 물에 용해될 때, *개별적인*(individual) 양이온과 음이온으로 쪼개져 물 속에서 분산된다는 것을 기억하는 것이 중요하다. 예를 들면, 질산 암모늄(NH_4NO_3)이 물에 녹아서 얻어지는 용액에는 각각 독립적으로 움직이는 NH_4^+와 NO_3^- 이온들이 들어있다. 이러한 과정은 다음과 같이 나타낼 수 있다.

$$NH_4NO_3(s) \xrightarrow{H_2O(l)} NH_4^+(aq) + NO_3^-(aq)$$

여기서 (aq)는 이온들이 물 분자로 둘러싸여 있다는 것을 나타낸다.

또한 물은 많은 비이온성 물질들을 녹인다. 설탕은 물에 매우 잘 녹는 대표적인 비이온성 용질의 한 예이다. 다른 예로는 에탄올(C_2H_5OH)이 있다. 와인, 맥주, 그 외 혼합주는 에탄올(다른 미량 성분도 포함되어 있음)의 수용액이다. 왜 에탄올은 물에 잘 녹는가? 그 해답은 에탄올 분자의 구조에 있다[그림 14.3(a)]. 이 분자는 물의 극성 O—H 결합과 비슷

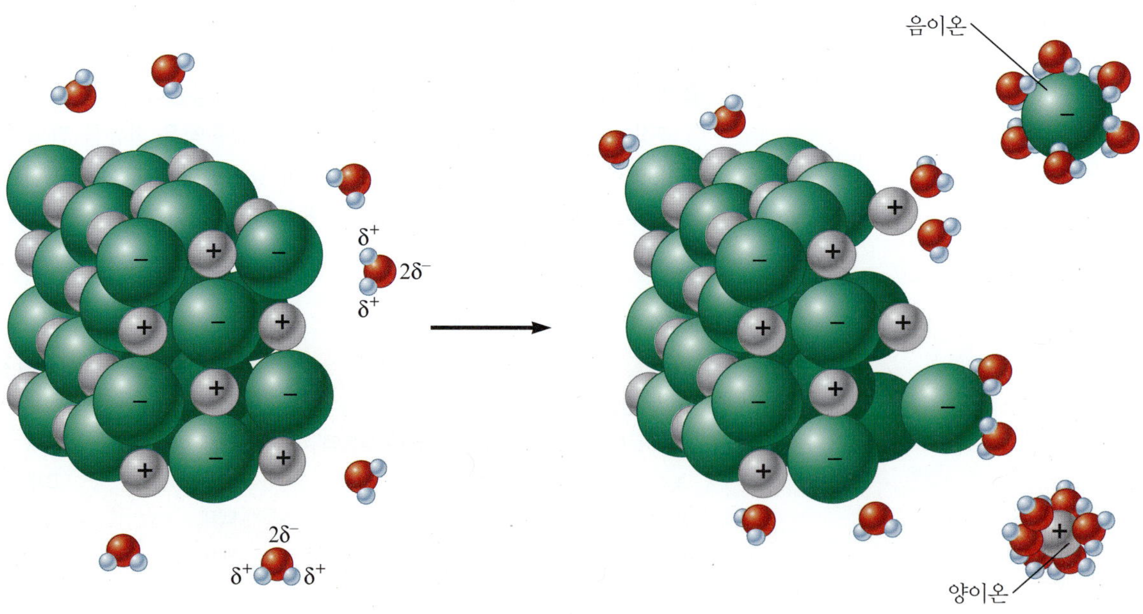

그림 14.2 극성 물 분자는 염의 양이온 및 음이온과 상호작용한다. 이러한 상호작용은 녹지 않는 고체를 서로 단단히 묶어 유지하는 강한 이온 간 힘을 대체하여, 녹는 과정을 돕는다.

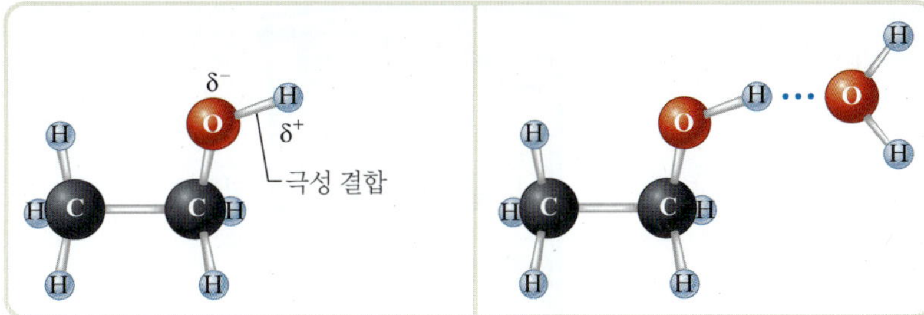

a 에탄올 분자는 물의 극성 O—H 결합과 비슷한 극성 O—H 결합을 가지고 있다.

b 극성인 물 분자는 에탄올에 있는 극성 O—H 결합과 강하게 상호작용한다.

그림 14.3

Christopher Berkey/EPA/Newscom.com

기름 유출. 기름은 물과 섞이지 않고 물 표면에 뜬다.

한 극성 O—H 결합을 가지고 있어 물과 잘 호환될 수 있다. 순수한 물 속에서 물 분자들 사이에 형성된 수소 결합(그림 13.6)과 같이, 에탄올 분자들은 두 물질의 용액 속에서 물 분자들과 수소 결합을 형성할 수 있다. 이것을 그림 14.3(b)에 나타내었다.

설탕 분자[설탕은 수크로스(sucrose)라는 화학명을 가지고 있다]를 그림 14.4에 나타내었다. 설탕 분자는 많은 극성 O—H 기를 가지고 있고, 이 작용기들은 각각 물 분자와 수소 결합을 할 수 있음을 주목하라. 수크로스와 물 분자 사이의 인력 때문에 고체 수크로스(설탕)는 물에 아주 잘 녹는다.

물에 용해되지 않는 물질도 많이 있다. 예를 들면 사고가 난 유조선에서 석유가 새어나올 때, 석유는 물보다 밀도가 낮기 때문에 물에 균일하게 분산되지 않고(용해되지 않고) 물의 표면에 뜨게 된다. 그림 14.5에 나타낸 것과 같이 석유는 분자들의 혼합물이다. 탄소와 수소는 전기음성도가 매우 비슷하기 때문에 결합 전자들을 거의 똑같이 나누어 가지므로 결과적으로 결합은 비극성이다. 비극성 결합을 가진 분자들은 극성인 물 분자와는 인력을 형성할 수 없으며 이러한 현상은 석유가 물에 용해되는 것을 막는다. 이러한 상황을 그림 14.6에 나타내었다.

그림 14.6에서 액체인 물 속의 물 분자는 수소 결합 상호작용에 의해 서로 결합되어 있음을 주목하라. 용질을 물에 녹이기 위해서는 개별 용질 입자를 위한 "틈"이 물 구조 속에 형성되어야 한다. 이것은 손실되는 물–물 상호작용이 비슷한 물–용질 상호작용으로 대체

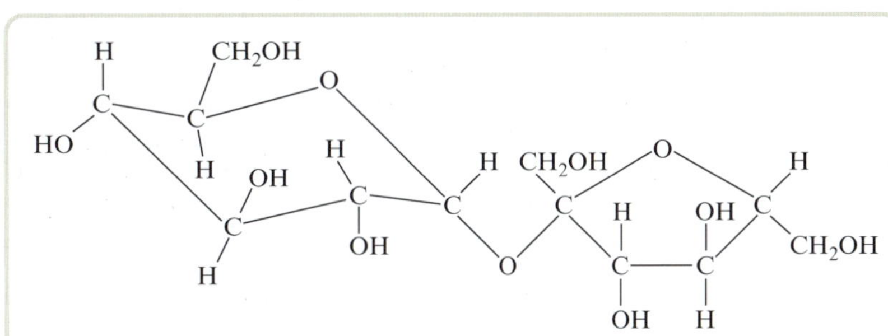

그림 14.4 수크로스(sucrose)라고 부르는 일반적인 설탕의 구조. 분자 속에 있는 많은 극성 O—H 기들 때문에 수크로스는 물에 아주 잘 녹는다.

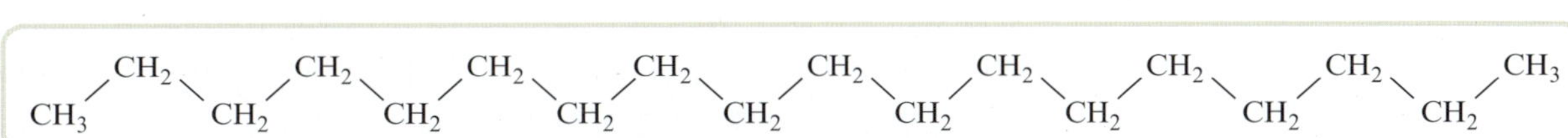

그림 14.5 석유에서 발견되는 대표적인 분자. 결합들이 비극성이다.

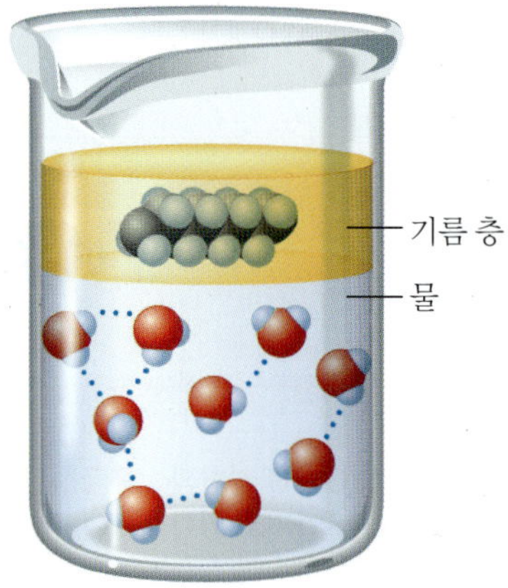

그림 14.6 물 위에 떠 있는 기름 층. 기름 성분이 녹기 위해서는 용질 입자를 위한 "틈"을 만들기 위해 물-물 수소 결합이 끊어져야 한다. 그러나 용질과의 비슷한 강한 상호작용에 의해 대신될 때만 물-물 상호작용이 끊어질 것이다.

될 때에만 일어날 것이다. 염화 소듐의 경우, 강한 상호작용이 극성 물 분자와 Na^+ 및 Cl^- 이온 사이에서 나타난다. 이러한 상호작용으로 염화 소듐이 녹게 된다. 에탄올이나 수크로스의 경우에는 O—H 작용기와 물 분자 사이에 수소 결합 상호작용이 일어날 수 있어서 이러한 물질들이 물에 녹게 되는 것이다. 그러나 기름 분자들은 물에 녹지 않는다. 이것은 이렇게 큰 분자가 들어갈만한 "틈"을 만들기 위해 끊어져야 할 많은 물-물 상호작용이 물-용질 상호작용에 의해 대체되지 않기 때문이다.

이러한 거동은 "*비슷한 것끼리 서로 녹인다*(like dissolves like)"라는 문장으로 설명할 수 있다. 다시 말하면, 주어진 용매는 일반적으로 자신과 비슷한 극성을 가진 용질을 녹인다. 예를 들어, 용액 속에서 형성된 용질-용매 상호작용은 순수한 용매 속에 존재하는 물-물 상호작용과 비슷하기 때문에 물은 대부분의 극성 용질을 녹인다. 마찬가지로 비극성 용매는 비극성 용질을 녹인다. 예를 들면, 옷에 묻은 "기름 얼룩"을 제거하기 위해 사용되는 드라이클리닝 용매는 비극성 액체이다. 기름 얼룩은 비극성 분자들로 구성되어 있으므로 기름 얼룩을 제거하기 위해서는 비극성 용매가 필요하다.

14.2 용액의 조성: 개요

학습 목표

- 용액의 농도와 관련된 정성적인 용어를 배운다.

아무리 잘 녹는 성분이라고 하더라도 주어진 용매의 양에 따라 용질이 용해될 수 있는 양에는 한계가 있다. 예를 들어, 한 잔의 물에 설탕을 넣으면 처음에는 설탕이 빠르게 사라진다. 그러나 설탕을 계속 넣으면 어느 시점에서 설탕은 더 이상 녹지 않고 잔의 바닥에 쌓이게 된다. 그 온도에서 용액이 용해될 수 있는 최대한의 용질을 포함하고 있을 때 **포화**(saturated)되었다고 한다. 만약 이미 포화된 용액에 같은 고체 용질을 더 첨가한다면 더 들어간 용질은 녹지 않는다. 용액 속에 들어있는 용질이 용해될 수 있는 한계까지 도달하지 *않았을* 때의 용액을 **불포화**(unsaturated)되었다고 한다. 불포화 용액에 용질을 더 첨가하면 그것은 녹는다.

화합물은 항상 조성이 같지만, 용액은 혼합물이며 서로 다른 용액에서는 존재하는 성분의 양은 달라질 수 있다. 예를 들어 커피는 진하게도 연하게도 할 수 있다. 주어진 물의 양에 대한 진한 커피는 연한 커피에 비해 녹아있는 커피의 양이 많다. 확실하게 용액을 서술하기 위해서는 용매와 용질의 양을 명시해야 할 필요가 있다. 용액을 서술할 때 때때로 *진하다*와 *묽다*는 정성적 개념을 사용한다. 녹아있는 용질의 양이 상대적으로 많으면 **진한**

(concentrated) 용액이다. 녹아있는 용질의 양이 상대적으로 적으면 **묽은**(dilute) 용액이다.

이러한 정성적 용어가 목적에 따라 편리할 때도 있지만 용매의 주어진 양에 존재하는 용질의 양을 정확하게 알아야 할 필요가 있다. 다음 몇 절에서 용액의 조성을 설명하는 여러 방법에 대해 알아보기로 하자.

14.3 용액의 조성: 질량 백분율

학습 목표

- 질량 백분율의 농도 개념을 이해하고 계산하는 방법을 배운다.

용액의 조성이 의미하는 것은 일정량의 주어진 용액에 존재하는 용질의 양을 상세히 나타내는 것이다. 일반적으로 용질의 양은 질량(그램수)이나 mol로 주어진다. 용액의 양은 질량이나 부피 개념으로 결정된다.

용액의 조성을 나타내는 일반적인 한 가지 방법은 **질량 백분율**(mass percent)이다[때로 *중량 백분율*(weight percent)이라고도 함]. 질량 백분율은 일정한 질량의 용액에 존재하는 용질의 질량을 나타낸다. 질량 백분율은 다음과 같이 정의한다.

$$\text{질량 백분율} = \frac{\text{용질의 질량}}{\text{용액의 질량}} \times 100\%$$

$$= \frac{\text{용질의 그램수}}{\text{용질의 그램수} + \text{용매의 그램수}} \times 100\%$$

예를 들어, 물 48 g에 염화 소듐 1.0 g을 녹인 용액이 있다고 가정하자. 용액의 질량은 49 g(H_2O 48 g과 NaCl 1.0 g)이고 용질(NaCl)은 1.0 g이다. 따라서 용질의 질량 백분율은 다음과 같다.

$$\frac{1.0\text{ g의 용질}}{49\text{ g의 용액}} \times 100\% = 0.020 \times 100\% = 2.0\%\ \text{NaCl}$$

대화형 예제 14.1 용액 조성: 질량 백분율 계산

물 100.0 g에 에탄올(C_2H_5OH) 1.00 g을 섞어 용액을 만들었다. 이 용액에서 에탄올의 질량 백분율을 계산하시오.

풀이

풀이 방향

주어진 에탄올 용액의 질량 백분율을 결정하려고 한다.

주어진 자료

- 에탄올(C_2H_5OH) 1.00 g이 물(H_2O) 100.0 g에 들어있다.
- $\text{질량 백분율} = \frac{\text{용질의 질량}}{\text{용액의 질량}} \times 100\%$

풀이 과정

이 경우 용매(물)는 100.0 g, 용질(에탄올)은 1.00 g이다.
질량 백분율의 정의를 적용하면

$$\text{C}_2\text{H}_5\text{OH의 질량 백분율} = \frac{\text{C}_2\text{H}_5\text{OH의 그램 수}}{\text{용액의 그램수}} \times 100\%$$

$$= \left(\frac{1.00\text{ g C}_2\text{H}_5\text{OH}}{100.0\text{ g H}_2\text{O} + 1.00\text{ g C}_2\text{H}_5\text{OH}}\right) \times 100\%$$

$$= \frac{1.00\text{ g}}{101.0\text{ g}} \times 100\%$$

$$= 0.990\%\ \text{C}_2\text{H}_5\text{OH}$$

점검 100.0 g이 약간 넘는 용액에 에탄올 1.00 g이 들어있으므로 질량 백분율이 1%가 거의 되지 않는다는 것은 옳은 것이다.

SELF-CHECK

실전 연습 14.1 바닷물 135 g을 시료로 채취하여 건조시켰더니 고체 잔유물이 4.73 g이 남았다(바닷물에는 처음부터 염이 용해되어 있었다). 원래 바닷물 속에 존재하는 용질의 질량 백분율을 계산하시오.

대화형 예제 14.2 용액 조성: 용질의 양 계산

우유는 참 용액은 아니지만(우유는 물 속에 지방, 단백질 및 다른 성분들이 작은 방울로 현탁되어 있음) 우유에는 락토스라는 당이 용해되어 있다. 일반적으로 우유에는 락토스($C_{12}H_{22}O_{11}$)가 질량비로 4.5% 포함되어 있다. 이 우유 175 g에 들어있는 락토스의 질량을 계산하시오.

풀이

풀이 방향

우유 175 g에 들어있는 락토스의 질량을 결정하려고 한다.

주어진 자료

- 우유 175 g이 있다.
- 우유에는 질량비로 4.5%의 락토스($C_{12}H_{22}O_{11}$)가 있다.
- $\text{질량 백분율} = \frac{\text{용질의 질량}}{\text{용액의 질량}} \times 100\%$

풀이 과정

질량 백분율의 정의를 이용하여,

$$\text{질량 백분율} = \frac{\text{용질의 그램수}}{\text{용액의 그램수}} \times 100\%$$

우리가 알고 있는 양을 치환하면

$$\text{질량 백분율} = \frac{\overset{\text{락토스의 질량}}{\text{용질의 그램수}}}{\underset{\text{우유의 질량}}{175\text{ g}}} \times 100\% = \overset{\text{질량 백분율}}{4.5\%}$$

용질의 그램수를 구하기 위하여 양변에 175 g을 곱하면

$$\cancel{175\text{ g}} \times \frac{\text{용질의 그램수}}{\cancel{175\text{ g}}} \times 100\% = 4.5\% \times 175\text{ g}$$

양변을 100%로 나누면

$$\text{용질의 그램수} \times \frac{\cancel{100\%}}{\cancel{100\%}} = \frac{4.5\%}{100\%} \times 175\ \text{g}$$

용질의 질량 = 0.045 × 175 g = 7.9 g 락토스

SELF-CHECK

실전 연습 14.2 폼알데하이드가 질량비로 40.0%인 용액을 만들기 위해서는 폼알데하이드 425 g에 물 몇 그램을 넣어야 하는가? 포르말린이라고 하는 이 용액은 생물학적 표본의 보존에 사용된다.

힌트 질량 백분율의 계산식에 알고 있는 값을 치환하고 미지의 값(용매의 질량)을 구한다.

14.4 용액의 조성: 몰농도

학습 목표

- 몰농도를 이해한다.
- 몰농도를 이용하여 용질의 몰수를 계산하는 방법을 배운다.

용액을 질량 백분율로 설명할 때 용액의 양은 질량 개념으로 주어진다. 그러나 용액은 질량으로 측정하는 것보다 부피로 측정하는 것이 좀 더 편리하다. 따라서 화학자들은 종종 *농도*(concentration)의 개념으로 용액을 설명한다. 용액의 *주어진 부피*에서의 용질의 양에 따라 용액의 농도를 결정한다. 가장 자주 사용되는 농도의 표현은 **몰농도**(molarity, *M*)이다. 몰농도는 용액의 부피는 리터로, 용질의 양은 몰(mol)로 나타낸다. 몰농도는 *용액의 리터당 용질의 몰수*이다. 즉,

$$M = \text{몰농도} = \frac{\text{용질의 몰수}}{\text{용액의 부피}} = \frac{\text{mol}}{\text{L}}$$

1.0 몰 용액(1.0 *M*이라고 표기)은 용액 1 리터당 용질 1.0 mol이 포함되어 있는 것이다.

대화형 예제 14.3 **용액 조성: 몰농도 계산 I**

고체 NaOH 11.5 g을 충분한 양의 물에 녹여서 1.50 L의 용액을 만들었을 때 용액의 몰농도를 계산하시오.

풀이

풀이 방향

NaOH 용액의 농도(*M*)를 결정하고자 한다.

주어진 자료

- 1.50 L 용액에 NaOH 11.5 g이 녹아있다.
- $M = \frac{\text{용질의 몰수}}{\text{용액의 부피}}$

필요한 자료

- NaOH 11.5 g의 몰수를 알아야 한다.

풀이 과정

용질의 질량(그램)이 있으므로 용질의 질량을 몰수로 전환해야 한다(NaOH의 몰질량 사

용). 그런 다음 리터당 몰수로 나눌 수 있다.

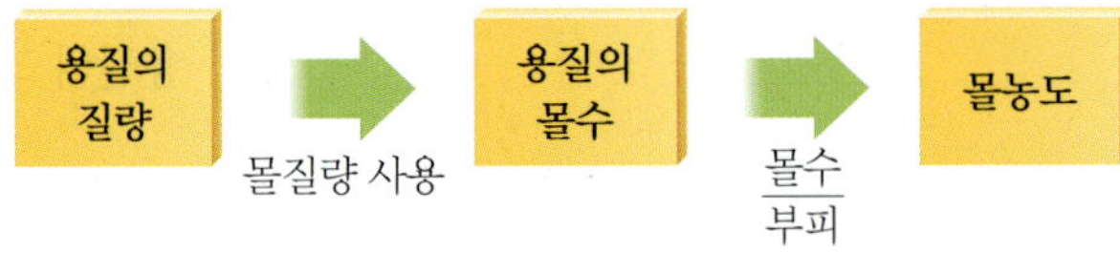

NaOH의 몰질량(40.0 g)을 사용하여 용질의 몰수를 계산한다.

$$11.5\ \text{g}\ \cancel{\text{NaOH}} \times \frac{1\ \text{mol NaOH}}{40.0\ \text{g}\ \cancel{\text{NaOH}}} = 0.288\ \text{mol NaOH}$$

용액의 부피(L 단위)로 나눈다.

$$\text{몰농도} = \frac{\text{용질의 몰수}}{\text{용액의 부피}} = \frac{0.288\ \text{mol NaOH}}{1.50\ \text{L 용액}} = 0.192\ M\ \text{NaOH}$$

대화형 예제 14.4 용액 조성: 몰농도 계산II

HCl 기체 1.56 g을 충분한 양의 물에 녹여 26.8 mL의 용액을 만들었을 때 용액의 몰농도를 계산하시오.

풀이

풀이 방향

HCl 용액의 농도(M)를 결정하고자 한다.

주어진 자료

- 26.8 mL 용액에 HCl 1.56 g이 녹아있다.
- $M = \dfrac{\text{용질의 몰수}}{\text{용액의 부피}}$

필요한 자료

- HCl 1.56 g의 몰수를 알아야 한다.
- 리터 단위로 수용액의 부피를 알아야 한다.

풀이 과정

HCl 1.56 g을 몰수로 변환하고 26.8 mL를 리터로 변환해야 한다(몰농도는 리터의 개념으로 정의되기 때문). 먼저 HCl의 몰수를 계산한다(몰질량 = 36.5 g).

$$1.56\ \text{g}\ \cancel{\text{HCl}} \times \frac{1\ \text{mol HCl}}{36.5\ \text{g}\ \cancel{\text{HCl}}} = 0.0427\ \text{mol HCl}$$
$$= 4.27 \times 10^{-2}\ \text{mol HCl}$$

다음에는 1 L = 1000 mL를 이용하여 적당한 환산 인자로 용액의 부피를 밀리리터에서 리터 단위로 바꾼다.

$$26.8\ \cancel{\text{mL}} \times \frac{1\ \text{L}}{1000\ \cancel{\text{mL}}} = 0.0268\ \text{L}$$
$$= 2.68 \times 10^{-2}\ \text{L}$$

끝으로 용질의 몰수를 용액의 리터수로 나눈다.

$$\text{몰농도} = \frac{4.27 \times 10^{-2}\ \text{mol HCl}}{2.68 \times 10^{-2}\ \text{L 용액}} = 1.59\ M\ \text{HCl}$$

SELF-CHECK

실전 연습 15.3 에탄올(C_2H_5OH) 1.00 g을 충분한 양의 물에 녹여서 최종 부피가 101 mL인 용액을 만들었을 때 용액의 몰농도를 계산하시오.

용액의 조성을 설명함에 있어서 녹아있는 상태의 용질의 실제 화학적 성질을 정확하게 설명할 수는 없다는 점을 알아야 한다. 용질의 농도는 항상 용질이 녹기 *전의* 형태에 대한 개념으로 설명한다. 예를 들면, 1.0 M 염화 소듐 용액이라는 것은 고체 염화 소듐 1.0 mol을 충분한 물에 녹여서 1.0 L 용액을 만들었다는 것을 의미하는 것이지 염화 소듐 단위 1.0 mol이 용액에 포함되어 있다는 것을 의미하는 것은 아니다. 실제로 이 용액은 Na^+ 이온 1.0 mol과 Cl^- 이온 1.0 mol을 포함하고 있다. 즉, 용액은 1.0 M Na^+와 1.0 M Cl^-를 포함하고 있다.

대화형 예제 14.5 용액 조성: 몰농도로부터 이온 농도 계산

다음 용액에 존재하는 각 이온의 농도를 계산하시오.

a. 0.50 M $Co(NO_3)_2$

b. 1 M $FeCl_3$

질산 코발트(II) [$Co(NO_3)_2$] 용액

풀이

이온 결합 화합물은 물에 녹으면 이온 성분으로 해리된다는 것을 기억하라.

$Co(NO_3)_2$ → Co^{2+}, NO_3^- NO_3^-

$FeCl_3$ → Fe^{3+}, Cl^- Cl^- Cl^-

a. 고체 $Co(NO_3)_2$는 녹으면 다음 이온들을 생성한다. ◀

$$Co(NO_3)_2(s) \xrightarrow{H_2O(l)} Co^{2+}(aq) + 2NO_3^-(aq)$$

여기서 다음과 같이 나타낼 수 있다.

$$1\ \text{mol}\ Co(NO_3)_2(s) \xrightarrow{H_2O(l)} 1\ \text{mol}\ Co^{2+}(aq) + 2\ \text{mol}\ NO_3^-(aq)$$

그러므로 0.50 M $Co(NO_3)_2$ 용액은 0.50 M Co^{2+}와 (2 × 0.50) M NO_3^-, 즉 1.0 M NO_3^-를 포함하고 있다.

b. 고체 $FeCl_3$가 물에 녹으면 다음 이온들을 생성한다. ◀

$$FeCl_3(s) \xrightarrow{H_2O(l)} Fe^{3+}(aq) + 3Cl^-(aq)$$

또는

$$1\ \text{mol}\ FeCl_3(s) \xrightarrow{H_2O(l)} 1\ \text{mol}\ Fe^{3+}(aq) + 3\ \text{mol}\ Cl^-(aq)$$

그러므로 1 M $FeCl_3$ 용액은 1 M Fe^{3+}와 3 M Cl^-를 포함하고 있다.

SELF-CHECK

실전 연습 14.4 다음 용액에 존재하는 각 이온의 농도를 계산하시오.

a. 0.10 M Na_2CO_3

b. 0.010 M $Al_2(SO_4)_3$

수학적 기능 향상 도움말

$$M = \frac{\text{용질의 몰수}}{\text{용액의 부피}}$$

리터수 × M ⇨ 용질의 몰수

종종 몰농도를 알고 있는 용액의 주어진 부피 내에 존재하는 용질의 몰수를 알아야 할 필요가 있다. 용질의 몰수를 알기 위해서 몰농도의 정의를 사용한다. ◀ 용액의 몰농도에 부피(리터)를 곱하면 용액 내에 존재하는 용질의 몰수를 알 수 있다.

$$\text{용액의 리터수} \times \text{몰농도} = \cancel{\text{용액의 리터수}} \times \frac{\text{용질의 몰수}}{\cancel{\text{용액의 리터수}}}$$
$$= \text{용질의 몰수}$$

대화형 예제 14.6 용액 조성: 몰농도로부터 몰수 계산

0.75 M $AgNO_3$ 용액 25 mL에는 Ag^+ 이온이 몇 mol 존재하는가?

풀이

풀이 방향

Ag^+ 용액의 몰수를 결정하고자 한다.

주어진 자료

- 0.75 M $AgNO_3$ 25 mL를 가지고 있다.
- $M = \frac{\text{용질의 몰수}}{\text{용액의 부피}}$

풀이 과정

0.75 M $AgNO_3$ 용액은 0.75 M Ag^+ 이온과 0.75 M NO_3^- 이온을 포함하고 있다는 것을 알아야 한다. 다음에 부피를 리터로 나타낸다. 즉, mL를 L로 변환해야 한다.

$$25\ \cancel{\text{mL}} \times \frac{1\ \text{L}}{1000\ \cancel{\text{mL}}} = 0.025\ \text{L} = 2.5 \times 10^{-2}\ \text{L}$$

부피를 몰농도에 곱한다.

$$2.5 \times 10^{-2}\ \cancel{\text{L 용액}} \times \frac{0.75\ \text{mol Ag}^+}{\cancel{\text{L 용액}}} = 1.9 \times 10^{-2}\ \text{mol Ag}^+$$

SELF-CHECK

실전 연습 14.5 1.0×10^{-3} M $AlCl_3$ 용액 1.75 L 중에 들어있는 Cl^-의 몰수는 얼마인가?

표준 용액(standard solution)이란 *농도가 정확하게 알려진 용액*을 말한다. 순수한 상태의 용질을 사용할 경우, 용질의 정확한 무게를 측정하여 *부피 플라스크*(volumetric flask)에 담은 후 플라스크 목에 표시된 선까지 용매를 가하면 표준 용액을 만들 수 있다. 이 과정을 그림 14.7에 설명하였다.

대화형 예제 14.7 용액 조성: 몰농도로부터 질량 구하기

포도주에서 알코올의 농도를 알아내기 위해서는 0.200 M $K_2Cr_2O_7$(다이크로뮴산 포타슘) 수용액 1.00 L가 필요하다. 이 용액을 만들기 위한 $K_2Cr_2O_7$(몰질량 = 294.2 g/mol)의 양은 얼마인가?

풀이

풀이 방향

주어진 용액을 만드는 데 필요한 $K_2Cr_2O_7$의 질량을 결정하고자 한다.

주어진 자료

- 0.200 M $K_2Cr_2O_7$ 1.00 L를 만들고자 한다.
- $K_2Cr_2O_7$의 몰질량은 294.2 g/mol이다.

ⓐ 부피 플라스크(volumetric flask)에 무게를 측정한 물질(용질)을 넣고, 소량의 물을 가한다.

ⓑ 플라스크를 가볍게 흔들어 고체를 용해시킨다(마개를 막은 상태).

ⓒ 플라스크 목에 그어진 표시선까지 물을 가하면서 가볍게 흔들어준다. 플라스크를 여러 번 거꾸로 뒤집어서 용액이 완전히 섞이게 한다.

그림 14.7 표준 수용액을 만드는 단계.

■ $M = \frac{\text{용질의 몰수}}{\text{용액의 부피}}$

풀이 과정

지금 필요한 것은 용질($K_2Cr_2O_7$)의 그램수(용액을 만드는 데 필요한 질량)이다. 우선 부피(L)와 몰농도의 곱으로 $K_2Cr_2O_7$의 몰수를 구할 수 있다.

리터수 × *M* ⇨ 용질의 몰수

$$1.00\ \cancel{\text{L 용액}} \times \frac{0.200\ \text{mol}\ K_2Cr_2O_7}{\cancel{\text{L 용액}}} = 0.200\ \text{mol}\ K_2Cr_2O_7 ◀$$

그러면 $K_2Cr_2O_7$의 몰질량(294.2 g/mol)을 이용하여 $K_2Cr_2O_7$의 몰수를 g으로 변환한다.

$$0.200\ \cancel{\text{mol}\ K_2Cr_2O_7} \times \frac{294.2\ \text{g}\ K_2Cr_2O_7}{\cancel{\text{mol}\ K_2Cr_2O_7}} = 58.8\ \text{g}\ K_2Cr_2O_7$$

0.200 *M* $K_2Cr_2O_7$ 1.00 L를 만들려면 $K_2Cr_2O_7$ 58.8 g을 저울에 달아 플라스크에 넣은 다음, 물을 가하여 녹이고 플라스크의 목까지 물을 채워 1.00 L 용액이 되도록 한다. 이는 1.00 L 들이 용량 플라스크(그림 14.7 참조)를 이용하면 쉽게 만들 수 있다.

SELF-CHECK

실전 연습 14.6 생물 표본 보존에 사용되는 포르말린은 폼알데하이드(HCHO)의 수용액이다. 12.3 *M* 포르말린 2.5 L를 만들기 위해 사용되는 폼알데하이드의 양은 얼마인가?

14.5 묽힘

학습 목표

■ **모액(stock solution)을 묽혀서 만든 용액의 농도를 구한다.**

실험실에서 쓰는 용액들은 시간과 공간을 절약하기 위해 흔히 사용하는 용액을 구입하거나 *모액*(stock solution)이라고 부르는 진한 농도의 형태로 만들어둔다. 그런 뒤 실제로 사용할 때는 용도에 따라 모액에 물이나 다른 용매를 넣어 묽히는 **묽힘**(dilution)을 통해 원하는 농도의 용액으로 만든다. 예를 들어 자주 사용하는 산들은 진한 모액으로 구입하여 필요하면 물로 묽혀서 사용한다. 묽힘과 관련된 전형적인 문제는 원하는 농도의 용액을 만들기 위해 넣는 물의 양을 계산하는 것이다. 이 계산에서의 핵심은 *물을 넣어 묽혀도* 용질의 양은 변하지 않는다는 점이다. 따라서 다음 관계가 성립한다.

$$\text{묽힌 후 용질의 몰수} = \text{묽히기 전 용질의 몰수}$$

이처럼 용질의 몰수는 변하지 않지만 묽히는 과정에서 물을 가하여 부피가 증가하였으므로 용질의 몰농도는 감소한다.

일정

$$M = \frac{\text{용질의 몰수}}{\text{부피(L)}}$$

감소 증가(물 첨가)

예를 들어 17.5 M 아세트산($HC_2H_3O_2$) 모액으로 1.00 M 아세트산 500. mL를 만든다고 하자. 필요한 모액의 부피는 얼마일까?

첫 단계는 최종 용액에 들어있어야 할 아세트산의 몰수를 알아내는 것이다. 이는 아래와 같이 용액의 부피에 몰농도를 곱하면 구해진다.

$$\text{묽힌 용액의 부피(L)} \times \text{묽힌 용액의 몰농도} = \text{용질의 몰수}$$

묽힌 용액에 들어있는 용질의 몰수는 진한 용액(모액)에 들어있는 용질의 몰수와 같다. 모액이 아세트산의 유일한 공급원이기 때문이다.

몰농도는 리터로 정의된 것이므로 500. mL를 리터로 변환한 다음 몰농도와 곱해야 한다.

수학적 기능 향상 도움말

리터수 × M ⇨ 용질의 몰수

$$500.\ \cancel{\text{mL 용액}} \times \frac{1\text{ L 용액}}{1000\ \cancel{\text{mL 용액}}} = 0.500\text{ L 용액}$$

$V_{\text{묽힌 용액}}$(mL 단위) mL를 L로 변환

$$0.500\ \cancel{\text{L 용액}} \times \frac{1.00\text{ mol }HC_2H_3O_2}{\cancel{\text{L 용액}}} = 0.500\text{ mol }HC_2H_3O_2$$

$M_{\text{묽힌 용액}}$

이제 0.500 mol의 아세트산을 가진 17.5 M 아세트산의 부피를 구해야 한다. 구할 부피를 V라고 하면, 부피 × 몰농도 = 몰수이므로 다음과 같이 나타낼 수 있다.

$$V\text{(L)} \times \frac{17.5\text{ mol }HC_2H_3O_2}{\text{L 용액}} = 0.500\text{ mol }HC_2H_3O_2$$

양변을 $\frac{17.5\text{ mol }HC_2H_3O_2}{\text{L 용액}}$로 나누어 V를 구하면 다음과 같다.

$$V = \frac{0.500\ \cancel{\text{mol }HC_2H_3O_2}}{\frac{17.5\ \cancel{\text{mol }HC_2H_3O_2}}{\text{L 용액}}} = 0.0286\text{ L, 즉 }28.6\text{ mL 용액}$$

그러므로 1.00 M 아세트산 500. mL를 만들려면 17.5 M 아세트산 28.6 mL를 물로 묽혀서 최종 부피가 500. mL가 되도록 한다. 이 과정을 그림 14.8에서 볼 수 있다. 묽히기 전후에 용질의 몰수는 변하지 않으므로 다음 관계가 성립한다.

초기 상태 최종 상태

$$M_1 \times V_1 = \text{용질의 몰수} = M_2 \times V_2$$

M_1: 묽히기 전 몰농도, V_1: 묽히기 전 부피, M_2: 묽힌 후 몰농도, V_2: 묽힌 후 부피

위에서 했던 계산을 $M_1 \times V_1 = M_2 \times V_2$으로 점검해보자. 이 문제에서 $M_1 = 17.5\ M$, $V_1 = 0.0286$ L, $M_2 = 1.00\ M$, $V_2 = 0.500$ L이므로

그림 14.8

ⓐ 17.5 M의 아세트산 용액 28.6 mL를 약간의 물이 포함된 부피 플라스크에 넣는다.

ⓑ 플라스크의 표시선까지 물을 첨가한 후, 플라스크를 여러 번 위아래로 뒤집으면서 용액을 섞는다.

ⓒ 최종 용액은 1.00 M 아세트산이 된다.

$$M_1 \times V_1 = 17.5 \frac{\text{mol}}{\text{L}} \times 0.0286 \text{ L} = 0.500 \text{ mol}$$

$$M_2 \times V_2 = 1.00 \frac{\text{mol}}{\text{L}} \times 0.500 \text{ L} = 0.500 \text{ mol}$$

따라서

$$M_1 \times V_1 = M_2 \times V_2$$

가 성립한다. 그러므로 위에서 구한 부피(V_2)가 옳음을 알 수 있다.

대화형 예제 14.8 묽힌 용액의 농도 계산

0.10 M 황산(H_2SO_4) 용액 1.5 L를 만드는 데 필요한 16 M 황산의 부피를 구하시오.

풀이

풀이 방향

묽은 용액을 만드는 데 필요한 황산 모액의 부피를 구하고자 한다.

주어진 자료

초기 상태(진한 용액)	최종 상태(묽은 용액)
$M_1 = 16 \frac{\text{mol}}{\text{L}}$	$M_2 = 0.10 \frac{\text{mol}}{\text{L}}$
$V_1 = ?$	$V_2 = 1.5 \text{ L}$

$$\text{용질의 몰수} = M_1 \times V_1 = M_2 \times V_2$$

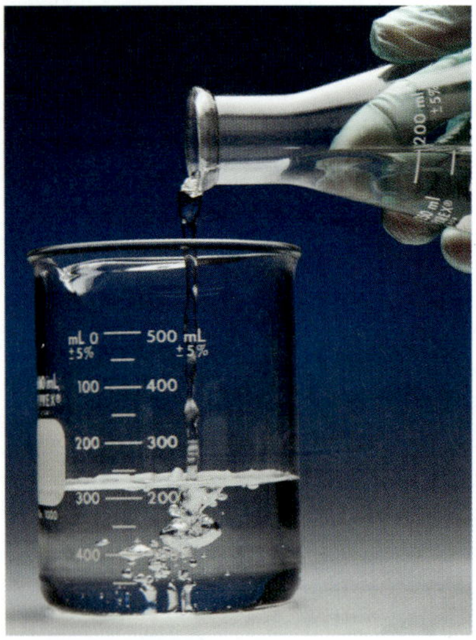

Charles D. Winters

보정된 비커를 이용해 대략 묽힐 수 있다. 물에 진한 황산을 첨가하여 묽은 용액을 만들고 있다.

산을 묽힐 때는 진한 산에 물을 가하지 말고 언제나 물에 진한 산을 넣어야 한다. 그래야 도중에 용액이 튀더라도 묽은 산이 튀어 안전하다.

풀이 과정

다음 식을 이용하여

$$M_1 \times V_1 = M_2 \times V_2$$

V_1을 구하기 위해 양변을 M_1으로 나누면

$$\frac{M_1 \times V_1}{M_1} = \frac{M_2 \times V_2}{M_1}$$

V_1은 다음과 같다.

$$V_1 = \frac{M_2 \times V_2}{M_1}$$

이제 위의 식에 알고 있는 M_1, M_2, V_2를 대입한다.

$$V_1 = \frac{\left(0.10\,\frac{\cancel{\text{mol}}}{\cancel{\text{L}}}\right)(1.5\text{ L})}{16\,\frac{\cancel{\text{mol}}}{\cancel{\text{L}}}} = 9.4 \times 10^{-3}\text{ L}$$

$$9.4 \times 10^{-3}\,\cancel{\text{L}} \times \frac{1000\text{ mL}}{1\,\cancel{\text{L}}} = 9.4\text{ mL}$$

이처럼 $V_1 = 9.4 \times 10^{-3}$ L, 즉 9.4 mL이므로 16 M 황산을 이용하여 0.10 M 황산 용액 1.5 L 만들려면 진한 모액 9.4 mL를 물로 묽혀서 최종 부피를 1.5 L로 하면 된다. ◀ 이를 위한 올바른 방법은 먼저 1 L 정도의 물에 진한 모액 9.4 mL를 넣은 다음 물을 더 채워 1.5 L가 되게 하는 것이다.

SELF-CHECK

실전 연습 14.7 0.25 M 염산(HCl) 0.75 L를 만드는 데 필요한 12 M 염산의 부피를 구하시오.

14.6 용액 반응의 화학량론

학습 목표

- **용액 반응의 화학량론 문제를 푸는 방법을 이해한다.**

용액에서는 수많은 중요한 반응이 일어나므로 이와 관련된 화학량론 계산이 중요하다. 이 계산의 원리는 9장에서 배운 것과 아주 비슷하며, 다음 순서에 따라 생각하면 좋다.

용액 반응의 화학량론 풀이 순서

단계 1 균형 화학 반응식을 쓴다. 이온 반응의 경우에는 알짜 이온 반응식을 쓰는 것이 좋다. ◀

단계 2 반응물의 몰수를 계산한다.

단계 3 한계 반응물을 결정한다.

단계 4 필요하면 다른 반응물이나 생성물의 몰수를 계산한다.

단계 5 필요하면 그램이나 다른 단위로 환산한다.

알짜 이온 반응식에 대해서는 7.3절 참조

대화형 예제 14.9 용액 화학량론: 반응물과 생성물의 질량 계산

0.100 M $AgNO_3$ 용액 1.50 L에 들어있는 모든 Ag^+ 이온을 AgCl 형태로 침전시키기 위해 가해야 할 고체 NaCl의 질량을 계산하시오.

풀이

풀이 방향

NaCl의 질량을 계산하고자 한다.

주어진 자료

- 0.100 M $AgNO_3$ 용액 1.50 L가 있다.

필요한 자료

- $AgNO_3$과 NaCl 사이의 균형 화학 반응식이 필요하다.
- NaCl의 몰질량이 필요하다.

풀이 과정

단계 1 *균형 반응식을 쓴다.*

$AgNO_3$ 용액에는 Ag^+과 NO_3^- 이온이 들어 있는데, 여기에 고체 NaCl을 넣으면 녹아서 Na^+와 Cl^- 이온을 생성한다. 고체 AgCl은 다음 균형 알짜 이온 반응식에 따라 생성된다.

이 반응은 7.2절에서 논의하였다.

$$Ag^+(aq) + Cl^-(aq) \rightarrow AgCl(s)$$

단계 2 *반응물의 몰수를 계산한다.*

존재하는 Ag^+을 모두 침전시키기에 충분한 Cl^- 이온을 가해주어야 하므로 먼저 0.100 M $AgNO_3$ 용액 1.50 L에 들어있는 Ag^+ 이온의 몰수를 계산해야 한다. (0.100 M $AgNO_3$ 용액에는 Ag^+ 이온 0.100 M과 NO_3^- 이온 0.100 M이 들어 있음을 기억하라.)

수학적 기능 향상 도움말
리터수 × M ⇨ 용질의 몰수

$$1.50\ \cancel{L} \times \frac{0.100\ \text{mol}\ Ag^+}{\cancel{L}} = 0.150\ \text{mol}\ Ag^+$$

0.100 M $AgNO_3$ 용액 1.50 L에 들어있는 Ag^+의 몰수

단계 3 *한계 반응물을 결정한다.*

이 문제에서는 존재하는 Ag^+와 반응할 Cl^-를 충분히 가해주어야 한다. 즉, 용액에 들어있는 모든 Ag^+를 침전시켜야 한다. 따라서 필요한 Cl^-의 양은 Ag^+의 양에 좌우되므로 Ag^+가 한계 반응물이다.

단계 4 *필요한 Cl^-의 몰수를 계산한다.*

Ag^+는 0.150 mol이 있고 Ag^+와 Cl^-은 1:1로 반응하므로 0.150 mol의 Cl^-가 필요하다.

$$0.150\ \cancel{\text{mol}\ Ag^+} \times \frac{1\ \text{mol}\ Cl^-}{1\ \cancel{\text{mol}\ Ag^+}} = 0.150\ \text{mol}\ Cl^-$$

따라서 다음과 같이 0.150 mol의 AgCl이 생성된다.

$$0.150\ \text{mol}\ Ag^+ + 0.150\ \text{mol}\ Cl^- \rightarrow 0.150\ \text{mol AgCl}$$

Richard Megna/Fundamental Photographs © Cengage Learning

염화 소듐 수용액을 질산 은 수용액에 가하면 흰색의 염화 은 침전이 생성된다.

단계 5 *필요한 NaCl의 질량으로 변환한다.*

Cl^- 0.150 mol을 만들기 위해서는 NaCl 0.150 mol이 필요하다. 필요한 NaCl

의 질량은 다음과 같이 계산할 수 있다.

$$0.150\ \cancel{\text{mol NaCl}} \times \frac{58.4\ \text{g NaCl}}{\cancel{\text{mol NaCl}}} = 8.76\ \text{g NaCl}$$

몰수 → 질량
몰질량을 곱한다

AgCl의 질량은

$$0.150\ \cancel{\text{mol AgCl}} \times \frac{143.3\ \text{g AgCl}}{\cancel{\text{mol AgCl}}} = 21.5\ \text{g AgCl}$$

이 된다.

대화형 예제 14.10 용액 화학량론: 한계 반응물의 결정과 생성물의 질량 계산

이 반응에 대해서는 7.2절 참조

수용액에서 $Ba(NO_3)_2$와 K_2CrO_4가 반응하면 노란색 고체 $BaCrO_4$가 생성된다. ◀ 고체 $Ba(NO_3)_2$ 3.50×10^{-3} mol이 0.0100 M K_2CrO_4 용액 265 mL에 녹을 때 생성되는 $BaCrO_4$의 질량을 계산하시오.

풀이

풀이 방향

용액의 알려진 양의 반응에서 생성되는 $BaCrO_4$의 질량을 계산해야 한다.

주어진 자료

- $Ba(NO_3)_2$ 3.50×10^{-3} mol이 0.0100 M K_2CrO_4 265 mL와 반응한다.

필요한 자료

- $Ba(NO_3)_2$와 K_2CrO_4 사이의 균형 반응식이 필요하다.
- $BaCrO_4$의 몰질량이 필요하다.

풀이 과정

단계 1 처음 K_2CrO_4 용액에는 K^+ 이온과 CrO_4^{2-} 이온이 존재한다. 이 용액에 $Ba(NO_3)_2$가 용해되면 Ba^{2+} 이온과 NO_3^- 이온이 첨가되는 것이다. 이들 Ba^{2+} 이온과 CrO_4^{2-} 이온이 반응하여 고체 $BaCrO_4$가 만들어진다. 균형 알짜 이온 반응식은

$$Ba^{2+}(aq) + CrO_4^{2-}(aq) \rightarrow BaCrO_4(s)$$

단계 2 반응물의 몰수를 결정한다. K_2CrO_4 용액에 $Ba(NO_3)_2$ 3.50×10^{-3} mol이 가해졌음을 알고 있다. 각 $Ba(NO_3)_2$ 화학식 단위당 하나의 Ba^{2+} 이온을 포함하고 있으므로, $Ba(NO_3)_2$ 3.50×10^{-3} mol에는 Ba^{2+} 이온 3.50×10^{-3} mol이 존재한다.

3.50×10^{-3} mol $Ba(NO_3)_2$ → **3.50×10^{-3} mol Ba^{2+}**
용해되어 생성

$V \times M$ = 용질의 몰수이므로, 실제 용액의 부피와 몰수로부터 K_2CrO_4 용액의 몰수를 계산할 수 있다. 우선 용액의 부피(265 mL)를 리터로 변환시켜야 한다.

$$265\ \cancel{\text{mL}} \times \frac{1\ \text{L}}{1000\ \cancel{\text{mL}}} = 0.265\ \text{L}$$

Richard Megna/Fundamental Photographs © Cengage Learning

$BaCrO_4$ 침전이 생성되는 모습.

다음으로 K_2CrO_4 용액의 몰농도(0.0100 M)를 이용하여 K_2CrO_4의 몰수를 구한다.

$$0.265\ \cancel{L} \times \frac{0.0100\ \text{mol}\ K_2CrO_4}{\cancel{L}} = 2.65 \times 10^{-3}\ \text{mol}\ K_2CrO_4$$

2.65×10^{-3} mol K_2CrO_4 → 용해되어 생성 → **2.65×10^{-3} mol CrO_4^{2-}**

따라서 용액 내에는 2.65×10^{-3} mol CrO_4^{2-} 이온이 존재한다.

단계 3 균형 반응식으로부터 하나의 Ba^{2+} 이온은 하나의 CrO_4^{2-} 이온과 반응한다는 것을 알 수 있다. CrO_4^{2-}의 몰수가 2.65×10^{-3}으로 Ba^{2+}의 몰수 3.50×10^{-3}보다 작기 때문에 CrO_4^{2-}가 모두 반응한다.

$$Ba^{2+}(aq) + CrO_4^{2-}(aq) \longrightarrow BaCrO_4(s)$$

3.50×10^{-3} mol **2.65×10^{-3} mol**

작다(먼저 소진된다)

그러므로 CrO_4^{2-}가 한계 반응물이다.

CrO_4^{2-} 몰수 → 제한한다 → **$BaCrO_4$ 몰수**

단계 4 2.65×10^{-3} mol CrO_4^{2-} 이온은 2.65×10^{-3} mol Ba^{2+} 이온과 반응하여 2.65×10^{-3} mol의 $BaCrO_4$를 생성한다.

2.65×10^{-3} mol $Ba^{2+}(aq)$ + **2.65×10^{-3} mol $CrO_4^{2-}(aq)$** → **2.65×10^{-3} mol $BaCrO_4(s)$**

9장에서 본 것과 같이 결과를 표로 다음과 같이 요약할 수 있다.

	$Ba^{2+}(aq)$	+	$CrO_4^{-}(aq)$	→	$2BaCrO_4(s)$
반응 전	3.50×10^{-3}		2.65×10^{-3}		0
변화	-2.65×10^{-3}		-2.65×10^{-3}		$+2.65 \times 10^{-3}$
반응 후	0.85×10^{-3}		0		2.65×10^{-3}

위 표를 이용하면 과량의 이온[이 경우에는 $Ba^{2+}(aq)$]을 쉽게 알 수 있고, 최종 부피를 이용하여 용액에 남아있는 $Ba^{2+}(aq)$의 농도를 결정할 수 있다.

단계 5 생성된 $BaCrO_4$의 질량은 몰질량(253.3 g)으로부터 다음과 같이 구한다.

$$2.65 \times 10^{-3}\ \cancel{\text{mol}\ BaCrO_4} \times \frac{253.3\ \text{g}\ BaCrO_4}{\cancel{\text{mol}\ BaCrO_4}} = 0.671\ \text{g}\ BaCrO_4$$

비판적으로 생각하기

만일 모든 이온 결합성 고체가 물에 녹는다면 어떻게 될까? 수용액에서 일어나는 반응의 화학량론 계산에 어떤 영향을 초래할까?

SELF-CHECK

실전 연습 14.8 Na_2SO_4와 $Pb(NO_3)_2$ 수용액을 섞으면 $PbSO_4$가 침전된다. 0.0500 *M* $Pb(NO_3)_2$ 1.25 L와 0.0250 *M* Na_2SO_4 2.00 L를 혼합하였을 때 생성되는 $PbSO_4$의 질량을 계산하시오.

힌트 혼합 용액 내의 Pb^{2+}와 SO_4^{2-}의 몰수를 계산하고, 한계 이온을 결정한 후 생성된 $PbSO_4$의 몰수를 계산한다.

14.7 중화 반응

학습 목표

- 산-염기 반응과 관련된 계산 방법을 배운다.

지금까지는 침전 반응에서의 화학량론에 대해 생각해 보았다. 일반적인 다른 용액 반응은 산과 염기 사이의 반응이다. 이들 반응은 7.4절에서 소개하였다. 앞 장에서 산은 H^+ 이온을 생성하는 물질이라고 하였다. 염산(HCl)과 같은 강산은 물 속에서 완전히 해리된다.

$$HCl(aq) \rightarrow H^+(aq) + Cl^-(aq)$$

강염기는 수용성 금속 수산화물이며, 물 속에서 완전히 해리된다. NaOH를 예로 들 수 있는데, 물 속에서 Na^+와 OH^-로 해리된다.

$$NaOH(s) \xrightarrow{H_2O(l)} Na^+(aq) + OH^-(aq)$$

강산과 강염기가 반응할 때 알짜 이온 반응식은 다음과 같다.

$$H^+(aq) + OH^-(aq) \rightarrow H_2O(l)$$

산-염기 반응은 **중화 반응**(neutralization reaction)이라고도 한다. 용액에서 충분한 양의 강염기가 첨가되어 강산과 정확히 반응할 경우, 산이 *중화되었다*(neutralized)고 한다. 이 반응에서 얻어지는 생성물 중 하나는 언제나 물이다. 어떤 중화 반응에서 화학량론이 거론되는 단계는 이전 절에서 다루었던 것과 같다.

대화형 예제 14.11 용액 화학량론: 중화 반응에서의 부피 계산

0.350 *M* NaOH 25.0 mL를 중화시키는 데 0.100 *M* HCl이 얼마나 필요한가?

풀이

풀이 방향

알려진 양의 NaOH와 반응하는 데 필요한 주어진 HCl 용액의 부피를 구한다.

주어진 자료

- 0.350 *M* NaOH 25.0 mL가 있다.
- HCl 용액의 농도는 0.100 *M*이다.

필요한 자료

- HCl과 NaOH 사이의 균형 반응식이 필요하다.

풀이 과정

단계 1 *반응의 균형 반응식을 쓴다.*

염산은 강산이므로 모든 HCl 분자들은 H^+ 이온과 Cl^- 이온으로 해리된다. 역시 강염기인 NaOH가 녹으면 용액에는 Na^+와 OH^- 이온이 존재한다. 이들 두 용액을 섞으면, 염산에 있는 H^+ 이온은 수산화 소듐에 있는 OH^- 이온과 반응하여 물을 생성한다. 균형 알짜 이온 반응식은 다음과 같다.

$$H^+(aq) + OH^-(aq) \rightarrow H_2O(l)$$

단계 2 *반응물의 몰수를 계산한다.*

이 문제에서는 0.350 *M* NaOH의 부피(25.0 mL)가 주어져 있으므로 모든 OH^-와 반응할 만큼의 H^+ 이온을 제공할 수 있는 0.100 *M* HCl을 첨가해야 한다. 이를 위해 0.350 *M* NaOH 25.0 mL에 포함된 OH^- 이온의 몰수를 계산해야 한다. 우선 부피 단위를 리터로 바꾼 뒤 몰농도를 곱한다.

$$25.0\ \cancel{\text{mL}}\ \cancel{\text{NaOH}} \times \frac{1\ \cancel{\text{L}}}{1000\ \cancel{\text{mL}}} \times \frac{0.350\ \text{mol OH}^-}{\cancel{\text{L}}\ \cancel{\text{NaOH}}} = 8.75 \times 10^{-3}\ \text{mol OH}^-$$

0.350 *M* NaOH 25.0 mL에 존재하는 OH^-의 몰수

단계 3 *한계 반응물이 무엇인지 결정한다.*

문제는 존재하는 모든 OH^- 이온과 반응할 H^+ 이온을 얼마나 가해주어야 하는가인데, 이는 결국 존재하는 OH^- 이온의 몰수가 가해주어야 하는 H^+ 이온의 몰수를 결정한다고 할 수 있다. 그러므로 OH^- 이온이 한계 이온이다.

단계 4 *필요한 H^+의 몰수를 계산한다.*

균형 반응식에서 H^+와 OH^- 이온은 1:1의 비로 반응함을 알 수 있으므로, OH^- 이온 8.75×10^{-3} mol을 중화시키기 위해 필요한 H^+ 이온의 양은 8.75×10^{-3} mol이다.

단계 5 *필요한 0.100 M HCl의 부피를 계산한다.*

다음으로, 필요한 H^+ 이온의 몰수를 생성하는 데 필요한 0.100 *M* HCl의 부피를 구해야 한다. 부피(리터)와 몰농도의 곱이 몰수이므로

$$V \times \frac{0.100\ \text{mol H}^+}{\text{L}} = 8.75 \times 10^{-3}\ \text{mol H}^+$$

알려진 부피 (L) — 필요한 H^+의 몰수

양변을 0.100으로 나누면 *V*를 구할 수 있다.

$$V \times \frac{\cancel{0.100}\ \cancel{\text{mol H}^+}}{\cancel{0.100}\ \text{L}} = \frac{8.75 \times 10^{-3}\ \cancel{\text{mol H}^+}}{0.100}$$

$$V = 8.75 \times 10^{-2}\ \text{L}$$

L를 mL로 바꾸면,

$$V = 8.75 \times 10^{-2}\ \cancel{\text{L}} \times \frac{1000\ \text{mL}}{\cancel{\text{L}}} = 87.5\ \text{mL}$$

따라서 0.350 *M* NaOH 25.0 mL를 중화시키는 데는 0.100 *M* HCl 87.5 mL가 필요하다.

SELF-CHECK

실전 연습 14.9 0.050 *M* KOH 125 mL를 중화시키는 데 필요한 0.10 *M* HNO_3의 부피를 구하시오.

14.8 용액의 조성: 노말농도

학습 목표

- 노말농도와 당량에 대하여 배운다.
- 화학량론 계산에 이들 개념을 사용하는 방법을 배운다.

노말농도(normality)란 특히 산과 염기를 다룰 때 사용하는 또 다른 농도의 단위이다. 노말농도의 사용은 산−염기 반응에 참여하는 H^+와 OH^-에 초점을 두고 있다. 먼저 노말농도를 공부하기 전에 몇 가지 용어에 대한 정의가 필요하다. *H^+ 이온 1 mol을 생성할 수 있는 산의 양*을 **산 1 당량**(one equivalent of an acid)이라 한다. 마찬가지로 **염기 1 당량**(one equivalent of a base)은 *염기 1 mol을 생성하는 할 수 있는 OH^- 이온의 양*으로 정의한다. 산이나 염기 **당량**(equivalent weight)이란 산이나 염기 1 당량에 해당하는 산이나 염기의 질량(그램 단위)을 일컫는다.

일반적인 강산에는 HCl, HNO_3, H_2SO_4가 있다. HCl과 HNO_3의 경우 산 분자 한 개가 1개의 H^+ 이온을 생성하므로, 염산 1 mol은 H^+ 이온 1 mol을 생성한다. 즉,

$$\overset{H^+\ 1\ \text{mol 생성}}{\downarrow}$$
$$1\ \text{mol HCl} = \text{HCl 1 당량}$$
$$\text{몰질량(HCl)} = \text{당량(HCl)}$$

비슷하게, 질산의 경우도 다음과 같다.

$$HNO_3\ 1\ \text{mol} = HNO_3\ 1\ \text{당량}$$
$$\text{몰질량}(HNO_3) = \text{당량}(HNO_3)$$

그러나 H_2SO_4는 분자당 *두 개*의 H^+ 이온을 내놓는다. 따라서 H_2SO_4 1 mol은 H^+ *2* mol을 제공한다. 이것은 다음 관계를 뜻한다.

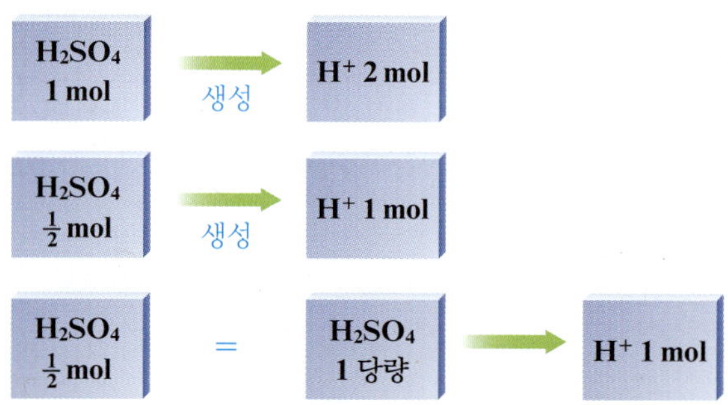

각각의 H_2SO_4 1 mol은 H^+ 2 mol을 생성하므로, H_2SO_4 1 당량을 얻기 위해서는 H_2SO_4 $\frac{1}{2}$ mol이 필요하다. 그러므로

$$H_2SO_4\ \tfrac{1}{2}\ \text{mol} = H_2SO_4\ 1\ \text{당량}$$

그리고

$$\text{당량}(H_2SO_4) = \tfrac{1}{2}\ \text{몰질량}\ H_2SO_4$$
$$= \tfrac{1}{2}\ (98\ \text{g}) = 49\ \text{g}$$

즉, H_2SO_4의 당량은 49 g이다.

일반적인 강염기로는 NaOH와 KOH가 있다. NaOH와 KOH의 경우 각각의 화학식 단위는 하나의 OH^- 이온을 생성하므로,

표 14.2 일반적인 강산과 강염기의 몰질량과 당량

	몰질량(g)	당량(g)
산		
HCl	36.5	36.5
HNO_3	63.0	63.0
H_2SO_4	98.0	$49.0 = \frac{98.0}{2}$
염기		
NaOH	40.0	40.0
KOH	56.1	56.1

NaOH 1 mol = NaOH 1 당량
몰질량(NaOH) = 당량(NaOH)
KOH 1 mol = KOH 1 당량
몰질량(KOH) = 당량(KOH)

이들 개념을 표 14.2에 요약하였다.

대화형 예제 14.12 용액 화학량론: 당량 계산

인산(H_3PO_4)은 분자 하나당 세 개의 H^+ 이온을 생성한다. 인산의 당량을 계산하시오.

풀이

풀이 방향

인산의 당량을 구한다.

주어진 자료

- 인산의 화학식은 H_3PO_4이다.
- 산의 당량은 H^+ 이온 1 mol을 내놓는 산의 질량이다.

필요한 자료

- H_3PO_4의 몰질량을 알아야 한다.

풀이 과정

이 문제의 핵심은 인산 한 분자가 얼마나 많은 수소 이온을 생성하는가이다.

각 인산은 수소 이온 3개를 생성하므로, 인산 1 mol은 H^+ 이온 3 mol을 생성한다.

그러므로 인산 1 당량(H^+ 1 mol을 생성하는 양)은 1/3 mol이다.

이것은 인산 1 당량은 몰질량의 1/3 mol임을 의미한다.

$$당량 = \frac{몰질량}{3}$$

$$당량(H_3PO_4) = \frac{몰질량(H_3PO_4)}{3}$$
$$= \frac{98.0\ g}{3} = 32.7\ g$$

노말농도(normality, N)는 용액 1 리터당 용질의 당량수이다.

$$노말농도 = N = \frac{당량수}{용액\ 1\ 리터} = \frac{당량수}{리터} = \frac{당량수}{L}$$

이는 1 노말농도 용액에는 용액 1리터 당 용질 1 당량이 존재함을 의미한다. 리터당 용액의 부피와 노말농도를 곱하면 당량수를 얻을 수 있다.

수학적 기능 향상 도움말
리터수 × 노말농도 ⇨ 당량수

$$N \times V = \frac{당량수}{\cancel{L}} \times \cancel{L} = 당량수 ◀$$

대화형 예제 14.13 용액 화학량론: 노말농도 계산

리터당 H_2SO_4 86 g이 포함된 황산 용액이 있다. 이 용액의 노말농도를 계산하시오.

풀이

풀이 방향

주어진 H_2SO_4 용액의 노말농도 결정하기

주어진 자료

용액의 농도를 계산할 필요가 있을 때에는 항상 해당 농도의 정의를 먼저 쓴다. 그리고 정의에 나타난 양을 어떻게 계산할지 정한다.

- 용액 1 L당 86 g의 H_2SO_4가 들어있는 용액이 있다.
- $N = \frac{당량}{L}$ ◀

필요한 자료

- H_2SO_4의 몰질량을 알아야 한다.

풀이 과정

당량수를 알기 위해서 H_2SO_4 86 g에 해당하는 당량수를 구해야 한다. 이 계산을 하려면, H^+ 1 mol을 제공하는 양이 1 당량의 정의임을 기억하자. 황산은 분자당 H^+ 이온 두 개를 생성하므로 황산 1 당량은 황산 0.5 mol이다. 따라서

$$당량(H_2SO_4) = \frac{몰질량(H_2SO_4)}{2}$$
$$= \frac{98.0\ g}{2} = 49.0\ g$$

H_2SO_4의 양이 86 g이므로

$$86\ \cancel{g\ H_2SO_4} \times \frac{H_2SO_4\ 1\ 당량}{49.0\ \cancel{g\ H_2SO_4}} = 1.8\ 당량\ H_2SO_4$$

$$N = \frac{당량}{L} = \frac{H_2SO_4\ 1.8\ 당량}{1.0\ L} = 1.8\ N\ H_2SO_4$$

점검 황산 86 g은 황산 1 당량(49 g)보다 더 많으므로, 이 답은 그럴듯하다.

SELF-CHECK

실전 연습 14.10 용액 755 mL에 KOH 23.6 g이 들어있는 용액의 몰농도를 계산하시오.

당량을 사용할 때 얻는 주된 이점은, 산 1 당량에 포함된 H^+ 이온의 수와 염기 1 당량에 포함된 OH^- 이온의 수가 같다는 것이다.

염기 0.75 당량은 산 0.75 당량과 반응한다.
염기 0.23 당량은 산 0.23 당량과 반응한다.
등등.

위의 각 경우, 산에서 생성된 H^+ 이온의 수는 염기에서 생성된 OH^- 이온의 수와 같다. *산 n 당량은 염기 n 당량을 정확히 중화시킨다*는 것이 핵심이다.

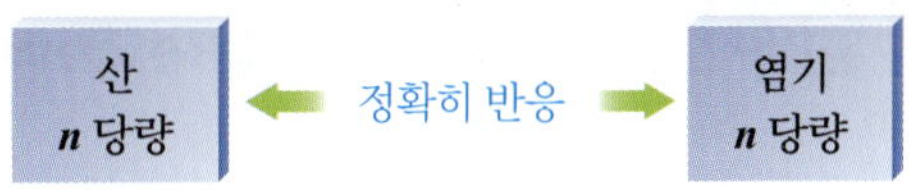

중화 반응이 일어나려면 산과 염기의 당량수가 같아야 하므로,

$$\text{산의 당량수} = \text{염기의 당량수}$$

즉,

$$N_{산} \times V_{산} = \text{당량수(산)} = \text{당량수(염기)} = N_{염기} \times V_{염기}$$

그러므로 어떠한 중화 반응에서든 다음 관계가 성립한다.

$$N_{산} \times V_{산} = N_{염기} \times V_{염기}$$

대화형 예제 14.14 용액 화학량론: 노말농도를 이용한 계산

0.45 *N* H_3PO_4 0.135 L와 정확히 반응하는 데 필요한 0.075 *N* KOH의 부피는 얼마인가?

풀이

풀이 방향

농도를 알고 있는 H_3PO_4 용액과 반응하는 데 필요한 주어진 농도의 KOH 용액의 부피 구하기

주어진 자료

- 0.45 *N* H_3PO_4 0.135 L이 있다.
- KOH 용액의 농도는 0.075 *N*이다.
- 당량수$_{(산)}$ = 당량수$_{(염기)}$ 관계를 알고 있다.
- $N_{산} \times V_{산} = N_{염기} \times V_{염기}$

풀이 방향

중화되려면 "산의 당량수 = 염기의 당량수"이어야 한다.

$$N_{산} \times V_{산} = N_{염기} \times V_{염기}$$

구하는 것은 $V_{염기}$이므로 $N_{염기}$로 양변을 나눈다.

$$\frac{N_{산} \times V_{산}}{N_{염기}} = \frac{\cancel{N_{염기}} \times V_{염기}}{\cancel{N_{염기}}} = V_{염기}$$

$N_{산} = 0.45\ N$, $V_{산} = 0.135\ \text{L}$, $N_{염기} = 0.075\ N$의 값을 위의 식에 넣는다.

$$V_{염기} = \frac{N_{산} \times V_{산}}{N_{염기}} = \frac{\left(0.45\ \frac{\cancel{당량}}{\cancel{\text{L}}}\right)(0.135\ \text{L})}{0.075\ \frac{\cancel{당량}}{\cancel{\text{L}}}} = 0.81\ \text{L}$$

$V_{염기} = 0.81\ \text{L}$이므로 0.45 N 인산 0.135 L와 정확히 반응하는 데 필요한 0.075 N KOH의 부피는 0.81 L이다.

SELF-CHECK **실전 연습 14.11** 0.80 N KOH 0.250 L와 정확히 반응하는 데 필요한 0.50 N H_2SO_4의 부피는 얼마인가?

14장 복습하기 Chapter 14 Review

주요 용어

용액(14)	용매(14)
용질(14)	수용액(14)
포화(14.2)	불포화(14.2)
진한(14.2)	묽은(14.2)
질량 백분율(14.3)	몰농도(M) (14.4)
표준 용액(14.4)	묽힘(14.5)
중화 반응(14.7)	산의 당량(14.8)
염기의 당량(14.8)	당량(14.8)
노말농도(N) (14.8)	

요약

- 용액은 용질이 용매에 균일하게 녹아있는 혼합물이다.
- 극성이 비슷한 물질끼리는 서로 잘 혼합되어 용액을 이루는 경향이 있다.
- 물은 극성이 아주 커서 이온성 고체나 극성 물질들을 잘 녹이는 경향이 있다.
- 용액을 나타내는 용어들
  - 포화—용질이 최대로 녹아있는 상태
  - 불포화—포화되지 않은 상태
  - 진한 용액—용질이 비교적 많이 녹아있는 용액
  - 묽은 용액—용질이 비교적 적게 녹아있는 용액
- 용액 조성의 표현
  - 질량 백분율 = (용질의 질량 ÷ 용액의 질량) × 100%
  - 몰농도 = 용질의 몰수 ÷ 용액의 부피(L)
  - 노말농도 = 용질의 당량수 ÷ 용액의 부피(L)
- 용액의 농도를 낮추기 위해 용매를 추가로 가하면 용액이 묽어진다.
- 이 때 용질은 추가되지 않으므로 다음 관계가 성립한다.
  - 추가 전 용질의 몰수 = 추가 후 용질의 몰수
- 표준 용액을 묽혀서 실험실에서 필요한 다양한 농도의 용액들을 만들 수 있다.
- 용해된 반응물과 생성물의 몰수는 부피와 농도를 알면 다음 식으로 구할 수 있다.

  몰수 = 농도 × 부피
- 용액의 성질은 녹아있는 용질의 영향을 받는다.

활동 학습 질문

다음은 강의 중 그룹 지도를 위한 문제들로, 해당 특정 주제를 소개하는 데 매우 효과적이다.

1. 소금물을 끓이면 소금의 농도는 어떻게 변할 것인가(증가, 감소, 일정)? 그림을 그려 설명하시오.
2. 농도가 x인 설탕물이 있다(용액 A). 이 용액의 1/3을 비커에 따르고, 같은 부피의 물을 첨가했다(용액 B).
   a. 용액 A와 B에 있는 설탕의 비는 얼마인가?
   b. 용액 A와 B의 부피를 비교하시오.
   c. 용액 A와 B에 있는 설탕 농도의 비는 얼마인가?
3. 0.10 M 염화 소듐 용액 150.0 mL를 만들고자 하는데 당신은 고체 염화 소듐, 친구는 2.5 M 염화 소듐 용액을 가지고 있다. 각각 필요한 용액을 어떻게 만들 수 있겠는가?
4. 용질 A를 포함하는 두 용액이 있다. 몰농도가 큰 용액을 찾으려면 다음 중 무엇을 알아야 하는가? 답은 둘 이상일 수 있다. 또한 그 이유를 설명하시오.
   a. 각 용액 속의 A의 질량(g)
   b. A의 몰질량
   c. 각 용액에 가한 물의 부피
   d. 전체 용액의 부피
5. 소금물의 몰농도를 계산하는 데 필요한 것은 다음 중 무엇인가? 답은 둘 이상일 수 있다.

a. 가한 소금의 질량
b. 소금의 몰질량
c. 가한 물의 부피
d. 전체 용액의 부피

6. 몰농도가 같은 염산(HCl)과 황산(H_2SO_4) 수용액이 있다. 어떤 수산화 소듐(NaOH) 수용액을 중화시키려고 할 때 어떤 산의 용액을 더 많이 가해주어야 하는가? 이유도 설명하시오.

a. 염산 용액
b. 황산 용액
c. 이 질문의 답을 알기 위해서는 산의 농도를 알아야 한다.
d. 이 질문의 답을 알기 위해서는 수산화 소듐 수용액의 농도를 알아야 한다.
e. c와 d

7. 진한 용액과 묽은 용액의 차이점을 분자 수준의 그림을 그려서 설명하시오.

8. 용액을 묽히는 문제를 풀 때 식 $M_1V_1 = M_2V_2$이 성립하는 이유는?

9. 같은 부피의 용매에 다음 용질을 같은 질량만큼 녹였다. 어느 용액의 몰농도가 가장 높은가? 이유도 설명하시오.

NaCl, $MgSO_4$, LiF, KNO_3

10. 다음 용액 중 들어있는 입자 수가 가장 많은 것은? 이유도 설명하시오.

a. 0.10 *M* 염화 소듐 용액 400.0 mL
b. 0.10 *M* 염화 칼슘 용액 300.0 mL
c. 0.10 *M* 염화 철(III) 용액 200.0 mL
d. 0.10 *M* 브로민화 포타슘 용액 200.0 mL
e. 0.10 *M* 설탕물 800.0 mL

11. 다음은 같은 용질을 가진 네 용액의 분자 수준의 모습들이다. 농도가 진한 순서로 배열하시오.

12. 다음 그림에서 A는 2.00 *M* 질산 구리(II) 2.00 L이고 B는 3.00 *M* 수산화 포타슘 2.00 L이다.

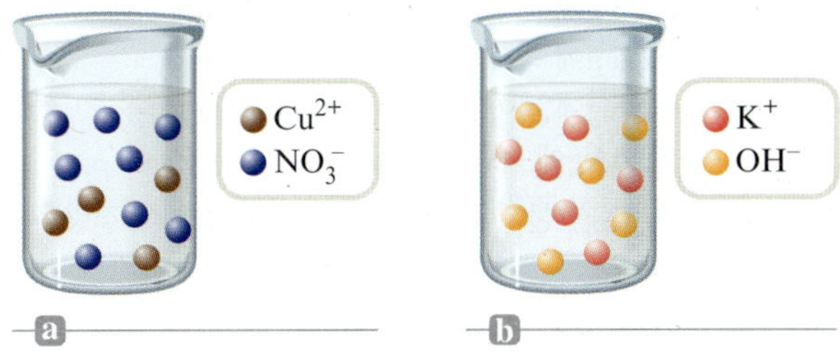

a. 두 용액을 섞어 침전 반응이 일어난 후의 모습을 그리시오. 이때 두 용액의 부피 비율, 이온 수의 비율, 만들어진 고체의 비율이 정확히 나타나도록 유의하시오.
b. 반응 후 만들어진 고체의 질량과 용액에 남아있는 모든 이온들의 몰농도를 구하시오.

질문과 문제

14.1 용해도

▶ *질문*

1. 용액은 *균일 혼합물*이다. 균일한 기체 혼합물의 예를 드시오. 그리고 균일한 액체 혼합물 및 균일 고체 혼합물의 예도 드시오.
2. *불균일* 혼합물은 용액과 어떻게 다른가? *불균일* 혼합물의 예를 두 가지 드시오.
3. 물 한 컵에 설탕 한 스푼이 녹아있다. *용매*는 무엇이며 *용질*은 무엇인가?
4. 용액에서 양이 가장 많은 것은 ______, 다른 물질들은 ______이라고 부른다.
5. 13장에서 NaCl과 같은 이온성 고체의 결합력이 매우 강하다고 배웠다. 하지만 많은 이온성 고체들이 물에 쉽게 녹는다. 이를 설명하시오.
6. 기름은 물에 *녹지 않고 수면* 위에 넓게 퍼진다. 이유를 설명하시오.

14.2 용액의 조성: 개요

▶ *질문*

7. 용액이 용질로 *포화되었다*는 것은 무슨 뜻인가?
8. ________ 용액에는 용질을 첨가해도 더 녹는다.
9. 용액은 균일 혼합물이며, 화합물과는 달리 ______ 조성을 가진다.
10. 병에 "진한 H_2SO_4"라고 표시되어 있다면 H_2SO_4의 양이 상대적으로 ______는 뜻이다.

14.3 용액의 조성: 질량 백분율

▶ *질문*

11. 용액의 *질량 백분율*은 어떻게 정의하는가? 용액의 예를 들고, 거기에 있는 용질과 용매의 상대적 양을 질량 백분율로 설명하시오.
12. 질량 백분율 9%인 글루코스 용액에는 용액 ______ g당 글루코스 9 g이 들어있다.

▶ *문제*

13. 다음 각 용액에서 용질의 질량 백분율을 계산하시오.
    a. 물 5.25 g에 녹아있는 염화 칼슘 6.11 mg
    b. 물 52.5 g에 녹아있는 염화 칼슘 6.11 mg
    c. 물 52.5 g에 녹아있는 염화 칼슘 6.11 g
    d. 물 52.5 kg에 녹아있는 염화 칼슘 6.11 kg
14. 다음 용액을 만들기 위해 필요한 용질과 용매의 질량을 g 단위로 계산하시오.
    a. 3.91% 염화 철(III) 용액 525 g
    b. 11.9% 설탕물 225 g
    c. 12.5% 염화 소듐 용액 1.45 kg
    d. 15.1% 질산 포타슘 용액 635 g
15. 어떤 철 합금에 철 92.1 g, 탄소 2.59 g, 크로뮴 1.59 g이 들어있다. 각 성분의 질량 백분율을 구하시오.
16. 위 문제의 철 합금 1.00 kg을 만들려고 한다. 필요한 각 성분의 양을 구하시오.
17. 6.25% KBr 용액 125 g에 들어있는 KBr의 양을 g 단위로 구하시오.
18. 약국에서 소독제로 시판되는 과산화 수소수에는 대개 H_2O_2가 3.0% 들어있다. 과산화 수소수는 상처에 바르면 다음 반응식에 따라 물과 산소로 분해된다.

$$2H_2O_2(aq) \rightarrow 2H_2O(l) + O_2(g)$$

    산소 기체 1.00 g을 생성하는 데 필요한 과산화 수소수의 질량은 대략 얼마인가?
19. 황산은 물과 잘 혼합되며, 따라서 가장 진한 황산은 98.3% 수용액으로서 밀도는 1.84 g/mL이다. 이 황산 수용액 1.00 L에 들어있는 황산의 질량은 얼마인가?

14.4 용액의 조성: 몰농도

▶ *질문*

20. "0.25 *M* $AlCl_3$"라는 라벨이 붙어있는 용액 1 L에는 Al^{3+} (　　　) mol과 Cl^- (　　　) mol이 들어있다.
21. *표준 용액*이란 무엇인가? 표준 용액을 준비하는 과정을 설명하시오.
22. 1.02 *M* 설탕물 500. mL를 만들기 위해 필요한 것은 다음 중 어느 것인가?
    a. 물 500. mL와 설탕 1.02 mol
    b. 설탕 1.02 mol과 총 부피 500. mL를 만드는 데 필요한 물
    c. 물 500. g과 설탕 1.02 mol
    d. 설탕 0.51 mol과 총 부피 500. mL를 만드는 데 필요한 물

▶ *문제*

23. 다음 각 용액에서 용질의 몰수와 용액의 총 부피가 주어졌다. 몰농도를 계산하시오.
    a. KNO_3 0.754 mol; 225 mL
    b. $CaCl_2$ 0.0105 mol; 10.2 mL
    c. NaCl 3.15 mol; 5.00 L
    d. NaBr 0.499 mol; 100. mL
24. 다음 각 용액에서 용질의 질량과 용액의 총 부피가 주어졌다. 몰농도를 계산하시오.
    a. $CaCl_2$ 5.59 g; 125 mL
    b. $CaCl_2$ 2.34 g; 125 mL
    c. $CaCl_2$ 8.73 g; 125 mL
    d. $CaCl_2$ 11.5 g; 125 mL
25. 0.150 *M* $CaCl_2$ 용액 225 mL를 만들고자 한다. $CaCl_2$ 몇 g이 필요한가?
26. 아이오딘 결정 5.15 g에 총 부피가 225 mL가 되도록 알코올을 첨가하여 알코올성 아이오딘 용액(아이오딘 팅크)을 만들었다. 아이오딘의 몰농도를 계산하시오.
27. 표준 질산 은 용액은 염화 이온이 들어있는 시료를 분석하는 데 쓰인다. 0.100 *M* $AgNO_3$ 용액 250 mL를 만들려면 $AgNO_3$ 몇 그램이 필요한가?
28. 다음 각 용액에 들어있는 용질은 몇 *mol*인가?
    a. 0.104 *M* HCl 용액 12.5 mL
    b. 0.223 *M* NaOH 용액 27.3 mL
    c. 0.501 *M* HNO_3 용액 36.8 mL
    d. 0.749 *M* KOH 용액 47.5 mL
29. 다음 각 용액에 들어있는 용질의 *질량*은 몇 g인가?
    a. 0.119 *M* $CaCl_2$ 용액 17.8 mL
    b. 0.288 *M* KCl 용액 27.6 mL
    c. 0.399 *M* $FeCl_3$ 용액 35.4 mL
    d. 0.559 *M* KNO_3 용액 46.1 mL
30. 0.355 *M* KBr 용액 225 mL에 존재하는 용질의 질량은 얼마인가?
31. 다음 각 용액에 들어있는 각 이온의 몰수를 계산하시오.
    a. 0.451 *M* $AlCl_3$ 용액 10.2 mL
    b. 0.103 *M* Na_3PO_4 용액 5.51 L
    c. 1.25 *M* $CuCl_2$ 용액 1.75 mL
    d. 0.00157 *M* $Ca(OH)_2$ 용액 25.2 mL
32. 어떤 실험에 0.105 *M* NaCl 용액 125 mL가 필요하다. 필요한 NaCl의 질량은 얼마인가? 같은 용액 1.00 L를 만드는 데 필요한 NaCl의 질량은 얼마인가?

14.5 묽힘

▶ *질문*

33. 농도가 진한 모액을 묽힐 경우, 묽히기 전과 후의_______의 수는 같다.
34. 용액의 부피를 세 배로 하였을 때(물을 가해서), 용질의 농도는 처음 농도의 _______배이다.

▶ *문제*

35. 다음 각각에 대해 다음과 같이 묽혔을 때 새로운 용액의 몰농도를 계산하시오. 전체 부피는 용액 부피와 물 부피의 합으로 가정한다.
    a. 0.119 *M* NaCl 용액 25.0 mL에 물 55.0 mL를 가했을 때
    b. 0.701 *M* NaOH 용액 45.3 mL에 물 125 mL를 가했을 때
    c. 3.01 *M* KOH 용액 125 mL에 물 550. mL를 가했을 때

d. 2.07 M $CaCl_2$ 용액 75.3 mL에 물 335 mL를 가했을 때

36. 다음 각 용액에 물 250. mL를 가했을 때 새로운 몰농도를 계산하시오.

a. 0.251 M HCl 125 mL
b. 0.499 M H_2SO_4 445 mL
c. 0.101 M HNO_3 5.25 L
d. 14.5 M $HC_2H_3O_2$ 11.2 mL

37. 많은 실험실에서 흔히 사용하는 산을 3.0 M 용액으로 만들어 가까운 곳에 보관한다. 다음에 주어진 강산의 몰농도를 보고, 3.0 M 산 용액 225 mL를 만들기 위해 필요한 각각의 진한 산의 양(mL)을 구하시오.

산	진한 시약의 몰농도
HCl	12.1 M
HNO_3	15.9 M
H_2SO_4	18.0 M
$HC_2H_3O_2$	17.5 M
H_3PO_4	14.9 M

38. 0.150 M NaOH 325 mL가 실험에 필요하다. 만일 농도 1.01 M NaOH 용액만을 가지고 있다면 이 용액을 어떻게 제조할 수 있는가?

39. 여름 연구 인턴 기간 동안 실험실에 근무하며, 수집해 오는 시료를 실험할 용액 만드는 일을 담당하게 되었다. 0.300 M NaOH 용액을 준비해야 하는데 시약장에 6.00 M NaOH밖에 없다. 0.300 M NaOH를 만들려면 6.00 M NaOH 10.0 mL에 물을 얼마나 *가해야* 하는가? (혼합으로 인한 부피 변화는 없다고 가정한다.)

14.6 용액 반응의 화학량론

▸ *문제*

40. 일반적으로 1족 원소와 암모늄 이온의 탄산염은 물에 녹지만, 그 외의 다른 탄산염은 *불용성*(insoluble)이다. 0.105 M $CaCl_2$ 용액 37.2 mL에 들어있는 칼슘 이온을 침전시키는 데 필요한 0.125 M 탄산 소듐 용액은 몇 mL 인가?

$$Na_2CO_3(aq) + CaCl_2(aq) \rightarrow CaCO_3(s) + 2NaCl(aq)$$

41. 옥살산 칼슘(CaC_2O_4)은 물에 잘 녹지 않는다. 0.104 M $CaCl_2$ 용액 37.5 mL로부터 칼슘 이온을 침전시키는 데 필요한 옥살산 소듐($Na_2C_2O_4$)의 질량은 얼마인가?

42. 알루미늄 이온의 수용액에 수산화 이온을 가하면 $Al(OH)_3$를 형성하며 침전된다. 하지만 수산화 이온을 과량 넣으면 안 되는데, 알루미늄 이온과 수산화 이온을 포함한 용해성 화합물이 생성되기 시작함에 따라 $Al(OH)_3$ 침전이 다시 용해되기 때문이다. 0.250 M $AlCl_3$ 10.0 mL에 있는 모든 알루미늄을 침전시키기 위해 몇 g의 고체 NaOH를 첨가해야 하는가?

14.7 중화 반응

▸ *문제*

43. 0.491 M HNO_3 용액 27.2 mL를 중화시키는 데 필요한 0.502 M NaOH 용액의 부피는 얼마인가?

44. 0.400 M H_2SO_4 용액 40.0 mL를 중화시키는 데 필요한 0.500 M NaOH 용액의 부피는 얼마인가?

45. 수용액의 총 산도는 표준 수산화 소듐 용액과의 중화 반응에 의해 결정될 수 있다. 어떤 시료 100. mL를 중화하는 데 2.5×10^{-3} M NaOH 7.2 mL가 필요하다면, 이 시료에 존재하는 수소 이온(H^+)의 총 농도는 얼마인가?

46. 다음 각 용액들을 중화시키는 데 필요한 0.101 M HNO_3의 부피는 얼마인가?

a. 0.501 M NaOH 12.7 mL
b. 0.00491 M $Ba(OH)_2$ 24.9 mL
c. 0.103 M NH_3 49.1 mL
d. 0.102 M KOH 1.21 L

14.8 용액 조성: 노말농도

▸ *질문*

47. 산 1 당량은 ______를 제공하는 데 필요한 산의 양이다.

48. 리터당 산(또는 염기) 1 당량을 포함하는 용액을 ______ 용액이라 한다.

49. H_2SO_4 1 당량에 해당하는 질량이 몰질량의 1/2인 이유를 설명하시오. 과량의 OH^- 이온과 반응시켰을 때 각각의 H_2SO_4 분자에서 수소 이온 몇 개가 생성되는가?

▸ *문제*

50. 다음 각 용액에 대해, 용질의 질량과 용액의 전체 부피가 다음과 같이 주어졌다. 각 용액의 노말농도를 계산하시오.

a. NaOH 0.113 g; 10.2 mL
b. $Ca(OH)_2$ 12.5 mg; 100. mL
c. H_2SO_4 12.4 g; 155 mL

51. 다음 각 용액의 노말농도를 계산하시오.

a. 0.134 M NaOH
b. 0.00521 M $Ca(OH)_2$
c. 4.42 M H_3PO_4

52. 어떤 인산(H_3PO_4) 용액에 용액 1 L당 H_3PO_4 35.2 g이 들어있다. 용액의 몰농도와 노말농도를 계산하시오.

53. 0.152 N NaOH 15.2 mL를 중화시키는 데 필요한 0.104 N H_2SO_4의 부피는 얼마인가?

$$H_2SO_4(aq) + 2NaOH(aq) \rightarrow Na_2SO_4(aq) + 2H_2O(l)$$

54. 0.125 N H_2SO_4 24.2 mL를 중화시키는 데 필요한 0.151 N NaOH의 부피는 얼마인가? 0.125 M H_2SO_4 24.2 mL를 중화시키는 데 필요한 0.151 N NaOH의 부피는 얼마인가?

55. 농도를 모르는 H_2SO_4 용액 25.00 mL를 중화시키는 데 표준 0.1021 M NaOH 27.34 mL가 필요하다. 이 미지 용액의 몰농도와 노말농도를 계산하시오.

산과 염기

Acids and Bases

CHAPTER

15

파리 노틀담 성당 위의 석상들은 산성비에 의해 부식되기 때문에 복원이 필요하다.
John Harper/Getty Images

산은 매우 중요한 물질이다. 산은 레몬이 신맛을 내게 하고, 위에서 음식을 소화시키며 (간혹 속쓰림을 일으킴), 바위를 녹여 토양을 만들고, 치아의 에나멜을 녹여 충치를 일으키며, 커피 메이커의 침착물을 깨끗하게 한다. 산은 필수적인 산업적 화학물질이다. 미국에서 가장 많이 제조, 생산되는 화합물은 황산(H_2SO_4)이다. 연간 800억 파운드의 황산이 비료, 세제, 플라스틱, 제약, 전지 및 금속에 사용되고 있다.

이 장에서는 산과 그 반대 물질인 염기의 가장 중요한 특성에 대해 다루기로 한다.

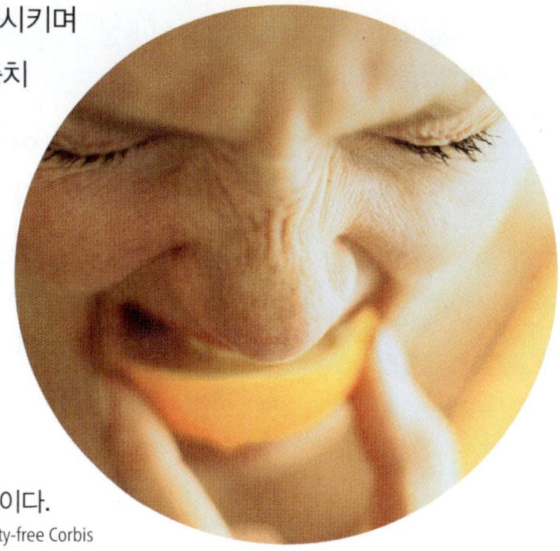

레몬이 신맛이 나는 이유는 레몬에 구연산이 들어 있기 때문이다.

Royalty-free Corbis

15.1 산과 염기

학습 목표

■ 산과 염기의 두 가지 모형과 짝산–염기 쌍의 연관성에 대해 배운다.

산은 처음에는 신맛을 내는 물질로 인식되었다. 식초는 아세트산을 묽힌 용액이기 때문에 신맛을 낸다. 구연산은 레몬의 신맛을 낸다. *알칼리*(alkali)라고 부르는 염기는 쓴맛을 내고 미끈한 성질이 있다. ◀ 비누와 배수구 세정제로 제조된 물질은 대부분 강염기이다.

화학 물질은 *절대* 맛보아서는 *안 된다!*

산과 염기의 기본적인 특성을 최초로 인식한 사람은 아레니우스(Svante Arrhenius)이다. 아레니우스는 전해액을 이용한 실험을 토대로 **산**(acid)은 *수용액에서 수소 이온을 생성*하는 반면, **염기**(base)는 *수산화 이온을 생성*한다고 정의하였다(7.4절 참조).

예를 들면, 염화 수소 기체가 물에 녹을 때 각 분자는 다음 이온들을 생성한다.

$$HCl(g) \xrightarrow{H_2O} H^+(aq) + Cl^-(aq)$$

이 용액은 염산으로 알려진 강산이다. 반면에 NaOH가 물에 녹으면 이온들이 분리되어 Na^+와 OH^- 이온을 포함하는 용액이 된다.

$$NaOH(s) \xrightarrow{H_2O} Na^+(aq) + OH^-(aq)$$

이 용액은 강염기라 부른다.

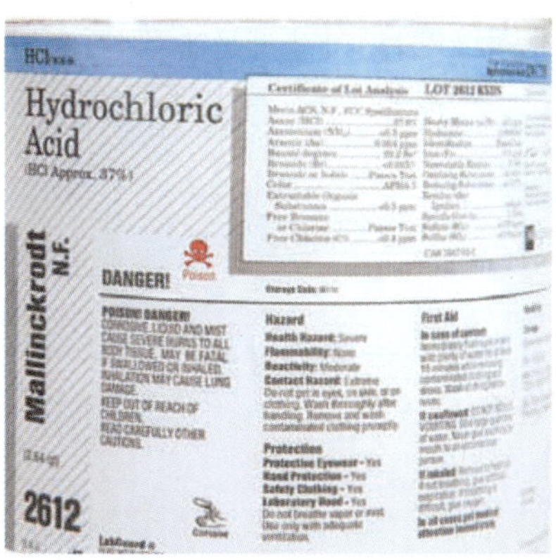

© Cengage Learning

진한 염산 병에 붙어있는 표시.

산과 염기의 아레니우스 개념은 산–염기 화학을 이해하는 데 중요한 발전을 이룩했지만, 이 개념은 수산화 이온 하나만을 염기로 허용하였기 때문에 사용이 제한적이다. 일반적인 산과 염기의 정의는 덴마크 화학자인 브뢴스테드(Johannes Brønsted)와 영국 화학자인 로리(Thomas Lowry)에 의해 제안되었다. **브뢴스테드–로리 모형**에서 *산은 양성자(H^+)를 주는 물질이며 염기는 양성자를 받는 물질이다.* 산이 물이 녹는 일반적인 반응에서 산(HA)은 양성자를 물에 주어 새로운 산[**짝산**(conjugate acid)]과 새로운 염기[**짝염기**(conjugate base)]를 형성한다.

(aq)는 수화(주위에 물 분자들이 둘러싸고 있음)되어 있음을 의미한다.

$$\underset{\text{산}}{HA(aq)} + \underset{\text{염기}}{H_2O(l)} \rightarrow \underset{\text{짝산}}{H_3O^+(aq)} + \underset{\text{짝염기}}{A^-(aq)}$$

이 모형은 산으로부터 양성자를 끌어당기는 극성인 물 분자의 역할을 중요하게 취급한다. 양성자를 제외한 모든 것이 짝염기임을 주목하라. 짝산은 염기에 양성자가 전달되어 형성된 것이다. **짝산-염기 쌍**(conjugate acid-base pair)은 *단일 양성자*를 서로 주고받는 관계에 있는 두 물질이다. 위 식에서 두 짝산-염기 쌍은 HA(산)와 A^-(염기) 그리고 H_2O(염기)와 H_3O^+(산)이다. 예를 들어 염산이 물에 녹을 때 염산은 다음과 같이 산으로 작용한다.

산-짝염기 쌍

$$HCl(aq) + H_2O(l) \rightarrow H_3O^+(aq) + Cl^-(aq)$$

염기-짝산 쌍

이 경우 HCl은 산으로서 H^+ 이온을 잃고 짝염기인 Cl^-가 된다. 반대로 염기로 작용하는 H_2O는 H^+ 이온을 얻어서 짝산인 H_3O^+가 된다.

물이 어떻게 염기로 작용할까? 물 분자 속의 산소는 비공유 전자쌍 두 개를 가지고 있으며, 둘 중 한 개는 H^+ 이온과 공유 결합이 가능하다. 기체 HCl이 물에 녹을 때 다음과 같은 반응이 일어난다.

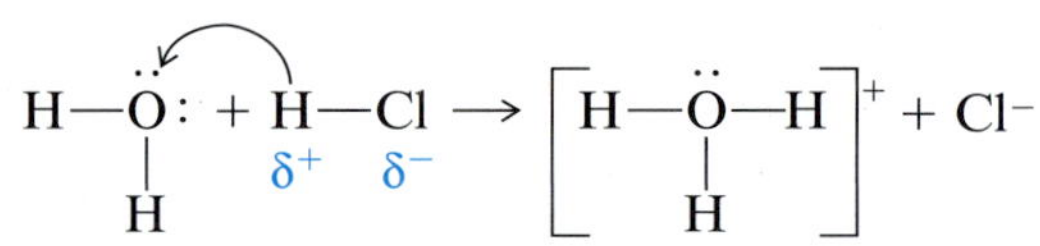

HCl의 H^+ 이온이 물 분자에 전달되어 **하이드로늄 이온**(hydronium ion)이라고 하는 H_3O^+가 형성됨을 주목하라.

대화형 예제 15.1 짝산-염기 쌍 확인

다음 중 짝산-염기 쌍은 무엇인가?

a. HF, F^-

b. NH_4^+, NH_3

c. HCl, H_2O

풀이 a와 b. HF, F^-와 NH_4^+, NH_3는 두 물질의 차이가 하나의 H^+이기 때문에 짝산-염기 쌍이다.

$$HF \rightarrow H^+ + F^-$$
$$NH_4^+ \rightarrow H^+ + NH_3$$

c. HCl과 H_2O는 짝산-염기 쌍이 아니다. 왜냐하면 두 물질은 한 개의 H^+를 제공하거나 받는 물질들이 아니기 때문이다. H_2O의 짝산은 H_3O^+이다.

대화형 예제 15.2 짝염기 쓰기

다음 물질의 짝염기를 쓰시오.

a. $HClO_4$ b. H_3PO_4 c. $CH_3NH_3^+$

풀이 산의 짝염기를 구하기 위해서는 H^+ 이온을 제거해야 한다.

a. $HClO_4 \rightarrow H^+ + ClO_4^-$
산 짝염기

b. $H_3PO_4 \rightarrow H^+ + H_2PO_4^-$
산 짝염기

c. $CH_3NH_3^+ \rightarrow H^+ + CH_3NH_2$
산 짝염기

SELF-CHECK

실전 연습 15.1 다음 중 짝산–염기 쌍을 나타내는 것은?

a. H_2O, H_3O^+

b. OH^-, HNO_3

c. H_2SO_4, SO_4^{2-}

d. $HC_2H_3O_2$, $C_2H_3O_2^-$

15.2 산의 세기

학습 목표

- 산의 세기라는 뜻을 이해한다.
- 산의 세기와 짝염기의 세기 사이의 관계를 이해한다.

앞 절에서 산이 물에 녹을 때 양성자가 산에서 물로 전달되는 현상을 보았다.

$$HA(aq) + H_2O(l) \rightarrow H_3O^+(aq) + A^-(aq)$$

이 반응에서 새로운 산 H_3O^+(짝산)과 염기 A^-(짝염기)가 형성된다. 이 짝산과 짝염기는 서로 반응하여 다시 원래의 산과 물이 형성된다.

$$H_3O^+(aq) + A^-(aq) \rightarrow HA(aq) + H_2O(l)$$

그러므로 이 반응은 "양방향으로" 일어나며 정반응은

$$HA(aq) + H_2O(l) \rightarrow H_3O^+(aq) + A^-(aq)$$

그리고 역반응은

$$H_3O^+(aq) + A^-(aq) \rightarrow HA(aq) + H_2O(l)$$

정반응의 생성물은 역반응의 반응물이다. 이러한 현상을 일반적으로 양방향 화살표로 나타낸다.

$$HA(aq) + H_2O(l) \rightleftharpoons H_3O^+(aq) + A^-(aq)$$

이러한 현상은 H_2O(정반응)와 A^-(역반응) 사이의 H^+ 이온의 경쟁에 의해 표현된다. H_2O가 이 경쟁에서 "이기면", 즉 H_2O가 A^-에 비해 훨씬 높은 친화도를 가지면 이 용액은 대부분 H_3O^+와 A^-로 구성될 것이다. 이러한 현상을 H_2O가 A^-보다 훨씬 더 강한 염기(H^+에 더 친화력)라고 하며, 이 경우에는 정반응이 지배하게 된다.

$$HA(aq) + H_2O(l) \Rightarrow H_3O^+(aq) + A^-(aq)$$

산 HA는 *완전히 이온화*(completely ionized) 또는 *완전히 해리*(completely dissociated)되었다고 한다. 이 경우를 **강산**(strong acid)이라 한다.

정반대의 현상도 물론 일어난다. 때로는 A^-가 H^+ 이온과의 경쟁에서 "이긴다." 이 경

염산 용액은 전류를 흘릴 수 있으므로 전구가 밝게 켜진다.

우에 A^-는 H_2O보다 더 강한 염기로 역반응이 지배하게 된다.

$$HA(aq) + H_2O(l) \leftarrow H_3O^+(aq) + A^-(aq)$$

여기에서 A^-는 H_2O보다 H^+에 더 큰 친화도를 가지며 대부분의 HA는 그대로 존재하게 된다. 이러한 경우를 **약산**(weak acid)이라 한다.

용액에서 실제 어떤 일이 발생하는지는 전류를 전도하는 능력을 측정하여 알 수 있다. 7장의 내용을 돌아보면 용액의 전류 전도도는 용액 내 이온 수에 비례하여 증가한다(그림 7.2). NaCl 1 mol을 물 1 L에 녹인 용액은 NaCl이 Na^+ 이온과 Cl^- 이온으로 완전히 해리되므로 우수한 전류 전도체가 된다. NaCl을 강한 전해질이라 한다. 마찬가지로, HCl 1 mol을 물 1 L에 녹이면 이 용액도 좋은 전도체가 된다. 따라서 HCl은 녹을 때 H^+와 Cl^-을 생성하는 강전해질이다. 이것은 정반응이 지배적으로 일어남을 말해준다.

$$HCl(aq) + H_2O(l) \rightleftharpoons H_3O^+(aq) + Cl^-(aq)$$

(오른쪽 화살표가 왼쪽 화살표보다 길다.) 용액 내에는 실제로 HCl 분자가 없고 H^+와 Cl^- 이온만 존재한다. 이것은 Cl^-가 H_2O에 비해 매우 약한 염기임을 보여주며 용액 내에서 H^+ 이온에 대한 친화력이 없다. 이러한 HCl의 수용액은 강산이다.

일반적으로 산의 세기는 이온화(해리) 반응의 정도에 의해 결정된다.

$$HA(aq) + H_2O(l) \rightleftharpoons H_3O^+(aq) + A^-(aq)$$

강산은 *정반응이 우세*한 물질이다. 이는 원래의 HA 전부가 해리(이온화)됨을 의미한다(그림 15.1a). 산의 강도와 짝염기 사이에는 중요한 관계가 있다. *강산은 상대적으로 약한 짝염기*(비교적 양성자에 낮은 친화도)*를 갖는다*. 강산은 산의 짝염기가 물보다 약한 염기로 서술된다(그림 15.2). 이 경우 물 분자는 H^+ 이온 친화도 경쟁에서 승리한다.

염산과 반대로 아세트산($HC_2H_3O_2$)이 물에 녹을 때 용액은 전류를 약하게 흐르게 한다. 이것은 아세트산이 약전해질로 소수의 이온만이 존재하는 것을 의미한다. 다른 방법으로 반응식으로 표현하면 역반응이 지배한다(그러므로 왼쪽 화살표가 길다).

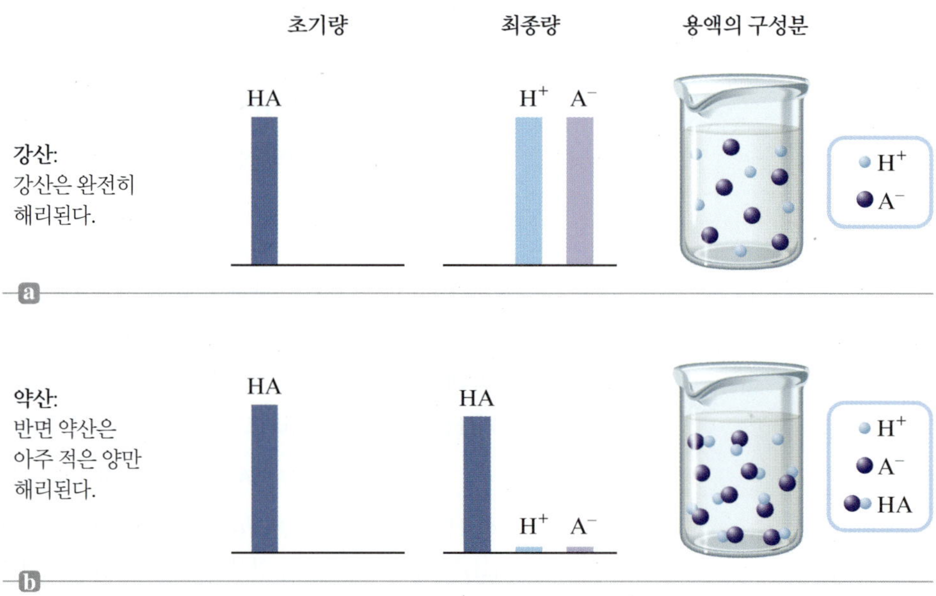

그림 15.1 수용액에서 서로 다른 세기의 산의 작동 모식도.

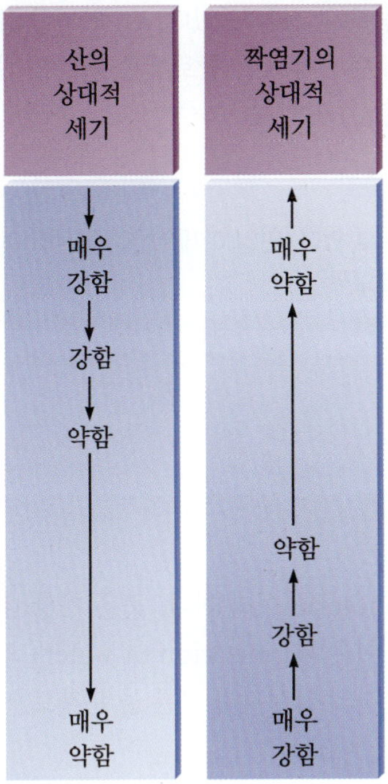

그림 15.2 해리 반응에서 산의 세기와 짝염기의 세기 사이의 관계.
$HA(aq) + H_2O(l) \rightleftharpoons H_3O^+(aq) + A^-(aq)$
(HA: 산, A^-: 짝염기)

$$HC_2H_3O_2(aq) + H_2O(l) \rightleftharpoons H_3O^+(aq) + C_2H_3O_2^-(aq)$$

실제로 측정해보면 0.1 M 아세트산 용액은 1% 정도만 해리(이온화)된다. 따라서 아세트산은 약산이다. 아세트산이 물에 녹을 때 대부분의 아세트산은 해리되지 않으며 아세트산 이온($C_2H_3O_2^-$)은 염기로서 물 속에서 강한 H^+ 친화력을 보유한다. 이것은 아세트산이 용액 내에서 대부분 $HC_2H_3O_2$ 분자로 남아있음을 의미한다. 약산은 *역반응이 우세하다.*

$$HA(aq) + H_2O(l) \leftarrow H_3O^+(aq) + A^-(aq)$$

평형 상태에서 용액 속의 대부분 산은 HA로 여전히 존재한다. 즉, 약산은 수용액에서 아주 작은 양이 해리(이온화)된다(그림 15.1b). 강산과 달리 약산은 물보다 강한 짝염기를 가진다. 이 경우에는 물이 성공적으로 짝염기로부터 H^+를 끌어당기지 못한다. *약산은 상대적으로 강한 짝염기를 갖는다*(그림 15.2).

산의 세기를 표시하는 다양한 방법은 표 15.1에 정리되어 있다.

일반적인 강산으로는 황산[$H_2SO_4(aq)$], 염산[$HCl(aq)$], 질산[$HNO_3(aq)$], 과염소산[$HClO_4(aq)$]이 있다. 황산은 실제로 두 개의 양성자 공급이 가능한 **이양성자산**(diprotic acid)이다. 강산인 H_2SO_4는 물 속에서 사실상 100% 해리된다.

$$H_2SO_4(aq) \rightarrow H^+(aq) + HSO_4^-(aq)$$

HSO_4^- 이온 역시 산이지만 약산이다.

$$HSO_4^-(aq) \rightleftharpoons H^+(aq) + SO_4^{2-}(aq)$$

대부분의 HSO_4^- 이온은 해리되지 않는다.

대부분의 산은 산성인 수소가 산소 원자에 붙어있는 **산소산**(oxyacid)이다(몇 가지 산소산을 아래에 나타내었다). 일반적으로 염산을 제외한 강산들은 산소산이다. **유기산**(organic acid)의 기본적인 형태는 탄소 원자가 중심인 **카복실기**(carboxyl group)를 가지고 있다.

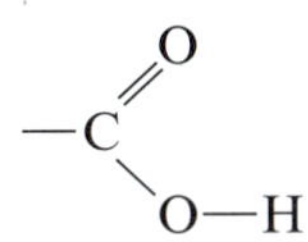

이러한 종류의 산은 약산이며 아세트산(CH_3COOH) 등이 있다. 아세트산은 $HC_2H_3O_2$로 나타내기도 한다.

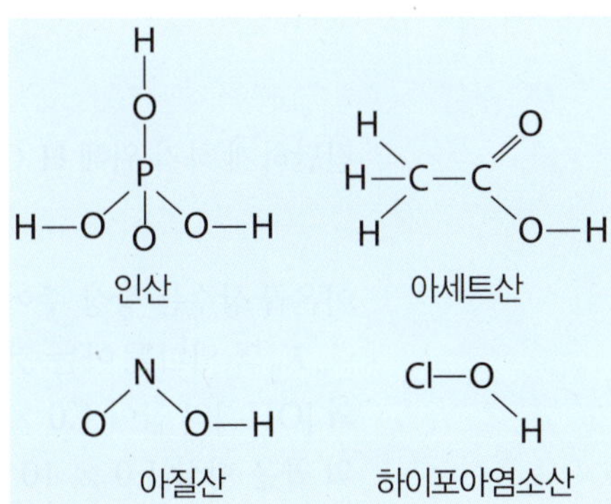

전구를 희미하고 약하게 밝히는 것으로 보아 아세트산은 아주 작은 양의 전류만 통함을 알 수 있다.

표 15.1 산의 세기를 표시하는 방법

특성	강산	약산
산의 이온화(해리) 반응	정반응이 우세	역반응이 우세
물과 비교한 짝염기의 세기	A^-는 물에 비해 매우 약한 염기	A^-는 물에 비해 매우 강한 염기

산소가 아닌 원자에 산성 양성자가 결합되어 있는 중요한 산들도 있다. 그 중 가장 중요한 산은 할로젠화 수소산(hydrohalic acid, HX)이다. 여기서 X는 할로젠족 원자를 나타낸다. 이러한 산으로는 강산인 HCl(*aq*)과 약산인 HF(*aq*)가 있다.

비판적으로 생각하기

샐러드 드레싱에 많이 사용되는 식초는 아세트산을 포함하고 있다. 만일 아세트산이 약산이 아니고 강산이라면 어떨까? 샐러드 드레싱에 사용하기에 안전할까?

15.3 산과 염기로의 물

학습 목표

- 물의 이온화에 대해 배운다.

산과 염기 모두로 작용할 수 있는 물질을 *양쪽성*(amphoteric)이라 한다. 물은 가장 대표적인 **양쪽성 물질**(amphoteric substance)이다. 물의 이온화(ionization of water) 과정에서 이러한 성질을 분명하게 관찰할 수 있다. 즉, 물 분자의 양성자가 다른 물 분자로 이동하면서 수산화 이온과 하이드로늄 이온이 생성된다.

$$H_2O(l) + H_2O(l) \rightleftharpoons H_3O^+(aq) + OH^-(aq)$$

이 반응에서는 물 한 분자가 산으로 작용하여 양성자를 제공하고 다른 물 분자는 양성자를 받아 염기로 작용한다. 이 반응의 정반응은 많이 일어나지 않는다. 즉, 순수한 물에는 매우 적은 양의 H_3O^+와 OH^-만 존재한다. 25°C에서 실제 농도는

$$[H_3O^+] = [OH^-] = 1.0 \times 10^{-7}\,M$$

순수한 물의 이온화 반응에서는 같은 개수의 H_3O^+와 OH^-가 생성되어 두 이온의 농도가 동일함을 주목하라.

물의 흥미롭고 중요한 특성은 산술적으로 $[H_3O^+]$와 $[OH^-]$의 곱은 항상 일정하다는 것이다. 이 상수는 25°C에서 H_3O^+와 OH^-의 농도를 곱하여 구할 수 있다.

$$[H_3O^+][OH^-] = (1.0 \times 10^{-7})(1.0 \times 10^{-7}) = 1.0 \times 10^{-14}$$

이 상수를 **이온곱 상수**(ion-product constant, K_w)라 하고 25°C에서 다음과 같이 나타낸다.

$$[H_3O^+][OH^-] = 1.0 \times 10^{-14} = K_w$$

간단하게 하기 위해 H_3O^+ 대신 H^+를 사용하면 다음과 같다.

$$[H^+][OH^-] = 1.0 \times 10^{-14} = K_w$$

이온곱 상수는 항상 주어진 값을 사용하기 때문에 단위는 대부분 생략된다.

K_w의 의미를 아는 것은 중요하며 수용액에 어떤 물질이 들어있더라도 25°C에서 $[H^+]$와 $[OH^-]$의 곱이 1.0×10^{-14}이다. 이것은 $[H^+]$가 증가하면 $[OH^-]$는 감소하여 두 농도의 곱은 항상 1.0×10^{-14}이 됨을 의미한다. 예를 들어 HCl 기체가 물에 녹으면 $[H^+]$는 증가하고 $[OH^-]$는 감소한다.

여기서 수용액 내에서는 세 가지 상황이 가능하다. 산(H^+ 주개)을 물에 넣으면 *산성 용액*이 얻어진다. 이 경우에는 H^+ 공급원을 넣었기 때문에 $[H^+]$가 $[OH^-]$보다 커질 것이다. 반면에 염기(OH^- 공급원)를 물에 넣으면 $[OH^-]$는 $[H^+]$보다 더 커질 것이다. 이를 *염기성 용액*이라고 한다. 마지막으로 $[H^+] = [OH^-]$인 상황이 될 때 이를 *중성 용액*이라고 부

른다. 순수한 물은 자연적으로 중성이지만 경우에 따라 H^+나 OH^-를 첨가함으로써 중성 용액을 만들 수 있다. 이 개념은 중성, 산성, 염기성을 이해하는 데 중요하다. 정리하면 다음과 같다.

H^+는 H_3O^+를 나타냄을 기억하라.

1. **중성 용액**(neutral solution)에서 $[H^+] = [OH^-]$ ◀
2. **산성 용액**(acidic solution)에서 $[H^+] > [OH^-]$
3. **염기성 용액**(basic solution)에서 $[OH^-] > [H^+]$

이 경우에 $K_w = [H^+][OH^-] = 1.0 \times 10^{-14}$이다.

대화형 예제 15.3 물에서 이온 농도 계산

25°C에서 다음 각 용액의 $[H^+]$와 $[OH^-]$의 농도를 계산하고 산성, 중성, 염기성 중 어느 것인지 쓰시오.

a. $1.0 \times 10^{-5}\ M\ OH^-$ b. $1.0 \times 10^{-7}\ M\ OH^-$ c. $10.0\ M\ H^+$

풀이

a. **풀이 방향**

25°C에서 주어진 $[OH^-]$로부터 $[H^+]$를 계산하고자 한다.

주어진 자료

- 25°C에서, $K_w = [H^+][OH^-] = 1.0 \times 10^{-14}$
- $[OH^-] = 1.0 \times 10^{-5}\ M$

풀이 과정

수학적 기능 향상 도움말

$$K_w = [H^+][OH^-]$$

$$\frac{K_w}{[OH^-]} = [H^+]$$

$K_w = [H^+][OH^-] = 1.0 \times 10^{-14}$임을 알고 있다. $[OH^-]$가 $1.0 \times 10^{-5}\ M$로 주어졌으므로 양변을 $[OH^-]$로 나누어 $[H^+]$를 계산할 수 있다. ◀

$$[H^+] = \frac{1.0 \times 10^{-14}}{[OH^-]} = \frac{1.0 \times 10^{-14}}{1.0 \times 10^{-5}} = 1.0 \times 10^{-9}\ M$$

$[OH^-] = 1.0 \times 10^{-5}\ M$로 $[H^+] = 1.0 \times 10^{-9}\ M$보다 크기 때문에 이 용액은 염기성 용액이다(지수의 음수 값이 큰 것은 더 작은 수임을 기억하라).

b. **풀이 방향**

25°C에서 주어진 $[OH^-]$로부터 $[H^+]$를 계산하고자 한다.

주어진 자료

- 25°C에서, $K_w = [H^+][OH^-] = 1.0 \times 10^{-14}$
- $[OH^-] = 1.0 \times 10^{-7}\ M$

풀이 과정

다시 $[OH^-]$가 주어졌으므로 K_w를 이용하여 $[H^+]$를 계산할 수 있다.

$$[H^+] = \frac{1.0 \times 10^{-14}}{[OH^-]} = \frac{1.0 \times 10^{-14}}{1.0 \times 10^{-7}} = 1.0 \times 10^{-7}\ M$$

여기서 $[H_3O^+] = [OH^-] = 1.0 \times 10^{-7}\ M$이기 때문에 중성 용액이다.

c. **풀이 방향**

25°C에서 주어진 $[OH^-]$로부터 $[H^+]$를 계산하고자 한다.

주어진 자료

- 25°C에서, $K_w = [H^+][OH^-] = 1.0 \times 10^{-14}$
- $[H^+] = 10.0\ M$

수학적 기능 향상 도움말
$K_w = [H^+][OH^-]$
$\frac{K_w}{[H^+]} = [OH^-]$

풀이 과정

$[H^+]$가 주어진 경우에 $[OH^-]$를 계산할 수 있다. ◀

$$[OH^-] = \frac{1.0 \times 10^{-14}}{[H^+]} = \frac{1.0 \times 10^{-14}}{10.0} = 1.0 \times 10^{-15}\ M$$

이제 $[H^+] = 10.0\ M$과 $[OH^-] = 1.0 \times 10^{-15}\ M$을 비교하면 $[H^+]$가 $[OH^-]$보다 크기 때문에 이 용액은 산성 용액이다.

SELF-CHECK **실전 연습 15.2** $[OH^-] = 2.0 \times 10^{-2}\ M$인 용액의 $[H^+]$를 계산하시오. 이 용액은 산성, 중성, 염기성 용액인가?

대화형 예제 15.4 **이온곱 상수를 이용한 계산**

25°C에서 $[H^+] = 0.010\ M$과 $[OH^-] = 0.010\ M$로 구성된 수용액이 가능한가?

풀이 농도 $0.010\ M$은 $1.0 \times 10^{-2}\ M$로 표시된다. 그러므로 $[H^+] = [OH^-] = 1.0 \times 10^{-2}\ M$인 경우 곱은 다음과 같이 표현된다.

$$[H^+][OH^-] = (1.0 \times 10^{-2})(1.0 \times 10^{-2}) = 1.0 \times 10^{-4}$$

이것은 불가능하다. 수용액의 $[H^+]$와 $[OH^-]$의 곱은 항상 1.0×10^{-14}이어야 하므로 $[H^+] = [OH^-] = 0.010\ M$은 불가능하다. 만약에 H^+와 OH^-가 물에 첨가되면 서로 반응하여 $[H^+][OH^-] = 1.0 \times 10^{-14}$가 될 때까지 H_2O를 형성한다.

$$H^+ + OH^- \rightarrow H_2O$$

이것은 일반적인 결과로, H^+와 OH^-가 첨가되어 1.0×10^{-14}보다 클 때에는 $[H^+][OH^-] = 1.0 \times 10^{-14}$가 될 때까지 물이 생성된다.

15.4 pH 단위

학습 목표

- pH와 pOH를 이해한다.
- 다양한 용액의 pOH와 pH를 구한다.
- 이들 계산을 위해 계산기 사용법을 배운다.

작은 수를 편리하게 표현하기 위해 화학자들은 종종 상용로그에서 유래한 단위인 "p 척도"를 사용한다. 이 체계에서 N이 어떤 수라면

$$pN = -\log N = (-1) \times \log N$$

즉, p는 주어진 값에 log를 취하고 −1을 곱한 값을 의미한다. 예를 들어 1.0×10^{-7}을 p 단위로 나타낼 때 1.0×10^{-7}에 log를 취하고 −1을 곱하면 된다.

$$p(1.0 \times 10^{-7}) = -\log(1.0 \times 10^{-7}) = 7.00$$

수용액 내의 $[H^+]$는 매우 작기 때문에 p 단위를 사용하여 **pH 척도**(pH scale)의 형태로 표현하여 용액의 산성도를 편리하게 나타낼 수 있도록 한다. 용액의 pH는 다음과 같이 정의된다.

$$pH = -\log[H^+]$$

용액의 pH를 계산하기 위해서 $[H^+]$에 $-\log$를 취하면 된다.

이 경우 $[H^+] = 1.0 \times 10^{-5}$ M인 용액의 pH는 5.00이다.

우리가 알 수 있는 적당한 수로 pH를 나타내기 위해서는 로그(logarithm)의 규칙을 알아야 한다. *log를 취한 후의 유효 숫자는 원래 수의 소수점 아래 유효 숫자와 같아야 한다.*

2자리
유효 숫자

$$[H^+] = 1.0 \times 10^{-5}\ M$$

$$pH = 5.00$$

2자리
소수점 아래

대화형 예제 15.5 pH 계산

25°C에서, 다음 용액의 pH 값을 계산하시오.

a. $[H^+] = 1.0 \times 10^{-9}$ M인 용액

b. $[OH^-] = 1.0 \times 10^{-6}$ M인 용액

풀이 a. 이 용액의 경우 $[H^+] = 1.0 \times 10^{-9}$

$$-\log(1.0 \times 10^{-9}) = 9.00$$
$$pH = 9.00$$

b. 이 경우에는 주어진 $[OH^-]$로부터 K_w를 이용하여 $[H^+]$를 계산한다.

$$K_w = [H^+][OH^-] = 1.0 \times 10^{-14}$$

$[H^+]$를 계산하기 위해 양변을 $[OH^-]$로 나누면

$$[H^+] = \frac{1.0 \times 10^{-14}}{[OH^-]} = \frac{1.0 \times 10^{-14}}{1.0 \times 10^{-6}} = 1.0 \times 10^{-8}$$

$[H^+]$로부터 pH를 계산할 수 있다. $pH = -\log[H^+] = -\log(1.0 \times 10^{-8}) = 8.00$

SELF-CHECK

실전 연습 15.3 25°C에서 다음 용액의 pH를 계산하시오.

a. $[H^+] = 1.0 \times 10^{-3}$ M인 용액

b. $[OH^-] = 5.0 \times 10^{-5}$ M인 용액

표 15.2 용액의 수소 이온 농도와 pH 사이의 관계

$[H^+]$(M)	pH
1.0×10^{-1}	1.00
1.0×10^{-2}	2.00
1.0×10^{-3}	3.00
1.0×10^{-4}	4.00
1.0×10^{-5}	5.00
1.0×10^{-6}	6.00
1.0×10^{-7}	7.00

pH는 상용로그 단위이기 때문에 *pH에서 1의 변화는 $[H^+]$의 10배 변화*를 의미한다. 예를 들어 pH 3인 용액은 H^+ 농도가 10^{-3} M로, pH 4($[H^+] = 10^{-4}$ M)인 용액의 10배, pH 5인 용액의 100배의 농도를 나타낸다. 이것을 표 15.2에 나타내었다. 또한 표 15.2에서 *$[H^+]$ 농도가 증가할수록 pH는 감소함*을 알 수 있다. 즉 낮은 pH는 산성 용액을 뜻한다. 일반적인 몇 가지 물질의 pH 척도와 pH 값을 그림 15.3에 나타내었다.

용액의 pH는 주로 pH를 모르는 용액에 전극을 넣어 측정하는 전자 기기인 pH 미터를 사용하여 측정한다. pH 미터는 그림 15.4에 나와 있다. 색으로 표시되는 지시약 종이는 정

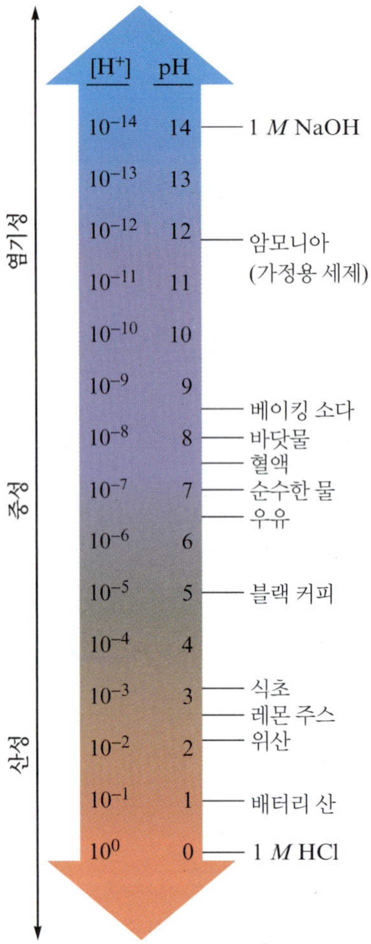

그림 15.3 pH 계와 몇몇 물질의 pH 값.

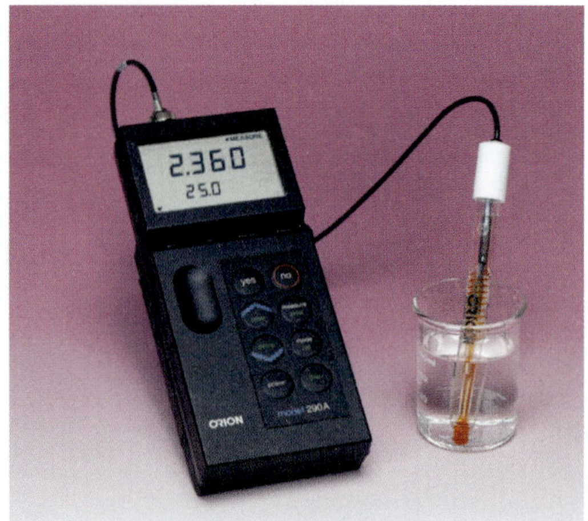

그림 15.4 pH 미터. 오른쪽 전극이 pH를 모르는 용액에 놓여있다. 전극 내에 봉인되어 있는 용액의 수소 이온 농도와 분석하고자 하는 용액의 수소 이온 농도 사이의 차이가 전위로 바뀌어 pH 미터에 나타나므로 pH를 읽을 수 있다.

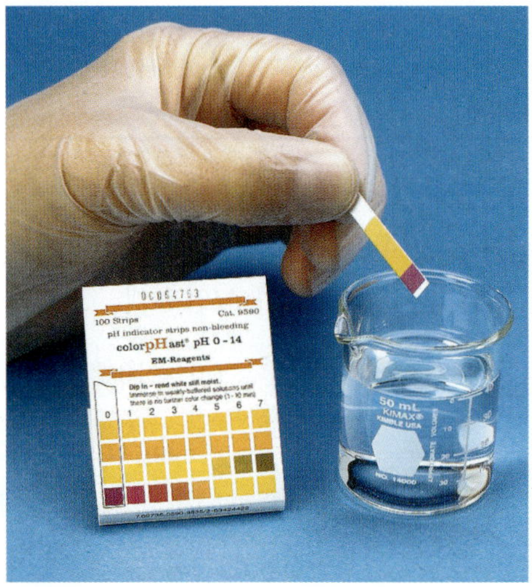

그림 15.5 용액의 pH 측정에 사용되는 지시약 종이. 용액에 의해 변화된 지시약 종이의 색을 표준 색 도표의 색과 비교하여 pH를 결정한다.

확도가 덜 필요한 곳에 사용된다. 용액 한 방울을 특수 용지에 떨어뜨리면 용액의 pH에 해당하는 특징적인 색이 나타난다(그림 15.5 참조).

pH 척도와 비슷하게 log 척도도 다른 양을 나타내는 데 사용된다.

$$\text{pOH} = -\log[\text{OH}^-]$$

따라서 어떤 용액에서

$$[\text{OH}^-] = 1.0 \times 10^{-12}\,M$$

pOH는 ◀

기호 p는 −log를 의미한다.

$$-\log[\text{OH}^-] = -\log(1.0 \times 10^{-12}) = 12.00$$

비판적으로 생각하기

어떤 국회의원이 pH 6~8 범위에 있지 않은 모든 생산물을 금지하기로 하였다면 어떻게 될까? 구매할 수 있는 생산품에 어떤 영향을 주겠는가? 더 이상 살 수 없을 생산품의 예를 몇 가지 들어 보시오.

대화형 예제 15.6 pH와 pOH 계산

25°C에서 다음 용액의 pH와 pOH를 계산하시오.

a. $1.0 \times 10^{-3}\ M\ OH^-$

b. $1.0\ M\ H^+$

풀이

a. 주어진 $[OH^-]$를 이용하여 $-\log[OH^-]$를 취하여 pOH를 계산한다.

$$\text{pOH} = -\log[OH^-] = -\log(1.0 \times 10^{-3}) = 3.00$$

pH를 계산하기 위해 K_w를 이용하여 $[H^+]$를 계산한다.

$$[H^+] = \frac{K_w}{[OH^-]} = \frac{1.0 \times 10^{-14}}{1.0 \times 10^{-3}} = 1.0 \times 10^{-11}\ M$$

이제 pH를 계산하면

$$\text{pH} = -\log[H^+] = -\log(1.0 \times 10^{-11}) = 11.00$$

b. 이 경우에는 주어진 $[H^+]$로부터 pH를 계산할 수 있다.

$$\text{pH} = -\log[H^+] = -\log(1.0) = 0$$

다음은 K_w를 이용하여 $[OH^-]$를 구한다.

$$[OH^-] = \frac{K_w}{[H^+]} = \frac{1.0 \times 10^{-14}}{1.0} = 1.0 \times 10^{-14}\ M$$

이제 $-\log$를 취하여 pOH를 계산한다.

$$\text{pOH} = -\log[OH^-] = -\log(1.0 \times 10^{-14}) = 14.00$$

K_w 식인 $[H^+][OH^-] = 1.0 \times 10^{-14}$에 $-\log$를 취하여 pH와 pOH의 관계를 쉽게 계산할 수 있다.

$$-\log([H^+][OH^-]) = -\log(1.0 \times 10^{-14})$$

곱의 log는 log의 합과 같으므로 [즉, $\log(A \times B) = \log A + \log B$] 다음과 같은 식을 구한다.

$$\underbrace{-\log[H^+]}_{\text{pH}}\ \underbrace{-\log[OH^-]}_{\text{pOH}} = -\log(1.0 \times 10^{-14}) = 14.00$$

따라서

$$\text{pH} + \text{pOH} = 14.00$$

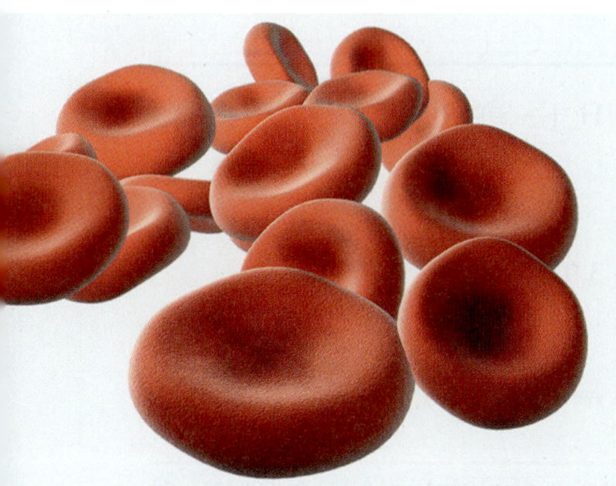

© Monika Wisniewska/Dreamstime.com

적혈구는 좁은 범위의 pH에서만 유지될 수 있다.

위 관계를 이용하여 용액의 pH 및 pOH를 구하면 다른 값은 쉽게 계산할 수 있다. 예를 들어 용액의 pH가 6.00인 경우에는 pOH는 다음과 같이 계산할 수 있다.

$$\begin{aligned} \text{pH} + \text{pOH} &= 14.00 \\ \text{pOH} &= 14.00 - \text{pH} \\ \text{pOH} &= 14.00 - 6.00 = 8.00 \end{aligned}$$

대화형 예제 15.7 pH로부터 pOH 계산

혈액의 pH가 7.4일 때 pOH는 얼마인가?

풀이

$$
\begin{aligned}
pH + pOH &= 14.00 \\
pOH &= 14.00 - pH \\
&= 14.00 - 7.4 \\
&= 6.6
\end{aligned}
$$

혈액의 pOH는 6.6이다.

SELF-CHECK **실전 연습 15.4** 공기 오염이 심각한 지역에서 내린 빗물 시료의 pH가 3.5였다. 이 빗물의 pOH는 얼마인가?

pH나 pOH로부터 $[H^+]$와 $[OH^-]$의 계산이 가능하다. pH로부터 $[H^+]$ 계산은 pH 정의를 역으로 이용하면 된다.

$$pH = -\log[H^+]$$

또는

$$-pH = \log[H^+]$$

빙하수의 pH 측정.

오른쪽의 $[H^+]$를 계산하기 위해서는 log를 제거하는 작업을 한다. 이를 *안티로그*(antilog) 또는 *역로그*(inverse log)라 한다.

$$역로그(-pH) = 역로그(\log[H^+])$$
$$역로그(-pH) = [H^+]$$

pH 7.0을 $[H^+]$로 전환해 보자.

$$pH = 7.0$$
$$-pH = -7.0$$

−7.0의 역로그를 구하면 1×10^{-7}이 된다.

$$[H^+] = 1 \times 10^{-7}\ M$$

이러한 과정을 예제 15.8에서 더 보도록 하자.

대화형 예제 15.8 pH로부터 $[H^+]$ 계산

어떤 사람 혈액 시료의 pH가 7.41이었다. 이 혈액의 $[H^+]$는 얼마인가?

풀이

$$
\begin{aligned}
pH &= 7.41 \\
-pH &= -7.41 \\
[H^+] &= -7.41의\ 역로그 = 3.9 \times 10^{-8} \\
[H^+] &= 3.9 \times 10^{-8}\ M
\end{aligned}
$$

pH가 소수점 아래 두 자리 수를 가지므로 $[H^+]$도 두 자리 유효 숫자로 표현된다.

SELF-CHECK **실전 연습 15.5** 오염된 지역에서 내리는 빗물의 pH가 3.50이었다. 이 빗물의 $[H^+]$는 얼마인가?

예제 15.9에 제시된 것과 비슷한 과정을 통하여 pOH로부터 $[OH^-]$를 계산한다.

대화형 예제 15.9 pOH로부터 $[OH^-]$ 계산

한 수족관의 pOH가 6.59로 나타났다. 이 물의 $[OH^-]$는 얼마인가?

풀이 pOH를 이용하여 $[OH^-]$를 구하는 방법은 pH로부터 $[H^+]$로 전환하는 것과 똑같은 과정이다.

$$\begin{aligned} pOH &= 6.59 \\ -pOH &= -6.59 \\ [OH^-] = -6.59\text{의 역로그} &= 2.6 \times 10^{-7} \\ [OH^-] &= 2.6 \times 10^{-7}\,M \end{aligned}$$

유효 숫자가 2개임을 유의하라.

SELF-CHECK **실전 연습 15.6** 어떤 배수관 세정제의 pOH가 10.50이었다. 이 세정제의 $[OH^-]$는 얼마인가?

15.5 강산 용액의 pH 계산

학습 목표
- 강산 용액의 pH 계산 방법을 배운다.

이 절에서는 농도를 알고 있는 강산 용액의 pH를 계산하는 방법을 배우게 된다. 예를 들면 1.0 *M* HCl 용액의 농도를 알고 있을 때 용액의 pH를 어떻게 계산할까? 이 질문에 답하기 위해서는 HCl이 물에 녹으면 각 분자가 H^+와 Cl^-로 해리(이온화)된다는 것을 알아야 한다. 즉, HCl은 강산임을 알아야 한다. 따라서 병에 1.0 *M* HCl로 표시되었더라도, 이 병 안에는 실제로 HCl 분자는 없다. 시약 용기에 붙어있는 라벨은 용액을 제조하는 데 사용된 물질을 나타내며, 해리된 후의 용액 조성을 반드시 써 놓는 것은 아니다. 이 경우에는

$$1.0\,M\ HCl \rightarrow 1.0\,M\ H^+ \text{ 및 } 1.0\,M\ Cl^-$$

그러므로 용액 중 $[H^+]$는 1.0 *M*이다. 따라서 이 용액의 pH는 다음과 같다.

$$pH = -\log[H^+] = -\log(1.0) = 0$$

대화형 예제 15.10 강산 용액의 pH 계산

0.10 *M* HNO_3의 pH를 계산하시오.

풀이 HNO_3는 강산이므로 용액 속에는 H^+와 NO_3^-만 존재한다. 이 경우에

$$0.10\,M\ HNO_3 \rightarrow 0.10\,M\ H^+ \text{ 및 } 0.10\,M\ NO_3^-$$

그러므로

$$[H^+] = 0.10\,M\text{이고 } pH = -\log(0.10) = 1.00$$

SELF-CHECK **실전 연습 15.7** 5.0×10^{-3} *M* HCl의 pH를 계산하시오.

15.6 완충 용액

학습 목표
- 완충 용액의 일반적인 특성을 이해한다.

완충 용액(buffered solution)은 강산이나 강염기를 첨가하였을 때 pH 변화를 억제하는 용액이다. 예를 들어 HCl 0.01 mol에 증류수 1 L를 첨가하면, pH는 초기 값 7에서 2로 변하여 pH 단위 5가 변하게 된다. 그렇지만 0.1 *M* 아세트산($HC_2H_3O_2$)과 0.1 *M* 아세트

dobri dobrinov/iStockphoto.com

금붕어가 생존하기 위해서는 물의 pH가 아주 잘 조절되어야 한다.

산 소듐($NaC_2H_3O_2$)의 용액에 HCl 0.01 mol을 첨가하면 pH의 변화는 4.74에서 4.66으로 변하여 겨우 0.08 pH가 변한다. 이와 같이 용액에 강산과 강염기를 첨가하더라도 pH가 약간만 변하는 용액을 완충 용액이라 한다.

완충 용액은 좁은 pH 범위에서 생존할 수 있는 세포 생명체에 절대적으로 중요하다. 금붕어가 많이 죽는 이유는 수족관 수용액의 완충의 중요성을 인식하지 못했기 때문이다. 인간의 경우 생존을 위해 혈액의 pH는 7.35~7.45를 유지해야 한다. 이런 좁은 범위의 pH는 여러 가지 다른 완충계에 의해 유지된다.

용액은 *약산과 그 짝염기*에 의해 완충된다(buffered). 완충 용액의 예로 아세트산과 아세트산 소듐으로 이루어진 용액이 있다. 아세트산 소듐은 용해되어 아세트산 이온(아세트산의 짝염기)을 공급한다. 이러한 계가 완충 작용을 하는 것을 알기 위해서는 용액 속에 들어있는 화학종을 알아야 한다.

$$HC_2H_3O_2, \quad Na^+, \quad C_2H_3O_2^-$$

$NaC_2H_3O_2$이 녹으면 분리된 이온들이 생성된다

HCl과 같은 강산을 첨가하면 용액에는 어떤 일이 일어날까? 순수한 물에서는 HCl에서 나온 H^+ 이온이 축적되어 pH를 감소시킨다.

$$HCl \xrightarrow{100\%} H^+ + Cl^-$$

그러나 이 완충 용액은 염기인 $C_2H_3O_2^-$ 이온을 포함하고 있다. 즉, $C_2H_3O_2^-$는 H^+에 강한 친화력을 가지는데, 이것은 $HC_2H_3O_2$가 약산이라는 사실에서 알 수 있다. 이것은 $C_2H_3O_2^-$와 H^+ 이온이 이온 형태로 많이 존재하지 않음을 의미한다. $C_2H_3O_2^-$ 이온은 H^+에 높은 친화력을 가지기 때문에 $C_2H_3O_2^-$와 H^+ 이온은 서로 결합하여 $HC_2H_3O_2$ 분자를 형성한다. 그러므로 첨가된 HCl에서 나온 H^+는 용액에서 축적되지 않고 다음과 같이 $C_2H_3O_2^-$ 이온과 반응한다.

$$H^+(aq) + C_2H_3O_2^-(aq) \rightarrow HC_2H_3O_2(aq)$$

다음으로 수산화 소듐과 같은 강염기가 완충 용액에 첨가되었을 때를 생각해 보자. 이러한 강염기가 증류수에 첨가될 때는 NaOH로부터 나온 OH^-가 축적되므로 pH가 크게 증가할 것이다.

$$NaOH \xrightarrow{100\%} Na^+ + OH^-$$

그러나 완충 용액 속의 OH^- 이온은 H^+에 *매우 강한* 친화력을 가지고 있어 $HC_2H_3O_2$ 분자와 반응하여 다음과 같이 된다.

$$HC_2H_3O_2(aq) + OH^-(aq) \rightarrow H_2O(l) + C_2H_3O_2^-(aq)$$

이러한 현상은 $C_2H_3O_2^-$는 H^+에 강한 친화력을 가지고 있으며 OH^-는 H^+에 강한 친화력을 가지고 있기 때문에 아세트산 분자로부터 H^+ 이온을 제거할 수 있다.

용액에 녹아있는 완충 물질이 H^+와 OH^-의 증가를 억제하고 있다. 첨가된 H^+는 $C_2H_3O_2^-$과 반응하여 $HC_2H_3O_2$가 생성되고, 첨가된 OH^-는 $HC_2H_3O_2$와 반응하여 H_2O와 $C_2H_3O_2^-$가 생성된다.

일반적인 완충 용액의 특성은 표 15.3에 정리되어 있다.

표 15.3 완충 용액의 특성

1. 완충 용액은 약산 HA와 그것의 짝염기인 A^-를 포함하고 있다.
2. 완충 용액은 pH 변화에 저항하는 특징을 가지고 있는데, 그 이유는 첨가된 H^+나 OH^- 이온들과 반응하여 이들 이온이 축적되지 못하도록 하기 때문이다.
3. 첨가된 H^+는 염기 A^-와 반응한다. $H^+(aq) + A^-(aq) \rightarrow HA(aq)$
4. 첨가된 OH^-는 약산 HA와 반응한다. $OH^-(aq) + HA(aq) \rightarrow H_2O(l) + A^-(aq)$

15장 복습하기 Chapter 15 Review

주요 용어

- 산(15.1)
- 산과 염기의 아레니우스 개념(15.1)
- 짝산-염기 쌍(15.1)
- 하이드로늄 이온(15.1)
- 강산(15.2)
- 이염기산(15.2)
- 유기산(15.2)
- 양쪽성 물질(15.3)
- 중성 용액(15.3)
- 염기성 용액(15.3)
- 완충 용액(15.6)
- 염기(15.1)
- 브뢴스테드-로리 모형(15.1)
- 짝산(15.1)
- 짝염기(15.1)
- 완전 이온화(15.2)
- 약산(15.2)
- 산소산(15.2)
- 카복실기(15.2)
- 이온곱 상수(K_w)(15.3)
- 산성 용액(15.3)
- pH 단위(15.4)

요약

- 아레니우스 모형
  - 산은 수용액에서 H^+를 생산한다.
  - 염기는 수용액에서 OH^-를 생산한다
- 브뢴스테드-로리 모형
  - 산 → 양성자(수소 이온) 주개
  - 염기 → 양성자(수소 이온) 받개
  - $HA(aq) + H_2O(l) \rightleftharpoons H_3O^+(aq) + A^-(aq)$
- 산의 세기
  - 강산은 완전히 해리(이온화)된다.
    - $HA(aq) + H_2O(l) \rightarrow H_3O^+(aq) + A^-(aq)$
    - 강산의 짝염기는 약하다.
  - 약산은 매우 작은 양만 해리(이온화)된다.
    - 약산의 짝염기는 강하다.
- 물은 산이기도 하고 염기이기도 하다(양쪽성).
- $H_2O(l) + H_2O(l) \rightleftharpoons H_3O^+(aq) + OH^-(aq)$
  - $K_w = [H_3O^+][OH^-] = 1.0 \times 10^{-14}$ (25°C에서)

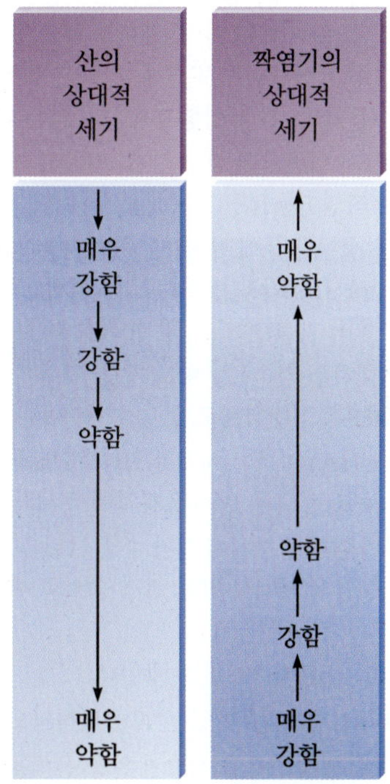

- 용액의 산도는 수소 이온 농도 $[H^+]$로 표현된다.
- $pH = -\log[H^+]$
  - pH가 낮으면 높은 산성도($[H^+]$)를 의미한다.
- $pOH = -\log[OH^-]$
- 중성 용액에서는 $[H^+] = [OH^-]$
- 산성 용액에서는 $[H^+] > [OH^-]$
- 염기성 용액에서는 $[H^+] < [OH^-]$
- 용액의 pH는 다음 방법으로 측정할 수 있다.
  - 지시약
  - pH 미터
- 강산에서 H^+의 농도는 초기 수소 이온 농도와 같다.
- 완충 용액은 용액에 산이나 염기를 첨가하였을 때 pH 변화에 저항

하는 용액이다.

- 완충 용액은 약산과 그 짝염기로 구성되어 있다.

완충 용액의 특성

1. 완충 용액은 약산 HA와 그 짝염기인 A^-를 포함하고 있다.
2. 완충 용액은 pH 변화에 저항하는 특징을 가지고 있는데, 그 이유는 첨가된 H^+나 OH^- 이온들과 반응하여 이들 이온이 축적되지 못하도록 하기 때문이다.
3. 첨가된 H^+는 염기 A^-와 반응한다.
$$H^+(aq) + A^-(aq) \rightarrow HA(aq)$$
4. 첨가된 OH^-는 약산 HA와 반응한다.
$$OH^-(aq) + HA(aq) \rightarrow H_2O(l) + A^-(aq)$$

활동 학습 질문

다음은 강의 중 그룹 지도를 위한 문제들로, 특정 주제를 소개하는 데 매우 효과적이다.

1. NaOH(*aq*) 용액의 H^+ 농도가 얼마인지 질문을 받았다. NaOH는 강염기이다. 따라서 H^+가 존재하는 것은 용액이 산성이라 것을 의미하기 때문에, H^+가 없다고 말할 수 있는가?

2. 왜 Cl^-는 수용액의 pH에 영향을 미치지 않는지 설명하시오.

3. 물 속에서 산의 일반적인 반응을 쓰시오. 이 경우 염기는 무엇인가? 짝산은? 짝염기는?

4. 산의 종류를 설명하는 데 쓰인 *진한 산*, *묽은 산*, *약산*, *강산*의 차이점을 설명하시오. 답을 명확히 하기 위해 분자 수준 그림을 사용하시오.

5. "pH"가 의미하는 것은? 참 또는 거짓: 강산은 약산보다 항상 낮은 pH를 갖는다. 설명하시오.

6. 하나는 약산(HA)이 다른 하나는 HCl이 녹아있는 두 용액을 생각해 보자. 두 가지 모두 10개의 분자에서 시작한다.

a. 각 용액이 어떻게 보일지 분자 수준 그림을 그리시오.

b. 다음을 강한 염기에서 약한 염기 순서로 배열하고 이유를 설명하시오. Cl^-, H_2O, A^-

7. 25°C에서 물의 pH가 7.00인 이유는?

8. 용액의 pH가 음수가 될 수 있는가? 설명하시오.

9. 아세트산과 수산화 소듐을 섞으면 완충 용액을 만들 수 있다. 설명하시오.

10. HCl과 NaOH를 섞은 용액이 완충 용액이 될 수 있는가? 설명하시오.

11. 다음 반응식을 생각해 보자.

$$HA(aq) + H_2O \rightleftharpoons H_3O^+(aq) + A^-(aq)$$

a. 물이 A^-보다 좋은 염기라면 평형은 어느 방향으로 놓이겠는가?

b. 물이 A^-보다 좋은 염기라면 HA는 강산 또는 약산을 의미하는가?

c. 물이 A^-보다 좋은 염기라면 K_a 값은 1보다 큰가, 작은가?

12. 다음 문장을 완성하는 적합한 답을 선택하시오. 물 100.00 mL를 1.00 *M* 염산 100.0 mL에 첨가하면,

a. 용액이 희석되기 때문에 pH는 감소한다.

b. 물은 중성이므로 pH는 변하지 않는다.

c. 부피가 두 배가 되었으므로 pH도 두 배가 된다.

d. H^+의 농도가 감소하므로 pH는 증가한다.

e. 용액은 완전하게 중화된다.

13. 다음 그림은 산 용액의 분자 수준의 도식도이다. 각각 강산인지 또는 약산인지 쓰시오.

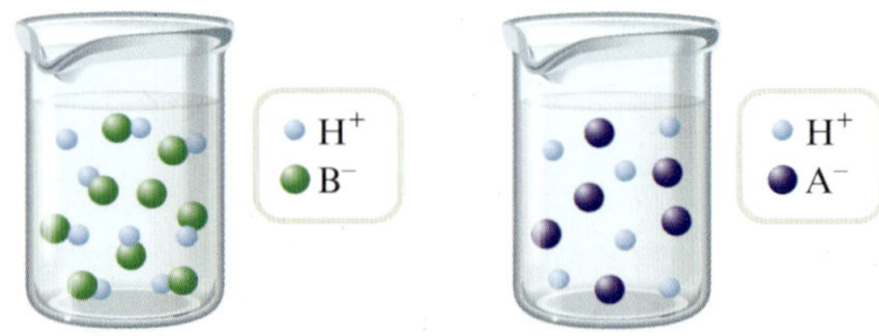

14. 완충 용액에 관한 다음 질문에 답하시오.

a. 무엇이 완충 용액인지 설명하시오

b. 완충 용액을 만드는 물질을 제시하시오.

c. 완충 용액이 어떻게 작동하는지 설명하시오.

질문과 문제

15.1 산과 염기

▶ *질문*

1. 어떤 물리적 특성 때문에 역사적으로 화학자들은 다양한 물질을 산과 염기로 분류할 수 있었는가?

2. HCl 기체가 물에 녹았을 때 아레니우스 산으로 어떻게 행동하는지 반응식을 써서 보이시오. NaOH 고체가 물에 녹았을 때 아레니우스 염기로 어떻게 행동하는지 반응식을 써서 보이시오.

3. 브뢴스테드–로리 모형에 따르면 산은 "양성자 주개"이고 염기는 "양성자 받개"이다. 설명하시오.

4. 짝산–염기 쌍의 성분은 각각 어떻게 다른가? 답을 명확히 하기 위해 짝산–염기 쌍의 예를 들어보시오.

5. 산 HA가 물에서 일어나는 반응의 일반적인 식이 다음과 같을 때,

$$HA(aq) + H_2O(l) \rightarrow H_3O^+(aq) + A^-(aq)$$

브뢴스테드–로리 모형에 의하면 물이 *염기*인 이유를 설명하시오.

6. 아레니우스에 따르면 수용액에서 ________는 수소 이온을 내는 반면 ________는 수산화 이온을 낸다.

▶ *문제*

7. 다음 중 짝산–염기 쌍이 *아닌* 것은? 짝산–염기 쌍이 아닌 것의 올바른 짝산–염기 쌍을 쓰시오.

a. H_2SO_4, SO_4^{2-}

b. $H_2PO_4^-$, HPO_4^{2-}

c. $HClO_4$, Cl_2

d. NH_4^+, NH_2^-

8. 다음 화학 반응식에서 짝산–염기 쌍을 구하시오.

a. $NH_3(aq) + H_2O(l) \rightleftharpoons NH_4^+(aq) + OH^-(aq)$

b. $PO_4^{3-}(aq) + H_2O(l) \rightleftharpoons HPO_4^{2-}(aq) + OH^-(aq)$

c. $C_2H_3O_2^-(aq) + H_2O(l) \rightleftharpoons HC_2H_3O_2(aq) + OH^-(aq)$

9. 다음 염기의 *짝산*을 쓰시오.

a. ClO^-
b. Cl^-
c. ClO_3^-
d. ClO_4^-

10. 다음 산의 *짝염기*를 쓰시오.

a. $HBrO$
b. HNO_2
c. HSO_3^-
d. $CH_3NH_3^+$

11. 다음 화학종이 물에 녹아있을 때 지시한 대로 거동하는 화학 반응식을 쓰시오.

a. 염기로서 O^{2-}
b. 염기로서 NH_3
c. 산으로서 HSO_4^-
d. 산으로서 HNO_2

15.2 산의 세기

▸ *질문*

12. 수용액에서 *강산*의 의미는 무엇인가? 산의 음이온이 양성자를 끌어들이는 능력은 무엇을 의미하는가?

13. 수용액에서 *약산*의 의미는 무엇인가? 산의 음이온이 양성자를 끌어들이는 능력은 무엇을 의미하는가?

14. 강산의 짝염기는 약염기인 반면 약산의 짝염기는 비교적 강하다. 설명하시오.

15. *하이드로늄* 이온의 화학식을 쓰시오. 물에 산이 용해될 때 하이드로늄 이온이 형성되는 식을 쓰시오.

16. 강산 네 개의 화학식을 쓰시오. 각 경우에 물에서 녹는 반응식을 쓰시오.

17. 유기산에는 카복실기가 있다.

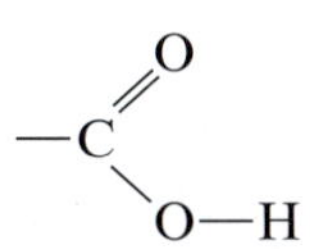

아세트산($CH_3—COOH$)과 프로피온산(propionic acid, $CH_3CH_2—COOH$)이 물에 녹을 때 카복실기가 어떻게 이 물질들을 약산으로 행동하도록 하는지를 나타내는 반응식을 쓰시오.

18. *산소산*이란 무엇인가? 산소산 세 개의 화학식을 쓰시오. 산소산이 *아닌* 산 세 개의 화학식을 쓰시오.

15.3 산과 염기로의 물

▸ *질문*

19. 물은 대표적인 *양쪽성* 물질이다. 물은 상황에 따라 산이나 염기로 작용한다. 예를 들어 HF를 산으로 NH_3를 염기로 해서 물과 반응했을 때의 반응식을 쓰고 각 반응에서 물이 산이나 염기로 작용하는지를 쓰시오.

20. 수소를 포함하고 있는 음이온(예: HCO_3^-와 $H_2PO_4^{2-}$)은 산이나 염기와 반응하면 양쪽성 성질을 나타낸다. 음이온이 양쪽성으로 작용하는 식을 쓰시오.

21. 물의 *이온곱 상수*(K_w)의 의미는 무엇인가? 이 상수의 중요성은? 이 상수가 유도되는 화학 반응식을 쓰시오.

22. 수용액에 산을 첨가하여 수소 이온 농도를 증가시킬 때 수산화 이온의 농도는 어떻게 되는가? 수용액에 염기를 첨가하여 수산화 이온을 증가시키면 수소 이온의 농도는 어떻게 되는가?

▸ *문제*

23. 다음 용액의 $[H^+]$를 계산하고 이 용액이 산성인지 염기성인지 말하시오.

a. $[OH^-] = 2.32 \times 10^{-4}\ M$
b. $[OH^-] = 8.99 \times 10^{-10}\ M$
c. $[OH^-] = 4.34 \times 10^{-6}\ M$
d. $[OH^-] = 6.22 \times 10^{-12}\ M$

24. 다음 용액의 $[OH^-]$를 계산하고 이 용액이 산성인지 염기성인지 말하시오.

a. $[H^+] = 1.02 \times 10^{-7}\ M$
b. $[H^+] = 9.77 \times 10^{-8}\ M$
c. $[H^+] = 3.41 \times 10^{-3}\ M$
d. $[H^+] = 4.79 \times 10^{-11}\ M$

25. 다음 두 농도 중 더 *염기성*인 용액은?

a. $[H^+] = 2.02 \times 10^{-7}\ M$ 또는 $[OH^-] = 5.05 \times 10^{-5}\ M$
b. $[H^+] = 1.79 \times 10^{-5}\ M$ 또는 $[OH^-] = 4.21 \times 10^{-6}\ M$
c. $[H^+] = 1.25 \times 10^{-12}\ M$ 또는 $[OH^-] = 6.51 \times 10^{-3}\ M$

15.4 pH 단위

▸ *질문*

26. 과학자들이 용액의 산성도를 수소 이온의 몰농도보다 pH로 표시하는 이유는? 수학적으로 pH는 어떻게 정의되는가?

27. 그림 15.3을 이용하여 일상생활에서 사용되는 용액의 pH를 쓰시오. 주어진 pH에 따라 이 용액들은 이미 알려진 특성(산의 경우 신맛)을 보유하고 있는가?

28. 수소 이온 농도가 $2.33 \times 10^{-6}\ M$일 때 이 용액의 pH의 유효 숫자는 *몇 자리*인가?

▸ *문제*

29. 수소 이온 농도가 다음과 같이 주어졌을 때 pH를 계산하고 이 용액이 산성인지 염기성인지 중성인지 말하시오.

a. $[H^+] = 0.00512\ M$
b. $[H^+] = 3.76 \times 10^{-5}\ M$
c. $[H^+] = 5.61 \times 10^{-10}\ M$
d. $[H^+] = 8.44 \times 10^{-6}\ M$

30. 수산화 이온 농도가 다음과 같을 때 pH를 계산하고, 이 용액이 산성인지 염기성인지 중성인지 말하시오.

a. $[OH^-] = 4.73 \times 10^{-4}\ M$
b. $[OH^-] = 5.99 \times 10^{-1}\ M$
c. $[OH^-] = 2.87 \times 10^{-8}\ M$
d. $[OH^-] = 6.39 \times 10^{-3}\ M$

31. 다음 pH가 주어진 용액의 pOH를 계산하고, 이 용액이 산성인

지 염기성인지 말하시오.

a. pH = 10.75
b. pH = 3.66
c. pH = 1.98
d. pH = 12.47

32. 다음 수소 이온 농도가 주어진 용액의 pH와 수산화 이온 농도를 계산하고, 이 용액이 산성인지 염기성인지 말하시오.

a. $[H^+] = 1.91 \times 10^{-2}\ M$
b. $[H^+] = 4.83 \times 10^{-7}\ M$
c. $[H^+] = 8.92 \times 10^{-11}\ M$
d. $[H^+] = 6.14 \times 10^{-5}\ M$

33. 용액의 pH가 다음과 같을 때 수소 이온 농도(mol/L)를 계산하시오.

a. pH = 9.01
b. pH = 6.89
c. pH = 1.02
d. pH = 7.00

34. 용액의 pOH가 다음과 같을 때 수소 이온 농도(mol/L)를 계산하시오.

a. pOH = 4.95
b. pOH = 7.00
c. pOH = 12.94
d. pOH = 1.02

35. 용액의 pH 또는 pOH가 다음과 같을 때 수산화 이온 농도(mol/L)를 계산하시오.

a. pOH = 4.99
b. pH = 7.74
c. pOH = 10.74
d. pH = 2.25

36. 다음 용액의 pH를 계산하시오.

a. $[H^+] = 4.78 \times 10^{-2}\ M$
b. pOH = 4.56
c. $[OH^-] = 9.74 \times 10^{-3}\ M$
d. $[H^+] = 1.24 \times 10^{-8}\ M$

15.5 강산 용액의 pH 계산

▶ 질문

37. HCl 기체 1 mol이 물 1 L에 녹아있을 때 용액에 HCl 분자 몇 개가 있는가? 설명하시오.

38. "3 M HNO_3"라는 라벨이 붙은 산 용액 병이 있다. 실제로 용액에 존재하는 물질은 무엇인가? HNO_3 분자가 조금이라도 존재하는가? 그렇거나 그렇지 않은 이유는?

▶ 문제

39. 다음 강산 용액의 pH를 계산하시오.

a. $1.21 \times 10^{-3}\ M$ HNO_3
b. 0.000199 M $HClO_4$
c. $5.01 \times 10^{-5}\ M$ HCl
d. 0.00104 M HBr

15.6 완충 용액

▶ 질문

40. 완충 용액의 특성은 무엇인가?

41. 완충 용액을 만들기 위한 두 가지 성분은 무엇인가? 완충 용액으로 작용하는 조합의 예를 한 가지 드시오.

42. 완충 용액의 어떤 성분이 첨가된 강산과 결합할 수 있나? 41번 문제의 예를 이용하여 첨가된 HCl과 어떻게 반응하는지 나타내시오.

43. 완충 용액의 어떤 성분이 강염기를 소모하는가? 41번 문제의 예를 이용하여 첨가된 NaOH와 어떻게 반응하는지 나타내시오.

▶ 문제

44. 다음 중 완충 용액으로 작용하는 조합은 어느 것인가?

a. HCl와 NaCl
b. CH_3COOH와 KCH_3COO
c. H_2S와 NaHS
d. H_2S와 Na_2S

45. 0.5 M 아세트산($HC_2H_3O_2$)과 0.5 M 아세트산 소듐($NaC_2H_3O_2$)으로 완충 용액을 제조하였다. 이 완충 용액에 강산인 HCl 용액이 첨가되었을 때 pH 감소를 어떻게 억제하는지 화학 반응식을 쓰시오. 또한 NaOH 용액이 첨가되었을 때 pH 증가를 어떻게 억제하는지 화학 반응식을 쓰시오.

평형
Equilibrium

CHAPTER
16

평형은 미국 샌프란시스코 금문교 같은 다리 위에서의 양방향 교통 흐름에 비유할 수 있다.
Gavin Hellier/Alamy

화학에서는 주로 반응을 다루는데, 이는 원자단을 재배열하는 과정이다. 지금까지는 균형 반응식으로 화학 반응을 나타내고 반응물과 생성물의 양을 계산하는 방법을 공부해 왔다. 하지만 이 밖에도 반응에서 고려해야 할 여러 중요한 특성들이 있다.

예를 들어, 왜 냉장고에서는 식품이 상하지 않고 보관될 수 있는가? 즉, 식품이 변질되는 화학 반응이 더 낮은 온도에서는 왜 더 느리게 일어나는가? 다른 한편으로 화학 공장에서 경제성을 높이기 위해 느린 반응 속도를 어떻게 높일 수 있을까?

또 하나 떠오르는 의문은 닫힌 용기 내에서 진행하는 화학 반응은 왜 어느 정도 진행하다가 멈추는 것같이 보이는가 하는 것이다. 예를 들어, 적갈색의 이산화 질소로부터 무색의 사산화 이질소를 생성하는 다음 반응을 생각해 보자.

$$\underset{\text{적갈색}}{2NO_2(g)} \rightarrow \underset{\text{무색}}{N_2O_4(g)}$$

반응이 닫힌 용기에서 일어날 때, 처음에는 적갈색이 옅어지다가 일정 시간이 지나면 더 이상의 색 변화가 없게 되며, 조건을 바꾸지 않고 방치하면 그 상태가 계속 유지된다(그림 16.1). 이 장에서는 이와 같은 반응에 대한 중요한 관찰에 대한 설명을 하게 될 것이다.

냉장은 음식의 부패를 방지한다.

16.1 화학 반응은 어떻게 일어나는가?

학습 목표

- 화학 반응이 어떻게 일어나는가에 대한 충돌 모형을 이해한다.

화학 반응식을 쓸 때 반응물은 왼쪽, 생성물은 오른쪽에 놓고 이들을 화살표로 연결한다. 그렇다면 반응물의 구성 원자들은 어떤 과정을 거쳐 재배열되어 생성물을 만들게 될까?

화학자들은 분자들이 상호 충돌에 의해 반응을 일으킨다고 생각한다. 어떤 충돌은 결합을 깨뜨리기에 충분히 격렬하게 일어나서, 반응물이 재배열하여 생성물을 만들 수 있게 된다. 예를 들어, 그림 16.2에서 일어나는 반응을 생각해 보자.

$$2BrNO(g) \rightleftharpoons 2NO(g) + Br_2(g)$$

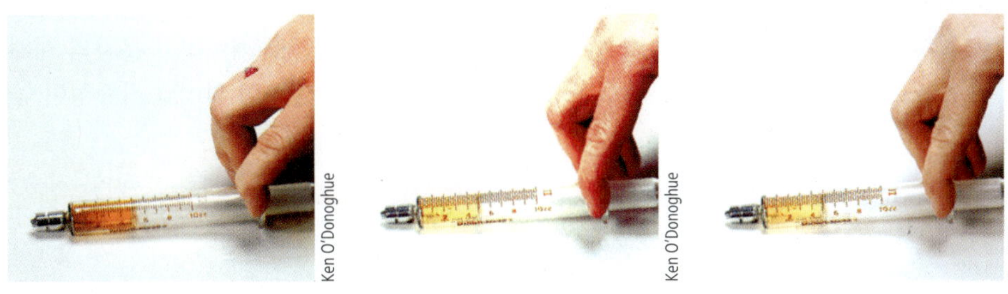

(a) 다량의 적갈색 NO_2 기체를 포함한 시료

(b) 무색의 N_2O_4를 형성하는 반응이 일어나면서, 시료는 옅은 갈색으로 변한다.

(c) 평형에 도달한 후에는 [$2NO_2(g) \rightleftharpoons N_2O_4(g)$], 색이 변하지 않는다.

그림 16.1

a BrNO 두 분자가 빠른 속도로 서로를 향해 접근한다.

b 충돌이 일어난다.

c 충돌 에너지를 통해 Br—N 결합이 끊어지고 Br—Br 결합이 형성된다.

d 생성물: Br_2 한 분자와 NO 두 분자

그림 16.2 $2BrNO(g) \rightarrow 2NO(g) + Br_2(g)$ 반응을 보여주기.

반응물이 생성물로 바뀌려면, 충돌이 일어나는 동안 BrNO 두 분자에 있는 Br—N 결합이 깨어지고, Br—Br 결합이 형성되어야 한다는 점에 주목해야 한다.

반응은 분자들이 충돌하는 동안 이루어진다는 이론인 **충돌 모형**(collision model)을 사용하여 많은 화학 반응의 특성을 설명할 수 있다. 예를 들어, 반응물의 농도가 증가하면 반응 속도가 왜 빨라지는가에 대한 설명이 가능하다. (농도가 높으면 더 많은 분자들의 충돌이 유도되고, 따라서 더 많은 반응 기회를 제공하게 된다.) 다음 절에서 언급하겠지만, 충돌 모형은 고온에서 왜 반응 속도가 빨라지는가에 대한 설명도 할 수 있다.

16.2 반응 속도에 영향을 주는 조건

학습 목표

- 활성화 에너지를 이해하고, 촉매가 반응 속도를 빠르게 하는 방법을 이해한다.

반응물의 농도(concentration)가 높아지면 왜 반응 속도가 빨라지는가는 쉽게 이해할 수 있다. 높은 농도(단위 부피당 더 많은 분자수)에서는 더 많은 충돌이 이루어지고 따라서 반응이 일어날 가능성도 높아진다. 그런데 온도(temperature)를 높일 때에도 반응 속도가 증가하게 된다. 왜 그럴까? 그 답은 모든 충돌이 결합을 끊기에 충분한 에너지를 갖는 것은 아니라는 사실에 있다. 반응이 일어나기 위해서는 **활성화 에너지**(activation energy, E_a)라고 하는 최소한의 에너지가 필요하다(그림 16.3). 어떤 충돌의 에너지가 E_a보다 높으면 반응이 일어난다. 만일 이 충돌에 의해 얻어지는 에너지가 E_a보다 낮다면 반응은 일어나지 않고 튕겨져 나가기만 할 것이다.

12.7절에서 분자 집단의 평균 운동 에너지는 온도(K)에 정비례한다는 것을 상기하시오.

온도가 증가함에 따라 반응 속도가 빨라지는 이유는 온도에 따라 분자의 운동 속도가 증가하기 때문이다. ◀ 따라서 고온에서는 훨씬 강한 에너지로 충돌하게 된다. 이러한 고온에서의 충돌은 결합을 깨뜨리고 분자의 재배열을 일으키는 데 필요한 충분한 에너지를 가지고 있기 때문에 반응이 일어날 가능성이 높아진다.

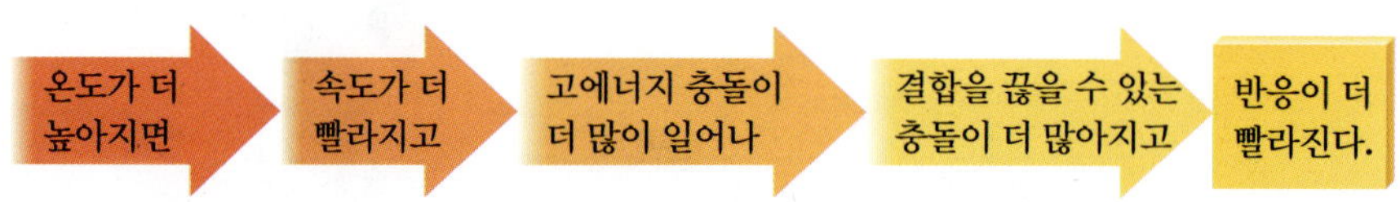

비판적으로 생각하기

대부분의 현대적 냉장고는 내부 온도가 7°C 정도이다. 만일 공장에서 냉장고의 온도를 17°C로 맞춰놓으면 어떤 일이 일어날까? 이렇게 되면 우리의 생활이 어떤 영향을 받을까?

온도나 반응물의 농도를 변화시키지 않고, 반응 속도를 빠르게 하는 것이 가능할까? 그

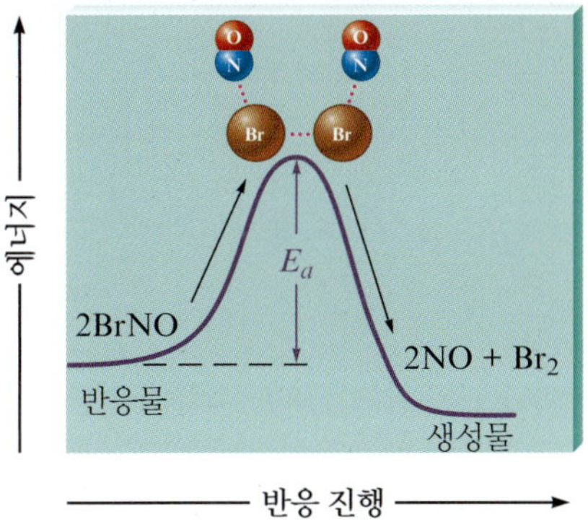

그림 16.3 분자들이 충돌할 때, 반응이 일어나기 위해서는 활성화 에너지(E_a)라는 최소한의 에너지가 필요하다. BrNO 두 분자의 충돌 에너지가 E_a보다 크면, 반응은 "언덕을 넘어" 생성물을 만들 수 있다. 충돌 에너지가 E_a보다 작으면, 충돌한 분자들은 변하지 않고 튕겨져 나온다.

렇다. **촉매**(catalyst), 즉 *자신은 소모되지 않으면서 반응 속도는 빠르게 하는 물질*을 사용하면 된다. 이는 너무 그럴싸해서 사실이 아닌 것처럼 들릴 수도 있으나, 실제로 매우 자주 일어나는 일이다. 사실, 우리 몸 속에 **효소**(enzyme)라고 하는 많은 촉매가 존재하지 않는다면 우리는 생존할 수 없다. 효소는 정상 체온에서 매우 느리게 일어나 생명 유지에 지장을 줄 수 있는 복잡한 반응의 속도를 높여준다. 예를 들어 탄산무수화 효소(carbonic anhydrase)는 이산화 탄소와 물 사이의 반응 속도를 높여 혈액 내 이산화 탄소의 과도한 축적을 막아준다.

$$CO_2(g) + H_2O(l) \rightleftharpoons H^+(aq) + HCO_3^-(aq)$$

여기서 자세하게 다룰 수는 없지만, 촉매는 새로운 반응 경로를 제공하는 역할을 한다. 즉, 그림 16.4처럼 원래의 경로보다 낮은 활성화 에너지를 갖는 경로를 제공하는 것이다. 활성화 에너지가 낮아지기 때문에 더 많은 충돌이 반응이 일어나기에 충분한 에너지를 갖게 된다. 이러한 이유로 반응 속도가 빨라지게 된다.

아주 중요한 촉매 반응이 지구 대기권에서 일어난다. 이는 염소 원자의 촉매 작용에 의한 오존(O_3)의 분해이다. 오존은 지구 상층 대기권의 구성 성분으로 매우 중요한데, 태양으로부터 오는 유해한 고에너지 복사선을 흡수하기 때문이다. 몇 가지 자연적인 과정에 의해 상층 대기권에 있는 오존의 생성과 소멸이 일어난다. 이들 서로 반대되는 과정 사이의 자연적인 균형 덕분에 오존의 양은 오랜 시간 동안 상당히 일정하게 유지되어 왔다. 그러나 최근 들어 오존 농도가 특히 남극 대륙 상공에서 감소되고 있는 것으로 보이는데(그림 16.5), 이는 염소 원자가 다음 반응식에서와 같이 촉매로 작용하여 오존을 산소로 전환시키기 때문으로 보인다.

$$\begin{array}{rl} & Cl + O_3 \rightarrow ClO + O_2 \\ & O + ClO \rightarrow Cl + O_2 \\ \hline \text{합:} & Cl + O_3 + O + ClO \rightarrow ClO + O_2 + Cl + O_2 \end{array}$$

O 원자는 반응성이 너무 커서 지표에서는 존재할 수 없지만, 대기권 상층부에서는 존재한다.

반응식의 양변에서 같은 화학종을 없애고 정리하면 다음 식이 된다. ◀

$$O + O_3 \rightarrow 2O_2$$

염소 원자가 첫 번째 반응에서 소모되지만 두 번째 반응에서 다시 생성됨을 주목하라. 따라서 전체 반응 과정에서 염소 원자의 양은 변하지 않는다. 이는 염소 원자가 촉매임을 의미한다. 염소 원자는 반응과정에는 참여하지만 소모되지는 않는다. *염소 원자 1개는 1초당 약 100만 개의 오존 분자를 분해할 수 있는 것*으로 추정된다.

오존층에 이같은 피해를 입히는 염소 원자들은 주로 공해 때문에 생겨난다. 특히 냉장고와 에어컨에 널리 사용되는 CF_2Cl_2와 같은 프레온이 분해되어 생성된다. 프레온이 대

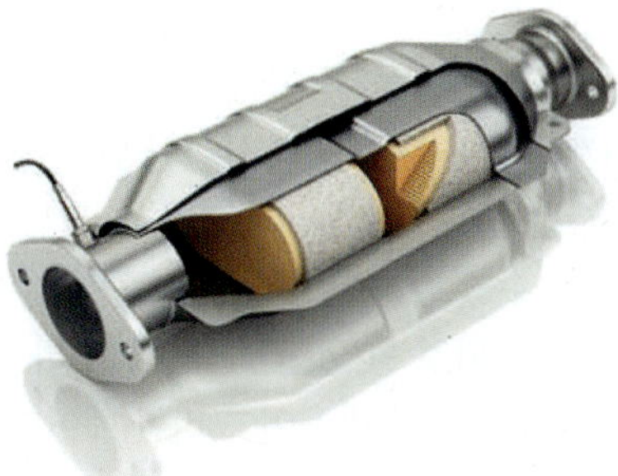

Slavoljub Pantelic/Shutterstock.com

촉매 변환기의 단면.

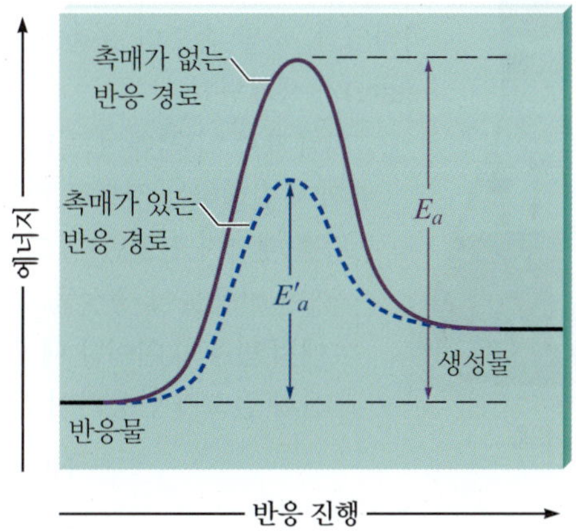

그림 16.4 촉매가 없는 반응에서의 활성화 에너지(E_a)와 촉매가 존재하는 반응에서의 동일한 반응의 활성화 에너지(E'_a) 비교. 촉매는 반응의 활성화 에너지를 낮춤으로써 작용하는 것에 주목하라.

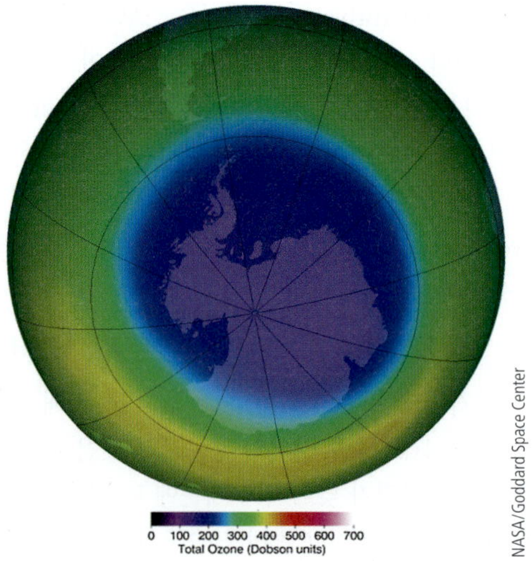

그림 16.5 남극 상공의 오존 "구멍"을 보여주는 사진.

기권으로 유출되면 빛에 의해 분해되어 염소 원자와 다른 물질들이 생성된다. 이러한 이유로 1996년 말 세계 각국의 협정에 의해 프레온 생산이 금지되었다. 현재 새로 제조되는 냉장고나 에어컨에는 대체 물질이 사용되고 있다.

비판적으로 생각하기

분자들 사이의 화학 반응이 일어나기 위해서는 여러 조건이 충족되어야 한다. 분자 간 충돌이 모두 화학 반응으로 이어진다면 어떻게 되겠는가? 일상 생활이 어떻게 달라지겠는가?

16.3 평형 조건

학습 목표
- 평형이 어떻게 이루어지는가에 대해 이해한다.

평형(equilibrium)이란 균형 또는 안정한 상태를 뜻하는 용어이다. 누군가 평형을 이루고 있다는 말은, 대립되는 여러 힘 사이에서 균형 상태를 유지하고 있음을 말하는 것이다. 이러한 용어는 화학에서도 비슷한 의미로 사용되지만, 좀 더 특정한 방법으로 설명된다. 화학자들은 **평형**(equilibrium)을 *한 과정이 다른 과정의 정반대인, 두 과정의 정확한 균형*으로 정의한다.

13.4절에서 닫힌 용기 내에서 증기 압력이 액체 위에서 생성되는 상황을 설명할 때 평형의 개념을 처음 접했다(그림 13.9). ◀ 이 평형 과정을 그림 16.6에 요약하였다. 증발 속도와 응축 속도가 정확히 같아질 경우 *평형 상태*(equilibrium state)가 생겨난다.

지금까지 이 책에서는 화학 반응은 완결, 즉 반응물 중 한쪽이 모두 소모될 때까지 진행하는 것으로 가정하였다. 실제로 많은 반응들이 사실상 반응이 완결될 때까지 진행한다. 그러한 반응에서는 한계 반응물이 완전히 소모될 때까지 반응물이 생성물로 전환된다고 할 수 있다. 반면, 닫힌 반응 용기 내에서 반응이 일어날 때 많은 반응들은 완결되기 훨씬 전에 "정지"된다. 이산화 질소가 반응하여 사산화 이질소를 생성하는 반응이 그러한 예이다.

$$\underset{\text{적갈색}}{NO_2(g) + NO_2(g)} \rightarrow \underset{\text{무색}}{N_2O_4(g)}$$

ⓐ 처음엔 액체 상태에서 기체 상태로 분자들의 알짜 이동이 일어난다.

ⓑ 얼마의 시간이 흐른 후, 기체 상태로 존재하는 물질의 양이 일정하게 된다. 기체의 압력과 액체의 양이 일정하게 유지된다.

ⓒ 평형 상태는 매우 동적이다. 증기압과 액체의 수준이 일정하게 유지되는 것은 액체에서 빠져나오는 분자의 수와 되돌아가는 분자의 수가 정확히 일치하기 때문이다.

그림 16.6 닫힌 용기에서 액체 위로 형성되는 평형 증기압.

여기서 반응물 NO_2는 적갈색이고, 생성물 N_2O_4는 무색 기체이다. NO_2가 25°C에서 빈 유리 용기에 채워져 밀봉되어 있는 실험을 생각해보자. NO_2가 무색의 N_2O_4로 전환됨에 따라, 초기의 적갈색은 점차 그 색이 엷어질 것이다(그림 16.1). 하지만 아주 오랜 시간 동안 놓아두어도 반응 용기 내부의 기체는 무색으로 변하지 않는다. 대신 갈색의 강도가 최종적으로는 일정하게 되는데, 이는 NO_2의 농도가 더 이상 변하지 않음을 의미한다. 이러한 간단한 관찰로부터 반응이 완결되지 않고 그 전에 정지한다는 사실이 분명히 나타난다. 사실, 반응이 정지되는 것이 아니라 그보다는 계가 **화학 평형**(chemical equilibrium), 즉 *모든 반응물과 생성물의 농도가 일정하게 유지되는 동적 상태*에 도달했다고 말할 수 있다.

두 개의 반대 화학 반응이 일어난다는 것을 제외하면, 이 상황은 닫힌 용기 내의 액체가 일정한 증기압에 도달하는 것과 비슷하다. 처음 닫힌 플라스크에 순수한 NO_2를 채울 때 N_2O_4는 존재하지 않았다. NO_2 분자 사이의 충돌이 일어나면서 N_2O_4가 생성되고, 용기 내 N_2O_4의 농도는 점점 증가하게 된다. 그러나 역반응도 일어날 수 있다. 생성된 N_2O_4 분자가 두 개의 NO_2 분자로 분해될 수도 있는 것이다.

$$N_2O_4(g) \rightarrow NO_2(g) + NO_2(g)$$

즉, 화학 반응은 *가역적*(reversible)이어서 양방향으로 모두 일어날 수 있다. 이러한 반응은 이중 화살표를 이용하여 다음과 같이 나타낸다.

$$2NO_2(g) \underset{\text{역방향}}{\overset{\text{정방향}}{\rightleftharpoons}} N_2O_4(g)$$

여기서 이중 화살표는 두 개의 NO_2 분자가 결합하여 한 개의 N_2O_4 분자를 생성시키거나(*정반응*, *forward* reaction), 하나의 N_2O_4 분자가 두 개의 NO_2 분자로 분해되는 것(*역반응*, *reverse* reaction)을 의미한다.

순수한 NO_2, 순수한 N_2O_4 또는 NO_2와 N_2O_4의 혼합물 중 어느 것이 닫힌 용기에 들어있는지에 상관없이 평형에 도달하게 된다. 어떤 경우에도 용기 내에서는 결국 N_2O_4의 생성과 분해가 정확히 같은 속도로 일어나는 조건에 도달하게 된다. 이것이 바로 화학 평형이며, 조건이 바뀌지 않는 한 반응물과 생성물의 농도가 언제까지나 일정하게 남아있는 동적 상황인 것이다.

16.4 화학 평형: 동적 조건

학습 목표 ■ 화학 평형의 특성에 대하여 공부한다.

평형에서는 반응계의 반응물이나 생성물의 농도가 변하지 않기 때문에 모든 것이 정지된 것으로 보일 수 있다. 그러나 실제로는 그렇지 않다. 분자 수준에서는 격렬한 움직임이 있다. 평형은 정지해 있는 것이 아니라 매우 *동적*(dynamic) 상황이다. 화학 평형과 하나의 다리로 연결된 두 개의 도시에 대한 비유를 한 번 더 생각해 보자. 다리 위에서의 교통이 양방향으로 같다고 가정하자. 움직임이 있다는 것은 명백하지만(다리를 건너는 자동차를 볼 수 있다) 들어오고 나가는 자동차의 흐름이 같으므로 양쪽 도시의 자동차 대수는 변화가 없다. 즉, 각 도시의 자동차 대수에는 *알짜*(net) 변화가 없게 된다.

이러한 개념이 화학 반응에 어떻게 적용될 수 있는지 알기 위해, 반응이 아주 빨리 일어나는 고온의 닫힌 용기에서 수증기와 일산화 탄소 사이의 반응을 생각해 보자.

양쪽 화살표(⇌)는 반응이 양방향으로 일어난다는 것을 표시하는 데 사용된다.

$$H_2O(g) + CO(g) \rightleftharpoons H_2(g) + CO_2(g)$$

같은 몰수의 기체상 CO와 H_2O를 닫힌 용기에 넣고 반응을 시작한다고 가정하자[그림 16.7(a)].

반응물인 CO와 H_2O가 혼합되면 즉시 반응이 일어나 H_2와 CO_2가 형성된다. 이 결과로 반응물의 농도가 점차 줄게 되고, 생성물의 농도는 초기에 0이었다가 점차 증가하게 된

	a	b	c	d
H_2O	7	5	2	2
CO	7	5	2	2
H_2	0	2	5	5
CO_2	0	2	5	5

그림 16.7 시간이 지남에 따라 H_2O와 CO가 반응하여 CO_2와 H_2 형성.

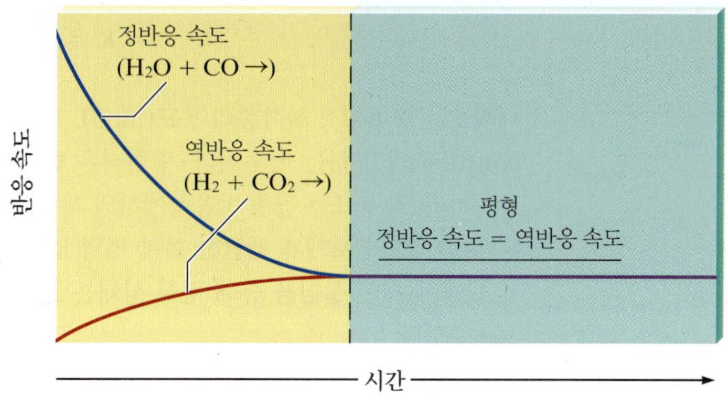

그림 16.8 $H_2O(g)$와 $CO(g)$ 같은 몰수를 섞었을 때, $H_2O(g) + CO(g) \rightleftharpoons H_2(g) + CO_2(g)$ 반응에 대한 정반응과 역반응 속도의 시간에 따른 변화. 처음엔 정반응 속도가 감소하고 역반응 속도가 증가한다. 정반응 속도와 역반응 속도가 같아졌을 때 평형에 도달한 것이다.

다[그림 16.7(b)]. 일정 시간이 지난 후 반응물과 생성물의 농도는 더 이상 변하지 않게 되고 평형 상태에 도달하게 된다[그림 16.7(c)와 (d)]. 이 반응계에 어떤 외부적 자극을 주지 않는 한 더 이상의 농도 변화는 일어나지 않을 것이다.

왜 평형이 일어나는가? 이 절의 앞 부분에서 분자들이 서로 충돌하여 반응을 일으키고 충돌수가 많아지면 반응 속도가 더 빨라진다는 점을 언급하였다. 이것이 왜 반응 속도가 농도에 의존하는가에 대한 이유이다. 위의 경우 정반응이 진행됨에 따라, 즉 생성물의 농도가 증가함에 따라 CO와 H_2O의 농도는 낮아진다.

$$H_2O + CO \rightarrow H_2 + CO_2$$

반응물의 농도가 감소함에 따라 정반응의 속도는 느려진다(그림 16.8). 그러나 다리 위의 교통량 비유에서처럼 역방향으로의 이동 또한 존재한다.

$$H_2 + CO_2 \rightarrow H_2O + CO$$

이 실험의 초기에는 H_2와 CO_2가 존재하지 않으며 따라서 역반응도 일어날 수 없다. 하지만 반응이 진행됨에 따라 H_2와 CO_2의 농도가 증가하고, 정반응의 속도가 느려지면서 역반응 속도는 빨라진다(그림 16.8). 결국에는 *정반응 속도와 역반응 속도가 같아지는* 수준에 도달하게 된다. 계가 평형에 도달한 것이다.

16.5 평형 상수: 개요

학습 목표

- **화학 평형 법칙을 이해하고 평형 상수 계산 방법을 배운다.**

과학은 실험 결과를 기반으로 한다. 평형 개념의 발전은 이러한 대표적인 예이다. 노르웨이의 화학자 굴베르그(Cato Maximilian Guldberg)와 보게(Peter Waage)는 많은 화학 반응을 관찰한 결과에 근거하여 1864년 **화학 평형 법칙**[law of chemical equilibrium: 원래는 *질량 작용 법칙*(law of mass action)이라고 함]을 평형 조건에 대한 일반적 설명으로 제안하였다.

$$aA + bB \rightleftharpoons cC + dD$$

여기서 A, B, C, D는 화학종을 나타내고, *a*, *b*, *c*, *d*는 균형 반응식에서의 계수인데, 질량 작용 법칙은 다음 **평형식**(equilibrium expression)으로 표현된다고 굴베르그와 보게는 가설을 세웠다.

$$K = \frac{[C]^c[D]^d}{[A]^a[B]^b}$$

대괄호는 *평형에서* 화학종의 농도(mol/L 단위)를 나타내고, K는 **평형 상수**(equilibrium constant)라고 하는 상수이다. 평형식은 반응물 농도에 대한 생성물 농도의 특정비임에 주목하라. 각 농도는 균형 반응식에서의 계수만큼 거듭제곱된다.

굴베르그와 보게가 제안한 화학 평형 법칙은 실험적 관찰로부터 만들어진 것이다. 여러 반응에 대한 실험을 통해 평형 상태는 평형식이라는 특정비로 항상 나타낼 수 있음을 보여주었다.

평형식이 어떻게 구성되는지 알아보기 위해 오존이 산소로 변하는 반응을 생각해 보자.

$$\underset{\text{반응물}}{\overset{\text{계수}}{2}O_3(g)} \rightleftharpoons \underset{\text{생성물}}{\overset{\text{계수}}{3}O_2(g)}$$

평형식을 얻기 위하여 생성물의 농도를 분자에, 반응물의 농도를 분모에 넣는다.

$$\frac{[O_2] \leftarrow \text{생성물}}{[O_3] \leftarrow \text{반응물}}$$

그런 다음 계수를 지수로 사용한다.

$$K = \frac{[O_2]^3}{[O_3]^2} \quad \text{계수가 지수로 된다.}$$

대화형 예제 16.1 평형식 쓰기

다음 반응의 평형식을 쓰시오.

a. $H_2(g) + F_2(g) \rightleftharpoons 2HF(g)$ b. $N_2(g) + 3H_2(g) \rightleftharpoons 2NH_3(g)$

풀이 화학 평형 법칙을 적용하여 생성물을 반응물 위에 놓고(mol/L로 나타낸 농도를 표시하기 위해 대괄호 사용) 균형 화학 반응식의 해당 계수를 각 농도의 지수로 써넣는다.

a. $K = \frac{[HF]^2}{[H_2][F_2]}$ ← 생성물(계수 2가 지수 2가 됨) ← 반응물(계수 1이 지수 1이 됨)

계수가 1일 때는 지수에 쓰지는 않지만, 존재한다고 생각하면 된다.

b. $K = \frac{[NH_3]^2}{[N_2][H_2]^3}$

SELF-CHECK **실전 연습 16.1** 다음 반응에 대한 평형식을 쓰시오.

$$4NH_3(g) + 7O_2(g) \rightleftharpoons 4NO_2(g) + 6H_2O(g)$$

표 16.1 500°C에서 반응 $N_2(g) + 3H_2(g) \rightleftharpoons 2NH_3(g)$에 대한 세 번의 실험 결과

실험	초기 농도			평형 농도			$\frac{[NH_3]^2}{[N_2][H_2]^3} = K$*
	$[N_2]_0$	$[H_2]_0$	$[NH_3]_0$	$[N_2]$	$[H_2]$	$[NH_3]$	
I	1.000 *M*	1.000 *M*	0	0.921 *M*	0.763 *M*	0.157 *M*	$\frac{(0.157)^2}{(0.921)(0.763)^3} = 0.0602$
II	0	0	1.000 *M*	0.399 *M*	1.197 *M*	0.203 *M*	$\frac{(0.203)^2}{(0.399)(1.197)^3} = 0.0602$
III	2.00 *M*	1.00 *M*	3.00 *M*	2.59 *M*	2.77 *M*	1.82 *M*	$\frac{(1.82)}{(2.59)(2.77)^3} = 0.0602$

*K 단위는 보통 생략한다.

평형식이란 무엇을 뜻하는가? 그것은 특정한 온도에서 반응이 일어날 경우, 평형식에 의해 결정된 생성물 대 반응물 농도의 특정한 비율이 항상 같은 값, 즉 평형 상수 K를 갖는다는 것을 의미한다. 예를 들어, 일련의 암모니아 합성 반응에 대한 실험을 생각해 보자.

$$N_2(g) + 3H_2(g) \rightleftharpoons 2NH_3(g)$$

이 반응은 500°C에서 수행되며, 평형에서 N_2, H_2, NH_3의 농도가 측정된다. 실험 결과를 표 16.1에 나타내었다. 이 표에서 대괄호 옆의 아래첨자 0은 반응이 일어나기 전에 원래부터 섞여있는 반응물과 생성물의 농도, 즉 *초기 농도*(initial concentration)를 나타낸다.

실험 I의 결과를 보자. N_2와 H_2 각각 1 mol을 500°C에서 1 L 용기에 밀봉하고 화학 평형에 도달하도록 했다. 평형에서 플라스크 안의 농도는 $[N_2] = 0.921\ M$, $[H_2] = 0.763\ M$, $[NH_3] = 0.157\ M$이다. 반응식과 평형식은 다음과 같다.

$$N_2(g) + 3H_2(g) \rightleftharpoons 2NH_3(g)$$

$$K = \frac{[NH_3]^2}{[N_2][H_2]^3} = \frac{(0.157)^2}{(0.921)(0.763)^3}$$
$$= 0.0602 = 6.02 \times 10^{-2}$$

표 16.1에 나타낸 것처럼 실험 II와 III의 평형 상수도 마찬가지로 계산할 수 있는데, 그것은 6.02×10^{-2}이다. 실제로 이 온도에서 N_2, H_2, NH_3를 혼합할 때 계는 항상 다음과 같은 평형 위치에 도달하는데,

$$K = 6.02 \times 10^{-2}$$

이 값은 반응물과 생성물이 초기에 얼마만큼씩 섞이는지와는 상관없다.

표 16.1에서 보인 바와 같이 *평형 농도들이 항상 같지는 않다*는 사실이 중요하다. 그러나 각각의 평형 농도가 서로 다른 조건에서 상당히 다른 값을 갖더라도 *농도비에 의존하는 평형 상수 값은 일정하게 유지된다.*

*각 세트의 평형 농도*를 **평형 위치**(equilibrium position)라고 부른다. 주어진 반응계에 대하여 평형 상수와 평형 위치를 구별하는 것은 중요하다. 특정 온도에서 특정 계의 평형 상수는 오직 *하나*뿐이지만 평형 위치는 *무한히* 많을 수 있다. 어떤 계가 갖는 특정한 평형 위치는 초기 농도에 의존하지만 평형 상수는 그렇지 않다.

위 설명에서 평형 상수는 단위를 갖지 않음에 주목하라. 어떤 경우에는 평형 상수 값이 주어지면 단위가 포함되는 경우도 있고, 또 다른 경우에는 생략되기도 한다. 여기서는 이러한 이유에 대해서는 거론하지 않겠다. 이 책에서는 단위를 생략할 것이다.

대화형 예제 16.2 평형 상수 계산

산성비에 의해 갈색으로 변한 가문비 나뭇잎.

대기 중에서 이산화 황이 산소와 반응하여 삼산화 황을 생성하는 반응은, SO_3가 수분과 결합하여 산성비의 주성분인 황산을 만들기 때문에 환경적으로 중요한 의미를 갖는다. 다음 결과는 기체 이산화 황과 산소가 600°C에서 반응하여 삼산화 황을 생성하는 실험에서 얻은 것이다.

$$2SO_2(g) + O_2(g) \rightleftharpoons 2SO_3(g)$$

	초기	평형
실험 I	$[SO_2]_0 = 2.00\ M$	$[SO_2] = 1.50\ M$
	$[O_2]_0 = 1.50\ M$	$[O_2] = 1.25\ M$
	$[SO_3]_0 = 3.00\ M$	$[SO_3] = 3.50\ M$
실험 II	$[SO_2]_0 = 0.500\ M$	$[SO_2] = 0.590\ M$
	$[O_2]_0 = 0$	$[O_2] = 0.045\ M$
	$[SO_3]_0 = 0.350\ M$	$[SO_3] = 0.260\ M$

화학 평형 법칙으로부터 두 실험에서 K 값이 같아야 한다고 예측한다. 각 실험에서 관찰된 평형 상수를 계산하여 이를 증명하시오.

풀이 균형 반응식은 다음과 같다.

$$2SO_2(g) + O_2(g) \rightleftharpoons 2SO_3(g)$$

화학 평형 법칙으로부터 다음과 같이 평형식을 쓸 수 있다.

$$K = \frac{[SO_3]^2}{[SO_2]^2[O_2]}$$

실험 I에서 관찰된 다음 *평형* 농도를

$$[SO_3] = 3.50\ M$$
$$[SO_2] = 1.50\ M$$
$$[O_2] = 1.25\ M$$

평형식에 대입하여 K 값을 구한다.

$$K_I = \frac{(3.50)^2}{(1.50)^2(1.25)} = 4.36$$

실험 II의 평형에서는

$$[SO_3] = 0.260\ M$$
$$[SO_2] = 0.590\ M$$
$$[O_2] = 0.045\ M$$

$$K_{II} = \frac{(0.260)^2}{(0.590)^2(0.045)} = 4.32$$

계산된 K_I과 K_{II} 값은 예상한대로 거의 같음을 알 수 있다. 즉, 반올림에 의한 차이와 실험 오차 범위 내에서 K 값은 일정하다. 이들 실험은 계에 *두 개의 서로 다른 평형 위치*가 존재하지만, 평형 상수 K 값은 실제로 일정함을 보여준다.

16.6 불균일 평형

학습 목표

- 평형 식의 구성에서 액체와 고체의 역할을 이해한다.

지금까지는 반응물과 생성물이 모두 기체인 계에 대한 평형만을 다루어 왔다. 이들은 모든 물질이 같은 상태로 있는 **균일 평형**(homogeneous equilibrium)의 예이다. 그러나 많은 평형은 두 가지 이상의 상태로 구성되며, 이를 **불균일 평형**(heterogeneous equlibrium)이라 한다. 예를 들면, 생석회의 공업적 제조에서는 고체와 기체를 포함하는 탄산 칼슘의 열분해 반응이 이용된다.

$$CaCO_3(s) \rightleftharpoons \underset{\text{생석회}}{CaO(s)} + CO_2(g)$$

평형 법칙을 그대로 응용하면 다음 평형식을 쓸 수 있다.

$$K = \frac{[CO_2][CaO]}{[CaCO_3]}$$

그러나 실험 결과에 따르면 *불균일 평형 위치는 존재하는 순수한 고체와 액체의 양과는 무관하다.* 이런 거동에 대한 근본적인 이유는 순수한 고체와 액체의 농도는 변할 수 없기 때문이다. 다시 말하면, 순수한 고체와 액체의 농도는 일정하다고 할 수 있다. 따라서 고체 탄산 칼슘의 분해에 대한 평형 식은 다음과 같이 쓸 수 있다.

$$K' = \frac{[CO_2]C_1}{C_2}$$

여기서 C_1, C_2는 각각 고체 CaO와 $CaCO_3$의 농도를 나타내는 상수이다. 이 식을 재배열하면 다음과 같다.

$$\frac{C_2K'}{C_1} = K = [CO_2]$$

여기서 C_2, K', C_1을 하나의 상수 K로 나타낼 수 있다. 이로부터 다음과 같이 일반적으로 말할 수 있다. 화학 반응에 포함된 순수한 고체와 액체의 농도는 *반응의 평형 식에 포함시키지 않는다.* 이는 순수한 고체나 액체*에만* 적용된다. 용액이나 기체에는 적용되지 않는데, 이들의 농도는 변할 수 있기 때문이다.

예로, 액체인 물이 기체인 수소와 산소로 분해되는 반응을 생각해 보자.

$$2H_2O(l) \rightleftharpoons 2H_2(g) + O_2(g)$$

여기서

$$K = [H_2]^2[O_2]$$

물은 순수한 액체이므로 평형 식에 포함시키지 않는다. 그러나 물이 액체가 아니고 기체 상태에서 다음 반응이 일어날 때는

$$2H_2O(g) \rightleftharpoons 2H_2(g) + O_2(g)$$

수증기의 농도가 변할 수 있기 때문에 K는 다음과 같이 된다.

$$K = \frac{[H_2]^2[O_2]}{[H_2O]^2}$$

대화형 예제 16.3 불균일 평형의 평형 식 작성

다음 과정에서 K를 식으로 나타내시오.

a. 고체 오염화 인이 액체인 삼염화 인과 염소 기체로 분해된다.

b. 진한 청색의 고체 황산 구리(II) 오수화물($CuSO_4 \cdot 5H_2O$)을 가열하여 수증기가 방출되고 흰색의 고체 황산 구리(II)가 생성된다.

풀이

a 반응식은 다음과 같다.

$$PCl_5(s) \rightleftharpoons PCl_3(l) + Cl_2(g)$$

이 경우 순수한 고체인 PCl_5나 순수한 액체인 PCl_3는 평형 식에 포함되지 않는다. 따라서 K 값은 다음과 같다.

$$K = [Cl_2]$$

b. 반응식은 다음과 같다.

$$CuSO_4 \cdot 5H_2O(s) \rightleftharpoons CuSO_4(s) + 5H_2O(g)$$

두 고체는 평형 식에 포함되지 않는다. 평형 식은 다음과 같다.

$$K = [H_2O]^5$$

SELF-CHECK

실전 연습 16.2 다음 각 반응에 대한 평형 식을 쓰시오.

a. $2KClO_3(s) \rightleftharpoons 2KCl(s) + 3O_2(g)$

이 반응은 실험실에서 산소를 얻는 방법으로 종종 사용된다.

b. $NH_4NO_3(s) \rightleftharpoons N_2O(g) + 2H_2O(g)$

황산 구리(II) 오수화물($CuSO_4 \cdot 5H_2O$)을 가열하면, H_2O을 잃고, 결국 흰색의 $CuSO_4$가 된다.

c. $CO_2(g) + MgO(s) \rightleftharpoons MgCO_3(s)$

d. $SO_3(g) + H_2O(l) \rightleftharpoons H_2SO_4(l)$

16.7 르샤틀리에 원리

학습 목표

- **평형 상태에 있는 계가 교란을 받을 때 일어나는 변화를 예측하는 방법을 공부한다.**

화학 평형 *위치*를 조절하는 요인에 대한 이해는 매우 중요하다. 예를 들어 어떤 화합물을 만들 때, 생산에 관련되는 화학자나 화공 기술자는 원하는 생성물이 최대한 많이 얻어지는 방향으로 반응 조건을 택하려고 한다. 즉, 평형이 오른쪽(생성물 쪽)으로 많이 치우쳐져 있기를 원한다. 암모니아 합성 공정을 개발할 당시 암모니아의 평형 농도가 온도와 압력에 어떻게 의존하는가를 결정하기 위해 많은 연구가 수행되었다.

이 절에서는 다양한 반응 조건의 변화가 계의 평형 위치에 어떻게 영향을 미치는가에 대하여 알아보기로 한다. 농도, 압력, 온도의 변화가 평형계에 미치는 영향을 **르샤틀리에 원리**(Le Chatelier's principle)를 이용하여 예측할 수 있는데, 이 원리는 *평형 상태에 있는 계에 변화를 가하면 평형 위치는 그 변화의 효과를 감소하는 방향으로 이동한다*는 것이다.

농도 변화의 효과

암모니아 합성 반응을 생각해 보자. 다음 농도로 표시되는 평형 위치를 가정한다.

$$[N_2] = 0.399\ M, \quad [H_2] = 1.197\ M, \quad [NH_3] = 0.203\ M$$

이 계에 N_2 1.000 mol/L을 갑자기 주입한다면 어떤 일이 생길까? 같은 길이의 화살표로 표시되어 있듯이 평형을 이룬 계에서는 정반응과 역반응의 속도가 정확히 균형을 이루고 있다는 것을 기억함으로부터 이 질문에 대한 답을 시작할 수 있다.

$$N_2(g) + 3H_2(g) \rightleftharpoons 2NH_3(g)$$

N_2를 가하면 N_2와 H_2 사이의 충돌이 갑자기 많아지게 된다. 따라서 정반응 속도가 증가하게 되고(정반응 방향으로 화살표 길이를 더 길게 표시) 반응은 더 많은 NH_3를 생성한다.

$$N_2(g) + 3H_2(g) \rightleftharpoons 2NH_3(g)$$

NH_3의 농도가 증가하면 역반응 속도도 빨라져서(NH_3 분자 사이의 충돌이 많아지므로) 계는 다시 평형에 도달하게 된다. 하지만 새로운 평형 위치에서는 원래 평형보다 많은 수의 NH_3가 존재한다. 이 경우 평형이 오른쪽, 즉 생성물 쪽으로 이동했다고 말한다. 원래의 평형과 새로운 평형 위치는 다음과 같이 쓸 수 있다.

평형 위치 I		평형 위치 II
$[N_2] = 0.399\ M$	⇨	$[N_2] = 1.348$ M
$[H_2] = 1.197\ M$	N_2 1.000 mol/L 첨가	$[H_2] = 1.044$ M
$[NH_3] = 0.203\ M$		$[NH_3] = 0.304$ M

실제로 평형이 오른쪽으로 옮겨졌음에 유의하라. H_2의 농도는 감소(1.197 M에서 1.044 M로)하고, NH_3의 농도는 증가(0.203 M에서 0.304 M로)했으며, 질소가 가해졌으므로 N_2의 농도는 당연히 원래 존재했던 양보다 상대적으로 증가하게 된다.

중요한 것은 평형이 새로운 위치로 이동했다고 해도 K 값은 *바뀌지 않았다*는 사실이다. 위치 I과 위치 II에서의 평형 농도를 평형식에 대입하여 이를 확인할 수 있다.

- 위치 I: $K = \frac{[NH_3]^2}{[N_2][H_2]^3} = \frac{(0.203)^2}{(0.399)(1.197)^3} = 0.0602$
- 위치 II: $K = \frac{[NH_3]^2}{[N_2][H_2]^3} = \frac{(0.304)^2}{(1.348)(1.044)^3} = 0.0602$

두 경우의 K 값은 같다. 따라서 질소를 더 가했을 때, 평형 *위치*가 이동하더라도 *평형 상수*(equilibrium constant) K는 변하지 않고 그대로 유지된다.

르샤틀리에 원리를 사용해서 평형 위치의 이동을 예측할 수 있을까? 이 경우 질소를 가하는 변화가 일어났으므로 르샤틀리에 원리로부터 계가 질소를 소모시키는 방향으로 이동할 것임을 예상할 수 있다. 이는 질소 첨가라는 변화를 상쇄시키려는 경향인 것이다. 따라서 르샤틀리에 원리는 질소가 첨가되면 가해진 질소가 소모되면서 평형이 오른쪽으로 이동하게 될 것을 올바르게 예측한다(그림 16.9).

만일 질소 대신 암모니아를 가했다면 계는 암모니아를 소모하는 방향인 왼쪽으로 이동했을 것이다. 르샤틀리에 원리를 다르게 표현하면, *평형에 있는 어떤 계에 반응물이나 생성물을 가하면 그 계는 가해진 성분으로부터 멀어져간다*라고 할 수 있다. 다른 표현으로는, *반응물이나 생성물이 제거되면 계는 제거된 성분 쪽으로 이동해 간다*라고 할 수 있다. 예를 들어, 질소를 제거했다면 계는 왼쪽으로 이동했을 것이며 암모니아의 존재량이 감소했을 것이다.

르샤틀리에 원리의 중요성을 보여주는 실생활의 예로, 높은 곳에 올라갈 때 인체 내로의 산소 공급에 대한 영향을 들 수 있다. 휴가 때 산으로 여행을 가면, 처음 며칠 동안은 어지럽고, 피로감을 느낄 것이다. 이러한 느낌은 높은 곳에서는 기압이 낮기 때문에 체내로

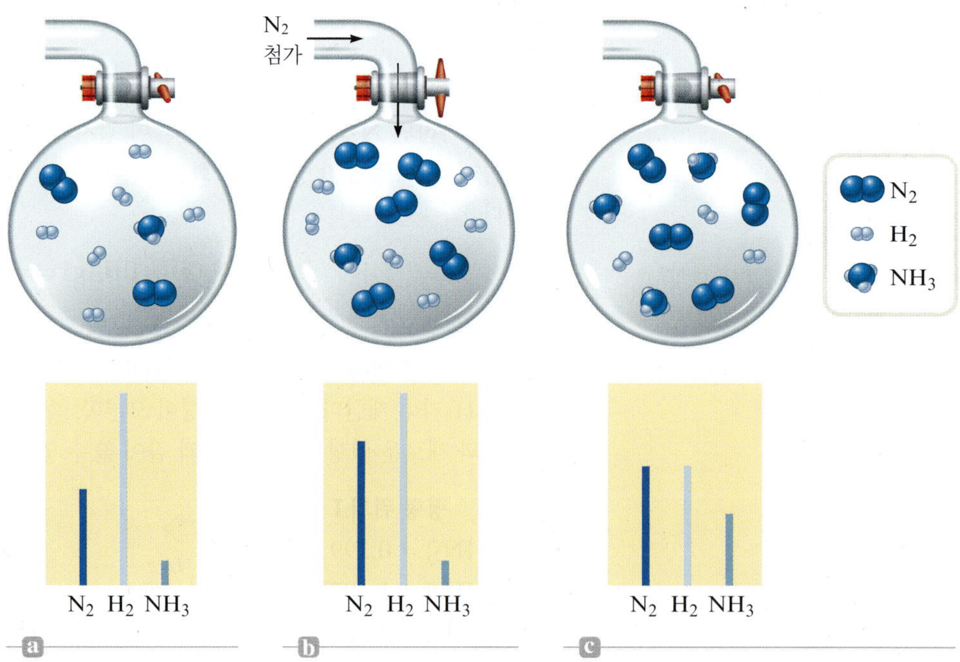

a N_2, H_2, NH_3의 초기 혼합물

b N_2 첨가

c **a**에서보다 N_2는 증가하고(N_2를 첨가했기 때문), H_2는 감소하고, NH_3는 증가한 계의 새로운 평형 위치

그림 16.9

산소 공급이 감소되어 나타나는 결과이다. 예를 들어 3,000 m 높이의 산에서는 산소 공급이 해수면에서의 2/3 정도밖에 되지 않는다. 다음 평형 식으로 산소 공급의 감소 효과를 알아볼 수 있다.

$$\mathrm{Hb}(aq) + 4\mathrm{O_2}(g) \rightleftharpoons \mathrm{Hb(O_2)_4}(aq)$$

여기서 Hb는 헤모글로빈을 나타내는데, 헤모글로빈은 철을 함유하는 단백질로서 산소를 폐로부터 조직으로 옮겨 조직에서 대사 작용이 일어나도록 한다. 위 식에서 계수 4는 폐에서 헤모글로빈 한 분자가 산소 4 분자씩을 취한다는 것을 강조한다. 산소 압력이 낮아지면 르샤틀리에 원리에 의해 위 평형을 산소화된 헤모글로빈으로부터 왼쪽으로 이동시킬 것이다. 이 때문에 조직에서의 산소 공급이 불충분하게 되고, 피로감과 "멍한" 느낌이 나타나게 된다.

에베레스트 산을 오른다든지, 고공 비행을 하는 경우처럼 극한적 상황에서는 산소통으로부터 여분의 산소를 공급받아 이러한 문제를 해결할 수 있다. 이러한 여분의 산소는 평형을 정상 위치로 밀어놓는다. 그러나 산악지방에서 생활하는 사람들이 산소통을 메고 다니는 것은 그다지 실용적이지 못할 것이다. 실제로는 자연이 이러한 문제를 아주 흥미로운 방법으로 해결해 준다. 인체는 높은 고도에서의 생활에 적응하여 추가적인 헤모글로빈을 생성시키는데, 이는 평형을 오른쪽으로 이동시키는 또 다른 방법이다. 따라서 고지에 사는 사람들은 해수면 고도에 사는 사람보다 헤모글로빈 수치가 훨씬 더 높다. 예를 들어, 네팔에 사는 셀퍼들은 보조 산소 공급 없이도 에베레스트 산 정상의 희박한 공기 중에서 그들의 역할을 해낼 수 있다.

대화형 예제 16.4 르샤틀리에 원리의 응용: 농도 변화

비소(As_4)는 먼저 그 광석을 산소와 반응(*배소*, roasting)시켜 고체 As_4O_6를 형성하도록 하여 천연으로부터 얻는다[As_4O_6는 0.1 g 이상만 복용해도 치명적인 독성 화합물인데 탐정 소설을 통해 유명해진 그 "비소(arsenic: 실제 화합물의 이름은 육산화 사비)"이다]. 그리고 나서 탄소를 사용하여 As_4O_6를 다음과 같이 환원한다.

$$\mathrm{As_4O_6}(s) + 6\mathrm{C}(s) \rightleftharpoons \mathrm{As_4}(g) + 6\mathrm{CO}(g)$$

다음 조건 변화에 반응하여 일어나는, 위 반응의 평형 위치 이동 방향을 예측하시오.

a. 일산화 탄소 첨가

b. $C(s)$나 $As_4O_6(s)$의 첨가 또는 제거

c. $As_4(g)$ 제거

풀이

a. 르샤틀리에 원리는 농도가 증가하는 물질로부터 멀어지는 이동을 예측한다. CO를 가할 때 평형 위치는 왼쪽으로 이동하게 될 것이다.

b. 순수한 고체는 평형 위치에 영향을 주지 않으므로 탄소나 육산화 사비소의 양을 변화시켜도 평형에는 영향이 없을 것이다.

c. 기체 비소가 제거되면 평형 위치는 오른쪽으로 이동하여 더 많은 생성물을 만들 것이다. 공업적 생산 공정에서는 수득률을 증대시키기 위하여 종종 연속적으로 생성물을 제거한다.

SELF-CHECK

실전 연습 16.3 비를 예보하는 최신 장비는 코발트(II)를 사용하며 다음 평형에 기초한다. ◀

$$\underset{\text{파란색}}{CoCl_2(s)} + 6H_2O(g) \rightleftharpoons \underset{\text{분홍색}}{CoCl_2 \cdot 6H_2O(s)}$$

공기 중 수증기량이 증가하여 비가 올 것 같을 때 이 지시계(indicator)가 어떤 색을 나타낼까?

파란색의 $CoCl_2$ 무수물이 물과 반응하면 분홍색의 $CoCl_2 \cdot 6H_2O$가 생성된다.

부피 변화의 효과

기체의 부피가 감소하면(기체가 압축) 압력은 증가한다. 이는 분자들이 더 작은 공간에 들어있게 되어, 용기의 벽에 부딪치는 횟수가 많아져서 더 큰 압력을 내기 때문이다. 따라서 평형에서 기체 반응계의 부피가 갑자기 줄어들게 되면 갑작스런 압력 증가를 유발하고 르샤틀리에 원리에 의해 계는 압력을 감소시키는 방향으로 이동할 것이다.

예를 들어, 가변 피스톤을 갖는 용기 내에서 다음 반응을 생각해 보자(그림 16.10).

$$CaCO_3(s) \rightleftharpoons CaO(s) + CO_2(g)$$

피스톤을 눌러서 갑작스럽게 부피를 감소시켰다면 처음엔 CO_2의 압력이 증가한다. 계는 어떻게 해서 이 압력 증가를 상쇄시킬 수 있을까? 존재하는 기체의 양을 감소시키는 방향, 즉 왼쪽으로 평형이 이동하면 된다. 왼쪽으로의 이동은 CO_2 분자를 소모하게 되고, 따라서 압력이 낮아진다(그러면 다수의 CO_2 분자가 CaO와 결합하여 고체 $CaCO_3$로 변하므로 용기의 벽에 부딪치는 분자의 수가 줄어든다).

따라서 평형에 있는 기체 반응계의 부피가 감소하면(따라서 압력이 증가) *계는 기체 분자의 수가 더 적어지는 방향으로 이동한다.* 그래서 계의 부피 감소는 계의 총 기체 분자 수를 감소시키는 이동을 유발하게 된다.

다음 반응을 생각해 보자.

$$N_2(g) + 3H_2(g) \rightleftharpoons 2NH_3(g)$$

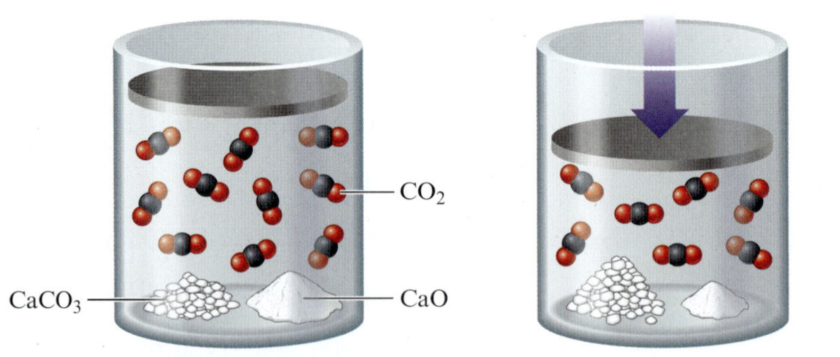

ⓐ 계는 초기에 평형 상태에 있다.

ⓑ 피스톤을 누르면 부피가 감소하고 압력이 증가한다. 계는 CO_2 분자를 소모하는 방향으로 이동하여, 압력을 다시 줄이게 된다.

그림 16.10 $CaCO_3(s) \rightleftharpoons CaO(s) + CO_2(g)$ 반응 계.

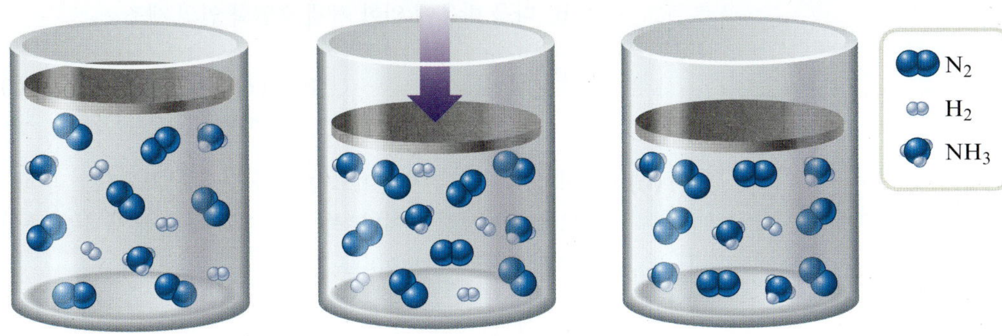

ⓐ $NH_3(g)$, $N_2(g)$, $H_2(g)$ 혼합물이 평형 상태에 있다.

ⓑ 부피가 갑자기 감소한다.

ⓒ NH_3는 증가하고 N_2와 H_2는 감소한 계의 새로운 평형 위치. 용기의 부피가 감소하면 $N_2(g) + 3H_2(g) \rightleftharpoons 2NH_3(g)$ 반응은 오른쪽(더 적은 수의 분자가 있는 쪽)으로 이동한다.

그림 16.11

평형에서 질소, 수소, 암모니아 기체의 혼합물이 존재한다고 가정하자[그림 16.11(a)]. 부피를 갑자기 감소시키면 평형 위치는 어떻게 될까? 처음에는 부피의 감소가 압력을 증가시키므로 계는 압력을 낮추는 방향으로 이동한다. 반응계는 기체의 분자 수를 줄여서 압력을 감소시킬 수 있다. 이는 다음 반응이 오른쪽으로 이동하는 것을 뜻하는데,

$$\underset{\text{기체 분자 4개}}{N_2(g) + 3H_2(g)} \rightleftharpoons \underset{\text{기체 분자 2개}}{2NH_3(g)}$$

네 분자(질소 1 분자, 수소 3 분자)가 반응하여 두 분자(암모니아)를 생성시키는 방향이고, 따라서 *존재하는 전체 기체 분자 수를 줄이게 된다*. 평형 위치는 오른쪽으로 이동하는데, 이 방향의 반응이 균형 반응식에서 좀 더 적은 수의 기체 분자와 관련있다.

그 역도 성립한다. 용기의 부피가 늘어나면(계의 압력이 낮아지면) 계는 압력을 높이도록 이동한다. 암모니아의 합성에서 부피의 증가는 존재하는 기체 분자 수를 증가시켜 왼쪽으로 이동시킨다(압력이 높아질 수 있도록).

대화형 예제 16.5 르샤틀리에 원리의 응용: 부피 변화

다음 각 과정에서 부피가 감소할 때 일어날 수 있는 평형 위치의 이동을 예측하시오.

a. 다음 반응에 의한 액체 삼염화 인의 제조

$$\underset{\text{기체 분자 6개}}{P_4(s) + 6Cl_2(g)} \rightleftharpoons \underset{\text{기체 분자 0개}}{4PCl_3(l)}$$

풀이 (a) P_4와 PCl_3는 각각 순수한 고체와 액체이므로 Cl_2에 의한 영향만을 고려하면 된다. 부피가 감소하면 처음에는 Cl_2의 압력이 증가하여 평형 위치는 오른쪽으로 이동할 것이고, 기체 Cl_2가 소모되어 압력이 감소하게 된다(초기의 변화를 상쇄시키기 위해).

b. 다음 반응에 의한 기체 오염화 인의 제조

$$PCl_3(g) + Cl_2(g) \rightleftharpoons PCl_5(g)$$

기체 분자 2개 / 기체 분자 1개

풀이 (b) 생성물은 한 분자뿐이고 반응물은 두 분자이므로 부피 감소(압력 증가)는 평형을 오른쪽으로 이동시킬 것이다. 즉, 계는 존재하는 분자 수를 줄임으로써 감소된 부피(증가한 압력)에 반응하려 할 것이다.

c. 암모니아와 삼염화 인의 반응

$$PCl_3(g) + 3NH_3(g) \rightleftharpoons P(NH_2)_3(g) + 3HCl(g)$$

풀이 (c) 균형 반응식의 양변은 모두 기체 분자가 4개씩 있다. 따라서 부피의 변화는 평형 위치에 아무런 영향을 주지 않을 것이다. 어떤 방향으로 이동하더라도 존재하는 분자 수가 변하지 않으므로, 이 경우 어떤 이동도 없다.

SELF-CHECK

실전 연습 16.4 다음 각 반응에서 용기의 부피가 증가할 때, 평형의 이동 방향을 예측하시오.

a. $H_2(g) + F_2(g) \rightleftharpoons 2HF(g)$

b. $CO(g) + 2H_2(g) \rightleftharpoons CH_3OH(g)$

c. $2SO_3(g) \rightleftharpoons 2SO_2(g) + O_2(g)$

온도 변화의 효과

앞에서도 언급했듯이 조건의 변화가 평형의 *위치*(position)를 바꿀 수는 있지만, 평형 *상수*(constant)를 바꾸지는 못한다. 예를 들어, 반응물을 첨가하면 평형 위치가 오른쪽으로 이동하지만 평형 상수 값에 영향을 주지는 않는다. 즉, 새로운 평형 농도들은 원래의 평형 상수 값을 만족시킨다. 이 장의 앞부분에서 암모니아 합성 반응에 질소를 첨가하여 이를 보여주었다.

그러나 온도가 평형에 미치는 영향은 이와는 다른데, 그 이유는 *K 값이 온도에 따라 변하기 때문이다*. 르샤틀리에 원리를 사용하여 K 값 변화의 방향을 예측할 수 있다.

이를 위하여 열을 생성하는지 흡수하는지에 따라 반응을 구분해 볼 필요가 있다. 열을 생성하는 반응(열이 "생성물")은 *발열*(exothermic) 반응이라 한다. 열을 흡수하는 반응은 *흡열*(endothermic) 반응이라 한다. 흡열 반응에서는 열이 필요하므로 이 경우 에너지(열)는 "반응물"로 생각할 수 있다.

발열 반응에서는 열이 생성물로 취급된다. 예를 들면, 질소와 수소로부터 암모니아를 합성하는 반응은 발열 반응(열을 생성)이다. 에너지를 생성물로 취급하여 이를 다음과 같이 나타낼 수 있다.

$$N_2(g) + 3H_2(g) \rightleftharpoons 2NH_3(g) + 92\ \text{kJ}$$

방출된 에너지

르샤틀리에 원리에 따르면, 평형에 있는 계를 가열하여 에너지를 가하면 에너지를 소모하는 방향, 즉 왼쪽으로 이동할 것이다.

한편, 탄산 칼슘의 분해 반응과 같은 흡열 반응(에너지를 흡수하는 반응)에서는 에너지가 반응물로 취급된다.

$$CaCO_3(s) + \underbrace{556\ kJ}_{\text{필요한 에너지}} \rightleftharpoons CaO(s) + CO_2(g)$$

이 경우 온도의 증가는 평형을 오른쪽으로 이동시킨다.

요약하면, 르샤틀리에 원리를 사용하여 온도 변화가 평형계에 미치는 영향을 설명하려면 *단순히 에너지를 반응물(흡열 반응) 또는 생성물(발열 반응)로 다루고*, 또 이를 실제 반응물이나 생성물이 첨가되거나 제거될 때와 같은 방법으로 이동의 방향을 예측하면 된다.

대화형 예제 16.6 르샤틀리에 원리의 응용: 온도의 변화

다음 각 반응에 대하여 온도가 상승할 때 평형이 어떻게 이동할 것인지 예측하시오.

a. $N_2(g) + O_2(g) \rightleftharpoons 2NO(g)$ (흡열 반응)

풀이 (a) 흡열 반응이므로 에너지를 반응물로 볼 수 있다.

$$N_2(g) + O_2(g) + \text{에너지} \rightleftharpoons 2NO(g)$$

따라서 평형은 온도 상승(에너지 증가)에 따라 오른쪽으로 이동한다.

b. $2SO_2(g) + O_2(g) \rightleftharpoons 2SO_3(g)$ (발열 반응)

풀이 (b) 발열 반응이므로 에너지는 생성물로 취급한다.

$$2SO_2(g) + O_2(g) \rightleftharpoons 2SO_3(g) + \text{에너지}$$

온도가 상승하면 평형은 왼쪽으로 이동한다.

SELF-CHECK

실전 연습 16.5 다음 발열 반응에 대하여 각각 다음 변화가 주어졌을 때, 평형 이동을 예측하시오.

$$2SO_2(g) + O_2(g) \rightleftharpoons 2SO_3(g)$$

a. SO_2 첨가

b. SO_3 제거

c. 부피 감소

d. 온도 감소

표 16.2 $N_2O_4(g)$ + 에너지 $\rightleftharpoons 2NO_2(g)$ 반응에 대한 평형 위치의 이동

변화	이동
$N_2O_4(g)$ 첨가	오른쪽
$NO_2(g)$ 첨가	왼쪽
$N_2O_4(g)$ 제거	왼쪽
$NO_2(g)$ 제거	오른쪽
용기 부피 감소	왼쪽
용기 부피 증가	오른쪽
온도 증가	오른쪽
온도 감소	왼쪽

지금까지 르샤틀리에 원리를 사용하면 평형계에 대한 여러 변화의 영향을 예측할 수 있음을 알아보았다. 표 16.2에 흡열 반응인 $N_2O_4(g) \rightleftharpoons 2NO_2(g)$의 평형 위치에 대한 여러 변화의 영향을 요약해 놓았다. 이 계에 대한 온도 변화의 효과는 그림 16.12에 나타냈다.

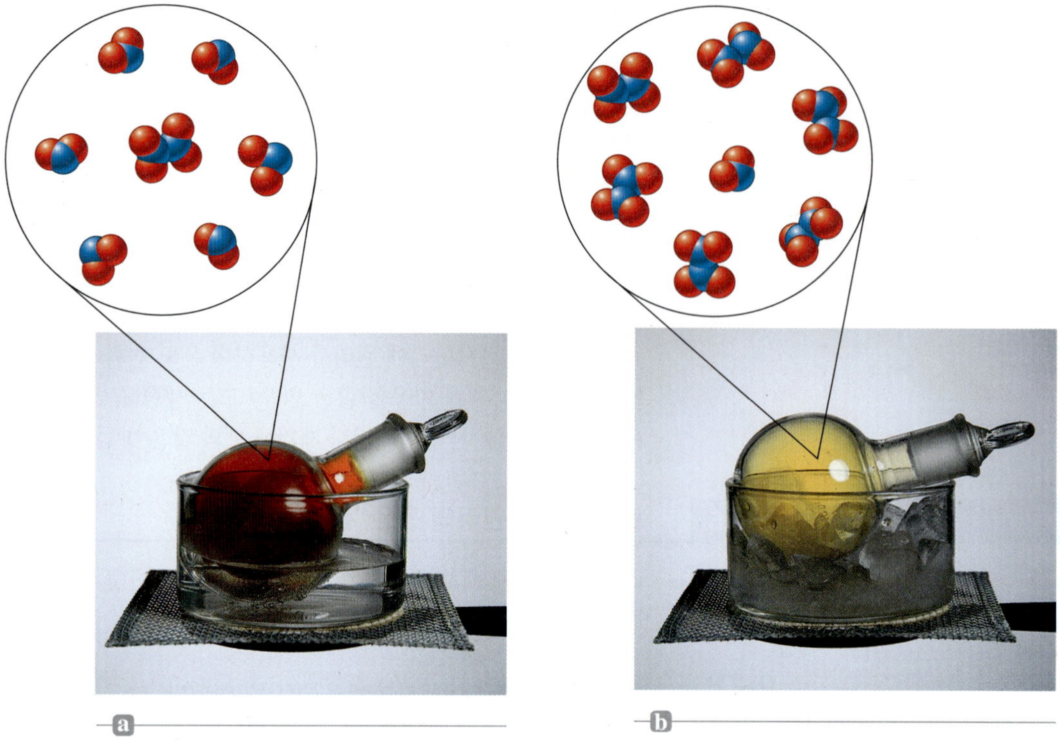

그림 16.12 온도 변화에 의한 $N_2O_4(g) \rightleftharpoons 2NO_2(g)$ 평형의 이동.

a 100°C에서는 상당량의 NO_2가 존재하므로 플라스크는 진한 적갈색을 띤다.

b 0°C에서는 무색인 N_2O_4로 평형이 이동한다.

16.8 평형 상수의 응용

학습 목표

- 평형 상수로부터 평형 농도를 계산하는 방법을 배운다.

반응의 평형 상수 값을 알면 여러 가지를 할 수 있다. 예를 들어, K의 크기는 반응이 일어나려는 내재된 경향성을 말해 준다. K 값이 1보다 훨씬 크다는 것은 평형에서 반응계가 대부분 생성물로 구성될 것이고, 평형은 오른쪽에 놓여 있음을 의미한다. 다음과 같은 일반적 형태의 반응을 생각해 보자.

$$A(g) \rightarrow B(g)$$

여기서,

$$K = \frac{[B]}{[A]}$$

이 반응의 K 값이 10,000(10^4)이라면 평형에서는,

$$\frac{[B]}{[A]} = 10{,}000 = \frac{10{,}000}{1}$$

즉, 평형에서 [B]는 [A]보다 10,000배나 더 많게 된다. 이는 반응이 생성물인 B를 아주 강하게 선호함을 의미한다. 다른 말로 하면, 반응이 완결된다는 것이다. 즉, 거의 모든 A가 B로 전환된다는 것이다.

반면, 작은 K 값은 계가 상당 부분 반응물로 구성되어 있으며 평형 위치는 왼쪽으로 상당히 치우쳐 있음을 의미한다. 이러한 반응은 거의 일어나지 않는다.

평형 상수의 또 다른 용도는 반응물과 생성물의 평형 농도를 계산하는 것이다. 예를 들어, K 값과 모든 반응물과 생성물의 농도 중 하나만 모르는 경우 모르는 농도를 계산할 수 있다. 이를 예제 16.7에서 설명한다.

대화형 예제 16.7 평형식을 이용하여 평형 농도 계산

기체 오염화 인이 염소와 삼염화 인 기체로 분해된다. $K = 8.96 \times 10^{-2}$가 되는 온도에서, PCl_5와 PCl_3의 평형 농도는 각각 6.70×10^{-3} M과 0.300 M이었다고 한다. 평형에서 Cl_2의 농도를 계산하시오.

풀이

풀이 방향

평형에서 존재하는 $[Cl_2]$를 결정하고자 한다.

주어진 자료

이 반응에서 균형 반응식은 다음과 같다.

$$PCl_5(g) \rightleftharpoons PCl_3(g) + Cl_2(g)$$

평형 상수 K는 다음과 같이 나타낼 수 있다.

$$K = \frac{[PCl_3][Cl_2]}{[PCl_5]} = 8.96 \times 10^{-2}$$

또한 다음 농도를 알고 있다.

$$[PCl_5] = 6.70 \times 10^{-3}\ M$$
$$[PCl_3] = 0.300\ M$$

풀이 과정

여기서는 $[Cl_2]$를 계산하고자 한다. 평형 식을 재배열하여 Cl_2의 농도를 계산해 보자. 우선 다음의 식에서 시작한다.

$$K = \frac{[PCl_3][Cl_2]}{[PCl_5]}$$

이 식을 $[Cl_2]$에 대해 정리하고 주어진 값을 대입하면

$$[Cl_2] = K \times \frac{[PCl_5]}{[PCl_3]} = (8.96 \times 10^{-2})\frac{(6.70 \times 10^{-3})}{(0.300)}$$
$$[Cl_2] = 2.00 \times 10^{-3}$$

Cl_2의 평형 농도는 2.00×10^{-3} M이다.

16.9 용해도 평형

학습 목표

- **염의 용해도가 주어졌을 때 용해도곱을 계산하는 방법과 용해도곱으로부터 염의 용해도를 계산하는 방법을 배운다.**

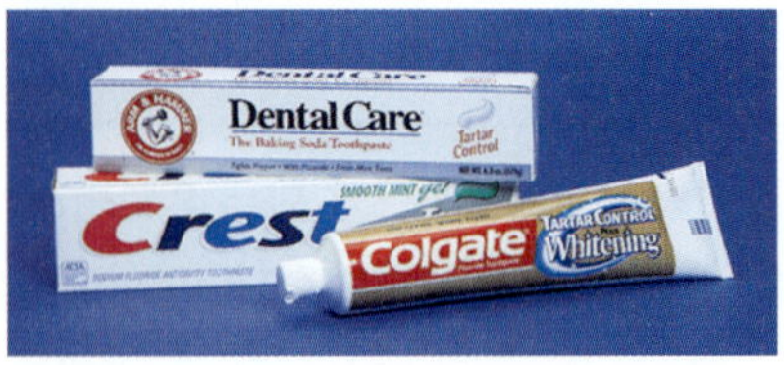

치아 부식을 방지하는 데 도움이 되는 첨가물인 플루오린화 소듐이 포함된 치약.

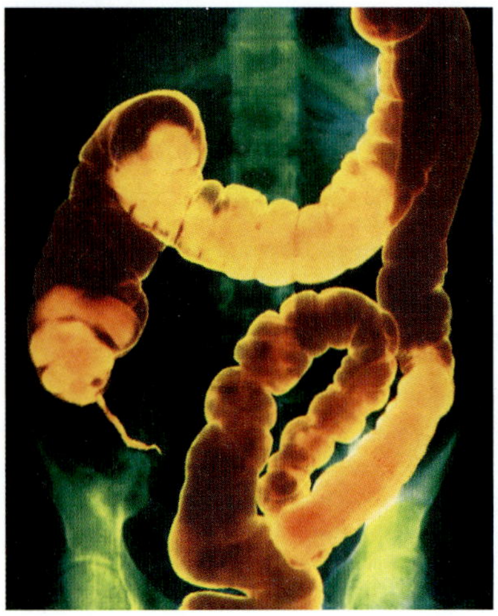

환자가 섭취한 황산 바륨에 의해 X선으로 대장이 뚜렷이 보인다.

용해는 매우 중요한 현상이다. 다음 예를 생각해 보자.

- 설탕과 소금은 물에 쉽게 용해되므로 음식의 맛을 쉽게 낼 수 있다.
- 황산 칼슘은 찬물보다 뜨거운 물에서 잘 녹지 않기 때문에 보일러 내부의 관을 도포하여 열효율을 감소시킨다.
- 음식이 치아 사이에 끼면 산이 생성되어 광물성 수산화 아파타이트[$Ca_5(PO_4)_3OH$]를 함유하는 치아의 에나멜 층을 녹인다. 치약에 플루오린화물을 첨가하여 충치를 줄일 수 있다. 플루오린화 이온이 수산화 아파타이트의 수산화 이온과 치환되어 플루오린화 아파타이트[$Ca_5(PO_4)_3F$]와 플루오린화 칼슘(CaF_2)를 생성하는데, 이 두 물질은 본래의 에나멜 층보다 산에 덜 용해된다.
- 황산 바륨 현탁액은 소화관의 X선 선명도를 높여준다. 황산 바륨은 독성이 있는 Ba^{2+}를 함유하고 있지만, 용해도가 극히 낮아 고체 $BaSO_4$를 섭취해도 안전하다.

이 절에서는 고체가 물에 녹아 수용액을 형성할 때의 평형에 대하여 알아볼 것이다. 보통의 이온성 고체가 물에 녹으면 양이온과 음이온으로 완전히 분리된다. 예를 들어, 플루오린화 칼슘은 물에 용해되어 다음과 같이 된다.

$$CaF_2(s) \xrightarrow{H_2O(l)} Ca^{2+}(aq) + 2F^-(aq)$$

고체 염을 처음 물에 가할 때는 Ca^{2+} 이온이나 F^- 이온이 존재하지 않는다. 하지만 용해가 일어나면서 Ca^{2+}와 F^- 농도가 증가하게 되고, 이러한 이온들끼리 충돌하여 고체염을 다시 생성시키는 가능성이 증가하게 된다. 따라서 두 개의 상반된(경쟁하는) 과정, 위에서 보여준 용해 반응과 고체 염을 다시 생성시키는 역반응이 일어나는 것이다.

$$Ca^{2+}(aq) + 2F^-(aq) \rightarrow CaF_2(s)$$

결국엔 평형에 도달하게 된다. 고체가 더 이상 용해되지 않고, 용액이 포화되었다고 말한다.

화학 평형 법칙에 따라 이 과정에 대한 평형식을 다음과 같이 쓸 수 있다.

$$K_{sp} = [Ca^{2+}][F^-]^2$$

여기서 $[Ca^{2+}]$와 $[F^-]$는 mol/L로 나타낸다. 상수 K_{sp}는 **용해도곱 상수**(solubility product constant) 또는 간단히 **용해도곱**(solubility product)이라 한다.

순수한 액체와 순수한 고체는 평형 식에 절대 포함되지 않는다.

CaF_2는 순수한 고체이므로 평형식에는 포함되지 않는다. ◀ 과량의 고체가 얼마가 존재하든 용해도 평형 위치에 영향을 주지 않는다는 것이 처음엔 이상하게 생각될 수도 있다. 고체의 양이 더 많으면 용매에 노출된 면적이 넓어 용해도가 더 증가할 것처럼 보일 수도 있다. 그러나 사실은 그렇지 않은데, 이는 고체가 용해되고 재생성되는 두 과정 모두 과량으로 존재하는 고체 표면에서 일어나기 때문이다. 고체가 용해될 때 용액으로 들어가는 것은 표면에 있는 이온들이다. 그리고 용액 속의 이온이 고체를 재생성할 때도 표면에서 재생성된다. 그러므로 고체의 표면적을 두 배로 하면 용해 속도뿐만 아니라 고체의 재생성 속도도 두 배로 빨라진다. 따라서 과량으로 존재하는 고체는 평형 위치에 영향을 주지 않는다. 마찬가지로 고체를 잘게 부수어 표면적을 증가시키거나, 용액을 잘 저어주면 평형에

도달하는 속도를 빠르게 할 수는 있지만 두 경우 모두 평형 상태에서 용해된 고체의 양을 변화시키지는 않는다.

대화형 예제 16.8 용해도곱 식 쓰기

다음 고체가 물에 용해되는 반응의 균형 반응식과 각 고체의 K_{sp}를 쓰시오.

a. $PbCl_2(s)$ b. $Ag_2CrO_4(s)$ c. $Bi_2S_3(s)$

풀이

a. $PbCl_2(s) \rightleftharpoons Pb^{2+}(aq) + 2Cl^-(aq)$; $K_{sp} = [Pb^{2+}][Cl^-]^2$

b. $Ag_2CrO_4(s) \rightleftharpoons 2Ag^+(aq) + CrO_4^{2-}(aq)$; $K_{sp} = [Ag^+]^2[CrO_4^{2-}]$

c. $Bi_2S_3(s) \rightleftharpoons 2Bi^{3+}(aq) + 3S^{2-}(aq)$; $K_{sp} = [Bi^{3+}]^2[S^{2-}]^3$

SELF-CHECK

실전 연습 16.6 다음 고체가 물에 용해되는 반응의 균형 반응식과 각 고체에 대한 K_{sp}를 쓰시오.

a. $BaSO_4(s)$ b. $Fe(OH)_3(s)$ c. $Ag_3PO_4(s)$

대화형 예제 16.9 용해도곱 계산

브로민화 구리(I) (CuBr)은 25°C에서 용해도가 2.0×10^{-4} mol/L이다. 즉, 물 1.0 L에 CuBr(s)를 과량 넣으면 고체 2.0×10^{-4} mol 녹아 포화 용액을 만든다. 이 고체의 K_{sp} 값을 계산하시오.

풀이

풀이 방향

25°C에서 고체 CuBr의 K_{sp} 값을 계산하고자 한다.

주어진 자료

- 25°C에서 CuBr의 용해도는 $2.0 \times 10^{-4}\ M$
- $CuBr(s) \rightleftharpoons Cu^+(aq) + Br^-(aq)$
- $K_{sp} = [Cu^+][Br^-]$

풀이 과정

이온의 평형 농도인 $[Cu^+]$와 $[Br^-]$를 알 수 있다면, K_{sp} 값을 계산할 수 있다. CuBr의 용해도 측정치는 2.0×10^{-4} mol/L이며, 고체 2.0×10^{-4} mol이 물 1.0 L에 용해되어 평형을 이루게 된다는 것을 뜻한다. 반응은 다음과 같다.

$$CuBr(s) \rightarrow Cu^+(aq) + Br^-(aq)$$

따라서

$$2.0 \times 10^{-4}\ \text{mol/L}\ CuBr(s) \rightarrow 2.0 \times 10^{-4}\ \text{mol/L}\ Cu^+(aq) + 2.0 \times 10^{-4}\ \text{mol/L}\ Br^-(aq)$$

평형 농도는

$$[Cu^+] = 2.0 \times 10^{-4}\ \text{mol/L}$$

$$[Br^-] = 2.0 \times 10^{-4}\ \text{mol/L}$$

이들 평형 농도로부터 CuBr의 K_{sp} 값을 계산할 수 있다.

$$K_{sp} = [Cu^+][Br^-] = (2.0 \times 10^{-4})(2.0 \times 10^{-4})$$
$$= 4.0 \times 10^{-8}$$

K_{sp} 값의 단위는 생략한다.

SELF-CHECK

실전 연습 16.7 25°C에서 용해도가 3.9×10^{-5} mol/L인 황산 바륨($BaSO_4$)의 K_{sp} 값을 계산하시오.

K_{sp} 계산에서 용해도는 mol/L 단위로 나타내야 한다.

이온성 고체의 용해도를 알면 K_{sp} 값을 계산할 수 있다. 그 역도 가능하다. K_{sp} 값을 안다면 이온성 고체의 용해도를 계산할 수 있다. ◀

대화형 예제 16.10 K_{sp} 값으로부터 용해도 계산

고체 AgI(s)의 K_{sp} 값은 25°C에서 1.5×10^{-16}이다. 25°C에서 물에 대한 AgI(s)의 용해도를 계산하시오.

풀이

풀이 방향

25°C에서 AgI의 용해도를 결정하고자 한다.

주어진 자료

- $AgI(s) \rightleftharpoons Ag^+(aq) + I^-(aq)$
- 25°C에서 $K_{sp} = [Ag^+][I^-] = 1.5 \times 10^{-16}$

풀이 과정

이 고체의 용해도를 모르기 때문에 평형에 도달하는 데 x mol/L가 용해된다고 생각한다. 따라서

$$x\frac{\text{mol}}{\text{L}}\,AgI(s) \;\rightarrow\; x\frac{\text{mol}}{\text{L}}\,Ag^+(aq) + x\frac{\text{mol}}{\text{L}}\,I^-(aq)$$

평형에서는

$$[Ag^+] = x\frac{\text{mol}}{\text{L}}$$
$$[I^-] = x\frac{\text{mol}}{\text{L}}$$

이들 농도를 위의 평형식에 대입하면,

$$K_{sp} = 1.5 \times 10^{-16} = [Ag^+][I^-] = (x)(x) = x^2$$

따라서

$$x^2 = 1.5 \times 10^{-16}$$
$$x = \sqrt{1.5 \times 10^{-16}} = 1.2 \times 10^{-8}\ \text{mol/L}$$

AgI(s)의 용해도는 1.2×10^{-8} mol/L이다.

SELF-CHECK

실전 연습 16.8 크로뮴산 납($PbCrO_4$)의 K_{sp} 값은 25°C에서 2.0×10^{-16}이다. 25°C에서의 용해도를 계산하시오.

16장 복습하기 Chapter 16 Review

주요 용어

충돌 모형(16.1)
촉매(16.2)
평형(16.3)
화학 평형 법칙(16.5)
평형 상수(16.5)
균일 평형(16.6)
르샤틀리에 원리(16.7)
용해도곱(K_{sp})(16.9)
활성화 에너지(E_a)(16.2)
효소(16.2)
화학 평형(16.3)
평형 식(16.5)
평형 위치(16.5)
불균일 평형(16.6)
용해도곱 상수(16.9)

요약

- 화학 반응의 충돌 모형
  - 반응이 일어나기 위해서는 반응물이 반드시 충돌해야 한다.
  - 충돌에 의해 특정 문턱 에너지(활성화 에너지, E_a)가 공급되어야 반응이 일어날 수 있다.
- 촉매
  - 소모되지 않으면서 반응의 속도를 높인다.
  - 더 작은 E_a를 갖는 반응을 위해 새로운 경로를 제공한다.
  - 효소는 생물학적 촉매이다.

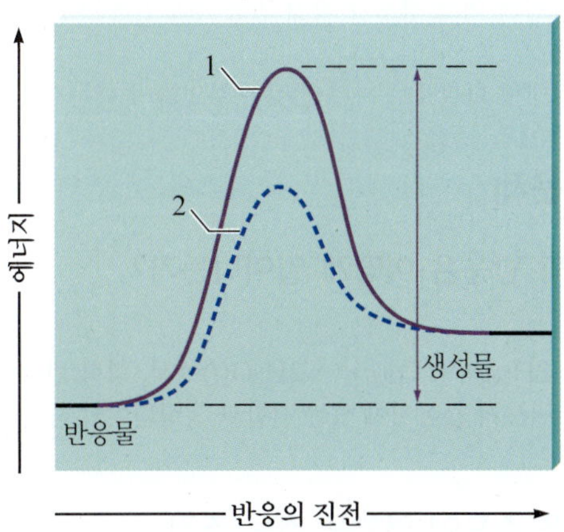

- 화학 평형은 닫힌 용기에서 화학 반응을 행할 때 이루어진다.
  - 반응물과 생성물의 농도 모두 시간이 지나도 일정하게 유지된다.
  - 평형은 미시적 수준에서는 매우 동적인 상태이다.
    - 정반응 속도 = 역반응 속도
  - 균일 반응에서는 모든 반응물과 생성물이 동일한 상으로 존재한다.
  - 불균일 반응에서는 하나 이상의 반응물이나 생성물이 다른 상으로 존재한다.
- 평형 식은 화학 평형 법칙에 기초한다.
  - 다음 반응에 대하여

$$aA + bB \rightleftharpoons cC + dD$$

$$K = \frac{[C]^c[D]^d}{[A]^a[B]^b}$$

  - 평형 상수(K)는 주어진 온도에서 주어진 화학계에 대해 상수이다.
  - 평형 위치는 K를 만족시키는 한 벌의 평형 농도이다.
  - 평형 위치는 무한개 존재한다.
- 불균일 평형에는 서로 다른 상에 존재하는 반응물이나 생성물이 포함된다.
  - 순수한 액체나 고체는 평형식에 절대 나타나지 않는다.
- 르샤틀리에 원리는, 평형에 있는 계에 변화를 가하면 그 변화의 효과를 줄이는 방향으로 평형 위치가 이동하는 것을 말한다.
- 평형의 응용
  - 계의 K 값은 이미 알고 있는 한 벌의 평형 농도로부터 계산할 수 있다.
  - K 값과 나머지 평형 농도들을 알면, 미지의 평형 농도를 계산할 수 있다.
  - 평형조건은 과량의 고체 MX(s)를 포함하는 포화 용액에도 적용할 수 있다.
    - $K_{sp} = [M^+][X^-]$ = 용해도곱 상수
    - K_{sp} 값은 MX(s)의 용해도를 측정하면 계산할 수 있다.

활동 학습 질문

다음은 강의 중 그룹 지도를 위한 문제들로, 특정 주제를 소개하는 데 매우 효과적이다.

1. 밀폐된 반응 용기 속에서 다음 반응식에 따라 반응하는 4개의 기체상 평형 혼합물(A, B, C, D)이 있다.

$$A + B \rightleftharpoons C + D$$

   a. 반응 용기 안에 A를 더 가한다. 평형에 다시 도달한 후에, 각 화합물의 농도는 원래 값에 비해 어떻게 되는가?
   b. 원래 평형 상태에서 반응 용기에 D를 더 가한다. 다시 평형에 도달한 후, 각 화합물의 농도는 원래 값에 비해 어떻게 되는가? 이유를 설명하시오.

2. 아래 나타낸 상자는 다음 반응의 초기 상태를 나타낸다.

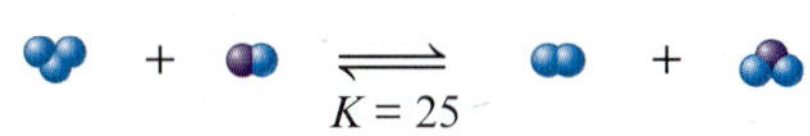

   한쪽 상자에 반응물들이 섞여서 계가 평형에 도달한 후에 이 계가 어떻게 보일지 분자 그림을 정량적으로 나타내시오. 계산을 통해 이 답을 보완하시오.

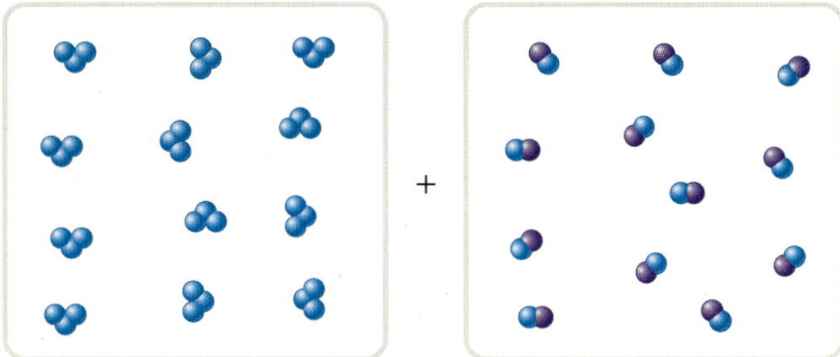

3. 반응 $H_2 + I_2 \rightleftharpoons 2HI$에 대해 다음 두 가지 가능성을 생각해 보자. (a) 각 반응물을 0.5 mol씩 가하고 계가 평형에 도달하도록 한 다음 H_2 1 mol을 가하고 다시 평형에 도달하게 한다. (b) H_2 1.5 mol과 I_2 0.5 mol을 가하고 평형에 도달하게 한다. 이 두 과정의 최종 평형 혼합물이 다를 것인가? 설명하시오.

4. 반응 $A + B \rightleftharpoons C + D$에 대해 다음 상황을 생각해 보자.
   a. 초기에 1.3 M A와 0.8 M B가 있었다.
   b. 초기에 1.3 M A와 0.8 M B, 0.2 M C가 있었다.
   c. 초기에 2.0 M A와 0.8 M B가 있었다.

   D의 평형 농도가 증가하는 순서대로 위의 상황을 배열하고 그 이유를 설명하시오. B의 평형 농도가 증가하는 순서대로 배열하고 이유를 설명하시오.

5. 다음을 생각해보자. "반응 $A(g) + B(g) \rightleftharpoons C(g)$를 생각해 보자. 평형에서 $[A] = 2\ M$, $[B] = 1\ M$, $[C] = 4\ M$이다. 평형에 있는 1 L 용기의 계에 B를 3 mol 가한다. 두 경우 모두 $K = 2$이어야 하므로 가능한 평형 조건은 $[A] = 1\ M$, $[B] = 3\ M$, $[C] = 6\ M$이다." 이 서술에서 옳은 것은 무엇이고 틀린 것은 무엇이라고 생각하는지 모두 쓰시오. 잘못된 부분을 바로잡고 설명하시오.

6. 평형 상수 값 K는 다음 중 어느 것에 의존하는가? (답이 두 개 이상 있을 수도 있다.) 설명하시오.
   a. 반응물의 초기 농도
   b. 생성물의 초기 농도
   c. 계의 온도
   d. 반응물과 생성물의 성질

7. 용액의 온도가 변화함에 따라 고체의 K_{sp} 값이 어떻게 되리라고 생각하는가? 온도가 증가할 때와 감소할 때 모두를 고려하여 설명하시오.

8. 다음 반응에 따라 닫힌 용기 안에서 반응하는 $H_2O(g)$, $CO(g)$, $H_2(g)$, $CO_2(g)$로 구성된 평형 혼합물을 생각해보자.

$$H_2O(g) + CO(g) \rightleftharpoons H_2(g) + CO_2(g)$$

   a. H_2O를 플라스크에 더 넣었다. 평형에 다시 도달한 다음, 각 화학 물질의 새로운 평형 농도는 원래 평형 농도와 비교하면 어떻게 변했겠는가? 이유를 설명하시오.
   b. H_2를 플라스크에 더 넣었다. 평형에 다시 도달한 다음, 각 화학 물질의 새로운 평형 농도는 원래 평형 농도와 비교하면 어떻게 변했겠는가? 이유를 설명하시오.

9. 평형은 미시적으로는 동적이지만, 거시적으로는 정적이다. 무슨 의미인지 설명해 보시오.

10. 닫힌 용기에서 액체 위로 증기압이 형성되는 것이 왜 평형을 나타내는지 설명해 보시오. 서로 반대 방향의 과정은 무엇인가? 계가 평형에 언제 도달했는지 어떻게 알 수 있는가?

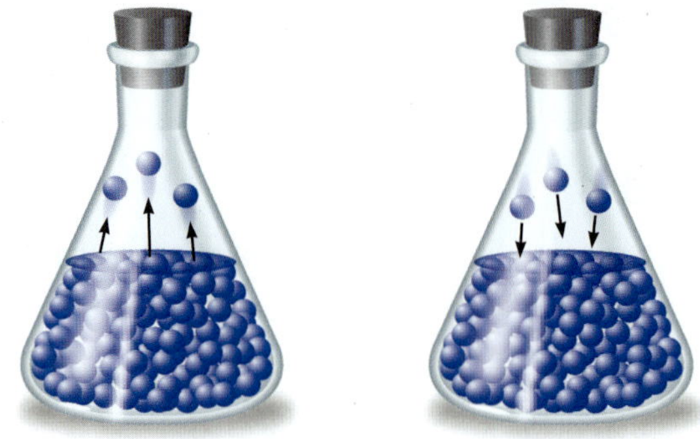

11. 다음 그림을 보고 질문에 답하시오.

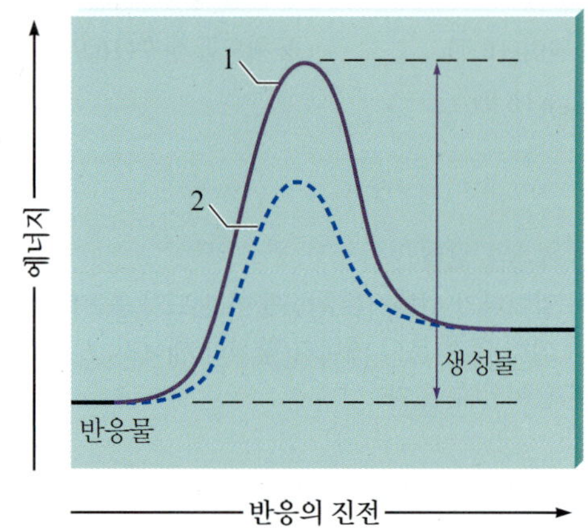

   a. 촉매는 화학 반응에 어떤 일을 하는가?
   b. 그림의 어느 경로가 촉매 반응 경로인가? 어떻게 알 수 있는가?
   c. 양방향 화살표로 나타낸 것은 무엇을 뜻하는가?

질문과 문제

16.1 화학 반응은 어떻게 일어나는가?

▶ *질문*

1. 반응 $2H_2(g) + O_2(g) \rightarrow 2H_2O(l)$에서, 화학 반응이 일어나기 위해 반드시 끊어져야 하는 결합과 생성되어야 하는 결합을 나열하시오.

16.2 반응 속도에 영향을 주는 조건

▶ *질문*

2. 분자들이 충돌할 때, 반응이 일어나기 위해서는 _____라고 부르는 특정한 최소 에너지가 필요하다.
3. 촉매는 어떤 방식으로 화학 반응의 속도를 높이는가?
4. 효소는 왜 중요한가? 예를 들어, 체내에서 탄산탈수소 효소의 중요성은 무엇인가?

16.3 평형 조건

▶ *질문*

5. 평형에 도달하는 반응의 화학식을 쓸 때, 반응이 *가역적*(revers-

ible)이라는 것을 어떻게 기호로 표시하는가?

6. 화학자들은 계가 평형 상태에 도달했다는 것을 어떻게 알 수 있는가? 화학 반응식을 쓸 때, 화학 평형 상태에 도달했는가를 어떻게 표시하는가?

16.4 화학 평형: 동적 조건

▸ *질문*

7. 화학적 또는 물리적 평형 상태를 *동적*(dynamic)이라 말하는 것이 무엇을 의미하는가?

8. 아래와 같이 표현할 수 있는 N_2와 H_2의 초기 혼합물을 생각해 보자.

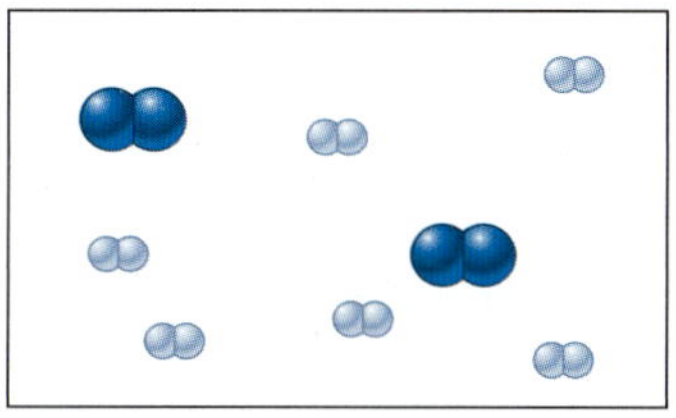

두 기체는 반응하여 암모니아 기체(NH_3)를 형성하는데, 기체의 농도는 다음과 같은 프로파일을 보인다.

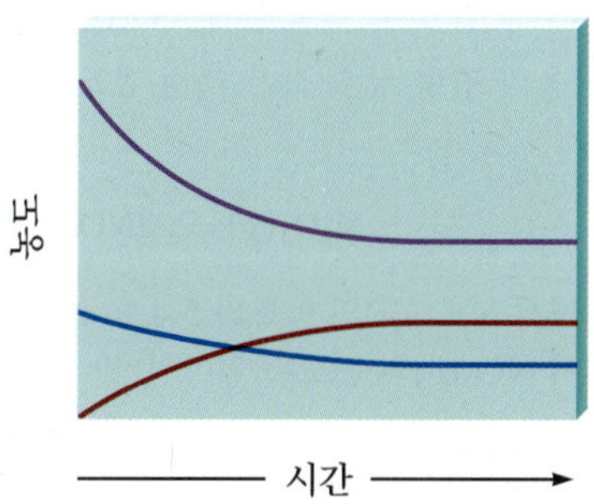

a. 각 곡선을 N_2, H_2, NH_3로 표시하고, 이유를 설명하시오.
b. 곡선의 상대적인 모양에 대해 설명하시오.
c. 언제 평형에 도달하였는가? 어떻게 알 수 있는가?

16.5 평형 상수: 개요

▸ *질문*

9. 일반적으로 반응에서 평형 상수가 나타내는 것은 무엇인가? 전형적인 반응에서 평형 상수의 산술적 형태는 무엇인가? 평형 상수를 쓸 때 괄호 [ ]는 무엇을 표시하는가?

▸ *문제*

10. 다음 반응의 평형식을 쓰시오.
a. $N_2(g) + 3Cl_2(g) \rightleftharpoons 2NCl_3(g)$
b. $H_2(g) + I_2(g) \rightleftharpoons 2HI(g)$
c. $N_2(g) + 2H_2(g) \rightleftharpoons N_2H_4(g)$

11. 다음 반응의 평형식을 쓰시오.
a. $CO(g) + 2H_2(g) \rightleftharpoons CH_3OH(g)$
b. $2NO_2(g) \rightleftharpoons 2NO(g) + O_2(g)$
c. $P_4(g) + 6Br_2(g) \rightleftharpoons 4PBr_3(g)$

12. 매우 중요한 산업적 화합물인 암모니아는 정밀하게 조절된 조건에서 다음 원소들을 직접 결합시켜 생산된다.

$$N_2(g) + 3H_2(g) \rightleftharpoons 2NH_3(g)$$

어떤 실험에서 평형에 도달한 반응 혼합물을 분석하였는데, 특정 온도에서 $[NH_3] = 0.25\ M$, $[H_2] = 3.4 \times 10^{-3}\ M$, $[N_2] = 5.3 \times 10^{-5}\ M$임을 알았다. 이 온도에서 K 값을 계산하시오.

13. 다음 반응을 생각해 보자.

$$2N_2O(g) + O_2(g) \rightleftharpoons 4NO(g)$$

특정 온도에서 평형 농도는 $[NO(g)] = 0.00341\ M$, $[N_2O(g)] = 0.0293\ M$, $[O_2(g)] = 0.0325\ M$이다. 이 온도에서 반응의 K 값을 계산하시오.

16.6 불균일 평형

▸ *질문*

14. *균일*(homogeneous) 평형계란 무엇인가? 균일 평형 반응의 예를 들어보시오. *불균일*(heterogeneous) 평형계란 무엇인가? 불균일 평형을 나타내는 반응식을 두 개 쓰시오.

▸ *문제*

15. 다음 불균일 평형 반응의 평형식을 쓰시오.
a. $2LiHCO_3(s) \rightleftharpoons Li_2CO_3(s) + H_2O(g) + CO_2(g)$
b. $PbCO_3(s) \rightleftharpoons PbO(s) + CO_2(g)$
c. $4Al(s) + 3O_2(g) \rightleftharpoons 2Al_2O_3(s)$

16. 다음 불균일 평형에 대해 주어진 평형식이 옳은지 표시하시오. 옳지 않은 식에는 설명과 함께 옳은 식을 제시하시오.
a. $2NBr_3(s) \rightleftharpoons N_2(g) + 3Br_2(g)$, $K = \dfrac{[N_2][Br_2]^3}{[NBr_3]^2}$
b. $CuO(s) + H_2(g) \rightleftharpoons Cu(l) + H_2O(g)$, $K = \dfrac{[Cu][H_2O]}{[H_2]}$
c. $4Fe(s) + 3O_2(g) \rightleftharpoons 2Fe_2O_3(s)$, $K = \dfrac{1}{[O_2]^3}$

16.7 르샤틀리에 원리

▸ *질문*

17. 다음 반응을 생각해보자.

$$2CO(g) + O_2(g) \rightleftharpoons 2CO_2(g)$$

이 계가 이미 평형에 도달했다고 가정하고, 일정한 온도에서 $CO_2(g)$ 1 mol을 추가로 계에 주입한다고 하자. 계에 있는 $O_2(g)$의 양이 증가하겠는가 아니면 감소하겠는가? 반응의 K 값이 변하겠는가?

18. 기체상 물질을 포함하는 평형에서, 계의 부피가 감소했을 때 일반적으로 어떤 효과를 볼 수 있겠는가?

19. 발열 반응이 좀 더 높은 온도에서 수행된다면 평형 위치에는 어떤 효과를 미치겠는가? 생성물의 양이 증가하는가 아니면 감소하는가? 온도가 상승하면 평형 상수 값이 변하겠는가? 만일 그렇다면 어떻게 변하겠는가?

▸ *문제*

20. 다음 반응이 화학 평형에 도달했다고 한다.

$$P_4(s) + 6F_2(g) \rightleftharpoons 4PF_3(g)$$

다음 변화가 평형 위치에 미치는 효과를 예측하시오. 화학 평형이 오른쪽으로 이동할지, 왼쪽으로 이동할지, 아니면 아무런 영향이 없을지 설명하시오.

a. 계로부터 플루오린 기체를 제거한다.
b. 계로부터 인을 제거한다.
c. 계로부터 삼플루오린화 인을 제거한다.

21. 다음 반응이 화학 평형에 도달했다고 한다.

$$2A(g) + B(s) \rightleftharpoons C(g) + 3D(g) \qquad \Delta H = +115 \text{ kJ/mol}$$

다음 변화가 평형 위치에 미치는 효과를 예측하시오. 화학 평형이 오른쪽으로 이동할지, 왼쪽으로 이동할지, 아니면 아무런 영향이 없을 지 설명하시오.

a. 계에 $B(s)$를 더 가한다.
b. 생성되는 $C(g)$를 계로부터 제거한다.
c. 계의 부피를 절반으로 감소시킨다.
d. 온도를 올린다.

22. 수소 기체, 산소 기체, 수증기가 닫힌 용기 안에서 평형을 이루고 있다. 용기에 수소 기체를 주입한 후, 계가 평형으로 다시 돌아오도록 한다. 다음 중 어느 것이 일어날까? 이유를 설명해 보시오.

$$2H_2(g) + O_2(g) \rightleftharpoons 2H_2O(g)$$

a. 산소 기체의 농도가 일정하게 유지된다.
b. K 값이 증가한다.
c. 산소 기체의 농도가 증가한다.
d. 수증기의 농도가 증가한다.
e. K 값이 감소한다.

23. 구식(old-fashioned) "방향염"은 탄산 암모늄[$(NH_4)_2CO_3$]으로 이루어져 있다. 탄산 암모늄의 분해는 흡열 반응이다.

$$(NH_4)_2CO_3(s) \rightleftharpoons 2NH_3(g) + CO_2(g) + H_2O(g)$$

이 반응이 더 낮은 온도에서 이루어진다면, 평형 위치에는 어떤 효과가 있을까?

24. 식물은 태양으로부터 복사 에너지를 흡수하여 다음 반응을 통해 글루코스를 합성한다(광합성).

$$6CO_2(g) + 6H_2O(g) \rightleftharpoons C_6H_{12}O_6(s) + 6O_2(g)$$

온도 상승이 생성물인 $C_6H_{12}O_6(s)$의 생성을 촉진하겠는가 아니면 저해하겠는가?

25. 다음 흡열 반응을 생각해 보자.

$$CO(g) + 2H_2(g) \rightleftharpoons CH_3OH(l)$$

아무런 변화가 없는 계에 비해 생성물의 수득률을 증가시키도록 하는 변화를 세 가지 들어보시오.

16.8 평형 상수의 응용

▶ *질문*

26. 특정 온도에서 어떤 반응의 평형 상수가 $K = 1.7 \times 10^{-8}$이라고 한다. 이 반응이 평형에 도달할 때 반응하지 않은 초기 물질이 많이 남아 있을까, 조금 남아 있을까?

▶ *문제*

27. 다음 반응식을 생각해 보자.

$$SO_2(g) + NO_2(g) \rightleftharpoons SO_3(g) + NO(g)$$

특정 온도에서 평형 농도는 $[SO_3(g)] = 4.99 \times 10^{-5}\ M$, $[NO(g)] = 6.31 \times 10^{-7}\ M$, $[SO_2(g)] = 2.11 \times 10^{-2}\ M$, $[NO_2(g)] = 1.73 \times 10^{-3}\ M$이었다. 이 온도에서 반응의 K 값을 계산하시오.

28. 다음 반응식을 생각해 보자.

$$CO_2(g) + H_2(g) \rightleftharpoons CO(g) + H_2O(g)$$

특정 온도에서 평형 상수 K는 5.21×10^{-3}이라고 한다. 이 온도에서 평형 상태에 있는 계를 분석하였더니 $[CO(g)] = 4.73 \times 10^{-3}\ M$, $[H_2O(g)] = 5.21 \times 10^{-3}\ M$, $[CO_2(g)] = 3.99 \times 10^{-2}\ M$이었다. 이 계에서 $H_2(g)$의 평형 농도는 얼마나 될까?

29. 다음 반응의 평형 상수 값은 특정 온도에서 $K = 2.4 \times 10^{-3}$이라고 한다.

$$2H_2O(g) \rightleftharpoons 2H_2(g) + O_2(g)$$

평형에서 $[H_2O(g)] = 1.1 \times 10^{-1}\ M$이고 $[H_2(g)] = 1.9 \times 10^{-2}\ M$임을 알았다. 이 조건에서 $O_2(g)$의 농도는 얼마인가?

30. 다음 반응의 평형 상수 값은 특정 온도에서 8.1×10^{-3}이라고 한다.

$$N_2O_4(g) \rightleftharpoons 2NO_2(g)$$

평형계에서 $N_2O_4(g)$의 농도가 $5.4 \times 10^{-4}\ M$임을 알았다면, 이 조건에서 $NO_2(g)$의 농도는 얼마인가?

16.9 용해도 평형

▶ *질문*

31. 이온성 용질이 물에 녹는 과정이 어떻게 평형 과정을 나타낼 수 있는지 설명하시오.

32. 용액 속에 있는 과량의 고체 용질이, 주어진 용매에 최종적으로 녹일 수 있는 용질의 양에 영향을 주지 않는 이유는 무엇인가?

33. 다음 중 주어진 양의 용매에 녹을 수 있는 용질의 양에 영향을 주는 조건은 어떤 것들인가?

a. 용액을 저어준다.
b. 용해시키기 전에 용질을 고운 입자로 갈아준다.
c. 온도를 변화된다.

▶ *문제*

34. 다음 난용성 염이 물에 용해되는 과정에 대한 균형 화학 반응식을 쓰시오. 각 과정에 대한 K_{sp} 식을 쓰시오.

a. $NiS(s)$
b. $CuCO_3(s)$
c. $BaCrO_4(s)$
d. $Ag_3PO_4(s)$

35. 탄산 마그네슘($MgCO_3$)의 K_{sp}는 25°C에서 3.5×10^{-8}이다. 25°C에서 탄산 마그네슘의 용해도를 mol/L와 g/L 단위로 계산하시오.

36. 대부분의 수산화물은 물에 잘 녹지 않는다. 예를 들어, 수산화 니켈(II) [$Ni(OH)_2$]의 K_{sp}는 25°C에서 2.0×10^{-15}이다. 수산화

니켈(II)는 25°C에서 리터당 몇 g이나 용해될까?

37. 황산 칼슘($CaSO_4$)은 25°C에서 약 2.05 g/L 정도로 물에 약간 녹는다. 25°C에서 황산 칼슘의 K_{sp}를 계산하시오.

38. 수산화 크로뮴(III)은 25°C에서 물에 8.21×10^{-5} M까지 용해된다. 이 온도에서 $Cr(OH)_3(s)$의 K_{sp}를 계산하시오.

39. 염화 납(II) [$PbCl_2(s)$]는 20°C에서 대략 3.6×10^{-2} M 정도로 물에 용해된다. $PbCl_2(s)$의 K_{sp}를 계산하고, 용해도를 g/L 단위로 계산하시오.

40. 수산화 철(III)의 용해도곱은 25°C에서 $K_{sp} = 4 \times 10^{-38}$로 매우 작다. 철을 포함하는 미지의 시료를 분석하는 고전적인 방법은 NaOH나 NH_3를 첨가하는 것이다. 이렇게 되면 $Fe(OH)_3$가 침전되는데, 이를 거름종이로 걸러 무게를 측정한다. $Fe(OH)_3$의 용해도를 mol/L와 g/L 단위로 계산하여 이 시료 용액에 남아 있는 철의 농도가 매우 낮음을 보이시오.

산화-환원 반응과 전기화학

Oxidation-Reduction Reactions and Electrochemistry

CHAPTER

17

독일 뮌헨에 있는 이 동상의 청동은 산화되었다.
starryvoyage/iStockphoto.com

산불, 쇠의 녹슮, 자동차 엔진에서의 연소, 인체 내 음식물의 대사는 어떤 공통점을 갖고 있는가? 이러한 모든 중요한 과정들은 산화–환원 반응을 필요로 한다. 건물을 난방하고, 자동차에 동력을 제공하고, 사람들이 일하고 놀 수 있도록 실질적으로 에너지를 공급해 주는 모든 과정들은 사실상 산화–환원 반응에 의존한다. 또한 자동차를 출발할 때, 계산기를 켤 때, 전자 시계를 볼 때, 해변에서 라디오를 들을 때, 이들 장치에 있는 배터리에 에너지를 공급하기 위해서는 역시 산화–환원 반응이 일어나야 한다. 더욱이, 배터리로 구동되는 차가 더 흔해지고 있다. 이러한 현상은 우리 사회를 배터리에 더욱 의존하게 만들고 새롭고 더 효율적인 배터리를 찾는 연구에 박차를 가할 것이다.

이 장에서는 산화–환원 반응의 성질과 이 산화–환원 반응이 어떻게 배터리를 작동시키는지 공부할 것이다.

알칼리 AA 배터리, 리튬 배터리, 수은 배터리에서 만들어지는 전력은 산화–환원 반응의 결과이다.

17.1 산화–환원 반응

학습 목표 ■ 금속과 비금속 간의 산화–환원 반응에 대하여 배운다.

7.5절에서 금속과 비금속 간의 화학 반응에 대하여 논의하였다. 예를 들면, 염화 소듐은 원소인 소듐과 염소와의 반응으로 만들어진다.

$$2Na(s) + Cl_2(g) \rightarrow 2NaCl(s)$$

소듐 원소와 염소 원소에는 전하를 띤 원자가 없고, 염화 소듐은 Na^+와 Cl^- 이온을 함유하고 있으므로 이 반응에서는 소듐 원자로부터 염소 원자로 반드시 전자 이동이 일어나야 한다.

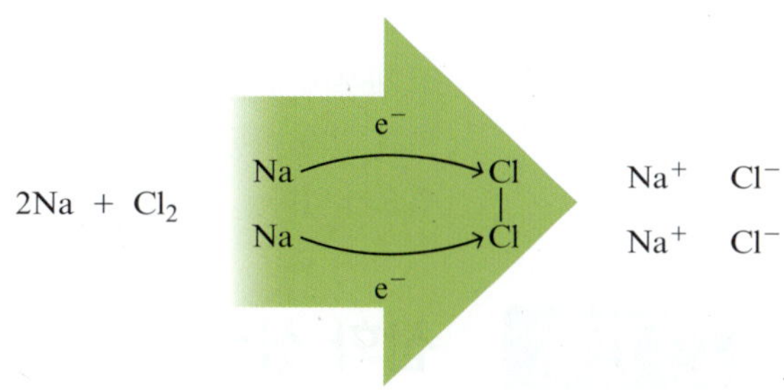

이와 같이, *하나 이상의 전자들이 이동하는 반응*을 **산화–환원 반응**(oxidation-reduction reaction 또는 redox reaction)이라고 한다. *전자를 잃는 것*을 **산화**(oxidation)라고 정의하고, *전자를 얻는 것*을 **환원**(reduction)이라고 정의한다. 원소 소듐과 염소와의 반응에서 소듐 원자는 각각 전자 하나를 잃어 1+ 이온을 형성한다. 그러므로 각 소듐 원자는 산화된다. 각 염소 원자는 전자를 하나 얻어서 환원되어 음전하를 띠는 염화 이온이 된다. 금속이 비금속과 반응하여 이온 결합 화합물을 만들 때에는 언제나 금속에서 비금속으로 전자가 이동한다. 따라서 이들 반응은 금속은 산화되고(전자를 잃고) 비금속은 환원되는(전자를 얻는) 산화–환원 반응이다.

대화형 예제 17.1 **반응에서 산화와 환원의 확인**

다음 반응에서, 어떤 원소가 산화되고 어떤 원소가 환원되었는지 확인하시오.

a. $2Mg(s) + O_2(g) \rightarrow 2MgO(s)$

b. $2Al(s) + 3I_2(s) \rightarrow 2AlI_3(s)$

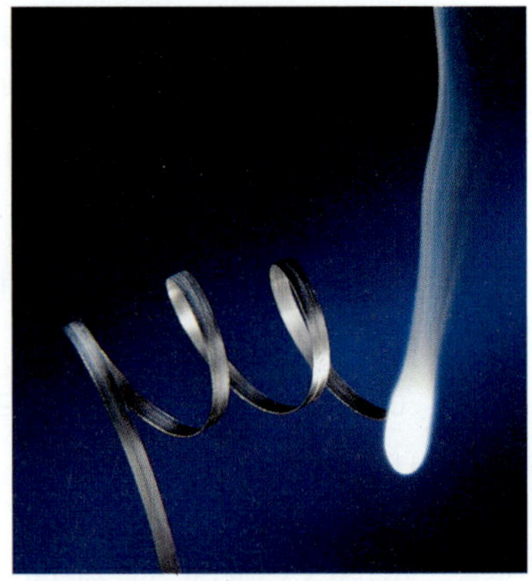

마그네슘이 공기 중에서 연소하여 밝은 백색 불꽃을 낸다.

풀이

a. 2족 금속들은 2+의 양이온을 형성하고 6족 비금속들은 2−의 음이온을 형성한다고 이미 배웠기 때문에 산화 마그네슘은 Mg^{2+}과 O^{2-} 이온을 포함하고 있음을 예측할 수 있다. 주어진 반응에서 각 Mg는 전자 두 개를 잃어서 산화되어 Mg^{2+}를 형성한다. 또한 각 O 원자는 전자 두 개를 얻어서 환원되어 O^{2-} 이온을 형성한다.

b. 아이오딘화 알루미늄은 Al^{3+}와 I^- 이온을 포함하고 있다. 따라서 알루미늄 원자는 전자를 잃고(산화), 아이오딘 원자는 전자를 얻는다(환원).

SELF-CHECK

실전 연습 17.1 다음 반응에서 어떤 원소가 산화되고 어떤 원소가 환원되었는지 확인하시오.

a. $2Cu(s) + O_2(g) \rightarrow 2CuO(s)$ b. $2Cs(s) + F_2(g) \rightarrow 2CsF(s)$

금속과 비금속 간의 반응이 산화−환원 반응이라는 것은 쉽게 확인할 수 있지만 비금속 간의 반응이 산화−환원 반응인지 아닌지를 결정하는 것은 그리 쉽지 않다. 사실상, 매우 중요한 산화−환원 반응은 대부분 비금속 원소만을 포함하는 경우가 많다. 예를 들면, 메테인이 산소 중에서 타는 것과 같은 연소 반응은 산화−환원 반응이다.

$$CH_4(g) + 2O_2(g) \rightarrow CO_2(g) + 2H_2O(g) + \text{에너지}$$

이 반응에서 반응물이나 생성물이 이온성은 아니지만, 이 반응은 실제로 탄소로부터 산소로의 전자 이동을 포함한다. 이러한 현상을 설명하기 위해 산화 상태라는 개념을 도입할 필요가 있다.

17.2 산화 상태

학습 목표

- 산화 상태를 할당하는 방법을 배운다.

산화 상태(oxidation state, *산화수*라고도 함)라는 개념은 화합물을 구성하는 원자들에 대하여 전하를 할당함으로써 산화−환원 반응에서 전자의 이동 행로를 알 수 있게 해준다. 경우에 따라 이러한 전하들은 매우 분명하다. 예를 들면 이성분 이온 결합 화합물에서 이온의 전하는 쉽게 확인할 수 있다. 염화 소듐에서 소듐의 전하는 +1이고 염소의 전하는 −1이다. 또 산화 마그네슘에서 마그네슘의 전하는 +2이고 산소의 전하는 −2이다. 이와 같이 이성분 이온 결합 화합물에서 원자들의 산화 상태는 단순히 이온의 전하이다.

이온	산화 상태
Na^+	$+1$
Cl^-	-1
Mg^{2+}	$+2$
O^{2-}	-2

결합되지 않은 원소 상태의 모든 원자는 전하를 띠지 않는다(중성). 예를 들면, 소듐 금속은 중성 소듐 원자들로 구성되어 있고, 염소 기체는 Cl_2 분자로 이루어져 있는데 각 Cl_2 분자는 중성 염소 원자 두 개로 구성되어 있다. 따라서 순수한 원소의 원자는 전하가 없으며 0의 산화 상태가 할당된다.

물과 같은 공유 결합 화합물에서는 실제로 이온이 존재하지 않지만, 화학자들은 이러한 화합물에 있는 원소에 가상적인 전하를 할당하는 것이 유용함을 발견했다. 이러한 공유 결합 화합물을 구성하는 원소들의 산화 상태는 구성 원소 중 전기음성도가 가장 큰 원소(11.2절 참조)가 공유된 전자를 끌어당겨 *둘 다* 소유한다고 가정하여 결정된 가상 전하와 같다. 예를 들면, 물의 O—H 결합에서 산화 상태를 결정하기 위해 전기음성도가 더 큰 산소 원자가 각 결합에 있는 공유 전자를 끌어당긴다고 가정한다. 따라서 산소 원자는 8개의 원자가전자를 갖게 된다.

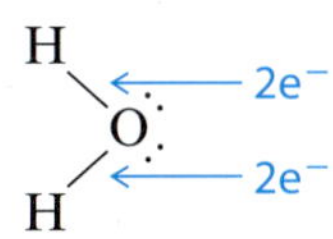

다시 말하면, 각 수소 원자는 전자 한 개를 산소 원자에 주었다고 할 수 있다. 따라서 각 수소의 산화 상태는 +1, 산소의 산화 상태는 −2(산소 원자는 형식적으로 전자 두 개를 얻음)가 된다. 모든 공유 결합 화합물에서 산소에게는 −2의 산화 상태가, 그리고 수소에게는 +1의 산화 상태가 할당된다.

플루오린의 전기음성도는 매우 커서 플루오린은 항상 어떤 공유 전자도 끌어당긴다. 그러므로 플루오린은 항상 완전한 팔전자계를 가진다고 가정되고 −1의 산화 상태가 할당된다. 즉, 산화 상태를 결정하기 위해서는 공유 결합 화합물에서 플루오린은 항상 F^-로 존재한다고 가정한다.

전기음성도가 큰 원소들은 F, O, N, Cl이다. ◀ 일반적으로 이들 원소의 산화 상태는 그 음이온의 전하와 동일하다(플루오린은 −1, 염소는 −1, 산소는 −2, 질소는 −3). 이들 중 두 원소가 동일한 화합물에서 발견될 때 전기음성도가 큰 순서에 따라서 산화 상태를 결정한다.

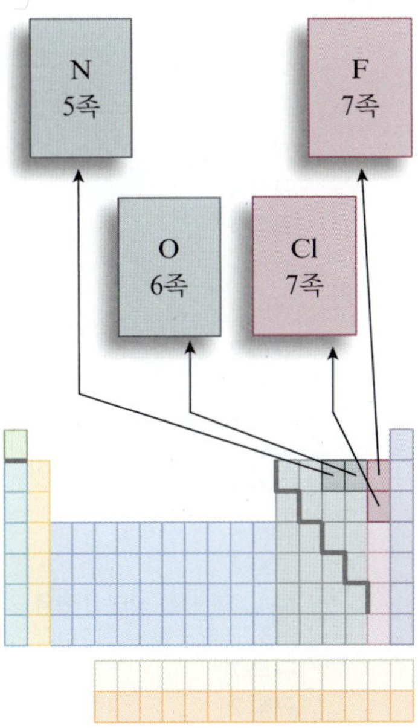

$$F > O > N > Cl$$

전기음성도가 가장 큼

예를 들면, NO_2 화합물에서 산소는 질소보다 전기음성도가 크기 때문에 각 산소 원자의 산화 상태는 −2로 결정된다. 따라서 두 산소 원자의 총 "전하"는 −4 [= 2 × (−2)]가 된다. NO_2 분자는 알짜 전하가 0이므로 질소의 전하는 산소의 −4 전하와 정확히 균형을 맞추기 위해서 +4가 되어야 한다. 그러므로 NO_2에서 *각* 산소의 산화 상태는 −2이고 질소의 산화 상태는 +4이다.

산화 상태를 할당하는 규칙은 다음과 같으며, 표 17.1에 나타내었다. 이 규칙을 적용하면 대부분의 화합물에서 산화 상태를 결정할 수 있다. 예제 17.2에는 산화 상태를 지정하는 원리가 예시되어 있다.

비판적으로 생각하기

산소의 산화 상태가 −2가 아니라 −1이라면 어떻게 되는가? 만일 그렇다면 수소의 산화 상태에 어떤 영향을 주겠는가?

산화 상태 할당 규칙

1. 다른 원소와 결합하지 않은 원소 상태에 있는 원자는 0의 산화 상태가 할당된다.
2. 단원자 이온의 산화 상태는 이온의 전하와 같다.
3. 공유 결합 화합물에 있는 산소는 −2의 산화 상태가 할당된다. 중요한 예외: 과산화물(O_2^{2-}를 포함하는 화합물)에 있는 산소는 −1의 산화 상태가 할당된다.
4. 비금속 원소로 구성된 공유 결합 화합물에서 수소는 +1의 산화 상태가 할당된다.
5. 이성분 화합물에 있는 전기음성도가 더 큰 원소의 산화 상태는 이온 결합 화합물에 있는 그 원소의 음이온의 산화 상태와 같다.
6. 전기적으로 중성인 화합물에 대해서는 모든 원소들의 산화 상태 합은 0이다.
7. 다원자 이온에서 모든 원자의 산화 상태의 합은 그 이온의 총 전하와 같다.

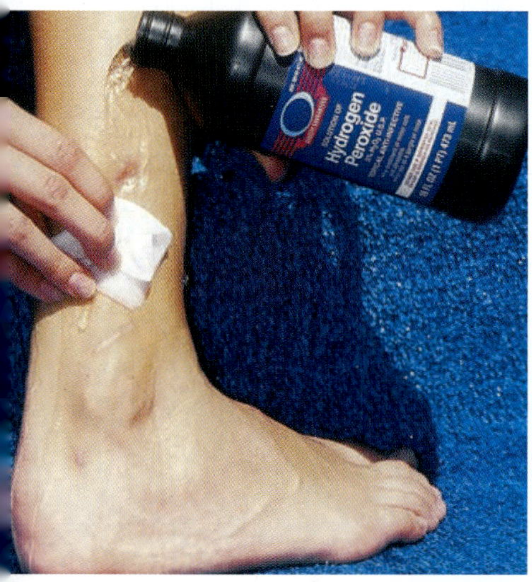

© Cengage Learning

과산화 수소는 상처를 소독하는 데 사용된다.

표 17.1 산화 상태의 예

물질	산화 상태	설명
소듐 금속(Na)	Na, 0	규칙 1
인(P)	P, 0	규칙 1
플루오린화 소듐(NaF)	Na, +1 F, −1	규칙 2 규칙 2
황화 마그네슘(MgS)	Mg, +2 S, −2	규칙 2 규칙 2
일산화 탄소(CO)	C, +2 O, −2	 규칙 3
이산화 황(SO_2)	S, +4 O, −2	 규칙 3
과산화 수소(H_2O_2)	H, +1 O, −1	 규칙 3(예외)
암모니아(NH_3)	H, +1 N, −3	규칙 4 규칙 5
황화 수소(H_2S)	H, +1 S, −2	규칙 4 규칙 5
아이오딘화 수소(HI)	H, +1 I, −1	규칙 4 규칙 5
탄산 소듐(Na_2CO_3)	Na, +1 O, −2 C, +4	규칙 2 규칙 3 CO_3^{2-}의 산화 상태의 합은 +4 + 3(−2) = −2이다. 규칙 7
염화 암모늄(NH_4Cl)	N, −3 H, +1 Cl, −1	규칙 5 규칙 4 NH_4^+의 산화 상태의 합은 −3 + 4(+1) = +1이다. 규칙 7 규칙 2

대화형 예제 17.2 산화 상태 할당

다음 분자나 이온에서 모든 원자의 산화 상태를 나타내시오.

a. CO_2 b. SF_6 c. NO_3^-

풀이 a. 규칙 3을 우선 적용하면 산소의 산화 상태는 -2이다. CO_2는 전하가 없으므로 산소와 탄소의 산화 상태 합은 0이라는 규칙 6으로부터 탄소의 산화 상태를 결정할 수 있다. 각 산소의 산화 상태는 -2이며 두 개의 산소가 있기 때문에 탄소의 산화 상태는 $+4$로 할당되어야 한다.

CO_2
$+4$ (C), 각 산소 원자에 대해 -2

점검 $+4 + 2(-2) = 0$

b. 플루오린의 전기음성도가 더 크기 때문에 우선 플루오린의 산화 상태를 결정해야 한다. 음이온으로서 플루오린의 전하는 항상 -1이기 때문에 각 플루오린 원자의 산화 상태는 -1이다(규칙 5). 황의 산화 상태는 플루오린 원자 6개의 산화 상태의 총합인 -6과 균형을 이루려면 $+6$이 할당되어야 한다(규칙 7).

SF_6
$+6$ (S), 각 플루오 원자에 대해 -1

점검 $+6 + 6(-1) = 0$

c. 산소는 질소보다 전기음성도가 크기 때문에 산소의 산화 상태가 -2로 먼저 할당된다(규칙 5). NO_3^-의 총 전하가 -1이고 3개의 산소의 산화 상태의 합은 -6이기 때문에 질소의 산화 상태는 $+5$가 되어야 한다.

NO_3^-
$+5$ (N), 각 산소 원자에 대해 -2이므로 총 -6

점검 $+5 + 3(-2) = -1$

NO_3^-는 -1의 전하를 가지므로 이것은 옳다.

SELF-CHECK **실전 연습 17.2** 다음 분자와 이온에 있는 모든 원자의 산화 상태를 나타내시오.

a. SO_3 b. SO_4^{2-} c. N_2O_5 d. PF_3 e. C_2H_6

17.3 비금속 사이의 산화–환원 반응

학습 목표

- 산화 상태 관점에서 산화–환원 반응을 이해한다.
- 산화제와 환원제를 식별하는 방법을 배운다.

산화–환원 반응은 전자의 이동이 특징임을 공부하였다. 어떤 경우에는 전자 이동은 글자 그대로 다음 반응과 같이 일어나 이온을 형성한다.

$$2Na(s) + Cl_2(g) \rightarrow 2NaCl(s)$$

전자 이동이 일어났다는 사실을 산화 상태를 이용해 밝힐 수 있다.

$$2Na(s) + Cl_2(g) \rightarrow 2NaCl(s)$$

산화 상태: 0 (원소), 0 (원소), +1 −1 (Na^+)(Cl^-)

그러므로 이 반응에서 전자의 이동은 다음과 같이 나타낼 수 있다.

메테인의 연소 같은 다른 경우에는 다른 형태의 전자의 이동이 일어난다(각 원자들의 산화 상태는 반응물과 생성물에 대하여 다음과 같이 주어진다).

$$CH_4(g) + 2O_2(g) \rightarrow CO_2(g) + 2H_2O(g)$$

산화 상태: CH_4: −4, +1(각 H); $2O_2$: 0; CO_2: +4, −2(각 O); $2H_2O$: +1 (각 H), −2

O_2에 있는 산소는 원소 상태로 존재하므로 O_2에 있는 산소의 산화 상태는 0임을 주목하라. 이 반응에는 이온 결합 화합물은 포함되어 있지 않지만, 전자 이동의 관점에서 연소 과정을 설명할 수 있다. 탄소의 산화 상태는 CH_4에 존재할 때 −4로부터 CO_2에 존재할 때 +4로 변화되었음을 주목하라. 이러한 변화는 탄소가 전자 8개를 잃은 것으로 설명된다.

$$\underset{-4}{C\ (CH_4\text{에서})} \xrightarrow{8e^-\ \text{잃음}} \underset{+4}{C\ (CO_2\text{에서})}$$

또는 반응식 형태로 다음과 같이 표현할 수 있다.

$$\underset{-4}{CH_4} \rightarrow \underset{+4}{CO_2} + 8e^-$$

한편, O_2에 존재하는 각 산소는 0의 산화 상태로부터 전자 2개를 얻어 H_2O와 CO_2에 존재할 때 −2의 산화 상태로 변화된다. 산소 원자 4개가 포함되어 있으므로 전자 8개를 얻은 것이다.

$$4O\ \text{원자}\ (2O_2\text{에서}) \xrightarrow{8e^-\ \text{얻음}} 4O^{2-}\ (2H_2O\text{와}\ CO_2\text{에서})$$

또는 반응식 형태로 다음과 같이 표현할 수 있다.

$$\underset{0}{2O_2} + 8e^- \rightarrow CO_2 + 2H_2O \qquad 4(-2) = -8$$

산소 원자 4개가 0의 산화 상태에서 −2의 산화 상태로 변하므로 전자 8개가 필요함을 주목하라. 따라서 각 산소 원자는 전자 2개를 필요로 한다. 수소의 산화 상태에는 변화가 없다. 수소는 전자 이동 과정에 관여하지 않기 때문이다.

이러한 배경을 바탕으로 산화 상태 관점에서 *산화*와 *환원*을 정의할 수 있다. **산화**(oxidation)는 산화 상태의 *증가*(전자를 잃음)를 말하며, **환원**(reduction)은 산화 상태의 *감소*(전자를 얻음)를 말한다. 그러므로 다음 반응에서

$$2Na(s) + Cl_2(g) \rightarrow 2NaCl(s)$$

소듐은 산화되었고 염소는 환원되었다. Cl_2를 **산화제**(oxidizing agent, **전자 받개**)라고 하며 Na을 **환원제**(reducing agent, **전자 주개**)라고 한다. 또한 *산화제*는 환원(전자를 얻음)되는 원소를 포함하는 반응물로 정의한다. 마찬가지로 *환원제*는 산화(전자를 잃음)되는 원소를 포함하는 반응물을 말한다.

다음 반응을 생각해 보면

$$\underset{-4\ \ +1}{CH_4(g)} + \underset{0}{2O_2(g)} \rightarrow \underset{+4\ \ -2}{CO_2(g)} + \underset{+1\ \ -2}{2H_2O(g)}$$

다음과 같이 말할 수 있다.

1. 탄소의 산화 상태가 증가하였으므로 탄소는 산화되었다(탄소는 분명히 전자를 잃었다).
2. 반응물 CH_4는 산화된 탄소를 포함하므로 환원제이다. 반응물 CH_4는 전자(탄소가 잃은)를 공급하는 반응물이다.
3. 산소의 산화 상태가 감소하였으므로 산소는 환원되었다(산소는 분명히 전자를 얻었다).
4. 산소 원자를 포함하고 있는 반응물은 O_2이므로 O_2는 산화제이다. 즉, O_2는 전자를 받아들인다.

산화제와 환원제를 지정할 때 산화 상태가 변하는 원소를 포함한 *전체 화합물*을 지정해야 하며, 산화 상태가 변하는 원소만을 지정해서는 안 된다는 것을 주목하라.

대화형 예제 17.3 산화제와 환원제 지정하기 I

분말 형태의 알루미늄 금속과 아이오딘 결정을 혼합한 후 물 한 방울을 가하면, 반응이 일어나서 많은 에너지가 생성된다. 혼합물은 갑자기 불꽃을 내며 타오르며, 과량의 아이오딘에서 자주빛 아이오딘 증기가 생겨난다. 이 반응의 화학 반응식은 다음과 같다.

$$2Al(s) + 3I_2(s) \rightarrow 2AlI_3(s)$$

이 반응에 대하여 산화된 원자와 환원된 원자를 찾고, 산화제와 환원제를 지정하시오.

풀이 첫 단계는 산화 상태를 할당하는 것이다. ◀

$$\underset{0}{2Al(s)} + \underset{0}{3I_2(s)} \rightarrow \underset{+3\ \ -1\ (각\ I)}{2AlI_3(s)}$$

자유 원소

$AlI_3(s)$는 Al^{3+}와 I^- 이온으로 된 염이다.

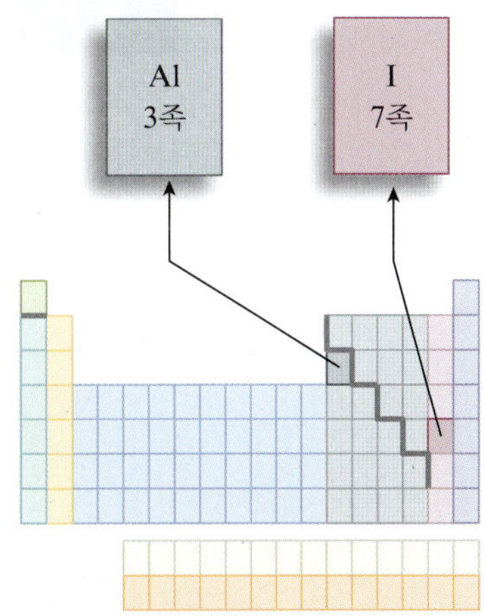

각 알루미늄 원자는 산화 상태가 0에서 +3으로 증가되었기 때문에(산화 상태 증가) 알루미늄은 *산화*(전자를 잃음)되었다. 한편 아이오딘 원자는 산화 상태가 0에서 −1로 감소되었기 때문에 *환원*(전자를 얻음)되었다. 알루미늄은 아이오딘이 환원되는 데 필요한 전자를 공급해주었기 때문에 *환원제*이다. I_2는 *산화제*(전자를 받은 반응물)이다.

대화형 예제 17.4 산화제와 환원제 지정하기 II

광석에서 금속을 얻어내는 과정인 야금은 항상 산화–환원 반응을 필요로 한다. 납을 주로 포함하고 있는 방연광(PbS)을 야금하기 위한 첫 단계는 황화 납을 납 산화물로 변환시키는 과정[*배소*(roasting, 굽는다는 뜻)]이다.

$$2PbS(s) + 3O_2(g) \rightarrow 2PbO(s) + 2SO_2(g)$$

형성된 산화물을 일산화 탄소로 처리하여 금속을 얻는다.

$$PbO(s) + CO(g) \rightarrow Pb(s) + CO_2(g)$$

각 반응에서 산화된 원자와 환원된 원자를 찾고, 산화제와 환원제를 지정하시오.

풀이 첫 번째 반응에 대해 다음과 같이 산화 상태를 지정할 수 있다.

$$\underset{+2\quad -2}{\mathrm{PbS}}(s) \quad + \quad \underset{0}{3\mathrm{O}_2}(g) \quad \rightarrow \quad \underset{+2\quad -2}{2\mathrm{PbO}}(s) \quad + \quad \underset{+4\quad -2(\text{각 O})}{2\mathrm{SO}_2}(g)$$

황 원자의 산화 상태는 −2에서 +4로 증가되었으므로 황은 산화(전자를 잃음)되었다. 각각의 산소 원자의 산화 상태는 0에서 −2로 감소되었으므로 환원(전자를 얻음)되었다. 산화제(전자 받개)는 O_2이고, 환원제(전자 주개)는 PbS이다.

두 번째 반응에 대하여도 다음과 같이 산화 상태를 지정할 수 있다.

$$\underset{+2\quad -2}{\mathrm{PbO}}(s) \quad + \quad \underset{+2\quad -2}{\mathrm{CO}}(g) \quad \rightarrow \quad \underset{0}{\mathrm{Pb}}(s) \quad + \quad \underset{+4\quad -2(\text{각 O})}{\mathrm{CO}_2}(g)$$

납은 환원(전자를 얻음: 산화 상태가 +2에서 0으로 감소)되었고, 탄소는 산화(전자를 잃음: 산화 상태가 +2에서 +4로 증가)되었다. PbO는 산화제(전자 받개)이고 CO는 환원제(전자 주개)이다.

SELF-CHECK

실전 연습 17.3 비료로 널리 사용되는 암모니아(NH_3)는 다음 반응을 통해 생성된다.

$$N_2(g) + 3H_2(g) \rightarrow 2NH_3(g)$$

이 반응은 산화–환원 반응인가? 그렇다면 산화제와 환원제를 지정하시오.

17.4 반쪽 반응법으로 산화–환원 반응의 균형 맞추기

학습 목표

- 반쪽 반응법을 이용하여 산화–환원 반응식의 균형 맞추는 방법을 배운다.

시행 착오법을 이용하여 많은 산화–환원 반응식의 균형을 쉽게 맞출 수 있다. 즉, 6장에서 기술된 과정을 사용하여 반응식 양쪽의 각 원자의 수가 동일하게 해주는 계수들을 찾을 수 있다.

그러나 수용액에서 일어나는 산화–환원 반응은 매우 복잡하기 때문에 시행 착오법에 의하여 균형을 맞추는 일은 많은 시간이 필요하다. 이 절에서는 이러한 산화–환원 반응식의 균형을 맞추는 체계적인 방법을 소개한다.

수용액 중에서 일어나는 산화–환원 반응식의 균형을 맞추기 위해서는 반응식을 두 개의 반쪽 반응식으로 나누어야 한다. **반쪽 반응**(half-reaction)은 전자를 반응물이나 생성물처럼 나타낸 반응식이다. 하나의 반쪽 반응은 환원 과정을 나타내고 또 다른 반쪽 반응은 산화 과정을 나타낸다. 환원 반쪽 반응에서 전자는 반응물 쪽에 표시한다(반응식에서 반응물은 전자를 얻는다.) 산화 반쪽 반응에서는 전자를 생성물 쪽에 표시한다(반응물은 전자를 잃는다).

예를 들면, 세륨(IV) 이온과 주석 이온(II) 간의 불균형 산화–환원 반응식을 보자.

$$Ce^{4+}(aq) + Sn^{2+}(aq) \rightarrow Ce^{3+}(aq) + Sn^{4+}(aq)$$

Ce^{4+}는 전자 하나($1e^-$)를 얻어 Ce^{3+}를 형성하고 환원된다.

Sn^{2+}는 전자 2개($2e^-$)를 잃어 Sn^{4+}를 형성하고 산화된다.

이 반응은 *환원되는* 물질이 포함되는 반쪽 반응과

$$e^- + Ce^{4+}(aq) \rightarrow Ce^{3+}(aq)$$ ◀ 환원 반쪽 반응

산화되는 물질이 포함되는 반쪽 반응으로 나눌 수 있다.

$$Sn^{2+}(aq) \rightarrow Sn^{4+}(aq) + 2e^-$$ ◀ 산화 반쪽 반응

Ce^{4+}는 Ce^{3+}으로 되기 위하여 하나의 전자를 얻어야 하므로 이 반쪽 반응에서 하나의 전자는 Ce^{4+}와 함께 반응물로 표현되었음을 주목하라. 한편 Sn^{2+}가 Sn^{4+}으로 되기 위하여는 전자 두 개를 잃어야 한다. 이 사실은 이 반쪽 반응에서 두 개의 전자를 생성물로 표현해야 한다는 것을 의미한다.

산화-환원 반응의 균형을 맞추는 중요한 원리는 잃은 전자 수(산화되는 반응물로부터)와 얻은 전자 수(환원되는 반응물로부터)가 같아야 한다는 것이다.

위의 반쪽 반응에서, Ce^{4+}가 전자 하나를 얻는 동안에 Sn^{2+}는 전자를 두 개 잃는다. 잃은 전자 수와 얻은 전자 수는 같아야 하기 때문에 환원 반쪽 반응에 2를 먼저 곱해야 한다.

$$2e^- + 2Ce^{4+}(aq) \rightarrow 2Ce^{3+}(aq)$$

그리고 이 반쪽 반응을 산화 반쪽 반응에 더한다.

$$\begin{array}{r} 2e^- + 2Ce^{4+} \rightarrow 2Ce^{3+} \\ Sn^{2+} \rightarrow Sn^{4+} + 2e^- \\ \hline 2e^- + 2Ce^{4+} + Sn^{2+} \rightarrow 2Ce^{3+} + Sn^{4+} + 2e^- \end{array}$$

마지막으로 양쪽에 있는 2개의 전자를 소거하여 전체 균형 반응식을 얻는다.

$$2\cancel{e^-} + 2Ce^{4+} + Sn^{2+} \rightarrow 2Ce^{3+} + Sn^{4+} + 2\cancel{e^-}$$

$$2Ce^{4+} + Sn^{2+} \rightarrow 2Ce^{3+} + Sn^{4+}$$

수용액 중에서 일어나는 산화-환원 반응식의 균형을 맞추는 방법은 다음과 같이 요약된다.

1. 반응식을 산화 반쪽 반응과 환원 반쪽 반응으로 나눈다.
2. 각각의 반쪽 반응을 개별적으로 균형 맞춘다.
3. 얻은 전자 수와 잃은 전자 수를 같게 한다.
4. 두 반쪽 반응을 더하고 전자를 소거하여 균형 산화-환원 반응식을 얻는다.

대부분의 산화-환원 반응은 분명하게 산성이거나 염기성 용액에서 일어난다고 밝혀졌다. 그러나 대부분의 반응이 산성 용액에서 일어나기 때문에 이 책에서는 산성 용액의 경우만 다룰 것이다. 산성 용액에서 일어나는 산화-환원 반응식의 균형을 맞추는 자세한 방법은 다음과 같으며, 이들 과정을 사용하는 방법은 예제 17.5에서 설명한다.

산성 용액에서 일어나는 산화-환원 반응식을 균형 맞추기 위한 반쪽 반응법

단계 1 산화 반쪽 반응과 환원 반쪽 반응을 확인하고 반응식을 쓴다.

단계 2 각 반쪽 반응식에 대하여
a. 산소와 수소를 제외한 나머지 원소들의 균형을 맞춘다.
b. H_2O를 이용하여 산소의 균형을 맞춘다.
c. H^+를 이용하여 수소의 균형을 맞춘다.
d. 전자를 이용하여 전하 균형을 맞춘다.

단계 3 필요하다면 양쪽 반쪽 반응에서 이동한 전자의 수를 같게 하기 위해서 하나 또는 양쪽 균형 맞춘 반쪽 반응식에 정수를 곱한다.

단계 4 반쪽 반응식들을 더하고 양쪽에 있는 동일한 화학종들을 소거한다.

단계 5 원소들과 전하가 균형을 이루는지 확실히 확인한다.

대화형 예제 17.5 반쪽 반응법으로 산화-환원 반응식의 균형 맞추기 I

산성 용액에서 과망가니즈산 이온과 철(II) 이온 사이 반응의 균형을 맞추시오. 이 반응의 알짜 이온 반응식은 다음과 같다.

균형을 맞출 때 H_2O와 H^+를 이 식에 더할 것이다. 이 단계에서 이것을 염려할 필요는 없다.

$$MnO_4^-(aq) + Fe^{2+}(aq) \xrightarrow{\text{산}} Fe^{3+}(aq) + Mn^{2+}(aq)$$ ◀

이 반응은 철광석에 있는 철의 함유량을 분석하는 데 사용된다.

풀이

단계 1 *반쪽 반응을 확인하고 식을 쓴다.*

과망가니즈산 이온(MnO_4^-)이 관여된 환원 반쪽 반응의 산화 상태는 Mn 원자가 환원되었음을 보여준다. ◀

반응식 왼쪽에는 산소가 있지만 오른쪽에는 산소가 없다는 점을 주목하라. 이 불균형은 나중에 H_2O를 더하여 해결될 것이다.

$$\underset{+7}{Mn}\underset{-2\,(\text{각 }0)}{O_4^-} \rightarrow \underset{+2}{Mn^{2+}}$$

Mn의 산화 상태가 +7에서 +2로 감소되었으므로 환원되었다. 따라서 이 반응은 *환원 반쪽 반응*(reduction half-reaction)이다. 그러므로 이 반응은 전자를 반응물로 포함해야 한다. 또 다른 반쪽 반응은 철(II) 이온이 철(III) 이온으로 산화되는 반응을 포함하고 있는 *산화 반쪽 반응*(oxidation half-reaction)이다.

$$\underset{+2}{Fe^{2+}} \rightarrow \underset{+3}{Fe^{3+}}$$

이 반응식은 아직 표시하지 않았지만, 전자를 생성물로 나타내야 한다.

단계 2 *각 반쪽 반응을 개별적으로 균형 맞춘다.*

환원 반응에 대해서

$$MnO_4^- \rightarrow Mn^{2+}$$

a. Mn의 균형이 이미 맞았다.

b. 반응식의 오른쪽에 $4H_2O$를 더하여 산소의 균형을 맞춘다.

$$MnO_4^- \rightarrow Mn^{2+} + 4H_2O$$

H^+는 반응이 일어나는 산성 용액에서 온 것이다.

c. 그 다음 반응식의 왼쪽에 $8H^+$를 더하여 수소의 균형을 맞춘다. ◀

$$8H^+ + MnO_4^- \rightarrow Mn^{2+} + 4H_2O$$

d. 모든 원소의 균형은 맞추어졌다. 그러나 전자를 이용해 전하의 균형도 맞추어야 한다. 이 시점에서 환원 반쪽 반응에서 반응물과 생성물에 대한 전하를 구해야 한다.

$$\underbrace{8H^+ + MnO_4^-}_{\substack{8+\ +\ 1-\\ 7+}} \rightarrow \underbrace{Mn^{2+} + 4H_2O}_{\substack{2+\ +\ 0\\ 2+}}$$

항상 양전하가 초과되는 반쪽 반응에 전자를 더한다.

반응식 왼쪽에 5개의 전자를 더해서 전하수가 같도록 한다. ◀

$$\underbrace{5e^- + 8H^+ + MnO_4^-}_{2+} \rightarrow \underbrace{Mn^{2+} + 4H_2O}_{2+}$$

*원소*와 *전하*의 균형이 맞추어졌기 때문에, 이 반응식은 균형 환원 반쪽 반응식을 나타낸다. MnO_4^-에서 Mn의 산화 상태인 +7에서 Mn^{2+}에서의 산화 상태인 +2로 환원하는 데 5개의 전자가 필요하기 때문에 반응식의 반응물 쪽에 5개의 전자를 나타낸 것은 타당하다.

산화 반쪽 반응에 대하여

$$Fe^{2+} \rightarrow Fe^{3+}$$

원소는 균형을 이루고 있으므로 전하의 균형을 맞추어야 한다.

$$\underbrace{Fe^{2+}}_{2+} \rightarrow \underbrace{Fe^{3+}}_{3+}$$

양쪽의 전하의 합을 2+로 해주려면 오른쪽에 전자 하나가 필요하다.

$$\underbrace{Fe^{2+}}_{2+} \rightarrow \underbrace{Fe^{3+} + e^-}_{2+}$$

단계 3 *두 반쪽 반응에서 이동한 전자의 수를 같게 한다.*

환원 반쪽 반응에서 얻어진 전자 수는 산화 반쪽 반응에서 잃은 전자 수와 같아야 한다.

환원 반쪽 반응은 5개의 전자 이동을 포함하고 산화 반쪽 반응은 한 개의 전자 이동을 포함하기 때문에 산화 반쪽 반응에 5를 곱한다. ◀

$$5Fe^{2+} \rightarrow 5Fe^{3+} + 5e^-$$

단계 4 *반쪽 반응을 더하고 동일한 화학종을 소거한다.*

Ken O'Donoghue © Cengage Learning

Ken O'Donoghue © Cengage Learning

MnO_4^- 이온이 들어있는 용액(*왼쪽*)과 Fe^{2+} 이온이 들어있는 용액(*오른쪽*).

$$\begin{array}{r} 5e^- + 8H^+ + MnO_4^- \rightarrow Mn^{2+} + 4H_2O \\ 5Fe^{2+} \rightarrow 5Fe^{3+} + 5e^- \\ \hline \cancel{5e^-} + 8H^+ + MnO_4^- + 5Fe^{2+} \rightarrow Mn^{2+} + 5Fe^{3+} + 4H_2O + \cancel{5e^-} \end{array}$$

반드시 전자가 소거되어야 최종 균형 맞춘 반응식을 얻을 수 있음에 주목하라.

$$5Fe^{2+}(aq) + MnO_4^-(aq) + 8H^+(aq) \rightarrow 5Fe^{3+}(aq) + Mn^{2+}(aq) + 4H_2O(l)$$

최종 균형 맞춘 반응식에서만 반응물과 생성물의 물리적 상태를 표시했음을 주목하라[이 식에서는 (aq)와 (l)이다].

단계 5 *원소들과 전하가 균형을 이루는지 확실히 확인한다.*

원소 5Fe, 1Mn, 4O, 8H → 5Fe, 1Mn, 4O, 8H
전하 17+ → 17+

이 반응식은 균형을 이루고 있다.

대화형 예제 17.6 반쪽 반응법으로 산화-환원 반응식의 균형 맞추기 II

자동차 엔진의 시동을 걸 때, 납 축전지에서 공급되는 에너지가 이용된다. 이 축전지는 원소 상태의 납(금속 납)과 산화 납(IV) 사이의 산화-환원 반응을 이용하여 자동차의 시동을 거는 데 필요한 동력을 공급한다. 균형이 맞추어지지 않은 단순한 반응은 아래와 같다.

$$Pb(s) + PbO_2(s) + H^+(aq) \rightarrow Pb^{2+}(aq) + H_2O(l)$$

반쪽 반응법을 이용하여 이 반응식의 균형을 맞추시오.

풀이

단계 1 우선 두 반쪽 반응을 확인하고 식을 쓴다. 하나의 반쪽 반응은 다음과 같다.

$$Pb \rightarrow Pb^{2+}$$

또 다른 반쪽 반응은 다음과 같다.

$$PbO_2 \rightarrow Pb^{2+}$$

Pb^{2+}가 유일하게 납을 포함하는 화합물이므로 Pb^{2+}는 두 번째 반쪽 반응에서 모두 생성물이 되어야 한다.

첫 번째 반응은 Pb가 Pb^{2+}로 산화하는 반응이다. 두 번째 반응은 PbO_2에 있는 Pb^{4+}가 Pb^{2+}로 환원하는 것을 포함하고 있다. ◀

단계 2 각 반쪽 반응을 개별적으로 균형 맞춘다.

산화 반쪽 반응

$$Pb \rightarrow Pb^{2+}$$

a~c. 모든 원소들은 균형을 이루고 있다.

d. 왼쪽의 전하는 0이고 오른쪽의 전하는 +2이므로 오른쪽의 총 전하를 0으로 하기 위해서는 2개의 전자를 오른쪽에 더해준다.

$$Pb \rightarrow Pb^{2+} + 2e^-$$

이 반쪽 반응은 균형을 이루었다.

환원 반쪽 반응

$$PbO_2 \rightarrow Pb^{2+}$$

a. O를 제외한 모든 원소들의 균형이 맞추어져 있다.

b. 왼쪽에는 두 개의 O 원자가 있고 오른쪽에는 없기 때문에 오른쪽에 $2H_2O$를 더해준다.

$$PbO_2 \rightarrow Pb^{2+} + 2H_2O$$

c. 왼쪽에 $4H^+$를 더하여 수소의 균형을 맞춘다.

$$4H^+ + PbO_2 \rightarrow Pb^{2+} + 2H_2O$$

d. 왼쪽은 +4의 총 전하를 갖고 오른쪽은 +2의 총 전하를 갖고 있기 때문에 왼쪽에 2개의 전자를 더해주어야 한다.

$$2e^- + 4H^+ + PbO_2 \rightarrow Pb^{2+} + 2H_2O$$

이제 이 반쪽 반응도 균형을 이루었다.

Richard Megna/Fundamental Photographs © Cengage Learning

질산과 반응하는 구리 금속. Cu^{2+} 이온이 존재하므로 용액은 색을 띠게 된다. 갈색 기체는 NO_2인데 NO와 공기 중의 산소가 반응하여 생성된다.

단계 3 각 반쪽 반응에 두 개의 전자를 포함하고 있기 때문에 반쪽 반응을 그 형태대로 더한다.

단계 4

$$\begin{array}{r} Pb \rightarrow Pb^{2+} + 2e^- \\ 2e^- + 4H^+ + PbO_2 \rightarrow Pb^{2+} + 2H_2O \\ \hline \cancel{2e^-} + 4H^+ + Pb + PbO_2 \rightarrow 2Pb^{2+} + 2H_2O + \cancel{2e^-} \end{array}$$

전자를 소거하여 얻어진 균형 반응식에 적절한 물리적 상태를 표기한다.

$$Pb(s) + PbO_2(s) + 4H^+(aq) \rightarrow 2Pb^{2+}(aq) + 2H_2O(l)$$

단계 5 원소들과 전하의 균형이 맞추어졌는지 확실히 확인한다.

원소 $2Pb, 2O, 4H \rightarrow 2Pb, 2O, 4H$

전하 $4+ \rightarrow 4+$

반응식은 정확하게 균형을 이루고 있다.

SELF-CHECK

실전 연습 17.4 구리 금속은 질산 수용액[$HNO_3(aq)$]과 반응하여 질산 구리(II) 수용액, 물, 일산화 질소를 생성한다. 이 반응에 대한 반응식을 쓰고 균형을 맞추시오.

17.5 전기화학: 개요

학습 목표

- *전기화학*이라는 용어 이해한다.
- 전기화학 전지(갈바니 전지)의 구성 성분을 배운다.

배터리가 없다면 우리 생활은 매우 달라질 것이다. 손으로 크랭크를 돌려서 자동차 시동을 걸어야 하고, 시계의 태엽을 감아야 하며, 야외에서 라디오를 들으려면 아주 긴 멀티 탭을 사용해야 한다. 사실 어떤 때는 우리 사회가 배터리로 움직이는 것같이 보인다. 이 절과 다음 절에서 이 중요한 장치가 어떻게 전기 에너지를 발생시키는지를 배우게 된다.

배터리는 산화–환원 반응에서 발생하는 에너지를 이용하여 전류를 생성한다. 이것은 *화학 에너지와 전기 에너지 사이의 상호 변환에 대하여 연구*하는 **전기화학**(electrochemistry)의 중요한 예이다.

전기화학은 다음 두 가지 형태의 반응을 포함한다.

1. 화학 반응(산화–환원)으로부터 전류 생산
2. 화학적 변화를 일으키기 위한 전류의 사용

산화–환원 반응이 어떻게 전류를 발생시키는 데 이용되는지를 이해하기 위하여 예제 17.5에서 보았던 수용액에서 MnO_4^-와 Fe^{2+}의 반응을 다시 생각해보자. 이 산화–환원 반응을 다음과 같이 두 개의 반쪽 반응으로 나눌 수 있다.

$$8H^+ + MnO_4^- + 5e^- \rightarrow Mn^{2+} + 4H_2O \quad \text{환원 반응}$$

$$Fe^{2+} \rightarrow Fe^{3+} + e^- \quad \text{산화 반응}$$

용액 내에서 MnO_4^-와 Fe^{2+}의 반응이 일어날 때 반응물들이 충돌함에 따라 바로 전자의 이동이 일어난다. 이러한 경우, 반응에 의하여 생성된 화학 에너지를 유용하게 활용할 수 없다. 이 에너지를 어떻게 활용할 수 있을까? *그 해답은 산화제(전자 받개)를 환원제(전자 주개)로부터 공간적으로 분리*시켜서 전자가 전선을 통해 이동하도록 만드는 것이다. 다시 말하면, 전자를 전선을 통해서 환원제로부터 산화제로 이동하도록 한다. 이 전자의 흐름으로 전선에 생성된 전류는 전기 모터와 같은 장치에 공급되어 유용한 일을 할 수 있다.

예를 들어, 그림 17.1에 나타낸 것과 같은 반응계를 생각해 보자. 만약 위와 같은 추론이 타당하다면 전자는 전선을 통해서 Fe^{2+}에서 MnO_4^-로 흐를 것이다. 그러나 아래와 같은 장치를 구성했을 때 전자는 흐르지 않는다. 왜 그럴까? 만약 전자가 오른쪽 용기에서 왼쪽 용기로 흘러갔다면 왼쪽 용기는 음으로 하전되고 오른쪽 용기에는 양전하가 증가하게 될 것이다(그림 17.2). 이러한 형태의 전하 분리를 하려면 에너지가 많이 필요할 것이다. 그러므로 이와 같은 조건하에서는 전자가 흐르지 않는다.

그러나 이와 같은 문제는 매우 간단히 해결될 수 있다. 각 용기 내에 있는 알짜 전하를 0으로 유지하도록 *이온*이 이동하게 두 용액을 연결(용액이 서로 광범위하게 섞이지 않게 유지되면서)시켜야만 한다(그림 17.3). 이 연결은 염다리(강전해질로 채워진 U자관)나 두 용액을 연결하는 관(다공성 원반으로 채워진)을 이용한다(그림 17.4 참조). 이와 같은 장치들은 이온의 흐름은 허용하지만 광범위한 용액의 혼합은 방지한다. 이온이 이동할 수 있을 때 회로가 완성된다. 전자는 전선을 통하여 환원제로부터 산화제로 흐르고, 두 수용액 중의 이온들은 한 용기에서 다른 용기로 이동하여 알짜 전하를 0으로 유지한다.

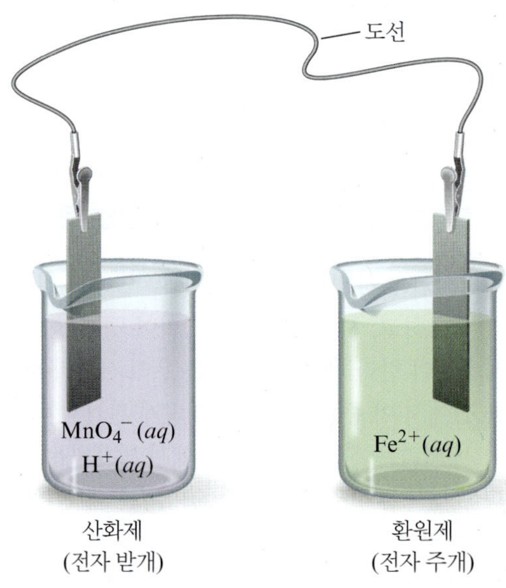

그림 17.1 산화–환원 반응에서 산화제와 환원제를 분리하는 방법의 배선도(전하의 균형을 위하여 용액은 다른 이온을 함유한다). 이 전지는 현재 상태로는 미완성이다.

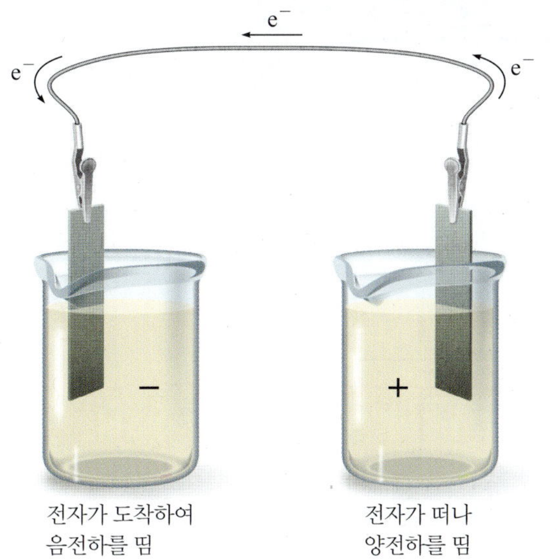

그림 17.2 이러한 조건에서 발생하는 전자의 흐름으로 왼쪽에는 음전하가, 오른쪽에는 양전하가 축적되는데, 이러한 전하의 축적은 많은 에너지를 공급하지 않고는 불가능하다.

그림 17.3 전자가 이동될 때, 두 용액 사이에 이온이 이동하여 전하의 균형을 유지한다. 이것은 음이온을 전자와 반대 방향으로 이동시키거나, 양이온을 전자와 같은 방향으로 이동시킴으로써 가능하다. 작동하는 전지에서는 실질적으로 이 두 과정이 모두 일어난다.

그림 17.4 염다리나 다공성 원반을 사용한 연결은 이온의 이동을 허용하고 전기 회로를 완성한다.

a 염다리는 젤이나 용액으로 된 강전해질을 포함한다. 염다리의 양 끝은 이온만 통과할 수 있는 막으로 덮여 있다.

b 다공성 원반은 이온은 흐르게 하지만 양쪽 용액은 섞이지 않게 한다.

*갈바니 전지*라는 이름은 전류를 발견한 이탈리아 과학자 갈바니(Luigi Galvani, 1737~1798)의 업적을 기념하기 위하여 붙여졌다. 이러한 전지를 때로 *볼타 전지*(voltaic cell)라고도 하는데, 1800년경 이러한 형태의 전지를 처음 고안한 이탈리아 과학자인 볼타(Alessandro Volta, 1745~1827)의 이름을 딴 것이다.

갈바니 전지(galvanic cell)라고도 부르는 **전기화학적 배터리**(electrochemical battery)는 산화제와 환원제가 분리되어 있어 전자가 환원제로부터 산화제로 전선을 통하여 이동하는 산화-환원 반응에 의해서 동력이 발생되는 장치이다(그림 17.5). ◀

배터리에서 환원제는 전자(전선을 통해 산화제 쪽으로 흐른다)를 잃고 산화되며, 산화가 일어나는 전극을 **산화전극**(anode)이라고 한다. 다른 전극에서는 산화제가 전자를 얻어 환원된다. 환원이 일어나는 전극을 **환원전극**(cathode)이라고 한다.

산화-환원 반응이 전류를 발생시키는 데 사용될 수 있다는 것을 알았다. 사실, 이런 형태의 반응은 많은 우주선에서 전류를 생성시키는 데 이용된다. 이와 같은 목적에 사용될 수 있는 산화-환원 반응은 수소와 산소가 반응하여 물이 생성되는 반응이다.

볼타(Alessandro Volta).

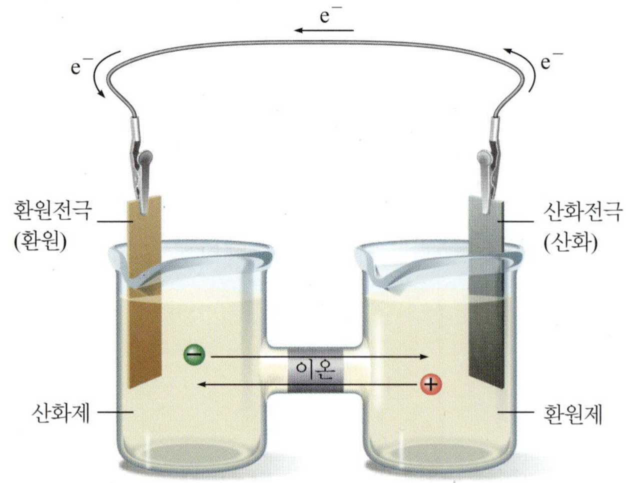

그림 17.5 배터리(갈바니 전지)의 구성도.

$$2H_2(g) + O_2(g) \rightarrow 2H_2O(l)$$

산화 상태: 0 0 +1 (각 H) −2

이 반응에서 산화 상태의 변화로부터, 수소는 산화되고 산소는 환원되었음을 주목하라. 또한 반대 과정도 일어날 수 있다. 물에 전류를 흘려주면 수소와 산소 기체가 발생한다.

$$2H_2O(l) \xrightarrow{\text{전류}} 2H_2(g) + O_2(g)$$

전기 에너지를 사용하여 화학 변화를 일으키는 과정을 **전기분해**(electrolysis)라고 한다.

17.6 배터리

학습 목표

- **일반적으로 사용되는 배터리의 구성과 작동 원리에 대하여 배운다.**

앞 절에서 갈바니 전지는 산화제를 환원제로부터 분리된 산화–환원 반응을 이용하여 전류를 발생시키는 장치임을 확인하였다. 이 절에서는 몇 종류의 특수한 갈바니 전지와 갈바니 전지의 응용에 대하여 생각해 본다.

납 축전지

납 축전지(lead storage battery)가 자동차 시동기로 최초로 사용된 1915년경 이후, 자동차는 실질적인 운송 수단을 제작하는 데 중요한 요인이 되어왔다. 이러한 형태의 배터리는 −10~40°C의 온도 범위와 거친 도로로부터 오는 끊임없는 충격 하에서도 수년 동안 작동할 수 있다. 이러한 납 축전지가 처음 사용된 후 오랜 기간 과학과 기술 분야의 변화 속에서도 여전히 사용되고 있다는 사실은 납 축전지가 얼마나 그 역할을 잘 수행했는지를 증명한다.

납 축전지에서 환원제는 금속 납(Pb)이며 산화제는 산화 납(IV)(PbO_2)이다. 예제 17.6에서 간단히 형태로 이 반응에 대해 설명하였다. 납 축전지에서는 황산(H_2SO_4)이 반응에 필요한 H^+를 공급한다. 또한 황산은 Pb^{2+} 이온과 반응하여 고체 $PbSO_4$를 형성하는 데 필요한 황산 이온(SO_4^{2-})을 공급한다. 납 축전지를 이루는 전지의 구성도는 그림 17.6

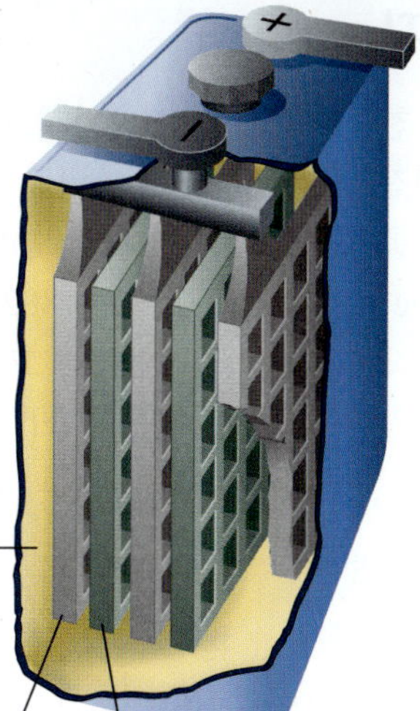

그림 17.6 납 축전지에서 각각의 전지는 금속 막대로 연결된 여러 개의 납 그리드로 이루어져 있다. 이들 납 그리드가 전자를 제공한다(납 원자는 전자를 잃고 Pb^{2+} 이온을 형성하는데, 이 Pb^{2+} 이온은 SO_4^{2-} 이온과 결합하여 고체인 $PbSO_4$를 형성한다). 납이 산화되므로 전지에서 산화전극으로 작용한다. 전자를 얻는 물질은 PbO_2인데 이것은 여러 개가 금속 막대로 연결되어 있는 납 그리드 위에 코팅되어 있다. PbO_2는 형식적으로 Pb^{4+}를 포함하는데, 이것은 Pb^{2+}로 환원되고 SO_4^{2-} 이온과 결합하여 고체인 $PbSO_4$를 형성한다. PbO_2는 전자를 받아들이므로 환원전극으로 작용한다.

에 나타내었다.

이 전지에서 산화전극은 산화되는 금속 납으로 구성된다. 전지 반응에서 납 원자는 전자 두 개를 잃고 Pb^{2+} 이온으로 되며, 용액에 존재하는 SO_4^{2-} 이온과 반응해서 고체 $PbSO_4$가 된다.

환원전극은 그리드 표면에 코팅된 산화 납(IV)이다. PbO_2에서 산화 상태가 +4인 납 이온은 전자 두 개를 받아서(환원되어) Pb^{2+} 이온으로 되고 역시 고체 $PbSO_4$를 형성한다.

전지에서 산화전극과 환원전극은 분리되어 있으며 (전자가 외부 도선을 통해 흐르게 하기 위해서) 황산 용액에 담겨 있다. 두 전극에서 일어나는 반쪽 반응과 전체 전지 반응은 다음과 같다.

산화전극 반응:

$$Pb + H_2SO_4 \rightarrow PbSO_4 + 2H^+ + 2e^- \qquad \text{산화}$$

환원전극 반응:

$$PbO_2 + H_2SO_4 + 2e^- + 2H^+ \rightarrow PbSO_4 + 2H_2O \qquad \text{환원}$$

전체 반응:

$$Pb(s) + PbO_2(s) + 2H_2SO_4(aq) \rightarrow 2PbSO_4(s) + 2H_2O(l)$$

전지에서 전자가 산화전극에서 환원전극으로 흘러가려는 경향은 환원제가 전자를 방출하려는 능력과 산화제가 전자를 받아들이는 능력에 따라 결정된다. 만약 전지가 전자를 잘 내어주는 환원제와 전자에 대한 친화력이 큰 산화제로 구성되었다면, 전자는 회로를 통하여 더 큰 힘으로 흘러가게 되어 더 많은 전기 에너지를 공급할 수 있다. 관을 통하여 물이 흘러가는 것을 비유로 생각해보면 이해하기 쉽다. 물의 수압이 크면 클수록 물은 더 세게 흐른다. 전지의 한 전극에서 다른 전극으로 흐르는 전자에 대한 "압력"을 전지의 **전위**(potential)라고 하며 볼트 단위로 측정된다. 예를 들면, 납 축전지에서 각 전지는 2 볼트의 전위를 생산한다. 자동차에 실제 사용되는 납 축전지에는 전지 6개가 연결되어 약 12 볼트의 전위를 생산한다.

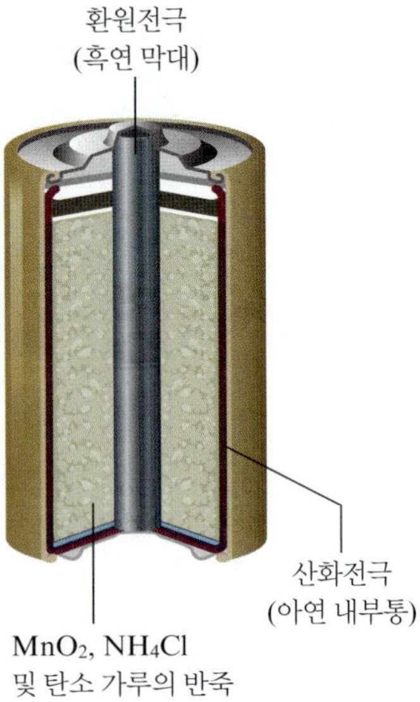

그림 17.7 일반 건전지.

건전지

우리와 친숙한 계산기, 전자시계, CD 플레이어와 MP3 플레이어는 매우 작지만 효율이 좋은 **건전지**(dry cell battery)로 작동된다. 이 전지는 액체 전해질이 들어있지 않기 때문에 보통 건전지라고 한다. 일반적인 건전지는 100여 년 전에 프랑스 화학자 르클랑셰(George Leclanché, 1839~1882)가 발명했다. *산성형*(acid version) 건전지는 산화전극으로 작용하는 내부 아연통과 고체 MnO_2, NH_4Cl 및 탄소 가루의 축축한 반죽과 접촉하고 환원전극 역할을 하는 탄소(흑연) 막대로 구성되어 있다(그림 17.7). 반쪽 반응은 복잡하지만 간단히 나타내면 다음과 같다.

산화전극 반응: $Zn \rightarrow Zn^{2+} + 2e^-$ 산화

환원전극 반응: $2NH_4^+ + 2MnO_2 + 2e^- \rightarrow Mn_2O_3 + 2NH_3 + H_2O$ 환원

이 전지는 전위는 1.5 볼트의 전위를 생산한다.

알칼리형(alkaline version) 건전지에서는 NH_4Cl 대신 KOH나 NaOH가 사용된다. 이 경우 반쪽 반응을 간단히 나타내면 다음과 같다.

산화전극 반응: $Zn + 2OH^- \rightarrow ZnO(s) + H_2O + 2e^-$ 산화

환원전극 반응: $2MnO_2 + H_2O + 2e^- \rightarrow Mn_2O_3 + 2OH^-$ 환원

산성 조건에서보다 염기성 조건에서 아연 산화전극이 훨씬 느린 속도로 부식되기 때문에 알칼리 전지의 수명이 더 길다.

다른 형태의 건전지로 *은 전지*(silver cell)가 있는데, 이것은 Zn 산화전극과 염기성 환경에서 산화제로 작동하는 Ag_2O 환원전극으로 구성되어 있다. 계산기에 주로 사용되는 *수은 전지*(mercury cell)는 Zn 산화전극과 염기성 매체에서 산화제로 작동하는 HgO를 함유하고 있는 환원전극으로 구성되어 있다(그림 17.8).

현재 스마트폰과 태블릿 컴퓨터 같은 모든 종류의 전자 장비에 널리 사용되는 배터리는 리튬 이온 전지이다. 리튬 이온 전지는 재충전 가능한 전지로, 전지가 방전될 때에는 전해질에 있는 Li^+ 이온이 산화전극 칸으로부터 환원전극 칸으로 이동하며, 전지를 충전할 때에는 반대 방향으로 이동한다.

전형적인 리튬 이온 전지에서 산화전극은 다공성 형태의 흑연(C)으로 그 안에 Li^+ 이온들이 들어가 있다(intercalation). 환원전극은 일반적으로 $LiCoO_2$와 같은 금속의 산화물이다. 방전될 때 일어나는 반응은 다음과 같다.

$$Li_nC \rightarrow C + ne^- + nLi^+ \quad \text{(산화전극)}$$
$$nLi^+ + ne^- + Li_{1-n}CoO_2 \rightarrow LiCoO_2 \quad \text{(환원전극)}$$

리튬 이온 전지는 많은 장점이 있다. 다양한 형태의 전자 장치에 사용할 수 있는 여러 다른 모양으로 시판된다. 경쟁 관계에 있는 다른 형태의 전지보다 더 가볍다. 또한 기억 효과(방전이 충분하지 않은 상태에서 재충전하면 전지의 실질 용량이 감소하는 것)가 없다.

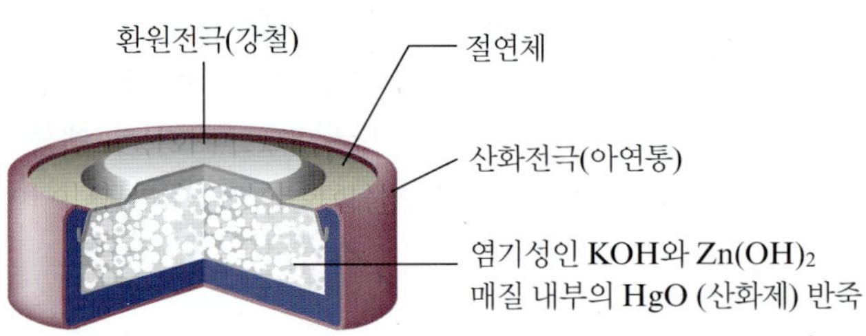

그림 17.8 소형 계산기에 사용되는 수은 전지.

이러한 형태 전지의 한 가지 단점은 전지를 과열하거나 과충전할 경우 파열되어 분리되면 불이 날 수 있다는 것이다.

17.7 부식

학습 목표

■ 부식의 전기화학적 성질을 이해하고 부식을 방지하는 방법을 배운다.

대부분의 금속은 천연에서 산소나 황과 같은 비금속과 화합물을 이룬 형태로 발견된다. 예를 들면 철은 Fe_2O_3와 다른 철의 산화물을 포함하고 있는 철광석으로 존재한다.

부식(corrosion)은 금속이 자연에 있던 상태(철이 있었던 광석)로 돌아가는 과정으로 볼 수 있다. 부식은 금속의 산화를 동반한다. 부식된 철은 강도와 광택을 잃기 때문에 부식은 경제적으로 큰 손실을 초래한다. 예를 들면, 매년 생산되는 철과 강철의 약 1/5은 부식된 철을 교체하는 데 사용된다.

구리, 금, 은, 백금과 같은 몇 가지 금속은 비교적 산화되기 어렵다. 흔히 이들 금속을 귀금속이라 부른다.

대부분의 금속은 O_2와 반응하므로 공기 중에서 부식되어 쓸모없게 될 것이라고 예상할 수 있다. ◀ 따라서 부식 문제가 있음에도 불구하고 공기 중에서 금속을 사용할 수 있다는 사실은 놀랍다. 대부분의 금속은 얇은 피막을 형성하여 내부 원자들이 더 이상 산화되지 않도록 보호한다. 가장 좋은 예는 알루미늄이다. 알루미늄은 전자를 쉽게 잃는 경향이 있으므로 O_2에 의해서 매우 쉽게 산화된다. 이러한 사실을 볼 때, 비행기, 자전거 골조 등을 만드는 데 알루미늄이 유용하게 사용되는 이유는 무엇일까? 알루미늄이 이와 같은 구조물질로 사용되는 이유는 더 이상 부식을 방지하는 산화 알루미늄(Al_2O_3)의 얇은 피막이 형성되기 때문이다. 단단한 알루미늄 피막은 알루미늄 자체를 보호한다. 크로뮴, 니켈, 주석 같은 다른 많은 금속들도 동일한 현상을 보인다.

철 역시 보호 산화물 피막을 형성한다. 하지만 이 산화물 피막은 쉽게 벗겨져서 새로운 금속 표면이 노출되어 산화가 지속적으로 진행되기 때문에 부식을 효과적으로 막지는 못한다. 일반적인 대기 조건에서, 구리는 *녹청*(patina)이라고 하는 초록색의 황산 구리나 탄산 구리의 피막을 형성한다. *은 변색*(silver tarnish)의 황화 은(Ag_2S) 피막은 은 표면을 아름답게 보이도록 한다. 금은 공기 중에서 거의 부식되지 않는다.

부식 방지는 금속과 에너지를 보존하는 매우 중요한 방법이다. 부식 방지의 일차적인 방법은 산소와 습기로부터 금속을 보호하기 위해서 페인트 칠을 하거나 금속 도금의 피막을 입히는 것이다. 크로뮴과 주석은 산화되어 단단하고, 효율적인 산화물 피막을 형성하기 때문에 강철을 도금하는 데 주로 사용된다.

합금은 원소의 혼합물로서 금속 성질을 갖는다.

합금 역시 부식을 방지하는 방법 중 하나이다. *스테인리스 스틸*(stainless steel)은 크로뮴과 니켈이 함유된 철 합금이며, 두 원소 모두 강철을 보호하는 산화 피막을 형성한다. ◀

음극화 보호(cathodic protection)는 땅 속에 묻혀 있는 강철 연료 탱크나 파이프를 보호하기 위해서 가장 자주 쓰는 방법이다. 철보다 더 쉽게 전자를 내주는 마그네슘과 같은 금속을 파이프나 탱크에 전선으로 연결한다(그림 17.9). 마그네슘은 철보다 더 좋은 산화제이므로 전자는 전선을 통해서 마그네슘에서 강철 파이프로 흐른다. 따라서 전자가 철보다 마그네슘에 의해서 공급되어 철이 산화되지 못하게 한다. 마그네슘이 산화됨에 따라 마그네슘은 용해되어 줄어들기 때문에 주기적으로 교환해 주어야 한다.

그림 17.9 땅 속에 묻힌 관(pipe)의 음극화 보호.

비판적으로 생각하기

우리가 숨쉬는 공기는 대략 질소 80%와 산소 20%로 되어 있다. 공기가 산소 80%, 질소 20%라면 어떻게 될까? 우리 삶에 어떤 영향을 줄까?

17.8 전기분해

학습 목표

■ 전기분해 과정의 이해와 알루미늄의 상업적 제법에 대하여 배운다.

전기분해 전지는 전기 에너지를 사용하여, 자발적으로 일어나지 않는 화학 변화를 일어나게 한다.

전지는 충전하지 않으면 그 "기능을 멈추는데", 그 이유는 전자의 흐름을 만들기 위하여 전자를 주거나 받는 물질이 소비되기 때문이다. 예를 들면, 납 축전지에서 배터리가 작동됨에 따라서 PbO_2와 Pb는 소모되어 $PbSO_4$로 변화한다(17.6절 참조).

$$PbO_2(s) + Pb(s) + 2H_2SO_4(aq) \rightarrow 2PbSO_4(s) + 2H_2O(l)$$

그런데 납 축전지의 가장 유용한 특성 중 하나는 재충전시킬 수 있다는 것이다. 방전하는 방향의 반대 방향으로 전지에 강제로 전류를 흘려주면 산화–환원 반응이 역으로 일어난다. 즉, $PbSO_4$는 충전 과정에서 소모되고 PbO_2와 Pb가 생성된다. 엔진의 힘으로 작동되는 자동차의 발전기에 의해 이와 같은 재충전이 지속적으로 이루어진다. ◀

자발적으로 일어나지 않는 화학 반응이 발생하도록 전지에 전류를 강제로 흘려서 화학 반응이 발생하도록 하는 과정을 **전기분해**(electrolysis)라고 한다.

전기분해의 중요한 예는 물의 전기분해이다. 물은 안정한 물질로, 전기분해에 의하여 원소로 분리할 수 있다(그림 17.10).

$$2H_2O(l) \xrightarrow[\text{흘려보냄}]{\text{전류를 강제로}} 2H_2(g) + O_2(g)$$

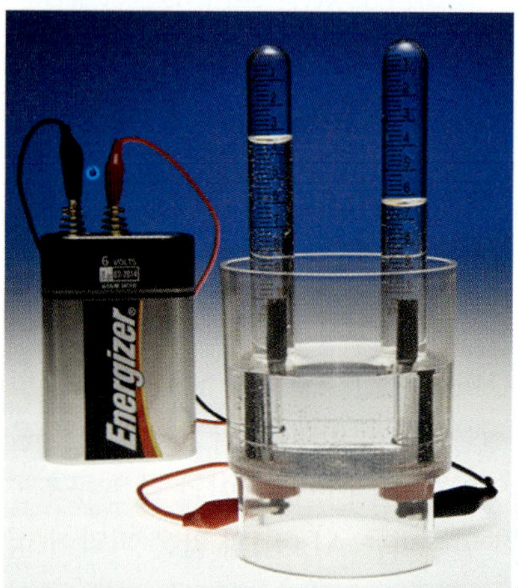

Charles D. Winters

그림 17.10 물을 전기분해하면 환원전극(왼쪽)에서 수소 기체가 발생하고 산화전극(오른쪽)에서 산소 기체가 발생한다. 전류를 유지하기 위하여 이온이 공급되어야 하며, 이를 위하여 Na_2SO_4와 같이 반응하지 않는 강전해질이 필요하다.

수용액에 전류를 강제로 흘려보내면 물이 전기분해되어 수소와 산소를 형성한다. 그러므로 납축전기가 충전될 때 전지 용액에 전류가 흐르기 때문에 H_2와 O_2의 폭발적인 혼합물이 생성된다. 이것은 충전하는 동안 배터리 근처에 전기 불꽃이 있어서는 안 되는 매우 중요한 이유이다.

전기분해를 사용하는 또 다른 중요한 것은 광석으로부터 금속을 얻어내는 것이다. 전기분해로 대량 생산되는 금속은 알루미늄이다.

알루미늄(aluminum)은 지구에서 산소와 규소에 이어 세 번째로 가장 풍부한 원소이다. 알루미늄은 활성이 큰 물질로, *보크사이트*[bauxite: 1821년에 알루미늄을 발견한 프랑스의 보크(Les Baux)의 이름을 딴 것임]라고 하는 광석에서 산화물 형태로 자연에 존재한다. 알루미늄 광석에서 알루미늄 금속을 생산하는 것은 대부분의 다른 금속들을 생산하는 것보다 훨씬 어려운 것으로 알려져 있다. 1782년 프랑스의 선구적 화학자인 라부아지에는 알루미늄을 "산소와의 친화력이 매우 강하여 알려진 어떤 환원제로도 환원할 수 없는" 금속으로 인식하였다. 이러한 결과, 순수한 알루미늄 금속은 만들어지지 않았다. 마침내 1854년에 소듐을 이용하여 금속 알루미늄을 생산하는 방법이 발견되었지만, 알루미늄은 여전히 매우 비싸고 귀했다. 나폴레옹 3세는 그가 가장 존경하는 손님은 알루미늄 포크와 수저로 접대했으나 다른 일반 손님들에게는 금이나 은그릇으로 대접했다고 한다.

표 17.2 1855~1990년의 알루미늄 가격

연도	알루미늄 가격($/lb)*
1855	$100,000
1885	100
1890	2
1895	0.50
1970	0.30
1980	0.80
1990	0.74

*1886년 홀-에루(Hall-Heroult) 공법이 발견된 이후 가격이 급락했음을 주목하라.

1886년에 두 젊은 청년, 미국의 홀(Charles M. Hall, 그림 17.11)과 프랑스의 에루(Paul Heroult)가 거의 동시에 알루미늄을 생산하는 실용적인 전기분해 반응을 발명하여 돌파구가 열렸다. 이 방법에 의하여 많은 목적으로 이용될 수 있는 알루미늄의 공급이 가능해졌다. 표 17.2는 알루미늄의 가격이 알루미늄 생산법의 발명 이후 급격히 감소하였음을 보여준다. 전기분해 과정의 효과는 Al^{3+} 이온을 중성 Al 원자로 환원하여 알루미늄 금속을 형성하는 것이다. 전기분해 공정에서 얻어진 알루미늄의 순도는 99.5%이다. 구조물의 재료로 활용하기 위해 알루미늄은 아연(트레일러와 항공기의 구조물용)과 망가니즈(식기, 저장탱크, 고속도로 표지판용)와 같은 금속과 합금으로 만들어 활용된다. 미국에서 사용되는 전력의 4.5%가 알루미늄 생산에 소비된다.

Mondadori via Getty Images

그림 17.11 홀(Charles Martin Hall, 1863~1914)은 미국 오하이오에 있는 오벌린 대학(Oberlin College)의 학생 시절 알루미늄에 처음 관심을 갖게 되었다. 한 교수가 알루미늄을 값싸게 생산하는 방법을 찾는 사람은 많은 돈을 벌 것이라고 말하는 것을 듣고 홀은 도전해 보기로 했다. 그는 스물한 살에 집 근처의 나무로 된 창고에서 철 프라이팬을 용기로 삼고 대장장이의 화로를 열원으로 하여, 과일을 담은 병으로 만든 갈바니 전지를 이용해 일했다. 그는 이러한 조잡한 갈바니 전지를 이용해서 Al_2O_3와 Na_3AlF_6의 응용 혼합물에 전류를 흘려 알루미늄을 얻게 되었다. 우연히도 홀과 같은 해에 태어나 같은 해에 죽은 프랑스 과학자 에루(Paul Heroult)도 같은 발견을 하였다.

17장 복습하기 Chapter 17 Review

주요 용어

산화–환원 반응(17.1)	산화(17.1, 17.3)
환원(17.1, 17.3)	산화상태(17.2)
산화제(전자 받개) (17.3)	환원제(전자 주개)(17.3)
반쪽 반응(17.4)	전기화학(17.5)
전기화학적 배터리(17.5)	갈바니 전지(17.5)
산화전극(17.5)	환원전극(17.5)
전기분해(17.5, 17.8)	납축전지(17.6)
전위(17.6)	건전지(17.6)
부식(17.7)	음극화 보호(17.7)

요약

- 산화–환원 반응은 전자의 이동을 수반한다.
  - 산화 상태를 이용하여 전자의 이동을 추적한다.
  - 산화가 일어나면 산화 상태가 증가한다(전자를 잃음).
  - 환원이 일어나면 산화 상태의 감소한다(전자를 얻음).
  - 산화제는 전자를 받아들인다.
  - 환원제는 전자를 내어준다.
- 다음 두 방법을 이용하여 산화–환원 반응식의 균형을 맞춘다.
  - 반응이 어떻게 진행되나 따져보기(시행착오를 거쳐).
  - 반쪽 반응들 찾기.
- 전기화학이란 산화–환원 반응을 통하여 일어나는 화학 에너지와 전기 에너지의 교환을 연구하는 분야이다.
- 갈바니(전기화학적) 전지는 화학 에너지를 유용한 전기 에너지로 변환하는 장치이다.
  - 산화제가 들어있는 쪽과 환원제가 들어있는 쪽으로 이루어지며 이들은 염다리와 전선으로 연결된다.
  - 산화전극: 산화가 일어나는 전극
  - 환원전극: 환원이 일어나는 전극
  - 배터리: 갈바니 전지 또는 서로 연결된 여러 전지
- 부식은 금속이 산화하여 주로 산화물이나 황화물이 형성되는 과정을 말한다.
  - 금속들 중에 알루미늄 같은 것들은 얇은 산화 보호막을 형성하여 더 이상의 부식을 막는다.
  - 철의 부식은 코팅이나 합금, 음극화 보호로 방지할 수 있다.
- 전기분해는 전기에너지를 이용하여 화학적인 변화를 일으키는 과정이다.

활동 학습 질문

다음은 강의 중 그룹 지도를 위한 문제들로, 특정 주제를 소개하는 데 매우 효과적이다.

1. 갈바니 전지를 그리고 작동 원리를 설명하시오. 그림 17.1과 17.5를 보고 각 용기에서 어떤 일이 일어나는지 설명하시오. 또한 그림 17.5의 전지는 작동하는 반면, 그림 17.1의 전지는 작동하지 않는 이유를 설명하시오.
2. 다른 산화 상태를 가진 질소 화합물들을 가능한 한 많이 나열하시오.
3. 다음 중 산화–환원 반응은 어느 것인가? 이유를 설명하시오.

a. $PCl_3 + Cl_2 \rightarrow PCl_5$
b. $Cu + 2AgNO_3 \rightarrow Cu(NO_3)_2 + 2Ag$
c. $CO_2 + 2LiOH \rightarrow Li_2CO_3 + H_2O$
d. $FeCl_2 + 2NaOH \rightarrow Fe(OH)_2 + 2NaCl$
e. $MnO_2 + 4HCl \rightarrow Cl_2 + 2H_2O + MnCl_2$

4. 다음 중 옳은 것은 어느 것인가? 그 이유를 설명하시오. (여러 개의 답이 있을 수 있다.)

a. 산화와 환원은 서로 독립적으로 일어날 수 없다.
b. 산화와 환원은 모든 화학적 변화에 수반된다.
c. 산화는 전자를 잃음을, 환원은 전자를 얻음을 뜻한다.

5. $Ag^+ + Cu \rightarrow Cu^{2+} + Ag$이 식의 양쪽은 같은 수의 원소들로 구성되어 있지만 식의 균형이 맞추어 있지 않다. 균형이 맞추어 있지 않은 이유를 설명하고 이 식의 균형을 맞추시오.

6. 산화-환원 반응식을 균형 맞출 때 식의 양쪽에 물을 더하는 것이 왜 허락되는지 그 이유를 설명하시오.

7. 물질이 *산화된다*는 것은 무엇을 의미하는가? "산화"라는 용어는 물질이 산소 기체와 반응하는 것으로부터 유래하였다. 산소 기체와 반응하는 물질은 왜 항상 산화되는지 설명하시오.

8. 다음 갈바니 전지에서 아래 부분들을 표시하시오.

산화전극
환원전극
환원제
산화제

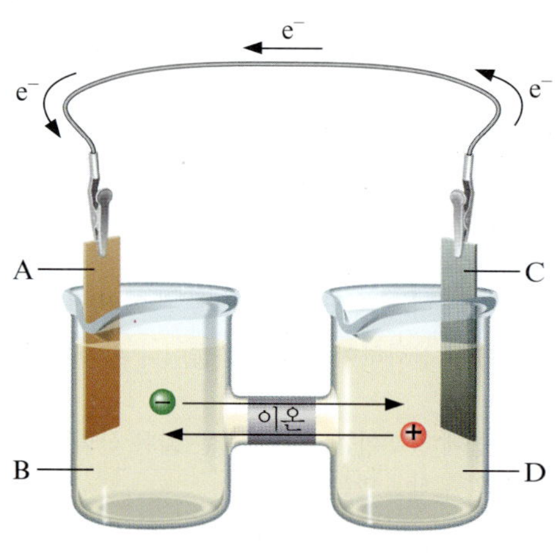

질문과 문제

17.1 산화-환원 반응

▶ *질문*

1. 일상생활에서 산화-환원 반응을 활용하는 예를 설명하시오.

2. 화학자들은 *산화*와 *환원* 과정을 어떻게 정의하는가? 정의를 설명하는 간단한 식을 쓰시오.

3. 다음 각 금속과 비금속의 산화-환원 반응에서 어떤 원소가 산화되고 환원되었는지 나타내시오.

a. $6Na(s) + N_2(g) \rightarrow 2Na_3N(s)$
b. $Mg(s) + Cl_2(g) \rightarrow MgCl_2(s)$
c. $2Al(s) + 3Br_2(l) \rightarrow 2AlBr_3(s)$
d. $CuSO_4(aq) + Mg(s) \rightarrow MgSO_4(aq) + Cu(s)$

4. 다음 각 산화-환원 반응에서 어떤 원소가 산화되고 환원되었는지 나타내시오.

a. $Mg(s) + Br_2(l) \rightarrow MgBr_2(s)$
b. $2Na(s) + S(s) \rightarrow Na_2S(s)$
c. $CO_2(g) + H_2(g) \rightarrow CO(g) + H_2O(g)$
d. $6K(s) + N_2(g) \rightarrow 2K_3N(s)$

17.2 산화 상태

▶ *질문*

5. ______는 어떤 화합물에 있는 여러 원자에 전하를 할당하여 산화-환원 반응에서 전자를 추적할 수 있게 한다.

6. 반응하지 않는 순수한 원소의 산화 상태가 0인 이유는 무엇인가?

7. 이온 결합 화합물이 아님에도 불구하고 우리가 물(H_2O)에서 산소의 산화 상태를 −2라고 정하는 이유를 설명하시오. 산소의 산화 상태가 −2가 아닌 경우의 화합물의 예를 제시하시오.

8. 왜 플루오린(F)의 산화 상태는 항상 −1인가? 화합물에서 할로젠 원소의 산화 상태는 보통 얼마인가? 플루오린(F)을 포함하는 *할로젠간* 화합물(interhalogen compound)에서 어느 원자가 음의 산화 상태를 갖겠는가?

9. 인산(H_3PO_4)에서 모든 원자의 산화 상태의 합은 ______이다.

10. 다원자 이온에서 모든 원자의 산화 상태의 합은 얼마인가? 예를 들어 인산 이온(PO_4^{3-})에서 모든 원자의 산화 상태의 합은 ________이다.

▶ *문제*

11. 다음 각 물질에서 모든 원자의 산화 상태를 표시하시오.

a. NBr_3 c. PBr_5
b. SeF_6 d. CH_4

12. 다음 각 물질에서 *질소*의 산화 상태를 표시하시오.

a. N_2 c. NO_2
b. NH_3 d. $NaNO_3$

13. 다음 각 물질에서 *망가니즈*의 산화 상태를 표시하시오.

a. $MnCl_2$ c. MnO_2
b. $KMnO_4$ d. $Mn(C_2H_3O_2)_3$

14. 다음 각 물질에서 모든 원자의 산화 상태를 표시하시오.

a. MgO c. PCl_3
b. Fe_2O_3 d. N_2O_5

15. 다음 각 이온에서 모든 원자의 산화 상태를 표시하시오.

a. NH_4^+ c. OH^-
b. HCO_3^- d. $Cr_2O_7^{2-}$

17.3 비금속 사이의 산화-환원 반응

▶ *질문*

16. 산화는 전자를 잃음 또는 산화 상태의 증가로 정의될 수 있다. 왜 두 개의 정의가 같은 것을 의미하는지 설명하고 예를 제시하시오.

17. 환원은 전자를 얻음 또는 산화 상태의 감소로 정의될 수 있다. 왜

두 개의 정의가 같은 것을 의미하는지 설명하고 예를 제시하시오.

18. 산화제란 무엇인가? 환원제란 무엇인가?

19. 산화제는 전자를 주는가, 받아들이는가? 환원제는 전자를 주는가, 받아들이는가?

▸ *문제*

20. 다음 각 반응에서 어떤 원소가 산화되고 어떤 원소가 환원되는지 산화 상태를 표기하여 나타내시오.

a. $2Al(s) + 3S(s) \rightarrow Al_2S_3(s)$
b. $CH_4(g) + 2O_2(g) \rightarrow CO_2(g) + 2H_2O(g)$
c. $2Fe_2O_3(s) + 3C(s) \rightarrow 3CO_2(g) + 4Fe(s)$
d. $K_2Cr_2O_7(aq) + 14HCl(aq) \rightarrow 2KCl(aq) + 2CrCl_3(s) + 7H_2O(l) + 3Cl_2(g)$

21. 다음 각 반응에서 어떤 원소가 산화되고 어떤 원소가 환원되는지 산화 상태를 표기하여 나타내시오.

a. $4KClO_3(s) + C_6H_{12}O_6(s) \rightarrow 4KCl(s) + 6H_2O(l) + 6CO_2(g)$
b. $2C_8H_{18}(l) + 25O_2(g) \rightarrow 16CO_2(g) + 18H_2O(l)$
c. $PCl_3(g) + Cl_2(g) \rightarrow PCl_5(g)$
d. $Ca(s) + H_2(g) \rightarrow CaH_2(g)$

22. 일반적으로 철 산화물인 철광석은 용광로 안에서 탄소(코크스)와 반응하여 순수한 철이 된다. 먼저 탄소는 공기와 반응하여 일산화 탄소가 되고 그 다음에 철 산화물과 반응한다(반응은 다음과 같다).

$$F_2O_3(s) + 3CO(g) \rightarrow 2Fe(l) + 3CO_2(g)$$

산화된 원소와 환원된 원소를 확인하고, 산화제와 환원제를 지정하시오.

23. 용액에 녹아있는 아이오딘화 포타슘은 많은 물질과 쉽게 반응한다. 다음 반응에서 산화되거나 환원된 원자를 확인하고, 산화제와 환원제를 지정하시오.

a. $Cl_2(g) + KI(aq) \rightarrow KCl(aq) + I_2(s)$
b. $2FeCl_3(aq) + 2KI(aq) \rightarrow 2FeCl_2(aq) + 2KCl(aq) + I_2(s)$
c. $2CuCl_2(aq) + 4KI(aq) \rightarrow 2CuI(s) + 4KCl(aq) + I_2(s)$

17.4 반쪽 반응법으로 산화–환원 반응의 균형 맞추기

▸ *질문*

24. 반쪽 반응식이란 무엇인가? 전체 반응식을 구성하는 각각 두 개의 반쪽 반응식은 무엇을 의미하는가?

25. 왜 산화 반응에서 잃은 전자수와 환원 반응에서 얻은 전자수는 같아야 하는가? 어떤 반응에서 반응하지 않은 전자가 존재하는 것은 가능한가?

▸ *문제*

26. 다음 반쪽 반응식의 균형을 맞추시오.

a. $3N_2(g) + 2e^- \rightarrow 2N_3^-(aq)$
b. $O_2^{2-}(aq) \rightarrow O_2(g)$
c. $Zn(s) \rightarrow Zn^{2+}(aq)$
d. $F_2(g) \rightarrow F^-(aq)$

27. 산성 용액에서 일어나는 반쪽 반응식의 균형을 맞추시오.

a. $O_2(g) \rightarrow H_2O(l)$
b. $SO_4^{2-}(aq) \rightarrow H_2SO_3(aq)$
c. $H_2O_2(aq) \rightarrow H_2O(l)$
d. $NO_2^-(aq) \rightarrow NO_3^-(aq)$

28. 반쪽 반응식을 이용하여 산성 용액에서 일어나는 산화–환원 반응의 균형을 맞추시오.

a. $Al(s) + H^+(aq) \rightarrow Al^{3+}(aq) + H_2(g)$
b. $S^{2-}(aq) + NO_3^-(aq) \rightarrow S(s) + NO(g)$
c. $I_2(aq) + Cl_2(aq) \rightarrow IO_3^-(aq) + HCl(g)$
d. $AsO_4^-(aq) + S^{2-}(aq) \rightarrow AsO_3^-(aq) + S(s)$

29. 질산은 강산이지만 매우 센 산화제이며 일반적으로 산화제로 작용한다. 질산은 많은 금속을 녹인다. 다음과 같은 질산의 산화–환원 반응의 균형을 맞추시오.

a. $Cu(s) + HNO_3(aq) \rightarrow Cu^{2+}(aq) + NO_2(g)$
b. $Mg(s) + HNO_3(aq) \rightarrow Mg^{2+}(aq) + H_2(g)$

17.5 전기화학: 개요

▸ *질문*

30. 염다리란 무엇인가? 왜 갈바니 전지에서 염다리가 필요한가? 염다리를 대신할 다른 방법은?

31. 갈바니 전지에서 전자는 산화전극에서 환원전극 또는 그 반대의 방향 중 어떤 방향으로 흐르는가?

32. 갈바니 전지에서 어떤 전극이 산화전극이고 어느 전극이 환원전극인가?

▸ *문제*

33. 다음 산화–환원 반응을 보고 이 반응을 이용해 만들 수 있는 갈바니 전지를 그리시오.

$$Zn(s) + Pb^{2+}(aq) \rightarrow Zn^{2+}(aq) + Pb(s)$$

어떤 금속이 산화되고 환원되는가? 이 전지의 산화전극과 환원전극 각각에서 발생하는 반쪽 반응은 무엇인가?

17.6 배터리

▸ *질문*

34. 자동차 납 축전지에서 일어나는 전체 전지 반응에 대한 화학 반응식을 쓰시오. 이 전지에서 산화되는 것은 무엇인가? 환원되는 것은 무엇인가? 이런 전지는 왜 "재충전"할 수 있는가?

35. 전기 장치에 리튬 이온 배터리를 사용할 때 장점은 무엇인가? 단점은 무엇인가?

17.7 부식

▸ *질문*

36. ________은 금속을 천연 상태(원래 얻게 된 광석)로 되돌리는 과정이다. 이 과정은 금속이 ________ 되는 것이다.

37. 어떤 금속, 특히 알루미늄은 대기 중에서 완전 산화가 일어나지 않는다. 이를 설명하시오.

38. 순수한 철은 원래 빨리 부식되지만, 강철(스틸)은 그렇게 빨리 부식되지 않는다. 어떻게 강철은 빨리 부식되지 않는가?

17.8 전기분해

▶ *질문*

39. *전기분해* 전지는 *갈바니* 전지와 어떻게 다른가?

40. 알루미늄은 지구에서 가장 풍부한 금속의 하나이지만, 1890년까지는 금이나 백금과 같이 "귀금속"으로 취급할 만큼 가격이 높았다. 그 이유는 무엇인가?

부록

Appendix

계산기 사용하기

이 절에서는 일반적인 수학 연산을 수행하기 위한 계산기 사용법에 대해 살펴볼 것이다. 계산기는 대부분의 브랜드에서 채택한 대수 연산 체계를 이용한다고 가정한다.

계산기를 사용할 때 마음속에 간직해야 할 한 가지 아주 중요한 원리는 계산기가 당신의 두뇌를 대신하지 않는다는 것이다. 계산기를 다루고 있을 때에도 생각하기를 멈추지 않아야 한다. "이 답이 이치에 맞는가?"라고 끊임없이 자문하여야 한다.

덧셈, 뺄셈, 곱셈, 나눗셈

이 연산들을 한 쌍의 수에 행하면 언제나 다음 단계를 포함한다.

1. 숫자 키를 사용하여 계산할 첫 번째 수를 입력한다. 필요하다면 소수점 키(.)를 입력한다.
2. 수행할 연산을 입력한다.
3. 두 번째 수를 입력한다.
4. "(=)"키를 눌러 답을 나타낸다.

예를 들면, 연산

$$15.1 + 0.32$$

은 다음과 같이 수행된다.

누르기	화면 표시
15.1	15.1
+	15.1
.32	0.32
=	15.42

화면 표시에 나타난 답은 15.42이다. 만일 이것이 계산의 최종 결과이면 2.5절에서 논의된 것처럼 정확한 유효 숫자(15.4)로 반올림해야 한다. 만일 이 수가 계속 계산에 이용된다면 화면 표시에 나타난 것처럼 정확한 값을 사용한다. 계산의 마지막 답만을 반올림한다.

실습을 위해 다음 연산을 하시오. 상세한 과정이 아래에 주어져 있다.

a. $1.5 + 32.86$ b. $23.5 - 0.41$

c. 0.33×153 d. $\frac{9.3}{0.56}$ 또는 $9.3 \div 0.56$

순서

a.

누르기	화면 표시
1.5	1.5
+	1.5
32.86	32.86
=	34.36
반올림 값:	34.4

b.

누르기	화면 표시
23.5	23.5
−	23.5
.41	0.41
=	23.09
반올림 값:	23.1

c.

누르기	화면 표시
.33	0.33
×	0.33
153	153
=	50.49
반올림 값:	50.

d.

누르기	화면 표시
9.3	9.3
÷	9.3
.56	0.56
=	16.607143
반올림 값:	17

제곱, 제곱근, 역수, 로그

이제 화학 문제를 푸는 데 가끔 필요한 4가지 연산을 추가로 생각해 보자.

어떤 수에 대한 *제곱근*은 X^2 키로 행한다. *제곱근* 키는 보통 $\sqrt{X}$ 키로 되어 있다. 어떤 수를 *역수*로 취하려면 1/X 키가 필요하다. 어떤 수의 로그는 log 또는 log X 키를 사용하여 결정된다.

이 연산들을 수행하려면 다음 단계를 따른다.

1. 수를 입력한다.
2. 적당한 기능의 키를 누른다.
3. 답이 자동으로 나타난다.

예를 들면 235의 제곱근을 계산해보자.

누르기	화면 표시
235	235
$\sqrt{X}$	15.32971
반올림 값:	15.3

23의 로그는 다음과 같이 얻을 수 있다.

누르기	화면 표시
23	23
log	1.3617278
반올림 값:	1.36

계산기에 가끔 한 키에 두 가지 기능이 있다. 이 경우 주 기능은 키에 기입되어 있고, 두 번째 기능은 키의 바로 *위에* 주어져 있다. 예를 들면 어떤 계산기들은 키의 맨 위열에 다음과 같이 나와 있다.

	1/X	X^2		
2nd	R/S	$\sqrt{X}$	off	on/C

어떤 수를 계산기로 제곱하기 위해서는 2nd와 그 다음 $\sqrt{X}$를 사용해야만 한다. 즉, 2nd를 누르면 키의 위에 기입되어 있는 기능을 계산기에게 알려주는 것이다. 그러면 다음과 같이 계산기에 11.56의 제곱을 얻을 수 있다.

누르기	화면 표시
11.56	11.56
2nd 다음에 $\sqrt{X}$	133.6336
반올림 값:	133.6

계산기에서 384의 역수(1/384)는 다음과 같이 구한다.

누르기	화면 표시
384	384
2nd 다음에 R/S	0.0026042
반올림 값:	0.00260

계산기마다 약간씩 다를 수 있다. 이들 연산에 문제가 있다면 사용자 설명서를 보도록 하라.

연속 계산

문제를 풀 때에 일련의 연속적인 계산, 즉 때로는 연속 계산을 수행해야 한다. 수와 연산을 순서대로 읽는 것처럼 연속해서 키를 누르면 이 계산은 보통 매우 쉽다. 예를 들면 다음 계산을 수행하기 위해서는

$$\frac{14.68 + 1.58 - 0.87}{0.0850}$$

자신에게 읽어 주는 것처럼 적절한 키를 사용해야 한다. 즉, 이 계산은 14.68 + 1.58 =; − 0.87 =; ÷ 0.0850 =를 차례로 해준다.

구체적인 것은 아래와 같다.

누르기	화면 표시
14.68	14.68
+	14.68
1.58	1.58
=	16.26
−	16.26
.87	0.87
=	15.39
÷	15.39
.0850	0.0850
=	181.05882
반올림 값:	181

계산 결과를 보려면 모든 연산 이후에는 = 를 눌러야 한다는 것에 유의하라.

더 많은 연습을 위해서 다음 계산을 생각해 보자.

$$(0.360)(298) + \frac{(14.8)(16.0)}{1.50}$$

여기서는 두 수를 합하는 것이지만 이들의 각각은 지시된 계산에 의해 얻어져야만 한다. 계산 순서는 먼저 각각의 수를 계산하고 그 다음에 두 수를 합한다. 첫 항은 다음과 같다.

$$(0.360)(298) = 107.28$$

두 번째 항인

$$\frac{(14.8)(16.0)}{1.50}$$

은 자신에게 "읽어 주는 식"으로 입력시켜 쉽게 계산될 수 있다. 즉, 14.8 × 16.0 =; ÷ 1.50 =을 해준다. 이 과정은 다음과 같이 요약된다.

누르기	화면 표시
14.8	14.8
×	14.8
16.0	16.0
=	236.8
÷	236.8
1.50	1.50
=	157.86667

그러면 이 마지막 값을 계산기에 보관하여 첫 번째 계산의 결과인 107.28에 합할 수 있다.

누르기	화면 표시
+	157.86667
107.28	107.28
=	265.14667
반올림 값:	265

요약하면

$$(0.360)(298) + \frac{(14.8)(16.0)}{1.50}$$

은 다음이 된다.

$$107.28 + 157.86667$$

그리고 합은 265.14667 또는 265로 반올림된다. 이 계산을 행하는 데는 다른 방법도 있지만 이것이 가장 안정한 방법이다.

연속 계산의 보편적인 유형은 다음과 같이 분모와 분자에 함께 곱한 여러 항을 포함한다.

$$\frac{(323)(.0821)(1.46)}{(4.05)(76)}$$

이 계산을 수행하는 데는 많은 연속 방법이 가능하지만 다음 방법이 가장 무리가 없이 자연스럽다.

323 × .0821 =; × 1.46 =; ÷ 4.05 =; ÷ 76 =

이 연속법을 요약하면 다음과 같다.

누르기	화면 표시
323	323
×	323
.0821	0.0821
=	26.5183
×	26.5183
1.46	1.46
=	38.716718
÷	38.716718
4.05	4.05
=	9.5596835
÷	9.5596835
76	76
=	0.1257853

이에 대한 답은 0.1257853이며 정확한 유효 숫자로 반올림하면 0.13이 된다. 둘 이상의 수를 분모에 곱할 때는 *각각으로* 나누어야 한다.

더 많은 연습을 위해 추가로 몇 개의 연속 계산(답 포함)이 주어져 있다.

a. $15 - (0.750)(243)$

b. $\dfrac{(13.1)(43.5)}{(1.8)(63)}$

c. $\dfrac{(85.8)(0.142)}{(16.46)(18.0)} + \dfrac{(131)(0.0156)}{10.17}$

d. $(18.1)(0.051) - \dfrac{(325)(1.87)}{(14.0)(3.81)} + \dfrac{1.56 - 0.43}{1.33}$

해답

a. $15 - 182 = -167$

b. 5.0

c. $0.0411 + 0.201 = 0.242$

d. $0.92 - 11.4 + 0.850 = -9.6$

연속 계산을 수행할 때 기재된 순서의 다음 단계를 따른다.

1. 괄호 안에 있는 덧셈과 뺄셈을 수행한다.
2. 개별 항의 곱셈과 나눗셈을 완전히 한다.
3. 지시된 대로 개별 항들끼리 덧셈하거나 뺄셈을 한다.

기초 대수

화학 문제를 풀 때 비교적 적은 2~3개의 수학적 방법을 반복하여 이용할 것이다.

식 풀기

화학 문제를 푸는 과정에서 미지의 양(계산하기를 원하는 것)을 포함하는 식을 가끔 만든다. 한 예로 다음을 보자.

$$(1.5)V = (0.23)(0.08206)(298)$$

V에 대해 "이 식을 풀" 필요가 있다. 즉, 등식의 한쪽에 있는 V를 다른 쪽에 있는 모든 수와 분리시킬 필요가 있다. 이것을 어떻게 할 수 있는가? 대수식을 푸는 주요 키는 등식 기호의 *양쪽에 같은 것을 행한다면* 균등성을 변화시키지 않는다는 것이다. 즉, 식의 양쪽에 같은 것을 행하는 것은 언제나 "합법적"이다. 여기서 V에 대해 풀고자 한다. 그러므로 등식 기호의 반대쪽에 1.5를 보내야 한다. 등식의 *양쪽*을 1.5로 나누어서 이것을 할 수 있다.

$$\frac{(1.5)V}{1.5} = \frac{(0.23)(0.08206)(298)}{1.5}$$

왼쪽에 있는 분모의 1.5는 분자에 있는 1.5를 상쇄시킨다.

$$\frac{(\cancel{1.5})V}{\cancel{1.5}} = \frac{(0.23)(0.08206)(298)}{1.5}$$

$$V = \frac{(0.23)(0.08206)(298)}{1.5}$$

연속 계산을 위해 "계산기 사용하기"에 있는 절차를 사용해서 계산기로 V에 대한 값을 지금 얻을 수 있다.

$$V = 3.7$$

때로는 기호로 구성된 식을 풀 필요가 있다. 예를 들면 다음 식을 생각해 보자.

$$\frac{P_1V_1}{T_1} = \frac{P_2V_2}{T_2}$$

T_2에 대해 풀고 싶다고 해보자. 즉, 식의 한쪽에 있는 T_2로 정리하고자 한다. 등식 기호의 양변을 언제나 똑같이 한다는 마음을 가질 때 나갈 수 있는 방법은 여러 가지가 가능하다. 먼저 T_2로 곱한다.

$$T_2 \times \frac{P_1V_1}{T_1} = \frac{P_2V_2}{\cancel{T_2}} \times \cancel{T_2}$$

그러면 오른쪽에 있는 T_2가 상쇄된다. 그 다음에 양변에 T_1을 곱한다.

$$T_2 \times \frac{P_1V_1}{\cancel{T_1}} \times \cancel{T_1} = P_2V_2T_1$$

따라서 왼쪽의 T_1항이 상쇄된다. 그러면 양변을 P_1V_1로 나눈다.

$$T_2 \times \frac{\cancel{P_1V_1}}{\cancel{P_1V_1}} = \frac{P_2V_2T_1}{P_1V_1}$$

이 식은 다음과 같이 된다.

$$T_2 = \frac{P_2V_2T_1}{P_1V_1}$$

연습을 위해 다음 각 식을 푸시오.

a. $PV = k$; P에 대하여 푸시오.

b. $1.5x + 6 = 3$; x에 대하여 푸시오.

c. $PV = nRT$; n에 대하여 푸시오.

d. $\dfrac{P_1V_1}{T_1} = \dfrac{P_2V_2}{T_2}$; V_2에 대하여 푸시오.

e. $\dfrac{°F - 32}{°C} = \dfrac{9}{5}$; °C에 대하여 푸시오.

f. $\dfrac{°F - 32}{°C} = \dfrac{9}{5}$; °F에 대하여 푸시오

해답

a. $\dfrac{P\cancel{V}}{\cancel{V}} = \dfrac{k}{V}$

$$P = \frac{k}{V}$$

b. $1.5x + 6 - 6 = 3 - 6$

$$1.5x = -3$$

$$\frac{\cancel{1.5}x}{\cancel{1.5}} = \frac{-3}{1.5}$$

$$x = -\frac{3}{1.5} = -2$$

c. $\dfrac{PV}{RT} = \dfrac{n\cancel{RT}}{\cancel{RT}}$

$$\frac{PV}{RT} = n$$

d. $\dfrac{P_1V_1}{T_1} \times T_2 = \dfrac{P_2V_2}{\cancel{T_2}} \times \cancel{T_2}$

$$\frac{P_1V_1T_2}{T_1P_2} = \frac{\cancel{P_2}V_2}{\cancel{P_2}}$$

$$\frac{P_1V_1T_2}{T_1P_2} = V_2$$

e. $\dfrac{°F - 32}{°\cancel{C}} \times °\cancel{C} = \dfrac{9}{5}°C$

$$\frac{5}{9}(°F - 32) = \frac{\cancel{5}}{\cancel{9}} \times \frac{\cancel{9}}{\cancel{5}}°C$$

$$\frac{5}{9}(°F - 32) = °C$$

f. $\dfrac{°F \quad 32}{°\cancel{C}} \times °\cancel{C} = \dfrac{9}{5}°C$

$$°F - \cancel{32} + \cancel{32} = \frac{9}{5}°C + 32$$

$$°F = \frac{9}{5}°C + 32$$

과학적(지수) 표기법

과학적 측정에서 다루는 수들은 가끔 매우 크거나 작다. 따라서 이 수들을 10의 제곱꼴로 표현하는 것이 편리하다. 예를 들면 1,3000,000은 1.3에 10을 6번 곱한 수인 1.3×10^6으로 나타낼 수 있다.

$$1.3 \times 10^6 = 1.3 \times \underbrace{10 \times 10 \times 10 \times 10 \times 10 \times 10}_{10^6 = 1\text{백만}}$$

과학적 표기법으로 쓰여진 수는 언제나 다음 형태를 가진다.

수(1~10) 곱하기
10의 제곱수

과학적 표기법으로 20,500 같은 큰 수를 나타내려면 1~10 사이의 수에 10의 제곱수를 곱한 형태가 되도록 소수점을 이동시켜야 한다. 이 경우 왼쪽으로 소수점을 4자리 이동시켜

2 0 5 0 0
4 3 2 1

1과 10 사이의 수를 구해야 한다.

2.05

여기서 유효 숫자(20,500은 3개의 유효 숫자를 가진다)만을 유지한다. 소수점을 왼쪽으로 4자리 이동시키려면 이에 해당하는 수인 10^4을 곱해 주어야 한다. 그러므로

$$20{,}500 = 2.05 \times 10^4$$

또 다른 예로 1985는 1.985×10^3으로 나타낼 수 있다. 1과 10의 사이의 수인 1.985로 끝내려면 소수점을 왼쪽으로 3자리 이동시키고 10^3을 곱해야 한다. 몇 가지 다른 예를보자.

수	지수 표기법
5.6	5.6×10^0 또는 5.6×1
39	3.9×10^1
943	9.43×10^2
1126	1.126×10^3

지금까지는 1보다 큰 수를 고려했다. 그러나 0.0034와 같은 수는 지수 표기법으로 어떻게 나타내는가? 먼저 1과 10의 사이의 수를 얻으려면 0.0034로 시작하여 소수점을 오른쪽으로 3자리 이동시킨다.

0 . 0 0 3 4
1 2 3

그러면 3.4가 얻어진다. 그 다음 소수점의 이동을 보상하기 위해 음의 지수로 10의 제곱수, 즉 이 경우에 10^{-3}을 곱해준다. 따라서

$$0.0034 = 3.4 \times 10^{-3}$$

비슷한 방법으로 0.00000014는 1.4×10^{-7}로 쓸 수 있다. 0.00000014가 1.4로 되려면 소수점을 오른쪽으로 7자리 이동시켜야 하기 때문이다.

지수가 포함된 수학적 연산

다음에는 지수를 사용하여 어떻게 수학적인 연산이 수행되는지를 고려할 것이다. 먼저 이들 연산에 대한 여러 규칙(법칙)을 다루고 그 다음에 계산기로 이를 이행하는 방법을 고려한다.

곱셈과 나눗셈

지수 표기법으로 나타낸 두 수를 곱할 때 앞쪽의 수들은 곱하고 10의 지수는 *더한다*.

$$(M \times 10^m)(N \times 10^n) = (MN) \times 10^{m+n}$$

예를 들면(두 개의 유효 숫자에 대해)

$$(3.2 \times 10^4)(2.8 \times 10^3) = 9.0 \times 10^7$$

수들을 곱할 때 앞쪽의 숫자가 10보다 더 큰 값으로 얻어진다면 소수점은 왼쪽으로 한 자리 이동되고 10의 지수는 1만큼 증가한다.

$$\begin{aligned}(5.8 \times 10^2)(4.3 \times 10^8) &= 24.9 \times 10^{10}\\ &= 2.49 \times 10^{11}\\ &= 2.5 \times 10^{11} \text{(유효 숫자 2개)}\end{aligned}$$

지수 표기법으로 나타낸 두 수를 나누면 앞의 수는 정상적인 나누기이며 피제수(나뉘는 수)의 지수에서 제수(나누는 수)의 지수를 뺀다. 예를 들면

$$\frac{4.8 \times 10^8}{\underbrace{2.1 \times 10^3}_{\text{제수}}} = \frac{4.8}{2.1} \times 10^{(8-3)} = 2.3 \times 10^5$$

만일 나눗셈에서 앞의 수가 1보다 작을 때는 소수점이 오른쪽으로 1자리 이동하고 10의 지수가 1만큼 감소된다. 예를 들면

$$\begin{aligned}\frac{6.4 \times 10^3}{8.3 \times 10^5} = \frac{6.4}{8.3} \times 10^{(3-5)} &= 0.77 \times 10^{-2}\\ &= 7.7 \times 10^{-3}\end{aligned}$$

덧셈과 뺄셈

지수 표기법으로 나타낸 수를 더하거나 빼려면 *수의 지수 부분이 같아야만 한다*. 예를 들면 1.31×10^5과 4.2×10^4을 더하려면 두 수의 지수 부분이 같도록 수를 다시 써야 한다. 1.31×10^5은 13.1×10^4으로 쓸 수 있다. 즉, 지수를 1 감소한다는 것은 소수점을 오른쪽으로 한 자리 이동시키는 것과 같다. 그러면 이 수들을 더할 수 있다.

$$\begin{array}{r}13.1 \times 10^4\\ +\ \ 4.2 \times 10^4\\ \hline 17.3 \times 10^4\end{array}$$

이 결과를 올바른 지수 표기법으로 나타내면 1.73×10^5이 된다.

지수 표기법으로 나타낸 수에 대해 덧셈 또는 뺄셈을 하기 위해서는 앞쪽의 수만을 더하거나 뺀다. 따라서 결과의 지수 부분은 더하거나 빼는 수의 지수 부분과 같다. 8.99×10^3에서 1.8×10^2을 빼기 위해서는 먼저 1.8×10^2을 0.18×10^3으로 바꾸어 두 수가 똑같은 지수를 갖도록 한 다음 뺀다.

$$\begin{array}{r}8.99 \times 10^3\\ -\ 0.18 \times 10^3\\ \hline 8.81 \times 10^3\end{array}$$

멱과 근

지수 표기법으로 나타낸 수가 멱으로 주어질 때 앞쪽의 수는 멱으로 주어지고 10의 지수는 그 멱으로 *곱해진다*.

$$(N \times 10^n)^m = N^m \times 10^{m \times n}$$

예를 들면

$$\begin{aligned}(7.5 \times 10^2)^2 &= (7.5)^2 \times 10^{2\times 2}\\ &= 56. \times 10^4\\ &= 5.6 \times 10^5\end{aligned}$$

근이 지수 표기법으로 나타낸 수로 주어질 때 앞의 수는 근으로 주어져 있고 10의 지수는 근을 나타내는 수로 나누어져 있다. 예를 들면 아래처럼 수의 제곱근을 취한다.

$$\sqrt{N \times 10^n} = (N \times 10^n)^{1/2} = \sqrt{N} \times 10^{n/2}$$

예를 들면

$$\begin{aligned}(2.9 \times 10^6)^{1/2} &= \sqrt{2.9} \times 10^{6/2}\\ &= 1.7 \times 10^3\end{aligned}$$

지수에 수학 연산을 수행하기 위한 계산기 사용법

지수를 다룰 때는 계산기에 지수를 입력하는 것을 먼저 배워야 한다. 먼저 수가 채워지고 그 다음에 지수가 채워진다. 지수가 들어가기 전에 눌러야 할 특수키가 있으며 이 키는 (EE) 또는 (exp)이라는 라벨이 붙어 있다. 예를 들면 1.56×10^6은 다음과 같이 입력된다.

누르기	화면 표시
1.56	1.56
EE 또는 exp	1.56 00
6	1.56 06

음의 지수를 갖는 수를 입력하려면 지수를 입력한 후에 부호 변화 키 (+/−)를 사용한다. 예를 들면 7.54×10^{-3}는 다음과 같이 입력된다.

누르기	화면 표시
7.54	7.54
EE 또는 exp	7.54 00
3	7.54 03
+/−	7.54 −03

지수를 포함하는 수를 계산하기에 일단 입력하면 수학적인 연산은 "보통의" 수와 똑같이 정확히 수행된다. 예를 들면 1.0×10^3과 1.0×10^2은 아래와 같이 곱해진다.

누르기	화면 표시
1.0	1.0
EE 또는 exp	1.0 00
3	1.0 03
×	1.0 03
1.0	1.0
EE 또는 exp	1.0 00
2	1.0 02
=	1.0 05

답은 1.0×10^5로 올바르게 표현된다.

숫자 1.50×10^5와 1.1×10^4를 다음과 같이 더한다.

누르기	화면 표시
1.5	1.50
EE 또는 exp	1.50 00
5	1.50 05
+	1.50 05
1.1	1.1
EE 또는 exp	1.10 00
4	1.10 04
=	1.61 05

답은 1.61×10^5로 올바르게 표현된다. 지수를 더할 때는 계산기가 자동적으로 지수의 어떤 차이도 고려하여 계산한다.

제곱이나 제곱근 또는 지수의 역수를 취할 때에는 먼저 숫자를 입력한 후 적절한 키를 누른다. 5.6×10^3의 제곱근은 다음과 같이 얻는다.

누르기	화면 표시	
5.6	5.6	
EE 또는 exp	5.6	00
3	5.6	03
$\sqrt{X}$	7.4833148	01

답은 7.5×10^1로 올바르게 표현된다.

지수와 관련된 다음 연산을 연습하시오. 답은 문제 다음에 있다.

a. $7.9 \times 10^2 \times 4.3 \times 10^4$

b. $\dfrac{5.4 \times 10^3}{4.6 \times 10^5}$

c. $1.7 \times 10^2 + 1.63 \times 10^3$

d. $4.3 \times 10^{-3} + 1 \times 10^{-4}$

e. $(8.6 \times 10^{-6})^2$

f. $\dfrac{1}{8.3 \times 10^2}$

g. $\log(1.0 \times 10^{-7})$

h. $-\log(1.3 \times 10^{-5})$

i. $\sqrt{6.7 \times 10^9}$

해답

a. 3.4×10^7

b. 1.2×10^{-2}

c. 1.80×10^3

d. 4.4×10^{-3}

e. 7.4×10^{-11}

f. 1.2×10^{-3}

g. -7.00

h. 4.89

i. 8.2×10^4

함수 그래프

과학 실험의 결과를 해석함에 있어 때로는 그래프를 그리는 것이 유용하다. 그래프로 나타내는 함수는 가능하면 직선 형태를 이루어야 한다. *선형 방정식*(linear equation)은 일반적으로 다음과 같이 표현될 수 있다.

$$y = mx + b$$

(y는 *독립 변수*, x는 *상수*, m은 *기울기*, b는 y *절편*이다.)

선형 방정식의 특징을 설명하기 위해서 그림 A.1에 함수 $y = 3x + 4$를 도시하였다. 이 방정식에서 $m = 3$, $b = 4$이다. $x = 0$일 때 y 절편이 발생함에 주목하라. 이 경우, 방정식($b = 4$)에서 볼 수 있듯이 y 절편은 4이다. 직선의 기울기는 x의 변화에 대한 y의 변화의 비로 정의된다.

$$m = \text{기울기} = \frac{\Delta y}{\Delta x}$$

방정식 $y = 3x + 4$의 경우, y는 x보다 3배 더 빨리 변한다(x가 3의 계수를 가지므로). 따라서 이 경우 기울기는 3이다. 이것은 그래프로부터 증명될 수 있다. 그림 A.1에 제시된 삼각형의 경우

$$\Delta y = 15 - 16 = 36 \quad \text{과} \quad \Delta x = 15 - 3 = 12$$

$$\text{기울기} = \frac{\Delta y}{\Delta x} = \frac{36}{12} = 3$$

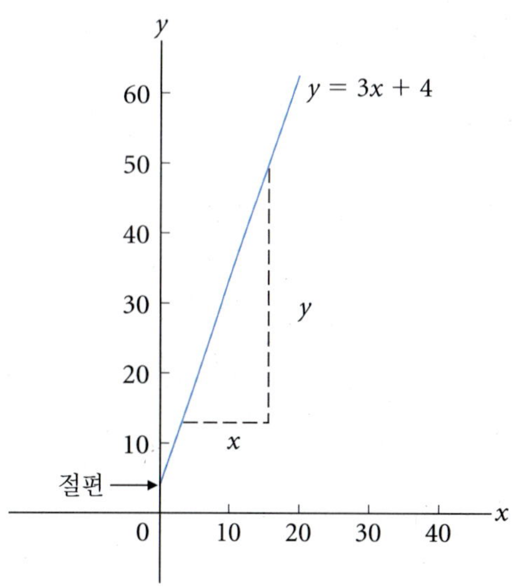

그림 A.1 선형 방정식 $y = 3x + 4$의 그래프.

이러한 예는 그 선의 그래프로부터 임의의 선의 기울기를 포함하는 일반적인 방법을 설명한다. 그림 A.1에 보인 바와 같이, y축에 평행한 한쪽 선과 x축에 평행한 한쪽 선과의 삼각형을 간단히 그린다. 그런 다음, Δy와 Δx를 얻을 수 있는 측선의 길이를 각각 결정하고 $\Delta y/\Delta x$ 비를 계산한다.

SI 단위와 환산 인자

다음 환산 인자들은 본문에 제시된 것보다 더 많은 유효 숫자로 나타내었다.

길이 SI 단위: 미터(m)

1 m	=	1.0936 yards
1 cm	=	0.39370 inch
1 inch	=	2.54 cm (정확히)
1 km	=	0.62137 mile
1 mile	=	5280. feet
	=	1.6093 km

질량 SI 단위: 킬로그램(kg)

1 kg	=	1000 g
	=	2.2046 lb
1 pound	=	453.59 g
	=	0.45359 kg
	=	16 ounces
1 amu	=	1.66057×10^{-27} kg

부피 SI 단위: 세제곱미터(m^3)

1 L	=	10^{-3} m^3
	=	1 dm^3
	=	1.0567 quarts
1 gallon	=	4 quarts
	=	8 pints
	=	3.7854 L
1 quart	=	32 fluid ounces
	=	0.94635 L

압력 SI 단위: 파스칼(Pa)

1 atm	=	101.325 kPa
	=	760. torr (mm Hg)
	=	14.70 lb/inch^2

에너지 SI 단위: 줄(J)

1 J	=	0.23901 cal
1 calorie	=	4.184 J

찾아보기

Index

ㅈ

ㅊ

ㅋ

ㅌ

ㅍ

ㅎ

기타

표 5.1 일반적인 간단한 양이온과 음이온

양이온	이름/한글(영문)	음이온	이름*/한글(영문)
H^+	수소(hydrogen)	H^-	수소화(hydride)
Li^+	리튬(lithium)	F^-	플루오린화(fluoride)
Na^+	소듐(sodium)	Cl^-	염화(chloride)
K^+	포타슘(potassium)	Br^-	브로민화(bromide)
Cs^+	세슘(cesium)	I^-	아이오딘화(iodide)
Be^{2+}	베릴륨(beryllium)	O^{2-}	산화(oxide)
Mg^{2+}	마그네슘(magnesium)	S^{2-}	황화(sulfide)
Ca^{2+}	칼슘(calcium)		
Ba^{2+}	바륨(barium)		
Al^{3+}	알루미늄(aluminum)		
Ag^+	은(silver)		
Zn^{2+}	아연(zinc)		

*어근은 색으로 나타내었다.

표 5.2 흔히 볼 수 있는 유형 II 양이온들

이온	체계명	관용명
Fe^{3+}	철(III)[iron(III)]	제이철(ferric)
Fe^{2+}	철(II)[iron(II)]	제일철(ferrous)
Cu^{2+}	구리(II)[copper(II)]	제이구리(cupric)
Cu^+	구리(I)[copper(I)]	제일구리(cuprous)
Co^{3+}	코발트(III)[(cobalt(III)]	제이코발트(cobaltic)
Co^{2+}	코발트(II)[(cobalt(II)]	제일코발트(cobaltous)
Sn^{4+}	주석(IV)[tin(IV)]	제이주석(stannic)
Sn^{2+}	주석(II)[tin(II)]	제일주석(stannous)
Pb^{4+}	납(IV)[lead(IV)]	제이납(plumbic)
Pb^{2+}	납(II)[lead(II)]	제일납(plumbous)
Hg^{2+}	수은(II)[mercury(II)]	제이수은(mercuric)
Hg_2^{2+}*	수은(I)[mercury(I)]	제일수은(mercurous)

*수은(I) 이온은 항상 쌍으로 서로 결합되어 Hg_2^{2+}를 형성한다.

표 5.4 일반적인 다원자 이온의 명명

이온	이름/한글(영문)	이온	이름/한글(영문)
NH_4^+	암모늄(ammonium)	CO_3^{2-}	탄산(carbonate)
NO_2^-	아질산(nitrite)	HCO_3^-	탄산 수소[hydrogen carbonate (bicarbonate)]
NO_3^-	질산(nitrate)	ClO^-	하이포아염소산(hypochlorite)
SO_3^{2-}	아황산(sulfite)	ClO_2^-	아염소산(chlorite)
SO_4^{2-}	황산(sulfate)	ClO_3^-	염소산(chlorate)
HSO_4^-	황산 수소(hydrogen sulfate)	ClO_4^-	과염소산(perchlorate)
OH^-	수산화(hydroxide)	$C_2H_3O_2^-$	아세트산(acetate)
CN^-	사이안화(cyanide)	MnO_4^-	과망가니즈산(permanganate)
PO_4^{3-}	인산(phosphate)	$Cr_2O_7^{2-}$	다이크로뮴산(dichromate)
HPO_4^{2-}	인산 수소(hydrogen phosphate)	CrO_4^{2-}	크로뮴산(chromate)
$H_2PO_4^-$	인산 이수소(dihydrogen phosphate)	O_2^{2-}	과산화(peroxide)

표 7.1 25°C 물에서 이온 결합 화합물(염)의 일반적인 용해도 규칙

1. 대부분의 질산(NO_3^-) 염은 가용성이다.
2. 대부분의 Na^+, K^+, NH_4^+ 염은 가용성이다.
3. 대부분의 염화 이온의 염은 가용성이다. AgCl, $PbCl_2$, Hg_2Cl_2는 예외이다.
4. 대부분의 황산 이온의 염은 가용성이다. $BaSO_4$, $PbSO_4$, $CaSO_4$는 예외이다.
5. 대부분의 수산화 이온의 염은 난용성이다.* 단 NaOH와 KOH는 가용성이고 $Ba(OH)_2$와 $Ca(OH)_2$는 예외이다.
6. 대부분의 황화 이온(S^{2-}), 탄산 이온(CO_3^{2-}), 인산 이온(PO_4^{2-})의 염은 난용성이다.*

*불용성과 난용성은 같은 의미이다. 모두 눈으로 파악할 수 없을 정도로 적은 양만 녹는다.

SI 단위와 환산인자*

길이 SI 단위: 미터(m)

1 m	=	1.0936 yd
1 cm	=	0.39370 in
1 in	=	2.54 cm (정확히)
1 km	=	0.62137 mile
1 mile	=	5280. ft
	=	1.6093 km

질량 SI 단위: 킬로그램(kg)

1 kg	=	1000 g
	=	2.2046 lb
1 lb	=	453.59 g
	=	0.45359 kg
	=	16 oz.
1 amu	=	1.66057×10^{-27} kg

부피 SI 단위: 세제곱미터(m^3)

1 L	=	10^{-3} m^3
	=	1 dm^3
	=	1.0567 quart
1 gallon	=	4 quart
	=	8 pint
	=	3.7854 L
1 quart	=	32 fl. oz.
	=	0.94635 L

압력 SI 단위: 파스칼(Pa)

1 atm	=	101.325 kPa
	=	760. torr (mm Hg)
	=	14.70 lb/in^2

에너지 SI 단위: 줄(J)

1 J	=	0.23901 cal
1 cal	=	4.184 J

*주: 다음 환산인자들은 본문에 제시된 것보다 더 많은 유효숫자로 나타내었다.